DIN-Taschenbuch 346/2

Jetzt diesen Titel zusätzlich als E-Book downloaden und 70 % sparen!

Als Käufer dieses Buchtitels haben Sie Anspruch auf ein besonderes Kombi-Angebot: Sie können den Titel zusätzlich zum Ihnen vorliegenden gedruckten Exemplar für nur 30 % des Normalpreises als E-Book beziehen.

Der BESONDERE VORTEIL: Im E-Book recherchieren Sie in Sekundenschnelle die gewünschten Themen und Textpassagen. Denn die E-Book-Variante ist mit einer komfortablen Volltextsuche ausgestattet!

Deshalb: Zögern Sie nicht. Laden Sie sich am besten gleich Ihre persönliche E-Book-Ausgabe dieses Titels herunter.

In 3 einfachen Schritten zum E-Book:

❶ Rufen Sie die Website **www.beuth.de/e-book** auf.

❷ Geben Sie hier Ihren persönlichen, nur einmal verwendbaren E-Book-Code ein:

238934B0573622C

❸ Klicken Sie das „Download-Feld" an und gehen dann weiter zum Warenkorb. Führen Sie den normalen Bestellprozess aus.

Hinweis: Der E-Book-Code wurde individuell für Sie als Erwerber dieses Buches erzeugt und darf nicht an Dritte weitergegeben werden. Mit Zurückziehung dieses Buches wird auch der damit verbundene E-Book-Code für den Download ungültig.

DIN-Taschenbuch 346/2

Für das Fachgebiet Feuerwehrwesen bzw. Brandschutz bestehen folgende DIN-Taschenbücher:

DIN-Taschenbuch 90
Dämm- und Brandschutzarbeiten an technischen Anlagen

DIN-Taschenbuch 297
Feuerwehrwesen – Bauliche Anlagen, Einrichtungen, organisatorischer Brandschutz

DIN-Taschenbuch 300/1
Brandschutz – Grundlagen, Klassifizierungen und klassifizierte Bauprodukte

DIN-Taschenbuch 300/2
Brandschutz – Beurteilung des Brandverhaltens von Baustoffen

DIN-Taschenbuch 300/3
Brandschutz – Beurteilung der Feuerwiderstandsfähigkeit von Bauteilen

DIN-Taschenbuch 300/4
Brandschutz – Feuer- und Rauchschutzabschlüsse

DIN-Taschenbuch 300/5
Brandschutz – Bemessung nach Eurocode

DIN-Taschenbuch 300/6
Brandschutz – Brandschutztechnische Planung und Auslegung bei Sonderbauten

DIN-Taschenbuch 346/1
Feuerlöschgeräte und -anlagen 1 – Handbetätigte Geräte zur Brandbekämpfung und Löschmittel

DIN-Taschenbuch 346/2
Feuerlöschgeräte und -anlagen 2 – Ortsfeste Brandbekämpfungsanlagen

DIN-Taschenbuch 350/1
Feuerwehrwesen
Feuerwehrfahrzeuge 1 –
Allgemeine Anforderungen und Löschfahrzeuge

DIN-Taschenbuch 350/2
Feuerwehrwesen
Feuerwehrfahrzeuge 2 –
Hubrettungsfahrzeuge und sonstige Fahrzeuge

DIN-Taschenbuch 363
Persönliche Schutzausrüstung – Chemikalienschutzausrüstung

DIN-Taschenbuch 485
Persönliche Schutzausrüstung für die Feuerwehr

Außerdem liegen weitere Publikationen vor, die diesen Bereich berühren:

Bauphysik
Normen für das Studium – Brandschutz, Schallschutz

Baulicher Brandschutz im Industriebau
Kommentar zu DIN 18230 und Industriebaurichtlinie

Brandschutz in Europa
Bemessung nach Eurocodes –
Erläuterungen und Anwendungen zu den Brandschutzteilen der Eurocodes 1 bis 5

Brandschutznormen online
www.brandschutznormen.de

Loseblattsammlung
Praxishandbuch Brandschutz

Für Auskünfte und Bestellungen wählen Sie bitte im Beuth Verlag Tel.: 030 2601-2260.

DIN-Taschenbuch 346/2

Feuerwehrwesen Feuerlöschgeräte und -anlagen 2

Ortsfeste Brandbekämpfungsanlagen

4. Auflage
Stand der abgedruckten Normen: Februar 2013

Herausgeber: DIN Deutsches Institut für Normung e. V.

© 2013 Beuth Verlag GmbH
Berlin · Wien · Zürich
Am DIN-Platz
Burggrafenstraße 6
10787 Berlin

Telefon: +49 30 2601-0
Telefax: +49 30 2601-1260
Internet: www.beuth.de
E-Mail: info@beuth.de

Das Werk einschließlich aller seiner Teile ist urheberrechtlich geschützt. Jede Verwertung außerhalb der Grenzen des Urheberrechts ist ohne schriftliche Zustimmung des Verlages unzulässig und strafbar. Das gilt insbesondere für Vervielfältigungen, Übersetzungen, Mikroverfilmungen und die Einspeicherung in elektronischen Systemen.

© für DIN-Normen   DIN Deutsches Institut für Normung e. V., Berlin.

Die im Werk enthaltenen Inhalte wurden vom Verfasser und Verlag sorgfältig erarbeitet und geprüft. Eine Gewährleistung für die Richtigkeit des Inhalts wird gleichwohl nicht übernommen. Der Verlag haftet nur für Schäden, die auf Vorsatz oder grobe Fahrlässigkeit seitens des Verlages zurückzuführen sind. Im Übrigen ist die Haftung ausgeschlossen.

Druck: infowerk ag, Nürnberg
Gedruckt auf säurefreiem, alterungsbeständigem Papier nach DIN EN ISO 9706

ISBN   978-3-410-23893-5
ISBN (E-Book) 978-3-410-23894-2
ISSN   0342-801X

Vorwort

Überall dort, wo ein brennbarer Stoff und eine Zündquelle zusammenkommen, kann ein Brand entstehen.

Durch intelligente bauliche und technische Maßnahmen des vorbeugenden Brandschutzes kann man das Risiko eines Brandes zwar weitestgehend minimieren, aber seine Entstehung nicht hundertprozentig ausschließen. Deswegen werden an den abwehrenden Brandschutz, der der Sicherheit von Menschen, Umwelt und Sachwerten dient, hinsichtlich der Brandschutz-Technologie immer neue und herausfordernde Aufgaben gestellt. Hierbei reicht die Palette innovativer Feuerlöschtechnik von tragbaren und fahrbaren Feuerlöschern über Wandhydranten bis hin zu komplexen Löschanlagen mit ihren entsprechend abgestimmten Löschmitteln wie Wasser und Wasser mit Zusätzen, Schaummittel, Kohlendioxid (CO_2) und Löschpulver.

Der Inhalt der beiden Teilungsbände der DIN-Taschenbuchreihe 346 ist wie folgt aufgeteilt:

- DIN-Taschenbuch 346/1 Feuerwehrwesen – Feuerlöschgeräte und -anlagen 1 – Handbetätigte Geräte zur Brandbekämpfung und Löschmittel;
- DIN-Taschenbuch 346/2 Feuerwehrwesen – Feuerlöschgeräte und -anlagen 2 – Ortsfeste Brandbekämpfungsanlagen.

Die vierte Auflage dieser DIN-Taschenbuchreihe dokumentiert den neuesten Stand der Technik und richtet sich in erster Linie an alle Personen, die mit der Planung, Konstruktion und Ausführung von Geräten oder Anlagen zur Brandbekämpfung befasst sind, sowie an alle, die diese Geräte und Einrichtungen in Stand halten.

Mit diesem DIN-Taschenbuch liegt ein Kompendium mit technisch normativen Regeln für den technischen Brandschutz vor, der dem genannten Personenkreis in kompakter Form die notwendigen Informationen zur Verfügung stellt.

An dieser Stelle sei all jenen Experten, insbesondere in den Fachbereichen NA 031-01 FB „Handbetätigte Geräte für die Brandbekämpfung – SpA zu CEN/TC 70" und NA 031-03 FB „Ortsfeste Brandbekämpfungsanlagen – SpA zu CEN/TC 191" des FNFW gedankt, die an der Erarbeitung der in diesem DIN-Taschenbuch aufgeführten normativen Dokumente beteiligt waren.

Berlin, im Februar 2013   Dipl.-Ing. Michael Behrens
Projektmanager im Normenausschuss
Feuerwehrwesen (FNFW) im DIN Deutsches
Institut für Normung e. V.

Inhalt

	Seite
Hinweise zur Nutzung von DIN-Taschenbüchern	VIII
DIN-Nummernverzeichnis	XI
Verzeichnis abgedruckter Normen und Norm-Entwürfe (nach steigenden DIN-Nummern geordnet)	XIII
Abgedruckte Normen und Norm-Entwürfe (nach steigenden DIN-Nummern geordnet)	1
Druckfehlerberichtigung	755
Verzeichnis der im DIN-Taschenbuch 346/1 abgedruckten Normen und anderer technischer Regeln (nach steigenden DIN-Nummern geordnet)	757
Service-Angebote des Beuth Verlags	759
Stichwortverzeichnis	761

Maßgebend für das Anwenden jeder in diesem DIN-Taschenbuch abgedruckten Norm ist deren Fassung mit dem neuesten Ausgabedatum.

Bei den abgedruckten Norm-Entwürfen wird auf den Anwendungswarnvermerk verwiesen.

Sie können sich auch über den aktuellen Stand im DIN-Katalog, unter der Telefon-Nr.: 030 2601-2260 oder im Internet unter www.beuth.de informieren.

Hinweise zur Nutzung von DIN-Taschenbüchern

Was sind DIN-Normen?

Das DIN Deutsches Institut für Normung e. V. erarbeitet Normen und Standards als Dienstleistung für Wirtschaft, Staat und Gesellschaft. Die Hauptaufgabe des DIN besteht darin, gemeinsam mit Vertretern der interessierten Kreise konsensbasierte Normen markt- und zeitgerecht zu erarbeiten. Hierfür bringen rund 26 000 Experten ihr Fachwissen in die Normungsarbeit ein. Aufgrund eines Vertrages mit der Bundesregierung ist das DIN als die nationale Normungsorganisation und als Vertreter deutscher Interessen in den europäischen und internationalen Normungsorganisationen anerkannt. Heute ist die Normungsarbeit des DIN zu fast 90 Prozent international ausgerichtet.

DIN-Normen können nationale Normen, Europäische Normen oder Internationale Normen sein. Welchen Ursprung und damit welchen Wirkungsbereich eine DIN-Norm hat, ist aus deren Bezeichnung zu ersehen:

DIN (plus Zählnummer, z. B. DIN 4701)

Hier handelt es sich um eine nationale Norm, die ausschließlich oder überwiegend nationale Bedeutung hat oder als Vorstufe zu einem internationalen Dokument veröffentlicht wird (Entwürfe zu DIN-Normen werden zusätzlich mit einem „E" gekennzeichnet, Vornormen mit einem „SPEC"). Die Zählnummer hat keine klassifizierende Bedeutung.

Bei nationalen Normen mit Sicherheitsfestlegungen aus dem Bereich der Elektrotechnik ist neben der Zählnummer des Dokumentes auch die VDE-Klassifikation angegeben (z. B. DIN VDE 0100).

DIN EN (plus Zählnummer, z. B. DIN EN 71)

Hier handelt es sich um die deutsche Ausgabe einer Europäischen Norm, die unverändert von allen Mitgliedern der europäischen Normungsorganisationen CEN/CENELEC/ETSI übernommen wurde.

Bei Europäischen Normen der Elektrotechnik ist der Ursprung der Norm aus der Zählnummer ersichtlich: von CENELEC erarbeitete Normen haben Zählnummern zwischen 50000 und 59999, von CENELEC übernommene Normen, die in der IEC erarbeitet wurden, haben Zählnummern zwischen 60000 und 69999, Europäische Normen des ETSI haben Zählnummern im Bereich 300000.

DIN EN ISO (plus Zählnummer, z. B. DIN EN ISO 306)

Hier handelt es sich um die deutsche Ausgabe einer Europäischen Norm, die mit einer Internationalen Norm identisch ist und die unverändert von allen Mitgliedern der europäischen Normungsorganisationen CEN/CENELEC/ETSI übernommen wurde.

DIN ISO, DIN IEC oder DIN ISO/IEC (plus Zählnummer, z. B. DIN ISO 720)

Hier handelt es sich um die unveränderte Übernahme einer Internationalen Norm in das Deutsche Normenwerk.

Weitere Ergebnisse der Normungsarbeit können sein:

DIN SPEC (Vornorm) (plus Zählnummer, z. B. DIN SPEC 1201)

Hier handelt es sich um das Ergebnis einer Normungsarbeit, das wegen bestimmter Vorbehalte zum Inhalt oder wegen des gegenüber einer Norm abweichenden Aufstellungsverfahrens vom DIN nicht als Norm herausgegeben wird. An DIN SPEC (Vornorm) knüpft sich die Erwartung, dass sie zum geeigneten Zeitpunkt und ggf. nach notwendigen Veränderungen nach dem üblichen Verfahren in eine Norm überführt oder ersatzlos zurückgezogen werden.

Beiblatt: DIN (plus Zählnummer) Beiblatt (plus Zählnummer), z. B. DIN 2137-6 Beiblatt 1 Beiblätter enthalten nur Informationen zu einer DIN-Norm (Erläuterungen, Beispiele, Anmerkungen, Anwendungshilfsmittel u. Ä.), jedoch keine über die Bezugsnorm hinausgehenden genormten Festlegungen. Das Wort Beiblatt mit Zählnummer erscheint zusätzlich im Nummernfeld zu der Nummer der Bezugsnorm.

Was sind DIN-Taschenbücher?

Ein besonders einfacher und preisgünstiger Zugang zu den DIN-Normen führt über die DIN-Taschenbücher. Sie enthalten die jeweils für ein bestimmtes Fach- oder Anwendungsgebiet relevanten Normen im Originaltext.

Die Dokumente sind in der Regel als Originaltextfassungen abgedruckt, verkleinert auf das Format A5.

(+ Zusatz für Variante VOB/STLB-Bau-Taschenbücher)

(+ Zusatz für Variante DIN-DVS-Taschenbücher)

(+ Zusatz für Variante DIN-VDE-Taschenbücher)

Was muss ich beachten?

DIN-Normen stehen jedermann zur Anwendung frei. Das heißt, man kann sie anwenden, muss es aber nicht. DIN-Normen werden verbindlich durch Bezugnahme, z. B. in einem Vertrag zwischen privaten Parteien oder in Gesetzen und Verordnungen.

Der Vorteil der einzelvertraglich vereinbarten Verbindlichkeit von Normen liegt darin, dass sich Rechtsstreitigkeiten von vornherein vermeiden lassen, weil die Normen eindeutige Festlegungen sind. Die Bezugnahme in Gesetzen und Verordnungen entlastet den Staat und die Bürger von rechtlichen Detailregelungen.

DIN-Taschenbücher geben den Stand der Normung zum Zeitpunkt ihres Erscheinens wieder. Die Angabe zum Stand der abgedruckten Normen und anderer Regeln des Taschenbuchs finden Sie auf S. III. Maßgebend für das Anwenden jeder in einem DIN-Taschenbuch abgedruckten Norm ist deren Fassung mit dem neuesten Ausgabedatum. Den aktuellen Stand zu allen DIN-Normen können Sie im Webshop des Beuth Verlags unter www.beuth.de abfragen.

Wie sind DIN-Taschenbücher aufgebaut?

DIN-Taschenbücher enthalten die im Abschnitt „Verzeichnis abgedruckter Normen" jeweils aufgeführten Dokumente in ihrer Originalfassung. Ein DIN-Nummernverzeichnis sowie ein Stichwortverzeichnis am Ende des Buches erleichtern die Orientierung.

Abkürzungsverzeichnis

Die in den Dokumentnummern der Normen verwendeten Abkürzungen bedeuten:

A	Änderung von Europäischen oder Deutschen Normen
Bbl	Beiblatt
Ber	Berichtigung
DIN	Deutsche Norm
DIN CEN/TS	Technische Spezifikation von CEN als Deutsche Vornorm
DIN CEN ISO/TS	Technische Spezifikation von CEN/ISO als Deutsche Vornorm
DIN EN	Deutsche Norm auf der Basis einer Europäischen Norm

DIN EN ISO	Deutsche Norm auf der Grundlage einer Europäischen Norm, die auf einer Internationalen Norm der ISO beruht
DIN IEC	Deutsche Norm auf der Grundlage einer Internationalen Norm der IEC
DIN ISO	Deutsche Norm, in die eine Internationale Norm der ISO unverändert übernommen wurde
DIN SPEC	Öffentlich zugängliches Dokument, das Festlegungen für Regelungsgegenstände materieller und immaterieller Art oder Erkenntnisse, Daten usw. aus Normungs- oder Forschungsvorhaben enthält und welches durch temporär zusammengestellte Gremien unter Beratung des DIN und seiner Arbeitsgremien oder im Rahmen von CEN-Workshops ohne zwingende Einbeziehung aller interessierten Kreise entwickelt wird ANMERKUNG: Je nach Verfahren wird zwischen DIN SPEC (Vornorm), DIN SPEC (CWA), DIN SPEC (PAS) und DIN SPEC (Fachbericht) unterschieden.
DIN SPEC (CWA)	CEN/CENELEC-Vereinbarung, die innerhalb offener CEN/CENELEC-Workshops entwickelt wird und den Konsens zwischen den registrierten Personen und Organisationen widerspiegelt, die für ihren Inhalt verantwortlich sind
DIN SPEC (Fachbericht)	Ergebnis eines DIN-Arbeitsgremiums oder die Übernahme eines europäischen oder internationalen Arbeitsergebnisses
DIN SPEC (PAS)	Öffentlich verfügbare Spezifikation, die Produkte, Systeme oder Dienstleistungen beschreibt, indem sie Merkmale definiert und Anforderungen festlegt
DIN VDE	Deutsche Norm, die zugleich VDE-Bestimmung oder VDE-Leitlinie ist
DVS	DVS-Richtlinie oder DVS-Merkblatt
E	Entwurf
EN ISO	Europäische Norm (EN), in die eine Internationale Norm (ISO-Norm) unverändert übernommen wurde und deren Deutsche Fassung den Status einer Deutschen Norm erhalten hat
ENV	Europäische Vornorm, deren Deutsche Fassung den Status einer Deutschen Vornorm erhalten hat
ISO/TR	Technischer Bericht (ISO Technical Report)
VDI	VDI-Richtlinie

DIN-Nummernverzeichnis

- ● Neu aufgenommen gegenüber der 3. Auflage des DIN-Taschenbuches 346/2
- □ Geändert gegenüber der 3. Auflage des DIN-Taschenbuches 346/2
- ○ Zur abgedruckten Norm besteht ein Norm-Entwurf
- (en) Von dieser Norm gibt es auch eine vom DIN herausgegebene englische Übersetzung

Dokument	Seite	Dokument	Seite
DIN 1988-600 ●	1	DIN EN 671-1 □ (en)	239
DIN 14461-1	29	DIN EN 671-2 □ (en)	284
DIN 14461-2	41	DIN EN 671-3 (en)	320
DIN 14461-3	52	DIN EN 806-1 ● (en)	330
DIN 14461-4	63	DIN EN 12259-1 (en)	357
DIN 14461-5	71	DIN EN 12259-1 Ber 1	423
DIN 14461-6	78	DIN EN 12259-2	425
DIN 14462 □	86	DIN EN 12259-2 Ber 1	452
DIN 14462 Bbl 1 ●	127	DIN EN 12259-2/A2 (en)	453
DIN 14463-1	133	DIN EN 12259-3 (en)	461
DIN 14463-2	151	DIN EN 12259-3 Ber 1	494
DIN 14463-3 □	170	DIN EN 12259-3/A2 (en)	496
DIN 14464 ●	179	DIN EN 12259-4 (en)	506
DIN 14489 ○	199	DIN EN 12259-5 (en)	522
DIN 14494	205	E DIN EN 12259-9	555
DIN 14495	209	DIN EN 12845 (en)	597
DIN 14497 □	212		

Verzeichnis abgedruckter Normen und Norm-Entwürfe
(nach steigenden DIN-Nummern geordnet)

Dokument	Ausgabe	Titel	Seite
DIN 1988-600	2010-12	Technische Regeln für Trinkwasser-Installationen – Teil 600: Trinkwasser-Installationen in Verbindung mit Feuerlösch- und Brandschutzanlagen; Technische Regel des DVGW	1
DIN 14461-1	2003-07	Feuerlösch-Schlauchanschlusseinrichtungen – Teil 1: Wandhydrant mit formstabilem Schlauch	29
DIN 14461-2	2009-09	Feuerlösch-Schlauchanschlusseinrichtungen – Teil 2: Einspeiseeinrichtung und Entnahmeeinrichtung für Löschwasserleitungen „trocken"	41
DIN 14461-3	2006-06	Feuerlösch-Schlauchanschlusseinrichtungen – Teil 3: Schlauchanschlussventile PN 16	52
DIN 14461-4	2008-02	Feuerlösch-Schlauchanschlusseinrichtungen – Teil 4: Einspeisearmatur PN 16 für Löschwasserleitungen	63
DIN 14461-5	2008-02	Feuerlösch-Schlauchanschlusseinrichtungen – Teil 5: Entnahmearmatur PN 16 für Löschwasserleitungen	71
DIN 14461-6	2009-09	Feuerlösch-Schlauchanschlusseinrichtungen – Teil 6: Schrankmaße und Einbau von Wandhydranten mit Flachschlauch nach DIN EN 671-2	78
DIN 14462	2012-09	Löschwassereinrichtungen – Planung, Einbau, Betrieb und Instandhaltung von Wandhydrantenanlagen sowie Anlagen mit Über- und Unterflurhydranten	86
DIN 14462 Bbl 1	2012-09	Löschwassereinrichtungen – Planung, Einbau, Betrieb und Instandhaltung von Wandhydrantenanlagen sowie Anlagen mit Über- und Unterflurhydranten; Beiblatt 1: Druckregelarmaturen	127
DIN 14463-1	2007-01	Löschwasseranlagen – Fernbetätigte Füll- und Entleerungsstationen – Teil 1: Für Wandhydrantenanlagen	133
DIN 14463-2	2003-07	Löschwasseranlagen – Fernbetätigte Füll- und Entleerungsstationen – Teil 2: Für Wasserlöschanlagen mit leerem und drucklosem Rohrnetz; Anforderungen und Prüfverfahren	151
DIN 14463-3	2012-09	Löschwasseranlagen – Fernbetätigte Füll- und Entleerungsstationen – Teil 3: Be- und Entlüftungsventile PN 16 für Löschwasserleitungen	170

Dokument	Ausgabe	Titel	Seite
DIN 14464	2012-09	Direktanschlussstationen für Sprinkleranlagen und Löschanlagen mit offenen Düsen – Anforderungen und Prüfung	179
DIN 14489	1985-05	Sprinkleranlagen; Allgemeine Grundlagen	199
DIN 14494	1979-03	Sprühwasser-Löschanlagen, ortsfest, mit offenen Düsen	205
DIN 14495	1977-07	Berieselung von oberirdischen Behältern zur Lagerung brennbarer Flüssigkeiten im Brandfalle	209
DIN 14497	2011-12	Kleinlöschanlagen – Anforderungen, Prüfung	212
DIN EN 671-1	2012-07	Ortsfeste Löschanlagen – Wandhydranten – Teil 1: Schlauchhaspeln mit formstabilem Schlauch; Deutsche Fassung EN 671-1:2012	239
DIN EN 671-2	2012-07	Ortsfeste Löschanlagen – Wandhydranten – Teil 2: Wandhydranten mit Flachschlauch; Deutsche Fassung EN 671-2:2012	284
DIN EN 671-3	2009-07	Ortsfeste Löschanlagen – Wandhydranten – Teil 3: Instandhaltung von Schlauchhaspeln mit formstabilem Schlauch und Wandhydranten mit Flachschlauch; Deutsche Fassung EN 671-3:2009	320
DIN EN 806-1	2001-12	Technische Regeln für Trinkwasser-Installationen – Teil 1: Allgemeines; Deutsche Fassung EN 806-1:2001 + A1:2001	330
DIN EN 12259-1	2006-03	Ortsfeste Löschanlagen – Bauteile für Sprinkler- und Sprühwasseranlagen – Teil 1: Sprinkler; Deutsche Fassung EN 12259-1:1999 + A1:2001 + A2:2004 + A3:2006	357
DIN EN 12259-1 Ber 1	2007-01	Ortsfeste Löschanlagen – Bauteile für Sprinkler- und Sprühwasseranlagen – Teil 1: Sprinkler; Deutsche Fassung EN 12259-1:1999 + A1:2001 + A2:2004 + A3:2006, Berichtigungen zu DIN EN 12259-1:2006-03	423
DIN EN 12259-2	2001-08	Ortsfeste Löschanlagen – Bauteile für Sprinkler- und Sprühwasseranlagen – Teil 2: Nassalarmventil mit Zubehör (enthält Änderung A1:2001); Deutsche Fassung EN 12259-2:1999 + A1:2001	425
DIN EN 12259-2 Ber 1	2002-11	Berichtigungen zu DIN EN 12259-2:2001-08 (EN 12259-2:1999/AC 2002)	452
DIN EN 12259-2/A2	2006-02	Ortsfeste Löschanlagen – Bauteile für Sprinkler- und Sprühwasseranlagen – Teil 2: Nassalarmventile mit Zubehör; Deutsche Fassung EN 12259-2:1999/A2:2005	453

Dokument	Ausgabe	Titel	Seite
DIN EN 12259-3	2001-08	Ortsfeste Löschanlagen – Bauteile für Sprinkler- und Sprühwasseranlagen – Teil 3: Trockenalarmventile mit Zubehör (enthält Änderung A1:2001); Deutsche Fassung EN 12259-3:2000 + A1:2001	461
DIN EN 12259-3 Ber 1	2008-06	Ortsfeste Löschanlagen – Bauteile für Sprinkler- und Sprühwasseranlagen – Teil 3: Trockenalarmventile mit Zubehör – (enthält Änderung A1:2001); Deutsche Fassung EN 12259-3:2000 + A1:2001, Berichtigung zu DIN EN 12259-3:2001-08	494
DIN EN 12259-3/A2	2006-02	Ortsfeste Löschanlagen – Bauteile für Sprinkler- und Sprühwasseranlagen – Teil 3: Trockenalarmventile mit Zubehör; Deutsche Fassung EN 12259-3:2000/A2:2005	496
DIN EN 12259-4	2001-08	Ortsfeste Löschanlagen – Bauteile für Sprinkler- und Sprühwasseranlagen – Teil 4: Wassergetriebene Alarmglocken (enthält Änderung A1:2001); Deutsche Fassung EN 12259-4:2000 + A1:2001	506
DIN EN 12259-5	2002-12	Ortsfeste Löschanlagen – Bauteile für Sprinkler- und Sprühwasseranlagen – Teil 5: Strömungsmelder; Deutsche Fassung EN 12259-5:2002	522
E DIN EN 12259-9	2004-12	Ortsfeste Brandbekämpfungsanlagen – Bauteile für Sprinkler- und Sprühwasseranlagen – Teil 9: Sprühwasserventile und Zubehör; Deutsche Fassung prEN 12259-9:2004	555
DIN EN 12845	2009-07	Ortsfeste Brandbekämpfungsanlagen – Automatische Sprinkleranlagen – Planung, Installation und Instandhaltung; Deutsche Fassung EN 12845:2004+A2:2009	597

Mitmachen, wo die Musik spielt
Ausschuss Normenpraxis (ANP)

Der ANP ...

- ... ist das Bindeglied zwischen Normensetzern und -anwendern.
- ... steht im ständigen Austausch mit dem DIN, der DIN Software und dem Beuth Verlag.
- ... bildet ein Netzwerk aus 12 Regionalgruppen und 3 Sektor-/Themengruppen sowie einem Sonderausschuss, der sich aus Anwendersicht mit normungspolitischen Fragen und übergreifenden Aspekten der internationalen und europäischen Normung befasst.
- ... trifft sich regelmäßig mit seinen deutschlandweit rund 400 aktiven Normungsmanagern.
- ... bespricht zeitnah aktuelle Probleme gemeinsam im Dialog oder über das „elektronische Komitee" und ermöglicht Lösungen zur Normung am Puls der Zeit.

Im ANP können Sie Ihre Vorschläge und Wünsche zu Gehör bringen.

Nehmen Sie für Ihr Unternehmen am Erfahrungsaustausch teil!

Der direkte Draht zum ANP:

DIN Deutsches Institut für Normung e. V.
Ausschuss Normenpraxis (ANP)
Am DIN-Platz
Burggrafenstraße 6
10787 Berlin

Telefon: +49 30 2601-2916
Telefax: +49 30 2601-42916
patricia.dind@din.de
www.anp.din.de

Dezember 2010

DIN 1988-600

ICS 13.060.20; 91.140.60

Ersatz für
DIN 1988-6:2002-05

**Technische Regeln für Trinkwasser-Installationen –
Teil 600: Trinkwasser-Installationen in Verbindung mit Feuerlösch- und
Brandschutzanlagen; Technische Regel des DVGW**

Codes of practice for drinking water installations –
Part 600: Drinking water installations in connection with fire fighting and fire protection
installations; DVGW code of practice

Directives techniques relatives aux installations d'eau potable –
Partie 600: Installations d'eau potable en connexion avex les installations d'extinction
d'incendie et de protection contre les risques d'incendie; Directive technique DVGW

Gesamtumfang 28 Seiten

Normenausschuss Wasserwesen (NAW) im DIN
Normenausschuss Feuerwehrwesen (FNFW) im DIN

Inhalt

Seite

Vorwort ... 3
Einleitung ... 4
1 Anwendungsbereich ... 5
2 Normative Verweisungen ... 5
3 Begriffe ... 8
4 Aufbau und Anforderungen ... 10
4.1 Allgemeine Anforderungen ... 10
4.1.1 Planung ... 10
4.1.2 Hygiene ... 11
4.1.3 Anschlussleitung ... 11
4.1.4 Verbrauchserfassung ... 11
4.1.5 Einzelzuleitungen zu Löschwasserübergabestellen ... 11
4.1.6 Löschwasserübergabestelle ... 12
4.2 Leitungsanlagen ... 14
4.2.1 Leitungen und Armaturen ... 14
4.2.2 Druckerhöhungsanlagen ... 15
4.2.3 Druckminderung ... 16
4.2.4 Mechanisch wirkende Filter und Steinfänger ... 16
4.2.5 Ermittlung der Rohrdurchmesser ... 16
4.3 Ergänzende Festlegungen zu den Anschlussarten ... 16
4.3.1 Freier Auslauf ... 16
4.3.2 Füll- und Entleerungsstation ... 16
4.3.3 Erdverlegte Leitungsanlagen für Unter- und Überflurhydranten im Anschluss an Trinkwasserleitungen ... 16
4.3.4 Trinkwasser-Installation mit Wandhydrant Typ S ... 17
4.3.5 Direktanschlussstation für Sprinkleranlagen und für Löschanlagen mit offenen Düsen ... 17
4.4 Fremdeinspeisungen ... 17

5 Behandlung von Feuerlösch- und Brandschutzanlagen in Verbindung mit Trinkwasseranlagen im Bestand ... 18

6 Inbetriebnahme ... 18

Anhang A (normativ) Schematische Darstellungen von Feuerlösch- und Brandschutzanlagen mit Anschluss an das Trinkwassersystem ... 19

Vorwort

Diese Norm ist vom Arbeitsausschuss NA 119-04-07 AA „Häusliche Wasserversorgung" im Normenausschuss Wasserwesen (NAW) erarbeitet worden.

Nachdem zum Thema „Trinkwasser-Installation" im Technischen Komitee CEN/TC 164 „Wasserversorgung" eine Reihe Europäischer Normen erarbeitet und als DIN EN in das Deutsche Normenwerk übernommen worden sind, stellte sich für den Ausschuss die Aufgabe, die Normenreihe DIN 1988 über „Technische Regeln für Trinkwasser-Installationen (TRWI)" inhaltlich zu überprüfen und ein Konzept für ein umfassendes, in sich geschlossenes und widerspruchsfreies Nachfolgewerk zu entwickeln.

Die europäischen Arbeitsergebnisse erreichen nicht die für die deutschen Anwenderkreise erforderliche Normungstiefe und somit ergab sich die Notwendigkeit, deutsche Ergänzungsfestlegungen, die aus Gründen der Kontinuität wieder unter der Nummer DIN 1988 laufen, zu erarbeiten. Ferner wurde entschieden, die jetzigen Teile der Reihe DIN 1988, die keine europäische Entsprechung haben, kurzfristig zu überarbeiten.

Im Zuge des zeitlich versetzten Beginns der Erarbeitung der nationalen Ergänzungsfestlegungen entsprechend ihrer Notwendigkeit sowie der Neuausgabe derjenigen DIN 1988-Normen, die bislang nicht durch Europäische Normen abgedeckt wurden, werden diese nicht zeitgleich veröffentlicht werden können.

Um der Fachöffentlichkeit deutlich aufzuzeigen, dass es sich hier um die "neue" Reihe DIN 1988 handelt, wurden die Teilnummern nunmehr dreistellig gewählt.

Der Norm-Entwurf wurde im August 2008 als E DIN 1988-60 veröffentlicht. Unter dem Aspekt einer anzustrebenden Verbindung der neuen Normen zu den einzelnen Europäischen Normen sowie zu den Teilenummern der bestehenden Normen der Reihe DIN 1988, die keine europäische Entsprechung haben, wurde die Norm-Nummer in DIN 1988-600 geändert.

Änderungen

Gegenüber DIN 1988-6:2002-05 wurden folgende Änderungen vorgenommen:

a) die Begriffsbestimmungen wurden erweitert und aktualisiert;

b) die Übergabestelle als Schnittstelle zwischen Trinkwasser-Installation und Löschanlage wurde definiert;

c) die Angaben zur Planung und Ausführung von Löschanlagen sind nur noch eingeschränkt in der Norm enthalten;

d) die Planung und Ausführung von Unter- und Überflurhydranten außerhalb von Gebäuden sind neu definiert worden;

e) die Umsetzung der Anforderungen aus der Trinkwasserverordnung 2001 im Bereich Trinkwasserhygiene ist erfolgt.

Frühere Ausgaben

DIN 1988: 1930-08, 1940-09, 1955-03, 1962-01,
DIN 1988-6: 1988-12, 2002-05

Einleitung

Die öffentliche Trinkwasserversorgung dient in erster Linie der Versorgung der Bevölkerung mit hygienisch einwandfreiem Trinkwasser. In bestimmten Fällen kann der Löschwasserbedarf für den Objektschutz aus der Trinkwasserversorgung gedeckt werden. Ob dies möglich ist, kann nur durch das Wasserversorgungsunternehmen ermittelt werden. Abstriche bei der Aufrechterhaltung der Trinkwasserhygiene können nicht akzeptiert werden. In diesen Fällen müssen andere Lösungen für die Löschwasserversorgung gefunden werden. Dazu sind dem Wasserversorgungsunternehmen alle relevanten Planungsunterlagen zur Verfügung zu stellen und konkrete Angaben zum Löschwasserbedarf zu machen.

1 Anwendungsbereich

Diese Norm gilt für die Planung, Bau, Betrieb, Änderung und Instandhaltung der Trinkwasser-Installation von der Anschlussstelle bis zur Löschwasserübergabestelle an die Feuerlösch- und Brandschutzanlage sowie von Über- und Unterflurhydrantensystemen auf Grundstücken im Anschluss an Trinkwasser-Installationen.

Für die Planung und Errichtung der Trinkwasser-Installation gelten die Reihe DIN EN 806, DIN EN 1717 und die Reihe DIN 1988.

Für die Planung und Errichtung der Feuerlösch- und Brandschutzanlagen gelten insbesondere die Normen DIN 14462, DIN 14489, DIN 14494, DIN 14495, DIN EN 12845 und DIN CEN/TS 14816 sowie die Richtlinien VdS CEA 4001 und VdS 2109.

2 Normative Verweisungen

Die folgenden zitierten Dokumente sind für die Anwendung dieses Dokuments erforderlich. Bei datierten Verweisungen gilt nur die in Bezug genommene Ausgabe. Bei undatierten Verweisungen gilt die letzte Ausgabe des in Bezug genommenen Dokuments (einschließlich aller Änderungen).

DIN 1986-100, *Entwässerungsanlagen für Gebäude und Grundstücke — Teil 100: Bestimmungen in Verbindung mit DIN EN 752 und DIN EN 12056*

Reihe
DIN 1988, *Technische Regeln für Trinkwasser-Installationen (TRWI)*

DIN 1988-3, *Technische Regeln für Trinkwasser-Installationen (TRWI); Ermittlung der Rohrdurchmesser; Technische Regel des DVGW*

DIN 1988-7, *Technische Regeln für Trinkwasser-Installationen (TRWI) — Teil 7: Vermeidung von Korrosionsschäden und Steinbildung; Technische Regel des DVGW*

DIN 1988-8, *Technische Regeln für Trinkwasser-Installationen (TRWI); Betrieb der Anlagen; Technische Regel des DVGW*

DIN 1988-200, *Technische Regeln für Trinkwasser-Installationen — Teil 200: Installation Typ A (geschlossenes System) — Planung, Bauteile, Apparate, Werkstoffe; Technische Regel des DVGW (in Vorbereitung)*

DIN 1988-500, *Technische Regeln für Trinkwasser-Installationen — Teil 500: Druckerhöhungsanlagen mit drehzahlgeregelten Pumpen; Technische Regel des DVGW (in Vorbereitung)*

DIN 2403, *Kennzeichnung von Rohrleitungen nach dem Durchflussstoff*

DIN 2459, *Unlösbare elastomergedichtete Verbinder aus Metall für metallene Rohrleitungen in der Trinkwasserinstallation — Allgemeine Güteanforderungen und -prüfung*

DIN 2607, *Rohrbogen — Aus Kupfer zum Einschweißen*

DIN 4066, *Hinweisschilder für die Feuerwehr*

DIN 4067, *Wasser — Hinweisschilder; Orts-Wasserverteilungs- und Wasserfernleitungen*

DIN 14461-1, *Feuerlösch-Schlauchanschlusseinrichtungen — Teil 1: Wandhydrant mit formstabilem Schlauch*

DIN 14461-3, *Feuerlösch-Schlauchanschlusseinrichtungen — Teil 3: Schlauchanschlussventile PN 16*

DIN 14461-6, *Feuerlösch-Schlauchanschlusseinrichtungen — Teil 6: Schrankmaße und Einbau von Wandhydranten mit Flachschlauch nach DIN EN 671-2*

DIN 14462, *Löschwassereinrichtungen — Planung und Einbau von Wandhydrantenanlagen und Löschwasserleitungen*

DIN 14463-1, *Löschwasseranlagen — Fernbetätigte Füll- und Entleerungsstationen — Teil 1: Für Wandhydrantenanlagen*

DIN 14463-2, *Löschwasseranlagen — Fernbetätigte Füll- und Entleerungsstationen — Teil 2: Für Wasserlöschanlagen mit leerem und drucklosem Rohrnetz — Anforderungen und Prüfverfahren*

DIN 14464, *Löschwasseranlagen — Direktanschlussstationen — Anforderungen und Prüfung*

DIN 14489, *Sprinkleranlagen — Allgemeine Grundlagen*

DIN 14494, *Sprühwasser-Löschanlagen, ortsfest, mit offenen Düsen*

DIN 14495, *Berieselung von oberirdischen Behältern zur Lagerung trennbarer Flüssigkeiten im Brandfalle*

DIN 28601, *Rohre und Formstücke aus duktilem Gusseisen — Schraubmuffen-Verbindungen — Zusammenstellung, Muffen, Schraubringe, Dichtungen, Gleitringe*

DIN 50930-6, *Korrosion der Metalle — Korrosion metallischer Werkstoffe im Inneren von Rohrleitungen, Behältern, Apparaten bei Korrosionsbelastung durch Wässer — Teil 6: Beeinflussung der Trinkwasserbeschaffenheit*

DIN EN 545, *Rohre, Formstücke, Zubehörteile aus duktilem Gusseisen und ihre Verbindungen für Wasserleitungen — Anforderungen und Prüfverfahren*

Reihe
DIN EN 806, *Technische Regeln für Trinkwasser-Installationen*

DIN EN 806-5, *Technische Regeln für Trinkwasser-Installationen — Teil 5: Betrieb und Wartung (in Vorbereitung)*

DIN EN 969, *Rohre, Formstücke, Zubehörteile aus duktilem Gusseisen und ihre Verbindungen für Gasleitungen — Anforderungen und Prüfverfahren*

DIN EN 1057, *Kupfer und Kupferlegierungen — Nahtlose Rundrohre aus Kupfer für Wasser- und Gasleitungen für Sanitärinstallationen und Heizungsanlagen*

DIN EN 1074-6, *Armaturen für die Wasserversorgung — Anforderungen an die Gebrauchstauglichkeit und deren Prüfung — Teil 6: Hydranten*

DIN EN 1254-1, *Kupfer und Kupferlegierungen — Fittings — Teil 1: Kapillarlötfittings für Kupferrohre (Weich- und Hartlöten)*

DIN EN 1254-2, *Kupfer und Kupferlegierungen — Fittings — Teil 2: Klemmverbindungen für Kupferrohre*

DIN EN 1254-4, *Kupfer und Kupferlegierungen — Fittings — Teil 4: Fittings zum Verbinden anderer Ausführungen von Rohrenden mit Kapillarlötverbindungen oder Klemmverbindungen*

DIN EN 1254-5, *Kupfer und Kupferlegierungen — Fittings — Teil 5: Fittings mit geringer Einstecktiefe zum Verbinden mit Kupferrohren durch Kapillar-Hartlöten*

DIN EN 1717, *Schutz des Trinkwassers vor Verunreinigungen in Trinkwasser-Installationen und allgemeine Anforderungen an Sicherheitseinrichtungen zur Verhütung von Trinkwasserverunreinigen durch Rückfließen — Technische Regel des DVGW*

DIN EN 10240, *Innere und/oder äußere Schutzüberzüge für Stahlrohre — Festlegungen für durch Schmelztauchverzinken in automatischen Anlagen hergestellte Überzüge*

DIN EN 10242, *Gewindefittings aus Temperguss*

DIN EN 10255, *Rohre aus unlegiertem Stahl mit Eignung zum Schweißen und Gewindeschneiden — Technische Lieferbedingungen*

Reihe
DIN EN 12056, *Schwerkraftentwässerungsanlagen innerhalb von Gebäuden*

DIN EN 12259-2, *Ortsfeste Löschanlagen — Bauteile für Sprinkler- und Sprühwasseranlagen — Teil 2: Nassalarmventil mit Zubehör*

DIN EN 12259-3, *Ortsfeste Löschanlagen — Bauteile für Sprinkler- und Sprühwasseranlagen — Teil 3: Trockenalarmventile mit Zubehör*

Reihe
DIN EN 12502, *Korrosionsschutz metallischer Werkstoffe — Hinweise zur Abschätzung der Korrosionswahrscheinlichkeit in Wasserverteilungs- und -speichersystemen*

DIN EN 12845, *Ortsfeste Brandbekämpfungsanlagen — Automatische Sprinkleranlagen — Planung und Installation*

DIN EN 13076, *Sicherungseinrichtungen zum Schutz des Trinkwassers gegen Verschmutzung durch Rückfließen — Ungehinderter freier Auslauf — Familie A — Typ A*

DIN EN 13077, *Sicherungseinrichtungen zum Schutz des Trinkwassers gegen Verschmutzung durch Rückfließen — Freier Auslauf mit nicht kreisförmigem Überlauf (uneingeschränkt) — Familie A, Typ B*

DIN EN 13349, *Kupfer und Kupferlegierungen — Vorummantelte Rohre aus Kupfer mit massivem Mantel*

DIN EN 14339, *Unterflurhydranten*

DIN EN 14384, *Überflurhydranten*

DIN EN 14640, *Schweißzusätze — Massivdrähte und –stäbe zum Schmelzschweißen von Kupfer und Kupferlegierungen — Einteilung*

DIN CEN/TS 14816, *Ortsfeste Brandbekämpfungsanlagen — Sprühwasserlöschanlagen — Planung, Einbau und Wartung*

DVGW GW 2, *Verbindungen von Kupferrohren für Gas und Trinkwasser-Installationen innerhalb von Grundstücken und Gebäuden*[1]

DVGW GW 6, *Kapillarlötfittings aus Rotguss und Übergangsfittings aus Kupfer und Rotguss — Anforderungen und Prüfbestimmungen*[1]

DVGW GW 8, *Kapillarlötfittings aus Kupferrohren — Anforderungen und Prüfbestimmung*[1]

DVGW GW 392, *Nahtlosgezogene Rohre aus Kupfer für Gas- und Trinkwasser-Installationen und nahtlosgezogene, innenverzinnte Rohre aus Kupfer für Trinkwasser-Installationen — Anforderungen und Prüfungen*[1]

DVGW GW 541, *Rohre aus nichtrostenden Stählen für die Gas- und Trinkwasser-Installation — Anforderungen und Prüfungen — Arbeitsblatt*[1]

DVGW VP 652, *Kupferrohrleitung mit fest haftendem Kunststoffmantel für die Trinkwasser-Installation*[1]

DVGW W 331, *Auswahl, Einbau und Betrieb von Hydranten*[1]

---

1) Zu beziehen durch: Wirtschafts- und Verlagsgesellschaft Gas und Wasser mbH, Postfach 14 01 51, 53056 Bonn.

DVGW W 405, *Bereitstellung von Löschwasser durch die öffentliche Trinkwasserversorgung*[1]

DVGW W 534, *Rohrverbinder und Rohrverbindungen in der Trinkwasser-Installation*[1]

VdS 2109, *Richtlinien für Sprühwasser-Löschanlagen — Planung und Einbau*[2]

VdS CEA 4001, *VdS CEA-Richtlinien für Sprinkleranlagen — Planung und Einbau*[2]

Verordnung über die Qualität von Wasser für den menschlichen Gebrauch (TrinkwV) [2]

3 Begriffe

Für die Anwendung dieses Dokuments gelten die folgenden Begriffe.

3.1
Brandschutzkonzept
Konzept mit Angaben für den Aufbau und die Anforderungen an die Feuerlösch- und Brandschutzanlagen unter Berücksichtigung des vorbeugenden und des abwehrenden Brandschutzes

3.1.1
vorbeugender Brandschutz
Maßnahmen zur Verhinderung eines Brandausbruchs und einer Brandausbreitung sowie zur Sicherung der Rettungswege und Schaffung von Voraussetzungen für einen wirkungsvollen abwehrenden Brandschutz

3.1.2
abwehrender Brandschutz
Maßnahmen zur Bekämpfung von Gefahren, die durch Brände entstehen, für Leben, Gesundheit und Sachen

3.1.3
Grundschutz
Brandschutz für Wohngebiete, Gewerbegebiete, Mischgebiete und Industriegebiete ohne erhöhtes Sach- und Personenrisiko

3.1.4
Objektschutz
über den Grundschutz hinausgehender, objektbezogener Brandschutz, z. B. für

— große Objekte mit erhöhtem Brandrisiko, z. B. zur Herstellung, Verarbeitung und Lagerung brennbarer oder leicht entzündbarer Stoffe,

— Objekte mit erhöhtem Personenrisiko, z. B. Versammlungsstätten, Verkaufsstätten, Krankenhäuser, Hotels, Hochhäuser,

— sonstige Einzelobjekte in Außenbereichen, wie Aussiedlerhöfe, Raststätten, Kleinsiedlungen, Wochenendhäuser

3.2
Trinkwasser
Wasser mit Eigenschaften entsprechend der TrinkwV

3.3
Löschwasser
Nicht-Trinkwasser nach der Löschwasserübergabestelle

---

[2] Nachgewiesen in der DITR-Datenbank der DIN Software GmbH, zu beziehen bei: Beuth Verlag GmbH, 10772 Berlin.

3.4
Löschwasserübergabestelle
LWÜ
Schnittstelle zwischen Trinkwasser-Installation und Feuerlösch- und Brandschutzanlage

3.4.1
mittelbarer Anschluss
Löschwasserübergabestelle mit ausschließlich freien Ausläufen nach DIN EN 1717, Typ AA, AB

3.4.2
unmittelbarer Anschluss
Löschwasserübergabestelle mit ausschließlich folgenden Armaturen:

— Füll- und Entleerungsstation nach DIN 14463-1 für Wandhydrantenanlagen Typ F und Typ S sowie für Unter- und Überflurhydranten,

— Füll- und Entleerungsstation nach DIN 14463-2 für Anlagen mit offenen Düsen,

— Direktanschlussstation nach DIN 14464 für Sprinkler- oder Sprühwasserlöschanlagen,

— Schlauchanschlussventil nach DIN 14461-3 für Wandhydrant Typ S,

— Unter- und Überflurhydrant nach DIN EN 14384 und DIN EN 14339

3.4.3
Wandhydrant
Feuerlösch-Schlauchanschlusseinrichtung nach DIN 14461-1 oder DIN 14461-6, die entweder mit einem formstabilen Schlauch oder einem Flachschlauch ausgestattet ist

3.4.3.1
Wandhydrant Typ F
für die Nutzung als Selbsthilfe und als Nutzung durch die Feuerwehr vorgesehener Wandhydrant, der nicht in einer Trinkwasser-Installation eingebunden ist

3.4.3.2
Wandhydrant Typ S
ausschließlich zur Selbsthilfe vorgesehener Wandhydrant mit Schlauchanschlussventil und integrierter Sicherungskombination

3.4.4
Vorlagebehälter
Behälter zur Herstellung einer Verbindung zwischen Trink- und Löschwasser unter Verwendung eines freien Auslaufs nach DIN EN 1717, der auch zur Bevorratung von Löschwasser verwendet werden kann

3.4.5
Unter- und Überflurhydrantenanlage in Grundstücken
Wasserverteilungsanlage im Grundstück, die aus erdverlegten Rohrleitungen mit daran angeschlossenen Unter- oder Überflurhydranten besteht

3.5
Löschwasseranlage „nass"
vom Trinkwasser getrennte Löschwasserleitungen „nass" mit angeschlossenen Wandhydranten, die ständig mit Wasser gefüllt sind und unter Druck stehen und somit jederzeit einsatzbereit sind

3.6
Löschwasseranlage „nass/trocken"
Löschwasserleitungen „nass/trocken" mit angeschlossenen Wandhydranten, die im Bedarfsfall durch Fernbetätigung von Armaturen mit Wasser gespeist werden

3.7
Löschwasseranlage „trocken"
Löschwasserleitungen „trocken" mit dem entsprechenden Entnahmestellen, in die das Löschwasser erst im Bedarfsfall über eine Löschwasser-Einspeiseeinrichtung durch die Feuerwehr eingespeist wird

3.8
Löschanlage mit offenen Düsen
selbsttätige Feuerlöschanlage mit festverlegten Leitungen, in die in definierten Abständen offene Düsen eingebracht sind, z. B. Sprühwasser-Löschanlagen nach DIN 14494 und DIN CEN/TS 14816 sowie Behälter-Berieselungsanlagen nach DIN 14495

ANMERKUNG   Das Rohrnetz hinter der Füll- und Entleerungsstation oder dem Sprühwasserventil ist im Betriebszustand nicht mit Wasser gefüllt.

Beim Auslösen der Anlage strömt sofort der Spitzendurchfluss (entspricht Auslegungsvolumenstrom nach DIN 14494, DIN 14495, DIN CEN/TS 14816 oder VdS 2109) von der Wasserversorgung in das Düsenrohrnetz.

3.9
Sprinkleranlage
selbsttätige Feuerlöschanlage mit festverlegten Rohrleitungen, an die in definierten Abständen geschlossene Düsen angebracht sind, bei deren Auslösen nur Wasser aus den Sprinklern austritt, deren Verschlüsse durch die eingestellte Auslösetemperatur freigeworden sind (selektiv wirkende Löschanlage), z. B. nach DIN 14489, DIN EN 12845

ANMERKUNG   Es wird zwischen Nass- und Trockensprinkleranlagen sowie vorgesteuerten Trockenanlagen unterschieden.

3.9.1
Nass-Sprinkleranlage
Anlage, bei der das Rohrnetz hinter der Nassalarmventilstation nach DIN EN 12259-2 ständig mit Wasser gefüllt ist und bei Ansprechen eines Sprinklers aus diesem verzögerungsfrei Wasser austritt

3.9.2
Trocken-Sprinkleranlage
Anlage, bei der das Rohrnetz hinter der Trockenalarmventilstation nach DIN EN 12259-3 im Bereitschaftszustand nicht mit Wasser, sondern mit Druckluft gefüllt ist und durch das Auslösen eines Sprinklers mit Wasser befüllt wird

3.9.3
vorgesteuerte Trocken-Sprinkleranlage
Anlage, bei der das Rohrnetz hinter einem vorgesteuertem Trockenalarmventil nach VdS CEA 4001 nicht mit Wasser, sondern mit Druckluft gefüllt ist und durch eine Brandmeldeanlage oder durch das Auslösen eines Sprinklers mit Wasser befüllt wird

3.10
Füll- und Entleerungsstation
Einrichtung nach DIN 14463-1, die die Trinkwasser-Installation von Löschwasserleitungen "nass-trocken" trennt und diese fernbetätigt im Bedarfsfall mit Wasser füllt und nach dem Gebrauch selbsttätig entleert

3.11
Direktanschlussstation
Einrichtung nach DIN 14464 ausschließlich für den Anschluss von Sprinkler- und Sprühwasserlöschanlagen

4 Aufbau und Anforderungen

4.1 Allgemeine Anforderungen

4.1.1 Planung

Vor der Planung einer Feuerlösch- und Brandschutzanlage ist ein Brandschutzkonzept unter Einbeziehung der jeweiligen Landesbauordnung der für den jeweiligen Bautyp geltenden Gesetze, Verordnungen und Richtlinien (z. B. Hochhausrichtlinie, Versammlungsstättenverordnung, Garagenverordnung) und den anerkannten Regeln der Technik zu berücksichtigen.

Die Angaben für den Aufbau und die Anforderungen an die Feuerlösch- und Brandschutzanlagen sind dem Brandschutzkonzept zu entnehmen. Sollte ein derartiges Konzept nicht vorliegen, sind die Angaben bei den für den Brandschutz zuständigen Stellen, z. B. Bauaufsicht, Feuerwehr, Gutachter, einzuholen. Darüber hinaus sind dem Wasserversorgungsunternehmen die zur Beurteilung der Anlage notwendigen Unterlagen (Zeichnungen, Berechnungen) vorzulegen. Außerdem sind insbesondere die den Brandschutz betreffenden baurechtlichen Vorschriften und Auflagen zu beachten.

Feuerlösch- und Brandschutzanlagen in Grundstücken und Gebäuden dienen dem Objektschutz im Sinne des DVGW W 405. Für die Bereitstellung von Löschwasser aus dem Trinkwassernetz ist in jedem Einzelfall die Zustimmung des Wasserversorgungsunternehmens einzuholen.

Löschwasseranlagen „trocken" sind nach DIN 14462 auszuführen.

Müssen bestehende Feuerlösch- und Brandschutzanlagen erweitert oder verändert werden, ist das ursprünglich zugrunde gelegte Brandschutzkonzept zu überprüfen und, falls notwendig, in Abstimmung mit den zuständigen Stellen anzupassen.

4.1.2 Hygiene

Feuerlösch- und Brandschutzanlagen kommen während ihrer Lebensdauer nur im Brandfall zum Einsatz. Sind sie mit Wasser gefüllt und nicht durchflossen, besteht die Gefahr, dass das Wasser so lange in den Anlagen verbleibt, dass es hygienisch bedenklich wird. Sind solche Anlagen ohne geeignete LWÜs mit der Trinkwasserversorgungsanlage verbunden, stellen sie eine Gefahr für die Beschaffenheit des das Trinkwassers dar. Bei Planung, Bau, Betrieb, Änderung und Instandhaltung von Feuerlösch- und Brandschutzanlagen im Anschluss an Trinkwasser-Installationen muss daher darauf geachtet werden, dass das Löschwasser an der LWÜ (siehe Tabelle 1) sicher von der Trinkwasserversorgungsanlage ferngehalten wird und die Anschlussleitung zur LWÜ ausreichend mit Trinkwasser durchströmt wird. Die Anforderungen der TrinkwV an die Trinkwasserbeschaffenheit sind bei Neuinstallationen und bei bestehenden Anlagen unbedingt einzuhalten.

Eine Einspeisung von Nicht-Trinkwasser oder von Löschmittelzusätzen ist nur in mittelbar angeschlossene Löschanlagen zulässig.

4.1.3 Anschlussleitung

Für die Planung und Ausführung der Anschlussleitung gilt das DVGW-Merkblatt W 404.

Durch die Entnahme für den Objektschutz darf der Mindestdruck im Versorgungsnetz nicht gefährdet werden (siehe DVGW W 400-1, DVGW W 405).

Wird Trinkwasser als Löschwasser für ein Grundstück zur Verfügung gestellt, müssen die Löschwasser- und die Verbrauchsleitung durch eine gemeinsame Anschlussleitung versorgt werden.

Stellt das Wasserversorgungsunternehmen nur Teilmengen des Löschwasserbedarfs zur Verfügung, ist die Differenz zu bevorraten.

4.1.4 Verbrauchserfassung

Löschwassermengen werden gemeinsam mit dem übrigen Trinkwasserverbrauch gemessen. Der Wasserzähler wird in der Form ausgewählt, dass er den Trinkwasserverbrauch mit hinreichender Genauigkeit erfasst und den Volumenstrom für den Feuerlöschfall abdecken kann. Die Größe des Wasserzählers wird vom Wasserversorgungsunternehmen festgelegt.

4.1.5 Einzelzuleitungen zu Löschwasserübergabestellen

Die Einzelzuleitungen zur LWÜ (siehe Bild 1) dürfen sowohl eine Länge von $10 \times DN$ als auch ein Volumen von 1,5 l nicht überschreiten. Anderenfalls sind geeignete automatische Spüleinrichtungen in der LWÜ vorzusehen, um eine ausreichende Wassererneuerung sicherzustellen. Die Spüleinrichtungen sind so zu dimensionieren, dass damit bei einer Nennweite DN 50, bezogen auf den Nenndurchmesser, eine Fließgeschwindigkeit von mindestens 0,2 m/s und bei einer Nennweite über DN 50 eine Fließgeschwindigkeit von mindestens 0,1 m/s erreicht wird. Die automatische Spüleinrichtung ist so zu betreiben, dass damit mindestens das 3-fache Wasservolumen der Einzelzuleitung wöchentlich ausgetauscht wird.

Der Spitzendurchfluss in der Einzelzuleitung zu einer LWÜ darf die rechnerische Fließgeschwindigkeit von 5 m/s nicht übersteigen.

Bild 1 — Symbol für LWÜ nach dieser Norm

4.1.6 Löschwasserübergabestelle

Die LWÜ sollte möglichst nahe an der Wasserzähleranlage liegen (siehe Bild 2).

Die LWÜ beginnt mit einer Absperrarmatur.

Die LWÜ darf nicht in Räumen untergebracht werden, in denen eine Überflutung möglich ist.

Für das bei bestimmungsgemäßem Betrieb und das bei Prüf- und Wartungszwecken anfallende Wasser müssen Entwässerungssysteme installiert sein, die nach DIN EN 1717, DIN 1986-100 bzw. nach den Normen der Reihe DIN EN 12056 gebaut und dimensioniert werden müssen.

Es ist eine Risikobetrachtung vorzunehmen, nach der die geeignete LWÜ nach Tabelle 1 auszuwählen ist.

Alle Bauteile, die in Trinkwasser-Installationen eingesetzt sind bzw. werden, insbesondere LWÜs, müssen z. B. ein DIN/DVGW-Zertifizierungszeichen führen.

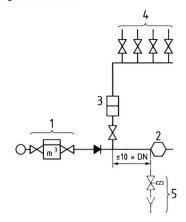

Legende
1 Wasserzähleranlage
2 LWÜ
3 Mechanisch wirkender Filter
4 Ständiger Trinkwasser-Verbraucher
5 Spüleinrichtung

Bild 2 — Schematische Darstellung für den Anschluss einer LWÜ an das Trinkwassernetz

Tabelle 1 — Zuordnungstabelle für zulässige Anschlussarten an der LWÜ

Anlagentyp	Anlagen mit zusätzlicher Einspeisung von Nichttrinkwasser	Löschwasseranlagen „nass" mit Wandhydrant Typ F, Typ S nach DIN 14462	Löschwasseranlagen „nass-trocken" mit Wandhydrant Typ F, Typ S nach DIN 14462	Trinkwasser-Installation mit Wandhydrant Typ S nach DIN 14462	Feuerlösch- und Brandschutzanlage mit offenen Düsen, z. B. nach DIN 14494, DIN 14495, DIN CEN/TS 14816, VdS 2109	Sprinkleranlage, z. B. nach DIN 14489, DIN EN 12845, VdS CEA 4001	Anlagen mit Unter- und Überflurhydranten
Übergabestelle							
Freier Auslauf Typ AA, AB nach DIN EN 1717	X	X	–	–	X	X	X
Füll-und Entleerungsstation nach DIN 14463-1	–	–	X[b]	–	–	–	X[b]
Füll- und Entleerungsstation nach DIN 14463-2	–	–	–	–	X[b]	–	–
Direktanschlussstation nach DIN 14464	–	–	–	–	X[a]	X[a]	–
Schlauchanschlussventil 1" mit Sicherungseinrichtung nach DIN 14461-3	–	–	–	X[c]	–	–	–
Über- und Unterflurhydranten nach DIN EN 14339 und DIN EN 14384	–	–	–	–	–	–	X[c]

[a] Einschränkungen nach 4.3 beachten
[b] Spitzenvolumenstrom in der Füllphase beachten
[c] Bei ausreichend durchflossenen Trinkwasserinstallationen geeignet, siehe 4.2.1

4.2 Leitungsanlagen

4.2.1 Leitungen und Armaturen

Bei Versorgung der Feuerlösch- und Brandschutzanlage darf in Abhängigkeit des über die Anschlussleitung bereitgestellten Volumenstromes die Fließgeschwindigkeit in der gemeinsamen Zuleitung 5 m/s nicht überschreiten.

Die Dimensionierung der gemeinsamen Zuleitung muss nach dem Trinkwasserspitzenvolumenstrom erfolgen.

Leitungen zu Feuerlösch- und Brandschutzanlagen und deren Armaturen mit drucktragenden Teilen müssen aus nichtbrennbaren Materialien bzw. aus metallischen Werkstoffen bestehen, sofern diese nicht erdverlegt oder in einen gegen Brandeinwirkungen gesicherten Hausanschlussraum ohne Brandlast installiert sind. Die Anforderungen sind dem Brandschutzkonzept zu entnehmen.

Werden metallische Rohrleitungen für Anschluss- und Einzelanschlussleitungen verwendet, sind im Rahmen der Korrosionswahrscheinlichkeit nach Reihe DIN EN 12502 und DIN 50930-6 geeignete Materialen zu verwenden.

Ist in der Zuleitung zu Brandschutzeinrichtungen die Installation von Armaturen vorgesehen, so müssen diese so beschaffen sein, dass von Ihnen keine Beeinträchtigung der Brandschutzeinrichtung ausgehen kann.

Im Leitungsweg des Löschwassers sind alle Absperreinrichtungen zu kennzeichnen und gegen unbefugtes Schließen zu sichern.

In Fließrichtung vor der LWÜ sind Rohrleitungen zur Versorgung von Feuerlösch- und Brandschutzanlagen und deren Verbindungstechnik nach Tabelle 2 auszuführen.

Tabelle 2 — Rohrleitungsmaterialien in Trinkwasser-Installationen bis zur Übergabestelle

Rohrleitungsmaterial	Rohre nach	Verbindungstechniken	Fittings nach	Rohrverbindungen nach
Duktile Gussrohre	DIN EN 545 DIN EN 969	Flansch/Muffe		DIN 28601
Schmelztauchverzinkte Eisenwerkstoffe	DIN EN 10255 in Verbindung mit DIN EN 10240	Gewindeverbindung	DIN EN 10241 DIN EN 10242	DIN EN 10226-1
		Klemmverbindung	DVGW W 534	DVGW W 534
Nichtrostender Stahl	DVGW GW 541	Pressverbindung	DIN 2459	DVGW W 534
		Klemmverbindung	—	—
Kupfer und innenverzinntes Kupfer	DIN EN 1057 DIN EN 13349 DVGW GW 392 DVGW VP 652	Hartlötverbindung > 28 mm^a Weichlötverbindung ≤ 28 mm	DIN EN 1254-1 DIN EN 1254-4 DIN EN 1254-5 DVGW GW 6 DVGW GW 8	DVGW GW 2
		Schweißverbindung^a	DIN 2607 DIN EN 14640	DVGW GW 2
		Pressverbindung	DIN 2459 DVGW W 534	DVGW GW 2
		Klemmverbindung, metallisch dichtend	DIN EN 1254-2 DIN EN 1254-4 DVGW W 534	DVGW GW 2
		Steckverbindung	DVGW W 534	DVGW GW 2
		Pressverbindung	DVGW W 534	DVGW GW 2
Kupferohre mit festhaftendem Kunststoffmantel	DVGW VP 652	Pressverbindung	DVGW W 534	DVGW W 534 DVGW VP 652

^a Hartlöt- und Schweißverbindungen sind für innenverzinntes Kupfer nicht zulässig.

Von der zu einer Feuerlösch- und Brandschutzanlage führenden Trinkwasserleitung abzweigende Leitungen müssen separat absperrbar sein (siehe DIN 1988-200).

Werden Verteil- und Steigleitungen der Trinkwasser-Installation in brennbaren Materialien ausgeführt, so ist sicherzustellen, dass im Falle einer Löschwasserentnahme diese Leitungsteile durch automatisch schließende Armaturen abgesperrt werden.

Metallische Rohrleitungen sind in den Potenzialausgleich einzubeziehen.

Trinkwasserleitungen und Nichttrinkwasserleitungen sind nach DIN 2403 zu kennzeichnen.

4.2.2 Druckerhöhungsanlagen

Druckerhöhungsanlagen für Trinkwasser-Installationen mit Wandhydranten Typ S sind nach DIN 1988-500 bzw. DIN 14462 auszulegen.

Druckerhöhungsanlagen in der Anschlussleitung zur Füll- und Entleerungsstation können als Einzelpumpenanlage ausgeführt sein. Werden mehrere Pumpen eingesetzt, muss jede einzelne Pumpe die gesamte Feuerlöschmenge fördern können. Für die Auslegung und Berechnung der Feuerlöschanlage sind die entsprechenden Planungsgrundsätze anzuwenden, z. B. in DIN 14462 für Wandhydrantenanlagen.

4.2.3 Druckminderung

Druckminderer für Trinkwasser-Installationen mit Wandhydranten Typ S sind nach DIN 1988-8 und DIN 1988-200 auszulegen, einzubauen und zu betreiben.

Für Trinkwasser-Installationen erforderliche Druckminderer sind nicht in die gemeinsame Zuleitung einzubauen.

4.2.4 Mechanisch wirkende Filter und Steinfänger

Mechanisch wirkende Filter für Trinkwasser-Installationen mit Wandhydranten Typ S sind nach DIN 1988-7 und DIN 1988-200 auszulegen, einzubauen und zu betreiben.

Mechanisch wirkende Filter dürfen nicht in der gemeinsamen Zuleitung von Trinkwasserinstallation und Feuerlösch- und Brandschutzanlage eingebaut werden, sondern sind im Abzweig zur Trinkwasser-Installation einzusetzen. Der Abzweig sollte unmittelbar nach der Wasserzähleranlage erfolgen (siehe Bild 2).

In der Leitung zur LWÜ dürfen nur Steinfänger mit einer Maschenweite von mindestens 1,0 mm verwendet und betrieben werden.

4.2.5 Ermittlung der Rohrdurchmesser

Für die Ermittlung der Rohrdurchmesser bis zur LWÜ gilt DIN 1988-3.

4.3 Ergänzende Festlegungen zu den Anschlussarten

4.3.1 Freier Auslauf

Der freie Auslauf muss den Anforderungen der DIN EN 1717, Typ AA oder AB, und DIN EN 13076 oder DIN EN 13077 entsprechen. Die Festlegung der Anforderungen an den Vorlagebehälter darf z. B. nach DIN EN 12845 erfolgen.

4.3.2 Füll- und Entleerungsstation

Das Befüllen und Entleeren von Löschwasserleitungen darf nur über eine fernbetätigte Füll- und Entleerungsstation nach DIN 14463-1 mit z. B. DIN/DVGW-Prüfzeichen erfolgen.

Fernbetätigte Füll- und Entleerungsstationen müssen so installiert werden, dass in den Anschlussleitungen stagnierendes Wasser vermieden wird. Dieses kann durch die Einbindung der Verbrauchsleitung des Gebäudes unmittelbar vor der Station (Abstand maximal 10 × Nennweite) oder durch eine automatische Spüleinrichtungen erreicht werden.

Für den Entleerungsvorgang ist ein ausreichend dimensionierter Abfluss sicherzustellen, der mindestens die Nennweite DN 100 haben muss. Die Mündung der Entleerungsarmatur zum Abfluss muss dabei als freier Auslauf nach DIN EN 1717 gestaltet sein.

4.3.3 Erdverlegte Leitungsanlagen für Unter- und Überflurhydranten im Anschluss an Trinkwasserleitungen

Unter- und Überflurhydranten auf Grundstücken dürfen nur unmittelbar an die Trinkwasser-Installation angeschlossen werden, wenn der Spitzenvolumenstrom des Trinkwassers größer als der Löschwasservolumenstrom ist.

In der Einzelzuleitung zur LWÜ > 10 × DN ist eine ausreichende Wassererneuerung sicherzustellen. Hierzu sind geeignete Spüleinrichtungen in der Übergabestelle zu verwenden. Diese sind so auszulegen, dass die automatische Spülung mindestens das 3-fache Wasservolumen der Einzelzuleitung wöchentlich austauscht. Dabei muss mindestens eine Fließgeschwindigkeit von 0,1 m/s erreicht werden.

Der Spitzendurchfluss in der Einzelzuleitung zu einer LWÜ darf die rechnerische Fließgeschwindigkeit von 5 m/s nicht übersteigen.

Unter- und Überflurhydranten müssen DIN EN 1074-6 entsprechen und nach DVGW W 331 ausgewählt, eingebaut und betrieben werden.

Beispiele für Unter- und Überflurhydrantenanlagen mit ausreichender Trinkwassererneuerung zeigt Bild A.7. Stichleitungen zu Unter- und Überflurhydranten sollten vermieden werden. Unter- und Überflurhydranten sind möglichst unmittelbar auf der Trinkwasserleitung anzuordnen.

Die Stellen, an denen die erdverlegten Leitungen Absperreinrichtungen, Unterflurhydranten, Entleerungen oder Entlüftungen eingebaut sind, müssen durch gut sichtbare Hinweisschilder nach DIN 4066 und DIN 4067 gekennzeichnet sein.

4.3.4 Trinkwasser-Installation mit Wandhydrant Typ S

Leitungsanlagen für Wandhydranten Typ S in Gebäuden sind so auszuführen, dass alle Wandhydranten und Stockwerksleitungen über eine gemeinsame Steigleitung versorgt werden (siehe Bild A.3). Diese Anlagen dürfen ausschließlich mit Wandhydranten mit formstabilem Schlauch nach DIN 14461-1 betrieben werden. Der Berechnungsdurchfluss ist dabei mit maximal 2×24 l/min bei 0,2 MPa nach dem Schlauchanschlussventil anzusetzen. Für die Wandhydranten sind Schlauchanschlussventile mit Sicherungskombination nach DIN 14461-3 zu verwenden. Die maximale Rohrlänge bei Stichleitungen beträgt $10 \times DN$.

Zum Anschluss von Selbsthilfeeinrichtungen Typ S ist die Verwendung von brennbaren Installationsrohren der Baustoffklasse B1/B2 zulässig, wenn diese unter Putz mit einer Überdeckung von mindestens 15 mm oder hinter nichtbrennbaren geschlossenen Oberflächen aus mineralischen Baustoffen mit einer Mindestdicke von 15 mm in den Nutzungseinheiten verlegt sind.

4.3.5 Direktanschlussstation für Sprinkleranlagen und für Löschanlagen mit offenen Düsen

Direktanschlussstationen dürfen nur für Wasserlöschanlagen z. B. nach DIN 14489, DIN 14495, DIN EN 12845, DIN CEN/TS 14816 sowie VdS CEA 4001 und VdS 2109 unter Einhaltung folgender Bedingungen eingesetzt werden:

Es ist sicher zu stellen, dass ein Zufluss von Trinkwasser ausschließlich im Brandfall erfolgt.

Der Auslegungsvolumenstrom dieser Anlagen ist auf 50 m³/h begrenzt.

4.4 Fremdeinspeisungen

In unmittelbar an Trinkwasserversorgungsanlagen angeschlossene Feuerlösch- und Brandschutzanlagen darf kein Nichttrinkwasser, z. B. Wasser aus Tankfahrzeugen, Bächen, Löschwasserteichen und -brunnen, eingespeist werden. Anschlüsse für Fremdeinspeisungen sind daher unzulässig.

Mittelbar angeschlossene Feuerlösch- und Brandschutzanlagen gelten als Nichttrinkwasser-Anlagen. Hier sind daher Fremdeinspeisungen zulässig. Gleiches gilt für die Einspeisung von Löschmittelzusätzen und bevorratetem Löschwasser, z. B. Zisternen und Druckluftwasserkessel.

5 Behandlung von Feuerlösch- und Brandschutzanlagen in Verbindung mit Trinkwasseranlagen im Bestand

Werden die Anforderungen der TrinkwV nicht erfüllt, besteht kein Bestandsschutz für die Trinkwasser-Installation, die in Verbindung mit einer Feuerlösch- und Brandschutzanlage steht.

Bei Erweiterung, Sanierung und Instandsetzung bestehender Anlagen, die diese Anforderungen nicht erfüllen, müssen nicht nur die Anforderungen der TrinkwV, sondern auch die brandschutztechnischen Belange der Bauauflagen erfüllt werden.

6 Inbetriebnahme

Die Inbetriebnahme der Trinkwasseranlage ist vom Anlagenersteller nach DIN EN 806-5 bis zur LWÜ durchzuführen. Das Ergebnis der Inbetriebnahme ist schriftlich in einem Kontrollbuch festzuhalten

Für die Inbetriebnahme der Feuerlösch- und Brandschutzanlagen sind die Hinweise in den einschlägigen Normen und Richtlinien anzuwenden.

Der zuständige Betreiber oder dessen Vertreter ist in die Funktion und die Bedienung der Anlage zu unterweisen. Die Bedienungsanleitung ist in dauerhafter Ausführung in unmittelbarer Nähe der LWÜ anzubringen.

Anhang A
(normativ)

Schematische Darstellungen von Feuerlösch- und Brandschutzanlagen mit Anschluss an das Trinkwassersystem

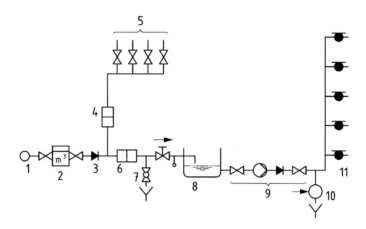

Legende
1 Hauptversorgungsleitung des öffentlichen Wasserversorgers
2 Wasserzähleranlage
3 Rückflussverhinderer
4 Mechanisch wirkender Filter
5 Ständige Trinkwasserverbraucher
6 Steinfänger
7 Automatische Spüleinrichtung
8 Vorlagebehälter mit freiem Auslauf, z. B. Typ AB nach DIN EN 1717
9 Druckerhöhungsanlage
10 Fremdwassereinspeisung, optional
11 Wandhydrant

**Bild A.1 — Schematische Darstellung einer Löschwasseranlage „nass".
LWÜ: Freier Auslauf**

DIN 1988-600:2010-12

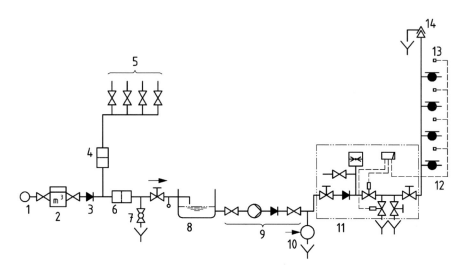

Legende
1 Hauptversorgungsleitung des öffentlichen Wasserversorgers
2 Wasserzähleranlage
3 Rückflussverhinderer
4 Mechanisch wirkender Filter
5 Ständige Trinkwasserverbraucher
6 Steinfänger
7 Automatische Spüleinrichtung
8 Vorlagebehälter mit freiem Auslauf, z. B. Typ AB nach DIN EN 1717
9 Druckerhöhungsanlage
10 Fremdwassereinspeisung, optional
11 Füll- und Entleerungsstation
12 Wandhydrant
13 Grenztaster für Schlauchanschlussventil
14 Be- und Entlüftungsventil

Bild A.2a —Schematische Darstellung einer Löschwasseranlage „nass-trocken" mit mittelbarem Anschluss.
LWÜ: Freier Auslauf

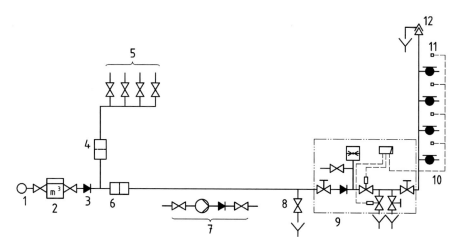

Legende
1 Hauptversorgungsleitung des öffentlichen Wasserversorgers
2 Wasserzähleranlage
3 Rückflussverhinderer
4 Mechanisch wirkender Filter
5 Ständige Trinkwasserverbraucher
6 Steinfänger
7 Druckerhöhungsanlage, optional
8 Automatische Spüleinrichtung
9 Füll- und Entleerungsstation
10 Wandhydrant
11 Grenztaster für Schlauchanschlussventil
12 Be- und Entlüftungsventil

Bild A.2b — Schematische Darstellung einer Löschwasseranlage „nass-trocken" mit unmittelbarem Anschluss.
LWÜ: Füll- und Entleerungsstation

DIN 1988-600:2010-12

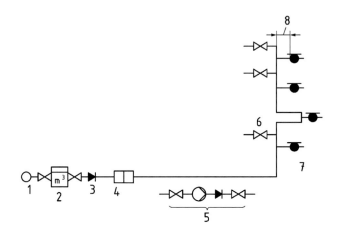

Legende
1 Hauptversorgungsleitung des öffentlichen Wasserversorgers
2 Wasserzähleranlage
3 Rückflussverhinderer
4 Mechanisch wirkender Filter
5 Druckerhöhungsanlage, optional
6 Ständige Trinkwasserverbraucher
7 Wandhydrant Typ S mit Sicherungskombination
8 a ≤ 10 DN und ≤ 1,5 l

Bild A.3 — Schematische Darstellung einer Trinkwasser-Installation mit Wandhydrant Typ S, bei einem Löschwasserbedarf kleiner als dem Trinkwasserbedarf.
LWÜ: Wandhydrant Typ S mit Sicherungskombination

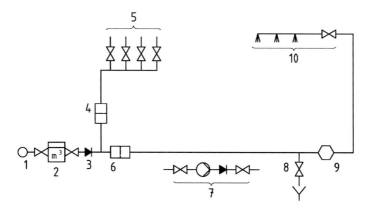

Legende
1   Hauptversorgungsleitung des öffentlichen Wasserversorgers
2   Wasserzähleranlage
3   Rückflussverhinderer
4   Mechanisch wirkender Filter
5   Ständige Trinkwasserverbraucher
6   Steinfänger
7   Druckerhöhungsanlage, optional
8   Automatische Spüleinrichtung
9   Direktanschlussstation
10 Löschanlage mit offenen Düsen und Sprühwasserventilstation oder Sprinkleranlage

Bild A.4 — Schematische Darstellung einer Löschanlage mit offenen Düsen oder Sprinkleranlage mit unmittelbarem Anschluss.
LWÜ: Direktanschlussstation

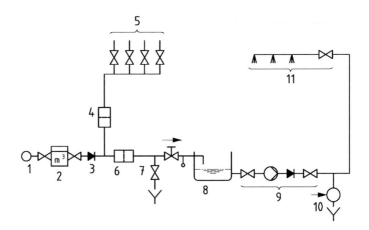

Legende
1 Hauptversorgungsleitung des öffentlichen Wasserversorgers
2 Wasserzähleranlage
3 Rückflussverhinderer
4 Mechanisch wirkender Filter
5 Ständige Trinkwasserverbraucher
6 Steinfänger
7 Automatische Spüleinrichtung
8 Vorlagebehälter mit freiem Auslauf, z. B. Typ AB nach DIN EN 1717
9 Druckerhöhungsanlage
10 Fremdwassereinspeisung
11 Löschanlage mit offenen Düsen und Sprühwasserventilstation oder Sprinkleranlage mit Alarmventilstation

Bild A.5 — Schematische Darstellung einer Löschanlage mit offenen Düsen oder Sprinkleranlage mit mittelbarem Anschluss.
LWÜ: Freier Auslauf

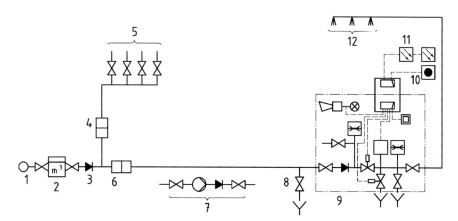

Legende
1 Hauptversorgungsleitung des öffentlichen Wasserversorgers
2 Wasserzähleranlage
3 Rückflussverhinderer
4 Mechanisch wirkender Filter
5 Ständige Trinkwasserverbraucher
6 Steinfänger
7 Druckerhöhungsanlage, optional
8 Automatische Spüleinrichtung
9 Füll- und Entleerungsstation
10 Handfeuermelder
11 Automatischer Melder, z. B. optischer Rauchmelder
12 Löschanlage mit offenen Düsen

Bild A.6 — Schematische Darstellung einer Löschanlage mit offenen Düsen mit unmittelbarem Anschluss.
LWÜ: Füll- und Entleerungsstation

DIN 1988-600:2010-12

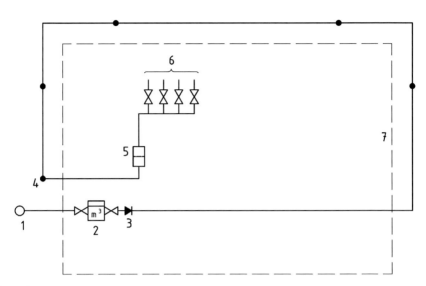

Legende
1 Hauptversorgungsleitung des öffentlichen Wasserversorgers
2 Wasserzähleranlage
3 Rückflussverhinderer
4 Hydrant, z. B. Unterflurhydrant
5 Mechanisch wirkender Filter
6 Ständige Trinkwasserverbraucher
7 Gebäude

Bild A.7 — Schematische Darstellung einer Anlage mit Unter- und Überflurhydranten bei einem Löschwasserbedarf kleiner als dem Trinkwasserbedarf.
LWÜ: Unter- oder Überflurhydrant

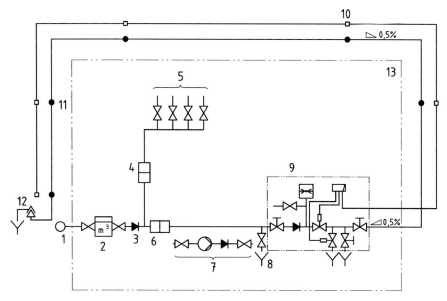

Legende
1 Hauptversorgungsleitung des öffentlichen Wasserversorgers
2 Wasserzähleranlage
3 Rückflussverhinderer
4 Mechanisch wirkender Filter
5 Ständige Trinkwasserverbraucher
6 Steinfänger
7 Druckerhöhungsanlage, optional
8 Automatische Spüleinrichtung
9 Füll- und Entleerungsstation
10 Grenztaster
11 Hydrant, z. B. Unterflurhydrant
12 Be- und Entlüftungsventil
13 Gebäude

Bild A.8 — Schematische Darstellung einer Anlage mit Unter- und Überflurhydranten mit unmittelbarem Anschluss.
LWÜ: Füll- und Entleerungsstation

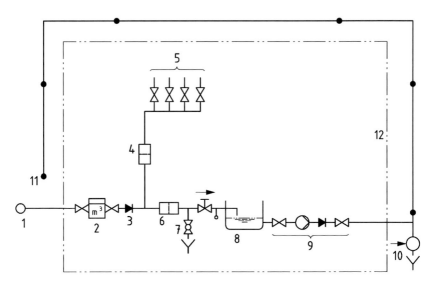

Legende
1 Hauptversorgungsleitung des öffentlichen Wasserversorgers
2 Wasserzähleranlage
3 Rückflussverhinderer
4 Mechanisch wirkender Filter
5 Ständige Trinkwasserverbraucher
6 Steinfänger
7 Automatische Spüleinrichtung
8 Vorlagebehälter mit freiem Auslauf, z. B. Typ AB nach DIN EN 1717
9 Druckerhöhungsanlage
10 Fremdwassereinspeisung
11 Hydrant, z B Unterflurhydrant
12 Gebäude

Bild A.9 — Schematische Darstellung einer Anlage mit Unter- und Überflurhydranten mit mittelbarem Anschluss.
LWÜ: Freier Auslauf

Juli 2003

| Feuerlösch-Schlauchanschlusseinrichtungen
Teil 1: Wandhydrant mit formstabilem Schlauch | **DIN**
14461-1 |

ICS 23.220.10

Ersatz für
DIN 14461-1:1998-02

Delivery valve installation — Part 1: Hose reel with semi-rigid hose

Equipement de branchement de tuyaux pour la lutte contre l'incendie —
Partie 1: Systèmes équipés de tuyaux semi-rigides

Vorwort

Diese Norm wurde vom FNFW-Arbeitsausschuss (AA) 191.9 „Anlagen zur Löschwasserversorgung einschließlich Wandhydranten" erarbeitet.

DIN 14461 „Feuerlösch-Schlauchanschlusseinrichtungen" besteht aus:

— *Teil 1: Wandhydrant mit formstabilem Schlauch*

— *Teil 2: Einspeiseeinrichtung und Entnahmeeinrichtung für Steigleitung „trocken"*

— *Teil 3: Schlauchanschlussventil PN 16*

— *Teil 4: Einspeisearmatur PN 16 für Steigleitung „trocken"*

— *Teil 5: Schlauchanschlussarmatur PN 16 für Steigleitung „trocken"*

— *Teil 6: Schrankmaße und Einbau von Wandhydranten mit Flachschlauch nach DIN EN 671-2.*

Fortsetzung Seite 2 bis 12

Normenausschuss Feuerwehrwesen (FNFW) im DIN Deutsches Institut für Normung e. V.

Inhalt

	Seite
Vorwort	1
Einleitung	3
1 Anwendungsbereich	3
2 Normative Verweisungen	4
3 Begriffe	5
4 Hinweise für Planer, Anlagenhersteller und Betreiber	5
5 Ausstattung, Maße, Bezeichnung	6
6 Anforderungen	9
7 Einbau	9
8 Installationsanleitung	10
9 Bedienungsanleitung	11
10 Abnahmeprüfung	11
Literaturhinweise	12

Änderungen

Gegenüber DIN 14461-1:1998-02 wurden folgende Änderungen vorgenommen:

a) Anwendungsbereich geändert;

b) Anforderungen an Wandhydranten zur Selbsthilfe (Typ S) und zur Nutzung durch die Feuerwehr (Typ F) festgelegt;

c) Bezeichnung geändert;

d) Einleitung aufgenommen;

e) Abschnitt „Hinweise für Planer, Anlagenhersteller und Betreiber" aufgenommen;

f) Anhang A geändert zu Anhang Literaturhinweise;

g) Anhang B gestrichen, überarbeiteter Text wurde in die Einleitung übernommen;

h) redaktionell überarbeitet.

Frühere Ausgaben

DIN 14461-1: 1966-08, 1976-05, 1986-01, 1998-02

Einleitung

Wandhydranten mit formstabilen Schläuchen geben – anders als Wandhydranten mit Flachschlauch – anwesenden Personen im Ernstfall die Möglichkeit der Selbsthilfe, ohne dass spezielle Fachkenntnisse erforderlich sind.

Grundsätzlich werden diese Wandhydranten in zwei Typen untergliedert, die in der Handhabung zwar gleich sind, sich aber in Löschwassermenge und Art des Wasserversorgungsanschlusses grundsätzlich unterscheiden. Beim Wandhydranten – Typ S – ist der Anschluss von Feuerwehrschläuchen nicht möglich. Wandhydranten – Typ F – dienen der Brandbekämpfung durch Laien und durch die Feuerwehr.

Feuerlösch- und Brandschutzanlagen kommen während ihrer Lebensdauer nur im Brandfall zum Einsatz. Sind solche Anlagen mit Wasser gefüllt und nicht durchflossen, besteht die Gefahr, dass das Wasser so lange in den Anlagen verbleibt, dass es hygienisch bedenklich wird. Sind solche Anlagen mit der Trinkwasserversorgungsanlage verbunden, stellen sie eine Gefahr für das Trinkwasser dar.

Die vorliegende Norm soll dazu beitragen, Löschwasserleitungen mit geringeren Querschnitten zu ermöglichen, um stagnierendes Wasser zu vermeiden. Diese Löschwasserleitungen sind nicht mehr für die Brandbekämpfung durch die Feuerwehr geeignet, sondern für die Selbsthilfe der Gebäudenutzer gedacht. Für den Einbau von Wandhydranten Typ S nach dieser Norm ist deshalb vom Bauherrn bzw. dessen Entwurfsverfasser oder Fachplaner die Zustimmung der für den Brandschutz zuständigen Stelle – in der Regel der öffentlichen Feuerwehr – einzuholen.

1 Anwendungsbereich

1.1 Diese Norm gilt für Anschlüsse von Schlauchhaspeln mit formstabilem Schlauch nach DIN EN 671-1 an nasse und nass/trockene Löschwasserleitungen. Der Wandhydrant mit formstabilem Schlauch Typ S mit einer reduzierten Löschwassermenge von 12 l/min bis 24 l/min dient der Selbsthilfe. Der Wandhydrant Typ F kann zusätzlich zur Löschwasserentnahme durch die Feuerwehr genutzt werden.

1.2 Diese Norm legt Anforderungen an Schränke und deren Ausstattung für Schlauchhaspeln mit formstabilem Schlauch nach DIN EN 671-1 und an den Einbau, die Installation und die Abnahmeprüfung fest.

1.3 Diese Norm soll Architekten, Planern, Feuerwehren und Verwaltungsstellen ermöglichen, Wandhydranten mit formstabilem Schlauch zweckmäßig in den entsprechenden Brandschutzbereichen vorzusehen.

1.4 Die Schränke dürfen mit weiteren Löschgeräten (z. B. tragbaren Feuerlöschern nach DIN EN 3-1) und/oder Brandmeldeeinrichtungen (z. B. Handfeuermeldern nach DIN EN 54-11) kombiniert werden.

ANMERKUNG   Für die Errichtung von Löschwasserleitungen siehe DIN 1988-1 bis DIN 1988-8.

2 Normative Verweisungen

Diese Norm enthält durch datierte oder undatierte Verweisungen Festlegungen aus anderen Publikationen. Diese normativen Verweisungen sind an den jeweiligen Stellen im Text zitiert, und die Publikationen sind nachstehend aufgeführt. Bei datierten Verweisungen gehören spätere Änderungen oder Überarbeitungen dieser Publikationen nur zu dieser Norm, falls sie durch Änderung oder Überarbeitung eingearbeitet sind. Bei undatierten Verweisungen gilt die letzte Ausgabe der in Bezug genommenen Publikation (einschließlich Änderungen).

DIN 1988-1, *Technische Regeln für Trinkwasser-Installationen (TRWI) — Allgemeines — Technische Regel des DVGW.*

DIN 1988-2, *Technische Regeln für Trinkwasser-Installationen (TRWI) — Teil 2: Planung und Ausführung — Bauteile, Apparate, Werkstoffe; Technische Regel des DVGW.*

DIN 1988-3, *Technische Regeln für Trinkwasser-Installationen (TRWI) — Teil 3: Ermittlung der Rohrdurchmesser; Technische Regel des DVGW.*

DIN 1988-4, *Technische Regeln für Trinkwasser-Installationen (TRWI) — Teil 4: Schutz des Trinkwassers — Erhaltung der Trinkwassergüte; Technische Regel des DVGW.*

DIN 1988-5, *Technische Regeln für Trinkwasser-Installationen (TRWI) — Teil 5: Druckerhöhung und Druckminderung; Technische Regel des DVGW.*

DIN 1988-6, *Technische Regeln für Trinkwasser-Installationen (TRWI) — Teil 6: Feuerlösch- und Brandschutzanlagen; Technische Regel des DVGW.*

DIN 1988-7, *Technische Regeln für Trinkwasser-Installationen (TRWI) — Teil 7: Vermeidung von Korrosionsschäden und Steinbildung; Technische Regel des DVGW.*

DIN 1988-8, *Technische Regeln für Trinkwasser-Installationen (TRWI) — Teil 8: Betrieb der Anlagen; Technische Regel des DVGW.*

DIN 4066:1997-07, *Hinweisschilder für die Feuerwehr.*

DIN 14461-3, *Feuerlösch-Schlauchanschlusseinrichtungen — Teil 3: Schlauchanschluss-Ventile PN 16.*

DIN 14811 (alle Teile), *Druckschläuche.*

DIN 86204, *C-Festkupplung PN 16 aus Kupfer-Zink-Legierung für die Verwendung auf Schiffen.*

DIN EN 3-1, *Tragbare Feuerlöscher — Teil 1: Benennung, Funktionsdauer, Prüfobjekte der Brandklassen A und B; Deutsche Fassung EN 3-1:1996.*

DIN EN 54-11, *Brandmeldeanlagen — Teil 11: Handfeuermelder; Deutsche Fassung EN 54-11:2001.*

DIN EN 671-1:2001-08, *Ortsfeste Löschanlagen — Wandhydranten — Teil 1: Schlauchhaspeln mit formstabilem Schlauch; Deutsche Fassung EN 671-1:2001.*

DIN EN 694, *Formstabile Schläuche für Schlauchhaspeln in Feuerlösch-Schlaucheinrichtungen; Deutsche Fassung EN 694:2001.*

DIN EN 1717, *Schutz des Trinkwassers vor Verunreinigungen in Trinkwasser-Installationen und allgemeine Anforderungen an Sicherheitseinrichtungen zur Verhütung von Trinkwasserverunreinigungen durch Rückfließen; Technische Regel des DVGW; Deutsche Fassung EN 1717:2000.*

4

DIN EN ISO 216, *Schreibpapier und bestimmte Gruppen von Drucksachen — Endformate — A- und B-Reihen (ISO 216:1975); Deutsche Fassung EN ISO 216:2001.*

92/58/EWG, Richtlinie 92/58/EWG des Rates vom 24.Juni 1992 — Mindestvorschriften für die Sicherheits- und/oder Gesundheitsschutzkennzeichnung am Arbeitsplatz [1].

3 Begriffe

Für die Anwendung dieser Norm gelten die in DIN EN 671-1 und DIN 1988-6 angegebenen und die folgenden Begriffe.

3.1
Wandhydrant mit formstabilem Schlauch – Typ S
bestehend aus einem Schrank mit Ausstattung nach Tabelle 1 und einem Schlauchanschlussventil Größe 1 nach DIN 14461-3 und dient ausschließlich den Laien als Selbsthilfeeinrichtung bei der Brandbekämpfung. Eine Nutzung durch die Feuerwehr ist nicht vorgesehen

3.2
Wandhydrant mit formstabilem Schlauch – Typ F
bestehend aus einem Schrank mit Ausstattung nach Tabelle 1 und einem Schlauchanschlussventil Größe 2 nach DIN 14461-3 und dient Laien sowie der Feuerwehr bei der Brandbekämpfung. Die Feuerwehr kann hierbei die Schlauchhaspel am Schlauchanschlussventil mit dem Schlauch nach DIN EN 694 abkuppeln und einen Druckschlauch nach DIN 14811[2] anschließen

3.3
Wandhydranten-Kombination
bestehend aus dem Wandhydranten mit formstabilem Schlauch oder Flachschlauch und einer oder mehreren Erweiterungen

ANMERKUNG Erweiterungen können z. B. Tragbare Feuerlöscher nach DIN EN 3-1 und/oder Handfeuermelder nach DIN EN 54-11 sein.

3.4
Schlauchanschlussventil
handbetätigtes Absperrventil nach DIN 14461-3 für Löschwasserleitung „nass" und „nass/trocken" zum Anschluss von Feuerlöschschläuchen

ANMERKUNG Für unmittelbar mit dem Trinkwasser verbundene Wandhydranten ist DIN 1988-6 zu beachten (Ausstattung mit Sicherungskombination).

3.5
Schlauchhaspel, ausschwenkbar
Haspel, die sich in mehr als einer Ebene drehen lässt und DIN EN 671-1 entspricht

4 Hinweise für Planer, Anlagenhersteller und Betreiber

4.1 Es gelten die Anforderungen nach DIN 1988-6.

ANMERKUNG Hinweise für die Planung von Löschwasserleitungen und Wandhydranten werden bei der Überarbeitung der DIN 14462-1 berücksichtigt (Norm in Vorbereitung).

---

[1] Zu beziehen durch: Deutsches Informationszentrum für technische Regeln (DITR), 10772 Berlin.

[2] Europäische Norm EN 1924 in Vorbereitung (DIN 14811 wird bei Erscheinen der Europäischen Norm durch DIN EN 1924 ersetzt.

4.2 Wandhydranten vom Typ S dürfen nur eingebaut werden, wenn das Einverständnis der für den Brandschutz zuständigen Dienststelle vorliegt.

5 Ausstattung, Maße, Bezeichnung

5.1 Ausstattung

Die Ausstattung des Wandhydranten muss nach Tabelle 1 erfolgen.

Tabelle 1 — Zusammenstellung des Wandhydranten (Ausstattung)

Lfd. Nr.	Anzahl	Wandhydrant	
		Typ S	Typ F
1	1	Verschraubung 1 nach DIN 14461-3	Verschraubung 2 nach DIN 14461-3
2	1	Schlauchanschlussventil G 1A nach DIN 14461-3; Bei direktem Trinkwasseranschluss ist zusätzlich eine Sicherungseinrichtung nach DIN 14461-3 erforderlich	Schlauchanschlussventil G 2A nach DIN 14461-3, mit C-Festkupplung nach DIN 86204; Bei direktem Trinkwasseranschluss ist zusätzlich eine Sicherungseinrichtung nach DIN 14461-3 erforderlich
3	1	Lösbare Verbindung zum Schlauchanschlussventil mit eingebundenem formstabilem Druckschlauch nach DIN EN 694	C-Knaggenteil nach DIN 86204 mit Schlauchstutzen mit eingebundenem formstabilem Druckschlauch mit einem Innendurchmesser von 25 mm nach DIN EN 694
4	1	Schlauchhaspel nach DIN EN 671-1, ausschwenkbar mit Schwingarm und Haspelhalteschiene im Schrank, mit 30 m formstabilem Schlauch mit einem Innendurchmesser von 19 mm, Strahlrohr mit einer Löschwassermenge von höchstens 24 l/min (siehe DIN EN 671-1:2001-08, Tabelle 4)	Schlauchhaspel nach DIN EN 671-1, ausschwenkbar mit Schwingarm und Haspelhalteschiene im Schrank, mit 30 m formstabilem Schlauch mit einem Innendurchmesser von 25 mm, Strahlrohr mit 6 mm Austrittsöffnung (siehe DIN EN 671-1:2001-08, Tabelle 4)
5	1	Bedienungsanleitung, mindestens Format A5 nach DIN EN ISO 216; Beschriftung nach Abschnitt 9	Bedienungsanleitung, mindestens Format A5 nach DIN EN ISO 216; Beschriftung nach Abschnitt 9
6	1	Erkennungssymbol nach EU-Richtlinie 92/58/EWG mit Zusatz „Typ S"	Erkennungssymbol nach EU-Richtlinie 92/58/EWG mit Zusatz „Typ F"
7	1	Nur bei Anschluss des Wandhydranten an Löschwasserleitung „nass/trocken": Hinweisschild mit Aufschrift „Wasser kommt nach max. 60 Sekunden", Schild D1 nach DIN 4066	Nur bei Anschluss des Wandhydranten an Löschwasserleitung „nass/trocken": Hinweisschild mit Aufschrift „Wasser kommt nach max. 60 Sekunden", Schild D1 nach DIN 4066

5.2 Schränke

5.2.1 Der Schrank muss Bild 1 und den Maßen nach Tabelle 2 entsprechen. Nicht angegebene Einzelheiten sind zweckentsprechend zu wählen. Bauarten, siehe Tabelle 2.

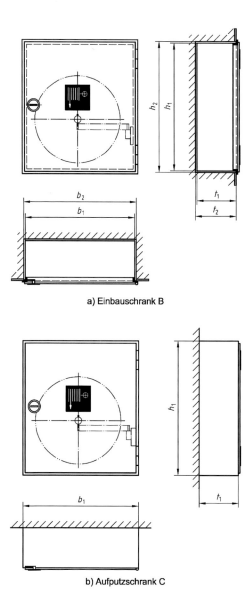

a) Einbauschrank B

b) Aufputzschrank C

Bild 1 — Schrank

Tabelle 2 — Mindestmaße für Fach mit Schlauchhaspeln bis 600 mm Durchmesser

Bauart	b_1 mm	b_2 mm	h_1 mm	h_2 mm	t_1 mm	t_2 mm
B	700	720	800	820	250	260
C	740	—	840	—	250	—

Bei Schlauchhaspeln über 600 mm Durchmesser sind die in Tabelle 2 aufgeführten Maße entsprechend zu vergrößern, so dass zwischen der Haspel und dem Schrank in jeder Stellung der Haspel ein Abstand von min. 35 mm erhalten bleibt; die Tiefe kann bis auf 180 mm verringert werden.

Beim Typ S kann das Maß t_1 auf 180 mm verringert werden.

5.2.2 Die Anschlussbohrungen im Schrank für das Schlauchanschlussventil dürfen in der linken oder rechten Seitenwand oder in der Rückwand oben links oder rechts angebracht sein, siehe Bild 2.

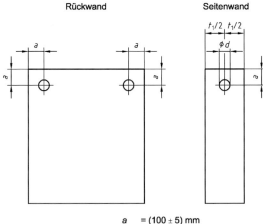

a = (100 ± 5) mm
Typ F: d = (70 $^{+10}_{0}$) mm
Typ S: d = (40 $^{+10}_{0}$) mm

Bild 2 — Anschlussbohrungen

Tabelle 3 — Kurzzeichen für die Lage der Anschlussbohrungen

Bauart	Anschlussbohrung im Schrank			
	linke Seite		rechte Seite	
	Seitenwand	Rückwand	Seitenwand	Rückwand
B	B – LS	B - LR	B - RS	B - RR
C	C – LS	C - LR	C - RS	C - RR

8

5.3 Bezeichnung

Bezeichnung eines Wandhydranten Typ S, Bauart B mit Anschlussbohrung rechte Seite Seitenwand (RS):

Wandhydrant DIN 14461 — S — B — RS

6 Anforderungen

6.1 Die Konstruktion muss die Anforderungen nach DIN EN 671-1 und zusätzlich die Anforderungen nach 6.2 bis 6.6 erfüllen.

6.2 Bei Wandhydranten-Kombinationen (siehe 1.4) sind die Erweiterungen durch Fachwände und Fachböden in der gesamten Tiefe des Schrankes abzutrennen. Die Erweiterungen dürfen die Bedienbarkeit des Wandhydranten nicht behindern.

6.3 Der Wandhydrant muss – ohne Beeinträchtigung der sofortigen Betriebsbereitschaft – gegen Einfrieren, Beschädigen, Verschmutzen und Missbrauch geschützt sein.

6.4 Die Schlauchhaspel mit formstabilem Schlauch nach DIN EN 671-1 darf nicht an der Tür befestigt werden. Der formstabile Schlauch muss von oben abrollen.

6.5 Der Schrank ist grundsätzlich aus metallischen Werkstoffen (Art und Sorte nach Wahl des Herstellers) zu fertigen. Die Metallteile sind korrosionsgeschützt zu liefern.

6.6 Der Schrank muss belüftet sein, dafür reicht die Belüftung durch die nicht abgedichtete Tür aus. Um Verschmutzungen zu vermeiden, dürfen in den Türen keine Öffnungen sein.

6.7 Die Tür muss ausreichend steif sein, um ein einwandfreies Öffnen und Schließen sicherzustellen. Sie muss auf der Seite der Wasseranschlussbohrung angeschlagen sein und sich um 180° öffnen lassen. Bei Türbreiten über 750 mm ist die Tür zu teilen und beidseitig anzuschlagen. Die Türen müssen plombierbar sein. Die Zerreißkraft der Plombierung muss zwischen 20 N und 40 N liegen. In Abweichung zu 6.5 darf die Tür zur besseren Erkennbarkeit der Brandschutzeinrichtung auch aus transparenten Werkstoffen bestehen, sofern andere Belange nicht dagegenstehen.

6.8 Zusätzlich zu den Anforderungen von DIN EN 671-1 müssen Verschlusseinrichtungen in den wesentlichen Teilen aus metallischen Werkstoffen gefertigt sein. Die Öffnungsgriffe der Verschlusseinrichtung müssen versenkt sein.

6.9 Wandhydranten dürfen nur mit solchen Strahlrohren ausgerüstet werden, die es der Bedienperson gestatten, sich unter ungünstigsten Bedingungen beim Ablöschen unter Spannung stehender Anlagen oder Anlagenteile bis 1 000 V gefahrlos bis auf 3 m anzunähern. Dies ist vom Hersteller nachzuweisen.

7 Einbau

7.1 Der Einbau ist nach den anerkannten Regeln der Technik vorzunehmen. Beim Einbau muss die statisch erforderliche bzw. brandschutztechnisch vorgeschriebene Wanddicke erhalten bleiben.

7.2 Der Wandhydrant ist so einzubauen, dass das Schlauchanschlussventil in einer Höhe von (1 400 ± 200) mm über Oberkante Fertigfußboden installiert ist. Bei Wandhydranten-Kombinationen sind außerdem die Einbauhöhen der Erweiterungen (z. B. Handfeuermelder) zu beachten.

7.3 Das Schlauchanschlussventil muss so eingebaut sein, dass beim Typ F ein knickfreies Ankuppeln eines Druckschlauches nach DIN 14811 sichergestellt ist.

7.4 Der Typ F ist so auszulegen, dass bei einer gleichzeitigen Entnahme von 100 l/min an drei Wandhydranten am ungünstigsten gelegenen Schlauchanschlussventil (im Kontrollbuch festgelegt) noch ein Fließdruck von mindestens 0,3 MPa vorhanden ist.

7.5 Der Typ S ist so auszulegen, dass bei einer gleichzeitigen Entnahme von 24 l/min an zwei Wandhydranten am ungünstigsten gelegenen Schlauchanschlussventil (im Kontrollbuch festgelegt) noch ein Fließdruck von 0,2 MPa vorhanden ist.

7.6 Der zulässige Fließdruck darf bei voll geöffnetem Strahlrohr max. 0,7 MPa, der max. Betriebsdruck 1,2 MPa betragen.

7.7 Das Erkennungssymbol[3] ist nach DIN EN 671-1 auf einem Schild in der Größe 200 mm × 200 mm mitzuliefern. Für die Erweiterungen von Wandhydranten-Kombinationen – ausgenommen Handfeuermelder – sind weitere Kennzeichnungsschilder in der Größe 200 mm × 200 mm mitzuliefern.

7.8 Für jedes Objekt muss eine Installationsanleitung mitgeliefert und ein Kontrollbuch angelegt werden.

8 Installationsanleitung

8.1 Jedem Wandhydranten ist vom Hersteller eine Installationsanleitung beizufügen, die Angaben über den Anschluss des Wandhydranten an die Löschwasserleitung enthält; dabei ist auf die Anforderungen nach DIN 1988-1 bis DIN 1988-8 und DIN EN 1717 hinzuweisen.

Aus der Installationsanleitung muss hervorgehen, dass das Schlauchanschlussventil und die Haspellagerung auf derselben Seite anzuordnen sind und dass die Zuleitung zum Schlauchanschlussventil nicht durch den Innenraum des Schrankes geführt werden darf.

Die Installationsanleitung muss außerdem den Hinweis enthalten, dass die Schränke nach dem Einbau lackiert werden sollen (im Regelfall, Farbe: rot) und die Erkennungssymbole anzubringen sind.

8.2 Im Kontrollbuch muss vom Installateur je Löschwasserleitung Folgendes eingetragen sein:

— Bauauflagen (soweit sie die Löschwasserleitungen und die Wandhydranten betreffen),

— Planungsgrundlagen mit Festlegung des am ungünstigsten gelegenen Wandhydranten für die Abnahmeprüfung und bei der Instandhaltung,

— Absprachen mit dem Wasserversorgungsunternehmen und der für den Brandschutz zuständigen Dienststelle.

---

[3] Siehe Richtlinie 92/58/EWG des Rates vom 24. Juni 1992 bzw. BGV A8 oder GUV 0.7.

9 Bedienungsanleitung

Die Bedienungsanleitung ist innerhalb des Haspelfaches gut sichtbar, dauerhaft und gut lesbar anzubringen.

Die Bedienungsanleitung muss folgenden Text enthalten:

Im Brandfall:

1. Ventil mit Handrad linksdrehend öffnen.
2. Strahlrohr herausnehmen und Schlauch so weit wie erforderlich abrollen.
3. Vorsicht bei Anwendung in elektrischen Anlagen, nur bis 1 000 V; Mindestabstand 3 m.
4. Nach Gebrauch Ventil mit Handrad rechtsdrehend schließen.

Zusätzlich muss bei Löschwasserleitungen „nass/trocken" auf einem Hinweisschild neben dem Schlauchanschlussventil auf die verzögerte Wasserbereitstellung hingewiesen werden.

Das Hinweisschild D1 nach Tabelle 1 von DIN 4066:1997-07 ist mit folgender Aufschrift zu versehen:

Wasser kommt nach max. 60 Sekunden

10 Abnahmeprüfung

Die Abnahmeprüfung ist nach den Anforderungen von DIN 1988-6 und DIN 1988-8 vor der Inbetriebnahme durch einen Sachkundigen durchzuführen, sofern nicht andere Vorschriften einen Sachverständigen fordern.

Bei der Abnahmeprüfung sind die Einhaltung der Bauauflagen und der Planungsgrundlagen – soweit sie die Löschwasserleitung und die Wandhydranten betreffen – sowie die Absprachen mit dem Wasserversorgungsunternehmen und der für den Brandschutz zuständigen Dienststelle zu überprüfen.

Außerdem sind die in Tabelle 4 angegebenen Prüfungen durchzuführen und das Ergebnis der Abnahmeprüfung in das Kontrollbuch einzutragen.

Tabelle 4 — Abnahmeprüfung

Lfd. Nr	Art der Prüfung
1	Prüfung des freien Zugangs
2	Prüfung der Beschilderung
3	Prüfung der Leichtgängigkeit der Tür und der Haspel (180°-Schwenkbereich der Tür)
4	Prüfung des Schlauchs auf Dichtheit und ausreichende Schlauchlänge
5	Prüfung des Strahlrohrs auf Gängigkeit und Dichtheit des Schaltorgans
6	Funktionsprüfung des Schlauchanschlussventils
7	Dichtheitsprobe des Schlauchanschlussventils
8	Prüfung des Fließdrucks an den Schlauchanschlussventilen bei den vorgegebenen Förderströmen
9	Prüfung des Fließdrucks (max. 0,7 MPa) und Betriebsüberdrucks (max. 1,2 MPa)
10	Prüfung der kompletten Schlauchhaspel, ob die Wasserdurchflussmenge gleichmäßig und ausreichend ist
11	Entleerung des formstabilen Schlauchs
12	Prüfung auf Unversehrtheit, Sauberkeit, Trockenheit und Vollständigkeit
13	Anbringen eines Prüfvermerks (Datum, Prüfer) auf gut sichtbarer Stelle am Schrank
14	Plombierung der Tür

Literaturhinweise

DIN 14365-1, *Mehrzweckstrahlrohre PN 16 — Teil 1: Maße, Werkstoffe, Ausführung, Kennzeichnung.*

DIN 14365-2, *Mehrzweckstrahlrohre PN 16 — Teil 2: Anforderungen, Prüfung.*

DIN 14462-1, *Löschwasserleitungen — Begriffe, Schematische Darstellungen.*

DIN EN 671-2:2001-08, *Ortsfeste Löschanlagen — Wandhydranten — Teil 2: Wandhydranten mit Flachschlauch; Deutsche Fassung EN 671-2:2001.*

DIN EN 1924, *Feuerlöschschläuche — Druckschläuche und Einbände für Pumpen und Feuerwehrfahrzeuge; Deutsche Fassung EN 1924:2003 (in Vorbereitung).*

DIN VDE 0132 (VDE 0132), *Brandbekämpfung im Bereich elektrischer Anlagen.*

BGV A8, *Unfallverhütungsvorschrift (UVV) Sicherheits- und Gesundheitsschutzkennzeichnung am Arbeitsplatz* [4].

GUV 0.7, *Unfallverhütungsvorschrift (UVV) Sicherheits- und Gesundheitsschutzkennzeichnung am Arbeitsplatz* [5].

---

[4] Herausgegeben von Hauptverband der gewerblichen Berufsgenossenschaften und zu beziehen durch: Carl Heymanns Verlag LG, Luxemburger Str. 449, 50939 Köln.

[5] Zu beziehen durch: Gemeindeunfallversicherungsverband des jeweiligen Bundeslandes.

September 2009

DIN 14461-2

ICS 13.220.10

Ersatz für
DIN 14461-2:1989-01

**Feuerlösch-Schlauchanschlusseinrichtungen –
Teil 2: Einspeiseeinrichtung und Entnahmeeinrichtung für
Löschwasserleitungen „trocken"**

Delivery valve installations –
Part 2: Filling station and output system connected with dry water conduit for fire extinguishing

Equipement de branchement de tuyaux pour la lutte contre l'incendie –
Partie 2: Installation d'alimentation et de prélèvement pour colonne montante «sèche»

Gesamtumfang 11 Seiten

Normenausschuss Feuerwehrwesen (FNFW) im DIN
Normenausschuss Armaturen (NAA) im DIN

DIN 14461-2:2009-09

Vorwort

Diese Norm wurde vom Arbeitsausschuss des FNFW (NA 031-03-05 AA) „Anlagen zur Löschwasserversorgung einschließlich Wandhydraten" erarbeitet.

DIN 14461 *Feuerlösch-Schlauchanschlusseinrichtungen* besteht neben diesem Teil noch aus:

— Teil 1: *Wandhydrant mit formstabilem Schlauch*

— Teil 3: *Schlauchanschlussventile PN 16*

— Teil 4: *Einspeisearmatur PN 16 für Löschwasserleitungen*

— Teil 5: *Entnahmearmatur PN 16 für Löschwasserleitungen*

— Teil 6: *Schrankmaße und Einbau von Wandhydranten mit Flachschlauch nach DIN EN 671-2*

Änderungen

Gegenüber DIN 14461-2:1989-01 wurden folgende Änderungen vorgenommen:

a) Titel geändert;

b) Anwendungsbereich erweitert um den Einsatzzweck als „Noteinspeisung" für sonstige Löschwasseranlagen;

c) Begriff der „Schlauchanschlussarmatur" durch den Begriff „Entnahmearmatur" analog zu den Änderungen in DIN 14461-5 ersetzt;

d) Nischentüren aus der Norm entfernt;

e) Norm neu gegliedert analog DIN 14461-1;

f) Abmessungen für Hinweisschild für Entleerung verkleinert;

g) redaktionelle Änderungen.

Frühere Ausgaben

DIN 14461-2: 1966-08, 1981-03, 1989-01

1 Anwendungsbereich

Die Einspeiseeinrichtung (zur Löschwassereinspeisung) und die Entnahmeeinrichtung dienen der Feuerwehr als Feuerlösch-Schlauchanschlusseinrichtungen bei Löschwasserleitungen „trocken" nach DIN 14462. Einspeiseeinrichtungen können auch als Noteinspeisungen für die Feuerwehr bei Löschwasseranlagen „nass" nach DIN 14462 oder bei Wasserlöschanlagen vorgesehen werden.

2 Normative Verweisungen

Die folgenden zitierten Dokumente sind für die Anwendung dieses Dokuments erforderlich. Bei datierten Verweisungen gilt nur die in Bezug genommene Ausgabe. Bei undatierten Verweisungen gilt die letzte Ausgabe des in Bezug genommenen Dokuments (einschließlich aller Änderungen).

DIN 1687 (alle Teile), *Gussrohteile aus Schwermetalllegierungen*

DIN 4066, *Hinweisschilder für die Feuerwehr*

DIN 7168, *Allgemeintoleranzen; Längen- und Winkelmaße, Form und Lage — Nicht für Neukonstruktionen*

DIN 14461-4, *Feuerlösch-Schlauchanschlusseinrichtungen — Teil 4: Einspeisearmatur PN 16 für Löschwasserleitungen*

DIN 14461-5, *Feuerlösch-Schlauchanschlusseinrichtungen — Teil 5: Entnahmearmatur PN 16 für Löschwasserleitungen*

DIN 14462, *Löschwassereinrichtungen — Planung und Einbau von Wandhydrantenanlagen und Löschwasserleitungen*

DIN 14811, *Feuerlöschschläuche — Druckschläuche und Einbände für Pumpen und Feuerwehrfahrzeuge*

DIN 14822-1, *Kupplungsschlüssel für Feuerwehrarmaturen — Kupplungsschlüssel BC*

DIN 14925, *Feuerwehrwesen — Verschlusseinrichtung*

Farbregister RAL 840 HR[1)]

Farbregister RAL 840 GL[1)]

---

1) Das Farbregister RAL 840 HR bzw. RAL 840 GL oder einzelne Farbkarten sind zu beziehen durch: Beuth Verlag GmbH, 10772 Berlin (Hausanschrift: Burggrafenstraße 6, 10787 Berlin)

3 Begriffe

Für die Anwendung dieses Dokuments gelten die folgenden Begriffe.

3.1
Einspeiseeinrichtung
Einrichtung zur Löschwassereinspeisung durch die Feuerwehr in eine Löschwasseranlage

ANMERKUNG   Die Einrichtung besteht aus einem Schutzschrank nach dieser Norm mit Einspeisearmatur nach DIN 14461-4 und Kupplungsschlüssel BC nach DIN 14822-1.

3.2
Entnahmeeinrichtung
Einrichtung zur ausschließlichen Löschwasserentnahme durch die Feuerwehr

ANMERKUNG   Die Einrichtung besteht aus einem Schutzschrank nach dieser Norm mit eingebauter Entnahmearmatur nach DIN 14461-5.

3.3
Kombinations-Entnahmeeinrichtung
Entnahmeeinrichtung nach dieser Norm mit einer oder mehreren Erweiterungen

ANMERKUNG   Erweiterungen können dabei zum Beispiel ein Fach für einen Feuerlöscher nach DIN EN 3 und/oder für einen Handfeuermelder nach DIN EN 54-11 sein.

4 Hinweise für Planer, Anlagenhersteller und Betreiber

Einspeise- und Entnahmeeinrichtungen sind ausschließlich zur Nutzung durch die Feuerwehr bestimmt und können nicht als Selbsthilfe — Einrichtungen genutzt werden.

Einspeiseeinrichtungen und Entnahmeeinrichtungen müssen nach den anerkannten Regeln der Technik eingebaut werden und gegen Beschädigung, Verschmutzung und Missbrauch geschützt sein. Die Schutzmaßnahmen dürfen die Betriebsbereitschaft nicht beeinträchtigen.

Für Planung, Errichtung und Betrieb von Löschwasseranlagen sowie den Einbau von Einspeiseeinrichtungen und Entnahmeeinrichtungen ist DIN 14462 zu beachten.

5 Anforderungen, Maße, Bezeichnung

5.1 Allgemeines

Alle Maßangaben in Millimeter, Toleranzangaben nach DIN 1687 – GTA 15, Allgemeintoleranzen nach DIN 7168 m.

Einspeiseeinrichtung und Entnahmeeinrichtung brauchen der bildlichen Darstellung nicht zu entsprechen; nur die angegebenen Maße sind einzuhalten.

5.2 Einspeiseeinrichtung

5.2.1 Schutzschrank

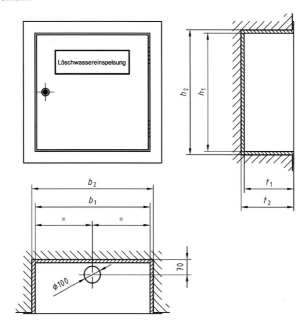

Bild 1 — Schutzschrank

Die Anschlussbohrungen für die Einspeisearmatur sind zur Installation einer hängenden Einspeisearmatur nach DIN 14461-4 in der Decke bzw. zur Installation einer stehenden Einspeisearmatur DIN 14461-4 im Boden vorzusehen. Durchmesser und Anordnung sind entsprechend Bild 1 einzuhalten.

Die verschiedenen Bauarten eines Schutzschranks für die Einspeiseeinrichtung sind in Tabelle 1 aufgeführt.

Tabelle 1 — Bauarten von Einspeiseeinrichtungen und deren Abmessungen

Bauart	b_1	b_2 min.	h_1	h_2 min.	t_1	t_2 min.
B[a]	700	720	700	720	300	320
C[b]	720 ± 20	—	720 ± 20	—	300	—

[a] Schrank mit umlaufender Putzleiste zur Unterputzmontage
[b] Schrank zur Aufputzmontage

Der Schutzschrank muss aus metallischen Werkstoffen hergestellt und für den jeweiligen Einsatzbereich ausreichend gegen Korrosion geschützt sein. Die Schranktür darf zur besseren Erkennbarkeit aus transparenten Werkstoffen bestehen, sofern nicht andere Belange dagegen stehen.

Der Schrank muss belüftet sein; dafür reicht die Belüftung durch die nicht abgedichtete Tür aus. Um Verschmutzungen zu vermeiden, dürfen in der Tür keine Öffnungen sein. Sie muss ausreichend steif sein, um ein einwandfreies Öffnen und Schließen zu ermöglichen, rechts oder links angeschlagen sein und sich um 180° öffnen lassen. Die Tür muss mit einem Verschluss nach DIN 14925 — Sch („Feuerwehrschloss") versehen sein und zusätzlich plombierbar sein. Die Verschlusseinrichtungen müssen im Wesentlichen aus metallischen Werkstoffen hergestellt sein.

5.2.2 Ausstattung

Die Einspeiseeinrichtung muss folgende Einrichtungen/Komponenten umfassen:

— Schutzschrank nach 5.2.1,

— Einspeisearmatur DIN 14461-4 – H – PN 16 oder DIN 14461-4 – S – PN 16 (im Schrank installiert),

— Kupplungsschlüssel DIN 14822-BC-St (in den Schrank eingelegt oder befestigt),

— Schild nach DIN 4066-D1-148 × 420 mit der Aufschrift „Löschwassereinspeisung" (auf der Außenseite der Schranktür aufzubringen),

— Schild nach DIN 4066-D1-74 × 210 mit der Aufschrift „Vor Gebrauch Entleerung schließen, nach Gebrauch Entleerung öffnen" (auf der Innenseite der Schranktür aufzubringen).

ANMERKUNG   Sofern die Entleerung nicht an der Einspeisearmatur möglich ist, muss zudem ein Hinweisschild vorhanden sein, das in deutlich lesbarer, dauerhafter Schrift anzeigt, wo sich die Entleerungsstelle befindet.

Die Lage der Einspeisearmatur nach DIN 14461-4 in der Einspeiseeinrichtung muss hinsichtlich der Maße Bild 2 entsprechen. Die Einspeiseeinrichtung muss so installiert sein, dass sich die B-Festkupplungen der Einspeisearmatur 800 mm ± 200 mm über der Geländeoberfläche befinden.

Sollen mehrere Einspeisearmaturen in einem gemeinsamen Schutzschrank untergebracht werden (Sonderfall), so ist der Schutzschrank so zu vergrößern, dass die Kupplungen der Armaturen mit einem Mindestabstand von 200 mm zur Schrankwand oder anderen Armaturen angeordnet werden, damit die Bedienung mit einem Kupplungsschlüssel DIN 14822–BC ermöglicht wird.

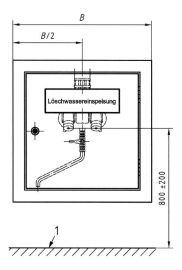

Legende
1   Fläche für die Feuerwehr

Bild 2 — Lage der Einspeisearmatur

5.2.3 Bezeichnung

Bezeichnung einer Einspeiseeinrichtung mit Einspeisearmatur, Kupplungsschlüssel und Schutzschrank mit umlaufender Putzleiste zur Unterputzmontage (Bauart B):

Einspeiseeinrichtung DIN 14461 – B

Bezeichnung der gleichen Einspeiseeinrichtung mit einem Schutzschrank zur Aufputzmontage (Bauart C):

Einspeiseeinrichtung DIN 14461 – C

5.3 Entnahmeeinrichtung

5.3.1 Schutzschrank

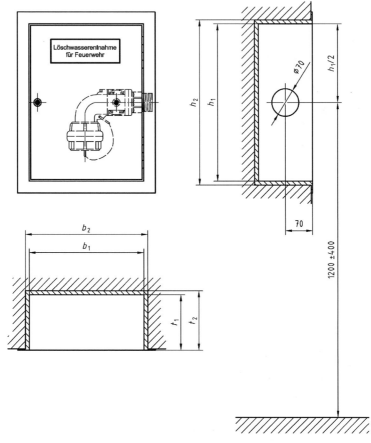

Bild 3 — Schutzschrank

Wasserzuführung zur Entnahmearmatur nach DIN 14461-5 muss von rechts oder links durch in Bild 3 dargestellte Anschlussbohrung möglich sein. Die Mitte der Wasseranschlussbohrung muss 70 mm von der Vorderkante des Schrankes angeordnet sein.

Die verschiedenen Bauarten eines Schutzschranks für die Entnahmeeinrichtung sind in Tabelle 2 aufgeführt.

Tabelle 2 — Bauarten von Entnahmeeinrichtungen und deren Abmessungen

Form	b_1	b_2 min.	h_1	h_2 min.	t_1	t_2 min.
B	300	320	400	420	140	160
C	320 ± 20	—	420 ± 20	—	140	—

Der Schutzschrank für die Entnahmeeinrichtung muss aus metallischen Werkstoffen hergestellt sein und für den jeweiligen Einsatzbereich ausreichend gegen Korrosion geschützt sein. Die Schranktür darf zur besseren Erkennbarkeit aus transparenten Werkstoffen bestehen, sofern nicht andere Belange dagegen stehen.

Der Schrank muss belüftet sein; dafür reicht die Belüftung durch die nicht abgedichtete Tür aus. Um Verschmutzungen zu vermeiden, dürfen in der Tür keine Öffnungen sein. Sie muss ausreichend steif sein, um ein einwandfreies Öffnen und Schließen zu ermöglichen, rechts oder links angeschlagen sein und sich um 180° öffnen lassen. Die Tür muss mit einem Verschluss nach DIN 14925 — Sch („Feuerwehrschloss") versehen sein und zusätzlich plombierbar sein. Die Verschlusseinrichtungen müssen im Wesentlichen aus metallischen Werkstoffen hergestellt sein.

Bei Kombinations-Entnahmeeinrichtungen sind die Erweiterungen durch Fachwände oder Fachböden in der gesamten Tiefe des Schrankes abzutrennen. Die Erweiterungen dürfen die Bedienbarkeit der Entnahmeeinrichtung keinesfalls beeinträchtigen.

5.3.2 Ausstattung

Die Entnahmeeinrichtung muss folgende Einrichtungen/Komponenten umfassen:

— Schutzschrank nach 5.3.1,

— Entnahmearmatur DIN 14461 (im Schrank installiert),

— Schild nach DIN 4066-D1-74 × 210 auf der Außenseite der Schranktür, mit der Aufschrift „Löschwasserentnahme für Feuerwehr", bei Löschwasseranlagen „trocken" nach DIN 14462 wahlweise auch mit der Aufschrift „Löschwasserleitung, trocken für Feuerwehr".

Die Entnahmeeinrichtung muss so installiert sein, dass sich die Entnahmearmatur nach DIN 14461-5 1 200 mm ± 400 mm über dem Fußboden befindet (gemessen zwischen Fußboden — Oberkante und Mitte des Wasseranschlusses der Entnahmearmatur). Die einwandfreie Bedienung mit Hilfe eines Kupplungsschlüssels DIN 14822-BC-St muss sichergestellt sein, ebenso der knickfreie Anschluss eines Druckschlauches nach DIN 14811.

5.3.3 Bezeichnung

Bezeichnung einer Entnahmeeinrichtung mit Entnahmearmatur und Schutzschrank mit umlaufender Putzleiste zur Unterputzmontage (Bauart B):

Entnahmeeinrichtung DIN 14461 — B

Bezeichnung der gleichen Entnahmeeinrichtung mit einem Schutzschrank zur Aufputzmontage (Bauart C):

Entnahmeeinrichtung DIN 14461 — C

DIN 14461-2:2009-09

6 Installationsanleitung

Für jede Einspeiseeinrichtung und Entnahmeeinrichtung ist vom Hersteller eine Installationsanleitung mitzuliefern, die Angaben über den Anschluss der Einrichtung an die Löschwasserleitung enthält. Weiterhin muss die Installationsanleitung aussagen, dass die sichtbaren Flächen der Einspeiseeinrichtung und Entnahmeeinrichtung in der Regel in Rot, RAL 3001 (Signalrot) nach Farbregister RAL 840 HR (seidenmatt) oder nach Farbregister RAL 840 GL (glänzend) auszuführen sind.

7 Abnahmeprüfung

Die Abnahmeprüfung ist nach den Anforderungen der DIN 14462 nach Installation durchzuführen.

Literaturhinweise

DIN EN 3 (alle Teile), *Tragbare Feuerlöscher*

DIN EN 54-11, *Brandmeldeanlagen — Teil 11: Handfeuermelder*

Juni 2006

DIN 14461-3

ICS 13.220.20; 23.060.10

Ersatz für
DIN 14461-3:1996-04

Feuerlösch-Schlauchanschlusseinrichtungen –
Teil 3: Schlauchanschlussventile PN 16

Delivery valve installations for firefighting purposes –
Part 3: Fire hose valves for nominal pressure PN 16

Equipement de branchement de tuyaux pour la lutte contre l'incendie –
Partie 3: Robinets pour tuyaux PN 16

Gesamtumfang 11 Seiten

Normenausschuss Feuerwehrwesen (FNFW) im DIN

DIN 14461-3:2006-06

Vorwort

Diese Norm wurde vom Arbeitsausschuss NA 031-03-05 AA „Anlagen zur Löschwasserversorgung einschließlich Wandhydranten" des FNFW erarbeitet.

DIN 14461 *Feuerlösch-Schlauchanschlusseinrichtungen — Teil 3: Schlauchanschlussventile PN 16* besteht aus folgenden Teilen:

— Teil 1: *Wandhydrant mit formstabilem Schlauch*
— Teil 2: *Einspeiseeinrichtung und Entnahmeeinrichtung für Steigleitung „trocken"*
— Teil 3: *Schlauchanschlussventile*
— Teil 4: *Einspeisearmatur PN 16 für Steigleitung „trocken"*
— Teil 5: *Schlauchanschlussarmatur PN 16 für Steigleitung „trocken"*
— Teil 6: *Schrankmaße und Einbau von Wandhydranten mit Flachschlauch nach DIN EN 671-2*

Änderungen

Gegenüber DIN 14461-3:1996-04 wurden neben redaktionellen Änderungen die folgenden Änderungen vorgenommen:

a) Titel geändert;

b) Anpassung an die Änderung der DIN 14461-1 mit Ergänzung durch Größen 1 und 2;

c) Anpassung an DIN 1988-6:2002-05;

d) Bezeichnungsbeispiele geändert und neue Norm-Bezeichnung aufgenommen;

e) Anforderungen an Schlauchanschlussventile mit Sicherungseinrichtungen aufgenommen;

f) Aktualisierung der normativen Verweise;

g) redaktionelle Änderungen.

Frühere Ausgaben

DIN 14461-3: 1973-07, 1982-11, 1983-03, 1993-06, 1996-04

1 Anwendungsbereich

Diese Norm legt Anforderungen an Schlauchanschlussventile fest, die zum Anschluss als Entnahmeeinrichtung an Wandhydrantenanlagen nach DIN 14462-1 dienen:

— Größe 1: speziell für Wandhydranten nach DIN 14461-1,Typ S (Selbsthilfe) mit unmittelbarem Anschluss an das Trinkwassernetz;

— Größe 2: speziell für Wandhydranten Typ F (Feuerwehr) nach DIN 14461-1 sowie nach DIN 14461-6;

— Größe 2½: Sondergröße für besondere Zwecke.

Schlauchanschlussventile mit Grenztaster (z. B. Mikro-Endschalter) dienen der Auslösung von Füll- und Entleerungsstationen nach DIN 14463-1 in Löschwasserleitungen „nass/trocken" sowie der Ansteuerung von Druckerhöhungsanlagen bei Löschwasserleitungen „nass".

2 Normative Verweisungen

Die folgenden zitierten Dokumente sind für die Anwendung dieses Dokuments erforderlich. Bei datierten Verweisungen gilt nur die in Bezug genommene Ausgabe. Bei undatierten Verweisungen gilt die letzte Ausgabe des in Bezug genommenen Dokuments (einschließlich Änderungen).

DIN 390, *Handräder, gekröpft — Nabenlöcher mit geradem Vierkant*

DIN 1988-4, *Technische Regeln für Trinkwasser-Installationen (TRWI) — Schutz des Trinkwassers, Erhaltung der Trinkwassergüte; Technische Regel des DVGW*

DIN 1988-6:2002-05, *Technische Regeln für Trinkwasser-Installationen (TRWI) — Teil 6: Feuerlösch- und Brandschutzanlagen; Technische Regel des DVGW*

DIN 3546-1, *Absperrarmaturen für Trinkwasserinstallationen in Grundstücken und Gebäuden — Teil 1: Allgemeine Anforderungen und Prüfungen für handbetätigte Kolbenschieber, Absperrarmaturen für Anbohrarmaturen, Schieber und Membranarmaturen; Technische Regel des DVGW*

DIN 14307-1, *C-Festkupplung PN 16, aus Aluminium-Legierung, mit Dichtring für Druckbetrieb*

DIN 14308-1, *B-Festkupplung PN 16, aus Aluminium-Legierung, mit Dichtring für Druckbetrieb*

DIN 14463-1, *Löschwasseranlagen — Fernbetätigte Füll- und Entleerungsstationen — Teil 1: Für Wandhydrantenanlagen*

DIN 50930-6, *Korrosion der Metalle — Korrosion metallischer Werkstoffe im Innern von Rohrleitungen, Behältern und Apparaten bei Korrosionsbelastung durch Wässer — Teil 6: Beeinflussung der Trinkwasserbeschaffenheit*

DIN 53505, *Prüfung von Kautschuk, Elastomeren und Kunststoffen — Härteprüfung nach Shore A und Shore D*

DIN 86204, *C-Festkupplung PN 16 aus Kupfer-Zink-Legierung für die Verwendung auf Schiffen*

DIN 86205, *B-Festkupplung PN 16 aus Kupfer-Zink-Legierung für die Verwendung auf Schiffen*

DIN EN 1213, *Gebäudearmaturen — Absperrventile aus Kupferlegierungen für Trinkwasseranlagen in Gebäuden — Prüfungen und Anforderungen*

DIN EN 1503-4, *Armaturen – Werkstoffe für Gehäuse, Oberteile und Deckel – Teil 4: Kupferlegierungen, die in Europäischen Normen festgelegt sind*

DIN EN 1717, *Schutz des Trinkwassers vor Verunreinigungen in Trinkwasser-Installationen und allgemeine Anforderungen an Sicherheitseinrichtungen zur Verhütung von Trinkwasserverunreinigungen durch Rückfließen; Technische Regel des DVGW*

DIN EN 1982, *Kupfer und Kupferlegierungen – Blockmetalle und Gussstücke*

DIN EN 10088-1, *Nichtrostende Stähle – Teil 1: Verzeichnis der nichtrostenden Stähle*

DIN EN 12163, *Kupfer und Kupferlegierungen – Stangen zur allgemeinen Verwendung*

DIN EN 12164, *Kupfer und Kupferlegierungen – Stangen für die spanende Bearbeitung*

DIN EN 12266-1, *Industriearmaturen – Prüfung von Armaturen – Teil 1: Druckprüfungen, Prüfverfahren und Annahmekriterien – Verbindliche Anforderungen*

DIN EN 60529, *Schutzarten durch Gehäuse (IP-Code)*

DIN EN ISO 228-1, *Rohrgewinde für nicht im Gewinde dichtende Verbindungen – Teil 1: Maße, Toleranzen und Bezeichnung*

DIN ISO 2768-1, *Allgemeintoleranzen – Toleranzen für Längen- und Winkelmaße ohne einzelne Toleranzeintragung*

DVGW W 270, *Vermehrung von Mikroorganismen auf Werkstoffen für den Trinkwasserbereich – Prüfung und Bewertung*[1])

KTW (alle Mitteilungen), *Gesundheitliche Beurteilung von Kunststoffen und anderen nichtmetallischen Werkstoffen im Rahmen des Lebensmittel- und Bedarfsgegenständegesetzes für den Trinkwasserbereich*[2])

3 Maße, Bezeichnung

3.1 Maße

Die Schlauchanschlussventile mit Sicherungseinrichtung brauchen der bildlichen Darstellung in den Bildern 1 bis 3 nicht zu entsprechen; nur die angegebenen Maße nach Tabellen 1 bis 3 sind einzuhalten.

Alle in den Bildern und Tabellen angegebenen Maße sind Maße in Millimeter, für die Allgemeintoleranzen gilt ISO 2768 – c.

---

1) Autor: Deutsche Vereinigung des Gas- und Wasserfaches e.V. Zu beziehen durch: Beuth Verlag GmbH, 10272 Berlin.
2) siehe Literaturhinweise.

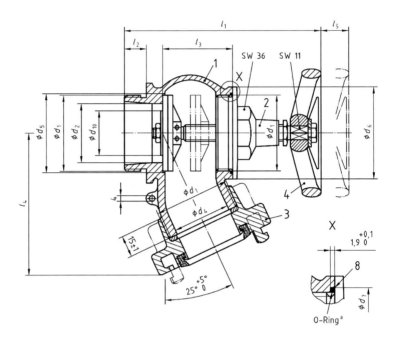

Erläuterungen, siehe Tabelle 3   a) siehe Tabelle 3, Position 8

Bild 1 — Schlauchanschlussventil ohne Grenztaster

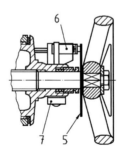

ANMERKUNG   Übrige Maße und Angaben wie Bild 1, Erläuterungen, siehe Tabelle 3.

Bild 2 — Schlauchanschlussventil mit Grenztaster (GT)

Tabelle 1 — Maße der Schlauchanschlussventile mit bzw. ohne Grenztaster

Größe	Fest-kupplung	D_1 nach DIN EN ISO 228-1	Durchmesser					Längen				
			d_2	d_4	d_5	d_6	d_7 +0,3 0	l_1 max.	l_2 max.	l_3	l_4	l_5
1[a]	- ohne -	G1A	nach Angabe des Herstellers	nach Angabe des Herstellers	nach Angabe des Herstellers	nach Angabe des Herstellers	nach Angabe des Herstellers	155	14	nach Angabe des Herstellers	max. 110	6 bis 22
2	C	G2A	45	44,5	57	72	68	155	17	52	110	16 bis 22
2½	B	G2½A	63	64,5	72	86	81	185	18	62	135	22 bis 28

[a] Bei Größe 1 kann sowohl ein Innen- oder Außengewinde verwendet werden.

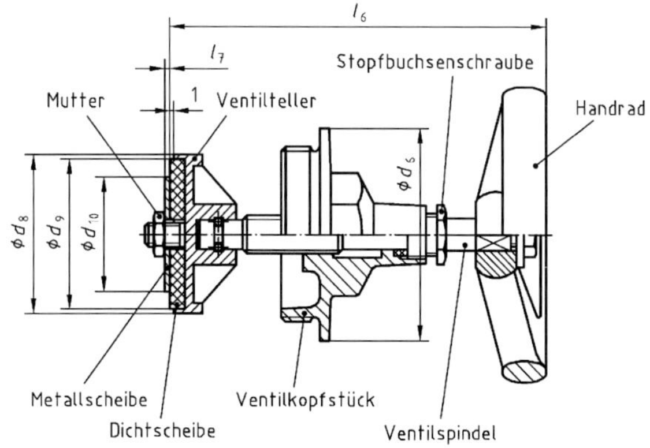

Bild 3 — Schlauchanschlussventil-Oberteil Größe 2 bzw. 2½ (Pos. Nr 2)

Tabelle 2 — Maße für das Schlauchanschlussventil-Oberteil Größe 2 oder 2½ nach Bild 3

Größe	Durchmesser			Längen	
	d_8	d_9	d_{10}	l_6 +2 0	l_7
2	55	52	40	130	3
2½	71	68	50	160	4

Tabelle 3 — Stückliste für Größe 2 und Größe 2½

Pos.-Nr	Stückzahl für		Benennung	Bemerkungen	
	Schlauch-anschlussventil ohne Grenztaster	Schlauch-anschlussventil mit Grenztaster (GT)		Größe 2	Größe 2½
1	1	1	Gehäuse	2"	2½"
2	1	1	Schlauch-anschlussventil-Oberteil	2"	2½"
3	1	1	Festkupplung	DIN 14307-C oder DIN 86204-C	DIN 14308-B oder DIN 86205-B
4	1	1	Handrad	DIN 390, Handrad DIN 390 - B100 mit SW 11	
5	—	1	Steuerscheibe	siehe Bild 2, für den Einsatz nach DIN 14463-1	
6	—	1	Grenztaster		
7	—	1 Satz	Befestigungsteile		
8	1	1	O-Ring	63 × 2,5	76 × 2,5
ANMERKUNG	Die Angaben gelten auch in den Positionen 1, 2, 3 und 4 für Größe 1, falls dort vorhanden.				

3.2 Bezeichnung

Bezeichnung eines Schlauchanschlussventils Größe 2½ ohne Grenztaster:

Schlauchanschlussventil DIN 14461-3 — G2½

Bezeichnung eines Schlauchanschlussventils Größe 2 mit Grenztaster (GT):

Schlauchanschlussventil DIN 14461-3 — G2 — GT

Bezeichnung eines Schlauchanschlussventils Größe 1 mit Sicherungseinrichtung (SE), ohne Grenztaster:

Schlauchanschlussventil DIN 14461-3 — G1 — SE

Bezeichnung eines Schlauchanschlussventils Größe 2 mit Sicherungseinrichtung, ohne Grenztaster:

Schlauchanschlussventil DIN 14461-3 — G2 — SE

4 Werkstoff

Die Auswahl des Werkstoffes für Schlauchanschlussventile ohne SE ist nach Tabelle 4 vorzunehmen.

Alle metallischen Bauteile für Schlauchanschlussventile mit SE, die die Trinkwasserbeschaffenheit beeinflussen können, müssen die Anforderungen von DIN 50930-6 erfüllen.

Tabelle 4 — Werkstoffe für Schlauchanschlusseinrichtungen ohne SE (Größen 2 und 2½)

Pos. Nr.	Benennung	Werkstoff
1	Gehäuse	nach DIN EN 1982 oder DIN EN 1503-4 [a]
2	Schlauchanschlussventil-Oberteil, bestehend aus: — Ventilspindel	Kupferlegierungen nach DIN EN 12163 oder DIN EN 12164
	— Stopfbuchsschraube	Kupferlegierungen nach DIN EN 12163 oder DIN EN 12164
	— Ventilkopfstück	Nach DIN EN 1982 oder DIN EN 1503-4 [a]
	— Ventilteller	Nach DIN EN 1982 oder DIN EN 1503-4 oder DIN EN 12163 oder DIN EN 12164 [a]
	— Dichtscheibe	Elastomere, z. B. Acrylnitril-Butadien-Kautschuk (NBR), Vulkolan
	— Metallscheibe	Nichtrostender Stahl nach DIN EN 10088-1 [a]
	— Mutter	Nichtrostender Stahl nach DIN EN 10088-1 [a]
	— Befestigungselemente für Ventilteller	Nichtrostender Stahl nach DIN EN 10088-1 [a] oder Kupferlegierung [a]
4	Handrad	Aluminiumlegierung [a]
5	Steuerscheibe	Metall [a]
7	Befestigungsteile	Metall [a]
8	O-Ring	Acrylnitril-Butadien-Kautschuk (NBR) mit einer Shore-A-Härte von 70 ± 5 nach DIN 53505
[a] Sorte nach Wahl des Herstellers		
ANMERKUNG Die Angaben gelten auch in den Positionen 1, 2 und 4 für Größe 1, falls dort vorhanden.		

5 Anforderungen

5.1 Allgemeines

Alle nichtmetallischen Bauteile, die mit Trinkwasser in Berührung kommen können, müssen die KTW-Empfehlungen und Anforderungen des DVGW W 270 erfüllen.

5.2 Schlauchanschlussventile mit Sicherungseinrichtung

Schlauchanschlussventile für Wandhydranten im direkten Anschluss an Trinkwasserleitungen (siehe DIN 1988-6:2002-05, Bild 5) müssen mit Sicherungskombination HD nach DIN EN 1717, bestehend aus Rückflussverhinderer und Rohrbelüfter, oder einer höherwertigen Sicherungseinrichtung ausgeführt werden.

Rückflussverhinderer und Rohrbelüfter können fest im Schlauchanschlussventil integriert oder auch unlösbar angeschraubt sein, wobei der Rückflussverhinderer vor dem Absperrorgan und der Rohrbelüfter hinter dem Absperrorgan angeordnet sein müssen.

DIN 14461-3:2006-06

5.3 Schlauchanschlussventil-Oberteil

5.3.1 Das Schlauchanschlussventil muss mit einem Handrad ausgestattet sein und nach max. 3,5 Umdrehungen des Handrads voll geöffnet sein.

5.3.2 Der Ventilteller muss an der Ventilspindel so befestigt sein, dass auch im Dauerbetrieb die Beweglichkeit des Ventiltellers in der senkrechten und in der waagerechten Lage in engen Grenzen bleibt und der Ventilteller nicht vibriert.

5.3.3 Bei Schlauchanschlussventilen der Größen 2 und 2½ muss der Ventilteller drehbar gesichert sein. Er muss auch bei einem Prüf-Gegendruck mit Wasser von 10 bar aus Richtung der Kupplung auf den Ventilteller ohne Schäden geöffnet werden können.

ANMERKUNG   Prüfung erfolgt nur bei der Typprüfung.

5.3.4 Das Schlauchanschlussventil muss durch Drehen im Uhrzeigersinn schließen. Die Öffnungsrichtung muss markiert sein.

5.3.5 Die Dichtscheibe muss auswechselbar und durch eine selbstsichernde Mutter gegen Loslösen vom Ventilteller gesichert sein.

5.3.6 Die Dichtscheibe muss gekammert sein. Die Kammerung muss so gestaltet sein, dass sie als metallische Dichtung benutzt werden kann.

5.4 Grenztaster

5.4.1 Der Grenztaster muss mittels der Befestigungsteile am Schlauchanschlussventil-Oberteil angebracht sein. Er muss so justierbar sein, dass er spätestens nach einer Umdrehung des Handrades beim Öffnen des Schlauchanschlussventils schaltet. Die Justierung muss gesichert sein.

5.4.2 Der Grenztaster muss mindestens einen Schaltkontakt haben, der den folgenden Anforderungen genügt:

— Schutzart: mindestens Schutzart IP 65 nach DIN EN 60529
— Schaltspannung: ≥ 30 V
— Schaltstrom: ≥ 100 mA
— Schaltleistung: ≥ 3 VA

5.5 Steuerscheibe

Die Steuerscheibe muss unterhalb des Handrads befestigt und gegenüber dem Handrad fixiert sein.

5.6 Schaltversuch

Jedes Schlauchanschlussventil mit Grenztaster ist einem Schaltversuch zu unterziehen.

5.7 Festigkeit

Bei der Prüfung nach DIN EN 12266-1 dürfen bei geöffnetem Schlauchanschlussventil keine bleibenden Verformungen oder Risse auftreten.

5.8 Dichtheit

Die Schlauchanschlussventile der Größen 2 und 2½ müssen bei einer Prüfung nach DIN EN 12266-1 die Leckrate A erfüllen. Schlauchanschlussventile der Größe 1 und der Größe 2 mit Sicherungseinrichtung müssen zusätzlich die Anforderungen der DIN EN 1213 und DIN 3546-1 erfüllen.

5.9 Druckstufen

Schlauchanschlussventile müssen mindestens PN 16 entsprechen.

6 Prüfung

6.1 Typprüfung

Die Übereinstimmung eines Schlauchanschlussventils mit den Festlegungen dieser Norm ist durch eine Typprüfung bei einer amtlichen Prüfstelle[3], bei Ausführung mit Sicherungseinrichtung HD nach DIN EN 1717 beim DVGW festzustellen. Nach erfolgter Typprüfung werden ein Typschein und ein Prüfbericht ausgestellt.

Änderungen gegenüber dem typgeprüften Baumuster hat der Hersteller der Prüfstelle mitzuteilen. Diese entscheidet, ob und in welchem Umfang eine Nach- oder Neuprüfung erforderlich ist.

6.2 Kontrollprüfungen

Die Prüfstelle ist berechtigt, Kontrollprüfungen an einem dem typgeprüften Baumuster entsprechenden Schlauchanschlussventil durchzuführen.

7 Kennzeichnung

Schlauchanschlussventile müssen gekennzeichnet sein mit

a) dem Herstellerzeichen,
b) dem Prüfzeichen der amtlichen Prüfstelle[1],
c) Nennweite des Schlauchanschlussventils,
d) Druckstufe des Schlauchanschlussventils,
e) Öffnungsrichtung des Handrads am Schlauchanschlussventil-Oberteil,
f) bei Schlauchanschlussventilen mit Sicherungseinrichtungen (SE) zusätzlich mit dem Text „SE" und der Angabe der Durchflussrichtung.

Die Kennzeichnung ist so anzuordnen, dass sie auch im eingebauten Zustand erkennbar ist.

Ist das Schlauchanschlussventil mit dem Verbandszeichen $\overline{\text{DIN}}$ zu kennzeichnen, besteht Registrierpflicht bei DIN CERTCO[4].

Ist das Schlauchanschlussventil mit Sicherungseinrichtung zusätzlich mit dem DIN-DVGW-Prüfzeichen zu kennzeichnen, so ist dieses zusätzlich beim DVGW zu beantragen.

---

[3] Auskunft über Prüfstellen erteilt die Geschäftsstelle des Normenausschusses Feuerwehrwesen (FNFW) im DIN Deutsches Institut für Normung e.V., 10772 Berlin (Hausanschrift: Burggrafenstraße 6, 10787 Berlin).

[4] Informationen erteilt DIN CERTCO Gesellschaft für Konformitätsbewertung mbH, Alboinstraße 56, 12103 Berlin.

Literaturhinweise

KTW 1, *Gesundheitliche Beurteilung von Kunststoffen und anderen nichtmetallischen Werkstoffen im Rahmen des Lebensmittel- und Bedarfsgegenständegesetzes für den Trinkwasserbereich; 1. Mitteilung*[5]

KTW 2, *Gesundheitliche Beurteilung von Kunststoffen und anderen nichtmetallischen Werkstoffen im Rahmen des Lebensmittel- und Bedarfsgegenständegesetzes für den Trinkwasserbereich; 2. Mitteilung*[5]

KTW 3, *Gesundheitliche Beurteilung von Kunststoffen und anderen nichtmetallischen Werkstoffen im Rahmen des Lebensmittel- und Bedarfsgegenständegesetzes für den Trinkwasserbereich; 3. Mitteilung*[5]

KTW 4, *Gesundheitliche Beurteilung von Kunststoffen und anderen nichtmetallischen Werkstoffen im Rahmen des Lebensmittel- und Bedarfsgegenständegesetzes für den Trinkwasserbereich; 4. MitteilungK*[5]

KTW 5, *Gesundheitliche Beurteilung von Kunststoffen und anderen nichtmetallischen Werkstoffen im Rahmen des Lebensmittel- und Bedarfsgegenständegesetzes für den Trinkwasserbereich; 5. Mitteilung*[5]

KTW 6, *Gesundheitliche Beurteilung von Kunststoffen und anderen nichtmetallischen Werkstoffen im Rahmen des Lebensmittel- und Bedarfsgegenständegesetzes für den Trinkwasserbereich; 6. Mitteilung*[5]

---

[5] Autor: Robert Koch-Institut - Bundesinstitut für Infektionskrankheiten und nicht übertragbare Krankheiten; Bundesinstitut für gesundheitlichen Verbraucherschutz und Veterinärmedizin; Bundesinstitut für Arzneimittel und Medizinprodukte; Institut für Wasser-, Boden- und Lufthygiene. Zu beziehen durch: Beuth Verlag GmbH, 10272 Berlin.

Februar 2008

DIN 14461-4

ICS 13.220.10

Ersatz für
DIN 14461-4:1989-01

Feuerlösch-Schlauchanschlusseinrichtungen –
Teil 4: Einspeisearmatur PN 16 für Löschwasserleitungen

Delivery valve installations for firefighting purposes –
Part 4: Filling valves PN 16 connected with firefigthing pipes

Équipement de branchement de tuyaux pour la lutte contre l'incendie –
Partie 4: Garniture de raccordement alimentation P16 pour réseau de lutte contre l'incendie

Gesamtumfang 8 Seiten

Normenausschuss Feuerwehrwesen (FNFW) im DIN
Normenausschuss Armaturen (NAA) im DIN

Vorwort

Diese Norm wurde vom Arbeitsausschuss NA 031-03-05 AA „Anlagen zur Löschwasserversorgung einschließlich Wandhydranten" des Normenausschusses Feuerwehrwesen (FNFW) erstellt.

DIN 14461 „Feuerlösch-Schlauchanschlusseinrichtungen" besteht aus:

— Teil 1: Wandhydrant mit formstabilem Schlauch

— Teil 2: Einspeiseeinrichtung und Entnahmeeinrichtung für Steigleitung „trocken"

— Teil 3: Schlauchanschlussventile PN 16

— Teil 4: Einspeisearmatur PN 16 für Löschwasserleitungen

— Teil 5: Entnahmearmatur PN 16 für Löschwasserleitung

— Teil 6: Schrankmaße und Einbau von Wandhydranten mit Flachschlauch nach DIN EN 671-2

Änderungen

Gegenüber DIN 14461-4:1989-01 wurden folgende Änderungen vorgenommen:

a) Anpassung an den Stand der Technik (siehe b) bis f));

b) stehende Ausführung ergänzt;

c) Entleerung überarbeitet;

d) Einbrennlackierung ergänzt;

e) Werkstoffe an den Stand der Technik angepasst;

f) Prüfung überarbeitet;

g) Normenbezeichnung geändert;

h) redaktionell überarbeitet.

Frühere Ausgaben

DIN 14461-4: 1980-12, 1982-02, 1989-01

DIN 14461-4:2008-02

1 Anwendungsbereich

Dieses Dokument legt Anforderungen an die Einspeisearmatur fest, die der Feuerwehr zum Anschluss von Druckschläuchen B nach DIN 14811 dient. Die Einspeisearmatur wird in die Einspeiseeinrichtung nach DIN 14461-2 eingebaut.

2 Normative Verweisungen

Die folgenden zitierten Dokumente sind für die Anwendung dieses Dokuments erforderlich. Bei datierten Verweisungen gilt nur die in Bezug genommene Ausgabe. Bei undatierten Verweisungen gilt die letzte Ausgabe des in Bezug genommenen Dokuments (einschließlich aller Änderungen).

DIN 917, *Sechskant-Hutmuttern, niedrige Form*

DIN 939, *Stiftschrauben — Einschraubende ≈ 1,25 d*

DIN 2353, *Lötlose Rohrverschraubungen mit Schneidring — Vollständige Verschraubung und Übersicht*

DIN 53505, *Prüfung von Kautschuk und Elastomeren — Härteprüfung nach Shore A und Shore D*

DIN 86205, *B-Festkupplung PN 16 aus Kupfer-Zink-Legierung für die Verwendung auf Schiffen*

DIN 86207, *B-Blindkupplung PN 16 aus Kupfer-Zink-Legierung für die Verwendung auf Schiffen*

DIN EN 1057, *Kupfer und Kupferlegierungen — Nahtlose Rundrohre aus Kupfer für Wasser- und Gasleitungen für Sanitärinstallationen und Heizungsanlagen*

DIN EN 1982, *Kupfer und Kupferlegierungen — Blockmetalle und Gussstücke*

DIN EN 10088-1, *Nichtrostende Stähle — Teil 1: Verzeichnis der nichtrostenden Stähle*

DIN EN 10226-1, *Rohrgewinde für im Gewinde dichtende Verbindungen — Teil 1: Kegelige Außengewinde und zylindrische Innengewinde — Maße, Toleranzen und Bezeichnung*

DIN EN 10270-3, *Stahldraht für Federn — Teil 3: Nichtrostender Federstahldraht*

DIN EN 12165, *Kupfer und Kupferlegierungen — Vormaterial für Schmiedestücke*

DIN EN 12266-1, *Industriearmaturen — Prüfung von Armaturen — Teil 1: Druckprüfungen, Prüfverfahren und Annahmekriterien — Verbindliche Anforderungen*

DIN EN ISO 228-1, *Rohrgewinde für nicht im Gewinde dichtende Verbindungen — Teil 1: Maße, Toleranzen und Bezeichnung*

DIN EN ISO 4017, *Sechskantschrauben mit Gewinde bis Kopf — Produktklassen A und B*

DIN EN ISO 4032, *Sechskantmuttern, Typ 1 — Produktklassen A und B*

DIN EN ISO 7092, *Flache Scheiben — Kleine Reihe, Produktklasse A*

3 Begriffe

Für die Anwendung dieses Dokuments gelten die folgenden Begriffe.

3.1
Einspeisearmatur
Wasser führende Armatur mit zwei B-Eingängen zum Anschluss an die Löschwasserleitung

3.2
Einspeisearmatur, hängende Ausführung
Einspeisearmatur, die an der Löschwasserleitung hängt und am tiefsten Punkt eine Entleerung besitzt

3.3
Einspeisearmatur, stehende Ausführung
Einspeisearmatur, die über der Löschwasserleitung steht und über diese auch entleert wird

4 Ausstattung, Maße, Bezeichnung

4.1 Ausstattung

Die Ausstattung der Einspeisearmatur muss nach Tabelle 1 erfolgen.

Tabelle 1 — Stückliste

Pos. Nr.	Stückzahl	Benennung bzw. Bezeichnung	Werkstoff
1	1	Gehäuse	CuSn5Zn5Pb5-C (CC491K) nach DIN EN 1982
2	8	Stiftschraube M 10 × 25 nach DIN 939 (in Gehäuse dicht eingeklebt)	Nichtrostender Stahl X 8 CrNiS 18-9 (Werkstoffnummer 1.4305) nach DIN EN 10088-1
3	2	Bogen 45° DN 65	CuZn39Pb1Al-C (CC754S) CuSn5Zn5Pb5-C (CC491K) nach DIN EN 1982
4	2	O-Ring 75,8 × 3,53	Gummi, Härte (70 ± 5) Shore A nach DIN 53505
5	2	Achse	Nichtrostender Stahl X 6 CrNiTi 18-10 (Werkstoffnummer 1.4541) nach DIN EN 10088-1
6	2	X-Ring 8,2 × 1,78	Gummi, Härte (80 ± 5) Shore A nach DIN 53505
7	2	Rückschlagventil	CuZn39Pb1Al-C (CC754S) CuSn5Zn5Pb5-C (CC491K) nach DIN EN 1982 oder DIN EN 12165
8	2	Dichtring (darf anvulkanisiert sein)	Gummi, Härte (50 ± 5) Shore A nach DIN 53505
9	2	Feder	Federdraht aus nichtrostendem Stahl X 10 CrNi 18-8 (Werkstoffnummer 1.4310) nach DIN EN 10270 -3
10	8	Scheibe 10 nach DIN EN ISO 7092	Nichtrostender Stahl X 5 CrNi 18-10 (Werkstoffnummer 1.4301) nach DIN EN 10088-1
11	8	Hutmutter M 10 nach DIN 917	
12	2	Sechskantschraube M 10 × 80 nach DIN EN ISO 4017 (Stützschraube)	Nichtrostender Stahl X 4 CrNi 18-12 (Werkstoffnummer 1.4303) nach DIN EN 10088-1
13	2	Sechskantmutter M 10 nach DIN EN ISO 4032	Nichtrostender Stahl X 5 CrNi 18-10 (Werkstoffnummer 1.4301) nach DIN EN 10088-1
14	1	Verschraubung G3A — SW 100 (gegen selbsttätiges Lösen gesichert)	CuZn39Pb1Al-C (CC754S) CuSn5Zn5Pb5-C (CC491K) nach DIN EN 1982
15	1	Muffennippel (Ergänzung zu Pos. Nr. 14)	
16	2	Festkupplung DIN 86205—B	nach DIN 86205
17	2	Blindkupplung DIN 86207—BK jedoch mit Sicherungskette	nach DIN 86207
18[a]	1	Entleerungshahn; Kugelhahn DN 13-M 22 × 1,5 für lötlose Rohrverschraubung mit Schneidring nach DIN 2353, einschließlich Überwurfmutter M 22 × 1,5 und Schneidring auf beiden Seiten	Kupfer-Zink-Legierung (Messing) nach DIN EN 1982
19[a]	1	Entleerungsrohr, Rohr 15 × 1,5 nach DIN 1057	Kupfer, siehe DIN EN 1057
Die Entleerung bei hängender Ausführung darf auch auf andere Weise realisiert werden, beispielsweise über einen Schlauch. Dabei muss die lichte Weite mindestens DN 12 betragen und die Entleerung muss mit einer Absperrung versehen sein.			
[a] Positionen entfallen bei stehender Ausführung grundsätzlich.			

4.2 Maße und Bezeichnung

Die Einspeisearmatur braucht der bildlichen Darstellung nicht zu entsprechen; nur die angegebenen Maße sind einzuhalten (siehe Bild 1 bzw. Bild 2).

Bezeichnung einer Einspeisearmatur mit Nenndruck PN 16 (PN 16), hängende Ausführung (H):

Einspeisearmatur DIN 14461-4 — H — PN 16

Bezeichnung einer Einspeisearmatur mit Nenndruck PN 16 (PN 16), stehende Ausführung (S):

Einspeisearmatur DIN 14461-4 — S — PN 16

ANMERKUNG Beispiele für hängende und stehende Ausführung sind im Anhang A angegeben.

Maße in Millimeter

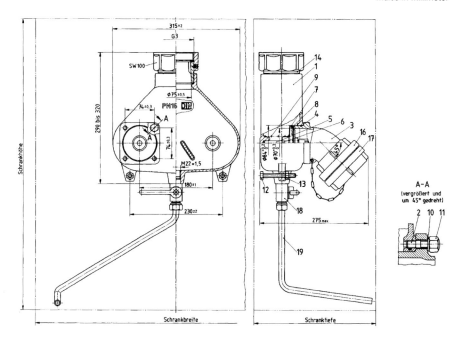

Innengewinde: Rohrgewinde ISO 228 – G 3

Bild 1 — Einspeisearmatur, hängende Ausführung (H)

Maße in Millimeter
Allgemeintoleranzen: ISO 2768 – c

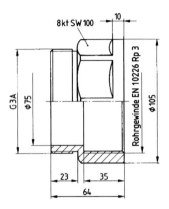

Außengewinde: Rohrgewinde ISO 228 – G 3 A

Bild 2 — Muffennippel (Pos. Nr. 15)

5 Anforderungen

5.1 Alle druckbeaufschlagten Teile müssen für einen Nenndruck von 16 bar ausgelegt sein.

5.2 Bei der Festigkeitsprüfung dürfen keine bleibenden Verformungen und/oder Risse auftreten; Prüfung nach 6.2.1.

5.3 Für Absperrarmaturen darf die Leckrate E nach DIN EN 12266-1 (tropfend) nicht überschritten werden; Prüfung nach 6.2.2.

5.4 Die Einspeisearmatur einschließlich der Löschwasserleitung muss sich so weit entleeren lassen, dass einfrierende Reste von Wasser die Funktion nicht beeinträchtigen. Sofern die Einspeisearmatur nicht der tiefste Punkt der Steigleitung ist, muss am tiefsten Punkt eine Entleerung möglich sein. Bei der stehenden Ausführung erfolgt die Entleerung über die Löschwasserleitung selbst.

5.5 Die Entleerung muss so verlegt sein, dass der Auslauf bei Rechtsanschlag der Tür auf der linken, unteren Schrankseite erfolgt und beim Entleeren kein Wasser in den Schrank fließen kann.

5.6 Die Entleerungsarmatur muss so mit dem Gehäuse verbunden sein, dass sie austauschbar ist.

6 Prüfung

6.1 Konformitätsprüfung

Der Hersteller hat durch geeignete Prüfverfahren die Übereinstimmung der Einspeisearmatur mit den Anforderungen von 5.1 bis 5.6 dieser Norm festzustellen und als Konformitätsdokumentation bei der Lieferung mitzuliefern. Er sollte sich dazu einer unabhängigen Prüforganisation bedienen.

DIN 14461-4:2008-02

6.2 Prüfung auf Festigkeit und Dichtheit

6.2.1 Die Festigkeit muss nach DIN EN 12266-1 bei 25 bar geprüft werden.

6.2.2 Die Dichtheit muss nach DIN EN 12266-1, Leckrate A bei 25 bar geprüft werden.

7 Kennzeichnung

Einspeisearmaturen nach dieser Norm müssen mit einer witterungsbeständigen und dauerhaften Kennzeichnung versehen sein und mindestens folgende Angaben enthalten:

a) Herstellerzeichen;

b) DIN 14461-4 — PN 16;

c) Pfeile der Durchflussrichtung auf dem Gehäuse oben.

Einspeisearmaturen, die dieser Norm entsprechen, dürfen mit dem Verbandszeichen $\overline{\text{DIN}}$ nur in Verbindung mit dem Herstellerzeichen gekennzeichnet werden[1]).

---

1) Die Nutzung des Verbandszeichens ist registrierungspflichtig. Die Registrierung erfolgt durch DIN CERTCO Gesellschaft für Konformitätsbewertung mbH, Alboinstr. 56, 12103 Berlin.

Anhang A
(informativ)

Beispiele für hängende und stehende Ausführung von Einspeisearmaturen

Bilder A.1 und A.2 zeigen Beispiele für die verschiedenen Ausführungen von Einspeisearmaturen nach dieser Norm.

Bild A.1 — Einspeisearmatur, hängende Ausführung

Bild A.2 — Einspeisearmatur, stehende Ausführung

Februar 2008

DIN 14461-5

ICS 13.220.10

Ersatz für
DIN 14461-5:1984-06

**Feuerlösch-Schlauchanschlusseinrichtungen –
Teil 5: Entnahmearmatur PN 16 für Löschwasserleitungen**

Delivery valve installations for firefighting purposes –
Part 5: Tap PN 16 connected with firefigthing pipes

Equipement de branchement de tuyaux pour la lutte contre l'incendie –
Partie 5: Robinet PN 16 pour réseau de lutte contre l'incendie

Gesamtumfang 7 Seiten

Normenausschuss Feuerwehrwesen (FNFW) im DIN

Vorwort

Diese Norm wurde vom Arbeitsausschuss NA 031-03-05 AA „Anlagen zur Löschwasserversorgung einschließlich Wandhydranten" des Normenausschusses Feuerwehrwesen (FNFW) erstellt.

DIN 14461 „Feuerlösch-Schlauchanschlusseinrichtungen" besteht aus:

— Teil 1: Wandhydrant mit formstabilem Schlauch

— Teil 2: Einspeiseeinrichtung und Entnahmeeinrichtung für Steigleitung „trocken"

— Teil 3: Schlauchanschlussventil PN 16

— Teil 4: Einspeisearmatur PN 16 für Löschwasserleitungen

— Teil 5: Schlauchanschlussarmatur PN 16 für Löschwasserleitungen

— Teil 6: Schrankmaße und Einbau von Wandhydranten mit Flachschlauch nach DIN EN 671-2.

Änderungen

Gegenüber DIN 14461-5:1984-06 wurden folgende Änderungen vorgenommen:

a) Anpassung an den Stand der Technik (siehe b) bis e));
b) Titel und Anwendungsbereich geändert;
c) Werkstoffe dem Stand der Technik angepasst;
d) Kennzeichnung ergänzt;
e) Prüfung überarbeitet;
f) redaktionell überarbeitet.

Frühere Ausgaben

DIN 14461-5: 1984-06

1 Anwendungsbereich

Dieses Dokument legt Anforderungen an Entnahmearmaturen fest, die zum Anschluss von Schlauchleitungen mit Strahlrohren für Feuerlöschzwecke verwendet werden. Die Entnahmearmatur wird in einen Schrank nach DIN 14461-2 eingebaut.

Erst im Bedarfsfall wird durch die Feuerwehr Löschwasser eingespeist und die Löschwasserleitung Wasser führend.

2 Normative Verweisungen

Die folgenden zitierten Dokumente sind für die Anwendung dieses Dokuments erforderlich. Bei datierten Verweisungen gilt nur die in Bezug genommene Ausgabe. Bei undatierten Verweisungen gilt die letzte Ausgabe des in Bezug genommenen Dokuments (einschließlich aller Änderungen).

DIN 14307-1, *C-Festkupplung PN 16, aus Aluminium-Legierung, mit Dichtring für Druckbetrieb*

DIN 14311, *C-Blindkupplung PN 16, aus Aluminium-Legierung, für Druck- und Saugbetrieb*

DIN 14925, *Feuerwehrwesen — Verschlusseinrichtung*

DIN 53505, *Prüfung von Kautschuk und Elastomeren — Härteprüfung nach Shore A und Shore D*

DIN EN 754-2, *Aluminium und Aluminiumlegierungen — Gezogene Stangen und Rohre — Teil 2: Mechanische Eigenschaften*

DIN EN 755-2, *Aluminium und Aluminiumlegierungen — Stranggepresste Stangen, Rohre und Profile — Teil 2: Mechanische Eigenschaften*

DIN EN 1706, *Aluminium und Aluminiumlegierungen — Gussstücke — Chemische Zusammensetzung und mechanische Eigenschaften*

DIN EN 1982, *Kupfer und Kupferlegierungen — Blockmetalle und Gussstücke*

DIN EN 10088-1, *Nichtrostende Stähle — Teil 1: Verzeichnis der nichtrostenden Stähle*

DIN EN 12266-1, *Industriearmaturen — Prüfung von Armaturen — Teil 1: Druckprüfungen, Prüfverfahren und Annahmekriterien — Verbindliche Anforderungen*

DIN EN ISO 228-1, *Rohrgewinde für nicht im Gewinde dichtende Verbindungen — Teil 1: Maße, Toleranzen und Bezeichnung*

DIN ISO 2768-1, *Allgemeintoleranzen — Toleranzen für Längen- und Winkelmaße ohne einzelne Toleranzeintragung*

DIN ISO 8062, *Gussstücke — System für Maßtoleranzen und Bearbeitungszugaben*

Farbregister RAL 840 HR[1)]

Farbregister RAL 840 GL[1)]

[1)] Das Farbregister RAL 840 HR bzw. RAL 840 GL oder einzelne Farbkarten sind zu beziehen durch: Beuth Verlag GmbH, 10772 Berlin (Hausanschrift: Burggrafenstrasse 6, 10772 Berlin)

3 Begriffe

Für die Anwendung dieses Dokuments gelten die folgenden Begriffe.

3.1
Entnahmearmatur PN 16
Wasser führende Armatur mit einem C-Abgang und einer Verschraubung zum Anschluss an die Löschwasserleitung

4 Ausstattung, Maße, Bezeichnung

4.1 Ausstattung

Die Ausstattung der Entnahmearmatur muss nach Tabelle 1 erfolgen.

Tabelle 1 — Stückliste

Pos. Nr.	Stückzahl	Benennung bzw. Bezeichnung	Werkstoff
1	1	Absperrarmatur (Gehäuse und Innenteile)	**Für Gussteile** AC - AlMg5(Si) (AC–51400) nach DIN EN 1706 **Für Stangen und Rohre** AW–AlMgSi1MgMn (AW-6082) nach DIN EN 754 oder DIN EN 755-2 **Für O-Ringe** Nitril-Kautschuk Härte (70 ± 5) Shore A nach DIN 53505 **Für Schrauben** Stahl verzinkt
2	1	Verschlusseinrichtung nach DIN 14925	AW–AlMgSi1MgMn (AW-6082) nach DIN EN 754 oder DIN EN 755, zusätzlich anodisch eloxiert
3	1	Krümmer	**Für Gussteile** AC - AlMg5(Si) (AC–51400) nach DIN EN 1706
4	1	Verschraubung G 2 A	**Für Gussteile** CuZn39Pb1Al-C (CC754S) nach DIN EN 1982 **Für Axialsicherung** X46Cr13 (Werkstoffnummer 1.4034) nach DIN EN 10088-1 **Für Schrauben** X5CrNi18-10 (Werkstoffnummer 1.4301) nach DIN EN 10088-1
5	1	Festkupplung DIN 14307— C	entsprechend DIN 14307-1
6	1	Blindkupplung DIN 14311 — C	entsprechend DIN 14311

4.2 Maße und Bezeichnung

Entnahmearmatur und Verschraubung brauchen der bildlichen Darstellung nicht zu entsprechen; nur die angegebenen Maße sind einzuhalten (siehe Bild 1 und Bild 2).

Maßtoleranzen und Bearbeitungszugaben für Gussstücke müssen DIN ISO 8062 entsprechen. Für Teile aus anderen Werkstoffen gilt bei Toleranzen ohne einzelne Toleranzangabe DIN ISO 2768-1.

Maße in Millimeter

Allgemeintoleranzen: ISO 2768 – c

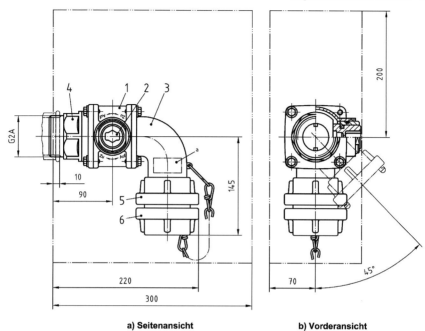

a) Seitenansicht   b) Vorderansicht

Legende

1 Absperrarmatur (Gehäuse und Innenteile)
2 Verschlusseinrichtung nach DIN 14925
3 Krümmer
a Schild für Kennzeichnung
4 Verschraubung G 2 A
  (Außengewinde: Rohrgewinde ISO 228 G 2 A)
5 Festkupplung DIN 14307— C
6 Blindkupplung DIN 14311 — C

Bild 1 — Entnahmearmatur

Maße in Millimeter

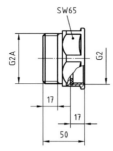

ANMERKUNG Außengewinde: Rohrgewinde ISO 228 – G 2 A, Innengewinde: Rohrgewinde ISO 228 – G 2

Bild 2 — Verschraubung G 2 A

Bezeichnung der Entnahmearmatur mit Kupplungen aus Aluminium-Legierung:

Entnahmearmatur DIN 14461-5

5 Anforderungen

5.1 Der Krümmer ist für Anschluss „rechts" oder „links" an der Löschwasserleitung frei drehbar auszuführen. Der Türanschlag muss jeweils an der Anschlussstutzenseite der Löschwasserleitung sein.

5.2 Die Maße der Verschlusseinrichtung für die Entnahmearmatur müssen DIN 14925 entsprechen.

5.3 Der Durchflussquerschnitt im Absperrorgan der Entnahmearmatur muss mindestens 1 550 mm^2 betragen.

5.4 Das Drehmoment für die Betätigung der Entnahmearmatur muss zwischen 15 Nm und 20 Nm liegen.

5.5 Kennzeichnungen der Drehrichtung für die Betätigung und der jeweiligen Betriebsstellung („Auf" und „Zu") müssen — deutlich sichtbar für jede Einbaulage — eingegossen werden.

5.6 In der Betriebsstellung „Auf" muss die Rechteckform der Betätigungseinrichtung in Durchflussrichtung zeigen.

5.7 Die Entnahmearmatur muss sich im abgesperrten Zustand und bei geneigtem Krümmer entleeren (entwässern).

5.8 Der Löschwasserleitungsanschluss ist als getrennte Verschraubung (Montagemutter) auszuführen.

5.9 Die Entnahmearmatur muss die Anforderungen an die Festigkeit nach DIN EN 12266-1 bei 25 bar erfüllen.

5.10 Die Entnahmearmatur muss die Anforderungen an die Dichtheit nach DIN EN 12266-1, Leckrate A bei 16 bar erfüllen.

5.11 Zum Schutz gegen Korrosion und der besseren Erkennbarkeit als Feuerschutzeinrichtung muss die Entnahmearmatur außen mit einer Einbrennlackierung rot RAL 3000 (Feuerrot) oder RAL 3001 (Signalrot) nach Farbregister RAL 840 HR (seidenmatt) oder nach Farbregister RAL 840 GL (glänzend) versehen werden.

6 Lieferart

Die Entnahmearmatur ist mit aufgeschraubter C-Festkupplung und C-Blindkupplung sowie Verschraubung G 2 A (siehe Bild 2) zu liefern.

7 Konformitätsprüfung

Der Hersteller hat durch geeignete Prüfverfahren die Übereinstimmung der Entnahmearmatur mit den Anforderungen von 5.1 bis 5.11 dieser Norm festzustellen und als Konformitätsdokumentation bei der Lieferung mit beizufügen. Er sollte sich dazu einer unabhängigen Prüforganisation bedienen.

8 Kennzeichnung

Entnahmearmaturen nach dieser Norm müssen mit einer witterungsbeständigen und dauerhaften Kennzeichnung versehen sein, welche mindestens folgende Angaben enthält:

a) Herstellerzeichen;

b) DIN 14461-5 — PN16;

c) Pfeil der Durchflussrichtung auf dem Gehäuse beidseitig.

Entnahmearmaturen, die dieser Norm entsprechen, dürfen mit dem Verbandszeichen $\overline{\text{DIN}}$ nur in Verbindung mit dem Herstellerzeichen gekennzeichnet werden[2]).

---

[2]) Die Nutzung des Verbandszeichens ist registrierungspflichtig. Die Registrierung erfolgt durch DIN CERTCO Gesellschaft für Konformitätsbewertung mbH, Alboinstr. 56, 12103 Berlin.

September 2009

DIN 14461-6

ICS 13.220.10

Mit DIN 14462:2009-04
Ersatz für
DIN 14461-6:1998-06

Feuerlösch-Schlauchanschlusseinrichtungen –
Teil 6: Schrankmaße und Einbau von Wandhydranten mit Flachschlauch nach DIN EN 671-2

Delivery valve installation –
Part 6: Dimensions of cabinets and installation of hose reels with lay-flat hoses according to DIN EN 671-2

Equipement de branchement de tuyaux pour la lutte contre l'incendie –
Partie 6: Dimensions d'armoires et installation des postes d'eau muraux équipés de tuyaux plats conformément à DIN EN 671-2

Gesamtumfang 8 Seiten

Normenausschuss Feuerwehrwesen (FNFW) im DIN

Vorwort

Diese Norm wurde vom Arbeitsausschuss „Anlagen zur Löschwasserversorgung einschließlich Wandhydranten" (NA 031-03-05 AA) des FNFW erarbeitet.

DIN 14461 *Feuerlösch-Schlauchanschlusseinrichtungen* besteht neben diesem Teil noch aus:

— *Teil 1: Wandhydrant mit formstabilem Schlauch*

— *Teil 2: Einspeiseeinrichtung und Entnahmeeinrichtung für Löschwasserleitungen „trocken"*

— *Teil 3: Schlauchanschlussventile PN 16*

— *Teil 4: Einspeisearmatur PN 16 für Löschwasserleitungen*

— *Teil 5: Entnahmearmatur PN 16 für Löschwasserleitungen*

Änderungen

Gegenüber DIN 14461-6:1998-06 wurden folgende Änderungen vorgenommen:

a) normative Verweisungen aktualisiert;

b) Berücksichtigung von DIN 1988-6:2005-05 hinsichtlich des Anschlusses ans Trinkwassernetz;

c) CM-Mehrzweckstrahlrohr nach DIN 14365 durch Hohlstrahlrohr nach DIN EN 15182-2 ersetzt;

d) Flachschlauch nach DIN EN 14540 aufgenommen;

e) erforderliche Schranktiefe für den Wasseranschluss durch die Rückwand berücksichtigt;

f) transparente Werkstoffe für Türen mit aufgenommen (analog zu DIN 14461-1:2003-03);

g) Anhang B gestrichen;

h) redaktionell überarbeitet.

Frühere Ausgaben

DIN 14461-1: 1966-08, 1976-05, 1986-01
DIN 14461-6: 1998-06

1 Anwendungsbereich

Diese Norm gilt für Anschlüsse von Wandhydranten mit Flachschlauch nach DIN EN 671-2 an Löschwasserleitungen „nass" oder „nass/trocken" nach DIN 14462, bei denen der direkte Anschluss dieser Wandhydranten an das Trinkwassernetz nicht zulässig ist. Der Wandhydrant mit Flachschlauch dient der Brandbekämpfung durch unterwiesene Personen sowie durch die Feuerwehr.

Diese Norm legt Anforderungen an Schränke und deren Ausstattung für Wandhydranten mit Flachschläuchen nach DIN EN 671-2 und den Einbau, die Installation und Abnahmeprüfung fest.

ANMERKUNG   Für die Planung, Errichtung sowie Betrieb und Instandhaltung von Löschwasserleitungen gilt DIN 14462.

2 Normative Verweisungen

Die folgenden zitierten Dokumente sind für die Anwendung dieses Dokuments erforderlich. Bei datierten Verweisungen gilt nur die in Bezug genommene Ausgabe. Bei undatierten Verweisungen gilt die letzte Ausgabe des in Bezug genommenen Dokuments (einschließlich aller Änderungen).

DIN 4066:1997-07, *Hinweisschilder für die Feuerwehr*

DIN 5381, *Kennfarben*

DIN 14307-1, *C-Festkupplung PN 16, aus Aluminium-Legierung, mit Dichtring für Druckbetrieb*

DIN 14332, *C-Druckkupplung PN 16 aus Aluminium-Legierung für Druckschlauch C 42*

DIN 14461-1, *Feuerlösch-Schlauchanschlusseinrichtungen — Teil 1: Wandhydrant mit formstabilem Schlauch*

DIN 14461-3, *Feuerlösch-Schlauchanschlusseinrichtungen — Tei 3: Schlauchanschlussventile PN 16*

DIN 14461-5, *Feuerlösch-Schlauchanschlusseinrichtungen — Entnahmearmatur PN 16 für Löschwasserleitungen*

DIN 14462:2009-04, *Löschwassereinrichtungen — Planung und Einbau von Wandhydrantenanlagen und Löschwasserleitungen*

DIN 14827, *Feuerwehrwesen — Schlauchtragekörbe für Druckschläuche B oder C*

DIN EN 3 (alle Teile), *Tragbare Feuerlöscher*

DIN EN 54-11, *Brandmeldeanlagen — Teil 11: Handfeuermelder*

DIN EN 671-2, *Ortsfeste Löschanlagen — Wandhydranten — Teil 2: Wandhydranten mit Flachschlauch*

DIN EN 671-3, *Ortsfeste Löschanlagen — Wandhydranten — Teil 3: Instandhaltung von Schlauchhaspeln mit formstabilem Schlauch und Wandhydranten mit Flachschlauch*

DIN EN 14540, *Feuerlöschschläuche — Flachschläuche für Wandhydranten*

DIN EN 15182-2, *Strahlrohre für die Brandbekämpfung — Teil 2: Hohlstrahlrohre PN 16*

DIN EN ISO 216, *Schreibpapier und bestimmte Gruppen von Drucksachen — Endformate — A- und B-Reihen und Kennzeichnung der Maschinenlaufrichtung*

DIN ISO 2768-1, *Allgemeintoleranzen — Teil 1: Toleranzen für Längen- und Winkelmaße ohne einzelne Toleranzeintragung*

RAL-Kennfarbenkarte RAL-F 14[1)]

---

1) Zu beziehen durch: Beuth Verlag GmbH, 10772 Berlin (Hausanschrift: Burggrafenstraße 6, 10787 Berlin).

3 Begriffe

Für die Anwendung dieses Dokuments gelten die Begriffe nach DIN 14461-1, DIN EN 671-2, DIN EN 671-3 und DIN EN 14540.

4 Ausstattung, Maße, Bezeichnung

4.1 Ausstattung

Der Wandhydrant mit Flachschlauch muss die Ausstattung nach Tabelle 1 haben.

Tabelle 1 — Zusammenstellung des Wandhydranten (Ausstattung)

Lfd. Nr	Anzahl	Benennung	Bemerkungen
1	1	Schlauchhaltevorrichtung nach DIN EN 671-2	Typ 1, Typ 2 oder Typ 3 (nach Wahl des Bestellers)
2	1	Druckschlauch, C42-15-K nach DIN EN 14540 mit eingebundenen C-Druckkupplungen nach DIN 14332	—
3	1	Hohlstrahlrohr, absperrbar, nach DIN EN 671-2, Aufbau entsprechend DIN EN 15182-2 jedoch ohne Spüleinrichtung, ohne verstellbare Durchflussmenge und ohne drehbaren Stutzen, mit C-Festkupplung nach DIN 14307-1	Die Ausführung ist hinsichtlich der Anforderungen an Durchflussmenge und Fließdruck entsprechend DIN 14462:2009-04, Tabelle 2 auszuwählen.
4	1	Verschraubung G2A nach DIN 14461-5	—
5	1	Schlauchanschlussventil, Größe 2 nach DIN 14461-3 mit C-Festkupplung nach DIN 14307-1	—
6	1	Bedienungsanleitung, mindestens Format A5 nach DIN EN ISO 216	—
7	1	Kennzeichnungsschilder nach EG-Richtlinie 92/58/EWG	—

4.2 Schränke

4.2.1 Der Schrank muss Bild 1 und den Maßen nach Tabelle 2 entsprechen. Nicht angegebene Einzelheiten sind zweckentsprechend zu wählen.

Die Schränke dürfen mit weiteren Löschgeräten (z. B. tragbare Feuerlöscher nach DIN EN 3) und/oder Brandmeldeeinrichtungen (z. B. Handfeuermelder nach DIN EN 54-11) kombiniert werden.

Zwischen der Schlauchhaspel, Schlauchmulde oder Schlauchkorb und dem Schrank muss in jeder Lage ein Abstand von mindestens 35 mm erhalten bleiben.

Tabelle 2 — Mindestmaße für das Haspelfach

Maße in Millimeter

Bauart	b_1	b_2	h_1	h_2	t_1	t_2
B	600	620	700	720	140	160
C	640	—	740	—	140	—

4.2.2 Die Anschlussbohrungen im Schrank für das Schlauchanschluss-Ventil dürfen in der linken oder rechten Seitenwand — bei Schranktiefe ≥ 180 mm auch in der Rückwand oben links oder rechts — angebracht sein, siehe Bild 2.

Bauart B
Einbauschrank

Allgemeintoleranzen: ISO 2768-v

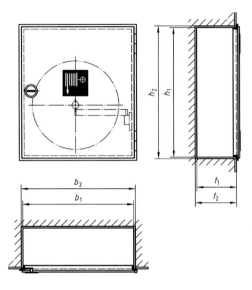

Bauart C
Aufputzschrank

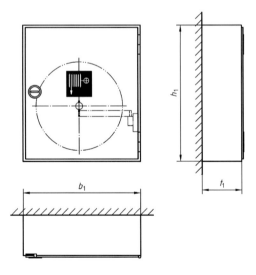

Bild 1 — Schrank

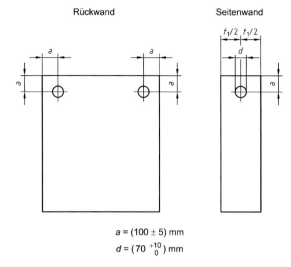

$a = (100 \pm 5)$ mm
$d = (70 \, ^{+10}_{0})$ mm

Bild 2 — Anschlussbohrungen

4.3 Bezeichnung

Bezeichnung eines Wandhydranten mit Flachschlauch, Bauart B mit Anschlussbohrung rechte Seite/Seitenwand (RS); Schlauchaufnahme Typ 1 (S1):

Wandhydrant DIN 14461 – B – RS – S1

Kurzzeichen für die Lage der Anschlussbohrungen siehe Tabelle 3.

Tabelle 3 — Kurzzeichen für die Lage der Anschlussbohrungen

Bauart	Anschlussbohrung im Schrank			
	linke Seite		rechte Seite	
	Seitenwand	Rückwand	Seitenwand	Rückwand
B	B - LS	B - LR	B - RS	B - RR
C	C - LS	C - LR	C - RS	C - RR

5 Anforderungen

5.1 Die Konstruktion muss die Anforderungen nach DIN EN 671-2 und zusätzlich die Anforderungen nach 5.2 bis 5.6 erfüllen.

5.2 Bei Wandhydranten-Kombinationen (siehe DIN 14461-1) sind die Erweiterungen durch Fachwände und Fachböden in der gesamten Tiefe des Schrankes abzutrennen. Die Erweiterungen dürfen die Bedienbarkeit des Wandhydranten nicht behindern.

5.3 Der Wandhydrant muss — ohne Beeinträchtigung der sofortigen Betriebsbereitschaft — gegen Einfrieren, Beschädigen, Verschmutzen und Missbrauch geschützt sein.

5.4 Die Schlauchhaltevorrichtung nach DIN EN 671-2 darf nicht an der Tür befestigt werden. Ausschwenkbare Schlauchhaltevorrichtungen müssen an der Seite des Schlauchanschlussventils befestigt sein. Der Schlauch ist so an Ventil und Strahlrohr anzukuppeln, dass er beim Typ 1 von oben abrollt und sich bei Typ 2 und Typ 3 einwandfrei herausziehen lässt. Dies betrifft bei Ergänzungen mit weiteren Schlauchlängen immer nur die erste Länge.

5.5 Der Schrank ist aus metallischen Werkstoffen (Art und Sorte nach Wahl des Herstellers) zu fertigen. Die Metallteile sind korrosionsgeschützt zu liefern.

5.5.1 Der Schrank muss belüftet sein, dafür reicht die Belüftung durch die nicht abgedichtete Tür aus. Um Verschmutzungen zu vermeiden, dürfen in den Türen keine Öffnungen sein.

5.5.2 Die Tür muss ausreichend steif sein, um ein einwandfreies Öffnen und Schließen sicherzustellen. Sie muss sich um 180° öffnen lassen. Bei Türbreiten über 750 mm ist die Tür zu teilen und beidseitig anzuschlagen. Die Türen müssen plombierbar sein. In Abweichung zu 5.5 darf die Tür zur besseren Erkennbarkeit der Brandschutzeinrichtung auch aus transparenten Werkstoffen bestehen, sofern andere Belange nicht dagegen stehen.

5.6 Zusätzlich zu den Anforderungen von DIN EN 671-2 müssen Verschlusseinrichtungen in den wesentlichen Teilen aus metallischen Werkstoffen gefertigt sein. Die Öffnungsgriffe der Verschlusseinrichtung müssen versenkt sein.

6 Einbau

6.1 Der Einbau ist nach den anerkannten Regeln der Technik vorzunehmen. Beim Einbau muss die statisch erforderliche bzw. brandschutztechnisch vorgeschriebene Wanddicke erhalten bleiben.

6.2 Der Wandhydrant ist so einzubauen, dass das Schlauchanschluss-Ventil in einer Höhe von (1 400 ± 200) mm über Oberkante Fertigfußboden installiert ist. Bei Wandhydranten-Kombinationen sind außerdem die Einbauhöhen der Erweiterungen (z. B. Handfeuermelder) zu beachten.

6.3 Das Schlauchanschlussventil muss so eingebaut sein, dass ein knickfreies Ankuppeln des Flachschlauches sichergestellt ist.

6.4 Das Erkennungssymbol ist nach DIN EN 671-2 auf einem Schild in der Größe 200 mm × 200 mm mitzuliefern. Für die Erweiterungen von Wandhydranten-Kombinationen — ausgenommen Handfeuermelder — sind weitere Kennzeichnungsschilder in der Größe 200 mm × 200 mm mitzuliefern.

7 Installationsanleitung

7.1 Jedem Wandhydranten ist vom Hersteller eine Installationsanleitung beizufügen, die Angaben über den Anschluss des Wandhydranten an die Löschwasserleitung enthält; dabei ist auf die Anforderungen nach DIN 14462 hinzuweisen.

Aus der Installationsanleitung muss hervorgehen, dass das Schlauchanschlussventil und die Haspellagerung auf derselben Seite anzuordnen sind und dass die Zuleitung zum Schlauchanschluss-Ventil nicht durch den Innenraum des Schrankes geführt werden darf.

Die Installationsanleitung muss außerdem den Hinweis enthalten, dass die sichtbaren Flächen der Schränke im Regelfall in der Sicherheitsfarbe rot, Kennfarbe DIN 5381 — Rot oder RAL 3001 (Signalrot) nach RAL-Kennfarbenkarte RAL-F 14 auszuführen sind.

7.2 In der Installationsanleitung ist darauf hinzuweisen, dass nach Installation eine Abnahmeprüfung nach DIN 14462 durchzuführen ist und ein Prüfbuch nach DIN 14462 anzulegen ist.

8 Bedienungsanleitung

Die Bedienungsanleitung muss folgenden Text enthalten:

Im Brandfall:

1. Strahlrohr herausnehmen und Schlauch vollständig abziehen und knickfrei auslegen.
2. Ventil mit Handrad linksdrehend öffnen.
3. Vorsicht bei Anwendung in elektrischen Anlagen! Nur bis 1 000 V; Mindestabstand 5 m.
4. Nach Gebrauch Ventil mit Handrad rechtsdrehend schließen und umgehende Instandhaltung des Wandhydranten veranlassen.

Zusätzlich muss bei Löschwasserleitungen „nass/trocken" auf einem Hinweisschild neben dem Schlauchanschluss-Ventil auf die verzögerte Wasserbereitstellung hingewiesen werden.

Das Hinweisschild D1 nach DIN 4066:1997-07, Tabelle 1, ist mit folgender Aufschrift zu versehen:

Wasser kommt nach max. 60 Sekunden

9 Abnahmeprüfung

Eine Abnahmeprüfung ist nach den Anforderungen der DIN 14462 nach der Installation durchzuführen.

Literaturhinweise

DIN 1988-6, *Technische Regeln für Trinkwasser-Installationen (TRWI) — Teil 6: Feuerlösch- und Brandschutzanlagen — Technische Regel des DVGW*

DIN 14827, *Feuerwehrwesen — Schlauchtragekörbe für Druckschläuche B oder C*

DIN EN 671-1, *Ortsfeste Löschanlagen — Wandhydranten — Teil 1: Schlauchhaspeln mit formstabilem Schlauch*

92/58/EWG, *Richtlinie 92/58/EWG des Rates vom 24. Juni 1992 — Mindestvorschriften für die Sicherheits- und/oder Gesundheitsschutzkennzeichnung am Arbeitsplatz*[2]

BGV A 8, *BG-Vorschrift — Sicherheits- und Gesundheitsschutzkennzeichnung am Arbeitsplatz*[3]

---

[2] Herausgeber: Europäische Gemeinschaften. Zu beziehen durch: Beuth Verlag GmbH, Burggrafenstraße 6, 10787 Berlin.

[3] Herausgeber: Deutsche Gesetzliche Unfallversicherung — DGUV. Zu beziehen durch: Carl Heymanns Verlag KG.

September 2012

DIN 14462

ICS 13.220.20

Ersatz für
DIN 14462:2009-04

Löschwassereinrichtungen –
Planung, Einbau, Betrieb und Instandhaltung von Wandhydrantenanlagen sowie Anlagen mit Über- und Unterflurhydranten

Water conduit for fire extinguishing –
Planning, installation, operation and maintenance of fire hose systems and pillar fire hydrant and underground fire systems

Conduites d'eau d'incendie –
Planification, installation, opération et maintenance des poste d'eau et des réseaux pour lutte contre l'incendie et systèmes de poteau d'incendie et de poste enterré

Gesamtumfang 41 Seiten

Normenausschuss Feuerwehrwesen (FNFW) im DIN
Normenausschuss Wasserwesen (NAW) im DIN

Inhalt

Seite

Vorwort 3
Einleitung 4
1 Anwendungsbereich 5
2 Normative Verweisungen 5
3 Begriffe 7
4 Anforderungen an die Auslegung, Berechnung und Installation von Löschwasseranlagen 10
4.1 Allgemeine Anforderungen 10
4.1.1 Allgemeines 10
4.1.2 Anforderungen an Feuerlösch-Schlauchanschlusseinrichtungen 10
4.1.3 Rohrleitungen, Befestigungen und Armaturen 11
4.1.4 Rohrleitungsdimensionierung 12
4.1.5 Entwässerung 13
4.1.6 Vorlagebehälter 14
4.1.7 Druckerhöhungsanlage (DEA) 14
4.1.8 Druckminderung 16
4.1.9 Füll- und Entleerungsstation 17
4.1.10 Entleeren 17
4.1.11 Kontrollbuch 17
4.2 Spezifische Anforderungen 17
4.2.1 Löschwasserleitung „trocken" 17
4.2.2 Löschwasseranlagen „nass" oder „nass/trocken" 18
4.2.3 Trinkwasser-Installation mit Wandhydrant Typ S 20

5 Inbetriebnahme und Abnahmeprüfung 20
5.1 Allgemeines 20
5.2 Inbetriebnahme von Löschwasseranlagen „trocken" 21
5.3 Inbetriebnahme von Wandhydrantenanlagen 22
5.4 Inbetriebnahme von Anlagen mit Überflur- und Unterflurhydranten 23

6 Instandhaltung 25
6.1 Allgemeines 25
6.2 Wiederkehrende Instandhaltung von Löschwasseranlagen „trocken" 26
6.3 Wiederkehrende Instandhaltung von Löschwasseranlagen „nass" und „nass/trocken" 26
6.4 Wiederkehrende Instandhaltung von Trinkwasser-Installationen mit Wandhydranten Typ S 26
6.5 Wiederkehrende Instandhaltung von Überflur- und Unterflurhydranten 26

Anhang A (informativ) Beispiele für die schematische Darstellung von Wandhydrantenanlagen, Löschwasseranlagen „trocken" und Anlagen mit Überflur- bzw. Unterflurhydranten 27

Anhang B (informativ) Hinweise für Planer, Errichter und Betreiber 35
B.1 Brandschutzkonzept 35
B.2 Trinkwasserhygiene 35
B.3 Bereitstellung von Löschwasser 36
B.4 Planungsgrundsätze 36
B.4.1 Auswahlkriterien 36
B.4.2 Auswahl von Löschwasseranlagen für Wandhydranten 37
B.5 Brandschutzarmaturen 38

Anhang C (informativ) Aufbau eines Kontrollbuchs 39

Anhang D (informativ) Beispiel für Aufkleber zur Kennzeichnung von Wandhydranten ... 41

Vorwort

Dieses Dokument wurde vom Arbeitsausschuss „Anlagen zur Löschwasserversorgung einschließlich Wandhydranten" (NA 031-03-05 AA) des Normenausschusses Feuerwehrwesen (FNFW) im DIN erarbeitet.

Es wird auf die Möglichkeit hingewiesen, dass einige Texte dieses Dokuments Patentrechte berühren können. Das DIN ist nicht dafür verantwortlich, einige oder alle diesbezüglichen Patentrechte zu identifizieren.

Änderungen

Gegenüber DIN 14462:2009-04 wurden folgende Änderungen vorgenommen:

a) Anpassung an die Anforderungen der DIN 1988-600;

b) Titel ergänzt;

c) Anwendungsbereich um Überflur- und Unterflurhydranten im privaten Bereich erweitert;

d) Informationen zum Aufbau eines Kontrollbuchs als Anhang C aufgenommen;

e) Beispiel für Aufkleber zur Wandhydrantenkennzeichnung als Anhang D aufgenommen;

f) Dokument redaktionell überarbeitet.

Frühere Ausgaben

DIN 14461-1: 1966-08, 1976-05, 1986-01, 1998-02
DIN 14461-6: 1998-06
DIN 14462: 2007-01, 2009-04
DIN 14462 Berichtigung 1: 2007-05
DIN 14462-1: 1978-08, 1988-01
DIN 14462-2: 1978-08, 1988-01
DIN 14463: 1989-01
DIN 14463-1: 1999-07

Einleitung

Im Hinblick auf die Neugestaltung der Normreihen DIN 1988 und DIN EN 806 wurden wesentliche Abschnitte neu strukturiert und Begriffe vereinheitlicht. Zur Erfüllung der Anforderungen der Trinkwasserverordnung wird berücksichtigt, dass Wandhydranten Typ F sowie Über- und Unterflurhydranten nicht ohne geeignete Sicherungseinrichtung an die Trinkwasser-Installation angeschlossen werden dürfen.

Außerdem wurden Planungsvorgaben, die bislang in einzelnen Produktnormen der Normenreihen DIN 14461 und DIN 14463 enthalten waren, mit in diese neue Norm überführt. Die Planungsgrundlagen werden bei der nächsten Überarbeitung der betreffenden Produktnormen aus diesen Normen herausgenommen.

Feuerlösch- und Löschwasseranlagen sind Einrichtungen des vorbeugenden Brandschutzes und keine des häuslichen Gebrauchs (siehe DIN EN 1717). Sie dienen der Rettung und dem Schutz von Personen und der Brandbekämpfung. Sie führen in ihren Leitungssystemen Trink- oder Nichttrinkwasser. Bei unmittelbarem Anschluss an das Trinkwassernetz unterliegen sie besonderen hygienischen Anforderungen, um die Qualitätseinbuße des Trinkwassers zu vermeiden.

In Gebäuden mit besonderen Risiken, z. B. Hochhäuser, können weitergehende Anforderungen erforderlich werden.

Wandhydranten (siehe DIN EN 671-1 und DIN EN 671-2) bzw. Überflur- und Unterflurhydranten (siehe DIN EN 14384 und DIN EN 14339) sind Bauprodukte nach der Europäischen Bauproduktenrichtlinie 89/106/EWG und unterliegen besonderen Anforderungen, die in dieser Norm berücksichtigt werden.

DIN 14462:2012-09

1 Anwendungsbereich

Diese Norm gilt für Planung, Errichtung, Betrieb und Instandhaltung von

a) Wandhydrantenanlagen einschließlich einer Löschwasserübergabestelle nach DIN 1988-600,

b) Löschwasseranlagen mit Nichttrinkwasser sowie Löschwasseranlagen „trocken" und

c) Über- und Unterflurhydrantenanlagen, die sich im nicht-öffentlichen Bereich befinden.

Für die Anbindung dieser Anlagen an das Trinkwassernetz gilt DIN 1988-600.

2 Normative Verweisungen

Die folgenden zitierten Dokumente sind für die Anwendung dieses Dokuments erforderlich. Bei datierten Verweisungen gilt nur die in Bezug genommene Ausgabe. Bei undatierten Verweisungen gilt die letzte Ausgabe des in Bezug genommenen Dokuments (einschließlich aller Änderungen).

DIN 1986 (alle Teile), *Entwässerungsanlagen für Gebäude und Grundstücke*

DIN 1988 (alle Teile), *Technische Regeln für Trinkwasser-Installationen*

DIN 2607, *Rohrbogen — Aus Kupfer zum Einschweißen*

DIN 4046, *Wasserversorgung — Begriffe — Technische Regel des DVGW*

DIN 4066, *Hinweisschilder für die Feuerwehr*

DIN 4102-2, *Brandverhalten von Baustoffen und Bauteilen — Teil 2: Bauteile, Begriffe, Anforderungen und Prüfungen*

DIN 4102-3, *Brandverhalten von Baustoffen und Bauteilen — Teil 3: Brandwände und nichttragende Außenwände, Begriffe, Anforderungen und Prüfungen*

DIN 4102-4:1994-03, *Brandverhalten von Baustoffen und Bauteilen — Teil 4: Zusammenstellung und Anwendung klassifizierter Baustoffe, Bauteile und Sonderbauteile*

DIN 14034-6, *Graphische Symbole für das Feuerwehrwesen — Teil 6: Bauliche Einrichtungen*

DIN 14210, *Löschwasserteiche*

DIN 14220, *Löschwasserbrunnen*

DIN 14230, *Unterirdische Löschwasserbehälter*

DIN 14461-1, *Feuerlösch-Schlauchanschlusseinrichtungen — Teil 1: Wandhydrant mit formstabilem Schlauch*

DIN 14461-2, *Feuerlösch-Schlauchanschlusseinrichtungen — Teil 2: Einspeiseeinrichtung und Entnahmeeinrichtung für Löschwasserleitungen „trocken"*

DIN 14461-3, *Feuerlösch-Schlauchanschlusseinrichtungen — Teil 3: Schlauchanschlussventile PN 16*

DIN 14461-4, *Feuerlösch-Schlauchanschlusseinrichtungen — Teil 4: Einspeisearmatur PN 16 für Löschwasserleitungen*

DIN 14461-5, *Feuerlösch-Schlauchanschlusseinrichtungen — Teil 5: Entnahmearmatur PN 16 für Löschwasserleitungen*

DIN 14461-6, *Feuerlösch-Schlauchanschlusseinrichtungen — Teil 6: Schrankmaße und Einbau von Wandhydranten mit Flachschlauch nach DIN EN 671-2*

DIN 14463-1, *Löschwasseranlagen — Fernbetätigte Füll- und Entleerungsstationen — Teil 1: Für Wandhydrantenanlagen*

DIN 14463-3, *Löschwasseranlagen — Fernbetätigte Füll- und Entleerungsstationen — Teil 3: Be- und Entlüftungsventile PN 16 für Löschwasserleitungen*

DIN EN 671-1, *Ortsfeste Löschanlagen — Wandhydranten — Teil 1: Schlauchhaspeln mit formstabilem Schlauch*

DIN EN 671-3, *Ortsfeste Löschanlagen — Wandhydranten — Teil 3: Instandhaltung von Schlauchhaspeln mit formstabilem Schlauch und Wandhydranten mit Flachschlauch*

DIN EN 806 (alle Teile), *Technische Regeln für Trinkwasser-Installationen*

DIN EN 1254-1, *Kupfer und Kupferlegierungen — Fittings — Teil 1: Kapillarlötfittings für Kupferrohre (Weich- und Hartlöten)*

DIN EN 1254-4, *Kupfer und Kupferlegierungen — Fittings — Teil 4: Fittings zum Verbinden anderer Ausführungen von Rohrenden mit Kapillarlötverbindungen oder Klemmverbindungen*

DIN EN 1254-5, *Kupfer und Kupferlegierungen — Fittings — Teil 5: Fittings mit geringer Einstecktiefe zum Verbinden mit Kupferrohren durch Kapillar-Hartlöten*

DIN EN 1508, *Wasserversorgung — Anforderungen an Systeme und Bestandteile der Wasserspeicherung*

DIN EN 1717, *Schutz des Trinkwassers vor Verunreinigungen in Trinkwasser-Installationen und allgemeine Anforderungen an Sicherheitseinrichtungen zur Verhütung von Trinkwasserverunreinigungen durch Rückfließen — Technische Regel des DVGW*

DIN EN 10240, *Innere und/oder äußere Schutzüberzüge für Stahlrohre — Festlegungen für durch Schmelztauchverzinken in automatisierten Anlagen hergestellte Überzüge*

DIN EN 10242, *Gewindefittings aus Temperguss*

DIN EN 10255, *Rohre aus unlegiertem Stahl mit Eignung zum Schweißen und Gewindeschneiden — Technische Lieferbedingungen*

DIN EN 10305-3, *Präzisionsstahlrohre — Technische Lieferbedingungen — Teil 3: Geschweißte maßgewalzte Rohre*

DIN EN 12056 (alle Teile), *Schwerkraftentwässerungsanlagen innerhalb von Gebäuden*

DIN EN 12845, *Ortsfeste Brandbekämpfungsanlagen — Automatische Sprinkleranlagen — Planung, Installation und Instandhaltung*

DIN EN 13076, *Sicherungseinrichtungen zum Schutz des Trinkwassers gegen Verschmutzung durch Rückfließen — Ungehinderter freier Auslauf — Familie A — Typ A*

DIN EN 13077, *Sicherungseinrichtungen zum Schutz des Trinkwassers gegen Verschmutzung durch Rückfließen — Freier Auslauf mit nicht kreisförmigem Überlauf (uneingeschränkt) — Familie A, Typ B*

DIN EN 13079, *Sicherungseinrichtungen zum Schutz des Trinkwassers gegen Verschmutzung durch Rückfließen — Freier Auslauf mit Injektor — Familie A; Typ D*

DIN EN 14339, *Unterflurhydranten*

DIN EN 14384, *Überflurhydranten*

DIN EN 14640, *Schweißzusätze — Massivdrähte und -stäbe zum Schmelzschweißen von Kupfer und Kupferlegierungen — Einteilung*

BGV A 8, *BG-Vorschrift — Sicherheits- und Gesundheitsschutzkennzeichnung am Arbeitsplatz*[1]

DVGW GW 2, *Verbinden von Kupferrohren für Gas- und Trinkwasser-Installationen innerhalb von Grundstücken und Gebäuden*[2]

DVGW GW 6, *Kapillarlötfittings aus Rotguß und Übergangsfittings aus Kupfer und Rotguß — Anforderungen und Prüfbestimmungen*[2]

DVGW GW 8, *Kapillarlötfittings aus Kupferrohren — Anforderungen und Prüfbestimmungen*[2]

DVGW GW 392, *Nahtlosgezogene Rohre aus Kupfer für Gas- und Trinkwasser-Installationen und nahtlosgezogene, innenverzinnte Rohre aus Kupfer für Trinkwasser-Installationen — Anforderungen und Prüfungen*[2]

DVGW W 534, *Rohrverbinder und Rohrverbindungen in der Trinkwasser-Installation*[2]

DVGW GW 541, *Rohre aus nichtrostenden Stählen für die Gas- und Trinkwasser-Installation — Anforderungen und Prüfungen; Arbeitsblatt*[2]

TrinkwV, *Verordnung zur Novellierung der Trinkwasserverordnung (Artikel 1 Verordnung über die Qualität von Wasser für den menschlichen Gebrauch (Trinkwasserverordnung — TrinkwV 2001))*[3]

3 Begriffe

Für die Anwendung dieses Dokuments gelten die Begriffe nach DIN 1988-600, DIN EN 14339, DIN EN 14384 und die folgenden Begriffe.

3.1
befähigte Person
Sachkundiger
Person, die über die erforderliche Ausbildung und praktische Erfahrung sowie die erforderlichen Werkzeuge, Prüfeinrichtungen und Informationen verfügt, um die Abnahmeprüfung und Instandhaltung entsprechend dem aktuellen Stand der Technik sowie den von den Herstellern empfohlenen Verfahren zuverlässig durchzuführen und mögliche Gefahren erkennen zu können

3.2
Druckerhöhungsanlage
DEA
Anlage, bestehend aus einem Steuergerät, einer oder mehreren Pumpen sowie entsprechenden Stellgliedern zur Erhöhung des Wasserdrucks in der Löschwasseranlage

3.3
Fachfirma
Stelle oder Unternehmen, deren Mitarbeiter über die erforderliche Ausbildung und praktische Erfahrung sowie die erforderlichen Werkzeuge, Prüfeinrichtungen und Informationen verfügen, um die Installation entsprechend dem aktuellen Stand der Technik sowie den von den Bauteil-Herstellern empfohlenen Verfahren zuverlässig durchzuführen und mögliche Gefahren zu erkennen

---

1) Herausgeber: Hauptverband der gewerblichen Berufsgenossenschaften (HVBG). Zu beziehen bei: Carl Heymanns Verlag KG.

2) Herausgeber und zu beziehen bei: DVGW Deutsche Vereinigung des Gas- und Wasserfaches e. V.

3) Herausgeber: Bundesministerium für Gesundheit. Zu beziehen bei: Beuth Verlag GmbH, Burggrafenstraße 6, 10787 Berlin.

3.4
Feuerlösch-Schlauchanschlusseinrichtung
Bestandteil ortsfester Löschanlagen zur Löschwassereinspeisung oder Löschwasserentnahme in das bzw. aus dem Leitungssystem

BEISPIEL Einspeise- und Entnahmeeinrichtung nach DIN 14461-2 sowie Wandhydranten nach DIN 14461-1 bzw. DIN 14461-6.

3.5
Füll- und Entleerungsstation
Bauteil mit fernbetätigten Armaturen nach DIN 14463-1, das Trinkwasser-Leitungsanlagen von Löschwasserleitungen „nass/trocken" trennt und die Löschwasserleitungen „nass/trocken" im Bedarfsfall mit Wasser füllt bzw. diese nach Gebrauch selbsttätig wieder entleert

3.6
Hydrant
Überflurhydrant nach DIN EN 14384 sowie Unterflurhydrant nach DIN EN 14339 als Löschwasserentnahmestelle auf Grundstücken

3.7
Hydrantenanlage
Wasserverteilungsanlage auf Grundstücken, die aus erdverlegten Rohrleitungen mit daran angeschlossenen Unter- und/oder Überflurhydranten besteht

3.8
Kontrollbuch
Dokumentation der Gesamtanlage mit fortlaufender Protokollierung der Betriebsereignisse und Instandhaltungen

3.9
Löschwasseranlage „nass"
vom Trinkwassernetz getrennte Löschwasserleitungen „nass" mit angeschlossenen Wandhydranten oder Überflur- bzw. Unterflurhydranten, die ständig unter Druck stehen und somit jederzeit einsatzbereit sind

3.10
Löschwasseranlage „nass/trocken"
Leitungssystem mit angeschlossenen Feuerlösch-Schlauchanschlusseinrichtungen bzw. Hydranten, die erst im Brandfall fernbetätigt über eine Füll- und Entleerungsstation unter Druck gesetzt wird und im Normalfall leer ist

3.11
Löschwasseranlage „trocken"
Löschwasserleitungen „trocken" mit den entsprechenden Entnahmestellen, in die das Löschwasser erst im Bedarfsfall über eine Löschwasser-Einspeiseeinrichtung durch die Feuerwehr eingespeist wird

3.12
Löschwasserleitung
fest verlegte Rohrleitung mit absperrbaren Feuerlösch-Schlauchanschlusseinrichtungen bzw. Hydranten, die dazu dient, Wasser zu Feuerlöschzwecken bereitzustellen

3.13
Löschwasserleitung „nass"
Nichttrinkwasserleitung, die mit Betriebswasser gespeist wird oder über einen freien Auslauf AA oder AB nach DIN EN 1717 als Löschwasserübergabestelle mittelbar aus dem Trinkwassernetz versorgt wird und ständig unter Druck steht

3.14
Löschwasserleitung „nass/trocken"
Verbrauchsleitung, die im Bedarfsfall durch Fernbetätigung von Armaturen mit Wasser aus dem Trinkwassernetz oder auch mit Nichttrinkwasser gespeist wird

3.15
Löschwasserleitung „trocken"
Nichttrinkwasserleitung, in die das Löschwasser erst im Brandfall von der Feuerwehr eingespeist wird und die keine unmittelbare Verbindung zu Trinkwasser-Installationen hat

3.16
Löschwasserübergabestelle
LWÜ
Schnittstelle zwischen Trinkwasser-Installation und Feuerlösch- und Brandschutzanlagen

3.17
mittelbarer Anschluss
Absicherung über einen freien Auslauf AA oder AB nach DIN EN 1717

3.18
Trinkwasser-Installation
Installation, die Trinkwasser für den menschlichen Gebrauch in den Güteanforderungen der Trinkwasserverordnung (TrinkwV) über den gesamten Leitungsweg bis zur Entnahmestelle oder zur Sicherungsarmatur führt

3.19
Trinkwasser-Installation mit Wandhydranten
Trinkwasserleitungen, an die Wandhydranten vom Typ S nach DIN 14461-1 mit integrierter Sicherungskombination (Rückflussverhinderer und Belüfter) unmittelbar angeschlossen werden und in denen sich keine Stagnation des Trinkwassers bilden kann

3.20
unmittelbarer Anschluss
nicht über einen freien Auslauf AA oder AB nach DIN EN 1717 abgesichert

3.21
Vorlagebehälter
Behälter zur Herstellung einer mittelbaren Verbindung zwischen Trinkwasser- und Nichttrinkwassernetzen unter Verwendung eines freien Auslaufes AA oder AB nach DIN EN 1717, der zur Bevorratung von Löschwasser verwendet werden kann

3.22
Wandhydrant
Löschgerät, im Wesentlichen bestehend aus einem Schutzschrank oder einer Abdeckung, einer Schlauchhaltevorrichtung, einem handbetätigten Absperrventil, einem formstabilen Schlauch oder Flachschlauch mit Kupplungen und absperrbarem Strahlrohr

ANMERKUNG   Nach DIN 14461-1 werden Wandhydranten in ihrem Einsatzbereich unterschieden nach Selbsthilfe-Wandhydranten (Typ S) sowie Wandhydranten, die sowohl als Selbsthilfeeinrichtung als auch zur Nutzung durch die Feuerwehr geeignet sind (Typ F).

3.23
Wandhydrantenanlage
nicht selbsttätige, ortsfeste Löschanlage mit angeschlossenen Feuerlösch-Schlauchanschlusseinrichtungen, die der Selbsthilfe im Brandfall dienen und je nach Ausführung auch von der Feuerwehr genutzt werden können

3.24
Wasserversorgungsunternehmen
WVU
Unternehmen, das öffentliche Wasserversorgung betreibt, unabhängig von Unternehmensform und Trägerschaft

[DIN 4046:1983-09, Nr. 1.19]

4 Anforderungen an die Auslegung, Berechnung und Installation von Löschwasseranlagen

4.1 Allgemeine Anforderungen

4.1.1 Allgemeines

ANMERKUNG   Beispiele für die Ausführung von Löschwasseranlagen sind im Anhang A angegeben und Hinweise für Planer, Errichter und Betreiber sind im Anhang B beschrieben.

Es muss sichergestellt sein, dass nur Bauteile installiert werden, die den geltenden Normen und sonstigen Bestimmungen entsprechen. Abweichungen von den Angaben sind mit den zuständigen Stellen abzustimmen und im zu erstellenden Kontrollbuch schriftlich zu dokumentieren.

Alarm- und Störmeldungen sind sicherheitsrelevante Meldungen, deren Überwachung der Betreiberpflicht unterliegt. Die Meldungen sind an eine ständig besetzte Stelle weiterzuleiten. Ist diese nicht vorhanden, ist mindestens ein im Objekt deutlich wahrnehmbarer akustischer und optischer Alarmgeber vorzusehen.

Für den Anschluss von Löschwasserleitungen/Wandhydranten an Trinkwasserinstallationen sind die Normreihen DIN EN 806 und DIN 1988 zu beachten. Die auf das jeweilige Objekt bezogene geeignete Übergabestelle ist nach DIN 1988-600 nach Risikoabwägung auszuwählen. Hierbei sind sowohl die Aspekte der Trinkwasserinstallation wie auch die Aspekte des Brandschutzes zu berücksichtigen.

Sicherungseinrichtungen zur Verhütung von Trinkwasserverunreinigungen durch Rückfließen sowie Füll- und Entleerungsstationen sind in nicht überflutbaren Räumen einzusetzen.

Löschwasseranlagen dürfen nur durch eine Fachfirma geplant und errichtet werden. Zur Installation von Löschwasserübergabestellen an die Trinkwasserinstallation muss die Fachfirma im Installateurverzeichnis eines WVU eingetragen sein.

4.1.2 Anforderungen an Feuerlösch-Schlauchanschlusseinrichtungen

Wandhydranten sind als Selbsthilfe-Einrichtung zur Verwendung an Löschwasseranlagen „nass" und „nass/trocken" sowie bei Trinkwasserinstallationen vorzusehen. Hierbei sind bevorzugt Wandhydranten mit formstabilem Schlauch nach DIN 14461-1 einzusetzen. Wandhydranten mit Flachschlauch nach DIN 14461-6 sind nur dort vorzusehen, wo sichergestellt ist, dass ständig speziell auf Handhabung dieser Wandhydranten geschultes Personal zur Verfügung steht (z. B. im Industriebetrieb mit eigener Werkfeuerwehr). Wandhydranten sind so zu installieren, dass sich das Schlauchanschlussventil in einer Höhe von (1 400 ± 200) mm über Oberkante Fertigfußboden befindet.

An Löschwasseranlagen „trocken" sind grundsätzlich nur Einspeise- und Entnahmeeinrichtungen nach DIN 14461-2 vorzusehen. Bei Entnahmeeinrichtungen an Löschwasserleitungen „trocken" muss die Schlauchanschlussarmatur (1 200 ± 400) mm über Oberkante Fertigfußboden installiert sein; die B-Kupplungen der Einspeisearmatur innerhalb der Löschwasser-Einspeiseeinrichtung müssen dabei (800 ± 200) mm über der Geländeoberfläche angeordnet sein.

Bei Kombinationsmodellen, zum Beispiel mit einem Handfeuermelder, sind gegebenenfalls weitere Montagehöhen für diese Einbauteile zu berücksichtigen.

Durch den Einbau von Schränken darf die statisch erforderliche Wanddicke nicht unterschritten und die vorgeschriebene Feuerwiderstandsdauer nicht beeinträchtigt werden.

Alle Feuerlösch-Schlauchanschlusseinrichtungen sind deutlich sichtbar zu kennzeichnen. Die Hinweisschilder sind in den zugehörigen Produktnormen festgelegt. Darüber hinaus ist die BGV A 8 zu berücksichtigen.

Die Symbolschilder zur Kennzeichnung der Einrichtung sind dabei auf der Außenseite des Wandhydranten anzubringen.

Die Bedienungsanleitung sowie bei Löschwasseranlagen „nass/trocken" das Hinweisschild „Wasser kommt nach max. 60 Sekunden" sind auf die Innenseite der Türen in der Nähe des Schlauchanschlussventils anzubringen.

4.1.3 Rohrleitungen, Befestigungen und Armaturen

Rohrleitungen und Armaturen sind bis zur LWÜ nach den Anforderungen der DIN 1988-600 und hinter der LWÜ nach Tabelle 1 dieser Norm auszuwählen und zu verlegen.

Sollen in der Zuleitung zu Brandschutzeinrichtungen Armaturen installiert werden, so müssen diese so beschaffen sein, dass von ihnen keine Beeinträchtigung der Brandschutzeinrichtung ausgehen kann. Nach der Löschwasserübergabestelle sind außer Löschwasserentnahmestellen keine weiteren Entnahmestellen zulässig.

Im Leitungsweg des Löschwassers sind alle Absperreinrichtungen möglichst zentral anzuordnen. Sie müssen gekennzeichnet und gegen unbefugtes Schließen gesichert werden. In Löschwasserleitungen „trocken" sind außer den Einspeise- und Entnahmearmaturen keine weiteren Absperreinrichtungen zulässig.

Löschwasserleitungen und deren Zuleitungen sind in Anlehnung an DIN 4102-4:1994-03, 8.6 entsprechend der zu erwartenden Einsatzdauer der Löschwasseranlage zu befestigen. Bei Löschwasserleitungen „trocken" und „nass/trocken" sind die erhöhten dynamischen Kräfte beim Füllvorgang zu berücksichtigen.

Sofern nicht höhere Innendrücke einen höheren Nenndruck erforderlich machen, sind Löschwasserleitungen und deren Armaturen bei

— Wandhydrantenanlagen sowie Hydrantenanlagen mindestens für Nenndruck PN 10 und

— Löschwasseranlagen „trocken" für Nenndruck PN 16

zu bemessen.

Müssen Löschwasserleitungen „trocken" durch Abschnitte oder Räume geführt werden, in denen sich Brandlasten befinden, sind diese Leitungen feuerbeständig zu umkleiden. Dies ist nicht erforderlich bei Räumen, die durch automatische Löschanlagen geschützt sind.

Tabelle 1 — Rohrleitungsmaterialien für nicht erdverlegte Löschwasserleitungen und Wandhydrantenanschlüsse

Rohrleitungsmaterial	Rohre nach	Übliche Verbindungstechniken	Fittings nach	Rohrverbindungen nach
verzinkte Eisenwerkstoffe	DIN EN 10255 DIN EN 10240 DIN EN 10305-3	Gewindeverbindung		DIN EN 10242
		Klemmverbindung Pressverbindung		
nichtrostender Stahl	DVGW GW 541	Pressverbindung		DVGW W 534
		Klemmverbindung		
Kupfer	DIN EN 1057 DVGW GW 392	Hartlötverbindung	DVGW GW 6, DVGW GW 8 DIN EN 1254-1, DIN EN 1254-4, DIN EN 1254-5	DVGW GW 2
		Schweißverbindung	DIN 2607 DIN EN 14640	DVGW GW 2
		Pressverbindung	DVGW W 534 DIN EN 1254-7	DVGW GW 2
		Klemmverbindung, metallisch dichtend	DVGW W 534 DIN EN 1254-2, DIN EN 1254-4	DVGW GW 2
		Steckverbindung	DVGW W 534	DVGW GW 2
innenverzinntes Kupfer	DIN EN 1057 DVGW GW 392	Pressverbindung	DVGW W 534	DVGW GW 2
		Klemmverbindung, metallisch dichtend	DVGW W 534 DIN EN 1254-2, DIN EN 1254-4	DVGW GW 2
		Steckverbindung	DVGW W 534	DVGW GW 2

Press-, Klemm- und Steckverbindungen in Löschwasseranlagen „trocken" und „nass/trocken" sind nur zulässig, wenn sie für den Einsatz geeignet sind und für den Einsatz in Trockensprinkleranlagen von einer Prüfstelle geprüft wurden.

Leitungen in Feuerlösch- und Brandschutzanlagen und drucktragende Gehäuseteile eingebauter Armaturen müssen aus nichtbrennbaren Materialien bestehen, sofern diese nicht erdverlegt oder in einem gegen Brandeinwirkungen gesicherten Hausanschlussraum oder Aufstellraum für die LWÜ ohne Brandlast installiert sind.

Nach den einschlägigen Normen der Elektrotechnik muss ein funktionsfähiger Potenzialausgleich hergestellt werden.

4.1.4 Rohrleitungsdimensionierung

Die Rohrnetze nach der LWÜ einschließlich der geplanten Einbauten und Armaturen sind nach den Auslegungsgrundlagen zu dimensionieren, die in den folgenden Abschnitten festgelegt sind.

Bei der Berechnung und Auslegung der Löschwasseranlage ist eine Druckverlustberechnung und Ermittlung der erforderlichen Rohrnennweiten vorzunehmen. Ein mögliches Berechnungsverfahren für Löschwasseranlagen „nass" ist in DIN 1988-300 angegeben. Bei Löschwasseranlagen „trocken" und „nass-trocken" ist die Phase der Erstbefüllung gesondert zu betrachten.

DIN 14462:2012-09

Die Angaben zu den Durchflussmengen und Mindestfließdrücken sind den folgenden Abschnitten zu entnehmen.

Löschwasserleitungen trocken sind in DN 80 zu dimensionieren. Bei Einsatz geringerer Nennweiten und/oder bei Längen > 100 m ist die ausreichende Dimensionierung rechnerisch nachzuweisen. Dabei ist sicherzustellen, dass bei einem Wasserdurchfluss von mindestens 600 l/min die Druckdifferenz zwischen Löschwassereinspeisung und ungünstigster Entnahmestelle maximal 0,1 MPa + geodätischer Steighöhe beträgt.

Tabelle 2 enthält die für die Planung geforderten Durchflussmengen und Drücke für Löschwasseranlagen.

Tabelle 2 — Geforderte Durchflussmengen und Drücke an der Entnahmearmatur

Kategorie	Durchflussmenge bei Mindestfließdruck	Gleichzeitigkeit	Mindestfließdruck	max. Fließdruck	max. Ruhedruck
Wandhydrant Typ S (Selbsthilfe)	24 l/min	2	0,20 MPa		
Wandhydrant Typ F (Feuerwehr)	100 l/min	3	0,30 MPa	0,8 MPa	1,2 MPa
	200 l/min	3	0,45 MPa		
Überflurhydrant DN 80	800 l/min	nach Brandschutzkonzept	0,15 MPa		
Überflurhydrant DN 100	1 600 l/ min				
Unterflurhydrant DN 80	800 l/min				
Löschwasserentnahme „trocken"	Bei einem Wasserdurchfluss von mindestens 200 l/min an drei Entnahmestellen gleichzeitig darf die Druckdifferenz zwischen Löschwassereinspeisung und ungünstigster Entnahmestelle höchstens 0,1 MPa + geodätischer Steighöhe betragen.				

Die zur Verfügung zu stellende Löschwassermenge mit der entsprechenden Gleichzeitigkeit und dem Mindestdruck sind mit der zuständigen Brandschutzbehörde abzustimmen oder aus dem Brandschutzkonzept zu entnehmen.

4.1.5 Entwässerung

Für den bestimmungsgemäßen Betrieb und für Prüf- und Wartungszwecke anfallendes Wasser müssen Entwässerungssysteme installiert sein, die nach DIN 1986-100 bzw. DIN EN 12056-1 und DIN EN 12056-2 gebaut und dimensioniert werden müssen.

Dies gilt für:

— Be- und Entlüfter;

— Füll- und Entleerungsstationen;

— Tiefenentleerungen;

— Vorlagebehälter.

Aufstellungsräume für Löschwasserübergabestellen müssen so gestaltet sein, dass eine Überflutung nicht möglich ist. Für Vorlagebehälter und Füll- und Entleerungsstationen ist mindestens ein Bodeneinlauf in Nennweite ≥ DN 100 zu dimensionieren.

4.1.6 Vorlagebehälter

Der Vorlagebehälter ist mit freiem Auslauf auszuführen. Der freie Auslauf muss den Anforderungen der DIN EN 1717, Typ AA oder Typ AB, und DIN EN 13076 oder DIN EN 13077 entsprechen. Die Ausführung des Vorlagebehälters kann z. B. nach DIN EN 12845 erfolgen.

Die Vorlagebehälter sind so auszuführen, dass eine ausreichende Nachführung von Löschwasser sichergestellt ist. Das Nutzvolumen ist nach DIN 1988-500 auszulegen oder die Betriebssicherheit ist durch Einzelnachweis zu belegen.

Durch konstruktive Maßnahmen ist sicherzustellen, dass Wellenbewegungen durch den Zulauf vermieden werden und die nachgeschaltete Druckerhöhungsanlage keine Luft ansaugt.

Kann das Löschwasser in der erforderlichen Menge nicht nachgespeist werden, ist der Vorlagebehälter so zu vergrößern, dass die erforderliche Wassermenge über einen Zeitraum von mindestens 2 h bereitgestellt wird. Bei Löschwasseranlagen „trocken" bzw. „nass/trocken" ist die Erstbefüllung gesondert zu betrachten.

Das Überlaufen des Vorlagebehälters in den Aufstellraum ist zu überwachen und als Störmeldung weiterzuleiten. Anstelle von Vorlagebehältern können auch verwendet werden:

— unterirdische Löschwasserbehälter nach DIN 14230;

— Vorratsbehälter anderer Löschanlagen, wenn die Gleichzeitigkeit und die Anforderungen des gemeinsamen Betriebs berücksichtigt werden und andere Bestimmungen nicht entgegenstehen;

— Löschwasserbrunnen nach DIN 14220;

— Löschwasserteiche nach DIN 14210.

4.1.7 Druckerhöhungsanlage (DEA)

4.1.7.1 Allgemeines

Die DEA für Feuerlöschzwecke sollte als Ein-Pumpen-Anlage ausgeführt sein und ausschließlich der Versorgung der Löscheinrichtungen dienen. Der Anschluss weiterer Entnahmestellen / Verbraucher ist nicht zulässig.

Die DEA ist so auszulegen, dass ein zuverlässiger Betrieb – auch bei Unterschreitung der Mindestfördermenge – sichergestellt ist. Die Anforderungen an die Betriebssicherheit müssen dem Brandschutzkonzept entnommen werden (z. B. Sicherheitsstromversorgung, Funktionserhalt, Redundanz, Störungsanzeige). Wird zur Erhöhung der Betriebssicherheit eine Redundanz gefordert, dann sind zwei Druckerhöhungsanlagen vorzusehen, von denen jede die geforderte Löschwassermenge bereitstellen muss.

Nach Einschalten der DEA muss sich an den Schlauchanschlussventilen ein Druck in den in Tabelle 2 geforderten Grenzen einstellen. Die Ein- und Ausschaltdrücke sind zu ermitteln und so einzustellen, dass die Druckbedingungen an den Wandhydranten eingehalten werden.

Außerhalb des Schaltschranks der Druckerhöhungsanlage angebrachte Vorrichtungen und Bedienelemente, mit denen die Betriebsbereitschaft / Funktion der Löscheinrichtung negativ beeinträchtigt werden kann, dürfen nur bei entsprechender Sicherung gegen unbefugtes Betätigen verwendet werden.

Bei mittelbarem Anschluss muss zur Absicherung der Löschbereitschaft eine Fremdwassereinspeisung für die Feuerwehr, bestehend aus einer Einspeiseeinrichtung nach DIN 14461-2 und zusätzlichem Rückflussverhinderer vorgesehen werden. Bei Anlagen mit Überflur- und Unterflurhydranten kann in Absprache mit der zuständigen Brandschutzdienststelle darauf verzichtet werden, sofern mindestens ein zweites unabhängiges Stromnetz oder eine Sicherheitsstromversorgung zur Verfügung steht.

Bei unmittelbarem Anschluss an eine Trinkwasserinstallation sind zur Absicherung der Löschbereitschaft anstelle einer Fremdeinspeisung andere geeignete Maßnahmen zu treffen, u. a. die Sicherstellung einer Sicherheitsstromversorgung.

Druckerhöhungsanlagen für Trinkwasserinstallationen mit Wandhydranten Typ S sind nach DIN 1988-500 auszulegen. Auf die vorgenannten Maßnahmen kann bei dieser Ausführung verzichtet werden.

4.1.7.2 Mindestanforderungen an die Ansteuerung

Zusätzlich zum Automatikbetrieb muss die DEA manuell betätigt werden können. Not-Ausschalter sind nicht zulässig.

Im Trinkwassernetz dürfen Pumpen für Feuerlöschzwecke nur auf Anforderung der Übergabestelle oder zu Prüf- und Testzwecken in Betrieb gehen.

Motorschutzeinrichtungen im Stromkreis der Pumpe dürfen nur zur Signalisierung von Störungen, nicht aber zur Abschaltung führen. Die Motorschutzeinrichtungen dürfen nur im Probe-Testbetrieb wirksam sein. Im Brand- und Einsatzfall darf die Motorschutzeinrichtung nicht wirksam sein!

Störungen sind optisch am Pumpenschaltschrank anzuzeigen. Für die Weitermeldung von Störungen sind potentialfreie Kontakte vorzusehen. Störmeldungen können zu einer Sammelmeldung zusammengefasst werden.

Übertragungswege von Befehlsgebern außerhalb des Schaltschranks sind auf Drahtbruch und Kurzschluss zu überwachen sofern sie für die Ansteuerung der Pumpe relevant sind. Drahtbruch und Kurzschluss sind als Störung anzuzeigen und müssen zum Pumpenstart führen bzw. dürfen diesen nicht verhindern.

Die elektrische Zuleitung zum Pumpenschaltschrank muss ausschließlich für die Versorgung der DEA eingesetzt werden und muss von allen anderen Anschlüssen getrennt sein.

Die elektrischen Anschlüsse sind so vorzunehmen, dass die Stromversorgung des Pumpenschaltschrankes nicht abgeschaltet wird, wenn andere Verbraucher getrennt werden (siehe Bild 1). Im Stromkreis darf kein Fehlerstrom-Schutzschalter sein. Die zum Schaltschrank der DEA führende Zuleitung ist in der Niederspannungshauptverteilung abzusichern. Vor dieser Absicherung darf bis zum niederspannungsseitigen Einspeisepunkt nur noch einmal abgesichert werden.

Über den Pumpenschaltschrank dürfen nur solche Betriebsmittel versorgt werden, die für die Funktion der Löscheinrichtung notwendig sind.

Elektrische Leitungen für die Stromversorgung der DEA müssen auch im Brandfall funktionstüchtig bleiben.

Elektrische Leitungen müssen bis zum Klemmbrett des Motors oder zum Anschlusskabel von Unterwasserpumpen in einer Länge verlegt werden. An ein Kabel darf nur ein Verbraucher (Schaltschrank, Motor usw.) angeschlossen werden.

ANMERKUNG   Es gelten die Anforderungen, die sich aus der Muster-Richtlinie über brandschutztechnische Anforderungen an Leitungsanlagen (Muster-Leitungsanlagen-Richtlinie — MLAR) bzw. den jeweiligen landesrechtlichen Bestimmungen ergeben.

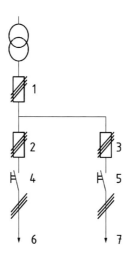

Legende

1 Hauptsicherung
2 Sicherung für Hydrantenanschluss
3 Hauptsicherung für andere Verbraucher
4 Lasttrennschalter für Hydrantenanlage
5 Hauptschalter für andere Verbraucher
6 zum Schaltschrank / Hydrantenanschluss
7 zu anderen Verbrauchern

ANMERKUNG   Positionen 2 und 4 sind auch als Leistungsschalter zulässig.

Bild 1 — Ausführungsbeispiel für den Anschluss von Druckerhöhungsanlagen in der Niederspannungshauptverteilung

4.1.8 Druckminderung

Armaturen zur Druckminderung sind möglichst zentral anzuordnen und zur Einregulierung von Druckzonen zu verwenden. Sie sind mindestens für den Nenndruck PN 16 zu bemessen, sofern nicht höhere Innendrücke einen höheren Nenndruck erforderlich machen.

Sie müssen so beschaffen sein, dass es zu keiner Beeinträchtigung des Brandschutzes kommen kann. Sie müssen gekennzeichnet und gegen unbefugtes Verstellen gesichert werden.

Drucktragende Gehäuseteile müssen aus nichtbrennbaren Materialien bestehen und für die Druckstufen geeignet sein.

Armaturen zur Druckminderung sind gemäß Herstellervorgaben, jedoch mindestens jährlich, durch einen Sachkundigen instand zu halten.

4.1.9 Füll- und Entleerungsstation

Das Befüllen und Entleeren von Löschwasserleitungen darf nur über eine fernbetätigte Füll- und Entleerungsstation mit Prüfzeichen nach DIN 14463-1 erfolgen, sofern die Anlage unmittelbar mit dem Trinkwassernetz verbunden ist. Bei mittelbar angeschlossenen Stationen muss mindestens die brandschutztechnische Eignung nach DIN 14463-1 nachgewiesen werden.

Fernbetätigte Füll- und Entleerungsstationen müssen unter Berücksichtigung von DIN 1988-600 so installiert werden, dass in den Anschlussleitungen stagnierendes Wasser vermieden wird. Für den Entleerungsvorgang ist ein ausreichend dimensionierter Abfluss sicherzustellen, der mindestens Nennweite DN 100 betragen muss. Die Mündung der Entleerungsarmatur zum Abfluss muss dabei als freier Ablauf nach DIN EN 1717 gestaltet sein.

4.1.10 Entleeren

Nach der Instandhaltung und nach jedem Gebrauch müssen die Löschwasserschläuche der Wandhydranten wie auch bei Löschwasserleitungen „trocken" und „nass/trocken" das komplette Leitungssystem vollständig entleert werden.

4.1.11 Kontrollbuch

Es ist ein Kontrollbuch mit der geforderten Gesamtdokumentation der erstellten Löschwasseranlage anzufertigen, aus der die genaue Lage und die technischen Daten der Installation sowie die Planungs- und Berechnungsgrundlagen ersichtlich sind. Die Abnahmebescheinigung, der Nachweis zum Schutz des Trinkwassers, die Druckprüfung und das Einweisungsprotokoll sind ebenfalls im Kontrollbuch zu dokumentieren.

ANMERKUNG   Zum Aufbau des Kontrollbuches siehe Anhang C.

Im Kontrollbuch ist vom Betreiber ein fortlaufender Bericht auch über sämtliche Instandhaltungsmaßnahmen zu führen. Diese Aufzeichnungen sollten folgende Angaben enthalten:

— Datum (Monat und Jahr) der Instandhaltungsarbeiten;

— aufgezeichnetes Prüfergebnis;

— Umfang und Datum des Einbaus von Ersatzteilen;

— ob weitere Instandsetzungsmaßnahmen erforderlich sind;

— Datum (Monat und Jahr) der nächsten Wartung / Prüfung.

Dabei muss eine Identifizierung jedes Wandhydranten, jeder Feuerlösch-Schlauchanschlusseinrichtung sowie jedes Überflur- und Unterflurhydranten möglich sein.

Vom Betreiber ist eine fortlaufende Dokumentation der Betriebsereignisse und Instandhaltungen zu führen. Das Kontrollbuch ist vollständig an einem geeigneten Ort aufzubewahren, an dem es jederzeit einsehbar ist.

4.2 Spezifische Anforderungen

4.2.1 Löschwasserleitung „trocken"

4.2.1.1 Allgemeines

Löschwasserleitungen „trocken" ermöglichen der Feuerwehr die Einspeisung und Entnahme von Löschwasser ohne zeitraubendes Verlegen von Schläuchen. Sie dienen nicht der Selbsthilfe.

Die Entnahme des Löschwassers im Gebäude erfolgt durch Löschwasser-Entnahmeeinrichtungen nach DIN 14461-2. Für die Einspeiseeinrichtung gilt ebenfalls DIN 14461-2. Zur Entlüftung der Leitung während des

Einspeisevorgangs sowie zur Entleerung der Leitung nach Gebrauch sind an den obersten Punkten des Rohrleitungssystems Be- und Entlüfter nach DIN 14463-3 vorzusehen.

4.2.1.2 Anforderungen

4.2.1.2.1 Einbaugrundsätze

Die Standsicherheit von Bauteilen und deren erforderliche Feuerwiderstandsdauer müssen beim Einbau von Löschwasserleitungen (einschließlich elektrischer Leitungen) erhalten bleiben. Es ist sicherzustellen, dass der Zusammenbau von Teilen verschiedener Werkstoffe nicht zu elektrochemischer Korrosion führt.

Die Löschwasserleitung „trocken" darf keine unmittelbare Verbindung mit anderen Wasserleitungssystemen besitzen. Werden in ein Gebäude mehrere Steigleitungen eingebaut, so ist jede Löschwasserleitung getrennt zu führen und mit einer eigenen Einspeisung zu versehen.

Die Löschwasserleitung muss in jedem Geschoss Feuerlösch-Schlauchanschlusseinrichtungen nach DIN 14461-2 haben. Jeder Abzweig muss mindestens die Nennweite der angeschlossenen Ventile haben.

Im Regelfall ist ab einer geodätischen Höhe von mehr als 30 m über der Einspeiseinrichtung eine DEA erforderlich.

4.2.1.2.2 Entleerung

Die Löschwasserleitung muss entleert werden können. Zusätzliche Entleerungen müssen als Kugelhahn mit hydraulischer Entleerungseinheit in DN 15 ausgeführt werden. Die Entleerungseinrichtung muss plombierbar sein. Befindet sich die Entleerungseinrichtung im Innern des Gebäudes, so ist in ihrer unmittelbaren Nähe eine ausreichende Entwässerungsmöglichkeit nach DIN 1986-100, DIN EN 12056 und DIN 14463 vorzusehen.

4.2.1.2.3 Be- und Entlüftung

Die Löschwasserleitung „trocken" muss mit einem Be- und Entlüftungsventil nach DIN 14463-3 am Ende jeder Steigleitung versehen werden. Die Entlüftungsmenge k_{vLuft} muss mindestens 2 000 l/min betragen.

Stichstrecken größer 2 m zu den Entnahmestellen sind mit zusätzlichen Be- und Entlüftungsventilen entsprechend der erforderlichen Entlüftungsmenge zu versehen.

4.2.1.3 Beschilderung

Die Einspeisung muss mit einem Schild DIN 4066 – D1 – 148 × 420 mit der Aufschrift „Löschwassereinspeisung" versehen sein.

Jede Entnahmestelle muss mit einem Schild DIN 4066 – D1 – 74 × 210 mit der Aufschrift „Löschwasserentnahme für Feuerwehr" versehen sein.

Jede Entleerungsstelle, die nicht in der Einspeisearmatur integriert ist, muss mit einem Schild DIN 4066 – D1 – 74 × 210 mit der Aufschrift „Entleerung Löschwasserleitung trocken" versehen sein.

Nicht (auch vorübergehend nicht) betriebsbereite Löschwasserleitungen sind an der Einspeisung mit dem augenfälligen Hinweis „Außer Betrieb" zu kennzeichnen.

4.2.2 Löschwasseranlagen „nass" oder „nass/trocken"

4.2.2.1 Löschwasseranlage „nass"

Bei mittelbar angeschlossenen Löschwasseranlagen ist eine Fremdeinspeisung, z. B. durch die Feuerwehr über eine Löschwasser-Einspeiseeinrichtung nach DIN 14461-2, sowie der Anschluss von Wandhydranten mit

Schaummittelzusätzen zulässig. Löschwasseranlagen „nass" mit angeschlossenen Wandhydranten sind entweder nach DIN 14461-6 mit einem Flachschlauch auszustatten oder als Wandhydranten mit formstabilem Schlauch nach DIN 14461-1 auszuführen.

Wenn das Löschwasser dem Trinkwassernetz entnommen wird, ist die Absicherung über einen freien Auslauf erforderlich. Bei Versorgung über ein Nichttrinkwassernetz (Betriebswasser) ist ein freier Auslauf nicht erforderlich.

4.2.2.2 Löschwasseranlage „nass/trocken"

4.2.2.2.1 Allgemeines

Das Befüllen und Entleeren von Löschwasserleitungen darf nur über eine fernbetätigte Füll- und Entleerungsstation nach DIN 14463-1 erfolgen.

Löschwasseranlagen „nass/trocken" sind im Bereitschaftszustand atmosphärisch offen und entleert.

Löschwasseranlagen „nass/trocken" können unmittelbar oder mittelbar an das Trinkwassernetz angeschlossen werden.

Bei unmittelbarem Anschluss ist eine Fremdeinspeisung, z. B. durch die Feuerwehr über eine Löschwasser-Einspeiseeinrichtung nach DIN 14461-2, sowie der Anschluss von Wandhydranten mit Schaummittelzusätzen nicht zulässig.

Die angeschlossenen Wandhydranten sind entweder nach DIN 14461-6 mit einem Flachschlauch auszustatten oder als Wandhydranten mit formstabilem Schlauch nach DIN 14461-1 auszuführen, wobei in beiden Fällen ein Schlauchanschlussventil mit Grenztaster nach DIN 14461-3 zu verwenden ist. Bei vorhandener Brandmeldeanlage kann zur schnelleren Einsatzbereitschaft neben der Grenztaster-Ansteuerung auch eine parallele Ansteuerung über eine Brandmeldezentrale vorgesehen werden.

Bei Überflur- bzw. Unterflurhydranten ist die Auslösung z. B. über eine Brandmeldezentrale, einen Auslösetaster für Löschanlagen oder über einen Grenztaster vorzusehen.

Die Anlage ist so zu konzipieren, dass spätestens 60 s nach Betätigung des Schlauchanschlussventils am ungünstigsten gelegenen Wandhydranten / Hydranten Löschwasser mit dem geforderten Mindestfließdruck zur Verfügung steht.

Bei Anlagen mit Überflur- bzw. Unterflurhydranten ist eine spätere Wasserlieferung zulässig, sofern gewährleistet ist, dass die Anlage bis zum Eintreffen der Feuerwehr Löschwasser mit dem geforderten Mindestfließdruck zur Verfügung stellt.

Bei der Löschwasserbereitstellung ist die Durchflussrate beim Füllvorgang zu berücksichtigen.

4.2.2.2.2 Bauteile und Rohrnetz

Die Bemessung des Rohrnetzes von der Anschlussleitung bis zur letzten Entnahmestelle erfolgt durch

a) die geforderte Löschwassermenge je Minute und

b) die in der Füllphase erforderliche Füllmenge (Rohrnetzvolumen).

Rohrbe- und -entlüfter müssen DIN 14463-3 entsprechen. Die Rohrbe- und -entlüfter und gegebenenfalls das Rohrnetz müssen so dimensioniert werden, dass die Anlage (Rohrnetzvolumen) in der vorgegebenen Zeit gefüllt werden kann. Stichstrecken größer 2 m zu den Wandhydranten sind mit getrennten Rohrbe- und -entlüftern zu versehen.

DIN 14462:2012-09

Die Rohrleitungen auf der trockenen Löschwasserseite sind mit einem Gefälle von mindestens 0,5 % zur Füll- und Entleerungsstation zu verlegen, um einen sicheren Ablauf des Löschwassers sicherzustellen.

Zusätzliche Entleerungen im Gebäude müssen als automatische Entleerungen ausgeführt sein, die zusätzlich manuell absperrbar sein dürfen.

4.2.3 Trinkwasser-Installation mit Wandhydrant Typ S

Die Installation und Dimensionierung muss unter Berücksichtigung des Trinkwasserspitzenvolumenstromes nach DIN 1988-600 und DIN EN 806 erfolgen.

5 Inbetriebnahme und Abnahmeprüfung

5.1 Allgemeines

Löschwasserübergabestellen, Wandhydrantenanlagen, Über- und Unterflurhydrantenanlagen und Löschwasseranlagen „trocken" sind nach Fertigstellung sowie nach einer wesentlichen Änderung der Löschwasseranlage einer Inbetriebnahme durch einen Sachkundigen zu unterziehen.

Nach der Inbetriebnahme hat eine Abnahmeprüfung zu erfolgen. Hierbei sind die Prüfverordnungen nach Landesbaurecht, die in der Regel einen Sachverständigen fordern, zu berücksichtigen.

Der Errichter hat zur Inbetriebnahme und Abnahmeprüfung eine Errichtererklärung, ein Errichterprotokoll und das Kontrollbuch zur Verfügung zu stellen.

Im Rahmen der Abnahmeprüfung muss die Anlage auf Wirksamkeit und Betriebssicherheit (zuverlässiger sicherer Betrieb) geprüft werden. Die Wirksamkeit betrifft dabei insbesondere die Löschwirksamkeit der Anlage, während die Betriebssicherheit sowohl die gesicherte Funktion der unmittelbar betroffenen Anlagenteile, der Wasser- und Energieversorgung über den erforderlichen Zeitraum wie auch den sicheren Betrieb des ggf. betroffenen Trinkwassersystems umfasst. Hierbei ist insbesondere die Einhaltung der Trinkwasserhygiene (siehe Abschnitt B.2) zu beachten und zu überprüfen, da diesbezügliche Mängel eine ständige Gefahr für die Nutzer des Gebäudes darstellen können.

Dabei ist die Einhaltung folgender Vorgaben und Regeln zu überprüfen:

— Bauauflagen, Brandschutzkonzept;

— Planungsgrundlagen nach dieser Norm (siehe Abschnitt 4 und Anhang B);

und soweit zutreffend:

— sonstige mitgeltende Normen, insbesondere DIN 1988-600;

— sowie gegebenenfalls die Festlegungen des WVU und der für den Brandschutz zuständigen Stelle.

5.2 Inbetriebnahme von Löschwasseranlagen „trocken"

Die in Tabelle 3 angegebenen Prüfungen sind durchzuführen.

Tabelle 3 — Inbetriebnahme von Löschwasseranlagen „trocken"

Lfd. Nr	Inhalt der Prüfung
1	Sichtkontrolle der Gesamtanlage auf offensichtliche Mängel
2	Prüfung des Einbaus der Einspeise- und Entnahmeeinrichtungen nach 4.1.2 (z. B. der Einbauhöhe)
3	Überprüfung der Zugänglichkeit der Einspeise- und der Entnahmeeinrichtungen
4	Messung des Druckverlustes der Löschwasserleitung: Bei einem Wasserdurchfluss von mindestens 200 l/min bei gleichzeitiger Entnahme von Löschwasser an drei Entnahmeeinrichtungen darf die Druckdifferenz zwischen Löschwassereinspeisung und ungünstigster Entnahmestelle höchstens 0,1 MPa + geodätischer Steighöhe betragen.
5	Prüfung auf Festigkeit und Dichtheit: Die Löschwasserleitung und deren Armaturen werden mit Wasser 10 min bei 1,6 MPa auf Dichtheit und vor der Abnahme zusätzlich 2 min mit 2,4 MPa auf Festigkeit geprüft. Die Prüfung muss vorgenommen werden, bevor die Löschwasserleitung gegebenenfalls verdeckt wird. Es dürfen hierbei keine Undichtheiten und kein Druckabfall auftreten. Die Drücke sind jeweils an der Einspeisung zu messen.
6	Prüfung der Funktionsfähigkeit der Einspeisearmatur, der Entnahmearmatur, der Be- und Entlüftungsventile sowie der Entleerungseinrichtungen
7	Prüfen des zuverlässigen Betriebes der DEA (sofern vorhanden) nach Tabelle 6
8	Überprüfung der Vollständigkeit und Lesbarkeit der Beschilderung
Nach der Inbetriebnahme	
9	Entleerung der Löschwasserleitung, Schließen der Schlauchanschlusseinrichtungen
10	Anbringen eines Prüfvermerks nach 6.1
11	Plombierung / Versiegelung der Einspeise- und Entnahmeeinrichtungen, sowie Entleerungen
12	Prüfergebnisse im Kontrollbuch festhalten

ANMERKUNG Ist bei der Messung des Druckverlustes nach Nr. 4 die Einhaltung der geforderten Druckdifferenz bei Entnahme der Gesamtmenge von 600 l/min an einer Entnahmestelle nachzuweisen, kann auf die Gleichzeitigkeitsprüfung mit 200 l/min an drei Entnahmestellen verzichtet werden.

5.3 Inbetriebnahme von Wandhydrantenanlagen

Die in Tabelle 4 angegebenen Prüfungen sind durchzuführen.

Tabelle 4 — Inbetriebnahme von Wandhydrantenanlagen

Lfd. Nr	Inhalt der Prüfung
1	Schutz des Trinkwassers: z. B. Installation einer Füll- und Entleerungsstation, freier Auslauf (ausreichender Abstand zwischen Zulaufarmatur und max. Wasserstand im Vorlagebehälter), Zuleitung zur LWÜ (siehe DIN 1988-600)
2	Sichtkontrolle der Gesamtanlage auf offensichtliche Mängel
3	Prüfung auf Festigkeit und Dichtheit: Die Löschwasserleitung wird mit Wasser 10 min bei Nenndruck (siehe 4.1.3) auf Dichtheit und vor der Abnahme zusätzlich 2 min mit 1,5-fachem Nenndruck auf Festigkeit geprüft. Die Prüfung auf Festigkeit muss vorgenommen werden, bevor die Löschwasserleitung gegebenenfalls verdeckt wird. Es dürfen hierbei keine Undichtheiten und kein Druckabfall auftreten.
4	Prüfung der ausreichenden Löschwasserbereitstellung einschließlich Prüfung und Einregulierung von eventuell vorhandenen Druckminderern sowie Prüfung und Reinigung von Steinfängern
5	Prüfung von Vorlagebehältern und Druckerhöhungsanlagen nach Tabelle 6 (sofern vorhanden)
6	Prüfung der Füll- und Entleerungsstation nach Tabelle 5 (sofern vorhanden)
7	Prüfung der Schlauchanschlusseinrichtungen nach DIN EN 671-3
8	Prüfung (elektrisch und mechanisch) der Grenztaster (sofern vorhanden)
9	Messung der Füllzeit bei Löschwasseranlagen nass/trocken
10	Messung des Wasserdurchflusses sowie des Fließdrucks und Ruhedrucks an allen Schlauchanschlussventilen unter Berücksichtigung der Anforderungen nach Tabelle 2, ohne Gleichzeitigkeit. Der hydraulisch günstigste und ungünstigste Wandhydrant ist jeweils für die folgenden Instandhaltungen zu kennzeichnen und die Leistungswerte sind zu protokollieren.
11	Messung nach Punkt 10 unter Berücksichtigung der Gleichzeitigkeit nach Tabelle 2 an dem hydraulisch ungünstigsten Wandhydranten und Dokumentation als Referenzwert
Nach der Inbetriebnahme	
12	Schließen der Schlauchanschlusseinrichtungen, Entleerung der Schläuche und bei Flachschläuchen Ankuppeln an Ventil und Strahlrohr
13	Anbringen eines Prüfvermerks nach 6.1
14	Plombierung/Versiegelung der Wandhydrantentür
15	Prüfergebnisse im Kontrollbuch festhalten

ANMERKUNG Ist bei der Messung des Fließdrucks nach Nr. 11 die Einhaltung des geforderten Mindestfließdrucks bei Entnahme der Gesamtmenge an einer Feuerlösch-Schlauchanschlusseinrichtung nachweisbar, kann auf die Gleichzeitigkeitsprüfung mit Einzelentnahmemengen an drei Entnahmestellen verzichtet werden.

Tabelle 5 — Prüfung von Füll- und Entleerungsstationen

Lfd. Nr	Inhalt der Prüfung
1	Kontrolle des Einbauortes, der Beschilderung, des ordnungsgemäßen Einbaus nach Herstellervorgabe (insbesondere der Befestigung und Einhaltung der Einbaurichtung)
2	Kontrolle der Leichtgängigkeit der Absperrorgane und Dichtheit der Station
3	Funktionsprüfung der Station einschließlich aller Entleerungseinrichtungen
4	Funktionsprüfung der elektrischen/mechanischen Aufbauten der Station nach Herstellervorgabe
5	Kontrolle der elektrischen Installation sowie der Eingangs- und Ausgangsparameter nach Herstellervorgabe
6	Kontrolle des Signaltongebers sowie elektrischer Anzeigen und Schnittstellen bzw. potentialfreier Kontakte nach Herstellervorgaben
7	Anbringen eines Prüfvermerks nach 6.1
8	Prüfergebnisse im Kontrollbuch festhalten

Tabelle 6 — Prüfung von Vorlagebehältern und Druckerhöhungsanlagen

Lfd. Nr	Inhalt der Prüfung
1	Kontrolle des Einbauortes, der Beschilderung, des ordnungsgemäßen Einbaus nach Herstellervorgabe
2	Kontrolle des Vorlagebehälters mit freiem Auslauf auf Funktion von - Nachspeiseeinrichtung, - Überlaufmeldung, - Wassermangelmeldung und Kontrolle der ausreichenden Nachspeisemenge
3	Kontrolle der Druckerhöhungsanlage hat nach den Herstellervorgaben zu erfolgen
4	Kontrolle der Anforderungen nach 4.1.7.1
5	Kontrolle der Mindestanforderungen an die Ansteuerung nach 4.1.7.2
6	Kontrolle des Signaltongebers sowie elektrischer Anzeigen und Schnittstellen bzw. potentialfreier Kontakte nach Herstellervorgaben
7	Anbringen eines Prüfvermerks nach 6.1
8	Prüfergebnisse im Kontrollbuch festhalten

5.4 Inbetriebnahme von Anlagen mit Überflur- und Unterflurhydranten

Die in Tabelle 7 angegebenen Prüfungen sind durchzuführen.

Tabelle 7 — Inbetriebnahme von Anlagen mit Überflur- und Unterflurhydranten

Lfd. Nr	Inhalt der Prüfung
1	Schutz des Trinkwassers: z. B. Installation einer Füll- und Entleerungsstation, freier Auslauf (ausreichender Abstand zwischen Zulaufarmatur und max. Wasserstand im Vorlagebehälter), Zuleitung zur LWÜ (siehe DIN 1988-600)
2	Sichtkontrolle der Gesamtanlage auf offensichtliche Mängel
3	Prüfung auf Festigkeit und Dichtheit: Die Löschwasserleitung wird mit Wasser 10 min bei Nenndruck (siehe 4.1.3) auf Dichtheit und vor der Abnahme zusätzlich 2 min mit 1,5-fachem Nenndruck auf Festigkeit geprüft. Die Prüfung auf Festigkeit muss vorgenommen werden, bevor die Löschwasserleitung gegebenenfalls verdeckt wird. Es dürfen hierbei keine Undichtheiten und kein Druckabfall auftreten.
4	Prüfung der ausreichenden Löschwasserbereitstellung einschließlich Prüfung und Einregulierung von eventuell vorhandenen Druckminderern sowie Prüfung und Reinigung von Steinfängern
5	Prüfung von Vorlagebehältern und Druckerhöhungsanlagen nach Tabelle 6 (sofern vorhanden)
6	Prüfung der Füll- und Entleerungsstation nach Tabelle 5 (sofern vorhanden)
7	Prüfung (elektrisch und mechanisch) der Grenztaster (sofern vorhanden)
8	Messung der Füllzeit bei Löschwasseranlagen nass/trocken
9	Prüfung der Überflur- oder Unterflurhydranten: - Prüfung auf leichte Auffindbarkeit, freie Erreichbarkeit / Zugänglichkeit und offensichtliche Beschädigungen; bei Unterflurhydranten Klaue und Schutzdeckel von Schmutz befreien - Gängigkeit und leichte Beweglichkeit des Absperrkörpers - Dichtheit im Abschluss - Dichtheit der Spindelabdichtung - Vollständige Entleerung des Mantelrohres - Funktion von Klaue, Vierkant und Schmutzabweiser - Unversehrtheit der Klauen für den Standrohreinsatz - Intakter Korrosionsschutz (keine Korrosion an sichtbaren Teilen) - Zustand des Schmutzabweisers und / oder Vorhandensein und richtigen Sitz des Klauendeckels bei Unterflurhydranten - Bei Unterflurhydranten: Zustand und richtiger Sitz des Verschlussdeckels - Bei Überflurhydranten: Funktion und Zustand des Fallmantels (sofern vorhanden) und der Deckkapsel(n) - Funktion und Sauberkeit der Hydranteninnenteile durch kurzfristigen Wasserdurchfluss (Wasser bei Unterflurhydranten über Standrohr abführen)
10	Messung des Wasserdurchflusses sowie des Fließdrucks und Ruhedrucks an den Schlauchanschlussventilen unter Berücksichtigung der Anforderungen nach Tabelle 2
Nach der Inbetriebnahme	
11	Schließen und Entleeren der Überflur- oder Unterflurhydranten mit Prüfung der Funktion des Be- und Entlüftungsventils während der Entleerung (sofern vorhanden)
12	Anbringen eines Prüfvermerks nach 6.1
13	Prüfergebnisse im Kontrollbuch festhalten

6 Instandhaltung

6.1 Allgemeines

Die Instandhaltung (Inspektion, Wartung, Instandsetzung) von Wandhydrantenanlagen und Löschwasseranlagen ist nach den Vorgaben dieser Norm, der DIN EN 671-3 und den anerkannten Regeln der Technik unter Berücksichtigung der Herstellerangaben in regelmäßigen Abständen und nach jedem Gebrauch durchzuführen.

— Die Inspektionen sind nach den Angaben in 6.2 bis 6.5 durchzuführen. Dabei sind die Werte aus dem Kontrollbuch bzgl. vorangegangener Instandhaltungen bzw. der Abnahmeprüfung mit den aktuellen Prüfergebnissen zu kontrollieren und mögliche Folgen entstandener Abweichungen zu beurteilen.

— Die Wartungsarbeiten sind nach Herstellerangaben durchzuführen.

— Die Instandsetzungsarbeiten müssen entsprechend den bei der Inspektion festgestellten Mängeln nach Erfordernis ausgeführt werden.

Die Instandhaltungsmaßnahmen sind in Zeitabständen entsprechend den Herstellerangaben, längstens jedoch von 2 Jahren bei Löschwasseranlagen „trocken" und längstens einem Jahr bei Wandhydrantenanlagen sowie Überflur- und Unterflurhydranten durchzuführen.

Die Durchführung muss durch einen Sachkundigen erfolgen. Unabhängig davon sind die nach anderen Vorschriften (z. B. Prüfverordnungen nach Landesbaurecht) gegebenenfalls erforderlichen wiederkehrenden Prüfungen durch Sachverständige durchzuführen.

Während der Instandhaltungsmaßnahme kann die Effektivität des Brandschutzes eingeschränkt sein. Daher sollte insbesondere bei Wandhydrantenanlagen in Abhängigkeit der zu erwartenden Brandgefahr innerhalb eines bestimmten Bereiches nur eine begrenzte Anzahl von Feuerlösch-Schlauchanschlusseinrichtungen gleichzeitig einer umfassenden Instandhaltung unterzogen werden.

Während der Dauer der Instandhaltung – sowie auch während der Dauer einer Unterbrechung der Wasserzufuhr – ist der Brandschutz durch andere geeignete Brandschutzmaßnahmen sicherzustellen.

Wenn die Wirksamkeit und Betriebssicherheit nicht sichergestellt ist, muss die Löscheinrichtung mit der Aufschrift „AUSSER BETRIEB" gekennzeichnet werden und der Sachkundige muss den Betreiber informieren.

Ein Instandhaltungsaufkleber ist nach DIN EN 671-3 an der Außenseite der Tür gut sichtbar anzubringen. Die Angaben über Instandhaltungsmaßnahmen müssen auf einem Aufkleber vermerkt werden, der die Kennzeichnung des Herstellers nicht verdecken darf.

ANMERKUNG   Ein Beispiel für einen Aufkleber enthält Anhang D.

Der Aufkleber muss folgende Angaben enthalten:

a) das Wort „GEPRÜFT";

b) Name und Adresse des prüfenden Unternehmens;

c) ein Kennzeichen, mit dem der Sachkundige eindeutig identifiziert werden kann;

d) Datum (Monat und Jahr), an dem die Instandhaltung durchgeführt wurde.

6.2 Wiederkehrende Instandhaltung von Löschwasseranlagen „trocken"

Folgende Tätigkeiten sind durchzuführen:

— Prüfung auf Änderungen des Anlagenaufbaus;

— Durchführen der Prüfpunkte nach Tabelle 3.

6.3 Wiederkehrende Instandhaltung von Löschwasseranlagen „nass" und „nass/trocken"

Folgende Tätigkeiten sind durchzuführen:

— Prüfung auf Änderungen des Anlagenaufbaus;

— Durchführen der Prüfpunkte für Wandhydranten nach Tabelle 4 außer Punkt 11, sofern der Referenzwert nach Punkt 10 nicht wesentlich abweicht. Die Dichtheitsprüfung nach Punkt 3 ist alle 25 Jahre zu wiederholen.

— Durchführen der Prüfpunkte für Anlagen mit Überflur- bzw. Unterflurhydranten nach Tabelle 7. Die Dichtheitsprüfung nach Punkt 3 ist alle 25 Jahre zu wiederholen.

— Der Prüfwert ist auf dem Aufkleber der Wandhydrantenkennzeichnung zu dokumentieren, siehe Bild D.1.

6.4 Wiederkehrende Instandhaltung von Trinkwasser-Installationen mit Wandhydranten Typ S

Folgende Tätigkeiten sind durchzuführen:

— Prüfung auf Änderungen des Anlagenaufbaus;

— Durchführen der Prüfpunkte 4 bis 15 nach Tabelle 4 außer Punkt 11, sofern der Referenzwert nach Punkt 10 nicht wesentlich abweicht;

— Der Prüfwert ist auf dem Aufkleber der Wandhydrantenkennzeichnung zu dokumentieren, siehe Bild D.1.

6.5 Wiederkehrende Instandhaltung von Überflur- und Unterflurhydranten

Folgende Tätigkeiten sind durchzuführen:

— Prüfung auf Änderungen des Anlagenaufbaus;

— Durchführen der Prüfpunkte nach Tabelle 7. Die Dichtheitsprüfung nach Punkt 3 ist alle 25 Jahre zu wiederholen.

Anhang A
(informativ)

Beispiele für die schematische Darstellung von Wandhydrantenanlagen, Löschwasseranlagen „trocken" und Anlagen mit Überflur- bzw. Unterflurhydranten

Die in den Bildern A.1 bis A.8 angegebenen Beispiele enthalten schematische Darstellungen für Löschwasseranlagen, Wandhydrantenanlagen, Trinkwasser-Installationen und Hydrantenanlagen sowie Verweisungen auf die entsprechenden Normen. Die verwendeten Symbole entsprechen DIN 14034-6.

BEISPIEL 1   Löschwasseranlage „trocken"

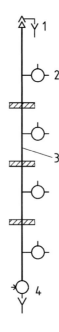

Legende

1   Be- und Entlüftungsventil nach DIN 14463-3
2   Entnahmeeinrichtung nach DIN 14461-2 mit Armatur nach DIN 14461-5
3   Löschwasserleitung nach dieser Norm
4   Einspeiseeinrichtung nach DIN 14461-2 mit Armatur nach DIN 14461-4

Bild A.1 — Schematische Darstellung für eine Löschwasseranlage „trocken"

BEISPIEL 2 Löschwasseranlage „nass"

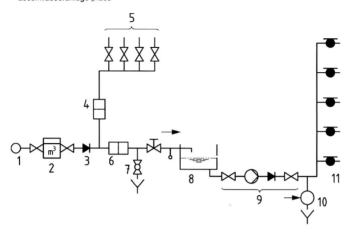

Legende

1 Hauptversorgung des öffentlichen Wasserversorgers
2 Wasserzähleranlage
3 Rückflussverhinderer
4 Mechanisch wirkender Filter
5 Ständige Trinkwasserverbraucher
6 Steinfänger
7 Automatische Spüleinrichtung
8 Vorlagebehälter mit freiem Auslauf, z. B. Typ AB nach DIN EN 1717
9 Druckerhöhungsanlage
10 Fremdwassereinspeisung
11 Wandhydrant

Bild A.2 — Schematische Darstellung für eine Löschwasseranlage „nass", LWÜ: Freier Auslauf

DIN 14462:2012-09

BEISPIEL 3   Löschwasseranlage „nass/trocken" mit mittelbarem Anschluss

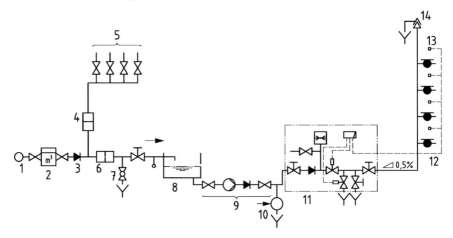

Legende

1   Hauptversorgungsleitung des öffentlichen Wasserversorgers
2   Wasserzähleranlage
3   Rückflussverhinderer
4   Mechanisch wirkender Filter
5   Ständige Trinkwasserverbraucher
6   Steinfänger
7   Automatische Spüleinrichtung
8   Vorlagebehälter mit freiem Auslauf, z. B. Typ AB nach DIN EN 1717
9   Druckerhöhungsanlage
10 Fremdwassereinspeisung
11 Füll- und Entleerungsstation
12 Wandhydrant
13 Grenztaster für Schlauchanschlussventil
14 Be- und Entlüftungsventil

Bild A.3 — Schematische Darstellung einer Löschwasseranlage „nass/trocken" mit mittelbarem Anschluss, LWÜ: Freier Auslauf

BEISPIEL 4 Löschwasseranlage „nass/trocken" mit unmittelbarem Anschluss

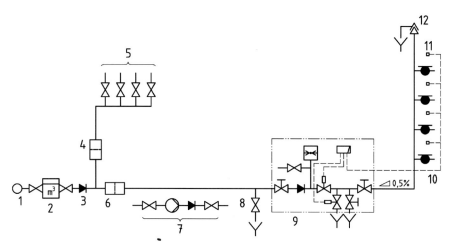

Legende

1 Hauptversorgungsleitung des öffentlichen Wasserversorgers
2 Wasserzähleranlage
3 Rückflussverhinderer
4 Mechanisch wirkender Filter
5 Ständige Trinkwasserverbraucher
6 Steinfänger
7 Druckerhöhungsanlage, optional
8 Automatische Spüleinrichtung
9 Füll- und Entleerungsstation
10 Wandhydrant
11 Grenztaster für Schlauchanschlussventil
12 Be- und Entlüftungsventil

Bild A.4 — Schematische Darstellung einer Löschwasseranlage „nass/trocken" mit unmittelbarem Anschluss, LWÜ: Füll- und Entleerungsstation

BEISPIEL 5   Trinkwasser-Installation mit Wandhydrant Typ S

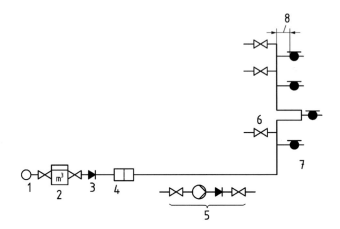

Legende

1   Hauptversorgungsleitung des öffentlichen Wasserversorgers
2   Wasserzähleranlage
3   Rückflussverhinderer
4   Mechanisch wirkender Filter
5   Druckerhöhungsanlage, optional
6   Ständige Trinkwasserverbraucher
7   Wandhydrant Typ S mit Sicherungskombination
8   Leitungslänge ≤ 10 DN und Leitungsinhalt ≤ 1,5 l

Bild A.5 — Schematische Darstellung einer Trinkwasser-Installation mit Wandhydrant Typ S, bei einem Löschwasserbedarf kleiner als dem Trinkwasserbedarf, LWÜ: Wandhydrant Typ S mit Sicherungskombination

DIN 14462:2012-09

BEISPIEL 6   Anlage mit Unter- und Überflurhydranten bei einem Löschwasserbedarf kleiner als dem Trinkwasserbedarf

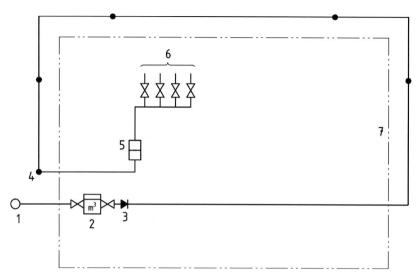

Legende

1   Hauptversorgungsleitung des öffentlichen Wasserversorgers
2   Wasserzähleranlage
3   Rückflussverhinderer
4   Hydrant, z. B. Unterflurhydrant
5   Mechanisch wirkender Filter
6   Ständige Trinkwasserverbraucher
7   Gebäude

**Bild A.6 — Schematische Darstellung einer Anlage mit Unter- und Überflurhydranten bei einem Löschwasserbedarf kleiner als dem Trinkwasserbedarf,
LWÜ: Unterflur- oder Überflurhydrant**

DIN 14462:2012-09

BEISPIEL 7 Anlage mit Unter- und Überflurhydranten mit unmittelbarem Anschluss

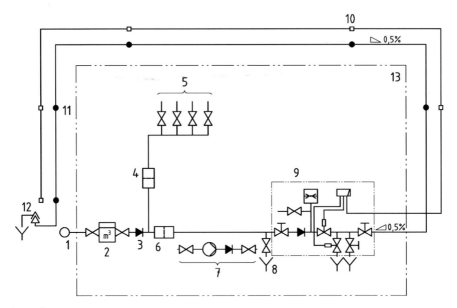

Legende

1 Hauptversorgungsleitung des öffentlichen Wasserversorgers
2 Wasserzähleranlage
3 Rückflussverhinderer
4 Mechanisch wirkender Filter
5 Ständige Trinkwasserverbraucher
6 Steinfänger
7 Druckerhöhungsanlage, optional
8 Automatische Spüleinrichtung
9 Füll- und Entleerungsstation
10 Grenztaster
11 Hydrant, z. B. Unterflurhydrant
12 Be- und Entlüftungsventil
13 Gebäude

Bild A.7 — Schematische Darstellung einer Anlage mit Unter- und Überflurhydranten mit unmittelbarem Anschluss, LWÜ: Füll- und Entleerungsstation

33

DIN 14462:2012-09

BEISPIEL 8   Anlage mit Unter- und Überflurhydranten mit mittelbarem Anschluss

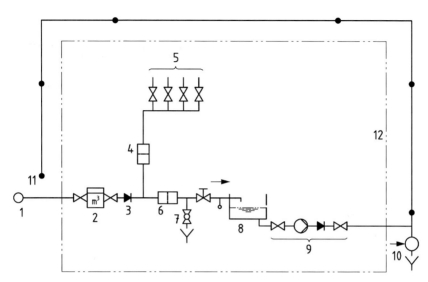

Legende

1   Hauptversorgung des öffentlichen Wasserversorgers
2   Wasserzähleranlage
3   Rückflussverhinderer
4   Mechanisch wirkender Filter
5   Ständige Trinkwasserverbraucher
6   Steinfänger
7   Automatische Spüleinrichtung
8   Vorlagebehälter mit freiem Auslauf, z. B. Typ AB nach DIN EN 1717
9   Druckerhöhungsanlage
10 Fremdwassereinspeisung
11 Hydrant, z. B. Unterflurhydrant
12 Gebäude

Bild A.8 — Schematische Darstellung einer Anlage mit Unter- und Überflurhydranten mit mittelbarem Anschluss, LWÜ: Freier Auslauf

DIN 14462:2012-09

Anhang B
(informativ)

Hinweise für Planer, Errichter und Betreiber

B.1 Brandschutzkonzept

Die Angaben für die Planung und Errichtung von Feuerlösch- und Brandschutzanlagen sind im Brandschutzkonzept (Nachweis des vorbeugenden Brandschutzes in den Bauvorlagen) enthalten. Sollte ein derartiges Konzept nicht vorliegen, können die Angaben bei den für den Brandschutz zuständigen Stellen, z. B. Bauaufsicht, Feuerwehr, Brandschutz-Gutachter, eingeholt werden.

Aus dem Brandschutzkonzept sollte mindestens Folgendes ersichtlich sein:

a) durch welche Personen die Erstbrandbekämpfung über Wandhydranten stattfinden sollte (siehe Bild B.1);

b) in welchen Abständen und Bereichen Wandhydranten installiert werden sollten;

c) für welchen Zeitraum Löschwasser zur Verfügung stehen sollte;

d) welche Anforderungen an die Betriebssicherheit gestellt worden sind (z. B. Sicherheitsstromversorgung, Funktionserhalt, Redundanz).

B.2 Trinkwasserhygiene

Trinkwasser kann bei langer Stagnationsdauer in der Trinkwasser-Installation so beeinträchtigt werden, dass die an das Trinkwasser gestellten Anforderungen nicht mehr erfüllt sind (siehe Normen der Reihe DIN 1988).

Deshalb bestehen besondere Anforderungen an die hygienebewusste Planung, Errichtung und den Betrieb der Installation.

Für die Erhaltung der Qualität des Trinkwassers in der Trinkwasser-Installation ist die Verringerung von Stagnationszeiten von besonderer Bedeutung.

Grundsätzlich gelten bei der Planung die Anforderungen der Normen der Reihe DIN 1988 sowie der einschlägigen DVGW-Arbeitsblätter und die Anforderungen an die Trinkwasser-Installation auf der Grundlage der vorgesehenen Nutzung. Dies gilt auch im Hinblick auf die Vermeidung möglicher Probleme, die durch Stagnation des Trinkwassers entstehen.

Art und Intensität der Beeinträchtigung hängen von den verwendeten Werkstoffen, der Wasserbeschaffenheit, der Temperatur und der Dauer der Stagnation ab. Grundsätzlich kann Stagnation in der Hausinstallation nicht vermieden werden. Stagnationsbedingte Änderungen der Trinkwasserbeschaffenheit können jedoch durch geeignete Maßnahmen verringert werden, z. B. durch:

— möglichst kurze Rohrleitungsführung;

— Vermeidung von Überdimensionierungen der Rohrquerschnitte;

— Anordnung der hauptsächlich genutzten Entnahmestellen am Ende einer Stichleitung.

B.3 Bereitstellung von Löschwasser

Für die Bereitstellung von Löschwasser gibt das DVGW-Arbeitsblatt W 405 Hinweise.

Der Grundschutz ist durch gesetzliche Bestimmungen in Form von Landesgesetzen vorgegeben und Aufgabe der Gemeinden, die hierzu vertragliche Regelungen mit den WVU haben, oder es ist durch örtliche Satzungen geregelt.

Der Objektschutz ist der über den Grundschutz hinausgehende objektbezogene Brandschutz und ist abhängig von dem auftretenden erhöhten Personen- oder Brandrisiko und grundsätzlich Aufgabe des Verursachers dieses Risikos, also des Eigentümers des Gebäudes oder Anwesens. In jedem Fall bedarf die Löschwasserversorgung für den Objektschutz aus der öffentlichen Wasserversorgung der Abstimmung und gegebenenfalls der vertraglichen Regelung zwischen Wasserversorger und Eigentümer. Grundsätzlich ist es nicht Aufgabe einer öffentlichen Wasserversorgung, Löschwasser für den Objektschutz bereitzustellen, d. h., es kann nicht erwartet werden, dass öffentliche Netze auf den Objektschutz hin ausgelegt werden.

B.4 Planungsgrundsätze

B.4.1 Auswahlkriterien

Im Rahmen der Planung sollte zunächst eine Grobauswahl nach folgenden Kriterien erfolgen:

a) Ist die Wasserversorgung (Durchflussmenge und Druck) über den geforderten Zeitraum gesichert?

b) Ist eine Löschwasserbevorratung erforderlich?

c) Wird ein unmittelbarer Anschluss der Löschwasseranlage vom WVU genehmigt?

d) Ist eine Druckerhöhungsanlage (DEA) erforderlich?

e) Ist die Wasserversorgung in der Lage, die Löschwasserleitung bei Löschwasseranlagen „nass/trocken" in der vorgeschriebenen Zeit zu fluten?

f) Erfolgt die Installation in frostgefährdeten Bereichen?

B.4.2 Auswahl von Löschwasseranlagen für Wandhydranten

Für die Auswahl ist in Bild B.1 eine Entscheidungshilfe dargestellt.

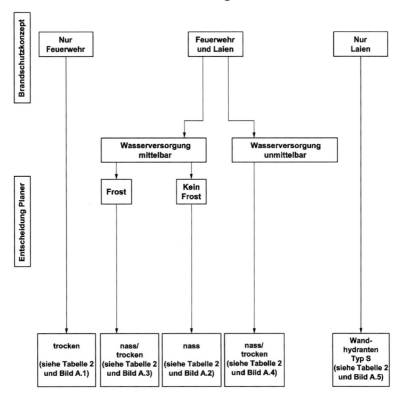

Bild B.1 — Entscheidungshilfe für die Auswahl einer Löschwasseranlage

Die Löschwasseranlage „trocken" ist ausschließlich als Hilfsmittel für den Löschangriff durch die Feuerwehr geeignet. Im Brandfall wird Löschwasser durch die Feuerwehr eingespeist und kann an den Entnahmeeinrichtungen durch Feuerwehrschläuche entnommen werden.

Die Wandhydranten Typ S (Selbsthilfe) sind für die Brandbekämpfung durch Laien ausgelegt. Die Verwendung durch die Feuerwehr ist nicht vorgesehen, ein Anschluss von Feuerwehrschläuchen ist nicht möglich.

Die Wandhydranten Typ F (Feuerwehr) sind für die Brandbekämpfung durch Feuerwehr und Laien ausgelegt. Der Einsatz von Wandhydranten mit formstabilen Schläuchen dient vorwiegend der Erstbrandbekämpfung durch Laien (durch einfaches Abrollen). Für die Feuerwehr besteht die Möglichkeit, am Feuerwehr-Schlauchanschlussventil Feuerwehrschläuche anzuschließen. Der Einsatz von Wandhydranten mit Flachschlauch (Feuerwehrschlauch) dient vorwiegend der Verwendung durch die Feuerwehr oder durch unterwiesene Selbsthilfekräfte.

In frostgefährdeten Bereichen sind Anlagen „trocken" oder „nass/trocken" geeignet.

Bei Löschwasseranlagen „nass/trocken" sollte beachtet werden, dass im Brandfall nach Öffnen des Schlauchanschlussventils das Löschwasser erst verzögert zur Verfügung steht (siehe 4.2.2.2.1).

Wenn der Löschwasserbedarf durch das WVU nicht sichergestellt ist, muss Löschwasser anderweitig bevorratet werden (z. B. Löschwasserbehälter, -teiche, -brunnen). Es können auch Behälter von anderen Löschanlagen (z. B. Sprinkleranlagen) verwendet werden.

Die Bereitstellung der erforderlichen Löschwassermengen und der Wasserrate erfolgt in Abstimmung mit den zuständigen WVU.

Die für den Brandschutz zuständige Stelle gibt in jedem Fall die Zustimmung für die Auswahl der Löschanlage.

B.5 Brandschutzarmaturen

Aufgrund der erschwerten Einsatzbedingungen werden an Armaturen, die in ortsfesten Löschanlagen und Löschwassereinrichtungen eingesetzt werden sollen, erhöhte konstruktive Anforderungen gestellt. Hierzu zählen unter anderem erhöhte Druckbeständigkeit und Druckstoßfestigkeit, Festigkeit bei hohen Temperaturen sowie hohe Temperaturwechselbeanspruchung, Betriebssicherheit auch bei langen Stillstandszeiten. Diese Anforderungen sind in den entsprechenden Produktnormen festgelegt, siehe z. B. Normen der Reihen DIN 14461 und DIN 14463.

Sicherungsarmaturen zum Schutz des Trinkwassers, z. B. Rohrtrenner, Systemtrenner, werden bestimmungsgemäß gegen Rücksaugen eines ständig durchströmten Leitungsnetzes eingesetzt. Diese Armaturen sind grundsätzlich als Brandschutzarmatur ungeeignet.

Anhang C
(informativ)

Aufbau eines Kontrollbuchs

Folgende Angaben sollten im Kontrollbuch enthalten sein:

a) Objektbeschreibung:

   1) Objektbezeichnung und Anschrift;
   2) Eigentümer / Betreiber Anschrift;
   3) Bevollmächtigter des Eigentümers / Betreibers;
   4) Errichter der Anlage (Installationsunternehmen);
   5) Behörden / Versorgungsunternehmen:
      i) Bauaufsichts- / Genehmigungsbehörde;
      ii) Wasserversorgungsunternehmen;
      iii) Elektroversorgungsunternehmen;
      iv) Brandschutzbehörde.

b) Bauauflagen und Planungsgrundlagen:

   1) Ausführung der Löschwasserleitungen und der Feuerlösch-Schlauchanschlusseinrichtungen:
      i) Löschwasseranlagen „nass";
      ii) Löschanlage „nass/trocken";
      iii) Löschanlage „trocken";
      iv) Trinkwasserinstallation mit Wandhydranten.
   2) Löschwasserversorgung.

c) Technische Dokumentation:

   1) Darstellung der installierten Wandhydranten, Einspeiseeinrichtungen und Entnahmeeinrichtungen sowie weiterer installierten Bauteile und deren Einbauorte;
   2) Nachweis der Maßnahmen zum Schutz des Trinkwassers;
   3) Rohrnetzberechnung.

- d) Dokumentation der Abnahmeprüfung:
    - 1) Abnahmebescheinigungen;
    - 2) Ergebnis der Abnahmeprüfung;
    - 3) Ergebnis Einweisung des Betreibers.
- e) Instandhaltung der Anlagen;
- f) Auszug der Instandhaltung von Bauteilen und Armaturen in Trinkwasserinstallationen;
- g) zitierte Normen und weitere Unterlagen;
- h) Instandhaltungs- und Prüfprotokolle.

/ DIN 14462:2012-09

Anhang D
(informativ)

Beispiel für Aufkleber zur Kennzeichnung von Wandhydranten

Die Anforderungen sind im Abschnitt 6 beschrieben. Der Aufkleber sollte Bild D.1 entsprechen.

Hersteller		Wandhydrantennummer	
Prüfergebnisse			
Datum	Volumenstrom (l/min)	Fließdruck (MPa)	
Felder für weitere Angaben			

Bild D.1 — Beispiel für Aufkleber zur Kennzeichnung von Wandhydranten

September 2012

DIN 14462 Beiblatt 1

ICS 13.220.20

> Dieses Beiblatt enthält Informationen zu DIN 14462, jedoch keine zusätzlich genormten Festlegungen.

Löschwassereinrichtungen –
Planung, Einbau, Betrieb und Instandhaltung von Wandhydrantenanlagen sowie Anlagen mit Über- und Unterflurhydranten;
Beiblatt 1: Druckregelarmaturen

Water conduit for fire extinguishing –
Planning, installation, operation and maintenance of fire hose systems and pillar fire hydrant and underground fire systems;
Supplement 1: pressure regulating valves

Conduites d'eau d'incendie –
Planification, installation, opération et maintenance des poste d'eau et des réseaux pour lutte contre l'incendie et systèmes de poteau d'incendie et de poste enterré;
Supplément 1: vannes de régulation de pression

Gesamtumfang 6 Seiten

Normenausschuss Feuerwehrwesen (FNFW) im DIN
Normenausschuss Wasserwesen (NAW) im DIN

Inhalt

Seite

Vorwort 3
1 Zusätzliche Informationen zu Druckregelarmaturen 4
2 Zusätzliche Informationen zur Wartung von Druckregelarmaturen 5
Literaturhinweise 6

Vorwort

Dieses Dokument wurde vom Arbeitsausschuss „Anlagen zur Löschwasserversorgung einschließlich Wandhydranten" (NA 031-03-05 AA) des Normenausschusses Feuerwehrwesen (FNFW) im DIN erarbeitet.

Dieses Dokument enthält zusätzliche Informationen zu DIN 14462:2012-09, *Löschwassereinrichtungen — Planung, Einbau, Betrieb und Instandhaltung von Wandhydrantenanlagen sowie Anlagen mit Über- und Unterflurhydranten* zum Einsatz von Druckregelarmaturen und deren Wartung.

Der NA 031-03-05 AA hat als der für dieses Dokument zuständige Arbeitsausschuss im Rahmen der ihm obliegenden Auslegungsverpflichtung die in diesem Dokument beschriebenen Anwendungsempfehlungen erarbeitet.

Dieses Dokument enthält keine zusätzlich genormten Festlegungen zu DIN 14462:2012-09, auch wenn die Verwendung von verpflichtenden Verbformen wie „muss" oder „ist zu" dies vermuten lässt, da sich diese Formulierungen aus den zitierten Rechtsgrundlagen ergeben.

Es wird auf die Möglichkeit hingewiesen, dass einige Texte dieses Dokuments Patentrechte berühren können. Das DIN ist nicht dafür verantwortlich, einige oder alle diesbezüglichen Patentrechte zu identifizieren.

1 Zusätzliche Informationen zu Druckregelarmaturen

Nach DIN 14462:2012-09, Tabelle 2, ist sicherzustellen, dass an jeder Entnahmearmatur die geforderten Durchflussmengen und Drücke zu jeder Zeit eingehalten werden.

In aller Regel wird in der Löschwasseranlage kein Druckminderer benötigt.

Nur wenn der maximal zulässige Fließdruck von 0,8 MPa an den Wandhydranten oder der zulässige Betriebsdruck an den Bauteilen überschritten wird, sollte eine Druckregelung bzw. eine Aufteilung in Druckzonen erfolgen.

Bei Druckverhältnissen von kleiner 1,2 MPa bzw. bei Löschwasseranlagen nass/trocken kleiner 1,0 MPa statischem Druck, sollte eine Drosselblende in dem jeweiligen Schlauchanschlussventil als bevorzugte Lösung eingesetzt werden. Die Blende ist dann so auszulegen, dass bei dem geforderten Nennvolumenstrom der Fließdruck von 0,8 MPa nicht überschritten wird, der erforderliche Mindestversorgungsdruck jedoch weiterhin gewährleistet ist.

Bei Einsatz von Druckreglern oder Druckminderern zur Einregulierung von Druckzonen sollte sichergestellt sein, dass die gewählte Armatur für den Druckregelbereich geeignet ist. Diese sollte so eingestellt werden können, dass an den Wandhydranten innerhalb der Druckzone ein Fließdruck von 0,3 MPa bis 0,8 MPa sichergestellt werden kann. Diese Armatur muss in ihrem Regelbereich einem Volumenstrom von 30 l/min[1] bis 300 l/min bzw. 600 l/min[2] abdecken können.

Entsprechend dieser Vorgaben für die Druckregelung sollte planerisch festgelegt werden, ob Drosselblenden, Druckminderer oder Druckregler eingesetzt werden müssen.

Bei Einsatz von Druckerhöhungsanlagen zur Einregulierung von Druckzonen empfehlen sich zwei Ausführungsvarianten:

a) jede Druckzone wird durch eine separate Pumpenanlage realisiert;

b) die Druckzonen werden durch mehrere Pumpenanlagen innerhalb einer Steigleitung in unterschiedlichen Höhenlagen am Fußpunkt der jeweiligen Druckzone des Gebäudes realisiert.

Bei der Ausführung dieser Anlagen sind die Anforderungen aus der DIN 14462:2012-09 einzuhalten.

Wenn unzulässige Drucküberschreitungen bei Ausfall der Druckregelarmatur in der Löschanlage auftreten können, sollten zusätzlich Sicherheitsventile eingebaut werden. Sie sind dann so zu bemessen und einzustellen, dass der maximal zulässige Betriebsdruck nicht überschritten wird.

Bei Einsatz von Sicherheitsventilen sollte Folgendes beachtet werden:

a) der Einbau ist möglichst an der entferntesten bzw. höchsten Stelle vorzunehmen;

b) Sicherheitsventile sind so auszulegen, dass der maximale Betriebsdruck an der hydraulisch günstigsten Stelle nicht überschritten wird.

---

1) Der Mindestdurchfluss einer Schlauchhaspel mit formstabilem Schlauch beträgt 30 l/min bei 0,3 MPa.

2) Je nach Brandschutzkonzept beträgt der Volumenstrom 3 x 100 l/min bzw. 3 x 200 l/min.

2 Zusätzliche Informationen zur Wartung von Druckregelarmaturen

Nach DIN 14462:2012-09, 6.1, ist bei Brandschutzanlagen eine regelmäßige Wartung durchzuführen, da ein Ausfall dieser Anlagen ansonsten erst im Einsatzfall festgestellt wird.

Schmutzablagerungen können zum Ausfall der Druckregelarmatur führen. Deshalb sollte mindestens einmal jährlich eine Wartung gemäß Herstellervorgaben und eine funktionserhaltende Reinigung durchgeführt werden.

Der eingestellte Ausgangsdruck der Druckregelarmatur sollte bei Nulldurchfluss und bei dem maximalen Auslegungsvolumenstrom überprüft werden.

Literaturhinweise

DIN 14462:2012-09, *Löschwassereinrichtungen — Planung, Einbau, Betrieb und Instandhaltung von Wandhydrantenanlagen sowie Anlagen mit Über- und Unterflurhydranten*

Januar 2007

DIN 14463-1

ICS 13.220.10

Mit DIN 14462:2007-01
Ersatz für
DIN 14463-1:1999-07

Löschwasseranlagen –
Fernbetätigte Füll- und Entleerungsstationen –
Teil 1: Für Wandhydrantenanlagen

Water systems for fire extinguishing –
Filling and draining devices operated by remote control –
Part 1: For hose reel systems

Installations d'extinction de feu par eau –
Stations de remplissage et de vidange télécommandées –
Partie 1: Pour borne d'incendie murale

Gesamtumfang 18 Seiten

Normenausschuss Feuerwehrwesen (FNFW) im DIN
Normenausschuss Wasserwesen (NAW) im DIN

Inhalt

Seite

Vorwort 3
Einleitung 3
1 Anwendungsbereich 4
2 Normative Verweisungen 4
3 Begriffe 6
4 Nennweite 6
5 Bezeichnung 6
6 Anforderungen 6
6.1 Allgemeines 6
6.2 Werkstoffe 7
6.3 Anschlüsse, Rohre, Rohr-Verbindungen 8
6.4 Steuereinrichtung 8
6.5 Funktion im Regelfall 8
6.6 Funktion bei Störungen 9
6.7 Funktionssicherheit 9
6.8 Nenndruck 9
6.9 Druckverlust 9
6.10 Konstruktive Gestaltung 10
6.11 Dichtheit 10
6.12 Entleerungsarmatur 10
6.13 Absperrarmaturen 10
6.14 Siebe 11
6.15 Druckmessgerät 11
6.16 Rückflussverhinderer 11
6.17 Be- und Entlüftungsventil 11
6.18 Typschild 11

7 Prüfung 11
7.1 Allgemeines 11
7.2 Werkstoffe 12
7.3 Anschlüsse, Rohre, Rohrverbindungen 12
7.4 Steuereinrichtung 12
7.5 Funktion im Regelfall 12
7.6 Funktion bei Störungen 14
7.7 Funktionssicherheit 14
7.8 Prüfung der Festigkeit des Gehäuses 15
7.9 Druckverlust 16
7.10 Konstruktive Gestaltung 16
7.11 Dichtheit 16
7.12 Entleerungsarmatur 16
7.13 Absperrarmaturen, Siebe, Druckmessgerät, Rückflussverhinderer 16
7.14 Aufschriften 16

8 Kennzeichnung 16

9 Beschilderung 17

Literaturhinweise 18

Vorwort

Diese Norm wurde vom Arbeitsausschuss „Anlagen zur Löschwasserversorgung einschließlich Wandhydranten" (NA 031-03-05 AA) des FNFW erarbeitet.

Diese Norm wurde im Einvernehmen mit dem DVGW Deutscher Verein des Gas- und Wasserfaches e. V. aufgestellt. Es ist vorgesehen, diese Norm als technische Regel in das Regelwerk Wasser des DVGW einzubeziehen.

DIN 14463 *Löschwasseranlagen — Fernbetätigte Füll- und Entleerungsstationen* wird aus folgenden Teilen bestehen:

— Teil 1: *Für Wandhydrantenanlagen*

— Teil 2: *Für Wasserlöschanlagen mit leerem und drucklosem Rohrnetz — Anforderungen und Prüfverfahren*

— Teil 3: *Be- und Entlüftungsventile PN 16 für Löschwasserleitungen „nass/trocken" und „trocken"*

Druck wird als Überdruck in bar (1 bar entspricht 0,1 MPa) angegeben.

Änderungen

Gegenüber DIN 14463-1:1999-07 wurden folgende Änderungen vorgenommen:

a) Inhalt fachlich und redaktionell vollständig überarbeitet;

b) Nennweite DN 100 wurde vollständig gestrichen;

c) Planung, Einbau und Instandhaltung in DIN 14462 übernommen.

Frühere Ausgaben

DIN 14463: 1989-01

DIN 14463-1: 1999-07

Einleitung

Der Einsatz von fernbetätigten Füll- und Entleerungsstationen nach dieser Norm soll einerseits die Belange des Brandschutzes und anderseits die Belange der Trinkwasserhygiene berücksichtigen.

Für die Anforderungen und die Prüfung von Füll- und Entleerungsstationen für Sprühwasserlöschanlagen nach DIN 14494 gilt DIN 14463-2.

Normen für Bauteile für Sprinkler- und Sprühwasseranlagen werden europäisch bei CEN/TC 191 als EN 12259-1 bis EN 12259-12 erarbeitet.

1 Anwendungsbereich

In dieser Norm sind Anforderungen an Füll- und Entleerungsstationen zur Trennung von Trinkwasser-Leitungsanlagen von Löschwasserleitungen „nass/trocken" und deren Prüfung festgelegt.

Füll- und Entleerungsstationen nach dieser Norm werden in Löschwasseranlagen „nass/trocken"[1] eingebaut.

ANMERKUNG   Die Anlage ist im Bereitschaftszustand „trocken", im Lösch- und Störfall wird die Anlage gefüllt und ist durch Rückflussverhinderer sowie Be- und Entlüfter gesichert.

2 Normative Verweisungen

Die folgenden zitierten Dokumente sind für die Anwendung dieses Dokuments erforderlich. Bei datierten Verweisungen gilt nur die in Bezug genommene Ausgabe. Bei undatierten Verweisungen gilt die letzte Ausgabe des in Bezug genommenen Dokuments (einschließlich aller Änderungen).

DIN 1988-2, *Technische Regeln für Trinkwasser-Installationen (TRWI) — Teil 2: Planung und Ausführung; Bauteile, Apparate, Werkstoffe; Technische Regel des DVGW*

DIN 1988-4, *Technische Regeln für Trinkwasser-Installationen (TRWI) — Teil 4: Schutz des Trinkwassers, Erhaltung der Trinkwassergüte; Technische Regel des DVGW*

DIN 1988-6, *Technische Regeln für Trinkwasser-Installationen (TRWI) — Teil 6: Feuerlösch- und Brandschutzanlagen; Technische Regel des DVGW*

DIN 1988-8, *Technische Regeln für Trinkwasser-Installationen (TRWI) — Teil 8: Betrieb der Anlagen; Technische Regel des DVGW*

DIN 3546-1, *Absperrarmaturen für Trinkwasserinstallationen in Grundstücken und Gebäuden — Teil 1: Allgemeine Anforderungen und Prüfungen für handbetätigte Kolbenschieber, Absperrarmaturen für Anbohrarmaturen, Schieber und Membranarmaturen; Technische Regel des DVGW*

DIN 14461-3, *Feuerlösch-Schlauchanschlusseinrichtungen — Teil 3: Schlauchanschluss-Ventile PN 16*

DIN 14463-3, *Löschwasseranlagen — Fernbetätigte Füll- und Entleerungsstationen — Teil 3: Be- und Entlüftungsventile PN 16 für Löschwasserleitungen „nass/trocken" und „trocken"*

DIN 14462, *Löschwassereinrichtungen — Planung und Einbau von Wandhydrantenanlagen und Löschwasserleitungen*

---

[1] Begriff Löschwasseranlagen „nass/trocken" siehe DIN 14462.

4

DIN 50930-6, *Korrosion der Metalle — Korrosion metallischer Werkstoffe im Innern von Rohrleitungen, Behältern und Apparaten bei Korrosionsbelastung durch Wässer — Teil 6: Beeinflussung der Trinkwasserbeschaffenheit*

DIN VDE 0833-1 (VDE 0833-1), *Gefahrenmeldeanlagen für Brand, Einbruch und Überfall — Teil 1: Allgemeine Festlegungen*

DIN VDE 0833-2 (VDE 0833-2), *Gefahrenmeldeanlagen für Brand, Einbruch und Überfall — Teil 2: Festlegungen für Brandmeldeanlagen (BMA)*

DIN VDE 0100-410 (VDE 0100 Teil 410), *Errichten von Starkstromanlagen mit Nennspannungen bis 1 000 V — Teil 4: Schutzmaßnahmen — Kapitel 41: Schutz gegen elektrischen Schlag*

DIN EN 60529 (VDE 0470-1), *Schutzarten durch Gehäuse (IP-Code) — (IEC 60529 (1989))*

DIN EN 681-1, *Elastomer-Dichtungen — Werkstoff-Anforderungen für Rohrleitungs-Dichtungen für Anwendungen in der Wasserversorgung und Entwässerung — Teil 1: Vulkanisierter Gummi*

DIN EN 837-1, *Druckmessgeräte — Teil 1: Druckmessgeräte mit Rohrfedern — Maße, Messtechnik, Anforderungen und Prüfung*

DIN EN 837-3, *Druckmessgeräte — Teil 3: Druckmessgeräte mit Platten- und Kapselfedern — Maße, Messtechnik, Anforderungen und Prüfung*

DIN EN 1514-1, *Flansche und ihre Verbindungen — Maße für Dichtungen für Flansche mit PN-Bezeichnung — Teil 1: Flachdichtungen aus nichtmetallischem Werkstoff mit oder ohne Einlagen; Deutsche Fassung EN 1514-1:1997*

DIN EN 1717, *Schutz des Trinkwassers vor Verunreinigungen in Trinkwasser-Installationen und allgemeine Anforderungen an Sicherungseinrichtungen zur Verhütung von Trinkwasserverunreinigungen durch Rückfließen; Technische Regel des DVGW*

DIN EN 10204, *Metallische Erzeugnisse — Arten von Prüfbescheinigungen (enthält Änderung A1:1995)*

DIN EN 12266-1, *Industriearmaturen — Prüfung von Armaturen — Teil 1: Druckprüfungen, Prüfverfahren und Annahmekriterien — Verbindliche Anforderungen*

DIN EN 13076, *Sicherungseinrichtungen zum Schutz des Trinkwassers gegen Verschmutzung durch Rückfließen — Ungehinderter freier Auslauf — Familie A — Typ A*

DIN EN 13959, *Rückflussverhinderer — DN 6 bis DN 250 — Familie E, Typ A, B, C und D*

DIN EN ISO 9906, *Kreiselpumpen — Hydraulische Abnahmeprüfung — Klasse 1 und 2*

DVGW W 270, *Vermehrung von Mikroorganismen auf Werkstoffen für den Trinkwasserbereich — Prüfung und Bewertung*[2)]

KTW 1 Teile 1.3.1 u. 1.3.2, *Gesundheitliche Beurteilung von Kunststoffen und anderen nichtmetallischen Werkstoffen im Rahmen des Lebensmittel- und Bedarfsgegenständegesetzes für den Trinkwasserbereich; 1. Mitteilung*[2)]

KTW 2, *Gesundheitliche Beurteilung von Kunststoffen und anderen nichtmetallischen Werkstoffen im Rahmen des Lebensmittel- und Bedarfsgegenständegesetzes für den Trinkwasserbereich; 2. Mitteilung*[2)]

[2)] Herausgeber: DVGW Deutsche Vereinigung des Gas- und Wasserfaches e. V., zu beziehen durch: Beuth Verlag GmbH, 10772 Berlin.

KTW 3 Teil 1.3.3, *Gesundheitliche Beurteilung von Kunststoffen und anderen nichtmetallischen Werkstoffen im Rahmen des Lebensmittel- und Bedarfsgegenständegesetzes für den Trinkwasserbereich; 3. Mitteilung*[2]

KTW 4 Teil 1.3.12, *Gesundheitliche Beurteilung von Kunststoffen und anderen nichtmetallischen Werkstoffen im Rahmen des Lebensmittel- und Bedarfsgegenständegesetzes für den Trinkwasserbereich; 4. Mitteilung*[2]

KTW 5 Teil 1.3.13, *Gesundheitliche Beurteilung von Kunststoffen und anderen nichtmetallischen Werkstoffen im Rahmen des Lebensmittel- und Bedarfsgegenständegesetzes für den Trinkwasserbereich; 5. Mitteilung*[2]

KTW 6 Teil 1.3.13, *Gesundheitliche Beurteilung von Kunststoffen und anderen nichtmetallischen Werkstoffen im Rahmen des Lebensmittel- und Bedarfsgegenständegesetzes für den Trinkwasserbereich; 6. Mitteilung*[2]

3 Begriffe

Für die Anwendung dieses Dokuments gelten die Begriffe nach DIN 14462 und der folgende Begriff.

3.1
Füll- und Entleerungsstation
Bauteil, das Trinkwasser-Leitungsanlagen von Löschwasserleitungen „nass-trocken"' trennt

ANMERKUNG   Die Füll- und Entleerungsstation füllt fernbetätigt im Bedarfsfall die Löschwasserleitungen mit Wasser und entleert diese Löschwasserleitungen nach dem Gebrauch selbsttätig.

4 Nennweite

Als Nennweite der Füll- und Entleerungsstation gilt die Nennweite am Eingang der Füllarmatur (siehe Bild 1, Pos.-Nr 1); zulässig sind Nennweiten bis DN 80.

5 Bezeichnung

Bezeichnung einer Füll- und Entleerungsstation (FE) der Nennweite DN 50, die den Anforderungen dieser Norm entspricht:

FE-Station DIN 14463-1 — DN 50

6 Anforderungen

6.1 Allgemeines

Eine Füll- und Entleerungsstation (im Folgenden kurz Station genannt) besteht aus den im Bild 1 innerhalb der Strichpunktlinien dargestellten Bauteilen.

Die Armaturengruppe (Pos.-Nr 1, 2, 3, 5 und 6) einerseits und die Steuereinrichtung (Pos.-Nr 8) andererseits dürfen räumlich voneinander getrennt aufgestellt sein. Der Grenztaster (Pos.-Nr 9) ist an den Schlauchanschlussventilen nach DIN 14461-3 montiert.

Im Steuergerät müssen ein akustischer Signalgeber sowie die Anzeigen nach 6.5 und 6.6 integriert sein.

Eine Schnittstelle für zusätzliche externe optische und akustische Signalgeber ist vorzusehen (Pos.-Nr 7).

---

[2] Siehe Seite 5.

6.2 Werkstoffe

6.2.1 Werkstoffe für Bauteile der Station und die Armaturen

Druckbeaufschlagte Gehäuseteile der Station müssen aus metallenen Werkstoffen nach Wahl des Herstellers bestehen.

Trinkwasserberührte Teile der Station müssen aus Werkstoffen nach DIN 1988-2 und DIN 50930-6 bestehen.

Nicht metallene Werkstoffe müssen den KTW-Empfehlungen entsprechen.

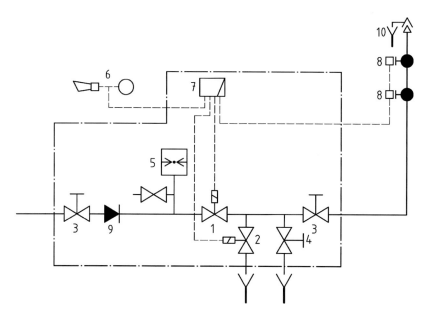

Legende

1 Füllarmatur, z. B. Magnetventil
2 Entleerungsarmatur, z. B. Magnetventil
3 Absperrarmatur (handbetätigt) mit Sicherung
4 Entleerungsarmatur (handbetätigt), mindestens DN 15 mit Sicherung
5 Überdruckmessgerät mit Entlastungsventil
6 Alarmanzeige (optisch und akustisch) (optional)
7 Steuereinrichtung mit akustischem Signalgeber
8 Grenztaster für Schlauchanschlussventil (siehe DIN 14461-3)
9 Rückflussverhinderer nach DIN EN 13959, optional; nur bei Betrieb mit Trinkwasser erforderlich
10 Be- und Entlüftungsventil nach DIN 14463-3

Bild 1 — Station (Prinzipdarstellung)

6.2.2 Werkstoffe für Dichtungen

Für Rohre aus Gusseisen sind Dichtungen nach DIN EN 681-1 zu verwenden.

Für Flanschverbindungen bei Stahl- und Kupferrohren sind geeignete Dichtungen mit Werkstoffen nach Wahl des Herstellers zu verwenden. Nach DIN 1988-6 müssen Dichtungsmaterialien konstruktiv oder durch entsprechende Werkstoffauswahl ausreichend gegen Brandeinwirkung geschützt werden. Nach DIN 1988-2 hat der Hersteller den Eignungsnachweis für die Dichtungen zu führen und in der Produktbeschreibung zu dokumentieren.

Die Maße für Flachdichtungen für Flansche mit ebener Dichtfläche müssen DIN EN 1514-1 entsprechen.

6.3 Anschlüsse, Rohre, Rohr-Verbindungen

6.3.1 Eingang und Ausgang der Station sowie Anschlüsse an Armaturen innerhalb der Station müssen DIN 1988-2 entsprechen.

6.3.2 Rohre und Rohrverbindungen für pneumatische und hydraulische Steuerleitungen müssen mindestens DN 8 haben.

6.4 Steuereinrichtung

Die Steuereinrichtung einschließlich Überwachungseinrichtungen muss in einem Gehäuse (z. B. Steuer-Schrank), Schutzart mindestens IP 54 nach DIN EN 60529 (VDE 0470-1) untergebracht sein.

Die Steuerspannung darf nach DIN VDE 0833-2 (VDE 0833-2) 12 V ± 1,8 V oder 24 V ± 3,6 V betragen und muss nach DIN VDE 0100-410 (VDE 0100 Teil 410) gegen indirektes Berühren geschützt sein.

Die Energieversorgung selbst muss DIN VDE 0833-1 (VDE 0833 Teil 1) entsprechen. Eine Betriebs-Anzeige muss von außen am Gehäuse erkennbar sein.

Elektrische Antriebe müssen für die zu erwartenden Betriebsbedingungen für 100 % Einschaltdauer ausgelegt sein und den technischen Regeln entsprechen; mindestens Schutzart DIN EN 60529 (VDE 0470-1) — IP 54. Die Antriebe müssen auch bei einer Abweichung von − 30 % bis + 10 % der Nennspannung ihren Betriebszustand halten.

6.5 Funktion im Regelfall

6.5.1 Das Öffnen eines Schlauchanschlussventils mit Grenztaster nach DIN 14461-3 muss einen Steuerbefehl auslösen, der unverzüglich die Füllarmatur öffnet und gleichzeitig die Entleerungsarmatur schließt. Die Steuerung kann mechanisch oder durch Hilfsenergie elektrisch, pneumatisch oder hydraulisch erfolgen, die Funktion des Öffnens der Station muss auch bei Ausfall der Energie oder Hilfsenergie sichergestellt sein. Nach Schließen aller Schlauchanschlussventile muss die Füllarmatur schließen. Spätestens 10 min nach Schließen der Füllarmatur müssen sich die Entleerungsarmatur der Station sowie weitere im Gebäude vorhandene Entleerungen selbsttätig öffnen.

Öffnen und Schließen der Armaturen müssen stetig ohne Flattern und Schlagen von Bauteilen erfolgen.

Das Öffnen der Füllarmatur muss bei druckgesteuerten Stationen spätestens dann beginnen, wenn der Steuerdruck auf 30 % des Anfangsdrucks abgesunken ist.

Zwischen beweglichen und starren Bauteilen müssen ausreichend Spiel und Kraftüberschuss vorhanden sein, um die Funktion bei allen Betriebsbedingungen (z. B. auch nach Ablagerungen) sicherzustellen.

6.5.2 Der geöffnete Zustand der Füllarmatur muss spätestens nach 5 s optisch und akustisch angezeigt werden. Die akustischen Anzeigen müssen am Gehäuse der Steuereinrichtung (siehe Bild 1, Pos.-Nr 8) zurückgestellt werden können. Die optischen Anzeigen müssen mit „Füllarmatur betätigt" oder „Füllarmatur betätigt/Störung" beschriftet sein und dürfen durch manuelles Zurückstellen erst erlöschen, wenn für die Station wieder der Bereitschaftszustand erreicht ist. Der Bereitschaftszustand muss selbsttätig eintreten.

ANMERKUNG   Der Bereitschaftszustand setzt geschlossene Schlauchanschlussventile, die geschlossene Füllarmatur und die geöffnete Entleerungsarmatur sowie die Beseitigung einer Störung voraus, damit der Steuerbefehl aufgehoben ist.

6.5.3 Die Armatur, bei eigenmedium-gesteuerten Anlagen einschließlich des Antriebs und der hydraulischen Steuereinrichtung, ist bei mit Trinkwasser betriebenen Anlagen mindestens 1-mal wöchentlich mit mindestens dem 1,5-fachen des nicht regelmäßig ausgetauschten Volumens selbsttätig zu spülen.

6.6 Funktion bei Störungen

6.6.1 Kurzschluss oder Drahtbruch

Kurzschluss oder Drahtbruch in einer elektrischen Steuerleitung vom Grenztaster bis zur Füllarmatur muss zum Öffnen der Füllarmatur und zum Schließen der Entleerungsarmatur führen, sofern die Funktionsfähigkeit der Anlage nicht erhalten bleibt. Die Störung muss nach 6.5.2 durch die Anzeige „Füllarmatur betätigt" oder „Füllarmatur betätigt/Störung" beschriftet sein. Die Anzeige darf erst zurückstellbar sein, wenn die Station wieder im Bereitschaftszustand ist.

Die Störung, ob Kurzschluss oder Drahtbruch vorliegt, muss spätestens nach 5 s optisch und akustisch angezeigt werden.

6.6.2 Ausfall der Energieversorgung

Der Ausfall einer Energieversorgung (Netzspannung/Batterie) muss durch eine mit „Energieversorgung gestört" beschrifteten Anzeige erkennbar sein. Setzt die Energieversorgung wieder ein, muss sich automatisch der Bereitschaftszustand der Station einstellen. Die Anzeige muss bei Erreichen des Bereitschaftszustands erlöschen.

Bei Ausfall der Netzspannung (Batteriebetrieb) muss das Erreichen der Batterie-Entladeschlussspannung zum Öffnen der Füllarmatur und zum Schließen der Entleerungsarmatur führen. Die Anforderungen nach DIN VDE 0833-1 (VDE 0833-1) für mindestens 60 h sind zu erfüllen.

6.6.3 Löschwasserleitung gefüllt

Der Zustand „Löschwasserleitung gefüllt" muss ab spätestens 2 m Wassersäule optisch und akustisch angezeigt werden.

6.7 Funktionssicherheit

Die Station muss die Funktion bei Wasserdrücken zwischen 1,5 bar und dem 1,5-fachen Nenndruck nach 6.8 sicherstellen.

Beim Öffnen und Schließen der Füllarmatur dürfen keine positiven Druckstöße erzeugt werden, die größer als 2 bar sind.

6.8 Nenndruck

Die Station muss mindestens für einen Nenndruck PN 10 bemessen sein.

6.9 Druckverlust

Der Druckverlust darf — bezogen auf den Volumenstrom, der der Konstruktion der Station zugrunde liegt — nicht größer als 1 bar sein.

6.10 Konstruktive Gestaltung

6.10.1 Die Station muss so konstruiert sein, dass sich auch bei hohen Strömungsgeschwindigkeiten keine Bauteile lösen können und die Funktion erhalten bleibt (Füllphase der Löschwasserleitung).

6.10.2 Der Ausbau und Einbau von Bauteilen der Station für Inspektion und Wartung müssen unverwechselbar, leicht und ohne Spezialwerkzeug möglich sein. Sofern spezielle Werkzeuge oder Verfahren unumgänglich sind, muss der Hersteller diese gegenüber Sachkundigen im Sinne der DIN 14462 zur Verfügung stellen.

6.10.3 Drosseln, die gegebenenfalls zum Öffnen der Füllarmatur und beim Füllen notwendig sind, müssen so bemessen und angeordnet sein, dass ein Verstopfen das Öffnen nicht behindern kann.

6.10.4 Die Durchmesser von hydraulischen und pneumatischen Steuerkanälen in den Ventilen müssen mindestens doppelt so groß bemessen sein wie die Maschenweite der vorgeschalteten Siebe.

6.10.5 Zerstörung, Bruch oder Undichtheit von Membranen und Steuerleitungen müssen das Öffnen der Füllarmatur auslösen oder unterstützen. Sofern dies zwischen Bereichen, die im Bereitschaftszustand druckbeaufschlagt sind, nicht möglich ist, müssen diese durch Bauteile aus metallenen Werkstoffen getrennt sein.

6.10.6 Bei Eigenmedium (mit Trinkwasser) gesteuerten Anlagen dürfen Kräfte zum Öffnen und Schließen der Füllarmatur (einschließlich ihrer Hilfsaggregate) nicht durch Kolben erzeugt werden. Sie müssen so beschaffen sein, dass sich kein stagnierendes Wasser bilden kann.

6.10.7 Hydraulische und pneumatische Medien sowie wasserberührte Einbauten der Station müssen physiologisch unbedenklich sein (siehe auch DIN 1988-4).

6.10.8 Der Druck von hydraulischen und pneumatischen Medien zur Steuerung in der Füllarmatur darf den jeweiligen Druck des Wassers nicht übersteigen.

6.11 Dichtheit

6.11.1 Die Station muss bei verschlossenem Auslass der Entleerungsarmatur nach außen dicht sein.

6.11.2 Bei Wasserdrücken zwischen 1,5 bar und dem Nenndruck nach 6.8 darf bei geschlossener Füllarmatur (einschließlich ihrer Hilfsventile) und geschlossener Entleerungsarmatur die Leckrate D nach DIN EN 12266-1 nicht überschritten werden.

6.12 Entleerungsarmatur

Die Nennweite der Entleerungsarmatur muss mindestens DN 15 betragen, damit gegebenenfalls auftretende Ablagerungen aus den Löschwasserleitungen sicher ausgespült werden.

Die offene Entleerungsarmatur muss gestatten, bei einem Druck von 1 bar mindestens 1 l/s für DN 50, mindestens 1,5 l/s für DN 65 und mindestens 2 l/s für DN 80 abfließen zu lassen.

ANMERKUNG   Anforderungen an den Abflussquerschnitt sind in DIN 14462 beschrieben.

Die Mündung der Entleerungsarmatur muss als freier Auslauf nach DIN 1988-4 bzw. nach DIN EN 1717 und DIN EN 13076 gestaltet sein.

6.13 Absperrarmaturen

Absperrarmaturen in trinkwasserführenden Leitungen müssen das DIN/DVGW-Zertifizierungszeichen tragen.

Absperrarmaturen nach Bild 1, Pos.-Nr 3, müssen mit einer Anzeige für die jeweilige Stellung versehen und gegen unbefugtes Betätigen gesichert sein.

6.14 Siebe

Siebe, die zum Schutz von Hilfseinrichtungen (z. B. Steuerventilen) eingebaut sind, müssen eine Maschenweite von mindestens 0,25 mm haben. Der Siebeinsatz muss aus korrosionsbeständigem Werkstoff bestehen und gewartet werden können.

6.15 Druckmessgerät

Zum Messen des Wasserdrucks auf der Versorgungsseite muss ein Druckmessgerät mit der Genauigkeits-Klasse 1,6, das den Anforderungen nach DIN EN 837-1 und DIN EN 837-3 entspricht, vorhanden sein. Das Druckmessgerät muss entlastet werden können.

6.16 Rückflussverhinderer

Der Rückflussverhinderer, siehe Bild 1 (Pos.-Nr 10), muss nach der Absperrarmatur und vor der Füllarmatur montiert werden, die Anforderungen nach DIN EN 13959 erfüllen und das DIN/DVGW-Zertifizierungszeichen tragen.

6.17 Be- und Entlüftungsventil

Be- und Entlüftungsventile müssen nach DIN 14463-3 ausgeführt sein.

ANMERKUNG   Die Installation von Be- und Entlüftungsventilen ist in DIN 14462 beschrieben.

6.18 Typschild

Die Station muss mit einem Typschild aus nichtbrennbarem Werkstoff versehen sein, das in dauerhaft lesbarer Schrift mindestens folgende Angaben enthalten muss:

— Name oder Firmenzeichen des Herstellers;

— Typ- und Modellbezeichnung;

— Baujahr;

— Nennweite nach Abschnitt 4;

— Nenndruck nach 6.8;

— Volumenstrom in Litern je Sekunde, der der Konstruktion zugrunde liegt.

Hinsichtlich der Kennzeichnung mit dem DIN/DVGW-Zertifizierungszeichen siehe Abschnitt 8.

7 Prüfung

7.1 Allgemeines

7.1.1   Zur Prüfung ist der Prüfstelle[3] vom Antragsteller neben dem Muster der Station auch ein Schlauchanschlussventil mit Grenztaster nach DIN 14461-3 (siehe Bild 1, Pos.-Nr 9) einzureichen, außerdem eine

---

[3] Auskunft über die Prüfstellen erteilt der Normenausschuss Feuerwehrwesen (FNFW) im DIN e. V., 10772 Berlin (Hausanschrift: Burggrafenstraße 6, 10787 Berlin).

Baubeschreibung und Fertigungszeichnungen. Das Schlauchanschlussventil ist nicht Bestandteil des Prüf-Umfanges.

7.1.2 Die Anforderungen nach Abschnitt 4 und 6.1 werden durch Sichtprüfung und Vergleich mit Funktions-Beschreibung, Baubeschreibung und Fertigungszeichnungen geprüft.

7.2 Werkstoffe

Die Anforderungen nach 6.2 werden durch Sichtprüfung und Vergleich mit den Angaben in den Stücklisten geprüft.

Für trinkwasserberührte Kunststoffe ist das Prüfzeugnis nach den KTW-Empfehlungen und nach DVGW 270 vorzulegen.

Die Erfüllung der Anforderungen an Dichtungen ist der akkreditierten Prüfstelle durch eine Werks-Bescheinigung „2.1" des Herstellers nach DIN EN 10204 nachzuweisen. Die akkreditierte Prüfstelle darf — sofern Zweifel über die Eignung der Werkstoffe bestehen — vom Hersteller der Station weitere Nachweise über die Qualität und die Beständigkeit nach langer Gebrauchsdauer verlangen.

7.3 Anschlüsse, Rohre, Rohrverbindungen

Die Anforderungen nach 6.3 werden durch Kontrolle der Maße und Vergleich mit den Angaben in den zitierten Normen geprüft.

7.4 Steuereinrichtung

Die Anforderungen an das Gehäuse und seine technische Einrichtung werden geprüft. Der Hersteller der Station hat für die Einbauteile Prüfnachweise einer akkreditierten Prüfstelle[3] zu erbringen.

7.5 Funktion im Regelfall

7.5.1 Prüfaufbau

Der Prüfaufbau muss Bild 2, die Maße der Rohrleitungen müssen Tabelle 1 entsprechen.

Tabelle 1 — Maße der Rohrleitungen

Kurzzeichen der Station (Auswahlbeispiel)	Rohrleitung		Länge l_1 mm
	Nennweite		
	DN 1 (Auswahlbeispiel)	DN 2	
FE – 50	50		
FE – 65	65	200	6 000 ± 50
FE – 80	80		

---

[3] Siehe Seite 11.

7.5.2 Durchführung

Die Station wird mit allen Teilen bei Wasserdrücken von 1,5 bar sowie Nenndruck und bei 0,5-fachem Nenndruck je 3-mal 60 s ausgelöst und wieder in den Bereitschaftszustand gebracht. Bei jeweils dem ersten Versuch wird die Nennspannung der Antriebe auf 70 % reduziert.

Folgende Messwerte werden über der Zeit schreibend registriert:

— Wasserdruck vor der Station, in bar;

— Volumendurchfluss am Eingang der Station, in Liter pro Sekunde;

— Druck in den Steuerleitungen, in bar;

— Zeitpunkte der Steuerbefehle;

— Zeitpunkte der Anzeigen.

Anhand der Messwerte und durch Sichtprüfung wird beurteilt, ob die Anforderungen nach 6.5 erfüllt sind.

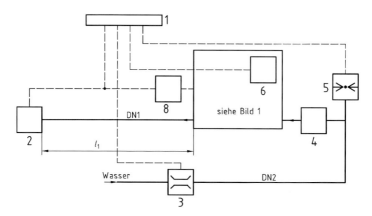

Legende

1 Messwertaufzeichnung
2 Schlauchanschlussventil mit Grenztaster nach DIN 14461-3, eingestellt auf 18 m³/h = 300 l/min = 5 l/s
3 Volumendurchflussmessgerät
4 Adapter DN 1 : DN 2
5 Druckmessgerät
6 und 8 siehe Bild 1

Bild 2 — Prüfaufbau für die Funktion

7.6 Funktion bei Störungen

7.6.1 Kurzschluss oder Drahtbruch

Die Station wird nach 7.5 an den Prüfaufbau angeschlossen. Der Wasserdruck wird auf 3 bar eingestellt. Jede Steuerleitung wird dann

— 3-mal für mindestens 1 min kurzgeschlossen und wieder geöffnet,
— 3-mal für mindestens 1 min unterbrochen und wieder geschlossen.

Durch Beobachtungen während der Prüfung und Auswertung der Messwerte wird beurteilt, ob die Anforderungen nach 6.6.1 erfüllt sind.

7.6.2 Ausfall der Energieversorgung

7.6.2.1 Ausfall der Netzversorgung

Die Station wird in den Bereitschaftszustand versetzt. Dann wird die Netzversorgung abgeschaltet. Sie bleibt abgeschaltet, bis die Entladeschlussspannung erreicht ist. Durch Beobachtungen während der Prüfung und Auswertung der Messwerte wird beurteilt, ob die Anforderungen nach 6.6.2 erfüllt sind.

7.6.2.2 Ausfall der Sicherheitsstromversorgung (Akkumulator)

Die Station wird in den Bereitschaftszustand versetzt. Dann wird die Sicherheitsstromversorgung abgeschaltet. Durch Beobachtungen während der Prüfung und Auswertung der Messwerte wird beurteilt, ob die Anforderungen nach 6.6.2 erfüllt sind.

7.7 Funktionssicherheit

7.7.1 Prüfaufbau

Der Prüfaufbau muss Bild 3, die Maße der Rohrleitungen müssen Tabelle 2 entsprechen.

Tabelle 2 — Maße der Rohrleitungen

Kurzzeichen der Station (Auswahlbeispiel)	Rohrleitung					
	Nennweite		Länge			
	DN 1 (Auswahlbeispiel)	DN 2	l_2 mm min.	l_3 mm min.	l_4 mm min.	l_5 mm min.
FE – 50	50	200	600	350	500	250
FE – 65	65		780	455	650	325
FE – 80	80		960	560	800	400

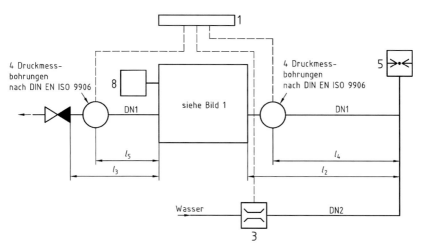

Legende

1   Messwertaufzeichnung
3   Volumendurchflussmessgerät
5   Druckmessgerät
8   siehe Bild 1

Bild 3 — Prüfaufbau für die Funktionssicherheit

7.7.2 Durchführung

Die Station wird mit allen Teilen bei Wasserdrücken von 1,5 bar, 5 bar, 10 bar und 1,5-fachem Nenndruck je 20-mal ausgelöst. Folgende Messwerte werden über die Zeit schreibend registriert:

— Wasserdruck vor der Station, in bar;

— Wasserdruck hinter der Station, in bar;

— Volumendurchfluss am Eingang der Station, in Liter pro Sekunde.

Anhand der Messwertaufzeichnungen sowie der Öffnungszeit $t_ö$ und der Schließzeit t_s wird beurteilt, ob die Anforderungen nach 6.7 erfüllt sind.

7.8 Prüfung der Festigkeit des Gehäuses

Die Station, jedoch ohne Druckmessgerät (siehe Bild 1, Pos.-Nr 6), wird mit Wasser 10 min einem Innendruck ausgesetzt, der dem 1,5-fachen Nenndruck entspricht, mindestens aber 24 bar betragen muss. Es wird festgestellt, ob an wasserführenden Teilen der Station keine bleibenden Verformungen oder Brüche aufgetreten sind.

7.9 Druckverlust

Der Druckverlust wird in der Prüfanordnung nach 7.7.2 ermittelt. Die Druckverluste werden in Abhängigkeit vom Volumendurchfluss aufgezeichnet und danach beurteilt, ob die Anforderung nach 6.9 erfüllt ist.

7.10 Konstruktive Gestaltung

7.10.1 Die Station wird bei geöffneter Füllarmatur 90 min mit dem Volumendurchfluss, der der Konstruktion zugrunde liegt, beansprucht. Es wird festgestellt, ob die Anforderungen nach 6.10.1 erfüllt sind.

7.10.2 Durch Sichtprüfung und Vergleich mit der Baubeschreibung und den Fertigungszeichnungen wird beurteilt, ob die Anforderungen nach 6.10.2 bis 6.10.6 erfüllt sind.

7.10.3 Bestehen seitens der Prüfstelle Zweifel an der physiologischen Unbedenklichkeit der hydraulischen und pneumatischen Medien oder an Einbauten der Station, hat der Hersteller der Station den Nachweis durch ein Hygiene-Institut zu erbringen (siehe 6.10.7).

7.11 Dichtheit

7.11.1 Die Station wird mindestens 10 min mit Luft und einem Innendruck von 1,5 bar beansprucht. Durch Auftragen (z. B. Aufpinseln, Aufsprühen) einer leicht schäumenden Flüssigkeit wird festgestellt, ob die Anforderung nach 6.11.1 erfüllt ist.

7.11.2 Füllarmatur und Entleerungsarmatur werden (gegebenenfalls im ausgebauten Zustand, jedoch in Einbaulage) mit Wasser und Drücken von 1,5 bar und Nenndruck beansprucht. Es wird festgestellt, ob die Leckraten den Anforderungen nach 6.11.2 entsprechen.

7.12 Entleerungsarmatur

Die Station wird im Bereitschaftszustand mit Wasser und einem Druck von 1 bar gegen die Durchflussrichtung beansprucht. Der an der Entleerungsarmatur austretende Volumendurchfluss wird gemessen und beurteilt, ob die Anforderungen nach 6.12 erfüllt sind.

7.13 Absperrarmaturen, Siebe, Druckmessgerät, Rückflussverhinderer

Durch Sichtprüfung und Vergleich mit der Baubeschreibung und den Fertigungszeichnungen wird beurteilt, ob die Anforderungen nach 6.13 bis 6.16 erfüllt sind. Siebe sind auszubauen, die Maschenweite ist nachzumessen.

7.14 Aufschriften

Durch Sichtprüfung wird festgestellt, ob die Aufschriften auf dem Typschild nach 6.18 den Festlegungen nach Abschnitt 8 entsprechen.

8 Kennzeichnung

Nur die Stationen, die den Anforderungen nach dieser Norm entsprechen und die auf Antrag und nach bestandener Prüfung vom DVGW anerkannt sind, dürfen mit dem DIN/DVGW-Zeichen und der Registrier-Nr gekennzeichnet werden. Das DIN/DVGW-Zeichen wird entsprechend der Zeichensatzung und den Bedingungen für die Registrierung der Kennzeichnung vom DVGW erteilt.

9 Beschilderung

Die Station ist mit einem Schild mit der Aufschrift

Löschwasseranlage

zu kennzeichnen.

Tabelle 3 — Abnahmeprüfung und Instandhaltung

Lfd. Nr.	Art der Prüfung	Abnahme-Prüfung	Instandhaltung nach Gebrauch	Instandhaltung nach 12 Monaten
1	Kontrolle des Einbauorts, der Befestigung und Einbaurichtung gegen Herstellervorgabe	X		X
2	Kontrolle der Beschilderung auf Vollständigkeit und Korrektheit gegen Herstellervorgabe	X		X
3	Kontrolle der Leichtgängigkeit und Dichtheit der Absperrorgane vor und hinter der Station gegen Herstellervorgabe	X		X
4	Sichtkontrolle der Station auf Dichtheit gegen Herstellervorgabe	X	X	X
5	Kontrolle und gegebenenfalls Reinigung der Einspeisung, Wasserzähler, Sand-Fang/Sandstein-Fang, Druck-Verhältnisse und Absperrorgane gegen Herstellervorgabe	X		X
6	Funktionsprüfung der Station und der Entleerungseinrichtung gegen Herstellervorgabe	X	X	X
7	Funktionsprüfung der elektrischen/ mechanischen Aufbauten der Station gegen Herstellervorgabe	X		X
8	Kontrolle der elektrischen Installation gegen Herstellervorgabe	X		X
9	Kontrolle der elektrischen Eingangs- und Ausgangsparameter gegen Herstellervorgabe	X		X
10	Kontrolle der Grenzwertgeber (elektrisch und mechanisch) an den Schlauchanschlussventilen gegen Herstellervorgabe	X		X
11	Kontrolle der Signaltongeber, elektrischer Anzeigen und Schnittstellen (potentialfreie Kontakte) gegen Herstellervorgabe	X		X
12	Kontrolle der Unversehrtheit der Betriebszustandssicherung gegen Herstellervorgabe	X	X	X
13	Anbringen eines Prüfvermerks (Datum, Prüfer) auf gut sichtbarer Stelle an den Schalt-Schrank	X		X
14	Protokollierung im Prüfbuch	X		X

Literaturhinweise

DIN 14494, *Sprühwasser-Löschanlagen — ortsfest, mit offenen Düsen*

DIN EN 12259-1, *Ortsfeste Löschanlagen — Bauteile für Sprinkler- und Sprühwasseranlagen — Teil 1: Sprinkler*

DIN EN 12259-2, *Ortsfeste Löschanlagen — Bauteile für Sprinkler- und Sprühwasseranlagen — Teil 2: Nassalarmventil mit Zubehör*

Juli 2003

Löschwasseranlagen
Fernbetätigte Füll- und Entleerungsstationen
Teil 2: Für Wasserlöschanlagen mit leerem und drucklosem Rohrnetz – Anforderungen und Prüfung

DIN 14463-2

ICS 13.220.10

Water systems for fire extinguishing — Filling and draining devices operated by remote control — Part 2: For water extinguishing systems with empty and non-pressure pipework - Requirements and testing

Installations d'extinction de feu par eau — Stations de remplissage et de vidange télécommandée — Partie 2: Pour installations d'extinction par eau avec des réseaux de tuyauterie vide et sans pression - Exigences et méthodes d'essais

Vorwort

Diese Norm wurde vom FNFW-Arbeitsausschuss (AA) 191.9 „Anlagen zur Löschwasserversorgung einschließlich Wandhydranten" des FNFW erarbeitet.

Diese Norm wurde im Einvernehmen mit dem DVGW Deutscher Verein des Gas- und Wasserfaches e. V. aufgestellt. Es ist vorgesehen, diese Norm als technische Regel in das Regelwerk Wasser des DVGW einzubeziehen.

Fortsetzung Seite 2 bis 19

Normenausschuss Feuerwehrwesen (FNFW) im DIN Deutsches Institut für Normung e. V.
Normenausschuss Wasserwesen (NAW) im DIN

DIN 14463 „Löschwasseranlagen — Fernbetätigte Füll- und Entleerungsstationen" besteht aus:

— Teil 1: Für Wandhydrantenanlagen „nass/trocken" — Anforderungen, Prüfung.

— Teil 2: Für Wasserlöschanlagen mit leerem und drucklosem Rohrnetz — Anforderungen, Prüfung.

— Teil 3: Be- und Entlüftungsventil PN 16 für Löschwasserleitungen„nass/trocken" und „trocken".

— Teil 4: Für Wasserlöschanlagen — Anforderungen, Prüfung (in Vorbereitung).

Alle Drücke sind Überdrücke in bar (1 bar entspricht 0,1 MPa).

Der Einsatz von fernbetätigten Füll- und Entleerungsstationen nach dieser Norm soll einerseits die Belange des Brandschutzes und andererseits die Belange der Trinkwasserhygiene berücksichtigen.

1 Anwendungsbereich

In dieser Norm sind Anforderungen an Füll- und Entleerungsstationen zur Trennung von Trinkwasser-Leitungsanlagen und Sprühwasser-Löschanlagen nach DIN 14494, der Europäischen Norm für Planung und Einbau von Wasserlöschanlagen mit leerem und drucklosem Rohrnetz[1] und Berieselungsanlagen nach DIN 14495 mit Nennweiten bis DN 50 und deren Prüfung festgelegt.

Füll- und Entleerungsstationen nach dieser Norm werden in Wasser-Löschanlagen und Berieselungsanlagen eingebaut und dienen der Füllung einer direkt an das Trinkwassernetz angeschlossenen Wasserlöschanlage.

Für die Installation von Feuerlösch- und Brandschutzanlagen gilt DIN 1988-6.

2 Normative Verweisungen

Diese Norm enthält durch datierte oder undatierte Verweisungen Festlegungen aus anderen Publikationen. Diese normativen Verweisungen sind an den jeweiligen Stellen im Text zitiert, und die Publikationen sind nachstehend aufgeführt. Bei datierten Verweisungen gehören spätere Änderungen oder Überarbeitungen dieser Publikationen nur zu dieser Norm, falls sie durch Änderung oder Überarbeitung eingearbeitet sind. Bei undatierten Verweisungen gilt die letzte Ausgabe der in Bezug genommenen Publikation (einschließlich Änderungen).

DIN 1988-2, *Technische Regeln für Trinkwasser-Installationen (TRWI) — Teil 2: Planung und Ausführung — Bauteile, Apparate, Werkstoffe, Technische Regel des DVGW.*

DIN 1988-4, *Technische Regeln für Trinkwasser-Installationen (TRWI) — Teil 4: Schutz des Trinkwassers, Erhaltung der Trinkwassergüte, Technische Regel des DVGW.*

DIN 1988-6:2002-05, *Technische Regeln für Trinkwasser-Installationen (TRWI) — Teil 6: Feuerlösch- und Brandschutzanlagen, Technische Regel des DVGW.*

DIN 1988-8, *Technische Regeln für Trinkwasser-Installationen (TRWI) — Teil 8: Betrieb der Anlagen, Technische Regel des DVGW.*

DIN 3230-3, *Technische Lieferbedingungen für Armaturen — Teil 3: Zusammenstellung möglicher Prüfungen.*

---

[1] in CEN/TC 191 in Vorbereitung (WI 00191059)

DIN 3269-1, *Armaturen für Trinkwasserinstallationen in Grundstücken und Gebäuden – Rückflussverhinderer PN 10 – Anforderungen.*

DIN 3269-2, *Armaturen für Trinkwasserinstallationen in Grundstücken und Gebäuden – Rückflussverhinderer PN 10 – Prüfung.*

DIN 3339, *Armaturen – Werkstoffe für Gehäuseteile.*

DIN 3546-1, *Absperrarmaturen für Trinkwasserinstallationen in Grundstücken und Gebäuden – Teil 1: Allgemeine Anforderungen und Prüfungen.*

DIN 14661, *Feuerwehrwesen – Feuerwehr-Bedienfeld für Brandmeldanlagen.*

DIN 50930-6, *Korrosion der Metalle – Korrosion metallischer Werkstoffe im Innern von Rohrleitungen, Behältern und Apparaten bei Korrosionsbelastung durch Wässer – Teil 6: Beeinflussung der Trinkwasserbeschaffenheit.*

DIN VDE 0800-1, *Fernmeldetechnik – Allgemeine Begriffe, Anforderungen und Prüfungen für die Sicherheit der Anlagen und Geräte.*

DIN VDE 0833-1 (VDE 0833 Teil 1), *Gefahrenmeldeanlagen für Brand, Einbruch und Überfall – Teil 1: Allgemeine Festlegungen.*

DIN VDE 0833-2 (VDE 0833 Teil 2):2000-06, *Gefahrenmeldeanlagen für Brand, Einbruch und Überfall – Festlegungen für Brandmeldeanlagen (BMA).*

DIN EN 54-2, *Brandmeldeanlagen – Teil 2: Brandmelderzentralen; Deutsche Fassung EN 54-2:1997.*

DIN EN 54-4, *Brandmeldeanlagen – Teil 4: Energieversorgungseinrichtungen; Deutsche Fassung EN 54-4:1997.*

DIN EN 54-11, *Brandmeldeanlagen – Teil 11: Handfeuermelder; Deutsche Fassung EN 54-11:2001.*

DIN EN 837-1, *Druckmessgeräte – Teil 1: Druckmessgeräte mit Rohrfedern – Maße, Messtechnik, Anforderungen und Prüfung; Deutsche Fassung EN 837-1:1996.*

DIN EN 837-3, *Druckmessgeräte – Teil 3: Druckmessgeräte mit Platten- und Kapselfedern – Maße, Messtechnik, Anforderungen und Prüfung; Deutsche Fassung EN 837-3:1996.*

DIN EN 1514-1, *Flansche und ihre Verbindungen - Maße für Dichtungen für Flansche mit PN-Bezeichnung — Teil 1: Flachdichtungen aus nichtmetallischem Werkstoff mit oder ohne Einlagen; Deutsche Fassung EN 1514-1:1997.*

DIN EN 1717, *Schutz des Trinkwassers vor Verunreinigungen in Trinkwasser-Installationen und allgemeine Anforderungen an Sicherheitseinrichtungen zur Verhütung von Trinkwasserverunreinigungen durch Rückfließen; Deutsche Fassung EN 1717:2000.*

DIN EN 10204, *Metallische Erzeugnisse – Arten von Prüfbescheinigungen; Deutsche Fassung EN 10204:2003.*

DIN EN 12094-1, *Ortsfeste Brandbekämpfungsanlagen – Bauteile für Löschanlagen mit gasförmigen Löschmitteln – Teil 1: Anforderungen und Prüfverfahren für automatische elektrische Steuer- und Verzögerungseinrichtungen; Deutsche Fassung EN 12094-1:2003.*

DIN EN 13076, *Sicherungseinrichtungen zum Schutz des Trinkwassers gegen Verschmutzung durch Rückfließen – Ungehinderter freier Auslauf – Familie A – Typ A; Deutsche Fassung EN 13706:2002.*

DIN EN 60529 (VDE 0470 Teil 1), *Schutzarten durch Gehäuse (IP-Code) (IEC 60529:1989 + A1:1999); Deutsche Fassung EN 60529:1991.*

KTW 1, *Gesundheitliche Beurteilung von Kunststoffen und anderen nichtmetallischen Werkstoffen im Rahmen des Lebensmittel- und Bedarfsgegenständegesetzes für den Trinkwasserbereich; 1. Mitteilung*[2].

KTW 2, *Gesundheitliche Beurteilung von Kunststoffen und anderen nichtmetallischen Werkstoffen im Rahmen des Lebensmittel- und Bedarfsgegenständegesetzes für den Trinkwasserbereich; 2. Mitteilung*[2].

KTW 3, *Gesundheitliche Beurteilung von Kunststoffen und anderen nichtmetallischen Werkstoffen im Rahmen des Lebensmittel- und Bedarfsgegenständegesetzes für den Trinkwasserbereich; 3. Mitteilung*[2].

KTW 4, *Gesundheitliche Beurteilung von Kunststoffen und anderen nichtmetallischen Werkstoffen im Rahmen des Lebensmittel- und Bedarfsgegenständegesetzes für den Trinkwasserbereich; 4. Mitteilung*[2].

KTW 5, *Gesundheitliche Beurteilung von Kunststoffen und anderen nichtmetallischen Werkstoffen im Rahmen des Lebensmittel- und Bedarfsgegenständegesetzes für den Trinkwasserbereich; 5. Mitteilung*[2].

KTW 6, *Gesundheitliche Beurteilung von Kunststoffen und anderen nichtmetallischen Werkstoffen im Rahmen des Lebensmittel- und Bedarfsgegenständegesetzes für den Trinkwasserbereich; 6. Mitteilung*[2].

3 Begriffe

Für die Anwendung dieser Norm gilt der folgende Begriff.

3.1
Füll- und Entleerungsstation für Wasserlöschanlagen mit leerem und drucklosem Rohrnetz
Bauteil, das Trinkwasser-Leitungsanlagen von Sprühwasser-Löschanlagen und Berieselungsanlagen trennt. Sie füllt das Düsenrohrnetz selbsttätig im Bedarfsfall fernbetätigt mit Wasser und entleert dieses Düsenrohrnetz nach dem Gebrauch

4 Nennweite

Als Nennweite der Füll- und Entleerungsstation gilt die Nennweite am Eingang der Füllarmatur (siehe Bild 1, Pos.-Nr 1). Nennweiten bis DN 50 sind zulässig.

5 Bezeichnung

Bezeichnung einer Füll- und Entleerungsstation (FE) für Wasserlöschanlagen (W) der Nennweite DN 50, die den Anforderungen dieser Norm entspricht:

Station DIN 14463 — FE — W — DN 50

---

2) Zu beziehen durch: Deutsches Informationszentrum für technische Regeln (DITR) im DIN, 10772 Berlin (Hausanschrift: Burggrafenstraße 6, 10787 Berlin).

6 Anforderungen

6.1 Allgemeines

Eine Füll- und Entleerungsstation (im Folgenden kurz Station genannt) besteht aus den im Bild 1 innerhalb der Strichpunktlinien dargestellten Bauteilen.

Die Armaturengruppe (Pos.-Nr 1 bis 6) einerseits und die Steuereinrichtung (Pos.-Nr 8) andererseits darf räumlich voneinander getrennt aufgestellt sein. Die Positionen 11 und 12 dienen der Branderkennung und Position 8 dient der Auslösung der Anlage. Die Positionen 8 und 11 können als Einheit (Pos.-Nr 13) hergestellt werden. Die manuelle Auslösung (Pos.-Nr 10) kann alternativ an Pos.-Nr 8 oder an Pos.-Nr 11 angeschlossen werden.

Das Signal der akustischen Signalgeber (Pos.-Nr 7) muss deutlich hörbar sein und DIN VDE 0833-2 (VDE 0833 Teil 2):2000-06, 6.2.4 und 6.3.3 entsprechen.

Die optische Alarmierung (Pos.-Nr 7) muss deutlich erkennbar sein und z. B. durch eine Blitzleuchte oder Rundumkennleuchte ausgeführt werden.

Der Alarmdruckschalter Pos.-Nr 9 sollte an die Steuereinrichtung Pos.-Nr 8 angeschlossen werden, da von hier das Signal „Löschanlage ausgelöst" über eine eventuell vorhandene Schnittstelle an die Brandmelderzentrale (BMZ) geleitet werden kann.

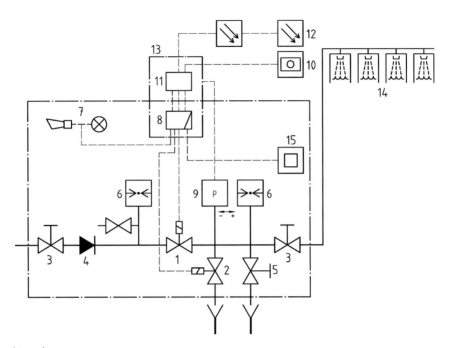

Legende

1 Füllarmatur
2 Entleerungsarmatur;
3 Absperrarmatur (handbetätigt) mit Sicherung
4 Rückflussverhinderer
5 Entleerungsarmatur (handbetätigt), mindestens DN 15 mit Sicherung
6 Überdruckmessgerät mit Entlastungsventil
7 Alarmanzeige (optisch und akustisch)
8 Steuereinrichtung
9 Alarmdruckschalter (extern)
10 Handfeuermelder nach DIN EN 54-11
11 Brandmelderzentrale (nicht systemgebunden)
12 automatischer Brandmelder (2-linienabhängig geschaltet)
13 Brandmelderzentrale mit integrierter Steuereinheit
14 offene Löschdüsen
15 Handauslösung (Prüfmelder)

Bild 1 — Station (Prinzipdarstellung)

6.2 Werkstoffe

6.2.1 Werkstoffe für Bauteile der Station und die Armaturen

Druckbeaufschlagte Gehäuseteile der Station müssen aus metallischen Werkstoffen nach Wahl des Herstellers bestehen.

Wasserberührte nicht-metallische Werkstoffe der Station müssen aus Werkstoffen nach DIN 1988-2 bestehen.

Für trinkwasserwasserberührte Teile der Füllarmatur (siehe Bild 1, Pos.-Nr 1) dürfen nur Kupferlegierungen nach DIN 50930-6 verwendet werden. Für andere Teile sind Kupferlegierungen nach DIN 3339 zulässig.

Nicht-metallische Werkstoffe müssen den Empfehlungen KTW 1 bis KTW 6 und dem DVGW-Arbeitsblatt 270 entsprechen.

6.2.2 Werkstoffe für Dichtungen

Für Flanschverbindungen bei Stahl- und Kupferrohren sind geeignete Dichtungen mit Werkstoffen nach Wahl des Herstellers zu verwenden. Nach DIN 1988-6 müssen Dichtungsmaterialien konstruktiv oder durch entsprechende Werkstoffauswahl ausreichend gegen Brandeinwirkung geschützt werden. Nach DIN 1988-2 hat der Hersteller den Eignungsnachweis für die Dichtungen zu führen und in der Produktbeschreibung zu dokumentieren.

Die Maße für Flachdichtungen für Flansche mit ebener Dichtfläche müssen DIN EN 1514-1 entsprechen.

6.3 Anschlüsse, Rohre, Rohrverbindungen

6.3.1 Eingang und Ausgang der Station sowie Anschlüsse an Armaturen innerhalb der Station müssen DIN 1988-2 entsprechen.

6.3.2 Rohre und Rohrverbindungen für Steuerleitungen müssen mindestens DN 8 haben.

6.4 Brandmelde- und Steuereinrichtungen

6.4.1 Steuereinrichtung

Als Steuereinrichtung kann eine BMZ nach DIN EN 54-2 oder alternativ eine Steuereinrichtung nach DIN EN 12094-1 verwandt werden. Die Steuereinrichtung nach DIN EN 12094-1 kann Bestandteil einer BMZ für die Branderkennung sein

Ist die Steuereinrichtung nicht Bestandteil der BMZ für die Branderkennung, muss die Ansteuerung der Steuereinrichtung über die Schnittstelle nach 6.4.3 erfolgen.

Genügen die für die Aufstellung der Steuereinrichtung vorgesehenen Räume nicht den Festlegungen von DIN VDE 0800-1 für trockene bedingt zugängliche Betriebstätten, dann muss die Schutzart IP 54 nach DIN EN 60529 (VDE 0470 Teil 1) erfüllt sein.

ANMERKUNG   Der Wirkungsbereich der Füll- und Entleerungsstation erfüllt in der Regel nicht die Anforderungen an trockene Räume.

Die Spannung zur Ansteuerung der Füll- und Entleerungsarmatur muss DC $(12 \pm 1{,}8)$ V oder AC $(24 \pm 3{,}75)$ V betragen.

Die Energieversorgung muss DIN EN 54-4 entsprechen.

Die elektrischen Antriebe müssen für die zu erwartenden Betriebsbedingungen geeignet sein und für 100 % Einschaltdauer bei einer Nennspannungsabweichung von − 30 % bis + 15 % ausgelegt sein. Die Schutzart muss mindestens IP 54 nach DIN EN 60529 (VDE 0470 Teil 1) erfüllen.

Die pneumatische Steuereinrichtung muss spätestens bei einem Druck von 0,5 bar den Öffnungsvorgang der Station einleiten und gleichzeitig die Entleerungsarmatur schließen.

Die hydraulische Steuereinrichtung muss spätestens bei einem Druck von 0,5 bar (gemessen in der Steuerkammer) den Öffnungsvorgang der Station einleiten und gleichzeitig die Entleerungsarmatur schließen.

Handauslösungen, die auch das Schließen der Station bewirken, müssen auch in dieser Hinsicht eindeutig gekennzeichnet sein.

6.4.2 Brandmelderzentrale

Die Brandmelderzentrale muss DIN EN 54-2 entsprechen und mit einer Schnittstelle zur Anschaltung eines Feuerwehr-Bedienfeldes nach DIN 14661 ausgerüstet sein (siehe Bild 2).

6.4.3 Schnittstelle Löschen

Bilden Brandmelderzentrale und Steuereinheit keine Einheit, gilt das in Bild 2 angegebene Anschlussschema:

Die Klemmenpunkte der Schnittstelle zur Auslösung einer Löschanlage in oder an der Brandmelderzentrale müssen mit „Löschanlage" gekennzeichnet sein.

Die Anzeigen „Störung Leitung" und „Störung Löschanlage" müssen in gelber Farbe erfolgen.

Die Anzeigen können auch auf einer konzentrierten Anzeigeeinrichtung (alphanumerisches Display) erfolgen. Eine farbliche Unterscheidung der Anzeigen ist dann nicht gefordert.

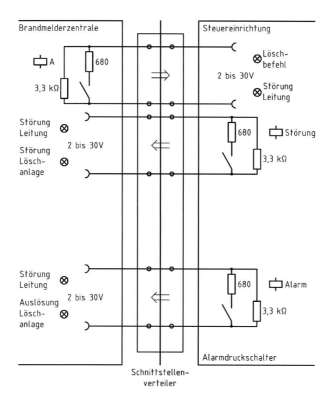

Bild 2 — Schnittstelle Löschen

6.5 Funktion im Regelfall

6.5.1 Das Öffnen der Füll- und Entleerungsstation wird durch einen Steuerbefehl oder durch Betätigen der Handauslösung an der Station ausgelöst, der unverzüglich die Füllarmatur öffnet und gleichzeitig die Entleerungsarmatur schließt. Die Steuerung kann mechanisch oder durch Hilfsenergie elektrisch, pneumatisch oder hydraulisch erfolgen. Nach Erhalt eines besonderen Befehls darf die Füllarmatur schließen und gleichzeitig die Entleerungsarmatur öffnen.

Nach Ansteuern der Anlage muss das Öffnen der druckgesteuerten Station spätestens dann beginnen, wenn der Steuerdruck auf 30 % des Anfangsdrucks abgesunken ist.

Zwischen beweglichen und starren Bauteilen muss ausreichend Spiel und Kraftüberschuss vorhanden sein, um die Funktion bei allen Betriebsbedingungen (z. B. auch nach Ablagerungen) sicherzustellen.

6.5.2 Der geöffnete Zustand der Füllarmatur und Störungen müssen optisch und akustisch angezeigt werden. Die akustischen Anzeigen müssen zurückgestellt werden können. Die optischen Anzeigen müssen mit „Füllarmatur betätigt" oder „Füllarmatur betätigt/Störung" beschriftet sein und dürfen durch manuelles

Zurückstellen erst erlöschen, wenn für die Station wieder der Bereitschaftszustand erreicht ist. Der Bereitschaftszustand muss selbsttätig eintreten, wenn nicht, bedingt durch die Konstruktion, manuell zurückgestellt werden muss.

6.5.3 Die Füllarmatur muss auch bei einem 72-stündigen Ausfall der Wasserversorgung geschlossen bleiben, wenn nach Ablauf dieser Zeit die Wasserversorgung wieder einsetzt.

6.6 Funktion bei Störungen

6.6.1 Kurzschluss oder Drahtbruch

Kurzschluss oder Drahtbruch in einer Steuerleitung zur Füllarmatur darf nicht zum Öffnen der Füllarmatur führen.

Die Störung muss angezeigt werden.

6.6.2 Ausfall der Energieversorgung

Der Ausfall einer Energieversorgung (Netzspannung/Batterie) muss angezeigt werden.

Bei Ausfall der Netzspannung (Batteriebetrieb) darf weder zum Öffnen der Füllarmatur noch zum Schließen der Entleerungsarmatur führen. Die Anforderungen nach DIN VDE 0833-1 (VDE 0833 Teil 1):1989-01, 3.9.5.2 für mindestens 60 h sind zu erfüllen.

6.6.3 Düsenrohrnetz geflutet

Der Zustand „Düsenrohrnetz geflutet" muss spätestens ab 0,1 bar optisch und akustisch angezeigt werden.

6.7 Funktionssicherheit

Die Station muss die Funktion bei Wasserdrücken zwischen 1,5 bar und dem Nenndruck sicherstellen.

6.8 Nenndruck

Die Station muss mindestens für einen Betriebsdruck von 10 bar bemessen sein.

6.9 Druckverlust

Der Druckverlust darf – bezogen auf den Volumenstrom, der der Konstruktion der Station zugrunde liegt – nicht größer als 1 bar sein.

6.10 Konstruktive Gestaltung

6.10.1 Die Station muss so konstruiert sein, dass sich auch bei hohen Strömungsgeschwindigkeiten keine Bauteile lösen können und die Funktion erhalten bleibt.

6.10.2 Der Ausbau und Einbau von Bauteilen der Station für Inspektion und Wartung muss unverwechselbar, leicht und ohne Spezialwerkzeug möglich sein.

6.10.3 Drosseln, die gegebenenfalls zum Öffnen der Füllarmatur und beim Füllen notwendig sind, müssen so bemessen und angeordnet sein, dass ein Verstopfen das Öffnen nicht behindern kann.

6.10.4 Die Durchmesser von hydraulischen und pneumatischen Steuerkanälen in den Ventilen müssen mindestens doppelt so groß bemessen sein wie die Maschenweite der vorgeschalteten Siebe.

6.10.5 Zerstörung, Bruch oder Undichtheit von Membranen und Steuerleitungen dürfen das Öffnen der Füllarmatur bei Auslösung nicht verhindern. Sofern dies zwischen Bereichen, die im Bereitschaftszustand druckbeaufschlagt sind, nicht möglich ist, müssen diese durch Bauteile aus metallischen Werkstoffen getrennt sein.

6.10.6 Bei eigenmediumgesteuerten Anlagen (mit Trinkwasser) dürfen Kräfte zum Öffnen und Schließen der Füllarmatur (einschließlich ihrer Hilfsaggregate) nicht durch Kolben erzeugt werden. Sie müssen so beschaffen sein, dass sich kein stagnierendes Wasser bilden kann.

6.10.7 Hydraulische und pneumatische Medien sowie wasserberührte Einbauten der Station müssen physiologisch unbedenklich sein (siehe auch DIN 1988-4).

6.10.8 Der Druck von hydraulischen und pneumatischen Medien zur Steuerung in der Füllarmatur darf den jeweiligen Druck des Wassers nicht übersteigen, wenn dadurch die Gefahr der Kontamination des Trinkwassers besteht.

6.10.9 Fernbetätigte Füll- und Entleerungsstationen müssen nach DIN 1988-6 so installiert werden, dass in den Anschlussleitungen stagnierendes Trinkwasser vermieden wird. Dies kann durch die Einbindung der Verbrauchsleitungen des Gebäudes unmittelbar vor der Station oder im Ausnahmefall durch eine automatische Spüleinrichtung nach DIN 1988-6:2002-05, 4.1.3, erreicht werden.

6.11 Dichtheit

6.11.1 Die Station muss bei verschlossenem Auslass der Entleerungsarmatur nach außen dicht sein.

6.11.2 Bei Wasserdrücken zwischen 1,5 bar und dem Betriebsdruck nach 6.8 darf

— bei geschlossener Füllarmatur (einschließlich ihrer Hilfsventile) die Leckrate 3 nach DIN 3230-3,

— bei geschlossener Entleerungsarmatur die Leckrate 3 nach DIN 3230-3

nicht überschritten werden.

6.12 Entleerungsarmatur

Die Entleerungsarmatur muss mit einem Volumenstrom von mindestens mit 0,5 l/s bei einem Druck von 1 bar entleeren, damit gegebenenfalls auftretende Ablagerungen aus den Löschwasserleitungen sicher ausgespült werden. Die Entleerungsarmatur muss sicherstellen, dass die Station vollständig entleert wird.

Die Mündung der Entleerungsarmatur muss als freier Auslauf nach DIN 1988-4 bzw. nach DIN EN 1717 und DIN EN 13076 gestaltet sein.

6.13 Absperrarmaturen

Absperrarmaturen müssen DIN 3546-1 entsprechen und das DIN/DVGW-Zeichen tragen.

Absperrarmaturen nach Bild 1, Pos.-Nr 3, müssen mit einer Anzeige für die jeweilige Stellung versehen und gegen unbefugtes Betätigen gesichert sein.

6.14 Siebe

Siebe, die zum Schutz von Hilfseinrichtungen (z. B. Steuerventilen) eingebaut sind, müssen eine Maschenweite von mindestens 0,25 mm haben. Der Siebeinsatz muss aus korrosionsbeständigem Werkstoff bestehen und gewartet werden können.

6.15 Druckmessgerät

Zum Messen des Wasserdrucks auf der Versorgungsseite, im Anregerteil und der Rohrnetzseite muss je ein Druckmessgerät mit der Genauigkeitsklasse 1,6 vorhanden sein, das den Anforderungen nach DIN EN 837-1 und DIN EN 837-3 entspricht. Die Druckmessgeräte müssen auf der Versorgungs- und der Rohrnetzseite entlastet werden können. Das Druckmessgerät des Anregerteils darf nicht mit einer Entlastungseinrichtung versehen sein.

6.16 Rückflussverhinderer

Der Rückflussverhinderer, siehe Bild 1 (Pos.-Nr. 10), muss vor der Absperrarmatur montiert werden, die Anforderungen nach DIN 3269-1 und DIN 3269-2 erfüllen und das DIN/DVGW-Zeichen tragen.

6.17 Typschild

Die Station muss mit einem Typschild aus nichtbrennbarem Werkstoff versehen sein, das in dauerhaft lesbarer Schrift mindestens folgende Angaben enthalten muss:

— Bauteilbezeichnung nach Abschnitt 5;

— Name oder Firmenzeichen des Herstellers;

— Typbezeichnung;

— Baujahr;

— Nennweite nach Abschnitt 4;

— Nenndruck nach 6.8;

— Volumenstrom in Liter je Sekunde, der der Konstruktion zugrunde liegt;

— Art der Ansteuerung;

— Angabe der Steuerung.

Hinsichtlich der Kennzeichnung mit dem DIN/DVGW-Zeichen, siehe Abschnitt 8.

7 Prüfung

7.1 Allgemeines

7.1.1 Zur Prüfung ist der Prüfstelle[3] vom Antragsteller ein Prüfmuster mit den in Bild 1 dargestellten Komponenten einzureichen. Außerdem eine Baubeschreibung und Fertigungszeichnung.

ANMERKUNG Die Branderkennungseinrichtungen sind nicht Bestandteil des Prüfumfanges.

7.1.2 Die Übereinstimmung mit den Anforderungen nach Abschnitt 4 und nach 6.1 muss durch Sichtprüfung und Vergleich mit der Beschreibung und den Zeichnungen geprüft werden.

7.2 Werkstoffe

Die Anforderungen nach 6.2 müssen durch Sichtprüfung und Vergleich mit den Angaben in den Stücklisten geprüft werden. Die Erfüllung der Anforderungen an Dichtungen ist der Prüfstelle durch eine Werks-

---

[3] Auskunft über Prüfstellen erteilt der Normenausschuss Feuerwehrwesen (FNFW) im DIN e.V., 10772 Berlin (Hausanschrift: Burggrafenstraße 6, 10787 Berlin).

bescheinigung „2.1" nach DIN EN 10204 des Herstellers nachzuweisen. Die Prüfstelle darf, sofern Zweifel über die Eignung der Werkstoffe bestehen, vom Hersteller der Station weitere Nachweise über die Qualität und Beständigkeit nach langer Gebrauchsdauer verlangen.

7.3 Anschlüsse, Rohre, Rohrverbindungen

Die Anforderungen nach 6.3 müssen durch Kontrolle der Maße und Vergleich mit den Angaben in den zitierten Normen geprüft werden.

7.4 Steuereinrichtung

Die Anforderungen an die Steuereinrichtung müssen geprüft werden. Der Hersteller der Station hat hierüber Prüfnachweise einer anerkannten Prüfstelle [4] zu erbringen.

7.5 Funktion im Regelfall

7.5.1 Prüfaufbau

Der Prüfaufbau muss Bild 3, die Maße der Rohrleitung müssen Tabelle 1 entsprechen.

Tabelle 1 — Maße der Rohrleitungen

Kurzzeichen der Station	Rohrleitung					
	Nennweite		Länge mm			
	DN 1	DN 2	l_2	l_3	l_4	l_5
FE – W – DN – 25	25	≥ DN 1	l_4 + 100	3000 + 100	500 + 100	500 + 100
FE – W – DN – 32	32					
FE – W – DN – 40	40					
FE – W – DN – 50	50					

---

[4] Auskunft über Prüfstellen erteilt der Normenausschuss Feuerwehrwesen (FNFW) im DIN e.V., 10772 Berlin (Hausanschrift: Burggrafenstraße 6, 10787 Berlin).

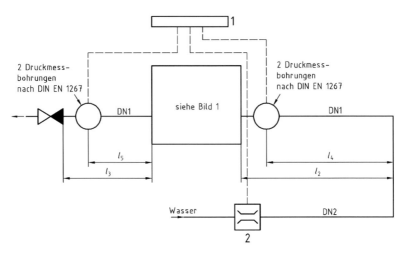

Legende

1 Messwertaufzeichnung
2 Volumendurchflussmessgerät

Bild 3 — Prüfaufbau

7.5.2 Durchführung

Die Station wird mit allen Teilen bei Wasserdrücken von 1,5 bar, 0,3fachem Nenndruck, 0,6fachem Nenndruck und 1,0fachem Nenndruck je 2-mal ausgelöst. Nach etwa 10 s wird der Auslösebefehl deaktiviert.

Folgende Messwerte werden registriert:

— Wasserdruck vor der Station, in bar;

— Volumenstrom am Eingang, in Liter je Sekunde;

— Druck in der/n Steuerleitung/en in bar;

— Steuerspannungen.

Anhand der Messwerte und durch Inaugenscheinnahme wird beurteilt, ob die Station auch nach Wegfall der Ansteuerung offen bleibt und die Anforderungen nach 6.4 erfüllt sind.

Bei elektrisch angesteuerter Station wird anschließend bei 1,5 bar sowie bei Nenndruck durch Steigern der Spannung an den Klemmen des Auslöseventils (ggf. im ausgebauten Zustand) eine Auslösung herbeigeführt. Es wird auch geprüft, bei welcher Klemmenspannung das Entleerungsventil öffnet.

Folgende Messwerte werden registriert:

— Wasserdruck vor den Ventilen, in bar;

— Steuerspannungen.

14

Anhand der Messwerte und durch Inaugenscheinnahme wird beurteilt, ob die Magnetventile öffnen und die Anforderungen nach 6.4 erfüllt sind.

7.6 Prüfung auf Sicherheit gegen Störung

Die Station wird nach 7.5 an den Prüfaufbau angeschlossen. Der Wasserdruck wird auf 3 bar eingestellt. Jede Steuerleitung von der Steuereinrichtung zur Station wird dann

— 3-mal für (5 ± 1) min kurz geschlossen,

— 3-mal für (5 ± 1) min unterbrochen.

Durch Beobachtungen während der Prüfung wird beurteilt, ob die Anforderungen nach 6.6.1 erfüllt sind.

7.7 Funktionssicherheit

7.7.1 Allgemeines

Diese Prüfung wird nur durchgeführt, wenn die Station nicht von Hand zurückgestellt werden muss.

7.7.2 Prüfaufbau

Der Prüfaufbau muss Bild 3, die Maße der Rohrleitung müssen Tabelle 1 entsprechen.

7.7.3 Durchführung

Die Station wird mit allen Teilen bei Wasserdrücken von 1,5 bar und bei Nenndruck ausgelöst und nach Erreichen des maximalen Volumenstromes wieder zurückgestellt. Hierbei werden folgende Werte registriert:

— Wasserdruck vor der Station, in bar;

— Wasserdruck hinter der Station, in bar;

— Volumenstrom am Eingang der Station, in Liter pro Sekunde.

Anhand der Messwerte wird beurteilt, ob der Druckstoß DIN 1988-2 entspricht.

7.8 Prüfung der Festigkeit des Gehäuses

Die Station, jedoch ohne Druckmessgerät, wird mit Wasser (5 ± 1) min einem Innendruck ausgesetzt, der dem 4fachen Nenndruck entspricht. Es wird festgestellt, ob wasserführende Teile der Station keine bleibenden Verformungen oder Brüche aufweisen.

7.9 Druckverlust

Der Druckverlust wird in einer Prüfanordnung nach Bild 3 ermittelt. Der Druckverlust wird in Abhängigkeit vom Volumenstrom aufgezeichnet und danach beurteilt, ob die Anforderung nach 6.9 erfüllt ist.

7.10 Konstruktive Gestaltung

7.10.1 Die Station wird in einer Prüfanordnung nach Bild 3 bei geöffneter Füllarmatur 90 min mit einem Volumenstrom, der einer auf den Nennquerschnitt bezogenen Strömungsgeschwindigkeit von 10 m/s entspricht, durchströmt. Es wird festgestellt, ob die Anforderungen nach 6.10.1 erfüllt sind.

7.10.2 Durch Sichtprüfung und Vergleich mit der Baubeschreibung der Fertigungszeichnung wird beurteilt, ob die Anforderungen nach 6.10.2 bis 6.10.6 erfüllt sind.

7.10.3 Bestehen seitens der Prüfstelle Zweifel an der physiologischen Unbedenklichkeit der hydraulischen und pneumatischen Medien oder den Einbauten der Station hat der Hersteller den Nachweis durch ein Hygieneinstitut zu erbringen (siehe 6.10.7).

7.11 Dichtheit

7.11.1 Die Stationen werden mindestens (5 ± 1) min mit Luft und einem Innendruck von 1,5 bar beansprucht. Durch Auftragen einer leicht schäumenden Flüssigkeit wird festgestellt, ob die Anforderung nach 6.11.1 erfüllt ist.

7.11.2 Die Füllarmatur und die Entleerungsarmatur werden in Einbaulage, falls erforderlich im ausgebauten Zustand, mit Wasser gefüllt und mit Drücken von 1,5 bar und 2fachem Nenndruck beaufschlagt. Es wird festgestellt, ob die Leckraten den Anforderungen nach 6.11.2 entsprechen.

7.12 Entleerungsarmatur

Die Station wird im Bereitschaftszustand mit Wasser gefüllt und mit einem Druck von 1,0 bar entgegen der Durchflussrichtung beaufschlagt. Der an der Entleerungstemperatur austretende Volumenstrom wird gemessen und es wird beurteilt, ob die Anforderungen nach 6.12 erfüllt sind.

7.13 Absperrarmaturen, Sieb, Druckmessgerät, Rückflussverhinderer

Durch Sichtprüfung und Vergleich mit den Fertigungszeichnungen wird beurteilt, ob die Anforderungen nach 6.13 bis 6.17 erfüllt sind. Zum Nachmessen der Maschenweite werden die Siebe ausgebaut.

7.14 Aufschriften

Durch Sichtprüfung wird festgestellt, ob die Aufschriften auf dem Typschild nach 6.17 den Festlegungen nach Abschnitt 8 entsprechen.

8 Kennzeichnung

Nur die Stationen, die den Anforderungen dieser Norm entsprechen und die auf Antrag und nach bestandener Prüfung vom DVGW anerkannt sind, dürfen mit dem DIN/DVGW-Zeichen und der Registrier-Nummer gekennzeichnet werden. Das DIN/DVGW-Zeichen wird entsprechend der Zeichensatzung und den Bedingungen für die Registrierung der Kennzeichnung vom DVGW erteilt.

9 Beschilderung

Die Station ist mit einem Schild mit der Aufschrift

FE — Station DIN 14463-2

zu kennzeichnen.

10 Abnahmeprüfung und Instandhaltung

Die Abnahmeprüfung ist nach den Anforderungen von DIN 1988-2 und DIN 1988-8 vor der Inbetriebnahme durch einen Sachkundigen bzw. Sachverständigen gemäß den landesrechtlichen Vorschriften durchzuführen, sofern nicht baurechtliche Vorschriften andere Anforderungen enthalten.

Bei der Abnahmeprüfung sind die Einhaltung der Bauauflagen und der Planungsgrundlagen für die Wasserlöschanlagen sowie die Absprachen mit dem Wasserversorgungsunternehmen und der für den Brandschutz zuständigen Dienststelle zu überprüfen.

Außerdem sind die in Tabelle 2 angegebenen Anforderungen zu prüfen und das Ergebnis der Abnahmeprüfung in ein Prüfbuch einzutragen.

Zusätzlich ist die Station in Zeitabständen nach Tabelle 2 und nach jedem Gebrauch zu prüfen. Das Ergebnis der Instandhaltung ist in das Prüfbuch einzutragen.

Die Instandhaltung (entspricht „Wartung" nach DIN 1988-8) kann von einem Sachkundigen durchgeführt werden, sofern nicht andere baurechtliche Vorschriften andere Anforderungen enthalten.

Tabelle 2 — Abnahmeprüfung und Instandhaltung

Lfd. Nr.	Art der Prüfung	Abnahme-prüfung	Instandhaltung nach Gebrauch	Instandhaltung nach 12 Monaten
1	Kontrolle des Einbauorts, der Befestigung und Einbaurichtung nach Angaben des Herstellers	×	–	×
2	Kontrolle der Beschilderung auf Vollständigkeit und Korrektheit gegen Herstellervorgabe	×	–	×
3	Kontrolle der Leichtgängigkeit und Dichtheit der Absperrorgane vor und hinter der Station gegen Herstellervorgabe	×	–	×
4	Sichtkontrolle der Station auf Dichtheit gegen Herstellervorgabe	×	×	×
5	Kontrolle und gegebenenfalls Reinigung der Einspeisung, Wasserzähler, Sandfang/Steinfang, Druckverhältnisse und Absperrorgane gegen Herstellervorgabe	×	–	×
6	Funktionsprüfung der Station und der Entleerungseinrichtung gegen Herstellervorgabe	×	×	×
7	Funktionsprüfung der elektrischen/mechanischen Aufbauten der Station gegen Herstellervorgabe	×	–	×
8	Kontrolle der elektrischen Installation gegen Herstellervorgabe	×	–	×
9	Kontrolle der elektrischen Eingangs- und Ausgangsparameter gegen Herstellervorgabe	×	–	×
10	Kontrolle der Grenzwertgeber (elektrisch und mechanisch) bzw. der Branderkennungselemente gegen Herstellervorgabe	×	–	×
11	Kontrolle der Signaltongeber, elektrischer Anzeigen und Schnittstellen (potentialfreie Kontakte) gegen Herstellervorgabe	×	–	×
12	Kontrolle der Unversehrtheit der Betriebszustandssicherung gegen Herstellervorgabe	×	×	×
13	Anbringen eines Prüfvermerks (Datum, Prüfer) auf gut sichtbarer Stelle an den Schaltschrank	×	–	×
14	Protokollierung im Prüfbuch	×	–	×

Literaturhinweise

DIN 14494, *Sprühwasser-Löschanlagen, ortsfest, mit offenen Düsen.*

DIN 14495, *Berieselung von oberirdischen Behältern zur Lagerung brennbarer Flüssigkeiten im Brandfalle.*

DIN 14675, *Brandmeldeanlagen — Aufbau und Betrieb.*

DIN VDE 0100-410 (VDE 0100 Teil 410), *Errichten von Starkstromanlagen mit Nennspannungen bis 1000 V — Teil 4: Schutzmaßnahmen — Kapitel 41: Schutz gegen elektrischen Schlag (IEC 60364-4-41:1992, modifiziert); Deutsche Fassung HD 384.4.41 S2:1996.*

DIN EN 54-3, *Brandmeldeanlagen — Teil 3: Feueralarmeinrichtungen — Akustische Signalgeber; Deutsche Fassung EN 54-3:2001.*

DIN EN 1267, *Armaturen — Messung des Strömungswiderstandes mit Wasser als Prüfmedium; Deutsche Fassung EN 1267:1999.*

September 2012

DIN 14463-3

ICS 13.220.20

Ersatz für
DIN 14463-3:2003-07

Löschwasseranlagen –
Fernbetätigte Füll- und Entleerungsstationen –
Teil 3: Be- und Entlüftungsventile PN 16 für Löschwasserleitungen

Water systems for fire extinguishing –
Filling and draining devices operated by remote control –
Part 3: Valves for ventilation PN 16 of fire extinguishing pipe systems

Installations d'extinction de feu par eau –
Stations de remplissage et de vidange télécommandées –
Partie 3: Purgeurs et ventouses PN 16 pour conduites d'eau d'incendie des colonnes

Gesamtumfang 9 Seiten

Normenausschuss Feuerwehrwesen (FNFW) im DIN

Inhalt

Seite

Vorwort 3
1 Anwendungsbereich 4
2 Normative Verweisungen 4
3 Begriffe 5
4 Bezeichnung 5
5 Anforderungen an das Be- und Entlüftungsventil 5
5.1 Allgemeines 5
5.2 Anschlüsse 5
6 Festigkeit 6
7 Dichtheit 6
8 Werkstoffe 6
9 Prüfung 6
9.1 Baumusterprüfung 6
9.2 Kontrollprüfungen 7
9.3 Prüfungen nach Einbau 7
10 Kennzeichnung 7
Anhang A (normativ) Anforderungen an den Einbau 8
Literaturhinweise 9

Vorwort

Dieses Dokument wurde vom Arbeitsausschuss „Anlagen zur Löschwasserversorgung einschließlich Wandhydranten" (NA 031-03-05 AA) des Normenausschusses Feuerwehrwesen (FNFW) im DIN erarbeitet.

Es wird auf die Möglichkeit hingewiesen, dass einige Texte dieses Dokuments Patentrechte berühren können. Das DIN ist nicht dafür verantwortlich, einige oder alle diesbezüglichen Patentrechte zu identifizieren.

DIN 14463 *Löschwasseranlagen - Fernbetätigte Füll- und Entleerungsstationen* besteht aus:

— Teil 1: *Für Wandhydrantenanlagen*

— Teil 2: *Für Wasserlöschanlagen mit leerem und drucklosem Rohrnetz — Anforderungen und Prüfung*

— Teil 3: *Be- und Entlüftungsventile PN 16 für Löschwasserleitungen*

Änderungen

Gegenüber DIN 14463-3:2003-07 wurden folgende Änderungen vorgenommen:

a) Installationsvorgaben überarbeitet, da diese teilweise in DIN 14462 überführt wurden;

b) Anforderungen an die Prüfung vollständig überarbeitet;

c) redaktionelle Änderungen.

Frühere Ausgaben

DIN 14463-3: 2003-07

1 Anwendungsbereich

Diese Norm gilt für Be- und Entlüftungsventile in Löschwasseranlagen „trocken" oder „nass/trocken" nach DIN 1988-600 und DIN 14462.

Die Norm gilt nicht für Entlüftungsventile bzw. Luftabscheider zum Einsatz in geschlossenen Heizungssystemen.

Die Norm gilt nicht für Bauteile in erdverlegten Wasserversorgungssystemen nach DIN EN 805 bzw. DVGW-Arbeitsblatt W 400.

2 Normative Verweisungen

Die folgenden zitierten Dokumente sind für die Anwendung dieses Dokuments erforderlich. Bei datierten Verweisungen gilt nur die in Bezug genommene Ausgabe. Bei undatierten Verweisungen gilt die letzte Ausgabe des in Bezug genommenen Dokuments (einschließlich aller Änderungen).

DIN 1988-600, *Technische Regeln für Trinkwasser-Installationen — Teil 600: Trinkwasser-Installationen in Verbindung mit Feuerlösch- und Brandschutzanlagen; Technische Regel des DVGW*

DIN 14462, *Löschwassereinrichtungen — Planung, Einbau, Betrieb und Instandhaltung von Wandhydrantenanlagen sowie Anlagen mit Über- und Unterflurhydranten*

DIN 14463-1, *Löschwasseranlagen — Fernbetätigte Füll- und Entleerungsstationen — Teil 1: Für Wandhydrantenanlagen*

DIN EN 1092-3, *Flansche und ihre Verbindungen — Runde Flansche für Rohre, Armaturen, Formstücke und Zubehörteile, nach PN bezeichnet — Teil 3: Flansche aus Kupferlegierungen*

DIN EN 1503-4, *Armaturen — Werkstoffe für Gehäuse, Oberteile und Deckel — Teil 4: Kupferlegierungen, die in Europäischen Normen festgelegt sind*

DIN EN 1982, *Kupfer und Kupferlegierungen — Blockmetalle und Gussstücke*

DIN EN 10088-1, *Nichtrostende Stähle — Teil 1: Verzeichnis der nichtrostenden Stähle*

DIN EN 10088-3, *Nichtrostende Stähle — Teil 3: Technische Lieferbedingungen für Halbzeug, Stäbe, Walzdraht, gezogenen Draht, Profile und Blankstahlerzeugnisse aus korrosionsbeständigen Stählen für allgemeine Verwendung*

DIN EN 12056 (alle Teile), *Schwerkraftentwässerungsanlagen innerhalb von Gebäuden*

DIN EN 12163, *Kupfer und Kupferlegierungen — Stangen zur allgemeinen Verwendung*

DIN EN 12164, *Kupfer und Kupferlegierungen — Stangen für die spanende Bearbeitung*

DIN EN 12168, *Kupfer und Kupferlegierungen — Hohlstangen für die spanende Bearbeitung*

DIN EN 12266-1, *Industriearmaturen — Prüfung von Armaturen aus Metall — Teil 1: Druckprüfungen, Prüfverfahren und Annahmekriterien — Verbindliche Anforderungen*

DIN EN 12449, *Kupfer und Kupferlegierungen — Nahtlose Rundrohre zur allgemeinen Verwendung*

DIN EN ISO 228-1, *Rohrgewinde für nicht im Gewinde dichtende Verbindungen — Teil 1: Maße, Toleranzen und Bezeichnung*

3 Begriffe

Für die Anwendung dieser Norm gelten die folgenden Begriffe:

3.1
Be- und Entlüftungsventil
selbsttätige Einrichtung mit Schwimmkörper für Löschwasserleitungen

ANMERKUNG   Die Einrichtung ist für die Installation an den Endpunkten oder Hochpunkten der Löschwasserleitung vorgesehen. Sie ermöglichen eine schnelle Flutung sowie eine Entleerung der Leitung nach Gebrauch.

3.2
Mindestschließdruck
minimaler Betriebsüberdruck, bei dem der Schließmechanismus sicher abdichtet

4 Bezeichnung

Beispiele für die Bezeichnung eines Be- und Entlüftungsventils:

BEISPIEL 1   Mit G2A – Eingangs-Gewinde nach dieser Norm:

Be- und Entlüftungsventil – DIN 14463-3 — PN16 — G2A

BEISPIEL 2   Mit Flansch – Anschluss DN 50 am Eingang nach dieser Norm:

Be- und Entlüftungsventil – DIN 14463-3 — PN16 — DN 50.

5 Anforderungen an das Be- und Entlüftungsventil

5.1 Allgemeines

Gehäuseteile, die unter Druck stehen, müssen aus nichtbrennbaren Werkstoffen bestehen. Dichtungsmaterialien müssen konstruktiv (z. B. Metall, gekammert) oder durch entsprechende Werkstoffauswahl ausreichend gegen Brandeinwirkung geschützt werden.

Sofern konstruktiv bedingt Restwasser im Be- und Entlüftungsventil verbleibend kann, darf auch bei Frost das Schließ- und Öffnungsverhalten hierdurch nicht beeinträchtigt werden.

5.2 Anschlüsse

5.2.1   Eingang des Be- und Entlüftungsventils: Außengewinde oder Flanschanschluss, siehe Tabelle 1.

Tabelle 1 — Eingangsanschlüsse – Außengewinde oder Flanschanschluss

Nennweite DN	Außengewinde nach DIN EN ISO 228-1	Flanschanschluss nach DIN EN 1092-3
25	G1 A	DN 25
32	G1¼ A	DN 32
50	G2 A	DN 50

5.2.2   Ausgang des Be- und Entlüftungsventils zum Anschließen der Tropfwasserleitung: Innengewinde, siehe Tabelle 2.

Tabelle 2 — Ausgangsanschlüsse – Innengewinde

Nennweite Ventil DN	Innengewinde nach DIN EN ISO 228-1
25	G¾ B
32	G1 B
50	G1¼ B

Das Be- und Entlüftungsventil muss am Ausgang kein Gewinde haben, wenn der Anschlussbogen im Be- und Entlüftungsventil bereits integriert ist.

6 Festigkeit

— Zulässiger Betriebsüberdruck im Dauerbetrieb: 16 bar

— Prüfdruck: 24 bar

— Mindest-Berstdruck: 64 bar

7 Dichtheit

— Mindestschließdruck 0,3 bar

— Abschluss bei Innendruck: 0,3 bar bis 0,6 bar: Leckrate D
0,6 bar bis 16 bar: Leckrate A
nach DIN EN 12266-1

8 Werkstoffe

8.1 Für alle Teile sind folgende Werkstoffe ohne besonderen Nachweis anwendbar:

a) Kupferlegierungen:

— nach DIN EN 1982 oder DIN EN 1503-4;

— nach DIN EN 12449 (Rohre), nach DIN EN 12163, DIN EN 12164, DIN EN 12168 (Stangen);

b) Stähle:

— nichtrostende Stähle nach DIN EN 10088-1, DIN EN 10088-3.

8.2 Andere Werkstoffe dürfen verwendet werden, wenn sie den vorgenannten Werkstoffen gleichwertig oder überlegen sind.

9 Prüfung

9.1 Baumusterprüfung

Die Übereinstimmung des Be- und Entlüftungsventils mit den Festlegungen dieser Norm ist durch eine Baumusterprüfung bei einer Prüfstelle festzustellen.

Die hydraulischen und aerodynamischen Eigenschaften müssen in einem Diagramm dargestellt werden. Das Diagramm muss durch die Prüfstelle mit überprüft werden.

Nach erfolgter Prüfung wird ein Prüfbericht erstellt.

Änderungen gegenüber dem typgeprüften Baumuster hat der Hersteller der Prüfstelle mitzuteilen. Diese entscheidet, ob und in welchem Umfang eine Nach- oder Neuprüfung erforderlich ist.

9.2 Kontrollprüfungen

Die Prüfstelle ist berechtigt, Kontrollprüfungen an einem dem typgeprüften Baumuster entsprechenden Be- und Entlüftungsventil durchzuführen.

9.3 Prüfungen nach Einbau

Bei Abnahme- und Wiederholungsprüfungen der zugehörigen Löschwasseranlage sind die Be- und Entlüftungsventile hinsichtlich der einwandfreien Funktion zu überprüfen. Die Prüfintervalle der Löschwasseranlagen sind in DIN 14462 geregelt.

10 Kennzeichnung

Be- und Entlüftungsventile müssen dauerhaft und deutlich mit mindestens folgenden Angaben gekennzeichnet sein:

a) Name oder Kennzeichen des Herstellers oder Lieferanten;

b) Typbezeichnung oder Artikelnummer;

c) Herstellungsjahr;

d) k_{vLuft} (max. Entlüftungsmenge), in Liter je Minute;

e) Nummer dieser Norm, d. h. DIN 14463-3;

f) Zeichen der Prüfstelle.

Anhang A
(normativ)

Anforderungen an den Einbau

ANMERKUNG   Die Anforderungen werden bei der nächsten Überarbeitung der DIN 14462 dort übernommen.

A.1 Das Be- und Entlüftungsventil darf nur vertikal eingebaut werden und muss ohne Veränderung der Leitungsanlage (z. B. durch eine Verschraubung) auswechselbar sein und für Wartungs-Arbeiten leicht zugänglich sein.

A.2 Der Raum, im dem das Be- und Entlüftungsventil installiert ist, muss eine Öffnung zur freien Atmosphäre aufweisen, damit die Be- und Entlüftungsfunktionen nicht maßgebend beeinträchtigt werden.

A.3 Zur Vermeidung von Wasserschäden muss der Tropfwasserablauf des Be- und Entlüftungsventils mit einer nicht absperrbaren Tropfwasserleitung verbunden sein. Der Anschluss der Entwässerungsanlage muss nach DIN EN 1717 und DIN 1986-100 beziehungsweise den Anforderungen der Normenreihe DIN EN 12056 vorgenommen werden. Die Dimensionierung der Tropfwasserleitung muss so erfolgen, dass vom Be- und Entlüfter austretendes Wasser sicher abgeführt werden kann.

Der Einbau eines Be- und Entlüftungsventils ohne Tropfwasserleitung ist nur dort zulässig, wo durch austretendes Wasser kein Schaden entstehen kann.

Literaturhinweise

DIN 1988-1, *Technische Regeln für Trinkwasser-Installationen (TRWI) — Allgemeines; Technische Regel des DVGW.*

DIN EN 805, *Wasserversorgung — Anforderungen an Wasserversorgungssysteme und deren Bauteile außerhalb von Gebäuden*

DIN EN 806-1, *Technische Regeln für Trinkwasserinstallationen — Teil 1: Allgemeines*

DIN EN 1074-4, *Armaturen für die Wasserversorgung — Anforderungen an die Gebrauchstauglichkeit und deren Prüfung — Teil 4: Be- und Entlüftungsventile mit Schwimmerkörper*

September 2012

DIN 14464

ICS 13.220.20; 91.140.60

Direktanschlussstationen für Sprinkleranlagen und Löschanlagen mit offenen Düsen – Anforderungen und Prüfung

Assembly with direct connection for sprinkler systems and extinguishing systems with open nozzles –
Requirements and testing

Stations directes de branchement des systèmes d'extinction du type sprinkleur et des systèmes d'extinction avec diffuseurs overts –
Exigences et essais

Gesamtumfang 20 Seiten

Normenausschuss Feuerwehrwesen (FNFW) im DIN
Normenausschuss Wasserwesen (NAW) im DIN

Inhalt

Seite

Vorwort 3
Einleitung 4
1 Anwendungsbereich 5
2 Normative Verweisungen 5
3 Begriffe 6
4 Bezeichnung 7
5 Konstruktion und Anforderungen an Direktanschlussstationen 7
5.1 Allgemeines 7
5.2 Konstruktion 9
5.3 Nennweite 10
5.4 Zulässiger Druck 10
5.5 Anschlüsse, Rohre, Rohrverbindungen 10
5.6 Handbetätigte Absperrarmaturen 10
5.7 Entleerungsarmatur 10
5.8 Siebe 10
5.9 Werkstoffe 10
5.9.1 Werkstoffe für Bauteile der DAS 10
5.9.2 Nichtmetallische Einzelteile der Absperrkörper (mit Ausnahme von Dichtungen und Dichtringen) 11
5.10 Druckverlust 11
5.11 Funktion 11
5.11.1 Funktion im Regelfall 11
5.11.2 Funktionssicherheit der DAS 12
5.12 Sicherheit gegen Rückfluss 12
5.13 Festigkeit 13
5.14 Ermüdung 13
5.15 Dichtheit 13
6 Anforderungen an Systemtrennung bzw. Doppelabsperreinrichtung der DAS 13
6.1 Anforderungen bei Ausführung mit Systemtrennung 13
6.2 Anforderungen bei Ausführung mit Doppelabsperreinrichtung 14
7 Konstruktion der Alarmierungseinrichtung 14
8 Prüfung 15
8.1 Allgemeines 15
8.2 Prüfverfahren 15
8.3 Prüfung der Funktion 15
8.4 Prüfung der Funktionssicherheit 16
8.5 Prüfung der Sicherheit gegen Rückfließen 16
8.6 Festigkeitsprüfung 16
8.7 Ermüdungsprüfung 16
8.8 Dichtigkeitsprüfung 16
9 Kennzeichnung, technische Unterlagen und Lieferzustand 16
9.1 Allgemeines 16
9.2 Kennzeichnung 17
9.3 Technische Unterlagen 17
9.4 Lieferzustand 17
Anhang A (informativ) Hinweise für die Eigen- und Fremdüberwachung 19
Literaturhinweise 20

DIN 14464:2012-09

Vorwort

Dieses Dokument wurde vom Arbeitsausschuss „Anlagen zur Löschwasserversorgung einschließlich Wandhydranten" (NA 031-03-05 AA) des Normenausschusses Feuerwehrwesen (FNFW) im DIN erarbeitet.

Dieses Dokument wurde im Einvernehmen mit dem Arbeitsausschuss NA 031-03-03 AA „Wasserlöschanlagen und Bauteile" des FNFW und dem DVGW Deutscher Verein des Gas- und Wasserfaches e. V. aufgestellt. Es ist vorgesehen, dieses Dokument als technische Regel in das Regelwerk Wasser des DVGW einzubeziehen.

Es wird auf die Möglichkeit hingewiesen, dass einige Texte dieses Dokuments Patentrechte berühren können. Das DIN ist nicht dafür verantwortlich, einige oder alle diesbezüglichen Patentrechte zu identifizieren.

Bei der Installation von Feuerlösch- und Brandschutzanlagen an die öffentliche Trinkwasserversorgung gelten die Anforderungen der DIN 1988-600.

ANMERKUNG Druck wird als Überdruck in bar angegeben (1 bar = 10^5 N/m^2 = 100 kPa = 0,1 MPa).

Einleitung

Der Einsatz von Direktanschlussstationen nach dieser Norm sollte einerseits die Belange des Brandschutzes und anderseits die Belange der Trinkwasserhygiene berücksichtigen.

Normen für Bauteile für Sprinkler- und Sprühwasseranlagen werden im Technischen Komitee CEN/TC 191 „Ortsfeste Brandbekämpfungsanlagen" als Normenreihe EN 12259 erarbeitet.

Anhang A enthält Informationen zur Eigen- und Fremdüberwachung.

1 Anwendungsbereich

In dieser Norm sind Anforderungen und Prüfverfahren an Direktanschlussstationen ausschließlich für Sprinkleranlagen und Löschanlagen mit offenen Düsen festgelegt, die keine Zusatzmittel und keine zusätzlichen Wassereinspeisungen und Wassernachspeisungen in das Sprinklernetz bzw. keine zusätzliche Druckhalteanlage im Sprinklernetz enthalten. Das Einsatzgebiet beschränkt sich aus hygienischen Gründen auf Anlagen, in denen der Löschwasserbedarf nicht größer als der Trinkwasserbedarf ist. Der maximale Löschwasservolumenstrom ist davon unabhängig auf Löschwasservolumenströme von 50 m^3/h begrenzt.

Die Anforderungen dieser Norm gelten zusammen mit den Anforderungen der DIN 1988-600.

ANMERKUNG Zusatzmittel sind z. B. Löschmittelzusätze und Frostschutzmittel. Zusätzliche Wassereinspeisungen sind z. B. Pumpenanlagen, Druckluft-Wasser-Behälter, Feuerwehreinspeisungen, Tankfahrzeuge, Eigenversorgungsanlagen oder Gewässer.

2 Normative Verweisungen

Die folgenden zitierten Dokumente sind für die Anwendung dieses Dokuments erforderlich. Bei datierten Verweisungen gilt nur die in Bezug genommene Ausgabe. Bei undatierten Verweisungen gilt die letzte Ausgabe des in Bezug genommenen Dokuments (einschließlich aller Änderungen).

DIN 1988-200, *Technische Regeln für Trinkwasser-Installationen - Teil 200: Installation Typ A (geschlossenes System) - Planung, Bauteile, Apparate, Werkstoffe; Technische Regel des DVGW*

DIN 1988-600, *Technische Regeln für Trinkwasser-Installationen — Teil 600: Trinkwasser-Installationen in Verbindung mit Feuerlösch- und Brandschutzanlagen; Technische Regel des DVGW*

DIN 50930-6, *Korrosion der Metalle — Korrosion metallischer Werkstoffe im Innern von Rohrleitungen, Behältern und Apparaten bei Korrosionsbelastung durch Wässer — Teil 6: Beeinflussung der Trinkwasserbeschaffenheit*

DIN EN 54-2, *Brandmeldeanlagen — Teil 2: Brandmelderzentralen*

DIN EN 54-4, *Brandmeldeanlagen — Teil 4: Energieversorgungseinrichtungen*

DIN EN 54-13, *Brandmeldeanlagen — Teil 13: Bewertung der Kompatibilität von Systembestandteilen*

DIN EN 1213, *Gebäudearmaturen — Absperrventile aus Kupferlegierungen für Trinkwasseranlagen in Gebäuden — Prüfungen und Anforderungen*

DIN EN 1074-1, *Armaturen für die Wasserversorgung — Anforderungen an die Gebrauchstauglichkeit und deren Prüfung — Teil 1: Allgemeine Anforderungen*

DIN EN 1074-2, *Armaturen für die Wasserversorgung — Anforderungen an die Gebrauchstauglichkeit und deren Prüfung — Teil 2: Absperrarmaturen*

DIN EN 1717, *Schutz des Trinkwassers vor Verunreinigungen in Trinkwasser-Installationen und allgemeine Anforderungen an Sicherungseinrichtungen zur Verhütung von Trinkwasserverunreinigungen durch Rückfließen*

DIN EN 12094-1, *Ortsfeste Brandbekämpfungsanlagen — Bauteile für Löschanlagen mit gasförmigen Löschmitteln — Teil 1: Anforderungen und Prüfverfahren für automatische elektrische Steuer- und Verzögerungseinrichtungen*

DIN EN 12259-2:2001-08, *Ortsfeste Löschanlagen — Bauteile für Sprinkler- und Sprühwasseranlagen — Teil 2: Nassalarmventil mit Zubehör; Deutsche Fassung EN 12259-2:1999 + A1:2001*

DIN EN 12259-4, *Ortsfeste Löschanlagen — Bauteile für Sprinkler- und Sprühwasseranlagen — Teil 4: Wassergetriebene Alarmglocken*

DIN EN 12729:2003-02, *Sicherungseinrichtungen zum Schutz des Trinkwassers gegen Verschmutzung durch Rückfließen — Systemtrenner mit kontrollierbarer druckreduzierter Zone — Familie B — Typ A; Deutsche Fassung EN 12729:2002*

DIN EN ISO 6708, *Rohrleitungsteile — Definition und Auswahl von DN (Nennweite)*

DIN ISO 2768-1, *Allgemeintoleranzen; Toleranzen für Längen — und Winkelmaße ohne einzelne Toleranzeintragung*

DIN VDE 0833-2 (VDE 0833-2), *Gefahrenmeldeanlagen für Brand, Einbruch und Überfall — Teil 2: Festlegungen für Brandmeldeanlagen*

DVGW W 270, *Vermehrung von Mikroorganismen auf Werkstoffen für den Trinkwasserbereich — Prüfung und Bewertung*[1)]

KTW-Leitlinie, *Leitlinie für die hygienische Beurteilung von organischen Materialien im Kontakt mit Trinkwasser (KTW-Leitlinie)*[1)]

3 Begriffe

Für die Anwendung dieses Dokuments gelten die folgenden Begriffe.

3.1
Absperrkörper
verschließender Teil innerhalb der Direktanschlussstation (DAS)

3.2
Alarmierungseinrichtung
mechanische oder elektrische Einrichtung zur akustischen Alarmierung bei Betätigung der Direktanschlussstation (DAS)

3.3
Auslösedruck
Druck in Fließrichtung hinter einer druckgesteuerten DAS, bei dem die DAS von Trennstellung in Durchflussstellung umschaltet

3.4
Direktanschlussstation
DAS
Bauteil, das Trinkwasser-Leitungsanlagen im Bereitschaftszustand von ortsfesten Sprinkleranlagen oder Löschanlagen mit offenen Düsen mittels eines entwässerten, atmosphärischen Bereichs trennt

ANMERKUNG   Die Direktanschlussstation stellt im Bedarfsfall die Verbindung zwischen Trinkwasserversorgungsleitung und Sprinkleranlage oder Löschanlage mit offenen Düsen her und zeigt die Durchflussstellung selbsttätig an.

3.5
Doppelabsperreinrichtung
Armatur oder Armaturenbaugruppe, bestehend aus zwei automatisch betätigten, gegenläufig arbeitenden Absperrorganen der Direktanschlussstation (DAS), die den Zulauf zum und die Entleerung aus dem atmosphärischen Bereich steuern

3.6
Durchflussstellung
Zustand, in dem die Direktanschlussstation (DAS) die Trinkwasserinstallation mit der Sprinkleranlage oder Löschanlage mit offenen Düsen bestimmungsgemäß verbunden hat

---

[1)]   Nachgewiesen in der DITR-Datenbank der DIN Software GmbH, zu beziehen bei: Beuth Verlag GmbH, 10772 Berlin.

3.7
Löschanlage mit offenen Düsen
Wasserverteilungsanlage mit festverlegten Leitungen, in die in definierten Abständen offene Düsen eingebracht sind

BEISPIEL   Sprühwasser-Löschanlagen nach DIN 14494 und DIN CEN/TS 14816 sowie Anlagen zur Berieselung von oberirdischen Behältern nach DIN 14495.

ANMERKUNG   Im Brandfall wird die gesamte Anlage oder werden einzelne Anlagengruppen selbsttätig und/oder von Hand ausgelöst.

3.8
Spüleinrichtung
automatische Einrichtung zum Ausspülen des stagnierenden Wassers aus der Zuleitung zur Direktanschlussstation (DAS)

3.9
Spülleitung
Leitung zwischen Direktanschlussstation (DAS) und Spüleinrichtung

3.10
Sprinkleranlage
ständig betriebsbereite Löschanlage, bei der aus einem ortsfest verlegten Rohrleitungssystem Löschwasser über Sprinkler abgegeben wird

ANMERKUNG   Die Anlage wird automatisch ausgelöst. Sie erkennt, meldet und bekämpft Brände.

3.11
Trennstellung
Ruhezustand, in dem die Direktanschlussstation (DAS) die Trinkwasserleitungsanlage von der ortsfesten Sprinkleranlage oder der Löschanlage mit offenen Düsen abtrennt

4 Bezeichnung

Bezeichnung einer Direktanschlussstation (DAS) der Nennweite DN (50), die den Anforderungen dieser Norm entspricht:

Direktanschlussstation DIN 14464 – DAS – 50

5 Konstruktion und Anforderungen an Direktanschlussstationen

5.1 Allgemeines

Eine Direktanschlussstation (im Folgenden teilweise kurz DAS genannt) muss Bauteile zur Sicherstellung folgender wesentlicher Funktionen beinhalten:

a) Systemtrennung in Anlehnung an Systemtrenner BA nach DIN EN 12729 oder Doppelabsperreinrichtung nach 6.2 mit Anschlussmöglichkeit für Spüleinrichtung;

b) Alarmierungseinrichtung in Anlehnung an DIN EN 12259-2;

c) automatisch entwässerter, atmosphärischer Bereich mindestens 450 mm Länge mit freiem Ablauf.

Eine Armatur kann mehrere der angegebenen Funktionen erfüllen. Diese Funktionen dürfen auch durch Kombination mehrerer Armaturen oder durch Kombination mehrerer Funktionen in einer Einheit umgesetzt werden.

Bild 1 enthält die Prinzipdarstellung einer Direktanschlussstation mit Systemtrennung.

Maße in Millimeter

Allgemeintoleranz: ISO 2768-c

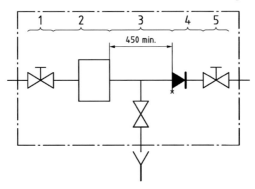

Legende

1 eingangsseitige Absperrung
2 Systemtrennung in Anlehnung an DIN EN 12729
3 atmosphärischer Bereich
4 Alarmierungseinrichtung mit Rückflussverhinderer und Entleerungseinrichtung
5 ausgangsseitige Absperrung

Bild 1 — Direktanschlussstation DAS mit Systemtrennung

Bild 2 enthält die Prinzipdarstellung einer Direktanschlussstation mit Doppelabsperreinrichtung.

Maße in Millimeter

Allgemeintoleranz: ISO 2768-c

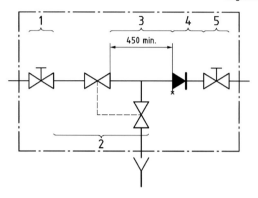

Legende

1 eingangsseitige Absperrung
2 Doppelabsperreinrichtung
3 atmosphärischer Bereich
4 Alarmierungseinrichtung mit Rückflussverhinderer und Entleerungseinrichtung
5 ausgangsseitige Absperrung

Bild 2 — Direktanschlussstation DAS mit Doppelabsperreinrichtung

Für die Anwendung dieser Norm werden Direktanschlussstationen (DAS) mit dem Symbol aus Bild 3 dargestellt.

Bild 3 — Grafisches Symbol für Direktanschlussstationen

5.2 Konstruktion

5.2.1 Die Direktanschlussstation muss eine integrierte Systemtrennung in Anlehnung an DIN EN 12729 oder eine Doppelabsperreinrichtung, sowie eine Alarmierungseinrichtung und einen atmosphärischem Bereich besitzen, der im Ruhezustand (d. h. kein Durchfluss) automatisch durch Entleerung und Belüftung erzeugt wird.

Der atmosphärische Bereich muss so ausgeführt werden, dass dieser Bereich eine Länge von mindestens 450 mm in der Nennweite der DAS beträgt.

Der atmosphärische Bereich muss in Trennstellung ständig entwässert und belüftet sein und einen freien Ablaufquerschnitt von mindestens 16 cm² aufweisen.

Eine parallele Verbindung (Umgehungsleitung) zwischen Trinkwasser und Feuerlöschanlage ist nicht zulässig.

5.2.2 Die Armaturen können ganz oder teilweise in einem gemeinsamen Gehäuse integriert werden.

5.2.3 Der Ausbau und Einbau von Bauteilen der DAS für Inspektion und Wartung muss unverwechselbar und leicht möglich sein.

5.2.4 Die Durchmesser von Steuerkanälen müssen mindestens doppelt so groß bemessen sein, wie die Maschenweite der Siebe innerhalb der DAS, jedoch in keinem Fall unter 2 mm.

5.3 Nennweite

Zulässig für die Armatur sind Nennweiten DN 50, DN 65 und DN 80 nach DIN EN ISO 6708.

5.4 Zulässiger Druck

Die DAS muss für einen Nenndruck (PN) von mindestens 10 bar bemessen sein.

5.5 Anschlüsse, Rohre, Rohrverbindungen

5.5.1 Rohre und Rohrverbindungen für Steuerleitungen müssen mindestens DN 8 entsprechen.

5.5.2 Die DAS muss die Anschlussmöglichkeit für eine Spüleinrichtung nach DIN 1988-600 besitzen.

5.6 Handbetätigte Absperrarmaturen

Absperrarmaturen müssen DIN EN 1213 oder DIN EN 1074-1 und DIN EN 1074-2 entsprechen und ihre Eignung für Trinkwasser muss nachgewiesen sein, z. B. nach DIN 1988-600.

Absperrarmaturen im Hauptwasserstrom müssen mit einer Anzeige für die jeweilige Stellung versehen und gegen unbefugtes Betätigen gesichert sein.

5.7 Entleerungsarmatur

Die Nennweite der Entleerungsarmatur muss mindestens in DN 20 ausgeführt sein, damit gegebenenfalls auftretende Ablagerungen aus den Löschwasserleitungen sicher ausgespült werden. Die Entleerung muss über einen freien Ablauf nach DIN EN 1717 erfolgen. Diese Armatur ist auch zur jährlichen Funktionsprüfung zu benutzen und so zu installieren, dass zwischen atmosphärischem Bereich und Entleerungsanschluss ein Abstand von höchstens 10 × DN der DAS nicht überschritten wird.

5.8 Siebe

Siebe, die zum Schutz von Hilfseinrichtungen (z. B. Steuerventilen) eingebaut sind, müssen eine Maschenweite von ≥ 0,25 mm haben. Der Siebeinsatz muss aus korrosionsbeständigem Werkstoff bestehen und gewartet werden können.

5.9 Werkstoffe

5.9.1 Werkstoffe für Bauteile der DAS

Druckbeaufschlagte Gehäuseteile der DAS müssen aus metallenen Werkstoffen bestehen.

Wasserberührte Bauteile der DAS in Fließrichtung vor dem atmosphärischen Bereich müssen den Anforderungen nach DIN 1988-200 entsprechen.

Falls nichtmetallische Werkstoffe (außer für Dichtungen) oder Metalle mit einem Schmelzpunkt unter 800 °C (außer für Dichtungen) einen Teil vom Gehäuse bilden, muss das Gehäuse einer Prüfung nach

DIN EN 12259-2:2001-08, Anhang A (Brandbeanspruchungsprüfung für Gehäuse und Deckel), unterzogen werden. Bei einer anschließenden Wasserdruckprüfung mit dem doppelten zulässigen Druck darf es zu keinen Verformungen oder Undichtheiten kommen.

Die mit Trinkwasser in Kontakt kommenden Werkstoffe, Schutzüberzüge und Hilfsstoffe müssen hygienisch unbedenklich sein. Sie dürfen keine Stoffe abgeben, die die Verträglichkeit, den Geschmack, den Geruch oder die Farbe des Trinkwassers beeinflussen. Werden Kunststoffe oder andere nichtmetallische Werkstoffe verwendet, so müssen die Anforderungen der KTW-Empfehlungen und der dazugehörigen Leitlinien sowie des Arbeitsblattes DVGW W 270 erfüllt sein. Für metallische Werkstoffe gelten die Anforderungen nach DIN 50930-6.

5.9.2 Nichtmetallische Einzelteile der Absperrkörper (mit Ausnahme von Dichtungen und Dichtringen)

Nichtmetallische Teile dürfen nach der in DIN EN 12259-2:2001-08, Anhang F, beschriebenen Alterung keine Risse zeigen, und die DAS muss bei Prüfung nach DIN EN 12259-2:2001-08, C.1 und Anhang J, die Anforderungen an das Leistungsvermögen und die Dichtheit nach 5.11.2 und 5.16 dieser Norm erfüllen.

In den Absperrkörpern darf ein Dichtring aus einem Elastomer oder aus anderen elastischen Materialien bei Prüfung nach DIN EN 12259-2:2001-08, Anhang G, nicht zu einer Beeinträchtigung der Dichtungsfläche führen.

5.10 Druckverlust

Der Druckverlust wird in Anlehnung an die DIN EN 12729:2003-02 ermittelt. Der Volumenstrom wird bis 50 m^3/h gemessen.

5.11 Funktion

5.11.1 Funktion im Regelfall

Nach Auslösen eines Sprinklers oder der Löschanlage mit offenen Düsen muss die Direktanschlussstation selbsttätig die Verbindung zwischen Trinkwasser-Versorgungsleitung und ortsfester Brandbekämpfungsanlage herstellen. Dabei muss über die Alarmierungseinrichtung ein Alarm erzeugt werden können. Dieser Alarm muss unterbunden werden können, ohne dabei die Wasserversorgung der ortsfesten Brandbekämpfungsanlage zu beeinträchtigen. Außerdem muss ein Signal zur elektrischen Alarmweitermeldung zur Verfügung gestellt werden. Diese muss mit einer Einrichtung nach DIN VDE 0833-2 (VDE 0833-2) ausgewertet werden können. Für die Alarmmittel muss eine Prüfeinrichtung vorhanden sein. Diese Prüfeinrichtung muss sich in Fließrichtung vor dem ausgangsseitigen Absperrorgan befinden und so konstruiert sein, dass für die Prüfung kein Wasser dem Sprinklerrohrnetz zugefügt bzw. aus dem Sprinklerrohrnetz entnommen wird. Während der Prüfung ist das ausgangsseitige Absperrorgan (Position 5 in Bild 1 bzw. Bild 2) zu schließen.

Die Direktanschlussstation darf abhängig von Fremdenergie arbeiten, wenn die Steuerung hinsichtlich der Überwachung funktionsrelevanter Elemente (z. B. Stellung von Absperrorganen und Schaltern mit Blockierfunktion, Störungsmeldungen, Drücke usw.) sinngemäß den Anforderungen der DIN EN 12094-1, hinsichtlich der Überwachung der Übertragungswege den Anforderungen der DIN EN 54-13, und hinsichtlich Energieversorgungseinrichtung den Anforderungen der DIN EN 54-4 entspricht. Übertragungswege zu Elementen zur Ansteuerung der DAS (z. B. Magnetventile) sind nach DIN EN 54-2 auf Kurzschluss und Unterbrechung zu überwachen.

Nach Beenden des Löschvorganges muss die Direktanschlussstation wieder in Trennstellung gehen und die hydraulische Alarmierung beendet werden. Das Öffnen und Schließen der DAS muss ohne Druckschläge, Flattern und Schlagen von Bauteilen erfolgen, wie in DIN 1988-200 beschrieben.

5.11.2 Funktionssicherheit der DAS

Bei einer Prüfung in Anlehnung an die Wasserdruckprüfung nach DIN EN 12259-2:2001-08, C.2, muss die DAS folgende Anforderungen erfüllen:

a) Die DAS muss – unabhängig vom tatsächlichen Wasserversorgungsdruck – in Trennstellung bleiben und darf keinen Alarm anzeigen, wenn der Druck in Fließrichtung hinter der DAS über dem Auslösedruck der DAS liegt.

b) Eine Störung muss angezeigt werden, wenn der Druck hinter der DAS geringer ist als der Auslösedruck plus eines Sicherheitszuschlages von mindestens 0,5 bar. Die DAS muss dabei in Trennstellung bleiben.

c) Die DAS muss einen Alarm anzeigen und in Durchflussstellung gehen, wenn der Druck hinter der DAS unter den Auslösedruck fällt.

d) Die DAS muss einen Alarm anzeigen, wenn in Durchflussrichtung hinter der DAS bei Volumenströmen von 40 l/min und bei Betriebsdrücken von 2,5 bar bis zum Nennbetriebsdruck eine kontinuierliche Wasserabgabe stattfindet. Alarmierungseinrichtungen ohne Verzögerungseinrichtung müssen innerhalb von 15 s nach dem Öffnen des nachgeschalteten Prüfventils mechanische oder elektrische Alarmmittel dauernd betätigen. Alarmierungseinrichtungen mit Verzögerungseinrichtung müssen eine kontinuierliche Betätigung mechanischer oder elektrischer Alarmmittel in einem Zeitraum von höchstens 60 s nach dem Öffnen des Prüfventils auslösen, wobei die Öffnung der DAS dadurch angezeigt wird, dass aus der Entwässerungsöffnung Wasser austritt.

e) Die DAS muss den Wasserfluss zu den Alarmmitteln stoppen, den atmosphärischen Bereich automatisch entwässern und sich automatisch wieder in den Bereitschaftszustand zurücksetzen (Ausnahme elektrische Alarmierung), sobald von der nachgeschalteten Löschanlage kein Wasser mehr abgeführt wird.

f) Die DAS muss den Wasserfluss zu den Alarmmitteln stoppen und den atmosphärischen Bereich automatisch entwässern, wenn der Wasserversorgungsdruck unter einen Wert fällt, der 0,5 bar über dem Druck der geodätischen Höhe des höchstgelegenen Sprinklers bzw. Düse der angeschlossenen Sprinkleranlage oder Löschanlage mit offenen Düsen liegt. In diesem Fall muss die DAS nach Wiederansteigen des Wasserversorgungsdruckes automatisch wieder in den Bereitschaftszustand gehen.

g) Am Alarmglockenanschluss muss die DAS bei einem Wasserversorgungsdruck von 2,5 bar, während die wassergetriebene Alarmglocke oder das elektrische Alarmmittel betrieben wird, einen Druck von mindestens 1 bar sicherstellen, der zuvor auf das Niveau des Alarmanschlusses umgerechnet wurde.

h) Die Zuleitung zur wassergetriebenen Alarmglocke muss nach Beendung der Wasserentnahme aus der DAS automatisch entwässert werden.

5.12 Sicherheit gegen Rückfluss

Die DAS muss im Falle des Rückfließens, Rücksaugens und Rückdrückens verhindern, dass Löschwasser in das Trinkwassernetz fließt. Zusätzlich muss die DAS eine Einrichtung aufweisen, die im Falle eines Rückfließens automatisch den atmosphärischen Bereich der DAS entleert und belüftet.

Die DAS muss bei Prüfung nach DIN EN 12259-2:2001-08, C.2, ohne Undichtheit, bleibende Verformung oder konstruktive Ausfälle einem Wasserinnendruck vom doppelten Nennbetriebsdruck standhalten, der an der Austrittsseite aufgebracht wird.

Die DAS muss als gesamte Einheit auf Eigensicherheit gegen Rückfließen von einer Prüfstelle geprüft sein, siehe auch 8.1.

5.13 Festigkeit

Die Gehäuse der DAS müssen bei Prüfung nach DIN EN 12259-2:2001-08, Anhang A, einem Wasserinnendruck in Höhe des vierfachen Nennbetriebsdruckes ohne Bruch standhalten.

5.14 Ermüdung

Die DAS und ihre beweglichen Teile dürfen sich bei Prüfung nach DIN EN 12259-2:2006-03, E.1, der bei einer auf die Nennweite bezogenen Strömungsgeschwindigkeit von 7,5 m/s ± 0,2 m/s nicht verformen, reißen, abblättern, ablösen, verschieben oder andere Ausfälle zeigen.

5.15 Dichtheit

Bei Prüfung nach DIN EN 12259-2:2001-08, Anhang I, darf es weder Undichtheit gegenüber dem atmosphärischen Bereich, bleibende Verformung noch einen Bruch der DAS bei einem Wasserinnendruck vom doppelten Nennbetriebsdruck geben, der an der Austrittsseite aufgebracht wird, wenn sich der in Fließrichtung letzte Absperrkörper in Schließstellung befindet und die Alarmöffnung geöffnet ist.

6 Anforderungen an Systemtrennung bzw. Doppelabsperreinrichtung der DAS

6.1 Anforderungen bei Ausführung mit Systemtrennung

6.1.1 Die Anforderungen an einen Systemtrenner BA sind nach DIN EN 12729 und unter Berücksichtigung von 8.2 dieser Norm einzuhalten.

6.1.2 Zusätzliche Steuereinrichtungen (z. B. elektrisch, pneumatisch, hydraulisch) dürfen die Sicherungsfunktion nicht beeinträchtigen.

6.1.3 Der Systemtrenner muss für den Einsatz in Sprinkleranlagen und Löschanlagen mit offenen Düsen geeignet sein. Bei Armaturen mit Anerkennung einer Prüfstelle darf davon ausgegangen werden, dass die Anforderungen durch die erschwerten Einsatzbedingungen (z. B. Druckbeständigkeit, Druckstoßfestigkeit, Festigkeit bei hohen Temperaturen sowie hohe Temperaturwechselbeanspruchung, Betriebssicherheit auch bei langen Stillstandszeiten) erfüllt sind.

6.1.4 Fremdenergie (z. B. pneumatisch, elektrisch) darf nur dazu verwendet werden, die DAS von Trennstellung in Durchflussstellung zu bewegen, nicht umgekehrt. Zur Pufferung von Fremdenergie ist ein Energiespeicher für mindestens 5 Schaltvorgänge vorzusehen. Bei Ausfall der Fremdenergie und Verbrauch dieser Energiepufferung muss die DAS selbsttätig in Trennstellung gehen. Federn müssen fest eingestellt sein und dürfen nicht verstellt werden können.

6.1.5 Die fremdenergiebetätigten Absperrorgane innerhalb der DAS müssen für den Einsatz in Sprinkler- und Löschanlagen mit offenen Düsen geeignet sein. Bei Armaturen mit Anerkennung einer Prüfstelle darf davon ausgegangen werden, dass die Anforderungen durch die erschwerten Einsatzbedingungen (z. B. Druckbeständigkeit, Druckstoßfestigkeit, Festigkeit bei hohen Temperaturen sowie hohe Temperaturwechselbeanspruchung, Betriebssicherheit auch bei langen Stillstandszeiten) erfüllt sind.

6.1.6 Es muss sichergestellt sein, dass nach sechs Monaten Trennstellung, die DAS vollständig funktionsfähig ist.

6.1.7 Der atmosphärische Bereich muss sich im Ruhezustand selbsttätig entleeren. Hier ist ein freier Ablauf nach DIN EN 1717 vorzusehen.

6.1.8 Für die Funktionsprüfung ist in Fließrichtung nach dem zulaufseitigen Absperrorgan und vor der Systemtrennung ein entsprechender Prüfanschluss vorzusehen. Zur Funktionsprüfung ist das eingangsseitige Absperrorgan zu schließen (Position 1 in Bild 1 bzw. Bild 2).

6.2 Anforderungen bei Ausführung mit Doppelabsperreinrichtung

6.2.1 Hierbei steuern zwei automatisch betätigte, gegenläufig arbeitende Absperrorgane den Zulauf zum und die Entleerung aus dem atmosphärischen Bereich.

Die Bauteile sollten möglichst so konstruiert sein, dass sie ohne Verwechslungsgefahr wieder genau in ihre Originalposition eingebaut werden können (keine Möglichkeit von Falscheinbau, Vertausch von Abschlusskörpern, Membranen, Federn usw.).

6.2.2 Fremdenergie (z. B. pneumatisch, elektrisch) darf nur dazu verwendet werden, die DAS von Trennstellung in Durchflussstellung zu bewegen, nicht umgekehrt. Zur Pufferung von Fremdenergie ist ein Energiespeicher für mindestens 5 Schaltvorgänge vorzusehen. Bei Ausfall der Fremdenergie und Verbrauch dieser Energiepufferung muss die DAS selbsttätig in Trennstellung gehen. Federn müssen fest eingestellt sein und dürfen nicht verstellt werden können.

6.2.3 Zusätzliche Steuereinrichtungen (z. B. elektrisch, pneumatisch) dürfen die Sicherungsfunktion nicht beeinträchtigen.

6.2.4 Die Doppelabsperreinrichtung muss für den Einsatz in Sprinkler- und Löschanlagen mit offenen Düsen geeignet sein. Bei Armaturen mit Anerkennung einer Prüfstelle darf davon ausgegangen werden, dass die Anforderungen durch die erschwerten Einsatzbedingungen (z. B. Druckbeständigkeit, Druckstoßfestigkeit, Festigkeit bei hohen Temperaturen sowie hohe Temperaturwechselbeanspruchung, Betriebssicherheit auch bei langen Stillstandszeiten) erfüllt sind.

6.2.5 Es muss sichergestellt sein, dass nach sechs Monaten Trennstellung, die DAS vollständig funktionsfähig ist.

6.2.6 Der atmosphärische Bereich muss sich im Ruhezustand selbsttätig entleeren. Hier ist ein freier Ablauf nach DIN EN 1717 vorzusehen.

7 Konstruktion der Alarmierungseinrichtung

7.1 Die Innenteile müssen für Prüfung, Reparatur oder Austausch zugänglich sein. Die Bauteile müssen so konstruiert sein, dass sie ohne Verwechslungsgefahr wieder genau in ihre Originalposition eingebaut werden können (keine Möglichkeit von Falscheinbau, Vertausch von Abschlusskörpern, Membranen, Federn usw.). Eine sichtbare Kennzeichnung ist nicht ausreichend.

7.2 Federn müssen fest eingestellt sein und dürfen nicht verstellt werden können.

7.3 Der Alarm muss unterbunden werden können, ohne dabei die Wasserversorgung der ortsfesten Brandbekämpfungsanlage zu beeinträchtigen.

7.4 Neben der Möglichkeit der elektrischen Alarmierung nach DIN VDE 0833-2 (VDE 0833-2) muss die Alarmierungseinrichtung in der Lage sein, eine Alarmglocke nach DIN EN 12259-4 versorgen zu können.

7.5 Die Alarmierungseinrichtung muss für den Einsatz in Sprinkleranlagen und Löschanlagen mit offenen Düsen geeignet sein. Bei Armaturen mit Anerkennung durch eine Prüfstelle darf davon ausgegangen werden, dass die Anforderungen durch die erschwerten Einsatzbedingungen (z. B. Druckbeständigkeit, Druckstoßfestigkeit, Festigkeit bei hohen Temperaturen, hohe Temperaturwechselbeanspruchung sowie Betriebssicherheit auch bei langen Stillstandszeiten) erfüllt sind.

DIN 14464:2012-09

8 Prüfung

8.1 Allgemeines

Die DAS ist durch eine Prüfstelle zu prüfen und das Erfüllen der Anforderungen dieser Norm ist zu bestätigen.

Zur Prüfung ist der Prüfstelle vom Antragsteller ein Muster der DAS einzureichen, außerdem eine Baubeschreibung und Fertigungszeichnungen.

Die Anforderungen an die Steuereinrichtung müssen geprüft werden. Der Hersteller der Station muss hierüber Prüfnachweise einer Prüfstelle erbringen. Der Hersteller sollte das Erfüllen der Anforderungen nach Anhang A sicherstellen (Eigenüberwachung).

8.2 Prüfverfahren

Sofern anwendbar und sofern in dieser Norm keine abweichenden Festlegungen getroffen sind, ist die Prüfung des Systemtrenners oder der Doppelabsperreinrichtung in Anlehnung an DIN EN 12729:2003-02, Abschnitt 8.1, 8.2, 9.1 bis 9.6 und 10 durchzuführen.

8.3 Prüfung der Funktion

ANMERKUNG Siehe 5.11.1.

Die DAS wird mit allen Teilen am Prüfstand angeschlossen und bei Wasserdrücken von 1,5 bar, 0,3 × Nenndruck, 0,6 × Nenndruck und Nenndruck je zweimal ausgelöst. Dies erfolgt durch das Simulieren einer Sprinklerauslösung durch Öffnen einer Absperrarmatur bis zu einem Volumenstrom von höchstens 40 l/min.

Dabei wird Folgendes geprüft:

— selbsttätige Herstellung der Verbindung zwischen Wasserversorgung und Sprinkler- und Löschanlagen mit offenen Düsen;
— selbsttätige Erzeugung eines Alarms;
— manuelle Unterbrechung des Alarms, ohne dass die Wasserversorgung beeinträchtigt wird (anschließend wird das Alarmmittel wieder aktiviert).

Nach etwa 20 s wird die Wasserentnahme durch Schließen des Kugelhahns unterbrochen.

Dabei wird das selbsttätige Schließen der DAS und die selbsttätige Beendigung des Alarms nach DIN EN 12259-2 geprüft.

Weitere Prüfungen sind folgende:

— mögliche Herstellung eines Signals zur elektrischen Weitermeldung und Auswertung nach DIN VDE 0833-2 (VDE 0833-2);
— Betätigung der Alarmprüfeinrichtung, ohne dass Wasser aus dem Rohrnetz der Sprinkler- und Löschanlagen mit offenen Düsen entnommen wird.

Bei Abhängigkeit von Fremdenergie werden folgende weitere Prüfungen durchgeführt:

— die Überwachung funktionsrelevanter Elemente erfolgt in Anlehnung an DIN EN 12094-1;
— die Überwachung der Übertragungswege zu den Sensoren entspricht DIN EN 54-13;
— die Energieversorgungseinrichtung entspricht DIN EN 54-4;

— die Überwachung der Übertragungswege zu Elementen zur Ansteuerung der DAS entspricht DIN EN 54-2.

8.4 Prüfung der Funktionssicherheit

ANMERKUNG   Siehe 5.11.2.

Jede einzelne Anforderung in 5.11.2 a) bis h) ist durch je zwei praktische Versuche auf dem Prüfstand nachzuweisen.

8.5 Prüfung der Sicherheit gegen Rückfließen

ANMERKUNG   Siehe 5.12.

Die DAS wird durch Öffnen eines Sprinklers (siehe 8.1) in Durchflussstellung gebracht. Dann wird die Wasserversorgung, z. B. durch Betätigung einer der DAS vorgeschalteten Absperrarmatur in gleicher Nennweite plötzlich unterbrochen.

Es wird geprüft, dass die DAS in Trennstellung geht und kein Wasser durch die DAS aus dem nachgeschalteten Rohrnetz zurückfließt.

Diese Prüfung wird zweimal durchgeführt.

8.6 Festigkeitsprüfung

ANMERKUNG   Siehe 5.13.

Geprüft wird die DAS nach DIN EN 12259-2 für 10 min mit dem 1,5-fachen Nennbetriebsdruck, jedoch mindestens 24 bar. Dabei dürfen keine Risse oder Brüche auftreten.

8.7 Ermüdungsprüfung

ANMERKUNG   Siehe 5.14.

Die DAS wird nach DIN EN 12259-2 für 30 min mit einer Wassermenge durchströmt, die einer Fließgeschwindigkeit von 7,5 m/s ± 0,2 m/s, bezogen auf den Nenndurchmesser, entspricht. Dabei dürfen keine Verformungen, Risse, Abblätterungen, Ablösungen, Verschiebungen oder andere Ausfälle auftreten.

8.8 Dichtigkeitsprüfung

ANMERKUNG   Siehe 5.15.

Nach Beaufschlagung der Austrittsseite der DAS mit dem doppelten Betriebsdruck dürfen keine Undichtheiten gegenüber dem atmosphärischen Bereich, bleibende Verformungen, Brüche oder konstruktive Ausfälle stattfinden, wenn sich der in Fließrichtung letzte Absperrkörper in Schließrichtung befindet und die Alarmöffnung geöffnet ist.

9 Kennzeichnung, technische Unterlagen und Lieferzustand

9.1 Allgemeines

Die Kennzeichnung auf dem Typenschild der Sicherheitseinrichtung muss gut sichtbar und dauerhaft auf dem Gehäuse aufgebracht sein.

Entsprechen die Stationen den Anforderungen die in DIN 1988-600 und in dieser Norm festgelegt sind, dürfen sie entsprechend den Regelungen für Löschwasserübergabestellen nach DIN 1988-600 gekennzeichnet werden.

9.2 Kennzeichnung

Die Kennzeichnung muss folgende Angaben enthalten:

a) Name oder Firmenzeichen des Herstellers;

b) Pfeil zur Angabe der Durchflussrichtung;

c) Typbezeichnung;

d) Nennweite (DN);

e) zulässiger Druck in bar (PS);

f) Baujahr bzw. Ident-Nr.;

g) Prüfzeichen, z. B. nach DIN 1988-600;

h) Anerkennungsnummer der Prüfstelle;

i) Verweisung auf diese Norm (d. h. DIN 14464)

9.3 Technische Unterlagen

Die technischen Unterlagen müssen folgende Angaben enthalten:

a) Produktbezeichnung;

b) Verwendungszweck der DAS;

c) Einsatzbereich(e);

d) Anweisungen für den Zusammenbau;

e) Anweisungen für Betrieb und Wartung;

f) Auflistung der Baugruppen;

g) spezielle Einbauanweisungen (siehe Hinweise im Anhang A);

h) Werte für Durchfluss und Druckverlust (Kurve);

i) Ersatzteilliste;

j) Art der verwendeten Werkstoffe;

k) Vorgaben für die Instandhaltung einschließlich der Intervalle unter Berücksichtigung der anerkannten Regeln der Technik, z. B. DIN EN 806-5.

9.4 Lieferzustand

Die DAS muss ab der Herstellung bis zum Einbau geschützt werden gegen:

— Beschädigung von Gewindeanschlüssen;

— Verunreinigung von außen;

— Schutz der Eingangs- und Ausgangsöffnungen.

Die Prüföffnungen müssen, wenn sie nicht benutzt werden, mit einer Schutzkappe versehen werden, die an der Armatur selbst befestigt ist.

Anhang A
(informativ)

Hinweise für die Eigen- und Fremdüberwachung

Im Rahmen der Fremdüberwachung sollte von den Produkten eines Herstellers je ein Stück/Nennweite und Bauart aus dem Lager, der laufenden Produktion oder aus dem Markt entnommen und geprüft werden. Höchstens jedoch ein Drittel der gesamten Produktpalette.

Tabelle A.1 enthält ein Beispiel für ein Datenblatt.

Tabelle A.1 — Datenblatt für Direktanschlussstation

Anforderungen und Prüfungen nach Abschnitt dieser Norm		Eigenüberwachung	Fremdüberwachung
5.1c	Maße	X	alle 2 Jahre
5.9	Werkstoffe		
	— metallisch	—	alle 2 Jahre
	— nichtmetallisch	—	alle 2 Jahre
5.1a	Ausführung	X	—
5.11.2 (außer d))	Funktionssicherheit der DAS	X	alle 2 Jahre
5.15	Dichtheit	X	—
5.13	Festigkeit	—	—
9.2	Kennzeichnung	X	alle 2 Jahre
	Eigenüberwachung überprüft?	—	alle 2 Jahre

Literaturhinweise

DIN 1988 (alle Teile), *Technische Regeln für Trinkwasser-Installationen*

DIN 3546-1, *Absperrarmaturen für Trinkwasserinstallationen in Grundstücken und Gebäuden — Teil 1: Allgemeine Anforderungen und Prüfungen für handbetätigte Kolbenschieber in Sonderbauform, Schieber und Membranarmaturen — Technische Regel des DVGW*

DIN 14494, *Sprühwasser-Löschanlagen, ortsfest, mit offenen Düsen*

DIN 14495, *Berieselung von oberirdischen Behältern zur Lagerung brennbarer Flüssigkeiten im Brandfalle*

DIN CEN/TS 14816; *Ortsfeste Brandbekämpfungsanlagen — Sprühwasserlöschanlagen — Planung, Einbau und Wartung*

DIN EN 806 (alle Teile), *Technische Regeln für Trinkwasser-Installationen*

DIN EN 1092-1, *Flansche und ihre Verbindungen — Runde Flansche für Rohre, Armaturen, Formstücke und Zubehörteile, nach PN bezeichnet — Teil 1: Stahlflansche*

DIN EN 1092-2, *Flansche und ihre Verbindungen — Runde Flansche für Rohre, Armaturen, Formstücke und Zubehörteile, nach PN bezeichnet — Teil 2: Gußeisenflansche*

DIN EN 1267, *Industriearmaturen — Messung des Strömungswiderstandes mit Wasser als Prüfmedium*

DIN EN 1514-1, *Flansche und ihre Verbindungen — Maße für Dichtungen für Flansche mit PN-Bezeichnung — Teil 1: Flachdichtungen aus nichtmetallischem Werkstoff mit oder ohne Einlagen*

DIN EN 10204, *Metallische Erzeugnisse — Arten von Prüfbescheinigungen*

DIN EN ISO 228-1, *Rohrgewinde für nicht im Gewinde dichtende Verbindungen — Teil 1: Maße, Toleranzen und Bezeichnung*

ISO 7-1, *Pipe threads where pressure-tight joints are made on the threads — Part 1: Dimensions, tolerances and designation*

KTWÜRegEmpf, *Empfehlung des Umweltbundesamtes zur weiteren Anwendung der KTW-Empfehlungen in der Übergangszeit bis zum In-Kraft-Treten des EAS*[2)]

VdS 2100-14, *VdS-Richtlinien für Wasserlöschanlagen - Steinfänger - Anforderungen und Prüfmethoden*[2)]

---

2) Zu beziehen durch: Beuth Verlag GmbH, 10772 Berlin (Hausanschrift: Burggrafenstraße 6, 10787 Berlin).

DK 614.844.2 : 620.1   Mai 1985

Sprinkleranlagen
Allgemeine Grundlagen

DIN
14 489

Sprinkler extinguishing systems; general fundamentals

Für die Anwendung dieser Norm liegen noch relativ wenig praktische Erfahrungen vor. Jedoch war die normative Festlegung bestimmter allgemeiner Grundlagen für Sprinkleranlagen bereits jetzt als zweckmäßig angesehen worden, weil die Notwendigkeiten für die Sicherheit rechtzeitig dargelegt werden sollen.
Es ist beabsichtigt, die Norm Ende 1986 zu überprüfen. Deshalb wird gebeten, die bei der Anwendung der Norm gewonnenen Erkenntnisse und Anregungen dem Normenausschuß Feuerwehrwesen (FNFW) im DIN e.V., Burggrafenstraße 4–10, 1000 Berlin 30, mitzuteilen.

1 Anwendungsbereich und Zweck

1.1 Diese Norm gilt für Sprinkleranlagen im Sinne von Abschnitt 2.

Sprinkleranlagen (im folgenden kurz SK-Anlagen genannt) werden zur selbsttätigen Brandbekämpfung in baulichen Anlagen eingesetzt.

Anmerkung: Die Norm kann nicht angewendet werden
- für Schiffe;
- im Bergbau unter Tage;
- für die Berieselung von oberirdischen Behältern (siehe DIN 14 495),
- für den Schutz im Sinne der Unfallverhütungsvorschrift „Gase".

SK-Anlagen sind keine Sprühwasser-Löschanlagen (siehe DIN 14 494).
Löscheinrichtungen, die mit SK-Anlagen kombiniert sind, sind keine SK-Anlagen im Sinne von Abschnitt 2.

1.2 Die Norm dient dazu, SK-Anlagen in baulichen Anlagen nach einheitlichen Gesichtspunkten zu planen, zu errichten und zu betreiben.

2 Begriff

Die Sprinkleranlage ist eine ständig betriebsbereite Löschanlage, bei der aus einem ortsfest verlegten Rohrleitungssystem Löschwasser über Sprinkler abgegeben wird. Die Anlage wird automatisch ausgelöst. Sie erkennt, meldet und bekämpft Brände.

3 Bezeichnung

Bezeichnung einer Sprinkleranlage (SK) in Art einer Trockenanlage (T):

Sprinkleranlage DIN 14 489 – SK – T

4 Wirkungsweise der Sprinkleranlage

Bei einer Sprinkleranlage öffnen die im Bereitschaftszustand geschlossenen Sprinkler – einzeln – bei Erreichen einer bestimmten Temperatur im Brandbereich. Im Rohrleitungssystem entsteht ein Druckabfall (bei Naßanlagen Wasser, bei Trockenanlagen Luft), der eine Alarmierung auslöst.
Der Druckabfall im Rohrleitungssystem bewirkt das Öffnen zugeordneter Alarmventile und steuert automatisch die Wasserversorgung.

5 Anlagearten

5.1 Naßanlage (N)
Als Naßanlage gilt eine Sprinkleranlage, wenn ihr Rohrnetz bis zu den Sprinklern ständig mit Wasser gefüllt ist. Deshalb sollen Naßanlagen in frostgefährdeten Bereichen nicht installiert werden.

5.2 Trockenanlage (T)
Als Trockenanlage gilt eine Sprinkleranlage, wenn ihr Rohrnetz zwischen Alarmventil und den Sprinklern mit Luft gefüllt ist. Beim Öffnen eines Sprinklers wird der Löschwasserfluß in das Sprinklerrohrnetz freigegeben.
Trockenanlagen werden vorwiegend in frostgefährdeten Bereichen installiert.

5.3 Trockenschnellanlage (TS)
Als Trockenschnellanlage gilt eine schnell ansprechende Trockenanlage, bei der das Öffnen des Alarmventils und damit das Füllen des Sprinklerrohrnetzes mit Wasser bereits vor Öffnen eines Sprinklers durch Rauchmelder oder Flammenmelder bewirkt wird. Die Funktion der Anlage muß bei Nichtansprechen der Brandmelder oder bei Störungen der Brandmeldeanlage erhalten bleiben. Trockenschnellanlagen werden vorwiegend in Bereichen

Fortsetzung Seite 2 bis 6

Normenausschuß Feuerwehrwesen (FNFW) im DIN Deutsches Institut für Normung e.V.
Normenausschuß Wasserwesen (NAW) im DIN

installiert, in denen mit einer schnellen Brandausbreitung zu rechnen ist, aber Trockenanlagen erforderlich sind, z. B. in unbeheizten Hochregallagern.

5.4 Tandemanlage (TD)

Als Tandemanlage gilt eine Trockenanlage, die an das Sprinklerrohrnetz einer Naßanlage angeschlossen ist. Tandemanlagen werden installiert, wenn z. B. frostgefährdete Bereiche mit Trockenanlage an Bereiche mit Naßanlagen angrenzen.

5.5 Vorgesteuerte Anlage (V)

Als vorgesteuerte Anlage gilt eine Trockenschnellanlage, die nur durch eine Brandmeldeanlage mit automatischen Brandmeldern in Verbindung mit dem Ansprechen eines Sprinklers ausgelöst wird. Das Öffnen eines Sprinklers allein bewirkt noch kein Öffnen der Ventilstation. Bei Störungen der Brandmeldeanlage wird die Anlage zur Trockenanlage. Vorgesteuerte Anlagen werden in Bereichen eingesetzt, in denen durch beschädigte Sprinkler oder Rohrleitungs-Undichtheiten austretendes Wasser hohe Sachschäden verursachen kann, z. B. EDV-Bereiche.

6 Sprinkler

Als Sprinkler gilt die durch thermische Auslöseelemente verschlossene Düse.

Sprinkler werden unterschieden nach der Ansprechtemperatur, d. h. der Art der thermischen Auslösung, nach der Art des Sprühbildes der Wasserverteilung, nach der Einbaulage und nach der Wasserleistung[1]).

Anmerkung: Für die Auslösetemperatur ist in den meisten Fällen eine Temperatur zu wählen, die mindestens 30 °C über der Umgebungstemperatur liegt.

7 Alarmventil

Als Alarmventil gilt die Verbindungsarmatur zwischen der Löschwasserversorgung und dem Rohrleitungssystem der SK-Anlage. Es muß die — von der Anlagenart nach Abschnitt 5 abhängige — Trennfunktion erfüllen und die Alarmierung bewirken[2]).

8 Sprinklerpumpe

8.1 Als Sprinklerpumpe gilt die Kreiselpumpe, die zum Fördern des Löschwassers eingesetzt wird. Sie muß eine stabile Förderhöhenlinie[3]) haben.

Anmerkung: Die Nullförderhöhe H_0[3]) soll in der Regel 110 m, der Größtförderstrom Q_{max} soll in der Regel 600 m³/h nicht überschreiten. Größere Pumpen sind einsetzbar, wenn die Wirksamkeit der SK-Anlage dies erfordert und sie dadurch nicht beeinträchtigt wird.

8.2 Bei elektromotorischem Antrieb muß die Stromversorgung der SK-Anlage auch bei Abschaltung oder Ausfall aller anderen Stromversorgungsleitungen zu allen anderen Verbrauchern sichergestellt bleiben. Die Stromversorgung muß gegen Brandeinwirkung gesichert sein (mindestens F 30 — A nach DIN 4102 Teil 4).

8.3 Bei elektromotorischem Antrieb, der z. B. aus Ersatzstromaggregaten versorgt wird, oder bei Antrieb durch direkt gekuppelten Dieselmotor, muß der Antrieb mindestens während der Wirkdauer[4]) der SK-Anlage sichergestellt sein.

8.4 Sind für die SK-Anlage zwei oder mehr Sprinklerpumpen-Anlagen erforderlich, müssen sie unabhängig voneinander arbeiten können. Die Energieversorgung dafür muß getrennt sichergestellt sein.

9 Armaturen

Als Armaturen im Sinne dieser Norm gelten alle Absperr-, Verbindungs- und Regelarmaturen, die zum Regeln und zum Weiterleiten von Wasser und Luft der SK-Anlage dienen. Es sind vorzugsweise Armaturen nach DIN-Normen einzusetzen.

10 Rohrleitung

10.1 Eine frei verlegte Rohrleitung besteht aus Stahlrohr nach DIN 2440 und/oder DIN 2448 und/oder DIN 2458. Bei Naßanlagen dürfen auch Rohre aus Kupfer nach DIN 1786 eingebaut sein. Sofern bei Kupferrohren keine Schraubverbindungen oder Flanschverbindungen benutzt werden, sind bis DN 100 hartgelötete (Schmelzpunkt des Hartlots mindestens 730 °C; siehe auch DVGW-GW 2), über DN 100 geschweißte Rohrverbindungen, herzustellen.

10.2 Eine erdverlegte Rohrleitung besteht aus Stahlrohr nach DIN 2460, jedoch kunststoff-ummantelt oder aus Druckrohr nach DIN 28610 Teil 1 oder aus Asbestzementrohr nach DIN 19800 Teil 1. Die Verlegung der Rohre muß DIN 19630 entsprechen.

Anmerkung: Rohrleitungen aus Kupfer oder Kunststoffen dürfen verwendet werden. Dabei ist besonders auf Werkstoffauswahl, Korrosionsschutz und sorgfältige Verlegung zu achten.

11 Wasserversorgung

11.1 Allgemeines

Die Wasserversorgung der SK-Anlage muß funktionssicher und besonders gegen Frosteinwirkung, Brandeinwirkung und unbefugte Bedienung gesichert sein. Das Wasser muß frei von Verunreinigungen sein die Verstopfungen im Rohrleitungssystem verursachen können.

SK-Anlagen dürfen nicht ständig mit Salz- oder Brackwasser gefüllt sein. Derartige Wässer dürfen nur nach Ansprechen der Anlage in die Rohrleitungen gelangen.

11.2 Wasserquellen

11.2.1 Wasserquellen im Sinne dieser Norm sind Versorgungsleitungen (siehe DIN 4046), Hochbehälter, Druckluftwasserbehälter sowie Pumpenanlagen in Verbindung mit Wasserleitungsnetzen oder Vorratsbehältern oder natürlichen Quellen.

---

[1]) Eine Internationale Norm für Sprinkler ist in Vorbereitung; liegt als ISO/DIS 6182 Teil 1 vor.
[2]) Eine Internationale Norm für Alarmventile ist in Vorbereitung.
[3]) Begriffe stabile Förderhöhenlinie, Nullförderhöhe, Größtförderstrom, siehe DIN 24260 (z. Z. Entwurf).
[4]) Wirkdauer siehe Abschnitt 15.4.

11.2.2 Wasserquellen werden in unerschöpfliche und erschöpfliche Wasserquellen eingeteilt:
a) Unerschöpfliche Wasserquellen sind solche, die den Wasserbedarf mindestens für die geforderte Wirkdauer sicherstellen.
b) Erschöpfliche Wasserquellen sind solche, die nur einen begrenzten Wasserbedarf oder eine verkürzte Wirkdauer sicherstellen.

11.2.3 Wenn die SK-Anlage zusätzlich eine Einspeisemöglichkeit für die Feuerwehr haben soll, muß eine Einspeisearmatur nach DIN 14 461 Teil 4 mit einer Zuleitung von DN 80 vorhanden sein. Eine solche Einspeisemöglichkeit ist bei unmittelbarem Anschluß an Trinkwasserleitungen nicht zulässig.

11.3 Anforderungen an Wasserquellen

11.3.1 Der erforderliche Wasserdurchfluß und der erforderliche Fließdruck für die SK-Anlage sind durch eine hydraulische Berechnung zu ermitteln. Wasserdurchfluß und Fließdruck müssen jederzeit durch Meßeinrichtungen prüfbar sein. Eine Meßeinrichtung ist nicht erforderlich für Druckluft-Wasserbehälter und Hochbehälter.

11.3.2 In der hydraulischen Berechnung sind der für die Wassermessung erforderliche Wasserdruck und der erforderliche Wasserdurchfluß, bezogen auf den Einbauort der Meßeinrichtung, anzugeben. Das bei der Wassermessung anfallende Wasser ist über eine Probierleitung sicher abzuführen.

11.4 Arten der Wasserversorgung

Je nach der Brandgefahr und dem Umfang des mit der SK-Anlage zu schützenden Risikos müssen Art und die Anzahl der Wasserquellen nach Abschnitt 11.2 ausgewählt und allein oder in Kombination eingebaut werden.

Anmerkung: Folgende Arten der Wasserversorgung haben sich als zweckmäßig erwiesen:

Wasserversorgung Art 1: eine erschöpfliche Wasserquelle
Wasserversorgung Art 2: eine unerschöpfliche Wasserquelle
Wasserversorgung Art 3: *eine erschöpfliche und eine unerschöpfliche Wasserquelle*
Wasserversorgung Art 4: eine erschöpfliche und zwei unerschöpfliche Wasserquellen
Wasserversorgung Art 5: zwei erschöpfliche und zwei unerschöpfliche Wasserquellen

Eine erschöpfliche Wasserquelle kann durch eine unerschöpfliche Wasserquelle ersetzt werden.

Für die Auswahl der Wasserversorgung kann als erster Anhalt dienen:
Art 1 nur bei SK-Anlagen für kleine Brandgefahren
Art 2 bis etwa 1 000 Sprinkler
Art 3 bis etwa 5 000 Sprinkler
Art 4 bis etwa 10 000 Sprinkler
Art 5 über 10 000 Sprinkler

Außerdem sind bei der Auswahl die Brandgefahr und ihre Verteilung innerhalb des zu schützenden Bereichs zu beachten.

11.5 Versorgungsleitung (Wasserleitungsnetz)

11.5.1 Wird eine öffentliche Versorgungsleitung als Wasserquelle gewählt, so ist der Anschluß an sie unter Beachtung von DIN 1988 vorzunehmen. Ein regelmäßiger (d. h. mindestens täglich einmaliger) Wasseraustausch in der SK-Anlagen-Anschlußleitung muß durch den Anschluß von Trinkwasserentnahmestellen sichergestellt sein, um stagnierendes Wasser zu vermeiden.

11.5.2 Nur, wenn das Versorgungsunternehmen jederzeit das Doppelte des erforderlichen Wasserbedarfs liefern und den erforderlichen Wasserdruck vorhalten kann, darf die Versorgungsleitung als unerschöpfliche Wasserquelle angesehen werden; andernfalls gilt sie als erschöpfliche Wasserquelle.

11.5.3 Löschwasser- und Verbrauchsleitungen eines Grundstücks sollen möglichst durch eine gemeinsame Anschlußleitung versorgt werden. Die Anschlußleitung muß so bemessen sein, daß bei Entnahmen für andere Verbraucher die Versorgung der SK-Anlage nicht beeinträchtigt wird. Ist für die SK-Anlage eine Verbindungsleitung DN 150 erforderlich, darf für andere Verbraucher ein Anschluß bis DN 40 vorgesehen werden, ohne zusätzliche Prüfung der Beeinträchtigung. Das gleiche gilt für Verbindungsleitungen DN 100 bei Anschlüssen bis DN 25.

11.5.4 In die Anschlußleitung der SK-Anlage ist eine Absperrarmatur einzubauen, die im offenen Zustand gesichert und durch den Betreiber kontrollierbar ist. Bei unmittelbarem Anschluß an eine Versorgungsleitung ist außerdem ein Steinfänger zu installieren. Filter dürfen nicht vorgeschaltet werden. Sind zwei oder mehr Versorgungsleitungen als unabhängige Wasserquellen gewählt, *so müssen sie im Versorgungsunternehmen von getrennten Pumpenstationen gespeist werden*, wobei jede Station die Anforderungen nach Abschnitt 11.5.2 erfüllen muß. Jede Wasserquelle muß eine getrennte Verbindungsleitung zur SK-Anlage besitzen.

11.6 Übergabebehälter

11.6.1 Der Übergabebehälter dient zur Trennung des Wasservorrats, z. B. von der öffentlichen Versorgungsleitung, und ist in Verbindung mit der Sprinklerpumpe gleichzeitig eine Wasserquelle.

Anmerkung: Zu empfehlen ist, daß der Wasservorrat des Übergabebehälters bei einem Wasserdurchfluß (siehe Abschnitt 11.3.1) bis 1000 l/min mindestens 5 m^3, über 1000 bis 3000 l/min mindestens 20 m^3 und über 3000 l/min mindestens 70 m^3 beträgt.

11.6.2 Der Übergabebehälter muß außen und innen korrosionsgeschützt sein.

11.6.3 Die Anordnung der Zuflußleitungen und Überlaufleitungen muß DIN 1988 entsprechen.
Eine schadlose Wasserabfuhr muß sichergestellt sein.

11.6.4 Der Übergabebehälter muß mit einer Einrichtung versehen sein, die es gestattet, den Füllstand jederzeit zu kontrollieren. Er muß außerdem entleerbar sein. Saugrohre für Pumpen müssen so angeordnet sein, daß während des Betriebs der Pumpen keine Luft angesaugt werden kann.

11.7 Druckluftwasserbehälter

11.7.1 Der Druckluftwasserbehälter darf nur zur Versorgung der SK-Anlage genutzt werden.

11.7.2 Der Wasservorrat des Druckluftwasserbehälters muß mindestens 15 m³ betragen. Für eine kleine Brandbelastung genügen 7,5 m³, wenn der Druckluftwasserbehälter nicht die einzige Wasserquelle darstellt.

11.7.3 Der Luftraum im Druckluftwasserbehälter darf nicht kleiner sein als 1/3 des Wasservorrats. Der vorzusehende Mindestbetriebsluftdruck ist zu errechnen aus dem Luftraum im Behälter, dem Mindestdruck am ungünstigsten Sprinkler (wenn das ganze Wasser aus dem Behälter ausgetreten ist) und dem statischen Druckunterschied zwischen Unterkante Druckluftwasserbehälter und höchstem Sprinkler.

11.7.4 Der zulässige Betriebsluftdruck soll in der Regel 10 bar nicht übersteigen.

11.7.5 Ist der Druckluftwasserbehälter einzige Wasserquelle, müssen die erforderlichen Luft- und Wassermengen automatisch nachgespeist werden.

11.7.6 Die Förderleistung der Wassernachspeisung und die der Luftnachspeisung muß gestatten, den Druckluftwasserbehälter innerhalb von 3 Stunden betriebsbereit zu füllen.

11.7.7 Druckluftwasserbehälter müssen im Innern für mindestens 2 Jahre korrosionsgeschützt sein.

11.8 Hochbehälter

11.8.1 Als Hochbehälter gilt ein Wasserbehälter, dessen geodätische Höhe den erforderlichen Wasserdruck der SK-Anlage sicherstellt. Die SK-Anlage muß durch eine eigene Verbindungsleitung mit dem Hochbehälter verbunden sein.

11.8.2 Der Hochbehälter muß die für die SK-Anlage erforderliche Wassermenge jederzeit bevorraten. Diese Wassermenge darf für andere Zwecke nicht entnommen werden können.

11.8.3 Ist der Hochbehälter eine erschöpfliche Wasserquelle, muß der Wasserinhalt für die SK-Anlage mindestens 30 m³ betragen. Für eine kleine Brandbelastung darf er 15 m³ betragen, wenn er nicht alleinige Wasserquelle ist.

11.8.4 Der Hochbehälter muß mit einer Einrichtung versehen sein, die es gestattet, den Füllstand jederzeit zu kontrollieren.

11.8.5 Der Hochbehälter muß innen für mindestens 2 Jahre korrosionsgeschützt und gegen Verunreinigung gesichert sein.

12 Alarmierungseinrichtung

Beim Auslösen der SK-Anlage muß automatisch eine Alarmierung erfolgen, entweder durch eine elektrische und eine mechanisch-akustische oder zwei voneinander unabhängige elektrische Einrichtungen.

Das Ansprechen der Sprinkleranlage muß zu einer ständig besetzten Stelle übertragen werden.

13 Sprinklerrohrnetz

Das Sprinklerrohrnetz als ein gleichmäßig aufgeteiltes Rohrsystem dient zur Versorgung der Sprinkler mit Löschwasser. Die Dimensionierung des Rohrnetzes wird hydraulisch unter Berücksichtigung der Mindest-Wasserdurchflußmengen und der Mindest-Drücke an den Sprinklern berechnet.

14 Sprinkleranordnung

Die Sprinkler sind im zu schützenden Bereich möglichst gleichmäßig verteilt anzuordnen und dürfen in ihrer Sprühwirkung nicht behindert werden. Die Schutzfläche je Sprinkler ist von der Brandgefahr und der Art der Sprinkler abhängig.

15 Bemessung der SK-Anlage

15.1 Brandgefahr

Die Brandgefahr ergibt sich aus der Brandbelastung und der Brandausbreitung [5]. In Abhängigkeit von dieser Brandgefahr (gestuft in klein, mittel, groß) wird die SK-Anlage bemessen.

15.2 Wirkfläche

Abhängig von der Brandgefahr ergeben sich unterschiedliche Wirkflächen, d. h. Flächen, für die gleichzeitiges Öffnen aller Sprinkler im Brandfall anzunehmen ist. Für die Berechnung der SK-Anlage ist die hydraulisch ungünstigste Wirkfläche zugrunde zu legen, die von einem Alarmventil versorgt wird.

15.3 Wasserbeaufschlagung

Abhängig von der Brandgefahr in dem zu schützenden Bereich ergibt sich die Wasserbeaufschlagung in $\frac{l}{min \cdot m^2}$, d. h. die Wassermenge je Minute und Quadratmeter.

15.4 Wirkdauer

Als Wirkdauer wird die zu erwartende Einsatzdauer der SK-Anlage verstanden, die von der Brandgefahr abhängig ist.

15.5 Löschwasservolumenstrom

Der Löschwasservolumenstrom ergibt sich theoretisch aus dem Produkt Wasserbeaufschlagung × Wirkfläche. Für den tatsächlichen Löschwasservolumenstrom ist die Ungleichförmigkeit der Hydraulik zu berücksichtigen.

15.6 Löschwassermenge

Die Löschwassermenge ergibt sich aus dem Produkt Löschwasservolumenstrom × Wirkdauer.

16 Umfang des Sprinklerschutzes

Der Umfang des erforderlichen Sprinklerschutzes ist abhängig von Art, Nutzung und Brandgefahr eines Gebäudes. Dabei muß sichergestellt sein, daß Bereiche ohne Sprinkler keine Gefährdung für gesprinklerte Bereiche (und umgekehrt) bedeuten, damit die Wirkungsweise der SK-Anlage nicht beeinträchtigt wird.

---

[5] Begriff Brandausbreitung siehe DIN 14 011 Teil 2.

17 Betriebsanleitung

Betriebsanleitungen sind in dauerhafter Ausführung augenfällig anzubringen (z. B. in Sprinklerzentrale, Ventilstation). Sie müssen alles Wissenswerte zur Inbetriebsetzung, Überwachung und Wartung enthalten.

18 Übergabe und Abnahme

Nach Fertigstellung und/oder Änderungen oder Ergänzungen muß der Hersteller oder Errichter jede SK-Anlage bei der Übergabe auf Funktionsbereitschaft prüfen. Das Ergebnis ist in einer Niederschrift festzuhalten. Bei der Übergabe an den Betreiber muß das mit der Überwachung beauftragte Personal unterwiesen werden.

19 Wartung und Prüfung

Die SK-Anlage muß in allen Teilen jederzeit gewartet werden können und prüfbar sein. Über alle Prüfungen ist ein Betriebsbuch zu führen, aus dem Prüfdatum und Prüfbefund ersichtlich sind.

19.1 Mindestens wöchentlich sind Betriebsbereitschaft, Druck der Wasserversorgung und Stromversorgung zu prüfen.

Mindestens monatlich sind die Alarmeinrichtung und die Pumpen bei Nennförderleistung entsprechend der hydraulischen Berechnung zu prüfen.

Art und Umfang dieser Prüfungen richten sich nach den Angaben der Betriebsanleitung. Die wöchentlichen Prüfungen dürfen bei ständiger Überwachung monatlich erfolgen.

19.2 Jährlich sind die gesamte SK-Anlage und — in Abstimmung mit dem Wasserversorgungsunternehmen — die Leistungen der Wasserversorgung zu prüfen, sofern Gesetze oder Verordnungen oder Feuerversicherer keine kürzeren Zeitspannen fordern.

19.3 Alle 25 Jahre sind die Haupt- und Verteilerleitungen der SK-Anlage durchzuspülen und Strangleitungen auf Ablagerungen zu kontrollieren. Hierfür müssen Spülanschlüsse vorgesehen sein.

19.4 Mängel an der SK-Anlage sind unverzüglich zu beseitigen.

Zitierte Normen und andere Unterlagen

DIN	1786	Installationsrohre aus Kupfer, nahtlosgezogen
DIN	1988	Trinkwasser-Leitungsanlagen in Grundstücken; Technische Bestimmungen für Bau und Betrieb
DIN	2440	Stahlrohre; Mittelschwere Gewinderohre
DIN	2448	Nahtlose Stahlrohre; Maße, längenbezogene Massen
DIN	2458	Geschweißte Stahlrohre; längenbezogene Massen
DIN	2460	Stahlrohre für Wasserleitungen
DIN	4046	Wasserversorgung; Begriffe, technische Regel des DVGW
DIN	4102 Teil 4	Brandverhalten von Baustoffen und Bauteilen; Zusammenstellung und Anwendung klassifizierter Baustoffe, Bauteile und Sonderbauteile
DIN	14 011 Teil 2	Begriffe aus dem Feuerwehrwesen; Abwehrender Brandschutz einschließlich Wasserversorgung
DIN	14 461 Teil 4	Feuerlösch-Schlauchanschlußeinrichtungen; Einspeisearmatur PN 25 für Steigleitungen „trocken"
DIN	14 494	Sprühwasser-Löschanlagen; ortsfest, mit offenen Düsen
DIN	14 495	Berieselung von oberirdischen Behältern zur Lagerung brennbarer Flüssigkeiten im Brandfalle
DIN	19 630	Richtlinien für den Bau von Wasserrohrleitungen; Technische Regeln der DVGW
DIN	19 800 Teil 1	Asbestzementrohre und -formstücke für Druckrohrleitungen; Rohre, Maße
DIN	24 260 Teil 1	(z. Z. Entwurf) Flüssigkeitsförderung; Kreiselpumpen und Kreiselpumpenanlagen; Begriffe, Formelzeichen, Einheiten
DIN	28 610 Teil 1	Druckrohre aus duktilem Gußeisen mit Muffe; mit Zementmörtelauskleidung, für Gas- und Wasserleitungen; Maße, Massen und Anwendungsbereiche
ISO/DIS 6182 Teil 1		Brandschutz — automatische Sprinkleranlage; Teil 1: Sprinkler; Anforderungen, Prüfungen
DVGW GW 2		Kapillarlöten von Kupferrohren für Gas- und Wasserinstallationen
Unfallverhütungsvorschrift VBG 61 Gase [6]		

Weitere Normen und andere Unterlagen

DIN	1986 Teil 1	Entwässerungsanlagen für Gebäude und Grundstücke; Technische Bestimmungen für den Bau
DIN	3352 Teil 1	Schieber; Allgemeine Angaben
DIN	3352 Teil 9	Schieber aus warmfestem Stahl
DIN	3352 Teil 10	Schieber aus nichtrostendem Stahl
DIN	3352 Teil 11	Schieber aus Kupferlegierungen mit Flanschanschluß

---

[6] Zu beziehen beim Carl-Heymanns-Verlag, Gereonstraße 18—32, 5000 Köln 1.

Seite 6 DIN 14 489

DIN 3352 Teil 12	Schieber aus Kupferlegierungen mit Muffenanschluß
DIN 3354 Teil 1	Klappen; Allgemeine Angaben
DIN 3354 Teil 3	Klappen; Absperrklappen, dicht schließend, weich dichtend, aus Stahl und Stahlguß, mit Flanschen oder Schweißenden
DIN 3354 Teil 4	Klappen; Absperrklappen, dicht schließend, metallisch dichtend, aus Stahl oder Stahlguß, mit Flanschen oder Schweißenden
DIN 3356 Teil 1	Ventile; Allgemeine Angaben
DIN 3356 Teil 3	Ventile; Absperrventile aus unlegierten Stählen
DIN 3356 Teil 4	Ventile; Absperrventile aus warmfesten Stählen
DIN 3356 Teil 5	Ventile; Absperrventile aus nichtrostenden Stählen
DIN 3357 Teil 1	Kugelhähne; Allgemeine Angaben für Kugelhähne aus metallischen Werkstoffen
DIN 3357 Teil 2	Kugelhähne aus Stahl mit Volldurchgang
DIN 3357 Teil 4	Kugelhähne aus Nichteisenmetallen mit Volldurchgang
DIN 4102 Teil 3	Brandverhalten von Baustoffen und Bauteilen; Brandwände und nichttragende Außenwände; Begriffe, Anforderungen und Prüfungen
DIN 14 011 Teil 5	Begriffe aus dem Feuerwehrwesen; Brandschutzeinrichtungen
DIN VDE 0100	Bestimmung für das Errichten von Starkstromanlagen mit Nennspannungen bis 1000 V
DIN VDE 0108	Errichten und Betreiben von Starkstromanlagen in baulichen Anlagen für Menschenansammlungen sowie von Sicherheitsbeleuchtungen in Arbeitsstätten
Beiblatt 1 zu DIN VDE 0660	Schaltgeräte; Verzeichnis der Normen der Reihe DIN 57 660
DIN VDE 0833 Teil 1	Gefahrenmeldeanlagen für Brand, Einbruch und Überfall; Allgemeine Festlegungen
DIN VDE 0833 Teil 2	Gefahrenmeldeanlagen für Brand, Einbruch und Überfall; Festlegungen für Brandmeldeanlagen (BMA)

Verordnung über Anlagen zur Lagerung, Abfüllung und Beförderung brennbarer Flüssigkeiten zu Lande (VbF) [6]
Technische Regeln für brennbare Flüssigkeiten (TRbF) [6]
Druckbehälterverordnung (DruckbehV) [6]
DVGW-Arbeitsblatt W 313 — Wasserversorgung, Verbrauchsanlagen, Brandschutz — Richtlinien für Bau und Betrieb von Feuerlösch- und Brandschutzanlagen in Grundstücken im Anschluß an Trinkwasserleitungen — Juli 1964
DVGW-Merkblatt W 317 — Wasserversorgung, Verbrauchsanlagen, Feuerlösch- und Brandschutzanlagen — Naß/Trocken-Leitungsanlagen für Wandhydranten in Gebäuden und Grundstücken im Anschluß an Trinkwasserleitungen — Juli 1981
DVGW-Arbeitsblatt W 405 — Wasserversorgung, Rohrnetz/Löschwasser — Bereitstellung von Löschwasser durch die öffentliche Trinkwasserversorgung — Juli 1978
Regelwerke der Feuerversicherer für Sprinkleranlagen [7]

Erläuterungen

Sprinkleranlagen sind selbsttätige ortsfeste Löschanlagen und dienen dem vorbeugenden Brandschutz für Personen und Sachwerte. In besonderen Fällen kann es zweckmäßig sein, für Wasserabfuhr zu sorgen, wenn gegebenenfalls übermäßiger Wasserschaden in einzelnen Schutzbereichen entstehen kann.
Eine Norm für Sprinkleranlagen kann nur allgemeingültige, rein technische Regeln enthalten. Sie kann nicht diejenigen Anforderungen enthalten, die sich für jede einzelne Sprinkleranlage aufgrund z. B. örtlicher Verhältnisse oder der zu schützenden Risiken abweichend ergeben. Deshalb können die Festlegungen dieser Norm auch nicht Anforderungen ersetzen, die sich aus versicherungstechnischen Fragen herleiten. Eine exakte Beschreibung der Brandgefahr ist nicht möglich, weil sie sich nur durch Beispiele darstellen läßt. Planung, Errichtung und/oder Änderungen von SK-Anlagen sollen nur von Fachkräften vorgenommen werden, um das erforderliche hohe Maß an Sicherheit zu erreichen.
DIN 1988, Ausgabe Januar 1962, wird zur Zeit neu bearbeitet und in mehrere Teile aufgeteilt.

Internationale Patentklassifikation

A 62 C 35/22

---

[6] Siehe Seite 5
[7] Z. B. die „Richtlinien für Sprinkleranlagen; Planung und Einbau", zu beziehen beim Verband der Sachversicherer, Postfach 10 20 24, 5000 Köln 1.

DK 614.844.2 : 621.647.24-182.2   März 1979

Sprühwasser-Löschanlagen
ortsfest   mit offenen Düsen

**DIN
14 494**

Water spray systems; fixed, with open nozzles

Alle Drücke sind Überdrücke in bar.

1 Geltungsbereich und Zweck

Diese Norm gilt für die Planung, Errichtung und den Betrieb ortsfester Sprühwasser-Löschanlagen.

Sprühwasser-Löschanlagen (im folgenden kurz SP-Anlagen genannt) werden zum Schutz von Räumen und Objekten eingesetzt, bei denen mit schneller Brandausbreitung zu rechnen und Wasser als Löschmittel anwendbar ist.

SP-Anlagen dürfen auch im Rahmen des vorbeugenden Brandschutzes zum Kühlen von Räumen und Objekten eingesetzt werden.

Für SP-Anlagen [1]) in Versammlungsstätten sind zusätzlich die Verordnungen der Länder über den Bau und Betrieb von Versammlungsstätten zu berücksichtigen.

Diese Norm gilt nicht
- für Schiffe,
- im Bergbau unter Tage,
- für die Berieselung von oberirdischen Behältern (siehe DIN 14 495),
- für den Schutz im Sinne der Unfallverhütungsvorschrift Gas.

SP-Anlagen sind keine Sprinkler-Anlagen (siehe auch die Erläuterungen).

2 Mitgeltende Unterlagen

VDE 0800 Teil 1   Bestimmungen für Errichtung und Betrieb von Fernmeldeanlagen einschließlich Informationsverarbeitungsanlagen; Allgemeine Bestimmungen

3 Begriff

Sprühwasser-Löschanlagen sind ortsfeste Feuerlöschanlagen. Sie bestehen im wesentlichen aus festverlegten Rohrleitungen mit offenen Löschdüsen, Ventilstationen, Auslöseeinrichtungen und Wasserversorgung.

Im Brandfalle wird die gesamte Anlage oder werden einzelne Anlagengruppen selbsttätig und/oder von Hand ausgelöst.

4 Bezeichnung

Bezeichnung der Sprühwasser-Löschanlage (SP):

    Löschanlage DIN 14 494 — SP

5 Technische Anforderungen und Ausführung

Ventilstationen, Löschdüsen und Auslöseeinrichtungen müssen von einer anerkannten Prüfstelle[2]) typgeprüft werden.

5.1 Wasserbedarf
(siehe auch die Erläuterungen)

Die Wasserbeaufschlagung richtet sich nach Form und Maßen des zu schützenden Raumes, nach der Art des Objektes, Art und Menge des zu schützenden Gutes, Höhe und Art der Lagerung, Windeinflüssen und muß zwischen 5 und 60 Litern je Minute und m^2 betragen.

Die für die gesamte Fläche eines zu schützenden Raumes oder für ein Objekt oder bei Gruppenaufteilung für die Flächen der Gruppen oder Objekte, die bei einem Brand gemeinsam in Tätigkeit treten können, erforderliche Wassermenge muß je nach Brandrisiko zwischen 5 (z. B. bei Transformatoren) und 60 Minuten lang zur Verfügung stehen. Beim Kühlen können noch längere Zeitspannen notwendig sein.

Anmerkung: Bei Raumschutzanlagen mit Gruppenaufteilung sollte die zu schützende Fläche einer Gruppe im allgemeinen zwischen 100 m^2 *(bei geringem Brandrisiko)* und 400 m^2 *(bei hohem Brandrisiko)* betragen.

5.2 Wasserabfuhr

Aus der SP-Anlage austretende Wassermengen sollen — um Wasserschäden zu vermeiden — in möglichst kurzer Zeit und auf möglichst kurzem Wege abgeleitet werden können. Bei SP-Anlagen im Bereich brennbarer Flüssigkeiten sind die einschlägigen Vorschriften (z. B. VbF und TRbF) zu beachten.

5.3 Wasserversorgung

5.3.1 Die Wasserversorgung muß die durch Hydraulikberechnung ermittelte Wasserrate bei dem erforderlichen Druck erbringen (siehe Erläuterungen).

Bei Anschluß der SP-Anlage an die Trinkwasserleitung sind die DVGW-Arbeitsblätter W 313, W 314 und W 317 zu beachten.

Der Druck an den Löschdüsen muß bei SP-Anlagen im Freien mindestens 2 bar, bei Anlagen in Räumen mindestens 0,5 bar betragen.

Kann die SP-Anlage nicht zur Probe ausgelöst werden, so muß eine Probierleitung mit Anschlußmöglichkeit für eine Meßeinrichtung vorhanden sein.

---

[1]) Sprühwasser-Löschanlagen wurden bisher auch Regenanlagen oder Berieselungsanlagen genannt.

[2]) Auskünfte über anerkannte Prüfstellen erteilt der Normenausschuß Feuerwehrwesen (FNFW), Burggrafenstraße 4-10, 1000 Berlin 30.

Fortsetzung Seite 2 und 3
Erläuterungen Seite 4

Normenausschuß Feuerwehrwesen (FNFW) im DIN Deutsches Institut für Normung e. V.

5.3.2 Wenn eine Pumpe die Wasserversorgung übernimmt, müssen Förderstrom und Förderdruck gestatten, die Anforderungen nach den Abschnitten 5.1 und 5.3.1 zu erfüllen.

5.3.2.1 Entnimmt die Pumpe direkt aus einer öffentlichen Wasserleitung, so muß der hydrodynamische Zulaufdruck bei Nennleistung der Pumpe mindestens 0,5 bar betragen.
In der Zulaufleitung muß ein Absperrschieber mit Öffnungsanzeige und Sicherung gegen Betätigung durch Unbefugte eingebaut sein. Die DVGW-Arbeitsblätter W 313, W 314 und W 317 sind zu beachten. In der Saug- und Druckleitung der Pumpe muß je ein Überdruckmeßgerät eingebaut sein.

5.3.2.2 Läuft das Wasser der Pumpe nicht zu, muß in die Saugleitung ein Fußventil eingebaut sein. Über eine überprüfbare, selbsttätige Auffüllvorrichtung müssen Saugleitung und Pumpe ständig mit Wasser gefüllt sein.

5.3.3 Die Energieversorgung der Pumpe muß derart sichergestellt sein, daß sie beim Abschalten der Stromversorgung des geschützten Raumes oder Objektes nicht mit abschaltbar ist.

5.3.4 In die Zuleitungen der Wasserversorgung der Anlage müssen Steinfänger mit einer Maschenweite von etwa 4 mm und einem 1,5fachen freien Querschnitt (bezogen auf die Zuleitung) eingebaut sein.

5.3.5 SP-Anlagen sollten zusätzlich mit einem ausreichenden Anschluß mit Rückflußorgan zum Einspeisen von Wasser durch die Feuerwehr ausgerüstet sein.

5.3.6 Alle ständig unter Wasser stehenden Teile der SP-Anlage müssen gegen Frosteinwirkung geschützt sein.

5.4 Ventilstationen

5.4.1 Die Ventilstationen müssen betätigt werden können, wenn es im jeweils geschützten Bereich brennt.

5.4.2 Jede Ventilstation muß gegen unbefugte Betätigung gesichert sein.

5.4.3 Jede Ventilstation muß auf ihre Funktionstüchtigkeit geprüft werden können.

5.4.4 Bei Unterteilung der SP-Anlage in einzelne, getrennt zu schaltende Gruppen muß die Zugehörigkeit der Ventilstationen deutlich erkennbar sein.

5.5 Rohrnetz

5.5.1 Die Dimensionierung der Armaturen, Rohrleitungen und Löschdüsen ist durch Hydraulikberechnung zu bestimmen. Das Rohrnetz ist für PN 10 zu bemessen, sofern nicht höhere Betriebsdrücke eine höhere Druckstufe bedingen.

5.5.2 Armaturen, Rohre und Rohrverbindungen müssen mechanischen, thermischen und chemischen Einflüssen standhalten[3]. Stahlrohre hinter den Ventilstationen müssen feuerverzinkt oder gleichwertig korrosionsgeschützt sein.
Dimensionierung und Ausführung der Rohrhalterungen müssen den besonderen Beanspruchungen der SP-Anlage entsprechen.

5.5.3 Die Rohrleitungen hinter den Ventilstationen müssen entleerbar sein.

5.5.4 Die Rohrleitungen der SP-Anlage sind vor dem Einbau auf Sauberkeit im Innern zu prüfen und unmittelbar nach der Montage gründlich auszuspülen.

5.6 Löschdüsen

5.6.1 Die Löschdüsen sind so anzuordnen, daß das Löschwasser gleichmäßig in ausreichender Menge auf die Fläche und/oder auf das Objekt verteilt wird.
Tröpfchengröße, Austrittsgeschwindigkeit, Wasserverteilung und Sprühbild sind nach dem jeweiligen Brandrisiko auszuwählen.

Umgebungseinflüsse, z. B. durch Wind, stromführende Anlageteile, sind dabei zu berücksichtigen.
Gegebenenfalls muß die Auswahl der Düsen und ihre Anordnung durch Versuche bestimmt werden.

5.6.2 Die von einer Löschdüse zu schützende Fläche darf in Räumen 12 m^2, im Freien 9 m^2 nicht überschreiten. Bei zu schützenden Objekten muß — bedingt durch die Düsenanpassung — mit kleineren Flächen gerechnet werden.

5.6.3 Der Abstand zwischen den Löschdüsen darf in Räumen 4 m, im Freien 3 m nicht überschreiten. Der Abstand der Löschdüsen zur Wand oder zu anderen Begrenzungen darf in Räumen nicht größer als 2 m, im Freien nicht größer als 1,5 m sein.

5.6.4 Die Löschdüsen müssen an jeder Stelle eine lichte Weite von mindestens 8 mm haben. Löschdüsen mit einer lichten Weite von 6 bis 8 mm dürfen eingesetzt werden, wenn vor jeder Düse ein Schmutzfänger mit einer Maschenweite von etwa 3 mm und einem mindestens 3fachen freien Querschnitt (bezogen auf die Zuleitung) verwendet wird.

5.6.5 Die Löschdüsen müssen aus korrosionsfestem Material bestehen und ausreichend wärmebeständig sein.

5.6.6 An der Löschdüse müssen Nenngröße und Typ dauerhaft angebracht und im eingebauten Zustand erkennbar sein.

5.6.7 Bei Verschmutzungsgefahr ist sicherzustellen, daß die Löschdüsen nicht verstopfen können.

5.7 Auslöseeinrichtung

5.7.1 Arten

SP-Anlagen dürfen ausgelöst werden durch
a) Handauslösung,
b) selbsttätige mechanische Auslösung,
c) selbsttätige hydraulische Auslösung,
d) selbsttätige pneumatische Auslösung,
e) selbsttätige elektrische Auslösung,
f) eine Kombination der Auslösungen nach b) bis e).

5.7.2 Allgemeines

Die Auslöseeinrichtung muß prüfbar sein.
Die Zeitspanne vom Ansprechen des Anregers bis zum Austritt des Wassers aus der Löschdüse darf nicht mehr als 40 s betragen.
Zur Vermeidung von Fehlauslösungen sind gegebenenfalls besondere Vorkehrungen zu treffen.
Bei selbsttätiger Auslösung muß zusätzlich eine Handauslösung vorhanden sein. Die Handauslösung muß an der Ventilstation unter Umgehung der selbsttätigen Auslösung betätigt werden können.

5.7.3 Handauslösung

Die Handauslösung muß im Brandfall außerhalb des zu schützenden Bereichs, jedoch nahe am geschützten Objekt möglich sein.
Bei Unterteilung der SP-Anlage in einzelne, getrennt zu schaltende Gruppen muß die Zugehörigkeit der Handauslösungen deutlich gekennzeichnet sein.
Handauslösungen müssen gegen unbefugte Betätigung gesichert sein.

5.7.4 Selbsttätige mechanische Auslösung

5.7.4.1 Die selbsttätige mechanische Auslösung darf über Seilzüge mit Thermotrenngliedern als Anreger erfolgen. Die Überwachungsfläche je Thermotrennglied darf in Räumen 20 m^2, im Freien 9 m^2 nicht überschreiten. Bei Objekten muß mit kleineren Flächen gerechnet werden.

---

[3] Feuerverzinkte oder gleichwertig korrosionsgeschützte Stahlrohre erfüllen in der Regel diese Forderung.

5.7.4.2 Der Abstand zur Decke darf nicht mehr als 250 mm betragen.

Der Abstand zwischen den Anregern darf in Räumen nicht mehr als 4,5 m, im Freien nicht mehr als 3 m betragen, der Abstand zu Wänden oder anderen Begrenzungen darf 2,25 bzw. 1,5 m nicht überschreiten.

5.7.4.3 Die Auslösetemperaturen der Anreger sollen im Normalfall etwa 30 °C über der Umgebungstemperatur liegen.

5.7.5 Selbsttätige hydraulische Auslösung

5.7.5.1 Die Anreger sind nach Abschnitt 5.7.4 anzuordnen.

5.7.5.2 Anregerleitungen und deren Verbindungen müssen mechanischen, thermischen und chemischen Einflüssen standhalten. Stahlrohre müssen feuerverzinkt oder gleichwertig korrosionsgeschützt sein. Die Mindestnennweite beträgt bei Stahlrohren DN 15, bei Kupferrohren DN 10. Das Rohrnetz ist für PN 10 zu bemessen, sofern nicht höhere Betriebsdrücke eine höhere Druckstufe bedingen. Jeweils am Ende einer Anregerrohrleitung muß eine Prüfmöglichkeit vorhanden sein.

5.7.5.3 Für die Auslösetemperaturen des Anregers gilt Abschnitt 5.7.4.3.

5.7.6 Selbsttätige pneumatische Auslösung

5.7.6.1 Für Anreger gelten die Anforderungen nach Abschnitt 5.7.4.

5.7.6.2 In Anregerleitungen soll der Druck 6 bar nicht übersteigen. Der Druck in der Anregerleitung muß überwacht und Druckabfall gemeldet werden. Jeweils am Ende einer Anregerrohrleitung muß eine Prüfmöglichkeit vorhanden sein.

5.7.6.3 Das Nachfüllen des Steuermediums kann selbsttätig über ein Drosselventil erfolgen, dessen Drosselöffnung nur so groß sein darf, daß keine wesentliche Verzögerung in der selbsttätigen Auslösung bei Öffnen auch nur einer Anregerdüse eintritt.

Es muß sichergestellt sein, daß bei Auslösung einer Gruppe das Steuermedium für die anderen Gruppen vorhanden ist.

5.7.6.4 Die Anregerleitungen müssen mindestens DN 8 sein.

5.7.6.5 Für die Auslösetemperaturen der Anreger gilt Abschnitt 5.7.4.3.

5.7.6.6 Es ist sicherzustellen, daß sich kein Wasser in den Rohrleitungen sammeln kann.

5.7.7 Selbsttätige elektrische Auslösung

Bei der selbsttätigen elektrischen Auslösung ist die VDE-Bestimmung 0800 Teil 1, Ausgabe Mai 1970x, Klasse C, zu beachten (siehe auch DIN 57 833 Teil 1/VDE 0833 Teil 1).

6 Alarmierungseinrichtungen

Bei Auslösung einer SP-Anlage muß automatisch eine Alarmierung erfolgen.

Nach Möglichkeit soll die Alarmierungseinrichtung an das Feuermeldenetz der Feuerwehr angeschlossen sein. Es empfiehlt sich, zusätzlich eine mechanisch akustische Alarmierungseinrichtung zu installieren.

7 Betriebsanleitung

In der Nähe der Ventilstation ist eine Betriebsanleitung in dauerhafter Ausführung augenfällig anzubringen. Sie muß alles Wissenswerte zur Inbetriebsetzung, Überwachung und Wartung enthalten.

8 Übergabe und Abnahme

Nach Fertigstellen muß der Hersteller jede SP-Anlage bei der Übergabe auf Funktionsbereitschaft prüfen. Das Ergebnis ist in einer Niederschrift festzuhalten. Bei der Übergabe an den Anlagebesitzer muß das mit der Überwachung beauftragte Personal unterwiesen werden.

9 Wartung und Prüfung

Die SP-Anlage muß in allen Teilen jederzeit gewartet werden können und prüfbar sein. Die Prüfungen sind durch einen Sachkundigen durchzuführen. Über alle Prüfungen ist ein Kontrollbuch zu führen, aus dem Prüfdatum und Prüfbefund ersichtlich sind.

9.1 Wöchentlich sind

a) die Betriebsbereitschaft,

b) der Druck der Wasserversorgung,

c) die Stromversorgung,

d) das Anregersystem,

e) die Alarmeinrichtungen,

f) die Pumpen unter Volleistung

zu prüfen. Art und Umfang der Prüfungen richten sich nach den Angaben der Betriebsanleitung.

9.2 Halbjährlich ist die gesamte SP-Anlage in allen Teilen zu prüfen.

9.3 Fünfjährlich ist die gesamte SP-Anlage durchzuspülen und die Leistungen der Wasserversorgung zu messen.

9.4 Mängel sind dem Betreiber der SP-Anlage zu melden und von diesem unverzüglich zu beseitigen.

10 Änderungen und Ergänzungen

Änderungen und Ergänzungen von SP-Anlagen dürfen nur durch Fachfirmen vorgenommen werden.

Weitere Normen und Unterlagen

DIN 1986 Teil 1	Entwässerungsanlagen für Gebäude und Grundstücke; Technische Bestimmungen für den Bau
DIN 1988	Trinkwasser-Leitungsanlagen in Grundstücken; Technische Bestimmungen für Bau und Betrieb
DIN 14 495	Berieselung von oberirdischen Behältern zur Lagerung brennbarer Flüssigkeiten im Brandfalle
DIN 57 833 Teil 1/VDE 0833 Teil 1	Gefahren-Meldeanlagen für Brand, Überfall und Einbruch; Allgemeine Festlegungen [VDE-Bestimmung]

Verordnung über brennbare Flüssigkeiten (VbF)

Technische Regeln für brennbare Flüssigkeiten (TRbF)

Unfallverhütungsvorschrift „Druckbehälter" (VBG 17)

DVGW-Arbeitsblatt W 313	Richtlinien für Bau und Betrieb von Feuerlösch- und Brandschutzanlagen in Grundstücken im Anschluß an Trinkwasserleitungen
DVGW-Arbeitsblatt W 314	Druckerhöhungsanlagen in Grundstücken; Technische Bestimmungen für Auslegung, Ausführung und Betrieb
DVGW-Arbeitsblatt W 317	Naß/Trocken-Wasserleitungsanlagen in Grundstücken (z. Z. noch Entwurf)

Erläuterungen

Die Neufassung wurde notwendig, weil einerseits der Vornormcharakter von DIN 14 494 aufgehoben werden mußte und andererseits die inzwischen mit Sprühwasser-Löschanlagen gesammelten Erfahrungen ihren Niederschlag in der Norm finden sollen. Deshalb ist der technische Inhalt der Norm überarbeitet und dem Stand der Technik angepaßt worden.

Zu Abschnitt 1 wird hinsichtlich der Sprinkler-Anlagen auf die „Richtlinien für Sprinkler-Anlagen" hingewiesen, die vom Verband der Sachversicherer e. V., Postfach 10 20 24, 5000 Köln 1, bezogen werden können.

Die in Abschnitt 5.3.1 genannten Hydraulikberechnungen sind in der einschlägigen Fachliteratur nachlesbar. Deshalb ist eine Festlegung im Rahmen einer Norm nicht erforderlich.

Sprühwasser-Löschanlagen werden z. B. in Flugzeughallen, Müllbunkern und Müllverbrennungsanlagen, Bühnen, Transformatoren, Behältern und Anlagen mit brennbaren Flüssigkeiten, Kabelkanälen, Spänesilos, Spanplattenfabriken, Kraftwerksanlagen, Hydraulikräumen, Feuerwerkskörperfabriken und Munitionsfabriken eingesetzt.

Die Angaben der nachfolgenden Tabelle dienen nur als erster Anhalt für eine Beurteilung des Wasserbedarfs.

Schutzobjekt	Wasserbeaufschlagung $l/(min \cdot m^2)$ min.	Löschzeit min min.	Gruppe Fläche m^2	Gruppe Anzahl
Bühnen				
bis 350 m², Höhe $\leq$ 10 m	5	10	–	1
bis 350 m², Höhe $>$ 10 m	7	10	–	1
über 350 m², Höhe $\leq$ 10 m	5	10	–	3
über 350 m², Höhe $>$ 10 m	7	10	–	3
Spänesilos				
Schütthöhe $\leq$ 3 m	7,5	30	–	1
Schütthöhe $>$ 3 m $\leq$ 5 m	10	30	–	1
Schütthöhe $>$ 5 m	12,5	30	–	1
Müllbunker				
Schütthöhe $\leq$ 2 m	5	30	100 bis 400	–
Schütthöhe $>$ 2 m $\leq$ 3 m	7,5	30	100 bis 400	–
Schütthöhe $>$ 3 m $\leq$ 5 m	12,5	30	100 bis 400	–
Schütthöhe $>$ 5 m	20	30	100 bis 400	–
Schaumstofflager				
Lagerhöhe $\leq$ 2 m	10	30	150 min.	–
Lagerhöhe $>$ 2 m $\leq$ 3 m	15	45	150 min.	–
Lagerhöhe $>$ 3 m $\leq$ 4 m	22,5	60	200 min.	–
Lagerhöhe $>$ 4 m $\leq$ 5 m	30	60	200 min.	–

DK 614.844.2 : 621.642.39 : 621.6.038   DEUTSCHE NORMEN   Juli 1977

Berieselung von oberirdischen Behältern zur Lagerung brennbarer Flüssigkeiten im Brandfalle

DIN
14 495

Irrigation of overground tanks for storage of combustible fluids in case of fire

Diese Norm legt die brandschutztechnischen Anforderungen an Berieselungsanlagen fest, die nach der Technischen Regel für brennbare Flüssigkeiten TRbF 103 Ziff. 4[1]) erforderlich sind. Grundlagen sind die theoretische Untersuchung der Forschungsstelle für Brandschutztechnik an der Universität Karlsruhe[2]) sowie Erfahrungen aus Brandversuchen. Außerdem werden für liegende oder kugelförmige Behälter entsprechende Bemessungsgrundlagen gegeben.

1 Geltungsbereich und Zweck

Diese Norm gilt für die Berieselung von ortsfesten Behältern gemäß VbF/TRbF 101.1.1 zur Lagerung brennbarer Flüssigkeiten durch ortsfest verlegte, teilbewegliche oder ortsbewegliche Einrichtungen im Brandfalle. Durch die Berieselung soll die Aufheizung der Behälter in solchen Grenzen gehalten werden, daß ihre Standfestigkeit erhalten bleibt. Die Berieselung dient dem Schutz der dem Brandobjekt benachbarten Behälter.

2 Begriffe

2.1 Ortsfeste Berieselungsanlage

Eine ortsfeste Berieselungsanlage ist eine Anlage, bei der aus einem ortsfest verlegten Rohrleitungssystem mit Hilfe geeigneter Aufgabevorrichtungen die Oberfläche der zu kühlenden Behälter mit einem ausreichend starken und gleichmäßig verteilten Wasserfilm beaufschlagt wird.

Die Kühlung kann sich je nach Behälterbauart, -größe, -standort und Lagergut auf die gesamte Oberfläche oder auch nur auf bestimmte gefährdete Oberflächenbereiche (siehe Abschnitt 3.1) erstrecken.

2.2 Ortsbewegliche Berieselungseinrichtung

Eine ortsbewegliche Berieselungseinrichtung ist eine Einrichtung, bei der mit Hilfe von Wasserstrahlrohren oder Werferwerfern der zu kühlende Behälter bzw. Behälterabschnitt möglichst gleichmäßig beaufschlagt wird.

2.3 Teilbewegliche Berieselungseinrichtung

Bei einer teilbeweglichen Berieselungseinrichtung wird ein Teil der Einrichtungen zwecks schneller Inbetriebsetzung ortsfest verlegt.

2.4 Berieselungsstromdichte

Die Berieselungsstromdichte ist die Wassermenge für die zu kühlende Fläche in $\frac{1}{m^2 \cdot h}$ oder in mm/h.

3 Berieselungsarten bei ortsfesten Berieselungsanlagen

3.1 Stehende Behälter

3.1.1 Mantelberieselung

Eine Ringleitung ist in gleichmäßigen Abständen mit geeigneten Düsen versehen, die das Wasser breitflächig und gleichmäßig auf die Manteloberfläche leiten. Bei Behältern über 12 m Höhe empfiehlt sich die Aufteilung in zwei oder mehrere Düsenringe mit möglichst gleichem Abstand.

Für Festdachtanks bis 20 m Durchmesser ist die Berieselung über das Dach mit Umlenkung zulässig. Bei Behältern über 20 m Durchmesser kann die Berieselungsanlage in Abschnitte unterteilt werden. Ein Abschnitt muß mindestens einen Winkel von 120° beaufschlagen.

3.1.2 Dachberieselung

Eine Dachberieselung ist aus brandschutztechnischen Gründen nicht unbedingt erforderlich.

3.1.3 Berieselung mit Wasserwerfern

Um die zu kühlenden Behälter sind fest eingebaute Wasserwerfer anzuordnen, die automatisch oder von Hand schwenkbar die erforderliche Berieselungsstromdichte erbringen.

3.2 Liegende Behälter, Kugelbehälter u. ä.

3.2.1 Allseitige Berieselung

Zylindrische Lagerbehälter auf Stützen und Kugelbehälter sind von allen Seiten einschließlich der Stützen zu beaufschlagen durch Anbringen entsprechender Düsensysteme. Eine zusätzliche feuerbeständiger Stützen nach DIN 4102 kann entfallen.

3.2.2 Berieselung mit Wasserwerfern

Entsprechend Abschnitt 3.1.3.

4 Berieselungsstromdichte und Wasserversorgung

4.1 Berieselungsstromdichte

4.1.1 Die Berieselungsstromdichte bestimmt sich in Abhängigkeit vom Behälterdurchmesser aus dem nachfolgenden Diagramm. Sie bezieht sich auf die Mantelfläche.

Eine vorhandene Dachberieselung für die Kühlung im laufenden Betrieb darf gleichzeitig eingesetzt werden, sofern dadurch die Wasserversorgung nicht gefährdet wird.

Wird die Berieselung in Teilbereichen vorgenommen, so muß in diesen Teilbereichen eine Berieselungsstromdichte von 60 Liter je Quadratmeter und Stunde sichergestellt sein.

---

[1]) TRbF 103, Ausgabe 1970, bekanntgemacht durch den Bundesminister für Arbeit und Sozialordnung.

[2]) Seeger, P. G.: „Über die Wasserberieselung von Lagertanks für brennbare Flüssigkeiten zur Kühlung des Tankmantels im Brandfall". VFDB-Zeitschrift 20 (1971), Heft 3, Seite 74-84.

Fortsetzung Seite 2 und 3
Erläuterungen Seite 3

Fachnormenausschuß Feuerwehrwesen (FNFW) im DIN Deutsches Institut für Normung e.V.

4.1.2 Die Berieselungsstromdichte ist auf das Doppelte zu erhöhen, wenn von den eingelagerten Stoffen besondere Gefahren ausgehen. Das ist der Fall bei Stoffen, die bei Erwärmung zur Polymerisation oder Zersetzung neigen oder die auf Grund ihres niedrigen Siedepunktes in Druckbehältern gelagert werden müssen. Bei Kugelbehältern über 15 m Durchmesser ist eine Unterteilung entsprechend Abschnitt 3.1.1 möglich.

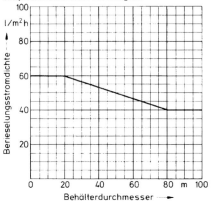

Behälterdurchmesser →

4.1.3 Die Außenwandfläche der Auffangräume aus Stahl (Ringmantel) mit gleicher Höhe wie die darin stehenden Behälter sind mit der Berieselungsstromdichte nach dem Diagramm zu berieseln. Die Behälterberieselung entfällt in diesem Falle.

Sind Auffangräume aus Stahl nicht gleich hoch wie der darin stehende Behälter, ist der überstehende Tankbereich mit der Berieselungsstromdichte nach dem Diagramm zu berieseln. Für Abfuhr des Wassers aus der Tanktasse ist Sorge zu tragen.

4.1.4 Auffangräume nach Abschnitt 4.1.3 sind – wie nach TRbF unter bestimmten Voraussetzungen zulässig – mit der 1,5fachen Berieselungsstromdichte nach dem Diagramm zu berieseln.

4.1.5 Für Auffangräume (Ringmantel) aus Beton entfällt die Berieselung der Betonfläche. Sonst gilt Abschnitt 4.1.3.

4.1.6 Behälter und Auffangräume mit Wärmedämmung, die geringe Standfestigkeit gegen Wärmestrahlung besitzen (Leichtmetall, Kunststoff usw.), sind zu berieseln nach Abschnitt 4.1.1 bis 4.1.4.

4.2 Wasserversorgung

Die Wasserversorgung muß für das größte Einzelobjekt ausreichen unter Sicherstellung des erforderlichen Fließdrucks an Aufgabevorrichtungen oder Strahlrohren für eine Berieselungsdauer von mindestens 120 Minuten.

5 Aufbau der Berieselungsanlagen und -einrichtungen

5.1 Allgemeines

5.1.1 Die volle Inbetriebnahme muß unmittelbar nach Brandausbruch erfolgen können. Dies gilt besonders für ortsbewegliche Einrichtungen.

5.1.2 Der Zugang zu den Betätigungseinrichtungen der ortsfesten Berieselungsanlagen und den Anschlußstellen und Standorten der ortsbeweglichen Berieselungseinrichtungen muß für jeden möglichen Brandfall gesichert sein.

5.1.3 Die Berieselungsdüsen sind aus temperatur- und korrosionsbeständigem Werkstoff herzustellen und müssen einen freien Durchgang von mindestens 6 mm aufweisen sowie gegen Verstopfung gesichert sein.

Die Rohrleitungen sind aus Stahl herzustellen. Auf Korrosionsschutz ist zu achten.

5.1.4 Rohrleitungen und Düsen für die Mantelberieselung von Behältern sind unterhalb der Reißnaht anzubringen.

5.2 Ortsfeste Berieselungsanlagen

Ist ein nach Druck- und Wasserfluß ausreichend dimensioniertes Hydrantennetz vorhanden, so darf die Wasserversorgung unmittelbar daraus erfolgen. Für die Einspeisung von Wasser durch Feuerlöschfahrzeuge sind Anschlüsse vorzusehen. Die nicht frostsicher verlegten Teile der Berieselungsanlagen müssen vollständig entleert werden können.

5.3 Ortsbewegliche und teilbewegliche Berieselungseinrichtungen

Die Wasserversorgung erfolgt aus entsprechend leistungsfähigen Hydrantleitungen über Schläuche zu den Strahlrohren oder Wasserwerfern, gegebenenfalls unter Einschaltung von Druckerhöhungspumpen der Löschfahrzeuge. Ortsfeste Wasserwerfer sollen zwecks schneller Inbetriebsetzung mit festverlegten Rohrleitungen angeschlossen sein. Als einzuhaltende Zeitspanne von der Alarmierung bis zum Beginn der Berieselung werden 5 Minuten angesehen. Für ausreichende Ableitung des bei der Berieselung anfallenden Wassers ist Sorge zu tragen. Für die Bedienung der Strahlrohre und Wasserwerfer muß ausreichend Personal bereitstehen.

6 Inbetriebsetzung

Die Inbetriebsetzung erfolgt normalerweise von Hand durch geschultes Personal. An den Auslösestellen sind die Armaturen für die Berieselung zu kennzeichnen und Fließschemata anzubringen. Aus dem Lageplan muß die Lage der zu berieselnden Behälter und der zugehörigen Rohrleitungen mit ihren Armaturen eindeutig hervorgehen.

7 Änderungen und Ergänzungen bestehender Anlagen

Änderungen und Ergänzungen dürfen nur durch Fachkräfte durchgeführt werden. Die Leistungsmerkmale der Anlage müssen erhalten bleiben.

8 Bedienungsanweisung

In der Löschzentrale ist eine Bedienungsanweisung dauerhaft und augenfällig anzubringen.

9 Sicherheitsanforderungen

Für die Errichtung und den Betrieb der Anlagen gelten die Unfallverhütungsvorschriften, die Verordnung über brennbare Flüssigkeiten und die anerkannten Regeln der Technik.

Bei Antrieb durch Elektromotoren sollen zwei voneinander unabhängige Stromeinspeisungen vorgesehen oder die Inbetriebsetzung auf andere Weise sichergestellt werden.

10 Funktionsprüfung

Jede Anlage ist nach Fertigstellung gemeinsam durch Ersteller und Betreiber auf ihre Funktionsfähigkeit zu prüfen. Eine Probeberieselung ist durchzuführen. Das Ergebnis ist in einer Niederschrift festzuhalten.

Bei der Übergabe an den Betreiber muß eine eingehende Unterweisung des mit der Überwachung beauftragten Personals erfolgen.

11 Wartung und Prüfung

Die Anlage muß in allen Teilen jederzeit prüfbar sein. Mindestens monatlich einmal hat der Betreiber die Betriebsbereitschaft der Anlage zu prüfen.

Beim Betreiber muß eine Prüf- und Wartungsanweisung vorhanden sein. Jährlich ist eine ernstfallmäßige Naßprobe an wenigstens einem Objekt durchzuführen. Die Objekte sind jährlich zu wechseln. Die Überprüfung hat unter Aufsicht eines Fachkundigen zu erfolgen. Die vorgefundenen Mängel sind dem Betreiber der Anlage zur Beseitigung zu melden.

Über alle Prüfungen ist ein Kontrollbuch zu führen, aus dem Prüfdatum und Prüfbefund ersichtlich sind.

Erläuterungen

Diese Norm geht auf langjährige Vorarbeiten zurück, die vom Technisch-Wissenschaftlichen Beirat der Vereinigung zur Förderung des Deutschen Brandschutzes (VFDB), Referat 5, in Verbindung mit dem Verband der Sachversicherer und der interessierten Industrie durchgeführt wurden.

Um die Technischen Richtlinien für das Feuerlöschwesen möglichst weitgehend zusammenzufassen, wurde die Veröffentlichung dieser Arbeitsergebnisse als DIN-Norm beschlossen.

Die Berieselung mit Anlagen und Einrichtungen nach dieser Norm dient zum Schutz von Behältern in der Nachbarschaft von brennenden Behältern. Brennende Behälter selbst können berieselt werden, sofern dadurch die Brandbekämpfung nicht beeinträchtigt wird, z. B. durch Gefährdung der Löschwasserversorgung oder durch Zerstörung von Löschschaum.

Dezember 2011

DIN 14497

ICS 13.220.10

Ersatz für
DIN 14497:1990-02

Kleinlöschanlagen –
Anforderungen, Prüfung

Small fire extinguishing systems –
Requirements, testing

Extincteurs et petits systèmes d'extinction de feu –
Exigences, essais

Gesamtumfang 27 Seiten

Normenausschuss Feuerwehrwesen (FNFW) im DIN

Inhalt

Seite

Vorwort		3
1	Anwendungsbereich	4
2	Normative Verweisungen	5
3	Begriffe	6
4	Produktinformation	6
4.1	Allgemeines	6
4.2	Produkthandbuch	7
4.3	Grundlagen des Produkthandbuchs	7
5	Aufbau und Wirkungsweise	8
6	Anforderungen	10
6.1	Löschmittel	10
6.2	Behälter	11
6.3	Funktionsbereich	11
6.4	Korrosionsschutz	11
6.5	Branderkennung/Ansteuerung	11
6.6	Energieversorgung	12
6.7	Abschaltung, Blockierung	13
6.8	Alarmierungsnrichtungen	14
6.9	Prüfbarkeit	14
6.10	Überdruckmessgeräte und Druckschalter zur Schwundüberwachung	15
6.11	Steigrohre und Siebe	15
7	Errichtung, Übergabe und Instandhaltung	15
7.1	Errichtung, Endabnahme und Übergabe an den Betreiber	15
7.2	Instandhaltung	15
Anhang A (informativ) Erläuterungen zum Schutzwert		16
A.1	Schwundüberwachung	16
Anhang B (normativ) Anforderungen und Prüfverfahren für Bauteile		17
B.1	Liste der Bauteile	17
B.2	Branderkennungselemente	17
B.3	Handauslöseeinrichtungen	18
B.4	Kleinlöschzentrale (KLZ)	19
B.5	Blockiereinrichtungen für KLA mit Löschgas (bei Personengefährdung)	23
B.6	Alarmierungseinrichtungen	23
B.7	Behälterventile	23
B.8	Wägeeinrichtungen zur Schwundüberwachung	24
B.9	Druckmessgeräte und Druckschalter zur Schwundüberwachung	24
B.10	Rohrleitungen	24
B.11	Schläuche (außer Anregeschläuche)	24
B.12	Düsen	24
Anhang C (normativ) Anforderungen und Prüfverfahren für das System		25
C.1	Anforderungen	25
C.2	Prüfung des Aufbaus der Anlagenvarianten	25
C.3	Prüfung der technischen Kompatibilität der verwendeten Bauteile	25
C.4	Prüfung der Auslösung	26
Literaturhinweise		27

Vorwort

Diese Norm wurde vom Arbeitsausschuss „Feuerlöschanlagen mit gasförmigen Löschmitteln und deren Bauteile" (NA 031-03-04 AA) des FNFW erarbeitet.

Änderungen

Gegenüber DIN 14497:1990-02 werden folgende Änderungen vorgenommen:

a) Aktualisierung des Anwendungsbereiches;

b) Aktualisierung der Regeln für die Wirksamkeit;

c) Aktualisierung der Regeln für den Aufbau von Kleinlöschanlagen;

d) Anpassung der Anforderungen und Prüfungen für die eingesetzten Produkte an verfügbare Europäische Normen.

Frühere Ausgaben

DIN 14497: 1990-02

1 Anwendungsbereich

Diese Norm gilt für Löschanlagen, die nach Anwendung, Löschmittel und Löschmittelmenge wie folgt begrenzt sind:

— Einbereichslöschanlage für den Schutz von Objekten wie z. B. Maschinen, technischen Einrichtungen, EDV-Serverschränken, Kücheneinrichtungen und ähnlichen Objekten;

ANMERKUNG Kleinlöschanlagen können auch in beweglichen Objekten, z. B. Arbeitsmaschinen eingesetzt werden. In solchen Anwendungen können möglicherweise zusätzliche Maßnahmen sinnvoll oder erforderlich sein.

— Löschmittel und maximale Löschmittelmenge nach Tabelle 1:

Tabelle 1 — Löschmittel und maximale Löschmittelmenge

Löschmittel	Maximale Löschmittelmenge
Wasser und wässrige Lösung	Entsprechend Füllung eines Druckbehälters (PED) max. Druckinhaltsprodukt 1 000 bar × l
Schaum	
Pulver	
Kohlendioxid	20 kg
Nichtverflüssigte Inertgase	20 kg
halogenierte Kohlenwasserstoffe	15 kg

Diese Norm gilt nicht für Löschanlagen

— die mit einem gemeinsamen Löschmittelvorrat über Bereichsventile dem Schutz mehrerer Objekte dienen;

— die intermittierend Löschmittel ausstoßen;

— als Raumschutzanlagen;

— im Bergbau unter Tage;

— im Bereich der Bundeswehr;

— auf Seeschiffen sowie auf Wasserfahrzeugen und schwimmenden Geräten der Binnenschifffahrt;

— im Bereich der Luftfahrt;

— in Kraftfahrzeugen für die Personenbeförderung und für den Motorsport;

— zur Explosionsunterdrückung;

— für die in Folge der Gefährdung durch das Löschmittel eine Vorwarnzeit einzuhalten ist.

ANMERKUNG In 6.7.2 wird für den Fall, dass das Betreten des im normalen Betrieb nicht zugänglichen Flutungsbereiches, in dem eine solche Personengefährdung vorliegen kann, im Ausnahmefall (z. B. Wartung) erforderlich ist, gefordert, dass eine wirksame Blockierung der Löschanlage möglich sein muss.

2 Normative Verweisungen

Die folgenden zitierten Dokumente sind für die Anwendung dieses Dokuments erforderlich. Bei datierten Verweisungen gilt nur die in Bezug genommene Ausgabe. Bei undatierten Verweisungen gilt die letzte Ausgabe des in Bezug genommenen Dokuments (einschließlich aller Änderungen).

DIN EN 3 (alle Teile), *Tragbare Feuerlöscher*

DIN EN 54-2, *Brandmeldeanlagen — Teil 2: Brandmelderzentralen*

DIN EN 54-3, *Brandmeldeanlagen — Teil 3: Feueralarmeinrichtungen — Akustische Signalgeber*

DIN EN 54-4, *Brandmeldeanlagen — Teil 4: Energieversorgungseinrichtungen*

DIN EN 54-5, *Brandmeldeanlagen — Teil 5: Wärmemelder — Punktförmige Melder*

DIN EN 54-7, *Brandmeldeanlagen — Teil 7: Rauchmelder — Punktförmige Melder nach dem Streulicht-, Durchlicht- oder Ionisationsprinzip*

E DIN EN 54-28, *Brandmeldeanlagen — Teil 28: Nicht-rücksetzbare (digitale) linienförmige Wärmemelder*

DIN EN 12094-1, *Ortsfeste Brandbekämpfungsanlagen — Bauteile für Löschanlagen mit gasförmigen Löschmitteln — Teil 1: Anforderungen und Prüfverfahren für automatische elektrische Steuer- und Verzögerungseinrichtungen*

DIN EN 12094-3, *Ortsfeste Brandbekämpfungsanlagen — Bauteile für Löschanlagen mit gasförmigen Löschmitteln — Teil 3: Anforderungen und Prüfverfahren für Handauslöseeinrichtungen und Stopptaster*

DIN EN 12094-4, *Ortsfeste Brandbekämpfungsanlagen — Bauteile für Löschanlagen mit gasförmigen Löschmitteln — Teil 4: Anforderungen und Prüfverfahren für Behälterventilbaugruppen und zugehörige Auslöseeinrichtungen*

DIN EN 12094-6, *Ortsfeste Brandbekämpfungsanlagen — Bauteile für Löschanlagen mit gasförmigen Löschmitteln — Teil 6: Anforderungen und Prüfverfahren für nicht-elektrische Blockiereinrichtungen*

DIN EN 12094-7, *Ortsfeste Brandbekämpfungsanlagen — Bauteile für Löschanlagen mit gasförmigen Löschmitteln — Teil 7: Anforderungen und Prüfverfahren für Düsen*

DIN EN 12094-8, *Ortsfeste Brandbekämpfungsanlagen — Bauteile für Löschanlagen mit gasförmigen Löschmitteln — Teil 8: Anforderungen und Prüfverfahren für Verbindungen*

DIN EN 12094-9, *Ortsfeste Brandbekämpfungsanlagen — Bauteile für Löschanlagen mit gasförmigen Löschmitteln — Teil 9: Anforderungen und Prüfverfahren für spezielle Branderkennungselemente*

DIN EN 12094-10, *Ortsfeste Brandbekämpfungsanlagen — Bauteile für Löschanlagen mit gasförmigen Löschmitteln — Teil 10: Anforderungen und Prüfverfahren für Druckmessgeräte und Druckschalter*

DIN EN 12094-11, *Ortsfeste Brandbekämpfungsanlagen — Bauteile für Löschanlagen mit gasförmigen Löschmitteln — Teil 11: Anforderungen und Prüfverfahren für mechanische Wägeeinrichtungen*

DIN EN 12094-12, *Ortsfeste Brandbekämpfungsanlagen — Bauteile für Löschanlagen mit gasförmigen Löschmitteln — Teil 12: Anforderungen und Prüfverfahren für pneumatische Alarmgeräte*

DIN EN 12259-1, *Ortsfeste Löschanlagen — Bauteile für Sprinkler- und Sprühwasseranlagen — Teil 1: Sprinkler*

DIN EN 50130-4 (VDE 0830-1-4), *Alarmanlagen — Teil 4: Elektromagnetische Verträglichkeit; Produktfamiliennorm: Anforderungen an die Störfestigkeit von Anlageteilen für Brand und Einbruchmeldeanlagen sowie Personen Hilferufanlagen*

DIN EN 60529 (VDE 0470-1), *Schutzarten durch Gehäuse (IP-Code)*DIN EN ISO 13849-1, *Sicherheit von Maschinen — Sicherheitsbezogene Teile von Steuerungen — Teil 1: Allgemeine Gestaltungsleitsätze*

67/548/EWG, *Richtlinie des Rates vom 27. Juni 1967 zur Angleichung der Rechts- und Verwaltungsvorschriften für die Einstufung, Verpackung und Kennzeichnung gefährlicher Stoffe*

1907/2006/EG, *Verordnung (EG) Nr. 1907/2006 des Europäischen Parlament und des Rates vom 18. Dezember 2006 zur Registrierung, Bewertung, Zulassung und Beschränkung chemischer Stoffe (REACH), zur Schaffung einer Europäischen Chemikalienagentur, zur Änderung der Richtlinie 1999/45/EG und zur Aufhebung der Verordnung (EWG) Nr. 793/93 des Rates, der Verordnung (EG) Nr. 1488/94 der Kommission, der Richtlinie 76/769/EWG des Rates sowie der Richtlinien 91/155/EWG, 93/67/EWG, 93/105/EG und 2000/21/EG der Kommission*

3 Begriffe

Für die Anwendung dieses Dokuments gelten die folgenden Begriffe.

3.1
Einbereichslöschanlage
Löschanlage für einen Löschbereich mit Branderkennung, Kleinlöschzentrale und Löschmittelvorrat nur für diesen Löschbereich

3.2
Kleinlöschanlage
Löschanlage, die nach Anwendung, Löschmittel und Löschmittelmenge nach Abschnitt 1 begrenzt ist

3.3
Übertragungsweg
elektrische Verbindung zwischen den Bestandteilen einer Kleinlöschanlage (außerhalb des Gehäuses der Bestandteile) zur Übertragung von Informationen und/oder Energie

3.4
Zugangsebene
einer von mehreren Zuständen einer Kleinlöschzentrale

ANMERKUNG 1 Zugangsebenen für BMZ sind in DIN EN 54-2 Anhang A beschrieben..

ANMERKUNG 2 In den Zugangsebenen 1 bis 4:

— können Bedienelemente betätigt werden;

— können Bedienungen ausgeführt werden;

— sind Anzeigen sichtbar;

— können Informationen entgegengenommen werden.

4 Produktinformation

4.1 Allgemeines

Kleinlöschanlagen müssen bei zweckentsprechender Errichtung und sachgemäßem Betrieb die wirksame Bekämpfung von Bränden in einem vom Hersteller beschriebenen Einsatzbereich sicherstellen.

4.2 Produkthandbuch

Der Hersteller muss ein Produkthandbuch erstellen und pflegen, das mindestens die folgenden Informationen enthält:

— eine umfassende und gleichzeitig detaillierte Beschreibung der Einsatzmöglichkeiten der Kleinlöschanlage (u. a. Einsatzbereich und Schutzziel);

— eine umfassende und gleichzeitig detaillierte Beschreibung der Kleinlöschanlage (u. a. Liste der Bauteile, Beschreibung des Anlagenaufbau, Vorgaben für Planung und Einbau, zulässige Umgebungsbedingungen wie u. a. Temperaturen am/im Schutzobjekt und am Standort der Löschanlagentechnik, behördliche Genehmigungen);

— Betreiberinformation: z. B. Betrieb, Instandhaltung, Dokumentation, regelmäßige Kontrollen/Prüfungen;

— Informationen zum Löschmittel (siehe 6.1).

4.3 Grundlagen des Produkthandbuchs

4.3.1 Grundlagen des Produkthandbuchs sind Nachweise zur Wirksamkeit und Zuverlässigkeit, z. B.:

— Nachweis der Wirksamkeit (z. B. Brand- und Löschversuche, Kaltversuche/Probeflutungen mit Konzentrationsmessungen, Berechnungen nach Stand der Technik);

— Nachweis der Zuverlässigkeit (z. B. Bauteil- und Systemprüfungen, siehe zutreffende Abschnitte dieser Norm).

4.3.2 Der Nachweis der Wirksamkeit orientiert sich am Schutzziel.

ANMERKUNG Schutzziele sagen aus, welches Sicherheitsniveau mit Maßnahmen aller Art hinsichtlich einer bestimmten Gefahrenkategorie mindestens erreicht werden muss.

Sie sind so zu formulieren, dass sie den angestrebten Endzustand darstellen. Sie lassen aber den Weg, wie das Ziel erreicht werden soll, möglichst offen. Dieser Weg wird dann in der Leistungsbeschreibung genannt.

Das Schutzziel definiert durch seine Ansprüche unter anderem die Planungsgrundlage für die daraus geforderte Technik, um das jeweils definierte Niveau zu erreichen. Hieraus werden für alle Beteiligten die maximalen und minimalen Schutzmöglichkeiten erkennbar.

Hierdurch wird die Möglichkeit gegeben, die Leistungsfähigkeit der Löschanlagen zu vergleichen.

Mit einer Kleinlöschanlage wird in der Regel das Ziel verfolgt, den Brand zu löschen und eine Ausbreitung des Feuers zu verhindern.

Es können aber auch andere oder zusätzliche Schutzziele definiert werden mit Bezug auf Schutzbereich/ Objekt, zeitliche Ausrichtung, Brandlast und Löschwirkung.

BEISPIELE

— Löschung eines Ölbrandes bei Magnesiumbearbeitung;

— Tolerierbarer Schadenumfang;

— Schutz der Einrichtung/Maschine selbst;

— Schutz der Umwelt;

— Brandkontrolle;

— Sicherstellung einer schnellen Wiederinbetriebnahme;

— Rettung von Daten.

4.3.3 Brand- und Löschversuche müssen

— die vom Hersteller vorgegebenen Einsatzbedingungen der Löschanlage(n) – insbesondere die für die Löschwirksamkeit ungünstigen Einsatzbedingungen - berücksichtigen, und

— eine Sicherheit zur vom Hersteller vorgegebenen Auslegung der Löschanlage(n) verifizieren.

ANMERKUNG Beispiele für Sicherheiten zwischen Löschversuch und der vom Hersteller vorgegebenen Auslegung sind Folgende:

BEISPIELE

— Die vom Hersteller vorgegebene Auslegung stellt sicher, dass die reale Vorbrennzeit kürzer ist als beim Löschversuch;

— Die vom Hersteller vorgegebene Auslegung stellt sicher, dass die reale Betriebszeit länger ist als die Löschzeit beim Löschversuch.

— Die vom Hersteller vorgegebene Auslegung stellt sicher, dass die reale Löschmittelmenge größer ist als beim Löschversuch.

Diese Anforderungen können mehrere Versuche unter unterschiedlichen Einsatzbedingungen erfordern.

Die Brand- und Löschversuche müssen in einem für die Versuche geeigneten Umfeld/Brandraum durchgeführt werden.

Brand- und Löschversuche und die Ergebnisse sind zu dokumentieren.

5 Aufbau und Wirkungsweise

5.1 Kleinlöschanlagen bestehen typischerweise aus:

— Branderkennungselementen (BE);

— Handauslöseeinrichtungen (HA);

— Kleinlöschzentrale (KLZ);

— Löschmittelbevorratung mit Auslöseeinrichtung(en) und Löschmittelverteilung (L);

— Alarmmittel (AM).

Typische Beispiele sind folgende:

— Kleinlöschanlage mit elektrischer Branderkennung nach Bild 1

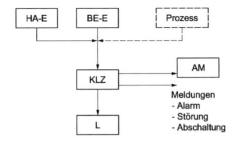

Legende
HA-E elektrische Handauslösung
BE-E elektrische Branderkennung
KLZ Kleinlöschzentrale
AM Alarmmittel
L Löschmittelbevorratung mit Auslöseeinrichtung(en) und Löschmittelverteilung

Bild 1 — Beispiel für Kleinlöschanlage mit elektrischer Branderkennung (Prinzipdarstellung)

— Kleinlöschanlage mit nicht-elektrischer Branderkennung

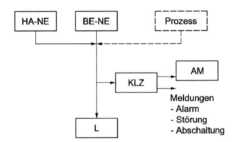

Legende
HA-NE nicht-elektrische Handauslösung
BE-NE nicht-elektrische Branderkennung
KLZ Kleinlöschzentrale
AM Alarmmittel
L Löschmittelbevorratung mit Auslöseeinrichtung(en) und Löschmittelverteilung

Bild 2 — Beispiel für Kleinlöschanlage mit nicht-elektrischer Branderkennung (Prinzipdarstellung)

5.2 Die Löschmittelbevorratung, aus der nach Betätigen der Auslöseeinrichtung das Löschmittel freigegeben wird, besteht aus:

— Behälter(n),

— Löschmittel, gegebenenfalls mit Treibgas,

— Ventil mit Auslöseeinrichtung (auf Löschmittel-Behälter und/oder auf Treibgas-Behälter),

— ggf. Einrichtungen zur Löschgas-/Treibgas-Überwachung.

Bei Dauerdruck-Kleinlöschanlagen enthalten ein oder zwei Druckgasbehälter das Löschmittel einschließlich Treibgas.

Bei Auflade-Kleinlöschanlagen enthalten ein oder zwei Druckbehälter das Löschmittel und ein oder zwei gesonderte Druckgasbehälter das Treibgas. Wird zwischen den Behälter- Gruppen eine Verbindung hergestellt (z. B. durch Offnen von Ventilen oder Zerstören von Absperrscheiben), strömt Treibgas in die Druckbehälter mit Löschmittel; die Löschmittelbehälter werden „aufgeladen". Treibgasbehälter können auch im Löschmittelbehälter montiert sein.

Die Auslöseeinrichtung betätigt nach Erhalt eines Steuerbefehls das oder die Behälterventil(e).

5.3 Die Kleinlöschzentrale verarbeitet Informationen, die von einem Branderkennungselement, einer Handauslöseeinrichtung, einer Maschine oder einem Prozess ausgehen, und gibt Meldungen und/oder Steuerbefehle weiter, wie z. B. Alarm, Auslösung, Störung, Abschaltung.

6 Anforderungen

6.1 Löschmittel

Löschmittel sind entsprechend den Risiken, für die die Kleinlöschanlage eingesetzt werden soll, auszuwählen und müssen Tabelle 1 entsprechen. Dabei sind auch die Wechselwirkungen mit den Schutzobjekten und den ablaufenden Prozessen zu betrachten.

Ein Sicherheitsdatenblatt nach der Europäischen Richtlinie 1907/2006/EG, einschließlich der entsprechenden Änderungen der Richtlinie ist zur Verfügung zu stellen.

Löschmittel und Treibgase dürfen bei bestimmungsgemäßer Verwendung und sachgemäßer Handhabung keine gesundheitlichen Schäden verursachen. Außerdem dürfen sie nicht in unzulässiger Weise die Umwelt schädigen und sie dürfen nicht krebserregend (CMR) oder bioakkumulierbar im Sinne der EG-Richtlinie 67/548/EWG bzw. der EG-Verordnung 1907/2006 (REACH-Verordnung) sein.

ANMERKUNG Detaillierte Anforderungen und Prüfungen zur Umweltverträglichkeit und Humanverträglichkeit sind nicht Gegenstand dieser Norm.

Das eingesetzte Löschmittel ist im Produkthandbuch zu dokumentieren. Die Auswirkung(en) auf Mensch und Umwelt ist(sind) zu beschreiben. Beim Einsatz von gasförmigen Löschmitteln ist(sind) die jeweils kritische(n) Konzentration(en) anzugeben, von der an eine Gefährdung von Personen besteht. Die für den konkreten Anwendungsfall im Löschbereich zu erwartende Löschgaskonzentration ist ebenfalls festzulegen.

Die Verträglichkeit des eingesetzten Löschmittels mit den Anlagenteilen/der Technik ist sicherzustellen. Der Hersteller muss Angaben zur Verträglichkeit des Löschmittels mit den eingesetzten Materialien (metallische und nichtmetallische) der Anlage machen.

6.2 Behälter

Löschmittelbehälter und Treibgasbehälter müssen den gesetzlichen Bestimmungen entsprechen.

ANMERKUNG 1 Es gibt auch gesetzliche Regelungen zu Transport, Aufstellungsort, Kennzeichnung und Inbetriebnahme.

Behälter mit gasförmigen Löschmitteln und Behälter mit Treibgas sind auf Schwund zu überwachen (Druck bzw. Masse).

ANMERKUNG 2 Vorzugsweise sollten technische Einrichtungen zur ständigen Überwachung auf Schwund mit Anzeige an geeigneter Stelle eingesetzt werden. Welche Stelle geeignet ist, hängt von den betrieblichen/organisatorischen Gegebenheiten ab.

Erfolgt die Überprüfung der Füllmengen rein organisatorisch und durch entsprechend aufwändige Messungen, so ist die Wahrscheinlichkeit der Verfügbarkeit der Löschanlage und damit ihr Schutzwert geringer als bei ständiger Schwundkontrolle. Darüber hinaus sind die regelmäßigen betrieblichen Aufwendungen höher als bei Verwendung dauerhaft installierter technischer Einrichtungen.

Organisatorische Maßnahmen müssen im Produkthandbuch und der Betreiberinformation angegeben sein, siehe auch A.1.

Löschmittel-Behälter müssen – unabhängig von eventuellen gesetzlichen Regelungen – mit einem Schild/ Aufkleber wie folgt gekennzeichnet sein:

— Bezeichnung des Löschmittels,
— bei Gas: Name des Gases, z. B. Stickstoff, Argon;
— bei Pulver: Art, z. B. ABC-Pulver, Metallbrandpulver;
— bei wässrigen Lösungen: Identifizierung der Zusätze, z. B. Wasser mit 3% AFFF;
— Löschmittelmenge bzw. Druck und Volumen bei Inertgasen;
— ggf. Fülldruck; sowie
— ggf. Angaben über das Treibgas.

Löschmittelbehälter sollten vorzugsweise einen Anstrich in Farbe Rot, z. B. Feuerrot RAL 3000, oder in einer Farbe gemäß einer für den Behälter zutreffenden Norm haben.

6.3 Funktionsbereich

Kleinlöschanlagen müssen in dem vom Hersteller angegebenen Temperaturbereich (ggf. am/im Schutzobjekt und am Standort der Löschanlagentechnik) funktionssicher sein.

6.4 Korrosionsschutz

Alle Teile der Kleinlöschanlage müssen entsprechend dem Stand der Technik fachgerecht gegen Korrosion und andere Umwelteinflüsse geschützt sein.

6.5 Branderkennung/Ansteuerung

Kleinlöschanlagen müssen so konzipiert sein, dass — einmal ausgelöst — der Vorgang bis zur Entleerung des Löschmittelbehälters selbsttätig weiterläuft.

Die Branderkennung/Ansteuerung in Kleinlöschanlagen kann wie folgt erfolgen

— automatisch durch Branderkennungselemente; und/oder
— automatisch durch Signalgeber in der zu schützenden Einrichtung (Prozessdaten); und/oder
— manuell durch Betätigung einer Handauslöseeinrichtung.

ANMERKUNG Vorzugsweise sollte eine automatische Branderkennung durch Branderkennungselemente in Kombination mit einer Handauslöseeinrichtung eingesetzt werden.

Die automatische Branderkennung erkennt das Auftreten von Bränden im Anfangsstadium und steuert selbsttätig die Löschanlage an. Die automatische Branderkennung ist unabhängig von Prozessdaten und funktioniert ohne menschliches Zutun, d. h. insbesondere auch

— wenn keine Personen anwesend sind, oder

— wenn anwesende Personen den Brand nicht erkennen, oder

— wenn anwesende Personen den Brand zwar erkennen, aber nicht richtig reagieren, oder

— wenn anwesende Personen nicht mehr reagieren können (z. B. weil sie von dem Schadens- oder Brandereignis beeinträchtigt sind).

Wird auf automatische Branderkennung verzichtet, so ist in diesen Situationen der von der Löschanlage erwartete Schutz nicht gegeben.

Eine Handauslöseeinrichtung sollte vorhanden sein um anwesenden Personen die Möglichkeit zu geben, auch schon bevor die automatische Branderkennung anspricht, die Löschanlage anzusteuern.

Wenn die Löschanlage automatisch über Prozessdaten-Signalgeber ausgelöst wird, muss zusätzlich eine automatische Branderkennung mit Branderkennungselementen und/oder eine Handauslösung installiert werden.

Die Branderkennung und Auslösung muss so ausgeführt sein, dass spätestens 3 s nach Betätigung der Handauslösung oder Empfang eines Signals der automatischen Branderkennungselemente bzw. der Prozessdaten-Signalgeber der Ansteuerzustand erreicht wird. Nach Erreichen des Ansteuerzustandes müssen nach maximal 1 s, wenn keine Verzögerungszeit zusätzlich definiert ist, die entsprechenden Ausgänge zur Auslösung des Löschvorgangs aktiviert werden.

Das Signal von den automatischen Branderkennungselementen kann auch aus mehreren zugeordneten Signalen bestehen, z. B. bei Zweigruppenabhängigkeit.

Branderkennungselemente sind:

— Branderkennungselemente, die mechanisch wirken, z. B. Schmelzlotfühler und Thermotrennglieder nach DIN EN 12094-9;

— Branderkennungselemente, die pneumatisch oder hydraulisch wirken, z. B. Sprinkler nach DIN EN 12259-1;

— Branderkennungselemente, die den Normen für automatische Brandmelder entsprechen, z. B. DIN EN 54-7;

— Branderkennungselemente, die mit Ausnahme des Ansprechverhaltens den Normen für automatische Brandmelder entsprechen, z. B. DIN EN 54-5 für höhergrädige Stabtemperaturfühler (Ansprechverhalten und konstruktive Ausführungen können dem Anwendungsfall angepasst sein).

Bei der Auswahl der Branderkennungselemente muss darauf geachtet werden, dass die Branderkennungselemente für die jeweiligen Umgebungsbedingungen geeignet sind (z. B. Lichtquellen als mögliche Fehlauslösequellen für Flammenmelder).

6.6 Energieversorgung

Kleinlöschanlagen sollten über eine autarke Energieversorgung verfügen.

ANMERKUNG Autark heißt in diesem Zusammenhang, dass die Funktionsfähigkeit der Löschanlage nicht vom Betriebszustand der zu schützenden Einrichtung abhängt.

Eine autarke Energieversorgung kann entfallen, wenn in einer Gefährdungsbeurteilung der Nachweis geführt wird, dass bei Energieausfall KLA auch das Risiko wegfällt.

Autarke elektrische Energieversorgungen müssen DIN EN 54-4 entsprechen und bei Netzstörung den Bereitschaftszustand der Anlage für eine ausreichende Zeitspanne – mindestens jedoch 4 h - zuzüglich 0,5 h Betrieb mit größtem bei einer Zustandsänderung (Alarmierungszeit) auftretenden Energiebedarf sicherstellen. Es können auch längere Überbrückungszeiten sinnvoll sein, z. B. zur Überbrückung eines normalen Wochenendes 72 h. Welche Zeitspanne ausreichend ist, muss für den jeweiligen Einsatzfall und die vorliegenden betrieblichen Verhältnisse beurteilt werden. Hierbei sollte beachtet werden, dass die Funktion der Löschanlage nach der Überbrückungszeit nicht mehr gegeben ist, sofern in dieser Zeit eine Instandsetzung nicht sichergestellt ist.

Die erforderliche Kapazität K (in Ah) der regenerierbaren Energiequelle errechnet sich wie folgt:

$K = 1{,}25\,(I_1 \times t_1 + I_2 \times t_2)$

Dabei ist

t_1 Überbrückungszeit, in Stunden

t_2 Alarmierungszeit, in Stunden

I_1 Gesamtstrom, den die Kleinlöschzentrale bei Ausfall ausfallgefährdeten Energiequelle aufnimmt, in Ampere

I_2 Gesamtstrom, den die Kleinlöschzentrale während der Alarmierung aufnimmt, in Ampere

Einmalige Spitzenwerte, die nicht länger als 1,5 min dauern, müssen nicht berücksichtigt werden. Der Sicherheitsfaktor 1,25 ist nur bei Überbrückungszeiten < 24 h zu beachten.

6.7 Abschaltung, Blockierung

6.7.1 Abschaltung

Die elektrischen Funktionen der Kleinlöschanlage für Branderkennung, Alarmeinrichtungen und Auslösung müssen an der KLZ in Zugangsebene 2 abgeschaltet werden können. Dies kann einzeln oder als Sammelabschaltung erfolgen, z. B. durch Schlüsselschalter. Abschaltung der Alarmeinrichtungen darf nur möglich sein, wenn auch die Auslösung abgeschaltet ist. Der betätigte Zustand der Abschalteinrichtung muss deutlich erkennbar sein, z. B. durch eine Anzeige.

Eine elektrische Abschaltung ist ausreichend, wenn in keinem Fall eine Personengefährdung durch das Löschmittel vorliegen kann. Kann jedoch im Ausnahmefall (z. B. Wartung in einem im normalen Betrieb nicht zugänglichen Flutungsbereich) eine solche Personengefährdung vorliegen, so muss die Löschanlage wirksam blockiert werden können.

Zusätzlich kann es sinnvoll sein die Auslöseleitung bei Öffnen von Zugangs- oder Zugriffsöffnungen des Schutzobjektes zu unterbrechen (z. B. wenn bei Öffnen erhöhtes Risiko für Täuschung/Fehlauslösung besteht).

6.7.2 Blockierung

Die Auslösung von Löschanlagen, bei denen durch Ausströmen des Löschmittels Personen gefährdet werden können, muss wirksam blockiert werden können.

ANMERKUNG   Siehe auch BGI 888, BGR 134, VdS 3518.

Die Betätigung der Blockiereinrichtungen muss deutlich erkennbar sein.

Als Alternative zu einer Blockiereinrichtung kann eine elektrische Verriegelung unter Beachtung der folgenden beiden Bedingungen realisiert werden:

— bei Öffnen der Zutrittsöffnung muss die elektrische Ansteuerleitung zur Auslöseeinrichtung des Löschmittelbehälterventils aufgetrennt werden. Es muss DIN EN ISO 13849-1, Sicherheitskategorie 3, erfüllt sein;

— bei elektromagnetischen Störimpulsen auf die ventilseitige Ansteuerleitung darf Löschmittel nur freigesetzt werden können für die Dauer des Störimpulses.

Diese Alternative kann nicht übertragen werden auf größere Anlagen. Bei Kleinlöschanlagen kann davon ausgegangen werden, dass die Zutrittsöffnung solange offen bleibt, wie sich eine Person im Löschbereich aufhält.

Im blockierten bzw. verriegelten Zustand ist die Löschanlage nicht wirksam. Der von der Löschanlage erwartete Schutz ist nicht gegeben.

Daher sollte durch organisatorische Maßnahmen sichergestellt sein, dass eine Blockierung nach Abschluss der Tätigkeiten, für die die Blockierung erforderlich war, auch wieder aufgehoben wird.

Zusätzlich kann eine Überwachung der Blockiereinrichtung und eine Anzeige/Weitermeldung an geeignete(r) Stelle (z. B. ständig besetzte Stelle im Betrieb, externe Stelle) sinnvoll sein. Hierdurch kann verhindert werden, dass eine unnötige oder vergessene Blockierung unerkannt bleibt.

6.8 Alarmierungsnrichtungen

Kleinlöschanlagen müssen mit akustischen und gegebenenfalls zusätzlich mit optischen Alarmierungseinrichtungen oder mit einer Möglichkeit zur Alarmweiterleitung ausgerüstet sein.

Bei Kleinlöschanlagen, bei denen durch Ausströmen des Löschmittels Personen gefährdet werden können, muss die Alarmierung aus einer autarken Energieversorgung (siehe 6.6) gespeist werden.

Akustische Signale müssen sich deutlich von den betrieblichen Geräuschen unterscheiden. Optische Signaleinrichtungen müssen in auffälliger Weise Signal geben; z. B. Blinkleuchten.

6.9 Prüfbarkeit

Kleinlöschanlagen müssen so gebaut sein, dass die Funktionsbereitschaft prüfbar ist.

ANMERKUNG Hier werden keine Festlegungen zur zeitlichen Ausrichtung der Prüfungen getroffen.

Prüfbar müssen sein:

— die Beschaffenheit des Innenraumes der Löschmittelbehälter;

— die Füllmenge des Löschmittels;

— die weitere Verwendbarkeit des Löschmittels (entfällt bei Löschgasen);

— das Treibgas (Menge oder Druck, je nach Art);

— Funktion/Ansprechen von rücksetzbaren Branderkennungselementen;

— Funktion einer Handauslöseeinrichtung;

— Funktionen der Kleinlöschzentrale (Abschaltungen, Signalverarbeitung, Ansteuerungen, Anzeigen, Weitermeldungen);

— Funktion von Alarmierungseinrichtungen;

— bestimmungsgemäße Ansteuerung der Auslöseeinrichtung des Löschmittelbehälterventils;

— Überwachungsfunktionen.

6.10 Überdruckmessgeräte und Druckschalter zur Schwundüberwachung

Überdruckmessgeräte (Manometer) und Druckschalter zur Schwundüberwachung müssen für das zu messende Medium geeignet sein und DIN EN 12094-10 entsprechen.

6.11 Steigrohre und Siebe

Steigrohre müssen gegenüber Löschmittel und Treibgas beständig sein. Bei Kleinlöschanlagen mit Wasser, wässriger Lösung sowie Schaummittel-Wasserlösung muss das Löschmittel durch ein Sieb ausgebracht werden. Das Sieb muss in Ausströmrichtung vor dem kleinsten Querschnitt im Durchgang angebracht sein. Die Maschenweite des Siebes muss kleiner sein als die kleinste Durchlassöffnung im gesamten Durchgang. Der Gesamtquerschnitt aller Öffnungen des Siebes muss jedoch mindestens das 8-fache der kleinsten Durchlassöffnung im gesamten Durchgang betragen. Das Sieb muss zugänglich sein, um Kontrollen zu ermöglichen.

7 Errichtung, Übergabe und Instandhaltung

7.1 Errichtung, Endabnahme und Übergabe an den Betreiber

Der Errichter sollte über ein geeignetes Qualitätsmanagementsystem (z. B. nach DIN EN ISO 9001) für die Planung, Installation und Inbetriebnahme der Kleinlöschanlage verfügen.

Nach Fertigstellung der Kleinlöschanlage sind vom Hersteller oder Errichter die sachgemäße Montage und einwandfreie Installation sowie die Funktionsfähigkeit zu überprüfen. Die Endabnahme ist zu protokollieren.

Bei der Übergabe der Kleinlöschanlage an den Betreiber muss eine Betriebsanleitung ausgehändigt werden. Das mit dem Betrieb der Kleinlöschanlage betraute Personal muss eingehend unterwiesen werden.

7.2 Instandhaltung

Um die ständige Funktionsbereitschaft sicherzustellen, muss jede Kleinlöschanlage durch einen Sachkundigen/eine befähigte Person in regelmäßigen Zeitabständen, die nicht länger als 12 Monate betragen sollten, geprüft werden.

Der Sachkundige/die befähigte Person sollte über ein geeignetes Qualitätsmanagementsystem (z. B. nach DIN EN ISO 9001) für die Instandhaltungstätigkeit verfügen.

Der Sachkundige/die befähigte Person muss über die erforderlichen Kenntnisse und Fähigkeiten verfügen, die Kleinlöschanlagen instand halten und deren Funktionsfähigkeit beurteilen zu können.

Anhang A
(informativ)

Erläuterungen zum Schutzwert

A.1 Schwundüberwachung

Ohne Löschgas bzw. Treibgas ist die Löschanlage nicht wirksam. Der von der Löschanlage erwartete Schutz ist nicht gegeben. Ob und ggf. für welche Zeitdauer dies toleriert werden kann, sollte im Einzelfall geklärt werden.

Wie schnell ein eventueller Schwund von Löschgas und/oder Treibgas entdeckt und behoben wird, hängt von technischen und organisatorischen Maßnahmen ab.

Technische Maßnahmen sind z. B.:

— Einrichtungen zur ständigen Füllmengenmessung bzw. Schwundkontrolle (z. B. Druckmessgerät, Wägeeinrichtung) geben Informationen zu Füllmenge bzw. Schwund. Diese können vor Ort jederzeit ohne Aufwand abgelesen werden;

— Schwundanzeige/Weitermeldung an geeignete(r) Stelle (z. B. ständig besetzte Stelle im Betrieb, externe Stelle) macht die Information dort verfügbar, wo reagiert werden kann.

Organisatorische Maßnahmen sind z. B.:

— Wenn auf technische Einrichtungen zur ständigen Messung verzichtet wird, hängt es von der Häufigkeit der Füllmengen-Messungen ab, wie lange bei Schwund keinerlei Informationen hierzu vorliegen.

— Der Aufwand der Füllmengen-Messung ist höher als die einfache Kontrolle bei Vorhandensein technischer Einrichtungen zur ständigen Kontrolle. Unter anderem muss die Löschanlage außer Betrieb genommen werden, ggf. auch der Behälter deinstalliert werden. Hierzu ist neben entsprechenden Werkzeugen und Messgeräten auch Fachpersonal erforderlich.

— Wenn die Schwundanzeige nur lokal (am Behälter, an der Kleinlöschanlage) erfolgt, hängt es von der Häufigkeit der Kontrollen der lokalen Anzeige ab, wie lange bei angezeigtem Schwund keine Reaktion möglich ist.

— Organisatorische Festlegungen zur Vorgehensweise bei festgestelltem Schwund (z. B. zu Ersatzmaßnahmen zur Aufrechterhaltung des Brandschutzes, zu Wiederbefüllung/Austausch des Gasbehälters).

Anhang B
(normativ)

Anforderungen und Prüfverfahren für Bauteile

ANMERKUNG Verweisungen auf harmonisierte Europäische Normen beziehen sich lediglich auf den technischen Inhalt der jeweiligen Norm und nicht auf den Anhang ZA mit Bezug auf die Bauproduktenrichtlinie. Es wird davon ausgegangen, dass Bauteile für Kleinlöschanlagen, da Kleinlöschanlagen dem Objektschutz dienen, nicht unter die Bauproduktenrichtlinie fallen.

B.1 Liste der Bauteile

— Branderkennungselemente;

— Handauslöseeinrichtung;

— Kleinlöschzentrale;

— Blockiereinrichtungen für KLA mit Gas (bei Personengefährdung);

— Alarmierungseinrichtungen;

— Behälterventile;

— Wägeeinrichtungen zur Schwundüberwachung;

— Druckmessgeräte und Druckschalter zur Schwundüberwachung;

— Rohrleitungen;

— Schläuche;

— Düsen.

B.2 Branderkennungselemente

B.2.1 Automatische Brandmelder

Es gelten die betreffenden Normen der Reihe DIN EN 54.

Das Ansprechverhalten und die konstruktive Ausführung kann abweichend von der Norm dem Anwendungsfall angepasst sein (z. B. Anlehnung an DIN EN 54-5 für höhergrädige Stabtemperaturfühler):

— Ansprechverhalten und konstruktive Ausführung werden vom Hersteller definiert;

— Funktionsprüfungen erfolgen in Anlehnung an die Normen der Reihe DIN EN 54;

— Umweltprüfungen erfolgen nach den Normen der Reihe DIN EN 54.

Im Anwendungsfall vorhersehbar auftretende Umweltbedingungen, die durch die Umweltprüfungen nicht abgedeckt sind, sind ggf. durch zusätzliche Maßnahmen und/oder Prüfungen zu berücksichtigen.

B.2.2 Branderkennungselemente mit Glasfass oder Schmelzlot

Es gilt DIN EN 12094-9.

B.2.3 Anregeschläuche

Folgende technischen Angaben sind durch den Hersteller im Produkthandbuch zu dokumentieren:

— Freigegebener Mindestquerschnitt (Spezifikation für Schlauch);
— Herstellerspezifikation Betriebsdruckbereich;
— Auslösetemperatur bei definierter Auslösezeit und Innendruck;
— Varianz der Auslösetemperatur;
— maximale Umgebungstemperatur;
— minimaler Biegeradius;
— Beständigkeitsnachweis je nach Anwendungsfall.

Es gilt DIN EN 54-28 analog bezüglich der Prüfungen:

— Auslösetemperatur bei definierter Auslösezeit und Innendruck;
— Umgebungsbedingungen: Temperatur 15 °C bis 35 °C, relative Luftfeuchtigkeit 25 % bis 75 %, Luftdruck 86 kPa bis 106 kPa;
— Varianz der Auslösetemperatur (± 10 %);
— Maximale Umgebungstemperatur;
— Schlauch-Prüfdruck (Innendruck): 1,5-facher Betriebsdruck (bei Normaltemperatur), keine Schäden, Beeinträchtigungen, danach normale Funktionsfähigkeit erforderlich;
— Berstdruck: 1,5-facher Prüfdruck (bei Normaltemperatur);
— Schlaghammertest nach DIN EN 54-28 .

Anregeschläuche müssen mit folgenden Angaben gekennzeichnet sein:

— Name oder Kennzeichnung des Herstellers
— Typenbezeichnung:
  — Auslösetemperatur;
  — Varianz der Auslösetemperatur;
  — maximale Umgebungstemperatur;
— Herstellnummer.

Die Kennzeichnung muss auf der Außenseite angebracht, dauerhaft und gut lesbar sein.

B.3 Handauslöseeinrichtungen

Elektrische Handauslöseeinrichtungen müssen DIN EN 12094-3 entsprechen.

Nichtelektrische Handauslöseeinrichtungen müssen die funktionalen Anforderungen der DIN EN 12094-3 erfüllen.

B.4 Kleinlöschzentrale (KLZ)

B.4.1 Allgemeines

Gemäß des eingeschränkten Anwendungsbereiches dieser Norm gelten die entsprechenden Normen für Brandmelderzentralen nach DIN EN 54-2 und elektrische Steuereinrichtungen nach DIN EN 12094-1 nur soweit, wie grundlegende technische Anforderungen an die Funktionssicherheit betroffen sind. Werden Optionen aus o. a. Normen eingesetzt (z. B. Abhängigkeit des Brandmeldezustandes von mehr als einem Alarmsignal, Alarmzähler), sollten die Normen sinngemäß angewendet werden.

Nachfolgende Festlegungen sind dabei mindestens einzuhalten.

ANMERKUNG   Zu den nachfolgenden Punkten gibt es nähere Ausführungsbestimmungen und Detail-Anforderungen in DIN EN 54-2 und/oder DIN EN 12094-1. Diese sind hier nicht explizit aufgeführt, die Bestimmungen und Anforderungen sollen jedoch eingehalten und angewendet werden.

B.4.2 Funktionen von KLZ

Die KLZ muss folgende Funktionen (verbindliche Funktionen) enthalten:

— Ansteuerung von akustischen und gegebenenfalls optischen Alarmmitteln;

— Bereitstellen von Ausgangssignalen für Alarmweitermeldung und Störungsmeldung.

Die KLZ kann folgende Funktionen (Optionen) enthalten:

— Aufnahme/Verarbeitung der Signale der automatischen Branderkennung;

— Aufnahme/Verarbeitung der manuellen Branderkennung;

— Aufnahme/Verarbeitung eines „Ausgelöst"-Signals (z. B. bei nichtelektrischer Branderkennung;

— Überwachung des Zustandes/der Position von Bauteilen (z. B. Löschmittelüberwachung, Blockierzustand, Zustandsanzeigen von Türen/Zugangsöffnungen);

— Bereitstellen von Ausgangssignalen zur Ansteuerung der Löschmittelbehälter;

— Bereitstellung von Ausgangssignalen für Folgesteuerungen, z. B. Abschaltungen, Blockierungen, Voralarmsignal;

— Aufnahme und Verarbeitung eines Signals von externen Schaltern, z. B. an Maschinentüren des Schutzobjektes (während der Schalter geöffnet ist darf die Auslösung weder durch die automatische Branderkennung noch durch Signale von Handansteuereinrichtungen möglich sein; Anzeige analog zu Abschaltungen);

— Aufnahme und Verarbeitung eines Signals von externen Schaltern, z. B. an Maschinentüren des Schutzobjektes (während der Schalter geöffnet ist darf die Auslösung nur durch Signale von Handansteuereinrichtungen möglich sein; Anzeige analog zu Abschaltungen).

B.4.3 Optische Anzeigen

Folgende verbindliche Anzeigen müssen mittels separater lichtemittierender Anzeigeelemente mindestens als Sammelmeldung erfolgen:

— KLZ ist mit elektrischer Energie versorgt (siehe 6.6), grün;

Die grüne Leuchte darf erlöschen, wenn die KLZ zwar noch mit elektrischer Energie versorgt wird, aber eine Störung angezeigt wird.

— Ansteuerzustand (wenn Branderkennung aufgenommen/verarbeitet wird), rot;

— Auslösezustand, rot;

Nach aktiver Rückmeldung über Löschmittelfluss oder nach Ansteuerung der Löschmittelbehälter.

— Störungszustand, gelb;

— Anzeige der Blockierstellung (wenn Option gewählt), gelb;

— Abschaltzustand (siehe 6.7.1), gelb.

Folgende verbindliche Anzeigen müssen durch ein gesondertes lichtemittierendes Element oder auf einem alphanumerischen Display angezeigt werden:

— Ansteuerzustand je Meldelinieneingang, rot;

— Energieversorgungsstörung, gelb;

— Überwachung je überwachte Einheit, z. B. Verlust von Löschmittel, Zustandsanzeigen, gelb (wenn Option gewählt);

— Störungen je Übertragungsweg (Primärleitung) der Löschanlage, gelb;

— Abschaltzustand je Meldelinie, gelb (wenn individuell abschaltbar);

— Abschaltzustand des Ausganges zur Ansteuerung der Löschmittelbehälter, gelb.

Zusätzliche Anzeigen können optional auf einem alphanumerischen Display angezeigt werden.

Die verbindlichen optischen Anzeigen müssen in Zugangsebene 1 oder 2 durch manuelle Betätigung prüfbar sein.

B.4.4 Akustische Anzeigen

Folgende Zustände müssen durch ein akustisches internes Anzeigeelement (z. B. Summer) angezeigt werden:

— Ansteuerzustand;

— Auslösezustand;

— Störungszustand.

Die akustische Anzeige muss in Zugangsebene 1 oder 2 durch manuelle Betätigung prüfbar sein.

Für alle Zustände kann das gleiche Anzeigelement verwendet werden. Die Anzeige muss mittels eines separaten Bedienelementes abstellbar sein. Nach erfolgter Abstellung muss die akustische Anzeige bei jeder neuen Zustandsänderung wieder aktiviert werden.

B.4.5 Überwachung elektrischer Leitungen (Übertragungswege)

Folgende Übertragungswege müssen auf Drahtbruch und Kurzschluss und Erdschluss überwacht werden:

— Übertragungswege von Branderkennungselementen;

— Übertragungswege von nichtautomatischen Brandmeldern;

— Übertragungswege zur Auslösung des Löschvorganges. Bei Verwendung von pyrotechnischen Auslöseeinrichtungen (z. B. Druckgasgeneratoren) kann die Kurzschlussüberwachung entfallen;

— Übertragungswege zur gesicherten elektroakustischen Alarmierung;

— Übertragungswege von Überwachungseinrichtungen (z. B. Schwundmeldung, Zustandsanzeigen), soweit die Überwachung eine Funktion betrifft, die für Funktion, Verfügbarkeit und Wirksamkeit der Löschanlage erforderlich ist;

— Übertragungswege von der Zustandsanzeige der nichtelektrischen Blockiereinrichtung.

Auf eine Erdschlussüberwachung kann verzichtet werden, wenn ein einfacher Erdschluss nicht zu einer Beeinträchtigung der Funktion führt und ein doppelter Erdschluss auf andere Weise erkannt wird.

B.4.6 Ausgangssignale

Die KLZ muss folgende potentialfreie Ausgangssignale zur Weitermeldung bei Erreichen des jeweiligen Zustandes als Sammelmeldung zur Verfügung stellen:

— Ansteuerzustand (wenn Branderkennung aufgenommen/verarbeitet wird);

— Auslösezustand;

— Störungszustand. Dieses Signal muss auch verfügbar sein, wenn die KLZ nicht mit Energie versorgt wird.

Zusätzliche Ausgangssignale können sinnvoll sein, z. B. erste Meldung bei 2-Meldungsabhängigkeit, Abschaltmeldung, Blockiermeldung, eindeutige Anzeige einer Energieversorgungsstörung, zusätzliche Open-Collector-Ausgänge.

B.4.7 Anforderungen an die Ausführung

ANMERKUNG   Die folgenden Abschnitte beschreiben Anforderungen an die mechanische und elektrische Ausführung sowie an die Ausführung der Software.

B.4.7.1 Mechanische Ausführung

Die KLZ muss durch ein Gehäuse mit ausreichender mechanischer Festigkeit gegen Umwelteinflüsse geschützt sein.

Die Schutzart nach DIN EN 60529 (VDE 0470-1) wird vom Hersteller definiert und muss mindestens den im Anwendungsfall vorhersehbaren Einsatzbedingungen entsprechen.

B.4.7.2 Elektrische Ausführung

Die Schaltung muss so ausgeführt sein, dass bei Störung eines Übertragungsweges (Leitungen zu oder von externen Geräten) nur dieser Übertragungsweg und die diesem Übertragungsweg zugeordnete Funktion beeinträchtigt ist.

B.4.7.3 Ausführung der Software

Enthält die KLZ softwaregesteuerte Elemente, so gelten die auf die jeweilige Ausführung zutreffenden Anforderungen nach DIN EN 12094-1.

B.4.8 Umweltbeständigkeit

B.4.8.1 Allgemeines

Der Temperaturbereich und die anderen Umweltbedingungen werden vom Hersteller definiert und müssen in den Umweltprüfungen abgedeckt sein.

Die nachfolgenden Prüfungen beziehen sich als Mindestanforderungen auf einen Einsatztemperaturbereich von 0°C bis 35°C, saubere und trockene Innenräume und vibrationsarme Befestigung.

Der Hersteller der KLZ muss den Nachweis erbringen und dokumentieren, dass folgende Umweltprüfungen nach DIN EN 54-2 erfolgreich durchgeführt wurden.

B.4.8.2 Kälte (in Betrieb)

Zweck der Prüfung ist es, die Funktionsfähigkeit der KLZ bei niedrigen Umgebungstemperaturen festzustellen.

B.4.8.3 Feuchte Wärme, konstant (in Betrieb)

Zweck der Prüfung ist es, die Funktionsfähigkeit der KLZ bei hohen relativen Luftfeuchten festzustellen, die für kurze Zeit in der Betriebsumgebung auftreten können.

B.4.8.4 Schlag (in Betrieb)

Zweck der Prüfung ist es, die Widerstandsfähigkeit der KLZ gegenüber mechanischen Schlägen auf der Oberfläche festzustellen, denen sie in der normalen Betriebsumgebung ausgesetzt sein kann.

B.4.8.5 Schwingen, sinusförmig (in Betrieb)

Zweck dieser Prüfung ist es, die Widerstandsfähigkeit gegenüber Vibrationen festzustellen.

B.4.8.6 Elektromagnetische Verträglichkeit, Störfestigkeit (in Betrieb)

Nachstehende Prüfungen sind nach DIN EN 50130-4 (VDE 0830-1-4) durchzuführen:

— Schwankungen der Netzversorgungsspannung;

— Einbrüche und kurze Unterbrechungen der Netzversorgungsspannungen;

— Entladung statischer Elektrizität;

— abgestrahlte elektromagnetische Felder;

— leistungsgeführte Störgrößen, indiziert durch elektromagnetische Felder;

— schnelle transiente Störgrößen, Bursts;

— langsame energiereiche Stoßspannungen.

B.4.8.7 Feuchte Wärme (Dauerprüfung)

Zweck dieser Prüfung ist es, die Widerstandsfähigkeit der KLZ gegenüber Langzeiteinflüssen von Feuchte festzustellen.

B.4.8.8 Schwingen, sinusförmig (Dauerprüfung)

Zweck dieser Prüfung ist es, die Widerstandsfähigkeit der KLZ gegenüber Langzeiteinflüssen durch Schwingungen festzustellen.

B.4.9 Zugangsebenen

Die Berechtigungen (Zugangsebenen) für die Bedienung und für Einstellungen der KLZ sind nach DIN EN 54-2 auszuführen.

B.4.10 Anschluss von pyrotechnischen Auslöseeinrichtungen

Bei Verwendung von pyrotechnischen Auslöseeinrichtungen (z. B. Druckgasgeneratoren) muss die Steuereinrichtung mindestens die 2-fache vom Hersteller des pyrotechnischen Auslöseelementes angegebene Mindestzündenergie aufbringen können. Der Zündstrom muss mit Sicherheit oberhalb des vom Hersteller genannten Wertes für die sichere Zündung liegen (in der Regel mindestens 0,8 A).

Für den Fall, dass die Auslöseeinrichtung aus zwei pyrotechnischen Zündern besteht, die von einer Steuereinrichtung gemeinsam ausgelöst werden, müssen die Zünder in Reihe geschaltet sein. Die Steuereinrichtung muss hierbei das 2-fache der Mindestzündenergie prellfrei und innerhalb 1 ms wirksam in die Zünderkette abgeben.

Der Überwachungs-Ruhestrom durch die pyrotechnischen Auslöseeinrichtungen muss deutlich unterhalb des vom Hersteller angegebenen zulässigen Dauermessstroms liegen (in der Regel maximal 5 mA).

B.4.11 Interne autarke elektrische Energieversorgung

Es gilt DIN EN 54-4.

B.5 Blockiereinrichtungen für KLA mit Löschgas (bei Personengefährdung)

Es gilt DIN EN 12094-6.

B.6 Alarmierungseinrichtungen

Akustische Alarmmittel müssen DIN EN 54-3 (elektrische Alarmmittel) oder DIN EN 12094-12 (pneumatische Alarmmittel) entsprechen.

B.7 Behälterventile

Ventile und Auslöseeinrichtungen für Behälter mit gasförmigen Löschmitteln sowie Ventile und Auslöseeinrichtungen für Treibgasbehälter (soweit mit Ventilen ausgerüstet) müssen DIN EN 12094-4 entsprechen.

Ventile für Behälter mit anderen Löschmitteln müssen der Normenreihe DIN EN 3 entsprechen. Die Auslöseeinrichtungen für diese Behälter müssen analog zur DIN EN 12094-4 gewählt werden.

B.8 Wägeeinrichtungen zur Schwundüberwachung

Es gilt DIN EN 12094-11.

B.9 Druckmessgeräte und Druckschalter zur Schwundüberwachung

Es gilt DIN EN 12094-10.

Der Toleranzbereich des Schaltpunktes von Druckschaltern kann größer sein als von DIN EN 12094-10 gefordert, wenn geeignete Kompensationsmaßnahmen in der Löschanlage vorgesehen werden (z. B. größerer Löschmittelvorrat, höherer Treibgasdruck).

Unter den gleichen Voraussetzungen kann auch die Genauigkeitsklasse von Druckmessgeräten größer sein als von DIN EN 12094-10 gefordert.

B.10 Rohrleitungen

Rohrleitungen und Rohrverbindungen müssen aus Metall gefertigt sein, dem Löschmittel entsprechen und den auftretenden Drücken und entsprechenden Temperaturen widerstehen können.

Die äußeren und inneren Oberflächen müssen, wenn es der Anwendungsfall erfordert, ausreichend korrosionsgeschützt sein.

Der Schutz von Rohrleitungen, die nur während der Flutung mit einem korrosiven Löschmittel in Berührung kommen, kann ggf. auch mit organisatorischen Maßnahmen, z. B. durch Spülen der Rohrleitung nach der Flutung, erreicht werden. Die entsprechenden Maßnahmen sind im Produkthandbuch zu dokumentieren.

B.11 Schläuche (außer Anregeschläuche)

Schläuche für gasförmige Löschmittel und Treibgase müssen DIN EN 12094-8 entsprechen. Schläuche für andere Löschmittel analog zu DIN EN 12094-8.

Schläuche müssen dem Löschmittel entsprechen und den auftretenden Drücken und entsprechenden Temperaturen widerstehen können.

B.12 Düsen

Es gilt DIN EN 12094-7.

Die Spezifizierung und Prüfung der Leistungscharakteristik und der Austragsform nach DIN EN 12094-7 ist für KLA nicht erforderlich. Der Nachweis dieser Eigenschaften kann objektspezifisch erfolgen.

Düsen müssen dem Löschmittel entsprechen und den auftretenden Drücken und entsprechenden Temperaturen widerstehen können

Anhang C
(normativ)

Anforderungen und Prüfverfahren für das System

ANMERKUNG   Die Anforderungen und Prüfverfahren richten sich an die Kompatibilität der Bauteile in den im Produkthandbuch beschriebenen Anlagenvarianten und an die technischen Systemgrenzen.

C.1 Anforderungen

C.1.1 Der Aufbau der im Produkthandbuch beschriebenen Anlagenvarianten muss sicherstellen, dass die bestimmungsgemäße Funktion der Kleinlöschanlage unter Einhaltung der Anforderungen aus der vorliegenden Norm erfolgt.

C.1.2 Die Bauteile des Systems müssen technisch kompatibel sein und bestimmungsgemäß zusammenwirken. Alle Bauteile müssen so ausgeführt und funktionell verbunden sein, dass die bestimmungsgemäße Funktion der Anlagen sowie der Bauteile nach Herstellerangaben innerhalb der vom Hersteller angegebenen Grenzen sowie gemäß der vorliegenden Norm sichergestellt ist. Die funktionellen Anforderungen aus den einzelnen für die Geräte geltenden Normen und Richtlinien müssen auch innerhalb der (den) Anlagenvariante(n) erfüllt werden.

C.1.3 Die Branderkennung und Auslösung muss so ausgeführt sein, dass spätestens 3 s nach Betätigung der Handauslösung oder Empfang eines Signals der automatischen Branderkennungselemente bzw. der Prozessdaten-Signalgeber der Ansteuerzustand erreicht wird. Nach Erreichen des Ansteuerzustandes müssen nach maximal 1 s, wenn keine Verzögerungszeit zusätzlich definiert ist, die entsprechenden Ausgänge zur Auslösung des Löschvorgangs aktiviert werden.

ANMERKUNG 1   Diese Norm gilt nicht für Löschanlagen, für die in Folge der Gefährdung durch das Löschmittel eine Vorwarnzeit einzuhalten ist. Eine Verzögerungszeit kann jedoch im Einzelfall aus anderen Gründen sinnvoll sein.

ANMERKUNG 2   Diese Anforderung gilt insbesondere auch beim Einsatz von Anregeschläuchen.

C.2 Prüfung des Aufbaus der Anlagenvarianten

Die Prüfung bezieht sich auf C.1.1. In einer Sichtprüfung des Produkthandbuchs wird überprüft, ob die Anforderungen dieses Abschnittes erfüllt werden.

C.3 Prüfung der technischen Kompatibilität der verwendeten Bauteile

Die Prüfung bezieht sich auf C.1.2. Soweit möglich, wird anhand der technischen Unterlagen theoretisch beurteilt, ob die verschiedenen Bauteile in den im Produkthandbuch beschriebenen Anlagenvarianten funktionell miteinander verbunden werden können und ob die bestimmungsgemäße Funktion der Systembestandteile und damit des Systems mit hoher Wahrscheinlichkeit erfüllt werden kann. Dabei sind verschiedene Ausbaustufen des Systems (z. B. Anzahl Melder oder Düsen) und Betriebszustände (z. B. Abschaltungen) sowie z. B. verschiedene Betriebsspannungen oder Betriebsdrücke zu berücksichtigen.

Bereits vorhandene theoretische oder messtechnische Prüfergebnisse zu Bauteilen sowie begründete Konformitätserklärungen des Herstellers können bei der Durchführung der theoretischen Prüfung berücksichtigt werden.

Bei der theoretischen Prüfung sind z. B. folgende Aspekte zu berücksichtigen:

— Mechanische Verbindungen: Bewertung der Kompatibilität der Anschlusspunkte mit den Anschlussteilen (z. B. elektrische Klemmen/Kabel oder Rohrverbindungen);

— Elektrische Energieversorgung: Bewertung der Leistungseigenschaften der elektrischen Bauteile des Systems bei Schwankungen der Versorgungsparameter (z. B. Spannung, Strom) sowie der Auswirkung von Fehlern auf den zur Energieversorgung genutzten Übertragungswegen (z. B. Schutz durch Strombegrenzung bei Kurzschluss);

— Elektromagnetische Verträglichkeit: Bewertung der Immunität der Geräte innerhalb einer gegebenen Systemkonfiguration gegenüber elektromagnetischen Störgrößen (z. B. Änderung der Immunität durch Verwendung anderer Kabeltypen).

Wenn alle Parameter für das bestimmungsgemäße Zusammenwirken der Bestandteile des Systems oder einzelner Bauteile durch die theoretische Untersuchung nachvollziehbar und die Bewertungskriterien erfüllt sind, kann die Aussage getroffen werden, dass die bestimmungsgemäße Funktion des Systems und damit die Kompatibilität der entsprechenden Bauteile mit hoher Wahrscheinlichkeit gegeben ist.

Kann diese Aussage nicht auf der Grundlage der theoretische Untersuchung allein getroffen werden, so müssen Prüfungen mit Prüfmustern durchgeführt werden.

C.4 Prüfung der Auslösung

Die Prüfung bezieht sich auf C.3. Die Anforderung wird in Prüfungen mit Prüfmustern überprüft.

Beim Einsatz von Anregeschläuchen muss jede Kombination Ventil/Schlauch in den jeweils ungünstigsten Einsatzbedingungen geprüft werden.

Literaturhinweise

DIN EN ISO 9001, *Qualitätsmanagementsysteme — Anforderungen*

BGI 888, *BG-Information — Sicherheitseinrichtungen beim Einsatz von Feuerlöschanlagen mit Löschgasen*

BGR 134, *BG-Regel — Einsatz von Feuerlöschanlagen mit sauerstoffverdrängenden Gasen*

VdS 3518, *VdS-Richtlinien für Feuerlöschanlagen — Sicherheit und Gesundheitsschutz beim Einsatz von Feuerlöschanlagen mit Löschgasen*

Juli 2012

| | DIN EN 671-1 | |

ICS 13.220.10

Ersatz für
DIN EN 671-1:2001-08 und
DIN EN 671-1
Berichtigung 1:2002-11
Siehe Anwendungsbeginn

**Ortsfeste Löschanlagen –
Wandhydranten –
Teil 1: Schlauchhaspeln mit formstabilem Schlauch;
Deutsche Fassung EN 671-1:2012**

Fixed firefighting systems –
Hose systems –
Part 1: Hose reels with semi-rigid hose;
German version EN 671-1:2012

Installations fixes de lutte contre l'incendie –
Systèmes équipés de tuyaux –
Partie 1: Robinets d'incendie armés équipés de tuyaux semi-rigides;
Version allemande EN 671-1:2012

Gesamtumfang 45 Seiten

Normenausschuss Feuerwehrwesen (FNFW) im DIN

DIN EN 671-1:2012-07

Anwendungsbeginn

Anwendungsbeginn dieser Norm ist voraussichtlich 2012-07-01.

Daneben dürfen DIN EN 671-1:2001-08 und DIN EN 671-1 Berichtigung 1:2002-11 noch bis zum 2014-01-31—maßgeblich ist der Termin im Amtsblatt der EU—angewendet werden.

Die CE-Kennzeichnung von Bauprodukten nach dieser DIN-EN-Norm in Deutschland kann erst nach der Veröffentlichung der Fundstelle dieser DIN-EN-Norm im Bundesanzeiger von dem dort genannten Termin an erfolgen.

Nationales Vorwort

Dieses Dokument (EN 671-1:2012) wurde vom Technischen Komitee CEN/TC 191 „Ortsfeste Brandbekämpfungsanlagen" (Sekretariat: BSI, Vereinigtes Königreich) erarbeitet und wird im DIN Deutsches Institut für Normung e. V. vom Arbeitsausschuss NA 031-03-05 AA „Anlagen zur Löschwasserversorgung einschließlich Wandhydranten" des FNFW betreut.

Zu weiteren technischen Einzelheiten und zur Abnahmeprüfung siehe DIN 14461-1 und DIN 14462.

Zur Anwendung im direkten Anschluss an das Trinkwassernetz siehe DIN 1988-6.

Änderungen

Gegenüber DIN EN 671-1:2001-08 und DIN EN 671-1 Berichtigung 1:2002-11 wurden folgende Änderungen vorgenommen:

a) Berichtigung 1:2002-11 eingearbeitet;

b) Begriff „höchstzulässiger Betriebsdruck" ergänzt;

c) Anforderungen an Schläuche, den Schrank und an Werkstoffe erweitert oder präzisiert (betrifft Abschnitte 5, 6, 8 und 9);

d) Anhang ZA aktualisiert;

e) Dokument redaktionell überarbeitet.

Frühere Ausgaben

DIN 14461-1: 1966-08, 1976-05, 1986-01
DIN EN 671-1: 1996-02, 2001-08
DIN EN 671-1 Berichtigung 1: 2002-11

Nationaler Anhang NA
(informativ)

Literaturhinweise

DIN 14461-1, *Feuerlösch-Schlauchanschlusseinrichtungen — Teil 1: Wandhydrant mit formstabilem Schlauch*

DIN 14462, *Löschwassereinrichtungen — Planung, Einbau, Betrieb und Instandhaltung von Wandhydrantenanlagen und Überflur- und Unterflurhydrantenanlagen* [*]

DIN 1988-6, *Technische Regeln für Trinkwasser-Installationen (TRWI) — Teil 6: Feuerlösch- und Brandschutzanlagen — Technische Regel des DVGW*

---

[*] in Vorbereitung

— Leerseite —

EUROPÄISCHE NORM
EUROPEAN STANDARD
NORME EUROPÉENNE

EN 671-1

April 2012

ICS 13.220.10

Ersatz für EN 671-1:2001

Deutsche Fassung

Ortsfeste Löschanlagen - Wandhydranten - Teil 1: Schlauchhaspeln mit formstabilem Schlauch

Fixed firefighting systems - Hose systems - Part 1: Hose reels with semi-rigid hose

Installations fixes de lutte contre l'incendie - Systèmes équipés de tuyaux - Partie 1: Robinets d'incendie armés équipés de tuyaux semi-rigides

Diese Europäische Norm wurde vom CEN am 9. März 2012 angenommen.

Die CEN-Mitglieder sind gehalten, die CEN/CENELEC-Geschäftsordnung zu erfüllen, in der die Bedingungen festgelegt sind, unter denen dieser Europäischen Norm ohne jede Änderung der Status einer nationalen Norm zu geben ist. Auf dem letzten Stand befindliche Listen dieser nationalen Normen mit ihren bibliographischen Angaben sind beim Management-Zentrum des CEN-CENELEC oder bei jedem CEN-Mitglied auf Anfrage erhältlich.

Diese Europäische Norm besteht in drei offiziellen Fassungen (Deutsch, Englisch, Französisch). Eine Fassung in einer anderen Sprache, die von einem CEN-Mitglied in eigener Verantwortung durch Übersetzung in seine Landessprache gemacht und dem Management-Zentrum mitgeteilt worden ist, hat den gleichen Status wie die offiziellen Fassungen.

CEN-Mitglieder sind die nationalen Normungsinstitute von Belgien, Bulgarien, Dänemark, Deutschland, Estland, Finnland, Frankreich, Griechenland, Irland, Island, Italien, Kroatien, Lettland, Litauen, Luxemburg, Malta, den Niederlanden, Norwegen, Österreich, Polen, Portugal, Rumänien, Schweden, der Schweiz, der Slowakei, Slowenien, Spanien, der Tschechischen Republik, der Türkei, Ungarn, dem Vereinigten Königreich und Zypern.

EUROPÄISCHES KOMITEE FÜR NORMUNG
EUROPEAN COMMITTEE FOR STANDARDIZATION
COMITÉ EUROPÉEN DE NORMALISATION

Management-Zentrum: Avenue Marnix 17, B-1000 Brüssel

© 2012 CEN   Alle Rechte der Verwertung, gleich in welcher Form und in welchem Verfahren, sind weltweit den nationalen Mitgliedern von CEN vorbehalten.

Ref. Nr. EN 671-1:2012 D

Inhalt

Seite

Vorwort 5
Einleitung 6
1 Anwendungsbereich 7
2 Normative Verweisungen 7
3 Begriffe 7
4 Anforderungen an die Bauteile der Schlauchhaspel 8
4.1 Allgemeines 8
4.2 Verteilung des Löschmittels 8
4.2.1 Schlauchinnendurchmesser 8
4.2.2 Mindestdurchflussmenge 8
4.2.3 Wirksame Wurfweite 9
4.2.4 Sprühstrahlbetrieb 9
4.3 Betriebszuverlässigkeit 9
4.3.1 Schlauch – Allgemeines 9
4.3.2 Absperrbares Strahlrohr – Allgemeines 9
4.3.3 Haspel – Konstruktion 9
4.3.4 Haspel – Drehen 9
4.3.5 Haspel – Schwenken 9
4.3.6 Haspel – Beständigkeit gegen Stoß und Belastung 9
4.3.7 Absperrbares Strahlrohr – Beständigkeit gegen Stoß 10
4.3.8 Absperrbares Strahlrohr – Drehmoment für die Bedienung 10
4.3.9 Absperrventil – Allgemeines 10
4.3.10 Absperrventil – Handbetätigtes Absperrventil 10
4.3.11 Absperrventil – Automatisches Absperrventil 10
4.3.12 Hydraulische Eigenschaften – Beständigkeit gegen Innendruck 10
4.3.13 Hydraulische Eigenschaften – Druckfestigkeit 10
4.4 Abrollbarkeit des Schlauches 11
4.4.1 Haspel – Abrollkraft 11
4.4.2 Haspel – Dynamisches Abbremsen 11
4.4.3 Schlauch – Maximale Länge 11
4.5 Farbe 11
4.6 Absperrbares Strahlrohr 11
4.6.1 Kennzeichnung der Schaltstellungen – Drehbar einstellbare Strahlrohre 11
4.6.2 Kennzeichnung der Schaltstellung – Mit Hebel bedienbare Strahlrohre 11
4.7 Schrank 11
4.7.1 Allgemeines 11
4.7.2 Öffnungs-/Schließvorrichtung 12
4.7.3 Schlauchhaspelschrank mit handbetätigten Niederschraubventilen 12
4.7.4 Erkennungssymbol 12
4.8 Dauerhaftigkeit – Dauerhaftigkeit der Betriebszuverlässigkeit 12
4.8.1 Beständigkeit gegen Korrosion beschichteter Teile 12
4.8.2 Korrosionsbeständigkeit von wasserbeaufschlagten Teilen 12
4.8.3 Alterungsprüfung für Kunststoffteile 12

5 Prüfverfahren 12
5.1 Allgemeines 12
5.2 Verteilung des Löschmittels 13
5.2.1 Schlauchinnendurchmesser 13
5.2.2 Mindestdurchflussmenge 13
5.2.3 Wirksame Wurfweite 13

5.2.4	Sprühstrahlbetrieb	13
5.3	Betriebszuverlässigkeit	13
5.3.1	Schlauch – Allgemeines	13
5.3.2	Absperrbares Strahlrohr – Allgemeines	13
5.3.3	Haspel – Konstruktion	13
5.3.4	Haspel – Drehen	13
5.3.5	Haspel – Schwenken	13
5.3.6	Haspel – Beständigkeit gegen Stoß und Belastung	13
5.3.7	Absperrbares Strahlrohr – Beständigkeit gegen Stoß	13
5.3.8	Absperrbares Strahlrohr – Drehmoment für die Bedienung	13
5.3.9	Absperrventil – Allgemeines	13
5.3.10	Absperrventil – Handbetätigtes Absperrventil	13
5.3.11	Absperrventil – Automatisches Absperrventil	14
5.3.12	Hydraulische Eigenschaften – Beständigkeit gegen Innendruck	14
5.3.13	Hydraulische Eigenschaften – Druckfestigkeit	14
5.4	Abrollbarkeit des Schlauches	14
5.4.1	Haspel – Abrollkraft	14
5.4.2	Haspel – Dynamisches Abbremsen	14
5.4.3	Schlauch – Maximale Länge	14
5.5	Farbe	14
5.6	Absperrbares Strahlrohr	14
5.7	Schrank	14
5.8	Dauerhaftigkeit der Betriebszuverlässigkeit	14
5.8.1	Beständigkeit gegen Korrosion beschichteter Teile	14
5.8.2	Korrosionsbeständigkeit von wasserbeaufschlagten Teilen	15
5.8.3	Alterungsprüfung für Kunststoffteile	15
6	Bewertung der Konformität	15
6.1	Allgemeines	15
6.2	Erstprüfung – Typprüfung	15
6.2.1	Allgemeines	15
6.2.2	Prüfmuster	16
6.2.3	Prüfbericht	16
6.3	Werkseigene Produktionskontrolle (WPK)	16
6.3.1	Allgemeines	16
6.3.2	Anforderungen	16
6.3.3	Produktspezifische Anforderungen	19
6.3.4	Erstbegutachtung des Werkes und der WPK	20
6.3.5	Fortdauernde Überwachung der WPK	20
6.3.6	Verfahren im Falle von Änderungen	20
6.3.7	Produkte aus Einzelfertigung, vorgefertigte Produkte (z. B. Prototypen) und Kleinserienprodukte	21
7	Kennzeichnung	21
8	Anweisungen	22
8.1	Bedienungsanleitung	22
8.2	Anleitung für Einbau und Instandhaltung	22
Anhang A (normativ) Ablaufplan für die Reihenfolge der Prüfungen		23
Anhang B (normativ) Verfahren zur Prüfung der Beständigkeit beschichteter Teile gegen äußere Korrosion		24
Anhang C (normativ) Prüfung der Alterung von Kunststoffteilen		25
Anhang D (normativ) Prüfung der Korrosionsbeständigkeit von wasserbeaufschlagten Teilen		26
Anhang E (normativ) Prüfung von Strahlrohren		27
E.1	Stoßfestigkeit	27
E.2	Drehmoment für die Bedienung	27
E.3	Sprühstrahlbetrieb	27
E.4	Durchflussmenge und Wurfweite	28

E.4.1	Durchflussmenge	28
E.4.2	Wurfweite	29
Anhang F (normativ) Prüfverfahren für die physikalische Beständigkeit		30
F.1	Allgemeines	30
F.2	Drehprüfung	30
F.3	Prüfung des Ausschwenkens	30
F.4	Prüfung der Abrollkraft	30
F.5	Prüfung des Abbremsens	30
F.6	Prüfung des Widerstandes gegen Stoß	31
F.6.1	Stoßprüfung	31
F.6.2	Belastungsprüfung	31
F.7	Innendruckprüfung	32
F.8	Prüfung der Druckfestigkeit	33
Anhang ZA (informativ) Abschnitte dieser Europäischen Norm, die Eigenschaften der EU-Bauproduktenrichtlinie ansprechen		34
ZA.1	Anwendungsbereich und relevante Abschnitte	34
ZA.2	Verfahren zur Bescheinigung der Konformität von Schlauchhaspeln mit formstabilem Schlauch	37
ZA.2.1	System zur Bescheinigung der Konformität	37
ZA.2.2	EG-Konformitätszertifikat	38
ZA.3	CE-Kennzeichnung und Beschriftung	38

Vorwort

Dieses Dokument (EN 671-1:2012) wurde vom Technischen Komitee CEN/TC 191 „Ortsfeste Brandbekämpfungsanlagen" erarbeitet, dessen Sekretariat vom BSI gehalten wird.

Diese Europäische Norm muss den Status einer nationalen Norm erhalten, entweder durch Veröffentlichung eines identischen Textes oder durch Anerkennung bis Oktober 2012, und etwaige entgegenstehende nationale Normen müssen bis Januar 2014 zurückgezogen werden.

Es wird auf die Möglichkeit hingewiesen, dass einige Texte dieses Dokuments Patentrechte berühren können. CEN [und/oder CENELEC] sind nicht dafür verantwortlich, einige oder alle diesbezüglichen Patentrechte zu identifizieren.

Dieses Dokument ersetzt EN 671-1:2001.

EN 671-1:2001 wurde technisch überarbeitet und redaktionell angepasst. Die Reihenfolge der Abschnitte wurde geändert und der Anhang ZA wurde aktualisiert.

Dieses Dokument wurde unter einem Mandat erarbeitet, das die Europäische Kommission und die Europäische Freihandelszone dem CEN erteilt haben, und unterstützt grundlegende Anforderungen der EU-Richtlinien.

Zum Zusammenhang mit EU-Richtlinien siehe informativen Anhang ZA, der Bestandteil dieses Dokuments ist.

Im Sinne der Zweckmäßigkeit für die Anwendung bei Konformitätsprüfungen sind die normativen Anhänge dieser Europäischen Norm so angelegt, dass Anhang A die Reihenfolge der Konformitätsprüfungen angibt, während die Anhänge B, C, D, E, und F die Prüfungen in der exakten Reihenfolge ihrer Durchführung enthalten.

EN 671 hat als Haupttitel „*Ortsfeste Löschanlagen — Wandhydranten*" und besteht aus drei Teilen:

— *Teil 1: Schlauchhaspeln mit formstabilem Schlauch*

— *Teil 2: Wandhydranten mit Flachschlauch*

— *Teil 3: Instandhaltung von Schlauchhaspeln mit formstabilem Schlauch und Wandhydranten mit Flachschlauch*

Entsprechend der CEN/CENELEC-Geschäftsordnung sind die nationalen Normungsinstitute der folgenden Länder gehalten, diese Europäische Norm zu übernehmen: Belgien, Bulgarien, Dänemark, Deutschland, Estland, Finnland, Frankreich, Griechenland, Irland, Island, Italien, Kroatien, Lettland, Litauen, Luxemburg, Malta, Niederlande, Norwegen, Österreich, Polen, Portugal, Rumänien, Schweden, Schweiz, Slowakei, Slowenien, Spanien, Tschechische Republik, Türkei, Ungarn, Vereinigtes Königreich und Zypern.

Einleitung

Schlauchhaspeln stellen im einwandfreien Zustand sehr effektive Einrichtungen zur Brandbekämpfung mit unmittelbar verfügbarer, ununterbrochener Wasserzufuhr dar.

Die Anforderungen dieser Europäischen Norm wurden festgelegt, um sicherzustellen, dass Schlauchhaspeln wirksam von einer Person benutzt werden können und damit sie eine lange Lebensdauer haben.

DIN EN 671-1:2012-07
EN 671-1:2012 (D)

1 Anwendungsbereich

Diese Europäische Norm legt Anforderungen und Prüfverfahren für Bauart und Ausführung von Schlauchhaspeln mit formstabilem Schlauch zum Einbau in Gebäuden fest, die fest mit der Wasserzufuhr verbunden und zum Gebrauch durch jede Person geeignet sind.

Es werden auch Anforderungen an die Normkonformitätsprüfung und CE-Kennzeichnung der Produkte festgelegt.

Die Anforderungen dieser Norm können grundsätzlich auch für andere Anwendungen zugrunde gelegt werden, zum Beispiel im Schiffbau oder bei aggressiven Umgebungen. In diesen Fällen können jedoch weitergehende Anforderungen notwendig sein.

Diese Europäische Norm gilt für Schlauchhaspeln sowohl mit handbetätigten als auch automatischen Ventilen jeweils zum Einbau mit oder ohne Schrank.

2 Normative Verweisungen

Die folgenden Dokumente, die in diesem Dokument teilweise oder als Ganzes zitiert werden, sind für die Anwendung dieses Dokuments erforderlich. Bei datierten Verweisungen gilt nur die in Bezug genommene Ausgabe. Bei undatierten Verweisungen gilt die letzte Ausgabe des in Bezug genommenen Dokuments (einschließlich aller Änderungen).

EN 671-3, *Ortsfeste Löschanlagen — Wandhydranten — Teil 3: Instandhaltung von Schlauchhaspeln mit formstabilem Schlauch und Wandhydranten mit Flachschlauch*

EN 694, *Feuerlöschschläuche — Formstabile Schläuche für Wandhydranten*

EN ISO 4892-2:2006, *Kunststoffe — Künstliches Bestrahlen oder Bewittern in Geräten — Teil 2: Xenonbogenlampen (ISO 4892-2:2006)*

EN ISO 9227:2006, *Korrosionsprüfung in künstlichen Atmosphären — Salzsprühnebelprüfungen (ISO 9227:2006)*

ISO 7010, *Graphical Symbols — Safety colours and safety signs — Registered safety signs*

3 Begriffe

Für die Anwendung dieses Dokuments gelten die folgenden Begriffe.

3.1
automatische Schlauchhaspel
Löschgerät, im Wesentlichen bestehend aus einer Haspel mit wasserführender Achse und automatischem Absperrventil, mit formstabilem Schlauch, absperrbarem Strahlrohr und, falls erforderlich, einer Schlauchführung

3.2
starr befestigte Schlauchhaspel
Haspel, die sich in einer Ebene drehen lässt, mit einer an der Haspel angeordneten Schlauchführung

3.3
Schlauchhaspel mit handbetätigtem Ventil
Löschgerät, bestehend aus einer Haspel mit wasserführender Achse, formstabilem Schlauch auf der Haspel, absperrbarem Strahlrohr, einem handbetätigten Absperrventil und, falls erforderlich, einer Schlauchführung

3.4
maximaler Betriebsdruck
maximal zulässiger Druck, für den die Schlauchhaspel ausgelegt ist

Anmerkung 1 zum Begriff: Alle Drücke sind Manometerdrücke und werden in Megapascal angegeben 1 MPa = 10 bar.

3.5
Haspel und Absperrventil als Unterbaugruppe
Haspel mit automatischem Absperrventil einschließlich Verbindungselementen (falls Ventil in der Haspel integriert), jedoch ohne formstabilem Schlauch, absperrbarem Strahlrohr und Verbindungsstücke oder Kupplungen

3.6
absperrbares Strahlrohr
Bauteil am Schlauchende zur Richtungsgebung und Regulierung des Wasserstrahls

3.7
ausschwenkbare Schlauchhaspel
Haspel, die sich in mehr als einer Ebene drehen lässt und auf eine der nachfolgenden Arten befestigt ist:

— mittels ausschwenkbarem Tragarm; oder

— mittels ausschwenkbarem Rohr; oder

— direkt an der ausschwenkbaren Tür.

4 Anforderungen an die Bauteile der Schlauchhaspel

4.1 Allgemeines

Die Übereinstimmung mit den in Abschnitt 4 angegebenen Anforderungen muss durch Prüfung nach Abschnitt 5 überprüft werden.

4.2 Verteilung des Löschmittels

4.2.1 Schlauchinnendurchmesser

Der Innendurchmesser des Schlauches muss einem der nachfolgenden Werte entsprechen:

— 19 mm; oder

— 25 mm; oder

— 33 mm.

4.2.2 Mindestdurchflussmenge

Die Durchflussmengen für Vollstrahl- und Sprühstrahl-Einstellungen müssen Tabelle 1 entsprechen.

Tabelle 1 — Mindestdurchflussmengen und kleinster K-Faktor bezogen auf den Druck

Strahlrohrdurchmesser oder entsprechende Austrittsöffnung mm	Mindestdurchflussmenge Q l/min			K-Faktor[a]
	P = 0,2 MPa	P = 0,4 MPa	P = 0,6 MPa	
4	12	18	22	9
5	18	26	31	13
6	24	34	41	17
7	31	44	53	22
8	39	56	68	28
9	46	66	80	33
10	59	84	102	42
12	90	128	156	64
[a] Die Durchflussmenge Q beim Druck P wird durch die Gleichung $Q = K\sqrt{10\,P}$ bestimmt, wobei Q die Durchflussmenge in l/min und P der Druck in MPa ist.				

4.2.3 Wirksame Wurfweite

Die wirksamen Wurfweiten dürfen bei einem Druck von 0,2 MPa die nachstehenden Werte nicht unterschreiten (soweit zutreffend):

a) bei Vollstrahl 10 m;
b) bei Sprühstrahl 6 m;
c) bei konischem Strahl 3 m.

4.2.4 Sprühstrahlbetrieb

Strahlrohre mit Sprühstrahleinstellung müssen folgende Sprühstrahlwinkel erzeugen können:

a) bei Flachsprühstrahl $(90 \pm 5)°$;
b) bei konischem Sprühstrahl mindestens 45°.

4.3 Betriebszuverlässigkeit

4.3.1 Schlauch – Allgemeines

Der Schlauch muss formstabil sein und EN 694 entsprechen.

4.3.2 Absperrbares Strahlrohr – Allgemeines

Der Schlauch muss am Ende mit einem absperrbaren Strahlrohr mit folgenden Schaltstellungen versehen sein:

a) Zu;
b) Sprühstrahl;
c) Vollstrahl.

Es wird empfohlen, dass die Schaltstellung „Sprühstrahl" entsprechend der oben angegebenen Reihenfolge zwischen „Zu" und „Vollstrahl" liegt.

Der Sprühstrahl muss entweder aus einem Flachsprühstrahl oder einem konischen Sprühstrahl bestehen.

Mit einem Abzugshebel betriebene Strahlrohre müssen selbstschließend sein.

4.3.3 Haspel – Konstruktion

Die Haspel muss sich um eine Achse drehen.

Die Haspel muss aus zwei Haspelscheiben mit einem Durchmesser von jeweils nicht mehr als 800 mm bestehen und innen mit einer Segmentanordnung oder einer Trommel ausgestattet sein, deren Durchmesser für Schläuche mit Durchmesser von 19 mm und 25 mm mindestens 200 mm und für Schläuche mit einem Durchmesser von 33 mm mindestens 280 mm beträgt.

4.3.4 Haspel – Drehen

Schlauchhaspeln dürfen keine sichtbaren Undichtheiten aufweisen.

4.3.5 Haspel – Schwenken

Ausschwenkbare Schlauchhaspeln müssen mindestens um 170° ausgeschwenkt werden können und dürfen keine sichtbaren Undichtheiten oder Beschädigungen aufweisen.

4.3.6 Haspel – Beständigkeit gegen Stoß und Belastung

Weder an der Haspel selbst noch an den Schlauchanschlüssen am Haspelausgang und -eingang darf eine Verformung auftreten, welche die Funktion der Haspel beeinträchtigen könnte.

4.3.7 Absperrbares Strahlrohr – Beständigkeit gegen Stoß

Das Strahlrohr darf weder brechen noch irgendeine sichtbare Undichtigkeit aufweisen.

4.3.8 Absperrbares Strahlrohr – Drehmoment für die Bedienung

Die erforderliche Kraft, um das Strahlrohr bei maximalem Betriebsdruck in jede Stellung zu schalten (d. h. Betrieb, Sprühstrahl, Vollstrahl oder Steuerung der Durchflussmenge), darf für Schläuche mit einem Durchmesser von 19 mm und 25 mm den Wert 4 Nm und für Schläuche mit einem Durchmesser von 33 mm den Wert 7 Nm nicht überschreiten.

4.3.9 Absperrventil – Allgemeines

Der Schlauchhaspel muss ein Absperrventil vorgeschaltet sein.

4.3.10 Absperrventil – Handbetätigtes Absperrventil

Handbetätigte Absperrventile müssen durch Drehen des Handgriffs oder Handrades im Uhrzeigersinn schließen.

Die Öffnungsrichtung muss markiert sein.

Niederschraubventile müssen nach spätestens 3½ Umdrehungen des Handrades voll geöffnet sein.

ANMERKUNG 1 Es wird empfohlen, eine Verriegelung einzubauen, die dafür sorgt, dass das Strahlrohr so lange nicht abgezogen werden kann, bis die Wasserzufuhr durch Öffnen des handbetätigten Absperrventils eingeschaltet wird.

ANMERKUNG 2 Das Absperrventil darf als Niederschraubventil oder auch als schnellöffnendes Ventil ausgeführt sein. In jedem Fall sollten bei der Auswahl des zu verwendenden Absperrventils die Auswirkungen von Wasserschlägen berücksichtigt werden.

4.3.11 Absperrventil – Automatisches Absperrventil

Ein automatisches Absperrventil muss bei maximal drei vollständigen Umdrehungen der Haspel voll geöffnet sein. Es darf keine sichtbare Undichtheit auftreten.

ANMERKUNG Bei Schlauchhaspeln mit automatisch öffnenden Absperrventilen, sollte auf die Zweckmäßigkeit des Einbaus eines zentralen Absperrventils in der Wasserzuleitung hingewiesen werden, um die Instandhaltung der Schlauchhaspel zu erleichtern.

4.3.12 Hydraulische Eigenschaften – Beständigkeit gegen Innendruck

Schlauchhaspeln dürfen nicht undicht sein.

4.3.13 Hydraulische Eigenschaften – Druckfestigkeit

Schlauchhaspeln dürfen bei dem in Tabelle 2 angegebenen entsprechenden Mindestberstdruck nicht bersten.

Tabelle 2 — Maximaler Betriebsdruck, Prüfdruck und Mindestberstdruck für Schlauchhaspeln

Innendurchmesser des Schlauches	Maximaler Betriebsdruck	Prüfdruck	Mindestberstdruck
mm	MPa	MPa	MPa
19	1,2	1,8	3,0
25	1,2	1,8	3,0
33	0,7	1,05	1,75

4.4 Abrollbarkeit des Schlauches

4.4.1 Haspel – Abrollkraft

Die Kräfte, die erforderlich sind, um die Haspel in jeder horizontalen Richtung abzurollen, dürfen die in Tabelle 3 angegebenen Werte nicht überschreiten.

Tabelle 3 — Kräfte zum Abrollen des Schlauchs

Innendurchmesser des Schlauchs	Abzugskraft zu Beginn ohne Schlauchabroller	Maximale Kraft an jeder Stelle mit Schlauchabroller	Maximale Kraft an jeder Stelle beim Abziehen des gesamten Schlauchs
mm	N	N	N
19	70	150	250
25	70	200	300
33	100	300	350

4.4.2 Haspel – Dynamisches Abbremsen

Die Drehbewegung der Haspel muss innerhalb einer Umdrehung aufhören.

4.4.3 Schlauch – Maximale Länge

Der Schlauch muss aus einem Stück bestehen und darf eine Länge von 30 m nicht überschreiten.

4.5 Farbe

Die Farbe der Haspel muss rot sein.

4.6 Absperrbares Strahlrohr

4.6.1 Kennzeichnung der Schaltstellungen – Drehbar einstellbare Strahlrohre

Drehbar einstellbare Strahlrohre müssen eine Anzeige der Öffnungs- und Schließrichtung haben.

4.6.2 Kennzeichnung der Schaltstellung – Mit Hebel bedienbare Strahlrohre

Mit Hebel bedienbare Strahlrohre müssen Kennzeichnungen für folgende Schaltstellungen aufweisen:

a) Zu;

b) Sprühstrahl;

c) Vollstrahl.

4.7 Schrank

4.7.1 Allgemeines

Der Schrank für eine Schlauchhaspel muss mit einer Tür ausgestattet sein. Schranktüren müssen sich zu mindestens 170° öffnen lassen, um das freie Abrollen des Schlauches in jeder Richtung zu ermöglichen. Schränke müssen frei von scharfen Kanten sein, die die Ausrüstung beschädigen oder Verletzungen hervorrufen können.

Verschließbare Schränke müssen mit einer Notöffnungsvorrichtung versehen sein, die dann jedoch ausschließlich durch einen durchsichtigen und zerstörbaren Werkstoff geschützt werden darf. Um den Zugang für die Instandhaltung zu ermöglichen, muss der Schrank mit Hilfe eines Schlüssels geöffnet werden können.

Falls die Notöffnungsvorrichtung durch eine zerbrechliche Glasscheibe geschützt wird, muss diese so beschaffen sein, dass beim Zerbrechen keine spitzen oder scharfen Kanten zurückbleiben, die Verletzungen bei der Betätigung der Öffnungsvorrichtung verursachen könnten.

Wird ein durchsichtiger Werkstoff als Bestandteil der Türkonstruktion eingesetzt, darf dieser nicht als Notzugang zur Schlauchhaspel genutzt werden.

Schränke können ebenfalls zum Aufbewahren anderer Feuerwehrausrüstung verwendet werden, sofern der Schrank von ausreichender Größe ist und die zusätzliche Ausrüstung die sofortige Verwendung der Schlauchhaspel nicht behindert.

Für den Fall des Einsatzes unter besonderen klimatischen Bedingungen kann es erforderlich sein, den Schrank mit zusätzlichen Belüftungsöffnungen zu versehen.

4.7.2 Öffnungs-/Schließvorrichtung

Für periodische Inspektionen und Instandhaltung muss eine Öffnungs-/Schließvorrichtung am Schrank vorhanden sein. Die Öffnungsvorrichtung muss über die Möglichkeit verfügen, eine Sicherheitsplombe anzubringen.

Die erforderliche Kraft zum Öffnen und Sichern der Plombe darf nicht weniger als 20 N und nicht mehr als 40 N betragen.

4.7.3 Schlauchhaspelschrank mit handbetätigten Niederschraubventilen

Das Niederschraubventil muss so in den Schlauchhaspelschrank angeordnet werden, dass in jeder Ventilstellung zwischen Handrad und jedem Schrankteil ein Abstand von mindestens 35 mm besteht.

4.7.4 Erkennungssymbol

Der Schlauchhaspelschrank muss mit dem Symbol *Wandhydrant, Nr F002* nach ISO 7010 gekennzeichnet sein.

ANMERKUNG Das Zeichen darf in nachleuchtender Farbe ausgeführt werden.

4.8 Dauerhaftigkeit – Dauerhaftigkeit der Betriebszuverlässigkeit

4.8.1 Beständigkeit gegen Korrosion beschichteter Teile

Sämtliche beschichtete Teile der Schlauchhaspel mit formstabilem Schlauch müssen angemessen geschützt sein (siehe Anhang B).

ANMERKUNG Hinsichtlich der Anwendungen mit besonderem Korrosionsrisiko sollte mit dem Hersteller Rücksprache genommen werden.

4.8.2 Korrosionsbeständigkeit von wasserbeaufschlagten Teilen

Es dürfen keine sichtbaren Korrosionserscheinungen (siehe Anhang D) auftreten und die mechanische Gebrauchstauglichkeit aller Funktionsteile muss einwandfrei sein.

4.8.3 Alterungsprüfung für Kunststoffteile

Proben oder Prüfstücke aus Kunststoff, die in Bauteilen mit mechanischer und/oder hydraulischer Beanspruchung verwendet werden, dürfen nach der Alterungsprüfung keine Risse oder Brüche aufweisen.

5 Prüfverfahren

5.1 Allgemeines

Zur Überprüfung der Übereinstimmung mit den in Abschnitt 4 angegebenen Anforderungen müssen die folgenden Prüfungen durchgeführt werden. Die in den jeweiligen Abschnitten beschriebenen Prüfungen müssen in der im Anhang A, Tabelle A.1 angegebenen Reihenfolge durchgeführt werden.

5.2 Verteilung des Löschmittels

5.2.1 Schlauchinnendurchmesser

Der Schlauchinnendurchmesser muss nach EN 694 geprüft werden.

5.2.2 Mindestdurchflussmenge

Die Durchflussmengen müssen nach E.4.1 bei einem Druck von 0,6 MPa geprüft werden.

5.2.3 Wirksame Wurfweite

Die wirksame Wurfweite muss nach E.4.2 bestimmt werden.

5.2.4 Sprühstrahlbetrieb

Der Sprühstrahlbetrieb muss nach E.3 bestimmt werden.

5.3 Betriebszuverlässigkeit

5.3.1 Schlauch – Allgemeines

Die Prüfung muss in Übereinstimmung mit EN 694 erfolgen.

5.3.2 Absperrbares Strahlrohr – Allgemeines

Die Sichtprüfung muss während der Prüfungen nach E.3 erfolgen.

5.3.3 Haspel – Konstruktion

Die Abmessungen müssen mit einem Messgerät oder einer anderen üblichen Vorrichtung bestimmt werden.

5.3.4 Haspel – Drehen

Schlauchhaspeln müssen nach F.2 geprüft werden.

5.3.5 Haspel – Schwenken

Ausschwenkbare Haspeln müssen nach F.3 geprüft werden.

5.3.6 Haspel – Beständigkeit gegen Stoß und Belastung

Die Schlauchhaspel muss nach F.6 geprüft werden.

5.3.7 Absperrbares Strahlrohr – Beständigkeit gegen Stoß

Das absperrbare Strahlrohr muss nach E.1 geprüft werden.

5.3.8 Absperrbares Strahlrohr – Drehmoment für die Bedienung

Das Drehmoment für die Bedienung muss nach E.2 geprüft werden.

5.3.9 Absperrventil – Allgemeines

Die Festlegungen in 4.3.9 müssen durch Sichtprüfung überprüft werden.

5.3.10 Absperrventil – Handbetätigtes Absperrventil

Die Festlegungen in 4.3.10 müssen durch Sichtprüfung überprüft werden. Bei Niederschraubventilen muss das Handrad bis zum Anschlag voll geöffnet sein, und es ist zu überprüfen, ob die Anzahl der Umdrehungen nicht größer als 3 ½ ist.

5.3.11 Absperrventil – Automatisches Absperrventil

Ein automatisches Absperrventil muss nach F.2 geprüft werden.

5.3.12 Hydraulische Eigenschaften – Beständigkeit gegen Innendruck

Schlauchhaspeln müssen nach der in Tabelle 2 angegebenen entsprechenden Prüfung nach F.7 geprüft werden.

5.3.13 Hydraulische Eigenschaften – Druckfestigkeit

Prüfungen ohne Schlauch müssen nach F.8 durchgeführt werden.

5.4 Abrollbarkeit des Schlauches

5.4.1 Haspel – Abrollkraft

Die Schlauchhaspel muss nach F.4 geprüft werden.

5.4.2 Haspel – Dynamisches Abbremsen

Die Schlauchhaspel muss nach F.5 geprüft werden.

5.4.3 Schlauch – Maximale Länge

Die maximale Länge muss nach EN 694 geprüft werden.

5.5 Farbe

Die Farbe der Haspel muss einer Sichtprüfung unterzogen werden.

5.6 Absperrbares Strahlrohr

Während der Prüfungen nach E.3 müssen Sichtprüfungen durchgeführt werden.

Das absperrbare Strahlrohr muss hinsichtlich der Kennzeichnung und der Öffnungs- und Schließrichtung überprüft werden.

Mit Hebel bedienbare Strahlrohre müssen überprüft werden, ob sie mit den Schaltstellungen „Zu", „Sprühstrahl" und „Vollstrahl" gekennzeichnet sind.

5.7 Schrank

Mit einem geeigneten Messgerät ist zu überprüfen, ob der Öffnungswinkel der Schranktüren mindestens 170° beträgt.

Wenn eine Sicherheitsplombe angebracht ist, muss mit einem geeigneten Messgerät überprüft werden, ob die erforderliche Kraft zum Brechen der Plombe zwischen 20 N und 40 N ist.

Wenn ein Niederschraubventil angeschlossen ist, muss der Abstand zwischen dem Handrad des Niederschraubventils und dem Schrank gemessen werden und es ist zu überprüfen, ob dieser Abstand nicht kleiner als 35 mm ist.

Die übrigen Eigenschaften in 4.6 müssen einer Sichtprüfung unterzogen werden.

5.8 Dauerhaftigkeit der Betriebszuverlässigkeit

5.8.1 Beständigkeit gegen Korrosion beschichteter Teile

Die Beständigkeit gegen Korrosion beschichteter Teile muss nach Anhang B geprüft werden.

5.8.2 Korrosionsbeständigkeit von wasserbeaufschlagten Teilen

Wasserbeaufschlagte Teile müssen nach Anhang D geprüft werden.

5.8.3 Alterungsprüfung für Kunststoffteile

Die Alterungsprüfung muss nach Anhang C durchgeführt werden.

6 Bewertung der Konformität

6.1 Allgemeines

Die Übereinstimmung des Produkts (d. h. Schlauchhaspeln mit formstabilem Schlauch) mit den Anforderungen dieser Europäischen Norm und den angegebenen Werten (einschließlich der Klassen) muss nachgewiesen werden durch:

— Erstprüfung;

— werkseigene Produktionskontrolle des Herstellers, einschließlich Beurteilung des Produktes.

Der Hersteller muss immer die Oberaufsicht behalten und die nötigen Mittel besitzen, um die Verantwortung für das Produkt übernehmen zu können.

6.2 Erstprüfung – Typprüfung

6.2.1 Allgemeines

Zum Nachweis der Konformität mit dieser Europäischen Norm muss eine Erstprüfung und Typprüfung durchgeführt werden.

Gegenstand der Erstprüfung müssen alle wesentlichen Eigenschaften sein, für die der Hersteller die Leistungsfähigkeit erklärt hat. Zusätzlich gilt die Typprüfung für alle anderen Eigenschaften, die in einer Norm angegeben sind, wenn der Hersteller Übereinstimmung geltend macht, es sei denn, die Norm legt Maßnahmen für die Erklärung der Leistungsfähigkeit ohne Leistungsprüfung fest (z. B. bei Nutzung bereits vorhandener Daten, Produkte mit CWFT-Klassifizierung [en: Classified Without Further Testing] und bei herkömmlich anerkannten Leistungen).

Bereits früher durchgeführte Prüfungen nach den Bestimmungen dieser Europäischen Norm können berücksichtigt werden, vorausgesetzt, sie wurden beim gleichen Produkt oder bei Produkten ähnlicher Ausführung, Konstruktion und Funktion und mit den gleichen oder schärferen Prüfverfahren des gleichen Systems zur Bescheinigung der Konformität, wie in dieser Norm gefordert, durchgeführt, so dass diese Ergebnisse auf das in Frage kommende Produkt übertragen werden können.

ANMERKUNG 1 Das gleiche System zur Bescheinigung der Konformität bedeutet Prüfung durch eine unabhängige dritte Stelle unter der Aufsicht einer Produktzertifizierungsstelle.

Für die Prüfung können die Produkte des Herstellers zu Familien zusammengefasst werden, wenn eine oder mehrere Eigenschaften für jedes der Produkte innerhalb dieser Familie für alle Produkte innerhalb derselben Familie repräsentativ sind.

ANMERKUNG 2 Produkte mit unterschiedlichen Eigenschaften können in unterschiedlichen Familien zusammengefasst werden.

ANMERKUNG 3 Es sollte ein Verweis auf die Prüfstandards erfolgen, um die Auswahl eines geeigneten repräsentativen Prüflings zu ermöglichen.

Die Erstprüfung oder Typprüfung muss zusätzlich für alle in dieser Norm angegebenen Eigenschaften durchgeführt werden, für die der Hersteller die Leistungsfähigkeit angibt:

— zu Beginn der Produktion eines neuen Typs oder einer geänderten Schlauchhaspel mit formstabilem Schlauch (außer er ist Teil derselben Familie), oder

— zu Beginn eines neuen oder geänderten Herstellungsverfahrens (wenn dies die angegebenen Eigenschaften beeinflussen kann).

Sie müssen für die entsprechende(n) Eigenschaft(en) wiederholt werden, immer wenn eine Änderung an der Ausführung der Schlauchhaspeln mit formstabilem Schlauch, an den Rohstoffen oder beim Lieferanten der Komponenten, oder am Herstellungsprozess (abhängig von der Definition einer Familie) vorgenommen wird, die eine oder mehrere Eigenschaften wesentlich beeinträchtigen könnten.

Werden Komponenten verwendet, deren Eigenschaften bereits durch deren Hersteller auf der Grundlage der Konformität mit anderen Produktnormen festgelegt wurden, dann brauchen diese Eigenschaften nicht erneut begutachtet zu werden. Die Festlegungen für diese Komponenten sowie der Inspektionsplan zur Sicherstellung der Konformität müssen dokumentiert werden.

Bei Produkten mit Kennzeichnung nach den zutreffenden harmonisierten Europäischen Spezifikationen kann vorausgesetzt werden, dass sie die mit den in der Kennzeichnung angegebenen Ausführungen übereinstimmen, auch wenn dies nicht die Verantwortung des Herstellers dafür ersetzt, dass die Schlauchhaspel mit formstabilem Schlauch ordnungsgemäß gefertigt ist und ihre Bestandteile die entsprechenden erforderlichen Leistungsparameter aufweisen.

6.2.2 Prüfmuster

Prüfmuster müssen die laufende Produktion repräsentieren.

6.2.3 Prüfbericht

Jede Typprüfung, Erstprüfung und ihre Ergebnisse müssen in einem Prüfbericht dokumentiert werden.

Alle Prüfberichte müssen vom Hersteller mindestens zehn Jahre nach dem letzten Datum der Produktion der betreffenden Schlauchhaspeln mit formstabilem Schlauch aufbewahrt werden.

6.3 Werkseigene Produktionskontrolle (WPK)

6.3.1 Allgemeines

Der Hersteller muss ein System der werkseigenen Produktionskontrolle (WPK) einrichten, dokumentieren und aufrechterhalten, um sicherzustellen, dass die Produkte, die auf den Markt gebracht werden, den angegebenen Leistungseigenschaften entsprechen.

Die werkseigene Produktionskontrolle muss festgeschriebene Verfahren, regelmäßige Kontrollen und Prüfungen und/oder Begutachtungen und die Verwendung der Ergebnisse der Kontrolle der Rohstoffe und anderer eingehenden Werkstoffe oder Komponenten, Einrichtungen, des Produktionsprozesses und des Produkts umfassen.

Alle vom Hersteller gewählten Elemente, Anforderungen und Bestimmungen müssen in einer systematischen Weise in Form von schriftlichen Richtlinien und Anweisungen dokumentiert werden.

Die Dokumentation der werkseigenen Produktionskontrolle muss ein gemeinsames Verständnis der Konformitätsbewertung sicherstellen und das Erreichen der geforderten Produkteigenschaften ermöglichen und der effektive Betrieb des Systems der werkseigenen Produktionskontrolle muss überprüft werden.

Die werkseigene Produktionskontrolle verbindet daher Verfahrenstechniken und alle Maßnahmen, welche die Aufrechterhaltung und Kontrolle der Konformität des Produktes mit seinen technischen Spezifikationen erlauben.

6.3.2 Anforderungen

6.3.2.1 Allgemeines

Der Hersteller ist für die Organisation der effektiven Umsetzung des Systems der werkseigenen Produktionskotrolle verantwortlich.

Aufgaben und Verantwortlichkeiten in der Produktionsorganisation müssen dokumentiert werden und diese Dokumentation muss stets auf aktuellem Stand gehalten werden.

In jedem Werk darf der Hersteller die Aktivitäten auf eine Person mit der notwendigen Befugnis delegieren, um:

— Verfahren zum Nachweis der Konformität des Produkts bei einer entsprechenden Stufe zu erkennen;

— alle Fälle der Nichtübereinstimmung zu erkennen und aufzuzeichnen;

— Verfahren zur Korrektur der Fälle der Nichtübereinstimmung zu erkennen.

Der Hersteller muss Dokumente erstellen und aktuell halten, die die zutreffende werkseigene Produktionskontrolle bestimmt.

Die Herstellerdokumentation und die Verfahren sollten dem Produkt und dem Herstellungsprozess angemessen sein.

Das System der werkseigenen Produktionskontrolle sollte zu einem angemessenen Vertrauensniveau bei der Produktkonformität beitragen. Dies umfasst:

a) die Vorbereitung der dokumentierten Verfahren und Anweisungen bezüglich der Produktionskontrolle nach den Anforderungen der angegebenen technischen Spezifikationen, auf die verwiesen wurde;

b) die wirksame Umsetzung dieser Verfahren und Anweisungen;

c) die Aufzeichnung dieser Aktivitäten und deren Ergebnisse;

d) die Anwendung dieser Ergebnisse, um jegliche Abweichungen zu korrigieren, die Auswirkungen derartiger Abweichungen nachzubessern, alle Fälle der Nichtübereinstimmung zu bearbeiten und, wenn nötig, das System der werkseigenen Produktionskontrolle zu überarbeiten, um die Fälle der Nichtübereinstimmung zu bereinigen.

Im Fall eines Unterauftrages muss der Hersteller die Oberaufsicht über das Produkt behalten und sicherstellen, dass er alle notwendigen Informationen erhält, um seine Verpflichtungen im Hinblick auf diese Europäische Norm zu erfüllen.

Wenn der Hersteller das Produkt von einem Unterauftragnehmer entwickeln, herstellen, zusammenbauen, verpacken, verarbeiten und/oder etikettieren lässt, darf die WPK des Unterauftragnehmers berücksichtigt werden, wo sie auf das betreffende Produkt anwendbar ist.

Der Hersteller, der seine gesamten Aktivitäten an einen Unterauftragnehmer vergibt, darf auf keinen Fall seine Verantwortung an einen Unterauftragnehmer weitergeben.

Hersteller, die ein System der werkseigenen Produktionskontrolle nach EN ISO 9001 vorhalten, welches den Anforderungen dieser Europäischen Norm entspricht, werden als den Anforderungen an die werkseigene Produktionskontrolle der EU-Richtlinie 89/106/EWG genügend anerkannt.

6.3.2.2 Personal

Die Verantwortlichkeit, Befugnis und Beziehungen des Personals, welches Produktkonformität beeinflussende Tätigkeiten leitet, durchführt oder überprüft, müssen festgelegt werden.

Dies gilt insbesondere für Personal, das Tätigkeiten einzuleiten hat, um zu verhindern, dass ein Verlust der Produktkonformität eintritt, das Tätigkeiten vornimmt im Falle der Nichtkonformität und das Probleme bei der Produktkonformität identifiziert und registriert.

Personal, das Produktkonformität beeinflussende Tätigkeiten durchführt, muss fachkundig auf Grundlage von entsprechenden Schulungen, Ausbildungen, Fähigkeiten und Erfahrungen sein, dessen Nachweise aufbewahrt werden müssen.

6.3.2.3 Einrichtungen

6.3.2.3.1 Prüfung

Alle Wäge-, Mess- und Prüfeinrichtungen müssen kalibriert sein oder regelmäßig nach den dokumentierten Verfahren, Häufigkeiten und Kriterien kontrolliert werden.

6.3.2.3.2 Herstellung

Alle im Herstellungsprozess verwendeten Einrichtungen müssen regelmäßig kontrolliert und instand gehalten werden, um sicherzustellen, dass deren Gebrauch, Verschleiß oder Störungen nicht den Herstellungsprozess beeinträchtigen.

Kontrollen und Instandhaltung müssen nach den schriftlichen Herstellerunterlagen durchgeführt und aufgezeichnet werden, und die Berichte müssen über einen im Verfahren der werkseigenen Produktionskontrolle des Herstellers angegebenen Zeitraum aufbewahrt werden.

6.3.2.4 Rohstoffe und Komponenten

Die Spezifikationen aller eingehenden Rohstoffe und Komponenten sowie der Inspektionsplan zur Sicherstellung der Konformität müssen dokumentiert werden. Werden Bauteile als Baugruppen geliefert, muss die Konformitätsbescheinigung für das Bauteil dem der betreffenden harmonisierten Spezifikation für dieses Bauteil entsprechen.

6.3.2.5 Entwicklungsprozess

Das System der werkseigenen Produktionskontrolle muss die verschiedenen Stufen der Entwicklung der Schlauchhaspeln mit formstabilem Schlauch dokumentieren, um das Verfahren zur Überprüfung und die einzelnen Verantwortlichen für alle Stufen der Entwicklung zu bestimmen.

Innerhalb des Entwicklungsprozesses selbst müssen Unterlagen über alle Überprüfungen, deren Ergebnisse und alle Korrekturmaßnahmen aufbewahrt werden.

Diese Aufzeichnungen müssen ausreichend detailliert und präzise sein, um nachzuweisen, dass alle Stufen der Entwicklungsphase und alle Überprüfungen zufriedenstellend durchgeführt worden sind.

6.3.2.6 Kontrollen während des Herstellungsprozesses

Der Hersteller muss die Herstellung unter kontrollierten Bedingungen planen und durchführen.

6.3.2.7 Produktprüfung und Bewertung

Der Hersteller muss Verfahren einrichten, um sicherzustellen, dass die von ihm angegebenen und ausgewiesenen Werte der Eigenschaften erhalten bleiben.

6.3.2.8 Nichtkonforme Produkte

Der Hersteller muss schriftliche Verfahren vorhalten, in denen festgelegt wird, wie mit nichtkonformen Produkten verfahren werden soll.

Derartige Ereignisse müssen aufgezeichnet werden, sobald sie auftreten und diese Aufzeichnungen müssen für einen Zeitraum aufbewahrt werden, der in den schriftlichen Anweisungen des Herstellers festgelegt sein muss.

6.3.2.9 Korrekturmaßnahmen

Der Hersteller muss dokumentierte Verfahren vorhalten, mit denen Aktionen zur Beseitigung der Ursache der Nichtkonformität eingeleitet werden können, um ein erneutes Auftreten zu vermeiden.

6.3.2.10 Bearbeitung, Lagerung und Verpackung

Der Hersteller muss Verfahren vorhalten, mit denen Methoden der Produktbearbeitung und geeignete Lagerflächen zu Verfügung gestellt werden, um Schäden und Wertminderungen zu vermeiden.

6.3.3 Produktspezifische Anforderungen

Das System der WPK muss

— diese Europäische Norm einbeziehen und

— sicherstellen, dass die auf den Markt gebrachten Produkte mit den zugesicherten Leistungseigenschaften übereinstimmen.

Das System der WPK muss eine produktspezifische WPK enthalten, die die Verfahren angibt, mit denen die Übereinstimmung des Produkts an geeigneten Stationen nachgewiesen wird, d. h.

a) die Kontrollen und Prüfungen, die in festgelegter Häufigkeit nach dem WPK-Prüfplan vor und/oder während der Fertigung durchgeführt werden, und/oder

b) die Kontrollen und Prüfungen, die in festgelegter Häufigkeit nach dem WPK-Prüfplan an den Fertigprodukten durchgeführt werden.

Wenn der Hersteller nur Fertigprodukte verwendet, müssen die Maßnahmen unter b) in gleichem Maße zur Übereinstimmung des Produkts führen, als ob eine WPK während der Fertigung durchgeführt worden wäre.

Wenn der Hersteller die Teile der Fertigung teilweise selbst ausführt, können die Maßnahmen unter b) verringert und teilweise durch Maßnahmen unter a) ersetzt werden. Grundsätzlich können desto mehr Maßnahmen unter b) durch Maßnahmen unter a) ersetzt werden, je mehr Anteile der Fertigung vom Hersteller selbst ausgeführt werden.

In jedem Fall muss das Verfahren in gleichem Maße zur Übereinstimmung des Bauteils führen, als ob eine WPK während der Fertigung durchgeführt worden wäre.

ANMERKUNG   Im Einzelfall kann es erforderlich sein, Maßnahmen nach a) und b), nur Maßnahmen nach a) oder nur Maßnahmen nach b) auszuführen.

Die Prüfungen unter a) betreffen sowohl auf die Herstellungsstufen des Produkts als auch die Produktionsmaschinen und ihre Einstellung und Messeinrichtungen usw. Diese Kontrollen und Prüfungen und ihre Häufigkeit werden festgelegt, abhängig von der Art und Zusammensetzung des Produkts, vom Herstellungsprozess und seiner Komplexität, der Empfindlichkeit der Bauteilmerkmale gegenüber Änderungen der Herstellungsparameter usw.

Der Hersteller muss Unterlagen erstellen und aufrechterhalten, die zeigen, dass die festgelegten Prüfungen ausgeführt wurden. Diese Unterlagen müssen klar dokumentieren, ob die Produkte die definierten Annahmekriterien erfüllt haben und müssen für mindestens drei Jahre verfügbar sein.

Diese Unterlagen müssen für die Begutachtung zur Verfügung stehen.

Wenn das Produkt die Annahmekriterien nicht erfüllt, müssen umgehend das Verfahren zur Lenkung fehlerhafter Produkte und die erforderlichen Korrekturmaßnahmen eingeleitet werden und die nichtkonformen Produkte oder Chargen müssen genau identifiziert und isoliert werden.

Sobald der Fehler korrigiert worden ist, muss die betreffende Überprüfung wiederholt werden.

Die Kontroll- und Prüfergebnisse müssen angemessen dokumentiert werden. Die Produktbeschreibung, das Herstellungsdatum, die angewandten Prüfverfahren, die Prüfergebnisse und die Annahmekriterien müssen in die Unterlagen aufgenommen und von der Person abgezeichnet werden, die für die Kontrolle/Prüfung verantwortlich ist.

Bei einem Kontrollergebnis, das nicht den Anforderungen dieser Europäischen Norm entspricht, müssen die durchgeführten Korrekturmaßnahmen (z. B. eine weitere durchgeführte Prüfung, Änderungen des Herstellungsprozesses, Aussondern oder Nachbessern des Produkts) in den Unterlagen angegeben werden.

Die einzelnen Produkte oder Produkt-Chargen und die dazugehörige Fertigungsdokumentation müssen vollständig identifizierbar und zurückverfolgbar sein.

6.3.4 Erstbegutachtung des Werkes und der WPK

Die Erstbegutachtung des Werks und der WPK muss durchgeführt werden, wenn der Produktionsprozess beendet worden ist und läuft.

Die Werks- und WPK-Dokumentation muss begutachtet werden, um zu überprüfen, ob die Anforderungen von 6.3.2 und 6.3.3 erfüllt sind. Bei der Begutachtung muss überprüft werden:

a) dass alle Ressourcen etabliert und ordnungsgemäß umgesetzt sind, die notwendig sind zur Erlangung der von dieser Europäischen Norm geforderten Produkteigenschaften; und

b) dass die Verfahren der WPK in Übereinstimmung mit der Dokumentation der WPK in der praktischen Anwendung sind; und

c) dass das Produkt mit den Prüfmustern der Erstprüfung, deren Konformität mit dieser Europäischen Norm nachgewiesen wurde, übereinstimmt.

Alle Standorte, in denen die Endmontage oder zumindest die Endkontrolle des betreffenden Produkts durchgeführt wird, müssen begutachtet werden, um zu überprüfen, dass die oben genannten Bedingungen nach a) bis c) erfüllt und umgesetzt sind.

Wenn das System der WPK mehr als ein Produkt, eine Produktionslinie oder einen Herstellungsprozess umfasst und wenn überprüft wurde, dass die allgemeinen Anforderungen für ein Produkt, eine Produktionslinie oder einen Herstellungsprozess erfüllt sind, dann braucht die Begutachtung der allgemeinen Anforderungen bei der Begutachtung eines weiteren Produkts, einer weiteren Produktionslinie oder eines weiteren Herstellungsprozesses nicht wiederholt zu werden.

Jede Begutachtung und ihre Ergebnisse müssen in einem Bericht über die Erstprüfung dokumentiert werden.

6.3.5 Fortdauernde Überwachung der WPK

Die Überwachung der WPK muss einmal jährlich vorgenommen werden.

Die Überwachung der WPK muss eine erneute Überprüfung des Prüfplans/der Prüfpläne und der(s) Herstellungsprozesse(s) für jedes Produkt einschließen, um alle Änderungen seit der letzten Begutachtung oder Überwachung ermitteln zu können und die Bedeutung aller Änderungen ist abzuschätzen.

Überprüfungen sind durchzuführen, um sicherzustellen, dass die Prüfpläne beachtet werden und dass die Produktionseinrichtungen instand gehalten und kalibriert sind.

Die Aufzeichnungen über Prüfungen und Messungen, die während des Herstellungsprozesses und an fertigen Produkten gemacht wurden, sind daraufhin zu überprüfen, ob die ermittelten Werte noch mit denen der Prüfmuster der Typprüfung übereinstimmen und ob die richtigen Maßnahmen bei den Produkten, die damit nicht übereinstimmten, getroffen wurden.

6.3.6 Verfahren im Falle von Änderungen

Bei Änderungen des Bauteils, des Herstellungsverfahrens oder des Systems der WPK, die die in dieser Europäischen Norm geforderten Eigenschaften beeinträchtigen könnten, dann müssen alle wesentlichen Eigenschaften der Erstprüfung unterzogen werden, für die der Hersteller die Leistungsfähigkeit erklärt hat, die von den Änderungen betroffen sein können, ausgenommen sind die Festlegungen, die in 6.2.1 und 6.3.7 beschrieben sind.

Wo zutreffend, muss eine Wieder-Begutachtung des Werkes und des Systems der WPK für diejenigen Aspekte durchgeführt werden, die durch die Änderungen beeinträchtigt sein können.

Jede Begutachtung und ihre Ergebnisse müssen in einem Bericht dokumentiert werden.

6.3.7 Produkte aus Einzelfertigung, vorgefertigte Produkte (z. B. Prototypen) und Kleinserienprodukte

Schlauchhaspeln mit formstabilem Schlauch, die in Einzelfertigung hergestellt wurden, Prototypen, die vor der endgültigen Produktion begutachtet wurden und Produkte aus der Kleinserienfertigung (100 Stück/Jahr) müssen wie folgt begutachtet werden.

Für die Typbegutachtung gelten die Festlegungen in 6.2.1, 3. Absatz, zusammen mit den folgenden zusätzlichen Anforderungen:

— sind die Prüfmuster Prototypen, so müssen sie die geplante zukünftige Produktion repräsentieren und vom Hersteller ausgesucht werden;

— auf Anforderung des Herstellers können die Ergebnisse der Erstbegutachtung der Prototypen Bestandteil des Zertifikats oder des Prüfberichtes sein, die von der beteiligten unabhängigen Stelle ausgestellt werden.

Das System der werkseigenen Produktionskontrolle von Einzelprodukten und Kleinserien-Produkten muss sicherstellen, dass Rohstoffe und/oder Bauteile für die Fertigung des Produkts ausreichend zur Verfügung stehen. Die Bereitstellung der Rohstoffe und/oder Bauteile gilt nur falls zutreffend.

Der Hersteller muss Unterlagen aufbewahren, um die Rückverfolgbarkeit des Produkts zu ermöglichen.

Für Prototypen, für die die Serienfertigung vorgesehen ist, muss die Erstinspektion des Werkes und die werkseigene Produktionskontrolle durchgeführt werden, bevor die Produktion bereits begonnen hat und/oder die werkseigene Produktionskontrolle bereits eingeführt ist. Folgendes muss begutachtet werden:

— die Dokumentation der werkseigenen Produktionskontrolle; und

— das Werk.

Bei der Erstbegutachtung des Werkes und der werkseigenen Produktionskontrolle muss überprüft werden:

a) dass alle Ressourcen verfügbar sein werden, die zur Erlangung der von dieser Europäischen Norm geforderten Produkteigenschaften notwendig sind; und

b) dass die Verfahren der werkseigenen Produktionskontrolle in Übereinstimmung mit der Dokumentation der werkseigenen Produktionskontrolle eingeführt und in der praktischen Anwendung sind; und

c) dass die Verfahren eingeführt wurden, um nachzuweisen, dass mit den Produktionsprozessen des Werkes ein Bauteil hergestellt werden kann, das mit den Anforderungen dieser Europäischen Norm übereinstimmt und dass das Bauteil den Prüfmustern der Erstprüfung entspricht, deren Konformität mit dieser Europäischen Norm nachgewiesen wurde.

Sobald die Serienproduktion vollständig eingerichtet wurde, gelten die Anforderungen von 6.3.

7 Kennzeichnung

Die Schlauchhaspel muss mit folgenden Angaben gekennzeichnet sein:

a) Name des Herstellers oder Handelsmarke, oder beides;

b) Nummer dieser Europäischen Norm;

c) Herstellungsjahr;

d) maximaler Betriebsdruck;

e) Länge und Innendurchmesser des Schlauches;

f) Durchmesser des Strahlrohres (auf dem Strahlrohr zu kennzeichnen).

ANMERKUNG   Enthält die gesetzliche Kennzeichnung die gleichen Informationen wie in diesem Abschnitt, dann gelten die Anforderungen dieses Abschnittes als erfüllt.

8 Anweisungen

8.1 Bedienungsanleitung

Schlauchhaspeln und Zubehörteile müssen mit einer vollständigen Bedienungsanleitung, die zur Befestigung an oder neben der Haspel geeignet ist, geliefert werden.

8.2 Anleitung für Einbau und Instandhaltung

Ein für die Schlauchhaspeln spezifisches Installationshandbuch muss zur Verfügung gestellt werden.

Die Instandhaltungsanweisungen müssen EN 671-3 entsprechen.

Anhang A
(normativ)

Ablaufplan für die Reihenfolge der Prüfungen

ANMERKUNG   Siehe 6.2.

Die Prüfung ist in der in Tabelle A.1 angegebenen Reihenfolge durchzuführen.

Tabelle A.1 — Reihenfolge der Prüfungen

	Art der Prüfung	Abschnitt[a]	Anhang
	Öffnen		
1	Öffnen der Niederschraubventile	4.3.9	—
2	Öffnen der Absperrventile	4.3.10	F.2
	Dauerhaftigkeit		
3	Beständigkeit von beschichteten Teilen gegen äußere Korrosion	4.8.1	Anhang B
4	Korrosionsbeständigkeit von wasserbeaufschlagten Teilen	4.8.2	Anhang D
5	Alterungsprüfung von Kunststoffteilen	4.8.3	Anhang C
	Hydraulische Prüfungen		
6	Stoßfestigkeit des Strahlrohres	4.3.6	E.1
7	Betätigungsmoment für das Strahlrohr	4.3.7	E.2
8	Messung des Sprühstrahlwinkels	4.2.4	E.3
	Wasserabgabe		
9	Mindestdurchflussmenge	4.2.2	E.4.1
10	Wirksame Wurfweite	4.2.3	E.4.2
	Physikalische Beständigkeit		
11	Umdrehung	4.3.4	F.2
12	Ausschwenkbarkeit	4.3.5	F.3
12	Abrollbarkeit	4.4.1	F.4
14	Abbremsen	4.4.2	F.5
15	Beständigkeit gegen Stoß	4.3.6	F.6
16	Innendruck	4.3.12	F.7
17	Druckfestigkeit	4.3.13	F.8
[a] Probenahme, einschließlich Anzahl der Prüfmuster und Konformitätskriterien für einzelne Eigenschaften sind in diesen Abschnitten ebenso angegeben			

Anhang B
(normativ)

Verfahren zur Prüfung der Beständigkeit beschichteter Teile gegen äußere Korrosion

ANMERKUNG Anforderung siehe 4.8.1.

Die Prüfungen sind an einem rechteckigen Prüfstück durchzuführen, wie es in Bild B.1 dargestellt ist, mit den Nennmaßen 150 mm × 100 mm und der gleichen Dicke, wie sie der Werkstoff, aus dem das Produkt besteht, aufweist; die Dicke der Schutzschicht darf nicht weniger als das 0,8fache und nicht mehr als die Dicke des fertigen Erzeugnisses betragen.

Mit einer Reißnadel ist ein Kreuz (siehe Bild B.1) durch die Schutzschicht zu reißen, so dass der darunter liegende Werkstoff sichtbar wird. Danach ist das Prüfstück für die Dauer von (240 ± 8) h in einer EN ISO 9227:2006 entsprechenden Salzsprühkammer der Einwirkung einer 5 %igen Salzlösung auszusetzen. Danach ist das Prüfstück zu untersuchen. Wenn auf jeder Seite der Kreuzfurche nicht mehr als 2 mm der Schutzschicht abgelöst sind, ist die Schutzschicht als ausreichender Metallschutz anzusehen.

Maße in Millimeter

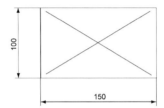

Bild B.1 — Prüfstück für Korrosionsprüfung

Die vollständige Schlauchhaspel ist ohne den Schlauch für die Dauer von (240 ± 8) h in einer EN ISO 9227:2006 entsprechenden Salzsprühkammer der Einwirkung einer 5 %igen Salzlösung auszusetzen. Danach ist zu prüfen, ob die mechanische Gebrauchstauglichkeit sämtlicher Funktionsteile noch einwandfrei gegeben ist und ob innen oder außen signifikante Korrosionsschäden aufgetreten sind. Als signifikante Korrosionsschäden sind Löcher, Risse und Blasen zu betrachten.

Anhang C
(normativ)

Prüfung der Alterung von Kunststoffteilen

ANMERKUNG   Anforderung siehe 4.8.3.

Die Kunststoffteile sind nach EN ISO 4892-2:2006, Verfahren A, Zyklus-Nr. 1, unter Anwendung von Xenonbogenlampen der Einwirkung von Licht und Wasser auszusetzen:

— Die Beleuchtungsdosis muss 2 GJ/m^2 betragen.

Danach sind die Kunststoffteile durch Sichtprüfung auf Brüche und Risse zu untersuchen.

Anhang D
(normativ)

Prüfung der Korrosionsbeständigkeit von wasserbeaufschlagten Teilen

ANMERKUNG 1   Anforderung siehe 4.8.2.

ANMERKUNG 2   Die Prüfung darf entweder an einer komplett montierten Schlauchhaspel oder an einer teilmontierten Schlauchhaspel, jedoch alle wasserbeaufschlagten Teile umfassend, durchgeführt werden.

Ein Satz aller wasserbeaufschlagten Teile vom Absperrventil bis zum Strahlrohr ist mit einer unter Verwendung von destilliertem Wasser hergestellten 1 %igen Natriumchlorid-Lösung zu füllen.

Der Satz aller wasserbeaufschlagten Teile ist bei einer Temperatur von (20 ± 5) °C für die Dauer von 3 Monaten $\pm$ 5 Tagen zu lagern.

Danach ist zu prüfen, ob die mechanische Gebrauchstauglichkeit sämtlicher Funktionsteile noch einwandfrei gegeben ist und ob innen oder außen signifikante Korrosionsschäden aufgetreten sind. Als signifikante Korrosionsschäden sind Löcher, Risse und Blasen zu betrachten.

Anhang E
(normativ)

Prüfung von Strahlrohren

E.1 Stoßfestigkeit

ANMERKUNG   Anforderung siehe 4.3.7.

Die Prüfung ist mit einer vollständig zusammengebauten Schlauchhaspel durchzuführen. Der Schlauch ist mit Wasser zu füllen und unter maximal zulässigen Betriebsdruck zu setzen. Danach ist er so weit abzuziehen, dass er einen Betonboden, wie in Bild E.1 dargestellt, berührt. Das Strahlrohr ist in der Schaltstellung „geschlossen" in einer Höhe von (1,5 ± 0,05) m über dem Boden zu halten und dann 5-mal ohne jede zusätzliche Kraftanwendung fallen zu lassen. Danach ist das Strahlrohr auf Beschädigungen zu untersuchen.

Maße in Millimeter

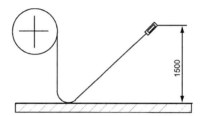

Bild E.1 — Versuchsanordnung für die Stoßprüfung

E.2 Drehmoment für die Bedienung

ANMERKUNG   Anforderung siehe 4.3.8.

Die Prüfung ist mit dem gleichen Strahlrohr und im Anschluss an die Prüfung nach E.1 durchzuführen. Das Strahlrohr ist einer feststehenden Vorrichtung so zu befestigen, dass seine Bedienung nicht behindert wird. Das für die Bedienung aufzubringende Drehmoment ist bei maximalem Betriebsdruck zu messen und muss den Angaben von Tabelle 2 entsprechen.

E.3 Sprühstrahlbetrieb

ANMERKUNG 1   Anforderung siehe 4.2.4

Das Strahlrohr ist waagerecht an einer fest stehenden Vorrichtung in einer Höhe von (1,5 ± 0,05) m in einem zugfreien Bereich (Windgeschwindigkeit kleiner als 2 m/s) zu montieren, wobei zu einer senkrecht vor ihm anzuordnenden und mit Einteilungsmarkierungen nach Bild E.2 versehenen Platte ein Abstand von (0,5 ± 0,005) m einzuhalten ist.

Die Zuleitung ist zu öffnen und ein Wasserdruck von (0,6 ± 0,025) MPa einzustellen. Das Strahlrohr ist auf „Sprühstrahl" zu schalten und mit der Wasserabgabe ist zu beginnen. Diese ist wie folgt zu prüfen:

a) Strahlrohre mit konischem Strahl müssen symmetrisch um die Achse A-A angeordnet mindestens den Bereich D-D um die A-A-Achse überdecken; oder

b) Strahlrohre mit Flachsprühstrahl dürfen nicht mehr als den Bereich B-B und müssen mindestens den Bereich C-C an jeder Seite der A-A-Achse überdecken.

Maße in Millimeter

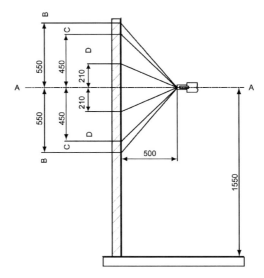

ANMERKUNG 2   Strahlrohr mit konischem Sprühstrahl oder senkrecht stehendes Strahlrohr mit Flachsprühstrahl.

Bild E.2 — Versuchsanordnung zur Messung des Sprühstrahlwinkels

E.4 Durchflussmenge und Wurfweite

E.4.1 Durchflussmenge

ANMERKUNG   Anforderung siehe 4.2.2.

Die Schlauchhaspel ist in Übereinstimmung mit den Anweisungen des Herstellers in der Anordnung nach Bild E.3 aufzubauen. Nach Aufwickeln und Füllen des Schlauches ist sicherzustellen, dass das handbetätigte Absperrventil oder, falls eingesetzt, das automatische Absperrventil voll geöffnet ist; (1 ± 0,1) m Schlauch bleibt unaufgewickelt. Die Durchflussmenge Q bei Sprühstrahl und Vollstrahl ist bei einem Wasserdruck von (0,6 + 0,025) MPa zu messen und aufzuzeichnen.

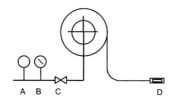

Legende

A	Durchflussmessgerät	C	Absperrventil
B	Druckmessgerät	D	Strahlrohr

Bild E.3 — Versuchsanordnung zur Messung der Durchflussmenge

E.4.2 Wurfweite

ANMERKUNG Anforderung siehe 4.2.3.

Das Strahlrohr ist, wie in Bild E.4 dargestellt, an einer zum Boden um 30° geneigten Vorrichtung so zu befestigen, dass sich der Wasserausgangspunkt in einer Höhe von $(0,6 \pm 0,01)$ m befindet. Der Eingangsdruck am Absperrventil ist auf $(0,2 \pm 0,025)$ MPa einzustellen. Die wirksame Wurfweite ist in der jeweils zutreffenden Schaltstellung des Strahlrohres – „Vollstrahl" oder „Sprühstrahl" – zu prüfen. Strahlrohre mit konischem Prüfstrahl sind bei kleinstem Sprühwinkel zu prüfen. Die wirksame Wurfweite ist als das 0,9fache der maximalen Wurfweite zu bestimmen.

Maße in Millimeter

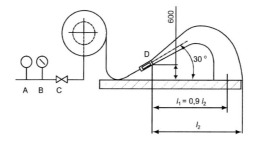

Legende

A	Durchflussmessgerät	D	Strahlrohr
B	Druckmessgerät	l_1	wirksame Wurfweite
C	Absperrventil	l_2	maximale Wurfweite

Bild E.4 — Versuchsanordnung für die Messung der Wurfweite

Anhang F
(normativ)

Prüfverfahren für die physikalische Beständigkeit

F.1 Allgemeines

Für die Prüfungen F.2 bis einschließlich F.7 ist die Schlauchhaspel bei einer Umgebungstemperatur von (20 ± 5) °C mit der maximal zulässigen Schlauchlänge an einer feststehenden Vorrichtung in einer Höhe von 1,5 m über einem Betonboden zu montieren. Die Haspel ist vollständig mit Wasser zu füllen und mit dem maximalen Betriebsdruck nach Tabelle 2 zu beaufschlagen.

F.2 Drehprüfung

ANMERKUNG   Anforderung siehe 4.3.3 und 4.3.4.

Die Schlauchhaspel ist, wie in F.1 beschrieben, mit aufgewickeltem Schlauch aufzubauen. Die Haspel ist 3 000mal mit einer Geschwindigkeit von 30 Umdrehungen je Minute zu drehen. Bei Schlauchhaspeln mit automatischem Absperrventil ist die Drehrichtung jeweils nach 25 Umdrehungen nach rechts bzw. nach links zu wechseln. Automatische Ventile müssen nach maximal drei vollständigen Umdrehungen öffnen. Undichtheiten sind zu beobachten.

F.3 Prüfung des Ausschwenkens

ANMERKUNG   Anforderung siehe 4.3.5.

Die Schlauchhaspel ist, wie in F.1 beschrieben, aufzubauen. Die Schlauchhaspel ist 1 000-mal mit einer Nenn-Geschwindigkeit von einer Schwenkung je 4 Sekunden von der 0°-Stellung (Stellung eingeschwenkt) bis zum größten Ausschwenkradius auszuschwenken.

F.4 Prüfung der Abrollkraft

ANMERKUNG   Anforderung siehe 4.4.1.

Die Schlauchhaspel ist, wie in F.1 beschrieben, aufzubauen. Schlauchhaspeln, die sich nur in einer Ebene drehen lassen, sind mit einer Schlauchführung in Übereinstimmung mit den Anweisungen des Herstellers auszurüsten. Folgende Kräfte sind mit Hilfe eines Dynamometers zu messen:

a) Kraft, die erforderlich ist, um das Drehen der Haspel in Gang zu setzen, und

b) maximal erforderliche Kraft, um das Drehen der Haspel in Gang zu setzen, wenn der Schlauch horizontal durch einen Schlauchführung gezogen wird, und

c) maximal erforderliche Kraft, um den gesamten Schlauch auf einem Betonboden auszuziehen.

F.5 Prüfung des Abbremsens

ANMERKUNG   Anforderung siehe 4.4.2.

Die Schlauchhaspel ist, wie in F.1 beschrieben, aufzubauen. Es sind etwa 5 m Schlauch mit einer Geschwindigkeit von etwa 1 m/s abzuwickeln. Dann ist anzuhalten und zu beobachten, ob die Drehung der Haspel innerhalb einer Umdrehung aufhört.

F.6 Prüfung des Widerstandes gegen Stoß

F.6.1 Stoßprüfung

ANMERKUNG   Anforderungen siehe 4.3.6.

Eine Stahlplatte mit den Maßen 100 mm × 25 mm ist als Brücke mittig über die beiden Haspelräder und senkrecht über die Mittelachse der Spindel zu legen. Ein zylinderförmiges Hammergewicht aus Stahl mit einem Durchmesser von etwa 125 mm und einer Masse von (25 ± 0,1) kg ist in Führungen so über der Stahlbrücke anzuordnen, dass es ohne Behinderung aus einer Höhe von (300 ± 5) mm fallen kann und mittig zwischen den beiden Haspelrädern auf die Stahlbrücke auftrifft. In Bild F.1 ist die Versuchsanordnung dargestellt. Haspel und Schlauchkupplungen sind am Haspeleingang und -ausgang auf Beschädigungen zu untersuchen.

Maße in Millimeter

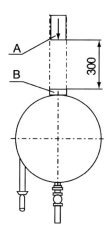

Legende

A   Hammergewicht   B   Stahlbrücke

Bild F.1 — Versuchsanordnung für die Schlagprüfung

F.6.2 Belastungsprüfung

ANMERKUNG   Anforderungen siehe 4.3.6.

Nach der Prüfung nach F.6.1 ist der Schlauch vollständig abzuwickeln. Dann ist, wie in Bild F.2 dargestellt, mit Hilfe einer am Schlauch angebrachten Vorrichtung 500 mm hinter dem Haspelausgang ein Gewicht mit einer Masse von (75 ± 0,1) kg für die Dauer von 5 min anzuhängen. Haspel und Schlauchkupplungen sind am Haspeleingang und -ausgang auf Beschädigungen zu untersuchen.

Maße in Millimeter

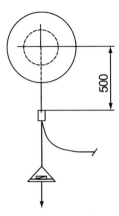

Bild F.2 — Versuchsanordnung für die Belastungsprüfung

F.7 Innendruckprüfung

ANMERKUNG   Anforderung siehe 4.3.12 und 5.3.10.

Die Schlauchhaspel ist, wie in F.1 beschrieben, aufzubauen. Noch anstehender Innendruck ist abzulassen. Die Schlauchhaspel ist (für eine Dauer von etwa 60 s) mit den Drücken nach Tabelle 2 bis zum Prüfdruck zu beaufschlagen. Dieser Druck ist für (300 ± 5) s beizubehalten. anschließend ist der Druck abzusenken (für eine Dauer von etwa 10 s). Dieses Verfahren ist noch 2-mal zu wiederholen. Es ist auf Undichtigkeiten zu untersuchen.

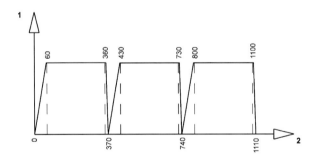

Legende

1   Druck, in MPa   2   Zeit, in s

Bild F.3 — Prüfanordnung für zerstörungsfreie Prüfung

F.8 Prüfung der Druckfestigkeit

ANMERKUNG   Anforderung siehe 5.3.11.

Nach Entfernung des Schlauchs mit dem Strahlrohr ist der Ausgangsstutzen der Schlauchhaspel zu verschließen. Danach ist die Haspel unter hydraulischen Druck bis zum Mindestberstdruck nach Tabelle 2 zu setzen, und dieser Druck ist für die Dauer von (65 ± 5) s beizubehalten. Es ist zu überprüfen, dass die Schlauchhaspel nicht geborsten ist.

Anhang ZA
(informativ)

Abschnitte dieser Europäischen Norm, die Eigenschaften der EU-Bauproduktenrichtlinie ansprechen

ZA.1 Anwendungsbereich und relevante Abschnitte

Diese Europäische Norm wurde im Rahmen des Mandates M/109 „Brandmelde- und Feueralarmanlagen, ortsfeste Brandbekämpfungsanlagen, Anlagen zur Rauchfreihaltung und Produkte zur Explosionsunterdrückung", geändert durch das Mandat M/139 erarbeitet, das dem CEN von der Europäischen Kommission und der Europäischen Freihandelszone erteilt wurde.

Die in diesem Anhang dieser Europäischen Norm aufgeführten Abschnitte entsprechen den im Mandat gestellten Anforderungen, das unter der EU-Bauproduktenrichtlinie (89/106/EWG) erteilt wurde.

Die Übereinstimmung mit diesen Abschnitten berechtigt zur Vermutung, dass das von diesem Anhang abgedeckte Bauprodukt für den hier angegebenen und vorgesehenen Verwendungszweck geeignet ist; es muss auf die Information verwiesen werden, die mit der CE-Kennzeichnung vorgegeben ist.

WARNUNG — Für die in den Anwendungsbereich dieser Europäischen Norm fallenden Schlauchhaspeln mit formstabilem Schlauch können weitere Anforderungen und andere EU-Richtlinien gelten, die nicht den vorgesehenen Verwendungszweck betreffen.

ANMERKUNG 1 Zusätzlich zu irgendwelchen spezifischen Abschnitten in dieser Norm, die sich auf gefährliche Substanzen beziehen, kann es noch andere Anforderungen an die Produkte geben, die unter ihren Anwendungsbereich fallen (z. B. umgesetzte europäische Rechtsvorschriften und nationale Gesetze, Rechts- und Verwaltungsbestimmungen). Um die Bestimmungen der EU-Bauproduktenrichtlinie zu erfüllen, müssen diese Anforderungen, sofern sie Anwendung finden, ebenfalls eingehalten werden.

ANMERKUNG 2 Eine Informations-Datenbank über europäische und nationale Bestimmungen über gefährliche Stoffe ist auf der Kommissionswebsite EUROPA verfügbar (Zugang über: http://ec.europa.eu/enterprise/construction/cpd-ds).

Dieser Anhang legt die Bedingungen für die CE-Kennzeichnung von Schlauchhaspeln mit formstabilem Schlauch fest, die für den in Tabelle ZA.1 genannten Verwendungszweck vorgesehen sind und benennt die betreffenden Abschnitte.

Dieser Anhang entspricht, bezogen auf die im Mandat angegebenen Aspekte, dem in Abschnitt 1 dieser Europäischen Norm festgelegten Anwendungsbereich und ist in Tabelle ZA.1 definiert.

Tabelle ZA.1 – Betroffene Abschnitte

Bauprodukt:	Schlauchhaspel mit formstabilem Schlauch		
Vorgesehene Verwendung:	Ortsfeste Anlagen, um Personen in einem Gebäude Mittel bereitzustellen, einen Brand in unmittelbarer Nähe zu kontrollieren und zu löschen.		
Wesentliche Eigenschaften	Anforderungen in dieser Europäischen Norm	Stufen oder Klassen	Anmerkungen
VERTEILUNG DES LÖSCHMITTELS mit:			
— Schlauchinnendurchmesser	4.2.1		a) Überprüfung nach 5.3.1, b) angegeben als „Bestanden/Nicht
— Mindestdurchflussmenge	4.2.2	—	a) Prüfung nach E.4.1, b) angegeben als Q nach Tabelle 1
— Wirksame Wurfweite	4.2.3	—	a) Prüfung nach E.4.2, b) nach einer der drei Möglichkeiten der Verteilung des Wasserstrahls bei einem Druck von 0,2 MPa, angegeben als „Bestanden/Nicht bestanden"
— Sprühstrahlbetrieb	4.2.4	—	a) Prüfung nach E.3, b) nach einer der beiden Möglichkeiten der Verteilung des Wasserstrahls, angegeben als „Bestanden/Nicht bestanden"
FUNKTIONSSICHERHEIT mit:			
— Haspel – Konstruktion	4.3.3	—	a) Überprüfung nach 5.3.3, b) angegeben als „Bestanden/Nicht bestanden"
— Haspel – Drehen	4.3.4	—	a) Prüfung nach F.2 b) angegeben als „Bestanden/Nicht bestanden"
— Haspel – Ausschwenken	4.3.5	—	a) Prüfung nach F.3 b) angegeben als „Bestanden/Nicht bestanden"
— Haspel – Beständigkeit gegen Stoß	4.3.6	—	a) Prüfung nach F.6.1 b) angegeben als „Bestanden/Nicht bestanden"
— Haspel – Beständigkeit gegen Belastung	4.3.6	—	a) Prüfung nach F.6.2 b) angegeben als „Bestanden/Nicht bestanden"
— Schlauch – Allgemeines	4.3.1	—	a) Überprüfung der Übereinstimmung mit EN 694 b) angegeben als „Bestanden/Nicht bestanden"
— Absperrbares Strahlrohr – Allgemeines	4.3.2	—	a) Überprüfung nach 5.6 b) angegeben als „Bestanden/Nicht bestanden"
— Absperrbares Strahlrohr – Beständigkeit gegen Stoß	4.3.7	—	a) Prüfung nach E.1 b) angegeben als „Bestanden/Nicht bestanden"

— Absperrbares Strahlrohr – Drehmoment für die Bedienung	4.3.8	—	a) Prüfung nach E.2 b) angegeben als „Bestanden/Nicht bestanden"
— Absperrventil am Wasseranschluss – Allgemeines	4.3.9	—	a) Überprüfung nach 5.3.9 b) „Bestanden/Nicht bestanden"
— Absperrventil am Wasseranschluss – Handbetätigtes Absperrventil	4.3.10	—	a) Überprüfung nach 5.3.10 b) angegeben als „Bestanden/Nicht bestanden"
— Absperrventil am Wasseranschluss – Automatisches Absperrventil	4.3.11	—	a) Prüfung nach F.2 b) angegeben als „Bestanden/Nicht bestanden"
— Hydraulische Eigenschaften – Festigkeit bei innerer Druckbeanspruchung	4.3.12	—	a) Prüfung nach F.7 b) angegeben als „Bestanden/Nicht bestanden"
— Hydraulische Eigenschaften – Druckfestigkeit	4.3.13	—	a) Prüfung nach F.8 b) angegeben als „Maximaler Betriebsdruck" nach Tabelle 2
ABROLLBARKEIT DES SCHLAUCHES mit:			
— Haspel – Abrollkraft	4.4.1	—	a) Prüfung nach F.4 b) angegeben als „Bestanden/Nicht bestanden"
— Haspel – dynamisches Abbremsen	4.4.2	—	a) Prüfung nach F.5 b) angegeben als „Bestanden/Nicht bestanden"
— Schlauch – maximale Länge	4.4.3	—	a) Überprüfung nach 5.4.3 b) angegeben als „Bestanden/Nicht bestanden"
DAUERHAFTIGKEIT DER FUNKTIONSSICHERHEIT mit:			
— Beständigkeit gegen Korrosion beschichteter Teile	4.8.1	—	a) Prüfung nach Anhang B b) angegeben als "Bestanden/Nicht bestanden"
— Korrosionsbeständigkeit von wasserbeaufschlagten Teilen	4.8.2	—	a) Prüfung nach Anhang D b) angegeben als „Bestanden/Nicht bestanden"
— Alterungsprüfung für Kunststoffteile	4.8.3	—	a) Prüfung nach Anhang C b) angegeben als „Bestanden/Nicht bestanden"
GEFÄHRLICHE STOFFE, siehe Anmerkungen 1 und 2 in ZA.1.			

Einige Eigenschaften gelten nicht für die Mitgliedsstaaten, in denen es keine gesetzlichen Vorschriften für diese Eigenschaften, bezogen auf den vorgesehenen Verwendungszweck gibt. In diesem Fall sind die Hersteller, die ihre Produkte auf den Markt dieser Mitgliedsstaaten bringen, weder zur Feststellung noch zur Erklärung der Leistungsfähigkeit ihrer Produkte in den die CE-Kennzeichnung begleitenden Informationen (siehe ZA.3) hinsichtlich dieser Eigenschaften verpflichtet und dann darf die Option „keine Leistung festgestellt" (NPD en: No performance determined)) verwendet werden. Die NPD-Option darf jedoch für die Dauerhaftigkeit nicht verwendet werden und wenn die Eigenschaft einem Schwellenwert unterliegt.

ZA.2 Verfahren zur Bescheinigung der Konformität von Schlauchhaspeln mit formstabilem Schlauch

ZA.2.1 System zur Bescheinigung der Konformität

Das System zur Bescheinigung der Konformität von in Tabelle ZA.1 angegebenen Schlauchhaspeln mit formstabilem Schlauch, ist nach der Entscheidung der Europäischen Kommission 1996/577/EG (*Amtsblatt der Europäischen Union L 254 von 1996-10-08*), geändert durch Entscheidung 2002/592/EG (*Amtsblatt der Europäischen Union L 192, 2002-07-20*), wie im Anhang III des Mandats für Brandmelde- und Feueralarmanlagen, ortsfeste Brandbekämpfungsanlagen, Anlagen zur Rauchfreihaltung und Produkte zur Explosionsunterdrückung" festgelegt, ist in Tabelle ZA.2 für den angegebenen und vorgesehenen Verwendungszweck und die betreffenden Stufe oder Klasse gezeigt.

Tabelle ZA.2 – System für die Bescheinigung der Konformität

Produkt	Vorgesehene Verwendung	Stufe(n) oder Klasse(n)	System zur Bescheinigung der Konformität
Schlauchhaspel mit formstabilem Schlauch	Brandschutz	—	1[a]
[a] System 1: Siehe Bauproduktenrichtlinie 89/106/EWG Anhang III.2.(i), ohne Stichprobenkontrolle.			

Die Bescheinigung der Konformität von Schlauchhaspeln mit formstabilem Schlauch nach Tabelle ZA.1 muss auf der Grundlage der Verfahren zur Bewertung der Konformität, die in Tabelle ZA.3 angegeben sind beruhen und die sich aus der Anwendung der Abschnitte dieser Europäischen Norm oder der dort angegebenen ergeben.

Tabelle ZA.3 – Zuweisung der Aufgaben zur Bewertung der Konformität für Schlauchhaspeln mit formstabilem Schlauch nach System 1

Aufgaben		Aufgabeninhalt	anzuwendende Abschnitte zur Bewertung der Konformität
Aufgaben unter der Verantwortung des Herstellers	Werkseigene Produktionskontrolle (WPK)	Parameter bezogen auf die wesentlichen Eigenschaften nach Tabelle ZA.1 für den vorgesehenen und erklärten Verwendungszweck	6.3.1 bis 6.3.3 und 6.3.6
	zusätzliche Prüfung von im Werk entnommenen Prüfmustern nach beschriebenem Prüfplan	Wesentliche Eigenschaften nach Tabelle ZA.1 für den vorgesehenen und erklärten Verwendungszweck	6.3.1 bis 6.3.3 und 6.3.6
Aufgaben unter der Verantwortung der Produktzertifizierungsstelle	Erstprüfung	Wesentliche Eigenschaften nach Tabelle ZA.1 für den vorgesehenen und erklärten Verwendungszweck	6.2
	Erstinspektion des Werkes und der werkseigenen Produktionskontrolle	Parameter bezogen auf die wesentlichen Eigenschaften nach Tabelle ZA.1 für den vorgesehenen und erklärten Verwendungszweck; WPK-Dokumentation	6.3.4
	laufende Überwachung, Beurteilung und Anerkennung der werkseigenen Produktionskontrolle	Parameter bezogen auf die wesentlichen Eigenschaften nach Tabelle ZA.1 für den vorgesehenen und erklärten Verwendungszweck und WPK-Dokumentation	6.3.5

ZA.2.2 EG-Konformitätszertifikat

Bei Erreichen der Übereinstimmung mit diesem Anhang, muss die notifizierte Zertifizierungsstelle das EG-Konformitätszertifikat ausstellen, das den Hersteller berechtigt, die CE-Kennzeichnung aufzubringen. Dieses EG-Konformitätszertifikat muss Folgendes enthalten:

— Name, Adresse und Registriernummer der notifizierten Produktzertifizierungsstelle,

— Name und Adresse des Herstellers oder seines im Europäischen Wirtschaftsraum ansässigen bevollmächtigten Vertreters, und das Herstellerwerk,

ANMERKUNG   Der Hersteller darf ebenfalls die für das Inverkehrbringen des Produktes im Europäischen Wirtschaftsraum verantwortliche Person sein, wenn er die Verantwortung für die CE-Kennzeichnung übernimmt.

— Beschreibung des Produktes (Typ, Kennzeichnung, Verwendung);

— Bestimmungen, zu denen Konformität des Produktes besteht (d. h. Anhang ZA dieser Europäischen Norm);

— besondere Bedingungen, die für die Verwendung des Produkts gelten (z. B. Anwendungshinweise unter bestimmten Bedingungen);

— Nummer des EG-Zertifikates,

— Bedingungen und Gültigkeit des Zertifikates, wenn zutreffend;

— Name und Stellung der verantwortlichen Person, die berechtigt ist, das Zertifikat zu unterzeichnen.

Das oben genannte EG-Konformitätszertifikat muss in der (den) Sprache(n) des Mitgliedsstaates vorgelegt werden, in denen das Produkt verwendet werden soll.

ZA.3 CE-Kennzeichnung und Beschriftung

Der Hersteller oder sein im Europäischen Wirtschaftsraum ansässiger bevollmächtigter Vertreter ist für das Anbringen der CE-Kennzeichnung verantwortlich. Das Symbol für die CE-Kennzeichnung muss nach der Richtlinie 93/68/EWG angebracht werden. Die CE-Kennzeichnung und die Registriernummer der Zertifizierungsstelle müssen auf der Schlauchhaspel mit formstabilem Schlauch selbst angebracht werden. Reicht jedoch der Platz auf der Schlauchhaspel selbst für alle die CE-Kennzeichnung begleitenden Informationen nicht aus, dann muss die CE-Kennzeichnung einschließlich aller zu verwendenden und begleitenden Informationen in den das Produkt begleitenden Handelspapieren angegeben werden. Folgende Angaben müssen zusammen mit dem Symbol für die CE-Kennzeichnung aufgeführt werden:

a) Name oder Registriernummer der notifizierten Zertifizierungsstelle;

b) Name oder Markenzeichen des Herstellers (siehe ANMERKUNG in ZA.2.2);

c) die letzten beiden Ziffern des Jahres, in dem die CE-Kennzeichnung angebracht wurde;

d) Nummer des EG-Konformitätszertifikates;

e) Verweisung auf diese Europäische Norm;

f) Beschreibung des Produktes und vorgesehener Verwendungszweck:

— Modellbezeichnung des Produkts;

— Schlauchinnendurchmesser in Millimeter und Schlauchlänge in Meter;

— Strahlrohrtyp (d. h. Vollstrahl, Flachsprühstrahl und/oder konischer Sprühstrahl);

— Sprühwinkel bei konischem Sprühstrahl (wenn größer als 45°);

— entsprechender Strahlrohrdurchmesser;

— alle in Tabelle ZA.1 aufgeführten wesentlichen Eigenschaften, zu denen eine Erklärung erfolgen muss.

Die Option „Keine Leistung festgestellt" (NPD en: No performance determined) darf jedoch für die Dauerhaftigkeit nicht verwendet werden, wenn die Eigenschaft einem Schwellenwert unterliegt. Andererseits darf die NPD-Option verwendet werden, wenn es zu diesen Eigenschaften, bezogen auf den vorgesehenen Verwendungszweck, in den Mitgliedsstaaten, in denen das Produkt verwendet werden soll, keine gesetzlichen Vorschriften gibt.

Bild ZA.1 gibt ein Beispiel für die CE-Kennzeichnung, die auf der Schlauchhaspel mit formstabilem Schlauch anzubringen ist.

DIN EN 671-1:2012-07
EN 671-1:2012 (D)

CE		Symbol für die CE-Kennzeichnung nach der Richtlinie 93/68/EWG
01234		Registriernummer der Zertifizierungsstelle
Name des Herstellers		Name oder Markenzeichen des Herstellers ANMERKUNG Die eingetragene Adresse des Herstellers kann ergänzt werden
12		Letzte beiden Ziffern des Jahres, in dem die Kennzeichnung angebracht wurde
01234-CPD-00234		Nummer des EG-Konformitätszertifikats
EN 671-1:2012 Schlauchhaspel mit formstabilem Schlauch		Nummer dieser Europäischen Norm und Jahr der Veröffentlichung
- Schlauchinnendurchmesser:	25 mm	
- Schlauchlänge:	30 m	Beschreibung des Produkts und der vorgesehenen Verwendung
- Strahlrohrtyp:	Sprühstrahl	
- Strahlrohrdurchmesser:	8 mm	
Ortsfeste Anlage, um Personen eines Gebäudes Mittel bereitzustellen, einen Brand in unmittelbarer Nähe zu kontrollieren und zu löschen		
VERTEILUNG DES LÖSCHMITTELS: - Schlauchinnendurchmesser: - Mindestdurchflussmenge: 39 l/min bei 0,2 MPa – D8 - wirksame Wurfweite: - Sprühstrahlbetrieb: FUNKTIONSSICHERHEIT: - Haspel – Allgemeines: - Absperrbares Strahlrohr – Allgemeines: - Haspel – Konstruktion - Haspel – Drehen - Haspel – Schwenken - Haspel – Beständigkeit gegen Stoß - Haspel – Beständigkeit gegen Belastung - Schlauch – Allgemeines - Absperrbares Strahlrohr – Allgemeines - Absperrbares Strahlrohr – Beständigkeit gegen Stoß - Absperrbares Strahlrohr – Drehmoment für die Bedienung - Absperrventil – Allgemeines - Absperrventil – Handbetätigtes Absperrventil - Absperrventil – Automatisches Absperrventil - Hydraulische Eigenschaften – Beständigkeit gegen Innendruck - Hydraulische Eigenschaften – Druckfestigkeit ABROLLBARKEIT DES SCHLAUCHES: - Haspel – Abrollkraft - Haspel – Dynamisches Abbremsen - Schlauch – Maximale Länge DAUERHAFTIGKEIT DER BETRIEBSZUVERLÄSSIGKEIT: - Beständigkeit gegen Korrosion beschichteter Teile - Beständigkeit gegen Korrosion der wasserbeaufschlagten Teile - Alterungsprüfung von Kunststoffteilen	bestanden bestanden	Informationen zu den wesentlichen Eigenschaften

Bild ZA.1 — Beispiel für die CE-Kennzeichnung, die auf der Schlauchhaspel mit formstabilem Schlauch anzubringen ist

Zusätzlich zu den oben aufgeführten konkreten Angaben über gefährliche Substanzen sollte dem Produkt, soweit gefordert, eine in geeigneter Form abgefasste Dokumentation beigefügt werden, die alle weiteren Rechtsvorschriften über gefährliche Substanzen, deren Einhaltung bezeugt wird, sowie alle weiteren von den betreffenden Rechtsvorschriften geforderten Angaben enthält.

ANMERKUNG 1   Europäische Rechtsvorschriften ohne nationale Abweichungen brauchen nicht aufgeführt zu werden.

ANMERKUNG 2   Das Anbringen der CE-Kennzeichnung bedeutet, sofern ein Produkt Gegenstand von mehr als einer Richtlinie ist, dass es allen zutreffenden Richtlinien entspricht.

Juli 2012

DIN EN 671-2

ICS 13.220.10

Ersatz für
DIN EN 671-2:2001-08 und
DIN EN 671-2/A1:2004-08
Siehe Anwendungsbeginn

**Ortsfeste Löschanlagen –
Wandhydranten –
Teil 2: Wandhydranten mit Flachschlauch;
Deutsche Fassung EN 671-2:2012**

Fixed firefighting systems –
Hose systems –
Part 2: Hose systems with lay-flat hose;
German version EN 671-2:2012

Installations fixes de lutte contre l'incendie –
Systèmes équipés de tuyaux –
Partie 2: Postes d'eau muraux équipés de tuyaux plats;
Version allemande EN 671-2:2012

Gesamtumfang 36 Seiten

Normenausschuss Feuerwehrwesen (FNFW) im DIN

Anwendungsbeginn

Anwendungsbeginn dieser Norm ist voraussichtlich 2012-07-01.

Daneben dürfen DIN EN 671-2:2001-08 und DIN EN 671-2/A1:2004-08 noch bis zum 2014-01-31— maßgeblich ist der Termin im Amtsblatt der EU—angewendet werden.

Die CE-Kennzeichnung von Bauprodukten nach dieser DIN-EN-Norm in Deutschland kann erst nach der Veröffentlichung der Fundstelle dieser DIN-EN-Norm im Bundesanzeiger von dem dort genannten Termin an erfolgen.

Nationales Vorwort

Dieses Dokument (EN 671-2:2012) wurde vom Technischen Komitee CEN/TC 191 „Ortsfeste Brandbekämpfungsanlagen" (Sekretariat: BSI, Vereinigtes Königreich) erarbeitet und wird im DIN Deutsches Institut für Normung e. V. vom Arbeitsausschuss NA 031-03-05 AA „Anlagen zur Löschwasserversorgung einschließlich Wandhydranten" des FNFW betreut.

Zu weiteren technischen Einzelheiten und zur Abnahmeprüfung siehe DIN 14461-1 und DIN 14462.

Zur Anwendung im direkten Anschluss an das Trinkwassernetz siehe DIN 1988-6.

Änderungen

Gegenüber DIN EN 671-2:2001-08 und DIN EN 671-2/A1:2004-08 wurden folgende Änderungen vorgenommen:

a) Änderung A1:2004-08 eingearbeitet;

b) Anforderungen an Schläuche, den Schrank und an Werkstoffe erweitert oder präzisiert (betrifft Abschnitte 5, 8, 9 und 10);

c) Anhang ZA aktualisiert;

d) Dokument redaktionell überarbeitet.

Frühere Ausgaben

DIN 14461-1: 1966-08, 1976-05, 1986-01
DIN EN 671-2: 1996-02, 2001-08
DIN EN 671-2/A1: 2004-08

Nationaler Anhang NA
(informativ)

Literaturhinweise

DIN 14461-1, *Feuerlösch-Schlauchanschlusseinrichtungen — Teil 1: Wandhydrant mit formstabilem Schlauch*

DIN 14462, *Löschwassereinrichtungen — Planung, Einbau, Betrieb und Instandhaltung von Wandhydrantenanlagen und Überflur- und Unterflurhydrantenanlagen* [*]

DIN 1988-6, *Technische Regeln für Trinkwasser-Installationen (TRWI) — Teil 6: Feuerlösch- und Brandschutzanlagen — Technische Regel des DVGW*

---

[*] in Vorbereitung

EUROPÄISCHE NORM
EUROPEAN STANDARD
NORME EUROPÉENNE

EN 671-2

April 2012

ICS 13.220.10

Ersatz für EN 671-2:2001

Deutsche Fassung

Ortsfeste Löschanlagen - Wandhydranten - Teil 2: Wandhydranten mit Flachschlauch

Fixed firefighting systems - Hose systems - Part 2: Hose systems with lay-flat hose

Installations fixes de lutte contre l'incendie - Systèmes équipés de tuyaux - Partie 2: Postes d'eau muraux équipés de tuyaux plats

Diese Europäische Norm wurde vom CEN am 9. März 2012 angenommen.

Die CEN-Mitglieder sind gehalten, die CEN/CENELEC-Geschäftsordnung zu erfüllen, in der die Bedingungen festgelegt sind, unter denen dieser Europäischen Norm ohne jede Änderung der Status einer nationalen Norm zu geben ist. Auf dem letzten Stand befindliche Listen dieser nationalen Normen mit ihren bibliographischen Angaben sind beim Management-Zentrum des CEN-CENELEC oder bei jedem CEN-Mitglied auf Anfrage erhältlich.

Diese Europäische Norm besteht in drei offiziellen Fassungen (Deutsch, Englisch, Französisch). Eine Fassung in einer anderen Sprache, die von einem CEN-Mitglied in eigener Verantwortung durch Übersetzung in seine Landessprache gemacht und dem Management-Zentrum mitgeteilt worden ist, hat den gleichen Status wie die offiziellen Fassungen.

CEN-Mitglieder sind die nationalen Normungsinstitute von Belgien, Bulgarien, Dänemark, Deutschland, Estland, Finnland, Frankreich, Griechenland, Irland, Island, Italien, Kroatien, Lettland, Litauen, Luxemburg, Malta, den Niederlanden, Norwegen, Österreich, Polen, Portugal, Rumänien, Schweden, der Schweiz, der Slowakei, Slowenien, Spanien, der Tschechischen Republik, der Türkei, Ungarn, dem Vereinigten Königreich und Zypern.

EUROPÄISCHES KOMITEE FÜR NORMUNG
EUROPEAN COMMITTEE FOR STANDARDIZATION
COMITÉ EUROPÉEN DE NORMALISATION

Management-Zentrum: Avenue Marnix 17, B-1000 Brüssel

© 2012 CEN Alle Rechte der Verwertung, gleich in welcher Form und in welchem Verfahren, sind weltweit den nationalen Mitgliedern von CEN vorbehalten.

Ref. Nr. EN 671-2:2012 D

Inhalt

Seite

Vorwort 4
Einleitung 5
1 Anwendungsbereich 6
2 Normative Verweisungen 6
3 Begriffe 6
4 Anforderungen 7
4.1 Allgemeines 7
4.2 Verteilung des Löschmittels 7
4.2.1 Schlauchinnendurchmesser 7
4.2.2 Mindestdurchflussmenge 7
4.2.3 Wirksame Wurfweite 8
4.2.4 Sprühstrahlbetrieb 8
4.3 Betriebszuverlässigkeit 8
4.3.1 Schlauch – Allgemeines 8
4.3.2 Absperrbares Strahlrohr 8
4.3.3 Absperrbares Strahlrohr – Stoßfestigkeit 8
4.3.4 Absperrbares Strahlrohr – Drehmoment für die Bedienung 9
4.3.5 Absperrventil 9
4.3.6 Hydraulische Eigenschaften – Beständigkeit gegen Innendruck 9
4.3.7 Hydraulische Eigenschaften – Sicherheit der Kupplungen 9
4.4 Abrollbarkeit des Schlauches 9
4.4.1 Schlauchhaltevorrichtung Typ 1 9
4.4.2 Schlauchhaltevorrichtung Typ 1 und Typ 3 9
4.4.3 Schlauch – Maximale Länge 9
4.5 Farbe 10
4.6 Schrank 10
4.6.1 Allgemeines 10
4.6.2 Öffnungs-/Schließvorrichtung 10
4.6.3 Schrank für handbetätigte Haspeln mit Niederschraubventil 10
4.6.4 Erkennungssymbol 10
4.7 Dauerhaftigkeit 11
4.7.1 Dauerhaftigkeit der Betriebszuverlässigkeit 11

5 Prüfverfahren 11
5.1 Allgemeines 11
5.2 Verteilung des Löschmittels 11
5.2.1 Schlauchinnendurchmesser 11
5.2.2 Mindestdurchflussmenge 11
5.2.3 Wirksame Wurfweite 11
5.2.4 Sprühstrahlbetrieb 11
5.3 Betriebszuverlässigkeit 11
5.3.1 Schlauch – Konstruktion 11
5.3.2 Absperrbares Strahlrohr 11
5.3.3 Absperrbares Strahlrohr – Beständigkeit gegen Stoß 12
5.3.4 Absperrbares Strahlrohr – Drehmoment für die Bedienung 12
5.3.5 Absperrventil 12
5.3.6 Hydraulische Eigenschaften – Beständigkeit gegen Innendruck 12
5.3.7 Hydraulische Eigenschaften – Sicherheit der Kupplungen 12
5.4 Abrollbarkeit des Schlauches 12
5.4.1 Schlauchvorrichtung Typ 1 12

5.4.2	Schlauchvorrichtung Typ 1 und Typ 3	12
5.4.3	Schlauch – Maximale Länge	12
5.5	Farbe	12
5.6	Schrank	12
5.7	Dauerhaftigkeit	13
5.7.1	Dauerhaftigkeit der Betriebszuverlässigkeit	13
6	Bewertung der Konformität	13
6.1	Allgemeines	13
6.2	Erstprüfung – Typprüfung	13
6.2.1	Allgemeines	13
6.2.2	Prüfmuster	14
6.2.3	Prüfbericht	14
6.3	Werkseigene Produktionskontrolle (WPK)	14
6.3.1	Allgemeines	14
6.3.2	Anforderungen	15
6.3.3	Produktspezifische Anforderungen	17
6.3.4	Erstbegutachtung des Werkes und der WPK	18
6.3.5	Fortdauernde Überwachung der WPK	19
6.3.6	Verfahren im Falle von Änderungen	19
6.3.7	Produkte aus Einzelfertigung, vorgefertigte Produkte (z. B. Prototypen) und Kleinserienprodukte	19
7	Kennzeichnung	20
8	Anweisungen	20
8.1	Bedienungsanleitung	20
8.2	Anleitung für Einbau und Instandhaltung	20

Anhang A (normativ) Ablaufplan für Reihenfolge der Prüfungen 21

Anhang B (normativ) Verfahren zur Prüfung der Beständigkeit gegen äußere Korrosion 22

Anhang C (normativ) Alterungsprüfung von Kunststoffteilen 23

Anhang D (normativ) Prüfung der Korrosionsbeständigkeit von wasserbeaufschlagten Teilen 24

Anhang E (normativ) Prüfung von absperrbaren Strahlrohren		25
E.1	Stoßfestigkeit	25
E.2	Drehmoment für die Bedienung	25
E.3	Sprühstrahlbetrieb	26
E.4	Durchflussmenge und Wurfweite	27
E.4.1	Durchflussmenge	27
E.4.2	Wurfweite	27

Anhang F (normativ) Verfahren für die Innendruckprüfung 28

Anhang ZA (informativ) Abschnitte dieser Europäischen Norm, die Eigenschaften der EU-Bauproduktenrichtlinie ansprechen		29
ZA.1	Anwendungsbereich und relevante Abschnitte	29
ZA.2	Verfahren zur Bescheinigung der Konformität von Wandhydranten mit Flachschlauch	31
ZA.2.1	System zur Bescheinigung der Konformität	31
ZA.2.2	EG-Konformitätszertifikat	32
ZA.3	CE-Kennzeichnung und Beschriftung	33

Vorwort

Dieses Dokument (EN 671-2:2012) wurde vom Technischen Komitee CEN/TC 191 „Ortsfeste Brandbekämpfungsanlagen" erarbeitet, dessen Sekretariat vom BSI gehalten wird.

Diese Europäische Norm muss den Status einer nationalen Norm erhalten, entweder durch Veröffentlichung eines identischen Textes oder durch Anerkennung bis Oktober 2012, und etwaige entgegenstehende nationale Normen müssen bis Januar 2014 zurückgezogen werden.

Es wird auf die Möglichkeit hingewiesen, dass einige Texte dieses Dokuments Patentrechte berühren können. CEN [und/oder CENELEC] sind nicht dafür verantwortlich, einige oder alle diesbezüglichen Patentrechte zu identifizieren.

Dieses Dokument ersetzt EN 671-2:2001.

EN 671-2:2001 wurde technisch und redaktionell überarbeitet. Die Reihenfolge der Abschnitte wurde geändert und der Anhang ZA wurde aktualisiert.

Dieses Dokument wurde unter einem Mandat erarbeitet, das die Europäische Kommission und die Europäische Freihandelszone dem CEN erteilt haben, und unterstützt grundlegende Anforderungen der EU-Richtlinien.

Zum Zusammenhang mit EU-Richtlinien siehe informativen Anhang ZA, der Bestandteil dieses Dokuments ist.

Im Sinne der Zweckmäßigkeit für die Anwendung bei Prüfungen sind die normativen Anhänge dieser Europäischen Norm so angelegt, dass Anhang A die Reihenfolge der Konformitätsprüfungen angibt, während die Anhänge B, C, D, E und F die Prüfungen in der exakten Reihenfolge ihrer Durchführung enthalten.

EN 671 hat als Haupttitel „Ortsfeste Löschanlagen — Wandhydranten" und besteht aus drei Teilen:

— Teil 1: Schlauchhaspeln mit formstabilem Schlauch

— Teil 2: Wandhydranten mit Flachschlauch

— Teil 3: Instandhaltung von Schlauchhaspeln mit formstabilem Schlauch und Wandhydranten mit Flachschlauch

Entsprechend der CEN/CENELEC-Geschäftsordnung sind die nationalen Normungsinstitute der folgenden Länder gehalten, diese Europäische Norm zu übernehmen: Belgien, Bulgarien, Dänemark, Deutschland, Estland, Finnland, Frankreich, Griechenland, Irland, Island, Italien, Kroatien, Lettland, Litauen, Luxemburg, Malta, Niederlande, Norwegen, Österreich, Polen, Portugal, Rumänien, Schweden, Schweiz, Slowakei, Slowenien, Spanien, Tschechische Republik, Türkei, Ungarn, Vereinigtes Königreich und Zypern.

Einleitung

Wandhydranten stellen im einwandfreien Zustand sehr effektive Einrichtungen zur Brandbekämpfung mit unmittelbar verfügbarer, ununterbrochener Wasserzufuhr dar.

Die Anforderungen dieser Europäischen Norm wurden festgelegt, um sicherzustellen, dass Wandhydranten wirksam von einer Person benutzt werden können und damit sie eine lange Lebensdauer haben.

1 Anwendungsbereich

Diese Europäische Norm legt Anforderungen und Prüfverfahren für Bauart und Ausführung von Wandhydranten mit Flachschlauch zum Einbau in Gebäuden fest, die fest mit der Wasserzufuhr verbunden und zum Gebrauch durch jede Person bestimmt sind.

Weiterhin sind Anforderungen an die Bewertung der Konformität und an die Kennzeichnung dieser Produkte enthalten.

Die Anforderungen dieser Norm dürfen in der Regel auch für andere Anwendungen zugrunde gelegt werden, zum Beispiel im Schiffbau oder bei aggressivem Umfeld, in diesen Fällen können jedoch zusätzliche Anforderungen notwendig sein.

2 Normative Verweisungen

Die folgenden Dokumente, die in diesem Dokument teilweise oder als Ganzes zitiert werden, sind für die Anwendung dieses Dokuments erforderlich. Bei datierten Verweisungen gilt nur die in Bezug genommene Ausgabe. Bei undatierten Verweisungen gilt die letzte Ausgabe des in Bezug genommenen Dokuments (einschließlich aller Änderungen).

EN 671-3, *Ortsfeste Löschanlagen — Wandhydranten — Teil 3: Instandhaltung von Schlauchhaspeln mit formstabilem Schlauch und Wandhydranten mit Flachschlauch*

EN 14540, *Feuerlöschschläuche — Flachschläuche für Wandhydranten*

EN ISO 4892-2:2006, *Kunststoffe — Künstliches Bestrahlen oder Bewittern in Geräten — Teil 2: Xenonbogenlampen (ISO 4892-2:2006)*

EN ISO 9227:2006, *Korrosionsprüfungen in künstlichen Atmosphären — Salzsprühnebelprüfungen (ISO 9227:2006)*

ISO 7-1, *Pipe threads where pressure-tight joints are made on the threads — Part 1: Dimensions, tolerances and designation*

ISO 5208, *Industrial valves — Pressure testing of metallic valves*

ISO 7010, *Graphical symbols — Safety colours and safety signs — Registered safety signs*

3 Begriffe

Für die Anwendung dieses Dokuments gelten die folgenden Begriffe.

3.1
Schrank
Behältnis zum Schutz der Wandhydranteneinrichtung gegen Umwelteinflüsse oder Beschädigungen

3.2
Kupplung
Teil zur Schlauchverbindung an Ventil und Strahlrohr

3.3
Wandhydrant
Löschgerät, im Wesentlichen bestehend aus einem Schutzschrank oder einer Abdeckung, einer Schlauchhaltevorrichtung, einem handbetätigten Absperrventil, einem Flachschlauch mit Kupplungen und absperrbarem Strahlrohr

3.4
Schlauchhaltevorrichtung
Bauteil zum Halten des Schlauches, das einem der folgenden Typen entsprechen muss:

— Typ 1: Drehbare Schlauchhaspel;

— Typ 2: Schlauchmulde mit doppelt gewickeltem Schlauch;

— Typ 3: Schlauchkorb, mit Schlauch in Zick-Zack-Faltung.

3.5
Flachschlauch
Schlauch, der flach ist, sofern er nicht von innen druckbeaufschlagt wird

3.6
maximaler Betriebsdruck
maximal zulässiger Druck, für den der Wandhydrant ausgelegt ist

Anmerkung 1 zum Begriff: Alle Drücke sind Manometerdrücke und werden in Megapascal angegeben 1 MPa = 10 bar.

[QUELLE: EN 671-1:2012]

3.7
absperrbares Strahlrohr
Bauteil am Schlauchende zur Richtungsgebung und Regulierung des Wasserstrahls

[QUELLE: EN 671-1:2012]

4 Anforderungen

4.1 Allgemeines

Die Konformität mit den Anforderungen dieses Abschnitts 4 muss durch Prüfung nach Abschnitt 5 überprüft werden.

4.2 Verteilung des Löschmittels

4.2.1 Schlauchinnendurchmesser

Der Nenninnendurchmesser des Schlauchs darf 52 mm nicht überschreiten.

4.2.2 Mindestdurchflussmenge

Die Durchflussmengen bei Vollstrahl und Sprühstrahl-Einstellungen müssen Tabelle 1 entsprechen.

Tabelle 1 — Mindestdurchflussmengen und kleinster K-Faktor bezogen auf den Druck

Strahlrohrdurch messer oder entsprechende Austrittsöffnung mm	Mindestdurchflussmenge Q l/min			K-Faktor [a]
	P = 0,2 MPa	P = 0,4 MPa	P = 0,6 MPa	
9	65	92	113	46
10	78	110	135	55
11	96	136	167	68
12	102	144	176	72
13	120	170	208	85
[a] Die Durchflussmenge Q beim Druck P wird durch die Gleichung $Q = K\sqrt{10\,P}$ bestimmt, wobei Q die Durchflussmenge in l/min und P der Druck in MPa ist.				

4.2.3 Wirksame Wurfweite

Die wirksame Wurfweite bei Vollstrahl und Sprühstrahl darf bei einem Druck von 0,2 MPa die nachstehenden Werte nicht unterschreiten (soweit für das Strahlrohr zutreffend):

a) bei Vollstrahl   10 m;

b) bei Sprühstrahl   6 m;

c) bei konischem Strahl   3 m.

4.2.4 Sprühstrahlbetrieb

Strahlrohre mit Sprühstrahleinstellung müssen folgende Sprühstrahlwinkel erzeugen können:

a) bei Flachsprühstrahl $90° \pm 5°$;

b) bei konischem Sprühstrahl   mindestens 45°.

4.3 Betriebszuverlässigkeit

4.3.1 Schlauch – Allgemeines

Der Schlauch muss ein Flachschlauch entsprechend EN 14540 sein.

4.3.2 Absperrbares Strahlrohr

4.3.2.1 Allgemeines

Am Ende des Schlauches muss ein absperrbares Strahlrohr mit folgenden Schaltstellungen vorhanden sein:

a) Zu,

b) Sprühstrahl,

c) Vollstrahl.

Sofern sowohl Sprühstrahl als auch Vollstrahl möglich sind, wird empfohlen, dass die Schaltstellung „Sprühstrahl" entsprechend der oben angegebenen Reihenfolge zwischen „Zu" und „Vollstrahl" liegt.

Jede Wasserabgabe in der Sprühstrahlstellung muss entweder aus einem Flachsprühstrahl oder einem konischen Sprühstrahl bestehen.

Absperrbare Strahlrohre mit Abzugshebel müssen selbstschließend sein.

4.3.2.2 Kennzeichnung der Schaltstellungen – Drehbar eingestellte Strahlrohre

Drehbar einstellbare Strahlrohre müssen eine Anzeige der Öffnungs- und Schließrichtung haben.

4.3.2.3 Kennzeichnung der Schaltstellungen – Mit Abzugshebel bedienbare Strahlrohre

Mit Abzugshebel bedienbare Strahlrohre müssen Markierungen für folgende Schaltstellungen aufweisen:

a) Zu;

b) Sprühstrahl;

c) Vollstrahl.

4.3.3 Absperrbares Strahlrohr – Stoßfestigkeit

Das Strahlrohr darf weder brechen noch irgendeine sichtbare Undichtheit aufweisen.

4.3.4 Absperrbares Strahlrohr – Drehmoment für die Bedienung

Die erforderliche Kraft, um das Strahlrohr bei maximalem Betriebsdruck in jede Stellung zu schalten (d. h. Betrieb, Sprühstrahl, Vollstrahl oder Steuerung der Durchflussmenge), darf den Wert 7 Nm nicht überschreiten.

4.3.5 Absperrventil

Dem Wandhydranten muss ein handbetätigtes Absperrventil vorgeschaltet sein.

Das Absperrventil muss als Niederschraubventil ausgeführt sein oder sich langsam auf andere Weise öffnen lassen.

Das Gewinde am Eingang muss ISO 7-1 entsprechen.

Eingang und Ausgang müssen in einem Winkel zwischen 90° und 135° zueinander stehen.

Das Absperrventil muss durch Drehung des Handrads/Handhebels im Uhrzeigersinn geschlossen werden. Die Drehrichtung zum Öffnen des Ventils muss markiert sein.

Bei Prüfung nach ISO 5208 mit einem Betriebsdruck von maximal 1,2 MPa muss das Absperrventil den geeigneten Anforderungen entsprechen.

4.3.6 Hydraulische Eigenschaften – Beständigkeit gegen Innendruck

Wandhydranten und Zubehörteile müssen für folgende Drücke ausgelegt sein:

a) maximaler Betriebsdruck: 1,2 MPa;
b) Prüfdruck: 2,4 MPa;
c) kleinster Berstdruck: 4,2 MPa.

Bei Prüfung nach ISO 5208 mit einem Betriebsdruck von maximal 1,2 MPa muss das Absperrventil den geeigneten Anforderungen entsprechen.

4.3.7 Hydraulische Eigenschaften – Sicherheit der Kupplungen

Wandhydranten und Zubehörteile dürfen bei der Prüfung nach Anhang F bis zum Prüfdruck nicht undicht werden.

4.4 Abrollbarkeit des Schlauches

4.4.1 Schlauchhaltevorrichtung Typ 1

Die Schlauchhaspel muss um eine Achse drehbar sein, damit der Schlauch unbehindert abgezogen werden kann. Die innere Trommel muss einen Durchmesser von mindestens 70 mm haben und mit einem Einsteckschlitz für den gefalteten Schlauch versehen sein, der mindestens 20 mm breit sein und über den gesamten Durchmesser der Trommel, in der der Flachschlauch liegt, verlaufen muss.

4.4.2 Schlauchhaltevorrichtung Typ 1 und Typ 3

Schlauchhaltevorrichtungen vom Typ 1 und Typ 3 müssen sich, falls sie im Schrank befestigt sind, von dieser Befestigung aus im Winkel von 90° – bezogen auf die Schrankrückwand – ausschwenken lassen. Die Schwenkachse muss senkrecht sein.

ANMERKUNG Für Schlauchhaltevorrichtungen Typ 2 gibt es keine besonderen Anforderungen.

4.4.3 Schlauch – Maximale Länge

Aus Gründen der besseren Bedienbarkeit sollte der Schlauch nicht länger als 20 m sein.

4.5 Farbe

Die Farbe der Schlauchhaltevorrichtungen muss rot sein.

4.6 Schrank

4.6.1 Allgemeines

Der Wandhydrantenschrank muss mit einer Tür ausgestattet sein. Schranktüren müssen sich zu mindestens 170° öffnen lassen, um das freie Abrollen des Schlauches in jeder Richtung zu ermöglichen. Schränke müssen frei von scharfen Kanten sein, die die Ausrüstung beschädigen oder Verletzungen hervorrufen können.

Der verschließbare Schrank muss mit einer Notöffnungsvorrichtung versehen sein, die dann jedoch ausschließlich durch einen durchsichtigen und zerstörbaren Werkstoff geschützt werden darf. Um den Zugang für die Instandhaltung zu ermöglichen, muss der Schrank mit Hilfe eines Schlüssels geöffnet werden können.

Falls die Notöffnungsvorrichtung durch eine zerbrechliche Glasscheibe geschützt wird, muss diese so beschaffen sein, dass beim Zerbrechen keine spitzen oder scharfen Kanten zurückbleiben, die Verletzungen bei der Betätigung der Öffnungsvorrichtung verursachen könnten.

Wird durchsichtiger Werkstoff als Bestandteil der Türkonstruktion eingesetzt, darf dieser nicht als Notzugang zum Wandhydranten genutzt werden.

Schränke können ebenfalls zum Aufbewahren anderer Feuerwehrausrüstung verwendet werden, sofern der Schrank von ausreichender Größe ist und die zusätzliche Ausrüstung die sofortige Verwendung der Schlauchhaspel nicht behindert.

Für den Fall des Einsatzes unter besonderen klimatischen Bedingungen kann es erforderlich sein, den Schrank mit entsprechenden Belüftungsöffnungen zu versehen.

4.6.2 Öffnungs-/Schließvorrichtung

Eine Öffnungs-/Schließvorrichtung des Schrankes muss für periodische Inspektionen und Instandhaltung vorhanden sein. Die Öffnungsvorrichtung muss über die Möglichkeit verfügen, eine Sicherung anzubringen.

Die erforderliche Kraft zum Öffnen und Sichern der Sicherung darf nicht weniger als 20 N und nicht mehr als 40 N betragen.

4.6.3 Schrank für handbetätigte Haspeln mit Niederschraubventil

Das Niederschraubventil muss im Wandhydrantenschrank so angeordnet werden, dass in jeder Ventilstellung zwischen Handrad und jedem Schrankteil ein Abstand von mindestens 35 mm besteht.

4.6.4 Erkennungssymbol

Der Wandhydrantenschrank muss mit dem Symbol *Wandhydrant, Nr F002* nach ISO 7010 gekennzeichnet sein.

ANMERKUNG   Das Zeichen darf in nachleuchtender Farbe ausgeführt werden.

4.7 Dauerhaftigkeit

4.7.1 Dauerhaftigkeit der Betriebszuverlässigkeit

4.7.1.1 Beständigkeit beschichteter Teile gegen äußere Korrosion

Sämtliche beschichtete Teile des Wandhydranten mit Flachschlauch müssen angemessen geschützt sein (siehe Anhang B).

ANMERKUNG   Im Fall eines besonderen Korrosionsrisikos sollte mit dem Hersteller des Wandhydranten Rücksprache gehalten werden.

4.7.1.2 Korrosionsbeständigkeit von wasserbeaufschlagten Teilen

Es dürfen keine sichtbaren Korrosionserscheinungen (siehe Anhang D) auftreten und die mechanische Gebrauchstauglichkeit aller Funktionsteile muss einwandfrei sein.

4.7.1.3 Alterungsprüfung von Kunststoffteilen

Proben oder Prüfstücke aus Kunststoff, die in Bauteilen mit mechanischer und/oder hydraulischer Beanspruchung verwendet werden, dürfen nach der Alterungsprüfung keine Risse oder Brüche aufweisen.

5 Prüfverfahren

5.1 Allgemeines

Zur Überprüfung der Übereinstimmung mit den in Abschnitt 4 angegebenen Anforderungen müssen die folgenden Prüfungen durchgeführt werden. Die in den jeweiligen Abschnitten beschriebenen Prüfungen müssen in der im Anhang A, Tabelle A.1 angegebenen Reihenfolge durchgeführt werden.

5.2 Verteilung des Löschmittels

5.2.1 Schlauchinnendurchmesser

Der Schlauchinnendurchmesser muss nach EN 14540 geprüft werden.

5.2.2 Mindestdurchflussmenge

Die Durchflussmengen müssen nach E.4.1 bei einem Druck von 0,6 MPa geprüft werden.

5.2.3 Wirksame Wurfweite

Die wirksame Wurfweite muss nach E.4.2 bestimmt werden.

5.2.4 Sprühstrahlbetrieb

Der Sprühstrahlbetrieb muss nach E.3 bestimmt werden.

5.3 Betriebszuverlässigkeit

5.3.1 Schlauch – Konstruktion

Die Überprüfung muss nach EN 14540 erfolgen.

5.3.2 Absperrbares Strahlrohr

5.3.2.1 Allgemeines

Bei den Prüfungen in E.3 müssen Sichtprüfungen durchgeführt werden.

5.3.2.2 Kennzeichnung der Schaltstellungen – Drehbar eingestellte Strahlrohre

Die Kennzeichnung der Öffnungs- und Schließrichtung der drehbar eingestellten Strahlrohre muss überprüft werden.

Die mit Abzugshebel bedienbaren Strahlrohre müssen überprüft werden, ob sie mit den Schaltstellungen „Zu", „Sprühstrahl" und „Vollstrahl" gekennzeichnet sind.

5.3.3 Absperrbares Strahlrohr – Beständigkeit gegen Stoß

Das absperrbare Strahlrohr muss nach E.1 geprüft werden.

5.3.4 Absperrbares Strahlrohr – Drehmoment für die Bedienung

Das Drehmoment für die Bedienung muss nach E.2 geprüft werden.

5.3.5 Absperrventil

Die Festlegungen in 4.3.5 sind durch Sichtprüfung zu überprüfen.

5.3.6 Hydraulische Eigenschaften – Beständigkeit gegen Innendruck

Schläuche und Zubehör müssen mit den in Anhang F angegebenen Prüfdrücken geprüft werden.

5.3.7 Hydraulische Eigenschaften – Sicherheit der Kupplungen

Schläuche und Zubehör müssen nach Anhang F geprüft werden.

5.4 Abrollbarkeit des Schlauches

5.4.1 Schlauchvorrichtung Typ 1

Die Abmessungen müssen mit einem Messgerät oder einer anderen üblichen Vorrichtung bestimmt werden.

5.4.2 Schlauchvorrichtung Typ 1 und Typ 3

Die speziellen Anforderungen müssen einer Sichtprüfung unterzogen werden.

5.4.3 Schlauch – Maximale Länge

Die maximale Länge muss nach EN 14540 geprüft werden.

5.5 Farbe

Die Farbe der Schlauchvorrichtung muss einer Sichtprüfung unterzogen werden.

5.6 Schrank

Mit einem geeigneten Messgerät ist zu überprüfen, ob der Öffnungswinkel der Schranktüren mindestens 170° beträgt.

Wenn eine Sicherheitsplombe angebracht ist, muss mit einem geeigneten Messgerät überprüft werden, ob die erforderliche Kraft zum Brechen der Plombe zwischen 20 N und 40 N beträgt.

Wenn ein Niederschraubventil angeschlossen ist, muss der Abstand zwischen dem Handrad des Niederschraubventils und dem Schrank gemessen werden und es ist zu überprüfen, ob dieser Abstand nicht kleiner als 35 mm ist.

Die übrigen Eigenschaften in 4.6 müssen einer Sichtprüfung unterzogen werden.

5.7 Dauerhaftigkeit

5.7.1 Dauerhaftigkeit der Betriebszuverlässigkeit

5.7.1.1 Beständigkeit gegen Korrosion beschichteter Teile

Die Beständigkeit gegen Korrosion beschichteter Teile muss nach Anhang B geprüft werden.

5.7.1.2 Korrosionsbeständigkeit von wasserbeaufschlagten Teilen

Wasserbeaufschlagte Teile müssen nach Anhang D geprüft werden.

5.7.1.3 Alterungsprüfung für Kunststoffteile

Die Alterungsprüfung muss nach Anhang C durchgeführt werden.

6 Bewertung der Konformität

6.1 Allgemeines

Die Übereinstimmung des Wandhydranten mit Flachschlauch mit den Anforderungen dieser Europäischen Norm und den angegebenen Werten (einschließlich Klassen) muss nachgewiesen werden durch:

— Erstprüfung;

— werkseigene Produktionskontrolle des Herstellers, einschließlich Beurteilung des Produktes.

Der Hersteller muss immer die Oberaufsicht behalten und die nötigen Mittel besitzen, um die Verantwortung für das Produkt übernehmen zu können.

6.2 Erstprüfung – Typprüfung

6.2.1 Allgemeines

Zum Nachweis der Konformität mit dieser Europäischen Norm muss eine Erstprüfung und Typprüfung durchgeführt werden.

Gegenstand der Erstprüfung müssen alle wesentlichen Eigenschaften sein, für die der Hersteller die Leistungsfähigkeit erklärt hat. Zusätzlich gilt die Typprüfung für alle anderen Eigenschaften, die in dieser Norm angegeben sind, wenn der Hersteller Übereinstimmung geltend macht, es sei denn, die Norm legt Maßnahmen für die Erklärung der Leistungsfähigkeit ohne Leistungsprüfung fest (z. B. bei Nutzung bereits vorhandener Daten, Produkte mit CWFT-Klassifizierung und bei herkömmlich anerkannten Leistungen).

Bereits früher durchgeführte Prüfungen nach den Bestimmungen dieser Europäischen Norm können berücksichtigt werden, vorausgesetzt, sie wurden beim gleichen Produkt oder bei Produkten ähnlicher Ausführung, Konstruktion und Funktion und mit den gleichen oder schärferen Prüfverfahren des gleichen Systems zur Bescheinigung der Konformität, wie in dieser Norm gefordert, durchgeführt, so dass diese Ergebnisse auf das in Frage kommende Produkt übertragen werden können.

ANMERKUNG 1   Das gleiche System zur Bescheinigung der Konformität bedeutet Prüfung durch eine unabhängige dritte Stelle unter der Aufsicht einer Produktzertifizierungsstelle.

Für die Prüfung dürfen die Produkte des Herstellers zu Familien zusammengefasst werden, wenn eine oder mehrere Eigenschaften für jedes der Produkte innerhalb dieser Familie für alle Produkte innerhalb dieser Familie repräsentativ sind.

ANMERKUNG 2   Produkte mit unterschiedlichen Eigenschaften dürfen in unterschiedlichen Familien zusammengefasst werden.

ANMERKUNG 3   Es sollte ein Verweis auf die Prüfstandards erfolgen, um die Auswahl eines geeigneten repräsentativen Prüflings zu ermöglichen.

Die Erstprüfung oder Typprüfung muss zusätzlich für alle in dieser Norm angegebenen Eigenschaften durchgeführt werden, für die der Hersteller die Leistungsfähigkeit angibt:

— zu Beginn der Produktion eines neuen Typs oder eines geänderten Wandhydranten mit Flachschlauch (außer er ist Teil derselben Familie), oder

— zu Beginn eines neuen oder geänderten Herstellungsverfahrens (wenn dies die angegebenen Eigenschaften beeinflussen kann).

Sie müssen für die entsprechende(n) Eigenschaft(en) wiederholt werden, immer wenn eine Änderung an der Ausführung der Wandhydranten mit Flachschlauch, an den Rohstoffen oder beim Lieferanten der Komponenten, oder am Herstellungsprozess (abhängig von der Definition einer Familie) vorgenommen wird, die eine oder mehrere Eigenschaften wesentlich beeinträchtigen könnten.

Werden Komponenten verwendet, deren Eigenschaften bereits durch deren Hersteller auf der Grundlage der Konformität mit anderen Produktnormen festgelegt wurden, dann brauchen diese Eigenschaften nicht erneut begutachtet zu werden. Die Festlegungen für diese Komponenten sowie der Inspektionsplan zur Sicherstellung der Konformität müssen dokumentiert werden.

Bei Produkten mit Kennzeichnung nach den zutreffenden harmonisierten Europäischen Spezifikationen kann vorausgesetzt werden, dass sie die mit den in der Kennzeichnung angegebenen Ausführungen übereinstimmen, auch wenn dies nicht die Verantwortung des Herstellers dafür ersetzt, dass der Wandhydrant mit Flachschlauch ordnungsgemäß gefertigt ist und ihre Bestandteile die entsprechenden erforderlichen Leistungsparameter aufweisen.

6.2.2 Prüfmuster

Prüfmuster müssen die laufende Produktion repräsentieren.

6.2.3 Prüfbericht

Jede Typprüfung, Erstprüfung und ihre Ergebnisse müssen in einem Prüfbericht dokumentiert werden.

Alle Prüfberichte müssen vom Hersteller mindestens zehn Jahre nach dem letzten Datum der Produktion der betreffenden Wandhydranten mit Flachschlauch aufbewahrt werden.

6.3 Werkseigene Produktionskontrolle (WPK)

6.3.1 Allgemeines

Der Hersteller muss ein System der werkseigenen Produktionskontrolle (WPK) einrichten, dokumentieren und aufrechterhalten, um sicherzustellen, dass die Produkte, die auf den Markt gebracht werden, den angegebenen Leistungseigenschaften entsprechen.

Die werkseigene Produktionskontrolle muss festgeschriebene Verfahren, regelmäßige Kontrollen und Prüfungen und/oder Begutachtungen und die Verwendung der Ergebnisse der Kontrolle der Rohstoffe und anderer eingehenden Werkstoffe oder Komponenten, Einrichtungen, des Produktionsprozesses und des Produkts umfassen.

Alle vom Hersteller gewählten Elemente, Anforderungen und Bestimmungen müssen in einer systematischen Weise in Form von schriftlichen Richtlinien und Anweisungen dokumentiert werden.

Die Dokumentation der werkseigenen Produktionskontrolle muss ein gemeinsames Verständnis der Konformitätsbewertung sicherstellen und das Erreichen der geforderten Produkteigenschaften ermöglichen und der effektive Betrieb des Systems der werkseigenen Produktionskontrolle muss überprüft werden.

Die werkseigene Produktionskontrolle verbindet daher Verfahrenstechniken und alle Maßnahmen, welche die Aufrechterhaltung und Kontrolle der Konformität des Produktes mit seinen technischen Spezifikationen erlauben.

6.3.2 Anforderungen

6.3.2.1 Allgemeines

Der Hersteller ist für die Organisation der effektiven Umsetzung des Systems der werkseigenen Produktionskotrolle verantwortlich.

Aufgaben und Verantwortlichkeiten in der Produktionsorganisation müssen dokumentiert werden und diese Dokumentation muss stets auf aktuellem Stand gehalten werden.

In jedem Werk darf der Hersteller die Aktivitäten auf eine Person mit der notwendigen Befugnis delegieren, um:

— Verfahren zum Nachweis der Konformität des Produkts bei einer entsprechenden Stufe zu erkennen;

— alle Fälle der Nichtübereinstimmung zu erkennen und aufzuzeichnen;

— Verfahren zur Korrektur der Fälle der Nichtübereinstimmung zu erkennen.

Der Hersteller muss Dokumente erstellen und aktuell halten, die die zutreffende werkseigene Produktionskontrolle bestimmt.

Die Herstellerdokumentation und die Verfahren sollten dem Produkt und dem Herstellungsprozess angemessen sein.

Das System der werkseigenen Produktionskontrolle sollte zu einem angemessenen Vertrauensniveau bei der Produktkonformität beitragen. Dies umfasst:

a) die Vorbereitung der dokumentierten Verfahren und Anweisungen bezüglich der Produktionskontrolle nach den Anforderungen der angegebenen technischen Spezifikationen, auf die verwiesen wurde;

b) die wirksame Umsetzung dieser Verfahren und Anweisungen;

c) die Aufzeichnung dieser Aktivitäten und deren Ergebnisse;

d) die Anwendung dieser Ergebnisse, um jegliche Abweichungen zu korrigieren, die Auswirkungen derartiger Abweichungen nachzubessern, alle Fälle der Nichtübereinstimmung zu bearbeiten und, wenn nötig, das System der werkseigenen Produktionskontrolle zu überarbeiten, um die Fälle der Nichtübereinstimmung zu bereinigen.

Im Fall eines Unterauftrages muss der Hersteller die Oberaufsicht über das Produkt behalten und sicherstellen, dass er alle notwendigen Informationen erhält, die notwendig sind, um seine Verpflichtungen im Hinblick auf diese Europäische Norm zu erfüllen.

Wenn der Hersteller das Produkt von einem Unterauftragnehmer entwickeln, herstellen, zusammenbauen, verpacken, verarbeiten und/oder etikettieren lässt, darf die WPK des Unterauftragnehmers berücksichtigt werden, wo sie auf das betreffende Produkt anwendbar ist.

Der Hersteller, der seine gesamten Aktivitäten an einen Unterauftragnehmer vergibt, darf auf keinen Fall seine Verantwortung an einen Unterauftragnehmer weitergeben.

Hersteller, die ein System der werkseigenen Produktionskontrolle nach EN ISO 9001 vorhalten und das die Anforderungen dieser Europäischen Norm anspricht, wird als den Anforderungen an die werkseigene Produktionskontrolle der EU-Richtlinie 89/106/EWG genügend anerkannt.

6.3.2.2 Personal

Verantwortlichkeit, Befugnis und Beziehungen des Personals, das Produktkonformität beeinflussende Tätigkeiten leitet, durchführt oder überprüft, müssen festgelegt werden.

Dies gilt insbesondere für Personal, das Tätigkeiten einzuleiten hat, um zu verhindern, dass ein Verlust der Produktkonformität eintritt, das Tätigkeiten vornimmt im Falle der Nichtkonformität und das Probleme bei der Produktkonformität identifiziert und registriert.

Personal, das Produktkonformität beeinflussende Tätigkeiten durchführt, muss fachkundig auf Grundlage von entsprechenden Schulungen, Ausbildungen, Fähigkeiten und Erfahrungen sein, dessen Nachweise aufbewahrt werden müssen.

6.3.2.3 Einrichtungen

6.3.2.3.1 Prüfung

Alle Wäge-, Mess- und Prüfeinrichtungen müssen kalibriert sein oder regelmäßig nach den dokumentierten Verfahren, Häufigkeiten und Kriterien kontrolliert werden.

6.3.2.3.2 Herstellung

Alle im Herstellungsprozess verwendeten Einrichtungen müssen regelmäßig kontrolliert und instand gehalten werden, um sicherzustellen, dass deren Gebrauch, Verschleiß oder Störungen nicht den Herstellungsprozess beeinträchtigen.

Kontrollen und Instandhaltung müssen nach den schriftlichen Herstellerunterlagen durchgeführt und aufgezeichnet werden, und die Berichte müssen über einen im Verfahren der werkseigenen Produktionskontrolle des Herstellers angegebenen Zeitraum aufbewahrt werden.

6.3.2.4 Rohstoffe und Komponenten

Die Spezifikationen aller eingehenden Rohstoffe und Komponenten sowie der Inspektionsplan zur Sicherstellung der Konformität müssen dokumentiert werden. Werden Bauteile als Baugruppen geliefert, muss die Konformitätsbescheinigung für das Bauteil dem der betreffenden harmonisierten Spezifikation für dieses Bauteil entsprechen.

6.3.2.5 Entwicklungsprozess

Das System der werkseigenen Produktionskontrolle muss die verschiedenen Stufen der Entwicklung der Wandhydranten mit Flachschlauch dokumentieren, um das Verfahren zur Überprüfung und die einzelnen Verantwortlichen für alle Stufen der Entwicklung zu bestimmen.

Innerhalb des Entwicklungsprozesses selbst müssen Unterlagen über alle Überprüfungen, deren Ergebnisse und alle Korrekturmaßnahmen aufbewahrt werden.

Diese Aufzeichnungen müssen ausreichend detailliert und präzise sein, um nachzuweisen, dass alle Stufen der Entwicklungsphase und alle Überprüfungen zufriedenstellend durchgeführt worden sind.

6.3.2.6 Kontrollen während des Herstellungsprozesses

Der Hersteller muss die Herstellung unter kontrollierten Bedingungen planen und durchführen.

6.3.2.7 Produktprüfung und Bewertung

Der Hersteller muss Verfahren einrichten, um sicherzustellen, dass die von ihm angegebenen und ausgewiesenen Werte der Eigenschaften erhalten bleiben.

6.3.2.8 Nichtkonforme Produkte

Der Hersteller muss schriftliche Verfahren vorhalten, in denen festgelegt wird, wie mit nichtkonformen Produkten verfahren werden soll.

Derartige Ereignisse müssen aufgezeichnet werden, sobald sie auftreten und diese Aufzeichnungen müssen für einen Zeitraum aufbewahrt werden, der in den schriftlichen Anweisungen des Herstellers festgelegt sein muss.

6.3.2.9 Korrekturmaßnahmen

Der Hersteller muss dokumentierte Verfahren vorhalten, mit denen Aktionen zur Beseitigung der Ursache der Nichtkonformität eingeleitet werden können, um ein erneutes Auftreten zu vermeiden.

6.3.2.10 Bearbeitung, Lagerung und Verpackung

Der Hersteller muss Verfahren vorhalten, mit denen Methoden der Produktbearbeitung und geeignete Lagerflächen zu Verfügung gestellt werden, um Schäden und Wertminderungen zu vermeiden.

6.3.3 Produktspezifische Anforderungen

Das System der WPK muss

— diese Europäische Norm einbeziehen und

— sicherstellen, dass die auf den Markt gebrachten Produkte mit den zugesicherten Leistungseigenschaften übereinstimmen.

Das System der WPK muss eine produktspezifische WPK enthalten, die die Verfahren angibt, mit denen die Übereinstimmung des Produkts an geeigneten Stationen nachgewiesen wird, d. h.

a) die Kontrollen und Prüfungen, die in festgelegter Häufigkeit nach dem WPK-Prüfplan vor und/oder während der Fertigung durchgeführt werden, und/oder

b) die Kontrollen und Prüfungen, die in festgelegter Häufigkeit nach dem WPK-Prüfplan an den Fertigprodukten durchgeführt werden.

Wenn der Hersteller nur Fertigprodukte verwendet, müssen die Maßnahmen unter b) in gleichem Maße zur Übereinstimmung des Produkts führen, als ob eine WPK während der Fertigung durchgeführt worden wäre.

Wenn der Hersteller die Teile der Fertigung teilweise selbst ausführt, können die Maßnahmen unter b) verringert und teilweise durch Maßnahmen unter a) ersetzt werden. Grundsätzlich können desto mehr Maßnahmen unter b) durch Maßnahmen unter a) ersetzt werden, je mehr Anteile der Fertigung vom Hersteller selbst ausgeführt werden.

In jedem Fall muss das Verfahren in gleichem Maße zur Übereinstimmung des Bauteils führen, als ob eine WPK während der Fertigung durchgeführt worden wäre.

ANMERKUNG   Im Einzelfall kann es erforderlich sein, Maßnahmen nach a) und b), nur Maßnahmen nach a) oder nur Maßnahmen nach b) auszuführen.

Die Prüfungen unter a) betreffen sowohl auf die Herstellungsstufen des Produkts als auch die Produktionsmaschinen und ihre Einstellung und Messeinrichtungen usw. Diese Kontrollen und Prüfungen und ihre Häufigkeit werden festgelegt, abhängig von der Art und Zusammensetzung des Produkts, vom Herstellungsprozess und seiner Komplexität, der Empfindlichkeit der Bauteilmerkmale gegenüber Änderungen der Herstellungsparameter usw.

Der Hersteller muss Unterlagen erstellen und aufrechterhalten, die zeigen, dass die festgelegten Prüfungen ausgeführt wurden. Diese Unterlagen müssen klar dokumentieren, ob die Produkte die definierten Annahmekriterien erfüllt haben und müssen für mindestens drei Jahre verfügbar sein.

Diese Unterlagen müssen für die Begutachtung zur Verfügung stehen.

Wenn das Produkt die Annahmekriterien nicht erfüllt, müssen umgehend das Verfahren zur Lenkung fehlerhafter Produkte und die erforderlichen Korrekturmaßnahmen eingeleitet werden und die nichtkonformen Produkte oder Chargen müssen genau identifiziert und isoliert werden.

Sobald der Fehler korrigiert worden ist, muss die betreffende Überprüfung wiederholt werden.

Die Kontroll- und Prüfergebnisse müssen angemessen dokumentiert werden. Die Produktbeschreibung, das Herstellungsdatum, die angewandten Prüfverfahren, die Prüfergebnisse und die Annahmekriterien müssen in die Unterlagen aufgenommen und von der Person abgezeichnet werden, die für die Kontrolle/Prüfung verantwortlich ist.

Bei einem Kontrollergebnis, das nicht den Anforderungen dieser Europäischen Norm entspricht, müssen die durchgeführten Korrekturmaßnahmen (z. B. eine weitere durchgeführte Prüfung, Änderungen des Herstellungsprozesses, Aussondern oder Nachbessern des Produkts) in den Unterlagen angegeben werden.

Die einzelnen Produkte oder Produkt-Chargen und die dazugehörige Fertigungsdokumentation müssen vollständig identifizierbar und zurückverfolgbar sein.

6.3.4 Erstbegutachtung des Werkes und der WPK

Die Erstbegutachtung des Werkes und der WPK muss durchgeführt werden, wenn der Produktionsprozess beendet worden ist und läuft.

Die Werks- und WPK-Dokumentation muss begutachtet werden, um zu überprüfen, ob die Anforderungen von 6.3.2 und 6.3.3 erfüllt sind. Bei der Begutachtung muss überprüft werden:

a) dass alle Ressourcen etabliert und ordnungsgemäß umgesetzt sind, die notwendig sind zur Erlangung der von dieser Europäischen Norm geforderten Produkteigenschaften; und

b) dass die Verfahren der WPK in Übereinstimmung mit der Dokumentation der WPK in der praktischen Anwendung sind; und

c) dass das Produkt mit den Prüfmustern der Erstprüfung, deren Konformität mit dieser Europäischen Norm nachgewiesen wurde, übereinstimmt.

Alle Standorte, in denen die Endmontage oder zumindest die Endkontrolle des betreffenden Produkts durchgeführt wird, müssen begutachtet werden, um zu überprüfen, dass die oben genannten Bedingungen nach a) bis c) erfüllt und umgesetzt sind.

Wenn das System der WPK mehr als ein Produkt, eine Produktionslinie oder einen Herstellungsprozess umfasst und wenn überprüft wurde, dass die allgemeinen Anforderungen für ein Produkt, eine Produktionslinie oder einen Herstellungsprozess erfüllt sind, dann braucht die Begutachtung der allgemeinen Anforderungen bei der Begutachtung eines weiteren Produkts, einer weiteren Produktionslinie oder eines weiteren Herstellungsprozesses nicht wiederholt zu werden.

Jede Begutachtung und ihre Ergebnisse müssen in einem Bericht über die Erstprüfung dokumentiert werden.

6.3.5 Fortdauernde Überwachung der WPK

Die Überwachung der WPK muss einmal jährlich vorgenommen werden.

Die Überwachung der WPK muss eine erneute Überprüfung des Prüfplans/der Prüfpläne und der(s) Herstellungsprozesse(s) für jedes Produkt einschließen, um alle Änderungen seit der letzten Begutachtung oder Überwachung ermitteln zu können und die Bedeutung aller Änderungen ist abzuschätzen.

Überprüfungen sind durchzuführen, um sicherzustellen, dass die Prüfpläne beachtet werden und dass die Produktionseinrichtungen instand gehalten und kalibriert sind.

Die Aufzeichnungen über Prüfungen und Messungen, die während des Herstellungsprozesses und an fertigen Produkten gemacht wurden, sind daraufhin zu überprüfen, ob die ermittelten Werte noch mit denen der Prüfmuster der Typprüfung übereinstimmen und ob die richtigen Maßnahmen bei den Produkten, die damit nicht übereinstimmten, getroffen wurden.

6.3.6 Verfahren im Falle von Änderungen

Bei Änderungen des Bauteils, des Herstellungsverfahrens oder des Systems der WPK, die die in dieser Europäischen Norm geforderten Eigenschaften beeinträchtigen könnten, dann müssen alle wesentlichen Eigenschaften der Erstprüfung unterzogen werden, für die der Hersteller die Leistungsfähigkeit erklärt hat, von den Änderungen betroffen sein können, ausgenommen sind die Festlegungen, die in 6.2.1 und 6.3.7 beschrieben sind.

Wo zutreffend, muss eine Wieder-Begutachtung des Werkes und des Systems der WPK für diejenigen Aspekte durchgeführt werden, die durch die Änderungen beeinträchtigt sein können.

Jede Begutachtung und ihre Ergebnisse müssen in einem Bericht dokumentiert werden.

6.3.7 Produkte aus Einzelfertigung, vorgefertigte Produkte (z. B. Prototypen) und Kleinserienprodukte

Wandhydranten mit Flachschlauch, die in Einzelfertigung hergestellt wurden, Prototypen, die vor der endgültigen Produktion begutachtet wurden und Produkte aus der Kleinserienfertigung (100 Stück/Jahr) müssen wie folgt begutachtet werden.

Für die Typbegutachtung gelten die Festlegungen in 6.2.1, 3. Absatz, zusammen mit den folgenden zusätzlichen Anforderungen:

— sind die Prüfmuster Prototypen, so müssen sie die geplante zukünftige Produktion repräsentieren und vom Hersteller ausgesucht werden;

— auf Anforderung des Herstellers können die Ergebnisse der Erstbegutachtung der Prototypen Bestandteil des Zertifikats oder des Prüfberichtes sein, die von der beteiligten unabhängigen Stelle ausgestellt werden.

Das System der werkseigenen Produktionskontrolle von Einzelprodukten und Kleinserien-Produkten muss sicherstellen, dass Rohstoffe und/oder Bauteile für die Fertigung des Produkts ausreichend zur Verfügung stehen. Die Bereitstellung der Rohstoffe und/oder Bauteile gilt nur falls zutreffend.

Der Hersteller muss Unterlagen aufbewahren, um die Rückverfolgbarkeit des Produkts zu ermöglichen.

Für Prototypen, für die die Serienfertigung vorgesehen ist, muss die Erstinspektion des Werkes und die werkseigene Produktionskontrolle durchgeführt werden, bevor die Produktion bereits begonnen hat und/oder die werkseigene Produktionskontrolle bereits eingeführt ist. Folgendes muss begutachtet werden:

— die Dokumentation der werkseigenen Produktionskontrolle; und

— das Werk.

Bei der Erstbegutachtung des Werkes und der werkseigenen Produktionskontrolle muss überprüft werden

a) dass alle Ressourcen verfügbar sein werden, die zur Erlangung der von dieser Europäischen Norm geforderten Produkteigenschaften notwendig sind, und

b) dass die Verfahren der werkseigenen Produktionskontrolle in Übereinstimmung mit der Dokumentation der werkseigenen Produktionskontrolle eingeführt und in der praktischen Anwendung sind, und

c) dass die Verfahren eingeführt wurden, um nachzuweisen, dass mit den Produktionsprozessen des Werkes ein Bauteil hergestellt werden kann, das mit den Anforderungen dieser Europäischen Norm übereinstimmt und dass das Bauteil den Prüfmustern der Erstprüfung entspricht, deren Konformität mit dieser Europäischen Norm nachgewiesen wurde.

Sobald die Serienproduktion vollständig eingerichtet wurde, gelten die Anforderungen von 6.3.

7 Kennzeichnung

Der Wandhydrant muss mit folgenden Angaben gekennzeichnet sein:

a) Name des Herstellers oder Handelsmarke, oder beides;

b) Nummer dieser Europäischen Norm;

c) Herstellungsjahr;

d) maximaler Betriebsdruck;

e) Länge und Innendurchmesser des Schlauches;

f) Durchmesser des Strahlrohres (auf dem Strahlrohr zu kennzeichnen).

ANMERKUNG Enthält die gesetzliche Kennzeichnung die gleichen Informationen wie in diesem Abschnitt, dann gelten die Anforderungen dieses Abschnittes als erfüllt.

8 Anweisungen

8.1 Bedienungsanleitung

Wandhydranten und Zubehörteile müssen mit einer vollständigen Bedienungsanleitung, die zur Befestigung an oder neben dem Wandhydranten geeignet ist, geliefert werden.

8.2 Anleitung für Einbau und Instandhaltung

Ein für den Wandhydranten spezifisches Installationshandbuch muss zur Verfügung gestellt werden.

Die Instandhaltungsanweisungen müssen EN 671-3 entsprechen.

Anhang A
(normativ)

Ablaufplan für Reihenfolge der Prüfungen

ANMERKUNG   Siehe 6.2

Die Prüfung ist in der in Tabelle A.1 angegebenen Reihenfolge durchzuführen.

Tabelle A.1 — Reihenfolge der Prüfungen

	Prüfung/Eigenschaften	Abschnitt [a]	Prüfverfahren
	Absperrventil		
1	Handbetätigtes Absperrventils	4.3.5	—
	Dauerhaftigkeit		
2	Beständigkeit von beschichteten Teilen gegen äußere Korrosion	4.7.1.1	Anhang B
3	Beständigkeit von wasserbeaufschlagten Teilen	4.7.1.2	Anhang D
4	Alterungsprüfung von Kunststoffteilen	4.7.1.3	Anhang C
	Hydraulische Prüfungen		
5	Stoßfestigkeit, für absperrbare Strahlrohre	4.3.3	E.1
6	Drehmoment für die Bedienung, für absperrbare Strahlrohre	4.3.4	E.2
7	Messung des Sprühstrahlwinkels	4.2.4	E.3
	Wasserabgabe		
8	Mindestdurchflussmenge	4.2.2	E.4.1
9	Wirksame Wurfweite	4.2.3	E.4.2
	Physikalische Dauerbeanspruchung		
10	Beständigkeit gegen Innendruck	4.3.6	
11	Sicherheit der Kupplungen	4.3.7	
[a] Probenahme, einschließlich Anzahl der Prüfmuster und Konformitätskriterien für einzelne Eigenschaften sind in diesen Abschnitten ebenso angegeben			

Anhang B
(normativ)

Verfahren zur Prüfung der Beständigkeit gegen äußere Korrosion

ANMERKUNG   Anforderungen siehe 4.7.1.1.

Die Prüfungen sind an einem rechteckigen Prüfstück durchzuführen, wie es in Bild B.1 dargestellt ist, mit den Nennmaßen 150 mm × 100 mm und der gleichen Dicke, wie sie der Werkstoff, aus dem das Produkt besteht, aufweist; die Dicke der Schutzschicht darf nicht weniger als das 0,8fache und nicht mehr als die Dicke des fertigen Erzeugnisses betragen.

Mit einer Reißnadel ist ein Kreuz (siehe Bild B.1) durch die Schutzschicht zu reißen, so dass der darunter liegende Werkstoff sichtbar wird. Danach ist das Prüfstück für die Dauer von 240 h ± 8 h in einer EN ISO 9227:2006 entsprechenden Salzsprühkammer der Einwirkung einer 5 %igen Salzlösung auszusetzen. Danach ist das Prüfstück zu untersuchen. Wenn auf jeder Seite der Kreuzfurche nicht mehr als 2 mm der Schutzschicht abgelöst sind, ist die Schutzschicht als ausreichender Metallschutz anzusehen.

Maße in Millimeter

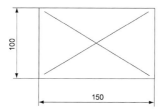

Bild B.1 — Prüfstück für Korrosionsprüfung

Der vollständige Wandhydrant ist ohne den Schlauch für die Dauer von 240 h ± 8 h in einer EN ISO 9227:2006 entsprechenden Salzsprühkammer der Einwirkung einer 5 %igen Salzlösung auszusetzen. Danach ist zu prüfen, ob die mechanische Gebrauchstauglichkeit sämtlicher Funktionsteile noch einwandfrei gegeben ist und ob innen oder außen signifikante Korrosionsschäden aufgetreten sind. Als signifikante Korrosionsschäden sind Löcher, Risse und Blasen zu betrachten.

DIN EN 671-2:2012-07
EN 671-2:2012 (D)

Anhang C
(normativ)

Alterungsprüfung von Kunststoffteilen

ANMERKUNG   Anforderungen siehe 4.7.1.3.

Die Kunststoffteile sind nach EN ISO 4892-2:2006, Verfahren A, Zyklus-Nr. 1, unter Anwendung von Xenonbogenlampen der Einwirkung von Licht und Wasser auszusetzen:

— die Beleuchtungsdosis muss 2 GJ/m^2 betragen.

Danach sind die Kunststoffteile durch Sichtprüfung auf Brüche und Risse zu untersuchen.

Anhang D
(normativ)

Prüfung der Korrosionsbeständigkeit von wasserbeaufschlagten Teilen

ANMERKUNG 1   Anforderungen siehe 4.7.1.2.

ANMERKUNG 2   Die Prüfung kann entweder an einem komplett montierten Wandhydrant oder an einem teilmontierten Wandhydranten durchgeführt werden.

Ein Satz aller wasserbeaufschlagten Teile vom Absperrventil bis zum Strahlrohr ist mit einer unter Verwendung von destilliertem Wasser hergestellten 1 %igen Natriumchlorid-Lösung zu füllen.

Der Satz ist bei einer Temperatur von (20 ± 5) °C für die Dauer von 3 Monaten ± 5 Tagen zu lagern.

Danach ist zu prüfen, ob die mechanische Gebrauchstauglichkeit sämtlicher Funktionsteile noch einwandfrei gegeben ist und ob innen oder außen signifikante Korrosionsschäden aufgetreten sind. Als signifikante Korrosionsschäden sind Löcher, Risse und Blasen zu betrachten.

DIN EN 671-2:2012-07
EN 671-2:2012 (D)

Anhang E
(normativ)

Prüfung von absperrbaren Strahlrohren

E.1 Stoßfestigkeit

ANMERKUNG   Anforderungen siehe 4.3.3.

Die Prüfung ist mit einem vollständigen Schlauch einschließlich Kupplung und Strahlrohr durchzuführen. Der Schlauch ist abzuziehen und, wie in Bild E.1 dargestellt, vollständig auszulegen. Der Schlauch ist mit Wasser zu füllen und unter maximal zulässigen Betriebsdruck zu setzen. Das Strahlrohr ist in der Schaltstellung „geschlossen" in einer Höhe von (1,5 ± 0,05) m über einem Betonboden zu halten und dann 5-mal ohne jede zusätzliche Kraftanwendung fallen zu lassen. Danach ist das Strahlrohr auf Beschädigungen zu untersuchen.

Maße in Millimeter

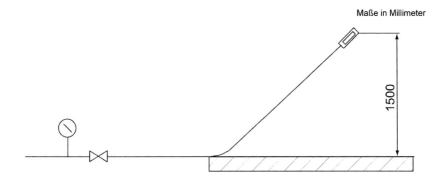

Bild E.1 — Versuchsanordnung für die Stoßprüfung

E.2 Drehmoment für die Bedienung

ANMERKUNG   Anforderungen siehe 4.3.4.

Die Prüfung ist mit dem gleichen Strahlrohr und im Anschluss an die Prüfung nach E.1 durchzuführen. Das Strahlrohr ist einer feststehenden Vorrichtung so zu befestigen, dass seine Bedienung nicht behindert wird. Das für die Bedienung aufzubringende Drehmoment ist bei maximalem Betriebsdruck zu messen und muss den Angaben von Tabelle 2 entsprechen.

E.3 Sprühstrahlbetrieb

ANMERKUNG 1   Anforderungen siehe 4.2.4.

Das Strahlrohr ist waagerecht an einer feststehenden Vorrichtung in einer Höhe von (1,5 ± 0,05) m in einem zugfreien Bereich (Windgeschwindigkeit kleiner als 2 m/s) zu montieren, wobei zu einer senkrecht vor ihm anzuordnenden und mit Einteilungsmarkierungen nach Bild E.2 versehenen Platte ein Abstand von (0,5 ± 0,005) m einzuhalten ist.

Dann ist die Zuleitung zu öffnen und ein Wasserdruck von (0,6 ± 0,025) MPa ist einzustellen. Das Strahlrohr ist auf „Sprühstrahl" zu schalten und mit der Wasserabgabe ist zu beginnen. Diese ist wie folgt zu prüfen:

a) Strahlrohre mit konischem Strahl müssen symmetrisch um die Achse A-A angeordnet mindestens den Bereich D-D um die A-A-Achse überdecken, oder

b) Strahlrohre mit Flachsprühstrahl dürfen nicht mehr als den Bereich B-B und müssen mindestens den Bereich C-C an jeder Seite der A-A-Achse überdecken.

Maße in Millimeter

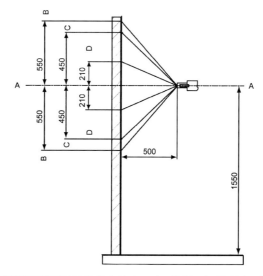

ANMERKUNG 2   Strahlrohr mit konischem Sprühstrahl oder senkrecht stehendes Strahlrohr mit Flachsprühstrahl.

Bild E.2 — Versuchsanordnung zur Messung des Sprühstrahlwinkels

E.4 Durchflussmenge und Wurfweite

E.4.1 Durchflussmenge

ANMERKUNG Anforderungen siehe 4.2.2.

Der Wandhydrant ist nach den Anweisungen des Herstellers, wie in Bild E.3 allgemein dargestellt zu montieren. Der Schlauch ist vollständig abzuziehen und gerade und eben auszulegen. Das Absperrventil ist vollständig zu öffnen. Die Durchflussmenge Q bei Sprühstrahl und/oder Vollstrahl ist bei einem Wasserdruck von (0,6 + 0,025) MPa zu messen und aufzuzeichnen.

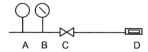

Legende

A Durchflussmessgerät   C Absperrventil
B Druckmessgerät   D Strahlrohr

Bild E.3 — Versuchsanordnung für die zerstörungsfreie Prüfung

E.4.2 Wurfweite

ANMERKUNG Anforderungen siehe 4.2.3.

Das Strahlrohr ist, wie in Bild E.4 allgemein dargestellt, an einer zum Boden um 30 ° geneigten Vorrichtung so zu befestigen, dass sich der Wasserausgangspunkt in einer Höhe von (0,6 ± 0,01) m befindet. Der Eingangsdruck am Absperrventil ist auf (0,2 ± 0,025) MPa einzustellen. Die wirksame Wurfweite ist in der jeweils zutreffenden Schaltstellung des Strahlrohres („Vollstrahl" oder „Sprühstrahl") zu prüfen. Strahlrohre mit konischem Prüfstrahl sind bei kleinstem Sprühwinkel zu prüfen. Die wirksame Wurfweite ist als das 0,9fache der maximalen Wurfweite zu bestimmen.

Maße in Millimeter

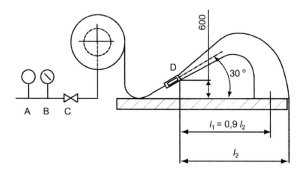

Legende

| A | Durchflussmessgerät | C | Absperrventil | l_1 | wirksame Wurfweite |
| B | Druckmessgerät | D | Strahlrohr | l_2 | maximale Wurfweite |

Bild E.4 – Versuchsanordnung für die Messung der Wurfweite

DIN EN 671-2:2012-07
EN 671-2:2012 (D)

Anhang F
(normativ)

Verfahren für die Innendruckprüfung

Der vollständige Wandhydrant mit Zubehör ist an die Wasserleitung anzuschließen und mit Wasser zu füllen, bis keine Luft mehr darin enthalten ist. Der Wasserdruck ist auf 2,4 MPa zu erhöhen und auf diesem Wert zu halten. Nach 1 min wird das Prüfmuster auf Undichtheiten – besonders an den Kupplungen – untersucht und anschließend der Druck wieder abgelassen.

DIN EN 671-2:2012-07
EN 671-2:2012 (D)

Anhang ZA
(informativ)

Abschnitte dieser Europäischen Norm, die Eigenschaften der EU-Bauproduktenrichtlinie ansprechen

ZA.1 Anwendungsbereich und relevante Abschnitte

Diese Europäische Norm wurde im Rahmen des Mandates M/109 „Brandmelde- und Feueralarmanlagen, ortsfeste Brandbekämpfungsanlagen, Anlagen zur Rauchfreihaltung und Produkte zur Explosionsunterdrückung", geändert durch das Mandat M/139 erarbeitet, das dem CEN von der Europäischen Kommission und der Europäischen Freihandelszone erteilt wurde.

Die in diesem Anhang dieser Europäischen Norm aufgeführten Abschnitte entsprechen den im Mandat gestellten Anforderungen, das unter der EU-Bauproduktenrichtlinie (89/106/EWG) erteilt wurde.

Die Übereinstimmung mit diesen Abschnitten berechtigt zur Vermutung, dass das von diesem Anhang abgedeckten Wandhydranten mit Flachschlauch für den hier angegebenen und vorgesehenen Verwendungszweck geeignet ist; es muss auf die Information verwiesen werden, die mit der CE-Kennzeichnung vorgegeben ist.

WARNUNG — Für die in den Anwendungsbereich dieser Europäischen Norm fallenden Wandhydranten mit Flachschlauch können weitere Anforderungen und andere EU-Richtlinien gelten, die nicht den vorgesehenen Verwendungszweck betreffen.

ANMERKUNG 1   Zusätzlich zu irgendwelchen spezifischen Abschnitten in dieser Norm, die sich auf gefährliche Substanzen beziehen, kann es noch andere Anforderungen an die Produkte geben, die unter ihren Anwendungsbereich fallen (z. B. umgesetzte europäische Rechtsvorschriften und nationale Gesetze, Rechts- und Verwaltungsbestimmungen). Um die Bestimmungen der EU-Bauproduktenrichtlinie zu erfüllen, müssen diese Anforderungen, sofern sie Anwendung finden, ebenfalls eingehalten werden.

ANMERKUNG 2   Eine Informations-Datenbank über europäische und nationale Bestimmungen über gefährliche Stoffe ist auf der Kommissionswebsite EUROPA verfügbar (Zugang über: http://ec.europa.eu/enterprise/construction/cpd-ds/)

Dieser Anhang legt die Bedingungen für die CE-Kennzeichnung von Wandhydranten mit Flachschlauch fest, die für den unten genannten Verwendungszweck vorgesehen sind und benennt die betreffenden Abschnitte.

Dieser Anhang entspricht dem in Abschnitt 1 dieser Europäischen Norm festgelegten Anwendungsbereich und ist in Tabelle ZA.1 definiert.

Tabelle ZA.1 — Betroffene Abschnitte

Bauprodukt:	Wandhydrant mit Flachschlauch		
Vorgesehene Verwendung:	Handbetätigte oder automatische ortsfeste Anlagen, um Personen in einem Gebäude Mittel bereitzustellen, einen kleinen Brand in unmittelbarer Nähe zu kontrollieren und zu löschen.		
Wesentliche Eigenschaften	Anforderungen in dieser Europäischen Norm	Stufen oder Klassen	Anmerkungen*
VERTEILUNG DES LÖSCHMITTELS mit:			
— Schlauchinnendurchmesser	4.2.1		a) Überprüfung nach 5.2.1 b) angegeben als „Bestanden/Nicht bestanden"
— Mindestdurchflussmenge	4.2.2	—	a) Prüfung nach E.4.1, b) angegeben als Q nach Tabelle 1
— Wirksame Wurfweite	4.2.3	—	a) Prüfung nach E.4.2, b) nach einer der drei Möglichkeiten der Verteilung des Wasserstrahls bei einem Druck von 0,2 MPa, angegeben als „Bestanden/Nicht bestanden"
— Sprühstrahlbetrieb	4.2.4	—	a) Prüfung nach E.3, b) nach einer der beiden Möglichkeiten der Verteilung des Wasserstrahls, angegeben als „Bestanden/Nicht bestanden"
BETRIEBSZUVERLÄSSIGKEIT mit:			
— Schlauch, Allgemeines	4.3.1	—	a) Überprüfung der Übereinstimmung mit EN 14540 b) angegeben als „Bestanden/Nicht bestanden"
— Absperrbares Strahlrohr, Allgemeines	4.3.2	—	a) Überprüfung nach 5.3.2 b) angegeben als „Bestanden/Nicht bestanden"
— Absperrbares Strahlrohr, Beständigkeit gegen Stoß	4.3.3	—	a) Prüfung nach E.1 b) angegeben als „Bestanden/Nicht bestanden"
— Absperrbares Strahlrohr, Drehmoment für die Bedienung	4.3.4	—	a) Prüfung nach E.2 b) angegeben als „Bestanden/Nicht bestanden"
— Absperrventil am Wasseranschluss	4.3.5	—	a) Überprüfung nach 5.3.5 b) angegeben als „Bestanden/Nicht bestanden"
— Hydraulische Eigenschaften, Beständigkeit gegen Innendruck	4.3.6	—	a) Prüfung nach Anhang F b) angegeben als „Bestanden/Nicht bestanden"
— Hydraulische Eigenschaften, Sicherheit der Kupplungen	4.3.7	—	a) Prüfung nach Anhang F b) angegeben als „Bestanden/Nicht bestanden"

ABROLLBARKEIT DES SCHLAUCHES mit:			
— Schlauchhaltevorrichtung, Typ 1	4.4.1	—	a) Überprüfung nach 5.4.1 b) angegeben als „Bestanden/Nicht bestanden"
— Schlauchhaltevorrichtung, Typ 1 und Typ 3	4.4.2	—	a) a) Überprüfung nach 5.4.2 b) angegeben als „Bestanden/Nicht bestanden"
DAUERHAFTIGKEIT DER BETRIEBSZUVERLÄSSIGKEIT mit:			
— Beständigkeit gegen Korrosion beschichteter Teile	4.7.1.1	—	a) Prüfung nach Anhang B b) angegeben als "Bestanden/Nicht bestanden"
— Beständigkeit gegen Korrosion von wasserbeaufschlagten Teilen	4.7.1.2	—	a) Prüfung nach Anhang D b) angegeben als „Bestanden/Nicht bestanden"
— Alterungsprüfung von Kunststoffteilen	4.7.1.3	—	a) Prüfung nach Anhang C b) angegeben als „Bestanden/Nicht bestanden"
GEFÄHRLICHE STOFFE** Siehe Anmerkungen 1 und 2 in ZA.1.			

Die Anforderungen an bestimmte Eigenschaften gelten nicht für die Mitgliedsstaaten, in denen es keine gesetzlichen Vorschriften für diese Eigenschaften, bezogen auf den vorgesehenen Verwendungszweck gibt. In diesem Fall sind die Hersteller, die ihre Produkte auf dem Markt dieser Mitgliedsstaaten bringen, weder zur Feststellung noch zur Erklärung der Leistungsfähigkeit ihrer Produkte in den die CE-Kennzeichnung begleitenden Informationen (siehe ZA.3) hinsichtlich dieser Eigenschaften verpflichtet und dann darf die Option „keine Leistung festgestellt" (NPD en: No performance determined) verwendet werden. Die NPD-Option darf jedoch für die Dauerhaftigkeit nicht verwendet werden und wenn die Eigenschaft einem Schwellenwert unterliegt.

ZA.2 Verfahren zur Bescheinigung der Konformität von Wandhydranten mit Flachschlauch

ZA.2.1 System zur Bescheinigung der Konformität

Das System zur Bescheinigung der Konformität von in Tabelle ZA.1 angegebenen Wandhydranten mit Flachschlauch, ist nach der Entscheidung der Europäischen Kommission 1996/577/EG (*siehe Amtsblatt der Europäischen Union L 254 von 1996-10-08*), geändert durch 2002/592/EG (*siehe Amtsblatt der Europäischen Union L 192, 2002-07-20*), wie im Anhang III des Mandats für Brandmelde- und Feuerlarmanlagen, ortsfeste Brandbekämpfungsanlagen, Anlagen zur Rauchfreihaltung und Produkte zur Explosionsunterdrückung" festgelegt, ist in Tabelle ZA.2 für den angegebenen und vorgesehenen Verwendungszweck und die betreffenden Stufe oder Klasse gezeigt.

Tabelle ZA.2 – Verfahren für die Bescheinigung der Konformität

Produkt	Vorgesehene Verwendung	Stufe(n) oder Klasse(n)	System zur Bescheinigung der Konformität
Wandhydranten-Bausatz zur Ersthilfe	Brandschutz	—	1a
a System 1: Siehe Bauproduktenrichtlinie 89/106/EWG Anhang III.2 (i), ohne Stichprobenkontrolle.			

Die Bescheinigung der Konformität von Wandhydranten mit Flachschlauch nach Tabelle ZA.1 muss auf der Grundlage der Verfahren zur Bewertung der Konformität, die in Tabelle ZA.3 angegeben sind beruhen und die sich aus der Anwendung der Abschnitte dieser Europäischen Norm oder der dort angegebenen ergeben.

Tabelle ZA.3 — Zuweisung der Aufgaben zur Bewertung der Konformität für Wandhydranten mit Flachschlauch

Aufgaben		Aufgabeninhalt	anzuwendende Abschnitte zur Bewertung der Konformität
Aufgaben unter der Verantwortung des Herstellers	Werkseigene Produktionskontrolle (WPK)	Parameter bezogen auf die wesentlichen Eigenschaften nach Tabelle ZA.1 für den vorgesehenen und erklärten Verwendungszweck	6.3.1 bis 6.3.3 und 6.3.6
	zusätzliche Prüfung von im Werk entnommenen Prüfmustern nach beschriebenem Prüfplan	Wesentliche Eigenschaften nach Tabelle ZA.1 für den vorgesehenen und erklärten Verwendungszweck	6.3.1 bis 6.3.3 und 6.3.6
	Erstprüfung	Wesentliche Eigenschaften nach Tabelle ZA.1 für den vorgesehenen und erklärten Verwendungszweck	6.2
Aufgaben unter der Verantwortung der Produktzertifizierungsstelle	Erstinspektion des Werkes und der werkseigenen Produktionskontrolle	Parameter bezogen auf die wesentlichen Eigenschaften nach Tabelle ZA.1 für den vorgesehenen und erklärten Verwendungszweck; WPK-Dokumentation	6.3.4
	laufende Überwachung, Beurteilung und Anerkennung der werkseigenen Produktionskontrolle	Parameter bezogen auf die wesentlichen Eigenschaften nach Tabelle ZA.1 für den vorgesehenen und erklärten Verwendungszweck und WPK-Dokumentation	6.3.5

ZA.2.2 EG-Konformitätszertifikat

Bei Erreichen der Übereinstimmung mit diesem Anhang, muss die notifizierte Zertifizierungsstelle das EG-Konformitätszertifikat ausstellen, das den Hersteller berechtigt, die CE-Kennzeichnung aufzubringen. Dieses EG-Konformitätszertifikat muss Folgendes enthalten:

— Name, Adresse und Registriernummer der notifizierten Produktzertifizierungsstelle;

— Name und Adresse des Herstellers oder seines im Europäischen Wirtschaftsraum ansässigen bevollmächtigten Vertreters, und das Herstellerwerk;

ANMERKUNG   Der Hersteller kann ebenfalls die für das Inverkehrbringen des Produktes im Europäischen Wirtschaftsraum verantwortliche Person sein, wenn er die Verantwortung für die CE-Kennzeichnung übernimmt.

— Beschreibung des Produktes (Typ, Kennzeichnung, Verwendung);

— Bestimmungen, zu denen Konformität des Produktes besteht (d. h. Anhang ZA dieser Europäischen Norm);

- besondere Bedingungen, die für die Verwendung des Produkts gelten (z. B. Anwendungshinweise unter bestimmten Bedingungen);

- Nummer des EG-Zertifikates;

- Bedingungen und Gültigkeit des Zertifikates, wenn zutreffend;

- Name und Stellung der verantwortlichen Person, die berechtigt ist, das Zertifikat zu unterzeichnen.

Das oben genannte EG-Konformitätszertifikat muss in der (den) Sprache(n) des Mitgliedsstaates vorgelegt werden, in denen das Produkt verwendet werden soll.

ZA.3 CE-Kennzeichnung und Beschriftung

Der Hersteller oder sein im Europäischen Wirtschaftsraum ansässiger bevollmächtigter Vertreter ist für das Anbringen der CE-Kennzeichnung verantwortlich. Das Symbol für die CE-Kennzeichnung muss nach der Richtlinie 93/68/EWG angebracht werden. Die CE-Kennzeichnung und die Registriernummer der Zertifizierungsstelle müssen auf dem Wandhydranten mit Flachschlauch selbst angebracht werden. Reicht jedoch der Platz auf dem Wandhydranten mit Flachschlauch selbst für alle die CE-Kennzeichnung begleitenden Informationen nicht aus, dann muss die CE-Kennzeichnung einschließlich aller zu verwendenden und begleitenden Informationen in den das Produkt begleitenden Handelspapieren angegeben werden. Folgende Angaben müssen zusammen mit dem Symbol für die CE-Kennzeichnung aufgeführt werden:

a) Name oder Registriernummer der notifizierten Zertifizierungsstelle;

b) Name oder Markenzeichen des Herstellers (siehe ANMERKUNG in ZA.2.2);

c) die letzten beiden Ziffern des Jahres, in dem die CE-Kennzeichnung angebracht wurde;

d) Nummer des EG-Konformitätszertifikates;

e) Verweisung auf diese Europäische Norm;

f) Beschreibung des Produktes und vorgesehener Verwendungszweck:

- Modellbezeichnung des Produkts;

- Schlauchinnendurchmesser, in Millimeter und Schlauchlänge, in Meter

- Strahlrohrtyp (d. h. Vollstrahl, Flachsprühstrahl und/oder konischer Sprühstrahl);

- Sprühwinkel bei konischem Sprühstrahl (wenn größer als 45°);

- entsprechender Strahlrohrdurchmesser;

- alle in Tabelle ZA.1 aufgeführten wesentlichen Eigenschaften, zu denen eine Erklärung erfolgen muss.

Bild ZA.1 gibt ein Beispiel für die CE-Kennzeichnung, die auf dem Wandhydranten mit Flachschlauch anzubringen ist.

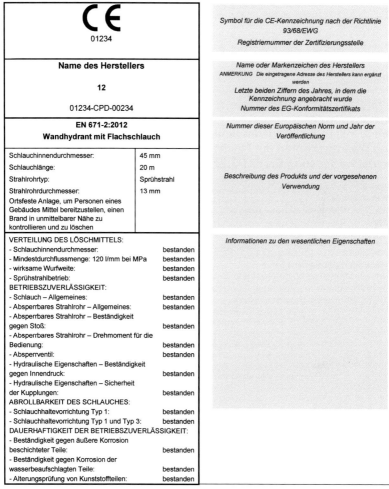

Bild ZA.1 — **Beispiel für die CE-Kennzeichnung, die auf dem Wandhydranten mit Flachschlauch anzugeben ist**

Zusätzlich zu den oben aufgeführten konkreten Angaben über gefährliche Substanzen sollte dem Produkt, soweit gefordert, eine in geeigneter Form abgefasste Dokumentation beigefügt werden, die alle weiteren Rechtsvorschriften über gefährliche Substanzen, deren Einhaltung bezeugt wird, sowie alle weiteren von den betreffenden Rechtsvorschriften geforderten Angaben enthält.

ANMERKUNG 1   Europäische Rechtsvorschriften ohne nationale Abweichungen brauchen nicht aufgeführt zu werden.

ANMERKUNG 2   Das Anbringen der CE-Kennzeichnung bedeutet, sofern ein Produkt Gegenstand von mehr als einer Richtlinie ist, dass es allen zutreffenden Richtlinien entspricht.

Juli 2009

DIN EN 671-3

ICS 13.220.10 Ersatz für
DIN EN 671-3:2000-10

Ortsfeste Löschanlagen –
Wandhydranten –
Teil 3: Instandhaltung von Schlauchhaspeln mit formstabilem Schlauch
und Wandhydranten mit Flachschlauch;
Deutsche Fassung EN 671-3:2009

Fixed firefighting systems –
Hose systems –
Part 3: Maintenance of hose reels with semi-rigid hose and hose systems with lay-flat hose;
German version EN 671-3:2009

Installations fixes de lutte contre l'incendie –
Systèmes équipés de tuyaux –
Partie 3: Maintenance des robinets d'incendie armés équipés de tuyaux semi-rigides et des postes d'eau muraux équipés de tuyaux plats;
Version allemande EN 671-3:2009

Gesamtumfang 10 Seiten

Normenausschuss Feuerwehrwesen (FNFW) im DIN

Nationales Vorwort

Diese Europäische Norm (EN 671-3:2009) ist vom Technischen Komitee CEN/TC 191 „Ortsfeste Brandbekämpfungsanlagen" (Sekretariat: BSI, Großbritannien) erarbeitet worden und wird national vom Arbeitsausschuss NA 031-03-05 „Anlagen zur Löschwasserversorgung einschließlich Wandhydranten" des FNFW betreut.

Änderungen

Gegenüber DIN EN 671-3:2000-10 wurden folgende Änderungen vorgenommen:

a) Inhalt redaktionell überarbeitet;

b) empfehlende Festlegungen wurden als Anforderungen formuliert;

c) Begriffe ergänzt;

d) Anforderungen aufgenommen (betrifft Abschnitte 6, 7 und 9).

Frühere Ausgaben

DIN 14461-1: 1966-08, 1976-05, 1986-01
DIN EN 671-3: 2000-10

EUROPÄISCHE NORM
EUROPEAN STANDARD
NORME EUROPÉENNE

EN 671-3

März 2009

ICS 13.220.10

Ersatz für EN 671-3:2000

Deutsche Fassung

Ortsfeste Löschanlagen —
Wandhydranten —
Teil 3: Instandhaltung von Schlauchhaspeln mit formstabilem Schlauch und Wandhydranten mit Flachschlauch

Fixed firefighting systems —
Hose systems —
Part 3: Maintenance of hose reels with semi-rigid hose and hose systems with lay-flat hose

Installations fixes de lutte contre l'incendie —
Systèmes équipés de tuyaux —
Partie 3: Maintenance des robinets d'incendie armés équipés de tuyaux semi-rigides et des postes d'eau muraux équipés de tuyaux plats

Diese Europäische Norm wurde vom CEN am 31. Januar 2009 angenommen.

Die CEN-Mitglieder sind gehalten, die CEN/CENELEC-Geschäftsordnung zu erfüllen, in der die Bedingungen festgelegt sind, unter denen dieser Europäischen Norm ohne jede Änderung der Status einer nationalen Norm zu geben ist. Auf dem letzten Stand befindliche Listen dieser nationalen Normen mit ihren bibliographischen Angaben sind beim Management-Zentrum des CEN oder bei jedem CEN-Mitglied auf Anfrage erhältlich.

Diese Europäische Norm besteht in drei offiziellen Fassungen (Deutsch, Englisch, Französisch). Eine Fassung in einer anderen Sprache, die von einem CEN-Mitglied in eigener Verantwortung durch Übersetzung in seine Landessprache gemacht und dem Management-Zentrum mitgeteilt worden ist, hat den gleichen Status wie die offiziellen Fassungen.

CEN-Mitglieder sind die nationalen Normungsinstitute von Belgien, Bulgarien, Dänemark, Deutschland, Estland, Finnland, Frankreich, Griechenland, Irland, Island, Italien, Lettland, Litauen, Luxemburg, Malta, den Niederlanden, Norwegen, Österreich, Polen, Portugal, Rumänien, Schweden, der Schweiz, der Slowakei, Slowenien, Spanien, der Tschechischen Republik, Ungarn, dem Vereinigten Königreich und Zypern.

EUROPÄISCHES KOMITEE FÜR NORMUNG
EUROPEAN COMMITTEE FOR STANDARDIZATION
COMITÉ EUROPÉEN DE NORMALISATION

Management-Zentrum: Avenue Marnix 17, B-1000 Brüssel

© 2009 CEN   Alle Rechte der Verwertung, gleich in welcher Form und in welchem Verfahren, sind weltweit den nationalen Mitgliedern von CEN vorbehalten.

Ref. Nr. EN 671-3:2009 D

Inhalt

Seite

Vorwort 3
Einleitung 4
1 Anwendungsbereich 5
2 Normative Verweisungen 5
3 Begriffe 5
4 Regelmäßige Prüfungen durch die verantwortliche Person 6
5 Berichte über Schlauchhaspeln und Wandhydranten 6
6 Instandhaltung 6
6.1 Jährliche Instandhaltung 6
6.2 Wiederkehrende Prüfung der Schläuche 7
7 Instandhaltungsberichte 7
8 Brandschutz während der Instandhaltungsarbeiten 8
9 Ersatz schadhafter Bauteile 8
10 Instandhaltungsaufkleber 8

DIN EN 671-3:2009-07
EN 671-3:2009 (D)

Vorwort

Dieses Dokument (EN 671-3:2009) wurde vom Technischen Komitee CEN/TC 191 „Ortsfeste Brandbekämpfungsanlagen" erarbeitet, dessen Sekretariat vom BSI gehalten wird.

Diese Europäische Norm muss den Status einer nationalen Norm erhalten, entweder durch Veröffentlichung eines identischen Textes oder durch Anerkennung bis September 2009, und etwaige entgegenstehende nationale Normen müssen bis September 2009 zurückgezogen werden.

Es wird auf die Möglichkeit hingewiesen, dass einige Texte dieses Dokuments Patentrechte berühren können. CEN [und/oder CENELEC] sind nicht dafür verantwortlich, einige oder alle diesbezüglichen Patentrechte zu identifizieren.

Dieses Dokument ersetzt EN 671-3:2000.

EN 671 hat als Haupttitel *Ortsfeste Löschanlagen — Wandhydranten* und besteht aus drei Teilen:

— *Teil 1: Schlauchhaspeln mit formstabilem Schlauch*

— *Teil 2: Wandhydranten mit Flachschlauch*

— *Teil 3: Instandhaltung von Schlauchhaspeln mit formstabilem Schlauch und Wandhydranten mit Flachschlauch*

Entsprechend der CEN/CENELEC-Geschäftsordnung sind die nationalen Normungsinstitute der folgenden Länder gehalten, diese Europäische Norm zu übernehmen: Belgien, Bulgarien, Dänemark, Deutschland, Estland, Finnland, Frankreich, Griechenland, Irland, Island, Italien, Lettland, Litauen, Luxemburg, Malta, Niederlande, Norwegen, Österreich, Polen, Portugal, Rumänien, Schweden, Schweiz, Slowakei, Slowenien, Spanien, Tschechische Republik, Ungarn, Vereinigtes Königreich und Zypern.

Einleitung

Schlauchhaspeln und Wandhydranten stellen im einwandfreien Zustand sehr effektive Einrichtungen zur Brandbekämpfung mit unmittelbar verfügbarer, ununterbrochener Wasserzufuhr dar. Besonders wertvoll sind sie im Anfangsstadium eines Brandes und können auch von ungeübten Personen wirkungsvoll eingesetzt werden. Schlauchhaspeln und Wandhydranten haben eine lange Lebensdauer, doch sollte bedacht werden, dass ihre Gebrauchsfähigkeit von der Instandhaltung abhängig ist, damit die sofortige Einsatzbereitschaft im Bedarfsfall sichergestellt ist.

DIN EN 671-3:2009-07
EN 671-3:2009 (D)

1 Anwendungsbereich

Diese Europäische Norm legt Anforderungen an die Instandhaltung von Schlauchhaspeln und Wandhydranten fest, wodurch sie weiterhin die Dienste verrichten können, für die sie hergestellt, vorgesehen oder eingebaut wurden, d. h., damit ein erstes Eingreifen im Notfall möglich ist, bis wirkungsvollere Mittel eingesetzt werden können.

Diese Europäische Norm gilt für Schlauchhaspeln und Wandhydranten in allen Arten von Gebäuden, unabhängig von deren Art der Nutzung.

2 Normative Verweisungen

Die folgenden zitierten Dokumente sind für die Anwendung dieses Dokuments erforderlich. Bei datierten Verweisungen gilt nur die in Bezug genommene Ausgabe. Bei undatierten Verweisungen gilt die letzte Ausgabe des in Bezug genommenen Dokuments (einschließlich aller Änderungen).

EN 671-1:2001, *Ortsfeste Löschanlagen — Wandhydranten — Teil 1: Schlauchhaspeln mit formstabilem Schlauch*

EN 671-2:2001, *Ortsfeste Löschanlagen — Wandhydranten — Teil 2: Schlauchhaspeln mit Flachschlauch*

EN 694:2001, *Feuerwehrschläuche — Formstabile Schläuche für Wandhydranten*

3 Begriffe

Für die Anwendung dieses Dokuments gelten die Begriffe nach EN 694:2001, EN 671-1:2001 und EN 671-2:2001 und die folgenden Begriffe.

3.1
befähigte Person
Person mit der erforderlichen Ausbildung und praktischen Erfahrung, die über die entsprechenden Werkzeuge, Prüfeinrichtungen, Informationen und Handbücher verfügt, und aufgrund der Kenntnis aller vom Hersteller empfohlenen Spezialverfahren imstande ist, die entsprechenden Instandhaltungsmaßnahmen nach dieser Europäischen Norm zuverlässig durchzuführen

3.2
Instandhaltung
Kombination aller technischen und verwaltungstechnischen Maßnahmen einschließlich Prüftätigkeiten, die dazu dienen, ein Gerät in dem Zustand zu erhalten oder wieder in den Zustand zu versetzen, in dem es die geforderte Funktion ausüben kann

3.3
verantwortliche Person
Person, die für die zu den Räumlichkeiten oder den Gebäuden gehörenden Brandschutzeinrichtungen verantwortlich ist oder die darüber verfügt

ANMERKUNG   Aufgrund nationaler Regelungen kann die verantwortliche Person entweder der Betreiber oder der Eigentümer der Anlagen sein.

3.4
Lieferant
Beteiligter, der für das Produkt, den Prozess oder die Dienstleistung verantwortlich ist und in der Lage ist, die Anwendung der Qualitätssicherung sicherzustellen

ANMERKUNG   Die Definition kann für Hersteller, Vertreiber, Importeure, Monteure und Serviceorganisationen zutreffen.

4 Regelmäßige Prüfungen durch die verantwortliche Person

An allen Schlauchhaspeln und Wandhydranten müssen von der verantwortlichen Person oder von dessen Beauftragtem in Abständen, die von den Umgebungsbedingungen und/oder dem Brandrisiko bzw. der Brandgefahr abhängen, regelmäßige Überprüfungen vorgenommen werden, damit sichergestellt ist, dass jede Schlauchhaspel oder jeder Wandhydrant:

a) am vorgesehenen Ort angebracht ist;

b) frei zugänglich, gut sichtbar und mit leserlicher Bedienungsanleitung versehen ist;

c) offensichtlich nicht schadhaft, korrodiert oder undicht ist.

Gegebenenfalls muss die verantwortliche Person für unverzügliche Instandsetzungsmaßnahmen sorgen.

Das Ergebnis der regelmäßigen Überprüfungen müssen von der verantwortlichen Person aufgezeichnet werden.

5 Berichte über Schlauchhaspeln und Wandhydranten

Um überprüfen zu können, ob die Installation der Schlauchhaspeln oder Wandhydranten mit den Anweisungen des Herstellers übereinstimmen, muss die verantwortliche Person über Pläne verfügen, aus denen die genaue Lage und die technischen Daten der Installation ersichtlich sind.

6 Instandhaltung

6.1 Jährliche Instandhaltung

Die Instandhaltung muss von der befähigten Person durchgeführt werden.

Der Schlauch muss vollständig ausgerollt und mit dem im Gebäude vorhandenen Betriebsdruck beaufschlagt werden und anschließend ist zu überprüfen, ob:

a) die Einrichtung frei zugänglich ist und keine Beschädigungen, korrodierten oder undichten Bauteile vorhanden sind;

b) die Bedienungsanleitung eindeutig und gut leserlich ist;

c) der Einbauort eindeutig gekennzeichnet ist;

d) die Wandbefestigung zweckentsprechend, fest angebracht und stabil ist;

e) die Wasserdurchflussmenge gleichmäßig und ausreichend ist;

ANMERKUNG Empfohlen wird die Benutzung eines Durchflussmengenmessgerätes und Druckmessgerätes. Für Wandhydranten mit Flachschlauch kann diese Prüfung zusammen mit einem anderen Schlauch gleicher Spezifikation, z. B. mit kürzerer Länge, durchgeführt werden.

f) das Druckmessgerät, falls fest eingebaut, zufriedenstellend und innerhalb des Betriebsbereiches arbeitet;

g) auf der gesamten Länge des Schlauches keine Anzeichen von Rissen, Verformungen, Verschleiß oder Beschädigungen erkennbar sind. Falls der Schlauch irgendwelche Schäden aufweist, muss er ersetzt oder mit dem maximalen Betriebsdruck auf Dichtheit geprüft werden;

h) die Schlaucheinbindungen oder -schellen passen und sicher befestigt sind;

DIN EN 671-3:2009-07
EN 671-3:2009 (D)

i) die Schlauchtrommel sich in beide Richtungen frei bewegt;

j) bei Schlauchhaspeln mit Schwenkarm die Drehgelenke leichtgängig sind und die Haspel entsprechend der in EN 671-1 bzw. EN 671-2 geforderten Mindestwinkel schwenkt;

k) bei Schlauchhaspeln mit handbetätigtem Absperrventil das Absperrventil richtig ausgeführt ist und ob es leicht und einwandfrei zu betätigen ist;

l) bei automatischen Schlauchhaspeln das automatische Absperrventil der Haspel und das Absperrventil für Wartungszwecke in der Wasserzuleitung einwandfrei funktioniert;

m) sich die Versorgungsleitungen in einwandfreiem Zustand befinden; besonderes Augenmerk sollte bei flexiblen Löschwasserleitungen auf Anzeichen von Beschädigungen oder Verschleiß gelegt werden;

n) der Schrank, falls vorhanden, keine Anzeichen von Beschädigungen aufweist und sich alle Türen ungehindert öffnen lassen;

o) der Typ des Strahlrohres stimmt und ob es leicht zu betätigen ist;

p) sich die Schlauchführung, falls vorhanden, betätigen lässt und ob sichergestellt ist, dass sie fachgerecht und fest angebracht ist;

q) Schlauchhaspel und Wandhydrant nach der Instandhaltung sofort wieder betriebsbereit sind. Wenn eine umfangreiche Instandsetzung erforderlich ist, muss Schlauchhaspel beziehungsweise Wandhydrant mit der Aufschrift „AUSSER BETRIEB" gekennzeichnet werden und die befähigte Person muss den Betreiber informieren.

6.2 Wiederkehrende Prüfung der Schläuche

Nach jeweils fünf Jahren müssen Schläuche mit dem höchsten zulässigen Betriebsdruck nach EN 671-1 beziehungsweise EN 671-2 beansprucht werden.

7 Instandhaltungsberichte

Der Bericht muss Folgendes enthalten:

a) Datum (Monat und Jahr) der Instandhaltung;

b) Prüfergebnis;

c) Umfang und Datum des Einbaus von Ersatzteilen;

d) ob weitere Instandhaltungsmaßnahmen erforderlich sind;

e) Datum (Monat und Jahr) der nächsten Instandhaltungsmaßnahme und Prüfung;

f) Identifizierung jeder Schlauchhaspel und jedes Wandhydranten.

Es wird empfohlen, dass nach der Instandhaltung der Wandhydrant und die Schlauchhaspel mit einer Sicherung (z. B. einer Plombe) versehen wird.

Nach Instandhaltung und Durchführung von notwendigen Reparaturmaßnahmen (siehe 6.1 und 6.2) müssen Schlauchhaspeln und Wandhydranten von der befähigten Person mit „GEPRÜFT" gekennzeichnet werden.

Ein fortlaufender Bericht über sämtliche Instandhaltungsmaßnahmen, Reparaturen und Prüfungen muss von der verantwortlichen Person in einem Prüfbuch geführt werden.

8 Brandschutz während der Instandhaltungsarbeiten

Weil Instandhaltungsarbeiten die Effektivität des Brandschutzes vorübergehend einschränken können,

a) darf in Abhängigkeit von der zu erwartenden Brandgefahr innerhalb eines bestimmten Bereiches nur eine begrenzte Anzahl von Schlauchhaspeln und Wandhydranten gleichzeitig umfassenden Instandhaltungsarbeiten unterzogen werden;

b) müssen für die Dauer der Instandhaltungsarbeiten und während der Unterbrechung der Wasserzufuhr Vorkehrungen für zusätzliche Brandschutzmaßnahmen getroffen werden.

9 Ersatz schadhafter Bauteile

Defekte Bauteile (z. B. Schläuche, Strahlrohre und Absperrventile) dürfen nur gegen vom Hersteller/ Lieferanten der Schlauchhaspel beziehungsweise des Wandhydranten zugelassene Ersatzteile ausgetauscht werden.

ANMERKUNG   Wichtig ist, dass sämtliche Schäden kurzfristig behoben werden, damit sichergestellt ist, dass die Anlage wieder funktionssicher ist.

10 Instandhaltungsaufkleber

Die Angaben über Instandhaltungsmaßnahmen müssen auf einem Aufkleber vermerkt werden, der die Kennzeichnung des Herstellers nicht verdecken darf.

Der Aufkleber muss folgende Angaben enthalten:

a) das Wort „GEPRÜFT" (siehe Abschnitt 7);

b) Name und Adresse des Lieferanten (siehe 3.4) der Schlauchhaspel oder des Wandhydranten;

c) ein Kennzeichen, mit dem die befähigte Person (siehe 3.1) eindeutig identifiziert werden kann;

d) Datum (Monat und Jahr), an dem die Instandhaltung durchgeführt wurde (siehe 6.1 und 6.2).

Dezember 2001

Technische Regeln für Trinkwasser-Installationen
Teil 1: Allgemeines
Deutsche Fassung EN 806-1:2000 + A1:2001

DIN

EN 806-1

ICS 91.140.60

Specifications for installations inside buildings conveying water for human consumption – Part 1: General;
German version EN 806-1:2000 + A1:2001

Spécifications techniques relatives aux installations pour l'eau destinée à la consommation humaine à l'intérieur des bâtiments – Partie 1: Généralités;
Version allemande EN 806-1:2000 + A1:2001

Ersatz für
DIN EN 806-1:2001-04
Siehe auch
nationales Vorwort

Diese Norm wurde im Einvernehmen mit dem DVGW Deutsche Vereinigung des Gas- und Wasserfaches e.V. aufgestellt. Sie ist als Technische Regel des DVGW in das Regelwerk Wasser des DVGW einbezogen worden.

Die Europäische Norm EN 806-1:2000 hat den Status einer Deutschen Norm, einschließlich der eingearbeiteten Änderung A1:2001, die von CEN getrennt verteilt wurde.

Nationales Vorwort

Diese Europäische Norm EN 806-1, die vom CEN/TC 164 „Wasserversorgung" (Sekretariat: Frankreich) erarbeitet wurde, wurde vom CEN auf Grund der Ergebnisse der formellen Abstimmung angenommen. Die Norm beinhaltet die bisherige EN 806-1:2000 einschließlich der Änderung A1:2001.

Die Bearbeitung wurde von der Arbeitsgruppe „Internal systems and components" (WG 2) des CEN/TC 164 durchgeführt, dessen Federführung in Frankreich liegt; für Deutschland war der Ausschuss NAW IV 7 „Häusliche Wasserversorgung" des Normenausschusses Wasserwesen (NAW) an der Bearbeitung beteiligt.

Da sowohl die bisherigen DIN-Normen über die Trinkwasser-Installation (DIN 1988-1 bis DIN 1988-8) als auch die entsprechenden Europäischen Normen (EN 1717 und die Normenreihe EN 806) jeweils ein geschlossenes System bilden, ist ein Ersatz von einzelnen DIN-Normen durch DIN-EN-Normen im vorliegenden Fall erst dann möglich, wenn alle Elemente des neuen Normenpaketes vorliegen. Aus diesem Grund werden „EN-Normenpakete" gebildet, die zu einem festgelegten Zeitpunkt die entgegenstehenden nationalen Normen ersetzen.

Mit Resolution 114 hat CEN/TC 164 am 05. Dezember 1995 festgelegt, dass die Normenreihe EN 806-1 bis EN 806-5 ein „EN-Normenpaket" bildet. Damit gilt für die Zurückziehung der nationalen Normen DIN 1988-1 bis DIN 1988-8) spätestens das Datum 6 Monate, nachdem die letzte Norm aus der Reihe EN 806 von CEN ratifiziert worden ist.

Fortsetzung Seite 2
und 25 Seiten EN

Normenausschuss Wasserwesen (NAW) im DIN Deutsches Institut für Normung e.V.

DIN EN 806-1:2001-12

Änderungen

Gegenüber DIN EN 806-1:2001-04 wurden folgende Änderungen vorgenommen:

a) ein weiteres graphisches Symbol für eine Sicherungsgruppe wurde ergänzt.
b) In Bild 1 wurde die Festlegung der Übergabestelle variiert.

Frühere Ausgaben

DIN 1988: 1930-08, 1940-09, 1955-03, 1962-01

DIN 1988-1: 1988-12

DIN EN 806-1: 2001-04

Nationaler Anhang NA
(informativ)

Literaturhinweise

DIN 1988-1, *Technische Regeln für Trinkwasser-Installationen (TRWI) – Allgemeines – Technische Regel des DVGW.*

DIN 1988-2, *Technische Regeln für Trinkwasser-Installationen (TRWI) – Planung und Ausführung, Bauteile, Apparate, Werkstoffe – Technische Regel des DVGW.*

Beiblatt 1 zu DIN 1988-2, *Technische Regeln für Trinkwasser-Installationen (TRWI) – Zusammenstellung von Normen und anderen Technischen Regeln über Werkstoffe, Bauteile und Apparate – Technische Regel des DVGW.*

DIN 1988-3, *Technische Regeln für Trinkwasser-Installationen (TRWI) – Ermittlung der Rohrdurchmesser – Technische Regel des DVGW.*

Beiblatt 1 zu DIN 1988-3, *Technische Regeln für Trinkwasser-Installationen (TRWI) – Berechnungsbeispiele – Technische Regel des DVGW.*

DIN 1988-4, *Technische Regeln für Trinkwasser-Installationen (TRWI) – Schutz des Trinkwassers, Erhaltung der Trinkwassergüte – Technische Regel des DVGW.*

DIN 1988-5, *Technische Regeln für Trinkwasser-Installationen (TRWI) – Druckerhöhung und Druckminderung – Technische Regel des DVGW.*

DIN 1988-6, *Technische Regeln für Trinkwasser-Installationen (TRWI) – Feuerlösch- und Brandschutzanlagen – Technische Regel des DVGW.*

DIN 1988-7, *Technische Regeln für Trinkwasser-Installationen (TRWI) – Vermeidung von Korrosionsschäden und Steinbildung – Technische Regel des DVGW.*

DIN 1988-8, *Technische Regeln für Trinkwasser-Installationen (TRWI) – Betrieb der Anlagen – Technische Regel des DVGW.*

DIN 2000, *Zentrale Trinkwasserversorgung – Leitsätze für Anforderungen an Trinkwasser, Planung, Bau, Betrieb und Instandhaltung der Versorgungsanlagen – Technische Regel des DVGW.*

DIN EN 1717, *Schutz des Trinkwassers vor Verunreinigungen in Trinkwasser-Installationen und allgemeine Anforderungen an Sicherungseinrichtungen zur Verhütung von Trinkwasserverunreinigungen durch Rückfließen; Deutsche Fassung EN 1717:2000; Technische Regel des DVGW.*

EUROPÄISCHE NORM
EUROPEAN STANDARD
NORME EUROPÉENNE

EN 806-1
September 2000
+ A1
August 2001

ICS 91.140.60

Deutsche Fassung

Technische Regeln für Trinkwasser-Installationen
Teil 1: Allgemeines (enthält Änderung A1:2001)

Specifications for installations inside buildings conveying water for human consumption – Part 1: General (includes amendment A1:2001)

Spécifications techniques relatives aux installations pour l'eau destinée à la consommation humaine à l'intérieur des bâtiments – Partie 1: Généralités (inclus l'amendement A1:2001)

Diese Europäische Norm wurde vom CEN am 20. Januar 2000 und die Änderung A1 am 29. Juni 2001 angenommen.

Die CEN-Mitglieder sind gehalten, die CEN/CENELEC-Geschäftsordnung zu erfüllen, in der die Bedingungen festgelegt sind, unter denen dieser Europäischen Norm ohne jede Änderung der Status einer nationalen Norm zu geben ist.

Auf dem letzten Stand befindliche Listen dieser nationalen Normen mit ihren bibliographischen Angaben sind beim Management-Zentrum oder bei jedem CEN-Mitglied auf Anfrage erhältlich.

Diese Europäische Norm besteht in drei offiziellen Fassungen (Deutsch, Englisch, Französisch). Eine Fassung in einer anderen Sprache, die von einem CEN-Mitglied in eigener Verantwortung durch Übersetzung in seine Landessprache gemacht und dem Management-Zentrum mitgeteilt worden ist, hat den gleichen Status wie die offiziellen Fassungen.

CEN-Mitglieder sind die nationalen Normungsinstitute von Belgien, Dänemark, Deutschland, Finnland, Frankreich, Griechenland, Irland, Island, Italien, Luxemburg, Niederlande, Norwegen, Österreich, Portugal, Schweden, Schweiz, Spanien, der Tschechischen Republik und dem Vereinigten Königreich.

EUROPÄISCHES KOMITEE FÜR NORMUNG
EUROPEAN COMMITTEE FOR STANDARDIZATION
COMITÉ EUROPÉEN DE NORMALISATION

Management-Zentrum: rue de Stassart, 36   B-1050 Brüssel

© 2001 CEN – Alle Rechte der Verwertung, gleich in welcher Form und in welchem Verfahren, sind weltweit den nationalen Mitgliedern von CEN vorbehalten.

Ref. Nr. EN 806-1:2000 D + A1:2001 D

Inhalt

                                                                          Seite
Vorwort 2
1   Anwendungsbereich 2
2   Normative Verweisungen 2
3   Ziel 3
4   Zuständigkeiten und Aufgaben für Planung, Bau und Betrieb 3
5   Begriffe 3
6   Graphische Symbole und Kurzzeichen 4
Anhang A (informativ) Beispiele für die Anwendung der graphischen Symbole ... 24

Vorwort

Diese Europäische Norm einschließlich der Änderung EN 806-1:2000/A1:2001 wurde vom Technischen Komitee CEN/TC 164 „Wasserversorgung" erarbeitet, dessen Sekretariat von AFNOR gehalten wird.

Diese Europäische Norm muss den Status einer nationalen Norm erhalten, entweder durch Veröffentlichung eines identischen Textes oder durch Anerkennung bis Februar 2002, und etwaige entgegenstehende nationale Normen müssen bis Dezember 2004 zurückgezogen werden.

Der Anhang A dieser Europäischen Norm ist informativ.

ANMERKUNG Dies ist der erste Teil der Europäischen Norm EN 806, die aus den folgenden 5 Teilen bestehen wird:
– EN 806-1: Allgemeines
– EN 806-2: Planung
– EN 806-3: Ermittlung der Rohrinnendurchmesser
– EN 806-4: Bau
– EN 806-5: Betrieb und Instandhaltung

Entsprechend der CEN/CENELEC-Geschäftsordnung sind die nationalen Normungsinstitute der folgenden Länder gehalten, diese Europäische Norm zu übernehmen:

Belgien, Dänemark, Deutschland, Finnland, Frankreich, Griechenland, Irland, Island, Italien, Luxemburg, Niederlande, Norwegen, Österreich, Portugal, Schweden, Schweiz, Spanien, die Tschechische Republik und das Vereinigte Königreich.

1 Anwendungsbereich

Diese Europäische Norm beschreibt die Anforderungen und gibt Empfehlungen für Planung, Installation, Änderung, Prüfung, Instandhaltung und Betrieb von Trinkwasser-Installationen innerhalb von Gebäuden und für bestimmte Anwendungen außerhalb von Gebäuden, aber innerhalb von Grundstücken (siehe Bild 1).

Sie umfasst die Rohre, Anschlussstücke und angeschlossenen Geräte, die zur Versorgung mit Trinkwasser verlegt werden.

Handelt es sich um eine private Trinkwasserversorgung innerhalb der Grundstücksgrenzen, so gilt diese Norm ebenfalls für die Installation ab Anschluss an die Eigen- oder Einzelwasserversorgung.

Der Anwendungsbereich endet an den freien Ausläufen der Trinkwasser-Installation. An dieser Stelle muss ein freier Auslauf (z. B. in einer Küchenarmatur) oder eine Sicherungseinrichtung (z. B. an einer Armatur mit Schlauchverschraubung) vorhanden sein.

2 Normative Verweisungen

Diese Europäische Norm enthält durch datierte oder undatierte Verweisungen Festlegungen aus anderen Publikationen. Diese normativen Verweisungen sind in den jeweiligen Stellen im Text zitiert, und die Publikationen sind nachstehend aufgeführt. Bei datierten Verweisungen gehören spätere Änderungen oder Überarbeitungen dieser Publikationen nur zu dieser Europäischen Norm, falls sie durch Änderung oder Überarbeitung eingearbeitet sind. Bei undatierten Verweisungen gilt die letzte Ausgabe der in Bezug genommenen Publikation.

EN 805:1999, *Wasserversorgung – Anforderungen an Wasserversorgungssysteme und deren Bauteile außerhalb von Gebäuden*.

prEN 806-2, *Technische Regeln für Trinkwasser-Installationen – Teil 2: Planung*.

prEN 806-3, *Technische Regeln für Trinkwasser-Installationen – Teil 3: Ermittlung der Rohrinnendurchmesser*.

EN 1717, *Schutz des Trinkwassers vor Verunreinigungen in Trinkwasser-Installationen und allgemeine Anforderungen an Sicherungseinrichtungen zur Verhütung von Trinkwasserverunreinigungen durch Rückfließen*.

EN 60617-2, *Graphische Symbole für Schaltpläne – Teil 2: Symbolelemente, Kennzeichen und andere Schaltzeichen für allgemeine Anwendungen*.

EN 60617-4, *Graphische Symbole für Schaltpläne – Teil 4: Schaltzeichen für passive Bauelemente*.

EN 60617-6, *Graphische Symbole für Schaltpläne – Teil 6: Schaltzeichen für die Erzeugung und Umwandlung elektrischer Energie*.

ISO 4063, *Welding, brazing, soldering and braze welding of metals – Nomenclature of processes and reference numbers for symbolic representation on drawings – Bilingual edition*.

ISO 6412-1, *Technical drawings – Simplified representation of pipelines – Part 1: General rules and orthogonal representation*.

ISO 14617-3, *Graphical symbols for diagrams – Part 3: Connections and related devices*.

ISO 14617-4, *Graphical symbols for diagrams – Part 4: Actuators and related devices*.

ISO 14617-5, *Graphical symbols for diagrams – Part 5: Measurement and control devices*.

ISO 14617-21, *Graphical symbols for diagrams – Part 21: Basic mechanical components*.

ISO 14617-22, *Graphical symbols for diagrams – Part 22: Valves and dampers*.

3 Ziel

Die wesentlichen Ziele sind, sicherzustellen, dass:
- eine Verschlechterung der Trinkwasserqualität innerhalb der Installation vermieden wird;
- der erforderliche Durchfluss und Druck an den Entnahmestellen und an den Anschlussstellen für die Apparate (z. B. Wassererwärmer, Waschmaschinen) vorhanden ist;
- das Trinkwasser die Normen für die physikalische, chemische und mikrobiologische Wasserbeschaffenheit an den Entnahmestellen erfüllt;
- die Installation für die Zeit ihrer kalkulierten Lebensdauer die Gesundheit nicht gefährdet und keinen Sachschaden verursacht;
- die Installation den funktionalen Anforderungen während der gesamten Lebensdauer entspricht;
- Geräusche auf ein vertretbares Maß minimiert werden;
- eine Verunreinigung des Trinkwassers aus der öffentlichen Wasserversorgung, Verschwendung, Verluste und Missbrauch vermieden werden.

4 Zuständigkeiten und Aufgaben für Planung, Bau und Betrieb

4.1 Planer

Die Planung ist von fachkundigen Personen auszuführen, z. B. Personen mit der entsprechenden Erfahrung, Qualifikation [1]) und Kenntnis der Regeln und Sicherheitsanforderungen.

4.2 Installateur

Errichtungs-, Änderungs- und Instandhaltungsarbeiten sind durch fachkundige Installateure entsprechend den Anforderungen an die Qualifikation gemäß nationaler und lokaler Vorschriften auszuführen.

4.3 Wasserversorgungsunternehmen

Die für die Planung und Ausführung erforderlichen Angaben (z. B. Versorgungsdruck, Wasserdargebot und die Trinkwasseranalyse an der Übergabestelle) sind vor Beginn der Arbeiten zu beschaffen; die Angaben sollten vom Wasserversorgungsunternehmen zur Verfügung gestellt werden (oder vom Betreiber der Eigen- oder Einzeltrinkwasserversorgung).

4.4 Betreiber

Der Besitzer/Bewohner ist für die Sicherstellung eines sicheren Betriebes und Instandhaltung der Trinkwasser-Installation verantwortlich; er sollte über die hierfür notwendigen Informationen verfügen.

5 Begriffe

Für die Anwendung dieser Europäischen Norm gelten die folgenden Begriffe.

5.1 Trinkwasser

Im Sinne dieser Norm ist Trinkwasser das Wasser für den menschlichen Gebrauch, dessen Beschaffenheit mit den Festlegungen nach den einschlägigen EU-Richtlinien übereinstimmt.
Dieses Wasser kann auch zum Waschen, Kochen und für sanitäre Zwecke (bei Temperaturen bis zu 95 °C im Falle von Betriebsstörungen) verwendet werden.

5.2 Nichttrinkwasser

Sammelbegriff für alle anderen Wasserarten, die nicht Trinkwasser sind.

5.3 Trinkwasser-Installationen

Prinzipielle Darstellung siehe Anhang A.

5.3.1 Anschlussleitung

Wasserleitung zwischen Versorgungsleitung und Trinkwasser-Installation.

5.3.2 Verbrauchsleitung

Die Wasserleitung, die Wasser von der Hauptabsperrarmatur bis zu den Anschlüssen der Entnahmestellen und der Apparate leitet.

5.3.3 Wasserzähleranlage

Die Wasserzähleranlage umfasst den Wasserzähler und die dazugehörigen Armaturen.

5.3.4 Verteilungsleitung

Eine Verteilungsleitung ist jede Leitung (außer einem Überlaufrohr oder einem Spülrohr), die Wasser von einem Wasserbehälter oder einem Wassererwärmer, der aus einem Speicherbehälter gespeist wird, unter Druck dieser Behälter befördert.

5.3.5 Sammelzuleitung

Horizontale Verbrauchsleitung zwischen der Hauptabsperrarmatur und der Steigleitung.

5.3.6 Steig(Fall-)leitung

Der Teil einer Leitung (Verbrauchs- oder Verteilungsleitung), der von Stockwerk zu Stockwerk führt und von dem die Stockwerksleitungen oder Einzelzuleitungen abzweigen.

5.3.7 Stockwerksleitung

Die Leitung, die von der Steig(Fall-)leitung innerhalb eines Stockwerks abzweigt, und von der Einzelzuleitungen abzweigen.

5.3.8 Einzelzuleitung

Die zu einer Entnahmestelle führende Leitung.

5.3.9 Zirkulationsleitung

Eine Leitung in einem Kreislauf für erwärmtes Trinkwasser, in der Wasser zum Wassererwärmer oder zum Warmwasserspeicher zurückläuft.

5.3.10 Löschwasserleitung

Verbrauchsleitung zum Feuerlöschen mit entsprechenden Vorrichtungen (wie z. B. Hydranten, Sprinkler- und Sprühwasseranlagen).

5.4 Armaturen

5.4.1 Anschlussvorrichtung

Vorrichtung für den Anschluss der Anschlussleitung an die Versorgungsleitung. Es kann eine Absperrarmatur integriert sein.

5.4.2 Anschlussarmatur

Die Absperrarmatur des Wasserversorgungsunternehmens als erstes Absperrorgan in der Anschlussleitung oder in der Anschlussvorrichtung.

5.4.3 Hauptabsperrarmatur

Die erste Absperrarmatur auf dem Grundstück, mit dem die gesamte nachfolgende Wasserverbrauchsanlage einschließlich der Wasserzähleranlage abgesperrt werden kann. Sie kann auch Bestandteil der Wasserzähleranlage sein.

5.4.4 Wartungsarmatur

Diese Armatur dient der Wartung oder dem Betrieb von Einbauteilen oder eines Apparates.

---
[1]) Europäische Regeln sind noch zu erarbeiten.

5.4.5 Drosselarmatur
Eine Vorrichtung zur ständigen Verminderung des Durchflusses durch Querschnittsverengung.

5.4.6 Entnahmestelle
Die Stellen in der Trinkwasser-Installation, von denen Wasser entnommen werden kann.

5.4.7 Entnahmearmatur
Armatur mit freiem Auslass, mit der Wasser entnommen wird.

5.4.8 Entleerungsarmatur
Armatur zum teilweisen oder vollständigen Entleeren der Trinkwasser-Installation.

5.4.9 Sicherungsarmatur
Eine Vorrichtung zum Schutz der Trinkwasserqualität (siehe EN 1717:2000).

5.4.10 Sicherheitsarmatur
Eine Kontrolleinrichtung zur Verhinderung gefährlicher physikalischer Betriebsbedingungen, wie z. B. zu hoher Druck oder zu hohe Temperatur.

5.4.11 Stellarmatur
Armatur zum Regulieren von Durchfluss, Druck oder Temperatur.

5.5 Messeinrichtung
Einrichtung zum Messen von Betriebsdaten, z. B. von Druck, Temperatur oder Volumen.

5.6 Apparat, Ausrüstung
Einrichtung, in der Trinkwasser verbraucht und/oder verändert wird, wie z. B. Wassererwärmer, Dosiergerät, Kaffeemaschine, WC.

5.7 Vorgefertigte Installationsteile
Installationsteile aus Rohren, Formstücken, Armaturen, Apparaten usw., die als Elemente zusammengebaut zum Einbauort geliefert werden.

5.8 Hydraulische Begriffe

5.8.1 Durchfluss, Volumenstrom
Quotient aus Durchfluss und Zeit.

5.8.2 Fließgeschwindigkeit
Quotient aus Durchfluss und innerem Querschnitt.

5.8.3 Fließrichtung
Die Strömungsrichtung während des normalen Betriebs.

5.8.4 Versorgungsdruck (SP)
Innendruck bei Nulldurchfluss in der Anschlussleitung an der Übergabestelle zum Verbraucher.

5.8.5 Mindest-Versorgungsdruck (SPLN)
Der Mindest-Versorgungsdruck (SPLN) in der Anschlussleitung ist der niedrigste Innendruck an der Übergabestelle, wie er während einer Zeit hohen Verbrauchs von den Wasserversorgungsunternehmen angegeben wird.

5.8.6 Betriebsdruck (OP)
Der innere Druck, dem eine Installation bzw. jedes ihrer Bauteile unter normalen Betriebsbedingungen unterworfen sein kann.

5.8.7 Höchster Systembetriebsdruck (MDP)
Der höchste hydrostatische Druck, für den die Trinkwasser-Installation ausgelegt ist.

5.8.8 Nenndruck (PN)
Der höchste hydrostatische Druck, für den ein Bauteil bei einer bestimmten Temperatur ausgelegt ist.

5.8.9 Fließdruck
Angezeigter Druck an einer Messstelle in der Trinkwasser-Installation während einer Wasserentnahme.

5.8.10 Druckstoß
Die plötzliche Druckänderung in einer Leitung, verursacht durch eine Durchflussänderung in einem kurzen Zeitabschnitt.

5.8.11 Systemprüfdruck (STP)
Der hydrostatische Druck, der auf eine Installation ausgeübt wird, um ihre Unversehrtheit und Dichtheit zu prüfen.

5.9 Bauwerke
Alle festen und beweglichen Bauwerke (vorübergehend oder dauernd), die an das Wasserversorgungsnetz oder an eine Eigen- oder Einzelwasserversorgung angeschlossen sind, z. B. Gebäude oder Bauteile, die als Unterkunft genutzt werden; hierzu zählen: Reihenhäuser, Doppelhaushälften, Einzelhäuser, Wohnungen in gewerblich genutzten Wohnblöcken, jedes andere bewohnbare Gebäude sowie Wohnwagen, Schiffe, Boote oder Hausboote, Werkstätten, Büros und Läden.

5.10 Installation Typ A:
Geschlossenes System: Eine Trinkwasser-Installation, die unter dem Druck aus der Versorgungsleitung oder der Druckerhöhungsanlage steht.

5.11 Installation Typ B:
Offenes System: Ein offenes System ist jener Teil einer Installation, welcher nicht unter dem Druck aus der Versorgungsleitung oder einer Druckerhöhungsanlage steht.

6 Graphische Symbole und Kurzzeichen
Zur besseren Verständlichkeit ist der Gebrauch einiger Symbole in Bild A.1 und A.2 dargestellt.

ANMERKUNG Die Flächeninhalte der Symbole können ausgefüllt oder schraffiert sein.

Seite 5
EN 806-1:2000 + A1:2001

Tabelle 1 – Graphische Symbole und Kurzzeichen

Nr	Symbol (S) normativ oder Beispiel (Ex) informativ	Graphisches Symbol	Registrier-Nr. ISO 14617	Benennung	Bemerkungen oder Abkürzungen
6.1	**Wasserleitungen**				
6.1.1	S	*	Teil 3: 405	Wasserleitung	Der Stern wird ersetzt durch: PW Trinkwasserleitung PWC Trinkwasserleitung, kalt PWH Trinkwasserleitung, warm PWH-C Trinkwasserleitung, warm, Zirkulation NPW Nichttrinkwasser TI Wärmedämmung
6.1.2	Ex	PWC 80	Teil 3: 405	Trinkwasserleitung, kalt, Nennweite 80	
6.1.3	Ex	PWH 50–TI	Teil 3: 405	Trinkwasserleitung, warm, Nennweite 50 und Wärmedämmung	
6.1.4	Ex	PWH-C 40	Teil 3: 405	Trinkwasserleitung, warm, Zirkulation, Nennweite 40	
6.1.5	Ex	┼	Teil 3: 405	Leitungskreuz	Keine Verbindung zwischen den beiden Leitungen
6.1.6	Ex	┼•	Teil 3: 405, 501	Abzweig, einseitig	Der Punkt (501) darf weggelassen werden. Der Durchmesser des Punktes sollte das 5-fache der (dicksten) Strichdicke sein.
6.1.7	Ex	┼•	Teil 3: 405, 501	Abzweig, beidseitig	Der Punkt (501) darf **nicht** weggelassen werden. Andere Darstellung durch 2 Abzweige, einseitig.
6.1.8	S	∽	Teil 3: 444	Schlauchleitung	
6.1.9	Ex	PWC 15 ∽	Teil 3: 444	Trinkwasser, kalt, Schlauchleitung, Nennweite 15	

Tabelle 1 *(fortgesetzt)*

Nr	Symbol (S) normativ oder Beispiel (Ex) informativ	Graphisches Symbol	Registrier-Nr. ISO 14617	Benennung	Bemerkungen oder Abkürzungen
6.1.10	Ex	50 — • — 40	Teil 3: 405, 501	Übergang in der Nennweite z. B. von DN 50 auf DN 40	
6.1.11	Ex	1,0 MPa — • — 0,6 MPa	Teil 3: 405, 501	Übergang des höchsten Systembetriebsdruckes (MDP) z. B. von 1,0 MPa auf 0,6 MPa	
6.1.12	Ex	St — Cu	Teil 3: 405, 501	Übergang im Werkstoff z. B. von Stahl auf Kupfer	
6.1.13	S	○	–	Rohrleitung in Grundrissdarstellung	
6.1.14	S		–	Rohrleitung aufwärts verlaufend	Der Knickpunkt zeigt die Lage an. Der Winkel zwischen den beiden Schenkeln ist freigestellt. Die Fließrichtung kann angegeben werden; siehe nachfolgend.
6.1.15	S		–	Rohrleitung abwärts verlaufend	
6.1.16	S		–	Rohrleitung hindurchgehend	
6.1.17	Ex		242	Fließrichtung nach oben	
6.1.18	Ex		242	Fließrichtung von oben	
6.1.19	Ex		242	Fließrichtung nach unten	
6.1.20	Ex		242	Fließrichtung von unten	
6.1.21	Ex		–	Abzweig, einseitig, nach oben und unten führend	

Seite 7
EN 806-1:2000 + A1:2001

Tabelle 1 *(fortgesetzt)*

Nr	Symbol (S) normativ oder Beispiel (Ex) informativ	Graphisches Symbol	Registrier-Nr. ISO 14617	Benennung	Bemerkungen oder Abkürzungen
6.1.22	Ex		Teil 3: 325, 511	Elektrische Trennung, Isolierstück	
6.1.23	S		siehe Bemerkung	Potentialausgleich, Erdung	IEC 60617-02-15-01 Potentialausgleich
6.1.24	S		Teil 3: 531	Dehnungsbogen	
6.1.25	S		Teil 3: 532	Stopfbuchsenkompensator	
6.1.26	S		–	Leitungsfestpunkt	
6.1.27	S		–	Leitungsbefestigung mit Gleitführung	
6.1.28	S		–	Wand- oder Deckendurchführung mit Schutzrohr	
6.1.29	S		–	Wand- oder Deckendurchführung mit Schutzrohr und Abdichtung (Mantelrohr)	
6.1.30	S		Teil 3: 518	Leitungsabschluss	
6.1.31	S		–	Leitungsgefälle, Leitungssteigung, nach rechts	
6.1.32	Ex		–	Leitungsgefälle nach links, 5 %	
6.2	**Unlösbare und lösbare Rohrverbindungen**				
6.2.1	S		Teil 3: 501	Rohrverbindung	

338

Tabelle 1 *(fortgesetzt)*

Nr	Symbol (S) normativ oder Beispiel (Ex) informativ	Graphisches Symbol	Registrier-Nr. ISO 14617	Benennung	Bemerkungen oder Abkürzungen
6.2.2	Ex	—•—— * ——	Teil 3: 501	Art der Rohrverbindung	Der Stern wird ersetzt durch: BR Hartlötverbindung CP Klemmverbindung SC Gewindeverbindung SL Weichlötverbindung AD Klebverbindung WE Schweißverbindung CR Pressfittingverbindung FL Flanschverbindung CFL Klemmflanschverbindung QC Schnellkupplung QCF Schnellkupplung mit Befestigungsgewinde QCI Schnellkupplung mit zwei gleichen Teilen PF Steckverbindung Einige der vorstehenden Rohrverbindungen können auch durch eigene Symbole dargestellt werden.
6.2.3	S	——||——	Teil 3: 514	Gewindeverbindung	
6.2.4	S	——=——	Teil 3: 511	Flanschverbindung	
6.2.5	S	——[]——	Teil 3: 513	Klemmflanschverbindung	
6.2.6	S	——•⌐*——	Teil 3: 515	Geschweißte, hartgelötete oder weichgelötete Rohrverbindung	Der Stern wird durch eine Nummer entsprechend ISO 4063 ersetzt.
6.2.7	S	——»——	Teil 3: 583, 584	Schnellkupplung	
6.2.8	S	——⋈——	Teil 3: 585	Schnellkupplung mit zwei gleichen Kupplungsteilen	

Seite 9
EN 806-1:2000 + A1:2001

Tabelle 1 *(fortgesetzt)*

Nr	Symbol (S) normativ oder Beispiel (Ex) informativ	Graphisches Symbol	Registrier-Nr. ISO 14617	Benennung	Bemerkungen oder Abkürzungen
6.3				**Absperr- und Drosselarmaturen**	
6.3.1	S		Teil 22: 5101	Absperrarmatur	
6.3.2	S		Teil 22: 5102	Eckventil	
6.3.3	S		Teil 22: 5103	Dreiwegeventil	
6.3.4	Ex		Teil 22: 5103	Dreiwegeventil als Mischventil	
6.3.5	S		Teil 22: 5104	Vierwegeventil	
6.3.6	S		Teil 22: 5121	Geradsitzventil	
6.3.7	S		Teil 22: 5122	Kugelhahn	
6.3.8	S		Teil 22: 5123	Kolbenschieber, -ventil	
6.3.9	S		Teil 22: 5124	Freistromventil, Schieber	

Tabelle 1 *(fortgesetzt)*

Nr	Symbol (S) normativ oder Beispiel (Ex) informativ	Graphisches Symbol	Registrier-Nr. ISO 14617	Benennung	Bemerkungen oder Abkürzungen
6.3.10	S		Teil 22: 5125	Nadelventil	
6.3.11	S		Teil 22: 5126	Absperrklappe	
6.3.12	Ex		Teil 22: 5101 Teil 2: 131, 261	Druckminderer	
6.3.13	S		–	Anschlussvorrichtung	
6.3.14	S		–	Ventilanbohrschelle	
6.4	**Entnahmestellen und Zubehörteile**				
6.4.1	S		–	Auslaufventil, Entleerungsventil	
6.4.2	S		–	Standauslaufventil	
6.4.3	S		–	Wandauslaufventil	
6.4.4	S		–	Mischbatterie	
6.4.5	S		–	Standmischbatterie	
6.4.6	S		–	Wandmischbatterie	
6.4.7	S		–	Selbstschlussarmatur	SC selbstschließend

341

Tabelle 1 *(fortgesetzt)*

Nr	Symbol (S) normativ oder Beispiel (Ex) informativ	Graphisches Symbol	Registrier-Nr. ISO 14617	Benennung	Bemerkungen oder Abkürzungen
6.4.8	S		Teil 22: 5037	Brause	
6.4.9	Ex		Teil 22: 5037, 444	Schlauchbrause	
6.4.10	S	FV	–	Druckspüler mit Rohrunterbrecher	
6.4.11	S	FC	–	Spülkasten	
6.4.12	Ex		Teil 3: 444, 583, 584, Teil 22: 5101	Auslaufventil mit Schnellkupplung und Schlauchverschraubung	
6.4.13	Ex			Auslaufventil mit Sicherungsarmatur, Schnellkupplung und Schlauchverschraubung	Stern siehe 6.5

Seite 12
EN 806-1:2000 + A1:2001

Tabelle 1 (fortgesetzt)

Nr	Symbol (S) normativ oder Beispiel (Ex) informativ	Graphisches Symbol	Benennung	Registrier-Nr. ISO 14617	Bemerkungen oder Abkürzungen
6.5	**Sicherungsarmatur**				
	S	⬡*	Sicherungsarmatur		Der Stern wird ersetzt durch (siehe EN 1717): AA: Ungehinderter freier Auslauf AB: Freier Auslauf mit nicht kreisförmigem Überlauf (uneingeschränkt) AC: Freier Auslauf mit belüftetem Tauchrohr und Überlauf, Mitlauf AD: Freier Auslauf mit Injektor AF: Freier Auslauf mit kreisförmigem Überlauf (eingeschränkt) AG: Freier Auslauf mit Überlauf durch Versuch oder Vakuumprüfung betätigt BA: Rohrtrenner mit kontrollierbarer Mitteldruckzone CA: Rohrtrenner mit unterschiedlichen, nicht kontrollierbaren Druckzonen DA: Rohrbelüfter in Durchgangsform DB: Rohrunterbrecher Typ A2 mit beweglichen Teilen DC: Rohrunterbrecher Typ A1 mit ständiger Verbindung zur Atmosphäre EA: Kontrollierbarer Rückflussverhinderer EB: Nicht kontrollierbarer Rückflussverhinderer EC: Kontrollierbarer Doppelrückflussverhinderer ED: Nicht kontrollierbarer Doppelrückflussverhinderer GA: Rohrtrenner, nicht durchflussgesteuert GB: Rohrtrenner, durchflussgesteuert HA: Schlauchanschluss mit Rückflussverhinderer HB: Rohrbelüfter für Schlauchanschlüsse HC: Automatischer Umsteller HD: Rohrbelüfter für Schlauchanschlüsse, kombiniert mit Rückflussverhinderer (Armaturenkombination) LA: Druckbeaufschlagter Belüfter LB: Druckbeaufschlagter Belüfter, kombiniert mit nachgeschaltetem Rückflussverhinderer

343

Seite 13
EN 806-1:2000 + A1:2001

Tabelle 1 *(fortgesetzt)*

Nr	Symbol (S) normativ oder Beispiel (Ex) informativ	Graphisches Symbol	Registrier-Nr. ISO 14617	Benennung	Bemerkungen oder Abkürzungen
6.6	**Sicherheitsarmaturen** *)				
6.6.1	S	a	Teil 22: 5061	Freier Auslauf, Systemtrennung	
6.6.2	S	a 2)	–	Rohrunterbrecher	
6.6.3	S	a	Teil 21: 5039	Rohrbelüfter	
6.6.4	S	a	–	Rückflussverhinderer	
6.6.5	S	a	–	Absperrventil mit integriertem Rückflussverhinderer	
6.6.6	S	a 2)	–	Rohrbelüfter in Durchgangsform	
6.6.7	S	a	–	Rohrentlüfter	EB

a Bei gleichzeitiger Benutzung als Sicherungsarmatur zusammen mit z. B. 6.5.

*) die Sicherheitsarmaturen 6.6.1 bis 6.6.10 erfüllen auch den Zweck nach EN 1717.

Tabelle 1 (fortgesetzt)

Nr	Symbol (S) normativ oder Beispiel (Ex) informativ	Graphisches Symbol	Registrier-Nr. ISO 14617	Benennung	Bemerkungen oder Abkürzungen
6.6.8	S	[a]	–	Rohrtrenner	
6.6.9	S	[a]	–	Rückflussverhinderer mit kontrollierbaren Druckzonen	
6.6.10	S	[a]	–	Rohrbruchsicherung	
6.6.11	S		Teil 22: 5102, 5112, 5002	Sicherheitsventil, federbelastet	Sicherungsgruppe siehe Nr. 6.14.5
6.6.12	S		Teil 22: 5101, 5112, 512	Sicherheitsventil, Temperaturablassventil	T für Temperatur
6.6.13	Ex		–	Sicherheitsventil, Temperatur- und Druckablassventil	T für Temperatur P für Druck
6.7	**Wasserbehandlungsanlagen**				
6.7.1	Ex	CHD	5671	Dosiergerät	
6.7.2	Ex	SOF	5601	Enthärtungsanlage	

[a] Siehe Seite 13.

Tabelle 1 *(fortgesetzt)*

Nr	Symbol (S) normativ oder Beispiel (Ex) informativ	Graphisches Symbol	Registrier-Nr. ISO 14617	Benennung	Bemerkungen oder Abkürzungen
6.7.3	Ex	NIT	5601	Nitratentfernungsanlage	
6.7.4	Ex	EDS	5601	Elektrolytisches Gerät	
6.7.5	Ex	HD	5671	Aufhärtungsanlage	
6.7.6	Ex	RO	5601	Umkehrosmoseanlage	
6.7.7	Ex	UV	5601	Desinfektionsanlage mit UV	
6.7.8	Ex	CF	5601	Mischfilteranlage	
6.7.9	Ex	ACF	5601	Aktivkohlefilter	
6.7.10	Ex		301, 5602	Mechanischer Filter	
6.8	**Einrichtungen mit rotierenden Teilen**				
6.8.1	S		–	Einrichtung mit rotierenden Teilen	

Tabelle 1 *(fortgesetzt)*

Nr	Symbol (S) normativ oder Beispiel (Ex) informativ	Graphisches Symbol	Registrier-Nr. ISO 14617	Benennung	Bemerkungen oder Abkürzungen
6.8.2	S		Teil 22: 5301	Flüssigkeitspumpe mit mechanischem Antrieb	
6.8.3	Ex		–	Druckerhöhungsanlage mit 2 Pumpen und Angaben der Förderleistung und des Druckes	
6.8.4	Ex		254, 301	Waschmaschine	
6.8.5	Ex		301, 405, 5037	Geschirrspüler	
6.8.6	Ex		301, 5302	Wäschetrockner	
6.8.7	Ex		–	Klimagerät	
6.9	**Einrichtungen ohne rotierende Teile**				
	S		–	Einrichtung ohne rotierende Teile	
6.10	**Mess- und Regeleinrichtungen**				
6.10.1	S		Teil 5: 832	Messgerät mit Anzeige	Der Pfeil darf durch das Buchstabensymbol für die gemessene Einheit ersetzt werden, z. B. °C für die Temperatur oder die Bezeichnung für die Menge.

347

Tabelle 1 *(fortgesetzt)*

Nr	Symbol (S) normativ oder Beispiel (Ex) informativ	Graphisches Symbol	Registrier-Nr. ISO 14617	Benennung	Bemerkungen oder Abkürzungen
6.10.2	S	[*]	Teil 5: 834	Registriergerät	Der Stern darf durch das Buchstabensymbol für die gemessene Einheit ersetzt werden, z. B. m^3 für Kubikmeter oder die Bezeichnung für die Menge.
6.10.3	S	[*]	Teil 5: 834	Messgerät mit Integriervorrichtung	
6.10.4	Ex	°C	Teil 5: 832	Thermometer	
6.10.5	Ex	Pa	Teil 5: 832	Manometer	
6.10.6	Ex	m^3/s	Teil 5: 832	Durchflussmessgerät	
6.10.7	Ex	m^3/s	Teil 5: 832	Durchflussschreiber	
6.10.8	Ex	m^3	Teil 5: 834	Wasserzähler	
6.10.9	Ex	Wh	Teil 5: 834	Wärmemessgerät	
6.10.10	S		422	Steuerleitung	
6.10.11	S		–	Anschlussstelle für Mess- oder Regeleinrichtung	

Tabelle 1 *(fortgesetzt)*

Nr	Symbol (S) normativ oder Beispiel (Ex) informativ	Graphisches Symbol	Benennung	Registrier-Nr. ISO 14617	Bemerkungen oder Abkürzungen
6.11	**Antriebe für Armaturen** [b]				
6.11.1	S		Hydraulischer Antrieb, einfach wirkend	Teil 4: 718	
6.11.2	S		Antrieb durch Membrane, einfach wirkend	Teil 4: 725	
6.11.3	S		Antrieb durch Fluide, einfach wirkend	Teil 4: 723	
6.11.4	S		Antrieb durch Schwimmer	Teil 4: 715	
6.11.5	S		Antrieb durch Gewichtsbelastung	Teil 21: 5001	
6.11.6	S		Antrieb durch Federbelastung	Teil 21: 5002	
6.11.7	S		Antrieb durch Hand	Teil 4: 681	
6.11.8	S		Antrieb durch Elektromotor	siehe Bemerkung	IEC 617-06-04-01
6.11.9	S		Antrieb durch Elektromagnet	Teil 4: 730	
6.12	**Behälter und Trinkwassererwärmer**				
6.12.1	Ex		Trinkwasserbehälter	Teil 21: 5039, 5040, 5061	Der Stern darf durch das Symbol für die Art der Sicherung ersetzt werden. Siehe Abschnitt 6.5 oder EN 1717:2000.

[b] Die Symbole in Abschnitt 6.11 sind für die Verwendung zusammen mit anderen Symbolen vorgesehen, z. B. Schwimmerventil.

349

Seite 19
EN 806-1:2000 + A1:2001

Tabelle 1 *(fortgesetzt)*

Nr	Symbol (S) normativ oder Beispiel (Ex) informativ	Graphisches Symbol	Registrier-Nr. ISO 14617	Benennung	Bemerkungen oder Abkürzungen
6.12.2	S		Teil 21: 5062	Druck- oder Vakuumbehälter	
6.12.3	Ex		Teil 21: 5062, 244	Druckbehälter mit Luftpolster	
6.12.4	Ex		Teil 21: 5062, 5003, 244	Membrandruckgefäß, -behälter	
6.12.5	Ex		Teil 21: 5062, 5541	Speichertrinkwassererwärmer, unmittelbar beheizt	Der Stern darf ersetzt werden durch: O Öl befeuert G Gas befeuert C Feststoff befeuert D Fernwärme beheizt
6.12.6	Ex		Teil 21: 5062, 271	Speichertrinkwassererwärmer, solar beheizt	
6.12.7	Ex		Teil 21: 5062, siehe Bemerkung	Speichertrinkwassererwärmer, elektrisch beheizt	IEC 617-04-01-12

350

Tabelle 1 *(fortgesetzt)*

Nr	Symbol (S) normativ oder Beispiel (Ex) informativ	Graphisches Symbol	Registrier-Nr. ISO 14617	Benennung	Bemerkungen oder Abkürzungen
6.12.8	Ex		Teil 21: 5062, 5501	Speichertrinkwassererwärmer, indirekt beheizt, z. B. Fernwärme	Der Stern ist zu ersetzen durch: HW Heizwasser HW-S " Zulauf HW-R " Rücklauf HW-C " Kreislauf HW-PS " Primärzulauf HW-PR " Primärrücklauf HW-SS " Sekundärzulauf HW-SR " Sekundärrücklauf DHW Fernheizwasser DHW-S " Zulauf DHW-R " Rücklauf
6.12.9	Ex		Teil 21: 5062, 5501	Speichertrinkwassererwärmer, indirekt beheizt, mit zwei Heizsystemen	
6.12.10	S		–	Durchlauferhitzer	
6.12.11	Ex		–	Durchlauferhitzer, direkt beheizt	Der Stern darf ersetzt werden durch: O Öl befeuert G Gas befeuert C Feststoff befeuert D Fernwärme beheizt
6.12.12	Ex		–	Durchlauferhitzer, solar beheizt	

Seite 21
EN 806-1:2000 + A1:2001

Tabelle 1 *(fortgesetzt)*

Nr	Symbol (S) normativ oder Beispiel (Ex) informativ	Graphisches Symbol	Registrier-Nr. ISO 14617	Benennung	Bemerkungen oder Abkürzungen
6.12.13	Ex		–	Durchlauferhitzer, elektrisch beheizt	
6.13	**Brandschutzanlagen**				
6.13.1	S		Teil 3: 405	Feuerlöschleitung	Der Stern ist zu ersetzen durch: FW Feuerlöschleitung FW-D " , trocken FW-W " , nass FW-S " , Steigleitung
6.13.2	Ex		Teil 21: 5037	Sprinkler	
6.13.3	Ex		Teil 21: 5037	Wasservorhang	
6.13.4	S		–	Wandhydrant	
6.13.5	Ex		Teil 3: 444 Teil 21: 5013	Wandhydrant mit Feuerlöschschlauchleitung	
6.13.6	S		–	Unterflurhydrant	
6.13.7	S		–	Überflurhydrant	

Seite 22
EN 806-1:2000 + A1:2001

Tabelle 1 *(abgeschlossen)*

Nr	Symbol (S) normativ oder Beispiel (Ex) informativ	Graphisches Symbol	Registrier-Nr. ISO 14617	Benennung	Bemerkungen oder Abkürzungen
6.14	**Weitere graphische Symbole**				
6.14.1	S	Y	Teil 21: 5040	Trichter	
6.14.2	S		Teil 3: 405, Teil 21: 774	Wasserstrahlpumpe	
6.14.3	S		Teil 3: 405, siehe Bemerkung	Abgrenzung für Armatureneinheit, Armaturenkombination	ISO 6412-1
6.14.4	S		Siehe Bemerkung	Besondere Anforderungen an die Installation	ISO 6412-1
6.14.5	Ex		Teil 22: 5101, 5102, 5112 Teil 3: 405 siehe Bemerkung	Sicherungsgruppe	ISO 6412-1

353

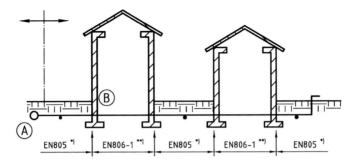

Die Übergabestelle ist variabel zwischen der Versorgungsleitung (A) und dem ersten Gebäude (B).

Legende
*) In einigen Fällen zusätzliche Anforderungen zu EN 805:1999.
**) EN 801-1:2000, prEN 806-2:1996, prEN 806-3:1997.
Andere Teile in Vorbereitung.

Bild 1 – Anwendungsbereich der Norm

Anhang A
(informativ)

Beispiele für die Anwendung der graphischen Symbole

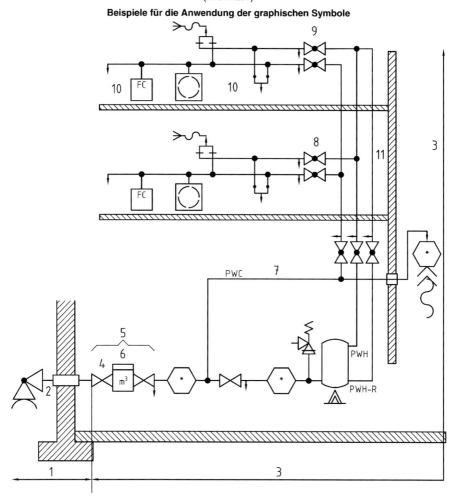

Legende

1. Anschlussleitung
2. Eintrittsstelle
3. Verbrauchsleitung
4. Hauptabsperrarmatur (HAE)
5. Wasserzähleranlage
6. Wasserzähler
7. Sammelzuleitung
8. Steigleitung
9. Stockwerksleitung
10. Einzelzuleitung
11. Zirkulationsleitung

ANMERKUNG Die Lage der Sicherungseinrichtungen ⟨xy⟩ ist in diesem Beispiel nur teilweise gezeigt, siehe EN 1717:2000.

Bild A.1 – Beispiel 1 für die Anwendung der graphischen Symbole und Abgrenzung der Installationsteile (Installationstyp A)

Seite 25
EN 806-1:2000 + A1:2001

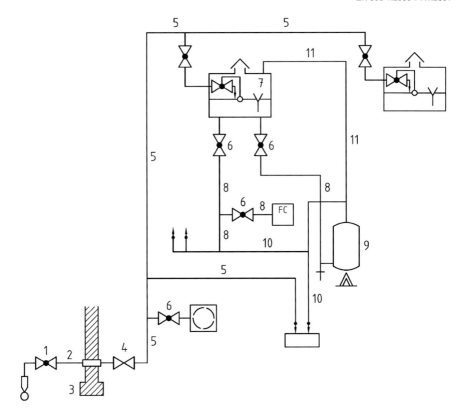

Legende
1 Anschlussabsperrarmatur
2 Anschlussleitung
3 Einrittsstelle in das Gebäude
4 Hauptabsperrarmatur
5 Verbrauchsleitung
6 Wartungsarmatur
7 Wasserbehälter mit durchflussgesteuerter innenliegender Absperrarmatur und Überlauf
8 Verteilungsleitung für kaltes Wasser
9 Speichertrinkwassererwärmer
10 Verteilungsleitung für warmes Wasser
11 Belüftungsleitung

ANMERKUNG   Die Lage der Sicherungseinrichtungen ⟨xy⟩ ist in diesem Beispiel nur teilweise gezeigt, siehe EN 1717:2000.

Bild A.2 – Beispiel 2 für die Anwendung der graphischen Symbole und Abgrenzung der Installationsteile (Installationstyp B)

März 2006

DIN EN 12259-1

ICS 13.220.20

Ersatz für
DIN EN 12259-1:2001-11
Siehe jedoch Beginn der
Gültigkeit

**Ortsfeste Löschanlagen –
Bauteile für Sprinkler- und Sprühwasseranlagen –
Teil 1: Sprinkler;
Deutsche Fassung EN 12259-1:1999 + A1:2001 + A2:2004 + A3:2006**

Fixed firefighting systems –
Components for sprinkler and water spray systems –
Part 1: Sprinklers;
German version EN 12259-1:1999 + A1:2001 + A2:2004 + A3:2006

Installations fixes de lutte contre l'incendie –
Composants des systèmes d'extinction du type Sprinkleur et à pulvérisation d'eau –
Partie 1: Sprinkleurs;
Version allemande EN 12259-1:1999 + A1:2001 + A2:2004 + A3:2006

Gesamtumfang 66 Seiten

Normenausschuss Feuerwehrwesen (FNFW) im DIN

DIN EN 12259-1:2006-03

Beginn der Gültigkeit

Diese DIN-EN-Norm ist vom 2006-03-01 an anwendbar.

Die CE-Kennzeichnung von Bauprodukten in Deutschland kann erst nach Veröffentlichung der Fundstelle dieser DIN-EN-Norm im Bundesanzeiger von dem dort genannten Termin an erfolgen.

Nationales Vorwort

Diese Europäische Norm wurde vom Technischen Komitee CEN/TC 191 „Ortsfeste Brandbekämpfungsanlagen" (Sekretariat: BSI, Großbritannien) erarbeitet und wird auf nationaler Ebene vom Arbeitsausschuss NA 031-03-03 AA „Wasserlöschanlagen und Bauteile" des FNFW betreut.

Dieses Dokument erscheint in Deutschland als konsolidierte Ausgabe der DIN EN 12259-1, in der die Änderungen A1:2001, A2:2004 und A3:2006 der Europäischen Norm enthalten sind.

Die Änderung der EN 12259-1/A2:2004 wurde in Deutschland wegen gravierender Fehler im Anhang B nicht umgesetzt.

Die Änderungen sind am Rand wie folgt markiert:

— Änderungen des A2:2004 durch eine senkrechte Linie am Rand,

— Änderungen des A3:2006 durch eine doppelte Linie am Rand.

Änderungen

Gegenüber DIN EN 12259-1:2001-11 wurden folgende Änderungen vorgenommen:

a) im Abschnitt 2 und Anhang B wurde der Verweis auf EN 60751 ergänzt;

b) Abschnitt 4.4 wurde ersetzt, Tabelle 3 gestrichen;

c) die Tabellennummerierung wurde angepasst;

d) Bild 2 wurde ersetzt;

e) Anhang B wurde ersetzt.

Frühere Ausgaben

DIN EN 12259-1:2001-11

EUROPÄISCHE NORM
EUROPEAN STANDARD
NORME EUROPÉENNE

EN 12259-1
Januar 1999
+ A1   + A2   + A3
Juni 2001   Mai 2004   Februar 2006

ICS 13.220.20

Deutsche Fassung

Ortsfeste Löschanlagen —
Bauteile für Sprinkler- und Sprühwasseranlagen
Teil 1: Sprinkler

Fixed firefighting systems —
Components for sprinkler and water spray systems —
Part 1: Sprinklers

Installations fixes de lutte contre l'incendie —
Composants des systèmes d'extinction du type Sprinkleur
et à pulvérisation d'eau —
Partie 1: Sprinkleurs

Diese Europäische Norm wurde von CEN am 2. Oktober 1997 angenommen.

Die Änderung A1 wurde von CEN am 20. Januar 2001 angenommen

Die Änderung A2 wurde von CEN am 3. November 2003 angenommen.

Die Änderung A3 wurde von CEN am 22. Dezember 2005 angenommen.

Die CEN-Mitglieder sind gehalten, die CEN/CENELEC-Geschäftsordnung zu erfüllen, in der die Bedingungen festgelegt sind, unter denen dieser Europäischen Norm ohne jede Änderung der Status einer nationalen Norm zu geben ist. Auf dem letzten Stand befindliche Listen dieser nationalen Normen mit ihren bibliographischen Angaben sind beim Management-Zentrum oder bei jedem CEN-Mitglied auf Anfrage erhältlich.

Diese Europäische Norm besteht in drei offiziellen Fassungen (Deutsch, Englisch, Französisch). Eine Fassung in einer anderen Sprache, die von einem CEN-Mitglied in eigener Verantwortung durch Übersetzung in seine Landessprache gemacht und dem Management-Zentrum mitgeteilt worden ist, hat den gleichen Status wie die offiziellen Fassungen.

CEN-Mitglieder sind die nationalen Normungsinstitute von Belgien, Dänemark, Deutschland, Estland, Finnland, Frankreich, Griechenland, Irland, Island, Italien, Lettland, Litauen, Luxemburg, Malta, den Niederlanden, Norwegen, Österreich, Polen, Portugal, Schweden, der Schweiz, der Slowakei, Slowenien, Spanien, der Tschechischen Republik, Ungarn, dem Vereinigten Königreich und Zypern.

EUROPÄISCHES KOMITEE FÜR NORMUNG
EUROPEAN COMMITTEE FOR STANDARDIZATION
COMITÉ EUROPÉEN DE NORMALISATION

Management-Zentrum: rue de Stassart, 36 B-1050 Brüssel

© 1999 CEN   Alle Rechte der Verwertung, gleich in welcher Form und in welchem Verfahren, sind weltweit den nationalen Mitgliedern von CEN vorbehalten.

Ref. Nr. EN 12259-1:1999 +A1:2001
+ A2:2004 + A3 :2006 D

EN 12259-1:1999 + A1:2001 + A2:2004 + A3:2006 (D)

Inhalt

Seite

Vorwort 3

Vorwort zur Änderung A2 5

Vorwort zur Änderung A3 5

1 Anwendungsbereich 6

2 Normative Verweisungen 6

3 Begriffe 6

4 Konstruktion und Anforderungen 8

5 Kennzeichnung 16

6 Einbauanweisungen 17

7 Prüfbedingungen 17

8 Bewertung der Konformität 17

Anhang A (normativ) Prüfbedingungen 19

Anhang B (normativ) Prüfung der Ansprechtemperatur von Schmelzlot- und Glasfass-Sprinklern 20

Anhang C (normativ) Wasserdurchflussprüfung 22

Anhang D (normativ) Wasserverteilungsprüfung 24

Anhang E (normativ) Funktionsprüfung 35

Anhang F (normativ) Festigkeitsprüfungen für Sprinklerkörper und Sprühteller 37

Anhang G (normativ) Festigkeitsprüfung der Auslöseelemente 39

Anhang H (normativ) Dichtheitsprüfung 42

Anhang I (normativ) Prüfung unter Wärmebeanspruchung 43

Anhang J (normativ) Prüfung der Temperaturschockbeständigkeit von Glasfass-Sprinklern 45

Anhang K (normativ) Korrosionsprüfungen 46

Anhang L (normativ) Prüfungen zur Beurteilung der Sprinklerbeschichtungen 50

Anhang M (normativ) Wasserschlagprüfung 51

Anhang N (normativ) Prüfungen der dynamischen Ansprechempfindlichkeit 52

Anhang O (normativ) Prüfung der Wärmebeständigkeit 55

Anhang P (normativ) Schwingungsprüfung 56

Anhang Q (normativ) Schlagversuch 57

Anhang R (normativ) Prüfung der Beständigkeit gegen niedrige Temperaturen 58

Anhang S (informativ) Anmerkungen zur Festigkeitsprüfung für die Auslöseelemente von Schmelzlot-Sprinklern 59

Anhang ZA (informativ) Abschnitte dieser Europäischen Norm, die Bestimmungen der EU-Bauproduktrichtlinie betreffen 60

Literaturhinweise 64

EN 12259-1:1999 + A1:2001 + A2:2004 + A3:2006 (D)

Vorwort

Diese Europäische Norm EN 12529-1:1999 + A1:2001 wurde vom Technischen Komitee CEN/TC 191 „Ortsfeste Brandbekämpfungsanlagen" erarbeitet, dessen Sekretariat vom BSI gehalten wird.

Diese Europäische Norm ersetzt EN 12259-1:1999.

Diese Europäische Norm muss den Status einer nationalen Norm erhalten, entweder durch Veröffentlichung eines identischen Textes oder durch Anerkennung bis Dezember 2001, und etwaige entgegenstehende nationale Normen müssen bis März 2003 zurückgezogen werden.

Diese Europäische Norm wurde unter einem Mandat erarbeitet, das die Europäische Kommission und die Europäische Freihandelszone dem CEN erteilt haben, und unterstützt grundlegende Anforderungen der EU-Richtlinie(n).

Zusammenhang mit EU-Richtlinien siehe informativen Anhang ZA, der Bestandteil dieser Norm ist.

Als Teil von EN 12259, in der Bauteile für automatische Sprinkleranlagen beschrieben werden, gehört sie zu einer Reihe Europäischer Normen, die folgende Themen behandeln:

a) automatische Sprinkleranlagen (EN 12259) [1]

b) Löschanlagen mit gasförmigen Löschmitteln (EN 12094) [1]

c) Pulver-Löschanlagen (EN 12416) [1]

d) Explosionsunterdrückungsanlagen (EN 26184) [1]

e) Schaum-Löschanlagen (EN 13565) [1]

f) Löschanlagen mit Wandhydranten und Schlauchhaspel (EN 671) [1]

g) Rauch- und Wärmeabzugsanlagen(EN 12101) [1]

h) Sprühwasser-Löschanlagen [1]

EN 12259 besteht unter dem Haupttitel „Ortsfeste Löschanlagen – Bauteile für Sprinkler- und Sprühwasseranlagen" aus folgenden Teilen:

— Teil 1: Sprinkler

— Teil 2: Nassalarmventile und Zubehör

— Teil 3: Trockenalarmventile und Zubehör

— Teil 4: Wassergetriebene Alarmglocken

— Teil 5: Strömungsmelder

— Teil 6: Rohrkupplungen

— Teil 7: Rohrhalter

---

[1] In Vorbereitung

— Teil 8: Druckschalter

— Teil 9: Sprühwasserventile und Zubehör

— Teil 10: Steuerventile

— Teil 11: Sprühdüsen mit mittlerer und hoher Sprühgeschwindigkeit

— Teil 12: Sprinklerpumpen

Wo es unumgänglich war, wurden die Maße für die Anwendung bestimmter Bauteile in britischen und US-Einheiten angegeben.

Entsprechend der CEN/CENELEC-Geschäftsordnung sind die nationalen Normungsinstitute der folgenden Länder gehalten, diese Europäische Norm zu übernehmen:

Belgien, Dänemark, Deutschland, Finnland, Frankreich, Griechenland, Irland, Island, Italien, Luxemburg, Niederlande, Norwegen, Österreich, Portugal, Schweden, Schweiz, Spanien, die Tschechische Republik und das Vereinigte Königreich

EN 12259-1:1999 + A1:2001 + A2:2004 + A3:2006 (D)

Vorwort zur Änderung A2

Dieses Dokument (EN 12259-1:1999+A1:2001/A2:2004) wurde vom Technischen Komitee CEN/TC 191 „Ortsfeste Brandbekämpfungsanlagen" erarbeitet, dessen Sekretariat vom BSI gehalten wird.

Diese Änderung zur Europäischen Norm EN 12259-1:1999+A1:2001 muss den Status einer nationalen Norm erhalten, entweder durch Veröffentlichung eines identischen Textes oder durch Anerkennung bis November 2004, und etwaige entgegenstehende nationale Normen müssen bis August 2005 zurückgezogen werden.

Dieses Dokument wurde unter einem Mandat erarbeitet, das die Europäische Kommission und die Europäische Freihandelszone dem CEN erteilt haben, und unterstützt grundlegende Anforderungen der EU-Bauprodukten-Richtlinie (89/106/EWG).

Entsprechend der CEN/CENELEC-Geschäftsordnung sind die nationalen Normungsinstitute der folgenden Länder gehalten, diese Europäische Norm zu übernehmen: Belgien, Dänemark, Deutschland, Estland, Finnland, Frankreich, Griechenland, Irland, Island, Italien, Lettland, Litauen, Luxemburg, Malta, Niederlande, Norwegen, Österreich, Polen, Portugal, Schweden, Schweiz, Slowakei, Slowenien, Spanien, Tschechische Republik, Ungarn, Vereinigtes Königreich und Zypern.

Vorwort zur Änderung A3

Dieses Dokument (EN 12259-1:1999+A1:2001/A3:2006) wurde vom Technischen Komitee CEN/TC 191 „Ortsfeste Brandbekämpfungsanlagen" erarbeitet, dessen Sekretariat vom BSI gehalten wird.

Diese Änderung zur Europäischen Norm EN 12259-1:1999+A1:2001 muss den Status einer nationalen Norm erhalten, entweder durch Veröffentlichung eines identischen Textes oder durch Anerkennung bis August 2006, und etwaige entgegenstehende nationale Normen müssen bis August 2006 zurückgezogen werden.

Dieses Dokument wurde unter einem Mandat erarbeitet, das die Europäische Kommission und die Europäische Freihandelszone dem CEN erteilt haben, und unterstützt grundlegende Anforderungen der EG-Richtlinien.

Zum Zusammenhang mit EG-Richtlinien siehe informativen Anhang ZA, der Bestandteil dieser Europäischen Norm ist.

Entsprechend der CEN/CENELEC-Geschäftsordnung sind die nationalen Normungsinstitute der folgenden Länder gehalten, diese Europäische Norm zu übernehmen: Belgien, Dänemark, Deutschland, Estland, Finnland, Frankreich, Griechenland, Irland, Island, Italien, Lettland, Litauen, Luxemburg, Malta, Niederlande, Norwegen, Österreich, Polen, Portugal, Rumänien, Schweden, Schweiz, Slowakei, Slowenien, Spanien, Tschechische Republik, Ungarn, Vereinigtes Königreich und Zypern.

EN 12259-1:1999 + A1:2001 + A2:2004 + A3:2006 (D)

1 Anwendungsbereich

Diese Europäische Norm legt Anforderungen an Konstruktion und Leistungsmerkmale von Sprinklern für automatische Sprinkleranlagen nach EN 12845 "Automatische Sprinkleranlagen – Planung und Einbau", die dadurch öffnen fest, dass bei Erwärmung auf eine vorbestimmte Temperatur ein wärmeempfindliches Element auslöst, z. B. Bersten eines Glasfasses. Prüfverfahren und ein empfohlener Prüfplan für die Typprüfung werden ebenfalls angegeben.

ANMERKUNG Alle Drücke in dieser Europäischen Norm werden als Überdrücke gegenüber Atmosphäre in bar [2] angegeben.

2 Normative Verweisungen

Die folgenden zitierten Dokumente sind für die Anwendung dieses Dokuments erforderlich. Bei datierten Verweisungen gilt nur die in Bezug genommene Ausgabe. Bei undatierten Verweisungen gilt die letzte Ausgabe des in Bezug genommenen Dokuments (einschließlich aller Änderungen).

ISO 7-1, *Pipe threads where pressure-tight joints are made on the threads. Dimensions, tolerances and designation*

ISO 49, *Malleable cast iron fittings threaded to ISO 7-1*

ISO 65, *Carbon steel tubes suitable for screwing in accordance with ISO 7-1*

EN 60751, *Industrielle Platin-Widerstandsthermometer und Platin-Messwiderstände (IEC 60751:1983-+A1:1986)*

3 Begriffe

Für die Anwendung dieses Dokuments gelten die folgenden Begriffe.

3.1
Wärmeleitfaktor *C*
Maß für die Wärmeleitfähigkeit zwischen dem thermischen Auslöseelement des Sprinklers und dem wassergefüllten Fitting, angegeben in (Meter/Sekunde)$^{1/2}$ (m/s)$^{1/2}$

3.2
Trägheits-Index
RTI (en: response time index)
Maß für die thermische Ansprechempfindlichkeit des Sprinklers, angegeben in (Meter x Sekunde)$^{1/2}$ (m x s)$^{1/2}$

3.3
automatischer Sprinkler
durch ein thermisches Auslöseelement verschlossene Düse, die sich unter Wärmeeinwirkung öffnet und Löschwasser verteilt

3.4
bündiger Deckensprinkler
hängender Sprinkler, der so in die Decke eingebaut wird, dass sich das thermische Auslöseelement unterhalb der Deckenebene befindet

---

[2] 1 bar = 10^5 Pa

3.5
beschichteter Sprinkler
Sprinkler, der zum Schutz gegen korrosive Umgebungen mit einer Beschichtung versehen ist, wobei jedoch dekorative oder Farbanstriche ausgenommen sind

3.6
verdeckter Sprinkler
zurückgesetzter Sprinkler mit einer Abdeckplatte, die sich unter Wärmeeinwirkung löst und den Sprinkler freigibt

3.7
Normal-Sprinkler
Sprinkler mit kugelförmiger Sprühwasserverteilung

3.8
zugesicherte untere Toleranzgrenze
DLTL (en: design lower tolerance limit)
der vom Hersteller spezifizierte und zugesicherte Wert für die niedrigste untere Toleranzgrenze (LTL)

3.9
zugesicherte obere Toleranzgrenze
DUTL (en: design upper tolerance limit)
der vom Hersteller des Sprinklers spezifizierte und zugesicherte Wert für die höchste obere Toleranzgrenze (UTL)

3.10
hängende Trockensprinkler
Sprinkler, die im Bereitschaftszustand durch eine besondere Verschlusskonstruktion im Fallrohr wasserfrei gehalten werden

3.11
stehende Trockensprinkler
Sprinkler, die im Bereitschaftszustand durch eine besondere Verschlusskonstruktion im Steigrohr wasserfrei gehalten werden

3.12
Flachschirm-Sprinkler
Sprinkler mit einer zum Boden gerichteten, besonders flachen, paraboloidförmigen Wasserverteilung. Ein Teil des Wassers kann zur Decke sprühen

3.13
Schmelzlot-Sprinkler
Sprinkler, der durch Schmelzen eines Auslöseelements öffnet

3.14
Glasfass-Sprinkler
Sprinkler, der durch Bersten eines flüssigkeitsgefüllten Glasfasses öffnet

3.15
zugesicherte mittlere Einbaulast
der vom Hersteller des Sprinklers spezifizierte und zugesicherte Wert für die höchste mittlere Einbaulast jeder Charge von zehn oder mehr Sprinklern

3.16
zugesicherte mittlere Bruchlast
der vom Hersteller des Glasfasses spezifizierte und zugesicherte Wert für die niedrigste mittlere Bruchlast jeder Charge von fünfundfünfzig oder mehr Glasfässern

3.17
Stift
metallische Verlängerung des Sprinklers in Strahlrichtung über den Sprinkler hinaus

3.18
Horizontal-Sprinkler
Sprinkler mit waagerecht gegen den Sprühteller gerichtetem Wasserstrahl

3.19
untere Toleranzgrenze
LTL (en: lower tolerance limit)
die niedrigste Glasfass-Bruchlast, die durch Prüfung und statistische Berechnung für eine Charge von fünfundfünfzig oder mehr Glasfässern festgestellt wird

3.20
hängender Sprinkler
Sprinkler mit abwärts gegen den Sprühteller gerichtetem Wasserstrahl

3.21
zurückgesetzter Sprinkler
Sprinkler, der ganz oder teilweise in einem in der Decke versenkten Gehäuse eingebaut wird

3.22
Seitenwand-Sprinkler
Sprinkler mit einer halbparaboloiden Wasserverteilung

3.23
Schirm-Sprinkler
Sprinkler mit einer paraboloiden, zum Boden gerichteten Wasserverteilung

3.24
Lieferant
für Konstruktion (Auslegung), Herstellung und Qualitätssicherung eines Produkts verantwortliche Firma

3.25
obere Toleranzgrenze
UTL (en: upper tolerance limit)
die höchste Einbaulast, die durch Prüfung und statistische Berechnung für eine Charge von 20 oder mehr Sprinklern festgestellt wird

3.26
stehender Sprinkler
Sprinkler mit aufwärts gegen den Sprühteller gerichtetem Wasserstrahl

3.27
Sprinkler-Arme
Teile des Sprinklers, die das thermische Auslöseelement im kraftschlüssigen Kontakt mit dem Dichtelement halten und den Sprühteller mit dem Sprinkler verbinden

4 Konstruktion und Anforderungen

4.1 Produktmontage

Sprinkler müssen so geliefert werden, dass keine spätere Verstellung oder Demontage ohne Zerstörung von Bauteilen möglich ist.

4.2 Maße

4.2.1 Die Nennweite der Sprinklerdüse und der entsprechende Durchmesser des Sprinklergewindes, müssen, außer für Trocken-Sprinkler und für bündige Sprinkler, für die Anwendung von Rohrgewinde nach Tabelle 1 geeignet sein. Trocken-Sprinkler und bündige Sprinkler dürfen größere Gewinde haben. Die Nenndurchmesser müssen für Fittings mit Gewinde nach ISO 7-1 geeignet sein.

4.2.2 Eine Kugel mit $8^{+0,01}_{0}$ mm Durchmesser muss durch alle Wasserwege im Sprinkler passen.

Tabelle 1 — Maße für Düse und Gewinde

Nennweite der Düse mm	Nenn-Rohrgewindedurchmesser Zoll
10	3/8
15 und 20	1/2
20	3/4

4.2.3 Sprinkler, die eine Düse mit 20 mm Nennweite haben und mit einem Gewinde von ½ Zoll (üblich für Umrüstarbeiten) kombiniert werden, müssen durch einen dauernd am Sprühteller angebrachten Stift gekennzeichnet werden, der eine Länge von (10 ± 2) mm und einen Durchmesser von (5 ± 2) mm hat.

4.3 Nennauslösetemperatur

4.3.1 Die Nennauslösetemperaturen der Glasfass-Sprinkler werden in Spalte 1 von Tabelle 2 angegeben.

4.3.2 Die Bereiche für die Nennauslösetemperatur von Schmelzlot-Sprinklern werden in Spalte 3 von Tabelle 2 angegeben.

4.3.3 Glasfass-Sprinkler sowie Schmelzlot-Sprinkler, die weder lackiert noch galvanisiert sind, müssen mit einer der Nennauslösetemperatur zugeordneten Farbkennzeichnung versehen sein, die entweder in der Spalte 2 oder in der Spalte 4 von Tabelle 2 angegeben wird.

Table 2 — Nennauslösetemperaturen und Farbkennzeichnungen

Glasfass-Sprinkler		Schmelzlot-Sprinkler	
Spalte 1 Nenn- auslösetemperatur °C	Spalte 2 Farbkennzeichnung für die Flüssigkeit	Spalte 3 Nennauslösetemperatur innerhalb eines Bereiches von °C	Spalte 4 Farbkennzeichnung für die Haltearme
57	Orange	57 bis 77	Farblos
68	rot	80 bis 107	weiß
79	gelb	121 bis 149	blau
93	grün	163 bis 191	rot
100	grün	204 bis 246	grün
121	blau	260 bis 302	orange
141	blau	320 bis 343	schwarz
163	malvenfarbig		
182	malvenfarbig		
204	schwarz		
227	schwarz		
260	schwarz		
286	schwarz		
343	schwarz		

EN 12259-1:1999 + A1:2001 + A2:2004 + A3:2006 (D)

4.4 Ansprechtemperaturen

Bei der Prüfung nach Anhang B müssen Sprinkler innerhalb des folgenden Temperaturbereiches öffnen:

$[t \pm (0{,}035\, t + 0{,}62)]\ °C$

wobei t die Nennauslösetemperatur ist.

4.5 Wasserdurchfluss und -verteilung

4.5.1 K-Faktor

Der K-Faktor der Sprinkler muss, wenn er nach Anhang C bestimmt wurde, innerhalb des in Tabelle 3 angegebenen Bereichs liegen.

Tabelle 3 — K-Faktoren

Nennweite der Düse mm	K-Faktor $l\ min^{-1} \cdot bar^{-1/2}$	
	Sprinkler, außer Trocken-Sprinkler	Trocken-Sprinkler
10	57 ± 3	57 ± 5
15	80 ± 4	80 ± 6
20	115 ± 6	115 ± 9

4.5.2 Wasserverteilung

4.5.2.1 Normal-, Schirm-, Flachschirm- und Trocken-Sprinkler

Wenn Sprinkler nach D.1 geprüft werden, darf unter Anwendung der Parameter aus den Spalten 2, 3 und 4 von Tabelle 4 die Anzahl der Behälter, in denen die Wassermenge weniger als 50 % der in Spalte 5 von Tabelle 4 angegebenen Wasserbeaufschlagung beträgt, die in Spalte 6 von Tabelle 4 festgelegte maximale Anzahl nicht überschreiten.

Tabelle 4 — Parameter der Wasserverteilung

1	2	3	4	5	6
Nennweite der Düse mm	Ausflussrate l/min	Schutzfläche m^2	Sprinkler-abstand m	Wasser-beaufschlagung mm/min	Maximale Anzahl Behälter mit geringerer Wasserbeaufschlagung
10	50,6	20,25	4,5	2,5	8
15	61,3	12,25	3,5	5,0	5
15	135,0	9,00	3,0	15,0	4
20	90,0	9,00	3,0	10,0	4
20	187,5	6,25	2,5	30,0	3

4.5.2.2 Seitenwand-Sprinkler

Wenn die Sprinkler nach D.2 geprüft werden, dürfen höchstens 10 % der Behälter eine Wassermenge enthalten, die einer Wasserbeaufschlagung unter 1,125 mm/min entspricht, und benachbarte und gegenüberliegende Wände müssen mindestens bis zu einer Höhe von 1 m unterhalb der Höhe des Sprühtellers besprüht werden.

4.5.2.3 Wasseraufteilung

Wenn die Sprinkler nach D.3 geprüft werden, muss der Anteil des Wassers, das unterhalb des Sprühtellers abgegeben wird, innerhalb der in Tabelle 5 angegebenen Grenzen liegen.

Tabelle 5 — Vom Sprühteller nach unten abgegebenes Wasser

Art des Sprinklers	Anteil des Wassers, das unterhalb des Sprühtellers abgegeben wird
Normal-Sprinkler	40 % bis 60 %
Schirm-Sprinkler	80 % bis 100 %
Flachschirm-Sprinkler	85 % bis 100 %

4.6 Funktion

4.6.1 Bei Prüfung nach E.1 muss der Sprinkler öffnen und innerhalb von 5 s nach Ansprechen des thermischen Auslöseelements zufriedenstellend arbeiten sowie die Anforderungen von 4.5.1 erfüllen. Hängenbleibende Teile des Verschluss- und Auslöseelementes müssen innerhalb von 60 s nach dem Auslösen des Sprinklers entfernt werden, und der Sprinkler muss den Anforderungen von 4.5.2 entsprechen.

4.6.2 Bei Prüfung nach E.2 müssen der Sprühteller und die ihn unterstützenden Teile den Anforderungen von 4.5.2 entsprechen.

ANMERKUNG   In den meisten Fällen ist eine Sichtprüfung des Prüflings ausreichend, um die Übereinstimmung mit den Anforderungen von 4.5.2 festzustellen.

4.7 Festigkeit des Sprinklerkörpers und des Sprühtellers

4.7.1 Die plastische Verformung der tragenden Teile des Sprinklerkörpers zwischen den Lastangriffspunkten in Längsrichtung darf höchstens 0,2 % betragen, wenn bei der Prüfung nach F.1 der Sprinkler mit dem Doppelten der Vorspannkraft beaufschlagt wurde.

4.7.2 Der Sprühteller und die ihn unterstützenden Teile müssen bei Prüfung nach F.2 eine Kraft von 70 N ohne bleibende Verformung ertragen.

4.8 Festigkeit des Auslöseelements

4.8.1 Glasfass-Sprinkler

Bei der Prüfung und Auswertung nach G.1 müssen Glasfass-Sprinkler die folgenden Bedingungen erfüllen:

a) die zugesicherte mittlere Bruchlast muss mindestens das sechsfache der zugesicherten mittleren Einbaulast betragen;

b) die mittlere Bruchlast darf die zugesicherte mittlere Bruchlast nicht unterschreiten;

c) die mittlere Einbaulast darf die zugesicherte mittlere Einbaulast nicht überschreiten;

d) die zugesicherte untere Toleranzgrenze (DLTL) der Bruchlast-Verteilung muss mindestens das zweifache der zugesicherten oberen Toleranzgrenze (DUTL) der Einbaulast-Verteilung betragen;

e) die obere Toleranzgrenze (UTL) darf die zugesicherte obere Toleranzgrenze (DUTL) nicht überschreiten;

f) die untere Toleranzgrenze (LTL) darf die zugesicherte untere Toleranzgrenze (DLTL) nicht unterschreiten, siehe Bild 1.

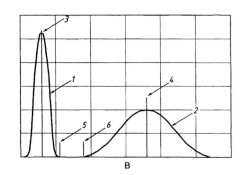

Legende

A Anzahl der Prüfmuster
B Festigkeit (in N)
1 Verteilung der Einbaulast
2 Verteilung der Bruchlast
3 Mittlere Einbaulast
4 Mittlere Bruchlast
5 Obere Toleranzgrenze (UTL)
6 Untere Toleranzgrenze (LTL)

Bild 1 — Graphische Darstellung der Verteilungen der Einbaulast und der Glasfass-Bruchlast

4.8.2 Schmelzlot-Sprinkler

Es muss bestimmt werden, ob

— die thermischen Auslöseelemente für eine Dauer von 100 h ohne Ausfall eine Last ertragen, die das 15fache der maximalen Vorspannkraft beträgt oder

— bei Prüfung nach G.2 die abgeschätzte Zeit bis zum Ausfall des thermischen Auslöseelements bei Aufbringung der Vorspannkraft mindestens 876 600 h beträgt.

4.9 Dichtheit

Die Sprinkler dürfen bei einer hydraulischen Druckprüfung nach Anhang H kein Anzeichen von Undichtheit zeigen.

4.10 Beanspruchung durch Wärme

4.10.1 Alterungsprüfung (unbeschichtete Sprinkler)

Bei Prüfung nach I.1 dürfen die Sprinkler während der Beanspruchungsdauer nicht öffnen. Nach erfolgter Beanspruchung müssen vier Sprinkler nach E.3 geprüft werden, wobei die Sprinkler so öffnen müssen, dass der Wasserweg frei wird. Hängenbleibende Verschlussteile werden ignoriert. Vier Sprinkler müssen nach Anhang H geprüft werden und die Anforderungen von 4.9 erfüllen. 4 Sprinkler müssen nach Anhang B geprüft werden und den Anforderungen von 4.4 entsprechen.

4.10.2 Alterungsprüfung (beschichtete Sprinkler)

Die unbeschichtete Version jedes beschichteten Sprinklers muss 4.10.1 entsprechen. Wenn beschichtete Sprinkler nach I.2 geprüft werden, darf die Beschichtung keine sichtbaren Schäden zeigen.

4.10.3 Ermüdung des Auslöseelementes (Glasfass-Sprinkler)

Wenn die Sprinkler nach I.3 geprüft werden, darf das Glasfass nicht beschädigt werden.

4.11 Temperaturschockbeständigkeit

Wenn Glasfass-Sprinkler nach Anhang J geprüft werden, müssen die Glasfässchen entweder

— beim Abkühlen vorschriftsmäßig so bersten, dass der Wasserweg frei ist, oder

— unbeschädigt bleiben. Die Sprinkler werden anschließend einer Funktionsprüfung nach E.3 unterzogen und müssen so auslösen, dass der Wasserweg freigegeben wird. Hängenbleibende Verschlussteile sind zu ignorieren.

4.12 Korrosion

4.12.1 Spannungsrisskorrosion

Sprinkler müssen einer Spannungsrisskorrosionsprüfung nach K.1 unterzogen werden. Die Sprinkler, bei denen Risse oder Abblätterungen auftreten oder ein Teil des Verschlussmechanismus ausfällt, müssen die in K.1 beschriebene Dichtheitsprüfung bestehen. Nach Durchführung der Spannungsrisskorrosionsprüfung muss der Sprinkler in der Funktionsprüfung nach E.3 so öffnen, dass der Wasserweg frei ist; hängenbleibende Verschlussteile sind zu ignorieren.

Die Sprinkler, bei denen Anzeichen bestehen, dass ein passives Teil reißt, abblättert oder ausfällt, dürfen keine sichtbare Abtrennung von dauerhaft angebrachten Teilen zeigen, wenn sie der Prüfung nach K.1 unterzogen werden.

4.12.2 Schwefeldioxidkorrosion

Sprinkler müssen einer Schwefeldioxid-Korrosionsprüfung nach K.2 unterzogen werden. Nach der Schwefeldioxid-Beanspruchung müssen die Sprinkler, wenn ihre Funktion nach E.3 geprüft wird, so öffnen, dass der Wasserweg frei wird; hängenbleibende Verschlussteile sind zu ignorieren.

4.12.3 Salzsprühnebel-Korrosion

Sprinkler müssen einer Salzsprühnebel-Korrosionsprüfung nach K.3 unterzogen werden. Nach der Salzsprühnebel-Beanspruchung müssen die Sprinkler, wenn ihre Funktion nach E.3 geprüft wird, so arbeiten, dass der Wasserweg frei wird; hängenbleibende Verschlussteile sind zu ignorieren.

4.12.4 Beanspruchung durch feuchte Luft

Sprinkler müssen nach K.4 durch feuchte Luft beansprucht werden. Nach dieser Beanspruchung müssen die Sprinkler, wenn ihre Funktion nach E.3 geprüft wird, so arbeiten, dass der Wasserweg frei wird; hängenbleibende Verschlussteile sind zu ignorieren.

4.13 Unversehrtheit der Sprinklerbeschichtungen

4.13.1 Flüchtige Stoffe in Beschichtungen aus Wachs oder Bitumen

Für Beschichtungen verwendete Wachse und Bitumina dürfen nur so viel flüchtige Bestandteile enthalten, dass bei Prüfung nach L.1 ein Masseverlust von 5 % der Masse der ursprünglichen Probe nicht überschritten wird.

4.13.2 Beständigkeit der Beschichtung gegenüber niedriger Temperatur

Eine Beschichtung des Sprinklers (Wachs, Bitumen, Farbe oder eine Metallschicht) darf nicht reißen oder abplatzen, wenn der beschichtete Sprinkler nach L.2 geprüft wird.

4.14 Wasserschlag

Wenn Sprinkler Druckstößen nach Anhang M ausgesetzt werden, dürfen sie nicht undicht werden. Wenn nach dieser Prüfung ihre Funktion nach E.3 geprüft wird, müssen die Sprinkler so öffnen, dass der Wasserweg frei wird; alle hängenbleibenden Verschlussteile sind zu ignorieren.

4.15 Dynamische Ansprechempfindlichkeit

4.15.1 Ansprechen in Standard-Ausrichtung

Bei der Prüfung nach Anhang N in Standard-Ausrichtung (siehe Bild N.1 a) müssen stehende und hängende Sprinkler, mit Ausnahme von zurückgesetzten Sprinklern, bezüglich ihres Trägheits-Index (RTI) und ihres Wärmeleitfaktors C, wie in Bild 2 gezeigt, in eine der folgenden Ansprech-Klassen fallen:

— schnell

— spezial

— Standard A

— Standard B.

4.15.2 Ansprechen in ungünstiger Ausrichtung

Der Einfluss eines Schatteneffekts durch den Haltearm nach Bild N.1 b) muss auf einen Nennwinkel von 25 ° aus der ungünstigsten Ausrichtung auf jeder Seite des Haltearmes (z. B. maximal 104 ° von 360 °) begrenzt werden. Bei Prüfung nach Anhang N in der ungünstigsten Ausrichtung dürfen die mittleren RTI-Werte 110 % der in Bild 2 angegebenen Grenzen nicht überschreiten. Bei Berechnung der RTI-Werte in der ungünstigen Ausrichtung muss der C-Faktor aus der Prüfung in normaler Ausrichtung verwendet werden.

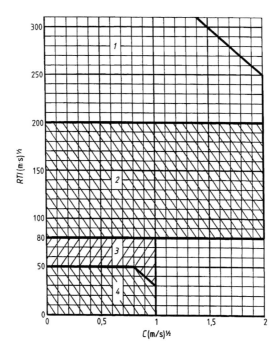

Legende
1 Standard B
2 Standard A
3 spezial
4 schnell

X Wärmeleitfaktor C $(m/s)^{1/2}$
Y Trägheitsindex RTI $(m\ s)^{1/2}$

Bild 2 — RTI- und C-Werte für Standardausrichtung

4.16 Beständigkeit gegen Wärme

Bei Prüfung nach Anhang O dürfen das Sprinklergehäuse, der Sprühteller und die ihn unterstützenden Teile keine signifikante Verformung zeigen oder zu Bruch gehen.

4.17 Schwingungsbeständigkeit

Nach einer Schwingungsprüfung nach Anhang P darf der Sprinkler keine sichtbaren Schäden haben und muss den Anforderungen von 4.8 und 4.9 entsprechen sowie bei Prüfung nach E.3 zufriedenstellend funktionieren. Alle hängenbleibenden Verschlussteile bleiben unberücksichtigt.

4.18 Schlagbeständigkeit

Nach einem Schlagversuch nach Anhang Q muss der Sprinkler den Anforderungen von 4.9 entsprechen und bei Prüfung nach E.3 zufriedenstellend funktionieren.

EN 12259-1:1999 + A1:2001 + A2:2004 + A3:2006 (D)

4.19 Beständigkeit gegen niedrige Temperatur

Bei Prüfung nach Anhang R darf der Sprinkler vor der Funktionsprüfung nicht öffnen. Nach der Prüfung darf der Sprinkler keine sichtbaren Schäden zeigen. Anschließend wird der Sprinkler einer Funktionsprüfung nach E.3 unterzogen, dabei muss er so öffnen, dass der Wasserweg freigegeben wird. Hängenbleibende Verschlussteile werden ignoriert.

5 Kennzeichnung

5.1 Allgemeines

Sprinkler müssen mit folgenden Angaben gekennzeichnet werden:

a) Name oder Handelszeichen der Lieferers; und

b) Nummer für die Bauart, Katalogbezeichnung oder eine andere Kennzeichnung; und

c) Herkunftsbetrieb, falls die Fertigung in zwei oder mehr Betrieben erfolgt; und

d) Kennbuchstaben für Sprinklerart und Einbaulage nach Tabelle 6;

e) Nennauslösetemperatur, die so gestempelt, gegossen, graviert oder durch Farbe gekennzeichnet werden muss, dass die Nennauslösetemperatur auch bei geöffnetem Sprinkler erkennbar ist. In Ländern, in denen für Glasfass-Sprinkler eine Farbkennzeichnung der Haltearme gefordert wird, muss die Farbkennzeichnung für Schmelzlot-Sprinkler nach Tabelle 2 angewendet werden; und

ANMERKUNG Außer der Farbkennzeichnung zur Anzeige der Nennauslösetemperatur (siehe 4.3 und Tabelle 2) sollte auf dem schmelzenden Element von Schmelzlot-Sprinklern die Nennauslösetemperatur aufgestempelt oder eingegossen sein.

f) Jahr der Herstellung;

ANMERKUNG Das Jahr sollte entweder in ausführlicher oder abgekürzter Form (z. B. "2000" oder "00") angegeben werden, wobei die letzten drei Monate des vorhergehenden Jahres sowie die ersten sechs Monate des folgenden Jahres eingeschlossen werden dürfen.

In Fällen, für die die Anforderungen von Anhang ZA.3 die gleichen Angaben, wie die oben aufgeführten enthalten, müssen die Anforderungen dieses Abschnitts 5 als erfüllt betrachtet werden.

Tabelle 6 — Kennbuchstaben für Sprinklerarten und Einbaulagen

Sprinklerart und Einbaulage	Kennzeichnung für die Sprinklerart [a]	Kennzeichnung für die Einbaulage
Verdeckter Sprinkler	CC	
Normal-Sprinkler	C	
Trocken-Sprinkler	D	
Flachschirm-Sprinkler	F	
Decken-Sprinkler	L	
Zurückgesetzter Sprinkler	R	
Seitenwand-Sprinkler	W	
Schirm-Sprinkler	S	
Horizontal-Sprinkler		H
Hängender Sprinkler		P
Stehender Sprinkler		U
[a] Die Kennzeichnung der Sprinklerart muss vor der Kennzeichnung der Einbaulage stehen.		

EN 12259-1:1999 + A1:2001 + A2:2004 + A3:2006 (D)

5.2 Seitenwand-Sprinkler

5.2.1 Allgemeines

Die Sprühteller der Seitenwand-Sprinkler müssen mit einer eindeutigen Angabe der für sie vorgesehenen Ausrichtung zur Durchflussrichtung gekennzeichnet werden. Wenn ein Pfeil angewendet wird, muss er durch das Wort „flow" (oder deutsch: „Durchfluss") ergänzt werden.

5.2.2 Horizontale Seitenwand-Sprinkler

Die Ausrichtung horizontaler Seitenwand-Sprinkler muss auf dem Sprühteller durch das Wort „top" (oder deutsch: "oben") gekennzeichnet werden.

5.3 Verdeckter Sprinkler

Auf der Abdeckplatte eines verdeckten Sprinklers muss stehen: „Do not paint" (oder deutsch: „Nicht anstreichen").

5.4 Abnehmbares zurückgesetztes Gehäuse

Abnehmbare zurückgesetzte Gehäuse müssen einen Hinweis auf den Sprinkler erhalten, mit dem sie angewendet werden, es sei denn, dass das Gehäuse ein nicht abtrennbarer Teil des Sprinklers ist.

6 Einbauanweisungen

Für jede Sprinklerbauart muss eine Einbauanweisung vorliegen, die empfohlene Einbauverfahren und Anweisungen für Pflege und Austausch angibt.

7 Prüfbedingungen

Siehe Anhang A.

8 Bewertung der Konformität

8.1 Allgemeines

Die Übereinstimmung von Sprinklern mit den Anforderungen dieser Norm muss nachgewiesen werden durch:

— Erstprüfung;

— werkseigene Produktionskontrolle durch den Hersteller;

— Stichprobenprüfung.

8.2 Erstprüfung

Eine Typprüfung muss bei der ersten Anwendung dieser Norm durchgeführt werden. Früher durchgeführte Prüfungen, die den Anforderungen dieser Norm genügen (Gleichheit bzgl. Produkt, Leistungseigenschaften, Prüfmethoden, Prüfplan, Verfahren für die Bescheinigung der Konformität, usw.), können berücksichtigt werden. Zusätzlich müssen Erstprüfungen durchgeführt werden bei Beginn der Produktion eines Produkttyps oder bei Anwendung einer neuen Produktionsmethode (wenn dadurch die festgelegten Eigenschaften beeinflusst werden können).

Gegenstand der Typprüfung sind alle in Abschnitt 4 angegebenen Leistungseigenschaften.

EN 12259-1:1999 + A1:2001 + A2:2004 + A3:2006 (D)

8.3 Werkseigene Produktionskontrolle

Der Hersteller muss eine werkseigene Produktionskontrolle einführen, dokumentieren und aufrechterhalten, um sicherzustellen, dass die Produkte, die in Verkehr gebracht werden, die festgelegten Leistungseigenschaften aufweisen.

Die werkseigene Produktionskontrolle muss Verfahren sowie regelmäßige Kontrollen, Prüfungen und/oder Beurteilungen beinhalten und deren Ergebnisse verwenden zur Steuerung der Rohstoffe, der anderen zugelieferten Materialien oder Teile, der Betriebsmittel, des Produktionsprozesses und des Produktes. Die werkseigene Produktionskontrolle sollte so umfassend sein, dass die Konformität des Produktes offensichtlich ist, und sicherstellen, dass Abweichungen so früh wie möglich entdeckt werden.

Eine werkseigene Produktionskontrolle, die die Anforderungen der (des) entsprechenden Teile(s) von EN ISO 9000 erfüllt und an die spezifischen Anforderungen dieser Norm angepasst ist, muss als ausreichend zur Erfüllung der oben genannten Anforderungen beurteilt werden.

Die Ergebnisse aller Kontrollen, Prüfungen oder Beurteilungen, die eine Maßnahme erforderlich machen, müssen ebenso wie die getroffenen Maßnahmen aufgezeichnet werden. Die bei Abweichungen von Sollwerten zu ergreifenden Maßnahmen müssen aufgezeichnet werden.

Die werkseigene Produktionskontrolle muss in einem Handbuch beschrieben sein.

Der Hersteller muss als Bestandteil der werkseigenen Produktionskontrolle produktionsbegleitende Prüfungen durchführen und aufzeichnen.

EN 12259-1:1999 + A1:2001 + A2:2004 + A3:2006 (D)

Anhang A
(normativ)

Prüfbedingungen

Wenn nicht anders festgelegt, sind die Prüfungen bei (20 ± 10)°C durchzuführen. Vor der Prüfung sind die Sprinkler auf eindeutig sichtbare Fehler zu untersuchen.

ANMERKUNG Für die Typprüfung sollte der Prüfplan in Bild A.1 angewendet werden.

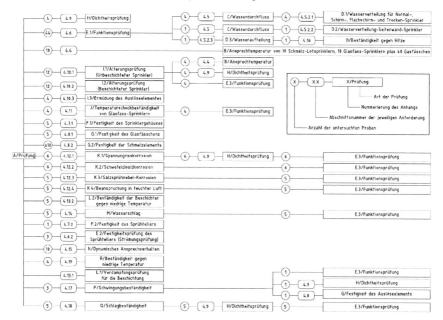

Bild A.1 — Prüfplan für die Typprüfung

Anhang B
(normativ)

Prüfung der Ansprechtemperatur von Schmelzlot- und Glasfass-Sprinklern

B.1 Gerät

B.1.1 *Labor-Temperaturmessgerät* mit Fehlergrenzen von ± 0,25 % der Nennansprechtemperatur, kalibriert auf eine Eintauchtiefe von 40 mm, zur Bestimmung der Temperaturen der Flüssigkeiten im Flüssigkeitsbad und der Ansprechtemperaturen. Die Messspitze des Thermometers muss durch eine Halterung auf der Eintauchtiefe des Auslöseelements des Sprinklers gehalten werden. Zur Steuerung der Badtemperatur muss ein PT100-Element nach EN 60751 oder ein gleichwertiges Gerät eingesetzt werden.

B.1.2 *Flüssigkeitsbad*, mit demineralisiertem Wasser, für Sprinkler mit Nennansprechtemperaturen kleiner oder gleich 80 °C.

ANMERKUNG   Bild B.1 zeigt ein Beispiel eines typischen Bades.

B.1.3 *Flüssigkeitsbad* mit Glyzerin, pflanzlichem Öl oder synthetischem Öl, für Sprinkler mit höheren Nennansprechtemperaturen.

B.2 Verfahren

Insgesamt 30 Glasfass-Sprinkler oder 30 Schmelzlot-Sprinkler sind zu prüfen. Die Glasfass-Sprinkler oder Schmelzlot-Sprinkler sind in einem Flüssigkeitsbad von (20 ± 5) °C auf eine Zwischentemperatur von $(20 ^{+2}_{0})$ °C unter ihrer Nennansprechtemperatur zu erwärmen. Der Temperaturanstieg darf 20 °C min^{-1} nicht übersteigen. Die Zwischentemperatur ist für $(10 ^{+1}_{0})$ min zu halten. Anschließend ist die Temperatur mit einem Anstieg von $(0,5 \pm 0,1)$ °C min^{-1} zu erhöhen, bis der Sprinkler auslöst oder bis zu 2 °C über der oberen Ansprechrate.

Die Nennansprechtemperatur wird mit einem Labor-Temperaturmessgerät bestimmt, das Fehlergrenzen von ± 0,25 % der Nennansprechtemperatur hat.

Die Sprinkler müssen in vertikaler Lage vollständig von mindestens 5 mm Flüssigkeit überdeckt werden. Der geometrische Mittelpunkt des Glasfasses oder des schmelzenden Elements darf nicht weniger als 35 mm unter dem Flüssigkeitsspiegel liegen und muss sich auf Höhe des Temperaturfühlers befinden.

ANMERKUNG 1   Der Temperaturunterschied in der Messzone sollte 0,25 °C nicht übersteigen.

ANMERKUNG 2   Der geometrische Mittelpunkt des Glasfasses oder des schmelzenden Elements und des Temperaturmessgerätes sollte vorzugsweise (40 ± 5) mm unterhalb der Flüssigkeitsoberfläche liegen.

Jeder Bruch eines Glasfasses im vorgeschriebenen Temperaturbereich ist als Auslösung zu werten.

Das Ansprechen der Sprinkler, das die Einbaulast nicht vollständig auslöst, macht zusätzliche Funktionsprüfungen für Sprinkler erforderlich (siehe 4.6.1 und Tabelle E.1, Spalte 2, für die Anzahl der Proben), die eine Nennansprechtemperatur haben, bei der der Ausfall auftritt.

Maße in Millimeter

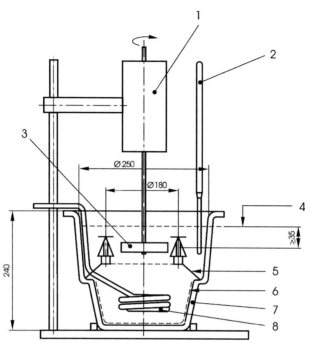

Legende
1 Rührwerk (150 1/min)
2 Temperaturmessgerät, kalibriert für Eintauchtiefe beim Prüfniveau
3 Doppelflügel 100 mm x 20 mm
4 Flüssigkeitsspiegel
5 Ring zur Aufnahme von 10 oder 15 Sprinklern
6 Gitternetz
7 Standard-Glasbehälter (7 l)
8 Tauchsieder

Bild B.1 — Ein typisches Flüssigkeitsbad

EN 12259-1:1999 + A1:2001 + A2:2004 + A3:2006 (D)

Anhang C
(normativ)

Wasserdurchflussprüfung

ANMERKUNG 1   Siehe 4.5.1.

Der Sprinkler und ein Druckmessgerät werden an einer Versorgungsleitung angebracht (siehe Bild C.1). Die Versorgungsleitung ist über das Entlüftungsventil zu entlüften. Der Volumenstrom wird bei hydraulischen Drücken von 0,5 bar bis 6,5 bar in Stufen von 1 bar ± 2 % entweder direkt gemessen oder durch Auffangen und Wiegen der Masse des Wassers ermittelt.

Die Fehlergrenze des Durchflussmessgerätes muss ± 2 % des gemessenen Wertes betragen.

Aus der folgenden Gleichung (C.1) ist der K-Faktor für jede Druckstufe zu errechnen:

$$K = \frac{Q}{\sqrt{P}} \qquad (C.1)$$

Dabei ist:

P Druck, in bar (bar);

Q Durchflussmenge, in Liter je Minute (l/min).

ANMERKUNG 2   Während der Prüfung sollten die Drücke für Differenzen der Höhe zwischen Messgerät und Austrittsdüse des Sprinklers korrigiert werden.

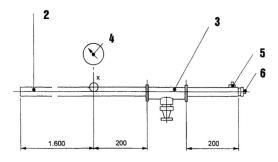

ANMERKUNG   Fehlergrenzen: Druckmessgerät: ± 2 %, Waage: ± 1 %

Legende
1 Bohrung
2 Stahlrohr mit DN 40, mittlere Reihe (nach ISO 65)
3 Fitting 10 mm, 25 mm, 20 mm oder 32 mm (nach ISO 49)
4 Druckmessgerät
5 Entlüftungsventil
6 Stopfen oder Kappe

Bild C.1 — Gerät für die Wasserdurchflussprüfung

Anhang D
(normativ)

Wasserverteilungsprüfung

ANMERKUNG Siehe 4.5.2.

D.1 Normal-, Schirm-, Flachschirm-Sprinkler (einschließlich Trocken-Sprinkler)

In einem Prüfraum, mit den Maßen wie in den Bildern D.1 bis D.4 gezeigt, werden 4 Sprinkler einer Sprinklerart an einer entsprechend vorbereiteten Rohrleitung angebracht. Die Anordnung der Rohre, Sprinkler und Behälter wird in den Bildern D.1 bis D.4 dargestellt. Die Haltearme der Sprinkler sind parallel zu den Versorgungsleitungen ausgerichtet.

Der Abstand zwischen Decke und Sprühteller beträgt für stehende Sprinkler (50 ± 5) mm und für hängende Sprinkler (275 ± 5) mm.

Bündige Deckensprinkler, verdeckte und zurückgesetzte Sprinkler werden in einer abgehängten Decke mit Maßen von mindestens (5 × 5) m eingebaut und in der Prüfkammer symmetrisch angeordnet. Die Sprinkler werden mit T- oder Winkelstücken in die horizontalen Rohrleitungen eingebaut.

Das Wasser aus den 4 Sprinklern wird für eine Dauer, die eine zufriedenstellende Gleichmäßigkeit der Messung sicherstellt, in quadratischen Messbehältern mit einer Kantenlänge von (500 ± 10) mm gesammelt. Das Volumen des Wassers oder der Masse wird gemessen oder berechnet; bei dieser Prüfung werden die Sprinkler in (2,7 ± 0,025) m Abstand zwischen Decke und Oberkante der Messbehälter angeordnet. Die Flachschirm-Sprinkler werden zusätzlich in (0,3 ± 0,025) m Abstand zwischen Decke und Oberkante der Messbehälter geprüft. Die Messbehälter werden nach den Bildern D.1 bis D.4 in der Mitte der Prüfkammer unterhalb der 4 Sprinkler aufgestellt.

Maße in Millimeter

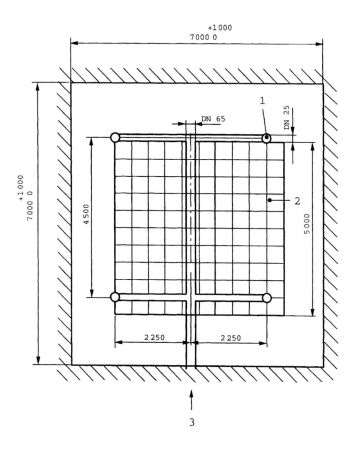

Legende
1 Sprinkler
2 Messbehälter
3 Wasserdurchfluss

Bild D.1 — Grundriss des Prüfraumes zur Ermittlung der Wasserverteilung (Messfläche 20,25 m^2)

Maße in Millimeter

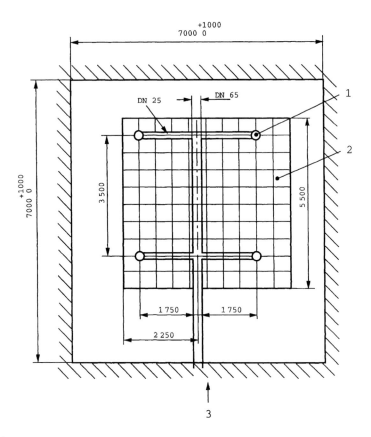

Legende
1 Sprinkler
2 Messbehälter
3 Wasserdurchfluss

Bild D.2 — Grundriss des Prüfraumes zur Ermittlung der Wasserverteilung (Messfläche 12,25 m^2)

Maße in Millimeter

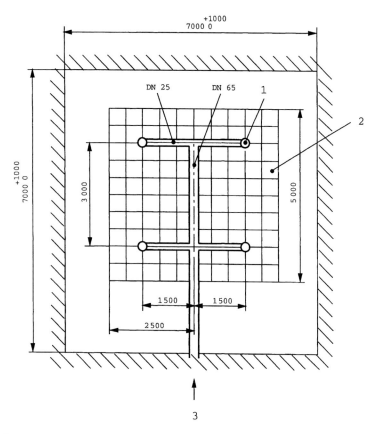

Legende
1 Sprinkler
2 Messbehälter
3 Wasserdurchfluss

Bild D.3 — Grundriss des Prüfraumes zur Ermittlung der Wasserverteilung (Messfläche 9 m²)

Maße in Millimeter

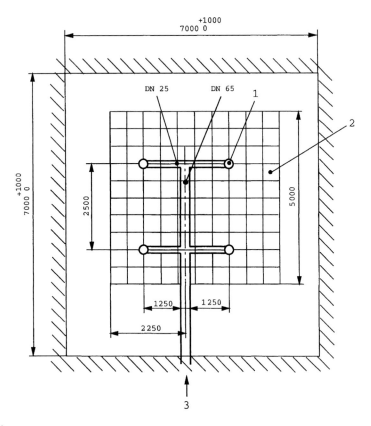

Legende
1 Sprinkler
2 Messbehälter
3 Wasserdurchfluss

Bild D.4 — Grundriss des Prüfraumes zur Ermittlung der Wasserverteilung (Messfläche 6,25 m^2)

D.2 Seitenwand-Sprinkler

In einer Prüfkammer, mit einer Abmessung von mindestens $3{,}2^{+0,3}_{0}$ m Höhe und einer Grundfläche, wie in Bild D.5 gezeigt, ist ein Sprinkler auf einem Verteilungsrohr zu montieren, das durch eine Wand hindurchgeht. Die Mittellinie des Sprinklers muss, wie in den Bild D.5 gezeigt, in (50 ± 5) mm Abstand von dieser Wand liegen. Stehende und horizontale Sprinkler sind so einzubauen, dass der Sprühteller (100 ± 5) mm Abstand zur Decke hat; hängende Sprinkler sind so anzubringen, dass sich der Sprühteller in 150^{+5}_{0} mm Abstand unter der Decke befindet. Es ist sicherzustellen, dass der Sprühteller von horizontalen Sprinklern (75 ± 25) mm Abstand von der Wand hat. Es ist sicherzustellen, dass die Mittellinie des Sprinklers (1 750 ± 25) mm von der benachbarten Wand entfernt ist. Alle Maße werden in den Bildern D.5 und D.6 gezeigt.

Das Wasser wird für eine Dauer von mindestens 120 s in quadratischen Messbehältern mit einer Kantenlänge von (500 ± 10) mm gesammelt; die Messbehälter werden so aufgestellt, dass sie eine Fläche mit den Nennmaßen (3 × 5) m bilden, wobei die Kanten (1,0 ± 0,025) m von den benachbarten Seitenwänden und 10 mm bis 30 mm von der Wand entfernt sind, an der sich der Sprinkler befindet.

Wenn der Sprinkler Wasser mit einer Durchflussrate von 60 l/min abgibt, wird das Wasser in Messbehältern gesammelt und gemessen, und die Höhe der Grenzlinie zwischen dem besprühten und dem unbesprühten Bereich der benachbarten und der gegenüberliegenden Wände wird am niedrigsten Punkt gemessen.

Es werden die Wasserbeaufschlagung sowie die Benetzungsfläche ermittelt, die beim Einsatz von 2 Sprinklern entstehen würden und die sich durch zwei in einem horizontalen Abstand von 3,5 m zueinander installierten Sprinklern ergibt. Die Berechnung erfolgt durch Überlappung der Messergebnisse von einem Sprinkler.

Maße in Millimeter

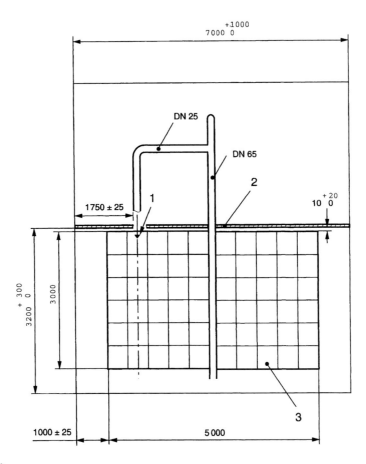

Legende
1   Sprinkler (Einzelheit siehe Bild D.6)
2   Wand
3   Messbehälter

Bild D.5 — Grundriss des Prüfraumes zur Ermittlung der Wasserverteilung für Seitenwand-Sprinkler

Maße in Millimeter

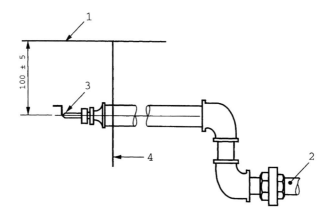

a) Horizontaler Seitenwand-Sprinkler

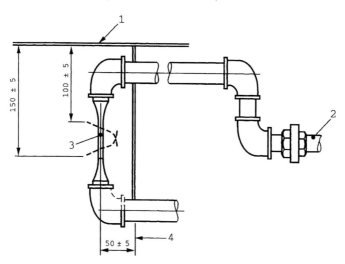

b) Stehender und hängender Seitenwand-Sprinkler

Legende
1 Decke
2 DN 25 (nach ISO 65)
3 Seitenwand-Sprinkler
4 Wand

Bild D.6 — Einbaulage des Seitenwand-Sprinklers bei Prüfungen der Wasserverteilung

D.3 Wasseraufteilungsprüfung

D.3.1 Allgemeines

Die Sprinkler werden horizontal in das Prüfgerät eingebaut, dessen wesentliche Merkmale in Bild D.7 dargestellt werden. Die Anordnung der Sprinkler erfolgt nach D.3.2 oder D.3.3. Die Sprinkler werden bei den in Tabelle D.1 angegebenen Volumenströmen geprüft. Nach einer Prüfdauer von mindestens 60 s wird das Volumen des in allen Messbehältern des Prüfgerätes gesammelten Wassers gemessen.

Tabelle D.1 — Wasserdurchflussparameter

Nenndurchmesser der Düse	Volumenstrom am Sprinkler
mm	l/min
10	50
15	60
20	90

Maße in Millimeter

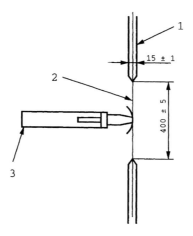

a) Einbaulage des Sprinklers

(Einbaulage von Flachschirm-Sprinklern siehe Bild D.8)

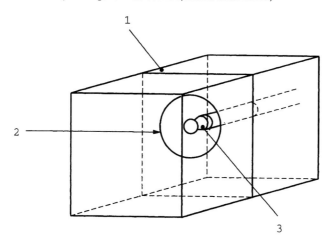

b) Prüfeinrichtung

Legende
1 Trennwand (15 mm ± 1 mm dick)
2 Kreisförmiges Loch (400 mm ± 5 mm Durchmesser), Kanten angefast
3 Sprinkler, mittig im Loch angeordnet, Sprühteller auf der Höhe der Mitte der Trennwand

Bild D.7 — Einrichtung für Wasserauftelungsprüfung

D.3.2 Alle Sprinkler außer Flachschirm-Sprinkler

Der Sprühteller wird im Prüfgerät so angeordnet, dass die theoretische Trennlinie zwischen den beiden aufgefangenen Volumina die Sprinklerachse in einem Punkt schneidet, in dem der Weg des versprühten Wassers im wesentlichen parallel zur Trennebene ist.

D.3.3 Flachschirm-Sprinkler

Der Sprühteller des Flachschirm-Sprinklers wird nach Bild D.8 angeordnet.

Maße in Millimeter

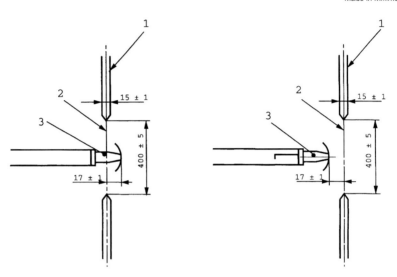

a) Hängender Flachschirm-Sprinkler b) Stehender Flachschirm-Sprinkler

Legende
1 Trennwand
2 Kreisförmiges Loch
3 Sprinkler

Bild D.8 — Einbaulage des Flachschirm-Sprinklers für Prüfungen der Wasseraufteilung

Anhang E
(normativ)

Funktionsprüfung

ANMERKUNG Siehe 4.6.

E.1 Die Sprinkler, einschließlich der Trocken-Sprinkler, die in dem bei der Funktionsprüfung verwendeten Funktionsofen nach Bild E.1 untergebracht werden können, werden erwärmt. Während der Erwärmung werden die Sprinkler dem in Tabelle E.1 angegebenen hydraulischen Druck am Gewindeanschluss ausgesetzt. Die Temperatur am Sprinkler wird auf (400 ± 20) °C in höchstens 3 min erhöht.

Sprinkler mit höheren Nennauslösetemperaturen, die im Funktionsofen untergebracht werden können, und längere Trocken-Sprinkler werden mit einer geeigneten Wärmequelle erwärmt. Die Erwärmung wird fortgesetzt, bis der Sprinkler öffnet.

Jede Sprinklerart und -größe wird in allen üblichen Einbaulagen und bei dem Druck geprüft, der in Tabelle E.1 angegeben wird. Für jede Temperaturstufe müssen mindestens 11 Sprinkler geprüft werden.

Tabelle E.1 — Parameter der Funktionsprüfung

Prüfdruck bar	Zu prüfende Mindestmenge	Minimum für jede Ansprechtemperatur	Maximal zulässige Anzahl von hängenbleibenden Verschlussteilen
0,35 ± 0,05	12	3	1 von 12
3,5 ± 0,1	16	4	1 von 32
12,0 ± 0,1	16	4	

Der Durchflussdruck muss mindestens 75 % des ursprünglichen Wasserversorgungsdruckes betragen. Die Temperatur im Funktionsofen wird in der Nähe des Sprinklers gemessen.

Es wird davon ausgegangen, dass hängenbleibende Verschlussteile vorhanden sind, wenn eines oder mehrere der beim Auslösen freigegebenen Teile im Sprühteller-Rahmen so stecken bleiben, dass die Wasserverteilung für eine Dauer von mehr als 1 min merklich behindert wird.

E.2 Zur Prüfung der Festigkeit des Sprühtellers wird der Durchfluss durch den Sprinkler bei einem Druck von (12 ± 0,1) bar untersucht. Dabei fließt das Wasser für eine Dauer von (45^{+1}_{0}) min unter einem Druck von (12 ± 0,1) bar.

E.3 Funktions-Kontrollprüfung

Die Sprinkler einschließlich der Trocken-Sprinkler, die im Funktionsofen für die Funktionsprüfung nach Bild E.1 untergebracht werden können, werden erwärmt. Die Temperatur am Sprinkler wird mit einer Geschwindigkeit erhöht, so dass nach höchstens 3 min (400 ± 20) °C erreicht werden.

Trocken-Sprinkler, die im Funktionsofen nicht untergebracht werden können, werden mit einer geeigneten Wärmequelle erwärmt. Die Erwärmung wird fortgeführt, bis der Sprinkler öffnet.

Wenn für den jeweiligen Prüfablauf nicht anders festgelegt, beträgt der hydraulische Druck während der Erwärmung am Sprinklereintritt (0,35 ± 0,05) bar.

Es werden Art, Größe und Anzahl der im jeweiligen Prüfverfahren festgelegten Sprinkler geprüft, um festzustellen, ob die Prüfkriterien erfüllt werden.

Maße in Millimeter

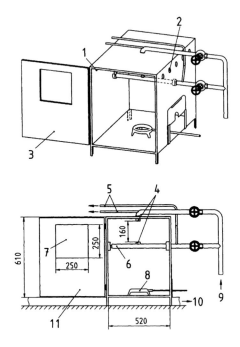

Legende
1 Belüftungslöcher
2 Belüftungslöcher
3 Schiebe- oder Pendeltür
4 Gewindeanschluss für Sprinkler
5 Zuleitung zum Druckmessgerät
6 Abnehmbares Rohr für stehende Sprinkler
7 Fenster
8 Wärmequelle
9 Wasserversorgung
10 Wasserabführung
11 Schiebe- oder Pendeltür

Bild E.1 — Beispiel für einen Funktionsofen

EN 12259-1:1999 + A1:2001 + A2:2004 + A3:2006 (D)

Anhang F
(normativ)

Festigkeitsprüfungen für Sprinklerkörper und Sprühteller

ANMERKUNG   Siehe 4.7.

F.1   Die Vorspannkraft wird ermittelt, indem der Sprinkler fest in eine Zug-/Druckprüfmaschine eingebaut und ein hydraulischer Druck aufgebracht wird, der am Eintritt (12 ± 0,1) bar entspricht.

Es wird eine Anzeigeeinrichtung verwendet, mit der jede Änderung der Länge des Sprinklergehäuses im Messbereich auf 0,001 mm abgelesen werden kann. Das Gewinde am Sprinklerschaft sollte nach Möglichkeit so in die Gewindebuchse der Prüfmaschine eingeschraubt werden, dass jede Bewegung vermieden oder aber entsprechend berücksichtigt wird.

Nach Bild F.1 ist die Anzeigeeinrichtung des Messgerätes auf Null zu stellen.

Der hydraulische Druck wird abgelassen und das thermische Auslöseelement des Sprinklers nach einem geeigneten Verfahren entfernt. Wird hierzu Wärme eingesetzt, muss der Sprinkler vor weiteren Prüfungen Raumtemperatur erreicht haben.

Dann wird auf den Sprinkler mit einer Laststeigung von maximal 5 000 N/min eine zunehmende mechanische Belastung aufgebracht, bis die Anzeigeeinrichtung über dem Sprühteller des Sprinklers zu dem Anfangswert zurückkehrt, der unter dem oben angegebenen hydraulischen Druck erreicht wurde. Die dafür notwendige mechanische Last ist die Vorspannkraft, die aufgezeichnet wird. Diese Prüfung wird an 5 Sprinklern durchgeführt, und der arithmetische Mittelwert der Ergebnisse ist die mittlere Vorspannkraft.

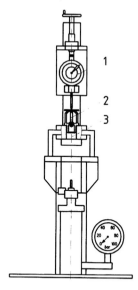

Legende
1   Messgerät zur Längenänderung
2   Sprinkler
3   Sprinklerbefestigung (Sprinkler-Eintrittsdruck (12 ± 0,1) bar)

Bild F.1 — Beispiel für eine Zug-/Druckprüfmaschine

Die aufgebrachte Belastung wird allmählich mit einer Geschwindigkeit von maximal 5 000 N/min erhöht, bis eine Verdopplung der mittleren Vorspannkraft erreicht wurde. Diese Last wird (15 ± 5) s beibehalten.

Die Last wird entfernt und die plastische Verlängerung des Sprinklergehäuses gemessen.

F.2 Es wird eine Kraft von ($70^{+10}_{\ 0}$) N mit Hilfe einer flachen Metallplatte auf den Sprühteller aufgebracht, wobei der Kontakt Metallplatte/Sprühteller mindestens auf einer Länge von ($15^{+5}_{\ 0}$) mm erfolgt, und der Sprühteller wird auf bleibende Verformung untersucht.

ANMERKUNG   Diese Kraft sollte nicht nur auf die Sprühtellerzacken aufgebracht werden.

EN 12259-1:1999 + A1:2001 + A2:2004 + A3:2006 (D)

Anhang G
(normativ)

Festigkeitsprüfung der Auslöseelemente

ANMERKUNG   Siehe 4.8.

G.1 Glasfässer

Mindestens 55 Glasfässer gleicher Konstruktion und gleichen Typs, die aus ein und derselben Charge stammen, werden einzeln und mittels der im Sprinkler hierfür verwendeten Teile in einer Prüfeinrichtung fixiert. Im Anschluss wird jedes Glasfass in der Prüfeinrichtung einer Kraft ausgesetzt. Die Kraft wird gleichförmig mit nicht mehr als (250 ± 25) N/s erhöht, bis der Bruch eintritt.

Die Glasfassaufnahmen dürfen extern unterstützt werden. Sie dürfen auch aus gehärtetem Stahl mit Rockwell Härte (44 ± 6) (HRC) sein. Sie dürfen jedoch das Versagen des Glasfasses nicht beeinflussen und müssen mit den Spezifikationen des Sprinklerherstellers übereinstimmen. Falls Standardaufnahmen des Sprinklerherstellers verwendet werden, müssen für jede Prüfung der Glasfassfestigkeit neue Aufnahmen verwendet werden.

Für die Auswertung werden die 50 niedrigsten Messwerte der 55 Messungen verwendet. Mit der folgenden Gleichung wird die mittlere Bruchlast der Sprinkler berechnet:

$$\bar{x}_1 = \frac{\sum x_1}{n} \tag{G.1}$$

Dabei ist

$\bar{x}_1$ die mittlere Bruchlast der Glasfässer

x_1 der einzelne Messwert der Prüfung der Glasfassfestigkeit

n die Anzahl der Prüfmuster

Anschließend wird die Standardabweichung wie folgt berechnet:

$$S_1 = \sqrt{\frac{\sum_{i=1}^{n}(x_1 - \bar{x}_1)^2}{n-1}} \tag{G.2}$$

Dabei ist

S_1 die   Standardabweichung in Newton (N)

Anschließend wird die untere Toleranzgrenze der Glasfassbruchlast (LTL) mit der folgenden Gleichung berechnet:

$$LTL = \bar{x}_1 - K_1 S_1 \tag{G.3}$$

Dabei ist

K_1 der K-Wert für Normalverteilungen gemäß der Anzahl der geprüften Glasfässer, siehe Tabelle G.1

Tabelle G.1 — K-Werte zur Berechnung einseitiger Toleranzgrenzen bei Normalverteilungen

n	K
10	5,075
15	4,224
20	3,832
25	3,601
30	3,446
35	3,334
40	3,250
45	3,181
50	3,124
ANMERKUNG K-Werte für Glasfässer für einen Vertrauenskoeffizienten von 0,99 für 99 Prozent der Prüfmuster	

Aus den Werten der Einbaulast, die in F.1 gemessen wurden, wird mit folgender Gleichung die mittlere Einbaulast berechnet:

$$\bar{x}_2 = \frac{\sum x_2}{n_2} \tag{G.4}$$

Dabei ist

$\bar{x}_2$ die mittlere Einbaulast;

x_2 der einzelne Messwert der Prüfung der Einbaulast;

n_2 die Anzahl der Prüfmuster für Einbaulast.

Anschließend wird die Standardabweichung der Einbaulast mit folgender Gleichung berechnet:

$$S_2 = \sqrt{\frac{\sum_{i=1}^{n_2}(x_2 - \bar{x}_2)^2}{n_2 - 1}} \tag{G.5}$$

Dabei ist

S_2 die Standardabweichung der Einbaulast.

Anschließend wird die obere Toleranzgrenze (UTL) mit der folgenden Gleichung berechnet:

$$UTL = \bar{x}_2 + K_2 S_2 \tag{G.6}$$

Dabei ist

K_2 der K-Wert für Normalverteilungen gemäß der Anzahl der geprüften Prüfmuster für Einbaulast, siehe Tabelle G1

Anschließend wird die Übereinstimmung mit 4.8.1 überprüft.

G.2 Schmelzelemente

Die Schmelzelemente werden einer oberhalb der Vorspannkraft (L_d) liegenden konstanten Last ausgesetzt, so dass sie nach etwa 1 000 h auslösen. Die Prüfung ist an mindestens zehn Schmelzelementen unter unterschiedlichen konstanten Lasten durchzuführen, die nicht das 15fache der maximalen Vorspannkraft überschreiten, und wobei außergewöhnliche Ausfälle nicht berücksichtigt werden. Unter Anwendung der in diesen Prüfungen ermittelten Zeiten über den Ausfallwerten/Belastungen wird eine doppelt logarithmische Regressionskurve unter Anwendung der Methode der kleinsten Quadrate aufgetragen und aus ihr die Last bis zum Ausfall bei 1 h (L_0) und 1 000 h (L_m) errechnet, wobei gilt:

$$L_d \leq 1{,}02 \frac{L_m^2}{L_0} \tag{G.7}$$

Die Temperatur der vor der Prüfung durchzuführenden Klimatisierung der Proben beträgt ebenso wie die Prüftemperatur (20 ± 3) °C.

EN 12259-1:1999 + A1:2001 + A2:2004 + A3:2006 (D)

Anhang H
(normativ)

Dichtheitsprüfung

ANMERKUNG Siehe 4.9.

Die Sprinkler werden mit einem Druck von (30 ± 1) bar beaufschlagt. Der Druck wird mit einem Druckanstieg von höchstens 1 bar/s von Null auf (30 ± 1) bar erhöht; der Druck von (30 ± 1) bar wird für eine Dauer von (3_{0}^{+1}) min beibehalten und dann auf 0 bar verringert, nachdem ein Druck von 0 bar erreicht wurde, wird der Druck in höchstens 5 s auf (0,5 ± 0,1) bar erhöht. Dieser Druck wird für (15_{0}^{+5}) s beibehalten, dann mit einem Druckanstieg von höchstens 1 bar/s auf (10 ± 0,5) bar erhöht und (15_{0}^{+5}) s beibehalten. Während der Prüfung wird der Sprinkler auf Undichtheit untersucht.

EN 12259-1:1999 + A1:2001 + A2:2004 + A3:2006 (D)

Anhang I
(normativ)

Prüfung unter Wärmebeanspruchung

ANMERKUNG Siehe 4.10.

I.1 Alterungsprüfung (unbeschichtete Sprinkler)

12 unbeschichtete Sprinkler werden für eine Dauer von $(90^{+1}_{\ 0})$ Tagen in einer Wärmekammer bei einer Prüf-Temperatur beansprucht, die $(11^{+2}_{\ 0})$ °C unter der Nennauslösetemperatur liegt oder bei der in Tabelle I.1 angegebenen Prüf-Temperatur, falls diese niedriger ist, jedoch nicht unter 49 °C. Falls die Vorspannkraft vom Wasserversorgungsdruck abhängig ist, wird während der Prüfung ein Eintrittsdruck von (12 ± 0,1) bar aufgebracht. Nach der Beanspruchung werden die Sprinkler auf Umgebungstemperatur abgekühlt, und anschließend werden jeweils vier Sprinkler nach den Prüfverfahren in den Anhängen E.3, B und H geprüft. Wenn ein oder mehr als ein Sprinkler die Prüfung nicht besteht, werden mindestens acht zusätzliche Sprinkler wie oben beschrieben durch Wärme beansprucht und erneut der nicht bestandenen Prüfung unterzogen. Alle zusätzlichen Sprinkler müssen die Prüfung bestehen.

Tabelle I.1 — Prüfung unter Wärmebeanspruchung

Nennauslösetemperatur °C	Prüftemperatur °C
57 bis 60	49
61 bis 77	52
78 bis 107	79
108 bis 149	121
150 bis 191	149
192 bis 246	191
247 bis 302	246
303 bis 343	302

I.2 Alterungsprüfung (Beschichtete Sprinkler)

12 beschichtete Sprinkler werden für eine Dauer von $(90^{+1}_{\ 0})$ Tagen in einer Wärmekammer bei einer Temperatur von $(30^{+5}_{\ 0})$ °C unter der Nennauslösetemperatur beansprucht. In Abständen von 7 Tagen werden die Sprinkler aus der Wärmekammer entnommen, 2 h bis 4 h abgekühlt, und dann wird die Beschichtung mit bloßem, im Bedarfsfall auf normales Sehvermögen korrigiertem Auge untersucht. Die Sprinkler werden in die Wärmekammer zurückgelegt. Am Ende der Beanspruchungsdauer werden die Sprinkler aus der Wärmekammer entnommen, wieder abgekühlt, und die Beschichtung wird erneut untersucht.

I.3 Ermüdungsprüfungen von Glasfass-Sprinklern

4 Sprinkler werden in ein Flüssigkeitsbad eingetaucht. Für Sprinkler mit einer Nennauslösetemperatur von 80 °C oder weniger wird Wasser (vorzugsweise destilliertes Wasser) verwendet, während für Sprinkler mit einer Nennauslösetemperatur über 80 °C raffiniertes Öl benutzt wird. Die Temperatur im Flüssigkeitsbad wird mit einer Geschwindigkeit von höchstens 20 °C/min von (20 ± 5) °C auf eine Temperatur erhöht, die (20 ± 5) °C unter der Nennauslösetemperatur der Sprinkler liegt.

Dann wird die Temperatur mit einer Geschwindigkeit von höchstens 1 °C/min auf die Temperatur erhöht, bei der die Gasblase im Glasfass verschwindet. Verschwindet die Gasblase nicht, wird die Temperatur bis auf $(5^{+2}_{\ 0})$ °C unter der Nennauslösetemperatur erhöht. Die Sprinkler werden aus dem Flüssigkeitsbad entnommen und in Luft abgekühlt, bis sich erneut Gasblasen bilden. Während der Abkühlung ist sicherzustellen, dass das (abgedichtete) spitze Ende des Glasfasses nach unten zeigt. An jedem der 4 Sprinkler wird diese Prüfung viermal durchgeführt.

EN 12259-1:1999 + A1:2001 + A2:2004 + A3:2006 (D)

Anhang J
(normativ)

Prüfung der Temperaturschockbeständigkeit von Glasfass-Sprinklern

ANMERKUNG Siehe 4.11.

Vor Beginn der Prüfung ist sicherzustellen, dass die Sprinkler eine Temperatur von (20 ± 5) °C erreicht haben.

4 Sprinkler werden in ein Flüssigkeitsbad eingetaucht, das eine Temperatur von (10 ± 2) °C unter der Nennauslösetemperatur der Sprinkler hat. Nach ($5 \, ^{+1}_{0}$) min werden die Sprinkler aus dem Bad entnommen und unmittelbar danach mit der Glasfassspitze nach unten in ein anderes Flüssigkeitsbad mit einer Temperatur von (10 ± 1) °C eingetaucht. Die ausgelösten Sprinkler werden auf einwandfreies Öffnen untersucht. Die nicht geöffneten Sprinkler werden einer Funktionsprüfung nach E.3 unterzogen.

EN 12259-1:1999 + A1:2001 + A2:2004 + A3:2006 (D)

Anhang K
(normativ)

Korrosionsprüfungen

ANMERKUNG   Siehe 4.12.

K.1 Spannungsrisskorrosionsprüfung

K.1.1 Reagenzien

Wässrige Ammoniaklösung, Dichte 0,94 g/cm^3.

K.1.2 Gerät

Glasbehälter mit einem Fassungsvermögen von 0,01 m^3 bis 0,03 m^3, der mit einem abdichtbaren Deckel, mit einer Einrichtung zur Aufnahme der Sprinkler während der Prüfung versehen und so konstruiert ist, dass kein Kondensat auf die Sprinkler tropft; außerdem enthält der Glasbehälter ein Kapillarrohr mit einer Entlüftung zur Atmosphäre, um den Aufbau von Druck zu verhindern.

K.1.3 Durchführung

Die wässrige Ammoniaklösung wird so in den Behälter gefüllt, dass sich bei einem Behälterfassungsvermögen von 0,01 ml/cm^3 im Behälter eine Atmosphäre ergibt, die aus etwa 35 % Ammoniak, 5 % Wasserdampf und 60 % Luft besteht.

Es werden 6 Sprinkler geprüft. Sie werden entfettet, der Gewindeanschluss jedes Sprinklers wird mit einer Kappe aus einem nicht reaktionsfähigen Material, z. B. aus Kunststoff, verschlossen und so im Behälter untergebracht, dass sie sich etwa 40 mm über der Ammoniaklösung befinden.

Die Behälter werden verschlossen und für ($10 \, ^{+0,25}_{0}$) Tage bei einer Temperatur von (34 ± 2) °C gehalten. Um den Flüssigkeitsstand beizubehalten, wird ab und zu Ammoniaklösung aufgefüllt.

Nach der Beanspruchung werden die Sprinkler gespült und getrocknet, und es erfolgt eine eingehende Sichtprüfung. Falls ein bewegliches Teil reißt, abblättert oder ausfällt, werden die oder der Sprinkler für eine Dauer von ($1 \, ^{+0,25}_{0}$) min bei (12 ± 0,1) bar einer Dichtheitsprüfung nach Anhang H unterzogen. Auf die Dichtheitsprüfung folgt eine Funktionsprüfung des Sprinklers nach E.3 bei einem Eintrittsdruck des Wassers von (0,35 ± 0,05) bar.

Die Sprinkler, bei denen ein Teil des Körpers reißt, abblättert oder ausfällt, werden nach Demontage des Auslösemechanismus ($1 \, ^{+0,25}_{0}$) min einem Durchflussdruck von (12 ± 0,1) bar ausgesetzt und auf sichtbare Abtrennungen dauernd angebrachter Teilen untersucht.

K.2 Schwefeldioxid-Korrosionsprüfung

K.2.1 Reagenzien für den 5-l-Behälter

K.2.1.1   (500 ± 5) ml einer wässrigen Lösung von Natriumthiosulfat mit einer Stoffmengenkonzentration von (0,161 ± 0,001) M.

EN 12259-1:1999 + A1:2001 + A2:2004 + A3:2006 (D)

ANMERKUNG   Sie darf angesetzt werden, indem in einem Messkolben (20 ± 0,1) g analysenreine Natriumthiosulfat-Pentahydrat-Kristalle ($Na_2S_2O_3$ x 5 H_2O) mit destilliertem oder entionisiertem Wasser von 20 °C auf 500 ml aufgefüllt werden.

K.2.1.2   (1 000 ± 5) ml verdünnte wässrige Schwefelsäure mit einer Stoffmengenkonzentration von (0,078 ± 0,005) M.

ANMERKUNG   Sie darf angesetzt werden, indem in einem Messkolben (156 ± 1) ml analysenreine 0,5-M-Schwefelsäurelösung mit einer Stoffmengenkonzentration von 0,5 M mit destilliertem oder entionisiertem Wasser von 20 °C auf 1 000 ml aufgefüllt werden.

K.2.2 Gerät

Glasbehälter nach Bild K.1 mit einem Fassungsvermögen von 5 l oder 10 l, aus wärmebeständigem Glas mit einem korrosionsbeständigem Deckel, der so geformt ist, dass während der Prüfung kein Kondensat auf die Sprinkler tropft, verbunden mit einer Kühlwendel zur Kühlung der Seitenwände des Behälters, wie in Bild K.1 angegeben, und mit einer elektrischen Heizeinrichtung, die durch einen Temperaturfühler geregelt wird, der mittig (160 ± 20) mm über dem Boden des Behälters angeordnet wird.

ANMERKUNG   Falls ein 10-l-Behälter verwendet wird, sind die in K.2.1 angegebenen Volumina für Natriumthiosulfat und Schwefelsäure zu verdoppeln.

K.2.3 Durchführung

6 Sprinkler werden nacheinander für eine Dauer von zweimal acht Tagen nacheinander beansprucht. Die Natriumthiosulfatlösung wird in den Behälter überführt. Die Gewindeanschlussseite jedes Sprinklers wird mit einer Kappe aus einem nicht reaktionsfähigen Material, z. B. Kunststoff, verschlossen, und die Sprinkler werden unterhalb des Deckels frei hängend in der üblichen Einbaulage in den Behälter eingebracht. Es werden die Temperatur im Behälter auf (45 ± 3) °C und der Wasserdurchfluss durch die Kühlwendel so eingestellt, dass sich am Austritt eine Temperatur unter 30 °C ergibt. Die angegebenen Temperaturen sind während der Prüfung einzuhalten.

ANMERKUNG   Bei dieser Temperaturkombination wird Kondensation auf den Sprinkleroberflächen begünstigt.

Jeden Tag werden dem Behälter (20 ± 0,5) ml verdünnte Schwefelsäure zugefügt. Nach ($8 \, {}^{+0,25}_{0}$) Tagen werden die Sprinkler aus dem Behälter, der geleert und gereinigt wird, entnommen. Der beschriebene Ablauf wird für eine weitere Dauer von ($8 \, {}^{+0,25}_{0}$) Tagen wiederholt.

Nach insgesamt ($16 \, {}^{+0,5}_{0}$) Tagen werden die Sprinkler aus dem Behälter entnommen; sie dürfen ($7 \, {}^{+0,25}_{0}$) Tage bei einer Temperatur von höchstens 35 °C und bei einer relativen Luftfeuchte von höchstens 70 % trocknen.

Nach Beendigung der Trocknungsperiode werden die Sprinkler einer Funktionsprüfung nach E.3 unterzogen.

Maße in Millimeter

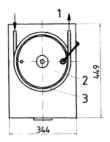

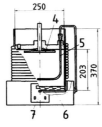

Legende
1 Glasbehälter
2 Deckel aus Polymethymethacrylat (PMMA)
3 Kühlwendel
4 Verstellbare Spannplatte aus Polymethymethacrylat (PMMA) zur Befestigung der Proben
5 Sonde aus Platin
6 Heizelement
7 Temperaturanzeige und Kontrolle des Sollwertes

Bild K.1 — Beispiel für einen Behälter für die Schwefeldioxid-Korrosionsprüfung

K.3 Salzsprühnebel-Korrosionsprüfung

K.3.1 Reagenzien

Natriumchloridlösung, die aus Natriumchlorid in destilliertem Wasser mit einem Massenanteil von (20 ± 1) %, pH-Wert zwischen 6,5 und 7,2 besteht und bei (35 ± 2) °C eine Dichte zwischen 1,126 g/ml und 1,157 g/ml hat.

K.3.2 Gerät

Nebelkammer mit einem Fassungsvermögen von mindestens 0,43 m^3, mit einem Rückführbehälter und Düsen zum Versprühen einer Salzlösung sowie mit Einrichtungen zur Probenahme und zur Kontrolle des Klimas in der Kammer.

K.3.3 Durchführung

Es werden 5 Sprinkler geprüft. Jeder Sprinkler wird mit entionisiertem Wasser gefüllt, und die Wassereintrittsöffnung wird mit einer Kunststoffkappe verschlossen. Die Sprinkler werden in der Versuchskammer in ihrer üblichen Einbaulage untergebracht und durch die Düsen bei einem Druck zwischen 0,7 bar und 1,7 bar mit Natriumchloridlösung besprüht, während im Bereich der Salzsprühnebel-Beanspruchung eine Temperatur von $(35 \pm 2)\,°C$ eingehalten wird. Die aus den Sprinklern austretende Lösung muss aufgefangen werden; sie darf dem Rückführkreislauf nicht zurückgeführt werden.

Der Salzsprühnebel wird an mindestens zwei Stellen im beanspruchten Bereich aufgefangen, und sowohl die Salzsprühnebelmenge als auch die Salzkonzentration werden gemessen. Für jeweils 80 cm^3 des Aufnahmebereiches ist für eine Dauer von (16 $^{+0,25}_{0}$) h eine Entnahmegeschwindigkeit zwischen 1 ml/h und 2 ml/h sicherzustellen.

Sprinkler, die für den Einbau unter üblichen Klimabedingungen vorgesehen sind, werden für eine Dauer von (10 $^{+0,25}_{0}$) Tagen beansprucht.

Sprinkler, deren Einsatz unter korrosiven Umgebungsbedingungen vorgesehen ist, werden für eine Dauer von (30 $^{+0,5}_{0}$) Tagen beansprucht.

Nach der Beanspruchung werden die Sprinkler aus der Versuchskammer entnommen und (7 $^{+0,25}_{0}$) Tage bei einer Temperatur von maximal 35 °C und einer relativen Luftfeuchte von maximal 70 % getrocknet. Nach Beendigung der Trocknung werden die Sprinkler einer Funktionsprüfung nach E.3 unterzogen.

K.4 Klimaprüfung in feuchter Luft

Es werden 5 Sprinkler geprüft. Die Sprinkler werden an einer Rohrverzweigung angebracht, die entionisiertes Wasser enthält. Die gesamte Rohrverzweigung wird bei einer Temperatur von $(95 \pm 4)\,°C$ und einer relativen Luftfeuchte von $(98 \pm 2)\,\%$ für eine Dauer von (90 $^{+1}_{0}$) Tagen in einem Klimaschrank untergebracht.

Nach dieser Dauer werden die Sprinkler aus dem Klimaschrank entnommen und einer Funktionsprüfung nach E.3 unterzogen.

ANMERKUNG   Nach Wahl des Lieferers dürfen für diese Prüfung zusätzliche Proben geliefert werden, um einen frühen Ausfall eindeutig nachzuweisen. Die zusätzlichen Proben dürfen in Abständen von (30 ± 1) Tagen aus der Prüfkammer entnommen und geprüft werden.

Anhang L
(normativ)

Prüfungen zur Beurteilung der Sprinklerbeschichtungen

ANMERKUNG   Siehe 4.13.

L.1 Verdampfungsprüfung

(50 ± 5) cm³ einer Probe des Beschichtungsmaterials aus Wachs oder Bitumen werden gewogen und in einen zylindrischen Metall- oder Glasbehälter mit flachem Boden, einem Innendurchmesser von (55 ± 1) mm und einer Innenhöhe von (35 ± 1) mm überführt.

Der Behälter kommt ohne Deckel in eine Wärmekammer mit automatischer Temperaturregelung und Luftumlauf. Die Temperatur in der Wärmekammer wird auf ($16 \, ^{+2}_{0}$) °C unter der Nennauslösetemperatur des Sprinklers eingestellt, wobei jedoch die Mindesttemperatur 50 °C betragen muss.

Nach ($90 \, ^{+1}_{0}$) Tagen wird die Probe aus der Wärmekammer entnommen und gewogen.

L.2 Prüfung bei niedriger Temperatur

Es werden fünf nach üblichen Herstellungsverfahren beschichtete Sprinkler geprüft. Die Sprinkler werden in eine Kühlkammer mit automatischer Temperaturregelung gebracht. Die Temperatur wird für eine Dauer von ($24 \, ^{+1}_{0}$) h auf (- 10 ± 3) °C eingestellt. Nach der Entnahme aus der Kühlkammer werden die Sprinkler der Umgebungstemperatur angeglichen, und die Beschichtung wird mit dem bloßen, im Bedarfsfall auf normales Sehvermögen korrigierten Auge untersucht.

Anhang M
(normativ)

Wasserschlagprüfung

ANMERKUNG   Siehe 4.14.

Es werden 5 Sprinkler, die in ihrer üblichen Einbaulage in das Prüfgerät eingebaut sind, geprüft. Das Prüfgerät wird mit Wasser gefüllt und die gesamte Luft so abgeführt, dass auch in der Düse des Sprinklers keine Luft mehr eingeschlossen ist. Auf die Sprinkler wird nun eine zyklische Druckbeanspruchung ausgeübt, die mit einem Druckanstieg von ($45\,^{+10}_{-5}$) bar/s von (4 ± 2) bar auf ($25\,^{+5}_{0}$) bar erhöht wird; dann wird der Druck wieder auf (4 ± 2) bar verringert. Dieser Druckzyklus muss mit ($15\,^{+5}_{0}$) Zyklen je Minute ($3\,000\,^{+100}_{0}$)mal wiederholt werden. Die Druckänderungen über der Zeit müssen gemessen und aufgezeichnet werden. Jeder Sprinkler ist visuell auf Undichtheiten zu untersuchen. Anschließend werden die 5 Sprinkler nach E.3 geprüft.

EN 12259-1:1999 + A1:2001 + A2:2004 + A3:2006 (D)

Anhang N
(normativ)

Prüfungen der dynamischen Ansprechempfindlichkeit

ANMERKUNG   Siehe 4.15 und Literaturhinweise.

N.1 Allgemeines

Es werden fünf Sprinkler nach N.2 und eine zweite Serie von fünf Sprinklern nach N.3 in jeder beschriebenen Ausrichtung in einem Windkanal mit einem Querschnitt von (270 ± 40) mm Breite und (150 ± 10) mm Tiefe geprüft.

Der Windkanal muss so gestaltet sein, dass sich die für Sprinkler mit einer Nennauslösetemperatur bis 74 °C unter dem Einfluss von Wärmestrahlung gemessenen *RTI*-Werte um höchstens 3 % verändern.

ANMERKUNG 1   Zur Bestimmung der Effekte durch Wärmestrahlung werden vergleichende Strömungsprüfungen an einer geschwärzten (hohes Emissionsvermögen) und einer polierten (geringes Emissionsvermögen) metallischen Probe vorgeschlagen.

ANMERKUNG 2   Informationen zu Parametern der dynamischen Ansprechempfindlichkeit werden im Anhang T gegeben.

Das Gewinde des Sprinklers wird mit einem PTFE-Dichtungsstreifen umwickelt und mit einem Drehmoment von (15 ± 3) Nm in eine Spannvorrichtung geschraubt. Vorrichtung und Sprinklerdüse werden mit Wasser gefüllt.

N.2 Messung des Wärmeleitfaktors *C*

Die Einbautemperatur wird für die Prüfdauer bei (30 ± 2) °C gehalten. Der Sprinkler wird in der Standard-Ausrichtung in den Querschnitt des Windkanals eingetaucht (siehe Bild N.1 a)), der zuvor auf eine konstante Luftströmungsgeschwindigkeit von (1 ± 0,1) m/s und eine Anfangs-Lufttemperatur eingestellt wurde, die der Nennauslösetemperatur des Sprinklers entspricht.

Die Lufttemperatur wird mit einer Anstiegsgeschwindigkeit von 1 °C/min mit höchstens ± 3 °C Temperaturschwankung gegenüber dem idealen Anstieg erhöht. Lufttemperatur, Geschwindigkeit und Einbautemperatur werden von Beginn der Prüfung bis zum Öffnen der Sprinkler beobachtet und aufgezeichnet.

Der *C*-Faktor des Sprinklers wird nach folgender Gleichung errechnet:

$$C = (\Delta T_g / \Delta T_{ea} - 1)\, u^{1/2} \qquad (N.1)$$

Dabei ist

ΔT_g die tatsächliche Gas-(oder Luft-)temperatur im Prüfquerschnitt abzüglich der Einbautemperatur (T_m) in Grad Celsius zu dem Zeitpunkt, an dem der Sprinkler öffnet;

ΔT_{ea} die mittlere Ansprechtemperatur des Sprinklers, die nach Anhang B bestimmt wird, abzüglich der Einbautemperatur (T_m) in Grad Celsius zu dem Zeitpunkt, an dem der Sprinkler öffnet;

u   die tatsächliche Gas-(oder Luft-)geschwindigkeit im Prüfquerschnitt in Meter je Sekunde zu dem Zeitpunkt, an dem der Sprinkler öffnet.

Zur Errechnung der *RTI*-Werte in N.3 wird für die übliche Ausrichtung der Mittelwert von fünf Werten für den *C*-Faktor verwendet.

N.3 Messung des Trägheitsindex *RTI*

Vor den Prüfungen werden Sprinkler, Wasser und Spannvorrichtung für eine Dauer von mindestens 30 min auf eine Temperatur von (30 ± 2) °C angeglichen. Für die Dauer der Prüfung wird die Wassertemperatur innerhalb dieser Grenzen gehalten, wozu eine Temperaturmessung mit einem im Wasser an der Mitte der Sprinklerdüse angebrachten Thermoelement durchgeführt wird.

Die Sprinkler werden unter folgenden Ausrichtungen geprüft, wobei die Achse des Wasserweges rechtwinklig zur Luftströmung ist (siehe Bild N.1):

a) Standard-Ausrichtung, Haltearme rechtwinklig ± 5° zur Luftströmung, so dass das thermische Auslöseelement vollständig der Luftströmung ausgesetzt wird (siehe Bild N.1 a));

b) ungünstige Ausrichtung, Haltearme um (25 ± 1)° gegenüber der Strömungsrichtung verdreht (siehe Bild N.1 b)).

Zusätzlich werden die Sprinkler, die zur Achse des Wasserweges asymmetrisch sind, in der im folgenden angegebenen Ausrichtung geprüft:

c) Haltearme um 180 ° gegenüber der Achse des Wasserweges aus a) verdreht.

Alle anderen Sprinkler, bei denen außer Haltearmschatten weitere Einflüsse auftreten können, werden in unterschiedlichen Ausrichtungen geprüft, um festzustellen, ob der Gesamtwinkel für akzeptable Öffnungsbedingungen ≥ 256° ist.

Der Sprinkler wird in den Prüfquerschnitt des Windkanals, in dem die Luft mit konstanter Geschwindigkeit strömt, eingebracht, wobei die Lufttemperatur im Windkanal den in Tabelle N.1 angegebenen Werten entspricht.

Die ausgewählte Luftgeschwindigkeit ist während der gesamten Prüfung konstant zu halten. Die Zeit vom Einbringen des Sprinklers in den Windkanal bis zum Öffnen des Sprinklers ist mit einer Messunsicherheit von ± 0,1 s zu messen

Tabelle N.1 — Windkanalbedingungen für die Strömungsprüfung

	Sprinklerart					
	Schnellansprechende Sprinkler		Spezial-Sprinkler		Standard-Sprinkler	
Nennauslöse-temperatur °C	Luft-temperatur [a] °C	Geschwin-digkeit [b] m/s	Luft-temperatur [a] °C	Geschwin-digkeit [b] m/s	Luft-temperatur [a] °C	Geschwin-digkeit [b] m/s
57 bis 77	129 bis 141	1,65 bis 1,85	129 bis 141	2,4 bis 2,6	191 bis 203	2,4 bis 2,6
79 bis 107	191 bis 203	1,65 bis 1,85	191 bis 203	2,4 bis 2,6	282 bis 300	2,4 bis 2,6
121 bis 149	282 bis 300	1,65 bis 1,85	282 bis 300	2,4 bis 2,6	382 bis 432	2,4 bis 2,6
163 bis 191	382 bis 432	1,65 bis 1,85	382 bis 432	2,4 bis 2,6	382 bis 432	3,4 bis 3,6

[a] Die ausgewählte Lufttemperatur muss während der Prüfung im Prüfquerschnitt für einen Bereich der Lufttemperatur von 129 °C bis 141 °C auf ± 1 °C und für alle anderen Temperaturen auf ± 2 °C konstant gehalten werden.

[b] Die ausgewählte Luftgeschwindigkeit muss während der Prüfung im Prüfquerschnitt für die Geschwindigkeiten von 1,65 m/s bis 1,85 m/s und von 2,4 m/s bis 2,6 m/s auf ± 0,03 m/s und für Geschwindigkeiten von 3,4 m/s bis 3,6 m/s auf ± 0,04 m/s konstant gehalten werden.

Lufttemperatur, Geschwindigkeit und Einbautemperatur sind ab Beginn der Prüfung bis zum Öffnen des Sprinklers zu beobachten und aufzuzeichnen.

Der RTI-Wert des Sprinklers ist nach folgender Gleichung zu errechnen:

$$RTI = \left(\frac{-t_r \sqrt{u}}{\ln[1 - \Delta T_{ea}(1 + C/\sqrt{u})/\Delta T_g]} \right)(1 + C/\sqrt{u}) \quad (N.2)$$

Dabei ist

t_r die Ansprechzeit des Sprinklers, in Sekunden;

u die tatsächliche Geschwindigkeit des Gases (oder der Luft) im Prüfabschnitt zu dem Zeitpunkt zu dem der Sprinkler öffnet, in Meter je Sekunde;

ΔT_{ea} die mittlere Ansprechtemperatur des Sprinklers, die nach Anhang B bestimmt wird, abzüglich der Einbautemperatur in Grad Celsius (°C), zu dem Zeitpunkt, zu dem der Sprinkler öffnet;

ΔT_g die tatsächliche Temperatur des Gases (oder der Luft) im Prüfabschnitt, abzüglich der Einbautemperatur in Grad Celsius (°C) zu dem Zeitpunkt, zu dem der Sprinkler öffnet;

C der Wärmeleitfaktor, der nach N.2 in (Meter pro Sekunde)$^{1/2}$ (m/s)$^{1/2}$ bestimmt wird;

ln der natürliche Logarithmus.

Aus den RTI-Wert-Messungen mit verschiedenen Ausrichtungen sind die jeweiligen Mittelwerte zu berechnen.

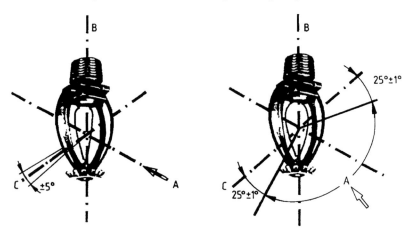

a) Standard-Ausrichtung b) Ungünstige Ausrichtung

Legende
A Richtung der Luftströmung
B Achse des Wasserweges
C Ausrichtung des Haltearmes

Bild N.1 — Standard- und ungünstige Ausrichtung

Anhang O
(normativ)

Prüfung der Wärmebeständigkeit

ANMERKUNG Siehe 4.16.

Ein Probe-Sprinkler wird in der üblichen Einbaulage für eine Dauer von (15 $^{+1}_{0}$) min in einem Ofen bei (770 ± 10) °C erwärmt. Der Probe-Sprinkler wird an dem mit Gewinde versehenen Ende aus dem Ofen entnommen und sofort in ein Wasserbad mit einer Temperatur von (20 ± 10) °C eingetaucht. Der Probe-Sprinkler wird auf Verformung und Bruch untersucht.

EN 12259-1:1999 + A1:2001 + A2:2004 + A3:2006 (D)

Anhang P
(normativ)

Schwingungsprüfung

ANMERKUNG Siehe 4.17.

3 Sprinkler werden vertikal an einem Schwingtisch befestigt. Nach der in Bild P.1 dargestellten Kurve werden die Sprinkler sinusförmigen Schwingungen unterworfen. Die Schwingung erfolgt in Richtung der Gewindeachse.

Die Prüfkurve ist kontinuierlich mit 1 Oktave/30 min zwischen 5 Hz und 60 Hz abzufahren. Werden eine oder mehrere Resonanzfrequenzen eindeutig festgestellt, so wird der Sprinkler anschließend bei den Resonanzfrequenzen für ($1\,^{+0,1}_{0}$) h bei den aus Bild P.1 abgeleiteten Spitzenwerten der Vibrationsbeschleunigung ausgesetzt.

Wenn keine Resonanzfrequenz gefunden wird, ist der Sprinkler für eine Dauer von ($120\,^{+1}_{0}$) h bei einer Amplitude von (1 ± 0,1) mm durch Schwingungen mit (35 ± 1) Hz zu beanspruchen.

Die Sprinkler sind zunächst auf Beschädigungen zu untersuchen, und dann wird ein Sprinkler einer Dichtheitsprüfung nach Anhang H, der zweite einer Prüfung nach G.1 oder G.2 und der dritte einer Funktionsprüfung nach E.3 unterzogen.

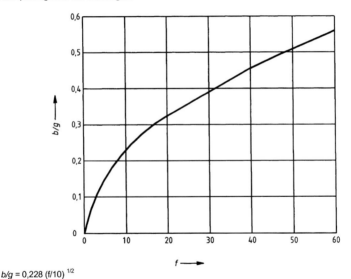

$b/g = 0{,}228\,(f/10)^{1/2}$

Dabei ist

f die Frequenz, in Hertz (Hz);
b die Amplitude der Beschleunigung, in Meter je Sekunde zum Quadrat (m/s^2);
g die Erdbeschleunigung (9,81 m/s^2).

Bild P.1 — Kurve der Schwingungsprüfung

EN 12259-1:1999 + A1:2001 + A2:2004 + A3:2006 (D)

Anhang Q
(normativ)

Schlagversuch

ANMERKUNG Siehe 4.18.

5 Sprinkler werden dadurch geprüft, dass entlang der Mittelachse des Wasserweges ein Gewicht auf den Sprühteller fallengelassen wird. Die kinetische Energie des herabfallenden Gewichtes muss an der Auftreffstelle der Energie eines Gewichtes mit derselben Masse wie der geprüfte Sprinkler entsprechen, das aus 1 m Höhe fallengelassen wird. Das Gewicht darf nur einmal auf jede Probe auftreffen. Die Sprinkler sind anschließend einer Dichtheitsprüfung nach Anhang H und einer Funktionsprüfung nach E.3 zu unterziehen.

EN 12259-1:1999 + A1:2001 + A2:2004 + A3:2006 (D)

Anhang R
(normativ)

Prüfung der Beständigkeit gegen niedrige Temperaturen

ANMERKUNG Siehe 4.19.

4 Sprinkler werden für eine Dauer von (24 $^{+1}_{0}$) h einer Temperatur von (-20 ± 2) °C ausgesetzt. Dann werden die Sprinkler mindestens 2 h bei Raumtemperatur stehengelassen. Die Sprinkler werden anschließend einer Funktionsprüfung nach E.3 unterzogen.

Anhang S
(informativ)

Anmerkungen zur Festigkeitsprüfung für die Auslöseelemente von Schmelzlot-Sprinklern

ANMERKUNG   Siehe 4.8.2 und G.2.

Die unter G.2 angegebene Gleichung zielt auf Schmelzelemente, die während einer angemessenen Betriebsdauer keine Anfälligkeit für einen durch Kriechen bedingten Ausfall zeigen. Die Dauer von 876 600 h (100 Jahren) wurde lediglich als statistischer Wert mit einem ausreichenden Sicherheitsfaktor ausgewählt. Da viele weitere Faktoren Einfluss auf die Lebensdauer eines Sprinklers nehmen, ist keine andere Signifikanz vorgesehen.

Die aufgebrachten Belastungen bewirken, dass die Schmelzelemente durch Kriechen und nicht durch eine unnötigerweise hohe Anfangsverformung ausfallen; dabei werden die Zeiten bis zum Ausfall aufgezeichnet. Diese Anforderung wird durch Extrapolation der logarithmischen Regressionskurve bei der folgenden Regressionsanalyse berücksichtigt.

Die ermittelten Daten dienen dazu, mit dem Verfahren der kleinsten Fehler-Quadrate die Last zu bestimmen, die einen Ausfall nach 1 h, L_0, bzw. nach 1 000 h, L_m, bewirkt. Eine Möglichkeit der Auswertung besteht darin, dass bei Auftragen auf Doppel-Logarithmischem Papier die Neigung der durch L_m und L_0 bestimmten Linie größer oder gleich der Neigung der Linie sein muss, die durch die Vorspannkraft nach 100 Jahren, L_d, sowie durch L_0 festgelegt wird oder

$$\frac{\ln L_m - \ln L_0}{\ln 1000} \geq \frac{\ln L_d - \ln L_0}{\ln 876\,600} \qquad (S.1)$$

Diese Gleichung wird folgendermaßen vereinfacht:

$$\ln L_m \geq (\ln L_d - L_0)\frac{\ln 1\,000}{\ln 876\,600} + \ln L_0$$

$$\geq 0{,}5048\,(\ln L_d - \ln L_0) + \ln L_0$$

$$\geq 0{,}5048\,(\ln L_d + \ln L_0)(1 - 0{,}5048)$$

$$\geq 0{,}5048 \ln L_d + 0{,}4952 \ln L_0$$

Mit einem Fehler von etwa 1 % kann die Gleichung durch Annäherung auf folgende Form gebracht werden:

$$((\ln L_m \geq 0{,}5)(\ln L_d + \ln L_0)$$

oder unter Kompensation der Fehler:

$$L_m \geq 0{,}99 \sqrt{L_d \times L_0}$$

$$L_d \geq 1{,}02 \frac{L_m^2}{L_0}$$

EN 12259-1:1999 + A1:2001 + A2:2004 + A3:2006 (D)

Anhang ZA
(informativ)

Abschnitte dieser Europäischen Norm, die Bestimmungen der EU-Bauproduktenrichtlinie betreffen

ZA.1 Abschnitte dieser Europäischen Norm, die grundlegende Anforderungen oder andere Bestimmungen der EU-Bauproduktenrichtlinie betreffen

Diese Europäische Norm wurde im Rahmen eines Mandates erarbeitet, das dem CEN von der Europäischen Kommission und der Europäischen Freihandelszone erteilt wurde.

Die Tabelle ZA.1 benennt die Abschnitte dieser Europäischen Norm, die die Anforderungen des Mandates erfüllen, das mit Bezug auf die EU-Bauproduktenrichtlinie (89/106) erteilt wurde.

Die Übereinstimmung mit diesen Abschnitten berechtigt zu der Annahme, dass die in dieser Europäischen Norm behandelten Bauprodukte für ihre vorgesehene Verwendung geeignet sind.

WARNHINWEIS Andere Anforderungen und andere EU-Richtlinien, die die Eignung für die vorgesehene Verwendung nicht beeinflussen, können für das in den Anwendungsbereich dieser Norm fallende Bauprodukt gelten.

Tabelle ZA.1 – Entsprechende Abschnitte

Anforderung/ Leistungseigenschaft gemäß Mandat	Anforderungs- Abschnitt dieser Norm	Mandatierte Stufen oder Klassen	Anmerkungen
Nenn-Auslösebedingungen	4.3, 4.4, 4.6		
Löschmittelverteilung	4.5		
Ansprechverzögerung (Ansprechzeit)	4.15		siehe ANMERKUNG
Zuverlässigkeit	4.1, 4.6, 4.7, 4.8, 4.9, 4.10.1, 4.10.2, 4.14, 4.17, 4.18, 4.19		
Dauerhaftigkeit, Wärmebeständigkeit	4.10.1, 4.10.3, 4.17		
Dauerhaftigkeit, Temperaturschock- beständigkeit	4.11		
Dauerhaftigkeit, Korrosionsbeständigkeit	4.12, 4.13		
ANMERKUNG Die Ansprechverzögerung gilt nur für stehende und hängende Sprinkler, mit Ausnahme von zurückgesetzten Sprinklern, wie in 4.15.1 festgelegt und für die in Tabelle N.1 angegebenen Nennauslösetemperaturen			

EN 12259-1:1999 + A1:2001 + A2:2004 + A3:2006 (D)

Bemerkung:
Zusätzlich zu irgendwelchen spezifischen Abschnitten in dieser Norm, die sich auf gefährliche Substanzen beziehen, kann es noch andere Anforderungen an die Produkte geben, die unter ihren Anwendungsbereich fallen (z. B. umgesetzte europäische Rechtsvorschriften und nationale Gesetze, Rechts- und Verwaltungsbestimmungen). Um die Bestimmungen der EU-Richtlinie über Bauprodukte zu erfüllen, ist es notwendig diese besagten Anforderungen, sofern sie Anwendung finden, ebenfalls einzuhalten. Eine Informations-Datenbank über europäische und nationale Bestimmungen über gefährliche Stoffe ist verfügbar innerhalb der Kommissionswebsite EUROPA (CREATE, Zugang über http://europa.eu.int).

Bauprodukt: Sprinkler

Vorgesehene Verwendung(en): Sprinkler für Feuerlöschanlagen in Gebäuden und Bauwerken

ZA.2 Verfahren für die Bescheinigung der Konformität von Sprinklern

Die Tabelle ZA.2 gibt das System der Konformitätsbescheinigung an, das bei Sprinklern für die vorgesehene Verwendung anzuwenden ist. Die Beurteilung muss wie folgt erfolgen:

Tabelle ZA.2 – Verfahren für die Bescheinigung der Konformität

Produkt	Vorgesehene Verwendung	Leistungsstufe(n) oder Klasse(n)	Verfahren für die Bescheinigung der Konformität
Sprinkler	Brandschutz	—	1
Verfahren 1: Siehe Bauproduktenrichtlinie Anhang III.2.(i), ohne Stichprobenprüfung			

Die Produktzertifizierungsstelle wird die Erstprüfung aller in Tabelle ZA.1 genannten Eigenschaften nach den Regelungen aus 8.2 zertifizieren. Bei der Erstinspektion des Werkes und der werkseigenen Produktionskontrolle sowie bei der regelmäßigen Überwachung, Beurteilung und Anerkennung der werkseigenen Produktionskontrolle muss die Zertifizierungsstelle alle diese Eigenschaften einbeziehen, siehe 8.3.

ZA.3 CE Kennzeichnung

Die CE-Kennzeichnung muss auf der Verpackung und/oder den begleitenden Handelspapieren mit den folgenden Angaben aufgeführt werden:

— Name oder Kennzeichen des Herstellers/Lieferanten, und

— die letzten beiden Ziffern des Jahres, in dem die CE-Kennzeichnung angebracht wurde, und

— die betreffende Nummer des EG-Konformitätszertifikats, und

— die Nummer dieser Norm EN 12259-1, und

— Nennauslösetemperatur, und

— K-Faktor, und

— Sprinklerart bezüglich Sprühbild (Normalsprinkler (en: conventional sprinkler), Schirmsprinkler (en: spray sprinkler) usw.), und

— Ansprech-Klasse (schnell (en: fast), spezial (en: spezial), Standard A, Standard B), wo zutreffend.

Tabelle ZA.3 zeigt ein Beispiel der in den Handelspapieren aufzuführenden Informationen.

EN 12259-1:1999 + A1:2001 + A2:2004 + A3:2006 (D)

Zusätzlich zu jeglicher spezifischen Information über gefährliche Substanzen, wie oben gezeigt, sollte dem Erzeugnis, soweit gefordert und in der geeigneten Form, eine Dokumentation beigefügt werden, in der jede übrige Rechtsvorschrift über gefährliche Stoffe aufgeführt wird, deren Einhaltung bezeugt wird, und zwar zusammen mit jedweder weiteren Information, die von der einschlägigen Rechtsvorschrift gefordert wird.

Bemerkung:
Europäische Rechtsvorschriften ohne nationale Abweichungen brauchen nicht aufgeführt zu werden.

Tabelle ZA.3 — Muster einer CE-Kennzeichnung

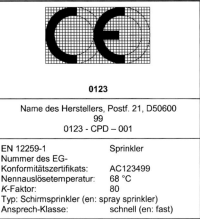

0123	
Name des Herstellers, Postf. 21, D50600	
99	
0123 - CPD – 001	
EN 12259-1	Sprinkler
Nummer des EG-Konformitätszertifikats:	AC123499
Nennauslösetemperatur:	68 °C
K-Faktor:	80
Typ: Schirmsprinkler (en: spray sprinkler)	
Ansprech-Klasse:	schnell (en: fast)

ZA.4 Konformitätszertifikat und Konformitätserklärung

Der Hersteller oder sein im Europäischen Wirtschaftsraum ansässiger Vertreter muss eine Konformitätserklärung erstellen und aufbewahren, die zur Anbringung der CE-Kennzeichnung berechtigt. Die Konformitätserklärung muss enthalten:

— Name und Adresse des Herstellers oder seines im Europäischen Wirtschaftsraum ansässigen bevollmächtigten Vertreters sowie die Fertigungsstätte,

— Beschreibung des Produktes (Typ, Kennzeichnung, Verwendung), und eine Kopie der die CE-Kennzeichnung begleitenden Informationen,

— Regelungen, zu denen Konformität des Produktes besteht (z. B. Anhang ZA dieser Europäischen Norm),

— besondere Verwendungshinweise (falls erforderlich),

— Name und Adresse (oder Registriernummer) der notifizierten Stelle(n),

— Name und Stellung der verantwortlichen Person, die berechtigt ist, die Erklärung im Auftrag des Herstellers oder seines autorisierten Vertreters zu unterzeichnen.

Für Eigenschaften, für die eine Zertifizierung gefordert ist (Verfahren 1), muss die Konformitätserklärung auch ein Konformitätszertifikat beinhalten, das, zusätzlich zu den oben aufgeführten Angaben, folgende Angaben enthält:

— Name und Adresse der Zertifizierungsstelle,

— Nummer des Zertifikates,

— Bedingungen und Gültigkeitsdauer des Zertifikates, wenn anwendbar,

— Name und Stellung der verantwortlichen Person, die berechtigt ist, das Zertifikat zu unterzeichnen

Eine Wiederholung von Angaben zwischen der Konformitätserklärung und dem Konformitätszertifikat soll vermieden werden. Die Konformitätserklärung und das Konformitätszertifikat müssen in der (den) Sprache(n) des Mitgliedsstaates vorgelegt werden, in dem das Produkt verwendet wird.

Literaturhinweise

EN ISO 9001, *Qualitätsmanagementsysteme – Anforderungen (ISO 9001:2000)*

Informationen zur dynamischen Ansprechempfindlichkeit

ANMERKUNG   Siehe 4.15 und Anhang N.

Die *RTI*-Wert-Prüfung und die *C*-Wert-Prüfung werden in folgenden Veröffentlichungen behandelt:

d)   Heskestad, G. und Bill, R. G., Jr., "Conduction heat loss effects on thermal response of automatic sprinklers", Factory Mutual Research Corporation, September 1987.

e)   Heskestad, G. und Smith, H. F., "Plunge test for determination of sprinkler sensitivity", Factory Mutual Resarch Corporation, Dezember 1980.

f)   Heskestad, G. und Smith, H. F., "Investigation of a new sprinkler sensititvity approval test: The plunge test", Factory Mutual Research Corporation, Dezember 1973.

g)   ISO/TC 21/SC 5/WG 1, Dokument N 157, VdS, Köln, 1988.

h)   ISO/TC 21/SC 5/WG 1, Dokument N 186, Job GmbH, September 1990.

Januar 2007

DIN EN 12259-1 Berichtigung 1

ICS 13.220.20

> Es wird empfohlen, auf der betroffenen Norm
> einen Hinweis auf diese Berichtigung zu
> machen.

**Ortsfeste Löschanlagen –
Bauteile für Sprinkler- und Sprühwasseranlagen –
Teil 1: Sprinkler;
Deutsche Fassung EN 12259-1:1999 + A1:2001 + A2:2004 + A3:2006,
Berichtigungen zu DIN EN 12259-1:2006-03**

Fixed firefighting systems –
Components for sprinkler and water spray systems –
Part 1: Sprinklers;
German version EN 12259-1:1999 + A1:2001 + A2:2004 + A3:2006,
Corrigenda to DIN EN 12259-1:2006-03

Installations fixes de lutte contre l'incendie –
Composants des systèmes d'extinction du type Sprinkleur et à pulvérisation d'eau –
Partie 1: Sprinkleurs;
Version allemande EN 12259-1:1999 + A1:2001 + A2:2004 + A3:2006,
Corrigenda à DIN EN 12259-1:2006-03

Gesamtumfang 2 Seiten

Normenausschuss Feuerwehrwesen (FNFW) im DIN

DIN EN 12259-1 Ber 1:2007-01

In

DIN EN 12259-1:2006-03

ist folgende Berichtigung vorzunehmen:

Anhang D

In D.1, vierter Absatz, muss der vorletzte Satz heißen:

Die Flachschirm-Sprinkler werden zusätzlich in (0,3 ± 0,025) m Abstand zwischen Sprühteller und Oberkante der Messbehälter geprüft.

August 2001

Ortsfeste Löschanlagen – Bauteile für Sprinkler- und
Sprühwasseranlagen –
Teil 2: Nassalarmventil mit Zubehör (enthält Änderung A1:2001)
Deutsche Fassung EN 12259-2:1999 + A1:2001

DIN
EN 12259-2

ICS 13.220.20

Fixed firefighting systems – Components for sprinkler and water spray systems –
Part 2: Wet alarm valve assemblies (includes amendment A1:2001);
German version EN 12259-2:1999 + A1:2001

Installations fixes de lutte contre l'incendie – Composants des systèmes d'extinction du type Sprinkleur et à pulvérisation d'eau –
Partie 2: Systèmes de soupape d'alarme hydraulique (inclut l'amendement A1:2001);
Version allemande EN 12252-2:1999 + A1:2001

Die Europäische Norm EN 12259-2:1999 hat den Status einer Deutschen Norm, einschließlich der eingearbeiteten Änderung A1:2001, die vom CEN getrennt verteilt wurde.

Nationales Vorwort

Diese Europäische Norm wurde vom Technischen Komitee CEN/TC 191 „Ortsfeste Brandbekämpfungsanlagen" (Sekretariat: BSI, England) erarbeitet und wird national vom FNFW-Arbeitsausschuss (AA) 191.5 „Wasserlöschanlagen und Bauteile" betreut.

Die vom CEN im Juni 1999 herausgegebenen Fassungen enthielten Fehler, so dass die Herausgabe einer korrigierten Fassung notwendig wurde.

Mit der nun vorliegenden Deutschen Fassung, die die Europäische Norm EN 12259-2:1999 sowie die Änderung A1:2001 enthält, sind diese Fehler ausgebessert worden und gleichzeitig wurden folgende Änderungen vorgenommen:

– Abschnitt 8, ergänzt;
– Anhang ZA ergänzt.

Für die im Abschnitt 2 zitierten Internationalen Normen wird im Folgenden auf die entsprechenden Deutschen Normen hingewiesen:

ISO 898-1   siehe DIN EN ISO 898-1
ISO 898-2   siehe DIN EN 20898-2

Fortsetzung Seite 2
und 25 Seiten EN

Normenausschuss Feuerwehrwesen (FNFW) im DIN Deutsches Normungsinstitut e.V.

Nationaler Anhang NA
(informativ)

Literaturhinweise

DIN EN ISO 898-1, *Mechanische Eigenschaften von Verbindungselementen aus Kohlenstoffstahl und legiertem Stahl – Teil 1: Schrauben (ISO 98-1:1999); Deutsche Fassung EN ISO 898-1:1999.*

DIN EN 20898-2:1994-02, *Mechanische Eigenschaften von Verbindungselementen – Teil 2: Muttern mit festgelegten Prüfkräften, Regelgewinde (ISO 898-2:1992); Deutsche Fassung EN 20898-2:1993.*

EUROPÄISCHE NORM
EUROPEAN STANDARD
NORME EUROPÉENNE

EN 12259-2
+ A1

März 2001

ICS 13.220.20

Deutsche Fassung

Ortsfeste Löschanlagen – Bauteile für Sprinkler- und Sprühwasseranlagen –
Teil 2: Nassalarmventil mit Zubehör (enthält Änderung A1:2001)

Fixed firefighting systems – Components for sprinkler and water spray systems – Part 2: Wet alarm valve assemblies (includes amendment A1:2001)

Installations fixes de lutte contre l'incendie – Composants des systèmes d'extinction du type Sprinkleur et à pulvérisation d'eau – Partie 2: Systèmes de soupape d'alarme hydraulique (inclut l'amendement A1:2001)

Diese Europäische Norm wurde vom CEN am 2. Oktober 1997 und die Änderung A1 am 20. Januar 2001 angenommen.

Die CEN-Mitglieder sind gehalten, die CEN/CENELEC-Geschäftsordnung zu erfüllen, in der die Bedingungen festgelegt sind, unter denen dieser Europäischen Norm ohne jede Änderung der Status einer nationalen Norm zu geben ist.

Auf dem letzten Stand befindliche Listen dieser nationalen Normen mit ihren bibliographischen Angaben sind beim Management-Zentrum oder bei jedem CEN-Mitglied auf Anfrage erhältlich.

Diese Europäische Norm besteht in drei offiziellen Fassungen (Deutsch, Englisch, Französisch). Eine Fassung in einer anderen Sprache, die von einem CEN-Mitglied in eigener Verantwortung durch Übersetzung in seine Landessprache gemacht und dem Management-Zentrum mitgeteilt worden ist, hat den gleichen Status wie die offiziellen Fassungen.

CEN-Mitglieder sind die nationalen Normungsinstitute von Belgien, Dänemark, Deutschland, Finnland, Frankreich, Griechenland, Irland, Island, Italien, Luxemburg, Niederlande, Norwegen, Österreich, Portugal, Schweden, Schweiz, Spanien, der Tschechischen Republik und dem Vereinigten Königreich.

EUROPÄISCHES KOMITEE FÜR NORMUNG
EUROPEAN COMMITTEE FOR STANDARDIZATION
COMITÉ EUROPÉEN DE NORMALISATION

Management-Zentrum: rue de Stassart, 36 B-1050 Brüssel

© 2001 CEN – Alle Rechte der Verwertung, gleich in welcher Form und in welchem Verfahren, sind weltweit den nationalen Mitgliedern von CEN vorbehalten.

Ref. Nr. EN 12259-2:1999 + A1:2001 D

Inhalt

	Seite
Vorwort	2
1 Anwendungsbereich	4
2 Normative Verweisungen	4
3 Begriffe	4
4 Konstruktion und Anforderungen an Nassalarmventile mit Zubehör	6
4.1 Nennweite	6
4.2 Anschlüsse an das Nassalarmventil mit Zubehör	6
4.3 Nennbetriebsdruck	6
4.4 Gehäuse und Handlochdeckel	6
4.5 Entwässerung	7
4.6 Absperrkörper	7
4.7 Nichtmetallische Einzelteile (mit Ausnahme von Dichtungen und Dichtringen)	7
4.8 Einzelteile des Absperrkörpers	7
4.9 Abstände	8
4.10 Leistungsvermögen	8
4.11 Druckverlust durch Flüssigkeitsreibung	10
4.12 Dichtheit	10
4.13 Ermüdung	10
5 Konstruktion und Leistungsvermögen der Verzögerungskammer	10
5.1 Nennbetriebsdruck	10
5.2 Festigkeit	10
5.3 Schmutzfänger	10
5.4 Auflage	10
5.5 Anschlüsse	10
5.6 Entwässerung	11
5.7 Zugang für Wartungszwecke	11
5.8 Einzelteile	11
6 Kennzeichnung	11
6.1 Allgemeines	11
6.2 Nassalarmventile	12
6.3 Verzögerungskammern	12
7 Anweisungen für Einbau und Betätigung	12
8 Bewertung der Konformität	12
8.1 Allgemeines	12
8.2 Erstprüfung	12
8.3 Werkseigene Produktionskontrolle	13
Anhang A (normativ) Brandbeanspruchungsprüfung für Gehäuse und Handlochdeckel	13
Anhang B (normativ) Festigkeitsprüfung für Gehäuse und Handlochdeckel	15
Anhang C (normativ) Funktionsprüfungen	15
Anhang D (normativ) Dauerschwingversuch für Federn und Membranen	18
Anhang E (normativ) Verschleißprüfungen	18
Anhang F (normativ) Prüfung der Alterungsbeständigkeit nichtmetallischer Bauteile (außer Dichtungen und Dichtringen)	19
Anhang G (normativ) Widerstandsfähigkeit gegen Adhäsion für Dichtungen des Verschlussteiles	19
Anhang H (normativ) Bestimmung des Druckverlustes	20
Anhang I (normativ) Dichtheitsprüfung	20
Anhang J (normativ) Festigkeitsprüfung der Verzögerungskammer	21
Anhang K (informativ) Beispiel für einen Prüfplan und für die Anzahl der Proben für Nassalarmventil mit Zubehör und Verzögerungskammern (nur in üblicher Ausführung)	21
Anhang L (informativ) Empfehlungen für die Typprüfung	22
Anhang ZA (informativ) Abschnitte dieser Europäischen Norm, die Bestimmungen der EU-Bauproduktenrichtlinie betreffen	23
Literaturhinweise	25

Vorwort

Diese Europäische Norm wurde vom Technischen Komitee CEN/TC 191 „Ortsfeste Brandbekämpfungsanlagen" erstellt, dessen Sekretariat vom BSI gehalten wird.

Diese Europäische Norm muss den Status einer nationalen Norm erhalten, entweder durch Veröffentlichung eines identischen Textes oder durch Anerkennung bis September 2001, und etwaige entgegenstehende nationale Normen müssen bis Dezember 2002 zurückgezogen werden.

Diese Europäische Norm wurde unter einem Mandat erstellt, das die Europäische Kommission und die Europäische Freihandelszone dem CEN erteilt haben, und unterstützt grundlegende Anforderungen der EU-Richtlinien.

Entsprechend der CEN/CENELEC-Geschäftsordnung sind die nationalen Normungsinstitute der folgenden Länder gehalten, diese Europäische Norm zu übernehmen:

Belgien, Dänemark, Deutschland, Finnland, Frankreich, Griechenland, Irland, Island, Italien, Luxemburg, Niederlande, Norwegen, Österreich, Portugal, Schweden, Schweiz, Spanien, die Tschechische Republik und das Vereinigte Königreich.

Zusammenhang mit EU-Richtlinien, siehe informativen Anhang ZA, der Bestandteil dieser Norm ist.

Als Teil von EN 12259, in der Bauteile für automatische Sprinkleranlagen beschrieben werden, gehört sie zu einer Reihe Europäischer Normen, die folgende Themen behandeln:

a) automatische Sprinkleranlagen (EN 12259 und EN 12845)[1)]

b) Löschanlagen mit gasförmigen Löschmitteln (EN 12094)[1)]

c) Pulver-Löschanlagen (EN 12416)[1)]

d) Explosionsunterdrückungsanlagen (EN 26184)[1)];

e) Schaum-Löschanlagen (EN 13565)[1)]

f) Löschanlagen mit Wandhydranten und Schlauchhaspel (EN 671)[1)];

g) Rauch- und Wärmeabzugsanlagen (EN 12101)[1)]

h) Sprühwasser-Löschanlagen[1)].

EN 12259 besteht unter dem Haupttitel „Ortsfeste Löschanlagen – Bauteile für Sprinkler- und Sprühwasseranlagen" aus folgenden Teilen:

- Teil 1: Sprinkler
- Teil 2: Nassalarmventile mit Zubehör
- Teil 3: Trockenalarmventile mit Zubehör
- Teil 4: Wassergetriebene Alarmglocken
- Teil 5: Strömungsmelder
- Teil 6: Rohrkupplungen
- Teil 7: Rohrhalter
- Teil 8: Druckschalter
- Teil 9: Sprühwasserventile mit Zubehör
- Teil 10: Steuerventile
- Teil 11: Sprühdüsen mit mittlerer und hoher Sprühgeschwindigkeit
- Teil 12: Sprinklerpumpen

Die Anwender sollten beachten, dass Normen überarbeitet werden müssen und, falls nicht anders angegeben, beziehen sich alle Verweisungen auf andere Europäische oder Internationale Normen auf die jeweils neueste Ausgabe.

Bei der Erarbeitung dieser Norm ist davon ausgegangen worden, dass alle vorgesehenen Prüfungen von einer entsprechend unterwiesenen und anerkannten Prüfstelle durchgeführt werden.

---

1) in Vorbereitung

1 Anwendungsbereich

Diese Europäische Norm legt Anforderungen an Konstruktion und Leistungsvermögen von Nassalarmventilen mit Zubehör und Verzögerungskammern in automatischen Sprinkleranlagen fest. Zusatzteile und Hilfseinrichtungen für Nassalarmventile und Zubehör und Verzögerungskammern werden von dieser Norm nicht erfasst.

ANMERKUNG Alle Drücke in dieser Europäischen Norm werden als Überdrücke gegenüber Atmosphäre in bar [2] angegeben.

2 Normative Verweisungen

Diese Europäische Norm enthält durch datierte oder undatierte Verweisungen Festlegungen aus anderen Publikationen. Diese normativen Verweisungen sind an den jeweiligen Stellen im Text zitiert, und die Publikationen sind nachstehend aufgeführt. Bei datierten Verweisungen gehören spätere Änderungen oder Überarbeitungen dieser Publikationen nur zu dieser Europäischen Norm, falls sie durch Änderung oder Überarbeitung eingearbeitet sind. Bei undatierten Verweisungen gilt die letzte Ausgabe der in Bezug genommenen Publikation (einschließlich Änderungen).

ISO 7-1:1994, *Pipe threads where pressure-tight joints are made on threads B – Part 1: Designation, dimensions and tolerances.*

ISO 898-1:1988, *Mechanische Eigenschaften von Verbindungselementen – Teil 1: Schrauben.*

ISO 898-2:1992, *Mechanische Eigenschaften von Verbindungselementen – Teil 2: Muttern mit festgelegten Prüfkräften – Regelgewinde.*

3 Begriffe

Für die Anwendung dieser Norm gelten die folgenden Begriffe:

3.1
Alarmierungseinrichtung
mechanische oder elektrische Einrichtung zur akustischen Alarmierung bei Betätigung des Nassalarmventils

3.2
Klappenteller
Absperrkörper (siehe 3.12), der zum Sperren des Durchflussquerschnitts verwendet werden kann

3.3
Ausgleichseinrichtung
externe oder interne Einrichtung zur Verringerung von Fehlalarmen bei geringer Erhöhung des Wasserversorgungsdruckes

3.4
Differenzdruckverhältnis
am Auslösepunkt (siehe 3.18) vorhandenes Verhältnis Wasserversorgungsdruck/Sprinklerrohrnetz-Druck

3.5
Durchflussgeschwindigkeit
Geschwindigkeit des Wassers durch ein Rohr mit derselben Nennweite wie das Nassalarmventil bei demselben Volumenstrom

3.6
Sprinklerrohrnetz-Druck
statischer Wasserdruck am Hauptaustritt des Nassalarmventils, wenn sich das Ventil im Bereitschaftszustand befindet

---

[2] 1 bar = 10^5 Pa

3.7
Nennbetriebsdruck
maximaler Wasserversorgungsdruck (siehe 3.15), bei dem vorgesehen ist, dass das Nassalarmventil oder die Verzögerungskammer betätigt wird

3.8
Bereitschaftszustand
Zustand des Nassalarmventils in einer mit Wasser aus einer Wasserversorgung mit stabilem Druck gefüllten Sprinkleranlage, wenn aus keiner dem Absperrkörper nachgeschalteten Austrittsöffnung Wasser austritt

3.9
verstärktes elastomeres Element
Teil eines Klappentellers, einer Klappenteller-Baugruppe oder des Sitzringes, das mit einem oder mehreren anderen Bauteilen zusammen eine elastomere Verbindung bildet, wobei durch die Kombination der Materialien die Zugfestigkeit des Elastomers mindestens verdoppelt wird

3.10
Verzögerungskammer
Einrichtung zur Verringerung der Möglichkeit, dass durch Druckstöße und Schwankungen der Wasserversorgung Fehlalarm ausgelöst wird

3.11
Verzögerungszeit
zeitliche Differenz zwischen dem Austritt von Wasser am Alarmausgang des Nassalarmventils und der Betätigung der Alarmierungseinrichtung, gemessen mit und ohne Verzögerungskammer

3.12
Absperrkörper
zum Sperren des Durchflussquerschnitts wesentliches bewegliches Element des Nassalarmventils (z. B. ein Klappenteller)

3.13
Sitzring
zum Sperren des Durchflussquerschnitts wesentliches feststehendes Element des Nassalarmventils

3.14
Ansprechempfindlichkeit
kleinster Volumenstrom, der das Öffnen des Nassalarmventils und das Auslösen des Alarms bewirkt (siehe 4.11.2)

3.15
Wasserversorgungsdruck
statischer Wasserdruck am Eintritt des Nassalarmventils, wenn es sich im Bereitschaftszustand befindet

3.16
Lieferant
für Planung, Herstellung und Qualitätssicherung eines Produkts verantwortliche Firma

3.17
Verrohrung
äußere Zubehörteile des Nassalarmventils sowie Rohrleitungen mit Ausnahme der Hauptrohrleitung

3.18
Auslösepunkt
Punkt, an dem das Nassalarmventil in Abhängigkeit vom Sprinklerrohrnetz- und Wasserversorgungsdruck öffnet und damit zulässt, dass Wasser in das Sprinklerrohrnetz nachgespeist wird

3.19
Leckwasser

Abgabe von Wasser aus der Alarmöffnung des Nassalarmventils, das sich im Bereitschaftszustand befindet

3.20
wassergetriebene Alarmglocke

hydraulisch betätigte Alarmierungseinrichtung (siehe 3.1), die mit dem Nassalarmventil verbunden ist, um bei Betätigung der Sprinkleranlage einen akustischen Alarm auszulösen

3.21
Nassalarmventil

Ventil, das Wasser in ein Nasssprinklerrohrnetz hineinlässt, den Wasserrückfluss jedoch verhindert

4 Konstruktion und Anforderungen an Nassalarmventile mit Zubehör

4.1 Nennweite

Die Nennweite entspricht dem Nenndurchmesser der Öffnungen am Rohreintritts- und Rohraustrittsstutzen, d. h. der Nennweite des jeweiligen Rohranschlusses. Die Nennweite ist folgendermaßen gestuft: DN 50, DN 65, DN 80, DN 100, DN 125, DN 150, DN 200 oder DN 250.

ANMERKUNG An der Gehäusesitzfläche darf der Durchmesser des Wasserweges kleiner als der Nenndurchmesser sein.

4.2 Anschlüsse an das Nassalarmventil mit Zubehör

Die Maße der Anschlüsse werden vom Lieferanten des Nassalarmventils festgelegt.

4.3 Nennbetriebsdruck

Der Nennbetriebsdruck muss mindestens 12 bar betragen.

ANMERKUNG Die Eintritts- und Austrittsanschlüsse dürfen für einen geringeren Wasserversorgungsdruck bearbeitet werden, damit sie an Anlagen mit einem geringeren Wasserversorgungsdruck angeschlossen werden können.

4.4 Gehäuse und Handlochdeckel

4.4.1 Werkstoffe

4.4.1.1 Gehäuse und Handlochdeckel müssen aus Gusseisen, Bronze, Messing, Monelmetall oder nichtrostendem Stahl bestehen.

4.4.1.2 Falls nichtmetallische Werkstoffe (außer für Dichtungen) oder Metalle mit einem Schmelzpunkt unter 800 °C (außer für Dichtungen) einen Teil von Gehäuse oder Handlochdeckel des Nassalarmventils bilden, muss der Absperrkörper bei Prüfung nach Anhang A frei und vollständig öffnen, und das zusammengebaute Nassalarmventil muss die Anforderungen von 4.12 erfüllen.

4.4.2 Ausführung

Es darf nicht möglich sein, den Handlochdeckel des Nassalarmventils (falls vorhanden) so einzubauen, dass die Funktion des Ventils nicht mehr dieser Norm entspricht. Das gilt auch für die Anzeige der Durchflussrichtung (siehe 6.2 d)).

4.4.3 Festigkeit

4.4.3.1 Das zusammengebaute Nassalarmventil muss bei Prüfung nach Anhang B im geöffneten Zustand des Absperrkörpers einem Wasserinnendruck in Höhe des vierfachen Nennbetriebsdruckes ohne Bruch standhalten.

4.4.3.2 Die übliche Bemessungslast für die Befestigungsmittel ohne die zum Zusammendrücken der Dichtung erforderliche Kraft darf die in ISO 898-1 und ISO 898-2 festgelegte Mindestzugfestigkeit nicht überschreiten, wenn das Nassalarmventil einer Druckbeanspruchung mit dem vierfachen Nennbetriebsdruck unterzogen wird. Die Fläche für die Druckaufbringung wird folgendermaßen errechnet:

a) Bei Verwendung einer vollflächigen Dichtung wirkt die Kraft auf der Fläche, die durch eine Linie durch die Innenkante der Schrauben begrenzt wird.

Seite 7
EN 12259-2:1999 + A1:2001

b) Bei Verwendung eines O-Ringes oder einer Flachdichtung wirkt die Kraft auf der Fläche bis zur Mittellinie des O-Ringes oder der Flachdichtung.

4.5 Entwässerung

Zum Abführen des Wassers muss das Gehäuse des Nassalarmventils in Durchflussrichtung hinter dem Absperrkörper mit einer Gewindebohrung nach ISO 7-1 versehen werden, wenn das Ventil in einer vom Lieferanten festgelegten oder empfohlenen Lage eingebaut wird. Die kleinste Nennweite für den Entwässerungsanschluss beträgt DN 20.

4.6 Absperrkörper

4.6.1 Zugang zu Wartungszwecken

Zugangsmöglichkeiten zu den beweglichen Bauteilen und die Möglichkeit der Entnahme des Absperrkörpers sind vorzusehen.

ANMERKUNG 1   Unabhängig vom ausgewählten Zugangsverfahren sollte eine schnelle Wartung durch eine Person bei geringster Ausfallzeit möglich sein.

ANMERKUNG 2   Alle während der Wartung normalerweise ausbaubaren Teile sollten so konstruiert sein, dass sie nicht falsch zusammengebaut werden können, ohne dass dieses offensichtlich wird, wenn das Nassalarmventil wieder betriebsbereit gemacht wird.

ANMERKUNG 3   Mit Ausnahme des Ventilsitzes sollten alle austauschbaren Teile mit handelsüblichen Werkzeugen aus- und wiedereingebaut werden können.

4.6.2 Schließen

Die Schließwirkung des Nassalarmventils muss in allen vorgesehenen Einbaulagen durch die Schwerkraft unterstützt werden, d. h., der Absperrkörper muss bei einer Prüfung nach C.1 bei Unterbrechung des Wasserdurchflusses auf den Sitz fallen.

ANMERKUNG   Zur Sicherung eines vollständigen und bestimmungsgemäßen dichten Abschlusses dürfen Federn verwendet werden.

4.6.3 Dauerschwingfestigkeit von Federn und Membranen

Bei Prüfung nach Anhang D müssen Federn und Membranen bei üblicher Betätigung 50 000 Schwingspielen standhalten, ohne zu brechen oder zu reißen.

4.6.4 Beständigkeit gegen eine Beschädigung des Absperrkörpers

In Offenstellung muss der Absperrkörper durch einen festen Anschlag begrenzt werden. Nach der Prüfung nach E.1 und E.2 dürfen Einzelteile des Absperrkörpers des Nassalarmventils nicht beschädigt oder dauernd verdreht, gebogen oder gebrochen sein.

4.6.5 Werkstoffe für Sitzring- und Auflageflächen

4.6.5.1   Sitzringe müssen aus Bronze, Messing, Monelmetall oder nichtrostendem Stahl bestehen.

4.6.5.2   Die Auflageflächen aller aufeinander rotierenden oder gleitenden Teile müssen aus Bronze, Messing, Monelmetall oder nichtrostendem Stahl bestehen; diese Anforderung kann durch die Verwendung von Buchsen oder Einsätzen erfüllt werden.

4.7 Nichtmetallische Einzelteile (mit Ausnahme von Dichtungen und Dichtringen)

Nichtmetallische Teile dürfen nach der im Anhang F beschriebenen Alterung keine Risse zeigen, und das Nassalarmventil muss bei Prüfung nach den Anhängen C.1 und J die Anforderungen an Leistungsvermögen und Dichtheit nach 4.10.1 und 4.12 erfüllen.

4.8 Einzelteile des Absperrkörpers

4.8.1   Im Bereitschaftszustand darf bei Prüfung des Nassalarmventils nach C.1 kein Wasser austreten.

ANMERKUNG   Ventildichtflächen sollten üblichem Verschleiß, grober Behandlung, Druckbeanspruchungen und Beschädigung durch Rohrzunder oder im Wasser transportierten Fremdstoffen standhalten.

4.8.2   Ein Dichtring aus einem Elastomer oder aus anderen elastischen Materialien darf bei Prüfung nach Anhang G nicht zu einer Beeinträchtigung der Dichtungsfläche führen.

4.9 Abstände

ANMERKUNG 1 Zwischen beweglichen Teilen sowie zwischen beweglichen und feststehenden Teilen sind Abstände notwendig, so dass das Nassalarmventil durch Korrosionsprodukte oder Fremdstoffablagerungen nicht schwergängig oder betriebsunfähig wird.

ANMERKUNG 2 Falls eine innere oder äußere Ausgleichseinrichtung vorgesehen ist, sollte sie so beschaffen sein, dass Ablagerungen sich nicht in einem Umfang ansammeln können, der die vorschriftsmäßige Betätigung beeinträchtigt, und es sollte ein ausreichendes Spiel zwischen den beweglichen Teilen vorhanden sein, um eine gute Abdichtung von Haupt- und Hilfsventilen zu ermöglichen.

4.9.1 Der Freiraum (siehe Bild 1 a)) zwischen Absperrkörper und Gehäuseinnenwand muss in jeder Stellung außer in der vollständigen Offenstellung mindestens 12 mm betragen, wenn das Gehäuse aus Gusseisen besteht, oder 6 mm, wenn Gehäuse und Absperrkörper aus einem Nichteisen-Metall, nichtrostendem Stahl oder einer Kombination dieser Werkstoffe bestehen.

4.9.2 Das Spiel (siehe Bild 1 b)) zwischen den Innenkanten des Dichtringes und den Metallteilen des Absperrkörpers muss in Schließstellung mindestens 3 mm betragen.

4.9.3 Alle Zwischenräume des Absperrkörpers, in denen sich unter dem Ventilsitz Teilchen festklemmen können, müssen mindestens eine Tiefe von 3 mm haben.

4.9.4 Das Spiel (siehe Bild 1 b)) zwischen Stiften und ihren Lagerungen muss mindestens 0,125 mm betragen.

4.9.5 Der axiale Abstand $(l_2 - l_1)$ (siehe Bild 1 c)) zwischen einem Klappentellergelenk und den benachbarten Auflageflächen des Ventilgehäuses muss mindestens 0,25 mm betragen.

4.9.6 Alle hin- und herbewegten Führungsleisten im Hauptventilgehäuse, deren Betätigung wesentlich zur Öffnung des Nassalarmventils beiträgt, müssen ein Spiel von mindestens 0,7 mm in dem Bereich haben, in dem bewegliche in feststehende Bauteile eintreten, und mindestens 0,05 mm in dem Bereich, in dem im Bereitschaftszustand ein bewegliches Bauteil in Dauerkontakt mit dem feststehenden Bauteil ist.

4.9.7 Am Absperrkörper müssen alle Buchsen oder Lager für die Gelenkstifte einen ausreichenden axialen Abstand aufweisen, um das Maß A von mindestens 3 mm einzuhalten (siehe Bild 1 c)), wenn die benachbarten Teile nicht aus Bronze, Messing, Monelmetall oder nichtrostendem Stahl bestehen.

4.10 Leistungsvermögen

4.10.1 Kennwerte für Alarmierung und Ansprechempfindlichkeit

Bei einer Prüfung nach C.1 vor und nach der in C.2 beschriebenen Wasserdruckprüfung muss das Nassalarmventil folgende Anforderungen erfüllen:

a) Das Ventil darf keinen Alarm anzeigen, wenn in Durchflussrichtung hinter dem Nassalarmventil bei Volumenströmen bis 10 l/min und bei einem Wasserversorgungsdruck von 1,4 bar bis zum Nennbetriebsdruck Wasser abgegeben wird.

ANMERKUNG Alarm darf dann ausgelöst werden, wenn in Durchflussrichtung hinter dem Nassalarmventil bei Volumenströmen über 10 l/min bei allen Betriebsdrücken eine kontinuierliche Wasserabgabe stattfindet.

b) Das Ventil muss einen Alarm anzeigen, wenn in Durchflussrichtung hinter dem Nassalarmventil bei Volumenströmen von 80 l/min bis 300 l/min und bei Betriebsdrücken von 1,4 bar bis zum Nennbetriebsdruck eine kontinuierliche Wasserabgabe stattfindet. Nassalarmventile ohne Verzögerungskammern müssen innerhalb von 15 s nach dem Öffnen des nachgeschalteten Ventils mechanische und elektrische Alarmierungseinrichtungen dauernd betätigen. Nassalarmventile mit Verzögerungskammern müssen eine kontinuierliche Betätigung mechanischer und elektrischer Alarmierungseinrichtungen in einem Zeitraum zwischen 5 s und 90 s nach dem Öffnen des Nassalarmventils auslösen, wobei die Öffnung des Ventils dadurch angezeigt wird, dass aus der Entwässerungsöffnung Wasser austritt.

c) Das Ventil muss den Wasserdurchfluss zu den Alarmierungseinrichtungen stoppen, sobald vom nachgeschalteten Sprinklerrohrnetz kein Wasser mehr abgeführt wird.

d) Das Ventil muss Alarme nacheinander auslösen, ohne dass eine manuelle Rückstellung erforderlich ist.

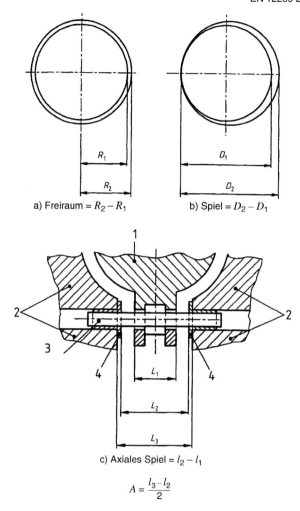

a) Freiraum = $R_2 - R_1$ b) Spiel = $D_2 - D_1$

c) Axiales Spiel = $l_2 - l_1$

$$A = \frac{l_3 - l_2}{2}$$

Legende
1 Ventilgehäuse
2 Stift
3 Buchsen
4 Absperrkörper

Bild 1 – Abstände

e) Am Druckmessgerät 4 (siehe Bild C.1) muss das Ventil bei einem Wasserversorgungsdruck von 1,4 bar, während die wassergetriebene Alarmglocke und die elektrische Alarmierungseinrichtung betrieben werden, einen Druck von mindestens 0,5 bar erzeugen, der zuvor auf das Niveau des Alarmanschlusses oder das Niveau der Austrittsöffnung der Verzögerungskammer (falls vorhanden) umgerechnet wurde.

f) Die Rohrleitung zwischen Nassalarmventil oder dem Alarm-Absperrventil und der wassergetriebenen Alarmglocke muss nach jeder Betätigung automatisch entwässert werden.

4.10.2 Beständigkeit gegen Rückfluss und Verformung

Das Nassalarmventil muss bei Prüfung nach C.2 ohne Undichtheit, bleibende Verformung oder konstruktive Ausfälle einem Wasserinnendruck vom doppelten Nennbetriebsdruck standhalten, der an der Austrittsseite aufgebracht wird, wenn sich der Absperrkörper in Schließstellung befindet und die Eintrittsseite mit der Atmosphäre verbunden ist.

4.10.3 Betätigung

Das Nassalarmventil muss bei Prüfung nach C.1 bei Betriebsdrücken von 1,4 bar bis zum Nennbetriebsdruck ohne Verstellung oder Beschädigung vorschriftsmäßig öffnen. Das Nassalarmventil muss sich nach jeder Betätigung automatisch zurückstellen.

4.10.4 Differenzdruckverhältnis

Das Verhältnis des Wasserversorgungsdruckes zum Einbaudruck darf bei Prüfung nach C.3 für Betriebsdrücke von 1,4 bar bis zum Nennbetriebsdruck 1,16 : 1 nicht überschreiten, wenn die Messung am Auslösepunkt vor dem Ausgleichen des Druckes vor und hinter dem Absperrkörper erfolgt.

4.11 Druckverlust durch Flüssigkeitsreibung

Der Druckverlust im Nassalarmventil darf bei Prüfung nach Anhang H höchstens 0,4 bar betragen.

ANMERKUNG Wenn der Druckverlust mehr als 0,2 bar beträgt, ist er auf dem Nassalarmventil anzugeben (siehe 6.2 i)), weil diese Ventile nur eingeschränkt anwendbar sind.

4.12 Dichtheit

Bei Prüfung nach Anhang J darf es weder Undichtheit, bleibende Verformung noch einen Bruch eines Nassalarmventils bei einem Wasserinnendruck vom doppelten Nennbetriebsdruck geben, der an der Eintritts- und Austrittsseite aufgebracht wird, wenn sich der Absperrkörper in Schließstellung befindet und die Alarmöffnung geöffnet ist.

4.13 Ermüdung

4.13.1 Das Nassalarmventil und seine beweglichen Teile dürfen sich bei Prüfung nach E.1 nicht verformen, reißen, abblättern, ablösen, verschieben oder andere Ausfälle zeigen.

4.13.2 Das Nassalarmventil und seine beweglichen Teile dürfen sich, wenn sie nach E.2 geprüft werden, bei 1 000 Schwingspielen weder verformen, reißen, abblättern, ablösen, verschieben oder andere Ausfälle zeigen.

5 Konstruktion und Leistungsvermögen der Verzögerungskammer

5.1 Nennbetriebsdruck

Der Nennbetriebsdruck muss mindestens 12 bar betragen.

5.2 Festigkeit

Die Verzögerungskammer muss bei Prüfung nach Anhang K einem Wasserinnendruck mindestens vom doppelten Nennbetriebsdruck standhalten, ohne zu versagen oder undicht zu werden.

5.3 Schmutzfänger

Wenn die Wasserwege in der Verzögerungskammer einen Durchmesser von 6 mm oder weniger haben, muss ein Schmutzfänger eingebaut werden. Die größte Siebmaschenweite darf höchstens zwei Drittel des kleinsten, durch den Schmutzfänger zu schützenden Wasserwegdurchmessers betragen. Die gesamte Querschnittsfläche der Öffnungen des Schmutzfängers muss mindestens das 20fache der Querschnittsfläche der Wasserwege betragen.

ANMERKUNG Der Schmutzfänger sollte aus einem korrosionsbeständigen Material bestehen.

5.4 Auflage

Die Verzögerungskammer muss mit einer Auflageeinrichtung ausgerüstet sein. Falls die Rohrleitung als Auflage anzuwenden ist, müssen der anzuwendende Rohrdurchmesser und die maximale Rohrlänge in den mitgelieferten schriftlichen Anweisungen für die Verzögerungskammer angegeben werden.

5.5 Anschlüsse

In der Verzögerungskammer für den Anschluss von Alarmierungseinrichtungen muss ein Gewindeanschluss nach ISO 7-1 mit einer Nennweite von mindestens 20 mm vorgesehen werden.

ANMERKUNG Das Alarmabsperrventil, das zwischen Alarmventil und Verzögerungskammer eingebaut wird, sollte so beschaffen sein, dass es in geöffnetem Zustand gesichert werden kann. Es sollte eindeutig erkennbar sein, ob das Alarmabsperrventil offen oder geschlossen ist.

5.6 Entwässerung

Die Verzögerungskammer muss mit einer Einrichtung zur automatischen Entwässerung ausgerüstet werden. Die Verzögerungskammer einschließlich der vom Hersteller vorgeschriebenen zugehörigen Verrohrung müssen, wenn sie vollständig mit Wasser gefüllt sind, spätestens nach 5 min entleert sein.

5.7 Zugang für Wartungszwecke

Es müssen Zugangsmittel zu den beweglichen Teilen geschaffen werden.

ANMERKUNG 1 Unabhängig vom ausgewählten Zugangsverfahren sollte eine rasche Wartung durch eine Person bei geringster Ausfallzeit möglich sein.

ANMERKUNG 2 Alle während der Wartung normalerweise ausbaubaren Teile sollten so konstruiert sein, dass sie beim Wiedereinbau nicht falsch montiert werden können.

ANMERKUNG 3 Alle Teile, die für einen Austausch vor Ort vorgesehen sind, sollten mit handelsüblichen Werkzeugen aus- und wieder eingebaut werden können.

5.8 Einzelteile

5.8.1 Federn und Membranen

Federn und Membranen dürfen bei Prüfung nach Anhang D bei 50 000 Schwingspielen weder brechen noch reißen.

5.8.2 Nichtmetallische Teile (mit Ausnahme von Dichtungen und Dichtringen)

Nach der im Anhang F beschriebenen Alterung darf bei Prüfung nach C.1 kein nichtmetallisches Bauteil reißen, und die Verzögerungskammer muss den Anforderungen von 4.10.1 entsprechen; bei Prüfung nach Anhang K müssen die Festigkeitsanforderungen von 5.2 erfüllt werden.

6 Kennzeichnung

6.1 Allgemeines

Die unter 6.2 und 6.3 beschriebenen Kennzeichnungen sind auf folgende Weise aufzubringen:

a) Entweder werden sie beim Gießen direkt auf das Gehäuse des Nassalarmventils oder auf die Verzögerungskammer aufgebracht oder

b) sie werden auf einem am Gehäuse des Nassalarmventils oder der Verzögerungskammer mechanisch (z. B. durch Nieten oder Schrauben) befestigten Metalletikett mit erhabenen oder vertieften Schriftzeichen (z. B. durch Ätzen, Gießen oder Stempeln) aufgebracht; gegossene Etiketten müssen aus einem Nichteisenmetall bestehen.

Die Mindestmaße für die zur Kennzeichnung verwendeten Schriftzeichen werden in Tabelle 1 festgelegt.

Tabelle 1 – Mindestmaße der zur Kennzeichnung verwendeten Schriftzeichen

Aufbringung der Kennzeichnung	Mindestgröße der Schriftzeichen, außer für 6.2 g), siehe Anmerkung mm	Mindest-Eindrucktiefe oder Mindesthöhe der erhabenen Schriftzeichen mm
Unmittelbar auf das Gehäuse eines Nassalarmventils gegossen	9,5	0,75
Unmittelbar auf die Verzögerungskammer gegossen	4,7	0,75
Gegossenes Etikett	4,7	0,5
Nicht gegossenes Etikett	4,7	0,1
ANMERKUNG Die Mindestgröße der Schriftzeichen zur Angabe des Punktes g), Seriennummer oder Herstellungsjahr, muss 3 mm betragen.		

6.2 Nassalarmventile

Nassalarmventile müssen durch folgende Angaben gekennzeichnet werden:

a) Name oder Warenzeichen des Lieferanten;

b) Nummer der Bauart, Katalogbezeichnung oder eine andere Kennzeichnung;

c) Benennung der Einrichtung, d. h. „Nassalarmventil";

d) Anzeige der Durchflussrichtung;

e) Nennweite des Ventils;

f) Nennbetriebsdruck, in bar;

g) Seriennummer oder Jahreszahl entweder für

   1) das tatsächliche Herstellungsjahr oder

   2) für Nassalarmventile, die in den letzten drei Monaten eines Kalenderjahres hergestellt wurden, das folgende Jahr oder

   3) für Nassalarmventile, die in den ersten sechs Monaten eines Kalenderjahres hergestellt wurden, das vorherige Jahr,

h) Einbaulage, falls auf die vertikale oder horizontale Lage begrenzt;

i) Druckverlust durch Flüssigkeitsreibung, falls er mehr als 0,2 bar beträgt (siehe 4.11);

j) Herkunftsbetrieb, falls die Fertigung in zwei oder mehr Betrieben erfolgte;

k) Nummer und Ausgabedatum dieser Europäischen Norm, d. h. EN 12259-2.

6.3 Verzögerungskammern

Verzögerungskammern müssen durch folgende Angaben gekennzeichnet werden:

a) Name oder Warenzeichen des Lieferanten;

b) Nummer der Bauart, Katalogbezeichnung oder eine andere Kennzeichnung;

c) Benennung der Einrichtung, d. h. „Verzögerungskammer";

d) Nennbetriebsdruck, in bar;

e) Anzeige der Durchflussrichtung;

f) Herkunftsbetrieb, falls die Fertigung in zwei oder mehr Betrieben erfolgte;

g) Nummer und Ausgabedatum dieser Europäischen Norm, d. h. EN 12259-2.

7 Anweisungen für Einbau und Betätigung

Anweisungen für Einbau und Betätigung müssen mit jedem Nassalarmventil und jeder Verzögerungskammer mitgeliefert werden. Dazu gehören eine schematische Darstellung des empfohlenen Einbauverfahrens und der Wirkungsweise der Verrohrung, Zusammenbauzeichnungen und Erläuterungen für die Betätigung sowie Empfehlungen für Pflege und Wartung.

8 Bewertung der Konformität

8.1 Allgemeines

Die Übereinstimmung von Nassalarmventilen mit Zubehör mit den Anforderungen dieser Norm muss nachgewiesen werden durch:

- Erstprüfung

- werkseigene Produktionskontrolle durch den Hersteller.

8.2 Erstprüfung

Eine Erstprüfung muss bei der ersten Anwendung dieser Norm durchgeführt werden. Früher durchgeführte Prüfungen, die den Anforderungen dieser Norm genügen (gleiches Produkt, gleiche Eigenschaften, Prüfverfahren, Prüfplan, Verfahren für die Bescheinigung der Konformität, usw.), können berücksichtigt werden. Zusätzlich müssen Erstprüfungen durchgeführt werden bei Beginn der Produk-

Seite 13
EN 12259-2:1999 + A1:2001

tion eines Produkttyps oder bei Anwendung einer neuen Produktionsmethode (wenn dadurch die festgelegten Eigenschaften beeinflusst werden können).

Gegenstand der Erstprüfung sind alle in Abschnitt 4 und wo zutreffend, die in Abschnitt 5 angegebenen Leistungseigenschaften.

8.3 Werkseigene Produktionskontrolle

Der Hersteller muss eine werkseigene Produktionskontrolle einführen, dokumentieren und aufrechterhalten um sicherzustellen, dass die Produkte, die in Verkehr gebracht werden, die festgelegten Leistungseigenschaften aufweisen.

Die werkseigene Produktionskontrolle muss Verfahren sowie regelmäßige Kontrollen, Prüfungen und/ oder Beurteilungen beinhalten und deren Ergebnisse verwenden zur Steuerung der Rohstoffe, der anderen zugelieferten Materialien oder Teile, der Betriebsmittel, des Produktionsprozesses und des Produktes. Die werkseigene Produktionskontrolle muss so umfassend sein, dass die Konformität des Produktes offensichtlich ist, und sicherstellen, dass Abweichungen so früh wie möglich entdeckt werden.

Ein System der werkseigenen Produktionskontrolle in Übereinstimmung mit den entsprechenden Teilen von EN ISO 9000, welches auf die Eigenschaften des Produkts abgestimmt ist, muss als ausreichend zur Einhaltung der oben genannten Anforderungen angesehen werden.

Die Ergebnisse aller Kontrollen, Prüfungen oder Beurteilungen, die eine Maßnahme erforderlich machen, müssen ebenso wie die getroffenen Maßnahmen aufgezeichnet werden. Die bei Abweichungen von Sollwerten zu ergreifenden Maßnahmen müssen aufgezeichnet werden.

Die werkseigene Produktionskontrolle muss in einem Handbuch beschrieben sein, das auf Anforderung zur Verfügung gestellt werden muss.

Der Hersteller muss als Bestandteil der werkseigenen Produktionskontrolle produktionsbegleitende Prüfungen durchführen und aufzeichnen. Diese Aufzeichnungen müssen auf Anforderung zur Verfügung gestellt werden.

Anhang A
(normativ)
Brandbeanspruchungsprüfung für Gehäuse und Handlochdeckel

ANMERKUNG Siehe 4.4.1.2.

Das Nassalarmventil wird ohne Verrohrung und mit verschlossenen Gehäuseöffnungen horizontal nach Bild A.1 eingebaut. Die Rohrleitung und das Ventil zwischen den Ventilen A und B werden mit Wasser gefüllt. Ventil A wird geschlossen und Ventil B geöffnet.

In der Mitte unter dem Nassalarmventil wird eine Brennstoffwanne mit einer Oberfläche von mindestens $1\,m^2$ angeordnet. In die Wanne wird ein ausreichendes Volumen eines geeigneten Brennstoffs gegeben, so dass sich für (15 ± 1) min, nachdem eine Temperatur von $800\,°C$ erreicht ist, in der Umgebung des Ventils eine mittlere Lufttemperatur zwischen $800\,°C$ und $900\,°C$ einstellt.

Die Temperatur wird mit zwei Thermoelementen gemessen, die einander gegenüber und $10\,mm$ bis $15\,mm$ von der Oberfläche das Nassalarmventils entfernt auf einer horizontalen Ebene parallel zur Mittelachse zwischen den für den Einbau vorgesehenen Anschlüssen angebracht werden.

Der Brennstoff wird entzündet, und nach einer Beanspruchung von (15 ± 1) min bei $800\,°C$ bis $900\,°C$ wird die Wanne entfernt oder das Feuer gelöscht. Beginnend innerhalb 1 min nach dem Löschen des Feuers wird für eine Dauer von mindestens 1 min das Nassalarmventil durch Spülen mit (100 ± 5) l/min

Wasser abgekühlt. Das Ventil wird ausgebaut, um den Absperrkörper freizulegen und manuell zu kontrollieren, ob es frei und vollständig öffnet.

Das Nassalarmventil wird einer Wasserdruckprüfung nach dem in Anhang J beschriebenen Verfahren unterzogen. Für diese Wasserdruckprüfung dürfen äußere Gehäusedichtungen und -dichtringe ausgewechselt werden.

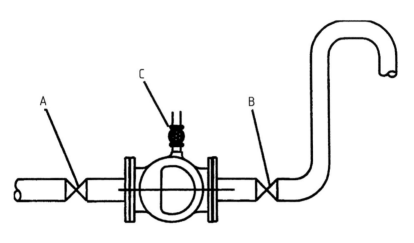

Legende

A Absperrventil
B Absperrventil
C Prüfventil
D Brennstoffwanne

Bild A.1 – Prüfaufbau für die Brandbeanspruchungsprüfung

Seite 15
EN 12259-2:1999 + A1:2001

Anhang B
(normativ)

Festigkeitsprüfung für Gehäuse und Handlochdeckel

ANMERKUNG 1 Siehe 4.4.3.1.

ANMERKUNG 2 Für diese Prüfung dürfen normal hergestellte Schrauben, Dichtungen und Dichtringe durch Teile ersetzt werden, die dem anzuwendenden Druck standhalten können.

Die Anschlüsse für die Wasserdruckprüfung des Ventilgehäuses werden am Eintrittsstutzen und Einrichtungen zur Belüftung und zur Druckbeanspruchung der Flüssigkeit am Austrittsstutzen angebracht. Alle anderen Öffnungen werden verschlossen. Mit in Offenstellung arretiertem Absperrkörper wird das Gehäuse für eine Dauer von (5 ± 1) min mit mindestens dem 4fachen und höchstens dem 4,1fachen Nennbetriebsdruck beansprucht. Das Nassalarmventil wird auf Risse untersucht.

Anhang C
(normativ)

Funktionsprüfungen

ANMERKUNG Siehe 4.6.2, 4.7, 4.8.1 und 4.10.

C.1 Kennwerte für Alarmierung und Ansprechempfindlichkeit

Jede Prüfung wird für jede empfohlene Einbaulage durchgeführt (z. B. vertikal usw.). Das Nassalarmventil und die zugehörigen Einbauteile werden nach den mitgelieferten Anweisungen (siehe Abschnitt 7) unter Verwendung von Rohren, deren Nennweite mit der Nennweite des Nassalarmventils übereinstimmt, in den auf Bild C.1 allgemein dargestellten Prüfstand eingebaut. Der Einlass der wassergetriebenen Alarmierungseinrichtung darf nicht mehr als $(0,5 \pm 0,1)$ m über der Alarmaustrittsöffnung des Ventils liegen.

Aus der Verrohrung (Alarmleitung) wird das Wasser vor jeder Prüfung vollständig abgelassen, und unmittelbar vor jeder Prüfung wird die Entwässerungsstelle auf ausgetretenes Wasser untersucht; jede Undichtheit ist aufzuzeichnen.

Die Regelventile am Prüfstand werden so eingestellt, dass bei einem Wasserversorgungsdruck von $(1,4^{+0,2}_{0})$ bar ein Volumenstrom von (10^{0}_{-2}) l/min erreicht wird. Es ist zu überprüfen, dass kein Alarm ausgelöst wird.

Während der folgenden sechs Prüfungen, bei denen jeweils eine der folgenden Kombinationen anzuwenden ist, wird das Ventil nicht von Hand zurückgestellt:

a) $(1,4^{+0,2}_{0})$ bar und (80 ± 4) l/min;

b) $(1,4^{+0,2}_{0})$ bar und (300 ± 15) l/min;

c) $(7 \pm 0,5)$ bar und (80 ± 4) l/min;

d) $(7 \pm 0,5)$ bar und (300 ± 15) l/min;

e) Nennbetriebsdruck $\pm 0,5$ bar und (80 ± 4) l/min;

f) Nennbetriebsdruck $\pm 0,5$ bar und (300 ± 15) l/min.

Ventil R wird vollständig geöffnet. Die Regelventile S und T werden so eingestellt, dass sich die geeigneten Werte für Volumenstrom und Druck ergeben. Ventil R wird geschlossen.

Die Verrohrung (Alarmleitung) wird entleert. Undichtheiten sind aufzuzeichnen.

Ventil R wird geöffnet, und die Zeitdifferenz zwischen dem ersten Auftreten von Wasser an der Entwässerungsstelle und der kontinuierlichen Betätigung der mechanischen und elektrischen Alarmierungseinrichtungen wird gemessen. Der Druck am Druckmessgerät 4 wird aufgezeichnet, wenn die Alarmierung einsetzt. Nach dem Schließen des Ventils R wird kontrolliert, ob der Wasserdurchfluss zu den akustischen Alarmierungseinrichtungen aufhört.

Es wird untersucht, ob die Alarmleitung nach jedem Prüfdurchgang vollständig entwässert wird, und die Zeit zur Entwässerung der Verzögerungskammer, falls vorhanden, wird überprüft.

Es wird überprüft, ob der Absperrkörper auf den Sitz fällt, wenn kein Wasser mehr durchfließt.

Das Nassalarmventil wird nach C.2 geprüft, und dann werden die oben beschriebenen Prüfungen wiederholt.

C.2 Beständigkeit gegen Rückfluss und Verformung

Das Nassalarmventil und die Verrohrung inklusive äußere Ausgleichseinrichtung werden nach den mitgelieferten Anweisungen (siehe Abschnitt 7) eingebaut. Der Eintrittsanschluss bleibt offen. Ein Anschlussstück und ein Entlüftungsventil werden eingebaut, damit der sprinklerrohrnetzseitige Teil des Nassalarmventils unter Wasserdruck gesetzt werden kann. Alle übrigen Anschlüsse an dem in Durchflussrichtung hinter dem Absperrkörper liegenden Teil des Nassalarmventils werden verschlossen. Für eine Dauer von (5 ± 1) min ist ein Wasserinnendruck von mindestens dem doppelten und höchstens dem 2,1fachen Nennbetriebsdruck oberhalb des geschlossenen Absperrkörpers aufzubringen. Das Nassalarmventil mit Zubehör ist auf Undichtheiten zu untersuchen. Nach erfolgter Druckentlastung wird das Nassalarmventil auf bleibende Verformung oder Versagen untersucht.

C.3 Differenzdruckverhältnis

Das Nassalarmventil wird unter Verwendung von Rohren, deren Nennweite mit der Nennweite des Nassalarmventils übereinstimmt, in den auf Bild C.1 allgemein dargestellten Prüfstand eingebaut. Der Differenzdruck wird mit einem Differenzdruckmessgerät mit einer Messunsicherheit von nicht mehr als $\pm 2\%$ bei 1 bar gemessen. Ein Wasserversorgungsdruck von $(1,4 ^{+0,2}_{0})$ bar wird aufgebracht. An der Austrittsseite des Nassalarmventils wird ein geringer Wasserstrom freigegeben und bis zum Erreichen des Auslösepunktes erhöht; der am Auslösepunkt erreichte maximale Differenzdruck wird mit einer Ungenauigkeit von nicht mehr als $\pm 2\%$ aufgezeichnet. Er wird durch den Maximalwert des Differenzdruckes bestimmt, der unmittelbar vor dem Öffnen des Ventils erreicht wird. Der Volumenstrom am Auslösepunkt wird aufgezeichnet. Das Differenzdruckverhältnis wird aus folgendem Zusammenhang bestimmt:

$$\text{Differenzdruckverhältnis} = \frac{\text{Wasserversorgungsdruck}}{\text{Wasserversorgungsdruck} - \text{maximaler Differenzdruck (gemessen)}}$$

Die Prüfung wird bei einem Wasserversorgungsdruck von $(7 \pm 0,5)$ bar und beim Nennbetriebsdruck $\pm 0,5$ bar wiederholt, und die Ergebnisse werden aufgezeichnet.

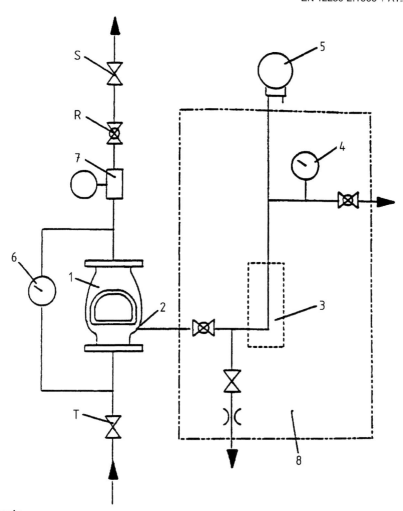

Legende
1 Alarmventil
2 Alarmöffnung
3 Verzögerungskammer (falls vorhanden)
4 Druckmessgerät in der Alarmleitung
5 wassergetriebene Alarmglocke
6 Differenzdruckmessgerät
7 Durchflussmessgerät (Messunsicherheit 5 %)
8 Verrohrung, nach Anweisung des Lieferanten

R Ventil (schnellöffnend)
S Ventil
T Ventil

Bild C.1 – Prüfaufbau für Funktion, Druckverlust und den Ermüdungsversuch

Seite 18
EN 12259-2:1999 + A1:2001

Anhang D
(normativ)
Dauerschwingversuch für Federn und Membranen

ANMERKUNG Siehe 4.6.3 und 5.8.1.

Die Feder oder Membran wird bei normalem Hub (50 000 ± 100) Schwingspielen unterzogen. Die Prüfeinrichtung wird mit einer Geschwindigkeit von maximal sechs Schwingspielen je Minute betätigt. Zur Prüfung der Federn am Absperrkörper wird der gesamte Absperrkörper um mindestens einen Winkel von 45° vom Sitz wegbewegt und langsam in die Schließstellung zurückbewegt. Zur Prüfung der inneren Federn der Ausgleichseinrichtung wird die Ausgleichseinrichtung aus der vollständigen Offenstellung in die Schließstellung gebracht. Die Membranen der Verzögerungskammer werden von der üblichen offenen in die übliche geschlossene Stellung bewegt. Risse oder Brüche sind aufzuzeichnen.

Anhang E
(normativ)
Verschleißprüfungen

ANMERKUNG Siehe 4.13.

E.1 Durchflussprüfung

ANMERKUNG Die Prüfung nach Anhang H darf gleichzeitig durchgeführt werden.

Das Nassalarmventil wird unter Verwendung von Rohren, deren Nennweite mit der Nennweite des Nassalarmventils übereinstimmt, in den auf Bild C.1 allgemein dargestellten Prüfstand eingebaut. Durch das Nassalarmventil wird ein Durchfluss mit dem in Tabelle E.1 festgelegten Volumenstrom erzeugt und (30 ± 1) min beibehalten. Das Nassalarmventil und besonders seine Absperrelemente dürfen bei einer Untersuchung keine Verformung, Risse, Abblätterung, Ablösung, Verschiebung oder andere Ausfälle zeigen.

Tabelle E.1 – Volumenstrom bei der Durchflussprüfung und Bestimmung des Druckverlustes

Nenngröße mm	Volumenstrom l/min
50	600
65	800
80	1 300
100	2 200
125	3 500
150	5 000
200	8 700
250	14 000

E.2 Dauerschwingversuch

Das Nassalarmventil wird unter Verwendung von Rohren, deren Nennweite mit der Nennweite des Nassalarmventils übereinstimmt, in den auf Bild C.1 allgemein dargestellten Prüfstand eingebaut. Ein Durchfluss wird bei jedem der drei Wasserversorgungsdrücke, d. h. bei $(1{,}4\,^{+0{,}2}_{0})$ bar, bei $(7 \pm 0{,}5)$ bar und beim Nennbetriebsdruck ± 0,5 bar, (1 000 ± 5) mal von 0 auf 200 l/min gesteigert. Das Nassalarmventil wird auf Verformung, Risse, Abblätterung, Ablösung, Verschiebung oder andere Ausfälle untersucht.

444

Seite 19
EN 12259-2:1999 + A1:2001

Anhang F
(normativ)

Prüfung der Alterungsbeständigkeit nichtmetallischer Bauteile (außer Dichtungen und Dichtringen)

ANMERKUNG Siehe 4.7 und 5.8.2.

F.1 Alterung in warmer Luft

Eine Probe von jedem nichtmetallischem Teil wird (180 ± 1) Tage in einem Trockenschrank bei $(120 \pm 2)\,°C$ gealtert. Die Teile werden so gelagert, dass sie weder einander noch die Seitenwände des Trockenschrankes berühren. Sie werden aus dem Trockenschrank entnommen und in Luft bei $(23 \pm 2)\,°C$ und einer relativen Luftfeuchte von $(70 \pm 20)\,\%$ für mindestens 24 h vor Durchführung einer anderen Prüfung, Messung oder Untersuchung abgekühlt.

Falls das Material die angegebene Temperatur nicht ohne merkliche Erweichung, Verformung oder Eigenschaftsbeeinträchtigung ertragen kann, wird die Alterungsprüfung im Trockenschrank für eine längere Dauer bei einer niedrigeren Temperatur, aber mindestens $70\,°C$, durchgeführt. Die Beanspruchungsdauer D (in Tagen) wird nach folgender Gleichung errechnet:

$$D = 737\,000\,e^{-0,0693\,t}$$

Dabei ist:

t die Prüftemperatur in Grad Celsius.

ANMERKUNG Die Gleichung beruht auf der $10\,°C$-Regel, d. h., bei jeweils $10\,°C$ Temperaturanstieg verdoppelt sich etwa die chemische Reaktionsgeschwindigkeit. Bei Anwendung auf die Alterung von Kunststoffen wird davon ausgegangen, dass die Lebensdauer bei einer Temperatur von $t\,°C$ die Hälfte der Lebensdauer bei $(t \pm 10)\,°C$ beträgt.

F.2 Alterung in warmem Wasser

Eine Probe von jedem Teil wird (180 ± 1) Tage in Leitungswasser bei $(87 \pm 2)\,°C$ eingetaucht. Die Proben werden aus dem Wasser entnommen und in Luft bei $(23 \pm 2)\,°C$ und einer relativen Luftfeuchte von $(70 \pm 20)\,\%$ für mindestens 24 h vor Durchführung einer anderen Prüfung, Messung oder Untersuchung abgekühlt.

Falls das Material die angegebene Temperatur nicht ohne merkliche Erweichung, Verformung oder Eigenschaftsbeeinträchtigung ertragen kann, wird die Alterungsprüfung im Trockenschrank für eine längere Dauer bei einer niedrigeren Temperatur, aber mindestens $70\,°C$, durchgeführt. Die Beanspruchungsdauer D (in Tagen) wird nach folgender Gleichung errechnet:

$$D = 74\,857\,e^{-0,0693\,t}$$

Dabei ist:

t die Prüftemperatur in Grad Celsius.

ANMERKUNG Die Gleichung beruht auf der $10\,°C$-Regel, d. h., bei jeweils $10\,°C$ Temperaturanstieg verdoppelt sich etwa die chemische Reaktionsgeschwindigkeit. Bei Anwendung auf die Alterung von Kunststoffen wird davon ausgegangen, dass die Lebensdauer bei einer Temperatur von $t\,°C$ die Hälfte der Lebensdauer bei $(t \pm 10)\,°C$ beträgt.

Anhang G
(normativ)

Widerstandsfähigkeit gegen Adhäsion für Dichtungen des Verschlussteiles

ANMERKUNG Siehe 4.8.2.

Wenn sich der Absperrkörper in Schließstellung befindet, wird für eine Dauer von (90 ± 1) Tagen ein Wasserdruck von $(3,5 \pm 0,5)$ bar auf das Austrittsende des Nassalarmventils aufgebracht. Während dieser Dauer wird durch einen Taucherhitzer oder eine andere geeignete Heizmöglichkeit eine Wassertemperatur von $(87 \pm 2)\,°C$ aufrechterhalten. Es ist dafür zu sorgen, dass der Wasserdruck am Eintrittsende dem Tagesluftdruck entspricht.

Am Ende dieser Beanspruchungsdauer wird das Wasser abgelassen und das Nassalarmventil auf eine Temperatur von $(21 \pm 4)\,°C$ abgekühlt. Wenn am Austrittsende des Nassalarmventils nur noch Tagesluftdruck herrscht, wird am Eintrittsende des vertikal eingebauten Nassalarmventils stufenweise der Druck bis 0,35 bar gesteigert. Es ist zu überprüfen, ob sich der Absperrkörper vom Sitz wegbewegt hat oder ob er an der Sitzfläche haftet.

Anhang H
(normativ)
Bestimmung des Druckverlustes

ANMERKUNG 1   Siehe 4.11 und 6.2 i).

ANMERKUNG 2   Die Prüfung nach E.1 darf gleichzeitig angewendet werden.

Das Nassalarmventil wird unter Verwendung von Rohren, deren Nennweite mit der Nennweite des Nassalarmventils übereinstimmt, in den auf Bild C.1 allgemein dargestellten Prüfstand eingebaut. Es sind ein Differenzdruckmessgerät mit einer Messunsicherheit von nicht mehr als 2 % sowie ein Durchflussmessgerät mit einer Messunsicherheit von nicht mehr als 5 % anzuwenden.

Die Differenzdrücke des Nassalarmventils bei den entsprechenden Volumenströmen in einem Bereich ober- und unterhalb der in Tabelle E.1 angegebenen Volumenströme werden gemessen und aufgezeichnet. Das in den Prüfstand eingebaute Nassalarmventil wird danach durch einen Rohrabschnitt mit derselben Nennweite ersetzt, und im selben Volumenstrombereich werden die Differenzdrücke gemessen. Die Differenzdrücke werden für die in Tabelle 1 angegebenen Volumenströme graphisch bestimmt. Der Druckverlust des Nassalarmventils entspricht der Differenz der ermittelten Druckverluste aus beiden Messungen.

Anhang I
(normativ)
Dichtheitsprüfung

ANMERKUNG   Siehe 4.7 und 4.12.

Es werden das Nassalarmventil mit einem Anschlussstück an der Eintrittsseite des Absperrkörpers und ein Entlüftungsventil an der Austrittsseite angebracht. Alle anderen Öffnungen werden verschlossen. Es wird ein Wasserinnendruck von mindestens dem doppelten und höchstens dem 2,1fachen Nennbetriebsdruck aufgebracht. Nach Öffnung des Alarmanschlusses wird das Nassalarmventil für eine Dauer von (5 ± 1) min auf Undichtheit überprüft. Das Nassalarmventil wird dann drucklos gemacht, und die Innenteile werden auf bleibende Verformung oder Risse untersucht.

Die Prüfung wird mit in Offenstellung arretiertem Absperrkörper und ausnahmslos verschlossenen Öffnungen wiederholt.

Seite 21
EN 12259-2:1999 + A1:2001

Anhang J
(normativ)

Festigkeitsprüfung der Verzögerungskammer

ANMERKUNG   Siehe 5.2.

An den Austrittsstutzen der Verzögerungskammer zur Alarmleitung wird ein Druckmessgerät angebaut, und alle anderen Anschlüsse verschlossen. Der Eintrittsanschluss wird für eine Dauer von (5 ± 1) min durch einen Wasserinnendruck beansprucht, der dem (2^{+1}_{0})fachen Nennbetriebsdruck, gemessen am Druckmessgerät, entspricht. Die Verzögerungskammer wird auf Versagen oder Undichtheit untersucht.

Anhang K
(informativ)

Beispiel für einen Prüfplan und für die Anzahl der Proben für Nassalarmventil mit Zubehör und Verzögerungskammern (nur in üblicher Ausführung)

Nassalarmventil mit Zubehör in jeder Größe

B	Festigkeitsprüfung (des Gehäuses), 4facher Nenndruck, 5 min

C.1	Kennwerte für Alarm und Ansprechempfindlichkeit 1,4 bar, 7 bar, Nenndruck 10 l/min, 80 l/min, 300 l/min Schließen des Absperrkörpers

C.2	Beständigkeit gegen Rückfluss und Verformung am Austritt 2facher Nenndruck, 5 min

C.1	Kennwerte für Alarm und Ansprechempfindlichkeit 1,4 bar, 7 bar, Nenndruck 10 l/min, 80 l/min, 300 l/min Schließen des Absperrkörpers

C.3	Differenzdruckverhältnis 1,4 bar, 7 bar, Nenndruck

H	Prüfung des Druckverlustes

I	Dichtheitsprüfung 2facher Nenndruck, 5 min – Absperrkörper geschlossen – Absperrkörper geöffnet

E.1	Durchflussprüfung 30 min; Volumenstrom siehe Tabelle E.1

E.2	Dauerschwingversuch 1,4 bar, 7 bar, Nenndruck jeweils 1 000 Beanspruchungen von 0 bis 200 l/min

Nassalarmventil mit Zubehör, nur die am stärksten beanspruchte Größe

G	Prüfung des Verschlussteils 3,5 bar Austrittsdruck, 90 Tage 87 °C, 21 °C 0,35 bar Öffnungsdruck

Verzögerungskammer

J	Festigkeitsprüfung 2facher Nenndruck, 5 min

447

Anhang L
(informativ)

Empfehlungen für die Typprüfung

Für Nassalarmventile in der üblichen Ausführung ist es allgemein notwendig, jede Anforderung für jede Ventilgröße zu überprüfen. Die Überprüfung der Anforderungen an den Absperrkörper (siehe 4.8.2 und Anhang G) für alle Ventilgrößenbereiche einer Bauart kann jedoch entfallen, wenn das Ventil mit dem am stärksten beanspruchten Absperrkörper geprüft wird und die Prüfung besteht.

Tabelle L.1 – Empfohlener Prüfplan für die Typprüfung

Prüfung	Abschnitt	Prüfverfahren	Zu prüfende Anzahl
Nassalarmventile			
Brandprüfung	4.4.1.2	Anhang A	ein Ventil
Festigkeit	4.4.3.1	Anhang B	ein Ventil jeder Größe
Schließen	4.6.2	C.1	ein Ventil jeder Größe
Federn und Membranen	4.6.3	Anhang D	ein Ventil jeder Größe
Beständigkeit gegen Beschädigung des Absperrkörpers	4.6.4	E.1 und E.2	ein Ventil jeder Größe
Alterungsbeständigkeit nichtmetallischer Bauteile	4.7	C.1, Anhang E und Anhang F	vier Ventile
Wasserabführung	4.8.1	C.1	ein Ventil jeder Größe
Einzelteile der Absperreinrichtung	4.8.2	Anhang G	ein Ventil jeder Größe
Beständigkeit gegen Rückfluss und Verformung	4.10.1	C.2	ein Ventil jeder Größe
Kennwerte für Alarm und Ansprechempfindlichkeit	4.10.2	C.1 und C.2	ein Ventil jeder Größe
Betätigung	4.10.3	C.1	ein Ventil jeder Größe
Differenzdruckverhältnis	4.10.4	C.3	ein Ventil jeder Größe
Druckverlust durch Flüssigkeitsreibung	4.11	Anhang H	ein Ventil jeder Größe
Dichtheit	4.12	Anhang G	ein Ventil jeder Größe
Dauerschwingfestigkeit	4.13	E.1 und E.2	ein Ventil jeder Größe
Verzögerungskammern			
Festigkeit	5.2	Anhang K	eine Kammer
Federn und Membranen	5.8.1	Anhang D	eine Kammer
Alterungsbeständigkeit nichtmetallischer Bauteile	5.8.2	C.1 und Anhang F	vier Kammern

Seite 23
EN 12259-2:1999 + A1:2001

Anhang ZA
(informativ)

Abschnitte dieser Europäischen Norm, die Bestimmungen der EU-Bauproduktenrichtlinie betreffen

ZA.1 Abschnitte dieser Europäischen Norm, die die wesentlichen Anforderungen oder andere Regelungen der EU-Bauproduktenrichtlinie betreffen

Diese Europäische Norm wurde im Rahmen eines Mandates erarbeitet, das dem CEN von der Europäischen Kommission und der Europäischen Freihandelszone erteilt wurde.

Die Abschnitte dieser Europäischen Norm, die in diesem Anhang angegeben sind, erfüllen die Anforderungen des Mandates, das mit Bezug auf die EU-Bauproduktenrichtlinie (89/106) erteilt wurde.

Die Übereinstimmung mit diesen Abschnitten berechtigt zu der Annahme, dass die in dieser Europäischen Norm behandelten Bauprodukte für ihre vorgesehene Verwendung geeignet sind.

WARNHINWEIS Andere Anforderungen und andere EU-Richtlinien, die die Eignung für die vorgesehene Verwendung nicht beeinflussen, können für das in den Anwendungsbereich dieser Norm fallende Bauprodukt gelten.

Bemerkung:
Zusätzlich zu irgendwelchen spezifischen Abschnitten in dieser Norm, die sich auf gefährliche Substanzen beziehen, kann es noch andere Anforderungen an die Produkte geben, die unter ihren Anwendungsbereich fallen (z. B. umgesetzte europäische Rechtsvorschriften und nationale Gesetze, Rechts- und Verwaltungsbestimmungen). Um die Bestimmungen der EU-Richtlinie über Bauprodukte zu erfüllen, ist es notwendig diese besagten Anforderungen, sofern sie Anwendung finden, ebenfalls einzuhalten. Eine Informations-Datenbank über europäische und nationale Bestimmungen über gefährliche Stoffe ist verfügbar innerhalb der Kommissionswebsite EUROPA (CREATE, Zugang über http://europa.eu.int).

Bauprodukt: Nassalarmventil mit Zubehör

Vorgesehene Verwendung(en): Für die Verwendung in Sprinkler- und Sprühwasserlöschanlagen in Gebäuden und baulichen Anlagen.

Tabelle ZA.1 – Betroffene Abschnitte

Anforderung/Eigenschaft aus dem Mandat	Anforderungen: Abschnitte dieser Norm	Mandatierte Leistungsstufen und/oder Klassen	Bemerkungen
Ansprechverzögerung (Ansprechzeit)	4.10.1 b)		
Betriebszuverlässigkeit	4.3, 4.4.1.1, 4.4.2, 4.4.3, 4.5, 4.6.1, 4.6.5, 4.8.1, 4.8.2, 4.9, 4.10.1 c), f), 4.10.2, 4.12, 5.1*, 5.2*, 5.3*, 5.4*, 5.6*, 5.7*	–	*) gilt nur für Ventile mit Verzögerungskammer
Leistungsfähigkeit im Brandfall	4.6.4, 4.10.1 a), d), e) 4.10.3, 4.10.4, 4.11,	–	
Ansprechverzögerung – Dauerhaftigkeit	4.6.6, 4.13, 5.8.1*		*) gilt nur für Ventile mit Verzögerungskammer
Betriebszuverlässigkeit – Dauerhaftigkeit; Alterung nichtmetallischer Bauteile	4.7, 5.8.2*		*) gilt nur für Ventile mit Verzögerungskammer
Betriebszuverlässigkeit – Dauerhaftigkeit; Brandbeanspruchung	4.4.1.2		

ZA.2 Verfahren für die Bescheinigung der Konformität von Nassalarmventilen mit Zubehör

Die Tabelle ZA.2 gibt das System der Konformitätsbescheinigung an, das für Nassalarmventile mit Zubehör für die vorgesehene Verwendung anzuwenden ist.

Tabelle ZA.2 – Verfahren für die Bescheinigung der Konformität

Produkt	Vorgesehene Verwendung	Leistungsstufe(n) oder Klasse(n)	Verfahren für die Bescheinigung der Konformität
Nassalarmventile mit Zubehör	Brandschutz	–	1
Verfahren 1: Siehe Bauproduktenrichtlinie Anhang III.2.(i), ohne Stichprobenprüfung			

ZA.3 CE-Kennzeichnung

Die CE-Kennzeichnung muss auf dem Bauteil angebracht werden. Zusätzlich muss die CE-Kennzeichnung auf der Verpackung und/oder den begleitenden Handelspapieren mit den folgenden Angaben aufgeführt werden:

- die Referenz-Nummer der notifizierten Stelle;
- Name oder Kennzeichen des Herstellers/Lieferanten;
- die letzten beiden Ziffern des Jahres, in dem die CE-Kennzeichnung angebracht wurde;
- die Nummer des EG-Konformitätszertifikats;
- die Nummer dieser Norm (EN 12094-2);
- Produktbezeichnung/-typ (d. h. Nassalarmventil mit Zubehör [mit/ohne Verzögerungskammer] (en: wet alarm valve asembly [with/without retard chamber]);
- Betriebsnenndruck, in bar;
- Nenngröße;
- Druckverlust, wenn größer als 0,2 bar.

Tabelle ZA.3 zeigt ein Beispiel für die Informationen in den begleitenden Handelspapieren.

Tabelle ZA.3 – Beispiel für die Informationen zur CE-Kennzeichnung

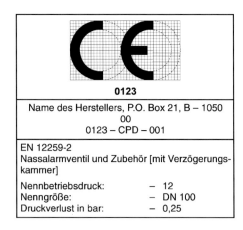

0123
Name des Herstellers, P.O. Box 21, B – 1050 00 0123 – CPD – 001
EN 12259-2 Nassalarmventil und Zubehör [mit Verzögerungskammer] Nennbetriebsdruck: – 12 Nenngröße: – DN 100 Druckverlust in bar: – 0,25

Zusätzlich zu jeglicher spezifischen Information über gefährliche Substanzen, wie oben gezeigt, sollten dem Erzeugnis, soweit gefordert und in der geeigneten Form, eine Dokumentation beigefügt werden, in der jede übrige Rechtsvorschrift über gefährliche Stoffe aufgeführt wird, deren Einhaltung bezeugt wird, und zwar zusammen mit jedweder weiteren Information, die von der einschlägigen Rechtsvorschrift gefordert wird.

Bemerkung:
Europäische Rechtsvorschriften ohne nationale Abweichungen brauchen nicht aufgeführt zu werden.

ZA.4 Konformitätszertifikat und Konformitätserklärung

Der Hersteller oder sein im Europäischen Wirtschaftsraum ansässiger Vertreter muss eine Konformitätserklärung erstellen und aufbewahren, die zur Anbringung der CE-Kennzeichnung berechtigt. Die Konformitätserklärung muss enthalten:

- Name und Adresse des Herstellers oder seines im Europäischen Wirtschaftsraum ansässigen bevollmächtigten Vertreters sowie die Fertigungsstätte;
- Beschreibung des Produktes (Typ, Kennzeichnung, Verwendung), und eine Kopie der die CE-Kennzeichnung begleitenden Informationen;
- Regelungen, zu denen Konformität des Produktes besteht (z. B. Anhang ZA dieser EN);
- besondere Verwendungshinweise [falls erforderlich];
- Name und Adresse (oder Registriernummer) der notifizierten Stelle(n);
- Name und Stellung der verantwortlichen Person, die berechtigt ist, die Erklärung im Auftrag des Herstellers oder seines autorisierten Vertreters zu unterzeichnen.

Für Eigenschaften, für die eine Zertifizierung gefordert ist (Verfahren 1), muss die Konformitätserklärung auch ein Konformitätszertifikat beinhalten, das, zusätzlich zu den oben aufgeführten Angaben, folgende Angaben enthält:

- Name und Adresse der Zertifizierungsstelle;
- Nummer des Zertifikates;
- Bedingungen und Gültigkeitsdauer des Zertifikates, wenn anwendbar;
- Name und Stellung der verantwortlichen Person, die berechtigt ist, das Zertifikat zu unterzeichnen.

Eine Wiederholung von Angaben zwischen der Konformitätserklärung und dem Konformitätszertifikat soll vermieden werden. Die Konformitätserklärung und das Konformitätszertifikat müssen in der (den) Sprache(n) des Mitgliedstaates vorgelegt werden, in dem das Produkt verwendet wird.

Literaturhinweise

EN ISO 9001, *Qualitätsmanagementsysteme – Anforderungen (ISO 9001:2000)*.

November 2002

	Berichtigungen zu DIN EN 12259-2:2001-08 (EN 12259-2:1999/AC:2002)	Berichtigung 1 zu DIN EN 12259-2

Es wird empfohlen, auf der betroffenen Norm einen Hinweis auf diese Berichtigung zu machen.

ICS 13.220.20

Corrigenda to DIN EN 12259-2:2001-08 (EN 12259-2:1999/AC:2002)

Corrigenda à DIN EN 12259-2:2001-08 (EN 12259-2:1999/AC:2002)

Zur Europäischen Norm EN 12259-2:1999 + A1:2001 wurde im Juli 2002 eine Berichtigung mit der nachfolgenden,

DIN EN 12259-2:2001-08

Ortsfeste Löschanlagen – Bauteile für Sprinkler- und Sprühwasseranlagen – Teil 2: Nassalarmventil mit Zubehör (enthält Änderung A1:2001); Deutsche Fassung EN 12259-2:1999 + A1:2001

betreffenden Änderung herausgegeben.

Die Unterabschnitte 4.6.5.1 und 4.6.5.2 sind wie folgt zu ersetzen:

„4.6.5.1 Sitzringe müssen aus Bronze, Messing, Monelmetall oder nichtrostendem Stahl oder aus Werkstoffen mit ähnlichen physikalischen und mechanischen Eigenschaften bestehen.

4.6.5.2 Die Auflageflächen aller aufeinander rotierenden oder gleitenden Teile müssen aus Bronze, Messing, Monelmetall oder nichtrostendem Stahl oder aus Werkstoffen mit ähnlichen physikalischen und mechanischen Eigenschaften bestehen; diese Anforderung kann durch die Verwendung von Buchsen oder Einsätzen erfüllt werden."

Normenausschuss Feuerwehrwesen (FNFW) im DIN Deutsches Institut für Normung e. V.

Februar 2006

DIN EN 12259-2/A2

ICS 13.220.20; 13.320

Änderung von
DIN EN 12259-2:2001-08

Ortsfeste Löschanlagen –
Bauteile für Sprinkler- und Sprühwasseranlagen –
Teil 2: Nassalarmventile mit Zubehör;
Deutsche Fassung EN 12259-2:1999/A2:2005

Fixed firefighting systems –
Components for sprinkler and water spray systems –
Part 2: Wet alarm valve assemblies;
German version EN 12259-2:1999/A2:2005

Installations fixes de lutte contre l'incendie –
Composants des systèmes d'extinction du type sprinkleur et à pulvérisation d'eau –
Partie 2 : Systèmes de clapet d'alarme sous eau;
Version allemande EN 12259-2:1999/A2:2005

Gesamtumfang 8 Seiten

Normenausschuss Feuerwehrwesen (FNFW) im DIN

DIN EN 12259-2/A2:2006-02

Beginn der Gültigkeit

Diese Norm gilt ab 2006-02-01.

Die CE-Kennzeichnung von Bauprodukten in Deutschland kann erst nach Veröffentlichung der Fundstelle dieser DIN-EN-Norm im Bundesanzeiger von dem dort genannten Termin an erfolgen.

Nationales Vorwort

Die Änderung A2 der Europäische Norm wurde vom Technischen Komitee CEN/TC 191 „Ortsfeste Brandbekämpfungsanlagen" (Sekretariat: BSI, Großbritannien) erarbeitet und wird auf nationaler Ebene vom Arbeitsausschuss (AA) „Wasserlöschanlagen und Bauteile" (NA 031-03-03) des FNFW betreut.

Änderungen

Gegenüber DIN EN 12259-2:2001-08 wurden folgende Änderungen vorgenommen:

a) im Abschnitt 2 wird der Verweis auf ISO 7-1 gestrichen;
b) die Abschnitte 4.4.1.1 bis 4.4.1.3, 4.4.3.2, 4.5, 4.6.5.1, 4.6.5.2, 4.7, 4.9.7, 5.5, 6.1 und Tabelle 1 werden vollständig ersetzt;
c) Anhang N wird ergänzt.

EUROPÄISCHE NORM
EUROPEAN STANDARD
NORME EUROPÉENNE

EN 12259-2:1999/A2

November 2005

ICS 13.220.20; 13.320

Deutsche Fassung

Ortsfeste Löschanlagen —
Bauteile für Sprinkler- und Sprühwasseranlagen —
Teil 2: Nassalarmventile mit Zubehör

Fixed firefighting systems —
Components for sprinkler and water spray systems —
Part 2: Wet alarm valve assemblies

Installations fixes de lutte contre l'incendie —
Composants des systèmes d'extinction du type sprinkleur
et à pulvérisation d'eau —
Partie 2 : Systèmes de clapet d'alarme sous eau

Diese Änderung A2 modifiziert die Europäische Norm EN 12259-2:1999. Sie wurde vom CEN am 19. Oktober 2005 angenommen.

Die CEN-Mitglieder sind gehalten, die CEN/CENELEC-Geschäftsordnung zu erfüllen, in der die Bedingungen festgelegt sind, unter denen diese Änderung in der betreffenden nationalen Norm, ohne jede Änderung, einzufügen ist. Auf dem letzten Stand befindliche Listen dieser nationalen Normen mit ihren bibliographischen Angaben sind beim Management-Zentrum oder bei jedem CEN-Mitglied auf Anfrage erhältlich.

Diese Änderung besteht in drei offiziellen Fassungen (Deutsch, Englisch, Französisch). Eine Fassung in einer anderen Sprache, die von einem CEN-Mitglied in eigener Verantwortung durch Übersetzung in seine Landessprache gemacht und dem Management-Zentrum mitgeteilt worden ist, hat den gleichen Status wie die offiziellen Fassungen.

CEN-Mitglieder sind die nationalen Normungsinstitute von Belgien, Dänemark, Deutschland, Estland, Finnland, Frankreich, Griechenland, Irland, Island, Italien, Lettland, Litauen, Luxemburg, Malta, den Niederlanden, Norwegen, Österreich, Polen, Portugal, Schweden, der Schweiz, der Slowakei, Slowenien, Spanien, der Tschechischen Republik, Ungarn, dem Vereinigten Königreich und Zypern.

EUROPÄISCHES KOMITEE FÜR NORMUNG
EUROPEAN COMMITTEE FOR STANDARDIZATION
COMITÉ EUROPÉEN DE NORMALISATION

Management-Zentrum: rue de Stassart, 36   B-1050 Brüssel

© 2005 CEN   Alle Rechte der Verwertung, gleich in welcher Form und in welchem Verfahren, sind weltweit den nationalen Mitgliedern von CEN vorbehalten.

Ref. Nr. EN 12259-2:1999/A2:2005 D

EN 12259-2:1999/A2:2005 (D)

Inhalt

Seite

Vorwort 2

2 Normative Verweisungen 3

4 Konstruktion und Anforderungen an Nassalarmventile mit Zubehör 3
4.4 Gehäuse und Handlochdeckel 3
4.5 Entwässerung 3
4.6.5 Werkstoffe für Sitzring- und Auflageflächen 3
4.7 Nichtmetallische Einzelteile (mit Ausnahme von Dichtungen und Dichtringen) 4
4.9 Abstände 4

5 Konstruktion und Leistungsvermögen der Verzögerungskammer 4
5.5 Anschlüsse 4

6 Kennzeichnung 4
6.1 Allgemeines 4

Anhang N (normativ) Salzsprühnebel-Korrosionsprüfung 6
N.1 Reagenzien 6
N.2 Gerät 6
N.3 Durchführung 6

Vorwort

Dieses Dokument (EN 12259-2:1999/A2:2005) wurde vom Technischen Komitee CEN/TC 191 „Ortsfeste Brandbekämpfungsanlagen" erarbeitet, dessen Sekretariat vom BSI gehalten wird.

Diese Änderung zur Europäischen Norm EN 12259-2:1999 muss den Status einer nationalen Norm erhalten, entweder durch Veröffentlichung eines identischen Textes oder durch Anerkennung bis Mai 2006, und etwaige entgegenstehende nationale Normen müssen bis August 2007 zurückgezogen werden.

Dieses Dokument wurde unter einem Mandat erarbeitet, das die Europäische Kommission und die Europäische Freihandelszone dem CEN erteilt haben, und unterstützt grundlegende Anforderungen der EG-Richtlinien.

Zum Zusammenhang mit EG-Richtlinien siehe informativen Anhang ZA, der Bestandteil dieses Dokumentes ist.

Entsprechend der CEN/CENELEC-Geschäftsordnung sind die nationalen Normungsinstitute der folgenden Länder gehalten, diese Europäische Norm zu übernehmen: Belgien, Dänemark, Deutschland, Estland, Finnland, Frankreich, Griechenland, Irland, Island, Italien, Lettland, Litauen, Luxemburg, Malta, Niederlande, Norwegen, Österreich, Polen, Portugal, Schweden, Schweiz, Slowakei, Slowenien, Spanien, Tschechische Republik, Ungarn, Vereinigtes Königreich und Zypern.

2 Normative Verweisungen

Der folgende Verweis ist zu streichen:

ISO 7-1:1994, *Pipe threads where pressure-tight joints are made on threads — Part 1: Designation, dimensions and tolerances*

4 Konstruktion und Anforderungen an Nassalarmventile mit Zubehör

4.4 Gehäuse und Handlochdeckel

4.4.1.1 ist durch folgenden Text zu ersetzen:

4.4.1.1 Gehäuse und Handlochdeckel müssen aus Gusseisen, Bronze, Messing, Monelmetall, nichtrostendem Stahl, Titan oder aus Werkstoffen mit gleichwertigen physikalischen und mechanischen Eigenschaften bestehen.

4.4.1.2 ist durch folgenden Text zu ersetzen:

4.4.1.2 Befestigungen für Handlochdeckel müssen aus Stahl, nichtrostendem Stahl, Titan oder aus Werkstoffen mit gleichwertigen physikalischen und mechanischen Eigenschaften bestehen.

als neuer Unterabschnitt 4.4.1.3 ist einzufügen:

4.4.1.3 Falls nichtmetallische Werkstoffe (außer für Dichtungen, Rohrleitungsdichtungen und nicht exponierte Kunststoffbuchsen und Einsätze), oder Metalle mit einem Schmelzpunkt unter 800 °C (außer für Dichtungen und nicht exponierte Kunststoffbuchsen und Einsätze) einen Teil des Gehäuses oder Handlochdeckels des Nassalarmventils bilden, muss der Absperrkörper bei Prüfung nach Anhang A frei und vollständig öffnen, und das zusammengebaute Nassalarmventil muss die Anforderungen von 4.12 erfüllen.

4.4.3.2 ist durch folgenden Text zu ersetzen:

4.4.3.2 Die übliche Bemessungslast für die Befestigungsmittel ohne die zum Zusammendrücken der Dichtung erforderliche Kraft darf die in ISO 898-1 und ISO 898-2 oder in anderen Europäischen Normen für Werkstoffe, die nicht in ISO 898 enthalten sind, festgelegte Mindestzugfestigkeit nicht überschreiten, wenn das Nassalarmventil einer Druckbeanspruchung mit dem vierfachen Nennbetriebsdruck unterzogen wird. Die Fläche für die Druckaufbringung wird folgendermaßen errechnet:

a) Bei Verwendung einer vollflächigen Dichtung wirkt die Kraft auf der Fläche, die durch eine Linie durch die Innenkante der Schrauben begrenzt wird.

b) Bei Verwendung eines O-Ringes oder einer Flachdichtung wirkt die Kraft auf der Fläche bis zur Mittellinie des O-Ringes oder der Flachdichtung.

4.5 Entwässerung

4.5 ist durch folgenden Text zu ersetzen:

Zum Abführen des Wassers muss das Gehäuse des Nassalarmventils in Durchflussrichtung hinter dem Absperrkörper mit einer Verbindung versehen werden, wenn das Ventil in einer vom Lieferanten festgelegten oder empfohlenen Lage eingebaut wird. Die kleinste Nennweite für den Entwässerungsanschluss beträgt DN 20.

4.6.5 Werkstoffe für Sitzring- und Auflageflächen

4.6.5.1 ist durch folgenden Text zu ersetzen:

4.6.5.1 Sitzringe müssen aus Bronze, Messing, Monelmetall oder nichtrostendem Stahl, Titan oder aus Werkstoffen mit mindestens gleichwertigen physikalischen, mechanischen und korrosionsbeständigen Eigenschaften bestehen.

4.6.5.2 ist durch folgenden Text zu ersetzen:

4.6.5.2 Die Auflageflächen aller aufeinander rotierenden oder gleitenden Teile müssen aus Bronze, Messing, Monelmetall, nichtrostendem Stahl, Titan oder nichtmetallische Werkstoffen bestehen. Diese Anforderung kann durch die Verwendung von Buchsen oder Einsätzen erfüllt werden.

4.7 Nichtmetallische Einzelteile (mit Ausnahme von Dichtungen und Dichtringen)

4.7 ist durch folgenden Text zu ersetzen:

Nichtmetallische Teile dürfen nach der im Anhang F beschriebenen Alterung keine Risse zeigen, und das Nassalarmventil muss bei Prüfung nach den Anhängen C.1 und J die Anforderungen an Leistungsvermögen und Dichtheit nach 4.10.1 und 4.12 erfüllen. Nichtmetallische Auflageflächen aller aufeinander rotierenden oder gleitenden Teile müssen bei der Prüfung nach Anhang E.2 auch die Anforderungen von 4.13.2 erfüllen.

4.9 Abstände

4.9.7 ist durch folgenden Text zu ersetzen:

4.9.7 Am Absperrkörper müssen alle Buchsen oder Lager für die Gelenkstifte einen ausreichenden axialen Abstand aufweisen, um das Maß A von mindestens 1,5 mm einzuhalten (siehe Bild 1 c)), wenn die benachbarten Teile nicht aus Bronze, Messing, Monelmetall, nichtrostendem Stahl, Titan oder korrosionsgeschütztem Metall bestehen. Werden korrosionsgeschützte Metallteile verwendet, dürfen diese bei Prüfung nach Anhang N keine sichtbaren Schäden der Beschichtung aufweisen, wie Blasenbildung, Abblätterungen, Abplatzungen oder erhöhter Widerstand gegen Beweglichkeit.

5 Konstruktion und Leistungsvermögen der Verzögerungskammer

5.5 Anschlüsse

5.5 ist durch folgenden Text zu ersetzen:

An der Verzögerungskammer muss für den Anschluss von Alarmierungseinrichtungen eine Verbindung mit einer Nennweite von mindestens 20 mm vorgesehen werden.

6 Kennzeichnung

6.1 Allgemeines

6.1 und Tabelle 1 ist durch folgenden Text zu ersetzen:

Die in 6.2 und 6.3 beschriebenen Kennzeichnungen sind auf folgende Weise aufzubringen:

a) Entweder werden sie beim Gießen oder durch Stempeln direkt auf das Gehäuse des Nassalarmventils oder auf die Verzögerungskammer aufgebracht oder

b) sie werden auf einem am Gehäuse des Nassalarmventils oder der Verzögerungskammer mechanisch (z. B. durch Nieten oder Schrauben) befestigten Metalletikett mit erhabenen oder vertieften Schriftzeichen (z. B. durch Ätzen, Gießen oder Stempeln) aufgebracht; gegossene Etiketten müssen aus einem Nichteisenmetall bestehen.

Die Mindestmaße für die zur Kennzeichnung verwendeten Schriftzeichen werden in Tabelle 1 festgelegt.

Tabelle 1 — Mindestmaße der zur Kennzeichnung verwendeten Schriftzeichen

Aufbringung der Kennzeichnung	Mindestgröße der Schriftzeichen, außer für 6.2 g) [a] mm	Mindest-Eindrucktiefe oder Mindesthöhe der erhabenen Schriftzeichen mm
Unmittelbar auf ein Nassalarmventil gegossen	9,5	0,75
Unmittelbar auf eine Verzögerungskammer gegossen	4,7	0,75
Gegossenes Etikett	4,7	0,5
Nicht gegossenes Etikett	2,4	nicht zutreffend
Gedrucktes Etikett	2,4	nicht zutreffend
Unmittelbar auf ein Nassalarmventil gestempelt	4,7	0,1

[a] Die Mindestgröße der Schriftzeichen zur Angabe des Punktes g), Seriennummer oder Herstellungsjahr, muss 3 mm betragen.

EN 12259-2:1999/A2:2005 (D)

Anhang N ist wie folgt einzufügen:

Anhang N
(normativ)

Salzsprühnebel-Korrosionsprüfung

N.1 Reagenzien

Natriumchloridlösung, bestehend aus Natriumchlorid in destilliertem Wasser mit einem Massenanteil von (5 ± 0,5) % Natriumchlorid, pH-Wert zwischen 6,5 und 7,2.

N.2 Gerät

Nebelkammer mit einem Fassungsvermögen von mindestens 0,43 m^3, mit einem Rückführbehälter und Düsen zum Versprühen einer Salzlösung sowie mit Einrichtungen zur Probenahme und zur Kontrolle des Klimas in der Kammer.

N.3 Durchführung

Der Handlochdeckel des Alarmventils (wenn vorhanden) ist abzunehmen. Das Alarmventil und der Handlochdeckel sind in der Versuchskammer so unterzubringen, dass sich die Lösung nicht in Hohlräumen sammelt und die Bauteile sind bei einem Druck zwischen 0,7 bar und 1,7 bar mit Natriumchloridlösung zu besprühen, während im Bereich der Salzsprühnebel-Beanspruchung eine Temperatur von (35 ± 2) °C einzuhalten ist. Die aus den zu prüfenden Bauteilen austretende Lösung muss aufgefangen werden und darf nicht in den Rückführkreislauf zurückgeführt werden.

ANMERKUNG   Der Handlochdeckel kann weggelassen werden, wenn Dichtungen, Buchsen, Auflagen oder deren Abstände mit dem Deckel verbunden sind.

Der Salzsprühnebel ist an mindestens zwei Stellen im beanspruchten Bereich aufzufangen, und sowohl die Salzsprühnebelmenge als auch die Salzkonzentration sind zu messen. Für jeweils 80 cm^3 des Aufnahmebereiches ist für eine Dauer von ($16^{+0,25}_{0}$) h eine Entnahmegeschwindigkeit zwischen 1 ml/h und 2 ml/h sicherzustellen.

Die Bauteile sind für eine Dauer von ($10^{+0,25}_{0}$) Tagen zu beanspruchen. Nach der Beanspruchung sind das zu prüfende Alarmventil und der Handlochdeckel aus der Versuchskammer zu entnehmen und ($7^{+0,25}_{0}$) Tage bei einer Temperatur von maximal 35 °C und einer relativen Luftfeuchte von maximal 70 % zu trocknen. Nach Ende der Trocknung sind die korrosionsgeschützten Teile auf sichtbare Schäden der Beschichtung, wie Blasenbildung, Abblätterungen, Abplatzungen oder erhöhter Widerstand gegen Beweglichkeit zu überprüfen.

August 2001

Ortsfeste Löschanlagen
Bauteile für Sprinkler- und Sprühwasseranlagen
Teil 3: Trockenalarmventile mit Zubehör
(enthält Änderung A1:2001)
Deutsche Fassung EN 12259-3:2000 + A1:2001

**DIN
EN 12259-3**

ICS 13.220.20; 13.320

Ersatz für
DIN EN 12259-3:2000-08

Fixed firefighting systems – Components for sprinkler and water spray systems – Part 3: Dry alarm valve assemblies (includes amendment A1:2001);
German version EN 12259-3:2000 + A1:2001

Installations fixes de lutte contre l'incendie – Composants des systèmes d'extinction du type Sprinkleur et à pulvérisation d'eau – Partie 3: Systèmes de soupape d'alarme sous air (inclut l'amendement A1:2001);
Version allemande EN 12259-3:2000 + A1:2001

Die Europäische Norm EN 12259-3:2000 hat den Status einer Deutschen Norm, einschließlich der eingearbeiteten Änderung A1:2001, die vom CEN getrennt verteilt wurde.

Nationales Vorwort

Diese Europäische Norm wurde vom Technischen Komitee CEN/TC 191 „Ortsfeste Brandbekämpfungsanlagen" erarbeitet und wird national vom Arbeitsausschuss AA 191.5 „Wasserlöschanlagen und deren Bauteile" des FNFW betreut.

Für die im Abschnitt 2 zitierten Internationalen Normen wird im Folgenden auf die entsprechenden Deutschen Normen hingewiesen:

ISO 228-1   siehe DIN ISO 228-1
ISO 868   siehe DIN ISO 868
ISO 898-1   siehe DIN EN 20898-1
ISO 898-2   siehe DIN EN 20898-2

Änderungen

Gegenüber DIN EN 12259-3:2000-08 wurden folgende Änderungen vorgenommen:

a) Die Norm wurde um Abschnitt 9 und Anhang ZA ergänzt;
b) redaktionelle Korrekturen.

Frühere Ausgaben

DIN EN 12259-3: 2000-08

Fortsetzung Seite 2
und 31 Seiten EN

Normenausschuss Feuerwehrwesen (FNFW) im DIN Deutsches Institut für Normung e.V.

Nationaler Anhang NA
(informativ)

Literaturhinweise

DIN ISO 228-1, *Rohrgewinde für nicht im Gewinde dichtende Verbindungen – Teil 1: Maße, Toleranzen und Bezeichnung; Identisch mit ISO 228-1:1994.*

DIN EN 20898-1, *Mechanische Eigenschaften von Verbindungselementen – Teil 1: Schrauben (ISO 898-1:1988); Deutsche Fassung EN 20898-1:1991.*

DIN EN 20898-2, *Mechanische Eigenschaften von Verbindungselementen – Teil 2: Muttern mit festgelegten Prüfkräften; Regelgewinde (ISO 898-2:1992); Deutsche Fassung EN 20898-2:1993.*

DIN ISO 868, *Kunststoffe und Hartgummi – Bestimmung der Eindruckhärte mit einem Durometer (Shore-Härte) (ISO 868:1985); Deutsche Fassung EN ISO 868:1997.*

EUROPÄISCHE NORM
EUROPEAN STANDARD
NORME EUROPÉENNE

EN 12259-3
Mai 2000
+ A1
März 2001

ICS

Deutsche Fassung

Ortsfeste Löschanlagen
Bauteile für Sprinkler- und Sprühwasseranlagen
Teil 3: Trockenalarmventile mit Zubehör
(enthält Änderung A1:2001)

Fixed firefighting systems – Components for sprinkler and water spray systems – Part 3: Dry alarm valve assemblies (includes amendment A1:2001)

Installations fixes de lutte contre l'incendie – Composants des systèmes d'extinction du type Sprinkleur et à pulvérisation d'eau – Partie 3: Systèmes de soupape d'alarme sous air (inclut l'amendement A1:2001)

Diese Europäische Norm wurde von CEN am 17. Dezember 1999 und die Änderung A1 am 20. Januar 2001 angenommen.

Die CEN-Mitglieder sind gehalten, die CEN/CENELEC-Geschäftsordnung zu erfüllen, in der die Bedingungen festgelegt sind, unter denen dieser Europäischen Norm ohne jede Änderung der Status einer nationalen Norm zu geben ist.

Auf dem letzten Stand befindliche Listen dieser nationalen Normen mit ihren bibliographischen Angaben sind beim Management-Zentrum oder bei jedem CEN-Mitglied auf Anfrage erhältlich.

Diese Europäische Norm besteht in drei offiziellen Fassungen (Deutsch, Englisch, Französisch). Eine Fassung in einer anderen Sprache, die von einem CEN-Mitglied in eigener Verantwortung durch Übersetzung in seine Landessprache gemacht und dem Management-Zentrum mitgeteilt worden ist, hat den gleichen Status wie die offiziellen Fassungen.

CEN-Mitglieder sind die nationalen Normungsinstitute von Belgien, Dänemark, Deutschland, Finnland, Frankreich, Griechenland, Irland, Island, Italien, Luxemburg, Niederlande, Norwegen, Österreich, Portugal, Schweden, Schweiz, Spanien, der Tschechischen Republik und dem Vereinigten Königreich.

EUROPÄISCHES KOMITEE FÜR NORMUNG
EUROPEAN COMMITTEE FOR STANDARDIZATION
COMITÉ EUROPÉEN DE NORMALISATION

Management-Zentrum: rue de Stassart, 36 B-1050 Brüssel

© 2001 CEN – Alle Rechte der Verwertung, gleich in welcher Form und in welchem Verfahren, sind weltweit den nationalen Mitgliedern von CEN vorbehalten.

Ref. Nr. EN 12259-3:2000 + A1:2001 D

Seite 2
EN 12259-3:2000 + A1:2001

Inhalt

Vorwort 2
1 Anwendungsbereich 4
2 Normative Verweisungen 4
3 Begriffe 4
4 Konstruktion und Anforderungen an Trockenalarmventile und Zubehör 7
4.1 Nennweite 7
4.2 Anschlüsse an Trockenalarmventile mit Zubehör 7
4.3 Nennbetriebsdruck 7
4.4 Gehäuse und Handlochdeckel 7
4.5 Entwässerung 8
4.6 Dichtungseinheit 8
4.7 Nichtmetallische Einzelteile (mit Ausnahme von Dichtungen und Dichtringen) 9
4.8 Einzelteile des Absperrkörpers 9
4.9 Abstände 9
4.10 Leistungsvermögen 10
4.11 Druckverlust durch hydraulische Reibung . 12
4.12 Dichtheit 12
4.13 Ermüdung 12

5 Konstruktion und Leistungsmerkmale der Schnellöffnungseinrichtung 12
5.1 Nennbetriebsdruck 12
5.2 Dichtheit 12
5.3 Gehäuse und Deckel 12
5.4 Anschlüsse 13
5.5 Bauteile 13
5.6 Nichtmetallische Elemente (mit Ausnahme von Dichtungen) 13
5.7 Siebe 13
5.8 Leistungsmerkmale 13

6 Kennzeichnung 14
6.1 Allgemeines 14
6.2 Trockenalarmventil 14
6.3 Schnellöffnungseinrichtung 15

7 Anweisungen für Einbau und Betätigung . 15
8 Prüfbedingungen 15

9 Bewertung der Konformität 16
9.1 Allgemeines 16
9.2 Erstprüfung 16
9.3 Werkseigene Produktionskontrolle 16

Anhang A (normativ) Brandbeanspruchungsprüfung für Gehäuse und Handlochdeckel .. 17

Anhang B (normativ) Festigkeitsprüfung für Gehäuse und Handlochdeckel 18

Anhang C (normativ) Strömungsprüfung für Trockenalarmventile 19

Anhang D (normativ) Prüfungen der Dichtungseinheit 20

Anhang E (normativ) Leistungsprüfungen .. 22

Anhang F (normativ) Prüfung der Alterungsbeständigkeit nichtmetallischer Bauteile (außer Dichtungen und Dichtringen) 25

Anhang G (normativ) Dichtheitsprüfung des Verschlussteils 26

Anhang H (normativ) Widerstandsfähigkeit gegen Adhäsion für Dichtungen des Verschlussteils 26

Anhang I (normativ) Verschleißprüfung 27

Anhang J (normativ) Dichtheitsprüfung bei Betriebsluftdruck 27

Anhang K (normativ) Festigkeits- und Dichtheitsprüfung 27

Anhang L (informativ) Typischer Prüfplan für Trockenalarmventile und Zubehör, Schnellöffner und Schnellentlüfter mit Beispiel für die Prüfmusteranzahl 28

Anhang ZA (informativ) Abschnitte dieser Europäischen Norm, die wesentliche Anforderungen oder andere Regelungen der EU-Bauprodukten-Richtlinie ansprechen 29

Literaturhinweise 31

Vorwort

Diese Europäische Norm wurde vom Technischen Komitee CEN/TC 191 „Ortsfeste Brandbekämpfungsanlagen" erarbeitet, dessen Sekretariat vom BSI gehalten wird.

Diese Europäische Norm muss den Status einer nationalen Norm erhalten, entweder durch Veröffentlichung eines identischen Textes oder durch Anerkennung bis September 2001, und etwaige entgegenstehende nationale Normen müssen bis Dezember 2001 zurückgezogen werden.

Diese Europäische Norm wurde unter einem Mandat erarbeitet, das die Europäische Kommission und die Europäische Freihandelszone dem CEN erteilt haben, und unterstützt grundlegende Anforderungen der EU-Richtlinien.

Entsprechend der CEN/CENELEC-Geschäftsordnung sind die nationalen Normungsinstitute der folgenden Länder gehalten, diese Europäische Norm zu übernehmen: Belgien, Dänemark, Deutschland, Finnland, Frankreich, Griechenland, Irland, Island, Italien, Luxemburg, Niederlande, Norwegen, Österreich, Portugal, Schweden, Schweiz, Spanien, die Tschechische Republik und das Vereinigte Königreich.

Zusammenhang mit EU-Richtlinien siehe informativen Anhang ZA, der Bestandteil dieser Norm ist.

Als ein Teil von EN 12259, in der Bauteile für automatische Sprinkleranlagen beschrieben werden, gehört sie zu einer Reihe Europäischer Normen, die folgende Themen behandeln:

a) automatische Sprinkleranlagen (EN 12259 und EN 12845)[1];
b) Löschanlagen mit gasförmigen Löschmitteln (EN 12094)[1];
c) Pulver-Löschanlagen (EN 12416)[1];
d) Explosionsschutzsysteme (EN 26184);
e) Schaum-Löschanlagen (EN 13565)[1];
f) Wandhydranten und Schlauchhaspeln (EN 671);
g) Rauch- und Wärmeabzugsanlagen (EN 12101)[1];
h) Sprühwasser-Löschanlagen[1].

EN 12259 wird unter dem Haupttitel *„Ortsfeste Löschanlagen − Bauteile für Sprinkler- und Sprühwasseranlagen"* aus folgenden Teilen bestehen:

− Teil 1: Sprinkler
− Teil 2: Nassalarmventile mit Zubehör
− Teil 3: Trockenalarmventile mit Zubehör
− Teil 4: Wassergetriebene Alarmglocken
− Teil 5: Strömungsmelder
− Teil 6: Kupplungen
− Teil 7: Rohrhalter
− Teil 8: Druckschalter
− Teil 9: Sprühflutventile mit Zubehör
− Teil 10: Mehrfachsteuerungen
− Teil 11: Sprühwasserlöschanlagen mit mittlerer und hoher Sprühgeschwindigkeit
− Teil 12: Sprinklerpumpen

Die Anhänge A, B, C, D, E, F, G, H, I, J und K enthalten Prüfverfahren und sind normativ.

Anhang L enthält ein Beispiel für einen Prüfplan, der für die Bauartzulassungsprüfung von herkömmlichen Konstruktionen geeignet ist, und ist informativ.

Diese Norm ist zur Anwendung durch qualifizierte und anerkannte Organisationen vorgesehen, die in der Lage sind, die Konstruktion und Herstellung nach anerkannten Internationalen Normen zu sichern.

---

[1] in Vorbereitung

1 Anwendungsbereich

Dieser Teil der EN 12259 legt Anforderungen an die Konstruktion und Leistung von Trockenalarmventilen mit Zubehör, Schnellöffnern und Schnellentlüftern für den Einsatz in automatischen Sprinkleranlagen nach den Anhängen A und B von prEN 12845 „Ortsfeste Löschanlagen – Automatische Sprinkleranlagen – Planung und Einbau" fest.

Zusätzliche Bauteile und Zubehör zu Trockenalarmventilen, Schnellöffnern und Schnellentlüftern werden durch diese Norm nicht abgedeckt.

2 Normative Verweisungen

Diese Norm enthält durch datierte oder undatierte Verweisungen Festlegungen aus anderen Publikationen. Diese normativen Verweisungen sind an den jeweiligen Stellen im Text zitiert, und die Publikationen sind nachstehend aufgeführt. Bei datierten Verweisungen gehören spätere Änderungen oder Überarbeitungen dieser Publikationen nur zu dieser Norm, falls sie durch Änderung oder Überarbeitung eingearbeitet sind. Bei undatierten Verweisungen gilt die letzte Ausgabe der in Bezug genommenen Publikation (einschließlich Änderungen).

ISO 7-1, *Rohrgewinde für im Gewinde dichtende Verbindungen – Teil 1: Maße, Toleranzen und Bezeichnungen.*

ISO 65, *Unlegierte Stahlrohre mit Gewinde gemäß ISO 7/1.*

ISO 228-1, *Rohrgewinde für nicht im Gewinde dichtende Verbindungen – Teil 1: Maße, Toleranzen und Bezeichnungen.*

ISO 868, *Kunststoffe und Ebonit – Bestimmung der Eindruckhärte mittels Durometer (Shore-Härte).*

ISO 898-1, *Mechanische Eigenschaften von Verbindungselementen aus Kohlenstoffstahl und legiertem Stahl – Teil 1: Schrauben.*

ISO 898-2, *Mechanische Eigenschaften von Verbindungselementen – Teil 2: Muttern mit festgelegten Prüfkräften; Regelgewinde.*

prEN 12845, *Ortsfeste Löschanlagen – Automatische Sprinkleranlagen – Planung und Einbau.*

3 Begriffe

Für die Anwendung dieser Norm gelten die folgenden Begriffe:

3.1
Schnellöffner

Schnellöffnungseinrichtung (siehe 3.18) zum beschleunigten Ansprechen des Trockenalarmventils unter Einsatz von mechanischen Mitteln, ohne Reduzierung des Luft- bzw. Inertgasdruckes im Rohrnetz bis zum Ventilauslösepunkt

3.2
Alarmierungseinrichtung

mechanische oder elektrische Einrichtung zur akustischen Alarmierung bei Betätigung des Trockenalarmventils [EN 12259-2:1999]

3.3
Anti-Flutungseinrichtung

Einrichtung, die das unerwünschte Eindringen von Wasser in relevante Teile oder Teile der Schnellöffnungseinrichtung (siehe 3.18) verhindert, wenn dies den weiteren Betrieb behindern kann

3.4
Anti-Rückstelleinrichtung

Einrichtung, die das Rückstellen der Dichtungseinheit in ihre geschlossene Position nach Inbetriebnahme verhindert

3.5
Automatisches Entwässerungsventil

normalerweise geöffnetes Ventil für die automatische Entwässerung und die Be- und Entlüftung der mittleren Kammer (siehe 3.14) des Trockenalarmventils zur Atmosphäre, wenn das Trockenalarmventil sich in funktionsbereitem Zustand befindet (siehe 3.20) und den Wasserabfluss aus der Alarmleitung beim Betrieb des Trockenalarmventils begrenzt

3.6
Klappe
eine Bauart der Dichtungseinheit (siehe 3.22)

[EN 12259-2:1999]

3.7
Differenzdruck-Verhältnis
Übersetzungsverhältnis zwischen Versorgungsdruck und Luft- bzw. Inertgasdruck am Auslösepunkt (siehe 3.27)

[EN 12259-2:1999]

3.8
Differenztyp Trockenalarmventil
eine Bauart der Trockenalarmventile, in welcher der systemseitige Luft- bzw. Inertgasdruck direkt auf die Dichtungseinheit wirkt, um diese geschlossen zu halten

Der Luft- bzw. Inertgas-Sitzring ist größer bemessen als der wasserseitige Sitzring. Durch diese Sitzringe wird in betriebsbereitem Zustand in der mittleren Kammer der atmosphärische Druck erhalten.

3.9
Trockenalarmventil
Ventil welches verhindert, dass in betriebsbereitem Zustand Wasser in das Trockenrohrnetz fließt, aber den Wasserfluss in das Trockenrohrnetz bei Luft- oder Inertgasdrücken unterhalb des Auslösepunktes freigibt

3.10
Schnellentlüfter
Schnellöffnungseinrichtung (siehe 3.18) zum direkten Ausströmen von Luft bzw. Inertgas aus dem Rohrnetz in die Atmosphäre

3.11
Strömungsgeschwindigkeit
Wassergeschwindigkeit durch ein Rohr der gleichen Nennweite wie das Trockenalarmventil bei gleichem Volumenstrom

3.12
Haltekammer
mit Luft bzw. Inertgas aus dem Rohrnetz unter Druck gesetzte Kammer, die die Schnellöffnungseinrichtung (siehe 3.18) oberhalb einer spezifizierten Verlustrate von Luft bzw. Inertgas aktiviert

3.13
Rohrnetz-(Luft/Inertgas-)Druck
Luft- bzw. Inertgasdruck in einem Trockenrohrnetz am Hauptausgang eines Trockenalarmventils

3.14
Zwischenkammer
Teil eines Trockenalarmventils, das den luft- bzw. inertgasseitigen vom wasserseitigen Sitzring trennt und unter atmosphärischem Druck steht, wenn das Trockenalarmventil in betriebsbereitem Zustand ist

3.15
Leckagepunkt
Luft- bzw. Inertgasdruck im Rohrnetz bei spezifiziertem Versorgungsdruck, bei dem Wasser von der Trockenalarmventilstation, der Zwischenkammer, der Belüftung oder dem Alarmanschluss zu fließen beginnt

3.16
mechanisches Trockenalarmventil
Trockenalarmventil-Bauart, bei dem der Luft- bzw. Inertgasdruck auf die Dichtungseinheit und den Befestigungsmechanismus wirkt, um ihn in geschlossener Stellung zu halten

3.17
Dichtwasser

Wasser, das die Dichtungseinheit abdichtet und eine Verkrustung der arbeitenden Teile verhindert

3.18
Schnellöffnungseinrichtung

Einrichtung zur Reduzierung der Zeit bis zum Erreichen des Auslösepunktes

3.19
Nennbetriebsdruck

maximaler Betriebsdruck (siehe 3.24), für den der Betrieb des Trockenalarmventils oder der Schnellöffnungseinrichtung vorgesehen ist

3.20
betriebsbereiter Zustand

Zustand der Trockenalarmventilstation in einer Sprinkleranlage, die sekundärseitig mit Luft- bzw. Inertgas gefüllt und versorgungsseitig unter vorbestimmtem Wasserdruck steht, wenn sekundärseitig kein Abfluss aus einem Auslass erfolgt und somit das Füllen des Rohrnetzes mit Wasser verhindert wird
[EN 12259-2:1999]

3.21
verstärktes Elastomer

Element einer Klappe, einer Klappeneinheit oder einer Sitzdichtung aus elastomeren Bestandteilen mit einer oder mehreren anderen Komponenten, das die Zugfestigkeit der Kombination auf mindestens das Zweifache der elastomeren Materialien erhöht
[EN 12259-2:1999]

3.22
Dichtungseinheit

bewegliches Hauptdichtungselement des Trockenalarmventils (wie z. B. Klappe)
[EN 12259-2:1999]

3.23
Sitzring der Dichtungseinheit

unbewegliches Hauptdichtungselement des Trockenalarmventils
[EN 12259-2:1999]

3.24
Versorgungsdruck

statischer Wasserdruck am Eingang des Trockenalarmventils in betriebsbereitem Zustand
[EN 12259-2:1999]

3.25
Lieferant

die für Konstruktion und Qualität verantwortliche Firma
[EN 12259-2:1999]

3.26
Trimming

an der Trockenalarmventilstation angebrachte externe Ausrüstung und Zubehör (ohne Hauptrohrnetz)
[EN 12259-2:1999]

3.27
Auslösepunkt

Punkt, an dem die Trockenalarmventilstation den Wassereintritt in das Sprinklerrohrnetz freigibt, gemessen als Luft- bzw. Inertgasdruck im Rohrnetz in Abhängigkeit des Versorgungsdruckes
[EN 12259-2:1999]

Seite 7
EN 12259-3:2000 + A1:2001

3.28
Alarmglocke

am Trockenalarmventil angebrachte hydraulisch betriebene Alarmierungseinrichtung (siehe 3.2) zur örtlichen akustischen Alarmierung, wenn die Sprinkleranlage in Betrieb geht

[EN 12259-2:1999]

3.29
Alarmglocken-Transmitter

hydraulisch aktivierte Einrichtung zur Erzeugung von elektrischem Strom für den Betrieb einer elektrischen Alarmierungseinrichtung

4 Konstruktion und Anforderungen an Trockenalarmventile und Zubehör

4.1 Nennweite

Die Nennweite entspricht dem Nenndurchmesser der Öffnungen am Rohreintritts- und Rohraustrittsstutzen, d. h. der Nennweite des jeweiligen Rohranschlusses. Die Nennweite muss folgendermaßen gestuft sein: 50 mm, 65 mm, 80 mm, 100 mm, 125 mm, 150 mm, 200 mm oder 250 mm.

ANMERKUNG An der Gehäusesitzfläche darf der Durchmesser des Wasserweges kleiner als der Nenndurchmesser sein.

4.2 Anschlüsse an Trockenalarmventile mit Zubehör

4.2.1 Allgemeines

Die Maße der Anschlüsse werden vom Lieferanten des Trockenalarmventils festgelegt.

4.2.2 Differenztyp Trockenalarmventil

Ist das Ventil vom Typ Differentialventil, so muss es mit Einrichtungen ausgestattet sein, die Wasser aus der Zwischenkammer ablaufen lassen und den Aufbau eines Teilvakuums in der Zwischenkammer verhindern.

4.3 Nennbetriebsdruck

Der Nennbetriebsdruck muss mindestens 12 bar betragen.

ANMERKUNG Die Eintritts- und Austrittsanschlüsse können für einen geringeren Wasserversorgungsdruck bearbeitet werden, damit sie an Anlagen mit einem geringeren Wasserversorgungsdruck angeschlossen werden können.

4.4 Gehäuse und Handlochdeckel

4.4.1 Werkstoffe

4.4.1.1 Gehäuse und Handlochdeckel müssen aus Gusseisen, Bronze, Messing, Monelmetall, Titan oder nichtrostendem Stahl oder aus Werkstoffen mit ähnlichen physikalischen und mechanischen Eigenschaften bestehen

4.4.1.2 Falls nichtmetallische Werkstoffe (außer für Dichtungen) oder Metalle mit einem Schmelzpunkt unter 800 °C (außer für Dichtungen) einen Teil von Gehäuse oder Handlochdeckel des Trockenalarmventils bilden, muss der Absperrkörper bei Prüfung nach A.1 frei und vollständig öffnen und das zusammengebaute Trockenalarmventil den Anforderungen aus 4.10.1 entsprechen.

4.4.2 Ausführung

Es darf nicht möglich sein, den Handlochdeckel des Trockenalarmventils (falls vorhanden) so einzubauen, dass die Funktion des Ventils nicht mehr dieser Norm entspricht. Das gilt auch für die Anzeige der Durchflussrichtung (siehe 6.2 d)).

4.4.3 Festigkeit

4.4.3.1 Das zusammengebaute Trockenalarmventil muss bei Prüfung nach Anhang B im geöffneten Zustand des Absperrkörpers einem Wasserinnendruck in Höhe des vierfachen Nennbetriebsdruckes ohne Bruch standhalten.

4.4.3.2 Die übliche Bemessungslast für die Befestigungsmittel ohne die zum Zusammendrücken der Dichtung erforderliche Kraft darf die in ISO 898-1 und ISO 898-2 festgelegte Mindestzugfestigkeit nicht überschreiten, wenn das Trockenalarmventil einer Druckbeanspruchung mit dem vierfachen Nennbetriebsdruck unterzogen wird. Die Fläche für die Druckaufbringung wird folgendermaßen errechnet:

a) Bei Verwendung einer vollflächigen Dichtung wirkt die Kraft auf der Fläche, die durch eine Linie durch die Innenkante der Schrauben begrenzt wird;

b) bei Verwendung einer ringförmigen Dichtung oder eines Dichtungsringes wirkt die Kraft auf der Fläche bis zur Mittellinie der ringförmigen Dichtung oder des Dichtungsringes.

4.5 Entwässerung

4.5.1 Gehäuse

4.5.1.1 Das Gehäuse des Trockenalarmventils muss in Durchflussrichtung hinter dem Absperrkörper mit einer Gewindebohrung nach ISO 7-1 versehen werden, die das Abführen des Wassers erlaubt, wenn das Ventil in einer vom Hersteller festgelegten oder empfohlenen Lage eingebaut wird.

4.5.1.2 Falls die Entwässerungsöffnung auch für die Entwässerung des Rohrnetzes eingesetzt wird, muss die Gewindeverbindung dem Wert aus Tabelle 1 entsprechen.

Tabelle 1 – Mindestgröße der Entwässerung des Ventilkörpers für die Entwässerung des Rohrnetzes

Nennweite des Ventils mm	Mindest-Entwässerungsanschluss mm
50	20
65 80 100	32
125 150	50
200 250	50

4.5.2 Zwischenkammer

4.5.2.1 Die Zwischenkammer des Trockenalarmventils muss mit einer automatischen Entwässerung ausgestattet sein.

4.5.2.2 Entwässerungsventile für normal belüftete Zwischenkammern müssen bei einem Druck von nicht mehr als 1,4 bar, mit einer Strömungsrate durch das Entwässerungsventil kurz vor dem Schließen von nicht weniger als 0,13 l/s und nicht mehr als 0,63 l/s, schließen, wenn sie nach C.1 geprüft wurden.

4.5.2.3 Automatische Entwässerungsventile müssen während der Entwässerung des Rohrnetzes geschlossen bleiben, bis der am Dichtungsmechanismus wirksame Druck auf weniger als 1,4 bar fällt, und bei einem Druck zwischen 0,035 bar und 1,4 bar öffnen, wenn sie nach C.1 geprüft wurden.

4.5.2.4 Bei Prüfung nach C.2 darf der Volumenstrom durch eine geöffnete Entwässerung 0,63 l/s bei allen Arbeitsdrücken bis zum Nennbetriebsdruck nicht übersteigen.

4.6 Dichtungseinheit

4.6.1 Zugang zu Wartungszwecken

Zugangsmöglichkeiten zu den beweglichen Bauteilen und die Möglichkeit der Entnahme des Absperrkörpers sind vorzusehen.

ANMERKUNG 1 Unabhängig vom ausgewählten Zugangsverfahren sollte eine schnelle Wartung durch eine Person bei geringster Ausfallzeit möglich sein.

ANMERKUNG 2 Alle während der Wartung üblicherweise ausbaubaren Teile sollten so konstruiert sein, dass ein nicht vorschriftsmäßiger Wiedereinbau ohne ein außen sichtbares Kennzeichen nicht möglich ist, sobald die Wiederinbetriebnahme des Trockenalarmventils erfolgt.

ANMERKUNG 3 Mit Ausnahme des Ventilsitzes sollten alle austauschbaren Teile mit handelsüblichen Werkzeugen aus- und wiedereingebaut werden können.

ANMERKUNG 4 Wenn das Trockenalarmventil sich in betriebsbereitem Zustand befindet, sollte es nicht möglich sein, durch Zugriff auf den Ventilmechanismus das Öffnen der Dichtungseinheit zu verhindern.

4.6.2 Dauerschwingfestigkeit von Federn und Membranen

Bei Prüfung nach D.1 müssen Federn und Membrane bei üblicher Betätigung 5 000 Schwingspielen standhalten, ohne zu brechen oder zu reißen. Das Versagen von Membranen darf das vollständige Öffnen der Dichtungseinheit nicht verhindern.

4.6.3 Beständigkeit gegen eine Beschädigung des Absperrkörpers

In Offenstellung muss der Absperrkörper durch einen festen Anschlag begrenzt werden. Bei Prüfung nach E.3 und D.2 dürfen Einzelteile des Absperrkörpers des Trockenalarmventils nicht beschädigt oder dauernd verdreht, gebogen oder gebrochen sein.

4.6.4 Werkstoffe für Sitzring- und Auflageflächen

4.6.4.1 Sitzringe müssen aus Bronze, Messing, Monelmetall oder nichtrostendem Stahl oder aus Werkstoffen mit ähnlichen physikalischen und mechanischen Eigenschaften bestehen.

4.6.4.2 Die Auflageflächen aller aufeinander rotierenden oder gleitenden Teile müssen aus Bronze, Messing, Monelmetall oder nichtrostendem Stahl oder aus Werkstoffen mit ähnlichen physikalischen und mechanischen Eigenschaften bestehen; diese Anforderung kann durch die Verwendung von Buchsen oder Einsätzen erfüllt werden. Buchsen oder Einsätze sind zulässig.

4.6.5 Anti-Rückstelleinrichtung

Trockenalarmventile, für die:

a) das Differentialdruck-Verhältnis bei Arbeitsdrücken von 1,4 bar 1,16 bis 1 übersteigt, und der Nennbetriebsdruck den Wert hat, wie am Auslösepunkt kurz vor dem Druckausgleich oberhalb und unterhalb der Dichtungseinheit gemessen; oder

b) die Rohrnetzentwässerung unterhalb der Dichtungseinheit platziert ist,

müssen mit einer Anti-Rückstelleinrichtung oder einer anderen Einrichtung zur Verhinderung einer automatischen Rücksetzung der Dichtungseinheit versehen sein, die eine Entwässerung während der manuellen Rücksetzung erlaubt. Sie dürfen keine dauerhaften Verformungen, Brüche, Risse oder andere Zeichen von Versagen aufweisen, wenn sie nach E.3, bei Vorhandensein einer Schnellöffnungseinrichtung auch nach E.4, sowie nach D.3 geprüft wurden.

4.7 Nichtmetallische Einzelteile (mit Ausnahme von Dichtungen und Dichtringen)

Nichtmetallische Teile dürfen nach der in Anhang F beschriebenen Alterung keine Risse zeigen, und das Trockenalarmventil muss bei Prüfung nach den Anhängen G und I die Anforderungen an Leistungsvermögen und Dichtheit nach 4.12 und 4.13 erfüllen.

4.8 Einzelteile des Absperrkörpers

4.8.1 Im Bereitschaftszustand darf bei Prüfung des Trockenalarmventils nach E.3 kein Wasser austreten.

ANMERKUNG Ventildichtflächen sollten üblichem Verschleiß, grober Behandlung, Druckbeanspruchungen und Beschädigung durch Rohrzunder oder im Wasser transportierte Fremdstoffe standhalten.

4.8.2 Ein Dichtring aus einem Elastomer oder aus anderen elastischen Materialien darf bei Prüfung nach Anhang H nicht zu einer Beeinträchtigung der Dichtungsfläche führen.

4.9 Abstände

4.9.1 Der Freiraum (siehe Bild 1 a)) zwischen Absperrkörper und Gehäuseinnenwand muss mit Ausnahme des Lagerbereiches des Klappentellers in jeder Stellung außer in der vollständigen Offenstellung mindestens 19 mm betragen, wenn das Gehäuse aus Gusseisen besteht, oder 9 mm, wenn Gehäuse und Absperrkörper aus einem Nichteisen-Metall, nichtrostendem Stahl oder einer Kombination dieser Werkstoffe bestehen. Für den Lagerbereich des Klappentellers muss der Freiraum mindestens 12 mm betragen, wenn das Gehäuse aus Gusseisen besteht, wenn das Gehäuse und der Klappenteller aus Nichteisen-Metall, rostfreiem Stahl oder einer Kombination aus diesen bestehen, sind 6 mm ausreichend.

4.9.2 Das Spiel (siehe Bild 1 b)) zwischen den Innenkanten des Dichtringes und den Metallteilen des Absperrkörpers muss in Schließstellung mindestens 3 mm betragen.

4.9.3 Alle Zwischenräume des Absperrkörpers, in denen sich unter dem Ventilsitz Teilchen festklemmen können, müssen mindestens eine Tiefe von 3 mm haben.

4.9.4 Das Spiel (siehe Bild 1b)) zwischen Achsen bzw. Wellen und ihren Lagerungen muss mindestens 0,125 mm betragen.

4.9.5 Der axiale Abstand ($l_2 - l_1$) (siehe Bild 1 c)) zwischen einem Klappentellergelenk und den benachbarten Auflageflächen des Ventilgehäuses muss mindestens 0,25 mm betragen.

4.9.6 Alle hin- und herbewegten Gleitführungen im Hauptventilgehäuse, deren Betätigung wesentlich zur Öffnung des Trockenalarmventils beiträgt, müssen ein Spiel von mindestens 0,7 mm in dem Bereich haben, in dem bewegliche in feststehende Bauteile eintreten, und mindestens 0,1 mm in dem Bereich, in dem im Bereitschaftszustand ein bewegliches Bauteil in Dauerkontakt mit dem feststehenden Bauteil ist.

4.9.7 Am Absperrkörper müssen alle Buchsen oder Lager für die Gelenkstifte einen ausreichenden axialen Abstand aufweisen, um das Maß A von mindestens 3 mm einzuhalten (siehe Bild 1c)), wenn die benachbarten Teile nicht aus Bronze, Messing, Monelmetall oder nichtrostendem Stahl bestehen.

4.10 Leistungsvermögen

4.10.1 Gehäusedichtheit und Gehäusefestigkeit

Das vollständige Trockenalarmventil muss bei einer Innendruckprüfung mit Wasser nach E.1 ohne Undichtheit, bleibende Verformung oder Bruch dem zweifachen Nennbetriebsdruck standhalten.

4.10.2 Dichtheit und Festigkeit der Dichtungseinheit

Bei geschlossener Dichtungseinheit muss ein nach E.2.1 geprüftes Trockenalarmventil einem wasserseitig aufgebrachten Druck von mindestens dem zweifachen Nennbetriebsdruck ohne Undichtheit, bleibende Verformung oder konstruktive Ausfälle standhalten, wenn es gleichzeitig oberhalb der Dichtungseinheit mit dem Zweifachen des vom Hersteller vorgegebenen Luft- bzw. Inertgasdruckes beaufschlagt wird.

4.10.3 Beständigkeit gegen Rückfluss und Verformung

4.10.3.1 Bei Prüfung nach E.2.2 müssen Trockenalarmventile mit einer Anti-Rückstelleinrichtung bei geschlossener Dichtungseinheit und mit der Atmosphäre verbundener Eintrittsseite einem ausgangsseitig aufgebrachten Innendruck von mindestens dem Zweifachen des vorgegebenen Luft- bzw. Inertgasdruckes ohne Undichtigkeiten, dauerhafte Verformungen oder Strukturfehler standhalten.

4.10.3.2 Bei Prüfung nach E.2.2 müssen Trockenalarmventile ohne Anti-Rückstelleinrichtung bei geschlossener Dichtungseinheit und mit der Atmosphäre verbundener Eintrittsseite einem ausgangsseitig aufgebrachten Innendruck von mindestens dem zweifachen Nennbetriebsdruck ohne Undichtigkeiten, dauerhafte Verformungen oder Strukturfehler standhalten.

4.10.4 Funktionsverhalten

Bei Prüfung nach E.3 müssen Trockenalarmventile mit Zubehör die im Folgenden aufgeführten Bedingungen erfüllen:

a) Das Ventil muss bei Ansprechen von einem oder mehreren Sprinklern ohne Verstellung oder Schaden korrekt arbeiten und durch Aktivierung mechanischer und/oder elektrischer Alarmierungseinrichtungen bei Arbeitsdrücken von ($1,4 \pm 0,1$) bar bis zum Nennbetriebsdruck von 0,1 bar sowie Strömungsraten bis zu 5 m/s den Betrieb melden;

b) das Ventil muss bei Betrieb der zugehörigen Alarmglocken und elektrischen Alarmeinrichtungen bei einem Versorgungsdruck von 1,4 bar am Alarmausgang einen Druck von mindestens 0,5 bar aufweisen;

c) das Rohrnetz zwischen dem Trockenalarmventil oder den Alarmabsperrhähnen und der Alarmglocke muss sich nach jedem Betrieb automatisch entwässern;

d) die Alarmierungseinrichtungen von Trockenalarmventilen ohne Anti-Rückstelleinrichtung müssen für mehr als 50 % der Zeit während aller Strömungszustände durch das ausgelöste Ventil ertönen;

Seite 11
EN 12259-3:2000 + A1:2001

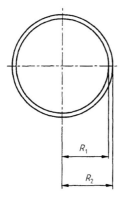

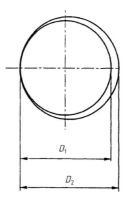

a) Freiraum = $R_2 - R_1$ b) Spiel = $D_2 - D_1$

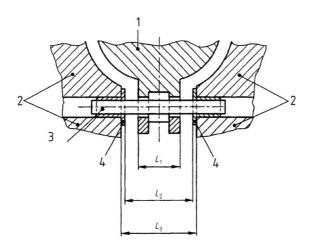

c) Axialer Abstand = $l_2 - l_1$; Abstand, $A = \dfrac{l_3 - l_2}{2}$

Legende
1 Ventilgehäuse
2 Stift
3 Buchsen
4 Klappe

Bild 1 – Abstände

473

e) falls zutreffend, eine der folgenden Bedingungen:
   1) Ein Differentialtyp-Trockenalarmventil muss ein Differenzdruck-Verhältnis von Versorgungsdruck zu Rohrnetzdruck von 5:1 bis 8,5:1 bei 1,4 bar Versorgungsdruck und 5:1 bis 6,5:1 bei allen höheren Versorgungsdrücken aufweisen. Die Differenz zwischen dem Leckagepunkt und dem Auslösepunkt darf 0,2 bar nicht überschreiten, oder
   2) mechanische Trockenalarmventile müssen bei allen Versorgungsdrücken zwischen 1,4 bar und dem Nennbetriebsdruck bei einem Druck im Luft- bzw. Inertgas-Rohrnetz zwischen 0,25 bar und 2 bar den Wasserfluss freigeben.

4.11 Druckverlust durch hydraulische Reibung

Der Druckverlust im Trockenalarmventil darf bei Prüfung nach C.3 höchstens 0,4 bar betragen.

ANMERKUNG Siehe 6.2 i).

4.12 Dichtheit

Bei der Prüfung im betriebsbereiten Zustand nach Anhang G muss die Leckage von der Dichtungseinheit des Trockenalarmventils zur Zwischenkammer bzw. zum Alarmanschluss automatisch entwässert werden und darf 3 ml/h nicht übersteigen.

4.13 Ermüdung

Das Trockenalarmventil und seine beweglichen Teile dürfen sich bei Prüfung nach Anhang I nicht verformen, reißen, abblättern, ablösen, verschieben oder andere Ausfälle zeigen.

5 Konstruktion und Leistungsmerkmale der Schnellöffnungseinrichtung

5.1 Nennbetriebsdruck

Für die mit Wasserdruck beaufschlagten Teile einer Schnellöffnungseinrichtung und der Anti-Flutungseinrichtung darf der Nennbetriebsdruck nicht weniger als 12 bar betragen.

5.2 Dichtheit

Während der Prüfung nach Anhang J müssen alle in betriebsbereitem Zustand luft- bzw. inertgasdrucktragenden Innenteile der Schnellöffnungseinrichtung und der Anti-Flutungseinrichtung einem Druck von 7 bar für eine Zeitspanne von 1 min ohne Undichtheit standhalten.

5.3 Gehäuse und Deckel

5.3.1 Werkstoffe

5.3.1.1 Das Gehäuse und die Deckel der Schnellöffnungseinrichtung und der Anti-Flutungseinrichtung müssen aus Gusseisen, Bronze, Messing, Monelmetall, nichtrostendem Stahl oder Aluminium oder aus Werkstoffen mit ähnlichen physikalischen und mechanischen Eigenschaften gefertigt sein.

5.3.1.2 Wenn nichtmetallische Materialien (außer für Dichtungen) oder Metalle mit einem Schmelzpunkt unter 800 °C (außer für Dichtungen) Bestandteile von Gehäuse oder Deckel der Schnellöffnungseinrichtung oder der Anti-Flutungseinrichtung bilden und der Innendurchmesser der Verbindung zum Trockenalarmventil oder zum Rohrnetz größer als 20 mm ist, muss die Einrichtung nach A.2 geprüft werden. Während der Prüfung müssen die Funktionsteile frei und vollständig arbeiten und eventuelle Undichtheiten der Einrichtung(en) dürfen den Volumenstrom, der durch 20 mm Öffnung austreten würde, nicht übersteigen.

5.3.2 Festigkeit und Dichtheit

5.3.2.1 Bei Prüfung nach Anhang L müssen alle Teile der Schnellöffnungseinrichtung und der Anti-Flutungseinrichtung, die mit Wasserdruck beaufschlagt werden, einem Innendruck von mindestens dem Zweifachen des Nennbetriebsdruckes für eine Zeitspanne von 5 min standhalten, ohne dass Undichtheit oder dauerhafte Verformung auftritt.

5.3.2.2 Die übliche Bemessungslast für die Befestigungsmittel ohne die zum Zusammendrücken der Dichtung erforderliche Kraft darf die in ISO 898-1 und ISO 898-2 festgelegte Mindestzugfestigkeit nicht überschreiten, wenn die Schnellöffnungseinrichtung und die Anti-Flutungseinrichtung einer Druckbeanspruchung mit dem vierfachen Nennbetriebsdruck unterzogen werden. Die Fläche für die Druckaufbringung wird folgendermaßen errechnet:

a) Bei Verwendung einer vollflächigen Dichtung wirkt die Kraft auf der Fläche, die durch eine Linie durch die Innenkante der Schrauben begrenzt wird.

b) Bei Verwendung einer ringförmigen Dichtung oder eines Dichtungsringes wirkt die Kraft auf der Fläche bis zur Mittellinie der ringförmigen Dichtung oder des Dichtungsringes.

5.4 Anschlüsse

5.4.1 Die Abmessungen der Anschlüsse zur Schnellöffnungseinrichtung und der Anti-Flutungseinrichtung müssen für Rohre nach ISO 65 passend sein.

5.4.2 Für die Haltekammer der Schnellöffnungseinrichtung ist ein Anschluss eines Druckmessgerätes nach ISO 7-1 oder nach ISO 228-1 vorzusehen.

5.5 Bauteile

5.5.1 Zugang für Wartungszwecke

Mittel für den Zugriff auf arbeitende Teile müssen bereitgestellt sein. Es muss Vorsorge getroffen werden, dass die Einrichtung(en) für die Wartung vom Rohrnetz isoliert wird(werden), ohne den Sprinklerschutz zu unterbrechen.

ANMERKUNG 1   Unabhängig vom ausgewählten Zugangsverfahren sollte ein rasche Wartung durch eine Person bei geringster Ausfallzeit möglich sein.

ANMERKUNG 2   Alle während der Wartung üblicherweise ausbaubaren Teile sollten so konstruiert sein, dass sie beim Wiedereinbau nicht falsch montiert werden können.

ANMERKUNG 3   Alle Teile, die für einen Austausch vor Ort vorgesehen sind, sollten mit handelsüblichen Werkzeugen aus- und wieder eingebaut werden können.

5.5.2 Dauerschwingfestigkeit von Federn und Membranen

Bei Prüfung nach Anhang D.1 müssen Federn und Membrane bei üblicher Betätigung ($5\,000 \pm 10$) Schwingspielen standhalten, ohne zu brechen oder zu reißen.

5.5.3 Beständigkeit gegen Beschädigung

Nach Prüfung der Funktionsmerkmale aus 5.8.1 nach E.4 dürfen die Dichtungselemente der Bauteile keine Anzeichen von Schädigung aufweisen.

5.5.4 Lager und Führungselemente

Alle aufeinander rotierenden oder gleitenden Teile müssen aus Bronze, Messing, Monelmetall oder nichtrostendem Stahl oder aus Werkstoffen mit ähnlichen physikalischen und mechanischen Eigenschaften bestehen.

5.5.5 Anti-Flutungseinrichtung

Die Anti-Flutungseinrichtung muss entweder integraler Bestandteil oder separates Bauteil der Schnellöffnungseinrichtung sein.

5.6 Nichtmetallische Elemente (mit Ausnahme von Dichtungen)

Nach der Alterungsprüfung nach Anhang F dürfen nichtmetallische Elemente nicht brechen.

5.7 Siebe

Ein Sieb muss vorhanden sein, wenn innere Passagen der Schnellöffnungseinrichtung oder der Anti-Flutungseinrichtung einen kleineren Durchmesser als 6 mm aufweisen. Die maximale Größe jeder Öffnung des Siebes darf 50 % der kleinsten vom Sieb zu schützenden Öffnung nicht überschreiten. Die Summe der Öffnungen des Siebes muss mindestens das Zwanzigfache der vom Sieb zu schützenden Öffnungsfläche betragen.

ANMERKUNG   Das Sieb sollte aus korrosionsbeständigem Material bestehen.

5.8 Leistungsmerkmale

5.8.1 Funktionsverhalten

5.8.1.1   Die Schnellöffnungseinrichtung darf nicht ansprechen, wenn sie nach E.4.1 geprüft wird.

5.8.1.2   Bei Prüfung nach E.4.2 muss die Schnellöffnungseinrichtung innerhalb von 30 s nach Eintreten des Druckabfalls oder innerhalb von 5 s nach Druckabfall im Rohrnetz unter 1 bar – je nachdem, was eher eintritt – das Trockenalarmventil auslösen.

Seite 14
EN 12259-3:2000 + A1:2001

5.8.1.3 Bei Prüfung nach E.4.2 muss nach dem Ansprechen, wie in 5.8.1.2 spezifiziert, die Schnellöffnungseinrichtung schließen, und es darf keinerlei Leckwasser, ausgenommen zu den Alarmierungseinrichtungen, auftreten.

5.8.1.4 Die Schnellöffnungseinrichtung muss sich nach Funktionsprüfung nach E.4.2 und Entwässerung des Prüfstandes entweder:

a) automatisch zurückstellen, oder

b) sie muss manuell rückstellbar sein.

ANMERKUNG Im Falle des Versagens der Schnellöffnungseinrichtung sollte dies die normale Funktion des Trockenalarmventils nicht verhindern.

5.8.2 Ladezeit

Bei Prüfung nach E.5 muss, wenn eine Drosseldüse und eine Haltekammer Bestandteil der Schnellöffnungseinrichtung sind, spätestens 3 min nach eingangsseitiger Beaufschlagung mit einem Luft- bzw. Inertgasdruck von 3,5 bar in der Haltekammer ein Druckanstieg ausgehend vom Umgebungsluftdruck auf mindestens 2,0 bar erfolgt sein.

6 Kennzeichnung

6.1 Allgemeines

Die unter 6.2 und 6.3 beschriebenen Kennzeichnungen müssen folgendermaßen aufgebracht werden:

a) entweder werden sie beim Gießen direkt auf das Gehäuse des Trockenalarmventils oder auf die Schnellöffnungseinrichtung aufgebracht, oder

b) sie werden auf einem am Gehäuse des Trockenalarmventils oder der Schnellöffnungseinrichtung mechanisch (z. B. durch Nieten oder Schrauben) befestigten Metalletikett mit erhabenen oder vertieften Schriftzeichen (z. B. durch Ätzen, Gießen oder Stempeln) aufgebracht; gegossene Etiketten müssen aus einem Nichteisenmetall bestehen.

Die Mindestmaße für die zur Kennzeichnung verwendeten Schriftzeichen sind in Tabelle 2 festgelegt.

Tabelle 2 – Mindestmaße der zur Kennzeichnung verwendeten Schriftzeichen

Aufbringung der Kennzeichnung	Mindestgröße der Schriftzeichen, außer für 6.2 g) und 6.3 e), siehe ANMERKUNG mm	Mindest-Eindrucktiefe oder Mindesthöhe der erhabenen Schriftzeichen mm
Unmittelbar auf das Gehäuse eines Trockenalarmventils gegossen	9,5	0,75
Unmittelbar auf eine Schnellöffnungseinrichtung gegossen	4,7	0,75
Gegossenes Etikett	4,7	0,5
Nicht gegossenes Etikett	4,7	0,1

ANMERKUNG   Die Mindestgröße der Schriftzeichen zur Angabe der Punkte 6.2 g) und 6.3 e), Seriennummer oder Herstellungsjahr, muss 3 mm betragen.

6.2 Trockenalarmventil

Trockenalarmventile müssen durch folgende Angaben gekennzeichnet werden:

a) Name oder Warenzeichen des Lieferanten;

b) Nummer der Bauart, Katalogbezeichnung oder eine andere Kennzeichnung;

c) Benennung der Einrichtung, d. h. „Trockenalarmventil";

d) Anzeige der Durchflussrichtung;

Seite 15
EN 12259-3:2000 + A1:2001

e) Nennweite des Ventils;
f) Nennbetriebsdruck in bar;
g) Seriennummer oder Jahreszahl entweder für:
   - das tatsächliche Herstellungsjahr, oder
   - für Trockenalarmventile, die in den letzten drei Monaten eines Kalenderjahres hergestellt wurden, das folgende Jahr, oder
   - für Trockenalarmventile, die in den ersten sechs Monaten eines Kalenderjahres hergestellt wurden, das vorherige Jahr;
h) Einbaulage, falls auf die vertikale oder horizontale Lage begrenzt;
i) Druckverlust durch Flüssigkeitsreibung, falls er mehr als 0,2 bar beträgt (siehe 4.11);
j) Herkunftsbetrieb, falls die Fertigung in zwei oder mehr Betrieben erfolgte;
k) Nummer und Datum dieser Europäischen Norm [2], also EN 12259-3:2000.

6.3 Schnellöffnungseinrichtung

Schnellöffner und Schnellentlüfter müssen durch folgende Angaben gekennzeichnet werden:
a) Name oder Warenzeichen des Lieferanten;
b) Nummer der Bauart, Katalogbezeichnung oder eine andere Kennzeichnung;
c) Benennung der Einrichtung;
d) Nennarbeitsdruck in bar;
e) Seriennummer oder Jahreszahl entweder für:
   1) das tatsächliche Herstellungsjahr, oder
   2) für Schnellöffnungseinrichtungen, die in den letzten drei Monaten eines Kalenderjahres hergestellt wurden, das folgende Jahr, oder
   3) für Schnellöffnungseinrichtungen, die in den ersten sechs Monaten eines Kalenderjahres hergestellt wurden, das vorherige Jahr;
f) Anzeige der Durchflussrichtung, falls angemessen;
g) Herkunftsbetrieb, falls die Fertigung in zwei oder mehr Betrieben erfolgte;
h) Nummer und Datum dieser Europäischen Norm, also EN 12259-3:2000.

7 Anweisungen für Einbau und Betätigung

Anweisungen für Einbau und Betätigung müssen mit jedem Trockenalarmventil und jeder Schnellöffnungseinrichtung mitgeliefert werden. Dazu gehören eine schematische Darstellung des empfohlenen Einbauverfahrens und der Wirkungsweise des Zubehörs, Zusammenbauzeichnungen und Erläuterungen für die Betätigung sowie Empfehlungen für Pflege und Wartung.

Der Lieferant muss Informationen liefern, um sicherzustellen, dass:
a) falls Dichtwasser erforderlich ist, um die Dichtungseinheit Luft/Inertgasdichtung abzudichten, externe Einrichtungen vorhanden sind, um das Einfüllen des Wassersiegels zu ermöglichen, und
b) Einrichtungen zur Erleichterung der Überprüfung der Höhe des Wassersiegels vorhanden sind, und
c) Einrichtungen zur Erzeugung von Probealarmen ohne Auslösung des Trockenalarmventils vorhanden sind.

8 Prüfbedingungen

Ein typischer Prüfplan mit Beispiel für die Prüfmuster ist im Anhang L angegeben.

---

[2] Die Kennzeichnung EN 12259-3:2000 auf oder in Beziehung zu Produkten verkörpert die Herstellererklärung auf Übereinstimmung, d. h. die Behauptung durch oder im Namen des Herstellers, dass das Produkt die Anforderungen der Norm erfüllt. Die Richtigkeit der Behauptung unterliegt alleine der Verantwortung der Person, die die Behauptung aufstellt. Diese Behauptung ist nicht mit einem Konformitätszertifikat einer dritten Person zu verwechseln, die ebenso wünschenswert wäre.

9 Bewertung der Konformität

9.1 Allgemeines

Die Übereinstimmung von Trockenalarmventilen mit Zubehör mit den Anforderungen dieser Norm muss nachgewiesen werden durch:

- Erstprüfung;
- werkseigene Produktionskontrolle durch den Hersteller.

9.2 Erstprüfung

Eine Erstprüfung muss bei der ersten Anwendung dieser Norm durchgeführt werden. Früher durchgeführte Prüfungen, die den Anforderungen dieser Norm genügen (Gleichheit bezüglich Produkt, Leistungseigenschaften, Prüfmethoden, Prüfplan, Verfahren für die Bescheinigung der Konformität usw.), können berücksichtigt werden. Zusätzlich müssen Erstprüfungen durchgeführt werden bei Beginn der Produktion eines Produkttyps oder bei Anwendung einer neuen Produktionsmethode (wenn dadurch die festgelegten Eigenschaften beeinflusst werden können).

Gegenstand der Erstprüfung sind alle in Abschnitt 4 und, wo zutreffend, die in Abschnitt 5 angegebenen Leistungseigenschaften.

9.3 Werkseigene Produktionskontrolle

Der Hersteller muss eine werkseigene Produktionskontrolle einführen, dokumentieren und aufrechterhalten um sicherzustellen, dass die Produkte, die in Verkehr gebracht werden, die festgelegten Leistungseigenschaften aufweisen.

Die werkseigene Produktionskontrolle muss Verfahren sowie regelmäßige Kontrollen, Prüfungen und/oder Beurteilungen beinhalten und deren Ergebnisse verwenden zur Steuerung der Rohstoffe, der anderen zugelieferten Materialien oder Teile, der Betriebsmittel, des Produktionsprozesses und des Produktes. Die werkseigene Produktionskontrolle sollte so umfassend sein, dass die Konformität des Produktes offensichtlich ist, und sicherstellen, dass Abweichungen so früh wie möglich entdeckt werden.

Eine werkseigene Produktionskontrolle, die die Anforderungen der (des) entsprechenden Teile(s) von EN ISO 9000 erfüllt und an die spezifischen Anforderungen dieser Norm angepasst ist, muss als ausreichend zur Erfüllung der oben genannten Anforderungen betrachtet werden.

Die Ergebnisse aller Kontrollen, Prüfungen oder Beurteilungen, die eine Maßnahme erforderlich machen, müssen ebenso wie die getroffenen Maßnahmen aufgezeichnet werden. Die bei Abweichungen von Sollwerten zu ergreifenden Maßnahmen sollten aufgezeichnet werden.

Die werkseigene Produktionskontrolle muss in einem Handbuch beschrieben sein, das auf Anforderung zur Verfügung gestellt werden muss.

Der Hersteller muss als Bestandteil der werkseigenen Produktionskontrolle produktionsbegleitende Prüfungen durchführen und aufzeichnen. Diese Aufzeichnungen müssen auf Anforderung zur Verfügung gestellt werden.

Der Lieferant muss die Produktionsprüfungen als Teil der Produktionskontrolle durchführen und die Ergebnisse aufzeichnen.

Prüfungen der Dichtheit, der Eigenschaften der Alarmierung und Empfindlichkeit müssen für jedes Trockenalarmventil mit dessen Zubehör durchgeführt werden.

Seite 17
EN 12259-3:2000 + A1:2001

Anhang A
(normativ)

Brandbeanspruchungsprüfung für Gehäuse und Handlochdeckel

ANMERKUNG   Anforderungen siehe 4.4.1.2 und 5.3.1.2.

A.1 Trockenalarmventil

Das Trockenalarmventil ist ohne Zubehör und mit verschlossenen Gehäuseöffnungen horizontal nach Bild A.1, mit Klappe in Offenstellung einzubauen. Ventile 3 und 4 sind zu öffnen und die Rohrleitung und das Trockenalarmventil (2) sind mit Wasser zu füllen. Ventil 5 ist zu öffnen und die Luft ist aus dem Ventilkörper zu lassen. Ventile 5 und 3 sind zu schließen und Ventil 4 ist in Offenstellung zu belassen.

In der Mitte unter dem Trockenalarmventil wird eine quadratische oder kreisförmige Brennstoffwanne mit einer Oberfläche von mindestens 1 m^2 angeordnet. In die Wanne wird ein ausreichendes Volumen eines geeigneten Brennstoffes gegeben, so dass sich für mindestens 15 min, nachdem eine Temperatur von 800 °C erreicht ist, in der Umgebung des Ventils eine mittlere Lufttemperatur zwischen 800 °C und 900 °C einstellt.

Die Temperatur wird mit zwei Thermoelementen gemessen, die einander gegenüber und 10 mm bis 15 mm von der Oberfläche des Trockenalarmventils entfernt auf einer horizontalen Ebene parallel zur Mittelachse zwischen den für den Einbau vorgesehenen Anschlüssen angebracht werden.

Der Brennstoff wird entzündet, und nach einer Beanspruchung von (15 ± 1) min bei 800 °C bis 900 °C wird die Wanne entfernt oder das Feuer gelöscht. Beginnend innerhalb 1 min nach dem Löschen des Feuers wird für eine Dauer von mindestens 1 min das Trockenalarmventil durch Spülen mit (100 ± 5) l/min Wasser abgekühlt. Das Ventil wird ausgebaut, um den Absperrkörper freizulegen und manuell zu kontrollieren, ob es frei und vollständig öffnet.

Druckbeaufschlagung des Trockenalarmventils mit einem inneren Wasserdruck von mindestens dem Zweifachen und nicht mehr als dem 2,1fachen des geschätzten Nennbetriebsdruckes durch die in E.1 beschriebene Methode. Es wird geprüft, ob die Dichtheitsanforderungen aus 4.10.1 erfüllt sind. Äußere Gehäusedichtungen und Dichtringe müssen für die Wasserdruckprüfung ersetzt werden.

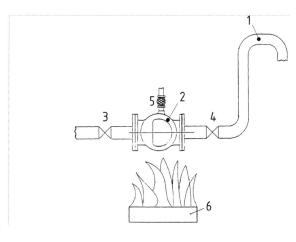

Legende
1 Rohrleitung
2 Trockenalarmventil
3 Absperrventil
4 Absperrventil
5 Entlüftungsventil
6 Brennstoffwanne

Bild A.1 – Prüfaufbau für die Brandbeanspruchungsprüfung des Ventils

479

A.2 Schnellöffnungseinrichtung

Die Schnellöffnungseinrichtung und die Anti-Flutungseinrichtung werden mit Zubehör und Dichtungen nach den Empfehlungen des Lieferanten montiert, als wären sie in betriebsbereitem Zustand entlüftet. Nach Bild A.2, aber mit zum Schutz vor dem Feuer verschlossenen Gehäuseanschlüssen und belüfteter(n) Einrichtung(en) wie in betriebsbereitem Zustand.

In der Mitte unter der Schnellöffnungseinrichtung wird eine quadratische oder kreisförmige Brennstoffwanne mit einer Oberfläche von mindestens 1 m^2 angeordnet. In die Wanne wird ein ausreichendes Volumen eines geeigneten Brennstoffes gegeben, so dass sich für mindestens 15 min, nachdem eine Temperatur von 800 °C erreicht ist, in der Umgebung der Einrichtung eine mittlere Lufttemperatur zwischen 800 °C und 900 °C einstellt.

Die Temperatur wird mit zwei Thermoelementen gemessen, die einander gegenüber und 10 mm bis 15 mm von der Oberfläche der Schnellöffnungseinrichtung entfernt auf einer horizontalen Ebene parallel zur Mittelachse zwischen den für den Einbau vorgesehenen Anschlüssen angebracht werden.

Der Brennstoff wird entzündet, und nach einer Beanspruchung von (15 ± 1) min bei 800 °C bis 900 °C wird die Brennstoffwanne entfernt oder das Feuer gelöscht. Die Schnellöffnungseinrichtung wird durch Durchspülen mit Wasser abgekühlt. Es wird manuell überprüft, ob die arbeitenden Teile frei und vollständig arbeiten.

Druckbeaufschlagung der Einrichtung mit einem inneren Wasserdruck von mindestens dem 2fachen und höchstens dem 2,1fachen des Nennbetriebsdruckes. Es wird überprüft, ob eventuelle Undichtheiten der Einrichtung(en) einen vergleichbaren Fluss durch eine 20-mm-Durchmesser-Öffnung nicht überschreiten.

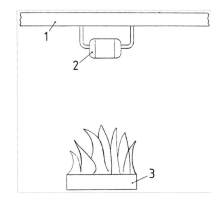

Legende
1 Rohrleitung
2 Schnellöffnungseinrichtung
3 Brennstoffwanne

Bild A.2 – Prüfaufbau für die Brandbeanspruchungsprüfung der Schnellöffnungseinrichtung

Anhang B
(normativ)
Festigkeitsprüfung für Gehäuse und Handlochdeckel

ANMERKUNG 1 Anforderungen siehe 4.4.3.1.

ANMERKUNG 2 Für diese Prüfung können normal hergestellte Schrauben, Dichtungen und Dichtringe durch Teile ersetzt werden, die dem anzuwendenden Druck standhalten können.

Die Anschlüsse für die Wasserdruckprüfung des Ventilgehäuses werden am Eintrittsstutzen und Einrichtungen zur Belüftung und zur Druckbeanspruchung der Flüssigkeit am Austrittsstutzen angebracht. Alle anderen Öffnungen werden verschlossen. Mit in Offenstellung arretiertem Absperrkörper wird das Gehäuse für eine Dauer von (5 ± 1) min mit mindestens dem 4fachen und höchstens dem 4,1fachen Nennbetriebsdruck beansprucht. Das Trockenalarmventil wird auf Risse untersucht.

Seite 19
EN 12259-3:2000 + A1:2001

Anhang C
(normativ)

Strömungsprüfung für Trockenalarmventile

C.1 Schließprüfung für automatische Entwässerungsventile

ANMERKUNG   Anforderungen siehe 4.5.2.2 und 4.5.2.3.

Die Eingangsseite des automatischen Entwässerungsventils ist mit Wasser zu versorgen. Der Eingangsdruck ist zu steigern und mit einer Messunsicherheit von ± 2 %, der Durchfluss mit einer Messunsicherheit von ± 5 % aufzuzeichnen, bis das Entwässerungsventil schließt. Der Druck und der Durchfluss, bei denen das Entwässerungsventil schließt, sind zu bestimmen. Es ist zu überprüfen, ob der Druck nicht mehr als 1,4 bar beträgt und der Durchfluss zwischen 0,13 l/s und 0,63 l/s liegt.

C.2 Strömung durch eine geöffnete Entwässerung

ANMERKUNG   Anforderungen siehe 4.5.2.4.

Der Eingangsdruck ist dann auf 3 bar zu steigern und anschließend abzusenken, bis das Entwässerungsventil anspricht (den Durchfluss freigibt). Es ist zu überprüfen, ob bei Ansprechen des Entwässerungsventils der Druck zwischen 0,035 bar und 1,4 bar liegt.

C.3 Prüfung des Druckverlustes durch Rohrreibung

ANMERKUNG   Anforderungen siehe 4.11.

Das Trockenalarmventil ist unter Verwendung von Rohren, deren Nennweite mit der Nennweite des Trockenalarmventils übereinstimmt, in den auf Bild C.1 allgemein dargestellten Prüfstand einzubauen. Es sind ein Differenzdruckmessgerät mit einer Messunsicherheit von nicht mehr als ± 2 % sowie ein Durchflussmessgerät mit einer Messunsicherheit von nicht mehr als ± 5 % anzuwenden.

Die Differenzdrücke des Trockenalarmventils bei den entsprechenden Volumenströmen in einem Bereich ober- und unterhalb der in Tabelle C.1 angegebenen Volumenströme sind zu messen und aufzuzeichnen. Das in den Prüfstand eingebaute Trockenalarmventil wird danach durch einen Rohrabschnitt mit derselben Nennweite ersetzt, und im selben Volumenstrombereich werden die Differenzdrücke gemessen. Die Differenzdrücke werden für die in Tabelle C.1 angegebenen Volumenströme graphisch bestimmt. Der Druckverlust des Trockenalarmventils wird als Differenz aus den Messungen des Ventils und des Ersatzrohres aufgezeichnet.

Tabelle C.1 – Volumenströme bei Druckverlustprüfung durch Rohrreibung

Nenngröße mm	Volumenstrom l/min
50	600
65	800
80	1 300
100	2 200
125	3 500
150	5 000
200	8 700
250	14 000

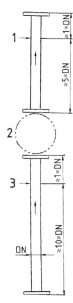

Legende
1 Messstelle – Differenzdruck
2 Prüfmuster
3 Messstelle – Differenzdruck

Bild C.1 – Prüfaufbau für Druckverlust- und Ermüdungsprüfung

Anhang D
(normativ)
Prüfungen der Dichtungseinheit

ANMERKUNG Anforderungen siehe 4.6.2, 4.6.3, 4.6.5 und 5.5.2.

D.1 Dauerschwingversuch für Federn und Membranen

Die Feder oder Membran wird bei normalem Hub (5 000 ± 10) Schwingspielen unterzogen. Die Prüfeinrichtung wird mit einer Geschwindigkeit von maximal 6 Schwingspielen je Minute betätigt. Zur Prüfung der Federn am Absperrkörper wird der gesamte Absperrkörper um mindestens einen Winkel von 45° vom Sitz wegbewegt und langsam in die Schließstellung zurückbewegt. Zur Prüfung der inneren Federn der Ausgleichseinrichtung wird die Ausgleichseinrichtung aus der vollständigen Offenstellung in die Schließstellung gebracht. Die Membranen der Verzögerungskammer werden von der üblichen offenen in die übliche geschlossene Stellung bewegt. Risse oder Brüche sind aufzuzeichnen.

D.2 Schnellentlastungs-Prüfung

Das Trockenalarmventil mit zugehörigem Trimming wird unter Verwendung von Rohren gleicher Nennweite wie das Trockenalarmventil in der vorgegebenen Einbaulage wie in Bild D.1 installiert. Das Volumen von Behälter und Rohrnetz (1,5 ± 0,2) m³, gemessen stromaufwärts von Punkt B, beinhaltet (0,9 ± 0,1) m³ Wasser und ist durch einen Adapter gleicher Nennweite wie das Trockenalarmventil verbunden. Der Adapter ist vom inneren Volumen her nicht festgelegt, ist aber von der Länge her mindestens fünfmal der Nenndurchmesser des Trockenalarmventils, jedoch nicht mehr als 1,5 m lang. Das Trockenalarmventil wird mit Wasser gefüllt, wenn dies vom Hersteller vorgegeben ist. Das Rohrnetz oberhalb des Trockenalarmventils und der Behälter unterhalb werden mit Luft-/Inertgas über $7^{+0,2}_{0}$ bar gefüllt. Das Trockenrohrnetz wird von der Druckluftversorgung getrennt. Der Schnellöffner A wird geöffnet und der Luft-/Inertgasdruck zur Durchschaltung des Ventils entlastet.

Seite 21
EN 12259-3:2000 + A1:2001

Die Dichtungseinheit und das Trockenalarmventil werden untersucht, und es wird überprüft, ob sie keine dauerhaften Verdrehungen, Verbiegungen oder Bruch erlitten haben. Danach werden die Betriebscharakteristiken auf Übereinstimmung mit 4.6.3 geprüft.

D.3 Anti-Rückstell-Prüfung

D.3.1 Das Trockenalarmventil mit zugehörigem Trimming wird unter Verwendung von Rohren gleicher Nennweite wie das Trockenalarmventil in der vorgegebenen Einbaulage wie in Bild D.2 installiert.

D.3.2 Die Dichtungseinheit des Trockenalarmventils wird in Offenstellung gebracht und der Handlochdeckel – falls vorgesehen – montiert. Das System, ausgenommen der $(1,5 \pm 0,3)$-m³-Behälter, wird vollständig mit Wasser gefüllt. Der Behälter wird nach Tabelle D.1 mit Wasser gefüllt und mit Luft mit dem entsprechenden Arbeitsdruck beaufschlagt. Das Versorgungsventil wird geschlossen und der Schnellöffner aktiviert, um eine Strömung an der Dichtungseinheit des Trockenalarmventils vorbei zu erzeugen.

D.3.3 Der Vorgang aus D.3.2 muss für jede Wertereihe aus Tabelle D.1 wiederholt werden.

D.3.4 Die Dichtungseinheit wird untersucht, um sicherzustellen, ob sie sich nicht zurückgestellt hat und keine dauerhaften Verformungen, Brüche, Risse oder andere Anzeichen von Versagen erlitten hat. Anschließend werden die Betriebscharakteristiken des Trockenalarmventils auf Übereinstimmung mit 4.6.5 geprüft.

Tabelle D.1 – Behälterdaten

Arbeitsdruck bar	Wasserinhalt des Behälters % (V/V)
7	45
10	30
10	15
12	25

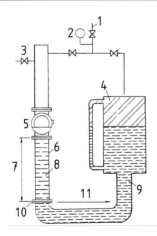

Legende
1 Luftversorgung
2 Druckmessgerät
3 Schnellöffner
4 Wasser/Luft-Behälter 1,9 m³ (Minimum)
5 zu prüfendes Trockenalarmventil
6 Rohrstück gleichen Nenndurchmessers wie das Alarmventil
7 $L > 5$ DN und $L < 1,5$ m
8, 9 Wasser
10 Messstelle
11 stromaufwärts

ANMERKUNG Vor jeder Prüfung wird alle Luft aus dem Rohrnetz zwischen dem 150-mm-Schnellöffner und der Eingangsseite des Trockenalarmventils entfernt.

Bild D.1 – Prüfaufbau für Funktionsprüfung bei Schnellentlastung

Seite 22
EN 12259-3:2000 + A1:2001

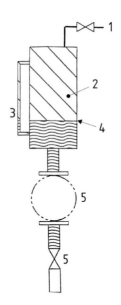

Legende
1 Luftversorgung
2 Behälter mit einem Volumen von $1,5 \text{ m}^3 \pm 0,3 \text{ m}^3$
3 Wasserstandanzeiger
4 Wasserstand
5 Prüfmuster
6 Schnellöffner

Bild D.2 – Anti-Rückstell-Prüfeinrichtung

Anhang E
(normativ)

Leistungsprüfungen

ANMERKUNG Siehe 4.6.3, 4.6.5, 4.8, 4.9.1, 4.11, 5.5.3, 5.6 und 5.9.

E.1 Festigkeit und Dichtheit des Gehäuses

Zur Prüfungsdurchführung wird eingangsseitig ein Druckwasseranschluss und ausgangsseitig eine Einrichtung zur Entlüftung angebracht. Alle anderen Öffnungen werden verschlossen. Mit der in Offenstellung arretierten Dichtungseinheit wird das Gehäuse für eine Dauer von 5 min mit 2fachem Nennbetriebsdruck beaufschlagt. Das Trockenalarmventil wird auf Undichtheit, bleibende Verformung oder Risse hin untersucht. Danach werden die Leistungsmerkmale auf Übereinstimmung mit 4.10.4 e) oder 4.10.4 d) bei einem Wasserversorgungsdruck von $(2 \pm 0,1)$ bar nach E.3 bei folgenden Drücken geprüft:

a) für Trockenalarmventile mit Anti-Rückstelleinrichtung mit dem höchsten vorgegebenen Luft-/Inertgasdruck, oder

b) für Trockenalarmventile ohne Anti-Rückstelleinrichtung mit Nenndruck

484

E.2 Festigkeit und Dichtheit der Dichtungseinheit

E.2.1 Das Trockenalarmventil wird ausgangsseitig mit dem 2fachen des vorgegebenen Luft-/Inertgasdruckes beaufschlagt. Eingangsseitig wird es mit mindestens dem 2fachen und nicht mehr als dem 2,1fachen des Nennbetriebsdruckes versorgt und dieser Zustand für $(2 \pm 0,1)$ h beibehalten. Das Trockenalarmventil wird auf Undichtheiten, dauerhafte Verformung und konstruktive Ausfälle untersucht. Dann werden bei einem Arbeitsdruck von $(2 \pm 0,1)$ bar nach E.3 die Leistungsmerkmale auf Übereinstimmung mit 4.10.4e) geprüft.

E.2.2 Das Trockenalarmventil wird bei geschlossener Dichtungseinheit ausgangsseitig mit Wasser gefüllt und bis zum $(2,0 \pm 0,1)$fachen der folgenden Drücke für die Dauer von 5 min mit höchstens 1,4 bar/min druckbeaufschlagt:

a) Ventile mit einer Anti-Rückstelleinrichtung mit dem höchstzulässigen Betriebs-Luft- bzw. Inertgasdruck; oder

b) Ventile ohne Anti-Rückstelleinrichtung mit Nennbetriebsdruck.

Das Trockenalarmventil wird auf Undichtheiten der Dichtungseinheit zur Zwischenkammer (falls vorhanden) und zum Alarmanschluss sowie auf dauerhafte Verformungen oder konstruktive Ausfälle geprüft. Dann werden nach E.3 bei einem Versorgungsdruck von $(2 \pm 0,1)$ bar die Leistungsmerkmale auf Übereinstimmung mit 4.10.4e) geprüft.

E.3 Leistungsmerkmale des Trockenalarmventils

Das Trockenalarmventil und das zugehörige Trimming werden in der vorgegebenen Position in einen Prüfstand mit Prüfrohren gleicher Nennweite und mindestens 1,0 m³ Rohrnetzvolumen – wie in Bild D.1 gezeigt – installiert. Zusätzlich werden, wie vom Hersteller vorgegeben, ein Alarmabsperrhahn, eine Entwässerung der Alarmleitung und mechanische und/oder elektrische Alarmierungseinrichtungen installiert.

Vor jeder Prüfung werden die Sitzoberfläche der Dichtungseinheit, die Sitzringe und alle anderen Funktionsteile gereinigt. Die Hauptdichtungseinheit wird korrekt aufgelegt und alle vorhandenen Hebelmechanismen in Betriebsstellung gebracht. Der Handlochdeckel (falls vorhanden) wird montiert. Der vom Lieferanten empfohlene Siegelwasserstand wird hergestellt und die Ausgangsseite wie vom Hersteller vorgegeben mit Druckluft versorgt. Dann wird ein Eingangswasserdruck von $(1,4 \pm 0,1)$ bar hergestellt. Es ist sicherzustellen, dass vor jeder Prüfung die Verrohrung vollständig entwässert wurde und kein Wasser aus der Entwässerung austritt. Undichtheiten sind aufzuzeichnen.

Das Trockenalarmventil wird unter normalen Betriebsbedingungen unter Verwendung der Alarmeinrichtungen bei $(1,4 \pm 0,1)$ bar, $(2 \pm 0,1)$ bar und weiter in Schritten von $(1 \pm 0,1)$ bar zum Nennbetriebsdruck durchgeschaltet, um festzustellen, ob die Anforderungen an die Funktion bei diesen Drücken bis hin zu einer Fließgeschwindigkeit von 5 m/s erfüllt sind. Hierbei sind aufzuzeichnen

a) der Wasserversorgungsdruck über der Zeit;

b) der Luftdruck im Rohrnetz über der Zeit;

c) der Leckagepunkt;

d) der Auslösepunkt;

e) der Druck am Alarmausgang.

Nach jedem Test wird geprüft, ob die Rückstelleinrichtung eine sichere Position eingenommen hat und die Alarmleitung entwässert ist. Nach Beendigung dieser Prüfungen ist das Trockenalarmventil auf Schäden, insbesondere an den Dichtungselementen, zu überprüfen.

Für Differenztyp-Trockenalarmventile wird aus den gemessenen Daten das Differenzdruckverhältnis errechnet, aufgezeichnet und auf Übereinstimmung mit 4.10.4e) 1) überprüft. Weiterhin wird festgestellt, ob die Differenz zwischen dem Leckagepunkt und dem Auslösepunkt nicht mehr als 0,2 bar beträgt. Es ist auch zu prüfen, ob die Drücke im Rohrnetz für alle Versorgungsdrücke zum Zeitpunkt des Auslösens von mechanischen Trockenalarmventilen mit 4.10.4e) 2) übereinstimmen.

E.4 Leistungsmerkmale der Schnellöffnungseinrichtung

Die Schnellöffnungseinrichtung und die Anti-Flutungseinrichtung werden zusammen mit der vom Lieferanten der Schnellöffnungseinrichtung vorgegebenen Trockenalarmventilstation in Übereinstimmung mit den Anweisungen des Lieferanten ähnlich wie in E.3 spezifiziert in einen Prüfstand nach Bild D.1 eingebaut.

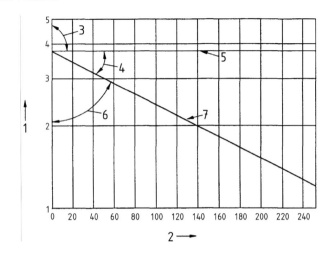

Legende
1   P_{luft}, in bar
2   Zeit in Sekunden
3   kein Ansprechen erlaubt
4   Ansprechen erlaubt
5   $k = 20$; Volumen = 6 000 l
6   Ansprechen gefordert
7   $k = 80$; Volumen = 6 000 l

ANMERKUNG   Die Drucksinkraten aller Ausgangs-Rohrnetzdrücke verlaufen parallel zu der Kurve dieses logarithmisch-linearen Schaubildes.

Bild E.1 – Drucksinkraten, verursacht durch einen einzigen Sprinkler bei einem Ausgangs-Rohrnetzdruck von 3,8 bar

Das Rohrnetz wird mit zwei Düsen mit separaten Absperrventilen versehen. Das Rohrnetz- bzw. Behältervolumen und der k-Faktor der Düsen werden so ausgelegt, dass Drucksinkverhältnisse wie nachstehend erzeugt werden:

a) Düse $k = 2{,}0$ und Rohrnetz- und Behältervolumen 6 000 l (siehe A in Bild E.1);

b) Düse $k = 80$ und Rohrnetz- bzw. Behältervolumen 6 000 l (siehe B in Bild E.1).

Es werden Prüfungen durchgeführt, um Funktion oder Nicht-Funktion der Schnellöffnungseinrichtung zu bestimmen.

E.4.1   Prüfung auf Nicht-Funktion

Die Betriebsbereitschaft wird mit dem höchsten empfohlenen Rohrnetzluftdruck und einem Versorgungsdruck entsprechend dem Nennbetriebsdruck hergestellt. Das Absperrventil wird vor der in a) beschriebenen Düse für 2 h geöffnet, und es wird überprüft, ob die Schnellöffnungseinrichtung nicht in Betrieb geht.

E.4.2   Funktionsprüfung

Herstellung der Betriebsbereitschaft mit dem höchsten vom Hersteller empfohlenen Rohrnetzluftdruck oder – je nachdem, welcher höher ist – mit 1,4 bar plus dem 0,2fachen des Wasserversorgungsdruckes. Geprüft wird bei

a) $(1{,}4 \pm 0{,}1)$ bar; und

b) $(3{,}0 \pm 0{,}1)$ bar, erhöht um jeweils 3,0 bar bis hin zum höchstzulässigen Nennbetriebsdruck.

Der aufgegebene Luftdruck im Rohrnetz darf den Wasserversorgungsdruck nicht überschreiten. Der Luftdruck im Rohrnetz wird mit der gleichen Rate gesenkt, die ein einzelner Sprinkler verursachen würde, und die korrekte Funktion überprüft. Vorhandene Leckagen und folgende Parameter werden aufgezeichnet:

1) der Wasserversorgungsdruck über der Zeit;
2) der Luftdruck im Rohrnetz über der Zeit;
3) der Auslösepunkt;
4) der Druck am Alarmausgang.

Es ist sicherzustellen, ob die Schnellöffnungseinrichtung das Trockenalarmventil innerhalb der vorgegebenen Zeiten durchschaltet. Es wird weiterhin überprüft, ob die automatischen Rückstelleinrichtungen nach Entwässerung des Rohrnetzes zurückstellen. Die Schnellöffnungseinrichtung und die Anti-Flutungseinrichtung(en) werden nach Beendigung der Prüfung auf Schäden, insbesondere Schäden an den Dichtungselementen, untersucht.

E.5 Ladezeit des Schnellöffners

Die Rohrnetzseite des Schnellöffners wird einschließlich Drosseldüse und Haltekammer mit einem Druck von $(3,5 \pm 0,1)$ bar beaufschlagt und dieser aufrechterhalten. Es wird überprüft, ob innerhalb von 3 min in der Haltekammer ein Druck von 2 bar erreicht wird.

Anhang F
(normativ)

Prüfung der Alterungsbeständigkeit nichtmetallischer Bauteile
(außer Dichtungen und Dichtringen)

ANMERKUNG Anforderungen siehe 4.7 und 5.6.

F.1 Luftofen-Alterung

Eine Probe von jedem nichtmetallischen Teil wird (180 ± 1) Tage in einem Trockenschrank bei $(120 \pm 2)\,°C$ gealtert. Die Teile werden so gelagert, dass sie weder einander noch die Seitenwände des Trockenschrankes berühren. Sie werden aus dem Trockenschrank entnommen und in Luft bei $(23 \pm 2)\,°C$ und einer relativen Luftfeuchte von $(70 \pm 20)\,\%$ für mindestens 24 h vor Durchführung einer anderen Prüfung, Messung oder Untersuchung.

Falls das Material die angegebene Temperatur nicht ohne merkliche Erweichung, Verformung oder Eigenschaftsbeeinträchtigung ertragen kann, wird die Alterungsprüfung im Trockenschrank für eine längere Dauer bei einer niedrigeren Temperatur, aber mindestens 70 °C, durchgeführt. Die Beanspruchungsdauer D (in Tagen) wird nach folgender Gleichung errechnet:

$$D = 737\,000\ e^{-0,0693\,t} \tag{F.1}$$

Dabei ist t die Prüftemperatur in Grad Celsius.

ANMERKUNG Diese Gleichung beruht auf der 10 °C-Regel, d. h., bei jeweils 10 °C Temperaturanstieg verdoppelt sich etwa die chemische Reaktionsgeschwindigkeit. Bei Alterung von Kunststoffen wird vorausgesetzt, dass die Lebensdauer bei einer Temperatur t in Grad Celsius wie die Lebensdauer bei einer Temperatur von $(t - 10)\,°C$ ist.

Die Bauteile sind auf Brüche zu untersuchen und, sind sie frei von Brüchen, sind sie in das Trockenalarmventil oder die Schnellöffnungseinrichtung einzubauen. Das Trockenalarmventil ist nach E.1, E.2 und E.3 auf Übereinstimmung mit 4.6.3, 4.6.5, 4.7, 4.9.1 und 4.10 zu prüfen; die Schnellöffnungseinrichtung ist auf Übereinstimmung mit E.4 und nach Anhang K und auf Konformität mit 5.3.2.1, 5.5.3 und 5.8 zu prüfen.

F.2 Alterung in warmem Wasser

Eine Probe von jedem Teil wird (180 ± 1) Tage in Leitungswasser bei $(87 \pm 2)\,°C$ eingetaucht. Die Proben werden aus dem Wasser entnommen und in Luft bei $(23 \pm 2)\,°C$ und einer relativen Luftfeuchte von $(70 \pm 20)\,\%$ für mindestens 24 h vor Durchführung einer anderen Prüfung, Messung oder Untersuchung abgekühlt.

Seite 26
EN 12259-3:2000 + A1:2001

Falls das Material die angegebene Temperatur nicht ohne merkliche Erweichung, Verformung oder Eigenschaftsbeeinträchtigung ertragen kann, ist die Alterungsprüfung im Trockenschrank bei einer niedrigeren Temperatur, aber mindestens 70 °C, durchgeführt. Die Beanspruchungsdauer D (in Tagen) wird nach folgender Gleichung errechnet:

$$D = 74\,857\,e^{-0{,}069\,3\,t} \qquad (F.2)$$

Dabei ist t die Prüftemperatur in Grad Celsius.

ANMERKUNG   Diese Gleichung beruht auf der 10 °C-Regel, d. h., bei jeweils 10 °C Temperaturanstieg verdoppelt sich etwa die chemische Reaktionsgeschwindigkeit. Bei Alterung von Kunststoffen wird vorausgesetzt, dass die Lebensdauer bei einer Temperatur t in Grad Celsius wie die Lebensdauer bei einer Temperatur von $(t - 10)$ °C ist.

Die Bauteile sind auf Brüche zu untersuchen und, sind sie frei von Brüchen, sind sie in das Trockenalarmventil oder die Schnellöffnungseinrichtung einzubauen. Das Trockenalarmventil ist nach E.1, E.2 und E.3 Übereinstimmung mit 4.6.3, 4.6.5, 4.7, 4.9.1 und 4.10 zu prüfen; die Schnellöffnungseinrichtung ist auf Übereinstimmung mit E.4 und nach Anhang K auf Konformität mit 5.3.2.1, 5.5.3 und 5.8 zu überprüfen.

Anhang G
(normativ)

Dichtheitsprüfung des Verschlussteils

ANMERKUNG   Anforderungen siehe 4.7 und 4.12.

Falls vom Hersteller empfohlen, wird bei geschlossener Dichtungseinheit im Trockenalarmventil der Primärwasserstand hergestellt. Das Trockenalarmventil wird ausgangsseitig mit einem Luftdruck von $(0{,}7\,{}^{+0,1}_{0})$ bar versorgt, vermehrt um den Auslösedruck des Ventils bei Nennbetriebsdruck. Eingangsseitig wird das Trockenalarmventil mit einem Wasserdruck entsprechend dem Nennbetriebsdruck für eine Dauer von $(2\,{}^{+0,1}_{0})$ h beaufschlagt. Das Trockenalarmventil wird auf Undichtheiten der Dichtungseinheit zur Zwischenkammer – falls vorhanden – und zum Alarmanschluss hin untersucht. Es wird überprüft, ob vorhandene Leckagen automatisch entwässert werden.

Anhang H
(normativ)

Widerstandsfähigkeit gegen Adhäsion für Dichtungen des Verschlussteils

ANMERKUNG   Anforderungen siehe 4.8.2.

Wenn sich der Absperrkörper in Schließstellung befindet, wird für eine Dauer von (90 ± 1) Tagen ein Wasserdruck von $(3{,}5 \pm 0{,}5)$ bar auf das Austrittsende des Trockenalarmventils aufgebracht. Während dieser Dauer wird durch einen Taucherhitzer oder eine andere geeignete Heizmöglichkeit eine Wassertemperatur von (87 ± 2) °C aufrechterhalten. Es ist dafür zu sorgen, dass der Wasserdruck am Eintrittsende dem Umgebungsdruck entspricht.

Am Ende dieser Beanspruchungsdauer wird das Wasser abgelassen und das Trockenalarmventil auf eine Temperatur von (21 ± 4) °C abgekühlt.

Wenn am Austrittsende des Trockenalarmventils nur noch Tagesluftdruck herrscht, wird am Eintrittsende des vertikal eingebauten Trockenalarmventils stufenweise der hydraulische Druck bis 0,35 bar gesteigert. Es ist zu überprüfen, ob sich der Absperrkörper vom Sitz wegbewegt hat oder ob er an der Sitzfläche haftet.

Seite 27
EN 12259-3:2000 + A1:2001

Anhang I
(normativ)

Verschleißprüfung

ANMERKUNG   Anforderungen siehe 4.13.

Das Trockenalarmventil wird unter Verwendung von Rohren, deren Nennweite mit der Nennweite des Trockenalarmventils übereinstimmt, in einen Prüfstand eingebaut. Durch das Trockenalarmventil wird ein Durchfluss mit dem in Tabelle C.1 festgelegten Volumenstrom erzeugt und für $(30^{+1}_{\ 0})$ min beibehalten.

Das Trockenalarmventil wird ausgebaut und auf Anzeichen von Verformung, Rissen, Abblätterung, Ablösung, Verschiebung oder andere Ausfälle untersucht.

Anhang J
(normativ)

Dichtheitsprüfung bei Betriebsluftdruck

ANMERKUNG   Anforderungen siehe 5.2.

Die Teile der Schnellöffnungseinrichtung und der Anti-Flutungseinrichtung, die im Betrieb mit Luft- bzw. Inertgasdruck beaufschlagt sind, werden an eine Druckluftversorgung angeschlossen. Alle anderen Öffnungen werden verschlossen. Das Bauteil wird in Wasser getaucht und für $(1^{+0,25}_{\ 0})$ min mit einem Luftdruck von $(7^{+0,1}_{\ 0})$ bar beaufschlagt und auf Undichtheiten hin untersucht.

Anhang K
(normativ)

Festigkeits- und Dichtheitsprüfung

ANMERKUNG   Anforderungen siehe 5.3.2.1.

Es sind ein Wasseranschluss sowie eine Entlüftungsmöglichkeit herzustellen, um die Eingangsseite des Trockenalarmventils und die wasserführenden Teile der Schnellöffnungseinrichtung und der Anti-Flutungseinrichtung mit Wasserdruck zu beaufschlagen. Es wird ein Wasserdruck von mindestens dem 2fachen und nicht mehr als dem 2,1fachen des Nennbetriebsdruckes für eine Dauer von $(5^{+1}_{\ 0})$ min aufgebracht. Das Bauteil wird auf Undichtheiten oder dauerhafte Verformungen untersucht.

Anhang L
(informativ)

Typischer Prüfplan für Trockenalarmventile und Zubehör, Schnellöffner und Schnellentlüfter mit Beispiel für die Prüfmusteranzahl

Ein Trockenalarmventil mit Zubehör je Nennweite

| B | Festigkeitsprüfung (des Gehäuses)
4facher Nenndruck, 5 min |

Ein Trockenalarmventil mit Zubehör
(nur die am stärksten beanspruchte Größe;
ein Prüfmuster)

| E.3 | Leistungsmerkmale des Trockenalarmventils
1,4 bar, 2 bar bis Nenndruck 1,4 bar, 5 m/s |

| H | Widerstandsfähigkeit gegen Adhäsion
3,5 bar Ausgangsdruck, 90 Tage
87 °C, 21 °C, 0,35 bar Auslösung |

| D.1 | Prüfung von Federn und Membranen
5 000 Zyklen, 6 Zyklen/min |

| D.2 | Schnellentlastungsprüfung
1,3 m³, Luft, 6,9 bar, 50 mm Entlastung |

| D.3 | Anti-Rückstellprüfung
1,3 m³, Luft-Wasser, 7 bar bis 12 bar, Rückfluss |

| E.1 | Festigkeit und Dichtheit des Gehäuses
2facher Nennarbeitsdruck, 5 min | E.3 2 bar |

| E.2 | Festigkeit und Dichtheit der Dichtungseinheit
– alle Ventile 2facher Nenndruck
  2facher empfohlener Luftdruck, 2 h
– mit Anti-Rückstelleinrichtung: Eingang belüftet,
  2facher empfohlener Luftdruck, 5 min
– ohne Anti-Rückstelleinrichtung: Eingang belüftet,
  2facher Nenndruck, 5 min | E.3 2 bar |

| E.4 | Leistungsmerkmale der Schnellöffnungseinrichtung
1,4 bar, 3 bar bis Nennarbeitsdruck,
Luftauslösung siehe Bild 4 |

| E.5 | Ladezeit der Schnellöffnungseinrichtung
3,5 bar Luftdruck, 2 bar in 2 min |

| C.3 | Prüfung des Druckverlustes durch Rohrreibung |

| C.1 | Schließprüfung für automatische Entwässerungsventile
Ansteigend: 1,4 bar, 0,13 l/s, 0,63 l/s
Fallend: 1,4 bar |

Eine Schnellöffnungseinrichtung

| C.2 | Strömung durch eine geöffnete Entwässerung
Strömung 0,63 l/s Nenndruck |

| K | Rohrleitungsdruck
Dichtheitsprüfung bei Betriebsluftdruck
7 bar, 1 min |

| G | Dichtheitsprüfung des Verschlussteils
Luftauslösepunkt – 0,7 bar Wassernenndruck
2 h Beaufschlagung: Undichtheit 3 ml/h |

| L | Festigkeits- und Dichtheitsprüfung
Eingangsseite 2facher Nenndruck, 5 min |

| I | Verschleißprüfung
30 min Durchfluss, siehe Tabelle 2 |

Seite 29
EN 12259-3:2000 + A1:2001

Anhang ZA
(informativ)

Abschnitte dieser Europäischen Norm, die wesentliche Anforderungen oder andere Regelungen der EU-Bauprodukten-Richtlinie ansprechen

ZA.1 Abschnitte dieser Europäischen Norm, die die wesentlichen Anforderungen oder andere Regelungen der EU-Bauprodukten-Richtlinie betreffen

Diese Europäische Norm wurde im Rahmen eines Mandates erarbeitet, das dem CEN von der Europäischen Kommission und der Europäischen Freihandelszone erteilt wurde.

Die in diesem Anhang angegebenen Abschnitte dieser Europäischen Norm erfüllen die Anforderungen des Mandates, das mit Bezug auf die EU-Bauproduktenrichtlinie (89/106/EWG) erteilt wurde.

Die Übereinstimmung mit diesen Abschnitten berechtigt zu der Annahme, dass die in dieser Europäischen Norm behandelten Bauprodukte für ihre vorgesehene Verwendung geeignet sind.

WARNHINWEIS Andere Anforderungen und andere EU-Richtlinien, die die Eignung für die vorgesehene Verwendung nicht beeinflussen, können für das in den Anwendungsbereich dieser Norm fallende Bauprodukt gelten.

Bemerkung:
Zusätzlich zu irgendwelchen spezifischen Abschnitten in dieser Norm, die sich auf gefährliche Substanzen bezieht, kann es noch andere Anforderungen an die Produkte geben, die unter ihren Anwendungsbereich fallen (z. B. umgesetzte europäische Rechtsvorschriften und nationale Gesetze, Rechts- und Verwaltungsbestimmungen). Um die Bestimmungen der EU-Richtlinie über Bauprodukte zu erfüllen, ist es notwendig, diese besagten Anforderungen, sofern sie Anwendung finden, ebenfalls einzuhalten.

Eine Informations-Datenbank über europäische und nationale Bestimmungen über gefährliche Stoffe ist verfügbar innerhalb der Kommissionsweb-site EUROPA (CREATE, Zugang über http://europa.eu.int).

Bauprodukt: Trockenalarmventil mit Zubehör

Vorgesehene Verwendung(en): Trockenalarmventile mit Zubehör für die Brandkontrolle und -unterdrückung zur Verwendung in Gebäuden und baulichen Anlagen.

Tabelle ZA.1 – Betroffene Abschnitte

Anforderung/Eigenschaft aus dem Mandat	Anforderungen: Abschnitte dieser Norm	Mandatierte Leistungsstufen und/oder Klassen	Bemerkungen
Ansprechverzögerung (Ansprechzeit)	4.10.4 a), 5.8.1.2	–	
Betriebszuverlässigkeit	4.2.2, 4.3, 4.4.1.1, 4.4.2, 4.4.3, 4.5.2.1, 4.5.2.2, 4.5.2.3, 4.5.2.4, 4.6.1, 4.6.4, 4.6.5, 4.8, 4.9, 4.10.1, 4.10.2, 4.10.3, 4.10.4 c), 4.10.4 e), 4.12, 5.1, 5.2, 5.3.1.1, 5.3.2.1, 5.3.2.2, 5.5.1, 5.5.4, 5.7, 5.8.1.1, 5.8.1.3, 5.8.1.4, 5.8.2		Alle Verweise auf Abschnitt 5 gelten nur für Schnellöffner und/oder Flutungseinrichtung(en)
Leistungsfähigkeit im Brandfall	4.6.3, 4.10.4 b), 4.10.4 d), 4.11, 5.5.3	–	
Ansprechverzögerung – Dauerhaftigkeit	4.6.2, 4.13, 5.5.2	–	
Betriebszuverlässigkeit – Dauerhaftigkeit; Alterung nichtmetallischer Bauteile	4.7, 5.6	–	
Betriebszuverlässigkeit – Dauerhaftigkeit; Brandbeanspruchung	4.4.1.2, 5.3.1.2		

ZA.2 Verfahren für die Bescheinigung der Konformität von Trockenalarmventilen mit Zubehör

Die Tabelle ZA.2 gibt das System der Konformitätsbescheinung an, das für Trockenalarmventile mit Zubehör für die vorgesehene Verwendung anzuwenden ist.

Tabelle ZA.2 – Verfahren für die Bescheinigung der Konformität

Produkt	Vorgesehene Verwendung	Leistungsstufe(n) oder Klasse(n)	Verfahren für die Bescheinigung der Konformität
Trockenalarmventil mit Zubehör	Brandschutz	–	1
Verfahren 1: Siehe Bauproduktenrichtlinie Anhang III.2.(i), ohne Stichprobenprüfung			

Die Produktzertifizierungsstelle wird die Erstprüfung aller in Tabelle ZA.1 genannten Eigenschaften nach 9.2 zertifizieren. Bei der Erstinspektion des Werkes und der werkseigenen Produktionskontrolle sowie bei der regelmäßigen Überwachung, Beurteilung und Anerkennung der werkseigenen Produktionskontrolle muss die Zertifizierungsstelle alle die in Tabelle ZA.1 angegebenen Eigenschaften einbeziehen.

ZA.3 CE-Kennzeichnung

Die CE-Kennzeichnung muss auf der Verpackung und/oder den begleitenden Handelspapieren mit den folgenden Angaben aufgeführt werden:

– Registriernummer der Zertifizierungsstelle;
– Name oder Kennzeichen des Herstellers/Lieferanten;
– die letzten beiden Ziffern des Jahres, in dem die CE-Kennzeichnung angebracht wurde;
– die Nummer des EG-Konformitätszertifikats;
– die Nummer dieser Norm (EN 12094-3);
– Produktbezeichnung/-typ (d. h. Trockenalarmventil mit Zubehör [mit/ohne Schnellöffner]; en: dry alarm valve assembly [with/without quick opening device]);
– Betriebsnenndruck, in bar;
– Nenngröße;
– Druckverlust, wenn größer als 0,2 bar.

Bild ZA.1 zeigt ein Beispiel für die Informationen in den begleitenden Handelspapieren.

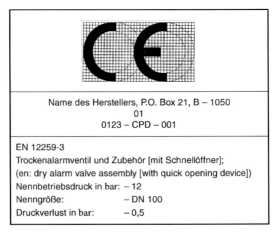

Bild ZA.1 – Beispiel für die Informationen zur CE-Kennzeichnung

Zusätzlich zu irgendwelcher spezifischen Information über gefährliche Substanzen, wie oben gezeigt, sollte dem Erzeugnis, soweit gefordert und in der geeigneten Form, eine Dokumentation beigefügt werden, in der jede übrige Rechtsvorschrift über gefährliche Stoffe aufgeführt wird, deren Einhaltung bezeugt wird, und zwar zusammen mit jedweder weiteren Information, die von der einschlägigen Rechtsvorschrift gefordert wird.

ANMERKUNG Europäische Rechtsvorschriften ohne nationale Abweichungen brauchen nicht aufgeführt zu werden.

ZA.4 Konformitätszertifikat und Konformitätserklärung

Der Hersteller oder sein im Europäischen Wirtschaftsraum ansässiger Vertreter muss eine Konformitätserklärung erstellen und aufbewahren, die zur Anbringung der CE-Kennzeichnung berechtigt. Die Konformitätserklärung muss enthalten:

- Name und Adresse des Herstellers oder seines im Europäischen Wirtschaftsraum ansässigen bevollmächtigten Vertreters sowie die Fertigungsstätte,
- Beschreibung des Produktes (Typ, Kennzeichnung, Verwendung) und eine Kopie der die CE-Kennzeichnung begleitenden Informationen,
- Regelungen, zu denen Konformität des Produktes besteht (z. B. Anhang ZA dieser Europäische Norm),
- besondere Verwendungshinweise (falls erforderlich),
- Name und Adresse (oder Registriernummer) der notifizierten Stelle(n),
- Name und Stellung der verantwortlichen Person, die berechtigt ist, die Erklärung im Auftrag des Herstellers oder seines autorisierten Vertretes zu unterzeichnen.

Für Eigenschaften, für die eine Zertifizierung gefordert ist (Verfahren 1), muss die Konformitätserklärung auch ein Konformitätszertifikat beinhalten, das, zusätzlich zu den oben aufgeführten Angaben, folgende Angaben enthält:

- Name und Adresse der Zertifizierungsstelle,
- Nummer des Zertifikates,
- Bedingungen und Gültigkeitsdauer des Zertifikates, wenn anwendbar,
- Name und Stellung der verantwortlichen Person, die berechtigt ist, das Zertifikat zu unterzeichnen.

Eine Wiederholung von Angaben zwischen der Konformitätserklärung und dem Konformitätszertifikat soll vermieden werden. Die Konformitätserklärung und das Konformitätszertifikat müssen in der (den) Sprache(n) des Mitgliedsstaates vorgelegt werden, in dem das Produkt verwendet wird.

Literaturhinweise

EN ISO 9001, *Qualitätsmanagementsysteme – Anforderungen (ISO 9001:2000)*.

Juni 2008

DIN EN 12259-3 Berichtigung 1

ICS 13.220.20; 13.320

> Es wird empfohlen, auf der betroffenen Norm
> einen Hinweis auf diese Berichtigung zu
> machen.

**Ortsfeste Löschanlagen –
Bauteile für Sprinkler- und Sprühwasseranlagen –
Teil 3: Trockenalarmventile mit Zubehör (enthält Änderung A1:2001);
Deutsche Fassung EN 12259-3:2000 + A1:2001,
Berichtigung zu DIN EN 12259-3:2001-08**

Fixed firefighting systems –
Components for sprinkler and water spray systems –
Part 3: Dry alarm valves assemblies (includes amendment A1:2001);
German version EN 12259-3:2000 + A1:2001,
Corrigendum to DIN EN 12259-3:2001-08

Installations fixes de lutte contre l'incendie –
Composants des systèmes d'extinction du type Sprinkleur et à pulvérisation d'eau –
Partie 3: Systèmes de soupape d'alarme sous air (inclut l'amendement A1:2001);
Version allemande EN 12259-3:2000 + A1:2001,
Corrigendum à DIN EN 12259-3:2001-08

Gesamtumfang 2 Seiten

Normenausschuss Feuerwehrwesen (FNFW) im DIN

DIN EN 12259-3 Ber 1:2008-06

In
DIN EN 12559-3:2001-08
sind folgende Korrekturen vorzunehmen:

4.10.4 a) ist zu ersetzen durch:

Das Ventil muss bei Ansprechen von einem oder mehreren Sprinklern ohne Verstellung oder Schaden korrekt arbeiten und durch Aktivierung mechanischer und/oder elektrischer Alarmierungseinrichtungen bei Arbeitsdrücken von (1,4 ± 0,1) bar bis zum Nennbetriebsdruck ± 0,1 bar sowie Strömungsraten bis zu 5 m/s den Betrieb melden;

5.3.2.1 ist zu ersetzen durch:

Bei Prüfung nach Anhang K müssen alle Teile der Schnellöffnungseinrichtung und der Anti-Flutungseinrichtung, die mit Wasserdruck beaufschlagt werden, einem Innendruck von mindestens dem Zweifachen des Nennbetriebsdruckes für eine Zeitspanne von 5 min standhalten, ohne dass Undichtheit oder dauerhafte Verformung auftritt.

D.1, der 3. und 4. Satz sind zu ersetzen durch:

Für andere Federn werden diese aus der vollständigen Offenstellung in die Schließstellung gebracht. Die flexiblen Membranen werden von der üblichen offenen in die übliche geschlossene Stellung bewegt.

Februar 2006

DIN EN 12259-3/A2

ICS 13.220.20; 13.320

Änderung von
DIN EN 12259-3:2001-08

**Ortsfeste Löschanlagen –
Bauteile für Sprinkler- und Sprühwasseranlagen –
Teil 3: Trockenalarmventile mit Zubehör;
Deutsche Fassung EN 12259-3:2000/A2:2005**

Fixed firefighting systems –
Components for sprinkler and water spray systems –
Part 3: Dry alarm valve assemblies;
German version EN 12259-3:2000/A2:2005

Installations fixes de lutte contre l'incendie –
Composants des systèmes d'extinction du type sprinkleur et à pulvérisation d'eau –
Partie 3: Systèmes de clapet d'alarme sous air;
Version allemande EN 12259-3:2000/A2:2005

Gesamtumfang 10 Seiten

Normenausschuss Feuerwehrwesen (FNFW) im DIN

DIN EN 12259-3/A2:2006-02

Beginn der Gültigkeit

Diese Norm gilt ab 2006-02-01.

Die CE-Kennzeichnung von Bauprodukten in Deutschland kann erst nach Veröffentlichung der Fundstelle dieser DIN-EN-Norm im Bundesanzeiger von dem dort genannten Termin an erfolgen.

Nationales Vorwort

Diese Europäische Norm wurde vom Technischen Komitee CEN/TC 191 „Ortsfeste Brandbekämpfungsanlagen" (Sekretariat: BSI, Großbritannien) erarbeitet und wird auf nationaler Ebene vom Arbeitsausschuss NA 031-03-03 AA „Wasserlöschanlagen und Bauteile" des FNFW betreut.

Änderungen

Gegenüber DIN EN 12259-3:2001-08 wurden folgende Änderungen vorgenommen:

a) im Abschnitt 2 werden die Verweise auf ISO 7-1 und ISO 228-1 gestrichen;

b) die Abschnitte 4.4.1.1, 4.4.1.2, 4.4.3.2, 4.5.1.1, 4.9.1, 4.9.2, 4.9.4, 4.9.5, 5.3.2.2, 5.4.2, 6.1 werden vollständig ersetzt;

c) nach 4.9.6 wird die neue Tabelle 2 ergänzt;

d) 4.9.7 wird gestrichen;

e) zu Bild 1 wird die Legende geändert;

f) Anhang M wird ergänzt.

EUROPÄISCHE NORM
EUROPEAN STANDARD
NORME EUROPÉENNE

EN 12259-3:2000/A2

November 2005

ICS 13.220.20; 13.320

Deutsche Fassung

Ortsfeste Löschanlagen —
Bauteile für Sprinkler- und Sprühwasseranlagen —
Teil 3: Trockenalarmventile mit Zubehör

Fixed firefighting systems —
Components for sprinkler and water spray systems —
Part 3: Dry alarm valve assemblies

Installations fixes de lutte contre l'incendie —
Composants des systèmes d'extinction du type sprinkleur
et à pulvérisation d'eau —
Partie 3 : Systèmes de clapet d'alarme sous air

Diese Änderung A2 modifiziert die Europäische Norm EN 12259-3:2000. Sie wurde vom CEN am 19. Oktober 2005 angenommen.

Die CEN-Mitglieder sind gehalten, die CEN/CENELEC-Geschäftsordnung zu erfüllen, in der die Bedingungen festgelegt sind, unter denen diese Änderung in der betreffenden nationalen Norm, ohne jede Änderung, einzufügen ist. Auf dem letzten Stand befindliche Listen dieser nationalen Normen mit ihren bibliographischen Angaben sind beim Management-Zentrum oder bei jedem CEN-Mitglied auf Anfrage erhältlich.

Diese Änderung besteht in drei offiziellen Fassungen (Deutsch, Englisch, Französisch). Eine Fassung in einer anderen Sprache, die von einem CEN-Mitglied in eigener Verantwortung durch Übersetzung in seine Landessprache gemacht und dem Management-Zentrum mitgeteilt worden ist, hat den gleichen Status wie die offiziellen Fassungen.

CEN-Mitglieder sind die nationalen Normungsinstitute von Belgien, Dänemark, Deutschland, Estland, Finnland, Frankreich, Griechenland, Irland, Island, Italien, Lettland, Litauen, Luxemburg, Malta, den Niederlanden, Norwegen, Österreich, Polen, Portugal, Schweden, der Schweiz, der Slowakei, Slowenien, Spanien, der Tschechischen Republik, Ungarn, dem Vereinigten Königreich und Zypern.

EUROPÄISCHES KOMITEE FÜR NORMUNG
EUROPEAN COMMITTEE FOR STANDARDIZATION
COMITÉ EUROPÉEN DE NORMALISATION

Management-Zentrum: rue de Stassart, 36   B-1050 Brüssel

© 2005 CEN   Alle Rechte der Verwertung, gleich in welcher Form und in welchem Verfahren, sind weltweit den nationalen Mitgliedern von CEN vorbehalten.

Ref. Nr. EN 12259-3:2000/A2:2005 D

EN 12259-3:2000/A2:2005 (D)

Inhalt

Seite

Vorwort 3
2   Normative Verweisungen 4
4   Konstruktion und Anforderungen an Trockenalarmventile und Zubehör 4
4.4 Gehäuse und Handlochdeckel 4
4.9 Abstände 4
5   Konstruktion und Leistungsmerkmale der Schnellöffnungseinrichtung 6
5.3.2 Festigkeit und Dichtheit 6
5.4 Anschlüsse 6
6   Kennzeichnung 6
6.1 Allgemeines 6
Anhang M (normativ) Salzsprühnebel-Korrosionsprüfung 8
M.1 Reagenzien 8
M.2 Gerät 8
M.3 Durchführung 8

Vorwort

Dieses Dokument (EN 12259-3:2000/A2:2005) wurde vom Technischen Komitee CEN/TC 191 „Ortsfeste Brandbekämpfungsanlagen" erarbeitet, dessen Sekretariat vom BSI gehalten wird.

Diese Änderung zur Europäischen Norm EN 12259-3:2000 muss den Status einer nationalen Norm erhalten, entweder durch Veröffentlichung eines identischen Textes oder durch Anerkennung bis Mai 2006, und etwaige entgegenstehende nationale Normen müssen bis August 2007 zurückgezogen werden.

Dieses Dokument wurde unter einem Mandat erarbeitet, das die Europäische Kommission und die Europäische Freihandelszone dem CEN erteilt haben, und unterstützt grundlegende Anforderungen der EG-Richtlinien.

Zum Zusammenhang mit EG-Richtlinien siehe informativen Anhang ZA, der Bestandteil dieses Dokumentes ist.

Entsprechend der CEN/CENELEC-Geschäftsordnung sind die nationalen Normungsinstitute der folgenden Länder gehalten, diese Europäische Norm zu übernehmen: Belgien, Dänemark, Deutschland, Estland, Finnland, Frankreich, Griechenland, Irland, Island, Italien, Lettland, Litauen, Luxemburg, Malta, Niederlande, Norwegen, Österreich, Polen, Portugal, Schweden, Schweiz, Slowakei, Slowenien, Spanien, Tschechische Republik, Ungarn, Vereinigtes Königreich und Zypern.

2 Normative Verweisungen

Die folgenden Verweise sind zu streichen:

ISO 7-1, *Rohrgewinde für im Gewinde dichtende Verbindungen — Teil 1: Maße, Toleranzen und Bezeichnungen*

ISO 228-1, *Rohrgewinde für nicht im Gewinde dichtende Verbindungen — Teil 1: Maße, Toleranzen und Bezeichnungen*

4 Konstruktion und Anforderungen an Trockenalarmventile und Zubehör

4.4 Gehäuse und Handlochdeckel

4.4.1.1 ist durch folgenden Text zu ersetzen:

4.4.1.1 Gehäuse und Handlochdeckel müssen aus Gusseisen, Bronze, Messing, Monelmetall, nichtrostendem Stahl, Titan oder aus Werkstoffen mit gleichwertigen physikalischen und mechanischen Eigenschaften bestehen.

Als neuer Unterabschnitt ist 4.4.1.2 wie folgt einzufügen und der frühere Unterabschnitt 4.2.1.2 wird zu 4.4.1.3:

4.4.1.2 Befestigungen für Handlochdeckel müssen aus Stahl, nichtrostendem Stahl, Titan oder aus Werkstoffen mit gleichwertigen physikalischen und mechanischen Eigenschaften bestehen.

4.4.3.2 ist durch folgenden Text zu ersetzen:

4.4.3.2 Die übliche Bemessungslast für die Befestigungsmittel ohne die zum Zusammendrücken der Dichtung erforderliche Kraft darf die in EN ISO 898-1 und ISO 898-2 oder in anderen Europäischen Normen für Werkstoffe, die nicht in ISO 898 enthalten sind, festgelegte Mindestzugfestigkeit nicht überschreiten, wenn das Trockenalarmventil einer Druckbeanspruchung mit dem vierfachen Nennbetriebsdruck unterzogen wird. Die Fläche für die Druckaufbringung wird folgendermaßen errechnet:

a) Bei Verwendung einer vollflächigen Dichtung wirkt die Kraft auf der Fläche, die durch eine Linie durch die Innenkante der Schrauben begrenzt wird.

b) Bei Verwendung eines O-Ringes oder einer Flachdichtung wirkt die Kraft auf der Fläche bis zur Mittellinie des O-Ringes oder der Flachdichtung.

4.5.1.1 ist durch folgenden Text zu ersetzen:

4.5.1.1 Das Gehäuse des Trockenalarmventils muss in Durchflussrichtung hinter dem Absperrkörper mit einem Anschluss versehen werden, die das Abführen des Wassers erlaubt, wenn das Ventil in einer vom Hersteller festgelegten oder empfohlenen Lage eingebaut wird. Die Mindest-Nennweite muss 20 mm betragen.

4.9 Abstände

4.9.1 ist durch folgenden Text zu ersetzen:

4.9.1 Der Freiraum (siehe Bild 1 a) zwischen Absperrkörper und Gehäuseinnenwand (ausgenommen bewegliche Sperrklinken und Arretierungsmechanismen) muss, einschließlich des Lagerbereiches des Klappentellers, in jeder Stellung, außer in der vollständigen Offenstellung, mindestens 12 mm betragen, wenn das Gehäuse aus Gusseisen besteht oder 6 mm, wenn Gehäuse und Absperrkörper aus einem Nichteisen-Metall, nichtrostendem Stahl, Titan oder aus Werkstoffen mit mindestens gleichwertigen physikalischen, mechanischen und korrosionsbeständigen Eigenschaften bestehen.

4.9.2 ist durch folgenden Text zu ersetzen:

4.9.2 Das Spiel (siehe Bild 1 b) zwischen den Innenkanten des Dichtringes und den Metallteilen des Absperrkörpers muss in Schließstellung des Klappentellers mit Ausnahme von Verhebelungsmechanismen wie folgt sein:

a) bei Absperrkörpern aus Bronze, Messing, Monelmetall, nichtrostendem Stahl oder Titan oder aus Werkstoffen mit gleichwertigen physikalischen und mechanischen Eigenschaften muss das Spiel mindestens 0,7 mm betragen;

b) bei Absperrkörpern aus anderen Werkstoffen, muss das Spiel mindestens 3,0 mm betragen.

4.9.4 ist durch folgenden Text zu ersetzen:

4.9.4 Ventile mit einem Spiel (siehe Bild 1b) zwischen Achsen bzw. Wellen und ihren Lagerungen von weniger als 0,125 müssen bei der Prüfung nach E.3, E.1 und E.2 nach vorheriger Salzsprühnebelprüfung nach Anhang M ordnungsgemäß funktionieren.

4.9.5 ist durch folgenden Text zu ersetzen:

4.9.5 Der axiale Abstand ($L_2 - L_1$) (siehe Bild 1 c)) zwischen einem Klappentellergelenk und den benachbarten Auflageflächen des Ventilgehäuses muss mindestens den Werten nach Tabelle 2 entsprechen.

Wo zutreffend und wie in Tabelle 2 angegeben, müssen Teile aus Bronze, Messing, nichtrostendem Stahl, Titan oder aus Werkstoffen mit mindestens gleichwertigen physikalischen, mechanischen und korrosionsbeständigen Eigenschaften vorhanden sein, um das Maß *A* (siehe Bild 1 c)) bei mindestens den in Tabelle 2 angegebenen entsprechenden Werten einzuhalten.

ANMERKUNG   Typische Mittel für das Einhalten des Maßes *A* sind Kragenbuchsen, hervorstehende glatte Buchsen, hervorstehende Stiftlager oder Distanzstücke.

4.9.7 ist zu streichen (wurde ersetzt durch den letzten Absatz von 4.9.5)

Die neue Tabelle 2 ist nach 4.9.6 hinzuzufügen:

Tabelle 2 — Axiale Abstände ($L_2 - L_1$) und Maß „A" für unterschiedliche Werkstoffe für Gehäuse und Absperrkörper [a]

Werkstoffe für Gehäuse und Absperrkörper	Axialer Abstand (L_2-L_1) (siehe Bild 1c) mm	Maß *A* (siehe Bild 1 c) mm	zusätzliche Prüfanforderungen
Gehäuse und Absperrkörper aus Bronze, Messing, nichtrostendem Stahl, Titan oder aus Werkstoffen mit mindestens gleichwertigen physikalischen, mechanischen und korrosionsbeständigen Eigenschaften	≥ 0,25	nicht zutreffend	keine
Gehäuse und Absperrkörper aus anderen Werkstoffen als oben genannt (z. B. Gusseisen)	≥ 0,25	≥ 3,0	keine
	≥ 1,50	≥ 2,0	siehe Fußnote a)
[a] Das Ventil muss bei Prüfung nach E.3, E.1 und E.2 im Anschluss an die Salzsprühnebelprüfung nach Anhang M ordnungsgemäß funktionieren.			

In Bild 1 ist die Legende wie folgt zu ändern:

1 Absperrkörper (Klappe)
2 Ventilgehäuse
3 Stift
4 Buchsen (typische Anordnung)

5 Konstruktion und Leistungsmerkmale der Schnellöffnungseinrichtung

5.3.2 Festigkeit und Dichtheit

5.3.2.2 ist durch folgenden Text zu ersetzen:

5.3.2.2 Die übliche Bemessungslast für die Befestigungsmittel ohne die zum Zusammendrücken der Dichtung erforderliche Kraft darf die in ISO 898-1 und ISO 898-2 oder in anderen Normen für Werkstoffe, die nicht in ISO 898 enthalten sind, festgelegte Mindestzugfestigkeit nicht überschreiten, wenn die Schnellöffnungseinrichtung und die Anti-Flutungseinrichtung einer Druckbeanspruchung mit dem doppelten Nennbetriebsdruck unterzogen werden. Die Fläche für die Druckaufbringung wird folgendermaßen errechnet:

a) Bei Verwendung einer vollflächigen Dichtung wirkt die Kraft auf der Fläche, die durch eine Linie durch die Innenkante der Schrauben begrenzt wird.

b) Bei Verwendung einer ringförmigen Dichtung oder eines Dichtungsringes wirkt die Kraft auf der Fläche bis zur Mittellinie der ringförmigen Dichtung oder des Dichtungsringes.

5.4 Anschlüsse

5.4.2 ist durch folgenden Text zu ersetzen:

5.4.2 Für die Haltekammer der Schnellöffnungseinrichtung ist ein geeigneter Anschluss für ein Druckmessgerät vorzusehen.

6 Kennzeichnung

6.1 Allgemeines

6.1 ist durch folgenden Text zu ersetzen und Tabelle 2 ist als Tabelle 3 zu nummerieren:

Die Mindestmaße für die zur Kennzeichnung verwendeten Schriftzeichen sind in Tabelle 3 festgelegt.

Tabelle 3 — Mindestmaße der zur Kennzeichnung verwendeten Schriftzeichen

Aufbringung der Kennzeichnung	Mindestgröße der Schriftzeichen, außer für 6.2 g) und 6.3 e)[a]	Mindest-Eindrucktiefe oder Mindesthöhe der erhabenen Schriftzeichen
	mm	mm
Unmittelbar auf ein Trocken-Alarmventil gegossen	9,5	0,75
Unmittelbar auf eine Schnellöffnungseinrichtung gegossen	4,7	0,75
Gegossenes Etikett	4,7	0,5
Nicht gegossenes Etikett	2,4	nicht zutreffend
Gedrucktes Etikett	2,4	nicht zutreffend
Unmittelbar auf ein Trockenarmventil gestempelt	4,7	0,1
[a] Die Mindestgröße der Schriftzeichen zur Angabe der Punkte 6.2 g) und 6.3 e), Seriennummer oder Herstellungsjahr, muss 3 mm betragen.		

EN 12259-3:2000/A2:2005 (D)

Anhang M ist wie folgt einzufügen:

Anhang M
(normativ)
Salzsprühnebel-Korrosionsprüfung

M.1 Reagenzien

Natriumchloridlösung, bestehend aus Natriumchlorid in destilliertem Wasser mit einem Massenanteil von (5 ± 0,5) % Natriumchlorid, pH-Wert zwischen 6,5 und 7,2.

M.2 Gerät

Nebelkammer mit einem Fassungsvermögen von mindestens 0,43 m^3, mit einem Rückführbehälter und Düsen zum Versprühen einer Salzlösung sowie mit Einrichtungen zur Probenahme und zur Kontrolle des Klimas in der Kammer.

M.3 Durchführung

Das Trockenalarmventil ist mit offenem Ausgang, verschlossenem Eingang und geschlossenem Absperrkörper zu prüfen. Das Trockenalarmventil ist in der Versuchskammer so unterzubringen, dass sich die Lösung nicht in Hohlräumen sammelt und das Trockenalarmventil ist bei einem Druck zwischen 0,7 bar bis 1,7 bar mit Natriumchloridlösung zu besprühen, während im Bereich der Salzsprühnebel-Beanspruchung eine Temperatur von (35 ± 2) °C einzuhalten ist. Die aus den zu prüfenden Bauteilen austretende Lösung muss aufgefangen werden und darf nicht in den Rückführkreislauf zurückgeführt werden.

Der Salzsprühnebel ist an mindestens zwei Stellen im beanspruchten Bereich aufzufangen, und sowohl die Salzsprühnebelmenge als auch die Salzkonzentration sind zu messen. Für jeweils 80 cm^3 des Aufnahmebereiches ist für eine Dauer von ($16^{+0,25}_{0}$) h eine Entnahmegeschwindigkeit zwischen 1 ml/h und 2 ml/h sicherzustellen.

Die Bauteile sind für eine Dauer von ($10^{+0,25}_{0}$) Tagen zu beanspruchen. Nach der Beanspruchung sind die zu prüfenden Teile aus der Versuchskammer zu entnehmen und ($7^{+0,25}_{0}$) Tage bei einer Temperatur von maximal 35 °C und einer relativen Luftfeuchte von maximal 70 % zu trocknen. Nach Ende der Trocknung ist das Ventil nach E.3, E.1 und E.2 zu prüfen.

August 2001

Ortsfeste Löschanlagen
Bauteile für Sprinkler- und Sprühwasseranlagen
Teil 4: Wassergetriebene Alarmglocken
(enthält Änderung A1:2001)
Deutsche Fassung EN 12259-4:2000 + A1:2001

DIN
EN 12259-4

ICS 13.220.20; 13.320

Ersatz für
DIN EN 12259-4:2000-04

Fixed firefighting systems – Components for sprinkler and water spray systems – Part 4: Water motor alarms (includes amendment A1:2001); German version EN 12259-4:2000 + A1:2001

Installations fixes de lutte contre l'incendie – Composants des systèmes d'extinction du type Sprinkleur et à pulvérisation d'eau – Partie 4: Turbines hydrauliques d'alarmes (inclut l'amendement A1:2001); Version allemande EN 12259-4:2000 + A1:2001

Die Europäische Norm EN 12259-4:2000 hat den Status einer Deutschen Norm, einschließlich der eingearbeiteten Änderung A1:2001, die vom CEN getrennt verteilt wurde.

Nationales Vorwort

Diese Europäische Norm wurde vom Technischen Komitee CEN/TC 191 „Ortsfeste Brandbekämpfungsanlagen" erarbeitet und wird national vom Arbeitsausschuss AA 191.5 „Wasserlöschanlagen und deren Bauteile" des FNFW betreut.

Änderungen

Gegenüber DIN EN 12259-4:2000-04 wurden folgende Änderungen vorgenommen:

a) Die Norm wurde um Abschnitt 8 und Anhang ZA ergänzt;

b) redaktionelle Korrekturen.

Frühere Ausgaben

DIN EN 12259-4: 2000-04

Fortsetzung 15 Seiten EN

Normenausschuss Feuerwehrwesen (FNFW) im DIN Deutsches Institut für Normung e.V.

EUROPÄISCHE NORM
EUROPEAN STANDARD
NORME EUROPÉENNE

EN 12259-4

Februar 2000
+ A1
März 2001

ICS 13.220.20; 13.320

Deutsche Fassung

Ortsfeste Löschanlagen
Bauteile für Sprinkler- und Sprühwasseranlagen
Teil 4: Wassergetriebene Alarmglocken
(enthält Änderung A1:2001)

Fixed firefighting systems – Components for sprinkler and water spray systems – Part 4: Water motor alarms (includes amendment A1:2001)

Installations fixes de lutte contre l'incendie – Composants des systèmes d'extinction du type Sprinkleur et à pulvérisation d'eau – Partie 4: Turbines hydrauliques d'alarmes (inclut l'amendement A1:2001)

Diese Europäische Norm wurde von CEN am 17. Dezember 1999 und die Änderung A1 am 20. Januar 2001 angenommen.

Die CEN-Mitglieder sind gehalten, die CEN/CENELEC-Geschäftsordnung zu erfüllen, in der die Bedingungen festgelegt sind, unter denen dieser Europäischen Norm ohne jede Änderung der Status einer nationalen Norm zu geben ist.

Auf dem letzten Stand befindliche Listen dieser nationalen Normen mit ihren bibliographischen Angaben sind beim Management-Zentrum oder bei jedem CEN-Mitglied auf Anfrage erhältlich.

Diese Europäische Norm besteht in drei offiziellen Fassungen (Deutsch, Englisch, Französisch). Eine Fassung in einer anderen Sprache, die von einem CEN-Mitglied in eigener Verantwortung durch Übersetzung in seine Landessprache gemacht und dem Management-Zentrum mitgeteilt worden ist, hat den gleichen Status wie die offiziellen Fassungen.

CEN-Mitglieder sind die nationalen Normungsinstitute von Belgien, Dänemark, Deutschland, Finnland, Frankreich, Griechenland, Irland, Island, Italien, Luxemburg, Niederlande, Norwegen, Österreich, Portugal, Schweden, Schweiz, Spanien, der Tschechischen Republik und dem Vereinigten Königreich.

EUROPÄISCHES KOMITEE FÜR NORMUNG
EUROPEAN COMMITTEE FOR STANDARDIZATION
COMITÉ EUROPÉEN DE NORMALISATION

Management-Zentrum: rue de Stassart, 36   B-1050 Brüssel

© 2001 CEN – Alle Rechte der Verwertung, gleich in welcher Form und in welchem Verfahren, sind weltweit den nationalen Mitgliedern von CEN vorbehalten.

Ref. Nr. EN 12259-4:2000 + A1:2001 D

Seite 2
EN 12259-4:2000 + A1:2001

Inhalt

	Seite
Vorwort	2
Einleitung	3
1 Anwendungsbereich	4
2 Normative Verweisungen	4
3 Begriffe	4
4 Konstruktive Anforderungen	5
5 Leistungsanforderungen	5
6 Kennzeichnung	6
7 Einbau und Wartung	6
8 Bewertung der Konformität	7
Anhang A (normativ) Druckfestigkeitsprüfung	8
Anhang B (normativ) Prüfung der Temperaturbeständigkeit	8
Anhang C (normativ) Prüfungen der Alterungsbeständigkeit	9
Anhang D (normativ) Prüfung der Beständigkeit gegen Eintauchen in Wasser	10
Anhang E (normativ) Funktionsprüfung	10
Anhang F (normativ) Schallpegelprüfung	11
Anhang G (normativ) K-Faktor-Prüfung	12
Anhang H (informativ) Typischer Prüfplan zur Anzahl von Prüfmustern für wassergetriebene Alarmglocken	12
Anhang ZA (informativ) Abschnitte dieser Europäischen Norm, die wesentliche Anforderungen oder andere Regelungen der EU-Bauprodukten-Richtlinie ansprechen	13
Literaturhinweise	15

Vorwort

Diese Europäische Norm wurde vom Technischen Komitee CEN/TC 191 „Ortsfeste Brandbekämpfungsanlagen" erarbeitet, dessen Sekretariat vom BSI gehalten wird.

Diese Europäische Norm muss den Status einer nationalen Norm erhalten, entweder durch Veröffentlichung eines identischen Textes oder durch Anerkennung bis September 2001, und etwaige entgegenstehende nationale Normen müssen bis Dezember 2002 zurückgezogen werden.

Diese Europäische Norm wurde unter einem Mandat erarbeitet, das die Europäische Kommission und die Europäische Freihandelszone dem CEN erteilt haben, und unterstützt grundlegende Anforderungen der EU-Richtlinie(n).

Entsprechend der CEN/CENELEC-Geschäftsordnung sind die nationalen Normungsinstitute der folgenden Länder gehalten, diese Europäische Norm zu übernehmen: Belgien, Dänemark, Deutschland, Finnland, Frankreich, Griechenland, Irland, Island, Italien, Luxemburg, Niederlande, Norwegen, Österreich, Portugal, Schweden, Schweiz, Spanien, die Tschechische Republik und das Vereinigte Königreich.

Zusammenhang mit EU-Richtlinien siehe informativen Anhang ZA, der Bestandteil dieser Norm ist.

Als ein Teil von EN 12259, in der Bauteile für automatische Sprinkleranlagen beschrieben werden, gehört er zu einer Reihe Europäischer Normen, die folgende Themen behandeln:

a) automatische Sprinkleranlagen (EN 12259 und EN 12845)[1];
b) Löschanlagen mit gasförmigen Löschmitteln (EN 12094)[1];
c) Pulver-Löschanlagen (EN 12416)[1];
d) Explosionsschutzsysteme (EN 26184);
e) Schaum-Löschanlagen (EN 13565)[1];
f) Wandhydranten und Schlauchhaspeln (EN 671);
g) Rauch- und Wärmeabzugsanlagen (EN 12101)[1];
h) Sprühwasser-Löschanlagen[1].

EN 12259 wird unter dem Haupttitel „*Ortsfeste Löschanlagen – Bauteile für Sprinkler- und Sprühwasseranlagen*" aus folgenden Teilen bestehen:

– Teil 1: Sprinkler
– Teil 2: Nassalarmventile mit Zubehör
– Teil 3: Trockenalarmventile mit Zubehör
– Teil 4: Wassergetriebene Alarmglocken
– Teil 5: Strömungsmelder
– Teil 6: Kupplungen
– Teil 7: Rohrhalter
– Teil 8: Druckschalter
– Teil 9: Sprühflutventile mit Zubehör
– Teil 10: Mehrfachsteuerungen
– Teil 11: Sprühwasserlöschanlagen mit mittlerer und hoher Sprühgeschwindigkeit
– Teil 12: Sprinklerpumpen

Anhänge A, B, C, D, E, F und G enthalten Prüfverfahren und sind normativ.

Anhang H gibt ein Beispiel für einen Prüfplan, der für die Bauartzulassungsprüfung von herkömmlichen Konstruktionen geeignet ist, und ist informativ.

Einleitung

Falls Verweise auf die Anwendung von Bauteilen mit Zollmaßen erfolgen, war es notwendig, Zollmaße anzuwenden.

Diese Norm ist zur Anwendung durch qualifizierte und anerkannte Organisationen vorgesehen, die befähigt sind, die Konstruktion und Produktion nach anerkannten Internationalen Normen zu sichern.

---

1) In Vorbereitung

Seite 4
EN 12259-4:2000 + A1:2001

1 Anwendungsbereich

Diese Europäische Norm legt Anforderungen an den Aufbau und das Leistungsvermögen von wassergetriebenen Alarmglocken zur Anwendung in Verbindung mit Alarmventilen nach EN 12259-2, EN 12259-3 und EN 12259-9 fest, die in automatischen Sprinkleranlagen nach prEN 12845 und Sprühwasserlöschanlagen nach der entsprechenden europäischen Norm [1] verwendet werden.

Bauartzulassungsprüfungen und ein empfohlener Prüfplan für die Bauartzulassungsprüfung werden ebenfalls angegeben.

Hilfseinrichtungen und Befestigungsmittel für wassergetriebene Alarmglocken werden in diesem Teil von EN 12259 nicht behandelt.

2 Normative Verweisungen

Diese Norm enthält durch datierte oder undatierte Verweisungen Festlegungen aus anderen Publikationen. Diese normativen Verweisungen sind an den jeweiligen Stellen im Text zitiert, und die Publikationen sind nachstehend aufgeführt. Bei datierten Verweisungen gehören spätere Änderungen oder Überarbeitungen dieser Publikationen nur zu dieser Norm, falls sie durch Änderung oder Überarbeitung eingearbeitet sind. Bei undatierten Verweisungen gilt die letzte Ausgabe der in Bezug genommenen Publikation (einschließlich Änderungen).

EN 12259-2, *Ortsfeste Löschanlagen – Bauteile für Sprinkler- und Sprühwasseranlagen – Teil 2: Nassalarmventil mit Zubehör*.

EN 12259-3, *Ortsfeste Löschanlagen – Bauteile für Sprinkler- und Sprühwasseranlagen – Teil 3: Trockenalarmventile mit Zubehör*.

EN 12259-9, *Ortsfeste Löschanlagen – Bauteile für Sprinkler- und Sprühwasseranlagen – Teil 9: Sprühwasserventile mit Zubehör*.

prEN 12845, *Ortsfeste Brandbekämpfungsanlagen – Automatische Sprinkleranlagen – Planung und Einbau*.

ISO 7-1, *Pipe threads where pressure-tight joints are made on the threads – Part 1: Dimensions, tolerances and designation*.

3 Begriffe

Für die Anwendung dieser Norm gelten folgende Begriffe:

3.1
Wassergetriebene Alarmglocke

hydraulisch betätigte, an ein Alarmventil angeschlossene Alarmeinrichtung, die vor Ort ein akustisches Signal abgibt, wenn die Sprinkleranlage in Betrieb ist

3.2
Alarmventil

Ventil vom Nass-, Trocken- oder Sprühfluttyp, das auch die wassergetriebene Alarmglocke auslöst, wenn die Sprinkleranlage in Betrieb ist

3.3
Pelton-Turbine

Gerät, das durch das Auftreffen eines Wasserstrahls in Drehbewegung versetzt wird

3.4
Nennbetriebsdruck

maximaler Druck, bei dem beabsichtigt ist, das Gerät zu betreiben

3.5
Mindestansprechdruck

niedrigster Druck am Eintrittsstutzen der Alarmglocke, der die ununterbrochene Drehbewegung rotierender Teile bewirkt

---

[1] In Vorbereitung

4 Konstruktive Anforderungen

4.1 Anschlüsse

4.1.1 Alle Gewindeanschlüsse von Wasserrohrleitungen müssen mit ISO 7-1 übereinstimmen.

4.1.2 Die wassergetriebene Alarmglocke muss

a) einen Gewindeanschluss für die Wasserversorgung mit einer Eintrittsöffnung von mindestens 20 mm Nennweite und

b) einen Gewindeanschluss für den Wasseraustritt mit einer Querschnittsfläche von mindestens 50facher Querschnittsfläche der Düsenbohrung der Alarmglocke haben.

4.2 Düsen

4.2.1 Die Düsen müssen aus Bronze, Messing, Monelmetall oder nichtrostendem Austenitstahl bestehen.

4.2.2 Die Düsen müssen eine Bohrung von mindestens 3 mm Durchmesser haben.

4.3 Schmutzfilter

Die wassergetriebene Alarmglocke muss mit einem Schmutzfilter ausgestattet sein, das entweder ein wesentlicher Teil des Gehäuses ist oder unmittelbar vor dem Eintrittsstutzen angebracht sein muss.

Der Schmutzfilter muss aus Bronze, Messing, Monelmetall oder nichtrostendem Austenitstahl bestehen. Der Schmutzfilter muss für die Reinigung zugänglich sein.

Das Schmutzfiltersieb muss eine Maschenweite haben, deren maximales Maß nicht mehr als zwei Drittel vom Durchmesser der Düsenbohrung beträgt. Die Gesamtfläche der Öffnungen des Schmutzfiltersiebes muss mindestens den 10fachen Querschnitt der Düsenbohrung haben.

4.4 Gehäuse

Die beweglichen Teile der wassergetriebenen Alarmglocke müssen bedeckt sein.

Gehäuse der beweglichen Teile müssen gegen Ablagerungen, Witterungseinflüsse, nistende Vögel und Schädlinge schützen.

4.5 Lager

Alle Lager müssen wartungsfrei sein.

5 Leistungsanforderungen

ANMERKUNG Ein Prüfplan und ein Beispiel zur Anzahl von Probekörpern für wassergetriebene Alarmglocken ist in Tabelle H.1 angegeben.

5.1 Druckfestigkeit

Der Eintrittsstutzen der wassergetriebenen Alarmglocke und jede Schmutzfilter-Baugruppe müssen für die Dauer von 5 min einem Druck von 24 bar ohne Undichtigkeit oder Versagen standhalten, wenn sie nach Anhang A geprüft werden.

5.2 Beständigkeit gegen hohe und niedrige Temperaturen

Nach Beanspruchung durch hohe und niedrige Temperaturen muss die wassergetriebene Alarmglocke bei der Prüfung nach Anhang B in der Lage sein, bei Eintrittsdrücken zwischen 0,5 bar und 12 bar akustische Signale abzugeben.

5.3 Alterungsbeständigkeit von nichtmetallischen Bauteilen

5.3.1 Nach Alterung von nichtmetallischen Bauteilen in Luft nach C.2, dürfen an diesen Bauteilen keine Risse auftreten und gealterte Bauteile dürfen die Abgabe von akustischen Signalen der wassergetriebenen Alarmglocke nicht verhindern, wenn sie nach E.1, Verfahren 3, geprüft werden.

5.3.2 Nach Alterung von nichtmetallischen Bauteilen in warmem Wasser nach C.3 dürfen an diesen Bauteilen keine Risse auftreten und gealterte Bauteile dürfen die Abgabe von akustischen Signalen der wassergetriebenen Alarmglocke nicht verhindern, wenn sie nach E.1, Verfahren 3, geprüft werden.

5.4 Beständigkeit von nichtmetallischen Lagern und der Pelton-Turbine gegen Eintauchen in Wasser

Falls die wassergetriebene Alarmglocke mit einem nichtmetallischen Lager oder einer Pelton-Turbine ausgestattet ist, muss es möglich sein, sie bei einem Eintrittsdruck von 0,5 bar bis 12 bar zu betreiben, wenn nach Anhang D geprüft wird.

5.5 Funktion

5.5.1 Die wassergetriebene Alarmglocke muss ununterbrochen ein akustisches Signal abgeben, wenn sie nach E.1, Verfahren 1 und 2, geprüft wird. Nach der Prüfung müssen sich sämtliche Teile der wassergetriebenen Alarmglocke automatisch entwässern.

5.5.2 Der Mindestansprechdruck, gemessen am Eintrittsstutzen der wassergetriebenen Alarmglocke, darf nicht mehr als 0,35 bar betragen, wenn nach E.2 geprüft wird.

5.6 Schallpegel

Die Mindestschallpegel in einem Abstand von (3 000 ± 5) mm von der wassergetriebenen Alarmglocke, darf nicht geringer sein, als in Tabelle 1 angegeben, wenn die Messung nach Anhang F erfolgt.

Tabelle 1 – Mindestschallpegel

Eintrittsdruck [bar]	Mindestschallpegel an einem von drei Orten [dB(A)] ABC	Mittlere Schallpegel von den drei Orten [dB (A)]
0,5	nicht zutreffend	70
2 bis 10	80	85

5.7 K-Faktor

Der mittlere K-Faktor darf nicht mehr als 20 betragen, wenn nach Anhang G geprüft wird.

6 Kennzeichnung

6.1 Der Schallkörper muss mit dem Wort „Sprinkleralarm" gekennzeichnet sein. Die Kennzeichnungen müssen direkt auf dem Schallkörper mit aufgemalten, erhabenen oder vertieft gegossenen Buchstaben oder auf einem mechanisch befestigten Metallschild erfolgen. Die Buchstaben müssen mindestens 25 mm hoch sein.

6.2 Die wassergetriebene Alarmglocke muss außerdem wie folgt gekennzeichnet sein:
a) Name oder Warenzeichen des Herstellers;
b) Modellnummer, Katalogbezeichnung oder äquivalente Kennzeichnung;
c) Name des Gerätes;
d) Baujahr;
e) ursprünglicher Herstellerbetrieb, falls die Herstellung in zwei oder mehreren Betrieben erfolgte.

Die Kennzeichnungen müssen entweder:
a) direkt auf der Alarmglocke mit erhabenen oder vertieft gegossenen Buchstaben oder
b) auf einem mechanisch (z. B. mit Nieten oder Schrauben) befestigten Metallschild erfolgen; ein Gussschild muss aus Nichteisenmetall bestehen.

Gusskennzeichnungen müssen mit mindestens 4,7 mm hohen und 0,75 mm erhaben oder vertieft gegossenen Buchstaben und Zahlen erfolgen. Kennzeichnungen auf einem Gussschild müssen mindestens 4,7 mm hoch und 0,5 mm erhaben oder vertieft sein. Buchstaben auf einem geätzten oder geprägten Schild müssen mindestens 4,7 mm hoch sein. Das Baujahr muss mit mindestens 3 mm hohen Ziffern eingeprägt sein.

7 Einbau und Wartung

7.1 Einbauanweisungen

Einzelheiten zum Einbau und zur Wartung einschließlich einer Abbildung müssen mit der wassergetriebenen Alarmglocke bereitgestellt werden.

Seite 7
EN 12259-4:2000 + A1:2001

7.2 Einbau und Wartung dürfen keine Anwendung von nichtgenormten Werkzeugen oder Bohr-, Schweiß- oder Schneidarbeiten an der wassergetriebenen Alarmglocke oder deren Bauteilen erfordern, ausgenommen zum Ablängen oder Gewindeschneiden eines Teils (d. h. Antriebswelle, Rohrleitungen).

8 Bewertung der Konformität

8.1 Allgemeines

Die Übereinstimmung von Trockenalarmventilen mit Zubehör mit den Anforderungen dieser Norm muss nachgewiesen werden durch:

– Erstprüfung

– werkseigene Produktionskontrolle durch den Hersteller.

8.2 Erstprüfung

Eine Erstprüfung muss bei der ersten Anwendung dieser Norm durchgeführt werden. Früher durchgeführte Prüfungen, die den Anforderungen dieser Norm genügen (Gleichheit bezüglich Produkt, Leistungseigenschaften, Prüfmethoden, Prüfplan, Verfahren für die Bescheinigung der Konformität, usw.), können berücksichtigt werden. Zusätzlich müssen Erstprüfungen durchgeführt werden bei Beginn der Produktion eines Produkttyps oder bei Anwendung einer neuen Produktionsmethode (wenn dadurch die festgelegten Eigenschaften beeinflusst werden können).

Gegenstand der Erstprüfung sind alle in Abschnitt 4, und wo zutreffend die in Abschnitt 5 angegebenen Leistungseigenschaften.

8.3 Werkseigene Produktionskontrolle

Der Hersteller muss eine werkseigene Produktionskontrolle einführen, dokumentieren und aufrechterhalten um sicherzustellen, dass die Produkte, die in Verkehr gebracht werden, die festgelegten Leistungseigenschaften aufweisen.

Die werkseigene Produktionskontrolle muss Verfahren sowie regelmäßige Kontrollen, Prüfungen und/oder Beurteilungen beinhalten und die Ergebnisse verwenden zur Steuerung der Rohstoffe, der anderen zugelieferten Materialien oder Teile, der Betriebsmittel, des Produktionsprozesses und des Produktes. Die werkseigene Produktionskontrolle sollte so umfassend sein, dass die Konformität des Produktes offensichtlich ist, und sicherstellen, dass Abweichungen so früh wie möglich entdeckt werden.

Eine werkseigene Produktionskontrolle, die die Anforderungen der (des) entsprechenden Teile(s) von EN ISO 9000 erfüllt und an die spezifischen Anforderungen dieser Norm angepasst ist, muss als ausreichend zur Erfüllung der oben genannten Anforderungen betrachtet werden.

Die Ergebnisse aller Kontrollen, Prüfungen oder Beurteilungen, die eine Maßnahme erforderlich machen, müssen ebenso wie die getroffenen Maßnahmen aufgezeichnet werden. Die bei Abweichungen von Sollwerten zu ergreifenden Maßnahmen sollten aufgezeichnet werden.

Die werkseigene Produktionskontrolle muss in einem Handbuch beschrieben sein, das auf Anforderung zur Verfügung gestellt werden muss.

Der Hersteller muss als Bestandteil der werkseigenen Produktionskontrolle produktionsbegleitende Prüfungen durchführen und aufzeichnen. Diese Aufzeichnungen müssen auf Anforderung zur Verfügung gestellt werden.

Der Lieferant muss die Produktionsprüfungen als Teil der Produktionskontrolle durchführen und die Ergebnisse aufzeichnen. Diese Berichte müssen auf Anforderung zur Verfügung gestellt werden.

Seite 8
EN 12259-4:2000 + A1:2001

Anhang A
(normativ)

Druckfestigkeitsprüfung

ANMERKUNG Siehe 5.1.

Der Eintrittsstutzen der wassergetriebenen Alarmglocke und der Schmutzfilter sind mit einem hydraulischen Abdrückprüfstand zu verbinden und die Düsenbohrung ist zu verschließen. Für eine Dauer von 5 min ist ein Druck von 24 bar aufzubringen und der Prüfling auf Undichtheit oder Versagen zu untersuchen.

Anhang B
(normativ)

Prüfung der Temperaturbeständigkeit

ANMERKUNG Siehe 5.2.

Die wassergetriebene Alarmglocke ist für $(24^{+1}_{\ 0})$ h bei einer Temperatur von $(-33 \pm 2)\,°C$ in eine Gefrierkammer zu legen; die Alarmglocke ist zu entnehmen und für mindestens 2 h an der Luft bei $(23 \pm 2)\,°C$ zu erwärmen und auf freie Drehbarkeit zu überprüfen; die Alarmglocke ist für $(24^{+1}_{\ 0})$ h bei einer Lufttemperatur von $(58 \pm 2)\,°C$ in einen Wärmeschrank zu legen; die Alarmglocke ist zu entnehmen und für mindestens 2 h an der Luft bei $(23 \pm 2)\,°C$ abzukühlen; die Alarmglocke ist in die auf Bild B.1 gezeigte Prüfanordnung einzubauen; für $(0,5^{+1}_{\ 0})$ min ist ein Eintrittsdruck von $(0,5 \pm 0,1)$ bar und anschließend für $(5^{+1}_{\ 0})$ min ein Eintrittsdruck von $(12 \pm 0,5)$ bar aufzubringen und es ist auf korrekte Abgabe akustischer Signale zu überprüfen.

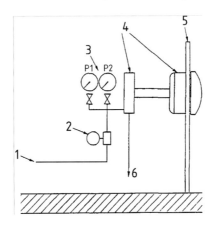

Legende
1 Wasserversorgung
2 Durchflussmengenmessgerät – Bereich: 0 bis (50 ± 5) l/min
3 Druckmessgeräte
4 Wassergetriebene Alarmglocke
5 19 mm starkes Sperrholz
6 Wasseraustritt

ANMERKUNG Rohrweiten nach Herstellerangaben.

Bild B.1 – Anordnung für den Betrieb und K-Faktor-Prüfungen

Seite 9
EN 12259-4:2000 + A1:2001

Anhang C
(normativ)

Prüfungen der Alterungsbeständigkeit

ANMERKUNG Siehe 5.3.

C.1 Allgemeines

Es ist ein Probensatz der nichtmetallischen Bauteile der Alarmglocke nach C.2 und ein zweiter Probensatz der nichtmetallischen Bauteile nach C.3 zu überprüfen. Nach den Alterungsprüfungen C.2 oder C.3 sind die Bauteile auf Risse zu untersuchen, anschließend ist die Alarmglocke mit den gealterten Bauteilen zusammenzubauen und nach E.1, Verfahren 3, zu überprüfen.

C.2 Heißluftalterung

Die Proben sind für (180 ± 1) d in einem Heißluftschrank bei einer Temperatur von $(120 \pm 2)\,°C$ zu altern. Die Bauteile sind so abzustützen, dass sie sich nicht gegenseitig oder die Wände des Ofens berühren. Die Proben sind aus dem Heißluftschrank zu entnehmen und für mindestens 24 h an Luft bei $(23 \pm 2)\,°C$ und einer relativen Feuchte von $(50 \pm 5)\,\%$ abzukühlen, bevor eine Prüfung, Messung oder Untersuchung vorgenommen wird.

Falls ein Werkstoff die angegebene Temperatur nicht ohne übermäßige Erweichung, Verformung oder Zerstörung aushalten kann, wird eine länger dauernde Heißluftalterung bei einer niedrigeren Temperatur, jedoch nicht unter 70 °C, vorgenommen. Die Beanspruchungsdauer ist nach folgender Gleichung zu berechnen:

$$D = 737\,000\ e^{-0{,}069\,3\,t} \qquad (C.1)$$

dabei sind:

D die Prüfdauer in Tagen;

t die Prüftemperatur in Grad Celsius.

ANMERKUNG Diese Gleichung beruht auf der 10 °C-Regel, d. h. für jeden Temperaturanstieg um 10 °C wird die Geschwindigkeit einer chemischen Reaktion annähernd verdoppelt. Bei Anwendung der Gleichung auf Kunststoffe wird angenommen, dass die Lebensdauer bei einer Temperatur t °C die Hälfte der Lebensdauer bei $(t-10)$ °C beträgt.

C.3 Warmwasseralterung

Die Proben der Bauteile sind für (180 ± 1) d in Trinkwasser bei einer Temperatur von $(87 \pm 2)\,°C$ einzutauchen. Die Proben sind aus dem Wasser zu entnehmen und für mindestens 24 h an Luft bei $(23 \pm 2)\,°C$ und einer relativen Feuchte von $(50 \pm 5)\,\%$ abzukühlen, bevor eine Prüfung, Messung oder Untersuchung vorgenommen wird.

Falls ein Werkstoff die angegebene Temperatur nicht ohne übermäßige Erweichung, Verformung oder Zerstörung aushalten kann, wird eine länger dauernde Heißwasseralterung bei einer niedrigeren Temperatur, jedoch nicht unter 70 °C, vorgenommen. Die Beanspruchungsdauer ist nach folgender Gleichung zu berechnen:

$$D = 74\,857\ e^{-0{,}069\,3\,t} \qquad (C.2)$$

dabei sind:

D die Prüfdauer in Tagen;

t die Prüftemperatur in Grad Celsius.

ANMERKUNG Diese Gleichung beruht auf der 10 °C-Regel, d. h. für jeden Temperaturanstieg um 10 °C wird die Geschwindigkeit einer chemischen Reaktion annähernd verdoppelt. Bei Anwendung der Gleichung auf Kunststoffe wird angenommen, dass die Lebensdauer bei einer Temperatur t °C die Hälfte der Lebensdauer bei $(t-10)$ °C beträgt.

Seite 10
EN 12259-4:2000 + A1:2001

Anhang D
(normativ)

Prüfung der Beständigkeit gegen Eintauchen in Wasser

ANMERKUNG Siehe 5.4.

Die wassergetriebene Alarmglocke ist für (30 ± 1) d in Trinkwasser bei einer Temperatur von $(40 \pm 2)\,°C$ einzutauchen. Die Alarmglocke ist für mindestens 2 h an der Luft bei $(23 \pm 2)\,°C$ zu trocknen.

Die wassergetriebene Alarmglocke ist in die auf Bild B.1 gezeigte Prüfanordnung einzubauen.

Es ist für (5^{+1}_{0}) min ein Eintrittsdruck von $(0{,}5 \pm 0{,}1)$ bar und anschließend für (5^{+1}_{0}) min ein Eintrittsdruck von $(12 \pm 0{,}5)$ bar aufzubringen und auf korrekte Abgabe akustischer Signale zu prüfen.

Anhang E
(normativ)

Funktionsprüfung

ANMERKUNG Siehe 5.5.

E.1 Funktionstüchtigkeit

Die wassergetriebene Alarmglocke ist in die auf Bild B.1 gezeigte Prüfanordnung einzubauen.

Es sind für die in Tabelle E.1 jeweils angegebene Zeit ununterbrochene Prüfungen der Funktionstüchtigkeit durchzuführen. Zu prüfen ist, ob die wassergetriebene Alarmglocke nach jeder Prüfung automatisch vollständig entwässert.

Tabelle E.1 – Funktionelle Prüfdauer und -drücke

Verfahren	Zeit	Betriebsdruck am Eintrittsstutzen der wassergetriebenen Alarmglocke
1	(5^{+1}_{0}) min	Dem Nennbetriebsdruck des Alarmventils entsprechend, $\pm 0{,}5$ bar
2	(50 ± 1) h	Dem 0,3fachen Nennbetriebsdruck des Alarmventils entsprechend, $\pm 0{,}5$ bar
3	(5^{+1}_{0}) min	$(0{,}5^{+1}_{0})$ bar

E.2 Mindestansprechdruck

Der Druck am Eintrittsstutzen der wassergetriebenen Alarmglocke ist von 0 bar schrittweise zu erhöhen, bis sich die rotierenden Teile der Alarmglocke ununterbrochen drehen. Der Druck ist aufzuzeichnen.

Anhang F
(normativ)
Schallpegelprüfung

ANMERKUNG Siehe 5.6.

Die wassergetriebene Alarmglocke ist in die auf Bild F.1 gezeigte Prüfanordnung einzubauen. Es sind akustische Wahrnehmbarkeitsprüfungen unter Freifeldbedingungen bei Eintrittsdrücken von $(0,5 \pm 0,1)$ bar, $(2 \pm 0,1)$ bar, $(3 \pm 0,1)$ bar und $(10 \pm 0,5)$ bar für jede Messstelle A, B und C durchzuführen. Die Anzeigen des Schallpegelmessgerätes sind aufzuzeichnen.

ANMERKUNG Informationen zur Prüfung der akustischen Wahrnehmbarkeit sind in ISO 3740 angegeben.

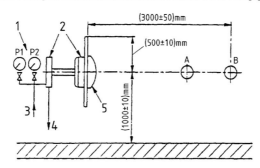

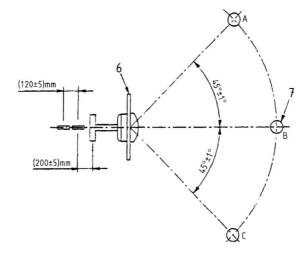

Legende
1 Druckmessgeräte
2 Wassergetriebene Alarmglocke
3 Wasserversorgung
4 Wasseraustritt
5 Schallkörper
6 19 mm starkes Sperrholz
7 Lage des Schallpegelmessgerätes

Bild F.1 – Anordnung zur Prüfung der akustischen Wahrnehmbarkeit

Seite 12
EN 12259-4:2000 + A1:2001

Anhang G
(normativ)

K-Faktor-Prüfung

ANMERKUNG   Siehe 5.7.

Die wassergetriebene Alarmglocke ist in die auf Bild B.1 gezeigte Prüfanordnung einzubauen. Die Durchflussmenge des Wassers ist bei Eintrittsdrücken von 0,5 bar bis 6,5 bar in Abstufungen von nicht mehr als 1 bar auf ± 5 l/min zu messen. Es sind zwei Prüfreihen durchzuführen; bei einer Prüfreihe ist der Druck von Null auf den jeweiligen Wert zu erhöhen und in der anderen Prüfreihe ist der Druck von 6,5 bar auf den jeweiligen Wert zu verringern.

Der K-Faktor für jeden Druckwert ist nach folgender Gleichung zu berechnen:

$$K = \frac{Q}{\sqrt{P}} \tag{G.1}$$

dabei sind:

P der Druck in bar;

Q die Durchflussmenge in Liter je Minute.

Der Mittelwert des K-Faktors ist zu berechnen.

Anhang H
(informativ)

Typischer Prüfplan zur Anzahl von Prüfmustern für wassergetriebene Alarmglocken

Tabelle H.1 – Prüfplan für die Bauartzulassungsprüfung

Prüfung	Abschnitt	Prüfverfahren
Druckfestigkeit	5.1	Anhang A
K-Faktor	5.7	Anhang G
Schallpegel	5.6	Anhang F
Beständigkeit gegen hohe und niedrige Temperatur	5.2	Anhang B
Beständigkeit nichtmetallischer Bauteile: Heißluftschrank Warmes Wasser	 5.3.1 5.3.2	 C.2 C.3
Beständigkeit gegen Eintauchen in Wasser	5.4	Anhang D
Funktion: Mindestansprechdruck Funktionstüchtigkeit	 5.5.2 5.5.1	 E.2 E.1

Seite 13
EN 12259-4:2000 + A1:2001

Anhang ZA
(informativ)

Abschnitte dieser Europäischen Norm, die wesentliche Anforderungen oder andere Regelungen der EU-Bauprodukten-Richtlinie ansprechen

ZA.1 Abschnitte dieser Europäischen Norm, die die wesentlichen Anforderungen oder andere Regelungen der EU-Bauprodukten-Richtlinie betreffen

Diese Europäische Norm wurde im Rahmen eines Mandates erarbeitet, das dem CEN von der Europäischen Kommission und der Europäischen Freihandelszone erteilt wurde.

Die in diesem Anhang angegebenen Abschnitte dieser Europäischen Norm erfüllen die Anforderungen des Mandates, das mit Bezug auf die EU-Bauproduktenrichtlinie (89/106/EWG) erteilt wurde.

Die Übereinstimmung mit diesen Abschnitten berechtigt zu der Annahme, dass die in dieser Europäischen Norm behandelten Bauprodukte für ihre vorgesehene Verwendung geeignet sind.

WARNHINWEIS Andere Anforderungen und andere EU-Richtlinien, die die Eignung für die vorgesehene Verwendung nicht beeinflussen, können für das in den Anwendungsbereich dieser Norm fallende Bauprodukt gelten.

Bemerkung:
Zusätzlich zu irgendwelchen spezifischen Abschnitten in dieser Norm, die sich auf gefährliche Substanzen beziehen, kann es noch andere Anforderungen an die Produkte geben, die unter ihren Anwendungsbereich fallen (z. B. umgesetzte europäische Rechtsvorschriften und nationale Gesetze, Rechts- und Verwaltungsbestimmungen). Um die Bestimmungen der EU-Richtlinie über Bauprodukte zu erfüllen, ist es notwendig, diese besagten Anforderungen, sofern sie Anwendung finden, ebenfalls einzuhalten.
Eine Informations-Datenbank über europäische und nationale Bestimmungen über gefährliche Stoffe ist verfügbar innerhalb der Kommissionsweb-site EUROPA (CREATE, Zugang über http://europa.eu.int).

Bauprodukt: Wassergetriebene Alarmglocke

Vorgesehene Verwendung(en): Wassergetriebene Alarmglocken für die Brandkontrolle und -unterdrückung zur Verwendung in Gebäuden und baulichen Anlagen.

Tabelle ZA.1 – Betroffene Abschnitte

Anforderung/Eigenschaft aus dem Mandat	Anforderungen: Abschnitte dieser Norm	Mandatierte Leistungsstufen und/oder Klassen	Bemerkungen
Ansprechverzögerung (Ansprechzeit)	5.5.2	–	
Betriebszuverlässigkeit	4.2, 4.3, 4.4, 5.1, 5.4, 5.7	–	
Leistungsfähigkeit im Brandfall	5.6	–	
Ansprechverzögerung – Dauerhaftigkeit	5.5.1	–	
Betriebszuverlässigkeit – Dauerhaftigkeit; Alterung nichtmetallischer Bauteile	5.3	–	
Betriebszuverlässigkeit – Dauerhaftigkeit; Brandbeanspruchung	5.2	–	

ZA.2 Verfahren für die Bescheinigung der Konformität von wassergetriebenen Alarmglocken

Die Tabelle ZA.2 gibt das System der Konformitätsbescheinigung an, das für wassergetriebene Alarmglocken für die vorgesehene Verwendung anzuwenden ist.

Tabelle ZA.2 – Verfahren für die Bescheinigung der Konformität

Produkt	Vorgesehene Verwendung	Leistungsstufe(n) oder Klasse(n)	Verfahren für die Bescheinigung der Konformität
Wassergetriebene Alarmglocken	Brandschutz	–	1
Verfahren 1: Siehe Bauproduktenrichtlinie Anhang III.2.(i), ohne Stichprobenprüfung			

ZA.3 CE-Kennzeichnung

Die CE-Kennzeichnung muss auf dem Bauteil angebracht werden. Zusätzlich muss die CE-Kennzeichnung auf der Verpackung und/oder den begleitenden Handelspapieren mit den folgenden Angaben aufgeführt werden:
- die Registriernummer der notifizierten Stelle;
- Name oder Kennzeichen des Herstellers/Lieferanten;
- die letzten beiden Ziffern des Jahres, in dem die CE-Kennzeichnung angebracht wurde;
- die Nummer des EG-Konformitätszertifikats;
- die Nummer dieser Norm (EN 12259-4);
- Produktbezeichnung/-typ (d. h. Wassergetriebene Alarmglocke) (en: water motor alarm);
- Nennbetriebsdruck, in bar;

Bild ZA.1 zeigt ein Beispiel für die Informationen in den begleitenden Handelspapieren.

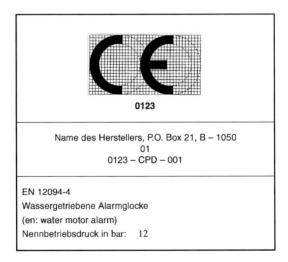

Bild ZA.1 - Beispiel für die Informationen zur CE-Kennzeichnung

Zusätzlich zu irgendwelcher spezifischen Information über gefährliche Substanzen, wie oben gezeigt, sollte dem Erzeugnis, soweit gefordert und in der geeigneten Form, eine Dokumentation beigefügt werden, in der jede übrige Rechtsvorschrift über gefährliche Stoffe aufgeführt wird, deren Einhaltung bezeugt wird, und zwar zusammen mit jedweder weiteren Information, die von der einschlägigen Rechtsvorschrift gefordert wird.

ANMERKUNG Europäische Rechtsvorschriften ohne nationale Abweichungen brauchen nicht aufgeführt zu werden.

ZA.4 Konformitätszertifikat und Konformitätserklärung

Der Hersteller oder sein im Europäischen Wirtschaftsraum ansässiger Vertreter muss eine Konformitätserklärung erstellen und aufbewahren, die zur Anbringung der CE-Kennzeichnung berechtigt. Die Konformitätserklärung muss enthalten:

- Name und Adresse des Herstellers oder seines im Europäischen Wirtschaftsraum ansässigen bevollmächtigten Vertreters sowie die Fertigungsstätte,
- Beschreibung des Produktes (Typ, Kennzeichnung, Verwendung), und eine Kopie der die CE-Kennzeichnung begleitenden Informationen,
- Regelungen, zu denen Konformität des Produktes besteht (z. B. Anhang ZA dieser Europäische Norm),
- besondere Verwendungshinweise [falls erforderlich],
- Name und Adresse (oder Registriernummer) der notifizierten Stelle(n).
- Name und Stellung der verantwortlichen Person, die berechtigt ist, die Erklärung im Auftrag des Herstellers oder seines autorisierten Vertreters zu unterzeichnen.

Für Eigenschaften, für die eine Zertifizierung gefordert ist (Verfahren 1), muss die Konformitätserklärung auch ein Konformitätszertifikat beinhalten, das, zusätzlich zu den oben aufgeführten Angaben, folgende Angaben enthält:

- Name und Adresse der Zertifizierungsstelle,
- Nummer des Zertifikates,
- Bedingungen und Gültigkeitsdauer des Zertifikates, wenn anwendbar,
- Name und Stellung der verantwortlichen Person, die berechtigt ist, das Zertifikat zu unterzeichnen.

Eine Wiederholung von Angaben zwischen der Konformitätserklärung und dem Konformitätszertifikat soll vermieden werden. Die Konformitätserklärung und das Konformitätszertifikat müssen in der (den) Sprache(n) des Mitgliedsstaates vorgelegt werden, in dem das Produkt verwendet wird.

Literaturhinweise

EN ISO 9001, *Qualitätsmanagementsysteme – Anforderungen (ISO 9001:2000).*

ISO 65, *Carbon steel tubes suitable for screwing in accordance with ISO 7-1.*

ISO 3740, *Acoustics – Determination of sound power levels of noise sources – Guidelines for the use of basic standards and for the preparation of noise test codes.*

	Ortsfeste Löschanlagen **Bauteile für Sprinkler- und Sprühwasseranlagen** Teil 5: Strömungsmelder Deutsche Fassung EN 12259-5:2002	Dezember 2002 **DIN** **EN 12259-5**

ICS 13.220.20

Fixed firefighting systems —
Components for sprinkler and water spray systems —
Part 5: Water flow detectors;
German version EN 12259-5:2002

Installations fixes de lutte contre l'incendie —
Composants des systèmes d'extinction et à pulvérisation d'eau —
Partie 5: Détecteurs de débit hydraulique;
Version allemande EN 12259-5:2002

Die Europäische Norm EN 12259-5:2002 hat den Status einer Deutschen Norm.

Nationales Vorwort

Die Norm wird vom FNFW-Arbeitsausschuss 191.5 „Wasserlöschanlagen und Bauteile" betreut.

Für die im Abschnitt 2 zitierten Internationalen Normen wird im Folgenden auf die entsprechenden Deutschen Normen hingewiesen:

IEC 61020-6	siehe DIN IEC 61020-6:1994-02
ISO 898-1	siehe DIN EN ISO 898-1:1999-11
ISO 898-2	siehe DIN EN 20898-2:1994-02

Fortsetzung Seite 2
und 31 Seiten EN

Normenausschuss Feuerwehrwesen (FNFW) im DIN Deutsches Institut für Normung e. V.

Nationaler Anhang NA
(informativ)

Literaturhinweise

DIN IEC 61020-6:1994-02, *Elektrisch-mechanische Schalter zur Verwendung in Geräten der Elektronik — Teil 6: Rahmenspezifikation für Schnappschalter; Identisch mit IEC 61020-6:1991.*

DIN EN ISO 898-1:1999-11, *Mechanische Eigenschaften von Verbindungselementen aus Kohlenstoffstahl und legiertem Stahl — Teil 1: Schrauben (ISO 898-1:1999); Deutsche Fassung EN ISO 898-1:1999.*

DIN EN 20898-2:1994-02, *Mechanische Eigenschaften von Verbindungselemente — Teil 2: Muttern mit festgelegten Prüfkräften — Regelgewinde (ISO 898-2:1992); Deutsche Fassung EN 20898-2:1993.*

EUROPÄISCHE NORM
EUROPEAN STANDARD
NORME EUROPÉENNE

EN 12259-5

September 2002

ICS 13.220.20

Deutsche Fassung

Ortsfeste Löschanlagen
Bauteile für Sprinkler- und Sprühwasseranlagen
Teil 5: Strömungsmelder

Fixed firefighting systems —
Components for sprinkler and water spray systems —
Part 5: Water flow detectors

Installations fixes de lutte contre l'incendie —
Composants des systèmes d'extinction du type Sprinkleur
et à pulvérisation d'eau —
Partie 5: Indicateurs de passage d'eau

Diese Europäische Norm wurde vom CEN am 10. August 2002 angenommen.

Die CEN-Mitglieder sind gehalten, die CEN/CENELEC-Geschäftsordnung zu erfüllen, in der die Bedingungen festgelegt sind, unter denen dieser Europäischen Norm ohne jede Änderung der Status einer nationalen Norm zu geben ist. Auf dem letzten Stand befindliche Listen dieser nationalen Normen mit ihren bibliographischen Angaben sind beim Management-Zentrum oder bei jedem CEN-Mitglied auf Anfrage erhältlich.

Diese Europäische Norm besteht in drei offiziellen Fassungen (Deutsch, Englisch, Französisch). Eine Fassung in einer anderen Sprache, die von einem CEN-Mitglied in eigener Verantwortung durch Übersetzung in seine Landessprache gemacht und dem Management-Zentrum mitgeteilt worden ist, hat den gleichen Status wie die offiziellen Fassungen.

CEN-Mitglieder sind die nationalen Normungsinstitute von Belgien, Dänemark, Deutschland, Finnland, Frankreich, Griechenland, Irland, Island, Italien, Luxemburg, Malta, Niederlande, Norwegen, Österreich, Portugal, Schweden, Schweiz, Spanien, der Tschechischen Republik und dem Vereinigten Königreich.

EUROPÄISCHES KOMITEE FÜR NORMUNG
EUROPEAN COMMITTEE FOR STANDARDIZATION
COMITÉ EUROPÉEN DE NORMALISATION

Management-Zentrum: rue de Stassart, 36   B-1050 Brüssel

© 2002 CEN   Alle Rechte der Verwertung, gleich in welcher Form und in welchem
Verfahren, sind weltweit den nationalen Mitgliedern von CEN vorbehalten.

Ref. Nr. EN 12259-5:2002 D

Inhalt

	Seite
Vorwort	4
1 Anwendungsbereich	5
2 Normative Verweisungen	5
3 Begriffe	5
4 Aufbau und Leistungseigenschaften	6
4.1 Allgemeines	6
4.2 Anschlüsse	6
4.3 Nennbetriebsdruck	6
4.4 Bauteile	6
4.4.1 Druckbeanspruchte Teile	6
4.4.2 Ausführung	6
4.4.3 Festigkeit	6
4.4.4 Dauerschwingfestigkeit von Federn und Membranen	7
4.4.5 Werkstoffe für bewegliche Teile und ihre Lager	7
4.4.6 Mikroschalter	7
4.4.7 Erdungsanschlüsse und elektrische Verbindungen	7
4.4.8 Nichtmetallische Einzelteile (ausgenommen Dichtungen und Dichtungsringe)	7
4.4.9 Dichtungselemente	7
4.5 Abstände	8
4.6 Funktion	8
4.7 Korrosionsbeständigkeit	8
4.8 Druckverlust durch Flüssigkeitsreibung	9
4.9 Dichtheit	9
4.10 Ermüdung	9
4.11 Instandhaltung	9
5 Kennzeichnung	9
6 Anweisungen für Einbau und Betrieb	10
7 Bewertung der Konformität	10
7.1 Allgemeines	10
7.2 Erstprüfungen	10
7.3 Werkseigene Produktionskontrolle	11
Anhang A (normativ) Überprüfung der Anschlussmaße	12
Anhang B (normativ) Druckfestigkeitsprüfung	13
Anhang C (normativ) Prüfung der Alterungsbeständigkeit von nichtmetallischen Bauteilen (ausgenommen Dichtungen und Dichtungsringe)	14
C.1 Alterung in warmer Luft	14
C.2 Alterung in warmem Wasser	14
Anhang D (normativ) Prüfung der Dichtungselemente	15
D.1 Nicht-verstärkte Elastomerdichtungen	15
D.2 Verstärkte Elastomerdichtungen	15
Anhang E (normativ) Prüfung der Abstände	16
E.1 Prüfung der Einpressbuchsen	16
E.2 Prüfung der Strömungsbehinderungen	16
Anhang F (normativ) Funktionsprüfungen	17
F.1 Ansprechempfindlichkeit	17
F.2 Betriebszyklen	17
F.2.1 Prüfung des Kontaktwiderstandes	17
F.2.2 Prüfung des Isolationswiderstandes	18
F.3 Temperaturbeständigkeit	19

EN 12259-5:2002 (D)

Seite

Anhang G (normativ) Prüfung der Korrosionsbeständigkeit mit Salzsprühnebel 20
G.1   Chemikalien 20
G.2   Prüfgeräte 20
G.3   Prüfverfahren 20
Anhang H (normativ) Prüfung des Druckverlustes durch Flüssigkeitsreibung 21
Anhang I (normativ) Dichtheitsprüfung 22
Anhang J (normativ) Ermüdungsprüfung 23
Anhang K (informativ) **Typischer Prüfplan für Strömungsmelder mit Beispiel für die Prüfmusteranzahl** 24
Anhang ZA (informativ) Abschnitte dieser Europäischen Norm, die wesentlichen Anforderungen oder andere Bestimmungen von EU-Richtlinien ansprechen 28
Literaturhinweise 31

Vorwort

Dieses Dokument (EN 12259-5:2002) wurde vom Technischen Komitee CEN/TC 191 „Ortsfeste Brandbekämpfungsanlagen" erarbeitet, dessen Sekretariat vom BSI gehalten wird.

Dieses Europäische Dokument muss den Status einer nationalen Norm erhalten, entweder durch Veröffentlichung eines identischen Textes oder durch Anerkennung bis März 2003, und etwaige entgegenstehende nationale Normen müssen bis September 2005 zurückgezogen werden.

Dieses Dokument wurde unter einem Mandat erarbeitet, das die Europäische Kommission und die Europäische Freihandelszone dem CEN erteilt haben, und unterstützt grundlegende Anforderungen der EU-Richtlinie 89/106/EWG.

Zusammenhang mit EU-Richtlinien siehe informativen Anhang ZA, der Bestandteil dieser Norm ist.

Die vorliegende Norm ist ein Teil von EN 12259, die Bauteile für automatische Sprinkleranlagen behandelt, und gehört zu einer Reihe Europäischer Normen, die folgende Themen behandeln:

— automatische Sprinkleranlagen (EN 12259[1]);

— Löschanlagen mit gasförmigen Löschmitteln (EN 12094[1]);

— Pulver-Löschanlagen (EN 12416);

— Explosionsschutzsysteme (EN 26184);

— Schaum-Löschanlagen (EN 13565[1]);

— Löschanlagen mit Wandhydranten und Schlauchhaspel (EN 671);

— Rauch- und Wärmeabzugsanlagen (EN 12101[1]);

— Sprühwasser-Löschanlagen (EN xxxx[1]).

EN 12259 wird unter dem Haupttitel „Ortsfeste Löschanlagen — Bauteile für Sprinkler- und Sprühwasseranlagen" aus folgenden Teilen bestehen:

— Teil 1: Sprinkler

— Teil 2: Nassalarmventile mit Zubehör

— Teil 3: Trockenalarmventile mit Zubehör

— Teil 4: Wassergetriebene Alarmglocken

— Teil 5: Strömungsmelder

— Teil 6: Rohrkupplungen

— Teil 7: Rohrhalterungen

— Teil 8: Druckschalter

— Teil 9: Sprühwasserventile mit Zubehör

— Teil 10: Steuerventile

— Teil 11: Sprühdüsen mit mittlerer und hoher Sprühgeschwindigkeit

— Teil 12: Sprinklerpumpen

Die Anhänge A bis J sind normativ; Anhang K ist informativ.

Entsprechend der CEN/CENELEC-Geschäftsordnung sind die nationalen Normungsinstitute der folgenden Länder gehalten, diese Europäische Norm zu übernehmen: Belgien, Dänemark, Deutschland, Finnland, Frankreich, Griechenland, Irland, Island, Italien, Luxemburg, Malta, Niederlande, Norwegen, Österreich, Portugal, Schweden, Schweiz, Spanien, die Tschechische Republik und das Vereinigte Königreich.

---

1) In Vorbereitung

1 Anwendungsbereich

Diese Europäische Norm legt Anforderungen an Aufbau und Leistungseigenschaften sowie Prüfungen von Strömungsmeldern fest, die in automatischen Sprinkleranlagen (Nassanlagen) nach EN 12845 „Automatische Sprinkleranlagen — Planung und Einbau"[2] eingesetzt werden.

Zusatz- und Befestigungselemente für Strömungsmelder werden in dieser Norm nicht behandelt.

2 Normative Verweisungen

Diese Europäische Norm enthält durch datierte oder undatierte Verweisungen Festlegungen aus anderen Publikationen. Diese normativen Verweisungen sind an den jeweiligen Stellen im Text zitiert, und die Publikationen sind nachstehend aufgeführt. Bei datierten Verweisungen gehören spätere Änderungen oder Überarbeitungen nur zu dieser Europäischen Norm, falls sie durch Änderung oder Überarbeitung eingearbeitet sind. Bei undatierten Verweisungen gilt die letzte Ausgabe der in Bezug genommenen Publikation (einschließlich Änderungen).

EN 60335-1, *Sicherheit von Elektrogeräten für den Haushalt und ähnliche Zwecke — Teil 1: Allgemeine Forderungen/Enthält Corrigendum vom Februar 1993, August 1994.*

IEC 61020-6, *Elektrisch-mechanische Schalter zur Verwendung in Geräten der Elektronik — Teil 6: Rahmenspezifikation für Schnappschalter.*

ISO 37, *Rubber, vulcanised or thermoplastic — Determination of tensile stress-strain properties.*

ISO 49, *Malleable cast iron fittings threaded to ISO 7-1.*

ISO 65, *Carbon steel tubes suitable for screwing in accordance with ISO 7-1.*

ISO 188, *Rubber, vulcanised — Accelerated ageing or heat resistance tests — Part 1: Designation, dimensions and tolerances.*

ISO 898-1, *Mechanische Eigenschaften von Verbindungselementen aus Kohlenstoffstahl und legiertem Stahl — Teil 1: Schrauben.*

ISO 898-2, *Mechanische Eigenschaften von Verbindungselementen — Teil 2: Muttern mit festgelegten Prüfkräften; Regelgewinde.*

3 Begriffe

Für die Anwendung dieser Europäischen Norm gelten die folgenden Begriffe.

3.1
Strömungsgeschwindigkeit
Geschwindigkeit des Wassers in einem Rohr, das die gleiche Nennweite wie der Strömungsmelder hat, bei der gleichen Strömungsmenge

3.2
Nennbetriebsdruck
maximaler Betriebsdruck, für den ein Strömungsmelder ausgelegt ist

3.3
verstärktes Elastomerelement
Element in einem elastomeren Verbundwerkstoff mit einem oder mehreren Elementen, durch das die Zugfestigkeit der Kombination auf mindestens das Doppelte der Zugfestigkeit des Elastomerwerkstoffes selbst erhöht wird

---

[2] In Vorbereitung

3.4
Ansprechschwelle
Mindestströmungsmenge hinter dem Strömungsmelder, die das Ansprechen und die Signalabgabe bewirkt

3.5
Strömungsmelder
Bauteil, das auf eine eingestellte Strömungsmenge nur in der vorgesehenen Richtung anspricht und elektrische Kontakte betätigt

4 Aufbau und Leistungseigenschaften

4.1 Allgemeines

Der Strömungsmelder muss für den Einbau geeignet sein, ohne dass Modifikationen vorgenommen werden müssen. Es muss möglich sein, den Strömungsmelder aus der Rohrleitung auszubauen, ohne dass Strömungsbehinderungen im Rohr zurückbleiben.

Wenn der Lieferant nichts anderes angibt, muss die Eignung des Strömungsmelders mit Rohr nach ISO 65 überprüft werden.

4.2 Anschlüsse

Die Maße sämtlicher Anschlüsse müssen vom Lieferanten des Strömungsmelders festgelegt werden.

Die Überprüfung der festgelegten Anforderungen muss nach der in Anhang A festgelegten Prüfung erfolgen.

4.3 Nennbetriebsdruck

Der Nennbetriebsdruck der Strömungsmelder muss mindestens 12 bar betragen.

4.4 Bauteile

4.4.1 Druckbeanspruchte Teile

Druckbeanspruchte Teile des Strömungsmelders (ausgenommen Dichtungen oder Dichtringe) müssen aus Gusseisen, Bronze, Messing, Monelmetall, nichtrostendem Stahl, Titan, Aluminiumlegierungen oder Werkstoffen mit gleichwertigen physikalischen und mechanischen Eigenschaften bestehen. Aluminiumlegierungen und Gusseisen dürfen nicht mit Wasser in Berührung kommen.

4.4.2 Ausführung

Jedes Bauteil, das üblicherweise während der Wartung auseinandergenommen werden kann, muss so aufgebaut sein, dass ein fehlerhafter Zusammenbau verhindert wird.

4.4.3 Festigkeit

4.4.3.1 Bei der Prüfung nach Anhang B muss der eingebaute Strömungsmelder für eine Dauer von 5 min einen internen Wasserdruck aushalten, der dem vierfachen Nennbetriebsdruck entspricht, ohne dass Undichtheiten, bleibende Verformungen oder ein Bruch von Bauteilen auftreten.

4.4.3.2 Die berechnete Beanspruchung jedes Befestigungsteiles, ausgenommen die erforderliche Kraft für das Zusammendrücken der Dichtung, darf nicht die in ISO 898-1 und ISO 898-2 festgelegte Mindestzugfestigkeit überschreiten, wenn der Strömungsmelder mit dem vierfachen Nennbetriebsdruck beansprucht wird. Die druckbeaufschlagte Fläche muss so berechnet werden, wie es nachfolgend beschrieben wird:

— wenn eine Flachdichtung verwendet wird, dann ist die Fläche der Kraftaufbringung durch die Linie zwischen den Bolzeninnenseiten bestimmt; z. B. in einer Flanschverbindung;

— wenn ein O-Ring oder ein Dichtungsring verwendet wird, dann ist die Fläche der Kraftaufbringung durch den mittleren Durchmesser des O-Rings oder des Dichtungsringes bestimmt.

4.4.4 Dauerschwingfestigkeit von Federn und Membranen

Federn und Membranen dürfen bei der Prüfung nach F.2 nicht brechen oder reißen, wenn sie 10 000 Schwingspielen bei üblicher Betätigung ausgesetzt werden.

4.4.5 Werkstoffe für bewegliche Teile und ihre Lager

Jedes Teil und sein Lager, ausgenommen Dichtringe, Dichtungen und Membranen, das einer Rotations- oder Schubbewegung ausgesetzt ist, muss aus Bronze, Messing, Monelmetall, nichtrostendem Stahl, Titan oder Werkstoffen mit gleichwertigen physikalischen und mechanischen Eigenschaften bestehen.

4.4.6 Mikroschalter

Gegebenenfalls eingebaute Mikroschalter müssen IEC 61020-6 entsprechen.

4.4.7 Erdungsanschlüsse und elektrische Verbindungen

Erdungsanschlüsse und elektrische Verbindungen müssen EN 60335-1 entsprechen.

4.4.8 Nichtmetallische Einzelteile (ausgenommen Dichtungen und Dichtungsringe)

Im Anschluss an die Prüfung der Alterungsbeständigkeit nach Anhang C dürfen nichtmetallische Einzelteile keine Brüche, Verformungen, Materialfluss oder sonstigen Anzeichen von Beeinträchtigungen aufweisen. Der Strömungsmelder muss die Anforderungen an Funktionsweise und Dichtheit nach 4.6 und 4.9 einhalten, wenn er nach Anhang F und Anhang I geprüft wird.

Für die Prüfungen nach C.1 und C.2 müssen getrennte Prüfmuster verwendet werden.

4.4.9 Dichtungselemente

4.4.9.1 Nicht-verstärkte Elastomerdichtungselemente

Jedes nicht-verstärkte Elastomerdichtungselement, ausgenommen Dichtungen, muss folgende Anforderungen erfüllen:

a) entweder muss die Mindestzugfestigkeit 10 MPa und die Mindestbruchdehnung 300 % betragen; oder

b) die Mindestzugfestigkeit muss 15 MPa und die Mindestbruchdehnung muss 200 % betragen; und

c) die bleibende Dehnung darf 5 mm nicht überschreiten, wenn von 25 mm auf 75 mm gedehnt wird, diese Dehnung für eine Dauer von 2 min aufrechterhalten wird und die Messung 2 min nach der Entlastung durchgeführt wird.

Wenn die Prüfung nach dem entsprechenden Abschnitt von ISO 37 und Anhang D.1 durchgeführt wird und nach einer Beanspruchung mit Sauerstoff für eine Dauer von 96 h bei einer Temperatur von (70 ± 1,5) °C und einem Druck von 20 bar, wie es in ISO 188 beschrieben ist, dürfen:

d) die Zugfestigkeit und die Bruchdehnung nicht kleiner als 70 % der Werte derjenigen Prüfmuster sein, die nicht der Sauerstoffatmosphäre ausgesetzt wurden; jede Veränderung der Härte darf 5 A-Härteprüfeinheiten nicht überschreiten.

Und nach Eintauchen in destilliertes Wasser mit einer Temperatur von (97,5 ± 2,5) °C für eine Dauer von 70 h dürfen:

e) die Zugfestigkeit und die Bruchdehnung nicht kleiner als 70 % der Werte derjenigen Prüfmuster sein, die nicht im Wasser erwärmt wurden. Die Volumenänderung der Prüfmuster darf nicht mehr als 20 % betragen.

4.4.9.2 Verstärkte Elastomerdichtungselemente

Jedes verstärkte Elastomerdichtungselement muss ohne Riss- oder Bruchbildung gebogen werden können und darf bei der Prüfung nach D.2 keine Volumenvergrößerung um mehr als 20 % aufweisen.

4.5 Abstände

ANMERKUNG Zwischen beweglichen Teilen sowie zwischen beweglichen und feststehenden Teilen sind Abstände notwendig, damit Korrosion und Fremdstoffablagerungen im Inneren der Baugruppe nicht dazu führen, dass der Strömungsmelder schwergängig oder betriebsunfähig wird.

4.5.1 Einpressbuchsen müssen den zutreffenden Abschnitten von ISO 49 entsprechen, wenn sie nach E.1 geprüft werden.

4.5.2 Jeder Flügel eines Strömungsmelders muss bei der Prüfung nach E.2 funktionieren, wenn ein Stab mit einem Durchmesser von 8 mm entlang des Rohres an der Rohrwandinnenseite eingeschoben ist.

4.6 Funktion

4.6.1 Der Strömungsmelder darf bei der Prüfung nach Anhang F bei Durchflussmengen kleiner als 10 l/min keinerlei Signal abgeben. Bei Durchflussmengen über 80 l/min muss der Strömungsmelder ein kontinuierliches Signal abgeben.

Jede einstellbare oder festgelegte Zeitverzögerungsbaugruppe, die in den Strömungsmelder eingebaut ist, darf das Signal um nicht mehr als 30 s verzögern. Jede Veränderung der Strömungsmenge auf einen Wert unter 10 l/min muss dazu führen, dass die Verzögerungsbaugruppe automatisch auf ihren Anfangszustand zurückgesetzt wird.

4.6.2 Der Strömungsmelder muss für 10 000 Zyklen bei üblichem Betrieb ansprechen, anschließend muss er bei der Prüfung nach F.1 die Anforderungen von 4.6.1 bei einem Druck von 1 bar erfüllen. Der elektrische Kontakt- und Isolationswiderstand des elektrischen Teils des Strömungsmelders muss bei der Prüfung nach F.2.1 bzw. F.2.2 innerhalb der vom Hersteller festgelegten Werte bleiben.

4.6.3 Der Strömungsmelder muss im zulässigen Temperaturbereich von 1 °C und 68 °C bestimmungsgemäß betrieben werden können; anschließend muss er bei der Prüfung nach F.3 die Anforderungen von 4.6.1 erfüllen. Nach der Prüfung dürfen bei einer Sichtprüfung keine Bruch- oder Ausfallanzeichen eines Flügels erkennbar sein.

4.7 Korrosionsbeständigkeit

Bei der Prüfung nach Anhang G muss der Strömungsmelder den Anforderungen nach 4.6.1 bei einem Druck von 1 bar entsprechen, und der Kontakt- und Isolationswiderstand des elektrischen Teils muss innerhalb der vom Hersteller festgelegten Werte bleiben.

4.8 Druckverlust durch Flüssigkeitsreibung

Der Druckverlust im Strömungsmelder darf bei der Prüfung nach Anhang H bei einer Strömungsgeschwindigkeit von 5 m/s einen Wert von 0,2 bar nicht überschreiten.

4.9 Dichtheit

Jeder Strömungsmelder muss dicht bleiben, darf keine bleibende Verformung oder einen Ausfall zeigen, wenn er nach Anhang I für eine Dauer von 5 min mit einem Innendruck geprüft wird, der dem 2fachen Nennbetriebsdruck oder 25 bar, je nachdem, welcher Druck höher ist, entspricht.

4.10 Ermüdung

Bei der Prüfung nach Anhang J müssen der Strömungsmelder und seine beweglichen Teile eine Strömungsgeschwindigkeit von 10 m/s für eine Dauer von 90 min aushalten, wobei sich keine bleibende Verformung, kein Ablösen und kein Bruch zeigen darf.

4.11 Instandhaltung

Der Strömungsmelder muss so ausgelegt sein, dass die Reinigung und Instandhaltung ohne Spezialwerkzeuge durchgeführt werden kann.

5 Kennzeichnung

Strömungsmelder müssen wie folgt gekennzeichnet werden:

a) Name oder Handelszeichen des Lieferanten;

b) eindeutige Typbezeichnung, Katalogbezeichnung oder gleichwertige Kennzeichnung;

c) Außenwanddicke des Anschlussrohres;

d) elektrische Bemessungswerte (Strom, Spannung);

e) Nennbetriebsdruck in bar;

f) Jahr der Herstellung, oder

— bei Strömungsmeldern, die in den letzten drei Monaten eines Kalenderjahres hergestellt wurden, die folgende Jahreszahl; oder

— bei Strömungsmeldern, die in den ersten sechs Monaten eines Kalenderjahres hergestellt wurden, die vorherige Jahreszahl;

g) Mindestdurchflussmenge in Litern je Minute, bei der das Bauteil anspricht;

h) Strömungsrichtung;

i) Herstellungsort, wenn die Herstellung in zwei oder mehr Werken erfolgt;

j) Nummer dieser Europäischen Norm.

Die Kennzeichnung muss mit Ziffern oder Buchstaben ausgeführt sein, die mindestens 4,8 mm groß sind und entweder:

k) auf dem Strömungsmelder direkt angeformt sein, oder

l) auf einem Metallschild erfolgen, auf dem die Zeichen entweder auf- oder eingeprägt sind (beispielsweise durch Ätzen, Gießen oder Stempeln) und das mechanisch (z. B. mit Nieten oder Schrauben) auf dem Gehäuse des Strömungsmelders befestigt wird; Gussschilder müssen aus Nichteisenmetallen bestehen.

Enthalten die Anforderungen von ZA.3 die gleichen Informationen, dann gelten die Anforderungen dieses Abschnittes 5 als erfüllt.

6 Anweisungen für Einbau und Betrieb

Zu jedem Strömungsmelder müssen Einbau- und Betriebsanweisungen geliefert werden. Diese Unterlagen müssen Darstellungen für das empfohlene Einbauverfahren und der Einstellfunktionen enthalten sowie Baugruppenzeichnungen zur Erläuterung der Funktion, Empfehlungen für vorbeugende Maßnahmen und Instandhaltung und folgende Einzelheiten:

a) Modell oder Typ des Strömungsmelders und verfügbare Größen;

b) Nennbetriebsdruck;

c) Durchfluss-Ansprechschwelle und zulässige Abweichungen;

d) Einzelheiten für den Einbau des Strömungsmelders, einschließlich Angaben zu Drehmomenten und zu Rohrabmessungen;

e) Anweisungen für die Einstellung und Justierung der Zeitverzögerung des Strömungsmelders;

f) elektrische Kennwerte, einschließlich des kleinsten Bemessungsstromes bei 24 V;

g) vorgesehene Einbaulagen;

h) Anweisungen zu Verfahren zur Abdichtung der Kabelzuführung (z. B. Angaben zur IP-Schutzart nach EN 60529).

7 Bewertung der Konformität

7.1 Allgemeines

Die Konformität von Strömungsmeldern mit den Anforderungen dieser Norm muss durch:

— Erstprüfung;

— werkseigene Produktionskontrolle durch den Hersteller

nachgewiesen werden.

7.2 Erstprüfungen

Erstprüfungen müssen durchgeführt werden, um die Übereinstimmung mit den Anforderungen dieser Europäischen Norm zu zeigen. Früher durchgeführte Prüfungen, die den Anforderungen dieser Europäischen Norm genügen (z. B. gleiches Produkt, gleiche Eigenschaften, Prüfverfahren, Probenahmeverfahren, System der Bewertung der Konformität), können berücksichtigt werden. Zusätzlich müssen beim Beginn der Produktion eines neuen Typs oder bei Beginn einer neuen Produktion (wenn dadurch die festgelegten Eigenschaften beeinflusst sein können) Erstprüfungen durchgeführt werden.

Für alle Anforderungen nach Abschnitt 4 müssen Erstprüfungen durchgeführt werden.

7.3 Werkseigene Produktionskontrolle

Der Hersteller muss ein System der werkseigenen Produktionskontrolle einrichten, dokumentieren und unterhalten, um sicherzustellen, dass die Produkte, die in Verkehr gebracht werden, mit den beschriebenen Leistungseigenschaften übereinstimmen. Das System der werkseigenen Produktionskotrolle muss aus Verfahren, regelmäßigen Kontrollen und Prüfungen und/oder Beurteilungen bestehen sowie die Verwendung der Ergebnisse der Eingangsprüfungen von Rohstoffen und anderen angelieferten Materialien und Bauteilen, Ausrüstungen, dem Produktionsprozess und dem Produkt einschließen, und muss ausreichend detailliert sein, damit die Konformität des Produktes offenbar wird.

Ein System der werkseigenen Produktionskotrolle in Übereinstimmung mit den entsprechenden Teilen der Normenreihe EN ISO 9000, welches auf die Eigenschaften des Produkts abgestimmt ist, muss als ausreichend zur Einhaltung der oben genannten Anforderungen angesehen werden.

Die Ergebnisse aller Kontrollen, Prüfungen oder Beurteilungen, die eine Maßnahme erforderlich machen, müssen ebenso wie die getroffenen Maßnahmen aufgezeichnet werden.

Das Verfahren der werkseigenen Produktionskontrolle muss in einem Handbuch beschrieben werden, das auf Anforderung zur Verfügung gestellt werden muss.

Der Lieferant muss als Bestandteil der werkseigenen Produktionskontrolle produktionsbegleitende Prüfungen durchführen und aufzeichnen. Diese Aufzeichnungen müssen auf Anforderung zur Verfügung gestellt werden.

Anhang A
(normativ)
Überprüfung der Anschlussmaße

ANMERKUNG Zu Anforderungen siehe 4.2.

Die Maße aller Anschlüsse sind zu messen oder mit Lehren zu prüfen und entsprechend den zutreffenden Normen zu überprüfen.

EN 12259-5:2002 (D)

Anhang B
(normativ)

Druckfestigkeitsprüfung

ANMERKUNG Zu Anforderungen siehe 4.4.3.1.

Der Strömungsmelder ist nach den Anweisungen des Herstellers an einem Rohrsystem zu installieren, wie es im Bild B.1 dargestellt wird. Das Rohrsystem ist zu verschließen. Das System ist anschließend mit dem 4fachen Nennbetriebsdruck für eine Dauer von 5 min zu beaufschlagen. Der Strömungsmelder ist auf Undichtheiten, bleibende Verformung oder Bruch von Bauteilen zu untersuchen.

Maße in Millimeter

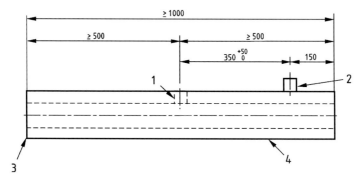

Legende
1 Einbauort des Strömungsmelders
2 15-mm-Muffe
3 an die Prüfeinrichtung passende Rohrendanschlüsse
4 für den Strömungsmelder passender Innendurchmesser

Bild B.1 — Rohrsystem für die Prüfung von Druckfestigkeit, Strömungsbehinderungen im Rohr, Funktion, Druckverlust durch Flüssigkeitsreibung und Ermüdung

Anhang C
(normativ)

Prüfung der Alterungsbeständigkeit von nichtmetallischen Bauteilen (ausgenommen Dichtungen und Dichtungsringe)

ANMERKUNG Zu Anforderungen siehe 4.4.8.

C.1 Alterung in warmer Luft

Vier Prüfmuster jedes nichtmetallischen Bauteiles werden in einem Trockenschrank bei einer Temperatur von (120 ± 2) °C für eine Dauer von (180 ± 1) Tagen gealtert. Dabei sind die Bauteile so zu lagern, dass sie sich weder untereinander noch die Seitenwände des Trockenschrankes berühren. Nach der Entnahme aus dem Trockenschrank werden die Prüfmuster mindestens 24 h vor jeder Prüfung, Messung oder Untersuchung an Luft bei (23 ± 2) °C mit einer relativen Luftfeuchte von (50 ± 5) % abgekühlt.

Wenn der Werkstoff die angegebene Temperatur nicht ohne übermäßige Verhärtung oder Erweichung, Verformung oder Beeinträchtigung aushalten kann, wird die Alterungsprüfung im Trockenschrank für eine längere Dauer und bei einer niedrigeren Temperatur, jedoch nicht unter 70 °C, durchgeführt. Die Beanspruchungsdauer D in Tagen wird mit folgender Gleichung berechnet:

$$D = 737\,000\ e^{-0{,}0693\,t}$$

Dabei ist

t die Prüftemperatur in Grad Celsius.

ANMERKUNG Diese Gleichung beruht auf der 10-°C-Regel, d. h. für jede Erwärmung um 10 °C wird die chemische Reaktionsgeschwindigkeit annähernd verdoppelt.

Die Bauteile sind auf Brüche, Verwerfungen, Materialfluss oder weitere Anzeichen einer Beeinträchtigung zu untersuchen, die den bestimmungsgemäßen Betrieb der Einrichtung verhindern würden. Die Baugruppe ist wieder zusammenzubauen und anschließend den Prüfungen zu unterziehen, die in den Anhängen F und I festgelegt sind.

C.2 Alterung in warmem Wasser

Vier Prüfmuster jedes Bauteiles sind für eine Dauer von (180 ± 1) Tagen in Leitungswasser mit einer Temperatur von (87 ± 2) °C zu tauchen. Für Teile, die nur gelegentlich mit Wasser in Berührung kommen, ist die Prüfung nur über einen Zeitraum von 14 Tagen durchzuführen. Die Prüfmuster sind aus dem Wasser zu nehmen und vor jeder weiteren Prüfung, Messung oder Untersuchung mindestens 24 h in Luft bei (23 ± 2) °C mit einer relativen Luftfeuchte von (50 ± 5) % abzukühlen.

Wenn der Werkstoff die angegebene Temperatur nicht ohne übermäßige Verhärtung oder Erweichung, Verformung oder Beeinträchtigung aushalten kann, ist die Alterungsprüfung in Wasser für einen längeren Zeitraum und bei einer niedrigeren Temperatur, jedoch nicht unter 70 °C, durchzuführen. Die Beanspruchungsdauer D in Tagen wird mit folgender Gleichung berechnet:

$$D = 74\,857\ e^{-0{,}0693\,t}$$

Dabei ist

t die Prüftemperatur in Grad Celsius.

ANMERKUNG Diese Gleichung beruht auf der 10-°C-Regel, d. h. für jede Erwärmung um 10 °C wird die chemische Reaktionsgeschwindigkeit annähernd verdoppelt. (Wenn Alterung von Kunststoffen zutreffend ist, wird angenommen, dass die Lebensdauer bei einer Temperatur t die Hälfte der Lebensdauer bei $(t-10)$ °C beträgt.)

Die Bauteile sind auf Brüche, Verwerfungen, Materialfluss oder weitere Anzeichen einer Beeinträchtigung zu untersuchen, die den bestimmungsgemäßen Betrieb der Einrichtung verhindern würden. Die Baugruppe ist anschließend den Prüfungen zu unterziehen, die in den Anhängen F und I festgelegt sind.

Anhang D
(normativ)

Prüfung der Dichtungselemente

D.1 Nicht-verstärkte Elastomerdichtungen

ANMERKUNG   Zu Anforderungen siehe 4.4.9.1.

Höchstens 16 Prüfmuster sind nach ISO 37 und ISO 188 vorzubereiten, von denen vier Prüfmuster jede der folgenden Anforderungen einhalten müssen: 4.4.9.1 a) oder b) und c), d) und e).

D.2 Verstärkte Elastomerdichtungen

ANMERKUNG   Zu Anforderungen siehe 4.4.9.2.

Vor und nach folgender Prüfung sind volumetrische Messungen an acht Prüfmustern durchzuführen:

— vier Prüfmuster sind einer Sauerstoffatmosphäre für eine Dauer von 96 h bei einer Temperatur von (70 ± 1,5) °C und einem Druck von 20 bar auszusetzen, wie es in ISO 188 beschrieben wird;

— die übrigen vier Prüfmuster sind für eine Dauer 70 h in destilliertes Wasser mit einer Temperatur von (97,5 ± 2,5) °C zu tauchen.

Nach den Prüfungen sind die Prüfmuster auf Raumtemperatur abzukühlen. Jedes Prüfmuster muss von Hand dreimal in gleicher Richtung um einen Bogen von 180° über einen Stab gebogen werden, dessen Durchmesser das 4fache bis 5fache der Werkstoffdicke beträgt. Anschließend muss eine Untersuchung auf Risse oder Brüche erfolgen.

EN 12259-5:2002 (D)

Anhang E
(normativ)

Prüfung der Abstände

ANMERKUNG   Zu Anforderungen siehe 4.5.

E.1 Prüfung der Einpressbuchsen

Die Maße der Einpressbuchsen sind zu messen und die Einhaltung von ISO 49 ist zu überprüfen.

E.2 Prüfung der Strömungsbehinderungen

Ein 50 mm langer Stab mit einem Durchmesser von 8 mm ist an der Innenwand des auf Bild E.1 dargestellten Rohrsystems zu befestigen, und zwar in Strömungsrichtung hinter dem Flügel des Strömungsmelders und so, dass der Stab den Flügel noch nicht berührt. Anschließend ist Wasser mit einer Strömungsmenge von ($60 \, ^{+5}_{0}$) l/min durch das Rohrsystem zu leiten und der bestimmungsgemäße Betrieb und die bestimmungsgemäße Signalabgabe sind zu beobachten.

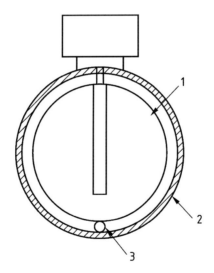

Legende
1 Flügel des Strömungsmelders
2 Rohr
3 Stab, Durchmesser (8 ± 0,01) mm

Bild E.1 — Prüfung der Strömungsbehinderungen

Anhang F
(normativ)

Funktionsprüfungen

F.1 Ansprechempfindlichkeit

ANMERKUNG   Zu Anforderungen siehe 4.6.1.

Der Strömungsmelder ist nach den Anweisungen des Herstellers in ein Rohrsystem nach Bild B.1 einzubauen. Dieses Rohrsystem ist an eine Wasserversorgung anzuschließen und unmittelbar in Strömungsrichtung vor dem Strömungsmelder ist im Rohrsystem ein Druckmessgerät anzuordnen. Hinter dem Strömungsmelder sind ein Durchflussmessgerät und ein Durchflussregelventil anzuordnen.

Die Ansprechschwelle des Strömungsmelders ist bei einem Druck von 1 bar und bei Nennbetriebsdruck zu bestimmen. Die Prüfung ist in jeder vom Hersteller empfohlenen Einbaulage durchzuführen. Bei jedem dieser Drücke ist der Durchfluss zu erhöhen, bis der Strömungsmelder arbeitet, und anschließend so lange beizubehalten, bis ein Signal abgegeben wird.

Jede dieser Prüfungen ist durchzuführen:

a)   ohne Zeitverzögerung des Signalsystems;

b)   mit der höchsten (eingebauten) Zeitverzögerung des Strömungsmelders.

Der Durchfluss ist geringfügig unter 10 l/min zu verringern, es ist zu überprüfen, ob das Rücksetzen der Zeitverzögerung erfolgt, die Prüfung ist bei 1 bar zu wiederholen.

F.2 Betriebszyklen

ANMERKUNG   Zu Anforderungen siehe 4.4.4 und 4.6.2.

Der Strömungsmelder ist nach den Anweisungen des Herstellers in ein Rohrsystem nach Bild B.1 einzubauen, das an den Prüfaufbau nach Bild F.1 anzuschließen ist. Der Strömungsmelder ist 10 000 Betriebszyklen auszusetzen, wobei die (möglicherweise vorhandene) Zeitverzögerung auf den Höchstwert eingestellt wird.

Der Strömungsmelder muss betätigt werden mit einer zwischen 0 l/min und 100 l/min wechselnden Strömungsmenge.

Vor der Betriebszyklenprüfung und nach deren Abschluss ist der Strömungsmelder folgenden Prüfungen zu unterziehen:

a)   Druckprüfung nach Anhang B;

b)   Ansprechempfindlichkeit nach F.1 mit einem Druck von 1 bar;

c)   Prüfung des Kontaktwiderstandes nach F.2.1;

d)   Prüfung des Isolationswiderstandes nach F.2.2.

F.2.1 Prüfung des Kontaktwiderstandes

Der Kontaktwiderstand des Strömungsmelders ist mit einem geeigneten Messgerät über jedes geschlossene Kontaktpaar zu messen.

Die Messungen sind mit dem kleinsten Bemessungsstrom oder 50 mA bei einer Gleichspannung von 24 V, je nachdem, welcher Wert der kleinere ist, in beiden Richtungen durchzuführen und der mittlere Kontaktwiderstand für jedes geschlossene Kontaktpaar ist aufzuzeichnen.

F.2.2 Prüfung des Isolationswiderstandes

Der Isolationswiderstand ist bei Anlegen einer Gleichspannung von 500 V zu messen über:

— den offenen Kontakten jedes elektrischen Kontaktpaares; und

— sämtlichen miteinander verbundenen Anschlussklemmen und dem nächstliegenden metallischen Teil, einschließlich deren Grundplatte.

Der Isolationswiderstand ist bei anstehender Spannung, 1 min nach dem Anlegen der Spannung zu messen.

Jedes elektrische Kontaktpaar des Strömungsmelders muss an eine Ohmsche Last angeschlossen werden, wobei die anliegende Spannung so einzustellen ist, dass folgende Bedingungen für jedes Kontaktpaar erreicht werden:

— 0 bis 2 000 Zyklen: Bemessungsstrom und -wechselspannung des Strömungsmelders;

— 2 001 bis 5 000 Zyklen: Bemessungsstrom bei 24 V Gleichspannung;

— 5 001 bis 10 000 Zyklen: kleinster Bemessungsstrom oder 50 mA bei 24 V Gleichspannung, je nachdem, welcher Wert der kleinere ist.

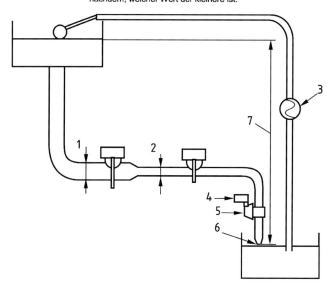

Legende
1 Strömungsmelder, D_1
2 Strömungsmelder, D_2
3 Pumpe > 60 dm³/min
4 Zähleinrichtung
5 Motor- oder Magnetventil
6 k-Faktor, k_1
7 Höhe h

ANMERKUNG   Mit dem Prüfaufbau kann mehr als ein Strömungsmelder geprüft werden; D_1, D_2 usw.

Bild F.1 — Typische Prüfanordnung für Betriebszyklen

F.3 Temperaturbeständigkeit

ANMERKUNG   Zu Anforderungen siehe 4.6.3.

Der Strömungsmelder ist nach den Anweisungen des Herstellers in ein Rohrsystem nach Bild B.1 einzubauen. Das Rohrsystem ist für eine Dauer von 24 h auf eine Temperatur von (2 ± 1) °C abzukühlen und anschließend für eine Dauer von mindestens 2 h auf (23 ± 2) °C zu erwärmen. Das Rohrsystem ist mit Wasser zu befüllen und in einem Prüfofen für eine Dauer von 90 Tagen auf eine Temperatur von (68 ± 2) °C zu erwärmen. Anschließend ist das System für eine Dauer von mindestens 24 h in Luft auf eine Temperatur von (23 ± 2) °C abzukühlen.

Das Rohrsystem ist nach Anhang B mit Druck zu beanspruchen und anschließend bei einem Druck von 1 bar ist die Prüfung der Ansprechempfindlichkeit nach F.1 durchzuführen. Anschließend ist der Strömungsmelder abzubauen und der Flügel mit einer Sichtprüfung auf Brüche oder Fehler zu untersuchen.

Anhang G
(normativ)

Prüfung der Korrosionsbeständigkeit mit Salzsprühnebel

ANMERKUNG Zu Anforderungen siehe 4.7.

G.1 Chemikalien

Natriumchloridlösung, bestehend aus einem Masseanteil von (20 ± 1) Natriumchlorid in destilliertem Wasser, einem pH-Wert zwischen 6,5 und 7,2 und einer Dichte zwischen 1,126 g/ml und 1,157 g/ml bei (35 ± 2) °C.

G.2 Prüfgeräte

Nebelkammer mit einem Volumen von mindestens 0,43 m^3, die mit einem Vorratsbehälter für die Rezirkulation und Sprühdüsen für die Erzeugung des Salznebels sowie Einrichtungen zur Messung und Regelung der Atmosphäre in der Kammer ausgerüstet ist.

G.3 Prüfverfahren

Der Strömungsmelder ist in der Nebelkammer in seiner üblichen Betriebsstellung zu positionieren und einem Salznebel auszusetzen, der durch Versprühen der Natriumchloridlösung mit einem Druck zwischen 0,7 bar und 1,7 bar erzeugt wird, wobei die Temperatur in der Beanspruchungszone auf (35 ± 2) °C gehalten wird. Es ist sicherzustellen, dass die vom Strömungsmelder abtropfende Salzlösung gesammelt und nicht wieder in den Vorratsbehälter zurückgeführt wird.

Der Salznebel ist an mindestens zwei Punkten in der Beanspruchungszone zu sammeln, und Verbrauch und Salzkonzentration sind zu messen. Für je 80 cm^3 der erfassten Fläche ist eine angesammelte Menge von 1 ml/h bis 2 ml/h in einem Zeitraum von $(16\,^{+0,25}_{\ \ 0})$ h sicherzustellen.

Der Strömungsmelder ist für eine Dauer von $(10\,^{+0,25}_{\ \ 0})$ Tagen zu beanspruchen.

Im Anschluss an die Beanspruchung ist der Strömungsmelder der Nebelkammer zu entnehmen und bei einer Temperatur nicht über 35 °C und einer relativen Luftfeuchte nicht höher als 70 % für eine Dauer von $(7\,^{+0,25}_{\ \ 0})$ Tagen zu trocknen. Nach der Trocknungsdauer wird der Strömungsmelder folgenden Prüfungen unterzogen:

a) Druckprüfung nach Anhang B;

b) 10 Betriebszyklen mit einem Druck von 1 bar nach Anhang F.1 zur Untersuchung der Funktionsfähigkeit und Überprüfung der Kalibrierung der Ansprechempfindlichkeit. Bei dieser Prüfung muss der Bemessungsstrom bei der Bemessungsspannung an ein repräsentatives Anschlusspaar des Strömungsmelders angelegt werden;

c) Prüfung des Kontaktwiderstandes nach F.2.1;

d) Prüfung des Isolationswiderstandes nach F.2.2.

Anhang H
(normativ)

Prüfung des Druckverlustes durch Flüssigkeitsreibung

ANMERKUNG   Zu Anforderungen siehe 4.8.

Der Strömungsmelder ist in ein Rohrsystem nach Bild B.1 einzubauen, wobei eine Rohrleitung anzuwenden ist, die den gleichen Nenndurchmesser wie die Nennweite des Melders besitzt. Es sind eine Differenzdruck-Messeinrichtung mit einer Messunsicherheit von ± 2 % und ein Strömungsmessgerät mit einer Messunsicherheit ± 5 % anzuwenden.

Der Differenzdruck über dem Strömungsmelder ist bei einer Strömungsgeschwindigkeit von 5 m/s zu messen und aufzuzeichnen.

Der Strömungsmelder im Prüfaufbau ist durch ein Rohrstück der gleichen Nennweite zu ersetzen und anschließend ist der Differenzdruck bei gleicher Durchflussmenge zu messen. Der Differenzdruck ist zu bestimmen. Der Druckverlust durch Flüssigkeitsreibung ist als Differenz zwischen dem Differenzdruck über dem Strömungsmelder und dem Rohrersatzstück aufzuzeichnen.

EN 12259-5:2002 (D)

Anhang I
(normativ)

Dichtheitsprüfung

ANMERKUNG   Zu Anforderungen siehe 4.9.

Der Strömungsmelder ist nach den Anweisungen des Herstellers in ein Rohrsystem nach Bild B.1 einzubauen. Das Rohrsystem ist mit dem 2fachen Nennbetriebsdruck oder mit 25 bar, je nachdem, welcher der höhere Druck ist, für eine Dauer von 5 min mit Wasser zu beanspruchen. Der Strömungsmelder ist auf Undichtheiten, bleibende Verformung oder Fehler zu untersuchen.

Anhang J
(normativ)

Ermüdungsprüfung

ANMERKUNG Zu Anforderungen siehe 4.10.

Der Strömungsmelder ist nach den Anweisungen des Herstellers in ein Rohrsystem nach Bild B.1 einzubauen. Dieses Rohrsystem ist in einem Prüfaufbau an eine geeignete Wasserversorgung anzuschließen. Durch das Rohrsystem ist für eine Dauer von 90 min Wasser mit einer Strömungsgeschwindigkeit von 10 m/s zu leiten. Anschließend ist der Strömungsmelder auf bleibende Verformung, Ablösungen oder Bruch zu untersuchen.

Anhang K
(informativ)

Typischer Prüfplan für Strömungsmelder mit Beispiel für die Prüfmusteranzahl

1 Strömungsmelder je Nennweite

A	Überprüfung der Anschlussmaße
	Messung aller Anschlüsse

E.1	Abstände: Prüfung der Einpressbuchsen

E.2	Abstände: Prüfung mit Strömungsbehinderung

F.1	Ansprechempfindlichkeit*	* bei horizontaler Lage nur mit der empfindlichsten Größe
	1 bar und Betriebsdruck, mit und ohne Zeitverzögerung, Durchflussmenge unterhalb von 10 l/min	

B	Druckfestigkeitsprüfung
	4facher Nennbetriebsdruck, 5 min

F.2	Betriebszyklen
	10 000 Zyklen mit maximaler Verzögerungszeit (wenn angeschlossen)

F.1	Ansprechempfindlichkeit
	1 bar, mit und ohne Zeitverzögerung, Durchflussmenge unterhalb von 10 l/min

B	Druckfestigkeitsprüfung
	4facher Nennbetriebsdruck, 5 min

F.2.1	Prüfung des Kontaktwiderstandes
	bei 24 V; mit 50 mA oder dem kleinsten Bemessungsstrom

EN 12259-5:2002 (D)

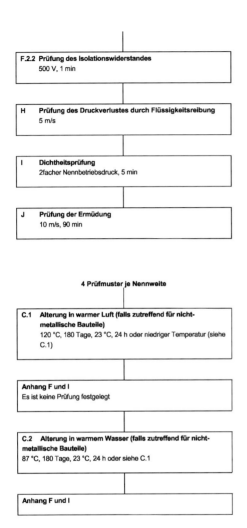

EN 12259-5:2002 (D)

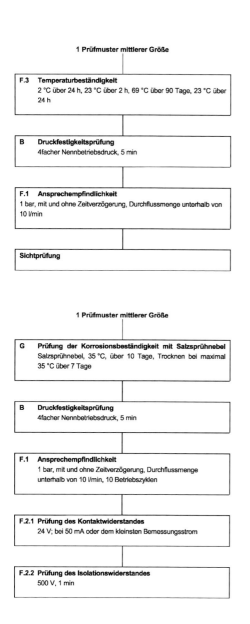

1 Prüfmuster mittlerer Größe

F.3 Temperaturbeständigkeit
2 °C über 24 h, 23 °C über 2 h, 69 °C über 90 Tage, 23 °C über 24 h

B Druckfestigkeitsprüfung
4facher Nennbetriebsdruck, 5 min

F.1 Ansprechempfindlichkeit
1 bar, mit und ohne Zeitverzögerung, Durchflussmenge unterhalb von 10 l/min

Sichtprüfung

1 Prüfmuster mittlerer Größe

G Prüfung der Korrosionsbeständigkeit mit Salzsprühnebel
Salzsprühnebel, 35 °C, über 10 Tage, Trocknen bei maximal 35 °C über 7 Tage

B Druckfestigkeitsprüfung
4facher Nennbetriebsdruck, 5 min

F.1 Ansprechempfindlichkeit
1 bar, mit und ohne Zeitverzögerung, Durchflussmenge unterhalb von 10 l/min, 10 Betriebszyklen

F.2.1 Prüfung des Kontaktwiderstandes
24 V; bei 50 mA oder dem kleinsten Bemessungsstrom

F.2.2 Prüfung des Isolationswiderstandes
500 V, 1 min

D Prüfung der Dichtungselemente

D.1 Prüfung der Dichtungselemente (Nicht-verstärkte Elastomerdichtungen)
4 Prüfmuster, 10 MPa bei Mindestbruchdehnung 300 % oder 15 MPa bei Mindestbruchdehnung 200 %; und
4 Prüfmuster, 25 mm gedehnt auf 75 mm, 2 min, maximale bleibende Dehnung 5 mm nach Entlastung; und
4 Prüfmuster, Sauerstoff, 70 °C, 20 bar, 96 h; und
4 Prüfmuster, destilliertes Wasser, 97,5 °C, 70 h

D.2 Prüfung der Dichtungselemente (Verstärkte Elastomerdichtungen)
4 Prüfmuster, Sauerstoff, 70 °C, 20 bar, 96 h
4 Prüfmuster, destilliertes Wasser, 97,5 °C, 70 h

Anhang ZA
(informativ)

Abschnitte dieser Europäischen Norm, die wesentlichen Anforderungen oder andere Bestimmungen von EU-Richtlinien ansprechen

ZA.1 Anwendungsbereich und relevante Eigenschaften

Diese Europäische Norm wurde unter einem von der Europäischen Kommission und der Europäischen Freihandelszone an CEN gegebenen Mandat erstellt.

Die in diesem Anhang gezeigten Abschnitte dieser Europäischen Norm entsprechen den Anforderungen des im Rahmen der EU-Bauproduktenrichtlinie (89/106/EWG) vergebenen Mandats.

Übereinstimmung mit diesen Abschnitten legt die Vermutung der Eignung des in dieser Europäischen Norm behandelten Bauprodukts für seinen bestimmungsgemäße Verwendung dar.

Der Anwendungsbereich entspricht dem in Abschnitt 1 definierten Anwendungsbereich.

WARNUNG — Andere Anforderungen anderer EU-Direktiven, die nicht die Eignung für die bestimmungsgemäße Verwendung beeinflussen, können für das im Anwendungsbereich dieser Norm genannte Bauprodukt anwendbar sein.

ANMERKUNG   Zusätzlich zu den konkreten Abschnitten dieser Norm, die sich auf gefährliche Substanzen beziehen, kann es weitere Anforderungen an die Produkte geben, die in den Anwendungsbereich dieser Norm fallen (z. B. umgesetzte europäische Rechtsvorschriften und nationale Rechts- und Verwaltungsvorschriften). Um die Bestimmungen der EG-Bauproduktenrichtlinie zu erfüllen, ist es notwendig, die besagten Anforderungen, sofern sie Anwendung finden, ebenfalls einzuhalten. Eine Informations-Datenbank über europäische und nationale Bestimmungen über gefährliche Substanzen ist auf der Website der Kommission EUROPA (CREATE, Zugang über http://europa.eu.int/comm/entreprise/construction/internal/hygiene.htm) verfügbar.

Bauprodukt: Strömungsmelder

Vorgesehene Verwendung(en): Strömungsmelder für die Brandkontrolle und -unterdrückung zur Verwendung in Gebäuden und baulichen Anlagen.

Tabelle ZA.1 — Betroffene Abschnitte

Anforderung/Eigenschaften entsprechend Mandat	Abschnitte in dieser Europäischen Norm	Mandatierte Leistungsstufen und/oder Klassen	Bemerkungen
Nennansprechbedingungen	4.6.1, 4.6.3	—	
Ansprechverzögerung (Ansprechzeit)	4.6.1	—	
Betriebszuverlässigkeit	4.4.3, 4.4.4, 4.5, 4.6.2, 4.8, 4.9, 4.10	—	
Stabilität der Betriebszuverlässigkeit — Korrosionsbeständigkeit	4.7	—	
Stabilität der Betriebszuverlässigkeit — Festigkeit nichtmetallischer Bauteile	4.4.8, 4.4.9	—	

ZA.2 Verfahren für die Attestierung der Konformität von Strömungsmeldern

Strömungsmelder für die aufgeführte vorgesehene Verwendung müssen nach dem in Tabelle ZA.2 genannten Verfahren attestiert werden.

Tabelle ZA.2 — Verfahren für die Attestierung der Konformität

Produkt	Vorgesehener Verwendungszweck	Stufe(n) oder Klasse(n)	Verfahren für die Attestierung der Konformität
Strömungsmelder	Brandschutz	—	1
System 1: Siehe Bauproduktenrichtlinie, Anhang III.2(i) ohne Stichprobenprüfung			

Die Produktzertifizierungsstelle wird die Erstprüfung aller in Tabelle ZA.1 genannten Eigenschaften nach den Anforderungen der Bestimmungen von 7.2 zertifizieren, dabei sind alle Merkmale bei der Erstkontrolle des Werkes und der werkseigenen Produktionskontrolle, der ständigen Überwachung, Beurteilung und Anerkennung der werkseigenen Produktionskontrolle von Interesse für die Zertifizierungsstelle.
. Der Hersteller muss ein System der werkseigenen Produktionskontrolle nach 7.3 einrichten.

ZA.3 CE-Kennzeichnung

Das Symbol der CE-Kennzeichnung muss auf dem Strömungsmelder angebracht werden, zusammen mit der Nummer dieser Norm, den Angaben zu Strom und Spannung, dem Nennbetriebsdruck, der Durchfluss-Ansprechschwelle (Nenndurchfluss) und der Durchflussrichtung. Zusätzlich muss das Symbol der CE-Kennzeichnung auf der Verpackung und/oder den mitgelieferten Handelspapieren mit den folgenden Angaben aufgeführt werden:

— Referenznummer der Zertifizierungsstelle;

— Name oder Kennzeichen des Herstellers/Lieferanten;

— die letzten beiden Ziffern des Jahres, in dem die Kennzeichnung angebracht wurde;

— die Nummer des EG-Konformitätszertifikats;

— die Nummer dieser Norm (EN 12259-5);

— Ansprechverzögerung (Ansprechzeit) in Sekunden;

— Durchfluss-Ansprechschwelle;

— Nennbetriebsdruck in bar;

— Elektrische Kennwerte bei 24 V;

— Strömungsrichtung.

Bild ZA.1 führt ein Beispiel für die Information in den Handelspapieren an.

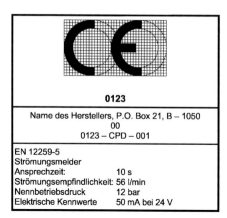

Bild ZA.1 — Beispiel für die CE-Kennzeichnung

Zusätzlich zu irgendwelcher spezifischen Information über gefährliche Substanzen, wie oben gezeigt, sollte dem Erzeugnis, soweit gefordert und in der geeigneten Form, eine Dokumentation beigefügt werden, in der jede übrige Rechtsvorschrift über gefährliche Stoffe aufgeführt wird, deren Einhaltung bezeugt wird, und zwar zusammen mit jedweder weiteren Information, die von der einschlägigen Rechtsvorschrift gefordert wird.

ANMERKUNG   Europäische Rechtsvorschriften ohne nationale Abweichungen brauchen nicht aufgeführt zu werden.

ZA.4 Konformitätszertifikat und Konformitätserklärung

Der Hersteller oder sein im Europäischen Wirtschaftsraum ansässiger Vertreter muss eine Konformitätserklärung erstellen und aufbewahren, die zur Anbringung der CE-Kennzeichnung berechtigt. Die Konformitätserklärung muss enthalten:

— Name und Adresse des Herstellers oder seines im Europäischen Wirtschaftsraum ansässigen bevollmächtigten Vertreters sowie die Fertigungsstätte,

— Beschreibung des Produktes (Typ, Kennzeichnung, Verwendung) und eine Kopie der die CE-Kennzeichnung begleitenden Informationen,

— Regelungen, zu denen Konformität des Produktes besteht (d.h. Anhang ZA dieser EN),

— besondere Verwendungshinweise [falls erforderlich],

— Name und Adresse (oder Registriernummer) der notifizierten Stelle(n),

— Name und Stellung der verantwortlichen Person, die berechtigt ist, die Erklärung im Auftrag des Herstellers oder seines autorisierten Vertreters zu unterzeichnen.

Für Eigenschaften, für die eine Zertifizierung gefordert ist (Verfahren 1), muss die Konformitätserklärung auch ein Konformitätszertifikat beinhalten, das, zusätzlich zu den oben aufgeführten Angaben, folgende Angaben enthält:

— Name und Anschrift der Zertifizierungsstelle;

— Nummer des Zertifikates;

— Bedingungen und Gültigkeitsdauer des Zertifikates, wenn anwendbar;

— Name und Stellung der verantwortlichen Person, die berechtigt ist, das Zertifikat zu unterzeichnen.

Eine Wiederholung von Angaben zwischen der Konformitätserklärung und dem Konformitätszertifikat ist zu vermeiden. Die Konformitätserklärung und das Konformitätszertifikat müssen in der (den) Sprache(n) des Mitgliedstaates vorgelegt werden, in dem das Produkt verwendet wird.

Literaturhinweise

EN 60529, *Schutzarten durch Gehäuse (IP-Code) (IEC 60529:1989).*

EN ISO 9001, *Qualitätsmanagementsysteme — Anforderungen (ISO 9001:2000).*

ISO 7-1, *Rohrgewinde für im Gewinde dichtende Verbindungen — Teil 1: Maße, Toleranzen und Bezeichnungen.*

Entwurf Dezember 2004

DIN EN 12259-9

ICS 13.220.20   Einsprüche bis 2005-01-31

Entwurf

Ortsfeste Brandbekämpfungsanlagen —
Bauteile für Sprinkler- und Sprühwasseranlagen —
Teil 9: Sprühwasserventile und Zubehör;
Deutsche Fassung prEN 12259-9:2004

Fixed firefighting systems —
Components for sprinkler and water spray systems —
Part 9: Deluge valves assemblies;
German version prEN 12259-9:2004

Installations fixes de lutte contre l'incendie —
Organes constitutifs des systèmes sprinkleurs et à pulvérisation d'eau —
Partie 9: Systèmes de soupape d'alarme déluge;
Version allemande prEN 12259-9:2004

Anwendungswarnvermerk

Dieser Norm-Entwurf wird der Öffentlichkeit zur Prüfung und Stellungnahme vorgelegt.

Weil die beabsichtigte Norm von der vorliegenden Fassung abweichen kann, ist die Anwendung dieses Entwurfes besonders zu vereinbaren.

Stellungnahmen werden erbeten

— vorzugsweise als Datei per E-Mail an fnfw@din.de in Form einer Tabelle. Die Vorlage dieser Tabelle kann im Internet unter www.din.de/stellungnahme abgerufen werden;

— oder in Papierform an den Normenausschuss Feuerwehrwesen (FNFW) im DIN, 10772 Berlin (Hausanschrift: Burggrafenstr. 6, 10787 Berlin).

Die Empfänger dieses Norm-Entwurfs werden gebeten, mit ihren Kommentaren jegliche relevante Patentrechte, die sie kennen, mitzuteilen und unterstützende Dokumentationen zur Verfügung zu stellen.

Gesamtumfang 42 Seiten

Normenausschuss Feuerwehrwesen (FNFW) im DIN

Nationales Vorwort

Diese Europäische Norm wurde vom Technischen Komitee CEN/TC 191 „Brandmelde- und Feueralarmanlagen" (Sekretariat: BSI, Großbritannien) erarbeitet und wird auf nationaler Ebene vom FNFW-Arbeitsausschuss (AA) 191.5 „Wasserlöschanlagen und Bauteile" betreut.

— *Entwurf* —

CEN/TC 191

Datum: 2004-09

prEN 12259-9

CEN/TC 191

Sekretariat: BSI

Ortsfeste Brandbekämpfungsanlagen — Bauteile für Sprinkler- und Sprühwasseranlagen — Teil 9: Sprühwasserventile und Zubehör

Installations fixes de lutte contre l'incendie — Organes constitutifs des systèmes sprinkleurs et à pulvérisation d'eau — Partie 9 : Systèmes de soupage d'alarme déluge

Fixed firefighting systems — Components for sprinkler and water spray systems — Part 9: Deluge valve assemblies

ICS:

Deskriptoren

Dokument-Typ: Europäische Norm
Dokument-Untertyp:
Dokument-Stage: CEN-Umfrage
Dokument-Sprache: D

Inhalt

	Seite
Vorwort	3
1 Anwendungsbereich	4
2 Normative Verweisungen	4
3 Begriffe	4
4 Aufbau und Leistungskenngrößen von Sprühwasserventilen	6
5 Konformitätsbewertung	13
6 Kennzeichnung	17
7 Installations- und Betriebsanleitung	19
Anhang A (normativ) Brandbeanspruchungsprüfung für Gehäuse und Deckel	20
Anhang B (normativ) Festigkeitsprüfung für Gehäuse und Deckel	22
Anhang C (normativ) Strömungsprüfung für Sprühwasserventile	23
Anhang D (normativ) Prüfungen der Dichtungseinheit	26
Anhang E (normativ) Leistungsprüfungen	28
Anhang F (normativ) Prüfung der Alterungsbeständigkeit von nicht metallischen Bauteilen (ausgenommen Membranen, Dichtungen und Dichtringe)	30
Anhang G (normativ) Dichtheitsprüfung	32
Anhang H (normativ) Prüfung der Elemente von Dichtungseinheiten	33
Anhang I (normativ) Ermüdungsprüfung	34
Anhang J (informativ) Typischer Prüfplan für Sprühwasserventile und Beispiele für die Prüfmusteranzahl	35
Anhang ZA (informativ) Abschnitte dieser Europäischen Norm, die grundlegende Anforderungen oder andere Bestimmungen von EU-Richtlinien ansprechen	36
Literaturhinweise	40

— *Entwurf* — prEN 12259-9:2004 (D)

Vorwort

Dieses Dokument (prEN 12259-9:2004) wurde vom Technischen Komitee CEN/TC 191 „Ortsfeste Brandbekämpfungsanlagen" erarbeitet, dessen Sekretariat vom BSI gehalten wird.

Dieses Dokument ist derzeit zur CEN-Umfrage vorgelegt.

Dieses Dokument wurde unter einem Mandat erarbeitet, das die Europäische Kommission und die Europäische Freihandelszone dem CEN erteilt haben, und unterstützt grundlegende Anforderungen der EU-Richtlinien.

Zum Zusammenhang mit EU-Richtlinien siehe informativen Anhang ZA, der Bestandteil dieses Dokumentes ist.

Dieses Dokument ist Bestandteil der folgenden Gruppe von Normen:

— Löschanlagen mit gasförmigen Löschmitteln (EN 12094);

— Sprinkleranlagen (EN 12259 und EN 12845);

— Pulver-Löschanlagen (EN 12416);

— Explosionsschutzsysteme (EN 26184);

— Schaum-Löschanlagen (EN 13565);

— Wandhydranten (EN 671);

— Rauch- und Wärmeabzugsanlagen (EN 12101).

EN 12259 wird aus folgenden Teilen bestehen:

Teil 1: *Sprinkler;*
Teil 2: *Nassalarmventile mit Zubehör;*
Teil 3: *Trockenalarmventile mit Zubehör;*
Teil 4: *Wassergetriebene Alarmglocken;*
Teil 5: *Strömungsmelder;*
Teil 6: *Rohrkupplungen;*
Teil 7: *Rohrhalterungen;*
Teil 8: *Druckschalter;*
Teil 9: *Sprühwasserventile mit Zubehör;*
Teil 10: *Steuerventile;*
Teil 11: *Sprühdüsen mit mittlerer und hoher Sprühgeschwindigkeit;*
Teil 12: *Sprinklerpumpen.*

1 Anwendungsbereich

Der vorliegende Teil von EN 12259 legt Anforderungen an den Aufbau und Leistungsmerkmale von Sprühwasserventilen und deren Zubehör fest, die in automatischen Sprühwasserlöschanlagen nach EN 14816 eingesetzt werden.

Elastomer-Ringbalgventile werden in dieser Europäischen Norm nicht behandelt.

Mit Ausnahme von automatischen Entwässerungsventilen werden Zusatz- und Befestigungsbauelemente für Sprühwasserventile und deren Zubehör in diesem Teil von EN 12259 nicht behandelt.

2 Normative Verweisungen

Die folgenden zitierten Dokumente sind für die Anwendung dieses Dokuments erforderlich. Bei datierten Verweisungen gilt nur die in Bezug genommene Ausgabe. Bei undatierten Verweisungen gilt die letzte Ausgabe des in Bezug genommenen Dokuments (einschließlich Änderungen).

ISO 7-1, *Pipe threads where pressure-tight joints are made on the threads – Part 1: Dimensions, tolerances and designations.*

3 Begriffe

Für die Anwendung dieser Europäischen Norm gelten die folgenden Begriffe.

3.1
Alarmierungseinrichtung
mechanische oder elektrische Einrichtung zur akustischen Alarmierung bei Betätigung des Sprühwasserventil

3.2
automatisches Entwässerungsventil
üblicherweise geöffnetes Ventil zur automatischen Entwässerung des Sprühwasserventils

3.3
Klappe
Bauart der Dichtungseinheit (siehe 3.19)

3.4
Sprühwasseranlage
automatische Brandschutzanlage mit Sprühwasserventil, dass durch Zusatzeinrichtungen betätigt wird und Wasser in ein System aus Sprühern führt

3.5
Sprühwasserventil
automatisches Wasserversorgungsregelventil, das durch Zusatzeinrichtungen betätigt wird und Wasser in ein System einer Anlage mit geöffneten Sprühern führt

ANMERKUNG Die Zusatzeinrichtungen für die Betätigung eines Sprühwasserventils können mechanisch, elektrisch, hydraulisch, pneumatisch, temperaturgesteuert, handbetätigt oder als Kombination daraus aufgebaut sein.

3.6
pneumatische Ansteuereinrichtung
Differenztyp-Ventil, dass die Betätigung eines hydraulisch betätigten Sprühwasserventils bei Verlust des pneumatischen Druckes aus einer trockenen Steuerleitung bewirkt

3.7
pneumatische Steuerleitung
pneumatische Melde- und Auslöseleitung, ausgerüstet mit wärmeempfindlichen Einrichtungen, üblicherweise Sprinklern, die bei Beanspruchung mit einer außergewöhnlichen Wärmequelle auslösen und durch Druckentlastung von Steuerleitung und pneumatischer Ansteuereinrichtung zu einer automatischen Betätigung eines Sprühwasserventils führen

3.8
Strömungsgeschwindigkeit
Geschwindigkeit des Wassers in einem Rohr, das die gleiche Nennweite wie das Sprühwasserventil bei der gleichen Strömungsmenge hat

3.9
hydraulisch/pneumatisch betätigtes Sprühwasserventil
Ventil, das durch den hydraulisch/pneumatischen Versorgungsdruck, der gegen eine Membrane oder einen Kolben wirkt die Dichtungseinheit geschlossen hält

ANMERKUNG Die Öffnung des Ventils wird durch eine Druckänderung bewirkt, die auf eine Membrane oder einen Kolben wirkt.

3.10
mechanisch betätigtes Sprühwasserventil
Sprühventil, das durch mechanische Vorrichtungen in der Ruhelage gehalten und mechanisch freigegeben wird, z. B. durch die Wirkung eines Auslösegewichtes

3.11
Mindest-Versorgungsdruck
niedrigster statischer Wasserdruck, der am Eingang des Sprühwasserventils im Bereitschaftszustand erforderlich ist

3.12
Nennbetriebsdruck
höchster Versorgungsdruck (siehe 3.21), der für den Betrieb eines Sprühwasserventils vorgesehen ist

3.13
Abdichtwasser
Wasser, das am Ausgang des Ventils im Bereitschaftszustand verfügbar sein muss

3.14
versorgungsdruckbetätigtes Sprühwasserventil
Sprühwasserventil, das durch eine Feder oder andere Einrichtung im Ruhezustand gehalten und durch die Wirkung des Versorgungsdruckes hydraulisch betätigt wird, der auf eine Hilfsmembrane oder einen Hilfskolben wirkt

3.15
Bereitschafts-(Ruhe-)Zustand
Zustand eines vollständig montierten Sprühwasserventils, das sich bei anstehendem Versorgungsdruck in der Schließ- oder Ruhestellung befindet

3.16
Rücksetzsperre
Verhindern des Rückkehrens der Dichtungseinheit in den geschlossenen Zustand

3.17
Rückstellen (Ventil)
Rückkehren des Ventils in den Bereitschafts-(Ruhe-)Zustand

3.18
verstärktes Elastomerelement
Element einer Klappe, einer Klappeneinheit oder einer Sitzdichtung, die gemeinsam mit einem oder weiteren Bauteil(en) eine elastomere Verbindung bilden, durch die die Zugfestigkeit der Kombination auf mindestens das Doppelte des Elastomerwerkstoffes selbst erhöht wird

3.19
Dichtungseinheit
bewegliches Hauptdichtungselement eines Sprühwasserventils (z. B. Klappe)

3.20
Sitzring der Dichtungseinheit
unbewegliches Hauptdichtungselement eines Sprühwasserventils

3.21
Versorgungsdruck
statischer Wasserdruck am Eingang eines Sprühwasserventils im Bereitschaftszustand.

3.22
Trimming
am Sprühwasserventil angebrachte externe Ausrüstungen und Verrohrung, außer dem Hauptrohrnetz, wie vom Lieferanten festgelegt

3.23
Auslösepunkt
Punkt, an dem das Sprühwasserventil den Wassereintritt in das Rohrnetz der Sprühwasserlöschanlage freigibt, gemessen in Bezug auf den Druck der Steuerleitung sowie den Versorgungsdruck und ausgedrückt als Verhältniswert

3.24
wassergetriebene Alarmglocke
hydraulisch betätigte Alarmglocke (siehe 3.1), die mit dem Sprühventil verbunden ist und bei Betrieb der Sprühwasser-Löschanlage einen lokalen akustischen Alarm auslöst

3.25
Alarmglocken-Transmitter
hydraulisch betätigte Einrichtung zur Erzeugung eines elektrischen Stromes für den Betrieb einer elektrischen Alarmierungseinrichtung

3.26
Hydraulische Steuerleitung
hydraulische Melde- und Auslöseleitung, ausgerüstet mit wärmeempfindlichen Einrichtungen, üblicherweise automatischen Sprinklern, die bei Beanspruchung mit einer außergewöhnlichen Wärmequelle auslösen und durch Druckentlastung der Steuerleitung zu einer automatischen Betätigung eines Sprühwasserventils führen

4 Aufbau und Leistungskenngrößen von Sprühwasserventilen

4.1 Nennweite

Die Nennweite muss als Nenndurchmesser der Eingangs- und Ausgangsanschlüsse angegeben werden, d. h. als Rohrweiten der Anschlüsse, für die sie vorgesehen sind. Folgende Nennweiten können angewendet werden: DN40, DN50, DN65, DN80, DN100, DN125, DN150, DN200 oder DN250.

ANMERKUNG   Der Durchmesser des Wasserweges an der Gehäusesitzfläche darf kleiner als die Nennweite sein.

4.2 Anschlüsse

4.2.1 Anschlüsse am Ventilkörper

4.2.1.1 Die Maße sämtlicher Anschlüsse der Baugruppe sind vom Lieferanten des Sprühwasserventils festzulegen.

4.2.1.2 Es ist ein Anschluss für die Steuerleitung zur automatischen und handbetätigten Inbetriebnahme des Sprühwasserventils vorzusehen.

4.2.2 Anschlüsse am Ventilkörper oder der Rohrleitung

4.2.2.1 Ist Abdichtwasser zu Dicht -oder Dämpfungszwecken erforderlich, sind externe Einrichtungen vorzusehen, damit das Abdichtwasser eingefüllt werden kann.

4.2.2.2 Vorrichtungen zur Erleichterung der Prüfung von Alarmierungseinrichtungen ohne dass das Sprühwasserventil dabei ausgelöst wird, müssen vorgesehen werden.

4.3 Druck- und Durchflussgrenzen

Der Nennbetriebsdruck ist vom Lieferanten festzulegen und darf nicht weniger als 12 bar betragen.

ANMERKUNG Die Eingangs- und Ausgangsanschlüsse dürfen zur Anpassung an einen geringeren Betriebsdruck bearbeitet werden, damit sie an Anlagen mit einem niedrigeren Betriebsdruck angeschlossen werden können.

Der Mindest-Versorgungsdruck ist vom Lieferanten festzulegen und darf nicht weniger als 1,4 bar betragen.

Der höchste zulässige Dauerdurchfluss ist vom Lieferanten festzulegen.

4.4 Gehäuse und Deckel

4.4.1 Werkstoffe

Das Gehäuse und jeder Deckel müssen aus Gusseisen, Bronze, Messing, Monelmetall, nicht rostendem Stahl, Titan oder Werkstoffen mit gleichwertigen physikalischen oder mechanischen Eigenschaften bestehen.

Sofern nichtmetallische Werkstoffe (außer für Dichtungen und Rohrabdichtungen) oder Metalle mit einem Schmelzpunkt unter 800 °C einen Teil des Gehäuses oder Deckels eines Sprühwasserventils bilden, muss das zusammengebaute Sprühwasserventil den Anforderungen nach 4.10.1 entsprechen und die Dichtungseinheit muss sich bei der Prüfung nach Anhang A frei und vollständig öffnen.

4.4.2 Ausführung

Der gegebenenfalls vorhandene Deckel des Sprühwasserventils darf nicht in einer Stellung eingebaut werden, in der die Funktion des Ventils so beeinflusst wird, dass es den Anforderungen dieser Norm nicht entspricht; dies gilt besonders für die Anzeige der Durchflussrichtung, siehe 6.2 d).

4.4.3 Festigkeit

4.4.3.1 Das zusammengebaute Sprühwasserventil muss bei der Prüfung nach Anhang B in der geöffneten Stellung der Dichtungseinheit einem Wasserinnendruck ohne Bruch widerstehen, der dem vierfachen Nennbetriebsdruck entspricht.

4.4.3.2 Wird die in Anhang B beschriebene Prüfung nicht mit den Befestigungselementen aus der Standardproduktion durchgeführt, muss der Lieferant eine Dokumentation zur Verfügung stellen, die durch Berechnungen nachweist, dass die übliche Bemessungsbeanspruchung für jedes Befestigungsmittel, ausgenommen die erforderliche Kraft für das Zusammendrücken der Dichtung, die die z. B. in ISO 898-1 [1] und

ISO 898-2 [2] festgelegte Mindestzugfestigkeit nicht überschreitet, wenn das Sprühwasserventil mit dem vierfachen Nennbetriebsdruck beansprucht wird. Die Fläche der Druckbeanspruchung muss folgendermaßen berechnet werden:

— Bei Verwendung einer vollflächigen Dichtung wirkt die Kraft auf der Fläche, die durch eine Linie durch die Innenkante der Schrauben begrenzt wird;

— Bei Verwendung einer ringförmigen Dichtung oder eines Dichtungsringes wirkt die Kraft auf der Fläche bis zur Mittellinie der ringförmigen Dichtung oder des Dichtungsringes.

4.5 Entwässerung

4.5.1 Für die Entwässerung muss das Gehäuse des Sprühwasserventils mit einem Gewindeanschluss mit einer Weite von mindestens 20 mm nach ISO 7-1 ausgestattet sein, der sich in Durchflussrichtung hinter der Dichtungseinheit befindet, wenn das Ventil in einer vom Hersteller festgelegten oder empfohlenen Lage eingebaut wird.

ANMERKUNG   Wird die Entwässerungsöffnung auch für die Entwässerung der Verrohrung angewendet, sollte die Nennweite der Gewindeanschlüsse dem in der Installationsnorm angegebenen zugehörigen Wert entsprechen.

4.5.2 Auf der Abflussseite des Sprühwasserventils ist eine automatische oder geöffnete Entwässerungsöffnung vorzusehen, um das Aufstauen von Wasser zu verhindern und den Pegelstand des Abdichtwassers überprüfen zu können.

4.5.3 Der k-Faktor von automatischen oder geöffneten Entwässerungsöffnungen darf nicht weniger als eins betragen.

4.5.4 Automatische Durchfluss- oder Schnell-Entwässerungsventile für Belüftung oder Entwässerung der Alarmleitung müssen sich bei der Prüfung nach C.1 bei einem Druck von höchstens 1,4 bar schließen und die Durchflussrate durch das Entwässerungsventil darf unmittelbar vor dem Schließen nicht weniger als 0,13 l/s und nicht mehr als 0,63 l/s betragen.

4.5.5 Der Durchfluss durch eine dauerhaft geöffnete erweiterbare Entwässerung für die Belüftung oder Entwässerung von Alarmleitungen darf bei der Prüfung nach C.2 einen Wert von 0,36 l/s bei allen Arbeitsdrücken bis zum Nennbetriebsdruck nicht überschreiten.

4.6 Dichtungseinheit und Rückstellsperre

4.6.1 Zugang

Zugangsmöglichkeiten zu den beweglichen Bauteilen und die Möglichkeit der Entnahme der Dichtungseinheit sind vorzusehen.

Alle während der Instandhaltung üblicherweise ausbaubaren Teile müssen so beschaffen sein, dass sie nicht falsch zusammengesetzt werden können, ohne dass dieses offensichtlich wird, wenn das Sprühwasserventil wieder betriebsbereit gemacht wird.

Während sich das Sprühwasserventil im Bereitschaftszustand befindet, darf seine Betätigung nicht einfach verhindert werden können.

ANMERKUNG 1   Unabhängig von den vorgesehenen Mitteln sollte eine schnelle Wartung bei kürzestmöglicher Ausfallzeit möglich sein, die von einer Person ausgeführt werden kann.

ANMERKUNG 2   Sämtliche austauschbaren Teile, ausgenommen der Ventilsitz, sollten mit handelsüblichen Werkzeugen ausgebaut und wieder eingebaut werden können.

4.6.2 Federn und Membranen

Bei der Prüfung nach D.1 dürfen Federn und Membranen nicht brechen oder reißen, wenn sie bei üblicher Betriebsbeanspruchung 5 000 Schwingspielen ausgesetzt werden. Ausfälle von Membranen dürfen nicht dazu führen, dass die Dichtungseinheit nicht vollständig öffnen kann.

4.6.3 Beständigkeit gegen Beschädigung

In der Offenstellung muss die Dichtungseinheit durch einen festen Anschlag begrenzt werden. Nach der Prüfung nach E.2 dürfen an den Dichtungselementen des Sprühwasserventils keine Anzeichen von Beschädigung, bleibender Verdrehung, Verbiegung oder Brüchen erkennbar sein.

4.6.4 Werkstoffe für Sitzringe und Auflageflächen

4.6.4.1 Sitzringe müssen aus Bronze, Messing, Monelmetall, Titan, nicht rostendem Stahl oder Werkstoffen mit gleichwertigen physikalischen oder mechanischen Eigenschaften hergestellt werden.

4.6.4.2 Die Auflageflächen von aufeinander rotierenden oder gleitenden Teilen müssen aus Bronze, Messing, Monelmetall, Titan, nicht rostendem Stahl oder Werkstoffen mit gleichwertigen physikalischen oder mechanischen Eigenschaften hergestellt werden.

ANMERKUNG   Buchsen oder Einsätze dürfen verwendet werden.

4.6.5 Rücksetzsperre

Sprühwasserventile sind mit einer Einrichtung auszustatten, die das Rücksetzen des Ventils bis zum Rückstellen von Hand verhindert, wenn:

a) das Verhältnis zwischen Versorgungsdruck und Installationsdruck an dem Punkt, an dem das ausgelöste Ventil wieder öffnet, bei Versorgungsdrücken, die zwischen Mindest-Versorgungsdruck und Nennbetriebsdruck liegen, 1,16:1 überschreitet; oder

b) die Entwässerung der Anlage unterhalb der Dichtungseinheit angebracht ist.

Mit einer Anti-Rückstelleinrichtung ausgestattete Sprühwasserventile sind nach D.2 und E.2 zu prüfen, ohne Auftreten von dauerhafter Verformung, Rissen, Abblätterungen oder anderen Ausfallanzeichen.

Sprühwasserventile, die nicht mit einer Rücksetzsperre ausgestattet sind, und deren Verhältnis zwischen Versorgungsdruck und Installationsdruck unbekannt ist oder auf mehr als 0,8:1 geschätzt wurde, sind nach D.3 zu prüfen, um das Verhältnis zwischen Versorgungsdruck und Installationsdruck zu bestimmen.

ANMERKUNG   Der Lieferant kann Einzelheiten hinsichtlich des geschätzten Verhältnisses zwischen Versorgungsdruck und Installationsdruck für das Sprühwasserventil in Form von Nachweisen durch Prüfung oder Berechnungen zur Verfügung stellen.

4.7 Nichtmetallische Bauteile (ausgenommen Dichtungen, Membranen und Dichtungsringe)

Im Anschluss an die Alterung nach F dürfen nicht metallische Bauteile keinerlei Anzeichen von Brüchen aufweisen und das Sprühwasserventil muss bei der entsprechenden Prüfung nach Anhang G und I die Anforderungen nach 4.13 und 4.14 erfüllen.

4.8 Bauteile von Dichtungseinheiten und Membranen

4.8.1 Bei der Prüfung eines Sprühwasserventils nach Anhang E.2 darf keine Undichtheit mit Wasser auftreten.

ANMERKUNG   Ventildichtflächen sollten gewöhnlichem Verschleiß und üblicher Abnutzung, rauer Behandlung, Druckbeanspruchungen und Beschädigung durch Rohrzunder oder im Wasser transportierte Fremdstoffe widerstehen können.

4.8.2 Eine Dichtung aus einem Elastomer oder anderen elastischen Werkstoffen darf bei der Prüfung nach H.1 nicht an der Dichtungsfläche haften.

4.9 Abstände

ANMERKUNG Zwischen beweglichen Teilen sowie zwischen beweglichen und feststehenden Teilen sind Abstände notwendig, damit Korrosionspartikel und Fremdstoffablagerungen im Inneren der Baugruppe nicht dazu führen, dass das Sprühwasserventil schwergängig oder betriebsunfähig wird.

4.9.1 Mit Ausnahme der Lagerbereiche der Dichtungseinheit darf der Freiraum [siehe Bild 1 a)] zwischen der Dichtungseinheit und den Gehäuseinnenwänden (ausgenommen Verriegelungs- und Rastmechanismen) in jeder Stellung, außer der weit geöffneten, nicht kleiner sein als 19 mm, wenn das Gehäuse aus Gusseisen besteht oder 9 mm, wenn das Gehäuse und die Dichtungseinheit aus Nichteisenmetallen, nicht rostendem Stahl, einem Werkstoff gleichen Leistungsvermögens oder einer Kombination daraus, besteht.

Bei jedem Lagerbereich von Dichtungseinheiten dürfen die radialen Freiräume bei einem Gehäuse aus Gusseisen nicht kleiner als 12 mm und bei einem Gehäuse und einer Dichtungseinheit aus Nichteisenmetallen, nicht rostendem Stahl, einem Werkstoff gleichen Leistungsvermögens oder einer Kombination daraus, nicht kleiner als 6 mm sein.

4.9.2 Das diametrale Spiel (siehe Bild 1b)) zwischen den Innenkanten des Dichtringes und den metallischen Teilen der Dichtungseinheit muss in Schließstellung mindestens 3 mm betragen.

4.9.3 Sämtliche Zwischenräume der Dichtungseinheit, in denen sich unter dem Ventilsitz Teilchen festklemmen können, dürfen nicht kleiner als 3 mm sein.

4.9.4 Das diametrale Spiel (siehe Bild 1b)) zwischen Achsen bzw. Wellen und ihren Lagern darf nicht kleiner als 0,125 mm sein.

4.9.5 Der axiale Gesamtabstand [siehe Bild 1c)] zwischen jedem Klappengelenk und der angrenzenden Gehäuselagerfläche des Sprühwasserventils darf nicht kleiner als 0,25 mm sein.

4.9.6 Sämtliche hin- und herbewegten Führungsteile im Hauptventilgehäuse, deren Betätigung für das Öffnen des Sprühwasserventils von entscheidender Bedeutung ist, müssen ein Spiel von mindestens 0,7 mm in dem Bereich haben, in dem bewegliche Bauteile in feststehenden Bauteilen geführt werden, und mindestens 0,1 mm in dem Bereich, wo sich im Bereitschaftszustand ein bewegliches Bauteil in ständigem Kontakt mit einem feststehenden Bauteil befindet.

4.9.7 Am Absperrkörper müssen alle Buchsen oder Lager für Hebeleinrichtungen, Klinken oder Gelenkstifte einen ausreichenden axialen Abstand aufweisen, damit das Maß A [siehe Bild 1b)] von mindestens 3 mm eingehalten wird, sofern die angrenzenden Teile nicht aus Bronze, Messing, Monelmetall, nicht rostendem Stahl oder gleichwertigem Werkstoff bestehen.

— *Entwurf* — prEN 12259-9:2004 (D)

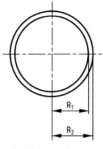

a) Freiraum = $R_2 - R_1$

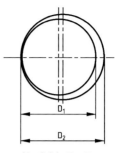

b) Spiel = $D_2 - D_1$

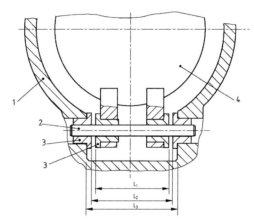

c) Axialer Gesamtabstand = $L_1 - L_2$

Maß $A = \dfrac{L_3 - L_2}{2}$

Legende
1 Ventilgehäuse
2 Stift
3 Buchsen
4 Klappe

Bild 1 — Abstände

4.10 Leistungsvermögen

4.10.1 Beständigkeit des Gehäuses gegen Undichtheit und Verformung

Bei der Prüfung nach E.1 muss das zusammengebaute Sprühwasserventil mit der Dichtungseinheit in Offenstellung einem Wasserinnendruck widerstehen, der mindestens dem doppelten Nennbetriebsdruck entspricht, ohne dass dabei Undichtheiten, bleibende Verformungen oder Brüche auftreten.

4.10.2 Beständigkeit der Dichtungseinheit gegen Undichtheit und Verformung

Das Sprühwasserventil muss bei der Prüfung nach E.1, ohne dass Undichtheit, bleibende Verformung oder konstruktionsbedingter Ausfall auftritt, einem Wasserinnendruck widerstehen, der dem doppelten Nennbetriebsdruck entspricht, welcher an der Eingangsseite aufgebracht wird während sich die Dichtungseinheit in der Schließstellung befindet und die Steuerleitung mit dem doppelten vom Lieferanten empfohlenem Druck beaufschlagt wird.

4.10.3 Betriebskennwerte

4.10.3.1 Bei der Prüfung nach E.2 muss das Sprühwasserventil bei Versorgungsdrücken im Bereich vom Mindest-Versorgungsdruck bis zum Nennbetriebsdruck ohne Nachjustierung oder Beschädigung bestimmungsgemäß nach den vom Lieferanten festgelegten Einzelheiten zum Leistungsvermögen arbeiten.

ANMERKUNG Der Hersteller muss Einzelheiten zur Leistungsfähigkeit bereitstellen, die den Betätigungsbetriebsdruck und die k-Faktoren des Sprühwasserventils enthalten sollten. Für Sprühwasserventile, die durch eine Nasssteuerleitung betrieben werden, muss der Lieferant Einzelheiten zu den Höhengrenzen der Steuerleitung über dem Sprühwasserventil bereitstellen.

4.10.3.2 Ein Sprühwasserventil im Bereitschaftszustand darf bei der Prüfung nach E.2 nicht öffnen, wenn die Wasserversorgung ausfällt, und zwar wenn der Versorgungsdruck vom Nennbetriebsdruck auf 0 bar abfällt und für die Dauer von 1 h bei 0 bar bleibt und anschließend wieder auf Nennbetriebsdruck ansteigt.

4.10.3.3 Bei einem Wasserversorgungsdruck im Bereich vom Mindest-Versorgungsdruck bis zum Nennbetriebsdruck muss ein druckverlustbetätigtes Sprühwasserventil auslösen, wenn der Druck an der Auslöseeinrichtung innerhalb des Ventils 0,3 bar oder mehr beträgt.

4.10.3.4 Ein durch den Versorgungsdruck öffnendes Sprühwasserventil muss bei Versorgungsdrücken im Bereich von 1,4 bar bis zum Nennbetriebsdruck auslösen, wenn der Druck an der Auslöseeinrichtung des Ventils, innerhalb des Bereiches vom Mindest-Versorgungsdruck bis zum Nennbetriebsdruck:

a) nicht mehr als zwei Drittel der vom Lieferanten angegebenen Druckanforderungen; und

b) nicht mehr als die Hälfte des Versorgungsdruckes;

beträgt.

4.10.3.5 Einmal ausgelöste Sprühwasserventile dürfen nur durch direkte oder ferngesteuerte Eingriffe von Hand rückstellen.

4.11 Die Alarmleitungsanschlüsse von Sprühwasserventilen

Bei der Prüfung nach E.2 müssen die Alarmleitungsanschlüsse von Sprühwasserventilen Folgendes erfüllen:

a) Bei einem Mindest-Versorgungsdruck und während der Betätigung von wassergetriebenen Alarmglocken und elektrischen Alarmierungseinrichtungen muss das Ventil am Alarmanschluss einen Druck von mindestens 0,5 bar liefern.

b) Die Rohrleitung zwischen dem Sprühwasserventil oder jedem Alarmabsperrventil und den Alarmierungseinrichtungen müssen nach jeder Betätigung automatisch entwässert werden.

c) Das Sprühwasserventil muss bei der Prüfung nach Anhang I zugehörige mechanische und elektrische Alarmierungseinrichtungen auslösen.

4.12 Druckverlust durch Flüssigkeitsreibung

Der Druckverlust durch das Sprühwasserventil darf bei der Prüfung nach C.3 0,4 bar nicht überschreiten.

ANMERKUNG Zur Kennzeichnung des Druckverlustes siehe 6.2 j).

4.13 Dichtheit

Bei der Prüfung nach Anhang G darf über der Dichtungseinheit eines Sprühwasserventils im Bereitschaftszustand oder in Richtung des Alarmanschlusses keine Undichtheit auftreten.

4.14 Ermüdung

Das Sprühwasserventil und seine beweglichen Teile dürfen bei der Prüfung nach Anhang I keine Anzeichen für bleibende Verformungen, Risse, Abblätterungen, unzulässige Lageveränderungen oder andere Ausfallanzeichen aufweisen.

5 Konformitätsbewertung

5.1 Allgemeines

Die Übereinstimmung des Bauteils mit den Anforderungen dieser Europäischen Norm muss nachgewiesen werden durch:

— Erstprüfung,

— werkseigene Produktionskontrolle des Herstellers.

ANMERKUNG Der Hersteller ist eine natürliche oder juristische Person, die das Bauteil in eigenem Namen auf den Markt bringt. Der Hersteller entwickelt und produziert das Bauteil üblicherweise selbst. Er darf das Bauteil alternativ durch einen Unterauftragnehmer entwickeln, herstellen, zusammenbauen, verpacken, verarbeiten oder etikettieren lassen. Als zweite Alternative darf er Fertigerzeugnisse zusammenbauen, verpacken, verarbeiten oder etikettieren.

Der Hersteller muss sicherstellen:

— dass die Erstprüfung in Übereinstimmung mit dieser Europäischen Norm begonnen und ausgeführt wird (unter der Aufsicht einer Produktzertifizierungsstelle, wo anwendbar); und

— dass das Bauteil stets den Prüfmustern der Erstprüfung entspricht, die nach dieser Europäischen Norm geprüft wurden.

Er muss immer die Oberaufsicht behalten und die nötige Kompetenz besitzen, um die Verantwortung für das Bauteil übernehmen zu können.

Der Hersteller muss die volle Verantwortung für die Konformität dieses Bauteils mit allen geltenden Vorschriften übernehmen. Verwendet der Hersteller jedoch Bauteile, deren Konformität mit den für das jeweilige Bauteil geltenden Vorschriften bereits nachgewiesen wurde (z. B. durch CE-Kennzeichnung), braucht der Hersteller die Konformitätsbewertung nicht mehr zu wiederholen. Verwendet der Hersteller Bauteile, deren Konformität noch nicht nachgewiesen wurde, liegt es in seiner Verantwortung, die notwendige Konformitätsbewertung durchzuführen.

5.2 Erstprüfung

5.2.1 Zum Nachweis der Konformität mit dieser Europäischen Norm muss eine Erstprüfung durchgeführt werden.

Gegenstand der Erstprüfung müssen mit den Ausnahmen nach 5.2.3 bis 5.2.5 alle im Abschnitt 4 genannten Eigenschaften sein.

5.2.2 Wird das Bauteil oder das Herstellungsverfahren geändert, so muss eine Erstprüfung durchgeführt werden (sofern die zugesagten Eigenschaften durch die Änderungen beeinträchtigt sein könnten). Gegenstand dieser Erstprüfung müssen mit den Ausnahmen nach 5.2.3 bis 5.2.5 alle im Abschnitt 4 genannten Eigenschaften sein, die durch die Änderungen beeinträchtigt sein könnten.

5.2.3 Prüfungen, die bereits früher in Übereinstimmung mit den Anforderungen dieser Europäischen Norm durchgeführt wurden, können berücksichtigt werden unter der Voraussetzung, dass sie nach der gleichen oder einer schärferen Prüfmethode unter demselben Konformitätsbewertungsverfahren mit demselben Bauteil oder mit Bauteilen ähnlicher Bauart, Konstruktion und Funktion durchgeführt wurden, so dass die Ergebnisse auf das hier vorliegende Bauteil anwendbar sind.

ANMERKUNG   Dasselbe Konformitätsbewertungsverfahren bedeutet Prüfung durch eine unabhängige dritte Stelle unter Kontrolle einer Produktzertifizierungsstelle.

5.2.4 Bauteile können in Familien zusammengefasst sein, wenn eine oder mehrere Eigenschaften für alle Bauteile innerhalb dieser Familie gleich sind oder die Prüfungsergebnisse für alle Bauteile innerhalb dieser Familie repräsentativ sind. In diesem Fall müssen in der Erstprüfung nicht alle Bauteile der Familie geprüft werden.

5.2.5 Prüfmuster müssen die übliche Produktion repräsentieren. Sind die Prüfmuster Prototypen, so müssen sie die geplante zukünftige Produktion repräsentieren und müssen vom Hersteller ausgesucht werden.

ANMERKUNG   Im Falle von Prototypen und Zertifizierung durch eine unabhängige dritte Stelle bedeutet dies, dass der Hersteller und nicht die unabhängige dritte Stelle für die Auswahl der Muster verantwortlich ist. Bei der ersten Inspektion des Werkes und der werkseigenen Produktionskontrolle (siehe 5.3) wird überprüft, ob das Bauteil stets mit den Prüfmustern der Erstprüfung übereinstimmt.

5.2.6 Wenn die technische Dokumentation der Prüfmuster für spätere Übereinstimmungsprüfungen nicht ausreicht, muss ein entsprechendes Prüfmuster (identifiziert und gekennzeichnet) für diese Zwecke zur Verfügung stehen.

5.2.7 Jede Erstprüfung und ihre Ergebnisse müssen in einem Prüfbericht dokumentiert werden.

5.3 Werkseigene Produktionskontrolle (WPK)

5.3.1 Allgemeines

Der Hersteller muss ein System der werkseigenen Produktionskontrolle einrichten, dokumentieren und aufrechterhalten um sicherzustellen, dass die Bauteile, die auf den Markt gebracht werden, mit den zugesicherten Leistungseigenschaften übereinstimmen.

Wenn der Hersteller das Bauteil von einem Unterauftragnehmer entwickeln, herstellen, zusammenbauen, verpacken, verarbeiten und etikettieren lässt, kann die werkseigene Produktionskontrolle des Unterauftragnehmers berücksichtigt werden. Im Falle eines Unterauftrags muss der Hersteller die Oberaufsicht über das Bauteil behalten und sicherstellen, dass er alle notwendigen Informationen erhält, um seine Verpflichtungen im Hinblick auf diese Europäische Norm zu erfüllen. Der Hersteller, der seine gesamten Aktivitäten an einen Unterauftragnehmer vergibt, darf auf keinen Fall seine Verantwortung an einen Unterauftragnehmer weiterreichen.

Die WPK ist eine ständige interne Produktionskontrolle, die vom Hersteller durchgeführt wird.

Alle vom Hersteller vorgegebenen Daten, Anforderungen und Vorschriften sind systematisch in Form schriftlicher Betriebs- und Verfahrensanweisungen festzuhalten. Diese im Rahmen der Produktionskontrolle erstellten Unterlagen müssen ein gemeinsames Verständnis der Konformitätsbewertung sicherstellen und ermöglichen, die Einhaltung der geforderten Eigenschaften der Bauteile sowie das wirksame Funktionieren der Produktionskontrolle zu überprüfen.

Die werkseigene Produktionskontrolle verbindet daher Verfahrenstechniken und alle Maßnahmen, die die Aufrechterhaltung und Kontrolle der Konformität des Bauteils mit seinen technischen Spezifikationen erlauben. Ihre Durchführung kann erreicht werden durch Kontrollen und Prüfungen von Messeinrichtungen, Rohstoffen und Bestandteilen, Verfahren, Maschinen und Produktionseinrichtungen und fertigen Bauteilen einschließlich Materialeigenschaften der Bauteile und durch Auswertung der auf diese Weise gewonnenen Ergebnisse.

5.3.2 Allgemeine Anforderungen

Das System der WPK muss die in den folgenden Abschnitten von EN ISO 9001:2000 beschriebenen Anforderungen erfüllen, sofern diese anwendbar sind:

— 4.2 außer 4.2.1 a),

— 5.1 e), 5.5.1, 5.5.2,

— Abschnitt 6,

— 7.1 außer 7.1 a), 7.2.3 c), 7.4, 7.5, 7.6,

— 8.2.3, 8.2.4, 8.3, 8.5.2.

Das System der WPK darf Teil eines Qualitätsmanagementsystems sein, z. B. nach EN ISO 9001.

5.3.3 Bauteilspezifische Anforderungen

5.3.3.1 Das System der WPK muss

— diese Europäische Norm einbeziehen; und

— sicherstellen, dass die auf den Markt gebrachten Bauteile mit den zugesicherten Leistungseigenschaften übereinstimmen.

5.3.3.2 Das System der WPK muss einen bauteilspezifischen WPK- oder Qualitätsplan enthalten, der die Verfahren angibt, mit denen die Konformität des Bauteils an geeigneten Stationen nachgewiesen wird, d. h.

a) die Kontrollen und Prüfungen, die in festgelegter Häufigkeit vor und/oder während der Fertigung durchgeführt werden; und/oder

b) die Kontrollen und Prüfungen, die in festgelegter Häufigkeit an den fertigen Bauteilen durchgeführt werden.

Wenn der Hersteller fertige Bauteile verwendet, müssen die Maßnahmen unter b) in gleichem Maße zur Konformität des Bauteils führen, als ob eine normale WPK während der Fertigung durchgeführt worden wäre.

Wenn der Hersteller die Fertigung teilweise selbst ausführt, können die Maßnahmen unter b) verringert und teilweise durch Maßnahmen unter a) ersetzt werden. Grundsätzlich können desto mehr Maßnahmen unter b) durch Maßnahmen unter a) ersetzt werden, je mehr Anteile der Fertigung vom Hersteller selbst ausgeführt werden. In jedem Fall muss das Verfahren in gleichem Maße zur Konformität des Bauteils führen, als ob eine normale WPK während der Fertigung durchgeführt worden wäre.

ANMERKUNG   Im Einzelfall kann es erforderlich sein, Maßnahmen nach a) und b), nur Maßnahmen nach a) oder nur Maßnahmen nach b) auszuführen.

Die Prüfungen unter a) zielen sowohl auf die Herstellungsstufen des Bauteils als auch auf die Produktionsmaschinen und ihre Einstellung und Messeinrichtungen usw. Diese Kontrollen und Prüfungen und ihre Häufigkeit werden festgelegt abhängig von der Art und Zusammensetzung des Bauteils, vom Herstellungsprozess und seiner Komplexität, der Empfindlichkeit der Bauteilmerkmale gegenüber Änderungen der Herstellungsparameter usw..

Der Hersteller muss Unterlagen erstellen und aufrechterhalten, die zeigen, dass die festgelegten Prüfungen ausgeführt wurden. Diese Unterlagen müssen klar dokumentieren, ob die Bauteile die definierten Annahmekriterien erfüllt haben. Sie müssen mindestens 10 Jahre aufbewahrt werden. Wenn das Bauteil die Annahmekriterien nicht erfüllt, müssen umgehend das Verfahren zur Lenkung fehlerhafter Produkte und die erforderlichen Korrekturmaßnahmen eingeleitet werden und die nichtkonformen Bauteile oder Chargen müssen genau identifiziert und isoliert werden. Sobald der Fehler korrigiert worden ist, muss die betreffende Überprüfung wiederholt werden.

Die Kontroll- und Prüfergebnisse müssen angemessen dokumentiert werden. Die Bauteilbeschreibung, das Herstellungsdatum, die angewandten Prüfverfahren, die Prüfergebnisse und die Annahmekriterien müssen in die Unterlagen aufgenommen und von der Person abgezeichnet werden, die für die Kontrolle/Prüfung verantwortlich ist. Bei einem Kontrollergebnis, das nicht den Anforderungen dieser Europäischen Norm entspricht, müssen die durchgeführten Korrekturmaßnahmen (z. B. eine weitere durchgeführte Prüfung, Änderungen des Herstellungsprozesses, Aussondern oder Nachbessern des Bauteils) in den Unterlagen angegeben werden.

5.3.3.3 Die einzelnen Bauteile oder die Bauteil-Chargen und die dazugehörigen Fertigungs-Dokumente müssen vollständig identifizierbar und zurückverfolgbar sein.

5.3.4 Erstbegutachtung des Werkes und der WPK

5.3.4.1 Die Erstbegutachtung des Werkes und der WPK muss grundsätzlich durchgeführt werden, wenn die Produktion bereits läuft und die WKP schon angewendet wird. Es ist jedoch möglich, dass die Erstbegutachtung des Werkes und der WPK schon durchgeführt werden, bevor die Produktion begonnen hat und/oder bevor die WPK angewendet wird.

5.3.4.2 Folgendes muss begutachtet werden, um zu überprüfen, dass die Anforderungen von 5.3.2 und 5.3.3 erfüllt sind:

— die Dokumentation der WPK; und

— das Werk.

Bei der Begutachtung des Werkes muss überprüft werden:

a) dass alle Ressourcen verfügbar sind bzw. sein werden (siehe 5.3.4.1), die notwendig sind zur Erlangung der von dieser Europäischen Norm geforderten Produkteigenschaften; und

b) dass die Verfahren der WPK in Übereinstimmung mit der Dokumentation der WPK eingeführt und in der praktischen Anwendung sind oder sein werden (siehe 5.3.4.1); und

c) dass das Bauteil mit den Prüfmustern der Erstprüfung, deren Konformität mit dieser Europäischen Norm nachgewiesen wurde, übereinstimmt oder übereinstimmen wird (siehe 5.3.4.1); und

d) ob das System der WPK Teil eines Qualitätsmanagement-Systems nach EN ISO 9001 (siehe 5.3.2) ist und als Teil dieses Qualitätsmanagement-Systems zertifiziert ist und jährlich von einer Zertifizierungsstelle überprüft wird, deren Akkreditierer Mitglied der „European Co-operation for Accreditation (EA)" ist und dort das „Multilaterale Abkommen" (MLA) unterzeichnet hat.

5.3.4.3 Alle Werke des Herstellers, in denen die Endmontage oder zumindest die Endkontrolle des betreffenden Bauteils durchgeführt wird, müssen begutachtet werden, um zu verifizieren, dass die Bedingungen nach 5.3.4.2 a) bis c) erfüllt sind. Eine Begutachtung kann ein oder mehrere Bauteile, Herstellungslinien und/oder Herstellungsprozesse umfassen. Wenn das System der WPK mehr als ein Bauteil, Herstellungslinie oder Herstellungsprozess umfasst und wenn die allgemeinen Anforderungen erfüllt sind, dann kann eine Begutachtung der bauteilspezifischen Anforderungen der WKP für ein Bauteil als repräsentativ für die WPK anderer Bauteile angesehen werden.

5.3.4.4 Begutachtungen, die bereits früher in Übereinstimmung mit den Bestimmungen dieser Europäischen Norm vorgenommen wurden, können unter der Voraussetzung berücksichtigt werden, dass sie unter demselben Konformitätsbewertungsverfahren für das gleiche Bauteil oder für Bauteile ähnlicher Bauart, Konstruktion und Funktion durchgeführt wurden, so dass die Ergebnisse auf das hier vorliegende Bauteil angewendet werden können.

ANMERKUNG   Dasselbe Konformitätsbewertungsverfahren bedeutet Begutachtung der WPK durch eine unabhängige dritte Stelle unter Kontrolle einer Produktzertifizierungsstelle.

5.3.4.5   Jede Begutachtung und ihre Ergebnisse müssen in einem Bericht dokumentiert werden.

5.3.5   Fortdauernde Überwachung der WPK

7.3.5.1   Alle Werke, die nach 5.3.4 begutachtet worden sind, müssen mit der Ausnahme nach 5.3.5.2 einmal jährlich wieder begutachtet werden.

In diesem Fall wird, wenn anwendbar, bei jeder Begutachtung der WPK ein anderes Bauteil oder ein anderer Herstellungsprozess überprüft.

5.3.5.2   Wenn der Hersteller Nachweise für eine fortdauernde zufrieden stellende Funktion seines Systems der WPK beibringt, kann der Zeitraum bis zur nächsten Wiederbeurteilung auf bis zu vier Jahre erweitert werden.

ANMERKUNG 1   Ausreichender Nachweis kann der Bericht einer Zertifizierungsstelle sein, siehe 5.3.4.2 d).

ANMERKUNG 2   Wenn das Gesamt-Qualitätsmanagement-System in Übereinstimmung mit EN ISO 9001:2000 gut eingeführt ist (beurteilt in der Erstbegutachtung des Werkes und der WPK) und fortdauernd angewendet wird (beurteilt in QM-Audits), kann davon ausgegangen werden, dass die darin enthaltende WPK gut abgedeckt ist. Auf dieser Grundlage ist die Arbeit des Herstellers gut überwacht, so dass die Häufigkeit von speziellen Überwachungsbegutachtungen der WPK verringert werden kann.

5.3.5.3   Jede Begutachtung und ihre Ergebnisse müssen in einem Bericht dokumentiert werden.

5.3.6   Verfahren im Falle von Änderungen

Bei Änderungen des Bauteils, des Herstellungsverfahrens oder des Systems der WPK (sofern die zugesagten Eigenschaften durch die Änderungen beeinträchtigt sein können) muss eine Wieder-Begutachtung des Werkes und des Systems der WPK für diejenigen Aspekte durchgeführt werden, die durch die Änderungen beeinträchtigt sein können.

Jede Begutachtung und ihre Ergebnisse müssen in einem Bericht dokumentiert werden.

6   Kennzeichnung

6.1   Allgemeines

Die in 6.2 festgelegten Kennzeichnungen müssen entweder:

a)   auf dem Gehäuse des Sprühwasserventils direkt angegossen sein; oder

b)   auf einem Metallschild erfolgen, das mechanisch (z. B. mit Nieten oder Schrauben) auf dem Gehäuse des Sprühwasserventils befestigt wird; Gussschilder müssen aus Nichteisenmetallen bestehen.

Die Mindestmaße der für die Kennzeichnung verwendeten Zeichen müssen den Festlegungen nach Tabelle 1 entsprechen.

Tabelle 1 — Mindestmaße der Zeichen für Kennzeichnungen

Art der Kennzeichnung	Mindesthöhe der Schriftzeichen, ausgenommen für 6.2 h) mm	Mindest-Eindrucktiefe oder Mindesthöhe der Schriftzeichen mm
Direkt auf dem Gehäuse des Sprühwasserventils angegossen	9,5	0,75
Gussschild	4,7	0,5
Nicht gegossenes Schild	2,4	Nicht zutreffend
Gedrucktes Schild	2,4	Nicht zutreffend

6.2 Sprühwasserventil

Sprühwasserventile sind mit folgenden Angaben zu kennzeichnen:

a) Name oder Warenzeichen des Lieferanten;

b) Nummer der Bauart, Katalogbezeichnung oder eine gleichwertige Kennzeichnung;

c) Bezeichnung der Einrichtung, d. h. "Sprühwasserventil";

d) Strömungsrichtung;

e) Nennweite des Ventils;

f) Mindest-Versorgungsdruck, sofern größer als 1,4 bar;

g) Nennbetriebsdruck in bar;

h) Seriennummer oder Jahr der Herstellung nach einer der folgenden Varianten:

   1) tatsächliches Herstellungsjahr, oder

   2) bei Sprühwasserventilen, die in den letzten drei Monaten eines Kalenderjahres hergestellt wurden, die folgende Jahreszahl; oder

   3) bei Sprühwasserventilen, die in den ersten sechs Monaten eines Kalenderjahres hergestellt wurden, die vorherige Jahreszahl;

i) Einbaulage, wenn sie auf eine vertikale oder horizontale Lage beschränkt ist;

j) Druckverlust durch Flüssigkeitsreibung, wenn der Verlust größer als 0,2 bar ist (siehe 4.12);

k) Fertigungsstätte, wenn die Herstellung in zwei oder mehr Werken erfolgt;

l) Nummer und Datum dieser Europäischen Norm, d. h. EN 12259-9:2004.

Enthalten die Anforderungen von ZA.3 dieselben oben genannten Angaben, gelten die Anforderungen dieses Abschnittes als erfüllt.

7 Installations- und Betriebsanleitung

Mit jedem Sprühwasserventil sind Installations- und Betriebsanleitungen, einschließlich des höchsten zulässigen Dauerdurchflusses, mitzuliefern. Diese Aufzeichnungen müssen eine Abbildung des empfohlenen Installationsverfahrens und der Funktion des Trimmings, Zusammenbauzeichnungen zur Erläuterung der Betätigung und Empfehlungen für Pflege und Wartung enthalten.

Anhang A
(normativ)

Brandbeanspruchungsprüfung für Gehäuse und Deckel

ANMERKUNG   Zu Anforderungen siehe 4.4.1.2.

A.1 Prüfverfahren

Das Sprühwasserventil wird ohne Verrohrung und mit verschlossenen Gehäuseöffnungen horizontal nach Bild A.1 eingebaut. Die Rohrleitung und das Ventil zwischen den Punkten 3 und 4 werden mit Wasser gefüllt. Ventil 3 ist zu schließen und Ventil 4 ist zu öffnen.

In der Mitte unter dem Sprühwasserventil wird eine Brennstoffwanne angeordnet, deren Oberfläche mindestens 1 m² beträgt. In diese Wanne wird ein ausreichendes Volumen eines geeigneten Brennstoffes gefüllt, damit sich nach dem Erreichen einer Temperatur von 800 °C für eine Dauer von mindestens 15 min eine Temperatur von 800 °C bis 900 °C in der Nähe des Ventils einstellt.

Die Temperatur wird mit zwei Thermoelementen gemessen, die einander gegenüber und 10 mm bis 15 mm von der Oberfläche des Sprühwasserventils entfernt auf einer horizontalen Ebene parallel zur Achse zwischen den Mittelpunkten der Befestigungsanschlüsse angebracht werden.

Der Brennstoff wird entzündet und nach einer Beanspruchung von (15 ± 1) min bei Temperaturen von 800 °C bis 900 °C wird die Brennstoffwanne entfernt oder das Feuer gelöscht. Beginnend innerhalb einer Minute nach dem Löschen des Feuers wird das Sprühwasserventil für eine Dauer von mindestens 1 min durch Spülen mit einer Durchflussrate von (100 ± 5) l/min Wasser abgekühlt. Anschließend wird das Ventil demontiert, um die Dichtungseinheit freizulegen und manuell überprüfen zu können, ob die Dichtungseinheit frei und vollständig öffnet.

Das Sprühwasserventil wird mit einem inneren Wasserdruck von mindestens dem doppelten und höchstens dem 2,1fachen Nennbetriebsdruck unter Verwendung des in E.1 beschriebenen Verfahrens mit Druck beansprucht, um die Erfüllung der Anforderungen nach 4.10.1 zu überprüfen.

ANMERKUNG   Äußere Gehäusedichtungen und Dichtringe dürfen für die Wasserdruckprüfung ersetzt werden.

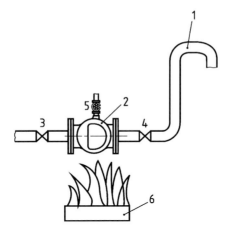

Legende
1 Rohrleitung
2 Sprühwasserventil
3 Absperrventil
4 Absperrventil
5 Entlüftungsventil
6 Brennstoffwanne

Bild A.1 — Prüfaufbau für die Brandbeanspruchungsprüfung

Anhang B
(normativ)

Festigkeitsprüfung für Gehäuse und Deckel

ANMERKUNG 1   Zu Anforderungen siehe 4.4.3.1.

ANMERKUNG 2   Für diese Prüfung dürfen Befestigungselemente, Dichtungen, Membranen und Dichtringe der Standardproduktion durch Bauteile ersetzt werden, die dem anzuwendenden Druck standhalten können.

Die Anschlüsse für die Wasserdruckprüfung des Sprühwasserventilgehäuses sind am Eingangsanschluss und Einrichtungen zur Belüftung und für die Druckbeanspruchung mit Flüssigkeit am Ausgangsanschluss anzubringen. Alle anderen Öffnungen sind abzusperren oder zu verschließen. Die Dichtungseinheit wird in der Offenstellung arretiert und das Gehäuse wird für eine Dauer von (5 ± 1) min mit mindestens dem 4fachen und höchstens dem 4,1fachen Nennbetriebsdruck beansprucht. Anschließend wird das Sprühwasserventil auf Risse untersucht.

— *Entwurf* — prEN 12259-9:2004 (D)

Anhang C
(normativ)

Strömungsprüfung für Sprühwasserventile

C.1 Betrieb von automatischen Entwässerungsventilen

ANMERKUNG   Zu Anforderungen siehe 4.5.4.

Die Eingangsseite eines automatischen Entwässerungsventils wird mit Wasser versorgt. Eingangsdruck und Durchflussrate werden erhöht und mit Messunsicherheiten von ± 2 % bzw. ± 5 % aufgezeichnet, bis sich die Auslassöffnung schließt. Anschließend wird überprüft, dass der Druck nicht mehr als 1,4 bar beträgt und die Durchflussrate zwischen 0,13 l/s und 0,63 l/s liegt.

C.2 Durchfluss durch eine erweiterbare Entwässerung

ANMERKUNG   Zu Anforderungen siehe 4.5.5.

Die Eingangsseite des erweiterbaren Entwässerungsventils wird mit Wasser versorgt. Der Eingangsdruck wird in Stufen von kleiner als 3 bar bis zum Nennbetriebsdruck erhöht und mit einer Messunsicherheit von ± 2 % aufgezeichnet wobei gleichzeitig die Durchflussrate gemessen wird. Es ist zu überprüfen, ob die Durchflussrate bei jedem Druck kleiner als 0,63 l/s ist.

C.3 Prüfung des Druckverlustes durch Rohrreibung

ANMERKUNG   Zu Anforderungen siehe 4.12.

Das Sprühwasserventil wird unter Verwendung von Rohren, deren Nennweite gleich der Nennweite des Sprühwasserventils ist, in einen Prüfaufbau eingebaut (siehe Bild C.1). Es sind ein Differenzdruckmessgerät mit einer Messunsicherheit von nicht mehr als ± 2 % sowie ein Durchflussmessgerät mit einer Messunsicherheit von nicht mehr als ± 5 % zu verwenden.

Bei entsprechenden Volumenströmen im Bereich oberhalb und unterhalb der in Tabelle C.1 angegebenen Volumenströme sind die Differenzdrücke über dem Sprühwasserventil zu messen und aufzuzeichnen. Ist der Druckverlustwert für den Prüfaufbau nicht verfügbar, wird das in den Prüfaufbau eingebaute Sprühwasserventil anschließend durch einen Rohrabschnitt ersetzt, der die gleiche Nennweite wie das Ventil besitzt oder die zwei Prüfrohre werden zusammengefügt und es werden die Differenzdrücke in den gleichen Bereichen der Volumenströme gemessen. Die Differenzdrücke werden mit grafischen Verfahren anhand der in Tabelle C.1 angegebenen Volumenströme bestimmt. Der Druckverlust des Ventils durch Rohrreibung wird als Differenz zwischen den Druckverlusten zwischen den Messpunkten mit oder ohne Ventil aufgezeichnet.

Tabelle C.1 — Erforderliche Durchflussrate für Strömungsprüfungen zur Bestimmung des Druckverlustes durch Flüssigkeitsreibung

Nennweite mm	Durchflussrate l/min
40	300
50	600
65	800
80	1 300
100	2 200
125	3 500
150	5 000
200	8 700
250	14 000

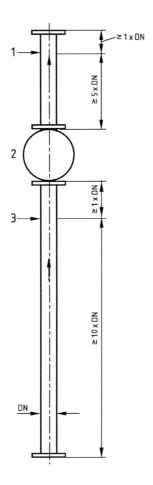

Legende
1 Druckmesspunkt A
2 Prüfmuster
3 Druckmesspunkt B

Bild C.1 — Prüfaufbau für Prüfungen des Druckverlustes durch Rohrreibung, Ermüdungsprüfungen und Prüfungen der Betriebskennwerte

Anhang D
(normativ)

Prüfungen der Dichtungseinheit

ANMERKUNG   Zu Anforderungen siehe 4.6.2, 4.6.3 und 4.6.5.

D.1 Dauerprüfung für Federn und Membranen

Die Feder oder Membrane wird (5 000 ± 10) üblichen Schwingspielen unterzogen. Die Prüfeinrichtung wird mit höchstens 6 Schwingspielen/min betrieben.

Bei Federn am Lager der Dichtungseinheit wird die Dichtungseinheit um einen Winkel von mindestens 45° von ihrem Sitz geschwenkt und langsam wieder in die Schließstellung zurückbewegt. Andere Federn werden aus der vollständigen Offenstellung in die Schließstellung geführt. Membranen werden von der normalen Offenstellung in die normale Schließstellung bewegt. Risse oder Brüche sind aufzuzeichnen, die Übereinstimmung mit 4.6,2 ist zu prüfen.

D.2 Prüfung der Anti-Rückstelleinrichtung

D.2.1 Das Sprühwasserventil mit zugehörigem Trimming wird unter Verwendung von Rohren gleicher Nennweite wie das Sprühwasserventil wird in der empfohlenen Lage in einen Prüfaufbau (wie in Bild D.1 schematisch dargestellt) eingebaut.

D.2.2 Die Dichtungseinheit des Sprühwasserventils wird in die Offenstellung gebracht und der gegebenenfalls vorhandene Deckel arretiert. Das System, ausgenommen der Behälter mit einem Volumen von (1,6 ± 0,4) m³, wird vollständig mit Wasser gefüllt. Der Behälter wird zu (25 ± 5) % seines Volumens mit Wasser gefüllt und mit (10 ± 1) bar Druckluft beaufschlagt. Anschließend wird das Versorgungsventil geschlossen und das Schnellöffnungsventil betätigt, um eine Strömung an der Dichtungseinheit des Sprühwasserventils vorbei zu erzeugen.

D.2.3 Die Dichtungseinheit ist zu untersuchen, um sicherzustellen, dass sie weder in ihren geschlossenen Zustand zurückgesetzt hat oder dass keine bleibenden Verformungen, Risse, Abblätterungen oder andere Ausfallanzeichen aufgetreten sind. Anschließend sind die Betriebskennwerte des Sprühwasserventils auf Konformität mit 4.10.3.1 zu überprüfen.

D.3 Prüfung des Differenzdruckverhältnisses

Das Sprühwasserventil wird unter Benutzung von Rohrleitungen gleichen Nenndurchmessers wie das Sprühwasserventil in einen Prüfaufbau (siehe Bild C.1) eingebaut. Es ist sicherzustellen, dass die Dichtungseinheit frei beweglich ist. Der vom Lieferanten festgelegte Mindest-Versorgungsdruck ist innerhalb der Druckgrenzen ($^{+200}_{0}$) bar anzuwenden. An der Ausgangsseite des Sprühwasserventils ist ein geringer Wasserdurchfluss einzustellen, bis zum Öffnen des Ventils zu erhöhen und der höchste erreichte Differenzdruck ist mit einer Messunsicherheit von höchstens ± 10 mbar am Auslösepunkt aufzuzeichnen. Dies wird durch den höchsten Wert für den Differenzdruck angezeigt, der unmittelbar vor Öffnung des Ventils erreicht wird.

Das Differenzdruckverhältnis ist wie folgt zu berechnen:

$$\textit{Differenzdruckverhältnis} = \frac{\textit{Versorgungsdruck}}{\textit{Versorgungsdruck} - \textit{höchsterDifferenzdruck}}$$

Die Prüfung ist bei Versorgungsdrücken von (7 ± 0,5) bar und zulässigem Betriebsdruck ± 0,5 bar zu wiederholen und die Ergebnisse sind aufzuzeichnen.

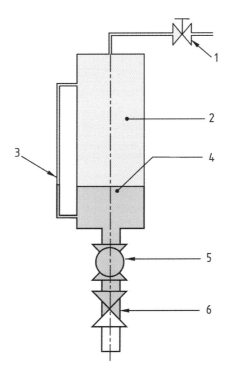

Legende
1 Luftversorgung
2 Wasser-/Luftbehälter (1,6 ± 0,4) m^3
3 Wasserstandsanzeige
4 Wasserstand
5 zu prüfendes Sprühwasserventil
6 Schnellöffnungsventil

Bild D.1 — Anti-Rücksetzprüfung

Anhang E
(normativ)

Leistungsprüfungen

ANMERKUNG Siehe 4.6.3, 4.6.5, 4.8, 4.10.1, 4.10.2, 4.10.3, 4.11.

E.1 Beständigkeit des Gehäuses und der Dichtungseinheit gegen Undichtheit und Verformung

E.1.1 Zur Prüfungsdurchführung wird eingangsseitig ein Druckwasseranschluss und ausgangsseitig eine Einrichtung zur Entlüftung angebracht. Alle anderen Öffnungen werden verschlossen. Mit der in Offenstellung arretierten Dichtungseinheit wird das Gehäuse für eine Dauer von 5 min mit 2,1fachem Nennbetriebsdruck beaufschlagt. Das Sprühwasserventil wird auf Undichtheit, bleibende Verformung oder Risse hin untersucht.

E.1.2 Das Sprühwasserventil wird in die Bereitschaftsstellung gebracht. Die Ausgangseite des Ventils wird mit der Atmosphäre verbunden. Ein Wasserdruck in Höhe des doppelten Nennbetriebsdruckes wird auf die Eingangsseite des Ventils aufgebracht und für eine Dauer von 2 h aufrechterhalten. Das Ventil muss anschließend auf Konformität mit 4.10.2 überprüft werden.

E.2 Betriebskennwerte eines Sprühwasserventils

E.2.1 Das Sprühwasserventil mit dem zugehörigen Trimming werden in einen Prüfaufbau (wie auf Bild C.1 schematisch dargestellt), unter Verwendung von Rohrleitungen gleicher Nennweite wie das Sprühwasserventil und einem Anlagenvolumen von mindestens 1 m^3 eingebaut. Zusätzlich werden die vom Lieferanten empfohlenen Teile, wie Alarmabsperrhahn, Alarmleitungsentwässerung sowie mechanische und/oder elektrische Alarmierungseinrichtungen installiert.

Vor jeder Prüfung werden die Sitzoberflächen der Dichtungseinheit, die Sitzringe und weiteren Funktionsteile gereinigt. Der Hauptabsperrkörper wird korrekt aufgelegt, der Hebelmechanismus in die Betriebsstellung gebracht und die gegebenenfalls vorhandenen Deckel befestigt. Der vom Lieferanten empfohlene Abdichtwasserstand wird eingestellt und die Steuerleitung in Übereinstimmung mit den Empfehlungen des Lieferanten mit Luft- oder Wasserdruck beaufschlagt, der dem Versorgungsdruck zugeordnet ist. Anschließend ist der anfängliche Mindest-Wasserversorgungsdruck auf der Eingangsseite aufzubringen. Es ist sicherzustellen, dass vor jeder Prüfung die zugehörigen Rohrleitungen vollständig entwässert ist; unmittelbar vor jedem Prüfdurchgang ist die Entwässerung zu überprüfen, jede Undichtheit ist aufzuzeichnen.

E.2.2 Unter Verwendung von Alarmierungseinrichtungen wird ermittelt, dass die Betriebsanforderungen bei Versorgungsdrücken entsprechend dem Mindest-Versorgungsdruck, dem Nennbetriebsdruck und dem Druck, der genau zwischen beiden liegt, durch das Auslösen des Sprühwasserventils unter üblichen Betriebsbedingungen erfüllt werden. Dabei ist Folgendes aufzuzeichnen:

a) der Wasserversorgungsdruck in Abhängigkeit von der Zeit (Messpunkt B, Bild C.1);

b) der Steuerleitungsdruck in Abhängigkeit von der Zeit;

c) der Auslösepunkt;

d) der Druck am Alarmanschluss in Abhängigkeit von der Zeit.

Nach jedem Prüfdurchgang wird die automatische Entwässerung der Alarmrohrleitung überprüft und die Stellung der Dichtungseinheit des Sprühwasserventils geprüft, die sie hinsichtlich der Rücksetz- oder Rückstellsperren, sofern zutreffend, eingenommen hat. Nach dem Abschluss sämtlicher Prüfungen wird das Sprühwasserventil auf Beschädigungen, besonders der Dichtungsteile, untersucht.

E.2.3 Das Ventil ist entsprechend den Anweisungen des Lieferanten in die Ruhestellung rückzustellen und mit dem Mindest-Versorgungsdruck zu beaufschlagen. Der Versorgungsdruck ist für die Dauer von ($60 \, ^{+5}_{0}$) min auf 0 bar zu verringern. Der Mindest-Versorgungsdruck ist erneut aufzubringen und für mindestens 1 min aufrechtzuerhalten. Es ist zu überprüfen, dass das Ventil nicht öffnet. Die Prüfung ist bei Nennbetriebsdruck und einem Druck, der genau zwischen Mindest-Versorgungsdruck und Nennbetriebsdruck liegt, zu wiederholen.

Anhang F
(normativ)

Prüfung der Alterungsbeständigkeit von nicht metallischen Bauteilen (ausgenommen Membranen, Dichtungen und Dichtringe)

ANMERKUNG Zu Anforderungen siehe 4.7.

F.1 Alterung im Luft-Trockenschrank für Bauteile, die im Bereitschaftszustand üblicherweise Luft ausgesetzt sind

Ein Prüfling jedes nicht metallischen Bauteiles wird in einem Trockenschrank bei einer Temperatur von (120 ± 2) °C für eine Dauer von (180 ± 1) Tagen gealtert. Dabei sind die Bauteile so zu lagern, dass sie sich weder untereinander noch die Seitenwände des Trockenschrankes berühren. Nach der Entnahme aus dem Trockenschrank werden die Prüflinge mindestens 24 h vor weiterer Prüfung, Messung oder Untersuchung an Luft bei (23 ± 2) °C mit einer relativen Luftfeuchte von (70 ± 20) % abgekühlt.

Wenn der Werkstoff der angegebenen Temperatur nicht ohne übermäßige Verhärtung oder Erweichung, Verformung oder Eigenschaftsverschlechterung standhalten kann, wird die Alterungsprüfung im Trockenschrank für eine längere Dauer und bei einer niedrigeren Temperatur, jedoch nicht unter 70 °C, durchgeführt. Die Beanspruchungsdauer D in Tagen wird mit folgender Gleichung berechnet:

$$D = 737\,000 \; e^{-0{,}0693\,t}$$

Dabei ist

t die Prüftemperatur in Grad Celsius.

ANMERKUNG Diese Gleichung beruht auf der 10-°C-Regel, d. h. für jede Erwärmung um 10 °C wird die chemische Reaktionsgeschwindigkeit annähernd verdoppelt. Bei der Anwendung auf die Alterung von Kunststoffen wird angenommen, dass die Lebensdauer bei einer Temperatur t die Hälfte der Lebensdauer bei $(t - 10)$ °C beträgt.

Die Bauteile sind auf Brüche zu untersuchen, und, wenn sie keine Brüche aufweisen, in das Sprühwasserventil einzubauen.

F.2 Alterung in warmem Wasser für Bauteile, die im Bereitschaftszustand üblicherweise Wasser ausgesetzt sind

Ein Prüfling jedes Bauteiles wird für eine Dauer von (180 ± 1) Tagen in Leitungswasser mit einer Temperatur von (87 ± 2) °C gealtert. Nach der Entnahme aus dem Wasser werden die Prüflinge mindestens 24 h vor weiterer Prüfung, Messung oder Untersuchung an Luft bei (23 ± 2) °C mit einer relativen Luftfeuchte von (70 ± 20) % abgekühlt.

Kann der Werkstoff der angegebenen Temperatur nicht ohne übermäßige Erweichung, Verformung oder Eigenschaftsverschlechterung standhalten, wird die Alterungsprüfung in Wasser für eine längere Dauer und bei einer niedrigeren Temperatur, jedoch nicht unter 70 °C, durchgeführt. Die Beanspruchungsdauer D in Tagen wird mit folgender Gleichung berechnet:

$$D = 74\,857 \; e^{-0{,}0693\,t}$$

Dabei ist

t die Prüftemperatur in Grad Celsius.

ANMERKUNG   Diese Gleichung beruht auf der 10-°C-Regel, d. h. für jede Erwärmung um 10 °C wird die chemische Reaktionsgeschwindigkeit annähernd verdoppelt. Bei der Anwendung auf die Alterung von Kunststoffen wird angenommen, dass die Lebensdauer bei einer Temperatur t die Hälfte der Lebensdauer bei $(t - 10)$ °C beträgt.

Die Bauteile sind auf Brüche zu untersuchen, und, wenn sie keine Brüche aufweisen, in das Sprühwasserventil einzubauen.

Anhang G
(normativ)

Dichtheitsprüfung

ANMERKUNG   Zu Anforderungen siehe 4.7 und 4.13.

Sofern vom Hersteller empfohlen, wird in der Schließstellung der Dichtungseinheit der Abdichtwasserstand hergestellt. Die Steuerleitung wird mit Druckluft mit einer Druckanstiegsgeschwindigkeit von höchstens 1,4 bar/min bis auf einen Druck von ($0,7 \, ^{+0,1}_{0}$) bar über dem Auslösedruck des Ventils bei Nennbetriebsdruck beaufschlagt. Die Dichtungseinheit wird eingangsseitig mit einem Wasserdruck, der dem Nennbetriebsdruck entspricht, für eine Dauer von ($2 \, ^{+0,1}_{0}$) h beansprucht. Das Sprühwasserventil wird auf Undichtheiten der Dichtungseinheit zur gegebenenfalls vorhandenen Zwischenkammer und zum Alarmanschluss untersucht.

— *Entwurf* — prEN 12259-9:2004 (D)

Anhang H
(normativ)

Prüfung der Elemente von Dichtungseinheiten

ANMERKUNG Zu Anforderungen siehe 4.8.2.

H.1 Beständigkeit gegen Adhäsion

Die Dichtungseinheit wird in die Schließstellung gebracht und die Ausgangsseite des Sprühwasserventils wird für eine Dauer von (90 ± 1) Tagen mit einem Wasserdruck von (3,5 ± 0,5) bar beansprucht. Während dieser Dauer ist eine Wassertemperatur von (87 ± 2) °C durch einen Taucherhitzer oder eine sonstige geeignete Heizvorrichtung aufrechtzuerhalten. Es ist dafür zu sorgen, dass der Wasserdruck an der Eingangsöffnung dem Umgebungsdruck entspricht.

Am Ende der Beanspruchungsdauer wird das Wasser abgelassen und das Sprühwasserventil auf eine Temperatur von (21 ± 4) °C abgekühlt.

Das Sprühwasserventil wird in vertikaler Stellung und atmosphärischem Druck auf der Ausgangsseite an der Eingangsseite des Sprühwasserventils mit stufenweise bis höchstens 0,35 bar ansteigendem Wasserdruck beaufschlagt. Es ist zu überprüfen, ob sich die Dichtungseinheit vom Sitz fortbewegt und die Dichtung nicht an der Sitzfläche haftet.

Anhang I
(normativ)

Ermüdungsprüfung

ANMERKUNG 1   Zu Anforderungen siehe 4.14.

Das Sprühwasserventil und das dazugehörige Trimming wird mit Rohren gleicher Nennweite wie das Ventil in einen Prüfaufbau eingebaut (wie in Bild C.1 schematisch dargestellt). An bzw. in der Alarmleitung ist ein Alarmabsperrventil, eine Entwässerungseinrichtung sowie mechanische und/oder elektrische Alarmierungseinrichtungen nach den Empfehlungen des Lieferanten einzubauen. Durch das Sprühwasserventil wird ein Durchfluss erzeugt und für eine Dauer von ($90\,^{+1}_{\,0}$) min aufrechterhalten, der dem 1,25fachen des vom Lieferanten als höchstem Auslegungsdurchfluss festgelegten Durchfluss entspricht, die zutreffende Durchflussrate nach Tabelle C.1 jedoch nicht unterschreitet.

Der Versorgungsdruck ist ausgehend vom Mindest-Versorgungsdruck auf den Nennbetriebsdruck über eine Dauer von (2 ± 1) min zu erhöhen, gemessen vom Beginn der Prüfung, bei der die ordnungsgemäße Funktionsfähigkeit der Alarmierungseinrichtungen zu überprüfen ist. Wurde die ordnungsgemäße Funktionsfähigkeit einmal nachgewiesen, können die Alarmierungseinrichtungen für die verbleibende Restdauer der 90minütigen Prüfung ausgeschaltet werden.

Nach der Prüfung ist das Sprühwasserventil auszubauen und auf Anzeichen von Verformungen, Rissen, Abblätterungen, Lockerungen, Versetzungen oder andere Ausfallanzeichen zu untersuchen.

ANMERKUNG 2   Die Prüfung nach Anhang G darf gleichberechtigt durchgeführt werden.

— *Entwurf* — prEN 12259-9:2004 (D)

Anhang J
(informativ)

Typischer Prüfplan für Sprühwasserventile und Beispiele für die Prüfmusteranzahl

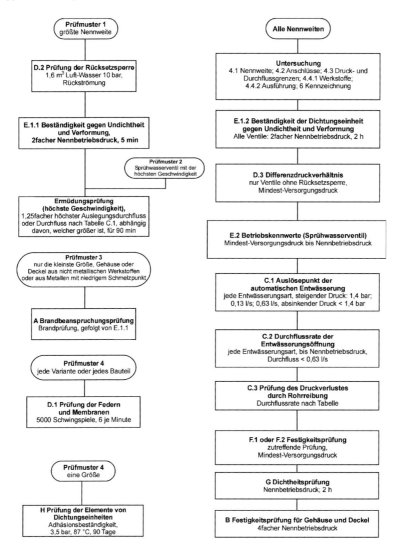

prEN 12259-9:2004 (D) — *Entwurf* —

Anhang ZA
(informativ)

Abschnitte dieser Europäischen Norm, die grundlegende Anforderungen oder andere Bestimmungen von EU-Richtlinien ansprechen

ZA.0 Anwendungsbereich dieses Anhangs

Der Anwendungsbereich entspricht dem in Abschnitt 1 definierten Anwendungsbereich.

ZA.1 Zusammenhang von EU-Richtlinien mit dieser Europäischen Norm

Diese Europäische Norm wurde im Rahmen eine Mandates erarbeitet, das dem CEN von der Europäischen Kommission und der Europäischen Freihandelszone erteilt wurde.

Die in diesem Anhang dieser Europäischen Norm aufgeführten Abschnitte entsprechen den im Mandat gestellten Anforderungen, das unter der EU-Bauproduktenrichtlinie (89/106) erteilt wurde.

Die Übereinstimmung mit diesen Abschnitten begründet eine Eignungsvermutung des von dieser Europäischen Norm erfassten Bauproduktes bezüglich seiner bestimmungsgemäßen Verwendung.

WARNUNG — Andere Anforderungen und andere EU-Direktiven, die nicht die Eignung für die bestimmungsgemäße Verwendung beeinflussen, können für das im Anwendungsbereich dieser Norm genannte Bauprodukt anwendbar sein.

ANMERKUNG   Zusätzlich zu irgendwelchen spezifischen Abschnitten in dieser Norm, die sich auf gefährliche Substanzen beziehen, kann es noch andere Anforderungen an die Produkte geben, die unter ihren Anwendungsbereich fallen (z. B. umgesetzte europäische Rechtsvorschriften und nationale Gesetze, Rechts- und Verwaltungsbestimmungen). Diese besagten Anforderungen, sofern sie Anwendung finden, sind ebenfalls einzuhalten. Eine Informations-Datenbank über europäische und nationale Bestimmungen über gefährliche Stoffe ist verfügbar innerhalb der Internetseite EUROPA (CREATE, Zugang über http://europa.eu.int).

Bauprodukte: Sprühwasserventil und Zubehör

Vorgesehene Anwendung: Sprühwasserventil und Zubehör für die Verwendung in Sprinkler- und Sprühwasseranlagen

Tabelle ZA.1— Betroffene Abschnitte

Wesentliche Eigenschaften	Abschnitte dieser Europäischen Norm	Kategorien oder Klassen	Bemerkungen
Nennauslösebedingungen	4.10.3	—	—
Ansprechverzögerung/Ansprechzeit	4.5.2, 4.5.4, 4.5.5		
Betriebszuverlässigkeit	4.3, 4.4, 4.5.3, 4.6.1, 4.6.3, 4.6.5, 4.9, 4.10.1, 4.10.2, 4.11, 4.12, 4.13, 4.14	—	—
Dauerhaftigkeit der Betriebszuverlässigkeit – Korrosionsbeständigkeit	4.6.2, 4.6.4	—	—
Dauerhaftigkeit der Betriebszuverlässigkeit – Festigkeit nichtmetallischer Bauteile	4.7, 4.8.2	—	—

36

— *Entwurf* — prEN 12259-9:2004 (D)

ZA.2 Verfahren für die Bescheinigung der Konformität von Sprühwasserventilen

Sprühwasserventile für die aufgeführte bestimmungsgemäße Verwendung müssen dem in Tabelle ZA.2 genannten Verfahren für die Bescheinigung der Konformität entsprechen.

Tabelle ZA.2 — Verfahren für die Bescheinigung der Konformität

Produkt	Vorgesehene Verwendung	Leistungsstufe(n) oder Klasse(n)	Verfahren für die Bescheinigung der Konformität
Sprühwasserventile und Zubehör	Brandschutz	—	1
Verfahren 1: Siehe Bauproduktenrichtlinie Anhang III.2.(i), ohne Stichprobenkontrolle			

Die Produktzertifizierungsstelle wird die Erstprüfung aller in Tabelle ZA.1 genannten Eigenschaften nach den Bestimmungen in 5.2 zertifizieren, dabei sind alle Merkmale bei der Erstinspektion des Werkes und der werkseigenen Produktionskontrolle, der ständigen Überwachung, Beurteilung und Anerkennung der werkseigenen Produktionskontrolle von Interesse für die Zertifizierungsstelle.

Der Hersteller muss ein System der werkseigenen Produktionskontrolle nach 5.3 einrichten.

ZA.3 CE-Kennzeichnung

Die CE Kennzeichnung nach der EU-Richtlinie 93/68/EWG muss auf dem Bauteil angebracht und durch die Kennzeichnung nach Abschnitt 6 begleitet werden. Zusätzlich muss die CE-Kennzeichnung auf der Verpackung und/oder den mitgelieferten Handelspapieren zusammen mit den folgenden Angaben aufgeführt werden:

— Registriernummer der Zertifizierungsstelle, und

— die letzten beiden Ziffern des Jahres, in dem die CE-Kennzeichnung angebracht wurde, und

— die entsprechende Nummer des EG-Konformitätszertifikats, und

— die Kennzeichnung nach Abschnitt 6; und

— die Nummer dieser Norm (EN 12259-9), und

— den Produkttyp (d.h. Sprühwasserventil und Zubehör), und

— der Nennbetriebsdruck (in bar); und

— Nennweite.

Bild ZA.1 führt ein Beispiel für die Informationen in den Handelspapieren an.

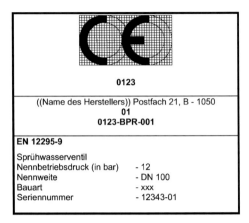

Bild J.ZA.1 — Beispiel für die Informationen zur CE-Kennzeichnung

ZA.4 Konformitätszertifikat und Konformitätserklärung

Der Hersteller oder sein im Europäischen Wirtschaftsraum ansässiger Vertreter muss eine Konformitätserklärung erstellen und aufbewahren, die zur Anbringung der CE-Kennzeichnung berechtigt. Die Konformitätserklärung muss enthalten:

— Name und Adresse des Herstellers oder seines im Europäischen Wirtschaftsraum ansässigen bevollmächtigten Vertreters sowie die Fertigungsstätte,

— Beschreibung des Produkts (Typ, Kennzeichnung, Verwendung), und eine Kopie der die CE-Kennzeichnung begleitenden Informationen,

— Bestimmungen, zu denen Konformität des Bauteils besteht (d. h. Anhang ZA dieser Europäischen Norm),

— besondere Verwendungshinweise [falls erforderlich],

— Name und Adresse (oder Registriernummer) der notifizierten Produktzertifizierungsstelle(n).

— Name und Stellung der verantwortlichen Person, die berechtigt ist, die Erklärung im Auftrag des Herstellers oder seines autorisierten Vertreters zu unterzeichnen.

Die Erklärung muss ein Konformitätszertifikat beinhalten, das, zusätzlich zu den oben aufgeführten Angaben, folgende Angaben enthält:

— Name und Adresse der Zertifizierungsstelle,

— Nummer des Zertifikates,

— Bedingungen und Gültigkeitsdauer des Zertifikates, wenn anwendbar,

— Name und Stellung der verantwortlichen Person, die berechtigt ist, das Zertifikat zu unterzeichnen.

Eine Wiederholung von Angaben zwischen der Konformitätserklärung und dem Konformitätszertifikat muss vermeiden werden. Die Konformitätserklärung und das Konformitätszertifikat müssen in der (den) offizielle(n) Sprache(n) des Mitgliedstaates vorgelegt werden, in dem das Produkt verwendet wird.

Literaturhinweise

[1] EN ISO 898-1, *Mechanische Eigenschaften von Verbindungselementen aus Kohlenstoffstahl und legiertem Stahl – Teil 1: Schrauben.*

[2] ISO 898-2, *Mechanical properties of fasteners – Part 2: Nuts with specified proof load values – Coarse thread.*

[3] EN ISO 9001:2000, *Qualitätsmanagementsysteme – Anforderungen.*

Juli 2009

DIN EN 12845

ICS 13.220.20   Teilweiser Ersatz für
DIN 14489:1985-05

**Ortsfeste Brandbekämpfungsanlagen –
Automatische Sprinkleranlagen –
Planung, Installation und Instandhaltung;
Deutsche Fassung EN 12845:2004+A2:2009**

Fixed firefighting systems –
Automatic sprinkler systems –
Design, installation and maintenance;
German version EN 12845:2004+A2:2009

Installations fixes de lutte contre l'incendie –
Systèmes d'extinction automatiques du type sprinkleur –
Conception, installation et maintenance;
Version allemande EN 12845:2004+A2:2009

Gesamtumfang 158 Seiten

Normenausschuss Feuerwehrwesen (FNFW) im DIN

597

DIN EN 12845:2009-07

Nationales Vorwort

Diese Europäische Norm (EN 12845:2004+A2:2009) wurde vom Technischen Komitee CEN/TC 191 „Ortsfeste Brandbekämpfungsanlagen" (Sekretariat: BSI, Großbritannien) erarbeitet und wird auf nationaler Ebene vom Arbeitsausschuss NA 031-03-03 AA „Wasserlöschanlagen und Bauteile" des FNFW betreut.

Dieses Dokument enthält die deutsche Sprachfassung der EN 12845:2004, einschließlich der Änderungen EN 12845:2004/A1:2009 und EN 12845:2004/A2:2009.

Anfang und Ende der durch die Änderung eingefügten oder geänderten Texte sind jeweils durch Änderungsmarken ⒜ ⒜ und ⒜ ⒜ angegeben. Gestrichene Texte sind wie folgt angegeben:

⒜ *gestrichener Text* ⒜ bzw. ⒜ *gestrichener Text* ⒜.

In Deutschland wurde die EN 12845:2004 bisher nicht als DIN EN 12845 veröffentlicht, da die Ausgabe der Europäischen Norm gravierende technische Fehler enthielt, die zum Teil mit den jetzt vorliegenden Änderungen bereinigt wurden.

Eine weitere technische Änderung A3 ist im zuständigen Technischen Komitee CEN/TC 191 in Vorbereitung.

CEN/TC 191 befasst sich einerseits mit der Erarbeitung von Normen für Bauteile für eine Sprinkleranlage. Ein Teil davon, z. B. die Sprinkler nach DIN EN 12259-1, fallen unter das Mandat M/109 der EG-Bauproduktenrichtlinie und müssen die „wesentlichen Anforderungen" der Bauteilnorm gemäß Bauproduktengesetz erfüllen. Sie müssen demzufolge mit der CE-Kennzeichnung versehen sein.

CEN/TC 191 befasst sich andererseits mit der Erarbeitung von Regelungen für die Planung und den Einbau von selbsttätigen Feuerlöschanlagen. Diese Normen beschreiben keine Bauprodukte, sondern Anlagen, die nicht unter den Anwendungsbereich des Bauproduktengesetzes fallen. Selbsttätige Feuerlöschanlagen dürfen daher nicht nach EG-Bauproduktenrichtlinie mit einer CE-Kennzeichnung versehen sein. Auch ergibt sich aus dem Bauproduktengesetz keine gesetzliche Verpflichtung, Sprinkler- bzw. Sprühwasserlöschanlagen nach Normen zu planen und einzubauen.

Mit der Europäischen Norm EN 12845 liegt in Europa eine einheitliche technische Regel für die Planung und den Einbau von Sprinkleranlagen vor.

Die EN 12845 enthält allgemeingültige Regeln als Mindestanforderungen und ein höheres als das in dieser Norm beschriebene Schutzniveau kann jederzeit angewendet werden. Spezielle, eventuell abweichende Anforderungen, die sich für jede einzelne Sprinkleranlage aufgrund z. B. örtlicher Verhältnisse oder der zu schützender Risiken abweichend ergeben, sind in dieser Norm nicht festgelegt.

Neben ihrer hohen Wirksamkeit beim Bekämpfen von Bränden zeichnen sich die nach den in Deutschland anerkannten Regeln der Technik errichteten Sprinkleranlagen durch eine hohe Zuverlässigkeit aus. So weisen Statistiken der VdS Schadenverhütung GmbH für die nach VdS-Richtlinien errichteten Sprinkleranlagen im langjährigen Mittel eine Erfolgsquote von über 98 % aus.

Wegen der hohen Wirksamkeit und Zuverlässigkeit von Sprinkleranlagen werden diese in Deutschland bauaufsichtlich berücksichtigt, d. h. bei Vorhandensein einer Sprinkleranlage darf unter bestimmten Umständen auf geforderte bauliche Maßnahmen verzichtet werden. Dies ist u. a. in Deutschland in diversen Sonderbauverordnungen der Bundesländer geregelt, wie z. B. in der Industriebaurichtlinie.

Es wird darauf aufmerksam gemacht, dass andere Normen und Richtlinien auf einer von dieser Norm abweichenden Sicherheitsphilosophie beruhen. Werden einzelne Elemente daraus übernommen und mit den Anforderungen dieser Norm vermischt, wird das diesem Dokument zu Grunde gelegte Schutzziel möglicherweise nicht erreicht. Ein Mischen der Anforderungen dieser Norm mit anderen Regelwerken ist nicht vorgesehen. Werden Anforderungen verändert oder ersetzt, ist diese Norm nicht mehr erfüllt.

Die Festlegungen dieser Norm ersetzen nicht Anforderungen, die sich z. B. aus rechtlichen oder versicherungstechnischen Fragen herleiten.

Versicherungstechnische Richtlinien[1] können eigene Anforderungen an die Verfügbarkeit und Wirksamkeit der Sprinkleranlage enthalten. Dieses betreffen einerseits erhöhte Anforderungen an die Konstruktion und Prüfung von Bauteilen, die Organisation, Ausstattung und Qualifikation der Errichterfirmen, Überwachung, Intervall und Umfang wiederkehrender Prüfungen usw., ermöglichen aber andererseits Erleichterungen hinsichtlich der Betriebszeit, der Rohrnetzinstallation oder der Instandhaltungsmaßnahmen.

ANMERKUNG Bei Sprinkleranlagen, die nach diesen versicherungstechnischen Richtlinien errichtet sind, kann davon ausgegangen werden, dass das in dieser Norm beschriebene Schutzziel erfüllt wird.

Einige Planungs- und Ausführungshilfen, wie sie in DIN 14489:1985-05 enthalten waren, sind nicht in die EN 12845 übernommen worden. Daher wird die Norm DIN 14489:1985-05 zurzeit überarbeitet und ist dann zusammen mit DIN EN 12845 anzuwenden.

In dieser Europäischen Norm sind insbesondere Anforderungen, mit denen die Zuverlässigkeit der im jeweiligen Gebäude installierten Sprinkleranlage sichergestellt werden soll, nicht ausreichend geregelt. Zur Wahrung des Sicherheits- und Schutzniveaus, das für Bauwerke in Deutschland gefordert ist, werden in der in Überarbeitung befindlichen DIN 14489 weitere Erläuterungen und Hinweise zur Anwendung der EN 12845 in Deutschland gegeben.

Es ist vorgesehen, nach Präsidialbeschluss 1/1993 des DIN den von dieser Europäischen Norm nicht abgedeckten Norm-Inhalt („Restnorm") im Kurzverfahren als DIN-Norm (DIN 14489) herauszugeben, sofern damit kein Handelshemmnis geschaffen wird.

Änderungen

Gegenüber DIN 14489:1985-05 wurden folgende Änderungen vorgenommen:

a) Anforderungen der Europäischen Norm EN 12845:2009 übernommen;
b) Anforderungen an die Wasserversorgung teilweise übernommen;
c) Anforderungen an die Sprinkleranordnung teilweise übernommen;
d) Bemessungsgrundlagen teilweise übernommen;
e) Umfang des Sprinklerschutzes und Anforderungen an die Betriebsanleitung, Abnahme, Wartung und Prüfung vollständig übernommen.

Frühere Ausgaben

DIN 14489: 1985-05

Nationaler Anhang NA
(informativ)

Literaturhinweise

DIN 14489:1985-05, *Sprinkleranlagen — Allgemeine Grundlagen*[2]

---

1) Siehe Richtlinien der VdS Schadenverhütung GmbH, Köln und FM Global, Frankfurt
2) Neuausgabe in Vorbereitung

— Leerseite —

EUROPÄISCHE NORM
EUROPEAN STANDARD
NORME EUROPÉENNE

EN 12845:2004+A2

April 2009

ICS 13.220.20　　　　　　　　　　　　　　　　　　　　　　　　　　Ersatz für EN 12845:2004

Deutsche Fassung

Ortsfeste Brandbekämpfungsanlagen — Automatische Sprinkleranlagen — Planung, Installation und Instandhaltung

Fixed firefighting systems —	Installations fixes de lutte contre l'incendie —
Automatic sprinkler systems —	Systèmes d'extinction automatiques du type sprinkleur —
Design, installation and maintenance	Conception, installation et maintenance

Diese Europäische Norm wurde vom CEN am 16. April 2004 angenommen und schließt Änderung 1 ein, die am 22. Februar 2009 vom CEN angenommen wurde, sowie Änderung 2 ein, die am 22. Februar 2009 vom CEN angenommen wurde.

Die CEN-Mitglieder sind gehalten, die CEN/CENELEC-Geschäftsordnung zu erfüllen, in der die Bedingungen festgelegt sind, unter denen dieser Europäischen Norm ohne jede Änderung der Status einer nationalen Norm zu geben ist. Auf dem letzten Stand befindliche Listen dieser nationalen Normen mit ihren bibliographischen Angaben sind beim Management-Zentrum des CEN oder bei jedem CEN-Mitglied auf Anfrage erhältlich.

Diese Europäische Norm besteht in drei offiziellen Fassungen (Deutsch, Englisch, Französisch). Eine Fassung in einer anderen Sprache, die von einem CEN-Mitglied in eigener Verantwortung durch Übersetzung in seine Landessprache gemacht und dem Management-Zentrum mitgeteilt worden ist, hat den gleichen Status wie die offiziellen Fassungen.

CEN-Mitglieder sind die nationalen Normungsinstitute von Belgien, Bulgarien, Dänemark, Deutschland, Estland, Finnland, Frankreich, Griechenland, Irland, Island, Italien, Lettland, Litauen, Luxemburg, Malta, den Niederlanden, Norwegen, Österreich, Polen, Portugal, Rumänien, Schweden, der Schweiz, der Slowakei, Slowenien, Spanien, der Tschechischen Republik, Ungarn, dem Vereinigten Königreich und Zypern.

EUROPÄISCHES KOMITEE FÜR NORMUNG
EUROPEAN COMMITTEE FOR STANDARDIZATION
COMITÉ EUROPÉEN DE NORMALISATION

Management-Zentrum: Avenue Marnix 17, B-1000 Brüssel

© 2009 CEN　Alle Rechte der Verwertung, gleich in welcher Form und in welchem Verfahren, sind weltweit den nationalen Mitgliedern von CEN vorbehalten.　　Ref. Nr. EN 12845:2004+A2:2009 D

DIN EN 12845:2009-07
EN 12845:2004+A2:2009 (D)

Inhalt

Seite

Vorwort 9

Einleitung 10

1 Anwendungsbereich 11

2 Normative Verweisungen 12

3 Begriffe 13

4 Vertragsplanung und Dokumentation 19
4.1 Allgemeines 19
4.2 Grundsätzliche Überlegungen 20
4.3 Vorbereitung oder Entwicklungsstadium 20
4.4 Planungsstadium 20
4.4.1 Allgemeines 20
4.4.2 Installationsanzeige 21
4.4.3 Übersichtszeichnungen für die Anlage 21
4.4.4 Wasserversorgung 24

5 Umfang des Sprinklerschutzes 26
5.1 Zu schützende Gebäude und Bereiche 26
5.1.1 Zulässige Ausnahmen innerhalb eines Gebäudes 26
5.1.2 Notwendige Ausnahmen vom Sprinklerschutz 26
5.2 Lagerung im Freien 27
5.3 Brandabschnitte 27
5.4 Schutz von Zwischendecken- und Zwischenbodenbereichen 27
5.5 Höhenunterschied zwischen höchstem und tiefstem Sprinkler 27

6 Einstufung in Nutzungen und Brandgefahr 28
6.1 Allgemeines 28
6.2 Brandgefahr 28
6.2.1 Leichte Brandgefahr (LH) 28
6.2.2 Mittlere Brandgefahr (OH) 28
6.2.3 Hohe Brandgefahr (HH) 29
6.3 Lagerung 30
6.3.1 Allgemeines 30
6.3.2 Lagerart 30

7 Hydraulische Bemessung 32
7.1 LH, OH und HHP 32
7.2 Hohe Brandgefahr, Lagerrisiko (HHS) 33
7.2.1 Allgemeines 33
7.2.2 Schutz mit ausschließlichem Deckenschutz 33
7.2.3 Regalsprinkler in Zwischenebenen 33
7.3 Anforderungen an Druck und Durchflussraten für vorberechnete Anlagen 35
7.3.1 LH- und OH-Anlagen 35
7.3.2 HHP- und HHS-Anlagen ohne Regalsprinkler 35

8 Wasserversorgungen 37
8.1 Allgemeines 37
8.1.1 Betriebsdauer 37
8.1.2 Kontinuität der Versorgung 38
8.1.3 Frostschutz 38
8.2 Maximaler Wasserdruck 38
8.3 Anschlüsse für andere Verbraucher 39
8.4 Einbauort von Bestandteilen für die Wasserversorgung 39
8.5 Prüf- und Messeinrichtung 39
8.5.1 An den Alarmventilstationen 39
8.5.2 An Wasserversorgungen 40

2

602

		Seite
8.6	Druck- und Durchflussprüfungen an Wasserversorgungen	40
8.6.1	Allgemeines	40
8.6.2	Wasserversorgung mit Vorratsbehälter und Druckluftwasserbehälter	40
8.6.3	Wasserversorgung durch öffentliches Wasserleitungsnetz, Druckerhöhungspumpe, Hochzwischenbehälter und Hochbehälter	40
9	Art der Wasserversorgung	41
9.1	Allgemeines	41
9.2	Öffentliches Wasserleitungsnetz	41
9.2.1	Allgemeines	41
9.2.2	Wasserleitungsnetz mit Druckerhöhungspumpe	41
9.3	Wasserbehälter	41
9.3.1	Allgemeines	41
9.3.2	Wassermengen	42
9.3.3	Zulaufraten für Vorratsbehälter	43
9.3.4	Zwischenbehälter	43
9.3.5	Nutzvolumen von Behältern und Dimensionierung von Saugkammern	44
9.3.6	Steinfänger	46
9.4	Unerschöpfliche Wasserquellen — Absetz- und Saugkammern	46
9.5	Druckluftwasserbehälter	49
9.5.1	Allgemeines	49
9.5.2	Einbauort	49
9.5.3	Mindestwassermenge	49
9.5.4	Luftdruck und Luftvolumen	49
9.5.5	Wasser- und Luftnachspeisung	50
9.5.6	Kontroll- und Sicherheitsausrüstung	50
9.6	Art der Wasserversorgung	51
9.6.1	Einfache Wasserversorgungen	51
9.6.2	A1) Einfache Wasserversorgungen mit erhöhter Zuverlässigkeit (A1	51
9.6.3	Doppelte Wasserversorgungen	52
9.6.4	Kombinierte Wasserversorgungen	52
9.7	Absperren der Wasserversorgung	52
10	Pumpen	52
10.1	Allgemeines	52
10.2	Anordnungen mit mehreren Pumpen	53
10.3	Bauliche Trennung von Pumpenanlagen	53
10.3.1	Allgemeines	53
10.3.2	Sprinklerschutz	53
10.3.3	Temperatur	54
10.3.4	Lüftung	54
10.4	Maximale Temperatur der Wasserversorgung	54
10.5	Ventile und Zubehör	54
10.6	Ansaugbedingungen	54
10.6.1	Allgemeines	54
10.6.2	Saugrohre	55
10.7	Leistungskennwerte	58
10.7.1	Vorberechnete LH- und OH-Anlagen	58
10.7.2	Vorberechnete HHP- und HHS-Anlagen ohne Regalsprinkler	59
10.7.3	Hydraulisch berechnete Anlagen	59
10.7.4	Druck und Wasserrate von öffentlichen Wasserleitungsnetzen mit Druckerhöhungspumpe	59
10.7.5	Druckschalter	60
10.8	Elektrisch angetriebene Pumpen	60
10.8.1	Allgemeines	60
10.8.2	Stromversorgung	60
10.8.3	Hauptschalttafel	60
10.8.4	Installation zwischen Hauptschalttafel und Pumpenschaltschrank	61
10.8.5	Pumpenschaltschrank	61

		Seite
10.8.6	Überwachung des Pumpenbetriebs	61
10.9	Dieselmotorbetriebene Pumpenanlagen	62
10.9.1	Allgemeines	62
10.9.2	Motoren	62
10.9.3	Kühlsystem	62
10.9.4	Luftfilterung	62
10.9.5	Abgasanlage	62
10.9.6	Kraftstoff, Kraftstofftank und Kraftstoffleitungen	63
10.9.7	Starteinrichtung	63
10.9.8	Motorstarterbatterien	64
10.9.9	Batterieladegeräte	65
10.9.10	Einbauort für Batterien und Ladegeräte	65
10.9.11	Anzeige des Starteralarms	65
10.9.12	Werkzeuge und Ersatzteile	65
10.9.13	Motorenprüfung und Probelauf	66
11	Art und Größe von Sprinkleranlagen	66
11.1	Nassanlagen	66
11.1.1	Allgemeines	66
11.1.2	Frostschutz	66
11.1.3	Größe der Anlagen	67
11.2	Trockenanlagen	67
11.2.1	Allgemeines	67
11.2.2	Größe der Anlagen	68
11.3	Nass-Trocken-Anlagen	68
11.3.1	Allgemeines	68
11.3.2	Größe der Anlagen	68
11.4	Vorgesteuerte Anlagen	68
11.4.1	Allgemeines	68
11.4.2	Automatische Brandmeldeanlagen	69
11.4.3	Größe der Anlagen	69
11.5	Tandem- und Tandem-Nass-Trocken-Anlagen und Nass-Trockenanlagen	69
11.5.1	Allgemeines	69
11.5.2	Größe von Tandemanlagen	69
11.6	Tandem-Sprühwasserlöschanlagen	69
12	Abstände und Anordnung von Sprinklern	70
12.1	Allgemeines	70
12.2	Maximale Schutzfläche je Sprinkler	70
12.3	Mindestabstände zwischen Sprinklern	72
12.4	Anordnung von Sprinklern zu Wänden und Decken	72
12.5	Zwischenebenensprinkler in HH-Risiken	77
12.5.1	Allgemeines	77
12.5.2	Maximaler vertikaler Abstand zwischen Sprinklern in Zwischenebenen	77
12.5.3	Horizontale Anordnung von Sprinklern in Zwischenebenen	78
12.5.4	Anzahl der Sprinklerreihen je Ebene	79
12.5.5	HHS-Sprinkler in Zwischenebenen von Regalen ohne Zwischenböden	79
12.5.6	HHS-Zwischenebenensprinkler unter geschlossenen oder gelatteten Regalböden (ST5 und ST6)	80
13	Dimensionierung und Anordnung von Rohren	81
13.1	Allgemeines	81
13.1.1	Dimensionierung von Rohren	81
13.2	Berechnung des Druckverlustes im Rohrnetz	81
13.2.1	Rohrreibungsverluste	81
13.2.2	Statischer Druckunterschied	82
13.2.3	Strömungsgeschwindigkeit	82
13.2.4	Druckverluste in Formstücken und Ventilen	82
13.2.5	Genauigkeit der Berechnungen	83

		Seite
13.3	Vorberechnete Anlagen	84
13.3.1	Allgemeines	84
13.3.2	Lage der Auslegungspunkte	84
13.3.3	LH-Anlagen	85
13.3.4	Mittlere Brandgefahr (OH)	86
13.3.5	Hohe Brandgefahr, HHP und HHS (außer Sprinkler in Zwischenebenen)	88
13.4	Hydraulisch berechnete Anlagen	95
13.4.1	Wasserbeaufschlagung	95
13.4.2	Lage der Wirkflächen	96
13.4.3	Form der Wirkfläche	97
13.4.4	Mindestdruck am geöffneten Sprinkler	100
13.4.5	Mindestrohrdurchmesser	100
14	Auslegungskennwerte und Verwendungen von Sprinklern	101
14.1	Allgemeines	101
14.2	Sprinklerarten und ihre Anwendungen	101
14.2.1	Allgemeines	101
14.2.2	Bündige Deckensprinkler, versenkte und verdeckte Sprinkler	101
14.2.3	Seitenwandsprinkler	102
14.2.4	Flachschirmsprinkler	102
14.3	Ausflussrate von Sprinklern	102
14.4	Öffnungstemperaturen von Sprinklern	102
14.5	Ansprechempfindlichkeit von Sprinklern	103
14.5.1	Allgemeines	103
14.5.2	Wechselwirkung mit anderen Maßnahmen des Brandschutzes	103
14.6	Sprinklerschutzkorb	103
14.7	Abschirmhauben für Sprinkler	103
14.8	Sprinklerrosetten	104
14.9	Korrosionsschutz für Sprinkler	104
15	Ventile und Armaturen	104
15.1	Alarmventilstationen	104
15.2	Absperrarmaturen	104
15.3	Ringleitungsarmaturen	104
15.4	Entwässerungsventile	104
15.5	Prüfventile	105
15.5.1	Prüfventile für Alarm und Pumpenstart	105
15.5.2	Prüfventile	106
15.6	Spülanschlüsse	106
15.7	Druckmessgeräte	106
15.7.1	Allgemeines	106
15.7.2	Anschlüsse der Wasserversorgung	106
15.7.3	Alarmventilstationen	106
15.7.4	Ausbau	107
16	Alarmmeldungen und Alarmierungseinrichtungen	107
16.1	Alarmvorrichtungen mit Alarmglocken	107
16.1.1	Allgemeines	107
16.1.2	Wassermotor und Alarmglocke	107
16.1.3	Rohrleitungen zum Wassermotor	107
16.2	Elektrische Strömungsmelder und Druckschalter	107
16.2.1	Allgemeines	107
16.2.2	Strömungsmelder	107
16.2.3	Trocken- und vorgesteuerte Anlagen	108
16.3	Anschlüsse für die Feuerwehr und die Brandmeldezentrale	108
17	Rohrleitungen	108
17.1	Allgemeines	108
17.1.1	Erdverlegte Rohrleitungen	108
17.1.2	Freiverlegte Rohrleitungen	108

DIN EN 12845:2009-07
EN 12845:2004+A2:2009 (D)

Seite

17.1.3	Schweißen von Stahlrohren	108
17.1.4	Flexible Schläuche und Verbindungen	109
17.1.5	Verdeckte Verlegung	109
17.1.6	Schutz vor Brandeinwirkung und mechanischer Beschädigung	109
17.1.7	Anstriche	109
17.1.8	Entwässerung	110
17.1.9	Kupferrohre	110
17.2	Rohrhalterungen	110
17.2.1	Allgemeines	110
17.2.2	Abstände und Anordnung	110
17.2.3	Bemessung	111
17.3	Rohrleitungen in Zwischendecken- und Zwischenbodenbereichen	112
17.3.1	Zwischendecken über OH-Nutzungen	112
17.3.2	Alle anderen Fälle	112
18	Schilder, Hinweise und Informationen	112
18.1	Übersichtsplan	112
18.1.1	Allgemeines	112
18.2	Schilder und Hinweise	112
18.2.1	Hinweisschild	112
18.2.2	Schilder für Absperrarmaturen	113
18.2.3	Alarmventilstation	113
18.2.4	Wasserversorgungsanschlüsse für andere Verbraucher	113
18.2.5	Saug- und Druckerhöhungspumpen	114
18.2.6	Elektrische Schalter und Schalttafeln	114
18.2.7	Prüf- und Bedieneinrichtungen	115
19	[A₂⟩ Inbetriebnahme ⟨A₂]	115
19.1	Inbetriebnahmeprüfungen	115
19.1.1	Rohrleitungen	115
19.1.2	Anlageneinrichtungen	115
19.1.3	Wasserversorgungen	115
19.2	Installationsattest und Dokumente	115
20	Instandhaltung	116
20.1	Allgemeines	116
20.1.1	Instandhaltungsprogramme	116
20.1.2	Vorkehrungen bei der Durchführung von Arbeiten	116
20.1.3	Ersatzsprinkler	116
20.2	Inspektions- und Prüfprogramm für den Betreiber	116
20.2.1	Allgemeines	116
20.2.2	Wöchentliche Routineprüfung	117
20.2.3	Monatliche Kontrollen	118
20.3	Service- und Instandhaltungspläne	118
20.3.1	Allgemeines	118
20.3.2	Vierteljährliche Routineinspektionen	118
20.3.3	Halbjährliche Routineinspektionen	119
20.3.4	Jährliche Routineinspektionen	120
20.3.5	3-Jahres-Routineinspektionen	120
20.3.6	10-Jahres-Routineinspektion	120

Anhang A (normativ) [A₂⟩ Klassifizierung typischer Risiken ⟨A₂] 121

Anhang B (normativ) Methode für die Zuordnung von Lagergut 124
B.1 Allgemeines 124
B.2 Materialfaktor (M) 124
B.2.1 Allgemeines 124
B.2.2 Materialfaktor 1 124
B.2.3 Materialfaktor 2 125
B.2.4 Materialfaktor 3 125

6

		Seite
B.2.5	Materialfaktor 4	125
B.3	Lagerkonfiguration	126
B.3.1	Auswirkungen der Lagerkonfiguration	126
B.3.2	Außen liegender Kunststoffbehälter mit nicht brennbarem Inhalt	126
B.3.3	Außen liegende Kunststoffoberflächen — ungeschäumt	127
B.3.4	Außen liegende Kunststoffoberflächen — geschäumt	127
B.3.5	Offene Struktur	127
B.3.6	Materialien in massiven Blöcken	127
B.3.7	Materialien in Granulat- oder Pulverform	127
B.3.8	Keine besondere Konfiguration	127

Anhang C (normativ) Alphabetische Auflistung gelagerter Produkte und deren Kategorien ... 128

Anhang D (normativ) Zonenunterteilung von Sprinklergruppen ... 131
D.1	Allgemeines	131
D.2	Unterteilung von Anlagen in Zonen	131
D.3	Anforderungen für in Zonen unterteilte Sprinkleranlagen	131
D.3.1	Umfang von Zonen	131
D.3.2	Zusatz-Absperrarmaturen für Zonen	131
D.3.3	Spülventile	131
D.3.4	Überwachung	132
D.3.5	Prüf- und Entwässerungseinrichtungen für Zonen	132
D.3.6	Gruppen-Alarmventilstation	132
D.3.7	Überwachung und Alarmmeldungen von Sprinklergruppen	132
D.4	Übersichtsplan	133

Anhang E (normativ) Besondere Anforderungen an Hochhausanlagen ... 134
E.1	Allgemeines	134
E.2	Auslegungskriterien	134
E.2.1	Gefahrenklasse	134
E.2.2	Unterteilung von Hochhaus-Sprinkleranlagen	134
E.2.3	Statischer Wasserdruck an Rückschlag- und Alarmventilen	134
E.2.4	Berechnung des Verteilernetzes bei vorberechneten Anlagen	134
E.2.5	Wasserdruck	135
E.3	Wasserversorgungen	135
E.3.1	Arten der Wasserversorgung	135
E.3.2	Anforderungen an Druck und Durchflussrate bei vorberechneten Gruppen	135
E.3.3	Kenngrößen der Wasserversorgung bei vorberechneten Gruppen	135
E.3.4	Pumpenleistung bei vorberechneten Gruppen	135

Anhang F (normativ) Besondere Anforderungen an Anlagen für den Personenschutz ... 138
F.1	Unterteilung in Zonen	138
F.2	!A2) Nassanlagen (A2	138
F.3	Art und Ansprechempfindlichkeit der Sprinkler	138
F.4	Alarmventilstation	138
F.5	Wasserversorgungen	138
F.6	Theater	138
F.7	Zusätzliche Vorsichtsmaßnahmen für die Instandhaltung	139

Anhang G (normativ) Schutz bei besonderen Gefährdungen ... 140
G.1	Allgemeines	140
G.2	Aerosole	140
G.3	Kleidung in mehrreihigen Konfektionshängelagern	140
G.3.1	Allgemeines	140
G.3.2	Einordnung in Kategorien	141
G.3.3	Sprinklerschutz (außer Deckensprinkler)	141
G.3.4	Ausgelöste Sprinkler	141
G.3.5	Deckensprinkler	141
G.3.6	Automatische Abschaltung	141
G.3.7	Alarmventilstation	141

		Seite
G.4	Lager für brennbare Flüssigkeiten	142
G.5	Leere Paletten	143
G.6	Spirituosen in Holzfässern	144
G.7	Synthetische Vliesstoffe	144
G.7.1	Freistehende Lagerung	144
G.7.2	Regallagerung	145
G.8	Polypropylen- oder Polyethylenlagerbehälter	145
G.8.1	Allgemeines	145
G.8.2	Einteilung in Brandgefahrenklassen	145
G.8.3	Palettenregallager (ST4)	145
G.8.4	Sämtliche anderen Lager	145
G.8.5	Schaummittelzusatz	145

Anhang H (normativ) Überwachung von Sprinkleranlagen ... 146
H.1 Allgemeines ... 146
H.2 Zu überwachende Funktionen ... 146
H.2.1 Allgemeines ... 146
H.2.2 Absperrventile für die Regelung des Wasserflusses zu den Sprinklern ... 146
H.2.3 Weitere Absperrventile ... 146
H.2.4 Flüssigkeitsstände ... 146
H.2.5 Drücke ... 147
H.2.6 Stromversorgung ... 147
H.2.7 Temperatur ... 147

Anhang I (normativ) Alarmübertragung ... 148
I.1 Zu überwachende Funktionen ... 148
I.2 Alarmarten ... 148

Anhang J (informativ) Vorsichtsmaßnahmen und Verfahren, wenn eine Anlage nicht vollständig funktionsfähig ist ... 149
J.1 Minimierung der Auswirkungen ... 149
J.2 Planmäßige Abschaltung ... 149
J.3 Außerplanmäßige Abschaltung ... 150
J.4 Maßnahmen nach einem Betrieb der Sprinkler ... 150
J.4.1 Allgemeines ... 150
J.4.2 Anlagen zum Schutz von Kühlhäusern (Kühlung mit Luftumwälzung) ... 150

Anhang K (informativ) 25-Jahres-Überprüfung ... 151

Anhang L (informativ) Besondere Technologien ... 152

Anhang M (informativ) [A₁⟩ Unabhängige Zertifizierungsstellen ⟨A₁] ... 153

Literaturhinweise ... 154

DIN EN 12845:2009-07
EN 12845:2004+A2:2009 (D)

Vorwort

Dieses Dokument (EN 12845:2004+A2:2009) wurde vom Technischen Komitee CEN/TC 191 „Ortsfeste Brandbekämpfungsanlagen" erarbeitet, dessen Sekretariat vom BSI gehalten wird.

Diese Europäische Norm muss den Status einer nationalen Norm erhalten, entweder durch Veröffentlichung eines identischen Textes oder durch Anerkennung bis Oktober 2009, und etwaige entgegenstehende nationale Normen müssen bis Oktober 2009 zurückgezogen werden.

[A1) Dieses Dokument ersetzt [A2) EN 12845:2004 (A2]. (A1]

Dieses Dokument enthält die Änderung A1 und die Änderung A2, die am 2009-02-22 von CEN angenommen wurden.

Anfang und Ende der durch die Änderung eingefügten oder geänderten Texte sind jeweils durch die Änderungsmarken [A1) (A1] und [A2) (A2] angegeben.

[A1) *gestrichener Text* (A1]

Die Anhänge A bis I sind normativ. [A1) Die Anhänge J bis M (A1] sind informativ.

Dieses Dokument enthält Literaturhinweise.

Folgende Europäische Normen befassen sich mit den Themen:

— automatische Sprinkleranlagen (EN 12259 und EN 12845);

— Löschanlagen mit gasförmigen Löschmitteln (EN 12094);

— Pulver-Löschanlagen (EN 12416);

— Explosionsschutzsysteme (EN 26184);

— Schaum-Löschanlagen (EN 13565);

— Wandhydranten und Schlauchhaspeln (EN 671);

— Rauch- und Wärmefreihaltung (EN 12101).

[A1) *gestrichener Text* (A1]

Entsprechend der CEN/CENELEC-Geschäftsordnung sind die nationalen Normungsinstitute der folgenden Länder gehalten, diese Europäische Norm zu übernehmen: Belgien, Bulgarien, Dänemark, Deutschland, Estland, Finnland, Frankreich, Griechenland, Irland, Island, Italien, Lettland, Litauen, Luxemburg, Malta, Niederlande, Norwegen, Österreich, Polen, Portugal, Rumänien, Schweden, Schweiz, Slowakei, Slowenien, Spanien, Tschechische Republik, Ungarn, Vereinigtes Königreich und Zypern.

Einleitung

Eine automatische Sprinkleranlage ist dafür ausgelegt, einen Brand zu entdecken und diesen schon im frühen Stadium mit Wasser zu löschen oder das Feuer unter Kontrolle zu halten, sodass das Löschen mit anderen Mitteln durchgeführt werden kann.

Eine Sprinkleranlage besteht aus einer oder mehreren Wasserversorgungen und einer oder mehreren Sprinklergruppen. Jede Gruppe besteht aus einer Alarmventilstation und einem Rohrnetz mit daran installierten Sprinklern. Die Sprinkler sind an vorgegebenen Stellen an Dächern oder Decken und, wenn erforderlich, in Regalen, unter Zwischenböden sowie in Öfen eingebaut. Die wesentlichen Elemente einer typischen Sprinklergruppe sind in Bild 1 dargestellt.

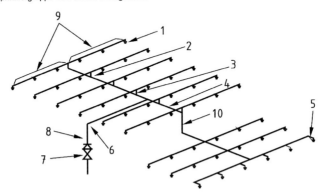

Legende

1 Sprinkler
2 Hauptleitung
3 Auslegungspunkt
4 Nebenverteilerrohr
5 Abzweigrohr
6 Steigleitung
7 Alarmventilstation
8 Hauptverteilerrohr
9 Strangrohr
10 Fallleitung

Bild 1 — Hauptbestandteile einer Sprinklergruppe

Die Sprinkler öffnen bei vorbestimmten Temperaturen, um Wasser auf die vom Brand betroffenen Teilflächen unter ihnen zu verteilen. Der Durchfluss von Wasser durch das Alarmventil löst einen Feueralarm aus. Im Allgemeinen wird die Öffnungstemperatur auf die Temperaturbedingungen in der Umgebung abgestimmt.

Nur die Sprinkler öffnen, die in der Umgebung des Brandes ausreichend erwärmt werden.

Die Sprinkleranlage sollte sich, bis auf wenige Ausnahmen, über das gesamte Betriebsgelände erstrecken.

Bei einigen Anwendungen, die vorrangig dem Personenschutz dienen, kann eine zuständige Stelle den Sprinklerschutz nur für bestimmte Bereiche festlegen, in denen sichere Bedingungen für die Evakuierung von Personen aus den Bereichen mit Sprinklerschutz erhalten bleiben.

Es kann nicht davon ausgegangen werden, dass das Vorhandensein einer Sprinkleranlage die Notwendigkeit anderer Mittel zur Brandbekämpfung überflüssig macht. Es ist wichtig, die Vorbeugemaßnahmen für den Brandschutz auf dem Betriebsgelände als Ganzes zu betrachten.

Zu berücksichtigen sind die Feuerbeständigkeit baulicher Anlagen, Fluchtwege, Brandmeldeanlagen, besondere Gefahren, die weitere Brandschutzmaßnahmen erfordern, Bereitstellung von Schlauchhaspeln und

Hydranten und tragbaren Feuerlöschern usw., sichere Arbeitsmethoden und Warentransport, Überwachung durch die Unternehmensleitung und eine gute Organisation.

Wichtig ist, dass Sprinkleranlagen ordnungsgemäß gewartet werden, damit sichergestellt ist, dass sie im Bedarfsfall funktionieren. Diese Aufgabe wird leicht übersehen oder vom zuständigen Personal unzureichend beachtet. Ist das der Fall, so birgt dies Lebensgefahr für die Benutzer der Gebäude und die Gefahr empfindlicher finanzieller Verluste. Die Bedeutung einer ordnungsgemäßen Instandhaltung kann nicht hoch genug bewertet werden.

Wenn Sprinkleranlagen außer Betrieb sind, ist in besonderem Maße auf vorkehrende Brandschutzmaßnahmen zu achten, und die zuständigen Stellen sind davon in Kenntnis zu setzen.

Diese Norm richtet sich an alle, die mit der Beschaffung, Planung, dem Einbau, der Prüfung, Überprüfung, Anerkennung, dem Betreiben und der Instandhaltung von automatischen Sprinkleranlagen befasst sind, um sicherzustellen, dass diese Einrichtungen entsprechend ihrem Verwendungszweck während ihrer gesamten Lebensdauer ordnungsgemäß arbeiten.

Diese Norm gilt nur für ortsfeste Sprinkleranlagen in Gebäuden und anderen Einrichtungen auf dem Land. Auch wenn die allgemeinen Prinzipien durchaus auf andere Anwendungen zutreffen (z. B. Einsatz in der Seeschifffahrt), müssen für diese Anwendungen mit hoher Wahrscheinlichkeit zusätzliche Aspekte berücksichtigt werden.

Es wird grundsätzlich davon ausgegangen, dass diese Norm von Errichtern angewendet wird, die auf ihrem Fachgebiet kompetentes Personal beschäftigen. Planung, Einbau und Instandhaltung von Sprinkleranlagen sollten nur durch ausgebildetes und erfahrenes Personal erfolgen. Desgleichen sollte bei der Installation und Prüfung der Anlagen sachkundiges technisches Personal eingesetzt werden ⒶꞋ⟩ (siehe Anhang M). ⟨Ꞌ₁

Diese Norm gilt nur für die in EN 12259-1 festgelegten Sprinklerarten (siehe Anhang L).

1 Anwendungsbereich

Diese Norm legt Anforderungen fest und gibt Empfehlungen für die Planung, den Einbau und die Instandhaltung von ortsfesten Sprinkleranlagen in Gebäuden und Industrieanlagen. Sie legt Anforderungen an besondere Sprinkleranlagen fest, die für Maßnahmen zum Schutz des menschlichen Lebens wesentlich sind.

Diese Norm gilt nur für die in EN 12259-1 festgelegten Sprinklerarten (siehe Anhang L).

Die Anforderungen und Empfehlungen dieser Norm gelten auch für jede Ergänzung, Erweiterung, Reparatur oder sonstige Veränderung an Sprinkleranlagen. Sie gelten nicht für Sprühwasser-Löschanlagen.

Diese Norm umfasst die Klassifizierung von Gefahren, die Art der Wasserversorgung, die zu verwendenden Bauteile, den Einbau und die Prüfung der Anlage, die Instandhaltung und Erweiterung bestehender Anlagen. Sie weist Konstruktionsdetails von Gebäuden aus, die für das ordnungsgemäße Funktionieren von Sprinkleranlagen nach dieser Norm erforderlich sind.

Diese Norm gilt nicht für Wasserversorgungen für andere als Sprinkleranlagen. Ihre Anforderungen können als Leitfaden für andere ortsfeste Brandbekämpfungsanlagen verwendet werden, wobei jedoch vorausgesetzt wird, dass für andere Löschmittel besondere Anforderungen zu berücksichtigen sind.

ⒶꞋ⟩ gestrichener Text ⟨Ꞌ₁

Die Anforderungen gelten nicht für automatische Sprinkleranlagen auf Schiffen, in Flugzeugen, auf Fahrzeugen und mobilen Brandbekämpfungseinrichtungen oder für unterirdische Anlagen in der Bergbauindustrie.

DIN EN 12845:2009-07
EN 12845:2004+A2:2009 (D)

!A₂) Abweichungen in der Planung von Sprinkleranlagen können zulässig sein, wenn für diese Abweichungen nachgewiesen worden ist, dass ein Schutzniveau erreicht wird, das mindestens dem dieser Europäischen Norm entspricht, z. B. durch 1:1-Brandversuche, wo angemessen, und wenn die Bemessungskriterien vollständig dokumentiert wurden. (A₁

2 Normative Verweisungen

Die folgenden zitierten Dokumente sind für die Anwendung dieses Dokuments erforderlich. Bei datierten Verweisungen gilt nur die in Bezug genommene Ausgabe. Bei undatierten Verweisungen gilt die letzte Ausgabe des in Bezug genommenen Dokuments (einschließlich aller Änderungen).

EN 54-1, *Brandmeldeanlagen — Teil 1: Einleitung*

EN 54-2, *Brandmeldeanlagen — Teil 2: Brandmelderzentralen*

EN 54-3, *Brandmeldeanlagne — Teil 3: Feueralarmeinrichtungen — Akustische Signalgeber*

EN 54-4, *Brandmeldeanlagen — Teil 4: Energieversorgungseinrichtungen*

EN 54-5, *Brandmeldeanlagen — Teil 5: Wärmemelder — Punktförmige Melder*

EN 54-10, *Brandmeldeanlagen — Teil 10: Flammenmelder — Punktförmige Melder*

EN 54-11, *Brandmeldeanlagen — Teil 11: Handfeuermelder*

EN 287-1, *Prüfung von Schweißern — Schmelzschweißen — Teil 1: Stähle*

EN 1057, *Kupfer und Kupferlegierungen — Nahtlose Rundrohre aus Kupfer für Wasser- und Gasleitungen für Sanitärinstallationen und Heizungsanlagen*

!A₂) EN 1254 (alle Teile) (A₁, *Kupfer und Kupferlegierungen — Fittings*

EN 12259-1, *Ortsfeste Löschanlagen — Bauteile für Sprinkler- und Sprühwasseranlagen — Teil 1: Sprinkler*

EN 12259-2, *Ortsfeste Löschanlagen — Bauteile für Sprinkler- und Sprühwasseranlagen — Teil 2: Nassalarmventil mit Zubehör*

EN 12259-3, *Ortsfeste Löschanlagen — Bauteile für Sprinkler- und Sprühwasseranlagen — Teil 3: Trockenalarmventile mit Zubehör*

EN 12259-4, *Ortsfeste Löschanlagen — Bauteile für Sprinkler- und Sprühwasseranlagen — Teil 4: Wassergetriebene Alarmglocken*

EN 12259-5, *Ortsfeste Löschanlagen — Bauteile für Sprinkler- und Sprühwasseranlagen — Teil 5: Strömungsmelder*

prEN 12259-12, *Ortsfeste Löschanlagen — Bauteile für Sprinkler- und Sprühwasseranlagen — Teil 12: Sprinklerpumpen*

EN 12723, *Flüssigkeitspumpen — Allgemeine Begriffe für Pumpen und Pumpenanlage — Definitionen, Größen, Formelzeichen und Einheiten*

!A₂) EN 50342-1, *Blei-Akkumulatoren-Starterbatterien — Teil 1: Allgemeine Anforderungen und Prüfungen*

EN 50342-2, *Blei-Starterbatterien — Teil 2: Maße von Batterien und Kennzeichnung von Anschlüssen* (A₁

EN 60529, *Schutzarten durch Gehäuse (IP Code) (IEC 60529:1989)*

EN 60623, *Geschlossene prismatische wiederaufladbare Nickel-Cadmium-Einzelzellen (IEC 60623:2001)*

EN 60947-1, *Niederspannungsschaltgeräte — Teil 1: Allgemeine Festlegungen* A₁⟩ *(IEC 60947-1:2007)* ⟨A₁

EN 60947-4-1, *Niederspannungsschaltgeräte — Teil 4-1: Schütze und Motorstarter — Elektromechanische Schütze und Motorstarter (IEC 60947-4-1:2000)*

EN ISO 3677, *Zusätze zum Weich-, Hart- und Fugenlöten — Bezeichnung (ISO 3677:1992)*

ISO 65, *Unlegierte Stahlrohre mit Gewinde gemäß ISO 7-1*

A₁⟩ ISO 3046 (alle Teile), *Hubkolben-Verbrennungsmotoren — Anforderungen* ⟨A₁

3 Begriffe

Für die Anwendung dieses Dokuments gelten die folgenden Begriffe.

3.1
A-Manometer
Manometer am öffentlichen Wasserleitungsnetz, das zwischen der Absperrarmatur der Versorgungsleitung und dem Rückschlagventil angeschlossen ist

3.2
Schnellöffner
Einrichtung, welche die Verzögerung des Ansprechens eines Trockenalarmventils bzw. eines Nass-Trocken-Alarmventils in der Stellung als Trockenanlage durch frühes Erkennen eines Luft- bzw. Inertgasdruckabfalls beim Öffnen von Sprinklern verringert

3.3
Alarmprüfventil
Ventil, durch das Wasser abgelassen werden kann, um die Funktion der Alarmvorrichtung mit Alarmglocke und/oder einer angeschlossenen elektrischen Alarmierung zu prüfen

3.4
Alarmventil
Rückschlagventil in der Ausführung als Nass-, Trocken- oder Kombinationsventil, das auch die hydraulische Alarmierungseinrichtung betreibt, wenn die Sprinklergruppe ausgelöst hat

3.5
Kombinationsalarmventil
Alarmventil zur Verwendung in Nass-, Trocken- oder Nass-Trockenanlagen

3.6
Trockenalarmventil
Alarmventil zur Verwendung in Trockenanlagen und/oder, in Kombination mit einem Nassalarmventil, in Nass-Trockenanlagen

3.7
vorgesteuertes Alarmventil
Alarmventil zur Verwendung in vorgesteuerten Anlagen

3.8
Nassalarmventil
Alarmventil zur Verwendung in Nassanlagen

3.9
Wirkfläche
maximale Fläche, über der für die Auslegung davon ausgegangen wird, dass Sprinkler bei einem Brand öffnen

3.10
hydraulisch günstigste Wirkfläche
Wirkfläche mit festgelegter Form innerhalb eines Sprinklernetzes, bei der die Wasserrate bei gegebenem an der Alarmventilstation gemessenem Druck am größten ist

3.11
hydraulisch ungünstigste Wirkfläche
Wirkfläche mit festgelegter Form innerhalb eines Sprinklernetzes, bei welcher der größte an der Alarmventilstation gemessene Wasserversorgungsdruck benötigt wird, um die erforderliche Wasserbeaufschlagung zu erreichen

3.12
Abzweigrohr
Rohr mit weniger als 0,3 m Länge, das nicht der letzte Abschnitt eines Strangrohrs ist und das einen einzigen Sprinkler speist

3.13
zuständige Stelle
Prüfstellen, die für die Anerkennung von Sprinkleranlagen, Bauteilen und Verfahrensweisen verantwortlich sind, z. B. Brandschutz- und Baubehörden, die Feuerversicherer, örtliche Wasserversorgungsunternehmen oder sonstige öffentliche zuständige Stellen

3.14
B-Manometer
Manometer, das an einem Alarmventil und auf gleicher Höhe mit diesem angeschlossen wird und den Druck vor dem Ventil anzeigt

3.15
Druckerhöhungspumpe
automatische Pumpe, welche die Sprinkleranlage mit Wasser aus einem Hochbehälter oder aus dem öffentlichen Wasserleitungsnetz versorgt

3.16
C-Manometer
Manometer, das an einem Alarmventil und auf gleicher Höhe mit diesem angeschlossen wird und den Druck hinter dem Ventil anzeigt

3.17
Alarmventilstation
Baugruppe, die ein Alarmventil, eine Absperrarmatur und sämtliche dazugehörigen Ventile und Zubehör für die Steuerung einer Sprinklergruppe enthält

3.18
Sprinkler zum Schutz von Öffnungen
Sprinkler, der eine Tür oder ein Fenster zwischen zwei Bereichen schützt, von denen nur einer durch Sprinkler geschützt wird

3.19
Wasserbeaufschlagung
Mindestmenge Wasser in Millimeter je Minute, für die eine Sprinklergruppe ausgelegt ist, ermittelt aus der Ausflussrate an einer bestimmten Gruppe von Sprinklern in Liter je Minute geteilt durch die Schutzfläche in Quadratmetern

3.20
Auslegungspunkt
Punkt an einem Verteilerrohr einer vorberechneten Anlage, hinter dem die Dimensionierung der Rohrleitungen aus Tabellen und vor dem die Dimensionierung durch hydraulische Berechnung erfolgt

3.21
Verteilerrohr
Rohr, das entweder ein Strangrohr direkt speist oder einen einzelnen Sprinkler auf einem nicht endenden Strangrohr, mit einer Länge über 300 mm

3.22
Nebenverteilerrohr
Verteilerrohr, das von einem Hauptverteilerrohr zu einem verzweigten Strangrohrnetz führt, das keinen weiteren Bereich versorgt

3.23
Regenvorhang-Düse
Düse, die Wasser über eine Oberfläche verteilt, um Schutz vor Brandeinwirkung zu erreichen

3.24
Fallrohr
vertikales Verteilerrohr, das ein darunter liegendes Verteilerrohr oder Strangrohr speist

3.25
Doppel-Kammanordnung
Rohranordnung mit Strangrohren auf beiden Seiten eines Verteilerrohrs

3.26
Kammanordnung
Rohranordnung mit Strangrohren auf nur einer Seite eines Verteilerrohrs

3.27
Schnellentlüfter
Vorrichtung, die beim Auslösen der Sprinkler die Luft bzw. das Inertgas aus einer Trocken- oder Nass-Trocken-Anlage in die Atmosphäre leitet, damit das Alarmventil schneller anspricht

3.28
baulicher Brandabschnitt
abgeschlossener Raum, der eine bestimmte Mindest-Feuerwiderstandsdauer aufweist

3.29
hydraulisch berechnet
Begriff, der eine Anlage kennzeichnet, bei der alle Rohrleitungen mittels hydraulischer Berechnung dimensioniert werden

3.30
vermaschtes Rohrnetz
Rohrnetz, bei dem Wasser auf mehr als einem Weg zu jedem Sprinkler fließt

3.31
Rohrhalterung
Baugruppe zum Aufhängen von Rohrleitungen an Teilen der Gebäudekonstruktion

3.32
Hochhausanlage
Sprinkleranlage, bei der sich der höchste Sprinkler mehr als 45 m über dem tiefsten Sprinkler bzw. über den Sprinklerpumpen befindet, wenn diese tiefer liegen

3.33
unerschöpfliche Wasserquellen
natürliche und künstlich angelegte Wasserquellen, wie Flüsse, Kanäle und Seen, die aufgrund der Kapazität und des Klimas usw. praktisch unerschöpflich sind

3.34
Gruppe (Sprinklergruppe)
Teil der Sprinkleranlage, der eine Alarm-Ventilstation sowie die dazugehörigen nachgeschalteten Rohre und Sprinkler enthält

3.35
Nass-Trocken-Anlage
Anlage, bei der das Rohrleitungsnetz je nach Umgebungstemperaturbedingungen entweder mit Wasser oder Luft/Inertgas gefüllt ist

3.36
Trocken-Anlage
Anlage, bei der die Rohrleitungen mit Luft oder Inertgas unter Druck gefüllt sind

3.37
vorgesteuerte Anlage
eine der beiden Arten von Trocken-Anlagen oder Nass-Trocken-Anlagen als Trocken-Anlage, bei der das Alarmventil von einer unabhängigen Brandmeldeanlage im Schutzbereich geöffnet werden kann

3.38
Nass-Anlage
Anlage, bei der die Rohrleitungen ständig mit Wasser gefüllt sind

A₂) *gestrichener Text* (A₂

A₂) **3.39**
Anlagen für den Personenschutz
Begriff, der bei Sprinkleranlagen verwendet wird, die wesentlicher Bestandteil von Maßnahmen sind, die zum Schutz von Menschenleben gefordert sind, insbesondere wenn die Evakuierung des Gebäudes von der Leistungsfähigkeit der Sprinkleranlage abhängt und Sprinkler ausdrücklich für Personenschutzzwecke gefordert sind (A₂

3.40
Ringleitungsanordnung
Rohrnetzanordnung, bei der das Wasser über mehrere Verteilerrohre verteilt zu den Strangrohren fließen kann

3.41
Hauptverteilerrohr
Rohr, das ein Verteilerrohr speist

A₂) **3.42** (A₂
maximale Wasserrate
Q_{max}
Volumenstrom am Schnittpunkt der Druck-Durchflussraten-Kennlinie der günstigsten Wirkfläche und der Wasserversorgungsdruck-Durchflussraten-Kennlinie der Wasserquelle bei üblichen Bedingungen

3.43
mechanische Rohrkupplung
Rohrverbindung für Rohre und Bauteile, die keine Verbindung mit Gewinderohren, Gewindefittings, Muffen oder keine geflanschte Verbindung ist

3.44
mehrgeschossiges Gebäude
Gebäude mit zwei oder mehr über- oder unterirdischen Geschossen

3.45
Knoten
Punkt im Rohrleitungsnetz, für den Druck und Durchflussmenge(n) berechnet werden; jeder Knoten ist ein Bezugspunkt der Anlage im Sinne der hydraulischen Berechnung

3.46
normaler Wasserspiegel
der Wasserspiegel der Wasserversorgung, der benötigt wird, um die erforderliche Wassermenge, bezogen auf den tiefsten Wasserspiegel, bereitzustellen, einschließlich aller notwendigen Zuschläge, z. B. für Eisbildung

3.47
Rohrnetzbereich
Rohre, die eine Gruppe von Sprinklern versorgen. Rohrnetzbereiche können ein Ringleitungsnetz, ein vermaschtes oder ein verzweigtes Rohrnetz sein

3.48
vorberechnet
Begriff, der eine Anlage kennzeichnet, bei der die Rohre hinter dem/den Auslegungspunkt(en) nach schon vorher erstellten hydraulischen Berechnungen dimensioniert sind und die Querschnitte aus den Tabellen entnommen werden

🅐₂ 3.49
Druckhaltepumpe (Jockey-Pumpe)
kleine Pumpenanlage, die geringfügigen Wasserverlust ausgleicht und den Druck in der Anlage hält 🅐₂

3.50
Druckluftwasserbehälter
ein Behälter mit Wasser, der durch Luft unter einem Druck gehalten wird, der ausreicht, um eine Abgabe des gesamten Wassers mit dem notwendigen Druck sicherzustellen

3.51
Strangrohr
Rohr, das Sprinkler entweder direkt oder über Abzweigrohre versorgt

3.52
Steigrohr
vertikales Verteilerrohr, das ein höher liegendes Verteiler- oder Strangrohr versorgt

3.53
Sprühdüse
Wassersprühdüse mit konischem, abwärts gerichtetem Sprühbild

3.54
Sprinkler (automatischer Sprinkler)
Düse mit einem temperaturempfindlichen Auslöseelement, das öffnet, um Wasser zur Brandbekämpfung zu verteilen

3.55
bündiger Deckensprinkler
hängender Sprinkler, der teilweise oberhalb, jedoch mit nach unten gerichtetem temperaturempfindlichem Element unterhalb der Deckenunterkante eingebaut wird

3.56
verdeckter Sprinkler
versenkter Sprinkler mit einer Abdeckplatte, die sich bei Wärmeeinwirkung löst

3.57
Normalsprinkler
Sprinkler mit sphärischer Wasserverteilung

3.58
hängender Trockensprinkler
Baugruppe, bestehend aus einem Sprinkler und einem Trockenfallrohr mit einem Ventil am oberen Ende des Rohres, das durch eine Einrichtung geschlossen gehalten wird, die vom Sprinklerauslösemechanismus in Position gehalten wird

3.59
stehender Trockensprinkler
Baugruppe, bestehend aus einem Sprinkler und einem Trockensteigrohr mit einem Ventil am unteren Ende des Rohres, das durch eine Einrichtung geschlossen gehalten wird, die vom Sprinklerauslösemechanismus in Position gehalten wird

3.60
Flachschirmsprinkler
Sprinkler mit einer Wasserverteilung, bei der ein Teil des Wassers über die Ebene des Sprühtellers gesprüht wird

3.61
Schmelzlotsprinkler
Sprinkler, der öffnet, wenn ein hierfür bestimmtes Bauteil schmilzt

3.62
Glasfasssprinkler
Sprinkler, der öffnet, wenn ein flüssigkeitsgefülltes Glasfass birst

3.63
horizontaler Sprinkler
Sprinkler, bei dem das Wasser horizontal versprüht wird

3.64
offener Sprinkler
Sprinkler, der nicht durch ein wärmeempfindliches Element verschlossen ist

3.65
hängender Sprinkler
Sprinkler, bei dem das Wasser von der Düse nach unten versprüht wird

3.66
versenkter Sprinkler
Sprinkler, bei dem sich das wärmeempfindliche Element ganz oder teilweise oberhalb der Deckenunterkante befindet

3.67
Sprinklerrosette
Rosette, die den Zwischenraum zwischen dem Schaft oder Gehäuse des Sprinklers, der aus einer abgehängten Decke hervorragt, und der Decke füllt

3.68
Seitenwandsprinkler
Sprinkler, der Wasser mit einem halbparabolischen Sprühbild verteilt

3.69
Schirmsprinkler
Sprinkler, der Wasser mit einem nach unten gerichteten parabolischen Sprühbild verteilt

3.70
stehender Sprinkler
Sprinkler, bei dem das Wasser durch die Düse nach oben gerichtet wird

🅐⟩ *gestrichener Text* ⟨🅐

3.71
Sprinkleranlage
Gesamtanlage, die Sprinklerschutz in Gebäuden bietet und aus einer oder mehreren Sprinklergruppe(n), den Rohrleitungen zu den Gruppen und der/den Wasserversorgung(en) besteht

3.72
Sprinklerarm
Teil eines Sprinklers, der das temperaturempfindliche Element in kraftschlüssigem Kontakt mit dem Sprinklerverschlussteil hält

3.73
versetzte Sprinkleranordnung
Anordnung, bei der die Sprinkler auf dem Strangrohr um einen halben Sprinklerabstand gegenüber den Sprinklern auf den benachbarten Strangrohren versetzt sind

3.74
normale Sprinkleranordnung
Anordnung, bei der die Sprinkler auf benachbarten Strangrohren ein Rechteck bilden

3.75
Tandem-Nass-Trockenanlage
Teil einer Nassanlage, der abhängig von der Umgebungstemperatur mit Wasser oder Luft/Inertgas gefüllt ist und der durch ein Tandem- oder Nass-Trocken-Alarmventil gesteuert wird

3.76
Tandemanlage
Teil einer Nass- oder Nass-Trockenanlage, der ständig mit Luft oder Inertgas unter Druck gefüllt ist

3.77
anerkannte Bauteile für Sprinkleranlagen
Bezeichnung für Ausrüstungen oder Bauteile, die durch zuständige Stellen als geeignet für die spezielle Verwendung in Sprinkleranlagen anerkannt sind und die entweder Europäischen Normen für die Prüfung von Bauteilen entsprechen (soweit vorhanden) oder, wenn nicht, mit festgelegten Anforderungen übereinstimmen

3.78
Versorgungsrohr
Rohr, das eine Wasserversorgung mit einer Hauptversorgungsleitung oder der/den Alarmventilstation(en) der Gruppe verbindet, oder ein Rohr, das einen Zwischen- oder Vorratsbehälter mit Wasser versorgt

3.79
abgehängte offene Decke
Decke mit regelmäßigen offenen Zellen, durch die Wasser von den Sprinklern frei verteilt werden kann

3.80
End-Hauptleitungsanordnung
Rohrnetz, mit nur einem Wasserversorgungsweg zu jedem Strangrohr

3.81
End-Strang-Anordnung
Rohrnetz mit nur einem Wasserversorgungsweg von einem Verteilerrohr

3.82
Hauptversorgungsleitung
Rohr, das zwei oder mehrere Wasserversorgungsleitungen mit der/den Alarmventilstation(en) der Gruppe verbindet

3.83
Bezugspunkt der Wasserversorgung
Punkt im Rohrleitungsnetz, an dem Wasserversorgungsdruck- und Durchflussraten-Kennlinie festgelegt und gemessen werden

3.84
Zone
Bereich einer Gruppe mit einem eigenen Strömungsmelder und einem überwachten zusätzlichen Absperrschieber

4 Vertragsplanung und Dokumentation

4.1 Allgemeines

Die in 4.3 und 4.4 festgelegten Informationen müssen dem Betreiber bzw. Eigentümer vorgelegt werden, wie jeweils zutreffend. Sämtliche Zeichnungen und Unterlagen müssen folgende Informationen enthalten:

a) den Namen des Betreibers und des Eigentümers, soweit bekannt;

b) die Anschrift und den Standort der Anlage;

c) die Nutzungsart der einzelnen Gebäude;

d) den Namen des Planers;

e) den Namen der für die Überprüfung der Planung verantwortlichen Person, die nicht gleichzeitig der Planer sein darf;

f) Ausgabennummer und -datum.

4.2 Grundsätzliche Überlegungen

Bei der Konzeption der Anlage müssen Überlegungen zu Aspekten der Gebäudekonstruktion, zu Anlagen im Gebäude und Arbeitsverfahren angestellt werden, die die Wirksamkeit der Sprinkleranlage beeinträchtigen könnten.

Auch wenn sich eine automatische Sprinkleranlage normalerweise auf ein ganzes Gebäude oder den gesamten Betrieb erstreckt, ist nicht davon auszugehen, dass hierdurch die Notwendigkeit anderer Brandschutzeinrichtungen entfällt. Es ist wichtig, die Brandschutzmaßnahmen auf dem Betriebsgelände als Ganzes zu betrachten. Mögliche Wechselwirkungen zwischen Sprinkleranlagen und anderen Brandschutzmaßnahmen sind zu berücksichtigen.

Bei der Planung zur Errichtung, zu Erweiterungen oder Veränderungen einer Sprinkleranlage für neue oder bestehende Gebäude und Industrieanlagen müssen die zuständigen Stellen zu einem frühen Zeitpunkt einbezogen werden.

ANMERKUNG   Die zuständigen Stellen sollten einbezogen werden, wenn die Einstufung der Brandgefahr erfolgt.

4.3 Vorbereitung oder Entwicklungsstadium

Mindestens folgende Unterlagen sind bereitzustellen:

a) eine allgemeine Beschreibung der Anlage;

b) ein Übersichtsplan der Räumlichkeiten, der Folgendes zeigt:

   1) die Art(en) der Gruppe(n), die Brandgefahrenklasse(n) und Lagerkategorien in den verschiedenen Gebäuden,

   2) Umfang der Anlage mit Angaben über alle ungeschützten Bereiche,

   3) Konstruktion und Nutzung des Hauptgebäudes und aller daran angrenzenden und/oder benachbarten Gebäude,

   4) Querschnitt über die volle Höhe des/der Gebäude(s), der die Höhe des höchsten Sprinklers über einem ausgewiesenen Bezugsniveau zeigt;

c) Einzelheiten über die Wasserversorgungen, bei öffentlichen Wasserleitungsnetzen Druck, Durchflussraten und Zeitpunkt der Prüfungsdurchführung sowie einen Plan des Prüfortes;

d) eine Erklärung, dass die Abschätzung auf eine dieser Norm entsprechende Sprinkleranlage zugeschnitten ist auf der Grundlage verfügbarer Informationen.

4.4 Planungsstadium

4.4.1 Allgemeines

Die bereitzustellenden Unterlagen müssen eine Installationsanzeige (siehe 4.4.2), vollständige Montagezeichnungen der Sprinklergruppe(n) (siehe 4.4.3) sowie Einzelheiten über die Wasserversorgungen (siehe 4.4.4) enthalten.

4.4.2 Installationsanzeige

Die Installationsanzeige muss folgende Angaben und Unterlagen enthalten:

a) den Namen des Projekts;

b) alle Referenznummern der Zeichnungen oder Dokumente;

c) alle Ausgabenummern der Zeichnungen oder Dokumente;

d) alle Ausgabedaten der Zeichnungen oder Dokumente;

e) alle Titel der Zeichnungen oder Dokumente;

f) die Art(en) der Gruppe(n) und die Nenndurchmesser jeder Alarmventilstation;

g) die Anzahl der Bezugspunkte jeder Alarmventilstation innerhalb der Anlage;

h) die Anzahl der Sprinkler jeder Alarmventilstation;

i) das Rohrleitungsvolumen von Trocken- oder Nass-Trocken-Anlagen;

j) die Höhe des höchsten Sprinklers jeder Alarmventilstation;

k) A2) eine Erklärung, dass die Anlage in vollem Umfang nach dieser Europäischen Norm geplant und installiert wird oder die Angabe von Einzelheiten über alle Abweichungen von den Anforderungen mit entsprechenden Begründungen auf der Grundlage verfügbarer Informationen; (A2

l) eine Liste der in der Anlage enthaltenen anerkannten Bauteile für Sprinkleranlagen, jeweils mit dem Namen des Lieferanten und der Modell-/Referenznummer.

4.4.3 Übersichtszeichnungen für die Anlage

4.4.3.1 Allgemeines

Die Übersichtszeichnungen müssen folgende Informationen enthalten:

a) Angabe der Nordrichtung;

b) die Brandgefahrenklasse(n) der Anlage, einschließlich der Lagerkategorien und der Lagerhöhen für die Auslegung;

c) bautechnische Einzelheiten über Böden, Decken, Dächer, Außenwände und Wände, die gesprinklerte von ungesprinklerten Bereichen trennen;

d) Schnittdarstellungen mit Höhenangaben von jedem Stockwerk jedes Gebäudes, die den Abstand der Sprinkler von Decken, Konstruktionselementen usw. zeigen, welche die Sprinkleranordnung oder die Wasserverteilung ungünstig beeinträchtigen könnten;

e) den Ort und die Größe von Zwischendach- und Zwischendeckenhohlräumen, Büros und anderen abgetrennten Räumen, die unterhalb des Dachniveaus oder des Niveaus der eigentlichen Decke angeordnet sind;

f) Angabe von Verbindungsleitungen, Arbeitsbühnen, Plattformen, Maschinen, Beleuchtungs- und Heizkörpern, abgehängten offenen Decken usw., welche die Wasserverteilung beeinträchtigen könnten;

g) die Sprinklerart(en) und Nennöffnungstemperatur(en);

h) die Art und der ungefähre Einbauort von Rohrhalterungen;

i) den Einbauort und die Art der Alarmventilstationen sowie den Einbauort der wassergetriebenen Alarmglocken;

j) den Einbauort und Einzelheiten zu sämtlichen Strömungsmeldern, Luft- und Wasser-Alarmdruckschaltern;

k) den Einbauort und die Größe aller Zusatzventile, Zusatzabsperrarmaturen und Entwässerungsventile;

l) das Gefälle zur Entwässerung der Rohrleitungen;

m) ein Verzeichnis mit der Anzahl der Sprinkler, Sprühdüsen usw. für jeden einzelnen Schutzbereich;

n) den Einbauort aller Prüfventile;

o) den Einbauort und Einzelheiten zu allen Alarmanzeigeeinrichtungen;

p) den Einbauort und Einzelheiten zu allen Feuerwehreinspeisungen;

q) eine Legende der verwendeten Symbole.

4.4.3.2 Vorberechnete Rohrleitungsnetze

Für vorberechnete Rohrleitungsnetze sind auf oder mit den Zeichnungen die folgenden Einzelheiten anzugeben:

a) Bezeichnung des Auslegungspunktes jeder Anordnung in der Übersichtszeichnung (so wie z. B. Bild 18);

b) eine Zusammenfassung der Druckverluste zwischen der Alarmventilstation und den Auslegungspunkten bei folgenden Durchflussraten:

　1) für LH-Anlagen: 225 l/min,

　2) für OH-Anlagen: 1 000 l/min,

　3) für HH-Anlagen: Durchflussmengen nach der in Tabelle 7 bzw. 7.3.2.2 angegebenen Wasserbeaufschlagung;

c) Berechnung nach 13.3, die nachweist, dass:

　1) bei LH- und OH-Anlagen für jede Gesamtstrecke der Verteilerrohre

$$p_f - p_h$$

nicht den entsprechenden Wert aus 13.3.3 bzw. 13.3.4 übersteigt und/oder

　2) bei HHP- und HHS-Anlagen, die nach den Tabellen 32 bis 35 ausgelegt wurden

$$p_f + p_d + p_s$$

nicht größer als der an der Alarmventilstation von der Wasserversorgung verfügbare Restdruck ist, wenn diese bei der entsprechenden Durchflussrate geprüft wird.

Dabei ist

　p_d der Druck am Auslegungspunkt, wie in Tabelle 7 aufgeführt oder diesem entsprechend, in bar;

　p_f der Druckverlust durch Rohrreibung in den Verteilerrohren zwischen dem Auslegungspunkt und dem C-Manometer am Steuerventil, in bar;

p_h der statische Druck zwischen der Höhe des höchsten Auslegungspunkts auf dem betreffenden Stockwerk und der Höhe des höchsten Auslegungspunkts im obersten Stockwerk, in bar;

p_s der statische Druckverlust für die Höhe des höchsten Sprinklers innerhalb der betreffenden Anordnung über dem C-Manometer am Steuerventil, in bar.

4.4.3.3 Hydraulisch berechnete Rohrleitungsnetze

Bei hydraulisch berechneten Rohrleitungsnetzen müssen folgende Werte mit detaillierten Berechnungen, entweder auf speziell hierfür gefertigten Arbeitsblättern oder als Computerausdruck, angegeben werden:

a) der Name des Programms und die Versionsnummer;

b) das Datum des Arbeitsblatts bzw. Ausdrucks;

c) die tatsächlichen Innendurchmesser sämtlicher in der Berechnung vorkommenden Rohre;

d) für jede Wirkfläche:

   1) die Bezeichnung der Wirkfläche,

   2) die Brandgefahrenklasse,

   3) die festgelegte Wasserbeaufschlagung, in Millimeter je Minute,

   4) die angenommene maximale Wirkfläche (Wirkfläche), in Quadratmeter,

   5) die Anzahl der Sprinkler innerhalb der Wirkfläche,

   6) der Nenndurchmesser der Sprinklerdüse, in Millimeter,

   7) die maximale Schutzfläche je Sprinkler, in Quadratmeter,

   8) detaillierte Fertigungszeichnungen mit Maßangaben, die Folgendes zeigen:

      i) den Knoten- oder Rohrreferenzplan, in dem die Rohre, Verbindungsstücke, Sprinkler und Fittings, die für die hydraulische Berechnung benötigt werden, gekennzeichnet sind,

      ii) die Lage der hydraulisch ungünstigsten Wirkfläche,

      iii) die Lage der hydraulisch günstigsten Wirkfläche,

      iv) die vier Sprinkler, die für die Ermittlung der Wasserbeaufschlagung herangezogen werden,

      v) die Höhe über dem Bezugspunkt für jede Druckangabe;

e) für jeden Sprinkler in der Wirkfläche:

   1) den Sprinklerknoten oder die Referenznummer,

   2) den Nenn-k-Faktor (siehe EN 12259-1),

   3) die Ausflussrate des Sprinklers, in Liter je Minute,

   4) den Einlaufdruck am Sprinkler bzw. an der Sprinklerbaugruppe, in bar;

f) für jedes für die hydraulische Berechnung wichtige Rohr:

   1) Rohrknoten oder andere Referenznummern,

   2) Nenndurchmesser, in Millimeter,

3) die Hazen-Williams-Konstante,

4) Durchflussrate, in Liter je Minute,

5) Fließgeschwindigkeit, in Meter je Sekunde,

6) Länge, in Meter,

7) Anzahl, Arten und Äquivalentlängen, in Meter von Fittings und Bauteilen,

8) Änderung der statischen Druckhöhe, in Meter,

9) Drücke am Einlass und Auslass, in bar,

10) Druckverlust durch Rohrreibung, in bar,

11) Angabe der Fließrichtung.

4.4.4 Wasserversorgung

4.4.4.1 Zeichnungen zur Wasserversorgung

In den Zeichnungen müssen die Wasserversorgungen und die davon abgehenden Rohrleitungen bis zur Alarmventilstation dargestellt werden. Eine Legende der Symbole muss vorhanden sein. Der Einbauort und die Art von Absperr- und Rückschlagarmaturen und allen Druckminderventilen, Durchflussmessgeräten, Rückströmsperren sowie von jedem Anschluss, der Wasser für andere Abnehmer liefert, müssen dargestellt werden.

4.4.4.2 Hydraulische Berechnung

Durch eine hydraulische Berechnung muss nachgewiesen werden, dass bei der minimalen Kapazität der Wasserversorgung der erforderliche Druck und Durchfluss an der Alarmventilstation erbracht wird.

4.4.4.3 Öffentliches Wasserleitungsnetz

Wenn das öffentliche Wasserleitungsnetz eine oder beide Versorgungen bildet oder für den Nachfluss in einen Zwischenbehälter verwendet wird, sind folgende Einzelheiten anzugeben:

a) Nenndurchmesser der Hauptleitung;

b) ob die Hauptleitung beidseitig oder einseitig gespeist wird; im Falle einer einseitigen Einspeisung, Lage der nächstliegenden damit verbundenen, beidseitig eingespeisten Hauptleitung;

c) Druck-Durchflusskennlinie des öffentlichen Wasserleitungsnetzes, ermittelt durch eine Messung während einer Spitzenverbrauchszeit. Es sind mindestens drei Prüfpunkte anzugeben. Die Kennlinie ist durch den Druckverlust durch Rohrreibung und die Änderung des statischen Drucks zwischen Prüfpunkt und dem C-Manometer bzw. der Zuflussregelarmatur des Behälters zu korrigieren;

d) Datum und Uhrzeit der Prüfung der Hauptleitung;

e) Lage des Prüfpunkts für die Prüfung der Hauptleitung bezüglich der Alarmventilstation.

Bei hydraulisch berechneten Rohrnetzen sind folgende zusätzliche Einzelheiten anzugeben:

f) Druck-Durchflusskennlinie, die den verfügbaren Druck bei jeder Durchflussrate bis zur maximalen Durchflussrate anzeigt;

g) geforderte Druck-Durchflusskennlinie für jede Gruppe für die hydraulisch ungünstigste und, falls erforderlich, für die günstigste Wirkfläche, wobei der Druck am C-Manometer des Steuerventils gemessen wird.

4.4.4.4 Automatische Pumpenanlage

Es sind folgende Einzelheiten zu jeder automatischen Pumpenanlage anzugeben:

a) eine Pumpenkennlinie für den tiefsten Wasserspiegel 'X' (siehe Bild 4 und 5), welche die angenommene Förderleistung der Pumpe oder der Pumpen unter den installierten Bedingungen am C-Manometer des Steuerventils zeigt;

b) das Datenblatt des Pumpenlieferanten, mit folgenden Angaben:

   1) der errechneten Förderhöhenkurve,

   2) der Leistungsaufnahmekurve,

   3) der NPSH-Kurve (NPSH — en: Net positive suction head),

   4) einer Aussage zur Leistungsabgabe jeder Antriebsmaschine;

c) das Datenblatt des Errichters, das die installierte Leistung, die Druck-/Förderraten-Kennlinien der Pumpenanlage am C-Manometer des Steuerventils bei normalem Wasserspiegel und beim tiefsten Wasserspiegel 'X' (siehe Bilder 4 und 5) sowie am Manometer an der Pumpendruckseite bei normalem Wasserspiegel zeigt;

d) der Höhenunterschied zwischen C-Manometer am Steuerventil und Manometer an der Pumpendruckseite;

e) die Gruppennummer und Brandgefahrenklasse(n);

f) die verfügbare und geforderte NPSH bei maximaler Förderrate;

g) die Mindestüberdeckungshöhe des Wassers bei Tauchmotorpumpen.

Zusätzlich sind für hydraulisch berechnete Rohrnetze folgende Einzelheiten anzugeben:

h) die erforderliche Druck-Förderraten-Kennlinie für die hydraulisch ungünstigste und die hydraulisch günstigste Wirkfläche am C-Manometer des Steuerventils.

4.4.4.5 Vorratsbehälter

Folgende Einzelheiten sind anzugeben:

a) die Lage;

b) das Gesamtvolumen des Behälters;

c) das Nutzvolumen und die sich daraus ergebende Betriebszeit;

d) der Zulauf für Zwischenbehälter;

e) der vertikale Abstand zwischen Pumpenmittelachse und dem tiefsten Wasserspiegel 'X' des Behälters;

f) bauliche Details des Behälters und der Behälterabdeckung;

g) die empfohlene Häufigkeit regelmäßiger Instandhaltungsarbeiten, die ein Entleeren des Behälters erfordern;

h) Frostschutz;

DIN EN 12845:2009-07
EN 12845:2004+A2:2009 (D)

i) tiefster Wasserspiegel X und normaler Wasserspiegel N (siehe Bild 4);

j) die Höhe des Hochbehälters über dem höchsten Sprinkler.

4.4.4.6 Druckluftwasserbehälter

Folgende Einzelheiten sind anzugeben:

a) die Lage;

b) das Gesamtvolumen des Behälters;

c) das Volumen des Wasservorrats;

d) der Luftdruck;

e) die Höhe des höchsten und/oder hydraulisch ungünstigsten Sprinklers über dem Behälterboden;

f) der vertikale Abstand des tiefsten Sprinklers unter dem Behälterboden;

g) Einzelheiten über die Auffülleinrichtungen.

5 Umfang des Sprinklerschutzes

5.1 Zu schützende Gebäude und Bereiche

Ist ein Gebäude mit Sprinklerschutz zu versehen, müssen alle Bereiche dieses Gebäudes ebenso wie angrenzende Gebäude durch Sprinkler geschützt werden, außer in den in 5.1.1 und 5.1.2 und 5.3 aufgeführten Fällen.

In die Überlegungen sollte der Schutz tragender Stahlkonstruktionen einbezogen werden.

5.1.1 Zulässige Ausnahmen innerhalb eines Gebäudes

Sprinklerschutz ist für die folgenden Fälle vorzusehen; es kann jedoch nach eingehender Prüfung der Brandbelastung von Fall zu Fall darauf verzichtet werden:

a) Waschräume und Toiletten (außer Garderoben), die aus nicht brennbaren Materialien bestehen und die nicht zur Lagerung brennbarer Materialien genutzt werden;

b) abgetrennte Treppenräume und abgetrennte vertikale Schächte (z. B. Lifte oder Lastenaufzüge), die keine brennbaren Materialien enthalten und die als feuerbeständiger Brandabschnitt errichtet sind (siehe 5.3);

c) Räume, die durch andere automatische Löschanlagen geschützt sind (z. B. Gas-, Pulver- oder Sprühwasser-Löschanlagen);

d) Nassverfahren, wie z. B. die Nasspartie von Papiermaschinen.

5.1.2 Notwendige Ausnahmen vom Sprinklerschutz

Kein Sprinklerschutz ist in folgenden Bereichen von Gebäuden oder Werksanlagen vorzusehen:

a) Silos oder Behälter mit einem Inhalt, der bei Kontakt mit Wasser quillt;

b) im Bereich von Industrieöfen oder -feuerungsanlagen, Salzbädern, Metallschmelzpfannen oder ähnlichen Einrichtungen, wenn durch Löschwasser eine Gefahrerhöhung eintritt;

c) Bereiche, Räume oder Orte, an denen von Sprinklern abgegebenes Löschwasser eine Gefahr darstellen könnte.

ANMERKUNG   In solchen Fällen sollten andere automatische Löschanlagen (z. B. Gas- oder Pulver-Löschanlagen) eingesetzt werden.

5.2 Lagerung im Freien

Der Abstand zwischen im Freien gelagerten brennbaren Materialien und dem gesprinklerten Gebäude muss den gesetzlichen Bestimmungen am Standort entsprechen.

Sind keine gesetzlichen Bestimmungen vorhanden, muss der Abstand zwischen im Freien gelagerten brennbaren Materialien und dem gesprinklerten Gebäude mindestens dem höheren Wert von 10 m oder dem 1,5-fachen der Höhe des Lagerguts entsprechen.

ANMERKUNG   Eine solche feuerwiderstandsfähige Abtrennung kann durch eine Brandwand oder eine der Situation angepasste Außenschutzanlage erreicht werden.

5.3 Brandabschnitte

Die Trennung zwischen einem sprinklergeschützten und einem ungeschützten Bereich muss mindestens die von der zuständigen Stelle festgelegte Feuerwiderstandsdauer aufweisen, die in keinem Fall jedoch weniger als 60 min betragen darf. Türen müssen selbstschließend sein oder im Brandfall automatisch verschlossen werden.

ANMERKUNG   Es sollte außer den in 5.1.1 und 5.1.2 genannten Fällen kein Teil eines ungesprinklerten Gebäudes oder Abschnitts vertikal unter einem gesprinklerten Gebäude oder Abschnitt liegen.

5.4 Schutz von Zwischendecken- und Zwischenbodenbereichen

Sind Zwischendecken- oder Zwischenbodenbereiche höher als 0,8 m, gemessen zwischen der Unterseite des Daches und der Oberseite der abgehängten Decke oder zwischen dem Boden und der Unterseite des Zwischenbodens, müssen diese Bereiche gesprinklert werden.

Sind Zwischendecken- oder Zwischenbodenbereiche nicht höher als 0,8 m, müssen die Bereiche nur dann gesprinklert werden, wenn sie brennbare Materialien enthalten oder aus brennbaren Materialien errichtet sind. In diesen Bereichen geführte elektrische Kabel mit maximal 250 V, einphasig und mit nicht mehr als 15 Kabeln je Kabeltrasse, sind zulässig.

Der Schutz in Zwischenbereichen ist als LH einzustufen, wenn die gesamte Brandgefahr LH ist. In allen anderen Fällen ist die Einstufung OH1. Die Anordnung von Rohrleitungen ist in 17.3 beschrieben.

5.5 Höhenunterschied zwischen höchstem und tiefstem Sprinkler

Bei einem Höhenunterschied von mehr als 45 m zwischen dem höchsten und dem tiefsten Sprinkler in einer Anlage oder einem Gebäude gelten die Anforderungen nach Anhang E.

Der Höhenunterschied zwischen dem höchsten und dem tiefsten Sprinkler einer Gruppe (d. h. mit Anschluss an eine einzelne Alarmventilstation) darf nicht mehr als 45 m betragen.

6 Einstufung in Nutzungen und Brandgefahr

6.1 Allgemeines

Die Brandgefahr, für welche die Sprinkleranlage auszulegen ist, muss vor Beginn der Planung festgelegt werden.

Die von automatischen Sprinkleranlagen zu schützenden Gebäude und Bereiche sind als kleine (LH), mittlere (OH) oder hohe (HH) Brandgefahr einzustufen.

Diese Zuordnung hängt von der Nutzung sowie der Brandbelastung ab. Beispiele von Nutzungen sind in Anhang A aufgeführt.

Bei Bereichen, die in offener Verbindung miteinander stehen und unterschiedlicher Brandgefahr angehören, sind die jeweils höheren Auslegungskriterien auch auf mindestens zwei Sprinklerreihen in dem Bereich mit der niedrigeren Brandgefahr anzuwenden.

6.2 Brandgefahr

Zu schützende Gebäude oder Bereiche mit einer oder mehreren der folgenden Nutzungen und Brandgefahren sind einer der im Folgenden genannten Brandgefahr zuzuordnen:

6.2.1 Leichte Brandgefahr (LH)

Die Brandgefahr LH umfasst Nutzungen mit geringer Brandbelastung und geringer Brennbarkeit, bei denen kein einzelner abgetrennter Bereich, der nicht mindestens eine Feuerwiderstandsdauer von 30 min hat, größer als 126 m^2 sein darf. Zu Beispielen, siehe Anhang A.

6.2.2 Mittlere Brandgefahr (OH)

Die Brandgefahr OH umfasst Nutzungen, bei denen brennbare Materialien mit mittlerer Brandbelastung und mittlerer Brennbarkeit verarbeitet oder hergestellt werden. Zu Beispielen, siehe Anhang A.

Die Brandgefahr OH wird in vier Gruppen unterteilt:

— OH1: mittlere Brandgefahr Gruppe 1;

— OH2: mittlere Brandgefahr Gruppe 2;

— OH3: mittlere Brandgefahr Gruppe 3;

— OH4: mittlere Brandgefahr Gruppe 4.

Materialien können in OH1-, OH2- und OH3-Bereichen gelagert werden, wenn folgende Bedingungen erfüllt sind:

a) die Anlage im gesamten Raum ist mindestens nach OH3 zu bemessen;

b) die in Tabelle 1 aufgeführten maximalen Lagerhöhen werden nicht überschritten;

c) die Lagerfläche für einzelne Lagerblöcke beträgt höchstens 50 m^2, wobei um den Block herum ein Freiraum von mindestens 2,4 m vorhanden sein muss.

Ist das Produktionsrisiko als OH4 eingestuft, muss die Einstufung der Lagerbereiche nach HHS erfolgen.

Tabelle 1 — Ⓐ₂) Maximale Lagerhöhen für Schutz nach OH3 Ⓐ₂|

Lagerkategorie	Maximale Lagerhöhe (siehe ANMERKUNG 1) m	
	Freistehende oder Kompaktlager (ST1, siehe 6.3.2)	Alle anderen Fälle (ST2 bis ST6, siehe 6.3.2)
Kategorie I	4,0	3,5
Kategorie II	3,0	2,6
Kategorie III	2,1	1,7
Kategorie IV	1,2	1,2
ANMERKUNG Ⓐ₂) *gestrichener Text* Ⓐ₂| Für Lagerhöhen, die diese Werte übersteigen, siehe 6.2.3.1 und 7.2. Ⓐ₂) *gestrichener Text* Ⓐ₂|		

6.2.3 Hohe Brandgefahr (HH)

6.2.3.1 Hohe Brandgefahr, Produktionsrisiken (HHP)

Die Brandgefahr HHP umfasst Nutzungen, bei denen die betreffenden Materialien eine hohe Brandbelastung und hohe Brennbarkeit aufweisen und in der Lage sind, einen sich schnell ausbreitenden oder heftigen Brand zu entwickeln.

Die Brandgefahr HHP wird in vier Gruppen unterteilt:

— HHP1: hohe Brandgefahr, Produktionsrisiken Gruppe 1;

— HHP2: hohe Brandgefahr, Produktionsrisiken Gruppe 2;

— HHP3: hohe Brandgefahr, Produktionsrisiken Gruppe 3;

— HHP4: hohe Brandgefahr, Produktionsrisiken Gruppe 4.

ANMERKUNG   Risiken der Brandgefahr HHP4 werden gewöhnlich durch Sprühwasser-Löschanlagen geschützt, die in dieser Norm nicht behandelt werden.

6.2.3.2 Hohe Brandgefahr, Lagerrisiken (HHS)

Die Brandgefahr HHS umfasst die Lagerung von Waren mit höheren als den in 6.2.2 angegebenen Lagerhöhen.

Die Brandgefahr HHS wird in vier Gruppen unterteilt:

— HHS1: hohe Brandgefahr, Lagerrisiken Kategorie I;

— HHS2: hohe Brandgefahr, Lagerrisiken Kategorie II;

— HHS3: hohe Brandgefahr, Lagerrisiken Kategorie III;

— HHS4: hohe Brandgefahr, Lagerrisiken Kategorie IV.

ANMERKUNG   Zu Beispielen, siehe Anhänge B und C.

6.3 Lagerung

6.3.1 Allgemeines

Die Gesamtbrandgefahr gelagerter Waren ist abhängig von der Brennbarkeit des gelagerten Materials, einschließlich der Verpackung sowie der Lagerart.

Bei der Feststellung der erforderlichen Auslegungskriterien für gelagerte Waren ist nach dem in Bild 2 gezeigten Verfahren vorzugehen.

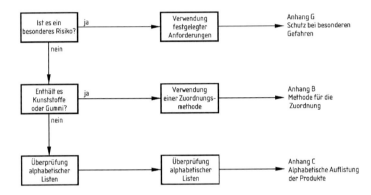

Bild 2 — Schaubild zur Bestimmung der Brandgefahr für Lagerrisiken

ANMERKUNG   Ist keiner der genannten Anhänge vollständig zutreffend und sind Ergebnisse aus Versuchen in großem Maßstab vorhanden, können diese für die Festlegung der Auslegungskriterien herangezogen werden.

6.3.2 Lagerart

Die Lagerarten sind wie folgt einzustufen:

— ST1:   freistehende Lager oder Kompaktlager;
— ST2:   einreihige Gitterboxpaletten (Freistreifenbreite mindestens 2,4 m);
— ST3:   mehrreihige Gitterboxpaletten (einschließlich Doppelreihen);
— ST4:   Paletten-Regallager (Paletten auf Regalträgern);
— ST5:   Regale mit geschlossenen oder gelatteten Zwischenböden bis 1 m Breite;
— ST6:   Regale mit geschlossenen oder gelatteten Zwischenböden von mehr als 1 m und maximal 6 m Breite.

Typische Beispiele für Lagerarten sind in Bild 3 gezeigt.

ANMERKUNG   Für jede Lagerart gibt es bestimmte Beschränkungen der Lagerhöhe in Abhängigkeit von Art und Auslegung der Sprinkleranlagen (siehe 7.2).

Für einen wirksamen Sprinklerschutz müssen die Beschränkungen und Schutzanforderungen der Tabelle 2 eingehalten werden.

Tabelle 2 — Einschränkungen und Anforderungen für den Schutz verschiedener Lagerarten

Lagerart	Einschränkung	Zusätzliche Schutzanforderungen zu Sprinklern an der Decke oder dem Dach	Betrifft die ANMERKUNGEN in Tabelle:
ST1	Begrenzung der Lagerung für Kategorie III und IV auf Teillagerblöcke mit einer Grundrissfläche von maximal 150 m².	Keine	2, 3
ST2	[A₁) die Freistreifen zwischen den Reihen müssen mindestens 2,4 m breit sein. (A₁]	Keine	2
ST3	Begrenzung der Lagerung auf Teillagerblöcke mit einer Grundrissfläche von maximal 150 m².	Keine	2
ST4	Die Freistreifen zwischen den Reihen sind mindestens 1,2 m breit.	Sprinkler in Zwischenebenen werden empfohlen.	1, 2
ST4	Die Freistreifen zwischen den Reihen sind schmaler als 1,2 m.	Sprinkler in Zwischenebenen sind erforderlich.	1
ST5	Die Freistreifen zwischen den Reihen müssen mindestens 1,2 m breit sein, oder die Grundrissfläche der Teillagerblöcke darf nicht mehr als 150 m² betragen.	Sprinkler in Zwischenebenen werden empfohlen.	1, 2
ST6	Die Freistreifen zwischen den Reihen müssen mindestens 1,2 m breit sein, oder die Grundrissfläche der Teillagerblöcke darf nicht mehr als 150 m² betragen.	Sprinkler in Zwischenebenen sind erforderlich, oder, wenn dies nicht möglich ist, sind durchgängige nicht brennbare vertikale Brandschotten der Euroklasse A1 oder A2 oder einer vorhandenen äquivalenten nationalen Klassifikation über die gesamte Höhe in jedem Regalfach längs und quer einzubauen.	1, 2

ANMERKUNG 1 Wenn der Abstand des obersten Lagergutes bis zur Decke größer als 4 m ist, sollten Regalsprinkler auf Zwischenebenen eingesetzt werden.

ANMERKUNG 2 Teillagerblöcke sollten durch Freistreifen mit einer Breite von mindestens 2,4 m voneinander getrennt werden.

ANMERKUNG 3 Für Kategorie I und Kategorie II sollte die Lagerung auf Teillagerblöcke mit einer Grundrissfläche von höchstens 150 m² begrenzt werden.

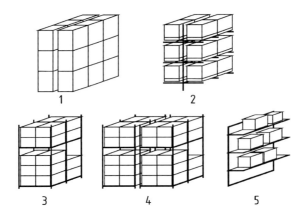

Legende

1 freistehende Lager (ST1)
2 Paletten-Regallager (ST4)
3 einreihige Ständerlager (ST2)
4 mehrreihige Ständerlager (ST3)
5 geschlossene oder gelattete Zwischenböden (ST5/6)

Bild 3 — Lagerarten

7 Hydraulische Bemessung

7.1 LH, OH und HHP

Die Wasserbeaufschlagung muss mindestens den in diesem Abschnitt angegebenen Werten entsprechen, wenn alle Sprinkler unter der Decke oder dem Dach des Raumes bzw. alle Sprinkler innerhalb der Wirkfläche, je nachdem welche Anzahl kleiner ist, sowie zusätzlich alle erforderlichen Regal- und Zusatzsprinkler geöffnet sind. Die Mindestanforderungen für Wasserbeaufschlagung und Wirkfläche für die Brandgefahr LH, OH und HHP sind in Tabelle 3 aufgeführt. Für Anlagen der Brandgefahr HHS gilt 7.2.

ANMERKUNG   Bei vorberechneten Anlagen werden die Auslegungskriterien erfüllt, wenn die Wasserversorgungen und die Rohrleitungen entsprechend den Regelungen an anderer Stelle dieser Norm dimensioniert werden (siehe 7.3, 9.3.2.2 und 10.7).

Tabelle 3 — Auslegungskriterien für die Brandgefahr LH, OH und HHP

Brandgefahr	Wasserbeaufschlagung mm/min	Wirkfläche m^2	
		Nass- oder vorgesteuerte Anlage	Trocken- oder Nass-Trocken-Anlage
LH	2,25	84	Nicht zulässig Auslegung nach OH1
OH1	5,0	72	90
OH2	5,0	144	180
OH3	5,0	216	270
OH4	5,0	360	Nicht zulässig Auslegung nach HHP1
HHP1	7,5	260	325
HHP2	10,0	260	325
HHP3	12,5	260	325
HHP4	Sprühwasser-Löschanlage (siehe ANMERKUNG)		
ANMERKUNG Muss besonders berücksichtigt werden. Sprühwasser-Löschanlagen werden in der vorliegenden Norm nicht behandelt.			

7.2 Hohe Brandgefahr, Lagerrisiko (HHS)

7.2.1 Allgemeines

Die Schutzart sowie die Bemessung der Wasserbeaufschlagung und der Wirkfläche hängen von der Brennbarkeit der Produkte (oder der Mischung von Produkten) und deren Verpackung (einschließlich der Palette) sowie der Lagerart und der Lagerhöhe ab.

Besondere Einschränkungen gelten für verschiedene Lagerarten, die in Abschnitt 6 ausgeführt sind.

7.2.2 Schutz mit ausschließlichem Deckenschutz

In Tabelle 4 sind für den Fall des ausschließlichen Deckenschutzes die erforderliche Wasserbeaufschlagung und die Wirkfläche für die verschiedenen Kategorien und die maximal zulässigen Lagerhöhen für die verschiedenen Lagerarten aufgeführt. Die in Tabelle 4 angegebenen Lagerhöhen sind als das Maximum für einen wirksamen Sprinklerschutz anzusehen, wenn Sprinkler nur an Decke oder Dach installiert sind.

ANMERKUNG 1 Der Abstand zwischen maximal zulässiger Lagerhöhe und Dach bzw. Decke sollte 4 m nicht übersteigen.

Lagerhöhen, die diese Grenzen überschreiten, oder bei denen der Abstand zwischen Oberkante des Lagerguts und Dach bzw. Decke 4 m übersteigt, erfordern die Installation von Regalsprinklern in Zwischenebenen wie in 7.2.3 beschrieben.

ANMERKUNG 2 Lagerhöhe, Gebäudehöhe und Deckenfreiraum (der vertikale Abstand zwischen Dach- oder Deckensprinklern und der Oberkante des Lagerguts) sind wichtige Parameter, die auf die Wirksamkeit und die für den Sprinklerschutz erforderliche Wasserbeaufschlagung Einfluss haben.

7.2.3 Regalsprinkler in Zwischenebenen

7.2.3.1 Werden in den Regalen mehr als 50 Regalsprinkler in Zwischenebenen installiert, dürfen diese nicht an dieselbe Alarmventilstation wie die Decken- bzw. Dachsprinkler angeschlossen werden. Der Nenndurchmesser der Alarmventilstation muss mindestens 100 mm betragen.

7.2.3.2 Die Wasserbeaufschlagung für die Dach- bzw. Deckensprinkler muss mindestens 7,5 mm/min über eine Wirkfläche von 260 m² betragen. Falls Waren über der höchsten Zwischenebene des Sprinklerschutzes gelagert werden, müssen die Auslegungskriterien für die Dach- bzw. Deckensprinkler Tabelle 5 entnommen werden.

7.2.3.3 Für die hydraulische Berechnung ist anzunehmen, dass in maximal drei Ebenen von Regalsprinklern auf jeder Ebene jeweils drei Sprinkler in der hydraulisch ungünstigsten Position gleichzeitig geöffnet sind. Sind die Freistreifen zwischen den Regalen mindestens 2,4 m breit, muss nur ein Regal berücksichtigt werden. Sind die Freistreifen zwischen den Regalen zwischen 1,2 m und 2,4 m breit, müssen zwei Regale berücksichtigt werden. Sind die Freistreifen zwischen den Regalen weniger als 1,2 m breit, müssen drei Regale berücksichtigt werden.

ANMERKUNG   Es ist nicht erforderlich, das gleichzeitige Öffnen der Sprinkler von mehr als drei Sprinklerreihen in vertikaler Ebene oder von mehr als drei Sprinklerreihen in horizontaler Ebene anzunehmen.

7.2.3.4 Sprinkler im Regal und die zugehörigen Deckensprinkler müssen immer hydraulisch berechnet werden (siehe 13.1.1).

ANMERKUNG   Der Mindestdruck an allen geöffneten Sprinklern beträgt 2,0 bar (siehe 13.4.4).

Tabelle 4 — Auslegungskriterien für HHS mit ausschließlichem Schutz durch Decken- oder Dachsprinkler

Lagerart	Maximal zulässige Lagerhöhe (siehe ANMERKUNG 1)				Wasserbeaufschlagung	Wirkfläche (Nass- oder vorgesteuerte Anlagen) (siehe ANMERKUNG 2)
	m				mm/min	m²
	Kategorie I	Kategorie II	Kategorie III	Kategorie IV		
ST1 freistehende Lager oder Kompaktlager	5,3	4,1	2,9	1,6	7,5	260
	6,5	5,0	3,5	2,0	10,0	
	7,6	5,9	4,1	2,3	12,5	
		6,7	4,7	2,7	15,0	
		7,5	5,2	3,0	17,5	
			5,7	3,3	20,0	300
			6,3	3,6	22,5	
			6,7	3,8	25,0	
			7,2	4,1	27,5	
				4,4	30,0	
ST2 einreihige Gitterboxpaletten	4,7	3,4	2,2	1,6	7,5	260
	5,7	4,2	2,6	2,0	10,0	
	6,8	5,0	3,2	2,3	12,5	
		5,6	3,7	2,7	15,0	
		6,0	4,1	3,0	17,5	
ST4 Palettenregale			4,4	3,3	20,0	
			4,8	3,6	22,5	
			5,3	3,8	25,0	300
			5,6	4,1	27,5	
			6,0	4,4	30,0	
ST3 mehrreihige Gitterboxpaletten	4,7	3,4	2,2	1,6	7,5	
	5,7	4,2	2,6	2,0	10,0	
ST5 und ST6 feste oder gelattete Böden		5,0	3,2	2,3	12,5	260
				2,7	15,0	
				3,0	17,5	

ANMERKUNG 1 Vertikaler Abstand zwischen dem Fußboden und den Sprinklersprühtellern minus 1 m oder der größte in der Tabelle angegebene Wert, je nachdem, welcher der kleinere ist.
ANMERKUNG 2 Trocken- und Alternativ-Anlagen sollten bei HHS-Risiken, besonders bei Lagergut höherer Brennbarkeit (der höheren Kategorie) und größeren Lagerhöhen, vermieden werden. Sollte es dennoch erforderlich sein, eine Trocken- oder Alternativ-Anlage zu installieren, sollte die Wirkfläche um 25 % vergrößert werden.

Tabelle 5 — Auslegungskriterien für Dach- und Deckensprinkler bei vorhandenen Regalsprinklern

Lagerart	Maximal zulässige Lagerhöhe über der obersten Ebene von Regalsprinklern (siehe ANMERKUNG 1) m				Wasserbeaufschlagung mm/min	Wirkfläche (Nass- oder vorgesteuerte Anlagen) (siehe ANMERKUNG 2) m²
	Kategorie I	Kategorie II	Kategorie III	Kategorie IV		
ST4 Palettenregale	3,5	A) 3,4 (A1		2,2 2,6 3,2 3,5	1,6 2,0 2,3 2,7	7,5 10,0 12,5 15,0	260
ST5 und ST6 feste oder gelattete Böden	3,5	A) 3,4 (A1		2,2 2,6 3,2	1,6 2,0 2,3 2,7	7,5 10,0 12,5 15,0	260

ANMERKUNG 1 Vertikaler Abstand zwischen der höchsten Regalsprinklerebene und der Oberkante des Lagerguts.

ANMERKUNG 2 Trocken- und Nass-Trocken-Anlagen sollten bei der Lagerung mit hoher Brandgefahr, besonders bei Lagergut höherer Brennbarkeit (der höheren Kategorie) und größeren Lagerhöhen, vermieden werden. Sollte es dennoch erforderlich sein, eine Trocken- oder Nass-Trocken-Anlage zu installieren, sollte die Wirkfläche um 25 % vergrößert werden.

7.3 Anforderungen an Druck und Durchflussraten für vorberechnete Anlagen

7.3.1 LH- und OH-Anlagen

Die Wasserversorgung muss in der Lage sein, an jeder Alarmventilstation mindestens die in Tabelle 6 aufgeführten Durchflussraten und Drücke zu liefern. Der Druckabfall infolge von Rohrreibung und der statische Druckabfall zwischen der Wasserversorgung und jeder Alarmventilstation müssen getrennt berechnet werden.

Tabelle 6 — Druck- und Durchflussratenanforderungen für vorberechnete LH- und OH-Anlagen

Brandgefahr	Durchflussrate l/min	Druck an der Alarmventilstation bar	Maximal geforderte Durchflussrate l/min	Druck an der Alarmventilstation bar
LH — Nass- und vorgesteuerte Anlagen	225	$2,2 + p_s$	—	bar
OH1 — Nass- und vorgesteuerte Anlagen	375	$1,0 + p_s$	540	$0,7 + p_s$
OH1 — Trocken- und Nass-Trocken-Anlagen OH2 — Nass- und vorgesteuerte Anlagen	725	$1,4 + p_s$	1 000	$1,0 + p_s$
OH2 — Trocken- und Nass-Trocken-Anlagen OH3 — Nass- und vorgesteuerte Anlagen	1 100	$1,7 + p_s$	1 350	$1,4 + p_s$
OH3 — Trocken- und Nass-Trocken-Anlagen OH4 — Nass- und vorgesteuerte Anlagen	1 800	$2,0 + p_s$	2 100	$1,5 + p_s$

ANMERKUNG p_s ist der statische Druckverlust in bar, infolge der Höhe des höchsten Sprinklers in der betreffenden Anordnung oberhalb des C-Manometers der Alarmventilstation.

7.3.2 HHP- und HHS-Anlagen ohne Regalsprinkler

7.3.2.1 Die Wasserversorgung muss in der Lage sein, am höchsten Auslegungspunkt mindestens die entsprechenden Durchflussraten und Drücke zu liefern, die sich aus Tabelle 7 oder, wenn wie dort festgelegt verfahren wird, aus 7.3.2.2 bis 7.3.2.5 ergeben. Der gesamte geforderte Druck für den Betriebsdruck an der

Alarmventilstation ist die Summe aus dem Druck am Auslegungspunkt, dem Druck entsprechend dem Höhenunterschied zwischen der Alarmventilstation und dem höchsten Sprinkler hinter dem Auslegungspunkt sowie dem durch den Durchfluss durch die Rohrleitungen bedingten Druckverlust von der Alarmventilstation bis zum Auslegungspunkt.

Tabelle 7 — Druck- und Durchflussratenanforderungen für vorberechnete Anlagen, die nach den Tabellen 32 bis 35 ausgelegt werden

Wasserbeauf-schlagung	Geforderte Durchflussrate l/min		Druck (p_d) am höchsten Auslegungspunkt bar Wirkfläche je Sprinkler m^2			
mm/min	Vorgesteuerte oder Nass-Anlagen	Trocken- oder Nass-Trocken- Anlagen	6	7	8	9
(1) Mit Rohrdurchmessern nach Tabelle 32 und 33 und Sprinklern mit einem k-Faktor von 80						
7,5	2 300	2 900	—	—	1,80	2,25
10,0	3 050	3 800	1,80	2,40	3,15	3,90
(2) Mit Rohrdurchmessern nach Tabelle 32 und 34 und Sprinklern mit einem k-Faktor von 80						
7,5	2 300	2 900	—	—	1,35	1,75
10,0	3 050	3 800	1,30	1,80	2,35	3,00
(3) Mit Rohrdurchmessern nach Tabelle 35 und 34 und Sprinklern mit einem k-Faktor von 80						
7,5	2 300	2 900	—	—	0,70	0,90
10,0	3 050	3 800	0,70	0,95	1,25	1,60
(4) Mit Rohrdurchmessern nach Tabelle 35 und 34 und Sprinklern mit einem k-Faktor von 115						
10,0	3 050	3 800	—	—	—	0,95
12,5	3 800	4 800	—	0,90	1,15	1,45
15,0	4 550	5 700	0,95	1,25	1,65	2,10
17,5	4 850	6 000	1,25	1,70	2,25	2,80
20,0	6 400	8 000	1,65	2,25	2,95	3,70
22,5	7 200	9 000	2,05	2,85	3,70	4,70
25,0	8 000	10 000	2,55	3,50	4,55	5,75
27,5	8 800	11 000	3,05	4,20	5,50	6,90
30,0	9 650	12 000	3,60	4,95	6,50	—
ANMERKUNG Befinden sich Sprinkler innerhalb der Anordnung oberhalb des Auslegungspunktes, sollte der statische Druckverlust vom Auslegungspunkt zu den höchsten Sprinklern zu p_d addiert werden.						

7.3.2.2 Ist die Fläche eines HHP- oder HHS-Teils eines Risikos kleiner als die Wirkfläche, kann die Durchflussrate in Tabelle 7 proportional verringert werden (siehe 7.3.2.6). Jedoch muss der Druck am höchsten Auslegungspunkt für die Fläche entweder gleich dem in der Tabelle aufgeführten Wert sein, oder er ist durch hydraulische Berechnung zu ermitteln.

7.3.2.3 Wenn der HHP- oder HHS-Teil eines Risikos weniger als 48 Sprinkler umfasst, muss die in Tabelle 7 aufgeführte Durchflussrate und der zugehörige Druck auf der Höhe des höchsten Sprinklers am Übergangspunkt zum HPP- bzw. HHS-Bereich der Sprinkler verfügbar sein.

7.3.2.4 Ist die Wirkfläche größer als die Fläche des HHP- bzw. HHS-Bereiches und grenzt dieser Bereich an den OH-Bereich, muss die Gesamt-Durchflussrate als die Summe des HHP- bzw. HHS-Anteils nach der proportionalen Verringerung nach 7.3.2.2 berechnet werden, zuzüglich der Durchflussrate für den

OH-Bereich, berechnet auf der Grundlage einer Wasserbeaufschlagung von 5 mm/min. Der Druck am Auslegungspunkt der höchsten Sprinkler im HHP- bzw. HHS-Bereich des Risikos muss dann entweder der in Tabelle 7 aufgeführte Druck sein oder durch hydraulische Berechnung ermittelt werden.

ANMERKUNG   Befindet sich der OH-Teil vor dem HH-Bereich, bedeutet das hinsichtlich des Druckgefälles, dass, anders als bei reinen OH-Anlagen, die größere Durchflussrate zum OH-Teil abgezweigt wird. Betrifft ein Feuer die gesamte Schutzfläche, ist die Durchflussrate für den HH-Teil daher verringert.

7.3.2.5   Wenn die Wirkfläche von mehr als einem Verteilerrohr gespeist wird, muss der Druck auf der höchsten Sprinklerebene der Auslegungspunkte entweder der in Tabelle 7 aufgeführte Druck für die entsprechende Wasserbeaufschlagung sein oder durch hydraulische Berechnung ermittelt werden. Die Durchflussrate für jedes Verteilerrohr wird anteilmäßig ermittelt (siehe 7.3.2.6).

7.3.2.6   Wird die ursprüngliche Wirkfläche bei einer gegebenen Wasserbeaufschlagung vergrößert oder verkleinert, wie in 7.3.2.2 bis 7.3.2.7 beschrieben, muss die Durchflussrate proportional dazu erhöht bzw. verringert werden (siehe 7.3.2.7), der Druck am Auslegungspunkt bleibt jedoch unverändert.

7.3.2.7   Die erhöhten oder verringerten Durchflussraten werden wie folgt proportional ermittelt:

$$Q_2 = Q_1 \frac{a_2}{a_1}$$

Dabei ist

Q_2 die erforderliche Durchflussrate, oder Durchflussrate jedes Verteilerrohrs bei den in 7.3.2.2 bis 7.3.2.5 beschriebenen Bedingungen, in Liter je Minute;

Q_1 die erforderliche Durchflussrate nach Tabelle 7, in Liter je Minute;

a_1 die Wirkfläche für die Wasserbeaufschlagung, in Quadratmeter (siehe Tabelle 4);

a_2 die erforderliche Wirkfläche, oder die von jedem Verteiler versorgte Fläche bei den in 7.3.2.2 bis 7.3.2.5 beschrieben Bedingungen, in Quadratmeter.

8   Wasserversorgungen

8.1   Allgemeines

8.1.1   Betriebsdauer

Wasserversorgungen müssen in der Lage sein, automatisch mindestens den für die Anlage erforderlichen Druck und Durchfluss zu liefern. Wird die Wasserversorgung auch für andere Brandbekämpfungsanlagen genutzt, gelten die Anforderungen in 9.6.4. Mit Ausnahme der für Druckluftwasserbehälter besonders festgelegten Bedingungen muss jede Wasserversorgung eine ausreichende Kapazität für folgende Mindestbetriebszeiten haben:

— LH: 30 min;
— OH: 60 min;
— HHP: 90 min;
— HHS: 90 min.

ANMERKUNG   Bei öffentlichen Wasserleitungsnetzen, unerschöpflichen Quellen und allen vorberechneten Anlagen ist die Betriebsdauer in den Anforderungen, die in dieser Norm angegeben sind, enthalten.

8.1.2 Kontinuität der Versorgung

Eine Wasserversorgung darf nicht durch Frost, Dürre, Überflutung oder sonstige Umstände, welche die Durchflussrate oder die effektive Kapazität verringern oder die Versorgung außer Betrieb setzen könnten, beeinträchtigt werden.

Es sind alle angemessenen Schritte zu unternehmen, um die Kontinuität und Zuverlässigkeit von Wasserversorgungen sicherzustellen.

ANMERKUNG   Wasserversorgungen sollten vorzugsweise unter der Kontrolle des Betreibers sein, anderenfalls sollten die Zuverlässigkeit und das Nutzungsrecht durch die Stelle, die Verfügungsrecht hat, sichergestellt werden.

Das Wasser muss frei von faserigen oder sonstigen Schwebstoffen sein, die ein Verstopfen der Rohrleitungen zur Folge haben können. Salz- oder Brackwasser darf nicht ständig in Sprinklerleitungen sein.

Ist keine geeignete Süßwasserquelle verfügbar, kann eine Salz- oder Brackwasserversorgung unter der Voraussetzung verwendet werden, dass die Anlage normalerweise mit Süßwasser gefüllt ist.

8.1.3 Frostschutz

Die Alarmventilstation und die Zuleitung müssen auf einer Mindesttemperatur von 4 °C gehalten werden.

8.2 Maximaler Wasserdruck

8.2.1 Ausgenommen bei Prüfungen darf der Wasserdruck an Anschlüssen zu Einrichtungen und an den in 8.2.1.1 und 8.2.1.2 genannten Stellen 12 bar nicht übersteigen. Für den Druck in mit Pumpen gespeisten Anlagen sind mögliche Erhöhungen der Antriebsdrehzahl und des Drucks bei Nullförderung zu berücksichtigen.

8.2.1.1 Alle Arten von Sprinkleranlagen müssen mindestens aus folgenden Bauteilen bestehen:

a) Sprinklern;

b) Steuerventilen;

c) Strömungsmeldern;

d) Trocken- und vorgesteuerten Alarmventilen;

e) Schnellöffnern und Schnellentlüftern;

f) wassergetriebenen Alarmglocken;

g) Gruppenventilen.

8.2.1.2 Sprinkleranlagen, bei denen der Höhenunterschied zwischen dem höchsten und dem tiefsten Sprinkler nicht mehr als 45 m beträgt, müssen mindestens aus folgenden Bauteilen bestehen:

a) Pumpendruckseite, unter Berücksichtigung von Erhöhungen der Antriebsdrehzahl bei Nullförderung;

b) Nassalarmventilen;

c) Absperrarmaturen;

d) mechanischen Rohrkupplungen.

8.2.2 In Hochhausanlagen, bei denen der Höhenunterschied zwischen höchstem und tiefstem Sprinkler mehr als 45 m beträgt, dürfen die Wasserdrücke an folgenden Stellen 12 bar überschreiten, wenn die entsprechenden Einrichtungen sich für Drücke von mehr als 12 bar eignen:

a) Pumpendruckseite;

b) Haupt- und Verteilerrohre.

8.3 Anschlüsse für andere Verbraucher

Wasser für andere Verbraucher darf nur dann von der Sprinkleranlage abgezweigt werden, wenn alle folgenden Bedingungen eingehalten werden:

a) die Anschlüsse müssen Tabelle 8 entsprechen;

b) die Wasserentnahme muss durch eine Absperrarmatur vor der/den Alarmventilstation(en) und so nahe wie möglich an dem Anschlusspunkt der Versorgungsleitung der Sprinkleranlage an die Wasserversorgung erfolgen;

c) die Anlage darf keine Hochhausanlage sein;

d) die Anlage darf kein mehrgeschossiges Gebäude schützen.

Die Pumpen der Sprinkleranlage müssen von Pumpen sämtlicher Hydrantensysteme getrennt sein, es sei denn, es wird eine kombinierte Wasserversorgung nach 9.6.4 verwendet.

Tabelle 8 — Wasseranschlüsse für andere Verbraucher bei Anlagen in Gebäuden mit einem Geschoss

Art der Wasserversorgung	Zulässige Anzahl, Durchmesser und Zweck des Anschlusses (der Anschlüsse)
öffentliches Wasserleitungsnetz; Haupt- und Versorgungsleitung nicht kleiner als 100 mm	ein Anschluss mit nicht mehr als 25 mm Durchmesser, für nicht industrielle Zwecke
öffentliches Wasserleitungsnetz; Haupt- und Versorgungsleitung nicht kleiner als 150 mm	ein Anschluss mit nicht mehr als 40 mm Durchmesser, für nicht industrielle Zwecke oder
	ein Anschluss, mit nicht mehr als 50 mm Durchmesser für Schlauchhaspelanlagen, an dem ein weiterer Anschluss vorhanden sein kann (in der Nähe des ersten Anschlusses und mit einem Absperrventil, das nahe am Einspeisepunkt befestigt ist), der nicht größer als 40 mm ist, für nicht industrielle Zwecke
Hochzwischenbehälter, Hochbehälter, automatische Pumpenanlage	ein Anschluss mit nicht mehr als 50 mm Durchmesser, für Schlauchhaspelanlagen

ANMERKUNG   Für die Feuerwehr kann eine zusätzliche Einspeisung mit Rückschlagventil vorgesehen werden.

8.4 Einbauort von Bestandteilen für die Wasserversorgung

Bestandteile der Wasserversorgung wie Pumpen, Druckluftwasserbehälter und Hochbehälter dürfen nicht in Gebäuden oder Teilen des Betriebsgeländes installiert werden, wo gefährliche Prozesse ablaufen oder Explosionsgefahr besteht. Wasserversorgungen, Absperrarmaturen und Alarmventilstationen sind so zu installieren, dass sie selbst im Brandfall sicher zugänglich sind. Alle Bauteile von Wasserversorgungen und Alarmventilstationen sind so einzubauen, dass sie gegen unbefugte Eingriffe gesichert und ausreichend vor Frost geschützt sind.

8.5 Prüf- und Messeinrichtung

Sprinklergruppen müssen ständig mit geeigneten Messgeräten für Druck und Durchflussrate ausgestattet sein, damit die Einhaltung der Festlegungen aus 7.3 und Abschnitt 10 überprüft werden kann.

8.5.1 An den Alarmventilstationen

An jeder Alarmventilstation ist eine Durchflussmesseinrichtung zu installieren, mit Ausnahme der folgenden Fälle:

a) sind zwei oder mehr Alarmventilstationen nebeneinander installiert, muss ein Durchflussmessgerät nur an der hydraulisch ungünstigsten Station oder an der Alarmventilstation installiert werden, die den höchsten Durchfluss erfordert, sofern die Gruppen unterschiedliche Brandgefahren versorgen;

b) erfolgt die Wasserversorgung durch eine oder mehrere automatische Pumpen, kann das Durchflussmessgerät in der Pumpstation installiert werden.

!A2) Wenn das Durchflussmessgerät nicht ständig angeschlossen ist, muss es zu jeder Zeit vor Ort verfügbar sein. (A2

In allen Fällen müssen die entsprechenden Korrekturwerte für Druckverluste zwischen der Wasserquelle und der/den Alarmventilstation(en) nach dem in 13.2 aufgeführten Berechnungsverfahren berechnet werden.

Für die Ableitung des bei der Prüfung austretenden Wassers müssen Einrichtungen vorgesehen werden.

Trocken- oder Nass-Trocken-Alarmventilstationen (Haupt- oder Tandemstationen) können eine zusätzliche Durchfluss-Prüfventilanordnung mit unspezifiziertem Durchflussverlustkennwert haben, die unter der Alarmventilstation hinter der Hauptabsperrarmatur eingebaut wird, um die informelle Prüfung des Versorgungsdrucks zu erleichtern. Solche Durchfluss-Prüfventile und Rohrleitungen sollen einen Nenndurchmesser von 40 mm bei LH-Anlagen und einen Nenndurchmesser von 50 mm bei anderen Anlagen haben.

8.5.2 An Wasserversorgungen

!A2) An jeder Wasserversorgung muss für Prüfungen mindestens eine geeignete Durchfluss- und Druckprüfeinrichtung ständig installiert sein. (A2

Die Prüfgeräte müssen einen ausreichenden Messbereich haben und sind entsprechend den Angaben des Lieferanten zu installieren. Die Geräte sind an frostgeschützter Stelle zu installieren.

!A2) Wenn das Prüfgerät nicht ständig angeschlossen ist, muss es zu jeder Zeit vor Ort verfügbar sein. (A2

8.6 Druck- und Durchflussprüfungen an Wasserversorgungen

8.6.1 Allgemeines

Die in 8.5.2 beschriebene Prüfeinrichtung ist zu verwenden. Jede Wasserversorgung der Anlage ist getrennt zu prüfen, wobei jeweils alle anderen Versorgungen abzusperren sind.

Sowohl bei vorberechneten als auch bei hydraulisch berechneten Anlagen muss die Wasserversorgung mindestens bei der maximalen Durchflussrate der Anlage geprüft werden.

8.6.2 Wasserversorgung mit Vorratsbehälter und Druckluftwasserbehälter

Die Absperrarmaturen, die den Durchfluss von der Wasserversorgung zur Anlage regulieren, sind ganz zu öffnen. Der automatische Pumpenanlauf ist durch vollständiges Öffnen des Entwässerungs- und Prüfventils der Sprinklergruppe zu überprüfen. !A2) Die Durchflussrate muss nach Abschnitt 7 überprüft werden. Der am C-Manometer gemessene Versorgungsdruck muss überprüft werden, ob er mit dem Wert nach Abschnitt 7 übereinstimmt. (A2

8.6.3 Wasserversorgung durch öffentliches Wasserleitungsnetz, Druckerhöhungspumpe, Hochzwischenbehälter und Hochbehälter

Die Absperrarmaturen, die den Durchfluss von der Wasserversorgung zur Anlage regulieren, sind ganz zu öffnen. Der automatische Pumpenanlauf ist durch vollständiges Öffnen des Entwässerungs- und Prüfventils der Sprinklergruppe zu überprüfen. Durch Regulierung des Entwässerungs- und Prüfventils ist die Durchflussrate nach Abschnitt 7 einzustellen. Wenn die Durchflussrate stabil ist, wird der am C-Manometer gemessene Versorgungsdruck aufgezeichnet und mit dem entsprechenden Wert in Abschnitt 7 und dem während der Inbetriebnahmeprüfung aufgezeichneten Wert verglichen.

9 Art der Wasserversorgung

9.1 Allgemeines

Bei den Wasserversorgungen muss es sich um eine oder mehrere der folgenden Ausführungen handeln:

a) öffentliches Wasserleitungsnetz nach 9.2;

b) Vorratsbehälter nach 9.3;

c) unerschöpfliche Wasserquellen nach 9.4;

d) Druckluftwasserbehälter nach 9.5.

9.2 Öffentliches Wasserleitungsnetz

9.2.1 Allgemeines

Es ist ein Druckschalter zu installieren, der alarmiert, wenn der Druck in der Versorgung auf einen zuvor festgelegten Wert sinkt. Der Druckschalter ist auf der Zulaufseite von allen Rückschlagklappen anzuordnen und mit einem Prüfventil auszurüsten (siehe Anhang I).

ANMERKUNG 1   In manchen Fällen kann es aufgrund der Wasserqualität erforderlich sein, in allen Anschlüssen zum öffentlichen Wasserleitungsnetz Steinfänger einzubauen.

 ANMERKUNG 2   Es kann erforderlich sein, erhöhte Durchflussraten für Feuerwehrzwecke zu berücksichtigen.

ANMERKUNG 3   Für Anschlüsse an das öffentliche Wasserleitungsnetz ist normalerweise die Genehmigung des Wasserversorgungsunternehmens erforderlich.

9.2.2 Wasserleitungsnetz mit Druckerhöhungspumpe

Wenn Druckerhöhungspumpen verwendet werden, müssen sie nach den Anforderungen von Abschnitt 10 installiert werden.

ANMERKUNG   Die Genehmigung des Wasserversorgungsunternehmens ist normalerweise erforderlich, bevor eine Druckerhöhungspumpe an das öffentliche Wasserleitungsnetz angeschlossen werden kann.

Wird eine einzelne Pumpe eingebaut, ist ein Bypassanschluss vorzusehen, der mindestens denselben Durchmesser wie der Wasserversorgungsanschluss zur Pumpe hat und in den eine Rückschlagklappe sowie zwei Absperrarmaturen eingebaut werden müssen. Die Pumpe(n) darf/dürfen nur für Brandschutzzwecke verwendet werden.

9.3 Wasserbehälter

9.3.1 Allgemeines

Wasserbehälter müssen eine oder mehrere der folgenden Ausführungen sein:

— Zwischen- und Vorratsbehälter;

— Hochbehälter;

— Reservoir.

9.3.2 Wassermengen

9.3.2.1 Allgemeines

Für jede Anlage ist eine Mindestwassermenge festgelegt. Diese muss aus einer oder mehreren der folgenden Möglichkeiten geliefert werden:

— Vorratsbehälter mit einem Nutzvolumen, das mindestens der festgelegten Wassermenge entspricht;

— Zwischenbehälter (siehe 9.3.4), bei dem die erforderliche Wassermenge gemeinsam durch das Nutzvolumen des Zwischenbehälters und die automatische Nachspeisung erbracht wird.

Das Nutzvolumen eines Behälters errechnet sich, indem die Mengendifferenz zwischen normalem Wasserspiegel und niedrigstem nutzbaren Wasserspiegel ermittelt wird. Wenn der Behälter nicht frostgeschützt ist, ist der normale Wasserspiegel um mindestens 1,0 m zu erhöhen und es ist eine Entlüftung durch eine gegebenenfalls vorhandene Eisschicht vorzusehen. Bei geschlossenen Behältern muss ein leichter Zugang möglich sein.

Außer bei offenen Reservoirs sind Behälter mit einer von außen ablesbaren Wasserstandsanzeige zu versehen.

9.3.2.2 Vorberechnete Anlagen

Tabelle 9 ist zur Bestimmung der erforderlichen Mindestwassermengen für vorberechnete LH- und OH-Anlagen zu verwenden. Die angegebenen Wassermengen sind ausschließlich zur Verwendung in der Sprinkleranlage vorzusehen.

Tabelle 9 — Mindestwassermengen für vorberechnete LH- und OH-Anlagen

Anlagenart	Höhe h des höchsten Sprinklers über dem tiefsten Sprinkler [A) (siehe ANMERKUNG) (A] m	Mindestwassermenge m^3
LH — Nass- oder vorgesteuerte Anlagen	$h \leq 15$	9
	$15 < h \leq 30$	10
	$30 < h \leq 45$	11
OH1 — Nass- oder vorgesteuerte Anlagen	$h \leq 15$	55
	$15 < h \leq 30$	70
	$30 < h \leq 45$	80
OH1 — Trocken- oder Nass-Trocken-Anlagen OH2 — Nass- oder vorgesteuerte Anlagen	$h \leq 15$	105
	$15 < h \leq 30$	125
	$30 < h \leq 45$	140
OH2 — Trocken- oder Nass-Trocken-Anlagen OH3 — Nass- oder vorgesteuerte Anlagen	$h \leq 15$	135
	$15 < h \leq 30$	160
	$30 < h \leq 45$	185
OH3 — Trocken- oder Nass-Trocken-Anlagen OH4 — Nass- oder vorgesteuerte Anlagen	$h \leq 15$	160
	$15 < h \leq 30$	185
	$30 < h \leq 45$	200
OH4 — Trocken- oder Nass-Trocken-Anlagen	Verwendung von HH-Schutz	
[A) ANMERKUNG (A] Außer Sprinkler in der Sprinklerzentrale.		

In Tabelle 10 sind die Mindestwassermengen aufgeführt, die für vorberechnete HHP- oder HHS-Anlagen erforderlich sind. Die angegebenen Wassermengen sind ausschließlich zur Verwendung in der Sprinkleranlage vorzusehen.

Tabelle 10 — Mindestwassermengen für vorberechnete HHP- und HHS-Anlagen

Wasserbeaufschlagung nicht mehr als	Mindestwassermenge m^3	
mm/min	Nass-Anlagen	Trocken-Anlagen
7,5	225	280
10,0	275	345
12,5	350	440
15,0	425	530
17,5	450	560
20,0	575	720
22,5	650	815
25,0	725	905
27,5	800	1 000
30,0	875	1 090

9.3.2.3 Hydraulisch berechnete Anlagen

Die Mindestwassermengen müssen durch Multiplizieren der maximalen Durchflussrate mit den in 8.1.1 genannten Betriebszeiten errechnet werden.

9.3.3 Zulaufraten für Vorratsbehälter

Die Wasserquelle muss in der Lage sein, den Vorratsbehälter innerhalb von 36 h wieder aufzufüllen.

Der Auslass jedes Zulaufrohrs muss mindestens 2,0 m horizontal von dem Einlauf der Pumpensaugleitung entfernt angeordnet werden.

9.3.4 Zwischenbehälter

Zwischenbehälter müssen die folgenden Bedingungen erfüllen:

a) die Nachspeisung muss automatisch aus dem öffentlichen Wasserleitungsnetz über mindestens zwei mechanische Schwimmerventile erfolgen. Die Nachspeisung darf das Ansaugverhalten der Pumpe nicht nachteilig beeinflussen. A₂) Der Ausfall eines einzigen Schwimmerventils darf die geforderte Nachspeiserate nicht beeinträchtigen (A₂;

b) das Nutzvolumen des Behälters muss mindestens dem in Tabelle 11 angegebenen Wert entsprechen;

c) das Nutzvolumen und die Nachspeisung zusammen müssen ausreichend für die Versorgung der Anlage bei der maximalen Durchflussrate nach 9.3.2. sein;

d) die Messung der Zulaufrate muss möglich sein;

e) die Nachspeisungseinrichtung muss für Prüfungen zugänglich sein.

DIN EN 12845:2009-07
EN 12845:2004+A2:2009 (D)

Tabelle 11 — !A₁⟩ Effektives Mindestvolumen von Zwischenbehältern ⟨A₁!

Brandgefahr	!A₁⟩ Effektives Mindestvolumen ⟨A₁! m^3
LH — Nass- oder vorgesteuerte Anlagen	5
OH1 — Nass- oder vorgesteuerte Anlagen	10
OH1 — Trocken- oder Nass-Trocken-Anlagen OH2 — Nass- oder vorgesteuerte Anlagen	20
OH2 — Trocken- oder Nass-Trocken-Anlagen OI I3 — Nass- oder vorgesteuerte Anlagen	30
OH3 — Trocken- oder Nass-Trocken-Anlagen OH4 — Nass- oder vorgesteuerte Anlagen	50
HHP und HHS	70 jedoch in keinem Fall kleiner als 10 % des Gesamtvolumens

9.3.5 Nutzvolumen von Behältern und Dimensionierung von Saugkammern

Das Nutzvolumen von Vorratsbehältern muss, wie in Bild 4 gezeigt, berechnet werden, mit:

— N: normaler Wasserspiegel;

— X: tiefster Wasserspiegel;

— d: !A₁⟩ Nenndurchmesser der Saugleitung. ⟨A₁!

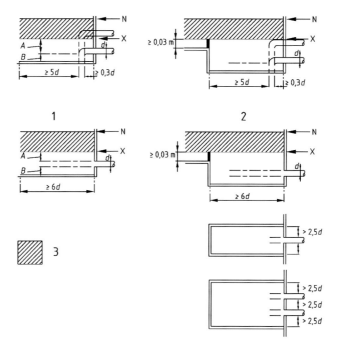

Legende

1 ohne Pumpensumpf
2 mit Pumpensumpf
3 Nennvolumen

A Mindestabstand vom Saugrohr zum tiefsten Wasserspiegel
B Mindestabstand vom Saugrohr zum Boden des Sumpfes

Bild 4 — Nenn-Nutzvolumen von Saugbehältern und Dimensionierung von Saugkammern

In Tabelle 12 sind die Mindestabstände aufgeführt für:

— A vom Saugrohr zum tiefsten Wasserspiegel (siehe Bild 4);

— B vom Saugrohr zum Boden des Sumpfs (siehe Bild 4).

Wenn eine Antiwirbelplatte mit den in Tabelle 12 aufgeführten Mindestmaßen installiert ist, kann der Abstand A auf 0,10 m reduziert werden.

Ein Behälter kann mit einem Sumpf ausgerüstet werden, um das Nutzvolumen zu maximieren (siehe Bild 4).

Tabelle 12 — Abstände zum Saugrohreinlass

Nenndurchmesser d des Saugrohres	A mindestens	B mindestens	Mindestdurchmesser der Antiwirbelplatte
mm	m	m	m
65	0,25	0,08	0,20
80	0,31	0,08	0,20
100	0,37	0,10	0,40
150	0,50	0,10	0,60
200	0,62	0,15	0,80
250	0,75	0,20	1,00
300	0,90	0,20	1,20
400	1,05	0,30	1,20
500	1,20	0,35	1,20

9.3.6 Steinfänger

Bei Pumpen mit Saugbetrieb ist vor dem Fußventil im Saugrohr der Pumpe ein Steinfänger einzubauen. Eine Reinigung des Steinfängers muss ohne Entleerung des Behälters möglich sein.

Werden Sprinklerpumpen aus offenen Behältern im Zulaufbetrieb versorgt, muss ein Steinfänger außerhalb des Behälters im Saugrohr eingebaut werden. Zwischen Behälter und Steinfänger muss eine Absperrarmatur installiert werden.

Steinfänger müssen eine Querschnittsfläche von mindestens dem 1,5-Fachen der Nennquerschnittsfläche des Rohrs haben und dürfen keine Gegenstände mit mehr als 5 mm Durchmesser durchlassen.

9.4 Unerschöpfliche Wasserquellen — Absetz- und Saugkammern

9.4.1 Wenn ein Saug- oder anderes Rohr über eine Absetzkammer oder eine Saugkammer aus einer unerschöpfliche Quelle ansaugt, müssen Auslegung und Abmessungen Bild 5 entsprechen, wobei D der Durchmesser des Saugrohrs, d der Durchmesser des Einlassrohrs und d^1 die Wassertiefe am Überlauf ist. Rohre, Zuleitungen und das Bett offener Kanäle müssen zur Absetzkammer bzw. zum Ansaugbecken hin ein stetiges Gefälle von mindestens 1:125 haben. Der Durchmesser der Rohre oder der Zuleitungen muss mindestens nach Tabelle 13 bemessen sein. Die Abmessungen von Ansaugbecken müssen den Anforderungen von 9.3.5 entsprechen.

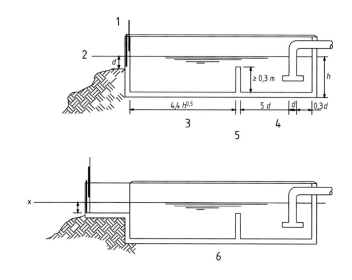

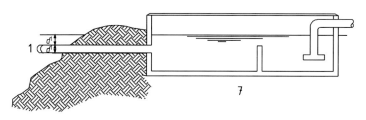

Legende

1 Filter
2 tiefster möglicher Wasserspiegel 'X'
3 Absetzkammer
4 Saugkammer
5 Einlauf als Überlauf
6 Einlauf über offenem Kanal
7 Einlauf durch Rohre oder Zuleitungen

Bild 5 — Absetz- und Saugkammern

Tabelle 13 — Nenndurchmesser von Rohren bzw. Zuleitungen für Absetzkammern und Ansaugbecken

Nenndurchmesser von Rohren bzw. Mindestmaße von Zuleitungen d^1 mm	Maximale Förderleistung der Pumpe Q l/min
200	500
250	940
300	1 570
350	2 410
400	3 510
500	6 550
600	10 900
ANMERKUNG Für Maße, die nicht in der Tabelle angegeben sind, sollte folgende Gleichung angewendet werden: $d^1 \geq 21{,}68 \, Q^{0,357}$.	

Bei fließenden Gewässern muss der Winkel zwischen der Fließrichtung und der Eintrittsachse (in Fließrichtung gesehen) kleiner als 60° sein.

9.4.2 Der Einlauf in Rohre bzw. Zuleitungen muss um mindestens einen Rohr-Nenndurchmesser unter dem tiefsten bekannten Wasserspiegel liegen. Die Gesamttiefe offener Kanäle und Überläufe muss den höchsten bekannten Wasserspiegel der Wasserquelle aufnehmen können.

Die Maße der Ansaugkammer und der Abstand der Saugrohre von den Wänden der Kammer, ihre Tauchtiefe unter dem tiefsten bekannten Wasserspiegel (unter Berücksichtigung aller notwendigen Zuschläge für Eisbildung) sowie der Abstand zum Boden müssen den Anforderungen von 9.3.5 sowie Bild 4 und Bild 5 entsprechen.

Die Absetzkammer muss die gleiche Breite und Tiefe haben wie die Ansaugkammer. Ihre Länge muss mindestens den größeren Wert von 10 d oder 1,5 m haben, wobei d der Mindest-Innendurchmesser des Rohres bzw. der Zuleitung bedeutet.

Das System muss so dimensioniert werden, dass die mittlere Wassergeschwindigkeit 0,2 m/s an keiner Stelle zwischen dem Einlass zur Absetzkammer und dem Pumpensaugrohreinlass überschreitet.

9.4.3 Die Absetzkammer, einschließlich aller Siebe, muss so angeordnet werden, dass weder Verschmutzungen durch Wind eingetragen werden können noch Sonnenlicht eindringen kann.

9.4.4 Vor dem Eintritt in die Absetzkammer muss das Wasser zunächst durch ein herausnehmbares Sieb aus Drahtgeflecht oder eine Metallplatte mit Bohrungen geleitet werden, die einen unter Wasser liegenden Gesamtdurchlassquerschnitt von A) 150 mm² (A1 je l/min der Nenn-Förderrate der Pumpe bei LH- oder OH-Anlagen bzw. bei maximaler Förderrate bei HHP- und HHS-Anlagen aufweist.

Das Sieb muss dem Wasserdruck bei einer Verstopfung widerstehen können. Die Maschenweite darf maximal 12,5 mm betragen. Es sind zwei Siebe vorzusehen, sodass eines benutzt werden kann, während das andere in herausgezogener Position bereit für den Austausch ist, wenn eine Reinigung erforderlich wird.

9.4.5 Der Einlass des Rohrs oder der Zuleitung, welche die Absetzkammer bzw. das Ansaugbecken speisen, muss mit einem Steinfänger versehen werden, der einen Gesamtdurchlassquerschnitt aufweist, der mindestens dem Fünffachen der Querschnittsfläche des Rohrs oder der Zuleitung entspricht. Die einzelnen Öffnungen müssen den Durchgang einer Kugel von 25 mm Durchmesser verhindern.

9.4.6 Entnimmt das Ansaugrohr Wasser aus dem befestigten Uferbereich eines Flusses, Kanals, Sees usw., muss die Wand auch oberhalb der Wasseroberfläche weitergeführt werden. Die Wand ist zusätzlich mit einem Öffnungsschieber mit Sieb zu versehen, oder der Raum zwischen der Maueroberkante und der Wasseroberfläche muss mit einem Sieb geschlossen werden. Das Sieb ist nach 9.4.4 auszuführen.

DIN EN 12845:2009-07
EN 12845:2004+A2:2009 (D)

9.4.7 Das Ausbaggern des Seegrunds usw., um auf die erforderliche Tiefe für das Ansaugrohr einer Pumpe zu kommen, wird nicht empfohlen; lässt es sich jedoch nicht vermeiden, so ist der Bereich mit dem größtmöglichen Sieb zu versehen, das jedoch in jedem Fall einen ausreichenden Durchlassquerschnitt nach 9.4.4 haben muss.

9.4.8 Für doppelte Wasserversorgungen sind jeweils eigene Absetzkammern und Saugkammern vorzusehen.

9.5 Druckluftwasserbehälter

9.5.1 Allgemeines

[A₂▸] Der Druckluftwasserbehälter darf nur zur Löschwasserversorgung von Sprinkleranlagen und/oder Sprühwasser-Löschanlagen eingesetzt werden. ◂[A₂]

Der Druckluftwasserbehälter muss für Prüfungen von innen und außen zugänglich sein. Er ist von innen und außen mit einem Korrosionsschutz zu versehen.

Das Auslassrohr muss sich mindestens 0,05 m über dem Behälterboden befinden.

9.5.2 Einbauort

Druckluftwasserbehälter müssen gut zugänglich eingebaut werden, entweder in:

a) einem mit Sprinklern geschützten Gebäude;

b) einem gesonderten, mit Sprinklern geschützten Gebäude, das mit nicht brennbaren Bauteilen errichtet wurde und ausschließlich für die Unterbringung von Wasserversorgungen und Ausrüstungen für den Brandschutz verwendet wird; oder

c) einem ungeschützten Gebäude in einem abgetrennten Raum mit einer Feuerwiderstandsdauer von 60 min, in dem sich keine brennbaren Materialien befinden.

Wenn der Druckluftwasserbehälter in einem mit Sprinklern geschützten Gebäude untergebracht ist, muss der Bereich eine für mindestens 30 min feuerbeständige Abtrennung haben.

Der Druckluftwasserbehälter und der Aufstellungsraum müssen auf einer Temperatur von mindestens +4 °C gehalten werden.

9.5.3 Mindestwassermenge

Die Mindestwassermenge in einem Druckluftwasserbehälter für eine einfache Wasserversorgung muss 15 m^3 für LH- und 23 m^3 für OH1-Anlagen betragen.

Für eine doppelte Wasserversorgung muss die Mindestwassermenge in einem Druckluftwasserbehälter bei LH- wie bei OH-Anlagen (alle Gruppen) 15 m^3 betragen.

9.5.4 Luftdruck und Luftvolumen

9.5.4.1 Allgemeines

Das Luftvolumen muss mindestens ein Drittel des Volumens des Druckluftwasserbehälters betragen.

Der Druck im Behälter darf 12 bar nicht übersteigen.

DIN EN 12845:2009-07
EN 12845:2004+A2:2009 (D)

Die Luftdrücke und Durchflussraten des Behälters müssen bis zur vollständigen Entleerung für die Durchflussraten der Sprinklergruppe ausreichend sein.

9.5.4.2 Berechnung

Der erforderliche Luftdruck, der im Behälter gehalten werden muss, ist mit der folgenden Formel zu bestimmen:

$$p = (p_1 + p_2 + 0{,}1\,h)\frac{V_t}{V_a}\,p_1$$

Dabei ist

p der Manometerdruck, in bar;

p_1 der atmosphärische Druck, in bar (unter der Annahme $p_1 = 1$);

p_2 der für den höchsten Sprinkler erforderliche Mindestdruck zum Zeitpunkt der vollständigen Entleerung des Druckluftwasserbehälters, in bar;

h die Höhe des höchsten Sprinklers bzw. des hydraulisch entferntesten Sprinklers über dem Boden des Druckluftwasserbehälters (d. h. dieser Wert kann negativ sein, wenn sich der höchste Sprinkler unterhalb des Behälters befindet), in Metern;

V_t das Gesamtvolumen des Behälters, in Kubikmetern;

V_a das Luftvolumen im Behälter, in Kubikmetern.

Bei vorberechneten Anlagen ist A) p_2 (A1 Tabelle 6 zu entnehmen, zuzüglich aller Druckverluste durch Rohrreibung zwischen der Alarmventilstation und dem Druckluftwasserbehälter oder zwischen dem Auslegungspunkt und dem Druckluftwasserbehälter.

9.5.5 Wasser- und Luftnachspeisung

Werden Druckluftwasserbehälter als einfache Wasserversorgungen eingesetzt, müssen Luft und Wasser automatisch nachgespeist werden. Die Luft- und Wassernachspeisungen müssen in der Lage sein, den Behälter mit Luft und Wasser in maximal 8 h vollständig aufzufüllen.

Die Durchflussrate der Wassernachspeisung muss bei dem Manometerdruck (p in 9.5.4) des Druckluftwasserbehälters mindestens 6 m³/h betragen.

9.5.6 Kontroll- und Sicherheitsausrüstung

9.5.6.1 Der Behälter ist mit einem Manometer auszustatten, auf dem eine Markierung für den korrekten Manometerdruck p angebracht ist.

Der Behälter ist mit geeigneten Sicherheitseinrichtungen auszurüsten, um sicherzustellen, dass der größte zulässige Druck nicht überschritten wird.

9.5.6.2 Es ist ein Wasserstandsglas zur Anzeige des Wasserspiegels zu installieren. An beiden Enden des Wasserstandsglases sind normalerweise geschlossen zu haltende Absperrarmaturen anzubringen. Außerdem ist ein Entwässerungsventil vorzusehen.

Das Wasserstandsglas ist gegen mechanische Beschädigung zu schützen, und es ist eine Markierung für den korrekten Wasserspiegel anzubringen.

9.5.6.3 Es ist eine automatische Warnanlage zur Anzeige des Ausfalls von Einrichtungen vorzusehen, die für die Wiederherstellung des korrekten Luftdrucks bzw. des korrekten Wasserspiegels zuständig sind. Alarmmeldungen müssen optisch und akustisch am Steuerventil der Gruppe oder an einer ständig besetzten Stelle erfolgen.

9.6 Art der Wasserversorgung

9.6.1 Einfache Wasserversorgungen

Als einfache Wasserversorgungen sind Folgende zulässig:

a) ein öffentliches Wasserleitungsnetz;

b) ein öffentliches Wasserleitungsnetz mit einer oder mehreren Druckerhöhungspumpen;

c) ein Druckluftwasserbehälter (nur LH- oder OH1-Anlagen);

d) ein Hochbehälter;

e) ein Vorratsbehälter mit einer oder mehreren Pumpen;

f) eine unerschöpfliche Quelle mit einer oder mehreren Pumpen.

9.6.2 A₁) Einfache Wasserversorgungen mit erhöhter Zuverlässigkeit (A₁

Einfache Wasserversorgungen mit erhöhter Zuverlässigkeit sind einfache Wasserversorgungen, die einen höheren Grad an Zuverlässigkeit haben. Sie umfassen Folgendes:

a) ein öffentliches Wasserleitungsnetz, das von zwei Seiten eingespeist wird und die folgenden Bedingungen erfüllt:

— A₂) jede Seite muss in der Lage sein, die benötigte Durchflussmenge der Anlage zu liefern, (A₂

— das öffentliche Wasserleitungsnetz muss von zwei oder mehreren Wasserquellen gespeist werden,

— es darf an keinem Punkt von einer einzigen gemeinsamen Hauptversorgungsleitung abhängig sein,

— A₂) falls nur eine Seite den geforderten Druck liefert, muss eine Druckerhöhungspumpe installiert werden. Wenn beide Seiten nicht den geforderten Druck liefern, müssen zwei oder mehr Druckerhöhungspumpen vorgesehen werden; (A₂

b) einen Hochbehälter ohne Druckerhöhungspumpen oder einen Vorratsbehälter mit zwei oder mehr Pumpen, wobei der Behälter folgende Bedingungen erfüllen muss:

— der Behälter muss die ganze Wassermenge bevorraten,

— es dürfen weder Licht noch Fremdstoffe eindringen können,

— A₂) es muss geeignetes sauberes Wasser (siehe 8.1.2) verwendet werden, (A₂

— es muss ein Anstrich oder sonstiger Korrosionsschutz vorhanden sein, der ein Entleeren des Behälters für Instandhaltungen für mindestens 10 Jahre unnötig macht;

c) eine unerschöpfliche Quelle mit zwei oder mehr Pumpen.

DIN EN 12845:2009-07
EN 12845:2004+A2:2009 (D)

9.6.3 Doppelte Wasserversorgungen

Doppelte Wasserversorgungen bestehen aus zwei einfachen Wasserversorgungen, die unabhängig voneinander sind. Jede der Wasserversorgungen, die einen Teil der doppelten Wasserversorgung bildet, muss den in Abschnitt 7 angegebenen Werten für Druck und Durchflussrate entsprechen.

Es kann jede Kombination aus einfachen Wasserversorgungen (einschließlich einfacher Wasserversorgungen mit erhöhter Zuverlässigkeit) verwendet werden, mit folgenden Einschränkungen:

a) bei OH-Anlagen darf nicht mehr als ein Druckluftwasserbehälter verwendet werden;

b) es darf nicht mehr als ein Zwischenbehälter verwendet werden (siehe 9.3.4).

9.6.4 Kombinierte Wasserversorgungen

Kombinierte Wasserversorgungen sind einfache Wasserversorgungen mit erhöhter Zuverlässigkeit oder doppelte Wasserversorgungen, die dafür ausgelegt sind, mehr als eine Brandbekämpfungsanlage zu versorgen; dies ist z. B. bei kombinierten Hydranten-, Schlauch- und Sprinklergruppen der Fall.

ANMERKUNG   In manchen Ländern ist es nicht zulässig, dass Sprinkleranlagen aus einer kombinierten Versorgung gespeist werden.

Kombinierte Wasserversorgungen müssen folgende Bedingungen erfüllen:

a) die Anlage muss hydraulisch berechnet sein;

b) die Wasserversorgung muss in der Lage sein, gleichzeitig die Summe der maximal berechneten Durchflussraten für jede Anlage zu erbringen. Die Durchflussraten müssen bis zu dem Druck korrigiert werden, den die Anlage mit dem größten Bedarf benötigt;

c) die Betriebszeit der Wasserversorgung muss mindestens der Betriebszeit der Anlage mit dem größten Bedarf entsprechen;

d) zwischen den Wasserversorgungen und der Anlage müssen jeweils zwei Rohrleitungen installiert sein.

9.7 Absperren der Wasserversorgung

Die Verbindungen zwischen den Wasserquellen und den Alarmventilstationen sind so anzuordnen, dass sichergestellt ist, dass:

a) die Instandhaltung von wichtigen Teilen wie Steinfängern, Pumpen, Rückschlagklappen und Wasserstandsanzeigern erleichtert wird;

b) jede Störung, die an einer Wasserversorgung auftritt, nicht den Betrieb irgendeiner anderen Wasserquelle oder -versorgung beeinträchtigt;

c) die Instandhaltung einer Wasserversorgung durchgeführt werden kann, ohne dass der Betrieb irgendeiner anderen Wasserquelle oder -versorgung beeinträchtigt wird.

10 Pumpen

10.1 Allgemeines

Die Pumpe muss eine stabile H(Q)-Kennlinie aufweisen, d. h. eine Kennlinie, bei der die maximale Förderhöhe und die Nullförderhöhe übereinstimmen, wobei die Gesamtförderhöhe bei steigender Förderrate kontinuierlich abnimmt (siehe EN 12723).

Pumpen müssen von Elektro- oder von Dieselmotoren angetrieben werden, die in der Lage sind, mindestens die Leistung zu erbringen, die erforderlich ist, um Folgendes zu erfüllen:

a) für Pumpen mit Leistungskennlinien ohne Überlast die maximale Leistung, die an der Spitze der Leistungskennlinie erforderlich ist;

b) für Pumpen mit ansteigenden Leistungskennlinien die maximale Leistung für alle Pumpenlastbedingungen, von Nullfördermenge bis zu einer Förderrate, die einem geforderten NPSH für die Pumpe entspricht, der gleich dem größeren Wert von 16 m oder der maximalen statischen Ansaughöhe zuzüglich 11 m ist.

Die Kupplung zwischen dem Antrieb und der Pumpe von horizontalen Pumpenanlagen ist so zu wählen, dass beide unabhängig voneinander ausgebaut werden können, und muss so ausgeführt sein, dass die Innenteile der Pumpe ohne Beeinträchtigung der Saug- oder Druckrohre überprüft und ausgetauscht werden können. Axial ansaugende Pumpen müssen durch Herausziehen demontierbar sein. Rohre müssen von der Pumpe getrennt befestigt werden.

10.2 Anordnungen mit mehreren Pumpen

Die Pumpen müssen aufeinander abgestimmte Kennlinien haben und bei allen Förderraten parallel fördern können.

Sind zwei Pumpen installiert, muss jede einzelne in der Lage sein, die erforderlichen Förderraten und Drücke zu erbringen. Sind drei Pumpen installiert, muss jede Pumpe in der Lage sein, mindestens 50 % der geforderten Förderrate bei dem geforderten Druck zu erbringen.

Wird bei einer einfachen Wasserversorgung mit erhöhter Zuverlässigkeit oder einer doppelten Wasserversorgung mehr als eine Pumpe installiert, darf nur eine Pumpe von einem Elektromotor angetrieben werden.

10.3 Bauliche Trennung von Pumpenanlagen

10.3.1 Allgemeines

Pumpenanlagen müssen in einem mit nicht brennbaren Materialien errichteten Raum eingebaut werden, der ausschließlich für den Brandschutz verwendet wird und eine Feuerbeständigkeit von mindestens 60 min aufweist. Es kann sich dabei um eine der folgenden Möglichkeiten (in der bevorzugten Reihenfolge) handeln:

a) ein freistehendes Gebäude;

b) ein Gebäude, das an ein gesprinklertes Gebäude anschließt und das einen direkten Zugang von außen besitzt;

c) ein Raum in einem gesprinklerten Gebäude mit direktem Zugang von außen.

10.3.2 Sprinklerschutz

Räume für Pumpenanlagen müssen durch Sprinkler geschützt sein. Ist der Pumpenraum separat gelegen, kann es unpraktisch sein, den Anschluss der Sprinkler an eine der Alarmventilstationen im Gebäude herzustellen. Der Sprinklerschutz kann von dem nächstliegenden zugänglichen Punkt hinter der Rückschlagklappe an der Pumpendruckseite über eine in der offenen Stellung gesicherte Zusatz-Absperrarmatur erfolgen, zusammen mit einem Strömungsmelder nach EN 12259-5, der für eine optische und akustische Anzeige des Öffnens der Sprinkler zu installieren ist. Die Alarmierungseinrichtungen sind entweder bei den Alarmventilen oder an einer mit hierfür zuständigen Personen besetzten Stelle, wie z. B. am Pförtnerhaus, zu installieren (siehe Anhang I).

Hinter dem Strömungsmelder ist ein Prüf- und Entwässerungsventil mit einem Nenndurchmesser von 15 mm einzubauen, um eine Funktionsprüfung der Alarmierungseinrichtung zu ermöglichen.

DIN EN 12845:2009-07
EN 12845:2004+A2:2009 (D)

10.3.3 Temperatur

Der Pumpenraum ist mindestens auf der folgenden Temperatur zu halten:

— 4 °C bei elektrisch betriebenen Pumpen;

— 10 °C bei dieselmotorbetriebenen Pumpen.

10.3.4 Lüftung

Pumpenräume für dieselmotorbetriebene Pumpen müssen mit einer ausreichenden Entlüftung entsprechend den Empfehlungen des Lieferanten ausgerüstet werden.

10.4 Maximale Temperatur der Wasserversorgung

Die Wassertemperatur der Wasserversorgung darf 40 °C nicht übersteigen. Werden Tauchmotorpumpen verwendet, darf die Wassertemperatur 25 °C nicht übersteigen, es sei denn, eine entsprechende Eignung des Motors für Temperaturen bis 40 °C nach prEN 12259-12 ist nachgewiesen.

10.5 Ventile und Zubehör

A2) In die Saugleitung der Pumpe ist eine Absperrarmatur einzubauen, es sei denn, der maximale Wasserstand liegt unterhalb der Pumpe. In die Druckleitung jeder Pumpe sind ein Rückschlagventil und eine Absperrarmatur einzubauen. (A2

A2) Bei Verwendung von Druckerhöhungspumpen muss ein Bypassanschluss mit einem Rückschlagventil und zwei Absperrarmaturen installiert werden, die den gleichen Durchmesser haben wie die Hauptversorgungsleitung. (A2

A2) Jedes Reduzierstück, das an den Pumpendruckstutzen angeschlossen wird, muss sich in der Förderrichtung in einem Winkel bis maximal 20° aufweiten. Ventile auf der Druckseite müssen in Fließrichtung hinter allen Reduzierstücken eingebaut werden. (A2

Es sind Vorrichtungen zum Entlüften aller Hohlräume im Pumpengehäuse vorzusehen, es sei denn, die einzelnen Kanäle in der Pumpe wurden so konstruiert, dass sie selbsttätig entlüften.

Es sind Vorrichtungen zur Sicherstellung eines kontinuierlichen Wasserdurchflusses durch die Pumpe vorzusehen, die ausreichen, dass beim Betrieb gegen geschlossene Absperrarmaturen ein Überhitzen verhindert wird. Diese Wassermenge ist bei der hydraulischen Berechnung der Anlage und der Wahl der Pumpe zu berücksichtigen. Der Auslauf muss deutlich sichtbar sein. Bei mehreren Pumpen müssen separate Ausläufe vorgesehen werden.

Kühlkreise von Dieselmotoren sind üblicherweise geschlossen. Wird zur Kühlung jedoch zusätzlich Wasser der Sprinkleranlage entnommen, ist dies ebenfalls zu berücksichtigen.

Druckentnahmepunkte für Manometer an der Saug- und der Druckseite der Pumpe müssen leicht zugänglich sein.

10.6 Ansaugbedingungen

10.6.1 Allgemeines

Soweit möglich, sind horizontale Kreiselpumpen im Zulaufbetrieb entsprechend den folgenden Bedingungen zu verwenden:

— mindestens 2/3 des Behälter-Nutzvolumens müssen sich über der Mittellinie der Pumpe befinden;

— die Mittellinie der Pumpe darf sich nicht mehr als 2 m über dem tiefsten Behälterwasserstand befinden (Wasserspiegel X in 9.3.5).

Ist dies nicht ausführbar, darf die Pumpe im Saugbetrieb installiert oder es dürfen vertikale Kreisel-Pumpen verwendet werden.

ANMERKUNG   Saugpumpen und Tauchpumpen sollten vermieden und nur dort eingesetzt werden, wo eine Anordnung mit Zulaufbetrieb nicht ausführbar ist.

10.6.2 Saugrohre

10.6.2.1 Allgemeines

!A2) Die Saugleitung muss an ein gerades oder konisches Rohrstück angeschlossen werden, das mindestens doppelt so lang ist wie der Durchmesser. Das Reduzierstück muss an der Oberseite horizontal verlaufen und einen eingearbeiteten Winkel von höchstens 20° aufweisen. (A2

!A2) Saugleitungen, einschließlich sämtlicher Ventile und Formstücke, sind so auszulegen, dass der verfügbare NPSH-Wert (berechnet bei der maximal zu erwartenden Wassertemperatur) am Pumpeneinlass den erforderlichen NPSH-Wert bei der in Tabelle 14 angegebenen maximalen Förderrate um mindestens 1 m übersteigt. (A2

!A2) Tabelle 14 — Pumpendruck und Förderraten

Rohrnetz	Brandgefahrenklasse	Nennförderrate der Pumpe	Bedingungen am Einlass der Pumpe
Vorberechnet	LH/OH	Druck und Förderrate nach Tabelle 6	Für Behälter, mit Wasserversorgung am tiefsten Wasserspiegel (siehe X in Bild 4).
	HH	Druck und 1,4 × der geforderten Förderrate nach Tabelle 7	
Hydraulisch berechnet	alle	Maximaler Druck und Förderrate für die günstigste Wirkfläche	Für Druckerhöhungspumpen, mit minimalem Druck des öffentlichen Wasserleitungsnetzes.

(A2

Saugrohre sind entweder horizontal oder mit einer kontinuierlichen leichten Steigung zur Pumpe hin zu verlegen, um die Bildung von Lufteinschlüssen in der Leitung auszuschließen.

Wenn sich die Mittellinie der Pumpe über dem tiefsten Wasserspiegel befindet, ist ein Fußventil vorzusehen (siehe 9.3.5).

10.6.2.2 Zulaufbetrieb

Der Durchmesser des Saugrohrs muss mindestens 65 mm betragen. Außerdem muss der Durchmesser so bemessen sein, dass eine Geschwindigkeit von 1,8 m/s nicht überschritten wird, wenn die Pumpe bei der maximalen Förderrate betrieben wird.

Bei mehr als einer Pumpe dürfen Saugrohre nur dann miteinander verbunden werden, wenn sie mit Absperrarmaturen versehen sind, sodass jede einzelne Pumpe weiterbetrieben werden kann, während die andere zu Instandhaltungszwecken ausgebaut wird. Die Verbindungsleitungen sind entsprechend der erforderlichen Förderrate zu dimensionieren.

10.6.2.3 Saugbetrieb

Der Durchmesser des Saugrohrs muss mindestens 80 mm betragen. Außerdem muss der Durchmesser so bemessen sein, dass eine Geschwindigkeit von 1,5 m/s nicht überschritten wird, wenn die Pumpe bei der maximalen Förderrate betrieben wird.

Die Saugrohre von mehreren Pumpen dürfen nicht miteinander verbunden werden.

Die Höhe vom tiefsten Behälterwasserstand (siehe 9.3.5) zur Mittellinie der Pumpe darf 3,20 m nicht überschreiten.

Das Saugrohr ist nach Bild 4 und Tabelle 12 bzw. Bild 5 und Tabelle 13 im Behälter oder Reservoir anzuordnen. Am tiefsten Punkt des Saugrohrs ist ein Fußventil einzubauen. An jeder Pumpe muss eine automatische Auffülleinrichtung nach 10.6.2.4 installiert werden.

10.6.2.4 Auffülleinrichtung von Pumpen

Für jede Pumpe muss eine eigene Auffülleinrichtung vorhanden sein.

Die Auffülleinrichtung besteht aus einem über der Pumpe installierten Behälter, mit einer zur Druckseite der Pumpe abfallenden Leitung, in die eine Rückschlagklappe eingebaut ist. In Bild 6 sind zwei Beispiele aufgeführt.

Auffüllbehälter, Pumpe und Saugleitungen müssen ständig mit Wasser gefüllt gehalten werden, auch wenn das in 10.6.2.3 genannte Fußventil eine Leckage hat. Wenn der Wasserspiegel im Auffüllbehälter auf 2/3 des normalen Wasserspiegels abgefallen sein sollte, muss die Pumpe anlaufen.

10.6.2.5 Druckhaltepumpe

Eine Druckhaltepumpe darf installiert werden, um das unnötige Anlaufen einer der Hauptpumpen zu vermeiden oder um den Druck in der Anlage oberhalb der Alarmventilstationen zu halten, wenn eine Wasserversorgung wie etwa öffentliche Wasserleitungsnetze Druckschwankungen aufweist.

ANMERKUNG   Einige Wasserversorgungsbehörden erlauben die Verwendung von Druckhaltepumpen bei Anschluss an das öffentliche Wasserleitungsnetz nicht.

Die Druckhaltepumpe muss so bemessen und angeordnet werden, dass es damit nicht möglich ist, ausreichend Fördermenge und Druck für einen einzelnen offenen Sprinkler bereitzustellen und dadurch das Anlaufen der Hauptpumpen zu verhindern.

Werden Druckhaltepumpen im Saugbetrieb installiert, müssen Saugleitung und Formstücke unabhängig von denen der Hauptpumpe(n) sein.

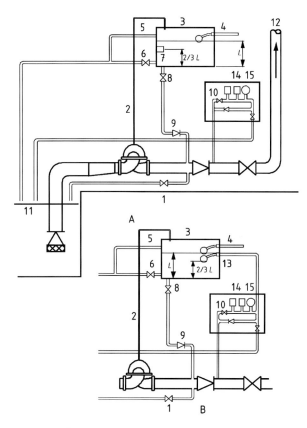

Legende

1 Prüf- und Entwässerungsventil
2 Pumpenentlüftungs- und Notlaufleitung
3 Pumpenauffüllbehälter
4 Zulauf
5 Überlauf
6 Entleerungsventil
7 Schalter für den Pumpenlauf bei Niedrigwasserstand
8 Absperrventil des Auffüllbehälters
9 Rückschlagklappe des Auffüllbehälters
10 Starteinrichtung der Pumpe
11 Saugbehälter
12 Hauptleitung der Anlage
13 Ventil für das Anlaufen der Pumpe bei Tiefstand
14 Druckschalter für das Starten der Pumpe
15 Manometer

Bild 6 — Pumpenauffülleinrichtung für Saugebtrieb

Die Größe von Auffüllbehältern und Leitungen muss den Werten der Tabelle 15 entsprechen.

Tabelle 15 — Fassungsvermögen von Auffüllbehältern für Pumpen und Dimensionierung von Auffüllleitungen

Brandgefahrenklasse	Mindestvolumen des Auffüllbehälters l	Mindestdurchmesser der Auffüllzuleitung mm
LH	100	25
OH, HHP und HHS	500	50

10.7 Leistungskennwerte

10.7.1 Vorberechnete LH- und OH-Anlagen

Wird von den Pumpen das Wasser einem Vorratsbehälter entnommen, müssen die Kenndaten von vorberechneten LH- und OH-Anlagen Tabelle 16 entsprechen.

Tabelle 16 — Mindestkennwerte von Pumpen für vorberechnete LH- und OH-Anlagen

Brandgefahrenklasse	Sprinklerhöhe h über der/den Alarm-ventilstation(en) m	Nennwert		Charakteristik			
		Druck bar	Durchfluss l/min	Druck bar	Durchfluss l/min	Druck bar	Durchfluss l/min
LH — Nass- und vorgesteuerte Anlagen	$h \leq 15$	1,5	300	3,7	225	—	—
	$15 < h \leq 30$	1,8	340	5,2	225	—	—
	$30 < h \leq 45$	2,3	375	6,7	225	—	—
OH1 — Nass- und vorgesteuerte Anlagen	$h \leq 15$	1,2	900	2,2	540	2,5	375
	$15 < h \leq 30$	1,9	1 150	3,7	540	4,0	375
	$30 < h \leq 45$	2,7	1 360	5,2	540	5,5	375
OH1 — Trocken- oder Nass-Trocken-Anlagen OH2 — Nass- oder vorgesteuerte Anlagen	$h \leq 15$	1,4	1 750	2,5	1 000	2,9	725
	$15 < h \leq 30$	2,0	2 050	4,0	1 000	4,4	725
	$30 < h \leq 45$	2,6	2 350	5,5	1 000	5,9	725
OH2 — Trocken- oder Nass-Trocken-Anlagen OH3 — Nass- oder vorgesteuerte Anlagen	$h \leq 15$	1,4	2 250	2,9	1 350	3,2	1 100
	$15 < h \leq 30$	2,0	2 700	4,4	1 350	4,7	1 100
	$30 < h \leq 45$	2,5	3 100	5,9	1 350	6,2	1 100
OH3 — Trocken- oder Nass-Trocken-Anlagen OH4 — Nass- oder vorgesteuerte Anlagen	$h \leq 15$	1,9	2 650	3,0	2 100	3,5	1 800
	$15 < h \leq 30$	2,4	3 050	4,5	2 100	5,0	1 800
	$30 < h \leq 45$	3,0	3 350	6,0	2 100	6,5	1 800
ANMERKUNG 1 Die angegebenen Drücke werden an der/den Alarmventilstation(en) gemessen.							
ANMERKUNG 2 Bei Gebäuden, die die angegebenen Höhen überschreiten, sollte nachgewiesen werden, ob die Pumpenkennwerte für eine ausreichende Bereitstellung der in 7.3.1 festgelegten Förderraten und Drücke ausreichend sind.							

10.7.2 Vorberechnete HHP- und HHS-Anlagen ohne Regalsprinkler

Die Nenn-Förderrate und der Nenndruck für vorberechnete HHP- und HHS-Anlagen müssen den Angaben in 7.3.2 entsprechen. [A₂⟩ Zusätzlich muss die Pumpe in der Lage sein, 140 % dieser Förderrate bei einem Druck zu liefern, der mindestens 70 % des Druckes bei dieser Förderrate beträgt (siehe Bild 7). ⟨A₂]

10.7.3 Hydraulisch berechnete Anlagen

Die Bemessungsdaten der Pumpe sind als Funktion der Kennlinie für die ungünstigste Wirkfläche zu bestimmen. Bei der Prüfung beim Lieferanten muss die Pumpe einen Druck bereitstellen, der mindestens 0,5 bar über dem für die ungünstigste Wirkfläche geforderten liegt. Ebenso muss die Pumpe in der Lage sein, bei allen Wasserständen der Wasserversorgungen die Menge und den Druck für die günstigste Wirkfläche zu liefern [A₂⟩ gestrichener Text ⟨A₂]

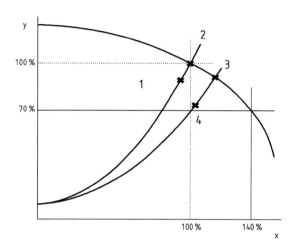

Legende

1 ungünstigste Wirkfläche
2 Nenndurchflussrate der Pumpe
3 Volllast-Durchflussrate
4 günstigste Wirkfläche
x Durchflussrate
y Druck

Bild 7 — Typische Pumpenkennlinie

10.7.4 Druck und Wasserrate von öffentlichen Wasserleitungsnetzen mit Druckerhöhungspumpe

Es ist mit einer Prüfung der Nachweis zu erbringen, dass die Wasserversorgung ohne Druckerhöhungspumpe eine Durchflussrate entsprechend der maximalen Durchflussrate plus 20 %, bei einem Druck von mindestens 0,5 bar an der Pumpensaugseite, erbringen kann. Diese Prüfung ist zu einem Zeitpunkt mit Spitzenbedarf im öffentlichen Wasserleitungsnetz durchzuführen.

DIN EN 12845:2009-07
EN 12845:2004+A2:2009 (D)

10.7.5 Druckschalter

10.7.5.1 Anzahl der Druckschalter

Zum Starten jeder Pumpenanlage müssen zwei Druckschalter vorgesehen werden. !A₂) *gestrichener Text* (A₂!
Die Leitung zu den Druckschaltern muss mindestens 15 mm betragen. !A₂) Sie müssen so angeschlossen werden, dass jeder der beiden Druckschalter den Pumpenanlauf ermöglicht. (A₂!

10.7.5.2 Pumpenanlauf

Die erste Pumpenanlage muss automatisch anlaufen, wenn der Druck in der Hauptversorgungsleitung auf einen Wert von maximal !A₂) 0,8 p (A₂! abfällt, wobei !A₂) p (A₂! der Druck bei Nullfördermenge ist. Sind zwei Pumpenanlagen vorhanden, muss die zweite Pumpe starten, bevor der Druck auf einen Wert von maximal !A₂) 0,6 p (A₂! abfällt. Sobald die Pumpe gestartet ist, muss sie weiterlaufen, bis sie von Hand abgeschaltet wird.

10.7.5.3 Prüfung der Druckschalter

Es sind Prüfvorrichtungen zum Prüfen des Pumpenanlaufs für jeden der Druckschalter vorzusehen. Wenn in der Verbindung zwischen der Hauptversorgungsleitung und einem Druckschalter für den Pumpenanlauf ein Absperrventil eingebaut ist, muss parallel zu diesem ein Rückschlagventil installiert werden, damit ein Druckabfall in der Hauptversorgungsleitung zum Druckschalter übertragen wird, auch wenn das Absperrventil geschlossen ist.

10.8 Elektrisch angetriebene Pumpen

10.8.1 Allgemeines

10.8.1.1   Die elektrische Versorgung muss jederzeit sichergestellt sein.

10.8.1.2   Die aktuelle Dokumentation, wie Anlagen-Zeichnungen, Schaltpläne von Hauptstromversorgung und Transformatoren und von Anschlüssen zur Versorgung des Pumpenschaltschrankes sowie von Motoren, Alarmsteuerschaltungen und -signalen, muss jederzeit griffbereit in der Sprinklerzentrale oder in der Pumpenstation zur Verfügung stehen.

10.8.2 Stromversorgung

10.8.2.1   Die Zuleitung zum Pumpenschaltschrank ist ausschließlich für die Versorgung der Sprinklerpumpen einzusetzen und muss von allen anderen Anschlüssen getrennt sein. Sofern es durch das EVU zugelassen wird, muss die Stromversorgung zum Pumpenschaltschrank an der Eingangsseite des Hauptschalters am Stromübergabepunkt auf dem Betriebsgelände angeschlossen werden. Wenn dies nicht zulässig ist, erfolgt die Stromversorgung über einen Anschluss am Hauptschalter.

Die Sicherungen im Pumpenschaltschrank müssen Hochleistungssicherungen und so ausgelegt sein, dass sie den Startstrom mindestens 20 s halten können.

10.8.2.2   Alle Kabel müssen gegen Feuer und mechanische Beschädigung geschützt sein.

Zum Schutz der Kabel gegen direkte Einwirkung von Feuer sollten diese außerhalb des Gebäudes oder durch solche Gebäudeteile verlegt werden, in denen die Brandgefahr vernachlässigbar gering ist oder von den größeren Brandgefahren durch Wände, Abtrennungen oder Böden mit einer Feuerbeständigkeit von mindestens 60 min getrennt sind, oder die Kabel sollten einen zusätzlichen direkten Schutz erhalten oder erdverlegt werden. Kabel müssen aus ganzen Längen bestehen und dürfen keine Leitungsverbindungen enthalten.

10.8.3 Hauptschalttafel

10.8.3.1   Die Hauptschalttafel für das Betriebsgelände ist in einem Brandabschnitt zu installieren, der keinem anderen Zweck dient als der elektrischen Stromversorgung.

Die elektrischen Anschlüsse in der Hauptschalttafel sind so vorzunehmen, dass die Stromversorgung des Pumpenschaltschranks nicht abgeschaltet wird, wenn andere Verbraucher getrennt werden.

10.8.3.2 Jeder Schalter an der ausschließlich für Sprinklerpumpen benutzten Stromleitung ist wie folgt zu beschriften:

STROMVERSORGUNG FÜR SPRINKLERPUMPE — IM BRANDFALL NICHT AUSSCHALTEN!

Die Buchstaben der Beschriftung müssen mindestens 10 mm hoch und weiß auf rotem Grund sein. Der Schalter muss gegen unbefugte Eingriffe gesichert sein.

10.8.4 Installation zwischen Hauptschalttafel und Pumpenschaltschrank

Der Strom für die Berechnung der korrekten Kabeldimensionierung wird ermittelt, indem 150 % des größtmöglichen Volllaststroms angenommen werden.

10.8.5 Pumpenschaltschrank

10.8.5.1 Der Pumpenschaltschrank muss folgende Funktionen ausführen können:

a) den Motor beim Empfang eines Signals von den Druckschaltern automatisch zu starten;

b) den Motor bei manueller Betätigung zu starten;

c) den Motor nur bei manueller Betätigung zu stoppen.

Der Pumpenschaltschrank ist mit einem Strommessgerät auszustatten.

Im Falle der Verwendung von Tauchmotorpumpen ist ein Pumpentypenschild mit den technischen Daten am Pumpenschaltschrank zu befestigen.

10.8.5.2 Außer bei Tauchmotorpumpen muss sich der Pumpenschaltschrank in demselben Raum befinden wie der Elektromotor und die Pumpe.

10.8.5.3 Die Kontakte müssen der Nutzungskategorie A2) AC-3 (A2 von EN 60947-1 und EN 60947-4 entsprechen.

10.8.6 Überwachung des Pumpenbetriebs

10.8.6.1 Folgende Betriebszustände sind zu überwachen (siehe Anhang I):

— Stromversorgung zum Motor und, wenn Wechselstrom (AC), alle drei Phasen;

— Pumpe unter Last (einsatzbereit);

— Pumpe läuft;

— Pumpe läuft nicht an.

10.8.6.2 A2) Alle überwachten Betriebszustände sind als Einzelanzeigen optisch im Pumpenraum anzuzeigen. Der Betrieb von Pumpen und eine Störungsanzeige müssen auch akustisch und optisch an einer ständig von verantwortlichem Personal besetzten Stelle angezeigt werden. (A2

10.8.6.3 Die optische Störungsanzeige muss gelb sein. Die akustischen Signale müssen eine Signalstärke von mindestens 75 dB haben und abstellbar sein.

10.8.6.4 Es ist eine Einrichtung für die Prüfung der Signallampen vorzusehen.

DIN EN 12845:2009-07
EN 12845:2004+A2:2009 (D)

10.9 Dieselmotorbetriebene Pumpenanlagen

10.9.1 Allgemeines

Der Dieselmotor muss in der Lage sein, kontinuierlich mit Volllast auf der Höhe des Einbauorts mit der für Dauerbetrieb bemessenen Nennleistung nach ISO 3046 zu laufen.

Die Pumpe muss spätestens 15 s nach Beginn des Startzyklus die volle Leistung erbringen können.

Liegend eingebaute Pumpen müssen einen direkten Antrieb haben.

Der automatische Start und die Funktionsfähigkeit der Pumpenanlage darf nicht von anderen Energiequellen als dem Motor und den dazugehörigen Batterien abhängig sein.

10.9.2 Motoren

Der Motor muss in der Lage sein, bei einer Pumpenraumtemperatur von +5 °C zu starten.

Der Motor muss einen Drehzahlregler zur Regelung der Motorendrehzahl auf ± 5 % seiner Nenndrehzahl unter Normallastbedingungen haben. Er muss so konstruiert sein, dass jede an den Motor angebaute mechanische Einrichtung, die den automatischen Anlauf des Motors verhindern könnte, in die Startstellung zurückkehrt.

10.9.3 Kühlsystem

Das Kühlsystem muss von einer der folgenden Arten sein:

a) Kühlung durch Wasser von der Sprinklerpumpe direkt in den Zylindermantel des Motors, falls erforderlich über ein nach den Angaben des Lieferanten ausgelegtes Druckminderventil. Der Wasserauslass muss offen sein, damit das austretende Wasser sichtbar ist;

b) ein Wärmetauscher, gespeist durch Wasser von der Sprinklerpumpe, falls erforderlich über ein nach den Angaben des Lieferanten ausgelegtes Druckminderventil. Der Wasserauslass muss offen sein, damit das austretende Wasser sichtbar ist. Das Wasser in dem geschlossenen Kreislauf muss von einer Hilfspumpe umgewälzt werden, die vom Dieselmotor angetrieben wird. Falls die Hilfspumpe einen Treibriemenantrieb hat, müssen mehrere Treibriemen vorhanden sein, sodass, falls die Hälfte der Treibriemen gerissen ist, die verbleibenden Treibriemen zum Antrieb der Hilfspumpe ausreichen. Das Wasservolumen des geschlossenen Kreislaufs muss den Angaben des Lieferanten entsprechen;

c) ein luftgekühlter Wärmetauscher mit einem durch mehrere Treibriemen vom Dieselmotor angetriebenen Ventilator. Wenn die Hälfte der Treibriemen gerissen ist, müssen die verbleibenden Treibriemen zum Antrieb des Ventilators ausreichen. Das Wasser in dem geschlossenen Kreislauf muss von einer Hilfspumpe umgewälzt werden, die vom Dieselmotor angetrieben wird. Falls die Hilfspumpe einen Treibriemenantrieb hat, müssen mehrere Treibriemen vorgesehen werden, sodass falls die Hälfte der Treibriemen gerissen ist, die verbleibenden Treibriemen zum Antrieb der Hilfspumpe ausreichen. Das Wasservolumen des geschlossenen Kreislaufs muss den Angaben des Lieferanten entsprechen;

d) direkte Luftkühlung des Motors mit einem durch mehrere Treibriemen vom Dieselmotor angetriebenen Ventilator. Wenn die Hälfte der Treibriemen gerissen ist, müssen die verbleibenden Treibriemen zum Antrieb des Ventilators ausreichen.

10.9.4 Luftfilterung

Die Luftansaugung für den Motor ist mit einem geeigneten Filter zu versehen.

10.9.5 Abgasanlage

Die Abgasleitung ist mit einem geeigneten Schalldämpfer zu versehen. Der Gesamtgegendruck darf die vom Lieferanten empfohlenen Werte nicht überschreiten.

Liegt die Abgasleitung höher als der Motor, müssen Einrichtungen vorgesehen werden, die ein Zurückfließen von Kondensat in den Motor verhindern. Die Abgasleitung ist so anzuordnen, dass Abgase nicht in den Pumpenraum zurückströmen können. Sie ist zu isolieren und so zu installieren, dass keine Gefahr einer Entzündung entsteht.

10.9.6 Kraftstoff, Kraftstofftank und Kraftstoffleitungen

Die Qualität des verwendeten Dieselkraftstoffs muss den Vorgaben des Lieferanten der Motoren entsprechen. Der Kraftstofftank muss genügend Kraftstoff enthalten, um den Motor bei Volllast für

— 3 h in LH-Anlagen,

— 4 h in OH-Anlagen,

— 6 h in HHP- oder HHS-Anlagen

betreiben zu können.

Der Kraftstofftank ist aus geschweißtem Stahl zu fertigen. Sind mehrere Motoren vorhanden, müssen diese jeweils eigene Kraftstofftanks und Kraftstoffleitungen haben.

Der Kraftstofftank muss, um einen Zulauf mit Überdruck zu erreichen, höher als die Kraftstoffpumpe des Motors installiert werden, jedoch nicht unmittelbar über dem Motor. Der Kraftstofftank muss eine robuste Anzeige für den Kraftstoffstand haben.

Sämtliche Ventile in der Kraftstoffleitung zwischen Kraftstofftank und Motoren sind direkt neben dem Tank anzuordnen. Sie müssen eine Stellungsanzeige haben und in der offenen Stellung gesichert sein. Rohrverbindungen dürfen nicht gelötet werden. Für die Kraftstoffleitungen sind Metallrohre zu verwenden.

Die Zuleitung ist mindestens 20 mm über dem Tankboden anzubringen. Am tiefsten Punkt des Tanks ist ein Ablassventil mit mindestens 20 mm Durchmesser anzubringen.

ANMERKUNG   Die Entlüftung des Kraftstofftanks sollte außerhalb des Gebäudes enden.

10.9.7 Starteinrichtung

10.9.7.1 Allgemeines

Es sind automatische und manuelle Starteinrichtungen vorzusehen, die mit Ausnahme des Anlassermotors und der Batterien, die von beiden Einrichtungen genutzt werden können, voneinander unabhängig sind.

Es muss möglich sein, dass der Dieselmotor sowohl automatisch nach Empfang eines Signals vom Druckschalter als auch manuell über einen Taster am Pumpenschaltschrank zu starten ist. Den Dieselmotor abzustellen darf nur manuell möglich sein. Ein Abschalten des Motors durch dessen Überwachungseinrichtungen darf nicht erfolgen.

Die Nennspannung von Batterien und Anlassermotor muss mindestens 12 V betragen.

10.9.7.2 Automatische Starteinrichtung

Der automatische Startzyklus muss sechs Versuche zum Starten des Motors von jeweils 5 s bis 10 s Dauer, mit Pausen von maximal 10 s zwischen den Startversuchen, umfassen. Die Starteinrichtung muss sich selbsttätig zurückstellen und unabhängig von der Netzstromversorgung sein.

Die Starteinrichtung muss nach jedem Startversuch automatisch auf die andere Batterie umschalten. Die Steuerspannung muss von beiden Batterien gleichzeitig genommen werden. Durch entsprechende Einrichtungen muss verhindert werden, dass eine Batterie die andere negativ beeinflusst.

DIN EN 12845:2009-07
EN 12845:2004+A2:2009 (D)

10.9.7.3 Manuelle Notstart-Einrichtung

Es ist eine manuelle Notstart-Einrichtung vorzusehen, die eine Abdeckung zum Einschlagen hat und die von beiden Batterien versorgt wird. Durch entsprechende Einrichtungen muss verhindert werden, dass eine Batterie die andere negativ beeinflusst.

10.9.7.4 Prüfvorrichtung für die manuelle Starteinrichtung

Es ist ein manueller Prüf-Taster und eine Anzeigelampe für die regelmäßige Prüfung der manuellen elektrischen Starteinrichtung vorzusehen, ohne dass die Abdeckung über dem Taster der Notstarteinrichtung eingeschlagen werden muss. Der Schaltschrank muss neben der Anzeigelampe mit folgendem Text beschriftet werden:

TASTER FÜR MANUELLEN START DRÜCKEN, WENN DIE LAMPE LEUCHTET

Der Taster für den manuellen Start darf nur in Funktion gesetzt werden, wenn ein automatischer Motorenstart mit nachfolgendem manuellen Abschalten erfolgte sowie nach sechs aufeinander folgenden erfolglosen automatischen Startversuchen. Bei beiden Betriebszuständen muss die Anzeigelampe aufleuchten, und der Taster für manuellen Start muss gleichzeitig auf die Notstarteinrichtung umgeschaltet werden.

Nachdem ein manueller Prüfstart durchgeführt wurde, muss die hierfür benutzte Schaltung automatisch abgeschaltet werden und die Anzeigelampe erlöschen. Die automatische Starteinrichtung muss auch dann funktionsfähig bleiben, wenn die Schaltung für den manuellen Prüftaster aktiviert ist.

10.9.7.5 Anlassermotor

Der elektrische Anlassermotor muss ein bewegliches Ritzel haben, das automatisch in den Schwungradzahnkranz eingreift. Um Stoßbelastungen zu vermeiden, darf erst dann die volle Leistung auf den Anlassermotor wirken, wenn das Ritzel voll eingreift. Das Ritzel darf durch ruckartige Fehlzündungen nicht ausrücken. Es müssen Einrichtungen vorhanden sein, die bei laufendem Motor Einrückversuche verhindern.

Der Anlassermotor muss stoppen und in Ruhestellung gehen, wenn das Ritzel nicht in den Schwungradzahnkranz einrücken kann. Nach erfolglosem Einrückversuch muss der Startermotor automatisch weitere Versuche machen, um ein Einrücken zu erreichen.

Wenn der Motor gestartet ist, muss das Ritzel des Startermotors automatisch, gesteuert über einen Drehzahlgeber, aus dem Schwungradkranz ausrücken. Druckschalter, wie solche am Motorschmiersystem oder an der Wasserpumpendruckseite, dürfen nicht zum Abschalten des Startermotors verwendet werden.

Drehzahlgeber müssen direkt mit dem Motor gekoppelt oder vom Motor angetrieben werden. Gefederte Antriebe dürfen nicht verwendet werden.

10.9.8 Motorstarterbatterien

Es müssen zwei voneinander getrennte Batterie-Stromversorgungen vorhanden sein, die keinem anderen Zweck dienen dürfen. Die Batterien müssen entweder aufladbare, offene prismatische Nickel-Kadmium-Zellen in Übereinstimmung mit EN 60623 oder Blei-Akkumulatoren in Übereinstimmung mit [A₁⟩ EN 50342-1 und EN 50342-2 ⟨A₁] sein.

Der Elektrolyt für Blei-Akkumulatoren muss mit [A₁⟩ EN 50342-1 und EN 50342-2 ⟨A₁] übereinstimmen.

Batterien sind nach den Anforderungen in dieser Norm und allen Angaben des Lieferanten auszuwählen, zu verwenden, zu laden und zu warten.

Es muss ein zum Prüfen der Dichte des Elektrolyts geeigneter Säureprüfer vorhanden sein.

DIN EN 12845:2009-07
EN 12845:2004+A2:2009 (D)

10.9.9 Batterieladegeräte

Für jede Starterbatterie ist ein eigenes, ständig angeschlossenes, vollautomatisches Konstantspannungs-Ladegerät gemäß Angaben des Lieferanten vorzusehen. Es muss die Möglichkeit bestehen, eines der Ladegeräte auszubauen, während das andere weiter in Betrieb bleibt.

ANMERKUNG 1   Ladegeräte für Blei-Akkumulatoren sollten eine Ladespannung von (2,25 ± 0,05) V je Zelle liefern. Die Nennladespannung sollte auf die örtlichen Gegebenheiten (Klima, regelmäßige Instandhaltung usw.) abgestimmt sein. Eine Schnellladeeinrichtung zum Laden mit einer höheren Spannung sollte vorgesehen werden, die 2,7 V je Zelle nicht überschreitet. Die Ladeleistung sollte zwischen 3,5 % und 7,5 % der 10-h-Kapazität der Batterie betragen.

ANMERKUNG 2   Ladegeräte für offene Nickel-Kadmium-Batterien sollten eine Ladespannung von (1,445 ± 0,025) V je Zelle liefern. Die Nennladespannung sollte auf die örtlichen Gegebenheiten (Klima, regelmäßige Instandhaltung usw.) abgestimmt sein. Eine Schnellladeeinrichtung zum Laden mit einer höheren Spannung sollte vorgesehen werden, die 1,75 V je Zelle nicht überschreitet. Die Ladeleistung sollte zwischen 25 % und 167 % der 5-h-Kapazität der Batterie betragen.

10.9.10   Einbauort für Batterien und Ladegeräte

Batterien sind auf Gestellen zu befestigen.

Die Ladegeräte können neben den Batterien installiert werden. Batterien und Ladegeräte müssen an einem gut zugänglichen Ort aufgestellt werden, an dem die Gefahr der Verschmutzung durch Kraftstoff, Feuchtigkeit, Pumpenkühlwasser und der Beschädigung durch Vibrationen gering ist. Die Batterien müssen, um den Spannungsverlust zwischen Batterie- und Anlassermotorklemmen so gering wie möglich zu halten, so nah wie möglich bei den Anlassermotoren aufgestellt werden, unter Beachtung der oben aufgeführten Hinweise.

10.9.11   Anzeige des Starteralarms

Jeder der folgenden Betriebszustände muss jeweils sowohl vor Ort als auch an einer durch zuständiges Personal besetzten Stelle angezeigt werden (siehe Anhang I):

a)   Betätigung aller Schalter, die ein automatisches Anlaufen der Pumpe verhindern;

b)   Nicht-Starten des Motors nach Beendigung des Startzyklus mit sechs nacheinander erfolgten Versuchen;

c)   Lauf der Pumpe;

d)   Störung im Dieselmotor-Schaltschrank.

Die Warnlampen müssen entsprechend gekennzeichnet sein.

10.9.12   Werkzeuge und Ersatzteile

Ein Standard-Werkzeugsatz nach den Empfehlungen der Motoren- und Pumpenlieferanten sowie folgende Ersatzteile müssen vorhanden sein:

a)   zwei Sätze Kraftstofffilter, Einsätze und Dichtungen;

b)   zwei Sätze Schmierölfilter und Dichtungen;

c)   zwei Sätze Treibriemen (falls verwendet);

d)   ein kompletter Satz Verbindungsstücke, Dichtungen und Schläuche für Motoren;

e)   zwei Einspritzdüsen.

DIN EN 12845:2009-07
EN 12845:2004+A2:2009 (D)

10.9.13 Motorenprüfung und Probelauf

10.9.13.1 Lieferanten-Prüfungen und Bescheinigung der Ergebnisse

Jede komplette Einheit aus Motor und Pumpe muss auf dem Prüfstand des Lieferanten für mindestens 1,5 h bei der bemessenen Förderrate geprüft werden. Die folgenden Werte sind auf dem Prüfzertifikat zu dokumentieren:

a) die Motorendrehzahl bei Nullfördermenge;

b) die Motorendrehzahl, wenn die Pumpe bei Nenn-Förderrate Wasser liefert;

c) der Druck bei Nullfördermenge;

d) die Saughöhe am Pumpeneinlass;

e) der Druck an der Pumpendruckseite bei Nenn-Durchflussrate hinter allen Drosselblenden;

f) die Umgebungstemperatur;

g) der Anstieg der Kühlwassertemperatur am Ende des 1,5-h-Probelaufs;

h) der Kühlwasserstrom;

i) der Anstieg der Schmieröltemperatur am Ende des Probelaufs;

j) die Ausgangstemperatur und der Temperaturanstieg des geschlossenen Kühlwasserkreislaufs des Motors, falls der Motor mit einem Wärmetauscher ausgerüstet ist.

10.9.13.2 Inbetriebnahmeprüfung am Einbauort

Bei der Inbetriebnahmeprüfung einer Anlage wird die automatische Starteinrichtung des Dieselmotors bei abgeschalteter Kraftstoffzufuhr für die sechs Startzyklen aktiviert. Ein einzelner Startzyklus besteht aus einer 15 s währenden Startphase des Motors mit einer anschließenden Pause von mindestens 10 s bis höchstens 15 s Dauer. Nach Beendigung der sechs Startversuche muss der Fehlstart-Alarm ausgelöst haben. Die Kraftstoffversorgung ist dann wieder einzuschalten und der Motor muss anlaufen, wenn der Taster für die Startprüfeinrichtung betätigt wird.

11 Art und Größe von Sprinkleranlagen

11.1 Nassanlagen

11.1.1 Allgemeines

Mit Ausnahme der unter 11.1.2 festgelegten Anforderungen müssen Nassanlagen ständig mit unter Druck stehendem Wasser gefüllt werden. Sie sollten nur in Risiken ohne Frostgefahr und solchen, in denen die Umgebungstemperatur 95 °C nicht übersteigt, installiert werden.

Bei vermaschten Rohrnetzen und Ringleitungsanordnungen dürfen nur Nassanlagen verwendet werden.

11.1.2 Frostschutz

Frostgefährdete Abschnitte können durch Frostschutzmittel, eine elektrische Begleitheizung oder durch eine Tandemanlage als Trocken- oder Nass-Trockenanlage geschützt werden (siehe 11.5).

11.1.2.1 Schutz durch Frostschutzmittel

Die Anzahl der Sprinkler darf 20 je mit Frostschutzmittel gefülltem Abschnitt nicht überschreiten. Sind mehr als zwei frostgeschützte Abschnitte an eine Alarmventilstation angeschlossen, darf die Gesamtanzahl der Sprinkler 100 in den frostgeschützten Abschnitten nicht überschreiten. Die Frostschutzmittellösung muss einen Gefrierpunkt haben, der unterhalb der tiefsten in dem Bereich zu erwartenden Temperatur liegt. Das spezifische Gewicht der angesetzten Lösung ist mit einem geeigneten Dichtemessgerät zu prüfen. Durch Frostschutzmittel geschützte Anlagen müssen mit Rückströmsperren ausgerüstet werden, um eine Vermischung mit dem Wasser zu verhindern.

11.1.2.2 Schutz durch Begleitheizung

Das Begleitheizungssystem ist auf Ausfall der Stromversorgung sowie auf Ausfall von Heizelement(en) und Temperatursensor(en) zu überwachen (siehe Anhang I). Die Rohrleitungen sind mit nicht brennbaren Materialien der Euroklasse A1 oder A2 oder vorhandener äquivalenter nationaler Klassifikationssysteme zu isolieren.

Die Heizelemente sollten über die gesamte Länge der gefährdeten Leitungen doppelt ausgeführt werden. Jedes der zwei Heizelemente muss das Rohrnetz auf einer Mindesttemperatur von 4 °C halten können. Jeder Schaltkreis der Begleitheizung sollte elektrisch überwacht und über getrennte Stromkreise geschaltet werden. Die Heizbänder sollten sich nicht überkreuzen. Heizbänder sollten auf der Rohrleitung gegenüber den Sprinklern angebracht werden. Heizbänder sollten maximal 25 mm vom Rohrende entfernt enden. Alle Rohrleitungen mit Begleitheizung sollten mit nicht brennbarem Material der Euroklasse A1 oder A2 oder vorhandener äquivalenter nationaler Klassifikationssysteme isoliert werden, das mindestens 25 mm dick und mit einem wasserfesten Überzug versehen ist. Alle Enden sollten dicht verschlossen sein, um ein Eindringen von Wasser zu verhindern. Das Heizband sollte für maximal 10 W/m bemessen sein.

11.1.3 Größe der Anlagen

Die maximale über ein Nassalarmventil versorgte Fläche, einschließlich aller Sprinkler von Tandemanlagen, darf die in Tabelle 17 aufgeführten Werte nicht überschreiten.

Tabelle 17 — Maximale Schutzfläche für Nass- und vorgesteuerte Anlagen

Brandgefahrenklasse	Maximale Schutzfläche je Alarmventilstation m^2
LH-Anlagen	10 000
OH-Anlagen, einschließlich aller LH-Sprinkler	12 000 außer wie nach Anhang D und F zulässig
HH-Anlagen, einschließlich aller OH- und LH-Sprinkler	9 000

11.2 Trockenanlagen

11.2.1 Allgemeines

Trockenanlagen sind normalerweise hinter dem Trockenalarmventil mit Luft oder Inertgas unter Druck gefüllt. Vor dem Trockenalarmventil steht Wasser unter Druck an.

Es ist eine fest installierte Luft-/Inertgasversorgung zur Haltung des Druckes im Rohrleitungsnetz vorzusehen. Der Druck im Rohrnetz muss in dem vom Alarmventillieferanten empfohlenen Bereich gehalten werden.

Trockenanlagen dürfen nur dort installiert werden, wo Frostgefahr besteht oder die Temperatur 70 °C übersteigen kann, z. B. in Trockenöfen.

11.2.2 Größe der Anlagen

Das Nettovolumen des Rohrnetzes hinter der Alarmventilstation darf die in Tabelle 18 gezeigten Werte nicht überschreiten, außer durch Berechnung und eine Überprüfung wird nachgewiesen, dass die maximale Zeit zwischen dem Öffnen eines Sprinklers und dem Austritt von Wasser 60 s nicht überschreitet. Bei der Überprüfung muss das Prüfventil am Ende des Rohrnetzes nach 15.5.2 verwendet werden.

ANMERKUNG Es wird dringend empfohlen, Trocken- und Nass-Trocken-Anlagen nicht für HHS-Risiken einzusetzen, da die Verzögerung, bis Wasser die ersten geöffneten Sprinkler erreicht, die Wirksamkeit der Sprinkleranlage ernsthaft gefährden kann.

Tabelle 18 — Maximale Anlagengröße für Trocken- und Nass-Trocken-Anlagen

Anlagenart	Maximales Volumen der Rohrleitungen m^3	
	LH- und OH-Anlagen	HH-Anlagen
ohne Schnellöffner oder Schnellentlüfter	1,5	—
mit Schnellöffner oder Schnellentlüfter	4,0	3,0

11.3 Nass-Trocken-Anlagen

11.3.1 Allgemeines

Nass-Trocken-Anlagen enthalten entweder ein Nass-Trocken-Alarmventil oder eine Kombination aus einem Nassalarmventil und einem Trockenalarmventil. Während der Wintermonate sind die Rohrleitungen der Anlage hinter dem Nass-Trocken-Alarmventil bzw. Trockenalarmventil mit Luft oder Inertgas unter Druck und der Rest der Anlage vor dem Alarmventil mit Wasser unter Druck gefüllt. Zu anderen Jahreszeiten ist die Anlage als Nassanlage geschaltet.

11.3.2 Größe der Anlagen

Das Nettovolumen des Rohrnetzes hinter der Alarmventilstation darf die in Tabelle 18 aufgeführten Werte nicht überschreiten.

11.4 Vorgesteuerte Anlagen

11.4.1 Allgemeines

Vorgesteuerte Anlagen müssen von einem der folgenden Typen sein.

11.4.1.1 Vorgesteuerte Anlage, Typ A

Es handelt sich um eine ansonsten normale Trockenanlage, bei der die Alarmventilstation durch eine automatische Brandmeldeanlage anhand von Rauchmeldern oder einem Melder gleicher Empfindlichkeit, aber nicht durch das Öffnen der Sprinkler aktiviert wird.

Der Luft-/Inertgasdruck in der Anlage muss ständig überwacht werden (siehe Anhang I). Mindestens ein schnellöffnendes, manuell zu betätigendes Ventil muss an geeigneter Stelle installiert werden, um das vorgesteuerte Ventil im Notfall öffnen zu können.

A) Bei einer Störung der Brandmeldeanlage muss die Sprinklergruppe wie eine gewöhnliche Trockenanlage funktionieren. (A

ANMERKUNG Vorgesteuerte Anlagen vom Typ A sollten nur in Bereichen installiert werden, in denen erheblicher Schaden bei einem versehentlichen Austreten von Wasser entstehen könnte.

11.4.1.2 Vorgesteuerte Anlage, Typ B

Es handelt sich um eine ansonsten normale Trockenanlage, bei der die Alarmventilstation entweder von einer automatischen Brandmeldeanlage oder durch das Öffnen der Sprinkler aktiviert wird. Unabhängig vom Ansprechen der Brandmelder bewirkt ein Druckabfall in den Rohrleitungen das Öffnen des Alarmventils.

Vorgesteuerte Anlagen vom Typ B können überall dort installiert werden, wo eine Trockenanlage erforderlich und eine schnelle Brandausbreitung zu erwarten ist. Sie können auch statt gewöhnlicher Trockenanlagen mit und ohne Schnellöffner oder Schnellentlüfter eingesetzt werden.

11.4.1.3 Sprinkleranlagen mit mehr als einer vorgesteuerten Sprinklergruppe

Wenn eine Sprinkleranlage mehr als eine vorgesteuerte Sprinklergruppe umfasst, muss eine Risikoabschätzung vorgenommen werden um festzustellen, ob die Möglichkeit eines gleichzeitigen Öffnens von mehr als einer vorgesteuerten Gruppe besteht. Ist dies der Fall, ist Folgendes vorzusehen:

a) das Volumen der bevorrateten Wassermengen ist um das Rohrnetzvolumen aller vorgesteuerter Gruppen zu erhöhen;

b) der Zeitraum zwischen dem gleichzeitigen Auslösen mehrerer vorgesteuerter Gruppen und dem Wasseraustritt am Testventil am Ende des Rohrnetzes der betreffenden Gruppen darf nicht mehr als 60 s betragen.

11.4.2 Automatische Brandmeldeanlagen

Brandmeldeanlagen sind in allen durch vorgesteuerte Sprinkleranlagen geschützten Räumen und Bereichen zu installieren und müssen mit den entsprechenden Teilen von EN 54 übereinstimmen oder müssen, wenn diese fehlen, mit gültigen geeigneten Festlegungen für Sprinkleranlagen übereinstimmen.

11.4.3 Größe der Anlagen

Die Anzahl der an ein vorgesteuertes Alarmventil angeschlossenen Sprinkler darf die in Tabelle 17 aufgeführten Werte nicht überschreiten.

11.5 Tandem- und Tandem-Nass-Trocken-Anlagen und Nass-Trockenanlagen

11.5.1 Allgemeines

Tandem- und Tandem-Nass-Trockenanlagen müssen nach 11.2 und 11.3 ausgeführt werden. Jedoch sind sie in der Anlagengröße begrenzt und werden nur als Erweiterungen zu normalen Nassanlagen eingesetzt.

Diese Anlagen dürfen nur wie folgt installiert werden:

a) als Trocken- oder Nass-Trockenanlage zur Erweiterung einer Nassanlage in kleinen Bereichen mit möglicher Frostgefahr in einem ansonsten ausreichend beheizten Gebäude;

b) als Trockenanlage zur Erweiterung einer Nass- oder Nass-Trocken-Anlage in Kühlhäusern und Hochtemperaturöfen oder -trockenräumen.

11.5.2 Größe von Tandemanlagen

Die Anzahl der Sprinkler jeder Tandemanlage darf 100 nicht überschreiten. Sind mehr als zwei Tandemanlagen an eine Alarmventilstation angeschlossen, darf die Gesamtzahl der Sprinkler in den Tandemanlagen 250 nicht übersteigen.

11.6 Tandem-Sprühwasserlöschanlagen

In diesen Tandemanlagen werden offene Sprinkler oder Sprühdüsen verwendet, die über ihr eigenes Auslöseventil (Sprühwasserventil oder Steuerventil) an die Sprinklergruppe angeschlossen werden.

Tandem-Sprühwasserlöschanlagen können an eine Sprinklergruppe unter der Voraussetzung angeschlossen werden, dass der Anschluss nicht größer als 80 mm ist und der zusätzliche Wasserbedarf bei der Auslegung der Wasserquellen berücksichtigt wird (siehe Abschnitt 8).

Diese Anlagen werden dort installiert, wo große Brände mit sehr schneller Ausbreitungsgeschwindigkeit zu erwarten sind und wo es wünschenswert erscheint, Wasser auf der gesamten Fläche der möglichen Brandentstehung und -ausbreitung zu verteilen.

12 Abstände und Anordnung von Sprinklern

12.1 Allgemeines

12.1.1 Alle Sprinklerabstände sind horizontal zu messen, sofern nicht anders angegeben.

12.1.2 Unterhalb der Sprühteller von Dach- und Deckensprinklern müssen mindestens folgende Freiräume eingehalten werden:

a) für LH und OH:

— 0,3 m für Flachschirmsprinkler,

— 0,5 m in allen anderen Fällen;

b) für HHP und HHS:

— 1,0 m

12.1.3 Sprinkler müssen nach den Angaben des Lieferanten installiert werden.

Ausgenommen die Fälle, in denen hängende Trockensprinkler verwendet werden, sind für Trocken-, Nass-Trocken- und vorgesteuerte Anlagen stehende Sprinkler zu verwenden. Stehende Sprinkler sind so zu installieren, dass die Sprinklerarme parallel zur Rohrleitung ausgerichtet sind.

ANMERKUNG 1   Stehende Sprinkler können weniger anfällig für mechanische Beschädigungen und Ansammlungen von Fremdkörpern in den Sprinklerfittings sein. Stehend ausgerichtete Sprinkler erleichtern auch die vollständige Entleerung des Wassers aus den Sprinklerleitungen.

ANMERKUNG 2   Hängende Sprinkler sind in der Lage, größere Wasserbeaufschlagungen mit höherer Ausflussgeschwindigkeit direkt unter und neben der Sprinklerachse bereitzustellen. Daher können sich hängende Sprinkler für manche Anwendungen, wie bspw. als Regalsprinkler oder zum Schutz von Lagerbereichen, besser zur Brandbekämpfung eignen.

12.2 Maximale Schutzfläche je Sprinkler

Die maximalen Schutzflächen je Sprinkler (ausgenommen Seitenwandsprinkler) müssen gemäß den Werten in Tabelle 19 bestimmt werden. Für Seitenwandsprinkler gelten die Werte in Tabelle 20.

ANMERKUNG   Beispiele sind in Bild 8 dargestellt. Hier zeigen die Maße S und D die Sprinklerabstände in gegenüberliegenden Ebenen.

Tabelle 19 — Maximale Schutzfläche und Abstände für Sprinkler, außer Seitenwandsprinklern

Brandgefahrenklasse	Maximale Schutzfläche je Sprinkler m²	Maximale Abstände wie in Bild 8 angegeben m		
		Normal-Sprinkleranordnung S und D	Versetzte Anordnung	
			S	D
LH	21,0	4,6	4,6	4,6
OH	12,0	4,0	4,6	4,0
HHP und HHS	9,0	3,7	3,7	3,7

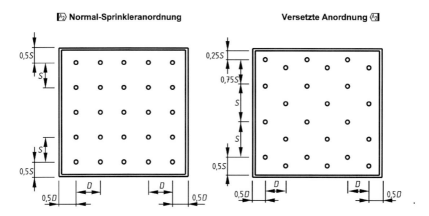

Legende

S Abstand zwischen den Sprinklern D Abstand zwischen den Sprinklern

Bild 8 — Abstände von Deckensprinklern

Tabelle 20 — Maximale Schutzfläche und Abstände für Seitenwandsprinkler

Brandgefahrenklasse	Maximale Schutzfläche je Sprinkler m²	Abstände entlang der Wände		Raumbreite w m	Raumlänge l m	Reihen von Seitenwandsprinklern	Anordnung (horizontale Ebene)
		Zwischen Sprinklern m	Sprinkler zum Ende der Wand m				
LH	17,0	4,6	2,3	$w \leq 3{,}7$	beliebig	1	eine Reihe
				$3{,}7 < w \leq 7{,}4$	$\leq 9{,}2$	2	normal
					$> 9{,}2$	2	versetzt
				$w > 7{,}4$	beliebig	2 (siehe ANMERKUNG 1)	normal

Tabelle 20 *(fortgesetzt)*

Brand-gefahren-klasse	Maximale Schutz-fläche je Sprinkler	Abstände entlang der Wände		Raumbreite	Raumlänge	Reihen von Seitenwand-sprinklern	Anordnung (horizontale Ebene)
		Zwischen Sprinklern	Sprinkler zum Ende der Wand				
	m²	m	m	w m	l m		
OH	9,0	3,4 (siehe ANMERKUNG 2)	1,8	$w \leq 3,7$	beliebig	1	eine Reihe
				$3,7 < w \leq 7,4$	$\leq 6,8$	2	normal
					$> 6,8$	2	versetzt
				$w > 7,4$	beliebig	2	normal (siehe ANMERKUNG 1)

ANMERKUNG 1   Eine oder mehrere zusätzliche Reihen von Dach- oder Deckensprinklern sind erforderlich.

ANMERKUNG 2   Kann auf 3,7 m erhöht werden, wenn die Decke eine Feuerwiderstandsdauer von mindestens 120 min besitzt.

ANMERKUNG 3   Die Sprinklersprühteller sollten zwischen 0,10 m und 0,15 m unter der Decke und mit einem horizontalen Abstand von 0,05 m bis 0,15 m zur Wand angeordnet werden.

ANMERKUNG 4   An der Decke sollten sich innerhalb eines Rechtecks von 1,0 m an jeder Seite des Sprinklers und 1,8 m senkrecht zur Wand keine Hindernisse befinden.

12.3 Mindestabstände zwischen Sprinklern

Sprinkler dürfen in keinem geringeren Abstand als 2 m zueinander installiert werden, außer in den folgenden Fällen:

— wenn Vorkehrungen getroffen wurden, die das gegenseitige Besprühen benachbarter Sprinkler verhindern. Dies kann durch die Installation von Schutzschirmen mit einer Größe von etwa 200 mm × 150 mm, oder durch die Nutzung zwischen den Sprinklern angeordneter baulicher Elemente erreicht werden;

— Regalsprinkler in Zwischenebenen;

— Rolltreppen und Treppenräume (siehe 12.4.11).

12.4 Anordnung von Sprinklern zu Wänden und Decken

12.4.1   Für den maximalen Abstand von Sprinklern zu Wänden und Trennwänden gilt der geringste zutreffende Wert der folgenden Liste:

— 2,0 m für normale Anordnung;

— 2,3 m für versetzte Anordnung;

— 1,5 m, wenn die Decke bzw. das Dach offene Deckenunterzüge oder sichtbare Sparren hat;

— 1,5 m von offenen Fassaden bei Gebäuden ohne feste Außenwände;

— 1,5 m, wenn die Außenwände aus brennbarem Material bestehen;

— 1,5 m, wenn die Außenwände aus Metall bestehen, mit oder ohne brennbare Verkleidung oder Isoliermaterialien;

— der halbe maximale Abstand, der in den Tabellen 19 und 20 angegeben ist.

12.4.2 Sprinkler dürfen nicht mehr als 0,3 m unter der Unterseite brennbarer Decken oder 0,45 m unter nicht brennbaren Dächern oder Decken nach Euroklasse A1 oder A2 oder vorhandener äquivalenter nationaler Klassifikationssysteme installiert werden.

Sprinkler sollten möglichst mit den Sprühtellern zwischen 0,075 m und 0,15 m unterhalb der Decke bzw. dem Dach angeordnet werden, ausgenommen, wenn Deckensprinkler oder zurückgesetzt installierte Sprinkler verwendet werden. Sollte eine Ausnutzung der maximalen Abstände von 0,3 m bzw. 0,45 m unvermeidbar sein, sollte der betroffene Bereich so klein wie möglich gehalten werden.

12.4.3 Sprinkler müssen mit ihrem Sprühteller parallel zur Dach- oder Deckenneigung installiert werden. Ist die Neigung größer als 30 ° zur Horizontalen, muss eine Sprinklerreihe am First oder nicht mehr als 0,75 m radial davon entfernt angeordnet werden.

12.4.4 Der Abstand vom Rand eines Vordachs zu den nächsten Sprinklern darf 1,5 m nicht überschreiten.

12.4.5 Oberlichter mit einem Volumen von mehr als 1 m^3 oberhalb der normalen Deckenebene müssen mit Sprinklern geschützt werden, außer wenn der Abstand zwischen normalem Deckenniveau und höchstem Punkt des Oberlichts nicht mehr als 0,3 m beträgt oder auf Dach- bzw. Deckenhöhe ein Rahmen mit Glasscheibe dicht eingepasst ist.

12.4.6 A1) **Balken und ähnliche Hindernisse** (A1

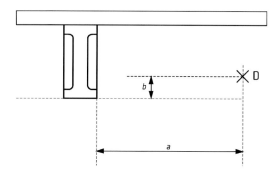

Legende

D   Sprühteller
a Abstand zum A1) gestrichener Text (A1 Balken
b Abstand zur Unterseite des Balkens A1) gestrichener Text (A1

Bild 9 — Anordnung von Sprinklern relativ zu Balken

A1) Wenn der Sprühteller (bei D in Bild 9) über der Unterkante von Balken oder ähnlichen Hindernissen angeordnet ist, muss eine der folgenden Lösungen gewählt werden, um sicherzustellen, dass die wirksame Wasserverteilung durch die Sprinkler nicht behindert wird: (A1

a) die in Bild 9 gezeigten Abstände müssen den in Bild 10 angegebenen Werten entsprechen;

b) die in 12.4.7 geforderten Abstände müssen zutreffen;

c) die Sprinkler müssen jeweils so installiert werden, als ob der Träger eine Wand wäre.

Sprinkler sind direkt über Trägern oder Balken, die maximal 0,2 m breit sind, in einem vertikalen Abstand von mindestens 0,15 m anzuordnen.

In allen Fällen sind die Deckenabstände nach 12.4.2 zutreffend.

Ist keine der oben genannten Möglichkeiten anwendbar, z. B. weil dadurch eine große Anzahl von Sprinklern erforderlich wird, kann eine abgehängte Decke unter den Balken eingezogen werden, und die Sprinkler können unter der dadurch gebildeten flachen Decke angeordnet werden.

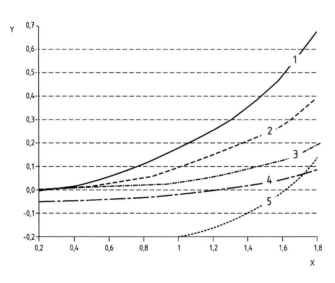

Legende

1 hängender Schirmsprinkler
2 stehender Normalsprinkler
3 stehender Schirmsprinkler
4 Flachschirmsprinkler
5 hängender Normalsprinkler
x horizontaler Mindestabstand (a) vom Balken zum Sprinkler, in Metern
y Höhe des Sprühtellers (b) über (+) oder unter (−) dem Balken, in Metern

Bild 10 — Abstände von Sprinklersprühtellern zu Balken

12.4.7 Balken und Felder

Werden zwischen Balken schmale Felder gebildet, die von Mitte zu Mitte nicht mehr als 1,5 m auseinander liegen, können die folgenden Sprinklerabstände gewählt werden:

— eine Sprinklerreihe muss in der Mitte jedes dritten Feldes installiert werden, eine weitere Sprinklerreihe mittig unter dem Balken, der die beiden ungeschützten Felder trennt (siehe Bild 11 und 12);

— der maximale Abstand der Sprinkler in der anderen Richtung, d. h. entlang des Feldes (S in Bild 11 und 12), muss den Anforderungen der vorhandenen Brandgefahrenklasse entsprechen (siehe 12.2);

— der Sprinklerabstand darf zu Wänden parallel zu den Balken nicht mehr als 1 m und zu Wänden rechtwinklig zu den Balken nicht mehr als 1,5 m betragen;

— in den Feldern installierte Sprinkler müssen so angeordnet werden, dass sich der Sprühteller zwischen 0,075 m und 0,15 m unterhalb der Unterseite der Decke befindet.

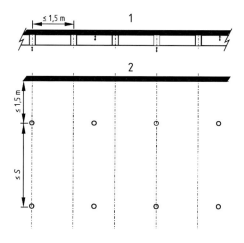

Legende
1 Decke   2 Wand

Bild 11 — Anordnung von Sprinklern bei Balken und Feldern (Balken nur in einer Richtung)

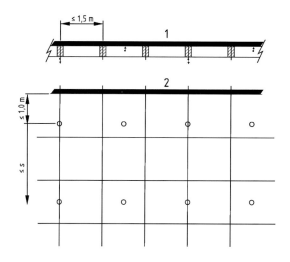

Legende
1 Decke   2 Wand

Bild 12 — Anordnung von Sprinklern bei Balken und Feldern (Balken in beiden Richtungen)

DIN EN 12845:2009-07
EN 12845:2004+A2:2009 (D)

12.4.8 Dachstühle

Sprinkler müssen nach einer der folgenden Arten installiert werden:

a) direkt über oder unter dem Fachwerk des Dachstuhles, wenn es maximal 0,2 m breit ist;

b) mindestens 0,3 m seitlich von Teilen des Fachwerkes, wenn es maximal 0,1 m breit ist;

c) mindestens 0,6 m seitlich von Teilen des Fachwerkes, wenn es breiter als 0,1 m ist.

12.4.9 Säulen

Werden Dach- oder Deckensprinkler näher als 0,6 m zu einer Seite einer Säule angeordnet, muss ein weiterer Sprinkler auf der gegenüberliegenden Seite maximal 2 m von der Säule entfernt eingebaut werden.

12.4.10 Plattformen, Kanäle usw.

Es sind Sprinkler unter Plattformen, Kanälen, Heizplatten, Emporen, Laufgängen usw. vorzusehen, falls diese:

a) rechteckig, breiter als 0,8 m und weniger als 0,15 m von angrenzenden Wänden oder Trennwänden entfernt sind;

b) rechteckig und breiter als 1,0 m sind;

c) rund sind, einen Durchmesser von mehr als 1,0 m haben und weniger als 0,15 m von angrenzenden Wänden oder Trennwänden entfernt sind;

d) rund sind und mehr als 1,2 m Durchmesser haben.

12.4.11 Rolltreppen und Treppenräume

Die Anzahl der Sprinkler ist um die Deckenöffnungen von Rolltreppen, Treppen usw. herum zu erhöhen. Die Abstände der Sprinkler zueinander dürfen nicht mehr als 2 m und nicht weniger als 1,5 m betragen. Wenn der Mindestabstand von 1,5 m aufgrund baulicher Gegebenheiten, wie z. B. Träger, nicht eingehalten werden kann, können geringere Abstände verwendet werden, wenn sich benachbarte Sprinkler nicht gegenseitig besprühen können.

Der horizontale Abstand zwischen den Sprinklern und der Deckenöffnung darf 0,5 m nicht überschreiten. Die Sprinkler im Bereich der Öffnung müssen die gleiche Mindestausflussrate wie die Sprinkler im übrigen Deckenbereich liefern können.

Für die hydraulische Berechnung brauchen nur die Sprinkler an der längeren Seite der Öffnung berücksichtigt zu werden.

12.4.12 Vertikale Schächte und Rutschen

In Schächten mit brennbaren Oberflächen sind Sprinkler auf jeder zweiten Etage sowie am höchsten Punkt jedes Schachtabschnittes zu installieren.

In allen Schächten ist am höchsten Punkt mindestens ein Sprinkler zu installieren; ausgenommen hiervon sind nicht brennbare und unzugängliche Schächte, die kein brennbares Material der Euroklasse A1 oder gleichwertig, sowie vorhandener äquivalenter nationaler Klassifikationssysteme, außer der Elektroverkabelung, enthalten.

12.4.13 Abgehängte Decken

Die Verwendung von abgehängten Decken unterhalb der Sprinkler ist nicht zulässig, es sei denn, es wird nachgewiesen, dass diese den Sprinklerschutz nicht beeinträchtigen.

Sind Sprinkler unter abgehängten Decken eingebaut, müssen für diese Decken Materialien gewählt werden, deren Beständigkeit unter Brandbedingungen nachgewiesen wurde.

12.4.14 Abgehängte offene Rasterdecken

Abgehängte offene Rasterdecken, d. h. Decken mit regelmäßigen offenen Zellen, können unter LH- und OH-Sprinklergruppen verwendet werden, sofern alle der folgenden Bedingungen erfüllt sind:

— die gesamte offene Fläche der Decke, einschließlich der Lampen, ist nicht kleiner als 70 % der gesamten Deckenfläche;

— das kleinste Maß der Deckenöffnungen muss größer als 0,025 m und größer als die Dicke der abgehängten Decke sein;

— die Stabilität der Deckenkonstruktion und aller Einbauten innerhalb des Raumes über der abgehängten Decke, z. B. Lampen, darf durch den Betrieb der Sprinkleranlage nicht beeinträchtigt werden;

— unter der Decke dürfen keine Lagerbereiche sein.

In solchen Fällen sind Sprinkler wie folgt zu installieren:

— die Abstände der Sprinkler zueinander dürfen über der abgehängten Decke 3 m nicht überschreiten;

— der vertikale Abstand zwischen den Sprühtellern von allen Normal- oder Schirmsprinklern, die keine Flachschirmsprinkler sind, und der Oberseite abgehängter Decken muss mindestens 0,8 m betragen und mindestens 0,3 m, wenn Flachschirmsprinkler verwendet werden;

— es sind zusätzliche Sprinkler zur Verteilung von Wasser unter Hindernissen (z. B. Lampen) mit mehr als 0,8 m Breite vorzusehen.

Stellen Hindernisse über der Decke eine erhebliche Behinderung der Wasserverteilung dar, müssen zu diesen Abstände wie zu Wänden eingehalten werden.

12.5 Zwischenebenensprinkler in HH-Risiken

12.5.1 Allgemeines

Sprinkler, die Doppelregale schützen, müssen in den Längsschächten, vorzugsweise an den Schnittpunkten mit Querschächten, angeordnet werden (siehe Bild 13 und 14).

Wenn die Regal- oder Stahlkonstruktion eine erhebliche Behinderung der Wasserverteilung darstellen könnte, sind zusätzliche Sprinkler vorzusehen und bei der hydraulischen Berechnung zu berücksichtigen.

Es muss sichergestellt werden, dass das Wasser von geöffneten Sprinklern in Zwischenebenen in die gelagerten Waren eindringen kann. Der Abstand zwischen in Regalen gelagerten Waren, die Rücken an Rücken angeordnet sind, muss mindestens 0,15 m betragen; falls erforderlich, sind Paletten-Abstandhalter zu verwenden. Von den Sprühtellern der Sprinkler zur Oberkante des Lagerguts muss ein Abstand von mindestens 0,10 m bei Flachschirmsprinklern und 0,15 m bei allen anderen Sprinklern eingehalten werden.

12.5.2 Maximaler vertikaler Abstand zwischen Sprinklern in Zwischenebenen

Der vertikale Abstand vom Boden zur untersten Sprinkler-Zwischenebene sowie zwischen den Zwischenebenen darf weder 3,50 m noch zwei Lagerebenen überschreiten, wie in Bild 13 und Bild 14 gezeigt. Eine Zwischenebene muss über der obersten Ebene des Lagerguts installiert werden, es sei denn, alle Dach- oder Deckensprinkler befinden sich in einem Abstand von weniger als 4 m über der Oberkante des Lagerguts.

Die höchste Sprinkler-Zwischenebene darf auf keinen Fall tiefer als eine Ebene unter der Oberkante des Lagerguts installiert werden.

12.5.3 Horizontale Anordnung von Sprinklern in Zwischenebenen

Bei Lagergut der Kategorien I und II müssen die Sprinkler, wenn möglich, im Längsschacht an den Schnittpunkten mit jedem zweiten Querschacht installiert werden, wobei die Sprinkler in Bezug auf die darüber gelegene Ebene versetzt angeordnet werden müssen (siehe Bild 13). Der horizontale Abstand zwischen Sprinklern darf 3,75 m nicht überschreiten, und das Produkt aus horizontalem Abstand und vertikalem Abstand zwischen den Sprinklern darf 9,8 m^2 nicht überschreiten.

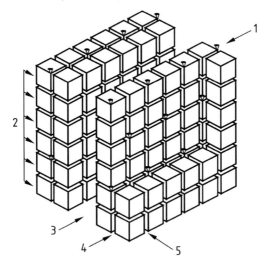

Legende

1 Sprinklerreihe
2 Ebenen
3 Freistreifen
4 Längsschacht
5 Querschacht

Bild 13 — Anordnung von Sprinklern in Zwischenebenen bei Regallagern — Lagergut der Kategorien I oder II

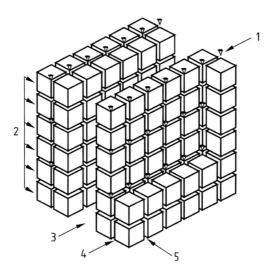

Legende

1 Sprinklerreihe
2 Ebenen
3 Freistreifen
4 Längsschacht
5 Querschacht

Bild 14 — Anordnung von Sprinklern in Zwischenebenen bei Regallagern — Lagergut der Kategorien III oder IV

Bei Lagergut der Kategorien III und IV müssen die Sprinkler im Längsschacht an den Schnittpunkten mit allen Querschächten installiert werden (siehe Bild 14). Der horizontale Abstand zwischen Sprinklern darf 1,9 m nicht überschreiten, und das Produkt aus horizontalem Abstand und vertikalem Abstand zwischen Sprinklern darf 4,9 m^2 nicht überschreiten.

12.5.4 Anzahl der Sprinklerreihen je Ebene

Die Anzahl der Sprinklerreihen je Ebene wird durch die Regal-Gesamtbreite bestimmt. Wenn die Regale mit den Rückseiten zueinander stehen, errechnet sich die Gesamtbreite durch Addieren der Breiten jedes Regals und der Regalabstände.

Für je 3,2 m Regalbreite muss eine Sprinklerreihe je Ebene installiert werden. Die Sprinkler sind, sofern möglich, in den Schächten zu installieren.

12.5.5 HHS-Sprinkler in Zwischenebenen von Regalen ohne Zwischenböden

Für Regallagerung auf Paletten und Durchlaufregalanlagen sind Sprinkler in Zwischenebenen vorzusehen (siehe Typ ST4 in Bild 3 und Tabelle 4):

a) Einzelregale mit maximal 3,2 m Breite müssen durch einzelne Sprinklerreihen in den Regalebenen geschützt werden, wie in Bild 13 und Bild 14 dargestellt;

b) Doppelregale mit maximal 3,2 m Breite müssen durch mittig im Längsschacht, an den Regalenden und in den in Bild 13 und Bild 14 dargestellten Ebenen angeordnete Sprinkler geschützt werden;

DIN EN 12845:2009-07
EN 12845:2004+A2:2009 (D)

c) Doppel- oder mehrreihige Regale von mehr als 3,2 m und maximal 6,4 m Breite sind durch zwei nicht mehr als 3,2 m voneinander entfernte Sprinklerreihen zu schützen. Jede Reihe muss denselben Abstand zum Rand des Regals haben. Die Sprinkler in jeder Reihe auf einer Ebene sind in korrespondierenden Querschächten anzuordnen.

Wenn eine Regal- oder Stahlkonstruktion eine erhebliche Behinderung der Wasserverteilung eines Sprinklers darstellen könnte, muss ein zusätzlicher Sprinkler vorgesehen werden, um die Wasserverteilung über die möglicherweise beeinträchtigte Fläche sicherzustellen.

12.5.6 HHS-Zwischenebenensprinkler unter geschlossenen oder gelatteten Regalböden (ST5 und ST6)

Werden Zwischenebenensprinkler gefordert, müssen sie über jedem Regalboden (einschließlich des obersten Zwischenbodens, wenn sich die Dach- oder Deckensprinkler mehr als 4 m über dem Lagergut befinden oder die Wasserverteilung auf das Lagergut behindert wird) installiert und angeordnet werden, wie in Tabelle 21 und Bild 15 dargestellt. Der vertikale Abstand der Sprinklerebenen darf 3,5 m nicht überschreiten.

Einzelne Sprinklerreihen sind mittig über den Regalböden anzuordnen. Doppel-Sprinklerreihen sind so anzuordnen, dass jede Reihe den gleichen Abstand zum nächsten Zwischenbodenrand hat.

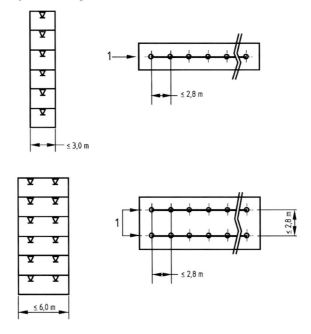

Legende
1 Sprinklerreihe

Bild 15 — Anordnung von Zwischenebenensprinklern bei Lagerart ST5 und ST6

Der Abstand zwischen dem Regalende und dem nächstgelegenen Sprinkler darf weder den halben Abstand zwischen den Sprinklern (parallel zum Regal gemessen) noch 1,4 m überschreiten.

Tabelle 21 — Anordnung von Zwischenebenensprinklern bei Lagerart Typ ST5 und ST6

Regalbreite s m	Sprinklerreihen	Maximaler Abstand zwischen den Sprinklern entlang den Reihen m	Maximaler Abstand zwischen den Sprinklerreihen m
ST5: $s \leq 1,0$	1	2,8	—
ST6: $1,0 < s \leq 3,0$	1	2,8	—
ST6: $3,0 < s \leq 6,0$	2	2,8	2,8

13 Dimensionierung und Anordnung von Rohren

13.1 Allgemeines

13.1.1 Dimensionierung von Rohren

Die Rohrdurchmesser müssen unter Verwendung eines der folgenden Verfahren ermittelt werden:

— vorberechnete Anlagen, bei denen die Rohrdurchmesser teilweise Tabellen entnommen und teilweise berechnet werden (siehe 13.3);

— hydraulisch berechnete Anlagen, bei denen alle Rohrdurchmesser durch hydraulische Berechnung ermittelt werden (siehe 13.4).

Der Planer kann zwischen den beiden Verfahren wählen, außer in den folgenden Fällen, die immer hydraulisch berechnet werden müssen:

— Anordnungen mit HHS-Sprinklern in Zwischenebenen;

— Anordnungen mit vermaschten Rohrnetzen oder Ringleitungskonfigurationen.

13.2 Berechnung des Druckverlustes im Rohrnetz

13.2.1 Rohrreibungsverluste

Berechnete Druckverluste durch Reibung in Rohrleitungen dürfen nicht unter den aus der Hazen-Williams-Formel abgeleiteten Werten liegen:

$$p = \frac{6,05 \times 10^5}{C^{1,85} \times d^{4,87}} \times L \times Q^{1,85}$$

Dabei ist

p der Druckverlust in der Rohrleitung, in bar;

Q die Durchflussrate durch die Rohrleitung, in Liter je Minute;

d der mittlere Innendurchmesser des Rohrs, in Millimeter;

C die Konstante für Art und Zustand der Rohrleitung (siehe Tabelle 22);

L die Äquivalentlänge von Rohr- und Formstücken, in Meter.

Es sind die Werte für C aus Tabelle 22 zu verwenden.

Tabelle 22 — Werte für C bei verschiedenen Rohrausführungen

Rohrart	C-Wert
Gusseisen	100
duktiles Gusseisen	110
Stahl, schwarz	120
verzinkter Stahl	120
Schleuderbeton	130
zementverkleidetes Gusseisen	130
nicht rostender Stahl	140
Kupfer	140
verstärkte Glasfaser	140
ANMERKUNG Diese Liste ist nicht vollständig.	

Der durch die Fließgeschwindigkeit bedingte Druckverlust kann vernachlässigt werden.

13.2.2 Statischer Druckunterschied

Der statische Druckunterschied zwischen zwei Punkten innerhalb einer Anlage errechnet sich aus:

$p = 0,098\ h$

Dabei ist

p der statische Druckunterschied, in bar;

h der vertikale Abstand der Punkte, in Meter.

13.2.3 Strömungsgeschwindigkeit

Die Strömungsgeschwindigkeit des Wassers darf bei am Auslegungspunkt stabilisierten Strömungsbedingungen die folgenden Werte nicht übersteigen, dabei wird angenommen, dass alle Sprinkler gleichzeitig geöffnet sind:

— 6 m/s in jedem Ventil, jeder Einrichtung zur Durchflussüberwachung oder/und jedem Steinfänger;

— 10 m/s an allen anderen Punkten der Anlage.

13.2.4 Druckverluste in Formstücken und Ventilen

Der Druckverlust durch Reibung in Ventilen und in denjenigen Formstücken, in denen die Strömungsrichtung des Wassers sich um mindestens 45° ändert, muss mit der in 13.2.1 angegebenen Formel berechnet werden. Die einzusetzende Äquivalentlänge muss eine der folgenden sein:

a) der vom Lieferanten angegebene Wert;

b) der Wert aus Tabelle 23, wenn a) nicht verfügbar ist.

Bei Bögen, T-Stücken oder Kreuzstücken mit Änderung der Strömungsrichtung und Änderung im Durchmesser am selben Punkt sind die Äquivalentlänge und der Druckverlust unter Verwendung des kleineren Durchmessers zu ermitteln.

Tabelle 23 — Äquivalentlänge von Formstücken und Ventilen

Formstücke und Ventile	Äquivalente Länge eines geraden Stahlrohres mit einem C-Wert von 120[a] m Nenndurchmesser mm									
	20	25	32	40	50	65	80	100	150	200	250
90°-Gewindebogen (Standard)	0,76	0,77	1,0	1,2	1,5	1,9	2,4	3,0	4,3	5,7	7,4
90°-Schweißbogen (r/d =1,5)	0,30	0,36	0,49	0,56	0,69	0,88	1,1	1,4	2,0	2,6	3,4
45°-Gewindebogen (Standard)	0,34	0,40	0,55	0,66	0,76	1,0	1,3	1,6	2,3	3,1	3,9
Gewinde-T- oder Kreuzstück (Strömung durch Abzweig)	1,3	1,5	2,1	2,4	2,9	3,8	4,8	6,1	8,6	11,0	14,0
Absperrschieber-Durchgang	—	—	—	—	0,38	0,51	0,63	0,81	1,1	1,5	2,0
Alarm- oder Rückschlagventil (Bauform mit Schwingklappe)	—	—	—	—	2,4	3,2	3,9	5,1	7,2	9,4	12,0
Alarm- oder Rückschlagventil (Bauform mit axial verschiebbarem Verschluss)	—	—	—	—	12,0	19,0	19,7	25,0	35,0	47,0	62,0
Absperrklappe	—	—	—	—	2,2	2,9	3,6	4,6	6,4	8,6	9,9
Kugelhahn	—	—	—	—	16,0	21,0	26,0	34,0	48,0	64,0	84,0

[a] Die äquivalenten Längen können für Rohrleitungen mit anderen C-Werten durch Multiplikation mit folgenden Faktoren umgerechnet werden:

C-Wert	100	110	120	130	140
Faktor	0,714	0,85	1,00	1,16	1,33

13.2.5 Genauigkeit der Berechnungen

13.2.5.1 Die Berechnungen sind mit den in Tabelle 24 angegebenen Einheiten und Genauigkeiten durchzuführen.

Tabelle 24 — Genauigkeit der hydraulischen Berechnungen

Größe	Einheit	Rundung auf
Länge	m	0,01
Höhe	m	0,01
äquivalente Länge	m	0,01
Volumenstrom	l/min	1,0
Druckverlust	mbar/m	1,0
Druck	mbar	1,0
Strömungsgeschwindigkeit	m/s	0,1
Fläche	m^2	0,01
Wasserbeaufschlagung	mm/min	0,1

13.2.5.2 Durch die Berechnungen ist Folgendes anzugleichen:

— die Abweichung der Druckverluste in einer Ringleitung muss (0 ± 1) mbar betragen;

— treffen zwei Wasserströme an einer Verbindungsstelle zusammen, ist die Berechnung auf ± 1 mbar genau anzugleichen;

— die Abweichung der Volumenströme an einem Abzweig muss (0 ± 0,1) l/min betragen.

13.3 Vorberechnete Anlagen

13.3.1 Allgemeines

13.3.1.1 Die Rohrdurchmesser werden teilweise aus den folgenden Tabellen und teilweise durch hydraulische Berechnungen ermittelt. Die Rohrdurchmesser dürfen in Fließrichtung des Wassers zu keinem Sprinkler hin größer werden.

13.3.1.2 Der zu verwendende Rohrdurchmesser für Strangrohre und die zugehörige maximale Anzahl der von den jeweiligen Rohren zu versorgenden Sprinkler sind in Tabelle 30 aufgeführt. Ausgenommen davon sind LH-Anlagen, für die Tabelle 27 nur die Rohre festlegt, welche die letzten drei oder vier Sprinkler jedes Stranges speisen.

13.3.1.3 Die Durchmesser aller Rohre in Fließrichtung vor jedem Auslegungspunkt werden nach 13.3.3.2 für LH-Anlagen und nach 13.3.4.2 für OH-Anlagen berechnet.

13.3.1.4 Steig- und Fallrohre, die Verteilerrohre mit Strängen verbinden, sowie Rohre zum Anschluss einzelner Sprinkler, die keine Abzweigrohre sind, gelten als Verteilerrohre und sind entsprechend zu dimensionieren.

13.3.2 Lage der Auslegungspunkte

13.3.2.1 Der Auslegungspunkt muss sich am Anschlusspunkt eines horizontalen Verteilerrohrs und einem der folgenden Rohre befinden:

— einem Strangrohr;

— einem Steig- oder Fallrohr, das Stränge mit Verteilerrohren verbindet;

— einem Rohr, das einen einzelnen Sprinkler speist.

Die maximale Sprinkleranzahl hinter jedem Auslegungspunkt muss der in den Tabellen 25 und 26 angegebenen Anzahl entsprechen.

13.3.2.2 Bei LH-Anlagen befindet sich der Auslegungspunkt hinter dem Sprinkler, der in Tabelle 25, Spalte 3 aufgeführt ist.

Tabelle 25 — Lage der Auslegungspunkte — LH-Anlagen

Brandgefahrenklasse	Anzahl der Sprinkler an einem Strang, in einem Raum	Lage des Auslegungspunktes hinter dem n-ten Sprinkler, dabei ist $n =$
LH	≤ 3	3
	≥ 4	4

13.3.2.3 Bei OH- und HH-Anlagen befindet sich der Auslegungspunkt hinter den Verbindungsstellen von Verteilerrohren und Strangrohren nach Tabelle 26, Spalte 3.

Ist die Anzahl der Sprinkler eines Rohrnetzes, in einem Raum oder an einem einzelnen Verteilerrohr geringer oder gleich der Anzahl der Sprinkler, für welche die Verteilerrohre ausgelegt wurden (siehe Tabelle 26, Spalte 2), ist der Auslegungspunkt hinter derjenigen Verbindungsstelle zwischen Verteilerrohr und Strang oder Rohrnetz anzuordnen, die hydraulisch am nächsten an der Alarmventilstation liegt.

ANMERKUNG 1   Bild 16 zeigt typische Strangrohranordnungen.

ANMERKUNG 2   Beispiele für Rohranordnungen mit geeigneten Auslegungspunkten sind in Bild 17 für LH, Bild 18 für OH und in den Bildern 19, 20 und 21 für HHP und HHS aufgeführt.

Tabelle 26 — Lage der Auslegungspunkte — OH, HHP und HHS

Brandgefahren-klasse	Anzahl der Sprinkler an einem Verteilerrohr, in einem Raum	Lage des Auslegungspunktes an der Verbindungsstelle eines Verteilerrohres an einem Strang mit n Sprinklern, dabei ist n =	Stranganordnung
OH	> 16	17	Doppel-Kamm
	> 18	19	alle übrigen
HHP und HHS	> 48	49	jede beliebige

13.3.3 LH-Anlagen

13.3.3.1 Die Durchmesser für Strangrohre und Endverteilerrohre in Fließrichtung hinter dem Auslegungspunkt sind nach Tabelle 27 auszuführen.

Es ist zulässig, ein 25-mm-Rohr zwischen Auslegungspunkt und Alarmventilstation zu installieren, wenn die hydraulische Berechnung zeigt, dass dies möglich ist. Wenn jedoch der Auslegungspunkt für zwei Sprinkler für die Dimensionierung entscheidend ist, darf kein 25-mm-Rohr zwischen dem 3. und 4. Sprinkler installiert werden.

Tabelle 27 — Strangrohrdurchmesser bei LH-Anlagen

Rohre	Durchmesser mm	Maximale Anzahl der an das Strangrohr angeschlossenen Sprinkler
sämtliche Strangrohre und Endverteilerrohre	20	1
	25	3

13.3.3.2 Die Durchmesser sämtlicher Rohrleitungen zwischen der Alarmventilstation und dem Auslegungspunkt an der Peripherie eines jeden Netzes sind mithilfe der hydraulischen Berechnung unter Verwendung der Werte in den Tabellen 28 und 29 zu ermitteln.

Tabelle 28 — Maximaler Druckverlust durch Rohrreibung zwischen Alarmventilstation und jedem Auslegungspunkt — LH-Anlagen

Anzahl der Sprinkler an einem Strang oder in einem Raum	Maximaler Reibungsverlust, einschließlich Änderungen der Strömungsrichtung (siehe ANMERKUNG) bar	Druckverluste in Strang- und Verteilerrohren, siehe:
≤ 3	0,9	Tabelle 29, Spalten 2 und 3
≥ 4	0,7	Tabelle 29, Spalte 3
≥ 3 in einer Reihe, in einem schmalen Raum oder an einem Strang am Dachfirst	0,7	Tabelle 29, Spalte 3

ANMERKUNG   In Gebäuden mit mehr als einem Geschoss kann der Druckverlust um einen Betrag erhöht werden, der dem statischen Druck zwischen der Höhe der entsprechenden Sprinkler und der Höhe der Sprinkler im höchsten Geschoss entspricht.

13.3.3.3 Wenn an einem Strangrohr mehr als zwei Sprinkler installiert sind, wird der Druckverlust zwischen dem Zwei-Sprinklerpunkt und dem Verteilerrohr anhand des in Spalte 2 von Tabelle 29 angegebenen Druckverlustes bestimmt. Der Druckverlust im Verteilerrohr zwischen diesem Anschluss und der Alarmventilstation wird mithilfe des Druckverlustes je Meter bestimmt, der in Spalte 3 von Tabelle 29 angegeben ist.

ANMERKUNG   Bild 17 zeigt ein Beispiel für eine Rohranordnung in einer LH-Anlage mit Auslegungspunkten, ab denen die Rohrleitungen hydraulisch zu berechnen sind.

Tabelle 29 — Druckverlust für Durchflussraten in LH-Anlagen

Durchmesser	Druckverlust in der Rohrleitung	
mm	mbar/m	
Spalte 1	Spalte 2 (100 l/min)	Spalte 3 (225 l/min)
25	44	198
32	12	52
40	5,5	25
50	1,7	7,8
65	0,44	2,0

13.3.4 Mittlere Brandgefahr (OH)

13.3.4.1 Die Durchmesser von Strangrohren müssen Tabelle 30, die von Verteilerrohren Tabelle 31 entsprechen.

Tabelle 30 — Strangrohrdurchmesser für OH-Anlagen

Strangrohre	Anordnung	Durchmesser mm	Maximale Anzahl der gespeisten Sprinkler
Stränge am entferntesten Ende sämtlicher Verteilerrohre — letzte zwei Stränge	Doppel-Kamm	25	1
		32	2
letzte drei Stränge	Dreifach-Kamm	25	2
		32	3
letzter Strang	sämtliche anderen Anordnungen	25	2
		32	3
		40	4
		50	9
sämtliche anderen Strangrohre	sämtliche	25	3
		32	4
		40	6
		50	9

Tabelle 31 — Durchmesser von Verteilerrohren in OH-Anlagen

Verteilerrohre	Anordnung	Durchmesser mm	Maximale Anzahl der gespeisten Sprinkler
an den äußersten Enden der Anlage	Doppel-Kamm	32	2
		40	4
		50	8
		65	16
	sämtliche anderen	32	3
		40	6
		50	9
		65	18
zwischen den Auslegungspunkten und der Alarmventilstation	alle	sind nach 13.3.4.2 zu berechnen	

Wenn die Strangrohre längs unter Dächern verlaufen, die mehr als 6° Neigung aufweisen, darf die Anzahl der Sprinkler an einem Strangrohr sechs nicht überschreiten.

ANMERKUNG   Bild 18 zeigt ein Beispiel für eine Rohranordnung für OH-Anlagen mit den entsprechenden Auslegungspunkten, ab denen der Rohrdurchmesser hydraulisch zu berechnen ist.

13.3.4.2   Die Rohrdurchmesser zwischen dem Auslegungspunkt im entferntesten Bereich der Anlage und der Alarmventilstation müssen hydraulisch berechnet werden, um sicherzustellen, dass der Gesamtdruckverlust durch Rohrreibung bei einer Durchflussrate von 1 000 l/min 0,5 bar nicht überschreitet, außer wenn nach 13.3.4.3 oder 13.3.4.4 verfahren wird.

13.3.4.3   In Gebäuden mit mehreren Stockwerken oder wenn eine Vielzahl von Ebenen, z. B. Plattformen oder An-/Einbauten, vorhanden ist, darf der Druckverlust von 0,5 bar ab Auslegungspunkt um einen Betrag erhöht werden, der dem statischen Druck, bedingt durch den Höhenunterschied zwischen dem höchsten Sprinkler im Gebäude und dem Auslegungspunkt in dem entferntesten Bereich des betreffenden Stockwerks, entspricht.

In solchen Fällen ist der Höhenunterschied zwischen der höchsten Sprinklerebene und dem Manometer der Sprinklergruppe auf dem Installationsattest zu vermerken, zusammen mit dem am Manometer der Gruppe erforderlichen Druck.

13.3.4.4   Wenn dieselbe Anlage sowohl OH3- oder OH4- und HHP- oder HHS-Bereiche enthält, die alle an eine gemeinsame Wasserversorgung angeschlossen sind, darf der maximale Reibungsverlust von 0,5 bar um 50 % des verfügbaren zusätzlichen Drucks erhöht werden, wie im folgenden Beispiel für OH3 gezeigt.

BEISPIEL (für eine OH3-Anlage):

an der Alarmventilstation erforderlicher Druck ohne statischen Druck (Tabelle 6 für OH3)	1,4 bar
Druckunterschied infolge des Höhenunterschieds zwischen dem höchsten Sprinkler und der Alarmventilstation	1,2 bar
an der Alarmventilstation erforderlicher Druck	2,6 bar
an der Alarmventilstation verfügbarer Druck für den z. B. in HH erforderlichem Volumenstrom	6,0 bar
Druck, der zusätzlich verwendet werden darf: 50 % von (6,0 − 2,6) =	1,7 bar
die Rohrleitungen sind so zu dimensionieren, dass der folgende maximale Druckverlust möglich ist: $0,5 + 1,7\,(1\,000/1\,350)^2 =$	1,43 bar

13.3.5 Hohe Brandgefahr, HHP und HHS (außer Sprinkler in Zwischenebenen)

13.3.5.1 Die Dimensionierung der Rohre muss Folgendes berücksichtigen:

— Wasserbeaufschlagung;

— Abstände der Sprinkler zueinander;

— k-Faktor der verwendeten Sprinkler;

— Druck-Durchflusscharakteristik der Wasserversorgung.

Kein Rohr darf einen Nenndurchmesser von weniger als 25 mm haben.

13.3.5.2 Für Anlagen mit Wasserversorgungen, die den in Tabelle 7 (1) gezeigten Werten entsprechen und Sprinkler mit einem k-Faktor von 80 aufweisen, gelten die in den Tabellen 32 und 33 aufgeführten Rohrdurchmesser für Strangrohre und Verteilerrohre.

An keinem Strangrohr dürfen mehr als vier Sprinkler installiert sein. Kein Strangrohr darf an ein Verteilerrohr mit mehr als 150 mm Durchmesser angeschlossen werden.

ANMERKUNG Bild 19 zeigt ein Beispiel für eine Rohranordnung nach den Tabellen 32 und 33 sowie Auslegungspunkte, ab denen die Rohrleitungen hydraulisch zu berechnen sind.

Tabelle 32 — Strangrohrdurchmesser für HH-Anlagen mit dem Druck und Durchfluss aus Tabelle 7 (1) oder (2)

Strangrohre	Anordnung	Durchmesser mm	Maximale Anzahl der vom Rohr gespeisten Sprinkler
Stränge am entferntesten Ende der Verteilerrohre	Doppel-Kammanordnung, letzte zwei Stränge	25	1
		32	2
	Dreifach-Kammanordnung, letzte drei Stränge	25	2
		32	3
	sämtliche anderen Anordnungen	25	2
			3
	nur letzter Strang	32	4
		40	
sämtliche anderen Stränge	alle	25	3
		32	4

Tabelle 33 — Verteilerrohrdurchmesser hinter dem Auslegungspunkt, für HH-Anlagen mit dem Druck und Durchfluss aus Tabelle 7 (1)

Verteilerrohre	Durchmesser mm	Maximale Anzahl der von einem Verteilerrohr gespeisten Sprinkler
Rohre am äußersten Ende der Anlage	32	2
	40	4
	50	8
	65	12
	80	18
	100	48
Rohre zwischen den Auslegungspunkten und der Alarmventilstation	sind nach 13.3.5 zu berechnen	

13.3.5.3　Für Anlagen mit Wasserversorgungen, die den in Tabelle 7 (2) gezeigten Anforderungen oder den geänderten Anforderungen nach 7.3.2.6 genügen, und mit Sprinklern mit dem k-Faktor 80 sind die Rohrdurchmesser für Strangrohre und Verteilerrohre aus den Tabellen 32 und 34 zu bestimmen.

An keinem Strangrohr dürfen mehr als vier Sprinkler installiert sein. Kein Strangrohr darf an ein Verteilerrohr von mehr als 150 mm Durchmesser angeschlossen werden. Verteilerrohre mit weniger als 65 mm Durchmesser sind für Vierfach-Kammanordnungen nicht zulässig.

ANMERKUNG　Bild 20 zeigt ein Beispiel für ein Rohrnetz nach den Tabellen 32 und 34 sowie die Auslegungspunkte, ab denen die Rohrleitungen hydraulisch zu berechnen sind.

Tabelle 34 — Durchmesser von Verteilerrohren hinter dem Auslegungspunkt in HH-Anlagen mit dem Druck und Durchfluss aus Tabelle 7 (2), (3) oder (4)

Verteilerrohre	Durchmesser mm	Maximale Anzahl der von einem Verteilerrohr gespeisten Sprinkler
Rohre am äußersten Ende der Anlage	50	4
	65	8
	80	12
	100	16
	150	48
Rohre zwischen den Auslegungspunkten und der Alarmventilstation	sind nach 13.3.5 zu berechnen	

13.3.5.4　In Anlagen mit Wasserversorgungen, die den Anforderungen aus Tabelle 7 (3) entsprechen und Sprinkler mit einem k-Faktor von 80 aufweisen, und solchen, die den Anforderungen aus Tabelle 7 (4) entsprechen und Sprinkler mit einem k-Faktor von 115 aufweisen, müssen die Rohrdurchmesser für Strang- und Verteilerrohre nach den Tabellen 34 und 35 bemessen werden.

Bei einer Kammanordnung dürfen an jedem Strangrohr nicht mehr als sechs Sprinkler installiert sein. Bei einer Doppelkammanordnung dürfen an jedem Strangrohr nicht mehr als vier Sprinkler installiert sein. Kein Strangrohr darf an ein Verteilerrohr mit mehr als 150 mm Durchmesser angeschlossen werden. Bei Vierfach-Kammanordnungen dürfen keine Verteilerrohre mit weniger als 65 mm Durchmesser verwendet werden.

ANMERKUNG　Bild 21 zeigt ein Beispiel für ein Rohrnetz nach den Tabellen 34 und 35 sowie die Auslegungspunkte, ab denen die Rohrleitungen hydraulisch zu berechnen sind.

Tabelle 35 — Durchmesser von Strangrohren in HH-Anlagen mit Druck- und Durchfluss aus Tabelle 7 (3) oder (4)

Strangrohre	Anordnung	Durchmesser mm	Maximale Anzahl der gespeisten Sprinkler
Stränge am entferntesten Ende sämtlicher Verteilerrohre	Kammanordnung, letzte drei Stränge	40	1
		50	3
		65	6
weitere Stränge		32	1
		40	2
		50	4
		65	6
Stränge am entferntesten Ende sämtlicher Verteilerrohre	Doppel-Kammanordnung, letzte drei Stränge	32	1
		40	2
weitere Stränge		32	2
sämtliche anderen Stränge	Dreifach- und Vierfach-Kammanordnungen	32	1
		40	2
		50	4

13.3.5.5 Der Druckverlust zwischen den Auslegungspunkten und der Alarmventilstation wird durch Berechnung ermittelt. Die Summe aus dem Druckverlust bei den in Tabelle 7 angegebenen Durchflussraten, dem erforderlichen Druck am Auslegungspunkt und dem statischen Druck entsprechend dem Höhenunterschied zwischen höchstem Sprinkler und Alarmventilstation darf den verfügbaren Druck nicht überschreiten.

Befindet sich der höchste Sprinkler vor dem Auslegungspunkt, muss der Teil, der eine größere statische Druckhöhe benötigt, sein eigenes Verteilerrohr haben.

Der Druckverlust in den Verteilerrohren, welche die einzelnen Abschnitte speisen, kann durch geeignete Dimensionierung des Verteilerrohrs ausgeglichen werden.

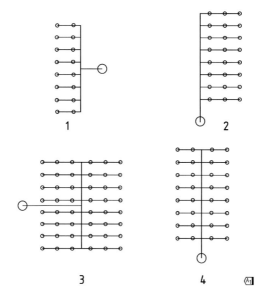

Legende
1   Kammanordnung mit 2 Sprinklern und zentraler Einspeisung
2   Kammanordnung mit 3 Sprinklern und Endeinspeisung
3   Doppel-Kammanordnung mit 3 Sprinklern und zentraler Einspeisung
4   Doppel-Kammanordnung mit 4 Sprinklern und Endeinspeisung

Bild 16 — Beispiele für Strangrohranordnungen

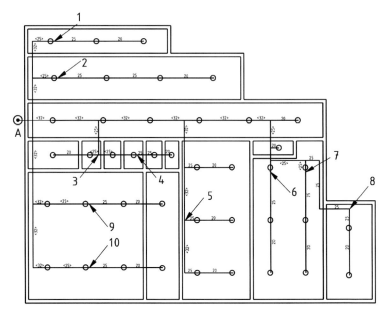

Legende

A Alarmventilstation
Druckverlust zwischen Alarmventilstation und: 1 (2-Sprinkler-Punkt) = 0,7 bar
2 (3-Sprinkler-Punkt) = 0,7 bar
3, 4, 5, 6, 7, 8, 9 und 10 (2-Sprinkler-Punkt) = 0,9 bar

Die als <25> oder <32> gezeigten Maße geben die wahrscheinlichen Rohrdurchmesser aus den Berechnungen an. Rohrleitungsdurchmesser sind in Millimetern angegeben.

Bild 17 — Beispiel für die Anwendung von Auslegungspunkten in einer LH-Anlage

Maße in Millimeter

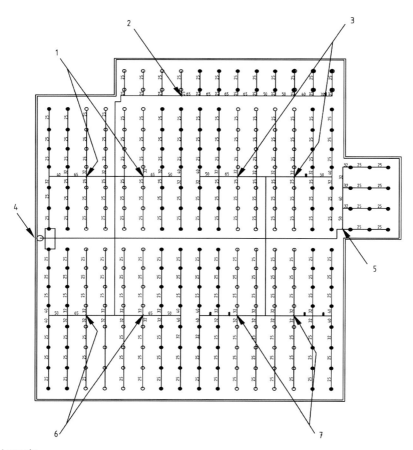

Legende

1, 2, 3, 5, 6 und 7   Bemessungspunkte
4   Alarmventilstation

Bild 18 — Beispiel für die Anwendung von Auslegungspunkten (1 bis 7) in einer OH-Anlage

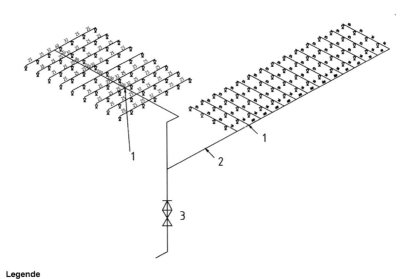

Legende

1 48-Sprinkler-Punkt   2 Nebenverteilerrohr   3 Alarmventilstation

Bild 19 — Beispiel für die Anwendung von Auslegungspunkten in einer HH-Anlage (Rohrnetzdimensionierung nach Tabelle 32 und 33)

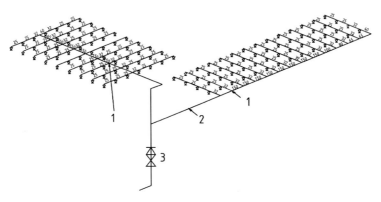

Legende

1 48-Sprinkler-Punkt   2 Nebenverteilerrohr   3 Alarmventilstation

Bild 20 — Beispiel für die Anwendung von Auslegungspunkten in einer HH-Anlage (Rohrnetzdimensionierung nach Tabelle 32 und 34)

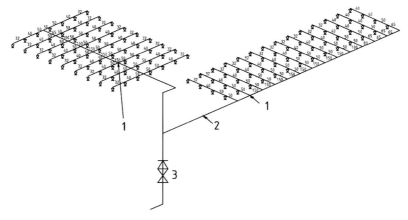

Legende

1 48-Sprinkler-Punkt   2 Nebenverteilerrohr   3 Alarmventilstation

Bild 21 — Beispiel für die Anwendung von Auslegungspunkten in einer HH-Anlage (Rohrnetzdimensionierung nach Tabelle 34 und 35)

13.4 Hydraulisch berechnete Anlagen

13.4.1 Wasserbeaufschlagung

Die Wasserbeaufschlagung ist aus der Gesamtausflussrate (in l/min) einer Gruppe von vier benachbarten Sprinklern zu errechnen, dividiert durch die Fläche in Quadratmetern, die von den vier Sprinklern geschützt wird; oder wenn weniger als vier Sprinkler in offener Verbindung stehen, ist für die Wasserbeaufschlagung der kleinste Wert der Ausflussrate eines dieser Sprinkler, geteilt durch die Schutzfläche dieses Sprinklers, anzunehmen.

Die Wasserbeaufschlagung der einzelnen Wirkflächen oder des gesamten Schutzbereichs, wenn dieser kleiner ist, in dem sich die Gruppe von 4 Sprinklern befindet, darf mit jeder verfügbaren Wasserversorgung oder Kombination aus Wasserversorgungen nicht kleiner sein als die in Abschnitt 7 festgelegte Wasserbeaufschlagung.

Die Schutzfläche eines Sprinklers wird folgendermaßen definiert: Vom betrachteten Sprinkler wird zu jedem benachbarten Sprinkler eine Verbindungslinie gezogen. Auf deren Mittelpunkt wird jeweils eine weitere Linie senkrecht zur Verbindungslinie gezogen, die die Begrenzungslinie der Schutzfläche bildet. Im Falle von Sprinklern an Wänden bildet die Wand eine Begrenzungslinie (siehe Bild 22). Sind Sprinkler in Regalen installiert, müssen bei der Berechnung die Anforderungen an Druck und Durchfluss bei gleichzeitigem Betrieb der Dach- oder Deckensprinkler sowie der Sprinkler in Zwischenebenen berücksichtigt werden.

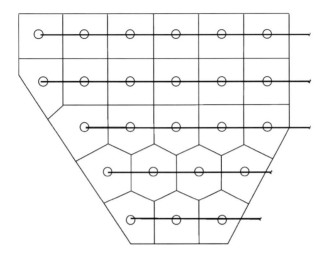

Bild 22 — Bestimmung der Schutzfläche je Sprinkler

13.4.2 Lage der Wirkflächen

13.4.2.1 Hydraulisch ungünstigste Wirkfläche

Zur Bestimmung der Lage der hydraulisch ungünstigsten Wirkfläche müssen sowohl die Unterschiede in den Abständen der Sprinkler zueinander, in Anordnungen, Sprinklerhöhen, Strangmittelpunkten, Sprinklernennweiten und Rohrdurchmessern berücksichtigt werden als auch die möglichen Positionen auf den Verteilerrohren oder dazwischen, wenn diese durch Strangrohre verbunden sind (siehe Bilder 23, 25 und 26).

Die richtige Lage der hydraulisch ungünstigsten Wirkfläche muss bei vermaschten Rohrnetzen durch Verschiebung der Wirkfläche um einen Sprinklerabstand in jeder Richtung entlang der Strangrohre gefunden werden, bis die Fläche mit dem höchsten benötigten Druck ermittelt ist.

Die richtige Lage der hydraulisch ungünstigsten Wirkfläche bei Ringleitungskonfigurationen muss durch Verschiebung der Wirkfläche um einen Sprinklerabstand in jeder Richtung entlang des Verteilerrohrs gefunden werden, bis die Fläche mit dem höchsten benötigten Druck ermittelt ist.

13.4.2.2 Hydraulisch günstigste Wirkfläche

Zur Bestimmung der Lage der hydraulisch günstigsten Wirkfläche sind alle möglichen Positionen auf der Verteilerleitung zu berücksichtigen oder zwischen den Verteilerleitungen, wenn diese durch Strangrohre verbunden sind (siehe Bilder 23 bis 26).

13.4.3 Form der Wirkfläche

13.4.3.1 Hydraulisch ungünstigste Wirkfläche

Die Form der Wirkfläche hat möglichst rechteckig, symmetrisch bezüglich der Sprinkleranordnung (siehe Bild 23) und wie folgt zu sein:

a) bei nicht vermaschten Anlagen und Ringleitungskonfigurationen ist die entfernte Seite der Wirkfläche durch den Strang- oder bei Doppelkammanordnung durch das Strangpaar definiert. Sprinkler auf Strängen oder Strangrohrpaaren, die nicht komplett in die Wirkfläche eingehen, sind so nah wie möglich am Verteilerrohr auf der nächsten Strangreihe in Fließrichtung vor der rechteckigen Fläche anzuordnen (siehe Bilder 23 und 25);

b) bei vermaschten Rohrnetzkonfigurationen, bei denen die Stränge parallel zum First eines Dachs mit mehr als 6° Neigung oder entlang der durch Balken gebildeten Felder mit mehr als 1,0 m Tiefe verlegt sind, muss die entfernte Seite der Wirkfläche eine Länge L parallel zu den Strängen haben, bei der L größer oder gleich dem Zweifachen der Quadratwurzel aus der Wirkfläche ist;

c) bei allen anderen vermaschten Konfigurationen muss die entfernte Seite der Wirkfläche eine Länge L parallel zu den Strängen haben, die größer oder gleich der 1,2fachen Quadratwurzel der Wirkfläche ist.

13.4.3.2 Hydraulisch günstigste Wirkfläche

Die Wirkfläche sollte möglichst quadratisch sein und:

a) bei unvermaschten Anlagen und Ringleitungskonfigurationen sollte die Wirkfläche möglichst nur Sprinkler an einem einzigen Verteilerrohr enthalten. Die berücksichtigten Sprinkler auf den Strängen oder bei Doppelkammanlagen auf den Strangpaaren sind auf dem Strang oder dem Strangpaar an der jeweils hydraulisch günstigsten Position anzuordnen. Sprinkler auf Strängen oder Strangrohrpaaren, die nicht komplett in die Wirkfläche eingehen, sind auf der nächsten Strangreihe an der hydraulisch nächsten Position anzuordnen (siehe Bilder 24 und 26);

b) bei vermaschten Rohrnetzkonfigurationen ist die Wirkfläche an den Strängen mit der hydraulisch günstigsten Position anzuordnen. Sprinkler auf Strängen, die nicht komplett in die Wirkfläche eingehen, sind auf der nächsten Strangreihe an der hydraulisch nächsten Position anzuordnen (siehe Bild 23).

DIN EN 12845:2009-07
EN 12845:2004+A2:2009 (D)

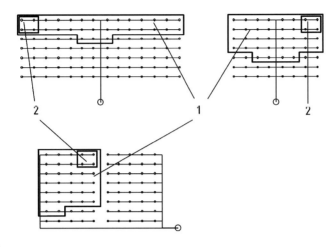

Legende
1 ungünstigste Wirkfläche
2 vier zu berücksichtigende Sprinkler ⒶⱵ

Bild 23 — Ungünstigste Wirkflächen bei Kamm- und Doppelkamm-Anordnungen

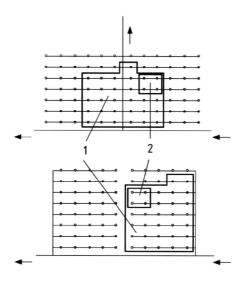

Legende
1 günstigste Wirkfläche
2 vier zu berücksichtigende Sprinkler 🅐

Bild 24 — Günstigste Wirkflächen bei Kamm- und Doppelkamm-Anordnungen

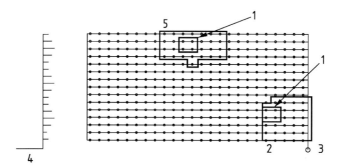

Legende
1 vier zu berücksichtigende Sprinkler
2 günstigste Wirkfläche
3 Zuleitung
4 Seitenansicht
5 ungünstigste Wirkfläche 🅐

Bild 25 — Günstigste und ungünstigste Wirkflächen bei einem vermaschten Rohrnetz

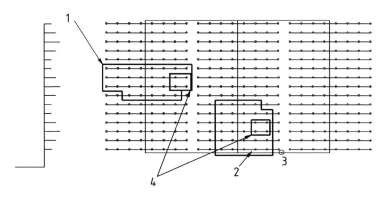

Legende

1 ungünstigste Wirkfläche
2 günstigste Wirkfläche
3 Steigrohr
4 vier zu berücksichtigende Sprinkler

Bild 26 — Günstigste und ungünstigste Wirkflächen bei einer Ringleitungskonfiguration

13.4.4 Mindestdruck am geöffneten Sprinkler

Wenn alle Sprinkler der Wirkfläche geöffnet sind, muss der Druck am hydraulisch ungünstigsten Sprinkler mindestens dem zum Erreichen der in 13.4.1 festgelegten Wasserbeaufschlagung erforderlichen Druck entsprechen oder den im Folgenden genannten Werten, wenn diese höher sind:

— 0,70 bar für LH;

— 0,35 bar für OH;

— 0,50 bar für HHP- und HHS, ausgenommen Regalsprinkler;

— 2,00 bar für Regalsprinkler;

— ⒶAT) 1,00 bar für K115-Regalsprinkler ⒶAT).

13.4.5 Mindestrohrdurchmesser

Die Rohrdurchmesser dürfen nicht kleiner als die in Tabelle 36 angegebenen sein.

Tabelle 36 — Mindestrohrdurchmesser

Brandgefahr	Durchmesser mm
LH	20
OH und HH horizontales oder vertikales Rohr zum Anschluss eines einzelnen Sprinklers, dessen k-Faktor nicht größer als 80 ist	20
sämtliche anderen	25

Der Durchmesser von Rohren in Fließrichtung hinter der Alarmventilstation darf in Fließrichtung des Wassers nur abnehmen, ausgenommen bei vermaschten Rohrnetzen und Ringleitungskonfigurationen.

DIN EN 12845:2009-07
EN 12845:2004+A2:2009 (D)

Stehende Sprinkler dürfen nicht direkt an Rohre mit mehr als 65 mm Durchmesser angeschlossen werden oder mit einem Durchmesser von 50 mm, wenn diese isoliert sind. Hängende Sprinkler dürfen nicht direkt an Rohre mit mehr als 80 mm Durchmesser angeschlossen werden. Bei größeren Durchmessern muss ein Abzweigrohr so eingebaut werden, dass der Abstand vom Sprühteller zum Rand des Hauptrohrs mindestens dem 1,5-Fachen des Durchmessers dieses Rohres entspricht.

14 Auslegungskennwerte und Verwendungen von Sprinklern

14.1 Allgemeines

ANMERKUNG   Diese Norm beschreibt nur die Verwendung der Sprinklerarten, die in EN 12259-1 aufgeführt sind.

Es dürfen nur neue (d. h. ungebrauchte) Sprinkler verwendet werden. Sie dürfen keinen Anstrich erhalten, außer wie nach EN 12259-1 zulässig. Sie dürfen in keiner Weise verändert werden. Nach dem Versand aus der Fabrik darf keinerlei Verzierung oder Beschichtung, mit Ausnahme der unter 14.9 genannten, angebracht werden.

14.2 Sprinklerarten und ihre Anwendungen

14.2.1 Allgemeines

Sprinkler sind für die verschiedenen Brandgefahrenklassen nach Tabelle 37 und den Angaben in 14.2.2 bis 14.2.4 zu verwenden.

Tabelle 37 — Sprinklerarten und k-Faktoren für die verschiedenen Brandgefahrenklassen

Brandgefahrenklasse	Wasserbeaufschlagung mm/min	Sprinklerart	Nenn-k-Faktor
LH	2,25	Normal-, Schirm-, Decken-, bündige, Flachschirm-, versenkte, verdeckte oder Seitenwandsprinkler	57
OH	5,0	Normal-, Schirm-, Decken-, bündige, Flachschirm-, versenkte, verdeckte oder Seitenwandsprinkler	80
HHP und HHS	≤ 10	Normal- oder Schirmsprinkler	80 oder 115
Decken- oder Dachsprinkler	> 10	Normal- oder Schirmsprinkler	115
HHS Sprinkler in Zwischenebenen in hohen Lagern		Normal-, Schirm- oder Flachschirmsprinkler	80 oder 115

14.2.2 Bündige Deckensprinkler, versenkte und verdeckte Sprinkler

Bündige Deckensprinkler, versenkte und verdeckte Sprinkler dürfen nicht in OH4-, HHP- und HHS-Bereichen installiert werden.

Sprinkler ohne feststehende Sprühteller, d. h. mit zurückgezogenen Sprühtellern, die erst bei Betätigung in die Betriebsstellung fallen, dürfen nicht eingebaut werden:

a) wenn die Decke mehr als 45° Schräge aufweist;

b) in Situationen mit korrosiven oder sehr staubigen Atmosphären;

c) in Regalen und unter Zwischenböden.

14.2.3 Seitenwandsprinkler

Seitenwandsprinkler dürfen nicht in HH-Anlagen, in Lagerbereichen der Brandgefahrenklasse OH oder über abgehängten Decken installiert werden. Sie dürfen nur unter geraden Decken installiert werden.

Seitenwandsprinkler dürfen nur in den folgenden Fällen verwendet werden:

a) in LH-, OH1-, OH2-Anlagen und in OH3-Anlagen ohne Lagerung;

b) für nach OH3 eingestufte Lagerrisiken;

c) zum Schutz von Korridoren, Kabelkanälen und Säulen in HH-Anlagen.

14.2.4 Flachschirmsprinkler

Flachschirmsprinkler dürfen nur in Zwischendecken- und Zwischenbodenbereichen, über abgehängten offenen Decken und in Regalen verwendet werden.

14.3 Ausflussrate von Sprinklern

Die Wasserausflussrate eines Sprinklers ist aus folgender Gleichung zu ermitteln:

$$Q = k \times \sqrt{p}$$

Dabei ist

Q die Ausflussrate, in Litern je Minute;

k die Konstante aus Tabelle 37;

p der Druck, in bar.

14.4 Öffnungstemperaturen von Sprinklern

Es sind Sprinkler mit einer Öffnungstemperatur zu wählen, die nahe an, aber nicht weniger als 30 °C über der höchsten zu erwartenden Umgebungstemperatur liegt.

In Zwischendecken- und Zwischenbodenbereichen ohne Entlüftung, unter Oberlichtern oder Glasdächern usw. ist es eventuell erforderlich, Sprinkler mit einer höheren Öffnungstemperatur von bis zu 93 °C oder 100 °C zu installieren. Besonders zu berücksichtigen ist die Öffnungstemperatur von Sprinklern, die sich in der Nähe von Trockenöfen, Heizgeräten und anderen Wärme abstrahlenden Geräten befinden.

ANMERKUNG 1   Unter Normalbedingungen in gemäßigten Klima-Zonen ist eine Öffnungstemperatur von 68 °C oder 74 °C zweckmäßig.

ANMERKUNG 2   Sprinkler haben einen Farbcode nach EN 12259-1, der ihre Öffnungstemperatur wie folgt angibt:

Glasfass	°C	Schmelzlot	°C
orange	57	—	—
rot	68	ohne	68/74
gelb	79	—	—
grün	93	weiß	93/100
blau	141	blau	141
malvenfarbig	182	gelb	182
schwarz	204/260	rot	227

14.5 Ansprechempfindlichkeit von Sprinklern

14.5.1 Allgemeines

Sprinkler unterschiedlicher Ansprechempfindlichkeiten sind nach Tabelle 38 zu verwenden. Die Ansprechempfindlichkeit von Sprinklern an der Decke ist gleich oder geringer zu wählen als die der Sprinkler in den Regalen.

Tabelle 38 — Ansprechempfindlichkeit von Sprinklern

Ansprechempfindlichkeit	Regalsprinkler	Deckensprinkler über Regalsprinklern	Trocken-Anlagen, vorgesteuert	Sämtliche weiteren
Standard 'A'	Nein	Ja	Ja	Ja
spezial	Nein	Ja	Ja	Ja
schnell	Ja	Ja	Nein	Ja

ANMERKUNG Werden neue Sprinkler in einer bestehenden Sprinklergruppe verwendet, kann es erforderlich sein, die Auswirkungen unterschiedlicher Ansprechempfindlichkeiten zu berücksichtigen, um zu vermeiden, dass zu viele Sprinkler auslösen.

ANMERKUNG Die meisten Sprinkler sind nach ihrer Ansprechempfindlichkeit in absteigender Folge ihrer Empfindlichkeit als eine der folgenden Arten eingestuft (siehe EN 12259-1):

— schnell;

— spezial;

— Standard 'A'.

14.5.2 Wechselwirkung mit anderen Maßnahmen des Brandschutzes

Eine mögliche Wechselwirkung zwischen Sprinkleranlagen und anderen Maßnahmen des Brandschutzes ist zu berücksichtigen. Das Ansprechverhalten von Sprinkleranlagen darf durch diese nicht beeinträchtigt werden.

Die Wirksamkeit anderer Maßnahmen des Brandschutzes kann davon abhängen, dass Sprinklereinrichtungen so wirksam wie möglich arbeiten. In diesen Fällen sollten die Brandschutzmaßnahmen als Gesamtes nicht beeinträchtigt werden. Dieser Aspekt ist insbesondere dann zu beachten, wenn HH-Anlagen betroffen sind.

Die Wirksamkeit von Sprinkleranlagen hängt von einer frühen Unterdrückung oder Beherrschung des Feuers im Anfangsstadium ab. Normalerweise werden Sprinkler, außer wenn sie in Regalen angeordnet sind, durch heiße Verbrennungsgase des Feuers geöffnet, die horizontal über die Sprinkler strömen. Daher sollte darauf geachtet werden, dass ein solches horizontales Strömen der Verbrennungsgase ungehindert stattfinden kann.

14.6 Sprinklerschutzkorb

Wenn Sprinkler an einer Stelle eingebaut sind, an der die Gefahr einer mechanischen Beschädigung besteht, sind diese mit einem geeigneten Schutzkorb aus Metall zu versehen.

14.7 Abschirmhauben für Sprinkler

Sprinkler, die in Regalen, unter perforierten Zwischenböden oder Plattformen oder ähnlichen Stellen installiert sind, an denen Wasser von höher gelegenen Sprinklern ein Besprühen nahe des Glasfasses oder des Schmelzlotelementes verursachen könnte, sind mit einer metallenen Abschirmhaube mit einem Durchmesser zwischen 0,075 m und 0,15 m zu versehen.

Diese Abschirmhauben dürfen nicht direkt an den Sprühtellern oder Sprinklerarmen von stehenden Sprinklern befestigt werden. Halterungen müssen so ausgelegt sein, dass die Behinderung der Wasserverteilung möglichst gering ist.

14.8 Sprinklerrosetten

Sprinklerrosetten müssen aus Metall oder Duroplastmaterial bestehen.

Sprinklerrosetten dürfen nicht zur Abstützung von Decken oder anderen Konstruktionen verwendet werden.

Kein Teil einer Sprinklerrosette darf weiter von der Decke abstehen als die Spitze des sichtbaren Teils des temperaturempfindlichen Elementes des Sprinklers.

14.9 Korrosionsschutz für Sprinkler

A2) Sprinkler, die an Orten mit korrosiven Dämpfen eingebaut werden, sind durch eine vom Hersteller aufgetragene geeignete korrosionsbeständige Beschichtung nach EN 12259-1 zu schützen, außer wenn die Sprinkler selbst aus geeigneten korrosionsbeständigen Materialien bestehen. (A2

Die Korrosionsschutzbehandlung darf nicht für Glasfasssprinkler angewendet werden.

15 Ventile und Armaturen

15.1 Alarmventilstationen

Jede Sprinklergruppe muss eine Alarmventilstation nach EN 12259-2 oder EN 12259-3 haben.

15.2 Absperrarmaturen

Alle Absperrarmaturen, die die Wasserversorgung zu den Sprinklern unterbrechen können, müssen:

— im Uhrzeigersinn zu schließen sein;

— mit einer Stellungsanzeige versehen sein, die eindeutig die offene oder geschlossene Stellung anzeigt;

— in der offenen Stellung mit Riemen und Schloss oder auf gleichwertige Weise gesichert sein.

Absperrarmaturen dürfen nur vor den Alarmventilstationen installiert werden, außer wenn es in dieser Norm anderweitig festgelegt ist.

Es ist sicherzustellen, dass alle Absperrarmaturen, Prüf-, Entwässerungs- und Spülventile für die Drücke in der Anlage geeignet sind, insbesondere in Hochhäusern, wo hohe statische Drücke auftreten können.

15.3 Ringleitungsarmaturen

Werden Sprinkleranlagen von betriebseigenen Ringleitungen gespeist, müssen Absperrarmaturen zum Trennen der Ringleitung in einzelne Abschnitte installiert werden, sodass kein Abschnitt mehr als vier Alarmventilstationen enthält.

15.4 Entwässerungsventile

Entwässerungsventile sind wie in Tabelle 39 aufgeführt einzubauen, damit an folgenden Stellen Wasser abgelassen werden kann:

a) unmittelbar hinter der Alarmventilstation oder, falls vorhanden, hinter der dazugehörigen Absperrarmatur;

b) unmittelbar hinter jedem Tandem-Alarmventil;

c) unmittelbar hinter jeder Zusatz-Absperrarmatur;

d) zwischen einer Trocken- oder Tandem-Alarmventilstation und jeder zu Prüfzwecken eingebauten Zusatz-Absperrarmatur;

e) an allen Rohren, die nicht über andere Entwässerungsventile entleert werden können, mit Ausnahme von Fallrohren zu einzelnen Sprinklern in Nassanlagen.

Die Ventile sind am unteren Ende der Rohrleitung anzuschließen und wie in Tabelle 39 aufgeführt zu dimensionieren. A₂) Der Ablauf darf nicht mehr als 3 m über dem Boden liegen und ist mit einem geeigneten Verschluss zu versehen. (A₂

Tabelle 39 — Mindestdurchmesser von Entwässerungsventilen

Entleerungsventil für:	Mindestdurchmesser von Ventil und Rohrleitung mm
LH-Anlagen	40
OH- oder HHP- oder HHS-Anlagen	50
zusätzliche Sprinklergruppen	50
eine Zone	50
nicht über das Alarmventil entleerbare Verteilerrohre, Durchmesser ≤ 80 mm	25
nicht über das Alarmventil entleerbare Verteilerrohre, Durchmesser > 80 mm	40
nicht über das Alarmventil entleerbare Strangrohre	25
nicht über das Alarmventil entleerbare Rohrleitungen zwischen zusätzlichen Alarmventilen und einer Zusatz-Absperrarmatur, die für Prüfzwecke installiert worden ist	15

15.5 Prüfventile

15.5.1 Prüfventile für Alarm und Pumpenstart

Soweit erforderlich sind 15-mm-Prüfventile vorzusehen, um Folgendes zu prüfen:

a) den hydraulischen Alarm und alle elektrischen Alarmdruckschalter durch die Entnahme von Wasser unmittelbar hinter

— einem Nassalarmventil und allen dahinter befindlichen Hauptabsperrarmaturen,

— einem Nass-Trocken-Alarmventil;

b) den hydraulischen Alarm und alle elektrischen Alarmdruckschalter durch die Entnahme von Wasser hinter der Absperrarmatur der Hauptwasserversorgung und vor

— einem Nass-Trocken-Alarmventil,

— einem Trocken-Alarmventil,

— einem vorgesteuerten Alarmventil;

c) alle Strömungsmelder, die hinter der Alarmventilstation installiert sind durch Entnahme von Wasser hinter dem Durchflussmelder;

d) automatische Pumpenstarteinrichtungen;

e) alle Sprinkleralarm-Strömungsmelder im Pumpenraum oder im Raum für den Druckluftwasserbehälter, die vor der Alarmventilstation installiert sind.

15.5.2 Prüfventile

Es ist eine Prüfeinrichtung am hydraulisch entferntesten Punkt an einem Verteilerrohr vorzusehen, die ein Prüfventil mit den dazugehörigen Fittings und Rohrleitungen enthält und die einen Durchfluss entsprechend der Ausflussrate von einem einzelnen Sprinkler hat.

15.6 Spülanschlüsse

Spülanschlüsse mit und ohne fest installierte Ventile sind an den Nebenverteilerrohren der Verteilerrohre der Anlage einzubauen.

A2) Spülanschlüsse müssen denselben Nenndurchmesser haben wie das Verteilerrohr. Für Rohre mit einem Nenndurchmesser größer als DN 40 dürfen Spülanschlüsse der Größe DN 40 verwendet werden, wenn sie an das untere Ende des Verteilerrohres angeschlossen werden. Spülanschlüsse müssen mit einem geeigneten Verschluss versehen werden. (A2

Es kann in bestimmten Fällen zweckmäßig sein, Spülanschlüsse an Strangrohren vorzusehen, z. B. in Form eines T-Blindstücks.

Neben ihrer Verwendung zur regelmäßigen Durchspülung des Rohrnetzes können Spülanschlüsse auch zur Prüfung, ob Wasser verfügbar ist, sowie für Druck- und Durchflussratenmessungen verwendet werden.

Rohrleitungen, die vollständig mit Wasser gefüllt sind, können durch den Druckanstieg infolge einer Temperaturerhöhung Schaden nehmen. Wenn eine vollständige Entlüftung einer Anlage wahrscheinlich ist, z. B. bei einem vermaschten Rohrnetz mit Spülanschlüssen an den Rohrenden, sollte ein Einbau von Überdruckventilen erwogen werden.

15.7 Druckmessgeräte

15.7.1 Allgemeines

Die Skaleneinteilung auf Druckmessgeräten darf folgende Werte nicht überschreiten:

a) 0,2 bar bei einem Skalenendwert bis zu 10 bar;

b) 0,5 bar bei einem Skalenendwert von mehr als 10 bar.

Der größte Skalenendwert muss in der Größenordnung von 150 % des größten bekannten Drucks liegen.

15.7.2 Anschlüsse der Wasserversorgung

Jeder Anschluss an das öffentliche Wasserleitungsnetz muss mit einem Druckmessgerät (A-Manometer) zwischen der Absperrarmatur des Zuleitungsrohrs und dem Rückschlagventil versehen werden.

Jede Wasserversorgung mit einer Pumpe ist mit einem gedämpften Manometer an der Zuleitung unmittelbar hinter dem Rückschlagventil am Auslauf und vor allen Absperrarmaturen am Auslauf auszustatten.

15.7.3 Alarmventilstationen

Ein Druckmessgerät muss jeweils an folgenden Stellen installiert werden:

a) unmittelbar vor jeder Alarmventilstation (B-Manometer);

b) unmittelbar hinter jeder Alarmventilstation (C-Manometer);

c) unmittelbar hinter jeder Kombinations- oder Tandem-Alarmventilstation, jedoch vor allen Absperrarmaturen.

Das B-Manometer an Trockenalarmventilen sollte mit einem Anzeigegerät versehen sein, das den höchsten erreichten Druck aufzeichnet.

15.7.4 Ausbau

Alle Druckmessgeräte müssen ohne Unterbrechung der Wasser- oder Luftversorgung der Anlage ausgebaut werden können.

16 Alarmmeldungen und Alarmierungseinrichtungen

16.1 Alarmvorrichtungen mit Alarmglocken

16.1.1 Allgemeines

Jede Alarmventilstation ist mit einer wassergetriebenen Alarmglocke nach EN 12559-4 und einer elektrischen Einrichtung zur Fernanzeige des Alarms auszurüsten, die sich beide so nah wie möglich am Alarmventil befinden müssen. Es darf eine gemeinsame wassergetriebene Alarmglocke für eine Gruppe von Nassalarmventilen installiert werden, sofern sich diese im selben Ventilraum befinden und jedes Alarmventil mit einer Betriebsanzeige ausgestattet ist.

Jede wassergetriebene Alarmglocke ist gut sichtbar mit der Nummer der Sprinklergruppe zu beschriften.

16.1.2 Wassermotor und Alarmglocke

Der Wassermotor muss so installiert werden, dass sich die Alarmglocke an der Außenseite einer Außenwand mit der Mittenlinie nicht höher als 6 m über dem Anschlusspunkt des Alarmventils befindet. Ein für Reinigungszwecke gut zugänglicher Siebfilter ist zwischen der Motordüse und dem Alarmventilanschluss zu installieren. Der Wasserablauf ist so anzuordnen, dass jeder Durchfluss von Wasser gut sichtbar ist.

16.1.3 Rohrleitungen zum Wassermotor

Die Rohrleitungen sind in verzinktem Stahl oder einem NE-Metall mit einem Durchmesser von 20 mm auszuführen. Die äquivalente Rohrlänge zwischen dem Alarmventil und dem Wassermotor darf nicht mehr als 25 m betragen, wobei eine äquivalente Länge von 2 m für jede Richtungsänderung angenommen werden muss.

Das Rohr ist mit einer Absperrarmatur innerhalb des Gebäudes zu versehen und muss eine ständige Entwässerung durch eine Drosselblende mit einem Durchmesser von maximal 3 mm haben. Die Drosselblende kann in den Fitting integriert sein und ist in nicht rostendem Stahl oder einem NE-Metall auszuführen.

16.2 Elektrische Strömungsmelder und Druckschalter

16.2.1 Allgemeines

Elektrische Einrichtungen zur Meldung des Ansprechens von Sprinkleranlagen müssen entweder Strömungsmelder nach EN 12259-5 oder Druckschalter sein.

16.2.2 Strömungsmelder

Strömungsmelder dürfen nur in Nassanlagen verwendet werden. Hinter jedem Strömungsmelder ist ein Prüfanschluss vorzusehen, um den Betrieb eines einzelnen Sprinklers zu simulieren. Der Prüfanschluss ist mit einer Entwässerung zu versehen. Das Abflussrohr ist in verzinktem Stahl oder Kupfer auszuführen.

Die Druck-Durchflusskennlinie des voll geöffneten Prüfventils und des Abflussrohrs muss der des Sprinklers mit der kleinsten Nennweite entsprechen, der durch den Strömungsmelder gespeist wird. Alle Drosseln müssen sich am Rohrauslass befinden und sind in nicht rostendem Stahl oder NE-Metall auszuführen.

Der Auslauf des Prüfrohrs ist bezüglich des Entwässerungssystems so anzuordnen, dass jeder Durchfluss während des Prüfvorgangs gut sichtbar ist.

16.2.3 Trocken- und vorgesteuerte Anlagen

Jede Anlage ist mit einem Luft-/Gasunterdruckalarm zu versehen, um eine optische und akustische Warnung nach Anhang I zu bewirken.

16.3 Anschlüsse für die Feuerwehr und die Brandmeldezentrale

Einrichtungen für die automatische Übertragung von Alarmsignalen aus einer Sprinklergruppe an die Feuerwehr oder an eine ständig besetzte Stelle müssen auf Folgendes prüfbar sein:

a) Durchgängigkeit der Verbindung;

b) Durchgängigkeit der Verbindung zwischen dem Alarmschalter und dem Schaltgerät.

ANMERKUNG Bei Vorhandensein einer direkten Verbindung zur Feuerwehr sollte der Prüfvorgang mit den zuständigen Stellen abgesprochen werden, um Fehlalarmierungen zu vermeiden.

17 Rohrleitungen

17.1 Allgemeines

17.1.1 Erdverlegte Rohrleitungen

Rohre sind nach den Empfehlungen des Lieferanten zu verlegen und gegen Korrosion zu schützen.

ANMERKUNG Es werden folgende Rohrarten empfohlen: Gusseisen, duktiles Gusseisen, Betonauskleidung, glasfaserverstärkter Kunststoff, Polyethylen hoher Rohdichte.

Es sind angemessene Vorkehrungen zur Verhinderung von Beschädigungen an Rohren, z. B. durch vorbeifahrende Fahrzeuge, zu treffen.

17.1.2 Freiverlegte Rohrleitungen

[A₂) Rohrleitungen hinter den Alarmventilen sind in Stahl oder Kupfer (siehe 17.1.10) oder einem anderen speziell hierfür anerkannten Material nach Anforderungen auszuführen, die am Verwendungsort der Anlage gelten. Wenn Stahlrohre mit einem Nenndurchmesser bis zu 150 mm mit einem Gewinde oder einer Nut versehen oder anderweitig bearbeitet sind, müssen sie eine Mindestwandstärke nach ISO 65 M haben. Wenn die Enden von Stahlrohren ohne nennenswerte Reduzierung der Wandstärke bearbeitet werden (sollen), z. B. durch gerollte Nuten oder die Rohrvorbereitung für das Schweißen, müssen die Rohre eine Mindestwandstärke nach ISO 4200, Gruppe D haben.

Werden mechanische Rohrverbindungen verwendet, muss die Mindestwandstärke auch mit den Herstellerempfehlungen übereinstimmen. (A₂]

Kupferrohre müssen EN 1057 entsprechen.

ANMERKUNG Bei Trocken-, Nass-Trocken- und vorgesteuerten Sprinkleranlagen ist vorzugsweise verzinkter Stahl zu verwenden.

17.1.3 Schweißen von Stahlrohren

Rohre und Formstücke mit weniger als 50 mm Durchmesser dürfen nicht auf der Baustelle geschweißt werden, außer wenn der Errichter eine automatische Schweißmaschine verwendet. Brennschneiden, Löten und andere Arten der thermischen Bearbeitung vor Ort sind in keinem Fall zulässig.

Schweißarbeiten an Sprinklerrohrleitungen sind so auszuführen, dass:

— alle Verbindungen durchgehend geschweißt werden;

— die Innenseiten von Schweißnähten den Wasserdurchfluss nicht beeinträchtigen;

— die Rohrleitung entgratet und die Schlacke entfernt wird.

Die Schweißer müssen nach EN 287-1 anerkannt sein.

17.1.4 Flexible Schläuche und Verbindungen

Wenn eine relative Bewegung zwischen verschiedenen Abschnitten der Rohrleitungen innerhalb einer Sprinkleranlage möglich ist, z. B. aufgrund von Dehnungsfugen oder bei bestimmten Regaltypen, ist ein flexibler Abschnitt oder eine flexible Verbindung an der Anschlussstelle zum Hauptverteilerrohr einzusetzen. Folgende Anforderungen müssen erfüllt sein:

a) die flexible Rohrverbindung muss vor dem Einbau einem Prüfdruck von mindestens dem größeren vom vierfachen des maximalen Betriebsdrucks oder 40 bar widerstehen können. Sie darf keine Teile enthalten, die im Brandfall die Integrität oder die Wirksamkeit der Sprinkleranlage beeinträchtigen könnten;

b) flexible Schläuche müssen ein durchgehendes, druckbeständiges Innenrohr aus nicht rostendem Stahl oder NE-Metall haben:

1) flexible Schläuche dürfen nicht ganz gestreckt installiert werden;

2) flexible Schläuche und Verbindungen dürfen nicht dazu verwendet werden, Fluchtungsfehler zwischen einem Hauptverteilerrohr und den Speiseleitungen zu Sprinklern in Zwischenebenen auszugleichen.

17.1.5 Verdeckte Verlegung

Rohre müssen so verlegt werden, dass sie für Reparaturen und Änderungen leicht zugänglich sind. Sie dürfen nicht in Betonböden oder -decken verlegt werden.

ANMERKUNG   Soweit möglich sollten Rohre nicht in Zwischenboden- und Zwischendeckenbereichen verlegt werden, die Überprüfungen, Reparaturen und Änderungen erschweren.

17.1.6 Schutz vor Brandeinwirkung und mechanischer Beschädigung

Rohre sind so zu verlegen, dass sie nicht durch mechanische Beschädigungen gefährdet werden. Werden Rohre über Durchgängen mit geringer Kopffreiheit, in Zwischenebenen oder an vergleichbaren Orten verlegt, sind Vorkehrungen gegen mechanische Beschädigungen zu treffen.

Wenn es unvermeidbar ist, Wasserversorgungsleitungen durch ein ungesprinklertes Gebäude zu verlegen, sind diese auf Bodenhöhe zu verlegen und sind zur Vermeidung mechanischer Beschädigung mit einem Schutz mit einer angemessenen Feuerwiderstandsfähigkeit zu umschließen.

17.1.7 Anstriche

Nicht verzinkte Rohrleitungen aus Eisenwerkstoffen müssen einen Anstrich erhalten, wenn die Umgebungsbedingungen dies erfordern. Bei Beschädigungen, z. B. durch Gewindeschneiden, müssen verzinkte Rohrleitungen ebenfalls mit einem Anstrich versehen werden.

ANMERKUNG   Ein zusätzlicher Schutz kann bei ungewöhnlich starken korrosiven Umgebungsbedingungen erforderlich werden.

DIN EN 12845:2009-07
EN 12845:2004+A2:2009 (D)

17.1.8 Entwässerung

Es sind Einrichtungen für eine Entwässerung aller Rohrleitungen vorzusehen. Kann diese nicht über das Entwässerungsventil an der Alarmventilstation erfolgen, sind zusätzliche Ventile nach 15.4 einzubauen.

Bei Trocken-, Nass-Trocken- und vorgesteuerten Anlagen müssen die Strangrohre zu den Verteilerrohren ein Gefälle von mindestens 0,4 % haben. Die Verteilerrohre müssen zu dem dazugehörigen Entwässerungsventil ein Gefälle von mindestens 0,2 % aufweisen.

[A₂) ANMERKUNG In kalten Klimazonen, in denen strenge Frostbedingungen herrschen können, kann es notwendig sein, bei Nassanlagen ein Gefälle einzubauen und das Gefälle bei Trockenanlagen zu erhöhen. (A₂]

Strangrohre dürfen nur seitlich oder an der Oberseite von Verteilerrohren angeschlossen werden.

17.1.9 Kupferrohre

Kupferrohre dürfen nur in Nassanlagen hinter Stahlrohren für LH-, OH1-, OH2- und OH3-Anlagen verwendet werden. Kupferrohre müssen entweder mit mechanischen Kupplungen oder durch Hartlöten mit Fittingen nach EN 1254 verbunden werden.

Für Hartlötverbindungen, Kupfer-zu-Kupfer-Verbindungen und Verbindungen mit Kupfer- und Zinklegierungen (Messing) müssen Zinn und Zink (Rotguss) nach ISO 3677 verwendet werden. Hartlötverbindungen dürfen nur durch ausreichend geschultes Personal ausgeführt werden.

Kupfer-zu-Stahl-Verbindungen müssen geflanscht werden, und es müssen Schrauben aus rostfreiem Stahl verwendet werden. Rohre dürfen nicht auf der Baustelle gebogen werden.

Zur Vermeidung galvanischer Korrosion sind entsprechende Maßnahmen zu treffen.

17.2 Rohrhalterungen

17.2.1 Allgemeines

Rohrhalterungen müssen direkt am Gebäude oder, falls erforderlich, direkt an Maschinen, Lagerregalen oder sonstigen Konstruktionen befestigt werden. Sie dürfen nicht zur Befestigung anderer Installationen benutzt werden. Sie müssen verstellbar sein, um eine gleichmäßige Tragfähigkeit sicherzustellen. Halterungen müssen das Rohr ganz umschließen und dürfen mit diesem oder mit Fittings nicht verschweißt werden.

Der Teil des Gebäudes, an dem die Halterungen angebracht werden, muss die Rohrleitungen tragen können (siehe Tabelle 40). Rohre von mehr als 50 mm Durchmesser dürfen nicht an Stahlwellblechen oder Gasbetonplatten befestigt werden.

Verteilerrohre und Steigrohre müssen eine ausreichende Anzahl von Befestigungspunkten zum Aufnehmen der Axialkräfte haben.

Kein Teil der Halterungen darf aus brennbarem Material bestehen. Nägel dürfen nicht verwendet werden.

Halterungen für Kupferrohre sind mit einer geeigneten Auskleidung mit ausreichendem elektrischen Widerstand zur Vermeidung von Kontaktkorrosion zu versehen.

17.2.2 Abstände und Anordnung

[A₂) Halterungen müssen Abstände von maximal 4 m für Stahlrohre und 2 m für Kupferrohre haben, außer bei Rohren von über 50 mm Durchmesser, in diesem Fall können diese Abstände um 50 % erhöht werden, wenn eine der folgenden Bedingungen zutrifft (A₂]:

— es sind zwei unabhängige Halterungen direkt am Gebäude befestigt;

— es wird eine Halterung verwendet, die eine um 50 % höhere Tragfähigkeit aufweist als die nach Tabelle 40 geforderte.

Bei Verwendung mechanischer Rohrverbindungen:

— muss maximal 1 m von jeder Rohrverbindung entfernt mindestens eine Halterung vorhanden sein;

— muss jeder Rohrabschnitt mindestens eine Halterung haben.

Der Abstand vom letzten Sprinkler auf einem Rohr zu einer Halterung darf nicht größer sein als:

— 0,9 m für Rohrleitungen mit 25 mm Durchmesser;

— 1,2 m für Rohrleitungen mit mehr als 25 mm Durchmesser.

Der Abstand von stehenden Sprinklern zu einer Halterung darf maximal 0,15 m betragen.

Vertikal verlegte Rohre müssen in folgenden Fällen zusätzliche Halterungen haben:

— bei Rohrlängen von mehr als 2 m;

— bei Versorgung einzelner Sprinkler durch Rohre von mehr als 1 m Länge.

Folgende Rohrleitungen brauchen keine gesonderte Halterung, wenn sie weder auf geringer Höhe installiert sind noch auf andere Weise mechanischen Stößen ausgesetzt sind:

— horizontale Abzweigrohre mit weniger als 0,45 m Länge, die einzelne Sprinkler speisen;

— Fall- oder Steigrohre von weniger als 0,6 m Länge, die einzelne Sprinkler speisen.

17.2.3 Bemessung

Rohrhalterungen sind nach den Anforderungen der Tabellen 40 und 41 zu bemessen.

Tabelle 40 — Auslegungsparameter für Rohrhalterungen

Nenndurchmesser des Rohres d	Mindesttragfähigkeit bei 20 °C (siehe ANMERKUNG 1)	Mindestquerschnitt (siehe ANMERKUNG 2)	Mindestlänge des Ankerbolzens (siehe ANMERKUNG 3)
mm	kg	mm^2	mm
$d \leq 50$	200	30 (M8)	30
$50 < d \leq 100$	350	50 (M10)	40
$100 < d \leq 150$	500	70 (M12)	40
$150 < d \leq 200$	850	125 (M16)	50

ANMERKUNG 1 Wenn der Werkstoff auf 200 °C erwärmt wird, sollte sich die Tragfähigkeit nicht um mehr als 25 % verringern.

ANMERKUNG 2 Der Nennquerschnitt von Gewindestäben sollte so weit vergrößert werden, dass der Mindestquerschnitt noch erreicht wird.

ANMERKUNG 3 Die Länge der Ankerbolzen ist abhängig vom verwendeten Typ, der Güte und der Art des Werkstoffs, in dem er befestigt wird. Die angegebenen Werte gelten für Beton.

Tabelle 41 — Mindeststärke von Flacheisenhaltern und Rohrschellen

Nenndurchmesser des Rohres d	Flacheisenhalter		Rohrschellen	
	Verzinkt	Nicht verzinkt	Verzinkt	Nicht verzinkt
mm	mm	mm	mm	mm
$d \leq 50$	2,5	3,0	25 × 1,5	25 × 3,0
$50 < d \leq 200$	2,5	3,0	25 × 2,5	25 × 3,0

DIN EN 12845:2009-07
EN 12845:2004+A2:2009 (D)

17.3 Rohrleitungen in Zwischendecken- und Zwischenbodenbereichen

Ist Sprinklerschutz in Zwischendecken- und Zwischenbodenbereichen erforderlich, müssen die Rohrleitungen wie folgt ausgelegt werden:

17.3.1 Zwischendecken über OH-Nutzungen

Sprinkler über Zwischendecken dürfen von denselben Strangrohren gespeist werden wie die unter der Decke befindlichen Sprinkler. Bei vorberechneten Anlagen sind die Sprinkler für die Festlegung der Rohrdurchmesser zu kumulieren.

17.3.2 Alle anderen Fälle

Die Sprinkler in Zwischendecken- und Zwischenbodenbereichen müssen über getrennte Strangrohre gespeist werden. Bei vorberechneten Anlagen dürfen Verteilerrohre, die Sprinkler innerhalb und außerhalb von Zwischendecken- und Zwischenbodenbereichen speisen, nicht weniger als 65 mm Durchmesser haben.

18 Schilder, Hinweise und Informationen

18.1 Übersichtsplan

18.1.1 Allgemeines

Ein Übersichtsplan des Betriebsgeländes ist nahe dem Haupteingang oder an einer sonstigen Stelle auszuhängen, wo er für die Feuerwehr und andere alarmierte Personen gut sichtbar ist. Der Plan muss Folgendes zeigen:

a) Nummer der Gruppe und Einbauort der dazugehörigen Alarmventilstation und der Alarmvorrichtung mit Alarmglocke;

b) alle nach unterschiedlichen Brandgefahrenklassen eingestuften Bereiche, die zugehörige Brandgefahrenklasse und die maximale Lagerhöhe;

c) mithilfe von Farbgebung oder Schraffierung die von jeder Gruppe geschützten Flächen und, falls von der Feuerwehr verlangt, Angabe der Wege durch das Betriebsgelände zu diesen Bereichen;

d) Lage aller Zusatz-Absperrarmaturen.

18.2 Schilder und Hinweise

18.2.1 Hinweisschild

Außen an der Außenwand, so nahe wie möglich am Eingang zu der/den nächsten Alarmventilstation(en), ist ein wetterbeständiges Hinweisschild anzubringen. Das Schild muss den folgenden Wortlaut tragen:

SPRINKLER-ABSPERRARMATUR

in Buchstaben von mindestens 35 mm Höhe, und:

IM GEBÄUDE

in Buchstaben von mindestens 25 mm Höhe. Die Beschriftung muss in weißen Buchstaben auf rotem Grund ausgeführt werden.

18.2.2 Schilder für Absperrarmaturen

Nahe der Haupt- und allen Zusatz-Absperrarmaturen ist ein Schild mit der Aufschrift:

SPRINKLER-ALARMVENTIL

anzubringen. Das Schild muss rechteckig sein, mit weißen, mindestens 20 mm hohen Buchstaben auf rotem Grund.

Ist die Absperrarmatur in einem Raum mit einer Tür installiert, ist das Schild an der Außenseite der Tür anzubringen. Ein zweites Schild mit der Aufschrift „Tür geschlossen halten" ist an der Innenseite der Tür anzubringen. Das zweite Schild muss rund sein, mit weißen, mindestens 5 mm hohen Buchstaben auf blauem Grund.

18.2.3 Alarmventilstation

18.2.3.1 Allgemeines

Besteht die Sprinkleranlage aus mehr als einer Gruppe, muss jede Alarmventilstation gut sichtbar ein Schild mit der Nummer der zugehörigen Gruppe haben.

18.2.3.2 Hydraulisch berechnete Anlagen

Bei hydraulisch berechneten Anlagen ist am Steigrohr direkt neben allen Alarmventilstationen dauerhaft ein Hinweis anzubringen. Darin müssen folgende Informationen enthalten sein:

a) Nummer der Gruppe;

b) Brandgefahrenklasse(n) der durch diese Gruppe geschützten Bereiche;

c) für jeden Bereich einer Brandgefahrenklasse innerhalb einer Gruppe:

    1) die Auslegungsparameter (Wirkfläche und Wasserbeaufschlagung);

    2) Druck-/Durchflussraten-Anforderungen am C-Manometer oder der Wassermesseinrichtungen für die hydraulisch günstigste und ungünstigste Wirkfläche;

    3) Druck-/Durchflussraten-Anforderungen am Manometer an der Pumpendruckseite für die hydraulisch günstigste und ungünstigste Wirkfläche;

    4) Höhe des höchsten Sprinklers über der Höhe des C-Manometers;

    5) Höhenunterschied zwischen C-Manometer und Manometer an der Pumpendruckseite.

18.2.4 Wasserversorgungsanschlüsse für andere Verbraucher

Absperrarmaturen, die Wasserversorgungen von Versorgungsleitungen oder der Hauptleitung der Sprinkleranlage für andere Verbraucher kontrollieren, sind entsprechend mit erhabenen oder geprägten Buchstaben zu beschriften, z. B. „Schlauchhaspelanlagen für Feuerwehr", „Hauswasserversorgung" usw.

DIN EN 12845:2009-07
EN 12845:2004+A2:2009 (D)

18.2.5 Saug- und Druckerhöhungspumpen

18.2.5.1 Allgemeines

An jeder Saug- und Druckerhöhungspumpe ist ein Typenschild anzubringen, das folgende Informationen enthält:

a) Ausgangsdruck (in bar) und die entsprechende Nenndrehzahl sowie die Durchflussrate in Litern je Minute bei den in Tabelle 16 angegebenen Zulaufbedingungen und Nenndurchflussraten;

b) maximale Leistungsaufnahme bei der jeweiligen Drehzahl und allen Durchflussraten.

18.2.5.2 Hydraulisch berechnete Anlagen

Neben der Pumpe muss sich ein Datenblatt der Errichterfirma befinden, auf dem folgende Informationen gegeben werden:

a) Datenblätter des Pumpenlieferanten;

b) Liste mit den in 4.4.4.4 angegebenen technischen Daten;

c) Kopie des Pumpenkennlinienblatts des Errichters in Anlehnung an Bild 7;

d) Druckverlust bei maximaler Wasserrate Q_{max} zwischen Pumpendruckseite und der hydraulisch entferntesten Alarmventilstation.

18.2.6 Elektrische Schalter und Schalttafeln

18.2.6.1 Zur Feuerwehr übertragene Alarmmeldungen

Wenn durch den Wasserfluss in eine Gruppe eine automatische Alarmübertragung zur Feuerwehr erfolgt, ist ein entsprechender Hinweis neben dem/den Alarm-Prüfventil(en) anzubringen.

18.2.6.2 Dieselmotorbetriebene Pumpen

Die in 10.8.6.1 und 10.9.11 aufgeführten Alarmmeldungen sind sowohl am Schaltschrank der Pumpe als auch an einer durch zuständiges Personal besetzten Stelle entsprechend zu beschriften:

a) Startautomatik der Pumpe abgeschaltet;

b) Pumpe startet nicht;

c) Pumpe läuft;

d) Fehler im Schaltschrank des Dieselmotors.

Die manuelle Abschalteinrichtung (siehe 10.9.7.1) ist wie folgt zu beschriften:

SPRINKLERPUMPEN-ABSCHALTUNG

18.2.6.3 Elektromotorgetriebene Sprinklerpumpen

Jeder Schalter an der ausschließlich für einen elektrischen Sprinklerpumpenmotor verwendeten Zuleitung ist wie folgt zu beschriften:

STROMVERSORGUNG FÜR SPRINKLERPUMPENMOTOR —
IM BRANDFALL NICHT ABSCHALTEN

18.2.7 Prüf- und Bedieneinrichtungen

Sämtliche für Prüfung und Betrieb der Anlage benötigten Ventile und Messeinrichtungen sind entsprechend zu beschriften. Die entsprechende Identifikation muss in der Dokumentation erscheinen.

19 [A2) Inbetriebnahme (A2]

19.1 Inbetriebnahmeprüfungen

19.1.1 Rohrleitungen

19.1.1.1 Trockenrohrnetz

Trockenrohrleitungen müssen pneumatisch mit einem Druck von mindestens 2,5 bar für mindestens 24 h geprüft werden. Jede Undichtheit, die einen Druckabfall von mehr als 0,15 bar in den 24 h hervorruft, ist zu beheben.

ANMERKUNG Wenn die klimatischen Bedingungen keine Druckprüfung nach 19.1.1.2 direkt nach der pneumatischen Prüfung zulassen, so ist diese durchzuführen, sobald es die Bedingungen zulassen.

19.1.1.2 Alle Rohrnetze

Sämtliche zu einer Anlage gehörenden Rohrleitungen müssen für mindestens 2 h mit dem höheren Druck von 15 bar oder dem 1,5-Fachen des maximalen Betriebsdrucks, dem die Anlage ausgesetzt wird (beides gemessen an den Steuerventilen der Gruppen), einer Druckprüfung unterzogen werden.

Wenn Mängel, wie bleibende Deformationen, Risse oder Leckagen, erkannt werden, sind diese zu beheben, und die Prüfung ist zu wiederholen.

Es ist darauf zu achten, dass keine Anlagenteile Drücken ausgesetzt werden, die über den vom Lieferanten empfohlenen Werten liegen.

19.1.2 Anlageneinrichtungen

Die Anlage muss nach 20.2.2 und 20.3.2 geprüft werden (d. h. Durchführung der Prüfungen, die routinemäßig wöchentlich oder quartalsmäßig auszuführen sind). Sämtliche Mängel sind zu beheben.

19.1.3 Wasserversorgungen

Wasserversorgungen müssen nach 8.6, dieselmotorbetriebene Pumpen nach 20.2.2.5 geprüft werden.

19.2 Installationsattest und Dokumente

Der Errichter der Anlage muss dem Betreiber Folgendes liefern:

a) Installationsattest, das bescheinigt, dass die Anlage allen geltenden Anforderungen dieser Norm entspricht oder detaillierte Angaben über Abweichungen von diesen Anforderungen aufführt;

b) vollständiger Satz von Bedienungsanleitungen und den Einbauzustand beschreibende Zeichnungen, in denen sämtliche für Prüfungen und Betrieb verwendeten Ventile und Messeinrichtungen verzeichnet sind, sowie eine Anleitung für den Betreiber bei Inspektionen und Prüfungen (siehe 20.2).

DIN EN 12845:2009-07
EN 12845:2004+A2:2009 (D)

20 Instandhaltung

20.1 Allgemeines

20.1.1 Instandhaltungsprogramm

Der Betreiber muss ein Programm von Inspektionen und Prüfungen durchführen (siehe 20.2), einen Prüfungs-, Service- und Instandhaltungsplan aufstellen (siehe 20.3) und entsprechende Aufzeichnungen sowie ein auf dem Betriebsgelände zu verwahrendes Betriebsbuch führen.

Der Betreiber hat zu veranlassen, dass die planmäßigen Prüf-, Service- und Instandhaltungsarbeiten vom Errichter oder einer ähnlich qualifizierten Firma unter einem entsprechenden Vertrag ausgeführt werden.

Nach Inspektions-, Prüfungs-, Service- oder Instandhaltungsarbeiten sind die Anlage sowie die automatischen Pumpen, Druckluftwasserbehälter und Hochbehälter wieder in den ordnungsgemäßen Betriebszustand zu versetzen.

ANMERKUNG   Falls erforderlich, sollte der Betreiber alle Beteiligten von der Absicht zur Durchführung von Prüfungen und/oder den Ergebnissen in Kenntnis setzen.

20.1.2 Vorkehrungen bei der Durchführung von Arbeiten

Zu den Vorkehrungen, die zu treffen sind, wenn die Anlage nicht betriebsbereit ist bzw. in Betrieb war, siehe Anhang J.

20.1.3 Ersatzsprinkler

Zum Austausch von geöffneten oder beschädigten Sprinklern ist auf dem Betriebsgelände ein Bestand an Ersatzsprinklern vorrätig zu halten. Ersatzsprinkler und Sprinklerschlüssel sind wie vom Lieferanten geliefert in einem Schrank oder in Schränken an einem gut sichtbaren und zugänglichen Ort, an dem die Umgebungstemperatur 27 °C nicht überschreitet, aufzubewahren.

Die Anzahl der Ersatzsprinkler darf nicht geringer sein als:

a) 6 für LH-Anlagen;

b) 24 für OH-Anlagen;

c) 36 für HHP- und HHS-Anlagen.

Der Bestand ist nach Entnahme von Ersatzsprinklern unverzüglich aufzufüllen.

Sofern in der Anlage Sprinkler mit hohen Öffnungstemperaturen, Seitenwandsprinkler oder andere Arten von Sprinklern oder Steuerventile eingesetzt werden, ist auch für diese ein ausreichender Bestand als Ersatz vorzuhalten.

20.2 Inspektions- und Prüfprogramm für den Betreiber

20.2.1 Allgemeines

Die Errichterfirma liefert dem Betreiber ein Inspektions- und Prüfprogramm für die Anlage. Das Programm enthält Anweisungen für Maßnahmen, die bei Störungen und Auslösung der Anlage zu ergreifen sind. Das Verfahren für den manuellen Notstart von Pumpen sowie Einzelheiten zur wöchentlichen Routineprüfung nach 20.2.2 sind darin besonders zu behandeln.

20.2.2 Wöchentliche Routineprüfung

20.2.2.1 Allgemeines

Jeder Teil der wöchentlichen Routineprüfung ist in Abständen von nicht mehr als 7 Tagen durchzuführen.

20.2.2.2 Kontrollen

Folgendes ist zu kontrollieren und aufzuzeichnen:

a) alle Werte von Wasser- und Luft-Manometern an Gruppen, Hauptversorgungsleitungen und Druckluftwasserbehältern;

   ANMERKUNG   Der Druck in den Rohrleitungen von Trocken-, Nass-Trocken- und vorgesteuerten Gruppen sollte um nicht mehr als 1,0 bar je Woche abfallen.

b) alle Wasserstände in Hochzwischenbehältern, Flüssen, Kanälen, Seen und Vorratsbehältern (einschließlich Auffüllbehälter für Pumpen und Druckluftwasserbehälter);

c) die richtige Stellung sämtlicher Haupt-Absperrarmaturen.

20.2.2.3 Prüfung der wassergetriebenen Alarmglocke

Jede wassergetriebene Alarmglocke muss mindestens 30 s lang ertönen.

20.2.2.4 Prüfung des automatischen Pumpenstarts

Die Prüfung des automatischen Pumpenstarts umfasst:

a) Prüfung des Kraftstoff- und Motorenölstands bei Dieselmotoren;

b) Auslösen des automatischen Starts durch Minderung des Wasserdrucks an der Starteinrichtung;

c) Messung und Aufzeichnung des Startdrucks sobald die Pumpe anläuft;

d) Prüfung des Öldrucks von Dieselpumpen und des Wasserdurchflusses, der durch offene Kühlkreisläufe strömt.

20.2.2.5 Wiederholungsstartprüfung bei Dieselmotoren

Unmittelbar nach dem Pumpenstart nach 20.2.2.4 sind Dieselmotoren wie folgt zu prüfen:

a) der Motor muss für die Dauer nach den Angaben des Lieferanten, jedoch mindestens für 20 min, laufen. Danach wird der Motor abgestellt und sofort mithilfe der manuellen Notstarteinrichtung neu gestartet;

b) der Wasserspiegel des Primärkreislaufs von Kühlsystemen mit geschlossenem Kreislauf ist zu prüfen.

Öldruck (falls hierfür Druckmessgeräte installiert sind), Motortemperaturen und Kühlwasserstrom sind während der gesamten Prüfung zu überwachen. Ölschläuche sind zu prüfen; außerdem ist eine allgemeine Prüfung auf Leckagen von Kraftstoff, Kühlmittel und Abgas durchzuführen.

20.2.2.6 Begleitheizungen und örtliche Heizungen

Heizungen, die ein Einfrieren der Sprinkleranlage verhindern, sind auf richtiges Funktionieren zu prüfen.

DIN EN 12845:2009-07
EN 12845:2004+A2:2009 (D)

20.2.3 Monatliche Kontrollen

Es sind Elektrolytstand und -dichte aller Zellen von Blei-Akkumulatoren (einschließlich der Starterbatterien für Dieselmotoren und denen für die Stromversorgung der Schaltschränke) zu prüfen. Wenn die Dichte zu gering ist, ist das Batterieladegerät zu prüfen. Falls dieses einwandfrei funktioniert, sind die betroffenen Batterien auszutauschen.

20.3 Service- und Instandhaltungspläne

20.3.1 Allgemeines

20.3.1.1 Verfahren

Zusätzlich zu den in diesem Abschnitt beschriebenen Plänen sind alle von den Lieferanten der Bauteile empfohlenen Verfahren durchzuführen.

20.3.1.2 Aufzeichnungen

Dem Betreiber ist ein unterzeichneter und datierter Inspektionsbericht zu liefern, der über alle durchgeführten oder erforderlichen Abhilfemaßnahmen informieren und genaue Angaben zu äußeren Bedingungen enthalten muss, die die Ergebnisse beeinflusst haben könnten (z. B. die Wetterbedingungen).

20.3.2 Vierteljährliche Routineinspektionen

20.3.2.1 Allgemeines

Die im Folgenden genannten Prüfungen und Inspektionen sind in Abständen von nicht mehr als 13 Wochen durchzuführen.

20.3.2.2 Überprüfung der Einstufung in Brandgefahrenklassen

Die Auswirkungen von Änderungen an Konstruktionen, Nutzungen, Lagerkonfigurationen, Heizungen, Beleuchtungen oder Maschinen und Geräten usw. innerhalb eines Gebäudes auf die Einstufung in Brandgefahrenklassen oder die Auslegung der Anlage sind festzustellen, sodass geeignete Veränderungen durchgeführt werden können.

20.3.2.3 Sprinkler, Steuerventile und Sprühdüsen

Sprinkler, Steuerventile und Sprühdüsen, auf denen sich Ablagerungen (außer Farbe) gebildet haben, sind sorgfältig zu reinigen. Angestrichene oder verformte Sprinkler, Steuerventile oder Sprühdüsen sind auszutauschen.

Rohvaselinebeschichtungen sind zu überprüfen. Bestehende Beschichtungen sind, falls erforderlich, zu entfernen. Sprinkler, Steuerventile und Sprühdüsen sind zweimal mit einer Vaselinebeschichtung zu versehen (bei Glasfasssprinklern nur Sprinklergehäuse und Sprinklerarme).

Besonders zu beachten sind Sprinkler in Sprühkabinen, wo häufigere Reinigungen und/oder Schutzmaßnahmen erforderlich sind.

20.3.2.4 Rohrleitungen und Rohrhalterungen

Rohrleitungen und Rohrhalterungen sind auf Korrosion zu untersuchen und ggf. mit einem Anstrich zu versehen.

Anstriche auf Bitumenbasis an Rohrleitungen, einschließlich Gewindeenden verzinkter Rohre sowie Rohrhalterungen, sind nach Bedarf zu erneuern.

118

ANMERKUNG   Je nach den vorherrschenden Bedingungen kann für Anstriche auf Bitumenbasis in Abständen zwischen einem und fünf Jahren eine Erneuerung notwendig werden.

Wickelband an Rohren ist nach Bedarf zu reparieren.

Elektrische Erdungsanschlüsse der Rohrleitungen sind zu überprüfen. Sprinklerrohre dürfen nicht zur Erdung elektrischer Geräte benutzt werden. Alle Erdungsanschlüsse von elektrischen Geräten sind zu entfernen und anderweitig anzuschließen.

20.3.2.5 Wasserversorgungen und zugehörige Alarmierungseinrichtungen

Jede Wasserversorgung ist mit jeder einzelnen Alarmventilstation der Anlage zu prüfen. Die Pumpen, falls in der Wasserversorgung vorhanden, müssen automatisch anfahren. Der Versorgungsdruck bei der entsprechenden Durchflussrate darf nicht kleiner sein als der in Abschnitt 10 geforderte Wert unter Berücksichtigung aller in 20.3.2.2 geforderten Veränderungen.

20.3.2.6 Stromversorgungen

Alle sekundären Stromversorgungen von Dieselgeneratoren sind auf richtiges Funktionieren zu prüfen.

20.3.2.7 Absperrarmaturen

Alle Absperrarmaturen, die den Wasserfluss zu den Sprinklern kontrollieren, sind zu betätigen, um sicherzustellen, dass sie sich in funktionsfähigem Zustand befinden. Sie sind danach wieder in die korrekte Stellung zu bringen und zu sichern. Dies gilt für die Absperrarmaturen an allen Wasserversorgungen, an Alarmventilen sowie allen Zonen- oder sonstigen Zusatz-Absperrarmaturen.

20.3.2.8 Strömungsmelder

Strömungsmelder sind auf richtiges Funktionieren zu prüfen.

20.3.2.9 Ersatzteile

Der Bestand an Ersatzteilen ist auf Anzahl und Zustand zu prüfen.

20.3.3 Halbjährliche Routineinspektionen

20.3.3.1 Allgemeines

Die im Folgenden genannten Prüfungen und Inspektionen sind in Abständen von nicht mehr als 6 Monaten durchzuführen.

20.3.3.2 Trockenalarmventile

Die beweglichen Teile von Trockenalarmventilen sowie alle Schnellöffner und Schnellentlüfter in Trockenanlagen und Tandemanlagen sind nach den Angaben des Lieferanten zu kontrollieren.

ANMERKUNG   Nass-Trocken-Anlagen brauchen so nicht geprüft zu werden, da sie zweimal im Jahr infolge der Umstellung von Nass- auf Trockenbetrieb bzw. Rückstellung betätigt werden.

20.3.3.3 Alarmübertragung zur Feuerwehr und zu externen zentralen Leitstellen

Die elektrische Installation ist zu überprüfen.

20.3.4 Jährliche Routineinspektionen

20.3.4.1 Allgemeines

Die im Folgenden genannten Prüfungen und Inspektionen sind in Abständen von nicht mehr als 12 Monaten durchzuführen.

20.3.4.2 Prüfung der Durchflussrate von automatischen Pumpen

Jede der Wasserversorgung dienende Pumpe einer Anlage ist unter Volllastbedingungen zu prüfen (wobei der Probierleitungsanschluss an die Pumpendruckseite hinter der Rückschlagklappe der Pumpe angeschlossen wird). Dabei müssen die auf dem Typenschild angegebenen Druck- und Durchflussratenwerte erbracht werden.

Druckverluste in den Zuleitungen und Ventilen zwischen der Wasserquelle und jeder Alarmventilstation sind zu berücksichtigen.

20.3.4.3 Prüfung der Dieselmotoren auf Fehlstart

Die Alarmmeldung für einen Fehlstart des Motors ist nach 10.9.7.2 zu prüfen.

Unmittelbar nach dieser Prüfung ist der Motor mit der manuellen Starteinrichtung zu starten.

20.3.4.4 Schwimmerventile für Vorratsbehälter

Die Schwimmerventile für Vorratsbehälter sind auf richtiges Funktionieren zu prüfen.

20.3.4.5 Pumpenansaugkammern und Steinfänger

Pumpensaugseitige Steinfänger und Absetzbecken und deren Siebe sind mindestens einmal je Jahr zu untersuchen und bei Bedarf zu reinigen.

20.3.5 3-Jahres-Routineinspektionen

20.3.5.1 Allgemeines

Die im Folgenden genannten Prüfungen und Inspektionen sind in Abständen von nicht mehr als 3 Jahren durchzuführen.

20.3.5.2 Vorrats- und Druckluftwasserbehälter

Alle Behälter sind von außen auf Korrosion zu prüfen. Sie sind zu entleeren, nach Bedarf zu reinigen und innen auf Korrosion zu prüfen.

Alle Behälter sind, wie jeweils erforderlich, mit einem neuen Anstrich und/oder neuem Korrosionsschutz zu versehen

20.3.5.3 Absperrarmaturen, Alarm- und Rückschlagventile der Wasserversorgung

Alle Absperrarmaturen, Alarm- und Rückschlagventile der Wasserversorgung sind zu überprüfen und je nach Bedarf auszutauschen oder in Stand zu setzen.

20.3.6 10-Jahres-Routineinspektion

In Abständen von nicht mehr als 10 Jahren sind alle Vorratsbehälter zu reinigen und von innen zu untersuchen, und der Baukörper ist nach Bedarf in Stand zu setzen.

A₂) *gestrichener Text* (A₂

Anhang A
(normativ)

Klassifizierung typischer Risiken

!A2) Die Tabellen A.1, A.2 und A.3 enthalten Listen von Mindest-Brandgefahrenklassen. Sie sind auch als Leitfaden für nicht speziell angesprochene Nutzungen anzuwenden. Sie sind im Zusammenhang mit 6.2 anzuwenden.

Tabelle A.1 — Nutzungen der Brandgefahrenklasse LH

Schulen und andere Bildungsstätten (bestimmte Bereiche) — **siehe 6.2.1**
Büros (bestimmte Bereiche) — **siehe 6.2.1**
Gefängnisse

Tabelle A.2 — Nutzungen der Brandgefahrenklasse OH

Nutzung	Brandgefahrenklasse			
	OH1	OH2	OH3	OH4
Glas und Keramik			Glasfabriken	
Chemikalien	Zementwerke	Filmfabriken	Färbereien, Seifenfabriken, Fotolabors, Lackierereien mit wasserlöslichen Lacken	
technische Betriebe	Betriebe für Blechprodukte	Metallverarbeitung	Elektronik-, Rundfunkempfänger-, und Waschmaschinenfabriken, Autowerkstätten	
Lebensmittel und Getränke		Schlachthöfe, Fleischereibetriebe, Bäckereien, Keksfabriken, Brauereien, Schokoladen- und Süßwarenfabriken, Molkereibetriebe	Tierfutterfabriken, Getreidemühlen, Fabriken für Trockengemüse und -suppen, Zuckerfabriken	Brennereien
Verschiedenes	Krankenhäuser, Hotels, Bibliotheken (außer Buchhandlungen), Restaurants, Schulen (siehe 6.2.1), Büros (siehe 6.2.1)	(physikalische) Laboratorien, Wäschereien, Parkhäuser, Museen	(kleine) Rundfunkstudios, Bahnhöfe, technische Betriebsräume, Bauernhöfe	Kinos und Theater, Konzerthallen, Tabakfabriken, Film- und TV-Produktionsstudios
Papier			Buchbindereien, Kartonagen-, Papierfabriken	Altpapierverarbeitung

Tabelle A.2 *(fortgesetzt)*

Nutzung	Brandgefahrenklasse			
	OH1	OH2	OH3	OH4
Geschäfte und Büros	Datenverarbeitung (Computerräume, außer Lager für Bänder), Büros (siehe 6.2.1)		Warenhäuser, Einkaufszentren	Ausstellungshallen[a]
Textilien und Bekleidung		Lederwaren-Fabriken	Teppichfabriken (ohne Gummi und Schaumstoff), Stoff- und Bekleidungsfabriken, Spanplatten-, Schuhfabriken (ohne Kunststoff und Gummi), Strickwaren-, Bettwaren-, Matratzenfabriken (ohne Schaumstoff), Nähereien, Wollwaren- und Kammgarngewebefabriken	Baumwollverarbeitung, Flachs- und Hanfbearbeitung
Holz			Holzverarbeitungsbetriebe, Möbelfabriken (ohne Schaumstoff), Möbelausstellungsräume, Polstereien (ohne Schaumstoff)	Sägewerke, Sperrholz-Herstellung

ANMERKUNG Bereiche, in einer OH1- oder OH2-Nutzung, in denen lackiert wird oder Bereiche mit ähnlich hoher Brandlast, sollten als OH3 behandelt werden.

[a] sehr große Abstände sind zu berücksichtigen

Tabelle A.3 — Nutzungen der Brandgefahrenklasse HHP

HHP1	HHP2	HHP3	HHP4
Bodenbelag- und Linoleumherstellung	Feuerzeugherstellung	Zellulosenitrat-Herstellung	Feuerwerkskörper-Herstellung
Harz-, Ruß- und Terpentinherstellung,	Teerdestillation,	Gummireifen für PKW und LKW	
Gummiersatzproduktion,	Busdepots, unbeladene Lastwagen und Eisenbahnwaggons,	Herstellung von geschäumten Kunststoffen mit Materialfaktor M3 (siehe Tabelle B1), Schaumstoffen, Schaumgummi und Schaumgummiprodukten (außer M4, siehe Tabelle B.1)	
Holzwolleherstellung,	Kerzenwachs- und Paraffinhersteller,		
Zündholzhersteller,			
Verkaufsstellen für Farben mit Lösungsmitteln,	Papiermaschinenhallen,		
Kühlgerätefabriken,	Teppichfabriken, einschließlich Gummi und Schaumstoffe,		
Druckereien,			
Kabelfabriken für die Herstellung von PP/PE/PS oder mit ähnlichen Brenneigenschaften, andere als OH3,	Sägewerke,		
	Spanplatten-Herstellung (siehe ANMERKUNG),		
	Farben- und Lackherstellung		
Spritzgussfabriken (Kunststoffe) für PP/PE/PS oder mit ähnlichen Brenneigenschaften, andere als OH3,			
Kunststofffabriken und Fabriken für die Herstellung von Kunststoffen (außer Schaumstoffe) für PP/PE/PS oder mit ähnlichen Brenneigenschaften, andere als OH3,			
Fabriken für Gummiwaren			
Fabriken zur Kunstfaserherstellung (außer Acryl),			
Seilereien,			
Teppichfabriken, einschließlich ungeschäumter Kunststoffe			
Schuhfabriken, einschließlich Kunststoff und Gummi			
ANMERKUNG Zusätzlicher Objektschutz kann notwendig sein.			

Anhang B
(normativ)

Methode für die Zuordnung von Lagergut

B.1 Allgemeines

ANMERKUNG   Brandgefahr von Lagergut (definiert als das Produkt, einschließlich seiner Verpackung) ist eine Funktion seiner Wärmefreisetzungsrate (kW), die wiederum eine Funktion seines spezifischen Brennwerts (kJ/kg) und seiner Abbrandrate (kg/s) ist.

Der spezifische Brennwert wird durch die Art des Materials bzw. der Materialmischung der Waren bestimmt. Die Abbrandrate hängt sowohl von den betroffenen Materialien als auch von der Konfiguration des Materials ab.

Das Material ist zu untersuchen, um einen Materialfaktor zu bestimmen. Wenn die Konfiguration der Waren es erfordert, wird der Materialfaktor modifiziert, um die endgültige Kategorie zu erhalten. Wenn keine Modifizierung erforderlich ist, gilt der Materialfaktor als einziger bestimmender Faktor für die Kategorie.

B.2 Materialfaktor (M)

B.2.1 Allgemeines

Sind die Waren ein Materialgemisch, muss der Materialfaktor nach Bild B.1 bestimmt werden. Bei der Anwendung von Bild B.1 wird das Lagergut mit Verpackungsmaterial und Paletten als eine Einheit betrachtet. Für diese Bewertung ist Gummi genauso zu behandeln wie Kunststoff.

Zur Bestimmung der Kategorie müssen die folgenden vier Materialfaktoren verwendet werden:

B.2.2 Materialfaktor 1

Hierzu gehören nicht brennbare Produkte in brennbarer Verpackung sowie schwer und mittelschwer brennbare Produkte in brennbarer/nicht brennbarer Verpackung. Produkte mit geringem Kunststoffgehalt werden wie folgt definiert:

— Gewichtsanteil an ungeschäumten Kunststoffen weniger als 5 % (einschließlich der Palette);

— Volumenanteil an geschäumten Kunststoffen weniger als 5 %.

BEISPIELE

- Metallteile mit/ohne Kartonverpackung auf Holzpaletten;
- Lebensmittel in Pulverform in Säcken;
- Lebensmittel in Dosen;
- nicht synthetische Gewebe;
- Lederwaren;
- Holzprodukte;
- Keramik in Kartons/Holzkisten;
- Metallwerkzeuge in Karton-/Holzverpackung;
- Kunststoff- oder Glasflaschen mit nicht brennbaren Flüssigkeiten;
- große elektrische Geräte (mit wenig Verpackungsmaterial).

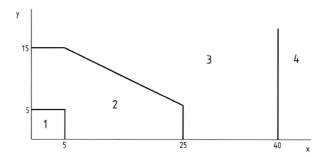

Legende

1 Materialfaktor 1
2 Materialfaktor 2
3 Materialfaktor 3
4 Materialfaktor 4
x Anteil an geschäumten Kunststoffen, in Volumenprozent
y Anteil an ungeschäumten Kunststoffen, in Gewichtsprozent

Bild B.1 — Materialfaktor

B.2.3 Materialfaktor 2

Hierzu gehören Waren mit einem höheren Energiegehalt als solche mit Materialfaktor 1. Das sind z. B. solche, die Kunststoffe in größerer Menge enthalten als in Bild B.1 aufgezeigt (siehe Bild B.1).

BEISPIELE

— Holz- oder Metallmöbel mit Kunststoffsitzen;

— elektrische Geräte mit Kunststoffteilen oder -verpackung;

— elektrische Kabel auf Trommeln oder in Kartons;

— Kunstfasern.

B.2.4 Materialfaktor 3

Hierzu gehören Materialien, die überwiegend aus ungeschäumten Kunststoffen bestehen (siehe Bild B.1) oder Materialien mit ähnlichem Energiegehalt.

BEISPIELE

— leere Autobatterien (ohne Elektrolyt);

— Kunststoffaktenkoffer;

— Personal-Computer;

— ungeschäumte Kunststofftassen und -besteck.

B.2.5 Materialfaktor 4

Hierzu gehören Materialien, die vorwiegend aus geschäumten Kunststoffen bestehen (mehr als 40 % Volumenanteil) oder Materialien mit ähnlichem Energiegehalt (siehe Bild B.1).

DIN EN 12845:2009-07
EN 12845:2004+A2:2009 (D)

BEISPIELE

— Schaumstoffmatratzen;

— Verpackungen aus geschäumtem Polystyrol;

— Schaumstoffpolstermöbel.

B.3 Lagerkonfiguration

B.3.1 Auswirkungen der Lagerkonfiguration

Nachdem der Materialfaktor bestimmt ist, ist anhand der in Spalte 1 von Tabelle B.1 ausgewiesenen Lagerkonfiguration die geeignete Zuordnung zu ermitteln. Wenn in Tabelle C.1 ebenfalls eine entsprechende Kategorie angegeben ist, ist der höhere der beiden Werte anzuwenden.

Tabelle B.1 — Kategorien als Funktion der Lagerkonfiguration

Lagerkonfiguration	Materialfaktor			
	1	2	3	4
außen liegender Kunststoffbehälter mit nicht brennbarem Inhalt	Kategorien I, II, III	Kategorien I, II, III	Kategorien I, II, III	Kategorie IV
außen liegende Kunststoffflächen — ungeschäumt	Kategorie III	Kategorie III	Kategorie III	Kategorie IV
außen liegende Kunststoffflächen — geschäumt	Kategorie IV	Kategorie IV	Kategorie IV	Kategorie IV
offene Struktur	Kategorie II	Kategorie II	Kategorie III	Kategorie IV
Materialien in massiven Blöcken	Kategorie I	Kategorie I	Kategorie II	Kategorie IV
granulierte oder pulverisierte Materialien	Kategorie I	Kategorie II	Kategorie II	Kategorie IV
keine besondere Konfiguration	Kategorie I	Kategorie II	Kategorie III	Kategorie IV
ANMERKUNG Erläuterungen zu Lagerkonfigurationen, siehe B.3.2 bis B.3.8.				

Die in der Tabelle angegebenen Lagerkonfigurationen werden im Folgenden beschrieben:

B.3.2 Außen liegender Kunststoffbehälter mit nicht brennbarem Inhalt

Diese Konfiguration trifft nur auf Kunststoffbehälter zu, die nicht brennbare Flüssigkeiten oder feste Stoffe enthalten, die direkten Kontakt mit dem Behälter haben.

ANMERKUNG 1   Diese Konfiguration trifft nicht auf Metallteile in Kunststofflagerbehältern zu.

Kategorie I: Behälter mit nicht brennbaren Flüssigkeiten;

Kategorie II: kleine Behälter (≤ 50 l) mit nicht brennbaren festen Stoffen;

Kategorie III: große Behälter (> 50 l) mit nicht brennbaren festen Stoffen.

BEISPIELE

— Kunststoffflaschen mit alkoholfreien Getränken oder Flüssigkeiten mit unter 20 % Alkoholgehalt;

— Kunststoffwannen oder -fässer mit inertem Pulver, wie z. B. Talkum.

ANMERKUNG 2   Der nicht brennbare Inhalt fungiert als Wärmespeicher und verringert die Abbrandgeschwindigkeit der Behälter. Flüssigkeiten sind effektiver als feste Stoffe, weil sie besser wärmeleitend sind.

B.3.3 Außen liegende Kunststoffoberflächen — ungeschäumt

Die Kategorie sollte auf III oder IV erhöht werden, wenn die Güter auf einer oder mehreren Seiten außen liegende Kunststoffoberflächen haben oder diese mehr als 25 % der Gesamtoberfläche ausmachen.

BEISPIELE

— Metallteile in PVC-Lagerbehältern;

— Lebensmittel in Dosen in Schrumpffolie.

Zu Lagerbehältern aus Polypropylen und Polyethylen, siehe G.8.

B.3.4 Außen liegende Kunststoffoberflächen — geschäumt

Außen liegende geschäumte Kunststoffe sind gefährlicher als nicht außen liegende Kunststoffe. Sie sind als Kategorie IV einzustufen.

B.3.5 Offene Struktur

Materialien mit besonders offener Struktur stellen im Allgemeinen eine größere Gefahr dar als Materialien mit geschlossener Struktur. Die größere Oberfläche sowie der größere Luftzutritt erleichtern ein schnelleres Verbrennen.

Besonders bei mittelschwer brennbaren Materialien kann die Gefahrerhöhung erheblich sein.

BEISPIELE

— Karton hat den Materialfaktor 1;

— als Flachkarton: Kategorie I;

— als leere aufgestellte Kartons: Kategorie II (aufgrund des guten Luftzutritts);

— in stehend gelagerten Rollen: entweder Kategorie III oder größer (Sonderrisiko), je nach Lagerverfahren (eng gestapelt, mit und ohne Paketbänder usw.).

B.3.6 Materialien in massiven Blöcken

Bei Materialien in massiven Blöcken ist das Verhältnis von Oberfläche zu Volumen/Masse gering. Die dadurch reduzierte Abbrandgeschwindigkeit erlaubt die Einstufung in eine niedrigere Kategorie.

BEISPIEL

— Blöcke aus massivem Kautschuk, Vinylbodenplatten in Kompaktlagerung usw.

ANMERKUNG   Diese Konfiguration ist nicht auf Blöcke aus geschäumtem Kunststoff (Kategorie IV) anzuwenden.

B.3.7 Materialien in Granulat- oder Pulverform

ANMERKUNG 1   Granulat, außer solches aus geschäumtem Kunststoff, das bei einem Feuer ausläuft, neigt dazu, ein Feuer zu ersticken und ist daher weniger gefährlich als das entsprechende Ausgangsmaterial.

BEISPIEL

— Kunststoffgranulat für das Spritzgießen, gelagert in Kartons.

ANMERKUNG 2   Diese Konfiguration gilt nicht bei Regallagerung.

B.3.8 Keine besondere Konfiguration

Das sind Materialien, auf die keines der o. g. Merkmale zutrifft, z. B. in Kartons verpackte Materialien.

DIN EN 12845:2009-07
EN 12845:2004+A2:2009 (D)

Anhang C
(normativ)

Alphabetische Auflistung gelagerter Produkte und deren Kategorien

Tabelle C.1 ist zur Bestimmung der Kategorie gelagerter Produkte anzuwenden, wenn die Verpackung mit oder ohne Palette nicht gefährlicher ist als ein Pappkarton oder eine einzelne Lage Wellpappeeinschlag.

!A2) **Tabelle C.1 — Gelagerte Produkte und deren Kategorien**

Produkt	Kategorie	Bemerkungen
Alkohol	III	> 20% Alkoholgehalt, nur in Flaschen, ansonsten siehe Anhang G
Alkohol	I	≤ 20% Alkoholgehalt
Asphaltpapier	II	liegende Rollen
Asphaltpapier	III	stehende Rollen
Bänder und Seile, Naturfasern	II	
Batterien, nasse Zellen	II	leere Kunststoffgehäuse erfordern einen besonderen Schutz
Batterien, trockene Zellen	II	
Baumwolle, in Ballen	II	besondere Maßnahmen sind ggf. erforderlich, z. B. Vergrößerung der Wirkfläche
Bier	I	
Bier	II	Behälter in Holzkisten
Bücher	II	
Büromaterial	III	
Dachpappe auf Rollen	II	liegend gelagert
Dachpappe auf Rollen	III	stehend gelagert
Dünger, trocken	II	erfordert ggf. besondere Maßnahmen
elektrische Geräte	I	Aufbau vorwiegend aus Metall mit einem Massenanteil an Kunststoffen von ≤ 5 %
elektrische Geräte	III	sonstige
elektrische Kabel und Leitungen	III	Lagerung in Regalen erfordert Sprinkler in Zwischenebenen
Espartozellstoff	II	lose oder in Ballen
Farben	I	wasserlöslich
Faserplatten	II	
Felle	II	liegend in Kisten
Flachs	II	besondere Maßnahmen sind ggf. erforderlich, z. B. Vergrößerung der Wirkfläche
Fleisch	II	gekühlt oder tiefgefroren
Geschirr	I	
Getreide	II	in Kisten
Getreidekörner	II	in Säcken
Glasfasern	I	unverarbeitet
Glaswaren	I	leer
Grillanzünder	III	
Hanf	II	besondere Maßnahmen sind ggf. erforderlich, z. B. Vergrößerung der Wirkfläche

128

Tabelle C.1 *(fortgesetzt)*

Produkt	Kategorie	Bemerkungen
Holz		siehe Naturholz
Holz-Spanplatten, Sperrholz	II	liegend gelagert, außer luftdurchlässige Stapel ohne Zwischenräume
Holz, Furnierblätter	III	
Holzkohle	II	außer imprägnierte Holzkohle
Holzmasse	II	in Ballen
Holzwolle	IV	in Ballen
Jute	II	
Keramik	I	
Kerzen	III	
Kissen	II	Federn und Daunen
Klebstoffe	III	sind brennbare Lösungsmittel enthalten, ist besonderer Schutz erforderlich
Klebstoffe	I	ohne Lösungsmittel
Kokosmatten	II	
Korbwaren	III	
Kork	II	
Kunstharze	III	außer brennbare Flüssigkeiten
Lebensmittel	II	in Säcken
Lebensmittel, in Dosen	I	in Kartonkisten und Halbkartons
Lederwaren	II	
Leinen	II	
Linoleum	III	
Lumpen	II	lose oder in Ballen
Matratzen	IV	mit hohem Kunststoffanteil
Matratzen	II	sonstige
Mehl	II	in Säcken oder Papiertüten
Metallwaren	I	
Milchpulver	II	in Säcken oder Tüten
Möbel, Holzmöbel	II	
Möbel, Polstermöbel	II	mit Naturfasern und -materialien, jedoch ohne Kunststoff
Naturholz, gesägt	III	luftdurchlässig gestapelt
Naturholz, gesägt	II	nicht luftdurchlässig gestapelt
Naturholz, ungesägt	II	
Papier	II	Blätter liegend gelagert
Papier	III	Gewicht < 5 kg/100 m^2 (z. B. Hygienepapier), Rollen liegend gelagert
Papier	IV	Gewicht < 5 kg/100 m^2 (z. B. Hygienepapier), Rollen stehend gelagert
Papier	II	Gewicht ≥ 5 kg/100 m^2 (z. B. Zeitungspapier), Rollen liegend gelagert
Papier	III	Gewicht ≥ 5 kg/100 m^2 (z. B. Zeitungspapier), Rollen stehend gelagert
Papier — Altpapier	III	besondere Maßnahmen sind ggf. erforderlich, z. B. Vergrößerung der Wirkfläche

DIN EN 12845:2009-07
EN 12845:2004+A2:2009 (D)

Tabelle C.1 *(fortgesetzt)*

Produkt	Kategorie	Bemerkungen
Papier — Papiermasse	II	in Rollen oder Ballen
Papier, bitumenbeschichtet	III	
Pappe (alle Sorten)	II	flach gestapelt
Pappe (außer Wellpappe)	II	liegend gelagerte Rollen
Pappe (außer Wellpappe)	III	stehend gelagerte Rollen
Pappe (Wellpappe)	III	liegend gelagerte Rollen
Pappe (Wellpappe)	IV	stehend gelagerte Rollen
Pappkartons	III	leer, schwer, fertige Kisten
Pappkartons	II	leer, leicht, fertige Kisten
Pappkarton, gewachst, flach gestapelt	II	
Pappkarton, gewachst, fertige Kisten	III	
Pflanzenfasern	II	besondere Maßnahmen sind ggf. erforderlich, z. B. Vergrößerung der Wirkfläche
Reifen, liegend gelagert	IV	stehend gelagerte Reifen in Regalen sind in dieser Europäischen Norm nicht behandelt
Ruß	III	
Schuhe	II	≤ 5 % Massenanteil an Kunststoff
Schuhe	III	mit einem Kunststoffanteil von > 5 %
Seife, wasserlöslich	II	
Seile, synthetisch	II	
Steingut	I	
Stoffe	II	
Stoffe aus synthetischen Materialien	III	flach gestapelt
Stoffe aus Wolle oder Baumwolle	II	
Streichhölzer	III	
Strickwaren	II	siehe Bekleidung
Süßwaren	II	
Tabak	II	Tabakblätter und fertige Produkte
Teppiche, ohne Schaumrücken	II	Lagerung in Regalen erfordert Sprinkler in Zwischenebenen
Teppichfliesen	III	
Textilien		siehe Bekleidung
Tierhäute	II	
Tuch, teerimprägniert	III	
Wachs (Paraffin)	IV	
Zellulose	II	in Ballen, ohne Nitrit und Acetat
Zellulosemasse	II	
Zucker	II	in Säcken oder Tüten

Anhang D
(normativ)

Zonenunterteilung von Sprinklergruppen

D.1 Allgemeines

Dieser Anhang legt Anforderungen fest, die speziell auf den Sprinklerschutz in Gebäuden zutreffen, die in Zonen unterteilt werden. Er gilt ausschließlich für OH-Nassanlagen.

ANMERKUNG   Eine Unterteilung in Zonen ist optional, außer wenn in dieser Norm gefordert (siehe Anhang E und Anhang F).

D.2 Unterteilung von Anlagen in Zonen

OH-Nassanlagen können wahlweise in Zonen unterteilt werden.

!A₂⟩ Die geschützte Bodenfläche, die über eine Nassalarmventilstation in OH-Risiken zu versorgen ist, darf die in Tabelle 17 angegebenen Werte überschreiten, sofern folgende Bedingungen eingehalten werden: ⟨A₂!

a) !A₂⟩ die geschützte Bodenfläche, die von einer Nassalarmventilstation zu versorgen ist, darf 12 000 m² nicht überschreiten; ⟨A₂!

b) die Anlage muss nach D.3 in Zonen unterteilt sein;

c) in Zonen unterteilte Anlagen dürfen keine größeren Gefahren als OH III enthalten;

d) Parkhäuser, Ladezonen sowie Lagerbereiche müssen durch getrennte, nicht in Zonen unterteilte Anlagen geschützt werden;

e) das Gebäude muss auf allen Etagen sprinklergeschützt sein;

f) !A₂⟩ die geschützte Bodenfläche, die über eine Nassalarmventilstation zu versorgen ist, darf 120 000 m² nicht überschreiten. ⟨A₂!

D.3 Anforderungen für in Zonen unterteilte Sprinkleranlagen

D.3.1 Umfang von Zonen

!A₂⟩ Die geschützte Bodenfläche darf je Zone nicht größer als 6 000 m² sein. ⟨A₂!

D.3.2 Zusatz-Absperrarmaturen für Zonen

Jede Zone muss ihre eigene unabhängige Zusatz-Absperrarmatur haben, die an gut zugänglicher Stelle auf der Etage der überwachten Zone zu installieren ist. Jedes Ventil ist in Offen-Stellung zu sichern und mit einem Schild zu versehen, das den geschützten Bereich bezeichnet.

D.3.3 Spülventile

Jede Zone ist entweder am Ende des Verteilerrohrs, das hydraulisch am entferntesten von der Wasserversorgung ist, oder am Ende jedes Nebenverteilerrohrs mit einem Ventil mit mindestens 20 mm Nenndurchmesser zu versehen. Der Ventilauslass ist mit einem Messingstopfen zu versehen.

D.3.4 Überwachung

In Zonen unterteilte Sprinklergruppen sind mit gegen unbefugten Eingriff gesicherten Einrichtungen zu versehen, um Folgendes zu überwachen:

a) Stellung jeder Absperrarmatur (d. h. entweder ganz oder nicht ganz geöffnet), einschließlich der Zusatz-Absperrarmaturen, die in der Lage sind, die Wasserversorgung zu den Sprinklern zu unterbrechen;

b) Betrieb jeder Zone durch Messung des Wasserflusses mithilfe eines Strömungsmelders. Der Strömungsmelder muss bei einem Wasserfluss ansprechen, der gleich oder größer dem eines beliebigen Einzelsprinklers ist. Der Strömungsmelder ist unmittelbar hinter der Zonen-Absperrarmatur einzubauen;

c) Wasserfluss durch alle Haupt-Alarmventilstationen der Gruppen.

D.3.5 Prüf- und Entwässerungseinrichtungen für Zonen

Unmittelbar hinter dem Strömungsmelder jeder Zone sind fest eingebaute Prüf- und Entwässerungseinrichtungen vorzusehen. Die Prüfeinrichtung muss den Betrieb jedes einzelnen Sprinklers simulieren. Es ist für einen geeigneten Wasserablauf zu sorgen.

D.3.6 Gruppen-Alarmventilstation

Die Alarmventilstation einer in Zonen unterteilten Sprinklergruppe muss zwei Absperrarmaturen auf jeder Seite jedes einzelnen Alarmventils haben. Die Alarmventilstation ist mit einem Bypassanschluss desselben Durchmessers um alle drei Ventile mit einer normalerweise geschlossenen Absperrarmatur zu versehen (siehe Bild D.1). Jede der drei Absperrarmaturen ist mit einer gegen unbefugten Eingriff gesicherten Einrichtung zu versehen, die deren Stellung überwacht.

D.3.7 Überwachung und Alarmmeldungen von Sprinklergruppen

Die in D.3.4 und D.3.6 geforderten Überwachungseinrichtungen sind elektrisch an eine Schalt- und Anzeigetafel anzuschließen, die sich an zugänglicher Stelle auf dem Betriebsgelände befindet und folgende Anzeigen und Warnungen geben kann:

a) durch grüne optische Anzeigen, dass jede überwachte Absperrarmatur in der jeweils richtigen Betriebsstellung ist;

b) durch akustische Alarmierung und gelbe optische Anzeigen, dass eine oder mehrere Alarmventilstationen nicht voll geöffnet sind;

c) durch akustische Alarmierung und gelbe optische Anzeigen, dass eine oder mehrere Zusatz-Zonenabsperrarmaturen nicht voll geöffnet sind;

d) durch akustische Alarmierung und gelbe optische Anzeigen, dass der statische Druck in einer Hauptspeiseleitung der Anlage auf einen Wert abgefallen ist, der 0,5 bar oder mehr unter dem normalen statischen Druck liegt;

e) durch akustische Alarmierung und rote optische Anzeigen, dass Wasser in die Sprinklergruppe strömt;

f) durch akustische Alarmierung und rote optische Anzeigen, dass Wasser in eine oder mehrere Zonen strömt.

An der Anzeigetafel sind Einrichtungen für das Abstellen der akustischen Alarmierung vorzusehen; die optischen Anzeigen müssen jedoch in Betrieb bleiben, bis die Sprinkleranlage wieder in den normalen Bereitschafts-Zustand versetzt ist.

Feueralarm und Störungsmeldungen sind an einer ständig besetzten Stelle anzuzeigen (siehe Anhang I).

Jede Veränderung des Zustands der Alarm- oder Störungsanzeigen an der Schalttafel nach Abstellen der akustischen Alarmierung muss bewirken, dass der Alarm erneut ertönt, bis er erneut abgestellt oder die Schalttafel wieder in den normalen Bereitschafts-Zustand versetzt wird.

D.4 Übersichtsplan

Sind Sprinkleranlagen in Zonen unterteilt, muss der Übersichtsplan zusätzlich die Positionen der Zonen-Steuerventile anzeigen.

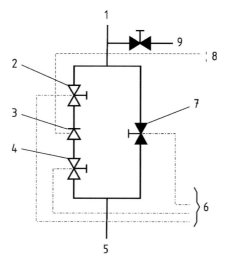

Legende

1 zur Sprinkleranlage
2 Absperrarmatur hinter dem Ventil
3 Alarmventil
4 Absperrarmatur vor dem Ventil
5 von der Wasserversorgung
6 Überwachungseinrichtung der Anlage
7 Bypass-Absperrarmatur
8 Alarmierungseinrichtung
9 Prüfanschluss

Bild D.1 — Anordnung mit Bypass an Steuerventilen bei in Zonen unterteilten Sprinkleranlagen in Gebäuden

Anhang E
(normativ)

Besondere Anforderungen an Hochhausanlagen

E.1 Allgemeines

Dieser Anhang beschreibt Anforderungen, die speziell an den Sprinklerschutz in mehrgeschossigen Gebäuden gestellt werden, bei denen der Höhenunterschied zwischen dem höchsten und dem tiefsten Sprinkler 45 m überschreitet.

Die Anforderungen gelten für Gebäude, in denen für die Nutzung die Brandgefahrenklasse der Schutzbereiche nicht größer als OH, Gruppe III klassifiziert ist. Für Hochhausanlagen mit größeren Brandgefahrenklassen als OH3 sind spezielle brandschutztechnische Lösungen erforderlich, für die der Rat von Experten einzuholen ist.

E.2 Auslegungskriterien

E.2.1 Gefahrenklasse

Hochhaus-Sprinkleranlagen müssen nach den Anforderungen des Schutzes nach OH, Gruppe III ausgelegt werden.

E.2.2 Unterteilung von Hochhaus-Sprinkleranlagen

Hochhaus-Sprinkleranlagen sind so in Sprinklergruppen zu unterteilen, dass der Höhenunterschied zwischen dem höchsten und dem tiefsten Sprinkler in jeder Sprinklergruppe 45 m nicht überschreitet (siehe Bilder E.1 und E.2).

E.2.3 Statischer Wasserdruck an Rückschlag- und Alarmventilen

Der statische Druck am Einlass von Rückschlag- und Alarmventilen muss mindestens 1,25-mal so groß sein wie der Unterschied der statischen Druckhöhe zwischen dem Ventil und dem höchsten Sprinkler der Gruppe.

Rückschlagventile, die den Durchfluss einer Gruppe überwachen, sollten mit einem Verhältnis von Versorgungsdruck zum Druck hinter dem Alarmventil von nicht mehr als 1,16:1 ordnungsgemäß funktionieren. Die Drücke werden dabei bei angehobener Klappe des Ventils und Druckausgleich vor dem Rückschlagventil gemessen.

E.2.4 Berechnung des Verteilernetzes bei vorberechneten Anlagen

Die Hauptverteilerrohre, einschließlich der Steig- und Fallrohre zwischen dem höchsten Auslegungspunkt einer Gruppe und der Zusatz-Zonenabsperrarmatur auf derselben Etage, sind durch hydraulische Berechnung zu dimensionieren. Der maximale Rohrreibungsverlust darf 0,5 bar bei einer Durchflussrate von 1 000 l/min nicht übersteigen (siehe 13.3.4.2).

Erstreckt sich der Sprinklerschutz einer Sprinklergruppe über mehrere Etagen, darf der zulässige Druckverlust zwischen den Auslegungspunkten und den Zusatz-Zonenabsperrarmaturen der tiefer liegenden Zonen um einen Betrag erhöht werden, der der Erhöhung der statischen Druckhöhe zwischen den Sprinklern auf der gleichen Etage und dem höchsten Sprinkler innerhalb der Gruppe entspricht.

E.2.5 Wasserdruck

Rohrleitungen, Fittings, Ventile und andere Teile müssen in der Lage sein, dem maximal möglichen Druck standzuhalten.

Um Drücke von mehr als 12 bar zu handhaben, können hydraulische Alarmglocken über einen Druckminderer oder von einer sekundären Wasserversorgung, z. B. dem öffentlichen Wasserleitungsnetz, angetrieben werden. Gesteuert wird dies von einem Membranventil, welches an der Alarmöffnung des Haupt-Steuerventils der Gruppe angeschlossen ist.

E.3 Wasserversorgungen

E.3.1 Arten der Wasserversorgung

Die Anlage muss mindestens eine einfache Wasserversorgung erhöhter Zuverlässigkeit haben.

E.3.2 Anforderungen an Druck und Durchflussrate bei vorberechneten Gruppen

Die Wasserversorgung ist so auszulegen, dass Mindestdruck und Mindestdurchflussrate am Auslass der Zusatz-Zonenabsperrarmatur nach Tabelle 6 erreicht werden, wobei p_s als Differenzdruck entsprechend der Höhe des höchsten Sprinklers über der Zusatz-Zonenabsperrarmatur einzusetzen ist.

E.3.3 Kenngrößen der Wasserversorgung bei vorberechneten Gruppen

Die Kenngrößen der Wasserversorgung sind durch hydraulische Berechnung des Rohrleitungsnetzes vor dem Auslass der Zusatz-Zonenabsperrarmatur zu ermitteln, und zwar bei der größeren und bei der kleineren in Tabelle 6 angegebenen Durchflussrate. Die Kenngrößen müssen Berechnungen am Bezugspunkt der Wasserversorgung einschließen.

E.3.4 Pumpenleistung bei vorberechneten Gruppen

Automatische Pumpen müssen die Kenngrößen nach Tabelle 16 aufweisen.

ANMERKUNG Die Drücke werden an der Pumpendruckseite oder an der betreffenden Stufe von Mehrstufenpumpen an der Druckseite einer eventuell vorhandenen Drosselblende gemessen.

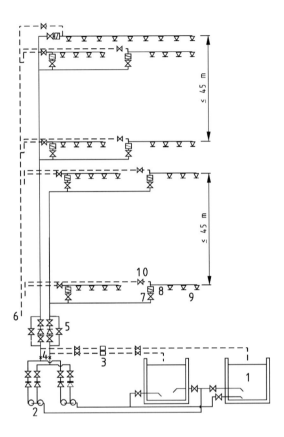

Legende

1 Vorratsbehälter
2 Mehrstufenpumpe
3 Durchflussmessgerät
4 Bezugspunkt der Wasserversorgung
5 Alarmventilstation
 (Anordnung mit Bypass)
6 Strömungsmessgerät und Zonenentwässerung
7 Zusatz-Zonenabsperrarmatur
8 Strömungsmelder
9 Sprinkler
10 Ruhe-Strömungsmelder
 und Zonenentwässerungsventil

Bild E.1 — Typische Anordnung einer Hochhausanlage mit Pumpenanlage

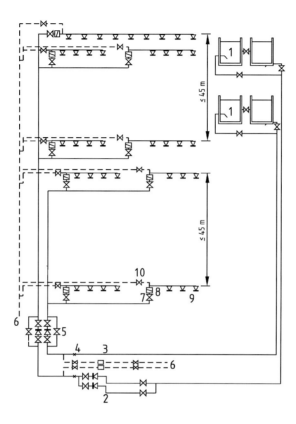

Legende

1 Vorratsbehälter
2 Mehrstufenpumpe
3 Durchflussmessgerät
4 Bezugspunkt der Wasserversorgung
5 Alarmventilstation
 (Anordnung mit Bypass)
6 Strömungsmessgerät und Zonenentwässerung
7 Zusatz-Zonenabsperrarmatur
8 Strömungsmelder
9 Sprinkler
10 Ruhe-Strömungsmelder
 und Zonenentwässerungsventil

Bild E.2 — Typische Anordnung einer Hochhausanlage mit Hochbehältern und Druckerhöhungspumpen

DIN EN 12845:2009-07
EN 12845:2004+A2:2009 (D)

Anhang F
(normativ)

Besondere Anforderungen an Anlagen für den Personenschutz

F.1 Unterteilung in Zonen

A2) Sprinklergruppen sind nach Anhang D in Zonen mit maximal 2 400 m² geschützter Bodenfläche zu unterteilen. (A2

F.2 A2) Nassanlagen (A2

Sprinklergruppen für den Personenschutz sind als Nassanlagen auszuführen, und sämtliche Tandem-Trocken- oder Trocken-Nassanlagen müssen 11.5 entsprechen.

F.3 Art und Ansprechempfindlichkeit der Sprinkler

Es sind schnelle Sprinkler zu verwenden; davon ausgenommen sind Räume mit mindestens 500 m² Bodenfläche oder mindestens 5 m Höhe, in denen Standard-Sprinkler A und Spezial-Sprinkler verwendet werden dürfen.

F.4 Alarmventilstation

Während Service- und Instandhaltungsarbeiten an den Alarmventilen muss die Sprinklergruppe in jeder Hinsicht voll einsatzbereit sein.

ANMERKUNG   In manchen Ländern werden gedoppelte Alarmventilstationen gefordert.

F.5 Wasserversorgungen

Die Anlage muss mindestens eine einfache Wasserversorgung erhöhter Zuverlässigkeit haben.

ANMERKUNG   In manchen Ländern werden für Personenschutz-Anlagen doppelte Versorgungen gefordert.

F.6 Theater

In Theatern mit getrennten Bühnen (d. h. dort, wo ein Sicherheits-Vorhang zwischen der Bühne und dem Zuschauerraum vorhanden ist), ist der Vorhang mit einer Reihe von Regenvorhang-Düsen zu versehen, die von einem schnell öffnenden Ventil (z. B. einem Kegelventil) versorgt werden, das an einer gut zugänglichen Stelle eingebaut ist. Die Wasserversorgung für die Regenvorhang-Düsen ist vor den jeweiligen Alarmventilstationen zu entnehmen. Die Bühne ist durch eine Sprühwasser-Löschanlage mit automatischer und manueller Aktivierung zu schützen. Bühnen mit einer Gesamthöhe von höchstens 12 m können alternativ durch Sprinkler geschützt werden.

Alle Werkstätten, Garderoben, Bühnenbilder, Requisitenkammern sowie der Raum unter der Bühne sind durch Sprinkler zu schützen.

F.7 Zusätzliche Vorsichtsmaßnahmen für die Instandhaltung

Bei Anlagen mit mehreren Zonen darf nur jeweils eine Zone abgeschaltet werden. Eine Anlage oder Zone ist nur für die kürzest mögliche, für die Instandhaltungsarbeiten erforderliche Dauer abzuschalten.

Die Teilabschaltung oder komplette Abschaltung einer Sprinklergruppe für den Personenschutz ist so weit wie möglich zu vermeiden. Der abgeschaltete Teil der Anlage ist so klein wie möglich zu halten.

Wenn eine oder mehrere Zonen nach einer Entwässerung mit Wasser gefüllt bzw. wiederbefüllt werden, sind die Spülventile (siehe Anhang D.3.3) zu benutzen, um zu überprüfen, ob in der Zone (oder den Zonen) Wasser verfügbar ist.

Einzelne Alarmventile in einer gedoppelten Alarmventilstation sind, wo diese gefordert sind, getrennt instand zu halten, sofern die Wasserversorgung zur Anlage aufrechterhalten werden kann.

Vor Instandhaltungsarbeiten an gedoppelten Alarmventilstationen sind zunächst folgende Schritte durchzuführen:

— die Absperrarmaturen zu den zwei Alarmventilen sind zu öffnen. Eine der Absperrarmaturen des zu wartenden Alarmventils ist zu schließen, und an dem anderen Alarmventil ist sofort eine Alarmprüfung (siehe 20.2.2.3) durchzuführen;

— wenn kein Wasser verfügbar ist, ist die Absperrarmatur sofort zu öffnen und die Störung zu beseitigen, bevor fortgefahren wird.

Anhang G
(normativ)
Schutz bei besonderen Gefährdungen

G.1 Allgemeines

Die zusätzlichen Anforderungen dieses Anhangs müssen für den Schutz der angegebenen Produkte berücksichtigt werden.

G.2 Aerosole

Werden Aerosol-Produkte von anderen Produktarten getrennt und in Gitterboxpaletten verwahrt, sind für deren Schutz folgende Auslegungskriterien (siehe Tabelle G.1) zu verwenden.

ANMERKUNG Der Sprinklerschutz kann möglicherweise nicht wirksam sein, wenn diese Produkte sich nicht in Gitterboxpaletten befinden.

Tabelle G.1 — Schutzkriterien bei Lagerung von Aerosolen

	Maximale Lagerhöhe bzw. Höhe der Zwischenebene m		Öffnungstemperatur Deckensprinkler	Wasserbeaufschlagung	Wirkfläche
	Auf Alkoholbasis	Auf Kohlenwasserstoffbasis	°C	mm/min	m^2
ST1 freistehende oder Blocklager	1,5	—	141	12,5	260
	—	1,5	141	25,0	300
ST4 Palettenregale	Zwischenebene ≤ 1,8	—	141	12,5 plus Regalsprinkler	260
	—	Zwischenebene ≤ 1,8	141	25,0 plus Regalsprinkler	300

Regalsprinkler in Zwischenebenen müssen die Ansprechempfindlichkeit „schnell" und eine Öffnungstemperatur nach 14.4 aufweisen.

G.3 Kleidung in mehrreihigen Konfektionshängelagern

G.3.1 Allgemeines

In diesem Anhang werden besondere Anforderungen für den Schutz von Konfektionshängelagern mit mehreren Reihen oder Konfektionsregalen mit zwei oder mehr Ebenen beschrieben. Die Lager können ein automatisches oder halbautomatisches Liefer-, Aufhänge- und Transportsystem haben. Der Zugang zu erhöhten Konfektionslagerebenen erfolgt in den Lagerhäusern üblicherweise über Laufstege und Rampen. Ein gemeinsames Merkmal von Konfektionshängelagern ist, dass es keine Brandabschottungen zwischen den Ebenen gibt. Laufstege, Gänge, Rampen und Konfektionsregale stellen eine erhebliche Behinderung für den Sprinklerschutz mit Deckensprinklern dar. A₂⟩ Der Schutz von hängender Kleidung, die an Karussells oder als liegende Stapel ohne Gassen gelagert werden und von anderen Anordnungen, als im Folgenden beschrieben, fällt nicht in den Anwendungsbereich dieses Anhangs. ⟨A₂

G.3.2 Einordnung in Kategorien

Die Anforderungen dieses Anhangs gelten ungeachtet ihrer Lagerkategorie für sämtliche Konfektionsarten.

G.3.3 Sprinklerschutz (außer Deckensprinkler)

Der Sprinklerschutz muss den Anforderungen für Regalsprinkler in Zwischenebenen entsprechen.

Jedes Kleiderregal muss auf zwei Reihen mit hängender Garderobe (nebeneinander) und auf eine Lagerhöhe von 3,5 m zwischen Sprinklern in Zwischenebenen begrenzt werden. Die Regale müssen durch einen mindestens 0,8 m breiten Gang voneinander getrennt werden. Die Kleidungsregale müssen mit einer Sprinklerreihe geschützt werden. Der Abstand zwischen den Sprinklerreihen darf 3,0 m nicht überschreiten.

Die Sprinkler, die direkt über den Kleidungsregalen installiert werden, müssen in der vertikalen Ebene versetzt angeordnet werden, mit horizontalen Abständen von nicht mehr als 2,8 m in Längsrichtung des Regals. Ein Sprinkler muss maximal 1,4 m vom Ende des Regals installiert werden. Der Freiraum zwischen der Oberkante der Kleidung und den Sprinklersprühtellern muss mindestens 0,15 m betragen (siehe Bild G.1).

Außer wenn wie nachstehend beschrieben verfahren wird, ist jede Sprinklerreihe, die Kleidungsregale schützt, mit einer festen, durchgehenden, horizontalen Barriere abzudecken, die mindestens so lang und breit wie die Kleidungsreihe ist. Die Barriere muss aus einem nicht brennbaren Werkstoff bestehen.

Auf die obere Regalsprinklerebene und die Barriere kann verzichtet werden, vorausgesetzt, der Abstand zwischen der Oberkante Kleidung und den Sprühtellern der Deckensprinkler beträgt nicht mehr als 3 m.

Sprinkler müssen unter sämtlichen Zugangsrampen, Hauptgängen, Laufstegen und Transportwegen installiert werden, außer unter Gängen zwischen sprinklergeschützten Kleiderregalreihen, deren Breite 1,2 m nicht überschreitet.

G.3.4 Ausgelöste Sprinkler

Die Anzahl der ausgelösten Regalsprinkler muss wie folgt angenommen werden:

Reihen: 3

Ebenen: ≤ 3

Sprinkler je Reihe: 3

Bei mehr als drei Ebenen des Sprinklerregalschutzes, müssen drei Reihen mit drei Sprinklern auf drei Schutzebenen als geöffnet angenommen werden. Bei drei Ebenen oder weniger sollten drei Reihen mit drei Sprinklern in allen Schutzebenen als geöffnet angenommen werden.

G.3.5 Deckensprinkler

Deckensprinkler müssen für eine Beaufschlagung von 7,5 mm/min über eine Wirkfläche von 260 m^2 bemessen werden, vorausgesetzt, dass die oberste Regalebene abgedeckt ist und mit Regalsprinklern geschützt wird.

Wenn auf die oberste Ebene oder die Abdeckung verzichtet wird, müssen die Deckensprinkler mindestens auf der Grundlage der Anforderungen für Produkte der Kategorie III ausgelegt werden. Die Lagerhöhe muss von oberhalb der höchsten Zwischenebenensprinkler bis zur Oberkante der hängenden Kleidung gemessen werden.

G.3.6 Automatische Abschaltung

Die Auslösung der Sprinkleranlage muss zu einer automatischen Abschaltung sämtlicher automatischer Verteilungssysteme innerhalb des Lagerhauses führen.

G.3.7 Alarmventilstation

Es dürfen nur Nass-Anlagen installiert werden.

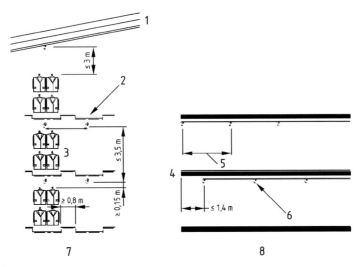

Legende

1 Decke
2 Barriere
3 Gang
4 Regalende
5 maximale Sprinklerneigung
6 Sprinkler
7 Endansicht
8 Gangansicht

Bild G.1 — Typischer Sprinklerschutz für hängend gelagerte Kleidung

G.4 Lager für brennbare Flüssigkeiten

Brennbare Flüssigkeiten werden entsprechend ihres Flammpunktes (FP) und ihres Siedepunktes (SP) in vier Klassen eingeteilt, wie es in den Tabellen G.2, G.3 und G.4 angegeben wird.

Tabelle G.2 — Brennbare Flüssigkeiten in Metallfässern (ST1) mit einem Volumen > 20 l und ≤ 208 l

Klasse	Eigenschaften °C	Ausrichtung der Fässer	Zulässige Lagerung übereinander	Deckensprinkler	
				Beaufschlagung mm/min	Wirkfläche m²
1	FP ≥ 100	liegend	≤ 12 Fässer	10	450
		stehend	≤ 6 Fässer		
2	FP < 100	liegend	≤ 6 Fässer	25	450
		stehend	≤ 2 Fässer		
3	FP < 35	liegend	≤ 3 Fässer	25	450
		stehend	≤ 1 Fass		
4	FP < 21 und SP < 35	liegend oder stehend	1 Fass	25	450

Tabelle G.3 — Brennbare Flüssigkeiten in Metallfässern (ST4) mit einem Volumen > 20 l und ≤ 208 l

Klasse	Eigenschaften °C	Ausrichtung der Fässer	Sprinkler in Zwischenebenen	Deckensprinkler Beaufschlagung mm/min	Deckensprinkler Wirkfläche m^2
1	FP > 100	liegend	jede 12. Lage	10	450
		stehend	jede 6. Lage	10	
2	FP < 100	liegend	jede 6. Lage	25	450
		stehend	jede Lage	10	
3	FP < 35	liegend	jede 3. Lage	25	450
		stehend	jede Lage	10	
4	FP < 21 und SP < 35	liegend oder stehend	jede Lage	25	450

ANMERKUNG Fässer müssen mit einer Höhe von einem Fass je Lage gelagert werden.

Tabelle G.4 — Brennbare Flüssigkeiten in Metallfässern (ST1, ST5, ST6) mit einem Volumen ≤ 20 l

Klasse	Eigenschaften °C	Lagerungsart	Maximal zulässige Lagerhöhe m	Deckensprinkler Beaufschlagung mm/min	Deckensprinkler Wirkfläche m^2
1	FP ≥ 100	ST1	5,5	10	450
		ST5/6	4,6	7,5	
2	FP < 100	ST1	4,0	12,5	450
		ST5/6	4,6		
3	FP < 35				
4	FP < 21 und SP < 35	ST1	1,5	12,5	450
		ST5/6	2,1		

G.5 Leere Paletten

ANMERKUNG Leere Paletten, die als massive Stapel oder auf Paletten gelagert werden, sollten mit Deckensprinklern nach Tabelle G.5 geschützt werden. Paletten, die in Stelllagen gelagert werden, sollten nach Tabelle G.6 mit Decken- und Regalsprinklern geschützt werden.

Tabelle G.5 — Schutz von Leerpaletten (ST1)

Palettenart	Maximal zulässige Lagerhöhe m	Deckensprinkler (siehe Tabelle 4)	Besondere Anforderungen
Holz- und zellulosehaltige Paletten	3,8	wie bei Kategorie IV	—
Kunststoffpaletten	3,3	25 mm/min über 300 m^2	Lagerung in einem Brandabschnitt mit einer Feuerwiderstandsdauer von 60 min

Tabelle G.6 — Schutz bei der Regallagerung von Paletten (ST4, ST5, ST6)

Palettenart	Regalsprinkler	Deckensprinkler (siehe Tabelle 4)	Besondere Anforderungen
Holz- und zellulosehaltige Paletten, ungeschäumte hochverdichtete Polyethylenpaletten mit festem Boden	Kategorie IV	wie bei Kategorie IV Einsatz von Sprinklern mit einer Öffnungstemperatur von 93 °C oder 100 °C	Abschnitt mit einer Feuerwiderstandsdauer von 60 min, wenn Lagerhöhe > 3,8 m
sämtliche sonstigen Kunststoffpaletten	Kategorie IV, einschließlich einer Sprinklerebene über der obersten Lagerebene, Sprinkler mit k = 115 und einem Mindestbetriebsdruck von 3 bar	25 mm/min über 300 m²	Lagerung in einem Abschnitt mit einer Feuerwiderstandsdauer von 60 min

G.6 Spirituosen in Holzfässern

Bei ausschließlichem Einsatz von Deckensprinklern dürfen die Fässer nur bis zu einer Höhe von maximal 4,6 m gelagert werden. Bei größeren Lagerhöhen müssen Sprinkler in Zwischenebenen nach den Anforderungen an Kategorie III/IV eingesetzt werden. In beiden Fällen müssen Deckensprinkler mit einer Ausbringungsdichte von 15 mm/min über einer Wirkfläche von 360 m² installiert werden.

ANMERKUNG 1 Es sollten Entwässerungen oder Wälle vorgesehen werden, um eine Verbreitung der auslaufenden Flüssigkeit zu begrenzen.

ANMERKUNG 2 Für die Anwendung der vorliegenden Norm werden Spirituosen als Flüssigkeiten festgelegt, die mehr als 20 % Alkohol enthalten.

G.7 Synthetische Vliesstoffe

G.7.1 Freistehende Lagerung

Unter Anwendung der in Tabelle G.7 angegebenen Kriterien müssen Deckensprinkler installiert werden.

ANMERKUNG Bei Lagerhöhen über 4,1 m sollte der Einsatz spezieller Sprinklertechniken erwogen werden (siehe Anhang L).

Tabelle G.7 — Synthetische Vliesstoffe — Auslegungskriterien bei ausschließlichem Einsatz von Dach- oder Deckensprinklern

Lagerkonfiguration	Maximal zulässige Lagerhöhe (siehe Anmerkung 1) m	Mindestbeaufschlagung mm/min	Wirkfläche (Nass- oder vorgesteuerte Anlagen (siehe Anmerkung 2) m²
ST1 freistehendes oder Blocklager	1,6	10,0	260
	2,0	12,5	
	2,3	15,0	
	2,7	17,5	
	3,0	20,0	300
	3,3	22,5	
	3,6	25,0	

Tabelle G.7 *(fortgesetzt)*

Lagerkonfiguration	Maximal zulässige Lagerhöhe (siehe Anmerkung 1) m	Mindestbeaufschlagung mm/min	Wirkfläche (Nass- oder vorgesteuerte Anlagen (siehe Anmerkung 2) m^2
ST1 freistehendes oder Blocklager	3,8 4,1	27,5 30,0	300

ANMERKUNG 1 Vertikaler Abstand vom Fußboden zu den Sprühtellern der Sprinkler minus 1 m oder der in der Tabelle angegebene Größtwert, je nachdem, welcher der kleinere ist.

ANMERKUNG 2 Trocken- und Nass-Trockenanlagen sollten vermieden werden.

G.7.2 Regallagerung

Regalsprinkler müssen nach den Anforderungen an Kategorie IV angewendet werden. Deckensprinkler müssen eine Mindest-Wasserbeaufschlagung von 12,5 mm/min über eine Fläche von 260 m^2 besitzen.

G.8 Polypropylen- oder Polyethylenlagerbehälter

G.8.1 Allgemeines

Die folgenden Anforderungen müssen eingehalten werden, wenn nicht bei einer entsprechenden Brandprüfung andere Arten des Sprinklerschutzes als geeignet festgestellt worden sind.

G.8.2 Einteilung in Brandgefahrenklassen

Polypropylen- oder Polyethylenlagerbehälter müssen in HHS, Kategorie IV eingestuft werden.

G.8.3 Palettenregallager (ST4)

Der horizontale Abstand von Regalsprinklern darf 1,5 m nicht überschreiten. Zwischen Regalsprinklern darf ein vertikaler Abstand von 2 m nicht überschritten werden. Die Deckensprinkler müssen die Ansprechempfindlichkeit „spezial" und Regalsprinkler die Ansprechempfindlichkeit „spezial" oder „schnell" besitzen.

G.8.4 Sämtliche anderen Lager

Die Lagerhöhe darf 3 m nicht überschreiten. Es dürfen nur nicht entflammbare Paletten, wie Stahlpaletten, verwendet werden. Die Höhe des Lagergutes auf der Palette darf 1 m nicht überschreiten, und der oberste Lagerbehälter jeder Palette muss mit einem Deckel verschlossen werden. Die Sprinkler müssen die Ansprechempfindlichkeit „spezial" oder „schnell" haben.

G.8.5 Schaummittelzusatz

Ein zweckmäßiges Film bildendes Schaummittel, das nach den Empfehlungen des Lieferanten eingesetzt wird, muss dem Wasser für die Sprinkler zugesetzt werden.

ANMERKUNG   In Brandversuchen in natürlicher Größe hat sich AFFF-Schaum als wirksam erwiesen (AFFF — en: aqueous film forming foam; de: Wasserfilm bildende Schaummittel).

DIN EN 12845:2009-07
EN 12845:2004+A2:2009 (D)

Anhang H
(normativ)

Überwachung von Sprinkleranlagen

H.1 Allgemeines

Ziel der Überwachung von Sprinkleranlagen ist die ständige Kontrolle der Hauptfunktionen der Anlage, d. h. der Funktionen, die bei einer Störung das korrekte automatische Auslösen der Anlage im Brandfall beeinträchtigen können, sowie die Auslösung einer Störungsmeldung, um korrigierende Maßnahmen einleiten zu können. Dieser Anhang legt zusätzliche Anforderungen zu den an anderer Stelle in dieser Norm genannten Anforderungen fest. Wird die Überwachung gefordert, müssen diese Anforderungen eingehalten werden.

Sämtliche für die Überwachung eingesetzten Bauteile müssen mindestens die Schutzklasse IP 54 nach EN 60529 haben. An einer Sammelanzeige dürfen nicht mehr als 15 nicht adressierbare Überwachungseinrichtungen angeschlossen werden.

Sämtliche Signal- und Alarmschaltungen müssen vollständig überwacht und für den Fall eines Kurzschlusses oder eines offenen Stromkreises muss ein Störungsalarm ausgelöst werden.

Die Brandmelderzentrale muss nach den im Verwendungsland geltenden Bestimmungen ausgeführt sein.

H.2 Zu überwachende Funktionen

H.2.1 Allgemeines

Zusätzlich zu den Anforderungen an die Überwachung, die an anderer Stelle in der Norm festgelegt sind, müssen folgende Einrichtungen und Zustände überwacht werden (siehe Anhang I).

H.2.2 Absperrventile für die Regelung des Wasserflusses zu den Sprinklern

Die Stellungen sämtlicher normalerweise geöffneter Absperrventile, deren geschlossene Stellungen den Wasserfluss zu den Sprinklern verhindern könnten, einschließlich der Ventile an der Wasserversorgung, den Alarmventilstationen sowie der Neben- und Abschnittsventile, sind zu überwachen. Eine Anzeige muss immer dann erfolgen, wenn die Ventile nicht vollständig geöffnet sind.

H.2.3 Weitere Absperrventile

Die Stellungen sämtlicher normalerweise geöffneter Absperrventile, deren geschlossene Stellungen die korrekten Funktionen von Alarmierungs- und Anzeigeeinrichtungen verhindern könnte, z. B. von Druckschaltern, Strömungs- und Durchflussmeldern, sind zu überwachen. Eine Anzeige muss immer dann erfolgen, wenn die Ventile nicht vollständig geöffnet sind.

H.2.4 Flüssigkeitsstände

Sämtliche kritischen Flüssigkeitsstände, einschließlich der in Wasservorratsbehältern und Kraftstoffbehältern, sind zu überwachen. Eine Anzeige muss erfolgen, bevor der Wasserspiegel im Vorratsbehälter mehr als 10 % unter den Nennfüllstand abgesunken ist oder bevor der Füllstand des Kraftstoffs mehr als 25 % unter den Nennfüllstand abgesunken ist. Bei Druckluftbehältern muss eine weitere Anzeige erfolgen, bevor der Nennfüllstand um 10 % überschritten worden ist.

H.2.5 Drücke

Drücke, einschließlich derer an Wasserversorgungen und nach sämtlichen Trocken- und Nass-Trocken-Alarmventilstationen, sind zu überwachen. An öffentlichen Hauptwasserversorgungen muss eine Anzeige für den Fall erfolgen, dass der statische Druck unter den berechneten Betriebsdruck abgefallen ist. In sämtlichen anderen Fällen muss eine Anzeige erfolgen, wenn der statische Druck um mehr als 20 % unter den Prüfdruck abgefallen ist.

H.2.6 Stromversorgung

Die Stromversorgung der elektrisch betriebenen Pumpenanlagen oder weiterer kritischer elektrischer Ausrüstungen sind zu überwachen. Eine Anzeige muss erfolgen, wenn eine oder mehrere Phasen an einem beliebigen Punkt der Hauptversorgung oder der Steuerschaltung oder einer elektro- oder dieselmotorbetrieben Pumpe oder einer sonstigen kritischen elektrischen Ausrüstung ausfallen.

H.2.7 Temperatur

Die Mindesttemperaturen von Sprinklerventilen und Pumpenraum sind zu überwachen. Eine Anzeige muss erfolgen, wenn die Temperatur unter den geforderten Mindestwert abgesunken ist.

Anhang I
(normativ)

Alarmübertragung

I.1 Zu überwachende Funktionen

Alarmierungen, wie in dieser Norm festgelegt, sind an ein Anzeigegerät im Sprinkler- oder Pumpenraum anzuschließen und je nach Wichtigkeit der Alarmmeldung weiterzuleiten. Alarmmeldungen sind an eine ständig besetzte Stelle innerhalb oder außerhalb des Betriebsgeländes oder an eine zuständige Person so weiterzuleiten, dass sofort angemessene Maßnahmen ergriffen werden können.

I.2 Alarmarten

Signale, wie bspw. zum Melden eines Durchflusses von Wasser, die auf ein Feuer hinweisen könnten, sind als Feueralarm auszuweisen (Alarmart A in Tabelle I.1). Technische Störungen, wie bspw. ein Stromausfall, die ein ordnungsgemäßes Arbeiten der Anlage im Brandfall verhindern könnten, sind als Störungsmeldungen auszuweisen (Alarmart B in Tabelle I.1).

Tabelle I.1 — Arten der Alarmübertragung

Alarm	Abschnitt	Alarmart
Niederdruck im öffentlichen Versorgungsnetz	9.2.1	B
Durchflussmelder im Pumpenraum	10.3.2	A
elektrische Pumpenanlage	10.8.6.1	
— in Bereitschaft		B
— Fehlstart		B
— läuft		A
— ohne Strom		B
Pumpenanlage mit Dieselmotor	10.9.11	
— Automatik abgeschaltet		B
— Fehlstart		B
— läuft		A
— Störung im Schaltschrank		B
Schaltkreise für die Begleitheizung	11.1.2.2	B
Niederdruck		
— vorgesteuerte Anlage des Typs A	11.4.1.1	B
— Trocken- und vorgesteuerte Anlagen	16.2.3	B
in Zonen unterteilte Anlagen	D.3.7	
— geöffnetes Steuerventil		B
— teilweise geschlossenes Steuerventil		B
— teilweise geöffnetes Zusatz-Ventil		B
— Niederdruck in der Hauptversorgungsleitung		B
— Durchfluss von Wasser in einer Gruppe		A
— Durchfluss von Wasser in einer Zone		A
überwachte Sprinkleranlagen	Anhang H	
— teilweise geschlossene Absperrarmaturen		B
— Flüssigkeitsstände		B
— Niederdruck		B
— Stromausfall		B
— zu niedrige Temperatur im Pumpenraum		B

Anhang J
(informativ)

Vorsichtsmaßnahmen und Verfahren, wenn eine Anlage nicht vollständig funktionsfähig ist

J.1 Minimierung der Auswirkungen

Instandhaltung, Änderungen und Reparaturen an Anlagen, die nicht vollständig funktionsfähig sind, sollten so ausgeführt werden, dass der zeitliche Aufwand und die Größe des außer Betrieb befindlichen Teils so gering wie möglich gehalten werden.

Wenn eine Gruppe außer Betrieb gesetzt wird, sollte der Betreiber folgende Maßnahmen ergreifen:

a) die zuständigen Stellen und alle zentralen Überwachungsstationen sollten informiert werden;

b) Änderungen und Reparaturen an einer Gruppe oder deren Wasserversorgung (außer im Falle von Anlagen für den Personenschutz (siehe Anhang F)) sollten während der normalen Arbeitszeit ausgeführt werden;

c) das Aufsichtspersonal in den betroffenen Bereichen sollte entsprechend informiert werden, und der Bereich ist durch ständige Kontrollgänge zu überwachen;

d) alle Warmarbeiten sollten einem Genehmigungsverfahren unterliegen. Während der Durchführung der Arbeiten sollten Rauchen und offenes Licht in den betroffenen Bereichen verboten werden;

e) wenn eine Sprinklergruppe außerhalb der normalen Arbeitszeiten funktionsunfähig bleibt, sollten alle Brandschutztüren und -klappen geschlossen bleiben;

f) Feuerlöschgeräte sollten in Bereitschaft gehalten werden, ebenso sollte in deren Handhabung geschultes Personal zur Verfügung stehen;

g) so weit wie möglich sollte die Gruppe durch Abblinden der Rohrleitungen in betriebsbereitem Zustand gehalten werden, die den Teil bzw. die Teile versorgen, an denen Arbeiten ausgeführt werden;

h) befindet sich die Anlage in einem Fertigungsbetrieb, sollten in dem Fall, dass die vorzunehmenden Änderungen und Reparaturen umfangreich sind, oder es notwendig ist, ein Rohr mit mehr als 40 mm Nenndurchmesser auszubauen, oder wenn eine Haupt-Absperrarmatur, ein Alarmventil oder ein Rückschlagventil überholt oder ausgebaut werden muss, alle Anstrengungen unternommen werden, damit die Arbeiten bei abgeschalteten Maschinen durchgeführt werden;

i) jede Pumpe, die sich außer Betrieb befindet, sollte mittels der hierfür vorgesehenen Ventile abgesperrt werden;

j) wenn möglich, sollten Teile von Gruppen wieder in Betriebsbereitschaft gebracht werden, um während der Nachtstunden für einen gewissen Schutz zu sorgen. Dies sollte mithilfe von Blind- und Verschlussstücken in den Rohrleitungen erfolgen, wobei die Blind- und Verschlussstücke mit sichtbaren Markierungen zu versehen sind, die zur Hilfe bei der rechtzeitigen Entfernung nummeriert und protokolliert werden.

J.2 Planmäßige Abschaltung

Nur der Betreiber sollte die Genehmigung für die Abschaltung einer Sprinklergruppe oder einer Zone aus anderen Gründen als denen eines Notfalls erteilen.

Bevor eine Anlage ganz oder teilweise abgeschaltet wird, sollte jeder Teil des Betriebsgeländes überprüft werden, um sicherzustellen, dass es keine Anzeichen für ein Feuer gibt.

Wenn das Betriebsgelände in getrennte Nutzungen unterteilt ist, die sich aus Gebäuden zusammensetzen, die offen miteinander verbunden bzw. gefährdet sind und durch gemeinsame Sprinkleranlagen oder Sprinklergruppen geschützt werden, sollten alle Nutzer ebenfalls davon in Kenntnis gesetzt werden, dass die Wasserversorgung abgestellt wird.

Besondere Aufmerksamkeit sollte Situationen gewidmet werden, in denen Sprinkler-Rohrleitungen durch Wände oder Decken geführt sind und diese möglicherweise Sprinkler in Bereichen speisen, die besonders berücksichtigt werden müssen.

J.3 Außerplanmäßige Abschaltung

Wenn eine Sprinklergruppe aus Dringlichkeitsgründen oder unbeabsichtigt außer Betrieb gesetzt wird, sollten die Vorsichtsmaßnahmen nach J.1, sofern sie zutreffen, so unverzüglich wie möglich beachtet werden. Die zuständigen Stellen sollten ebenfalls so bald wie möglich in Kenntnis gesetzt werden.

J.4 Maßnahmen nach einem Betrieb der Sprinkler

J.4.1 Allgemeines

Nach dem Abschalten einer Sprinklergruppe, nachdem diese in Betrieb war, sollten die geöffneten Sprinklerdüsen durch Sprinklerdüsen des korrekten Typs und der korrekten Öffnungstemperatur ersetzt werden, und die Wasserversorgung ist wiederherzustellen. Nicht geöffnete Sprinkler in dem Bereich, in dem die Anlage in Betrieb gegangen ist, sind auf Beschädigungen durch Hitze oder sonstige Einflüsse zu prüfen und nach Bedarf zu ersetzen.

Die Wasserversorgung zu einer Gruppe oder zu einer Zone einer Gruppe, die in Betrieb gegangen ist, sollte erst dann abgesperrt werden, wenn das Feuer restlos gelöscht ist.

Die Entscheidung zum Abschalten einer Gruppe oder Zone, die wegen eines Feuers in Betrieb war, sollte nur von der Feuerwehr getroffen werden.

Aus der Anlage entnommene Teile sollten vom Betreiber für mögliche Untersuchungen durch eine zuständige Stelle aufbewahrt werden.

J.4.2 Anlagen zum Schutz von Kühlhäusern (Kühlung mit Luftumwälzung)

Nach jedem Auslösen sollte die Anlage zum Trocknen auseinander gebaut werden.

Anhang K
(informativ)

25-Jahres-Überprüfung

Rohre und Sprinkler sollten nach 25 Jahren überprüft werden.

Die Rohrleitungen sollten gründlich gespült und einer Druckprüfung mit einem Druck unterworfen werden, der dem höheren Wert des höchsten statischen Drucks oder 12 bar entspricht.

Die Rohrleitungen sollten innen und außen untersucht werden. Je 100 Sprinkler sollte mindestens ein Meter Strangrohrlänge überprüft werden. Für jeden Rohrdurchmesser sollten zwei Rohrabschnitte mit mindestens einem Meter Länge überprüft werden.

Alle Fehler, die die Wirksamkeit der Anlage beeinträchtigen könnten, sollten behoben werden.

Bei Nassanlagen sollte mindestens eine Sprinklergruppe je Gebäude überprüft werden. Sind mehrere Nass-alarmventilstationen in einem Gebäude installiert, müssen nur 10 % überprüft werden. Bei Trockenanlagen ist eine Verringerung der Anzahl der zu überprüfenden Gruppen nicht zulässig.

Eine bestimmte Anzahl von Sprinklern sollte ausgebaut und überprüft werden. In Tabelle K.1 ist die Anzahl der jeweils zu überprüfenden Sprinkler als Funktion der Gesamtzahl der installierten Sprinkler angegeben.

Tabelle K.1 — Anzahl der zu überprüfenden Sprinkler

Gesamtzahl der installierten Sprinkler	Anzahl der zu überprüfenden Sprinkler
≤ 5 000	20
≤ 10 000	40
≤ 20 000	60
≤ 30 000	80
≤ 40 000	100

Die Sprinkler sollten auf Folgendes überprüft werden:

a) Betrieb;

b) Öffnungstemperatur;

c) Abweichung beim k-Faktor;

d) Hindernisse für die Wasserverteilung;

e) hängen bleibende Verschlussteile;

f) Ansprechempfindlichkeit.

DIN EN 12845:2009-07
EN 12845:2004+A2:2009 (D)

Anhang L
(informativ)

Besondere Technologien

Diese Europäische Norm behandelt nur Sprinklerarten, die in EN 12259-1 festgelegt worden sind. In den Jahren während der Erarbeitung der vorliegenden Norm wurden besondere Techniken für Spezialanwendungen entwickelt, darunter besonders Folgende:

— Sprinkler zur frühen Brandunterdrückung (EFSR) — (en: Early Suppression Fast Response Sprinkler);

— Großtropfen-Sprinkler;

— Wohnhaus-Sprinkler;

— Weitwurf-Wand-Sprinkler;

— Spezial-Regalsprinkler.

Die Technik dieser Anwendungen ist gegenwärtig sehr spezialisiert. Es ist vorgesehen, sie in zukünftigen Ausgaben dieser Europäischen Norm zu behandeln.

!A₁)

Anhang M
(informativ)

Unabhängige Zertifizierungsstellen

In Europäischen Ländern ist es üblich, dass Unternehmen, die für die Planung, Errichtung und Instandhaltung von Sprinkleranlagen nach dieser vorliegenden Europäischen Norm verantwortlich sind, sich für solche Tätigkeiten durch eine unabhängige Zertifizierungsstelle zertifizieren lassen. ⓐ₁

!A₁) *gestrichener Text* ⓐ₁

Literaturhinweise

[1]　EN ISO 9001, *Qualitätsmanagementsysteme — Anforderungen (ISO 9001:2000)*

[2]　EN 671, *Ortsfeste Brandbekämpfungsanlagen — Wandhydranten*

Druckfehlerberichtigung

Folgende Druckfehlerberichtigung wurde in den DIN-Mitteilungen + elektronorm zu der in diesem DIN-Taschenbuch enthaltenen Norm veröffentlicht.

Die abgedruckte Norm entspricht der Originalfassung und wurde nicht korrigiert. In Folgeausgaben wird der aufgeführte Druckfehler berichtigt.

DIN EN 12259-3:2001-08

Ortsfeste Löschanlagen – Bauteile für Sprinkler- und Sprühwasseranlagen – Teil 3: Trockenalarmventile mit Zubehör (enthält Änderung A1:2001); Deutsche Fassung EN 12259-3:2000 + A1:2001

Im Vorwort der Europäischen Norm (S. 2, 2. Absatz) muss es wie folgt richtig lauten:

„Diese Europäische Norm muss den Status einer nationalen Norm erhalten, entweder durch Veröffentlichung eines identischen Textes oder durch Anerkennung bis September 2001, und etwaige entgegenstehende nationale Normen müssen bis Dezember 2002 zurückgezogen werden."

Verzeichnis der im DIN-Taschenbuch 346/1 abgedruckten Normen und anderer technischer Regeln

(nach steigenden DIN-Nummern geordnet)

Dokument	Ausgabe	Titel
DIN 14406-4	2009-09	Tragbare Feuerlöscher – Teil 4: Instandhaltung
DIN 14406-4 Bbl 1	2011-02	Tragbare Feuerlöscher – Teil 4: Instandhaltung; Beiblatt 1: Informationen zur Anwendung
DIN EN 2	2005-01	Brandklassen; Deutsche Fassung EN 2:1992 + A1:2004
DIN EN 3 Bbl 1	2000-03	Tragbare Feuerlöscher – Feuerlöschmittel und Umweltschutz
DIN EN 3-7	2007-10	Tragbare Feuerlöscher – Teil 7: Eigenschaften, Leistungsanforderungen und Prüfungen; Deutsche Fassung EN 3-7:2004+A1:2007
DIN EN 3-8	2007-02	Tragbare Feuerlöscher – Teil 8: Zusätzliche Anforderungen zu EN 3-7 an die konstruktive Ausführung, Druckfestigkeit, mechanische Prüfungen für tragbare Feuerlöscher mit einem maximal zulässigen Druck kleiner gleich 30 bar; Deutsche Fassung EN 3-8:2006
DIN EN 3-8 Ber 1	2008-01	Tragbare Feuerlöscher – Teil 8: Zusätzliche Anforderungen zu EN 3-7 an die konstruktive Ausführung, Druckfestigkeit, mechanische Prüfungen für tragbare Feuerlöscher mit einem maximal zulässigen Druck kleiner gleich 30 bar; Deutsche Fassung EN 3-8:2006, Berichtigungen zu DIN EN 3-8:2007-02; Deutsche Fassung EN 3-8:2006/AC:2007
DIN EN 3-9	2007-02	Tragbare Feuerlöscher – Teil 9: Zusätzliche Anforderungen zu EN 3-7 an die Druckfestigkeit von Kohlendioxid-Feuerlöschern; Deutsche Fassung EN 3-9:2006
DIN EN 3-9 Ber 1	2008-01	Tragbare Feuerlöscher – Teil 9: Zusätzliche Anforderungen zu EN 3-7 an die Druckfestigkeit von Kohlendioxid-Feuerlöschern; Deutsche Fassung EN 3-9:2006, Berichtigungen zu DIN EN 3-9:2007-02; Deutsche Fassung EN 3-9:2006/AC:2007
DIN EN 3-10	2010-03	Tragbare Feuerlöscher – Teil 10: Festlegungen für die Bestätigung der Konformität tragbarer Feuerlöscher nach EN 3-7; Deutsche Fassung EN 3-10:2009
DIN EN 615	2009-08	Brandschutz – Löschmittel – Anforderungen an Löschpulver (nicht für Löschpulver der Brandklasse D); Deutsche Fassung EN 615:2009
DIN EN 1866	2006-03	Fahrbare Feuerlöscher; Deutsche Fassung EN 1866:2005
DIN EN 1866-1	2007-10	Fahrbare Feuerlöscher – Teil 1: Eigenschaften, Löschleistung und Prüfungen; Deutsche Fassung EN 1866-1:2007

Dokument	Ausgabe	Titel
DIN EN 1866-1 Ber 1	2008-01	Fahrbare Feuerlöscher – Teil 1: Eigenschaften, Löschleistung und Prüfungen; Deutsche Fassung EN 1866-1:2007, Berichtigungen zu DIN EN 1866-1:2007-10
DIN EN 1869	2001-01	Löschdecken; Deutsche Fassung EN 1869:1997
DIN EN ISO 5923	2012-12	Ausrüstung für Brandschutz und Brandbekämpfung – Löschmittel – Kohlenstoffdioxid (ISO 5923:2012); Deutsche Fassung EN ISO 5923:2012
ASR A2.2	2012-11	Technische Regeln für Arbeitsstätten – Maßnahmen gegen Brände
BGR 133	2004-10	BG-Regeln – Ausrüstung von Arbeitsstätten mit Feuerlöschern
BetrSichV	2002-09	Verordnung über Sicherheit und Gesundheitsschutz bei der Bereitstellung von Arbeitsmitteln und deren Benutzung bei der Arbeit, über Sicherheit beim Betrieb überwachungsbedürftiger Anlagen und über die Organisation des betrieblichen Arbeitsschutzes (Betriebssicherheitsverordnung – BetrSichV)

Service-Angebote des Beuth Verlags

DIN und Beuth Verlag

Der Beuth Verlag ist eine Tochtergesellschaft des DIN Deutsches Institut für Normung e. V. – gegründet im April 1924 in Berlin.

Neben den Gründungsgesellschaftern DIN und VDI (Verein Deutscher Ingenieure) haben im Laufe der Jahre zahlreiche Institutionen aus Wirtschaft, Wissenschaft und Technik ihre verlegerische Arbeit dem Beuth Verlag übertragen. Seit 1993 sind auch das Österreichische Normungsinstitut (ON) und die Schweizerische Normen-Vereinigung (SNV) Teilhaber der Beuth Verlag GmbH.

Nicht nur im deutschsprachigen Raum nimmt der Beuth Verlag damit als Fachverlag eine führende Rolle ein: Er ist einer der größten Technikverlage Europas. Von den Synergien zwischen DIN und Beuth Verlag profitieren heute 150 000 Kunden weltweit.

Normen und mehr

Die Kernkompetenz des Beuth Verlags liegt in seinem Angebot an Fachinformationen rund um das Thema Normung. In diesem Bereich hat sich in den letzten Jahren ein rasanter Medienwechsel vollzogen – über die Hälfte aller DIN-Normen werden mittlerweile als PDF-Datei genutzt. Auch neu erscheinende DIN-Taschenbücher sind als E-Books beziehbar.

Als moderner Anbieter technischer Fachinformationen stellt der Beuth Verlag seine Produkte nach Möglichkeit medienübergreifend zur Verfügung. Besondere Aufmerksamkeit gilt dabei den Online-Entwicklungen. Im Webshop unter www.beuth.de sind bereits heute mehr als 250 000 Dokumente recherchierbar. Die Hälfte davon ist auch im Download erhältlich und kann vom Anwender innerhalb weniger Minuten am PC eingesehen und eingesetzt werden.

Von der Pflege individuell zusammengestellter Normensammlungen für Unternehmen bis hin zu maßgeschneiderten Recherchedaten bietet der Beuth Verlag ein breites Spektrum an Dienstleistungen an.

So erreichen Sie uns

Beuth Verlag GmbH
Am DIN-Platz
Burggrafenstr. 6
10787 Berlin
Telefon 030 2601-0
Telefax 030 2601-1260
info@beuth.de
www.beuth.de

Ihre Ansprechpartner in den verschiedenen Bereichen des Beuth Verlags finden Sie auf der Seite „Kontakt" unter www.beuth.de.

Stichwortverzeichnis

Die hinter den Stichwörtern stehenden Nummern sind DIN-Nummern der abgedruckten Normen und Norm-Entwürfe.

Alarmeinrichtung, Löschanlage, Sprinkleranlage   DIN EN 12259-4
Anforderung, Löschwasserleitung, Ventil   DIN 14463-3
Anforderung, Löschwasserleitung, Wasserlöschanlage   DIN 14463-2
Armatur, Feuerwehr, Schlauchanschluss   DIN 14461-2, DIN 14461-4, DIN 14461-5

Berieselungsanlage, Feuerwehr   DIN 14495
Brandbekämpfung, Feuerlöschanlage, Sprinkleranlage   DIN EN 12845
Brandbekämpfung, Löschanlage, Schlauch   DIN EN 671-3
Brandschutzanlage, Feuerlöschanlage, Trinkwasserinstallation, Wasserversorgung   DIN 1988-600

Entleereinrichtung, Fülleinrichtung, Wandhydrant, Wasserlöschanlage   DIN 14463-1

Feuerlöschanlage, Feuerwehr, Prüfung   DIN 14497
Feuerlöschanlage, Löschwasseranschluss, Wasseranschluss   DIN 14464
Feuerlöschanlage, Sprinkleranlage, Brandbekämpfung   DIN EN 12845
Feuerlöschanlage, Trinkwasserinstallation, Wasserversorgung, Brandschutzanlage   DIN 1988-600
Feuerwehr, Berieselungsanlage   DIN 14495
Feuerwehr, Löschanlage, Schlauch, Schlauchhaspel, Wandhydrant   DIN EN 671-1
Feuerwehr, Löschanlage, Schlauch, Wandhydrant   DIN EN 671-2
Feuerwehr, Löschanlage, Sprühwasser   DIN 14494

Feuerwehr, Prüfung, Feuerlöschanlage   DIN 14497
Feuerwehr, Schlauchanschluss, Armatur   DIN 14461-2, DIN 14461-4, DIN 14461-5
Feuerwehr, Schlauchanschluss, Ventil   DIN 14461-3
Feuerwehr, Schlauchanschluss, Wandhydrant   DIN 14461-1, DIN 14461-6
Feuerwehr, Sprinkleranlage   DIN 14489
Fülleinrichtung, Wandhydrant, Wasserlöschanlage, Entleereinrichtung   DIN 14463-1

Installation, Trinkwasser, Wasserversorgung   DIN EN 806-1

Löschanlage, Schlauch, Brandbekämpfung   DIN EN 671-3
Löschanlage, Schlauch, Schlauchhaspel, Wandhydrant, Feuerwehr   DIN EN 671-1
Löschanlage, Schlauch, Wandhydrant, Feuerwehr   DIN EN 671-2
Löschanlage, Sprinkleranlage   DIN EN 12259-1, DIN EN 12259-2, DIN EN 12259-2/A2, DIN EN 12259-3, DIN EN 12259-3/A2, DIN EN 12259-5, E DIN EN 12259-9
Löschanlage, Sprinkleranlage, Alarmeinrichtung   DIN EN 12259-4
Löschanlage, Sprühwasser, Feuerwehr   DIN 14494
Löschwasseranschluss, Wasseranschluss, Feuerlöschanlage   DIN 14464
Löschwasserleitung, Steigleitung, Wandhydrant   DIN 14462, DIN 14462 Beiblatt 1
Löschwasserleitung, Ventil, Anforderung   DIN 14463-3
Löschwasserleitung, Wasserlöschanlage, Anforderung   DIN 14463-2

Prüfung, Feuerlöschanlage, Feuerwehr
DIN 14497

Schlauch, Brandbekämpfung, Löschanlage DIN EN 671-3

Schlauch, Schlauchhaspel, Wandhydrant, Feuerwehr, Löschanlage DIN EN 671-1

Schlauch, Wandhydrant, Feuerwehr, Löschanlage DIN EN 671-2

Schlauchanschluss, Armatur, Feuerwehr
DIN 14461-2, DIN 14461-4, DIN 14461-5

Schlauchanschluss, Ventil, Feuerwehr
DIN 14461-3

Schlauchanschluss, Wandhydrant, Feuerwehr DIN 14461-1, DIN 14461-6

Schlauchhaspel, Wandhydrant, Feuerwehr, Löschanlage, Schlauch DIN EN 671-1

Sprinkleranlage, Alarmeinrichtung, Löschanlage DIN EN 12259-4

Sprinkleranlage, Brandbekämpfung, Feuerlöschanlage DIN EN 12845

Sprinkleranlage, Feuerwehr DIN 14489

Sprinkleranlage, Löschanlage
DIN EN 12259-1, DIN EN 12259-2,
DIN EN 12259-2/A2, DIN EN 12259-3,
DIN EN 12259-3/A2, DIN EN 12259-5,
E DIN EN 12259-9

Sprühwasser, Feuerwehr, Löschanlage
DIN 14494

Steigleitung, Wandhydrant, Löschwasserleitung DIN 14462, DIN 14462 Beiblatt 1

Trinkwasser, Wasserversorgung, Installation DIN EN 806-1

Trinkwasserinstallation, Wasserversorgung, Brandschutzanlage, Feuerlöschanlage DIN 1988-600

Ventil, Anforderung, Löschwasserleitung
DIN 14463-3

Ventil, Feuerwehr, Schlauchanschluss
DIN 14461-3

Wandhydrant, Feuerwehr, Löschanlage, Schlauch DIN EN 671-2

Wandhydrant, Feuerwehr, Löschanlage, Schlauch, Schlauchhaspel
DIN EN 671-1

Wandhydrant, Feuerwehr, Schlauchanschluss DIN 14461-1, DIN 14461-6

Wandhydrant, Löschwasserleitung, Steigleitung DIN 14462,
DIN 14462 Beiblatt 1

Wandhydrant, Wasserlöschanlage, Entleereinrichtung, Fülleinrichtung
DIN 14463-1

Wasseranschluss, Feuerlöschanlage, Löschwasseranschluss DIN 14464

Wasserlöschanlage, Anforderung, Löschwasserleitung DIN 14463-2

Wasserlöschanlage, Entleereinrichtung, Fülleinrichtung, Wandhydrant
DIN 14463-1

Wasserversorgung, Brandschutzanlage, Feuerlöschanlage, Trinkwasserinstallation DIN 1988-600

AuslandsNormen-Service
Alle Normen. Aus aller Welt.

Der **AuslandsNormen-Service (ANS)** steht in engem Kontakt zu über 200 Normungsinstituten und Regelwerksetzern sowie zahlreichen technischen Verlagen weltweit.

Profitieren auch Sie von den gewachsenen internationalen Verbindungen des Hauses DIN und des Beuth Verlags.

Wir beschaffen Ihnen

// jedes technische Dokument und jede technische Fachliteratur aus dem Ausland,

// chinesische und russische Normen in englischer Übersetzung,

// Lizenzen zur Nutzung vieler ausländischer Normen im firmeninternen Netzwerk.

Recherche // Bestellung // Download
Schnell und direkt zur internationalen Technikregel:
www.beuth.de

Ihr Kontakt zum ANS:
Telefon +49 30 2601-2361
Telefax +49 30 2601-1801
auslnormen@beuth.de
www.beuth.de/scr/auslandsnormen